Angewandte Statistik

T0254852

Werner Timischl

Angewandte Statistik

Eine Einführung für Biologen und Mediziner

3. Auflage

 Springer

Werner Timischl
Technische Universität Wien
Wien, Österreich
werner.timischl@tuwien.ac.at

ISBN 978-3-7091-1348-6   ISBN 978-3-7091-1349-3 (eBook)
DOI 10.1007/978-3-7091-1349-3
Springer Wien Heidelberg Dordrecht London New York

Die Deutsche Nationalbibliothek verzeichnet diese Publikation in der Deutschen Nationalbibliografie; detaillierte bibliografische Daten sind im Internet über http://dnb.d-nb.de abrufbar.

Springer ist Teil der Fachverlagsgruppe Springer Science+Business Media
www.springer.com

Für Clara, Lucia, Sophia, Raphael und Flora

Vorwort

Die „Angewandte Statistik" ist das Ergebnis einer umfassenden Neubearbeitung der zweiten Auflage der „Biostatistik". Sie unterscheidet sich von dieser durch inhaltliche Aktualisierungen, vor allem aber durch eine Verbreiterung der Grundlagen, durch die Ausrichtung auf die Statistik-Software R und durch eine große Anzahl von Beispielen – insgesamt mehr als 150 – am Ende eines jeden Abschnitts. Die Verbreiterung der allgemeinen Grundlagen war letztlich auch ausschlaggebend für die Umbenennung auf „Angewandte Statistik". Auch das Spektrum der Anwendungen wurde erweitert (z. B. in Richtung statistischer Qualitätssicherung), nach wie vor stehen aber die Biowissenschaften und die Medizin im Mittelpunkt der Anwendungen.

Die „Angewandte Statistik" ist in erster Linie ein Lehr- und Übungsbuch für Anwenderinnen und Anwender der Statistik, die ein Verständnis für statistische Begriffe und Methoden erwerben wollen. Es richtet sich nicht an „schnelle Anwender", die nur nach Rezepten für Problemlösungen mit dem Computer suchen. Das didaktische Konzept sieht vielmehr vor, dass sich die Leserinnen und Leser Schritt für Schritt mit der erforderlichen Theorie auseinandersetzen, durch Nachvollziehen der Beispiele ihre Methodenkompetenz festigen und die Erreichung der Lernziele durch eigenständiges Lösen der Aufgaben kontrollieren. Die Empfehlung „learning by doing" gilt ganz besonders für die angewandte Statistik. Indem man Beispiele nachvollzieht und sich im Lösen einfacher und komplexer Musteraufgaben übt, gewinnt man die für die Praxis notwendige Anwendungssicherheit.

Es ist ein Trugschluss zu glauben, dass ein tiefer gehendes Verständnis der Statistik nicht mehr erforderlich ist, weil in der statistischen Praxis Problemlösungen zumeist mit einschlägiger Software quasi im „Black Box"-Verfahren erfolgen. Die Rechentechnik kann an den Computer delegiert werden; die Modellbildung, die Auswahl der zweckmäßigen Methoden, die Interpretation der Ergebnisse und Plausibilitätsprüfungen verbleiben i. Allg. als Aufgabe den Anwendern. Die Bewältigung dieser Aufgaben gelingt umso besser, je mehr man mit den Denkweisen der Statistik und den hinter den statistischen Methoden steckenden Ideen vertraut ist.

Das Lehrbuch setzt grundsätzlich nur die Kenntnis der Schulmathematik in einem Umfang voraus, wie sie für den Zugang zu Fachhochschulen und Universitäten verlangt wird. Es führt in den ersten zwei Kapiteln in die Wahrscheinlichkeitsrechnung ein und behandelt grundlegende Wahrscheinlichkeitsverteilungen. Das dritte und vierte Kapitel sind der Parameterschätzung bzw. dem Testen von Hypothesen gewidmet. Mit dem fünften Kapitel über Korrelation und Regression wird die statistische Grundbildung abgerundet. Die Kapitel über varianzanalytische Modelle und multivariate Verfahren sind kurze Einführungen in zwei für die statistische Praxis relevante Gebiete und können als Bonusmaterial aufgefasst werden. Das Gleiche gilt für die mit „Ergänzungen" bezeichneten Abschnitte, die theoretische Vertiefungen oder spezielle Anwendungen enthalten.

Die einfache Zugänglichkeit der einschlägigen Software macht das Einarbeiten in die Statistik leichter. So sind die Zeiten, in denen man Werte von statistischen Funktionen in gedruckten Tabellen nachschlagen oder gar Tabellenwerte interpolieren musste, größtenteils vorbei. Statt dessen verwendet man heute elektronische Tabellen oder berechnet die gesuchten Tabellenwerte gleich direkt mit den entsprechenden Funktionen, die in jeder professionellen Statistik-Software zur Verfügung stehen. Die Aufnahme einiger weniger statistischer Tafeln in den Anhang des Buches trägt daher mehr der Tradition Rechnung als einer fachlichen oder pädagogischen Notwendigkeit. Die Tabellenwerte wurden mit der freien Software R gerechnet, die in der Lehre und Forschung, aber auch in der täglichen Praxis zunehmend an Bedeutung gewinnt. Die Stärke von R liegt darin, dass bereits in der Basis-Installation eine umfassende Pallette von numerischen und grafischen Prozeduren für viele statistische Aufgabestellungen bereitgestellt sind und die Basis-Installation in einfacher Weise durch laufend weiterentwickelte Pakete ergänzt werden kann. Das Basisprogramm, die Pakete und zahlreiche Dokumentationen können von der R Project-Homepage http://www.r-project.org/ heruntergeladen werden.

Zu allen in diesem Buch vorgestellten statistischen Methoden wurden Verweise auf die entsprechenden R-Funktionen aufgenommen. Darüber hinaus enthalten die ausführlichen Lösungen der mehr als 130 Aufgaben in vielen Fällen auch die mit R gerechneten Ergebnisse und den entsprechenden R-Code. Da es eine Vielzahl von ausgezeichneten Einführungen in R gibt, wurde auf eine weitere Einführung in diesem Lehrbuch verzichtet. Besonders erwähnt seien der (deutschsprachige) R-Reader auf der R Project-Homepage (http://cran.r-project.org/doc/contrib/ Grosz+Peters-R-Reader.pdf) oder die Bücher von Wollschläger (2010) und Kabacoff (2011).

Zum Abschluss möchte ich allen Leserinnen und Lesern danken, die durch Hinweise zur Verbesserung des Textes und zur Korrektur fehlerhafter Stellen beigetragen haben. Weitere Anregungen und Korrekturhinweise nehme ich dankend entgegen und bitte, diese an werner.timischl@tuwien.ac.at zu schicken. Schließlich danke ich Frau Dr. Claudia Panuschka, Herrn Wolfgang Dollhäubl und Herrn Claus-Dieter Bachem vom Springer-Verlag sowie Frau Anne Strohbach von le-tex publishing services für die gute Zusammenarbeit.

Wien, März 2013   Werner Timischl

Inhaltsverzeichnis

1 Rechnen mit Wahrscheinlichkeiten 1
1.1 Zufallsexperiment und zufällige Ereignisse 1
1.2 Laplace-Wahrscheinlichkeit und relative Häufigkeit 5
1.3 Die Axiome von Kolmogorov 9
1.4 Zufallsziehung aus einer endlichen Grundgesamtheit 12
1.5 Bedingte Wahrscheinlichkeit und Unabhängigkeit 17
1.6 Der Satz von Bayes 23
1.7 Ergänzungen 28

2 Zufallsvariablen und Wahrscheinlichkeitsverteilungen 35
2.1 Merkmalstypen 35
2.2 Diskrete Zufallsvariablen 37
2.3 Stetige Zufallsvariablen 42
2.4 Lagemaße 47
2.5 Formmaße 52
2.6 Unabhängige Zufallsvariablen 57
2.7 Binomialverteilung 64
2.8 Weitere diskrete Verteilungen 71
2.9 Normalverteilung 82
2.10 Weitere stetige Verteilungen 90
2.11 Ergänzungen 96

3 Parameterschätzung 105
3.1 Grundgesamtheit und Stichprobe 105
3.2 Elementare Datenbeschreibung mit Maßzahlen 107
3.3 Einfache grafische Instrumente zur Datenexploration 115
3.4 Empirische Dichtekurven 123
3.5 Schätzfunktionen 133

3.6 Prüfverteilungen 142
3.7 Konfidenzintervalle für Mittelwert und Varianz 148
3.8 Konfidenzintervalle für Parameter von diskreten Verteilungen . . . 155
3.9 Bootstrap-Schätzung 164
3.10 Ergänzungen 170

4 Testen von Hypothesen 185
4.1 Einführung in das Testen: Der Gauß-Test 185
4.2 Zur Logik der Signifikanzprüfung 196
4.3 Der Ein-Stichproben-t-Test 200
4.4 Der Binomialtest 207
4.5 Zwei-Stichprobenvergleiche bei normalverteilten
     Grundgesamtheiten 216
4.6 Nichtparametrische Alternativen zum t-Test 227
4.7 Zwei-Stichprobenvergleiche bei dichotomen Grundgesamtheiten . 236
4.8 Anpassungstests 248
4.9 Äquivalenzprüfung 258
4.10 Annahmestichprobenprüfung 264
4.11 Ergänzungen 272

5 Korrelation und Regression 283
5.1 Zweidimensionale Kontingenztafeln 283
5.2 Korrelation bei metrischen Variablen 294
5.3 Die Korrelationskoeffizienten von Spearman und Kendall 304
5.4 Lineare Regression und zweidimensionale Normalverteilung . . . 310
5.5 Lineare Regression und zufallsgestörte Abhängigkeiten 319
5.6 Skalentransformationen und Regression durch den Nullpunkt . . . 327
5.7 Mehrfache lineare Regression 334
5.8 Ergänzungen 348

6 Ausgewählte Modelle der Varianzanalyse 359
6.1 Einfaktorielle Varianzanalyse 359
6.2 Multiple Vergleiche von Mittelwerten 372
6.3 Versuchsanlagen mit Blockbildung und Messwiederholungen . . . 378
6.4 Einfaktorielle Versuche mit einer Kovariablen 389
6.5 Zweifaktorielle Varianzanalyse 398
6.6 Rangvarianzanalysen 411

7 Einführung in multivariate Verfahren 419
7.1 Clusteranalyse 419
7.2 Hauptkomponentenanalyse 428
7.3 Diskriminanzanalyse 438
7.4 Matrizen 447

8   Appendix 455
   8.1   A: Statistische Tafeln 455
   8.2   B: R-Funktionen 464
   8.3   C: Lösungen der Aufgaben 467

Literatur 537

Sachverzeichnis 543

Kapitel 1
Rechnen mit Wahrscheinlichkeiten

Auch wer sich bloß als Anwender von statistischen Methoden sieht, sollte zumindest die in der einschlägigen Literatur (z. B. Softwaredokumentationen) beschriebenen Anwendungsvoraussetzungen verstehen und die erhaltenen Ergebnisse richtig interpretieren können. Zu diesem Zweck ist eine Vertrautheit mit dem Wahrscheinlichkeitsbegriff und einfachen Regeln für das Rechnen mit Wahrscheinlichkeiten ebenso nützlich wie die Kenntnis der grundlegenden Wahrscheinlichkeitsverteilungen. Das erste Kapitel führt in die Begriffswelt der Wahrscheinlichkeitsrechnung ein, die das mathematische Standbein der Statistik darstellt. Die Einführung ist weitgehend heuristisch und verbal-beschreibend abgefasst; auf Grund der wachsenden Durchdringung der Disziplinen mit mathematisch-statistischen Formalismen wird aber auch die mathematische Symbolik soweit verwendet, als sie zum Verständnis von Formeln erforderlich ist, die in Praxis auftreten.

1.1 Zufallsexperiment und zufällige Ereignisse

Mit vielen physikalischen Prozessen verbindet man die Vorstellung, dass sie mit Hilfe geeigneter Formeln vorausberechnet werden können. Wenn man z. B. einen Stein die Höhe H frei durchfallen lässt, dann liefert jede Wiederholung des Experimentes im Wesentlichen (d. h. innerhalb der Messgenauigkeit) die durch die Formel $T = \sqrt{2H/g}$ gegebene Falldauer T. (Die Konstante g bezeichnet die Erdbeschleunigung.) Der Ausgang eines jeden Fallversuches ist – wenigstens unter idealen Bedingungen – determiniert. Völlig anders ist der Ausgang bei dem in Abb. 1.1 dargestellten Mendelschen Kreuzungsversuch (Mendel, 1865): Eine Form der Erbse *(Pisum sativum)* mit runden Samen (Genotyp RR) wird durch eine Pflanze mit kantigen Samen (Genotyp kk) bestäubt. In der F_1-Generation bilden sich nur runde Samen. Die daraus hervorgehenden F_1-Pflanzen sind mischerbig, d. h., sie entwickeln Keimzellen, die zur Hälfte die Erbanlage R für die runde und zur anderen Hälfte die Erbanlage k für die kantige Samenform besitzen. Nach Selbstbestäubung bringen die F_1-Pflanzen runde Samen (Genotypen RR, Rk oder kR) und gelbe Sa-

W. Timischl, *Angewandte Statistik*, DOI 10.1007/978-3-7091-1349-3_1,
© Springer-Verlag Wien 2013

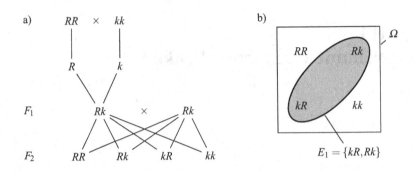

Abb. 1.1 a Mendels Kreuzungsversuch mit Erbsen (R und k bezeichnen die Erbanlagen für eine runde bzw. kantige Samenform, R ist gegenüber k dominant); **b** Veranschaulichung der Ergebnismenge durch ein Mengendiagramm

men (Genotyp kk) im Verhältnis 3 : 1 hervor (F_2-Generation). Im Gegensatz zu dem zuerst betrachteten Fallversuch gibt es beim Mendelschen Kreuzungsexperiment in der F_2-Generation bezüglich des Genotyps gleich vier mögliche Ausgänge, nämlich die Kombinationen RR, Rk, kR oder kk, die sich im Phänotyp auf die beiden Ausgänge *runde Samenform* und *kantige Samenform* reduzieren. Welche Samenform im Einzelfall entsteht, ist nicht vorhersagbar.

Man bezeichnet allgemein einen (im Prinzip beliebig oft wiederholbaren) Vorgang, dessen Ausgang sich nicht vorhersagen lässt, als ein **Zufallsexperiment**. Mendels Kreuzungsversuch ist ein Zufallsexperiment mit vier möglichen Ausgängen. Weitere einfache Beispiele sind das Ausspielen eines Würfels, das Werfen einer Münze oder die aufs Geratewohl erfolgte Auswahl eines Elementes aus einer Menge von Objekten (z. B. einer Zahl zwischen 1 und 45 beim österreichischen Lotto).

Es seien $\omega_1, \omega_2, \ldots, \omega_k$ die Ausgänge eines Zufallsexperimentes mit k verschiedenen Ausgängen. Die durch Zusammenfassen der Ausgänge gebildete Menge $\Omega = \{\omega_1, \omega_2, \ldots, \omega_k\}$ nennt man **Ergebnismenge**; für Ω sind auch die Bezeichnungen Ergebnisraum oder Stichprobenraum gebräuchlich. Jeder Ausgang ω_i ($i = 1, 2, \ldots, k$) heißt Element von Ω; man schreibt dafür kurz $\omega_i \in \Omega$. Das besprochene Kreuzungsexperiment besitzt die Ergebnismenge $\Omega = \{RR, Rk, kR, kk\}$, die in Abb. 1.1b durch ein sogenanntes Mengendiagramm veranschaulicht ist. In diesem Diagramm sind zusätzlich die mischerbigen Ausgänge Rk und kR zu einer Menge $E_1 = \{Rk, kR\}$ zusammengefasst. E_1 ist eine **Teilmenge** von Ω (kurz geschrieben als $E_1 \subseteq \Omega$), denn jedes Element von E_1 ist auch in Ω enthalten. Allgemein heißt eine Menge A eine Teilmenge der Menge B (kurz: $A \subseteq B$), wenn jedes Element von A auch ein Element von B ist.

Jede Teilmenge von $\Omega = \{\omega_1, \omega_2, \ldots, \omega_k\}$ wird als ein (zufälliges) **Ereignis** bezeichnet. Im Zusammenhang mit dem Kreuzungsversuch in Abb. 1.1 können z. B. die Ereignisse $E_1 = \{Rk, kR\}$ (heterozygoter Ausgang), $E_2 = \{RR, kk\}$ (homozygoter Ausgang) oder $E_3 = \{RR, Rk, kR\}$ (Versuchsausgang mit rundem Samen) formuliert werden. Man sagt, das Ereignis $E \subseteq \Omega$ ist eingetreten, wenn bei der

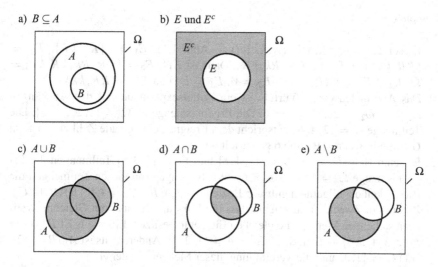

Abb. 1.2 Veranschaulichung von Operationen mit Ereignissen mit Hilfe von Mengendiagrammen. **a** $B \subseteq A$: wenn B eintritt, tritt auch A ein; **b** Komplementärereignis E^c (*grau*): E^c tritt genau dann ein, wenn E nicht eintritt; **c** Vereinigung $A \cup B$ (*grau*): A oder B tritt ein; **d** Durchschnitt $A \cap B$ (*grau*): sowohl A als auch B tritt ein; **e** Differenzmenge $A \setminus B$ (*grau*): A tritt ein, aber nicht B

Durchführung des Zufallsexperimentes einer der in E enthaltenen Ausgänge beobachtet wird. Wichtige Sonderfälle von Ereignissen sind die **Elementarereignisse** $\{\omega_1\}, \{\omega_2\}, \dots, \{\omega_k\}$ (d. h. die einelementigen Teilmengen von Ω) und das bei jeder Versuchsausführung eintretende **sichere Ereignis** (d. h. die Ergebnismenge Ω selbst); ferner das zu einem vorgegebenen Ereignis E gehörende **komplementäre Ereignis** E^c (auch Gegenereignis genannt), das genau dann eintritt, wenn E nicht eintritt; E^c umfasst also alle Ausgänge $\omega_i \in \Omega$ mit der Eigenschaft $\omega_i \notin E$ (d. h. jene ω_i, die nicht zu E gehören). In Abb. 1.2a, b sind die Begriffe Teilmenge und Komplementärereignis durch Mengendiagramme veranschaulicht.

Zwei Ereignisse $A \subseteq \Omega$ und $B \subseteq \Omega$ können durch Verknüpfungen der entsprechenden Mengen zu neuen Ereignissen zusammen gesetzt werden (vgl. auch die Mengendiagramme in Abb. 1.2c–e). Der **Vereinigung** $A \cup B = \{\omega_i \in \Omega \mid \omega_i \in A$ oder $\omega_i \in B\}$ von A und B entspricht das Ereignis, das genau dann eintritt, wenn entweder A oder B oder beide zusammen eintreten. Das dem **Durchschnitt** $A \cap B = \{\omega_i \in \Omega \mid \omega_i \in A$ und $\omega_i \in B\}$ von A und B entsprechende Ereignis tritt genau dann ein, wenn sowohl A als auch B eintreten. Wenn A und B kein Element gemeinsam haben (d. h. nicht gleichzeitig eintreten können), spricht man von **disjunkten** (oder auch von einander ausschließenden) Ereignissen; in diesem Fall ist der Durchschnitt $A \cap B$ gleich der **leeren Menge**, die durch $\{\}$ oder $\emptyset$ bezeichnet wird. Das durch die leere Menge symbolisierte Ereignis heißt auch das unmögliche Ereignis, da es bei keiner Ausführung des Zufallsexperimentes eintreten kann. Schließlich wird durch die **Differenzmenge** $A \setminus B = \{\omega_i \in \Omega \mid \omega_i \in A$ und $\omega_i \notin B\}$ jenes Ereignis bezeichnet, dass A jedoch nicht B eintritt.

Beispiele

1. Es sei $\Omega = \{RR, Rk, kR, kk\}$ (vgl. Abb. 1.1), $E_1 = \{Rk, kR\}$, $E_2 = \{RR, kk\}$ und $E_3 = \{RR, Rk, kR\}$. Dann ist $E_1 \cup E_2 = \{RR, Rk, kR, kk\} = \Omega$, $E_2 \cap E_3 = \{RR\}$, $E_1 \cap E_2 = \emptyset$, $E_1 \subseteq E_3$ und $E_1^c = \{RR, kk\}$.

2. Das Ausspielen eines Würfels ist ein Zufallsexperiment mit den Ausgängen $\omega_1 = 1, \omega_2 = 2, \ldots, \omega_6 = 6$. Die Ergebnismenge ist $\Omega = \{1, 2, \ldots, 6\}$. Die Teilmenge $G = \{2, 4, 6\}$ entspricht dem Ereignis, eine gerade Zahl zu würfeln; G tritt ein, wenn z. B. eine 6 gewürfelt wird.

3. Es seien $A = \{1, 2, 3\}$, $B = \{2, 4, 6\}$ und $C = \{1, 3, 5\}$ Teilmengen der Ergebnismenge $\Omega = \{1, 2, 3, 4, 5, 6\}$. Wir bestätigen mit diesen Teilmengen die Richtigkeit der allgemein gültigen Beziehung $A \cap (B \cup C) = (A \cap B) \cup (A \cap C)$. Zu diesem Zweck ist zu zeigen, dass die links und rechts vom Gleichheitszeichen stehenden Mengen die gleichen Elemente besitzen. Einerseits ist $B \cup C = \{1, 2, 3, 4, 5, 6\} = \Omega$ und $A \cap \Omega = A = \{1, 2, 3\}$. Andererseits ist $A \cap B = \{2\}$, $A \cap C = \{1, 3\}$ und die Vereinigung dieser Mengen wieder A.

Aufgaben

1. Es werden zwei unterscheidbare Münzen M_1 und M_2 gleichzeitig geworfen.

   a) Wie lautet die Ergebnismenge dieses Zufallsexperimentes, wenn es für jede Münze nur die Ausgänge Kopf oder Zahl geben kann?

   b) Welche Ausgänge gehören zum Ereignis A (M_1 zeigt Kopf), welche Ausgänge zum Ereignis B (M_2 zeigt Zahl)?

   c) Wann tritt das Ereignis $A \cap B$ ein?

2. Es sei $\Omega = \{1, 2, 3, 4, 5, 6, 7, 8\}$ die Ergebnismenge eines Zufallsexperiments. Man zeige mit den Teilmengen $A = \{1, 2, 3, 4\}$ und $B = \{2, 4, 6, 8\}$ die Gültigkeit der De Morgan'schen Regeln $(A \cup B)^c = A^c \cap B^c$ und $(A \cap B)^c = A^c \cup B^c$.

3. Beim Spiel „Schere, Papier, Stein" deuten zwei Personen P_1 und P_2 gleichzeitig mit den Händen eine Schere (gespreizter Zeige- und Mittelfinger, Ereignis M), ein Papier (Handfläche, Ereignis H) und einen Stein (Faust, Ereignis F) an. Trifft das Symbol Schere auf Papier, gewinnt die Schere; trifft Papier auf Stein, gewinnt Papier und trifft Stein auf Schere, gewinnt Stein. Zeigen beide Personen das gleiche Symbol, geht die Runde unentschieden aus. Die Anzeige der Symbole möge von beiden Personen aufs Geratewohl erfolgen.

   a) Man schreibe die Ergebnismenge des Zufallsexperimentes an.

   b) Welche Elemente umfassen die Ereignisse, dass P_1 das Symbol Schere (Ereignis A) und P_2 das Symbol Stein (Ereignis B) anzeigt?

   c) Sind die Ereignisse A und B disjunkt?

1.2 Laplace-Wahrscheinlichkeit und relative Häufigkeit

Wir betrachten nun Zufallsexperimente mit einer endlichen Anzahl von Ausgängen. Zur Beschreibung hat man die Ergebnismenge Ω anzugeben und zusätzlich die einzelnen Ausgänge durch sogenannte Wahrscheinlichkeiten zu bewerten, d. h. durch Kennzahlen, die einen Vergleich der Ausgänge hinsichtlich der Möglichkeit ihres Eintretens erlauben. Einfach ist die Situation dann, wenn das Zufallsexperiment gleichwahrscheinliche Ausgänge besitzt; derartige Zufallsexperimente werden **Laplace-Experimente** genannt. Für diese ist es naheliegend, die Wahrscheinlichkeit $P(E)$ eines Ereignisses $E \subseteq \Omega$ proportional zur Anzahl $|E|$ der in E enthaltenen Ausgänge anzusetzen. Wir schreiben also $P(E) = c|E|$, wobei c eine gewisse Proportionalitätskonstante bedeutet. Man nennt $|E|$ die Anzahl der für das Ereignis E *günstigen* Ausgänge; $|\Omega|$ ist die Anzahl aller *möglichen* Ausgänge des betrachteten Zufallsexperimentes. Um eine von der Größe der Ergebnismenge unabhängige Definition der Wahrscheinlichkeit zu erhalten, wird eine Normierung so vorgenommen, dass $P(\Omega) = c|\Omega| = 1$ gilt, woraus $c = 1/|\Omega|$ folgt. Damit ergibt sich die klassische Definition

$$P(E) = \frac{\text{Anzahl der für } E \text{ günstigen Ausgänge}}{\text{Anzahl der möglichen Ausgänge}} = \frac{|E|}{|\Omega|} \qquad (1.1)$$

der Wahrscheinlichkeit, die man auch als **Laplace-Wahrscheinlichkeit** bezeichnet.[1] Wir halten fest, dass $P(E)$ folgende Eigenschaften besitzt, die sich unmittelbar aus der Definition (1.1) ergeben:

- Für jedes Ereignis $E \subseteq \Omega$ ist $P(E) \geq 0$ (Nichtnegativitätseigenschaft).
- Für das sichere Ereignis Ω ist $P(\Omega) = 1$ (Normierungseigenschaft).
- Sind $E_1 \subseteq \Omega$ und $E_2 \subseteq \Omega$ disjunkte Ereignisse, dann ist $P(E_1 \cup E_2) = P(E_1) + P(E_2)$ (endliche Additivität).

Mit (1.1) kann die Wahrscheinlichkeit von Ereignissen in Verbindung mit Zufallsexperimenten bestimmt werden, die eine endliche Anzahl k von gleichwahrscheinlichen Ausgängen besitzen. Beim Würfelspiel leitet man die Gleichwahrscheinlichkeit der sechs möglichen Ausgänge aus geometrischen und physikalischen Überlegungen (geometrisch idealer und homogener Würfel) ab. Wie überprüft man aber, ob die Herstellung eines Würfels tatsächlich den Anforderungen gerecht wird? Die Beantwortung dieser Frage erfordert eine Interpretation der Wahrscheinlichkeit.

Die **frequentistische Interpretation** stützt sich auf die folgende Erfahrungstatsache: Ein Zufallsexperiment mit der Ergebnismenge $\Omega = \{\omega_1, \omega_2, \ldots, \omega_k\}$ wird

---

[1] Vgl. Marquis de Laplace (1795, engl. Übersetzung 1902, Kapitel II): The theory of chance consists in reducing all events of the same kind to a certain number of cases equally possible, that is to say, to such as we may be equally undecided about in regard to their existence, and in determining the number of cases favourable to the event whose probability is sought. The ratio of this number to that of all the cases possible is the measure of this probability, which is thus simply a fraction whose numerator is the number of favourable cases and whose denominator is the number of all the cases possible.

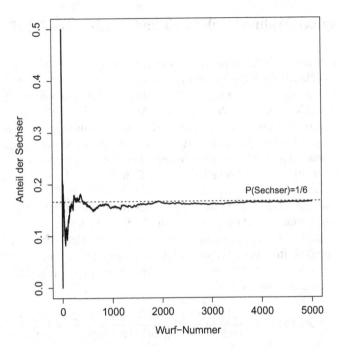

Abb. 1.3 Stabilisierung der relativen Häufigkeit der Sechser um den theoretischen Wert $1/6$ beim wiederholten Ausspielen eines Würfels

n-mal ($n = 1, 2, \ldots$) ausgeführt. Wir betrachten ein Ereignis $E \subseteq \Omega$ und zählen, bei wie vielen Wiederholungen E eintritt; die sich ergebende Anzahl $H_n(E)$ ist die **absolute Häufigkeit** des Ereignisses E bei n-maliger Durchführung des Zufallsexperimentes. Dividiert man die absolute Häufigkeit durch die Anzahl n der Versuchsausführungen, ergibt sich die **relative Häufigkeit** $y_n(E) = H_n(E)/n$ des Ereignisses E. Man beachte, dass für die relative Häufigkeit – so wie für die Laplace-Wahrscheinlichkeit – die Nichtnegativitätseigenschaft $y_n(E) \geq 0$ für jedes $E \subseteq \Omega$ sowie die Normierungseigenschaft $y_n(\Omega) = 1$ gilt; ferner gilt für zwei disjunkte Ereignisse E_1 und E_2 auch die Additivitätseigenschaft $y_n(E_1 \cup E_2) = y_n(E_1) + y_n(E_2)$.

Es zeigt sich nun, dass mit wachsender Anzahl n der Versuchsdurchführungen die relativen Häufigkeiten $y_n(E)$ ($n = 1, 2, \ldots$) eines Ereignisses E sich so verhalten, als würden sie sich einem festen Wert nähern. In den Anwendungen wird von diesem empirischen Konvergenzverhalten Gebrauch gemacht, wenn man die Wahrscheinlichkeit $P(E)$ des Ereignisses E durch dessen relative Häufigkeit bei „großem" n approximiert, also näherungsweise $P(E) \approx y_n(E)$ setzt. Die „Stabilisierung" der relativen Häufigkeit eines Ereignisses um einen konstanten Wert, nämlich der Wahrscheinlichkeit $P(E)$, bezeichnet man auch als das **empirische Gesetz der großen Zahlen**. Den Prozess der Stabilisierung kann man z. B. durch Würfelexperimente demonstrieren. Abbildung 1.3 zeigt das Ergebnis einer (im Rahmen einer Computersimulation mit R generierten) Versuchsserie, bei der die relative Häufigkeit für das Auftreten der Augenzahl 6 in Abhängigkeit von der Anzahl n der Versuchsdurchführungen dargestellt ist.

Bei Anwendung der Formel (1.1) hat man stets die in der Ergebnismenge Ω bzw. die im Ereignis E enthaltenen Ausgänge abzuzählen. Dafür gibt es nützliche Hilfsmittel wie die in den folgenden Beispielen verwendete **Kreuztabelle** oder das **Baumdiagramm** sowie **Abzählformeln**, wie sie im Abschn. 1.4 behandelt werden.

Beispiele

1. Beim Kreuzungsversuch der Abb. 1.1 ist $\Omega = \{RR, Rk, kR, kk\}$, also $|\Omega| = 4$. Die Anzahl der für das Ereignis $E = \{Rk, kR\}$ (heterozygoter Versuchsausgang) günstigen Ausgänge ist $|E| = 2$. Unter der durch die Erfahrung bestätigten Annahme, dass alle vier Ausgänge gleichwahrscheinlich sind, erhält man die Wahrscheinlichkeit $P(E) = |E|/|\Omega| = 2/4 = 1/2$.

2. Zwei ideale Würfel (d. h. Würfel mit gleichwahrscheinlichen Ausgängen) werden ausgespielt. Wir bestimmen die Wahrscheinlichkeit des Ereignisses E, dass die Summe der angezeigten Augenzahlen gleich 7 ist. Jedes Ergebnis kann als Zahlenpaar (i, j) dargestellt werden, wobei i die mit dem ersten und j die mit dem zweiten Würfel erhaltene Zahl bedeutet $(i, j = 1, 2, \ldots, 6)$. Ordnet man alle möglichen Zahlenpaare in einem aus 6 Zeilen und 6 Spalten bestehenden Schema an, so erhält man folgende Kreuztabelle der möglichen Ausgänge (die für E günstigen Ausgänge sind unterstrichen):

erster Würfel	zweiter Würfel					
	1	2	3	4	5	6
1	(1, 1)	(1, 2)	(1, 3)	(1, 4)	(1, 5)	<u>(1, 6)</u>
2	(2, 1)	(2, 2)	(2, 3)	(2, 4)	<u>(2, 5)</u>	(2, 6)
3	(3, 1)	(3, 2)	(3, 3)	<u>(3, 4)</u>	(3, 5)	(3, 6)
4	(4, 1)	(4, 2)	<u>(4, 3)</u>	(4, 4)	(4, 5)	(4, 6)
5	(5, 1)	<u>(5, 2)</u>	(5, 3)	(5, 4)	(5, 5)	(5, 6)
6	<u>(6, 1)</u>	(6, 2)	(6, 3)	(6, 4)	(6, 5)	(6, 6)

Wegen $|\Omega| = 36$ und $|E| = 6$ ist $P(E) = 6/36 = 1/6$.

3. Beim Werfen einer Münze möge mit gleicher Wahrscheinlichkeit der Ausgang Kopf (K) oder Zahl (Z) eintreten. Die Münze wird dreimal geworfen. Wir bestimmen die Wahrscheinlichkeit des Ereignisses E, dass dabei wenigstens einmal Kopf geworfen wird. Beim ersten Wurf der Münze ist der Ausgang entweder K oder Z. Zu jedem Ergebnis des ersten Wurfs gibt es beim zweiten Wurf wieder die zwei Möglichkeiten K oder Z, also insgesamt nach zwei Würfen die $2 \times 2 = 4$ Ergebnissequenzen KK, KZ, ZK und ZZ. Analog kann sich beim dritten Wurf zu jedem Ausgang der ersten zwei Würfe K oder Z ergeben, so dass die insgesamt $2 \times 2 \times 2 = 2^3 = 8$ verschiedenen Wurfsequenzen KKK, KKZ, KZK, KZZ, ZKK, ZKZ, ZZK und ZZZ zu unterscheiden sind.

Abb. 1.4 Veranschaulichung
eines mehrstufigen Zufallsexperimentes (dreimaliges
Werfen einer Münze) durch
ein Baumdiagramm. K steht
für den Ausgang Kopf, Z für
den Ausgang Zahl

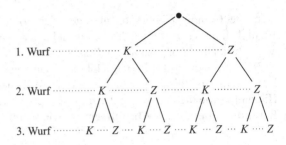

Die Ergebnismenge Ω hat also die Mächtigkeit $|\Omega| = 8$. Unschwer erkennt
man, dass dem gesuchten Ereignis E sieben der acht Ausgänge entsprechen,
so dass $P(E) = 7/8$. Die möglichen Ergebnisse findet man bei einem mehrstufigen Zufallsexperiment in systematischer Weise mit Hilfe des in Abb. 1.4
gezeichneten Baumdiagramms. Von einem Punkt ausgehend werden die den
drei Würfen entsprechenden Möglichkeiten in drei Stufen so dargestellt, dass
die Realisierungsmöglichkeiten einer nachfolgenden Stufe an jeden Endpunkt
einer vorangehenden Stufe angefügt werden.

4. Der Diversitätsindex C nach Simpson (1949) ist definiert als die Wahrscheinlichkeit, dass zwei aus einer Artengemeinschaft zufällig ausgewählte Individuen
   zur selben Art gehören. Wir wollen eine Formel zur Berechnung von C für eine
   Artengemeinschaft aus k Arten $S_1, S_2, \ldots, S_k$ herleiten. Dabei möge die Art S_i
   aus n_i ($i = 1, 2, \ldots, k$) Individuen bestehen und $N = n_1 + n_2 + \cdots + n_k$ die
   Gesamtzahl aller Individuen bezeichnen. Bei der Auswahl des ersten Individuums gibt es N verschiedene Möglichkeiten. Nach Auswahl eines Individuums,
   haben wir $N - 1$ Möglichkeiten, ein zweites Individuum auszuwählen. Die zu-
   fällige Auswahl zweier Individuen stellt somit ein Zufallsexperiment mit $|\Omega| =
   N(N - 1)$ möglichen Ausgängen dar. Gesucht ist die Wahrscheinlichkeit des
   Ereignisses E, zwei Individuen derselben Art zu erhalten. Um $|E|$ zu ermitteln,
   nehmen wir zuerst an, dass als erstes ein S_1-Individuum ausgewählt wurde. Zu
   jedem so ausgewählten S_1-Individuum gibt es $n_1 - 1$ Möglichkeiten, ein weiteres
   S_1-Individuum auszuwählen. Zwei S_1-Individuen können also auf $n_1(n_1 - 1)$
   verschiedene Arten ausgewählt werden. Analoges gilt für jede andere der k
   Arten. Daher ist die Anzahl der für E günstigen Ereignisse insgesamt durch
   $|E| = n_1(n_1 - 1) + n_2(n_2 - 1) + \cdots + n_k(n_k - 1)$ gegeben. Damit ergibt sich
   für den Simpson-Index:

$$C = P(E) = \frac{|E|}{|\Omega|} = \frac{\sum_{i=1}^{k} n_i(n_i - 1)}{n(n - 1)}$$

Wenn im Ökosystem zehn gleich häufige Arten mit je 100 Individuen koexis-
tieren, ergibt sich der Simpson-Index $C = 10 \cdot 100 \cdot 99/(1000 \cdot 999) = 0.099$.
Ist dagegen von den 10 Arten eine dominant mit 910 Individuen, während die
anderen jeweils 10 Individuen aufweisen, folgt der Simpson-Index $C = (910 \cdot
909 + 9 \cdot 10 \cdot 9)/(1000 \cdot 999) = 0.829$.

Aufgaben

1. Man bestimme für Mendels Kreuzungsversuch mit mischerbigen Erbsen vom Genoptyp Vw bzw. wV (V und w bezeichnen die Erbanlagen für eine violette bzw. weiße Blütenfarbe, V ist gegenüber w dominant) die Wahrscheinlichkeit des Ereignisses $E = \{VV\}$ unter der Annahme, dass alle Ausgänge gleichwahrscheinlich sind.
2. Man gebe unter der Annahme, dass Knaben- und Mädchengeburten gleichwahrscheinlich sind und keine Mehrlingsgeburten vorkommen, die Wahrscheinlichkeit dafür an, dass wenigstens zwei von den drei Kindern einer Familie Mädchen sind.
3. Wie groß ist die Wahrscheinlichkeit, dass zwei Geschwister bezüglich eines Genortes mit den Allelen A_1 und A_2 zwei abstammungsgleiche Gene besitzen? Hinweis: Zwei Gene heißen abstammungsgleich, wenn sie Kopien ein und desselben Gens in der Elterngeneration sind. Man setze die Genotypen der Eltern allgemein mit $\alpha_1 \alpha_2$ und $\beta_1 \beta_2$ an, wobei man sich für α_1, α_2, β_1 und β_2 eines der Allele A_1 bzw. A_2 eingesetzt zu denken hat. Dann bilde man alle in der F_1-Generation möglichen Genotypen und zähle von den möglichen Kombinationen der Genotypen jene ab, die zwei abstammungsgleiche Gene besitzen.
4. Mit welcher Wahrscheinlichkeit ist beim gleichzeitigen Ausspielen von 2 idealen Würfeln die Summe der Augenzahlen durch 4 teilbar?

1.3 Die Axiome von Kolmogorov

So bedeutsam das empirische Gesetz der großen Zahlen für die Anwendungen ist, die Definition der Wahrscheinlichkeit eines Ereignisses als Grenzwert von relativen Häufigkeiten ist aber nach mehreren Versuchen in einer mathematisch befriedigenden Weise nicht gelungen. Heute wird die Wahrscheinlichkeitstheorie allgemein, d. h. nicht eingeschränkt auf Experimente mit endlich vielen, gleichwahrscheinlichen Ausgängen, durch ein Axiomensystem begründet. Dieser Ansatz geht auf den russischen Mathematiker A.N. Kolmogorov (1903–1987) zurück und orientiert sich an den Eigenschaften der relativen Häufigkeiten bzw. des Laplaceschen Wahrscheinlichkeitsmaßes.

Den gedankliche Hintergrund der **Wahrscheinlichkeitsaxiome** bildet wieder ein Zufallsexperiment. Das Zufallsexperiment kann eine endliche Anzahl von Ausgängen, abzählbar unendlich viele oder gar überabzählbar viele Ausgänge besitzen. Entsprechend ist die Ergebnismenge Ω endlich, abzählbar unendlich oder überabzählbar.[2] Bei der Durchführung des Zufallsexperimentes treten Ereignisse ein,

---

[2] Eine Menge mit unendlich vielen Elementen heißt abzählbar, wenn sich die Elemente durchnummerieren und auf diese Weise umkehrbar eindeutig den natürlichen Zahlen zuordnen lassen. Mit abzählbar unendlichen Ergebnismengen wird bei der Modellierung von Zufallsexperimenten gearbeitet, die eine sehr große Anzahl von Ausgängen besitzen; das ist z. B. beim radioaktiven Zerfall von 1 g Radium mit mehr als 10^{21} Atomkernen der Fall, die alle mit einer gewissen Chance

die als Teilmengen von Ω aufzufassen sind. Auf der Menge Σ aller Ereignisse wird nun eine reellwertige Funktion P postuliert, die jedem Ereignis $E \in \Sigma$ den Wahrscheinlichkeitswert $P(E)$ zuordnet. Dabei wird verlangt, dass P folgende Forderungen erfüllt (Kolmogorovsche Axiome):

A1. $P(E) \geq 0$ für beliebiges $E \in \Sigma$;

A2. $P(\Omega) = 1$ (Normierung);

A3. $P(E_1 \cup E_2 \cup \cdots) = P(E_1) + P(E_2) + \cdots$ für eine beliebige endliche oder unendliche Folge $E_1, E_2, \ldots$ von paarweise disjunkten Ereignissen aus Σ (Additivität).

Axiom A3 schließt im Besonderen den Sonderfall $P(A \cup B) = P(A) + P(B)$ der **Additionsregel für zwei disjunkte Ereignisse** $A \in \Sigma$ und $B \in \Sigma$ ein. Setzt man hier $B = A^c$, folgt zunächst $P(A \cup A^c) = P(A) + P(A^c)$ und schließlich wegen $A \cup A^c = \Omega$ und $P(\Omega) = 1$ die in Anwendungen oft verwendete Formel

$$P(A) = 1 - P(A^c)$$

für die Umrechnung zwischen den Wahrscheinlichkeiten von zwei komplementären Ereignissen. Aus dieser Formel können schnell zwei weitere Konsequenzen erkannt werden: Einerseits gilt wegen $P(A^c) \geq 0$ stets $P(A) \leq 1$ und andererseits erhält man mit $A = \emptyset$ (d. h. $A^c = \Omega$) speziell $P(\emptyset) = 0$.[3]

In Ergänzung zu den Axiomen A1 und A2 können wir also festhalten, dass für ein beliebiges Ereignis $E \in \Sigma$ gilt: $0 \leq P(E) \leq 1$. Die Funktion $P : \Sigma \to [0, 1]$ heißt ein **Wahrscheinlichkeitsmaß** auf dem Mengensystem Σ des betrachteten Zufallsexperimentes. Zur mathematischen Beschreibung eines Zufallsexperimentes hat man also die Ergebnismenge Ω, die Ereignismenge Σ sowie das Wahrscheinlichkeitsmaß P festzulegen; man bezeichnet das Tripel (Ω, Σ, P) auch als **Wahrscheinlichkeitsraum**.[4]

---

innerhalb einer Zeiteinheit zerfallen können. Mengen, die nicht abzählbar sind, heißen überabzählbar. Ein Beispiel dafür ist die Menge der reellen Zahlen im Intervall $[0, 1]$. Mit überabzählbaren Ergebnismengen hat man es z. B. bei Herstellungsprozessen zu tun, wo zufallsbedingte Abweichungen von einem vorgegebenen Sollwert (etwa der Konzentration eines Wirkstoffes in einem Medikament) unvermeidlich sind. Die Menge der möglichen Abweichungen umfasst i. Allg. alle reellen Zahlen in einem gewissen Intervall um den Nullpunkt.

[3] Für das durch die leere Menge $\emptyset$ symbolisierte unmögliche Ereignis gilt $P(\emptyset) = 0$. Wenn aber $P(E) = 0$ für ein Ereignis E gilt, folgt daraus nicht notwendigerweise, dass E ein unmögliches Ereignis ist. Man kann sich diesen Sachverhalt mit der Häufigkeitsinterpretation der Wahrscheinlichkeit plausibel machen. $P(E) = 0$ bedeutet danach, dass die relative Häufigkeit des Ereignisses E bei sehr großer Anzahl von Versuchsdurchführungen praktisch null ist; dies schließt nicht aus, dass E in einer langen Versuchsserie vereinzelt auftritt. Bei einer geringen Anzahl von Versuchsausführungen ist es aber fast sicher, dass E nicht eintritt.

[4] Die Definitionsmenge Σ des Wahrscheinlichkeitsmaßes P wurde unscharf als Menge aller bei der Durchführung des Zufallsexperimentes beobachtbaren Ereignisse bezeichnet. Diese Menge kann bei endlicher oder abzählbarer Ergebnismenge Ω mit der Potenzmenge von Ω, d. h., der Menge aller Teilmengen von Ω gleich gesetzt werden. Bei überabzählbarer Ergebnismenge ist die Potenzmenge von Ω aber einzuschränken, d. h., Σ ist in diesem Fall nur mehr eine Teilmenge der Potenzmenge von Ω. Damit eine Bewertung der Ereignisse mit Hilfe eines Wahrscheinlichkeits-

Die Additionsregel $P(A \cup B) = P(A) + P(B)$ ist nur anwendbar, wenn die Ereignisse A und B disjunkt sind. Ist dies nicht der Fall, d. h. gilt $A \cap B \neq \emptyset$, ist die Wahrscheinlichkeit des Ereignisses $A \cup B$ mit der **allgemeinen Additionsregel**

$$P(A \cup B) = P(A) + P(B) - P(A \cap B) \qquad (1.2)$$

für zwei beliebige Ereignisse zu bestimmen; eine Begründung dieser Formel wird in Beispiel 3 am Ende des Abschnitts gegeben.

Schließlich sei noch angemerkt, dass anstelle der Wahrscheinlichkeit $P(E)$ eines Ereignisses $E \in \Sigma$ gelegentlich das Verhältnis $P(E)/P(E^c)$ der Wahrscheinlichkeit von E zur Wahrscheinlichkeit des komplementären Ereignisses E^c verwendet wird. Dieses Verhältnis wird als **Chance** (engl. „odds") von E gegen E^c bezeichnet. In diesem Sinne kann man sagen: Die Chance, mit einem idealen Würfel einen Sechser zu erhalten (gegen keinen Sechser zu würfeln), beträgt $(1/6) : (5/6) = 1 : 5$.

Beispiele

1. Nach der Sterbetafel 2000/02 für Österreich ist die Wahrscheinlichkeit des Ereignisses E, dass ein männlicher Neugeborener das achtzigste Lebensjahr vollendet, durch $P(E) = 0.460$ gegeben. Die Wahrscheinlichkeit, dass ein männlicher Neugeborener vor dem achtzigsten Geburtstag stirbt, ist gleich der Wahrscheinlichkeit des zu E komplementären Ereignisses E^c. Wegen $P(E^c) = 1 - P(E)$ ergibt sich dafür der Wert 0.54. Die Chance, den achtzigsten Geburtstag zu erleben gegen diesen Geburtstag nicht zu erleben, ist durch das Verhältnis $P(E) : P(E^c) = 1 : 1.17$ gegeben.
2. Wir denken uns ein Zufallsexperiment mit der Ergebnismenge Ω, der Ereignismenge Σ und dem Wahrscheinlichkeitsmaß P. Für zwei Ereignisse $A \in \Sigma$ und $B \in \Sigma$ möge die Beziehung $A \subseteq B$ gelten, d. h. mit A tritt auch B ein. Intuitiv würde man meinen, dass in diesem Fall die Wahrscheinlichkeit von A nicht größer als die von B sein kann; denn wenn A eine echte Teilmenge von B ist, kann ja B auch eintreten, ohne dass gleichzeitig A eintritt. Die Vermutung kann mit den Wahrscheinlichkeitsaxiomen schnell bestätigt werden. Zunächst kann B als Vereinigung von A und der Differenzmenge $B \setminus A$ dargestellt werden. Die beiden Mengen sind disjunkt, sodass die Additionsregel $P(B) = P(A) + P(B \setminus A)$ angewendet werden kann. Wegen $P(B \setminus A) \geq 0$ ergibt sich weiter $P(B) \geq P(A)$.
3. Um die Gültigkeit der allgemeinen Additionsregel (1.2) für zwei beliebige Ereignisse $A, B \in \Sigma$ zu zeigen, wird das Ereignis $A \cup B$ als Vereinigung der drei

---

maßes möglich ist, das den Kolmogorovschen Axiomen genügt, muss Σ folgende Eigenschaften besitzen: (1) Die Ergebnismenge Ω ist ein Element von Σ. (2) Mit jedem Element $E \in \Sigma$ gehört auch $E^c = \Omega \setminus E$ zu Σ. (3) Die Vereinigung $E_1 \cup E_2 \cup \cdots$ jeder endlichen oder unendlichen Folge von Ereignissen $E_i \subseteq \Sigma$ $(i = 1, 2, \ldots)$ ist Element von Σ. Man bezeichnet ein Mengensystem Σ mit diesen Eigenschaften als eine σ-Algebra (oder eine Ereignisalgebra) über Ω.

disjunkten Ereignisse $A \setminus B$, $A \cap B$ und $B \setminus A$ dargestellt. Mit Hilfe des Axioms A3 von Kolmogorov ergibt sich $P(A \cup B) = P(A \setminus B) + P(A \cap B) + P(B \setminus A)$. Wegen $A = (A \setminus B) \cup (A \cap B)$ ist $P(A \setminus B) = P(A) - P(A \cap B)$. Analog findet man $P(B \setminus A) = P(B) - P(A \cap B)$. Damit erhält man

$$P(A \cup B) = P(A) - P(A \cap B) + P(A \cap B) + P(B) - P(A \cap B)$$
$$= P(A) + P(B) - P(A \cap B).$$

Aufgaben

1. Ein idealer Würfel wird zweimal ausgespielt.

   a) Wie groß ist die Wahrscheinlichkeit des Ereignisses A, dass die Augenzahlen beim ersten und zweiten Ausspielen verschieden sind?
   b) Mit welcher Chance tritt das Ereignis A gegen A^c ein?

2. In einem Bienenvolk wurde festgestellt, dass 5 % der Insekten die Mutation A aufweisen, 2.5 % die Mutation B und 0.5 % sowohl A als auch B. Eine Biene wird zufällig ausgewählt. Mit welcher Wahrscheinlichkeit zeigt das ausgewählte Insekt die Mutation A oder B?

3. Man zeige mit Hilfe der Wahrscheinlichkeitsaxiome, dass für zwei Ereignisse $A, B \in \Sigma$ mit der Eigenschaft $B \subseteq A$ gilt: $P(A \setminus B) = P(A) - P(B)$.

1.4   Zufallsziehung aus einer endlichen Grundgesamtheit

Ein wichtiger Schritt bei der Planung von (statistischen) Versuchen ist die Auswahl von Untersuchungseinheiten (z. B. Pflanzen für einen Wachstumsversuch oder Probanden für die Erprobung der Wirksamkeit eines Medikamentes) aus einer vordefinierten Zielpopulation (Grundgesamtheit). Wir setzen in diesem Abschnitt die Grundgesamtheit als endlich voraus und bezeichnen ihre Größe (d. h. die Anzahl der Untersuchungseinheiten) mit N. Die ausgewählten Untersuchungseinheiten nennt man insgesamt eine Stichprobe und die Anzahl der Untersuchungseinheiten in der Stichprobe den Stichprobenumfang. Um unerwünschte Verfälschungen durch das Auswahlverfahren zu vermeiden, wird im Allgemeinen verlangt, dass die Stichprobenziehung nach einem „Zufallsverfahren" erfolgt. Wir beschränken uns hier auf Ziehungspläne, bei denen alle möglichen Stichproben gleichen Umfangs mit gleicher Wahrscheinlichkeit aus der Zielpopulation ausgewählt werden. Nach diesem Verfahren gebildete Stichproben können also als Ergebnis von Zufallsexperimenten mit gleichwahrscheinlichen Ausgängen betrachtet werden.

Für die Praxis relevante Ziehungsmodelle sind die **Zufallsauswahl mit Zurücklegen** und die **Zufallsauswahl ohne Zurücklegen**. Bei Modellen der ersten Art wird eine Untersuchungseinheit nach der anderen aufs Geratewohl aus der Zielpopulation ausgewählt und wieder „zurückgelegt"; im zweiten Fall werden die ausgewählten Elemente nicht zurückgelegt, so dass sich die Grundgesamtheit mit jeder Ziehung verändert. Mit der Umschreibung „aufs Geratewohl" wird ein Auswahlmechanismus bezeichnet, bei dem jede Untersuchungseinheit mit gleicher Wahrscheinlichkeit ausgewählt und in die Stichprobe aufgenommen wird. Dies kann z. B. so erreicht werden, dass man die Untersuchungseinheiten der Zielpopulation durchnummeriert und eine ganzzahlige Zufallszahl z ($1 \leq z \leq N$) generiert.[5] Aus der Folge $U_1, U_2, \ldots, U_N$ der Untersuchungseinheiten wird dann jene ausgewählt, deren Index der Zufallszahl entspricht. Gibt es in der Zielpopulation keine der erzeugten Zufallszahl entsprechende Untersuchungseinheit (weil diese bereits ausgewählt und nicht zurückgelegt wurde), wird eine neue Zufallszahl generiert. Die Bestimmung der Anzahl der möglichen Stichproben des Umfangs n, die durch Zufallsziehung aus der Zielpopulation (mit N verschiedenen Untersuchungseinheiten) ausgewählt werden können, gehört zu den sogenanntes **Abzählproblemen**, die in der Kombinatorik behandelt werden. Dabei ist zwischen Modellen mit Berücksichtigung der Reihenfolge der ausgewählten Elemente und solchen ohne Berücksichtigung zu unterscheiden.

Einfach ist die Zufallsauswahl **mit Zurücklegen** und mit Berücksichtigung der Reihenfolge. Wir denken uns die Stichprobe durch sukzessive Zufallsziehung von n Untersuchungseinheiten gebildet. Bei der ersten Ziehung gibt es N verschiedene Möglichkeiten, ein Element aus der Zielpopulation auszuwählen. Da das ausgewählte Element zurückgelegt wird, also nochmals ausgewählt werden kann, gibt es zu jeder Auswahl der ersten Ziehung auch bei der zweiten Ziehung wieder N Möglichkeiten; insgesamt haben wir also $N \cdot N$ Möglichkeiten, aus der Zielpopulation zwei Untersuchungseinheiten (mit Zurücklegen) auszuwählen. Führt man diese Überlegungen fort, erkennt man, dass die Gesamtzahl $V(n, N)$ von möglichen Stichproben des Umfangs n, die durch Ziehung mit Zurücklegen aus einer Grundgesamtheit der Größe N gebildet werden können, gegeben ist durch:

$$V(n, N) = N^n.$$

Wir wenden uns nun Modellen der Zufallsziehung aus endlichen Grundgesamtheiten **ohne Zurücklegen** zu und beginnen mit dem Fall, dass die Reihenfolge der gezogenen Elemente zu berücksichtigen ist. Wieder denken wir uns die Stichprobe durch aufeinanderfolgendes Ziehen von n Untersuchungseinheiten gebildet. Da die gezogenen Elemente nicht zurückgelegt werden, kann n höchstens gleich der Größe N der Grundgesamtheit sein. Bei der ersten Ziehung gibt es N verschiedene Möglichkeiten, ein Element aus der Zielpopulation auszuwählen. Zu jeder Auswahl der ersten Ziehung gibt es bei der zweiten Ziehung nunmehr nur mehr $N - 1$ Möglichkeiten. Die Gesamtzahl der Möglichkeiten, aus der Zielpopulation zwei Untersuchungseinheiten (ohne Zurücklegen) auszuwählen, ist also durch das Produkt $N(N - 1)$ gegeben; bei drei Ziehungen sind es insgesamt $N(N - 1)(N - 2)$ Auswahlmöglichkeiten usw. Schließlich hat man bei n Zufallsziehungen (für die n-te Ziehung stehen nur mehr $N - n + 1$ Untersuchungseinheiten zur Auswahl)

---

[5] Vgl. dazu auch die Ausführungen in Punkt 1 der Ergänzungen (Abschn. 1.7).

insgesamt

$$P(n, N) = N(N - 1)(N - 2) \cdots (N - n + 1)$$

Möglichkeiten, die Stichprobe zusammen zu setzen. Man bezeichnet jede einzelne der $P(n, N)$ möglichen Anordnungen von Untersuchungseinheiten zu einer Stichprobe des Umfangs n als eine n-**Permutation** der N Elemente der Zielpopulation. Im Sonderfall $n = N$ (dieser Sonderfall entspricht einer Vollerhebung) werden alle N Untersuchungseinheiten der Zielpopulation ausgewählt. Dies kann auf $P(N, N)$ verschiedene Arten erfolgen. Jede dieser Anordnungen von N Untersuchungseinheiten zu einer Stichprobe des Umfangs N heißt eine Permutation der N Elemente der Zielpopulation. Die Anzahl $P(N, N)$ der verschiedenen Permutationen von N Elementen ist durch das Produkt der natürlichen Zahlen von 1 bis N gegeben, wofür man kurz $N!$ (gelesen als N-**Fakultät** oder N-**Faktorielle**) schreibt. Es gilt also

$$P(N, N) = N! = N(N - 1)(N - 2) \cdots 1.$$

Mit Hilfe des Begriffs der Fakultät kann die Anzahl der n-Permutationen von N Elementen auch in der Form

$$P(n, N) = N(N - 1)(N - 2) \cdots (N - n + 1) \frac{(N - n)(N - n - 1) \cdots 1}{(N - n)(N - n - 1) \cdots 1}$$

$$= \frac{N!}{(N - n)!}$$

dargestellt werden. Für $n = N$ erhält man wieder $P(N, N) = N!$, wobei zusätzlich $0! = 1$ und $1! = 1$ definiert wird.

Zusammenfassungen von jeweils n aus der Grundgesamtheit ausgewählten Elementen, bei denen es nicht auf die Reihenfolge der Auswahl ankommt, werden als n-**Kombinationen** (ohne Berücksichtigung der Reihenfolge) bezeichnet. Mit anderen Worten: Jede aus der Grundgesamtheit gebildete Teilmenge mit n Elementen ist eine derartige n-Kombination. Wir bezeichnen die Anzahl der n-Kombinationen, die aus den N Elementen der Grundgesamtheit – ohne Berücksichtigung der Reihenfolge – gebildet werden können, mit $C(n, N)$. Da jede dieser n-Kombinationen aus $n!$ verschiedenen n-Permutationen besteht, muss die Gleichung $P(n, N) = n!C(n, N)$ gelten, woraus

$$C(n, N) = \frac{P(n, N)}{n!} = \frac{N(N - 1)(N - 2) \cdots (N - n + 1)}{1 \cdot 2 \cdot 3 \cdots n}$$

folgt. Die Anzahl der n-Kombinationen von N Elementen (ohne Berücksichtigung der Reihenfolge) wird meist mit dem durch

$$\binom{N}{n} = \frac{N!}{n!(N - n)!} \tag{1.3}$$

definierten **Binomialkoeffizienten** ausgedrückt, den man „N über n" ausspricht. Binomialkoeffizienten treten bei der Entwicklung von Binomen auf. Details zur Binomialentwicklung können in Punkt 2 der Ergänzungen (Abschn. 1.7) nachgelesen werden.

Beispiele

1. Wir wenden die Abzählformel für die Anzahl der möglichen Ergebnisse bei Zufallsziehung mit Zurücklegen und mit Berücksichtigung der Reihenfolge an, um folgende Aufgabe zu bearbeiten: Ein idealer Würfel wird n-mal ausgespielt. Wie groß ist n zu planen, damit beim n-maligen Ausspielen des Würfels mit zumindest 95 %iger Wahrscheinlichkeit ein oder mehr Sechser gewürfelt werden? Es sei n die (unbekannte) Anzahl der Ausführungen des Zufallsexperimentes „Ausspielen des Würfels" und E das Ereignis, dass unter den n gewürfelten Zahlen wenigstens ein Sechser ist. Das n-malige Ausspielen des Würfels kann durch das Modell einer Zufallsziehung (mit Zurücklegen) von n Zahlen aus der Menge $\{1, 2, 3, 4, 5, 6\}$ simuliert werden. Jedes Ergebnis der Zufallsziehung ist ein n-Tupel $(w_1, w_2, \ldots, w_n)$ von Zahlen $w_i \in \{1, 2, 3, 4, 5, 6\}$. Die Anzahl der insgesamt möglichen n-Tupel ist durch $V(n, 6) = 6^n$ gegeben. Um zur Anzahl der für E günstigen Ausgänge zu gelangen, sind jene n-Tupeln auszuschließen, die keinen Sechser, also nur die Zahlen von 1 bis 5 enthalten. Die Anzahl dieser n-Tupel ist aber $V(n, 5) = 5^n$. Somit ist die Anzahl der n-Tupel mit mindestens einem Sechser durch $V(n, 6) - V(5, n) = 6^n - 5^n$ gegeben. Als Wahrscheinlichkeit des Ereignisses E folgt damit:

$$P(E) = \frac{6^n - 5^n}{6^n} = 1 - \left(\frac{5}{6}\right)^n$$

   Gesucht ist nun die kleinste ganze Zahl n, für die

$$P(E) = 1 - \left(\frac{5}{6}\right)^n \geq 0.95$$

   gilt. Durch Umformung erhält man daraus $n \geq \ln 0.05 / \ln(5/6) = 16.43$, d. h., man muss damit rechnen, 17-mal würfeln zu müssen, um mit einer Sicherheit von wenigstens 95 % einen Sechser in der Serie der Ergebnisse zu haben.

2. Die Anzahl der Permutationen der drei Elemente der Menge $M = \{a, b, c\}$ ist $3! = 1 \cdot 2 \cdot 3 = 6$. Die sechs Permutationen sind: $abc, acb, bac, bca, cab, cba$. Die insgesamt $P(2, 3) = 3 \cdot 2 = 6$ möglichen Zweier-Permutationen der Elemente von M lauten: ab, ba, ac, ca, bc, cb. Dagegen ist die Anzahl $C(2, 3)$ der Zweierkombinationen aus der Menge M gleich $\binom{3}{2} = 3$; die Zweierkombinationen sind: ab, ac und bc.

3. Im Rahmen einer Studie zum Vergleich von 2 Behandlungen mit einer Kontrolle sollen 12 Probanden nach folgendem Zufallsverfahren in drei gleich große

Behandlungsgruppen aufgeteilt werden. Zunächst wird die erste Gruppe durch Zufallsauswahl (ohne Zurücklegen) aus der Menge der 12 Probanden gebildet, anschließend die zweite Gruppe aus der Menge der verbleibenden 8 Probanden; die restlichen 4 Probanden bilden die dritte Behandlungsgruppe. Wir bestimmen die Anzahl der Möglichkeiten, nach dem geschilderten Verfahren 3 gleich große Behandlungsgruppen zusammen zu stellen.

Da die ersten zwei Gruppen jeweils Vierer-Kombinationen sind, die aus 12 bzw. 8 Probanden ausgewählt werden, reduziert sich die Lösung der Aufgabe auf die Bestimmung der Anzahlen dieser Vierer-Kombinationen. Mit Hilfe der Binomialkoeffizienten findet man dafür $\binom{12}{4} = 495$ bzw. $\binom{8}{4} = 70$. Die gesuchte Anzahl der Realisierungsmöglichkeiten ist daher $495 \cdot 70 = 34650$.

Zwei weitere Anwendungsbeispiele (einfache Rückfangmethode, Geburtstagsproblem) für die Zufallsziehung aus endlichen Grundgesamtheiten werden in den Ergänzungen (Abschn. 1.7) behandelt.

Aufgaben

1. Die Nukleotide einer DNA-Kette können in vier verschiedenen Formen auftreten, da es vier verschiedene Basen (Adenin, Cytosin, Guanin, Thymin) gibt. Wie viele verschiedene Realisierungsmöglichkeiten für eine Kette aus 10 Nukleotiden gibt es, wenn man sich die Basen in jedem Nukleotid durch Zufallsauswahl (mit Zurücklegen) aus der Menge der Basen gebildet denkt?

2. Wie oft muss das Werfen einer Münze geplant werden, um mit einer Sicherheit (d. h. Wahrscheinlichkeit) von mindestens 99 % in der Reihe der Ergebnisse mindestens einmal das Ergebnis „Kopf" zu erhalten?

3. Aus einer Liste von zehn Personen sind drei für eine Jury auszuwählen.

   a) Auf wie viele Arten ist dies möglich, wenn es auf die Reihenfolge der Auswahl nicht ankommt?

   b) Wie viele Möglichkeiten hat man, wenn die Personen für drei bestimmte Funktionen in der Jury (z. B. Vorsitz, Stellvertretung, Schriftführung) ausgewählt werden sollen?

4. Beim österreichischen Lotto sind 6 Zahlen aus der Menge $\{1, 2, \ldots, 45\}$ anzukreuzen; diese 6 Zahlen ergeben einen Tipp auf dem Lottoschein.

   a) Wie groß ist die Wahrscheinlichkeit, dass ein Tipp genau 6 richtige Zahlen aufweist?

   b) Mit welcher Wahrscheinlichkeit kreuzt man in einem Tipp 3 richtige Zahlen an?

   c) Wie groß sind die entsprechenden Wahrscheinlichkeiten beim deutschen Lotto? Hier sind 6 Zahlen aus $\{1, 2, \ldots, 49\}$ anzukreuzen.

(Bei den Berechnungen sind Zusatzzahlen nicht zu berücksichtigen.)

1.5 Bedingte Wahrscheinlichkeit und Unabhängigkeit

Wir gehen zur Einführung von einem konkreten Zufallsexperiment aus. Aus einer Urne mit n Kugeln, von denen r rot und s schwarz sind, werden zwei Kugeln hintereinander auf gut Glück ausgewählt. Es seien A und B die Ereignisse, dass die erste bzw. zweite ausgewählte Kugel rot ist. Die Ergebnismenge Ω des aus den beiden Auswahlvorgängen bestehenden Zufallsexperimentes umfasst insgesamt $|\Omega| = n(n-1)$ Ausgänge.

Offensichtlich spielt bei der Berechnung der Wahrscheinlichkeit des Ereignisses B das Wissen über den Ausgang des ersten Auswahlvorganges eine Rolle. Hat man nämlich keine Kenntnis, ob die zuerst ausgewählte Kugel rot oder schwarz ist, muss man bei der Bestimmung der Wahrscheinlichkeit von B sowohl A als auch A^c berücksichtigen; das Ereignis B tritt genau dann ein, wenn entweder $C = A \cap B$ oder $D = A^c \cap B$ eintritt. C und D sind disjunkt, so dass $P(B) = P(C) + P(D)$ ist. Wegen $|C| = r(r-1)$ und $|D| = sr$ ist

$$P(B) = \frac{r(r-1)}{n(n-1)} + \frac{sr}{n(n-1)} = \frac{r(r-1) + (n-r)r}{n(n-1)} = \frac{r}{n}.$$

Weiß man dagegen, dass beim ersten Auswahlvorgang z. B. eine rote Kugel ausgewählt wurde, also A eingetreten ist, wird man dieses Vorwissen bei der Bestimmung der Wahrscheinlichkeit von B einbringen. Da die zweite Auswahl unter der Bedingung erfolgt, dass bereits eine rote Kugel ausgewählt wurde, sprechen wir nun genauer vom Ereignis B unter der Bedingung A und schreiben dafür $B|A$. Durch die Bedingung A wird die Ergebnismenge Ω des Zufallsexperimentes auf jene Ausgänge reduziert, die als Ergebnis der ersten Auswahl eine rote Kugel zeigen. Die unter der Bedingung A möglichen Ausgänge bilden zusammengefasst eine neue Ergebnismenge Ω'; offensichtlich ist $|\Omega'| = r(n-1)$. Von den in Ω' liegenden Ausgängen sind $r(r-1)$ für $B|A$ günstig, so dass

$$P(B|A) = \frac{r(r-1)}{r(n-1)} = \frac{r-1}{n-1}.$$

In Verallgemeinerung des einführenden Beispiels gehen wir nun von einem Zufallsexperiment aus, das durch den Wahrscheinlichkeitsraum (Ω, Σ, P) beschrieben sei. Es seien A und B zwei Ereignisse aus Σ, von A wird zusätzlich $P(A) > 0$ verlangt. Wir betrachten das Ereignis B unter der Bedingung, dass A eingetreten ist, und fragen nach der Wahrscheinlichkeit von B unter dieser Bedingung. Diese Wahrscheinlichkeit heißt die **bedingte Wahrscheinlichkeit von B gegeben A**, sie wird durch $P(B|A)$ bezeichnet und durch die Gleichung

$$P(B|A) = \frac{P(B \cap A)}{P(A)} \tag{1.4}$$

definiert. Man kann sich diese Definitionsgleichung auf folgende Weise plausibel machen: Da nach Voraussetzung A eingetreten ist, kann B nur in Verbindung mit A

eintreten; es ist daher nahe liegend, die bedingte Wahrscheinlichkeit von B gegeben A proportional zur Wahrscheinlichkeit von $B \cap A$ anzusetzen, d. h. $P(B|A) = c\,P(B \cap A)$ zu schreiben, wobei c eine zu bestimmende Proportionalitätskonstante bezeichnet. Auf Grund der unmittelbar einsichtigen Forderung $P(A|A) = 1$ ergibt sich $c = 1/P(A)$ und damit (1.4).

Durch (1.4) wird bei festem A aus Σ mit $P(A) > 0$ jedem $B \in \Sigma$ die bedingte Wahrscheinlichkeit $P(B|A)$ zugeordnet. Für die bedingten Wahrscheinlichkeiten $P(B|A)$ gelten analoge Rechenregeln wie für die unbedingten Wahrscheinlichkeiten $P(B)$. Wir notieren einige grundlegende, sich aus der Definitionsgleichung (1.4) ergebende Folgerungen:

- Für alle $B \in \Sigma$ gilt $P(B|A) \geq 0$, im Besonderen ist $P(\Omega|A) = 1$.
- Sind $B_1, B_2 \in \Sigma$ zwei disjunkte Ereignisse, gilt die **Additionsregel**

$$P(B_1 \cup B_2|A) = P(B_1|A) + P(B_2|A).$$

Setzt man hier $B = B_1$ und $B_2 = B^c$ folgt $P(B^c|A) = 1 - P(B|A)$.
- Für beliebige Ereignisse $A, B \in \Sigma$ mit $P(A) > 0$ gilt die **Multiplikationsregel**

$$P(B \cap A) = P(A)P(B|A). \tag{1.5}$$

Man beachte, dass im Sonderfall $P(A) = 0$ auch $P(B \cap A) = 0$ ist; einerseits ist nämlich $P(B|A) \geq 0$ und andererseits gilt wegen $B \cap A \subseteq A$ die Ungleichung $P(B \cap A) \leq P(A) = 0$.
- Es seien $A, B \in \Sigma$ zwei Ereignisse mit $P(A) > 0$ und $P(B) > 0$.
Die bedingten Wahrscheinlichkeiten $P(B|A) = P(B \cap A)/P(A)$ und $P(A|B) = P(A \cap B)/P(B)$ sind im Allgemeinen verschieden. Wegen $P(B \cap A) = P(A \cap B)$ gilt aber der Zusammenhang $P(A)P(B|A) = P(B)P(A|B)$.

Wenn die Wahrscheinlichkeit von B nicht von der Information abhängt, ob A eingetreten ist, wenn also $P(B|A) = P(B)$ gilt, heißt das Ereignis B **unabhängig** vom Ereignis A. Falls $P(B) > 0$ ist, folgt aus der Unabhängigkeit des Ereignisses B von A auch umgekehrt die Unabhängigkeit des Ereignisses A von B. Aus $P(B)P(A|B) = P(A)P(B|A)$ folgt nämlich mit $P(B|A) = P(B)$ unmittelbar $P(A|B) = P(A)$. Auf Grund dieser Symmetrieeigenschaft kann man statt „A ist unabhängig von B bzw. B ist unabhängig von A" kurz von der Unabhängigkeit der Ereignisse A und B sprechen. Äquivalent zur Forderung $P(B|A) = P(A)$ ist die Forderung der Gültigkeit der Multiplikationsregel in der einfachen Form

$$P(A \cap B) = P(A)P(B). \tag{1.6a}$$

Die Unabhängigkeit der Ereignisse A und B kann daher auch über (1.6a), der sogenannten **Multiplikationsregel** für **unabhängige Ereignisse**, definiert werden. Bei mehr als zwei Ereignissen spricht man von einer **paarweisen Unabhängigkeit**, wenn für jedes Paar von Ereignissen die Beziehung (1.6a) erfüllt ist. So sind die Ereignisse $A_1, A_2, A_3 \in \Sigma$ paarweise unabhängig, wenn zugleich $P(A_1 \cap A_2) =$

$P(A_1)P(A_2)$, $P(A_1 \cap A_3) = P(A_1)P(A_3)$ und $P(A_2 \cap A_3) = P(A_2)P(A_3)$ gilt. Ist darüber hinaus auch noch $P(A_1 \cap A_2 \cap A_3) = P(A_1)P(A_2)P(A_3)$ erfüllt, nennt man die drei Ereignisse **total unabhängig**. Die Multiplikationsregel für unabhängige Ereignisse wird in der Praxis häufig angewendet. Bei n unabhängigen Ereignissen A_i $(i = 1, 2, \ldots, n)$ berechnet man die Wahrscheinlichkeit, dass alle A_i zugleich eintreten, in Verallgemeinerung von (1.6a) mit der Formel

$$P(A_1 \cap A_2 \cap \cdots \cap A_n) = P(A_1)P(A_2) \cdots P(A_n). \tag{1.6b}$$

Die totale Unabhängigkeit der Ereignisse $A_1, A_2, \ldots, A_n$ $(n \geq 2)$ bedeutet, dass (1.6b) für alle möglichen 2- und mehrelementigen Teilmengen von $\{A_1, A_2, \ldots, A_n\}$ erfüllt ist.

Beispiele

1. Es seien M_a und W_a die Ereignisse, dass ein neugeborenes männliches bzw. weibliches Kind den a-ten Geburtstag erlebt. Nach der Sterbetafel 2000/02 für Österreich sind die Wahrscheinlichkeiten der Ereignisse M_{80}, M_{50}, W_{80} und W_{50} durch $P(M_{80}) = 0.460$, $P(M_{50}) = 0.940$, $P(W_{80}) = 0.663$ bzw. $P(W_{50}) = 0.970$ gegeben.
   Wegen $M_{80} \cap M_{50} = M_{80}$ und $W_{80} \cap W_{50} = W_{80}$ – ein(e) 80-Jährige(r) hat natürlich auch das 50. Jahr vollendet – findet man als (bedingte) Wahrscheinlichkeiten, dass ein 50-jähriger Mann bzw. eine 50-jährige Frau das achtzigste Lebensjahr vollenden, $P(M_{80}|M_{50}) = 0.460/0.940 = 0.489$ und $P(W_{80}|W_{50}) = 0.663/0.970 = 0.684$.

2. Aus einem gut durchmischten Kartenspiel mit 52 Karten (13 Karten je Farbe) werden 2 Karten gezogen. Nach dem Ziehen der ersten Karte wird diese zurückgelegt und wieder gut gemischt. Es seien H_1 und H_2 die Ereignisse, dass das erste bzw. zweite Mal die Farbe Herz gezogen wird. Wir bestimmen die Wahrscheinlichkeiten, dass zwei Herz gezogen werden (Ereignis A), dass (wenigstens) eine Karte die Farbe Herz zeigt (Ereignis B) bzw. genau eine Herz-Karte gezogen wird (Ereignis C).
   Unter den getroffenen Voraussetzungen sind die Ereignisse H_1 und H_2 unabhängig. Daher kann die Wahrscheinlichkeit von $A = H_1 \cap H_2$ mit der Multiplikationsregel (1.6a) für unabhängige Ereignisse bestimmt werden; es ergibt sich

$$P(A) = P(H_1 \cap H_2) = P(H_1)P(H_2) = \frac{1}{4} \cdot \frac{1}{4} = \frac{1}{16}.$$

Da die Ereignisse H_1 und H_2 nicht disjunkt sind, ist die Wahrscheinlichkeit von $B = H_1 \cup H_2$ mit der allgemeinen Additionsregel (1.2) zu berechnen. Damit erhält man:

$$P(B) = P(H_1 \cup H_2) = P(H_1) + P(H_2) - P(H_1 \cap H_2)$$
$$= \frac{1}{4} + \frac{1}{4} - \frac{1}{16} = \frac{7}{16}$$

Schließlich tritt das Ereignis C genau dann ein, wenn entweder H_1 und nicht H_2 oder H_2 und nicht H_1 eintritt, d. h. $C = (H_1 \cap H_2{}^c) \cup (H_2 \cap H_1{}^c)$; daher ist

$$P(C) = P(H_1 \cap H_2{}^c) + P(H_2 \cap H_1{}^c) = P(H_1)P(H_2{}^c) + P(H_2)P(H_1{}^c)$$
$$= \frac{1}{4} \cdot \frac{3}{4} + \frac{1}{4} \cdot \frac{3}{4} = \frac{6}{16}.$$

Wenn die erste gezogene Karte nicht zurückgelegt wird, sind die Ereignisse H_1 und H_2 nicht unabhängig. In diesem Fall ist z. B. $P(A) = P(H_1 \cap H_2) = P(H_2|H_1)P(H_1) = (12/51)(1/4) = 1/17$.

3. Bei einem Verfahren zur sterilen Abfüllung von Flaschen tritt mit der Wahrscheinlichkeit $p = 0.1\,\%$ ein Ausschuss (d. h. eine unsterile Flasche) auf. Es werden n Flaschen zufällig aus einem (sehr großen) Produktionslos entnommen (Prüfstichprobe). Die Frage ist, wie viele Flaschen zur Prüfung vorgesehen werden müssen, damit in der Prüfstichprobe mit mindestens 95\,%iger Wahrscheinlichkeit wenigstens eine unsterile Flasche auftritt.
Zur Beantwortung der Frage bezeichnen wir mit E_i ($i = 1, 2, \ldots, n$) das Ereignis, dass die i-te Einheit (Flasche) der Prüfstichprobe steril ist. Gemäß Angabe ist $P(E_i) = 1 - p$. Die Wahrscheinlichkeit, dass alle n Einheiten der Prüfstichprobe zugleich steril sind (Ereignis E), ist nach (1.6b) durch

$$P(E) = P(E_1 \cap E_2 \cap \cdots \cap E_n) = P(E_1)P(E_2) \cdots P(E_n) = (1 - p)^n$$

gegeben. Das zu E komplementäre Ereignis E^c bedeutet, dass von den n Einheiten der Prüfstichprobe wenigstens eine unsteril ist. Die Wahrscheinlichkeit dafür ist $P(E^c) = 1 - P(E) = 1 - (1 - p)^n$. Der Umfang n der Prüfstichprobe ist so zu bestimmen, dass

$$P(E^c) = 1 - (1 - p)^n \geq 0.95$$

ist. Daraus ergibt sich $n \geq \ln 0.05 / \ln(1 - p) = 2994.2$. Es ist also eine Prüfstichprobe mit mindestens 2995 Einheiten vorzusehen, um Ereignisse, die mit der geringen Defektwahrscheinlichkeit von 0.1\,% auftreten, mit 95\,%iger Sicherheit nachweisen zu können.

4. Bei der Bearbeitung eines Problems sind zwei Entscheidungen zu treffen, von denen jede einzelne mit der Wahrscheinlichkeit $\alpha = 0.05$ eine Fehlentscheidung sein kann. Wir bestimmen die **simultane Irrtumswahrscheinlichkeit** α_g, d. h. die Wahrscheinlichkeit, dass eine der Entscheidungen oder beide falsch sind.

(Simultane Irrtumswahrscheinlichkeiten spielen bei wiederholten Signifikanzprüfungen eine Rolle.)
Offensichtlich ist das Ereignis, wenigstens einmal falsch zu entscheiden, komplementär zum Ereignis, zweimal richtig zu entscheiden. Es seien E_1 und E_2 die Ereignisse, dass die erste bzw. zweite Entscheidung richtig ist. Da E_1 und E_2 komplementär sind zu den Ereignissen, das erste bzw. zweite Mal falsch zu entscheiden, ist $P(E_1) = P(E_2) = 1 - \alpha = 0.95$. Wir setzen E_1 und E_2 als voneinander unabhängig voraus. Die Wahrscheinlichkeit des zusammengesetzten Ereignisses $E_1 \cap E_2$, dass sowohl die erste als auch die zweite Entscheidung richtig ist, kann dann mit Hilfe der Multiplikationsregel (1.6a) berechnet werden. Es ist

$$P(E_1 \cap E_2) = P(E_1)P(E_2) = (1 - \alpha)^2 = 0.9025 \approx 0.9.$$

Die Wahrscheinlichkeit, wenigstens einmal falsch zu entscheiden, ist daher $\alpha_g = 1 - (1 - \alpha)^2 = 2\alpha - \alpha^2 \approx 0.1$. Bei sonst gleichen Voraussetzungen gilt allgemein bei n Entscheidungen die Formel

$$\alpha_g = 1 - (1 - \alpha)^n.$$

Wenn die Unabängigkeit der Entscheidungen nicht vorausgesetzt werden kann, tritt an die Stelle dieser Gleichung die Ungleichung von Bonferroni, die in Punkt 5 der Ergänzungen (Abschn. 1.7) näher betrachtet wird.

5. In der Medizin werden bedingte Wahrscheinlichkeiten u. a. verwendet, um den Zusammenhang zwischen einem interessierenden Risikofaktor und einer bestimmten Diagnose (Krankheit) zu beschreiben. Bezeichnen R_+ und R_- die Ereignisse „Risikofaktor vorhanden" bzw. „nicht vorhanden" sowie D_+ und D_- die Ereignisse „Krankheit tritt auf" bzw. „tritt nicht auf", dann stehen die Chancen (odds), die Krankheit zu bekommen, wenn man dem Risiko ausgesetzt ist, im Verhältnis $P(D_+|R_+) : P(D_-|R_+)$; analog können die Chancen zu erkranken, wenn man dem Risiko nicht ausgesetzt ist, durch $P(D_+|R_-) : P(D_-|R_-)$ ausgedrückt werden. Bildet man schließlich den Quotienten aus den Wahrscheinlichkeitsverhältnissen für und gegen das Auftreten der Erkrankung in den beiden unterschiedlichen Risikosituationen, erhält man das sogenannte **Chancenverhältnis** (Odds-Ratio)

$$OR = \frac{P(D_+|R_+)/P(D_-|R_+)}{P(D_+|R_-)/P(D_-|R_-)}.$$

Im folgenden Zahlenbeispiel ist der Risikofaktor das Geburtsgewicht (R_+ und R_- bedeuten ein Geburtsgewicht kleiner bzw. größer gleich 2500 g). Für Österreich (1996) ist die – vom Geburtsgewicht abhängige – Wahrscheinlichkeit, dass ein Säugling stirbt (Ereignis D_+), durch $P(D_+|R_+) = 0.0515$ bzw. $P(D_+|R_-) = 0.0022$ gegeben. Gilt R_+, stehen die Wahrscheinlichkeiten für Tod und Überleben im Verhältnis $0.0515 : 0.9485 \approx 1 : 18$; gilt dagegen

R_-, lautet das entsprechende Verhältnis $0.0022 : 0.9978 \approx 1 : 454$. Damit ergibt sich das Odds-Ratio $OR = 24.6$, das eine deutliche Abhängigkeit der Säuglingssterblichkeit vom Geburtsgewicht zum Ausdruck bringt.

Aufgaben

1. Wir kommen noch einmal auf das Beispiel einer Zufallsauswahl von zwei Kugeln aus einer Urne mit n Kugeln (r roten und s schwarzen) zurück. Die Berechnung der bedingten Wahrscheinlichkeit, bei der zweiten Auswahl eine rote Kugel zu ziehen (Ereignis B), wenn auch die erste Auswahl eine rote Kugel ergeben hat (Ereignis A), hat auf $P(B|A) = (r-1)/(n-1)$ geführt. Man bestätige dieses Resultat durch direkte Anwendung der Definitionsgleichung (1.4).

2. Wie groß ist die Wahrscheinlichkeit, dass die drei Kinder einer Familie Mädchen sind, wenn bekannt ist, dass

    a) das erste Kind ein Mädchen ist und
    b) eines der Kinder ein Mädchen ist?

    Bei der Lösung nehme man Knaben- und Mädchengeburten als gleichwahrscheinlich an, Mehrlingsgeburten sind ausgeschlossen.

3. Es seien W_a und M_a die Wahrscheinlichkeiten, dass ein neugeborenes Mädchen bzw. ein neugeborener Knabe das a-te Lebensjahr erlebt. Wir betrachten ein Ehepaar, in dem der weibliche Partner 40 Lebensjahre und der männliche Partner 45 Lebensjahre vollendet haben.

    a) Man bestimme die Wahrscheinlichkeit, dass der 40-jährige weibliche Partner die nachfolgenden 20 Jahre überlebt; ebenso die Wahrscheinlichkeit, dass der 45-jährige männliche Partner die 20 Jahre überlebt.
    b) Wie groß ist die Wahrscheinlichkeit, dass beide Partner die nachfolgenden 20 Jahre gemeinsam erleben.

    Für die numerische Berechnung verwende man die (der Sterbetafel 2000/02 für Österreich entnommenen) Erlebenswahrscheinlichkeiten $W_{40} = 0.985$, $M_{45} = 0.957$, $W_{60} = 0.935$ und $M_{65} = 0.815$.

4. Ein einfacher Prüfplan besteht darin, dass n Einheiten aus einem Los zufällig ausgewählt und auf Fehler überprüft werden. Das Los wird zurückgewiesen, wenn die Anzahl X der fehlerhaften Einheiten größer als eine gewisse kritische Anzahl c ist. Wie groß ist die Wahrscheinlichkeit $P(X \leq c)$ für die Annahme des Loses, wenn der Anteil von fehlerhaften Einheiten (Ausschussanteil) gleich $p = 0.5\,\%$ ist? Für die Rechnung sei $n = 55$ und $c = 1$; ferner nehme man an, dass sich der Ausschussanteil während der Entnahme der Prüfstichprobe nicht ändert, was mit guter Näherung der Fall ist, wenn der Umfang N des Prüfloses wesentlich größer als n ist.

1.6 Der Satz von Bayes

Bedingte Wahrscheinlichkeiten spielen in der Praxis bei der Modellierung von Unsicherheiten in Entscheidungsfindungsprozessen eine zentrale Rolle. So werden z. B. in der medizinischen Diagnostik Beziehungen zwischen einem Symptom und dieses Symptom möglicherweise verursachende Erkrankungen durch bedingte Wahrscheinlichkeiten ausgedrückt. Man stelle sich unter dem Ereignis B das Auftreten eines Symptoms und unter den Ereignissen A_i ($i = 1, 2, \ldots, n$) mögliche Krankheitsursachen vor; aus Patientenstatistiken lassen sich die bedingten Wahrscheinlichkeiten $P(B|A_i)$ für das Auftreten eines Symptoms bei Vorliegen einer Erkrankung schätzen. Auch die Wahrscheinlichkeiten der Ereignisse A_i (Diagnosen) können meist aus einschlägigen Datenbanken entnommen werden. Man bezeichnet in diesem Zusammenhang $P(A_i)$ als eine **a-priori-Wahrscheinlichkeit**, weil sie vor Erlangen einer Information über das Ereignis B (Symptom) bestimmt wird. Der umgekehrte Schluss von B (als Wirkung) auf eines der A_i (als Ursache), also die Ermittlung der Wahrscheinlichkeit $P(A_i|B)$, ist schwieriger. Gerade das leistet der Satz von Bayes[6], der ein viel benutztes Instrument ist, um a-priori-Wahrscheinlichkeiten von Ereignissen A_i nach Erlangen einer zusätzlichen Information (Symptom B) zu aktualisieren. Die bedingte Wahrscheinlichkeit $P(A_i|B)$, mit der das Eintreten von A_i auf Grund der Kenntnis von B neu bewertet wird, heißt in diesem Zusammenhang eine **a-posteriori-Wahrscheinlichkeit**.

Um den Satz von Bayes zu erhalten, wendet man auf $P(A_i|B)$ die Definitionsgleichung der bedingten Wahrscheinlichkeit an. Es folgt $P(A_i|B) = P(A_i \cap B)/P(B)$. Mit Hilfe der Multiplikationsregel (1.5) kann man für $P(A_i \cap B) = P(B \cap A_i) = P(A_i)P(B|A_i)$ schreiben. Dies führt auf die Formel

$$P(A_i|B) = \frac{P(A_i)P(B|A_i)}{P(B)}, \tag{1.7}$$

in der links die a-posteriori-Wahrscheinlichkeit von A_i (gegeben B) aufscheint und rechts die mit $P(B|A_i)/P(B)$ multiplizierte a-priori-Wahrscheinlichkeit von A_i steht. In (1.7) ist die Wahrscheinlichkeit des Ereignisses B i. Allg. unbekannt und nicht leicht zu ermitteln. Sie kann jedoch unter gewissen Voraussetzungen auf die Wahrscheinlichkeiten $P(A_j)$ und $P(A_j|B)$ ($j = 1, 2, \ldots, n$) zurückgeführt werden; nämlich dann, wenn die Ereignisse A_j so beschaffen sind, dass jedes Element der Ergebnismenge Ω in genau einem A_j liegt. Das bedeutet, dass die Ereignisse A_j paarweise disjunkt sind und ihre Vereinigung gleich der Ergebnismenge Ω ist. Ferner wird $P(A_j) > 0$ vorausgesetzt. Da jedes Element von B in genau einem A_j und folglich in genau einem $B_j = B \cap A_j$ liegt, sind auch die Schnittmengen B_j

---

[6] Thomas Bayes (1702–1761) wirkte als Pfarrer in England und beschäftigte sich auch mit Philosophie und Mathematik. Neben dem Satz von Bayes ist mit seinem Namen auch der Bayes'sche Wahrscheinlichkeitsbegriff verbunden, nach dem die Wahrscheinlichkeit als ein Maß für die persönliche Überzeugung interpretiert wird.

Abb. 1.5 Darstellung der
Menge B als Vereinigung
der Schnittmengen $B_j =$
$B \cap A_j$ $(j = 1, 2, \ldots, n)$
von B mit den disjunkten
Mengen $A_1, A_2, \ldots, A_n$,
die vereinigt die Ergebnismenge Ω bilden

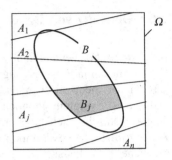

disjunkt und es gilt – wie in Abb. 1.5 veranschaulicht – die Darstellung

$$B = B_1 \cup B_2 \cup \cdots \cup B_n = (B \cap A_1) \cup (B \cap A_2) \cup \cdots \cup (B \cap A_n).$$

Wegen der Additivität des Wahrscheinlichkeitsmaßes (vgl. das Wahrscheinlich-
keitsaxiom A3) ergibt sich daraus

$$P(B) = \sum_{j=1}^{n} P(B \cap A_j) = \sum_{j=1}^{n} P(A_j) P(B|A_j) \qquad (1.8)$$

für die Wahrscheinlichkeit von B, wobei die Umformung in der Summe mit der
Multiplikationsregel (1.5) erfolgte. Diese Formel wird **Satz von der totalen Wahrscheinlichkeit** genannt. Durch Kombinieren von (1.7) und (1.8) folgt schließlich
für die a-posteriori-Wahrscheinlichkeit $P(A_i|B)$ die Formel

$$P(A_i|B) = \frac{P(A_i) P(B|A_i)}{\sum_{j=1}^{n} P(A_j) P(B|A_j)}, \qquad (1.9)$$

die in der Literatur als **Satz von Bayes** bezeichnet wird. Die Anwendung der Sätze
(1.8) und (1.9) wird im Folgenden durch Beispiele erläutert.

Beispiele

1. Von einer Form der Farbblindheit (anomale Trichromasie) sind 6.3 % der männ-
lichen und 0.37 % der weiblichen Bevölkerung betroffen. In Österreich liegt das
Geschlechtsverhältnis in der Altersklasse der 65-jährigen und älteren Personen
bei 0.67 : 1 (Männer : Frauen). Wir bestimmen

   a) die Wahrscheinlichkeit, dass eine zufällig ausgewählte Person dieser Altersklasse farbenblind ist (Ereignis F), und
   b) die Wahrscheinlichkeit, dass eine farbenblinde Person eine Frau ist.

   a) Es seien M und W die Ereignisse, dass eine zufällig aus der Altersgruppe
ausgewählte Person männlich bzw. weiblich ist. Aus dem angegebenen Geschlechtsverhältnis folgen die Wahrscheinlichkeiten $P(M) = 0.67/1.67 =$

40.12 % und $P(W) = 1/1.67 = 59.88\%$. Ferner sind der Angabe die bedingten Wahrscheinlichkeiten $P(F|M) = 6.3\%$ und $P(F|W) = 0.37\%$ zu entnehmen. Das Ereignis F tritt ein, wenn entweder ein farbenblinder Mann oder eine farbenblinde Frau ausgewählt wird, d. h. $F = (F \cap M) \cup (F \cap W)$. Es folgt

$$P(F) = P(F \cap M) + P(F \cap W) = P(M)P(F|M) + P(W)P(F|W)$$
$$= 0.4012 \cdot 0.063 + 0.5988 \cdot 0.0037 = 2.75\%.$$

b) Nun ist die Wahrscheinlichkeit $P(W|F)$ gesucht, dass eine Frau ausgewählt wird unter der Bedingung, dass die ausgewählte Person farbenblind ist. Man erhält dafür

$$P(W|F) = \frac{P(W)P(F|W)}{P(F)} = \frac{0.5988 \cdot 0.0037}{0.0275} = 8.06\%.$$

2. Eine Person aus einer Zielpopulation, die einem bestimmten Krankheitsrisiko ausgesetzt ist, unterzieht sich einem diagnostischen Test, um eine allfällige Erkrankung zu erkennen. Gesucht ist der **positive prädiktive Wert** PPV des Diagnoseverfahrens, d. h. die Wahrscheinlichkeit, dass tatsächlich eine Erkrankung vorliegt, wenn der Testbefund positiv ist.
Zur Berechnung dieser Wahrscheinlichkeit denken wir uns das Testergebnis als Ausgang eines zweistufigen Zufallsexperimentes. Die erste Stufe besteht darin, dass die getestete Person einem Erkrankungsrisiko ausgesetzt ist und in der Folge erkranken kann (Ereignis D_+) oder nicht (Ereignis D_-). Ohne Kenntnis des Ausgangs des diagnostischen Tests kann der Krankheitsstatus der Person nur über die Wahrscheinlichkeit $P(D_+)$, die durch den Anteil der Erkrankten in der Zielpopulation (der sogenannten Prävalenz) geschätzt wird, bewertet werden. Die zweite Stufe des Zufallsexperimentes besteht aus dem Diagnoseverfahren, das einen positiven Befund (Ereignis T_+) oder einen negativen Befund (Ereignis T_-) ergibt. Von einem fehlerfreien Testverfahren würde man erwarten, dass der Test ein positives Ergebnis hat, wenn die Person krank ist, und ein negatives Ergebnis, wenn die Person gesund ist. Tatsächlich sind die entsprechenden Wahrscheinlichkeiten $P(T_+|D_+)$ und $P(T_-|D_-)$, die man als Sensitivität bzw. Spezifität des Testverfahrens bezeichnet, auf Grund von Messungenauigkeiten aber in der Regel kleiner als 1. Die Kenntnis des Testausgangs und der Kenndaten des Tests (nämlich der Sensitivität und der Spezifität) erlaubt es, die Wahrscheinlichkeit einer Erkrankung durch die a-posteriori-Wahrscheinlichkeit $P(D_+|T_+)$ neu zu bewerten.
Zu diesem Zweck übertragen wir Formel (1.9) auf die gegebene Situation. Wir setzen $B = T_+$ und beachten, dass die Ereignisse D_+ und D_- disjunkt sind und vereinigt das sichere Ereignis Ω ergeben (Ω ist die Ergebnismenge des betrachteten zweistufigen Zufallsexperimentes). Mit $A_1 = D_+$ und $A_2 = D_-$

sowie $n = 2$ folgt

$$PPV = P(D_+|T_+) = \frac{P(D_+)P(T_+|D_+)}{P(D_+)P(T_+|D_+) + P(D_-)P(T_+|D_-)}.$$

Diese bedingte Wahrscheinlichkeit stellt den positiven Vorhersagewert für eine Erkrankung bei positivem Testbefund dar. Man beachte, dass $P(D_-) = 1 - P(D_+)$ und $P(T_+|D_-) = 1 - P(T_-|D_-)$ ist.

Für den ELISA-Suchtest zum Erkennen von HIV-infizierten Personen ist die Sensitivität $P(T_+|D_+) = 99.9\,\%$ und die Spezifität $P(T_-|D_-) = 99.8\,\%$. Für Männer, die keiner Risikogruppe angehören (von diesen sind $0.01\,\%$ mit HIV-infiziert) erhält man den positiven prädiktiven Wert

$$PPV = P(D_+|T_+) = \frac{0.001 \cdot 0.999}{0.001 \cdot 0.999 + (1 - 0.001) \cdot (1 - 0.998)} = 33.3\,\%,$$

d. h. nur etwa 33 % der testpositiven Personen sind wirklich HIV-positiv. Weitergehende Ausführungen über diagnostische Tests können z. B. bei Schuhmacher und Schulgen-Kristiansen (2002) oder Greiner (2003) nachgelesen werden.

3. Der Satz von Bayes wird auch zur Abschätzung von Risiken bei der **Vererbung von Krankheiten** verwendet. Wir betrachten eine monogene (durch ein Gen bestimmte) Krankheit K, die nach der Mendelschen Spaltungsregel autosomal (nicht geschlechtsgebunden) vererbt wird. Es sei D das Krankheitsgen und D dominant über dem normalen Gen d. Wenn es am Krankheitsgenort nur diese beiden Allele gibt, sind damit am Genort die Genkombinationen dd, dD (bzw. Dd) und DD möglich. Die bedingte Wahrscheinlichkeit, mit der die Krankheit bei einem bestimmten Genotyp am Krankheitsgenort tatsächlich auftritt, wird als Penetranz bezeichnet. Unter den Voraussetzungen ist $P(K|dd) = 0$; die Penetranzen der Genotypen mit dem Krankeitsgen sind jedenfalls größer als null.

Wegen der Seltenheit von monogenen Krankheiten sind die Genotypen DD sehr selten; wir gehen in diesem Rechenbeispiel davon aus, dass der Vater an der Krankheit leidet, also vom Genotyp dD ist (der Genotyps DD wird vernachlässigt), und die Mutter (Genotyp dd) gesund ist. Ferner wird für den heterozygoten Genotyp die reduzierte Penetranz $P(K|dD) = 0.65$ angenommen. Gesucht ist die Wahrscheinlichkeit, dass ein gesundes Kind dieser Eltern ein Überträger ist (d. h. den Genotyp dD besitzt).

Das zugrundeliegende Zufallsexperiment setzt sich wieder aus zwei Stufen zusammen. Die erste Stufe betrifft die Ausbildung des Genotyps des Kindes. Es kann sich entweder der Genotyp dd ausbilden (Ereignis A_1) oder der Genotyp dD (Ereignis A_2). Nach der Spaltungsregel gilt $P(A_1) = P(A_2) = 0.5$. Zu jedem Ergebnis (Genotyp) der ersten Stufe kann sich in der zweiten Stufe im Phänotyp die Krankheit zeigen oder nicht (Ereignisse K bzw. K^c). Die entsprechenden Wahrscheinlichkeiten sind: $P(K|A_1) = 0$ und $P(K^c|A_1) = 1$ bzw. $P(K|A_2) = 0.65$ und $P(K^c|A_2) = 0.35$. Es folgt mit dem Satz von der totalen

Wahrscheinlichkeit zunächst

$$P(K^c) = P(A_1)P(K^c|A_1) + P(A_2)P(K^c|A_2)$$
$$= 0.5 \cdot 1 + 0.5 \cdot 0.35 = 0.675.$$

Damit ergibt sich für die gesuchte Wahrscheinlichkeit

$$P(A_2|K^c) = \frac{P(A_2 \cap K^c)}{P(K^c)} = \frac{P(A_2)P(K^c|A_2)}{P(K^c)} = \frac{0.5 \cdot 0.35}{0.675} = 25.93\,\%.$$

Kompliziertere Risikoberechnungen für verschiedene Krankheiten und Stammbäume werden z. B. in Bickeböller und Fischer (2007) dargestellt.

Zwei weitere Anwendungsbeispiele (Mendels Nachweis der Reinerbigkeit, Ziegenproblem) zum Satz von Bayes sind in den Ergänzungen (Abschn. 1.7) enthalten.

Aufgaben

1. In der Firma Newbiotech haben 30 % der Beschäftigten einen Universitäts- oder Fachhochschulabschluss, 80 % davon sind in leitenden Positionen tätig. Von den Beschäftigten ohne Universitäts- oder Fachhochschulabschluss sind dagegen nur 30 % in leitenden Funktionen. Wie groß ist die Wahrscheinlichkeit, dass eine Person in leitender Funktion einen Universitäts- oder Fachhochschulabschluss besitzt?
2. Aus Statistiken sei bekannt, dass eine aus einer gewissen Population nach einem Zufallsverfahren ausgewählte Person mit der Wahrscheinlichkeit 0.3 % die Krankheit K_1 und mit der Wahrscheinlichkeit 0.5 % die Krankheit K_2 aufweist. Ferner sei bekannt, dass ein Symptom S bei der Krankheit K_1 (K_2) mit der Wahrscheinlichkeit 0.75 (0.5) zu erwarten ist. Man bestimme die a-posteriori-Wahrscheinlichkeit für die Krankheiten K_1 und K_2, wenn das Symptom S beobachtet wurde; dabei wird angenommen, dass die beiden Krankheiten nicht gemeinsam auftreten können und die einzigen Krankheiten sind, die zum betrachteten Symptom führen.
3. Bei einem diagnostischen Verfahren zum Nachweis einer Erkrankung sei die Wahrscheinlichkeit, ein falsch-positives (falsch-negatives) Ergebnis zu erhalten, gleich 0.3 % (10 %). Die Wahrscheinlichkeit für das Auftreten der Krankheit in einer bestimmten Zielgruppe sei 0.5 %. Man berechne die Wahrscheinlichkeit, dass bei positivem Ergebnis tatsächlich eine Erkrankung vorliegt.
4. Aufgabe der Diskriminanzanalyse ist es, Objekte auf Grund ihrer Eigenschaften (Merkmale) vorgegebenen Klassen zuzuweisen. Es sei O ein Objekt mit der Eigenschaft A; das Objekt O gehöre entweder der Klasse K_1 oder der Klasse K_2 an. Bekannt ist, dass Objekte der Klasse K_1 die beobachtete Eigenschaft A mit der Wahrscheinlichkeit $P(A|K_1) = 0.7$ besitzen; dagegen weisen Objekte der Klasse K_2 diese Eigenschaft mit der Wahrscheinlichkeit $P(A|K_2) = 0.5$

auf. Wir bezeichnen mit $P(K_1)$ und $P(K_2)$ die a-priori-Wahrscheinlichkeiten, dass O zu K_1 bzw. K_2 gehört, und setzen $P(K_1) = P(K_2) = 0.5$ (über die Klassenzugehörigkeit ist a priori nichts bekannt). Wie groß sind die a-posteriori-Wahrscheinlichkeiten $P(K_1|A)$ und $P(K_2|A)$, dass O der Klasse K_1 bzw. K_2 angehört? Welcher Klasse soll O zugewiesen werden?

5. Ein medizinischer Test zum Nachweis einer Erkrankung K liefert mit 95 %iger Wahrscheinlichkeit ein richtig-positives Ergebnis und mit 5 %iger Wahrscheinlichkeit ein falsch-positives Ergebnis. Wie groß ist die Prävalenz von K (d. h. die Wahrscheinlichkeit, mit der K in der betrachteten Zielpopulation auftritt), wenn die Wahrscheinlichkeit eines positiven Testausgangs 23 % beträgt?

1.7 Ergänzungen

1. *Zufallszahlen.* Früher wurden Zufallszahlen durch konkrete Zufallsziehungen gewonnen, etwa so, dass man 10 Karten mit den Ziffern 0 bis 9 beschriftet, in eine Urne legt, gut durchmischt und eine Karte zieht. Die gezogene Karte – sie möge die Ziffer z_1 zeigen – wird wieder zurückgelegt und dann eine neue Ziehung aus der Urne vorgenommen. Ist z_2 die bei der zweiten Ziehung erhaltene Ziffer, hat man mit der aus den gezogenen Ziffern gebildeten Zahl z_2z_1 eine (ganzzahlige) Zufallszahl z mit der Eigenschaft $0 \leq z \leq 99$.

Heute arbeitet man meist mit sogenannten Pseudozufallszahlen, die durch spezielle Computeralgorithmen erzeugt werden. Derartige Zufallszahlengeneratoren sind i. Allg. in einschlägigen Softwareprodukten zur Datenanalyse implementiert und über spezielle Funktionen aufrufbar. So kann man z. B. in OpenOffice oder Excel die Zufallsauswahl von n Elementen aus einer Grundgesamtheit der Größe $N \geq n$ auf folgende Weise simulieren: Mit Hilfe der Funktion ZUFALLSZAHL() erzeugt man N Zufallszahlen[7], die im Intervall $[0, 1]$ liegen. Von diesen Zufallszahlen nutzen wir die Ranginformation, d. h., wir bestimmen die Rangzahlen in der nach aufsteigender Größe geordneten Folge von Zufallszahlen. Die kleinste Zufallszahl erhält die Rangnummer 1, die nächstgrößere die Rangzahl 2 usw. Die Bestimmung der Rangzahlen erfolgt in OpenOffice oder Excel mit der Funktion RANG(). Aus der (durchnummerierten) Grundgesamtheit werden nun jene n Elemente ausgewählt, deren Platznummern den Rangzahlen der ersten n Zufallszahlen entsprechen.

Einschlägige Statistik-Software bietet für die Zufallsauswahl deutlich komfortablere Möglichkeiten. So steht in R die Funktion sample() zur Verfügung, mit der die Zufallsauswahl von Elementen aus einer vordefinierten Grundgesamtheit mit bzw. ohne Zurücklegen vorgenommen werden kann.

2. *Binomialentwicklung.* Bei der Binomialentwicklung geht es darum, Potenzen von Binomen, also Terme der Gestalt $(a + b)^k$ mit reellen Zahlen $a \neq 0, b \neq 0$

---

[7] Die so erzeugten Zufallszahlen sind Realisierungen einer im Intervall $[0, 1]$ gleichverteilten stetigen Zufallsvariablen (vgl. Abschn. 2.3).

und natürlicher Hochzahl k, ausmultipliziert in einer geordneten Form anzuschreiben. Von der Schule her bekannt ist die Binomialentwicklung $(a + b)^2 = a^2 + 2ab + b^2$. Eine allgemeingültige Formel kann mit Hilfe der Binomialkoeffizienten angegeben werden. Es gilt nämlich:

$$(a + b)^k = \binom{k}{0} a^k b^0 + \binom{k}{1} a^{k-1} b^1 + \cdots + \binom{k}{k} a^0 b^k = \sum_{i=0}^{k} \binom{k}{i} a^{k-i} b^i$$

Man beachte in dieser Formel, dass $\binom{k}{0} = \binom{k}{k} = 1$ und $a^0 = b^0 = 1$ ist. Z.B. ergibt sich für $k = 4$:

$$(a + b)^4 = \binom{4}{0} a^4 b^0 + \binom{4}{1} a^3 b^1 + \binom{4}{2} a^2 b^2 + \binom{4}{3} a^1 b^3 + \binom{4}{4} a^0 b^4$$
$$= a^4 + 4a^3 b + 6a^2 b^2 + 4ab^3 + b^4.$$

In der Binomialentwicklung, in der die Summanden in der angeschriebenen Weise nach fallenden Potenzen von a (und steigenden Potenzen von b) geordnet sind, sind die Binomialkoeffizienten $\binom{k}{i}$ $(i = 0, 1, \ldots, k)$ den Potenzen von a und b vorangestellt. Alternativ zur Bestimmung der Binomialkoeffizienten mit Hilfe von (1.3) können die Binomialkoeffizienten für nicht zu großes k auch mit dem sogenannten Pascal'schen Dreieck[8]

```
            1
          1   1
        1   2   1
      1   3   3   1
    1   4   6   4   1
    .   .   .   .   .
```

bestimmt werden. Hier stehen an den seitlichen Rändern nur Einser und jeder „innere" Koeffizient ist gleich der Summe der beiden links und rechts darüberstehenden Koeffizienten.

3. *Einfache Rückfangmethode.* Rückfangmethoden werden in der Ökologie verwendet, um die (unbekannte) Größe N einer Tierpopulation zu schätzen. Man fängt a $(a < N)$ Tiere ein, markiert sie und läßt sie wieder frei. Nachdem sie sich mit der übrigen Population vermischt haben, wird eine Zufallsstichprobe von n $(n < a)$ Tieren aus der Population entnommen und die markierten Tiere gezählt. Gesucht ist die Wahrscheinlichkeit des Ereignisses E, dass sich in der Zufallsstichprobe genau r $(r = 0, 1, 2, \ldots, n)$ markierte Tiere befinden.

---

[8] Das Dreieck ist nach dem französischen Mathematiker, Physiker und Philosophen Blaise Pascal (1623–1662) bezeichnet. Es war aber schon vor Pascal bekannt, z. B. in China, wo es nach dem im 13. Jahrhundert lebenden Mathematiker Yang Hui benannt wird.

Zunächst ist festzustellen, dass es $C(n, N) = \binom{N}{n}$ verschiedene Möglichkeiten gibt, aus der Population Zufallsstichproben mit n Tieren auszuwählen. Diese Zufallsstichproben bilden insgesamt die Ergebnismenge des Zufallsexperimentes „Zufallsziehung von n Tieren aus einer Population der Größe N ohne Zurücklegen und ohne Berücksichtigung der Reihenfolge der Auswahl". Das Ereignis E umfasst jene Stichproben, die aus genau r markierten (und $n - r$ nicht markierten) Individuen bestehen. Die r markierten Tiere der Zufallsstichprobe müssen aus der Menge der a markierten Tiere der Population ausgewählt worden sein; dies ist auf $C(r, a) = \binom{a}{r}$ verschiedene Arten möglich. Analog bilden die restlichen $n-r$ nicht markierten Tiere der Zufallsstichprobe eine $(n-r)$-Kombination aus der Menge der $N - a$ nicht markierten Individuen der Population. Zu jeder r-Kombination aus der Menge der a markierten Individuen der Population gibt es also $C(n - r, N - a) = \binom{N-a}{n-r}$ verschiedene $(n - r)$-Kombinationen aus der Menge der nicht markierten Individuen der Population. Daher ist die Anzahl $|E|$ von Zufallsstichproben mit r markierten und $n - r$ nicht markierten Tieren gleich dem Produkt $C(r, a)C(n - r, N - a)$. Die gesuchte Wahrscheinlichkeit ist daher:

$$P(E) = \frac{C(r,a)C(n - r, N - a)}{C(n, N)} = \frac{\binom{a}{r}\binom{N-a}{n-r}}{\binom{N}{n}}$$

4. *Das Geburtstagsproblem.* Für eine Gruppe von $n \geq 2$ Personen soll die Wahrscheinlichkeit bestimmt werden, dass mindestens zwei Personen am selben Tag des Jahres ihren Geburtstag haben. Dabei ist anzunehmen, dass jeder der 365 Tage des Jahres mit gleicher Wahrscheinlichkeit als Geburtstag in Frage kommt. Die Lösung kann mit Hilfe des Modells der Zufallsziehung ohne Zurücklegen gefunden werden.

Wir nummerieren die Tage von 1 bis 365 durch und können damit die Geburtstage der n Personen als n-Tupel $(d_1, d_2, \ldots, d_n)$ von Zahlen $d_i \in \{1, 2, \ldots, 365\}$ darstellen. Es gibt $V(n, 365) = 365^n$ verschiedene n-Tupel, die insgesamt die Ergebnismenge des Zufallsexperimentes „Zufallsauswahl von n Tagen des Jahres als Geburtstage der n Personen" bilden. Das Ereignis E umfasse jene n-Tupel, die zwei oder mehrere gleiche Tage als Geburtstage enthalten. Das zu E komplementäre Ereignis E^c besteht aus den n-Tupeln, die aus n verschiedenen Tagen bestehen. Die Anzahl dieser n-Tupel ist nach dem Modell der Zufallsauswahl ohne Zurücklegen gleich der Anzahl $P(n, 365) = 365(365 - 1)(365 - 2) \cdots (365 - n + 1)$ der n-Permutationen der 365 Tage. Die gesuchte Wahrscheinlichkeit ist daher

$$P(E) = 1 - P(E^c) = 1 - \frac{365 \cdot 364 \cdots (365 - n + 1)}{365^n}.$$

Man beachte, dass sich bereits für $n \geq 23$ eine Wahrscheinlichkeit von mehr als 50 % ergibt, dass zwei (oder mehr) Personen am selben Tag Geburtstag haben.

5. *Die Ungleichung von Bonferroni.* Im Beispiel 4 von Abschn. 1.5 wurde für zwei zu treffende Entscheidungen die simultane Irrtumswahrscheinlichkeit α_g un-

ter der Voraussetzung berechnet, dass die Ereignisse E_1 (erste Entscheidung ist richtig) und E_2 (zweite Entscheidung ist richtig) voneinander unabhängig sind. Wenn die Ereignisse E_1 und E_2 nicht als unabhängig vorausgesetzt werden können, kommt man auf folgende Weise zu einer Abschätzung der simultanen Irrtumswahrscheinlichkeit. Zunächst nehmen wir unter Beachtung der Beziehung $(E_1 \cap E_2)^c = E_1{}^c \cup E_2{}^c$ die Umformung

$$P(E_1 \cap E_2) = 1 - P\big((E_1 \cap E_2)^c\big) = 1 - P(E_1{}^c \cup E_2{}^c)$$

vor. Indem man auf die Wahrscheinlichkeit $P(E_1{}^c \cup E_2{}^c)$ die allgemeine Additionsregel (1.2) anwendet, kommt man zur Abschätzung

$$P(E_1 \cap E_2) = 1 - [P(E_1{}^c) + P(E_2{}^c) - P(E_1{}^c \cap E_2{}^c)]$$
$$\geq 1 - P(E_1{}^c) - P(E_2{}^c),$$

die einen Sonderfall der Ungleichung von Bonferroni[9] darstellt. Setzt man hier $P(E_1{}^c) = P(E_2{}^c) = \alpha_i$ ein, erhält man für die simultane Irrtumswahrscheinlichkeit $\alpha_g = 1 - P(E_1 \cap E_2) \leq 2\alpha_i$.

6. *Mendels Nachweis der Reinerbigkeit.* Mendel hat eines seiner historischen Experimente mit der Erbse *Pisum sativum* durchgeführt, an der er u. a. die Samenform (Merkmal M) mit den Ausprägungen „rund" bzw. „kantig" untersuchte. In einer ersten Versuchsreihe kreuzte Mendel zwei bezüglich M reinerbige Varietäten mit runden bzw. kantigen Samen. Die aus dieser Kreuzung hervorgehenden F_1-Nachkommen zeigten alle dieselbe Samenform (rund). Aus den F_1-Pflanzen zog Mendel durch Selbstbestäubung eine weitere Generation (F_2-Generation), in der wieder die beiden Originalsorten der Elterngeneration vertreten waren, wobei die eine Sorte (die Sorte mit runden) über die zweite in einem nahe bei 3 : 1 liegenden Verhältnis dominierte. In einer zweiten Versuchsreihe zeigte Mendel, dass von den F_2-Pflanzen mit runden Samen etwa $1/3$ reinerbig sind. Die Erklärung der Versuchsausgänge ist seit Mendel wohlbekannt und in Abb. 1.1 schematisch wiedergegeben.

Den Nachweis der Reinerbigkeit führte Mendel so, dass er eine F_2-Pflanze dann als reinerbig klassifizierte, wenn von 10 Tochterpflanzen alle die dominante Merkmalsausprägung (rund) zeigen. Wir zeigen, dass bei diesem Verfahren das Risiko einer Fehlklassifikation etwa bei 10 % liegt. Zu diesem Zweck seien E_r und E_m die Ereignisse, dass eine F_2-Pflanze mit glatten Samen rein- bzw. mischerbig (d. h. vom Genotyp RR bzw. Rk oder kR) ist. Ferner sei E_{10} das Ereignis, dass zehn (zufällig ausgewählte) Tochterpflanzen der betrachteten F_2-Pflanze runde Samenformen hervorbringen, d. h. vom Genotyp RR bzw. Rk oder kR sind. Es ist: $P(E_r) = 1/3$, $P(E_m) = 2/3$, $P(E_{10}|E_r) = 1$, $P(E_{10}|E_m) = (3/4)^{10} = 0.0563$. Für die gesuchte Wahrscheinlichkeit f einer

---

[9] Mit der Ungleichung von Bonferroni kann die Wahrscheinlichkeit des Durchschnitts von n Ereignissen nach unten abgeschätzt werden. Die Ungleichung geht auf den italienischen Mathematiker Carlo Emilio Bonferroni (1892–1960) zurück. Vgl. z. B. Arens et al. (2010).

irrtümlichen Klassifikation einer F_2-Pflanze mit mischerbig-glatten Samen als reinerbig-glatt ergibt sich mit Hilfe des Satzes von Bayes

$$f = P(E_m|E_{10}) = \frac{P(E_m)P(E_{10}|E_m)}{P(E_m)P(E_{10}|E_m) + P(R_r)P(E_{10}|E_r)} = 0.1012.$$

7. *Das Ziegenproblem.* Aus einer amerikanischen Fernsehshow ist das sogenannte Ziegenproblem bekannt: Um ein Auto zu gewinnen, muss man die richtige Wahl zwischen drei Türen T_1, T_2 und T_3 treffen; hinter einer Tür steht das Auto, hinter den beiden anderen je eine Ziege. Der Kandidat wählt eine Tür, ohne sie zu öffnen. Der Showmaster, der weiß, was sich hinter jeder Tür befindet, öffnet eine Tür, hinter der sich eine Ziege befindet und die vom Kandidaten nicht gewählt wurde. Der Kandidat bekommt nun Gelegenheit, sich seine Wahl noch einmal zu überlegen. Die Frage ist, ob sich die Gewinnaussichten verbessern, wenn zur anderen (verschlossenen) Tür gewechselt wird.

Zur Beantwortung dieser Frage nehmen wir an, dass vor Beginn des Spiels das Auto durch ein Zufallsverfahren einer der Türen zugeordnet wurde, so dass die Wahrscheinlichkeiten der Ereignisse A_i (das Auto befindet sich hinter der Tür T_i ($i = 1, 2, 3$) durch $P(A_1) = P(A_2) = P(A_3) = 1/3$ gegeben sind. Das zweite zufällige Element im Spiel ist das Öffnen einer Tür durch den Showmaster. Es seien S_1, S_2 und S_3 die Ereignisse, dass der Showmaster T_1, T_2 bzw. T_3 öffnet. Nach den Spielregeln darf der Showmaster die vom Kandidaten gewählte Tür – wir nehmen an, es handelt sich dabei um die Tür T_1 – nicht öffnen und auch nicht die Tür, hinter der sich das Auto befindet. Mit dem Satz von der totalen Wahrscheinlichkeit ergibt sich z. B. für die Wahrscheinlichkeit des Ereignisses S_2 (der Showmaster öffnet T_2)

$$P(S_2) = P(A_1)P(S_2|A_1) + P(A_2)P(S_2|A_2) + P(A_3)P(S_2|A_3).$$

Nach den Spielregeln sind aber die bedingten Wahrscheinlichkeiten gleich $P(S_2|A_1) = 1/2$ (der Showmaster wählt unter der Bedingung A_1 mit gleicher Wahrscheinlichkeit zwischen den Ziegentüren T_2 und T_3), $P(S_2|A_2) = 0$ (die Autotür kann nicht geöffnet werden) und $P(S_2|A_3) = 1$ (wenn sich das Auto hinter T_3 befindet, kann nur mehr die Ziegentür T_2 geöffnet werden. Somit ist $P(S_2) = (1/3)(1/2) + (1/3) \cdot 0 + (1/3) \cdot 1 = 1/2$. Der Kandidat hat nun die Möglichkeit, bei der ersten Wahl T_1 zu bleiben, oder zur Tür T_3 zu wechseln. Die Wahrscheinlichkeiten, dass sich – nach der durch das Öffnen der Tür T_2 erhaltenen Zusatzinformation – das Auto hinter T_1 bzw. T_3 befindet, sind

$$P(A_1|S_2) = \frac{P(A_1)P(S_2|A_1)}{P(S_2)} = \frac{1/6}{1/2} = \frac{1}{3} \quad \text{bzw.}$$

$$P(A_3|S_2) = \frac{P(A_3)P(S_2|A_3)}{P(S_2)} = \frac{1/3}{1/2} = \frac{2}{3}.$$

Wenn der Kandidat von T_1 zu T_3 wechselt, hat er also eine doppelt so hohe Gewinnchance. Das gleiche Resultat ergibt sich, wenn der Showmaster nicht T_2 sondern T_3 öffnet, oder wenn der Kandidat nicht T_1 sondern eine der anderen Türen gewählt hat. Über das Ziegenproblem ist in der Literatur viel geschrieben worden, z. B. in Häggström (2006), Havil (2009) oder von Randow (2003).

Kapitel 2
Zufallsvariablen
und Wahrscheinlichkeitsverteilungen

Zu den ersten Erfahrungen beim Messen einer Größe X gehört, dass wiederholtes Messen mehr oder weniger stark abweichende Ergebnisse liefert: Die Messwerte von X zeigen eine Zufallsvariation. Diese kann Ausdruck eines die Messwerte erzeugenden Zufallsexperimentes sein, wie z. b. beim radioaktiven Zerfall, wo die Messgröße (Anzahl der emittierten Teilchen pro Zeiteinheit) statistisch um einen mittleren Zahlenwert schwankt. Aber auch Größen, die an sich einen festen oder wie man auch sagt, wahren Wert besitzen, erhalten durch den Messvorgang eine Zufallskomponente überlagert, die den regellos um den wahren Wert schwankenden Messfehler ausdrückt. Schließlich kann der Zufallscharakter einer Beobachtungsgröße durch die Stichprobenauswahl selbst verursacht sein, wie dies z. B. bei der Anzahl der fehlerhaften Einheiten beim Ziehen einer Prüfstichprobe aus einem Produktionslos der Fall ist. Beobachtungsgrößen zeigen also i. Allg. eine Zufallsvariation und werden – in Verbindung mit Zufallsexperimenten – durch Zufallsvariablen modelliert. In diesem Kapitel geht es um den Begriff und um Eigenschaften von Zufallsvariablen sowie um die Beschreibung der zufälligen Variation von ausgewählten Zufallsvariablen durch Wahrscheinlichkeitsverteilungen.

2.1 Merkmalstypen

Zufallsvariablen dienen dazu die Zufallsvariation von quantitativen Beobachtungsgrößen mathematisch zu beschreiben. Die Art der Beschreibung hängt vom Typ des Merkmals ab. Grundsätzlich sind stetige und diskrete Merkmale auseinanderzuhalten.

Ein **stetiges** Merkmal kann im Prinzip beliebige Werte aus einem Intervall der reellen Achse annehmen. Beispiele für stetige Merkmale sind die Körpergröße einer Person, das Gewicht (die Masse) eines Tieres, der Ertrag eines Feldes oder die Konzentration eines Wirkstoffes in einer Lösung. Die Merkmalswerte gewinnt man durch Messungen; zum Messen braucht man eine Skala, auf der Teile und Vielfache einer (an sich willkürlichen) Maßeinheit markiert sind. Der Nullpunkt auf Längen-

W. Timischl, *Angewandte Statistik*, DOI 10.1007/978-3-7091-1349-3_2,
© Springer-Verlag Wien 2013

oder Gewichtsskalen besitzt eine „absolute" Bedeutung, weil es nicht sinvoll ist, die Nullmarke irgendeinem beliebigen Wert der Messgröße zuzuordnen. Man bezeichnet eine derartige Skala als eine **Verhältnisskala**. Auf einer Verhältnisskala dargestellte Merkmalswerte können addiert, subtrahiert, multipliziert oder dividiert werden. Ein andersartiges stetiges Merkmal ist z. B. die Zeit oder die Temperatur (in °C). Auf der Zeitskala ist nicht nur die Maßeinheit (z. B. Sekunde oder Stunde) willkürlich wählbar, sondern auch der Skalennullpunkt. Man spricht nun von einer **Intervallskala**. Auf Intervallskalen dargestellte Merkmalswerte sind stets relativ zu dem vereinbarten Nullpunkt zu verstehen, ebenso Summen von intervallskalierten Merkmalswerten, nicht aber Differenzen (z. B. Zeit- oder Temperaturdifferenzen), die eine vom Nullpunkt unabhängige Bedeutung haben. Verhältnis- und Intervallskalen werden auch als Messskalen bezeichnet und die darauf darstellbaren Merkmale als **metrische** Merkmale.

Man bezeichnet ein Merkmal als **diskret**, wenn es endlich viele oder abzählbar unendlich viele mögliche Werte besitzt. Ein besonders wichtiger Sonderfall sind die **quantitativen diskreten** Merkmale, die durch Zählungen ermittelt und daher auch als **Zählmerkmale** bezeichnet werden. Diesem Merkmalstyp gehören z. B. die Anzahl der Überlebenden einer Personengruppe an, die einem Risiko (etwa einer Infektion) ausgesetzt war, oder die Anzahl von fehlerhaften Einheiten in einer Prüfstichprobe. Vom Skalentyp her sind Zählmerkmale metrisch; ihre Werte sind nichtnegative ganze Zahlen, die durch die entsprechenden Punkte auf der Zahlengeraden darstellbar sind.

Ein diskretes, aber nicht metrisches Merkmal ist dagegen das fünfstufige Notenkalkül vom Wert 1 (= sehr gut) bis 5 (= nicht genügend). Zwar liegt die Note „2" numerisch in der Mitte zwischen „1" und „3", jedoch kann daraus nicht abgeleitet werden, dass eine mit „1" bewertete Leistung um dasselbe „Ausmaß" über einer mit „2" bewerteten Leistung liegt wie eine mit „3" bewertete Leistung darunter liegt; die Noten bringen lediglich zum Ausdruck, dass „1" besser als „2" und diese Note wieder besser als „3" ist. Eine ähnliche Situation liegt vor, wenn man z. B. die Entwicklungszustände einer Pflanze numerisch durch „1" (= blühend), „2" (= blühend und fruchtend) und „3" (= fruchtend mit grünen Schoten) usw. kodiert. Eine (numerische) Skala, die nur die Feststellung einer Rangfolge zwischen den auf ihr dargestellten Merkmalswerten erlaubt, heißt **ordinal**. Ordinalskalierte Merkmale (kurz auch ordinale Merkmale genannt) sind solche, deren Ausprägungen einer gewissen Rangfolge unterliegen.

Zu behandeln ist noch der Fall eines Merkmals, bei dem die Ausprägungen Bezeichnungen für Eigenschaften sind, die völlig beziehungslos zueinander stehen. So lassen sich z. B. die Blütenfarben „rot", „blau" usw. weder arithmetisch (d. h. durch die Grundrechnungsoperationen) noch relational (d. h. durch Vergleichsoperationen) in sinnvoller Weise verknüpfen. Analoges gilt für Blutgruppen oder Berufskategorien. Daran ändert sich auch nichts, wenn man die Merkmalsausprägungen aus praktischen Gründen numerisch kodiert (und damit formal ein quantitatives diskretes Merkmal erzeugt), etwa die Blütenfarbe „rot" mit „1", „blau" mit „2" usw. abkürzt, und damit zu einer sogenannten **nominalen** Skala gelangt. Dem Skalentyp entsprechend heißen auch die darauf dargestellten Merkmale **nominal**. Speziell wird die Bezeichnung **binär** oder **dichotom** verwendet, wenn es nur zwei mögliche Ausprägungen gibt (wie z. B. beim Merkmal „Geschlecht"). Das Rechnen auf nominalen Skalen beschränkt sich im Wesentlichen auf die Bestimmung der Häufigkeiten, mit denen die verschiedenen Merkmalsausprägungen in einer Untersuchungspopulation auftreten.

2.2   Diskrete Zufallsvariablen

Mit diskreten Zufallsvariablen wird die Zufallsvariation von quantitativen diskreten Merkmalen modelliert. Zur Einführung in den Begriff der Zufallsvariablen betrachte man ein Zufallsexperiment mit zwei Ausgängen, z. B. das Werfen einer Münze mit den Ausgängen K (Kopf) und Z (Zahl). Wir stellen die Frage, wie oft z. B. bei 2 Wiederholungen ein K auftritt. Mit dieser Frage haben wir implizit eine Variable eingeführt, nämlich die Anzahl X der Wiederholungen mit dem Ausgang K beim 2-maligen Werfen der Münze. Die Ergebnismenge des betrachteten Zufallsexperimentes ist $\Omega = \{(K, K), (K, Z), (Z, K), (Z, Z)\}$, wobei das Element (K, Z) die Ausgänge K und Z beim ersten bzw. zweiten Werfen bedeutet. Offensichtlich kann X die Werte 0, 1 oder 2 annehmen. Welchen Wert X annimmt, kann nicht vorhergesagt werden, der Wert von X kommt zufällig zustande: X ist eine Zufallsvariable. So ist die Wahrscheinlichkeit W, dass X den Wert 1 annimmt, gleich der Wahrscheinlichkeit des Ereignisses $E = \{(K, Z), (Z, K)\}$, d. h.

$$W = P(\{(K, Z)\} \cup \{(Z, K)\}) = P(\{(K, Z)\}) + P(\{(Z, K)\}) = \tfrac{1}{2} \cdot \tfrac{1}{2} + \tfrac{1}{2} \cdot \tfrac{1}{2} = \tfrac{1}{2}.$$

Man beachte, dass durch X jedem Element von Ω eine reelle Zahl zugeordnet wird und umgekehrt durch die Vorgabe eines möglichen Wertes von X ein oder mehrere Elemente von Ω bestimmt werden. Zufallsvariablen werden meist mit lateinischen Großbuchstaben (z. B. X) bezeichnet und die Werte der Zufallsvariablen mit den entsprechenden (indizierten) Kleinbuchstaben (z. B. $x_1, x_2, \ldots$). Im betrachteten Beispiel hat X die Bedeutung eines Zählmerkmals.

Zur allgemeinen Festlegung des Begriffs einer **diskreten Zufallsvariablen** betrachte man ein Zufallsexperiment mit dem Wahrscheinlichkeitsraum (Ω, Σ, P). Es sei X eine Funktion, die jedem Ausgang ω des Zufallsexperimentes die reelle Zahl $X(\omega)$ zuordnet. Jeder dieser Werte heißt auch eine Realisierung von X bei Ausführung des Zufallsexperimentes. Man nennt X eine diskrete Zufallsvariable, wenn X nur endlich oder abzählbar unendlich viele Werte $x_1, x_2, \ldots$ annehmen kann. Ist x eine Realisierung von X, so muss ferner die durch $E_x = \{\omega | X(\omega) = x\}$ bestimmte Teilmenge von Ω ein Element der Ereignismenge Σ sein. Es ist üblich, das Ereignis E_x durch $\{X = x\}$ oder einfach durch $X = x$ zu bezeichnen. Mit dem auf Σ definierten Wahrscheinlichkeitsmaß P kann dann die Wahrscheinlichkeit von E_x kurz durch $P(E_x) = P(X = x)$ ausgedrückt werden. Die Übertragung der Wahrscheinlichkeitsverteilung von Ω auf die Menge der Realisierungen von X ist in Abb. 2.1 schematisch dargestellt.

Die Variation von X wird durch Angabe der (höchstens abzählbar unendlich vielen) möglichen Werte $x_1, x_2, \ldots$ von X (wir denken uns diese nach aufsteigender

Abb. 2.1 Schematische Darstellung einer diskreten Zufallsvariablen X als Abbildung von Ω in $\mathbb{R}$ und Veranschaulichung der Übertragung des Wahrscheinlichkeitsmaßes P von Ω auf $\mathbb{R}$. X ist die Anzahl des Ergebnisses K (Kopf) beim zweimaligen Werfen einer Münze

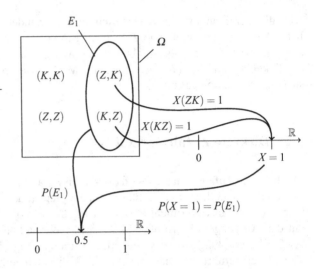

Größe angeordnet) und durch Angabe der Wahrscheinlichkeiten $p_i = P(X = x_i)$ beschrieben, mit denen X die Werte x_i $(i = 1, 2, \ldots)$ annimmt. Die auf der reellen Achse definierte Funktion f mit

$$f(x) = \begin{cases} P(X = x_i) & \text{für } x = x_i \in \{x_1, x_2, \ldots\} \\ 0 & \text{für } x \notin \{x_1, x_2, \ldots\} \end{cases}$$

heißt **Wahrscheinlichkeitsfunktion** von X. Da bei jeder Ausführung des Zufallsexperimentes eines der Ereignisse $E_{x_i} = \{\omega | X(\omega) = x_i\}$ eintritt, muss die Summe aller Wahrscheinlichkeiten $P(X = x_i)$ $(i = 1, 2, \ldots)$ gleich eins sein. Die Wahrscheinlichkeitsfunktion wird grafisch oft durch ein **Stabdiagramm** dargestellt. Zu diesem Zwecke werden über der X-Achse an den Stellen x_i $(i = 1, 2, \ldots)$ Strecken der Länge $P(X = x_i)$ aufgetragen. Denkt man sich die Strecken mit Masse belegt, so bringt das Stabdiagramm bildlich zum Ausdruck, wie die gesamte „Wahrscheinlichkeitsmasse" (nämlich die Masse 1) einer diskreten Zufallsvariablen auf der reellen Achse verteilt ist. Der Vergleich mit einer Masseverteilung ist auch bei der Interpretation von Verteilungskennwerten (wie z. B. dem Mittelwert) nützlich.

In enger Beziehung mit der Wahrscheinlichkeitsfunktion f steht die **Verteilungsfunktion** F von X. Für jedes reelle x ist der Wert $F(x)$ der Verteilungsfunktion gleich der Wahrscheinlichkeit $P(X \leq x)$, dass die Zufallsvariable X einen Wert annimmt, der kleiner als oder gleich x ist. Auf Grund dieser Definition ergibt sich mit Hilfe der Additionsregel für disjunkte Ereignisse der folgende Zusammenhang mit der Wahrscheinlichkeitsfunktion:

$$F(x) = P(X \leq x) = \sum_{x_i \leq x} f(x_i) \tag{2.1}$$

Der Verteilungsfunktionswert an der Stelle x ist also gleich der Summe über alle Wahrscheinlichkeiten $f(x_i) = P(X = x_i)$, die zu jenen Werten x_i von X gehören, die höchstens gleich x sind. Der Graph der Verteilungsfunktion F hat einen „treppenförmigen" Verlauf: Die Funktion springt an den Stellen x_i (d. h. den möglichen Werten von X) jeweils um den Betrag $f(x_i)$ und bleibt zwischen den Sprungstellen konstant. Vor der ersten Sprungstelle x_1 ist F konstant null.

Es folgen zwei einfache Beispiele für diskrete Zufallsvariablen mit endlich vielen Werten. Ein Beispiel für die Verteilung einer diskreten Zufallsvariablen mit abzählbar unendlich vielen Werten ist die Poisson-Verteilung. Diese – und weitere für die Anwendung bedeutsame diskrete Verteilungen – werden in den Abschn. 2.7 und 2.8 gesondert behandelt.

Beispiele

1. Der **Bernoulli-Verteilung** liegt ein Zufallsexperiment mit nur zwei Ausgängen zugrunde, die symbolisch als Erfolg E bzw. Misserfolg M bezeichnet werden.[1] Die Wahrscheinlichkeit, dass E eintritt, sei p. Die Einführung einer diskreten Zufallsvariablen X wird auf eine natürliche Weise so vorgenommen, dass X den Wert 1 erhält, wenn E eintritt, und den Wert 0, wenn E nicht eintritt. Die Wahrscheinlichkeitsfunktion von X ist daher durch $f(1) = p$, $f(0) = 1-p$ und $f(x) = 0$ für alle anderen $x \in \mathbb{R}$ gegeben. Die Verteilungsfunktion F nimmt für $x < 0$ den Wert null an, für $0 \leq x < 1$ den Wert $1 - p$ und für $x \geq 1$ den Wert 1. Die (durch f oder durch F beschriebene) Verteilung heißt Bernoulli-Verteilung und eine Zufallsvariable mit dieser Verteilung eine Bernoulli-Variable.

2. Bei einem n-**stufigen Bernoulli-Experiment** werden hintereinander und voneinander unabhängig n Bernoulli-Experimente (ein jedes mit der Erfolgswahrscheinlichkeit p) ausgeführt. Die Anzahl X der Erfolge in allen n Experimenten ist eine diskrete Zufallsvariable mit den möglichen Werten $x_i = i$ ($i = 0, 1, \ldots, n$). Bei der Bestimmung der Wahrscheinlichkeitsfunktion von X beschränken wir uns auf den Sonderfall $n = 3$ und beziehen uns auf das in Abb. 2.2 gezeichnete Baumdiagramm, das eine Übersicht über die möglichen Ausgänge des aus den $n = 3$ Einzelversuchen zusammengesetzten Zufallsexperimentes zeigt. Zu jedem Ausgang ist auch die Anzahl X der Erfolge angeschrieben. Durch Fixierung von X auf einen der möglichen Werte wird ein bestimmtes Ereignis der Ergebnismenge des 3-stufigen Zufallsexperimentes spezifiziert. So wird z. B. durch $X = 1$ das Ereignis E_1 definiert, dass entweder die Sequenz EMM oder MEM oder MME auftritt. Die Wahrscheinlichkeit dafür ist

$$P(X = 1) = P(E_1) = P(\{EMM\} \cup \{MEM\} \cup \{MME\})$$
$$= P(\{EMM\}) + P(\{MEM\}) + P(\{MME\}) = 3pq^2.$$

---

[1] Zufallsexperimente mit nur zwei Ausgängen werden zu Ehren des Schweizer Mathematikers Jakob Bernoulli (1654–1705) auch Bernoulli-Experimente genannt. Diese stellen ein grundlegendes Modell der Wahrscheinlichkeitsrechnung dar, auf das in der Praxis auch Zufallsexperimente mit mehr als zwei Ausgängen zurückgeführt werden, nämlich dann, wenn man nur an einem Ausgang interessiert ist und die anderen Ausgänge zu einem zweiten Ausgang zusammenfasst.

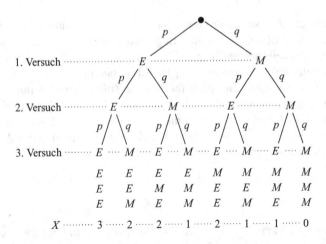

Abb. 2.2 Baumdiagramm für ein 3-stufiges Bernoulli-Experiment (Beispiel 2 in Abschn. 2.2). Die Ausgänge E und M stehen bei jedem Einzelexperiment für Erfolg bzw. Misserfolg. Die entsprechenden Wahrscheinlichkeiten sind p bzw. $q = 1 - p$. Die Variable X zählt die Anzahl der Erfolge über alle 3 Experimente

Dabei wurde von der Additionsregel für disjunkte Ereignisse und der Multiplikationsregel für unabhängige Ereignisse Gebrauch gemacht. Analog ergeben sich die entsprechenden Wahrscheinlichkeiten für die durch $X = 0$, $X = 2$ und $X = 3$ definierten Ereignisse:

$$P(X = 0) = P(\{MMM\}) = q^3,$$

$$P(X = 2) = P(\{EEM\} \cup \{EME\} \cup \{MEE\}) = 3qp^2,$$

$$P(X = 3) = P(\{EEE\}) = p^3$$

Ein Vergleich mit der Formel $(q + p)^3 = q^3 + 3q^2p + 3qp^2 + p^3$ für die dritte Potenz des Binoms $(q + p)$ zeigt, dass die Wahrscheinlichkeiten $P(X = 0)$, $P(X = 1)$, $P(X = 2)$ und $P(X = 3)$ der Reihe nach mit den Summanden der Binomialentwicklung von $(q + p)^3$ übereinstimmen. Daraus folgt unter Beachtung von $q + p = 1$, dass

$$P(X = 0) + P(X = 1) + P(X = 2) + P(X = 3) = (q + p)^3 = 1$$

ist. Die Verteilung der Zufallsvariablen X ist in Abb. 2.3 durch die Wahrscheinlichkeitsfunktion und die Verteilungsfunktion wiedergegeben. Dabei wurde für die Erfolgswahrscheinlichkeit p der Wert 0.75 angenommen, mit dem sich die Wahrscheinlichkeiten $P(X = 0) = 0.016$, $P(X = 1) = 0.140$ und $P(X = 2) = P(X = 3) = 0.422$ ergeben.

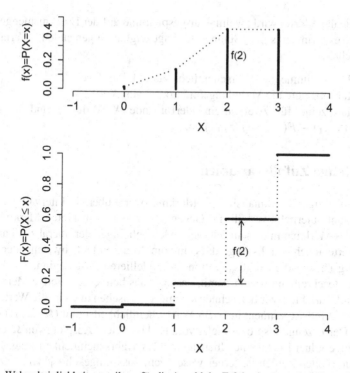

Abb. 2.3 Wahrscheinlichkeitsverteilung für die Anzahl der Erfolge in einem 3-stufigen Bernoulli-Experiment. Die Erfolgswahrscheinlichkeit ist in jedem Experiment $p = 0.75$. Die Wahrscheinlichkeitsfunktion ist oben durch ein Stabdiagramm dargestellt. Die untere Grafik zeigt die Verteilungsfunktion (vgl. Beispiel 2 von Abschn. 2.2)

Aufgaben

1. Eine Münze wird dreimal geworfen, wobei bei jedem Wurf die Münze mit gleicher Wahrscheinlichkeit entweder Kopf oder Zahl zeigt. Man bestimme

   a) die möglichen Werte der Variablen $X =$ „Anzahl der Köpfe in der Versuchsreihe",
   b) die Wahrscheinlichkeitsfunktion von X und
   c) den Wert der Verteilungsfunktion an der Stelle $x = 2$.

2. Eine bezüglich der Samenform mischerbige Erbsenpflanze (Genotyp Rk, R und k bezeichnen die Erbanlagen für die runde bzw. kantige Samenform, R ist gegenüber k dominant) wird mit einer Pflanze gleichen Genotyps gekreuzt. Aus der aus dieser Kreuzung hervorgehenden Tochtergeneration werden drei Pflanzen aufs Geratewohl ausgewählt. Man bestimme die Wahrscheinlichkeitsfunktion f der Zufallsvariablen $X =$ „Anzahl der ausgewählten Tochterpflanzen mit runden Samen" und stelle f grafisch durch ein Stabdiagramm dar.

3. Ein idealer Würfel wird zweimal ausgespielt und auf der Ergebnismenge dieses Zufallsexperimentes die „Summe der angezeigten Augenzahlen" (Variable X) betrachtet.

   a) Man bestimme die Wahrscheinlichkeitsfunktion f von X.

   b) Man skizziere die Verteilungsfunktion F von X.

   c) Man zeige für zwei aufeinanderfolgende X-Werte x_i und x_{i+1}, dass $F(x_{i+1}) - F(x_i) = f(x_{i+1})$ ist.

2.3 Stetige Zufallsvariablen

Bei einem stetigen Merkmal sind die Merkmalswerte über ein Intervall der reellen Achse „kontinuierlich" verteilt. im Gegensatz zu einem diskreten Merkmal kann ein stetiges Merkmal in diesem Intervall jeden beliebigen der überabzählbar vielen Zahlenwerte annehmen. Es folgt, dass ein vom diskreten Fall abweichender Ansatz notwendig ist, um die Zufallsvariation zu modellieren. Wir beginnen die mathematische Beschreibung wieder damit, dass wir das betrachtete stetige Merkmal als eine Zufallsvariable – wir bezeichnen sie mit X – ansehen und uns die Werte von X durch ein Zufallsexperiment mit dem Wahrscheinlichkeitsraum (Ω, Σ, P) erzeugt denken. Der Erzeugungsprozess setzt voraus, dass jedem Ausgang von Ω ein Wert von X zugeordnet ist. Für die Übertragung des Wahrscheinlichkeitsmaßes P von Σ auf die reellen Zahlen ist ferner wesentlich, dass umgekehrt jedem Intervall I der reellen Zahlenachse ein Ereignis E_I aus Σ entspricht, so dass die Wahrscheinlichkeit $P(I) = P(E_I)$ des Ereignisses, dass X einen Wert aus dem Intervall I annimmt, existiert.

Um $P(I)$ berechnen zu können, wird – in Anlehnung an die Mechanik – das Konzept der **Wahrscheinlichkeitsdichte** verwendet. Man denke sich I als das Intervall $[x, x + \Delta x]$ der Zahlengeraden von der Stelle x bis $x + \Delta x$. Die Wahrscheinlichkeit $P(I) = P(x \leq X \leq x + \Delta x)$ dafür, dass X einen Wert aus I annimmt, wird i. Allg. sowohl von x als auch von Δx abhängen. Hinsichtlich der Abhängigkeit von Δx verlangen wir, dass sich $P(I)/\Delta x$ mit kleiner werdendem Δx immer mehr einem nur von x abhängigen (nichtnegativen) Funktionsterm $f(x)$ annähert. Es folgt, dass $P(I)$ bei genügend kleinem $\Delta x > 0$ durch das Produkt $f(x)\Delta x$ dargestellt werden kann[2], das im Wesentlichen mit dem Inhalt der unter dem Graphen von f zwischen x und $x + \Delta x$ liegenden Fläche übereinstimmt. Die besondere Rolle der Funktion f liegt ganz allgemein darin, dass der Inhalt der zwischen zwei Stellen a und b ($b > a$) der reellen Achse unter dem Funktionsgraphen liegenden Fläche als Wahrscheinlichkeit dafür gedeutet werden kann, dass X einen Wert im Intervall $[a, b]$ annimmt. Speziell muss daher von f verlangt werden, dass die gesamte von der reellen Achse und dem Funktionsgraphen eingeschlossene Fläche den Wert 1 besitzt; denn der von X realisierte Wert liegt mit der Wahrscheinlichkeit 1 zwischen $-\infty$ und $+\infty$.

---

[2] Diese Darstellung macht klar, dass die Wahrscheinlichkeitsdichte selbst keine Wahrscheinlichkeit ist; sie kann daher durchaus Werte über 1 annehmen.

Abb. 2.4 Wahrschein-
lichkeitsdichte f und
Verteilungsfunktion F einer
stetigen Zufallsvariablen X.
Die Grafik zeigt eine logarithmische Normalverteilung
(siehe Abschn. 2.10)

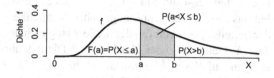

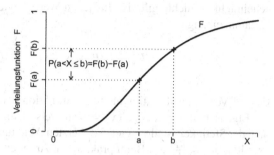

Wir fassen zusammen: Die Zufallsvariation einer **stetigen Zufallsvariablen** X
wird durch eine nichtnegative Funktion f mit der Eigenschaft beschrieben, dass die
zwischen der reellen Achse und dem Funktionsgraphen liegende Fläche den Inhalt 1
besitzt. Die Funktion f heißt Wahrscheinlichkeitsdichte oder kurz **Dichte** und der
Funktionsgraph **Dichtekurve** von X. Die Wahrscheinlichkeit, dass ein von X angenommener Wert in einem gewissen Intervall $[a, b]$ liegt, entspricht dem Inhalt
der unter der Dichtekurve zwischen den Stellen a und b liegenden Fläche. Dieser
Sachverhalt, der mit Hilfe des bestimmten Integrals durch

$$P(a \leq X \leq b) = \int\limits_a^b f(x)dx$$

ausgedrückt werden kann, ist in Abb. 2.4 veranschaulicht. Lässt man b gegen a
gehen, dann strebt der Inhalt der von den Ordinaten in a und b begrenzten Fläche unter der Dichtekurve offensichtlich gegen null. Daraus ergibt sich das auf den
ersten Blick paradox erscheinende Ergebnis, dass jeder Wert a einer stetigen Zufallsvariablen mit einer verschwindenden Wahrscheinlichkeit angenommen wird.
Der scheinbare Widerspruch löst sich, wenn man bedenkt, dass bei einer stetigen
Zufallsvariablen X in jeder noch so kleinen Umgebung von a unendlich viele andere Werte liegen, so dass $P(X = a) = 0$ gelten muss.[3] Aus der Interpretation der
Wahrscheinlichkeit als Fläche unter der Dichtekurve ergibt sich ferner, dass für eine
stetige Zufallsvariable X gilt:

$$P(a \leq X \leq b) = P(a < X \leq b) = P(a \leq X < b) = P(a < X < b)$$

---

[3] Man beachte, dass eine stetige Zufallsvariable X sehr wohl einen festen Wert a annehmen kann,
obwohl $P(X = a) = 0$ ist.

Die **Verteilungsfunktion** F einer stetigen Zufallsvariablen ist analog zum diskreten Fall als „Nicht-Überschreitungswahrscheinlichkeit" definiert, d. h., der Wert $F(x)$ der Verteilungsfunktion an der Stelle x ist gleich der Wahrscheinlichkeit $P(X \leq x)$, dass X kleiner als oder gleich x ist.[4] Diese Wahrscheinlichkeit stimmt bei einer stetigen Zufallsvariablen mit dem Inhalt der Fläche unter der Dichtekurve bis zur Stelle x überein (vgl. Abb. 2.4). Zwischen der Verteilungsfunktion und der Wahrscheinlichkeitsdichte gilt also für jeden Wert x einer stetigen Zufallsvariablen der Zusammenhang

$$F(x) = P(X \leq x) = \int_{-\infty}^{x} f(\xi) d\xi, \tag{2.2}$$

der die Verteilungsfunktion als Stammfunktion der Wahrscheinlichkeitsdichte mit der Eigenschaft $\lim_{x \to -\infty} F(x) = 0$ ausweist. Umgekehrt ist die Dichtefunktion f an jeder Stetigkeitsstelle x gleich der ersten Ableitung der Verteilungsfunktion, d. h. es gilt $f(x) = \frac{dF}{dx}(x)$. Beim praktischen Arbeiten greift man bei der Berechnung von Integralen über Dichtefunktionen oft auf die Verteilungsfunktion zurück, die für alle wichtigen stetigen Verteilungen in tabellierter Form zur Verfügung steht. Sind a und b ($b > a$) zwei Realisierungen von X, dann gilt z. B.:

$$P(X < x) = P(X \leq b) = F(b)$$
$$P(X \geq a) = 1 - P(X < a) = 1 - F(a)$$
$$P(a \leq X \leq b) = F(b) - F(a)$$

Von der Richtigkeit dieser Formeln überzeugt man sich schnell, wenn man die Werte der Verteilungsfunktion als Flächeninhalte deutet.

Beispiele

1. Man spricht von einer über dem Intervall $a \leq x \leq b$ ($b > a$) gleichverteilten stetigen Zufallsvariablen X, wenn ihre Wahrscheinlichkeitsdichte die Funktionsgleichung

$$f(x) = \begin{cases} \frac{1}{b-a} & \text{für } a \leq x \leq b \\ 0 & \text{für } x < a \text{ oder } b > 1 \end{cases}$$

besitzt. Die dadurch definierte Verteilung heißt **stetige Gleichverteilung** (oder Rechteckverteilung) über dem Intervall $[a, b]$. Wie man leicht nachrechnet, ist die von der Dichtekurve und der reellen Achse eingeschlossene Fläche gleich 1. Die Verteilungsfunktion von X ist eine stetige Funktion mit dem Funktionswert $F(x) = 0$ für $x < a$, mit der Gleichung $F(x) = (x - a)/(b - a)$ im Intervall

---

[4] Die Verteilungsfunktion wird in der Literatur auch durch $F(x) = P(X < x)$ (d. h. als „Unterschreitungswahrscheinlichkeit") definiert; für stetige Zufallsvariablen führt diese Festlegung wegen $P(X \leq x) = P(X < x)$ auf dieselben Funktionswerte (nicht aber für diskrete Zufallsvariablen).

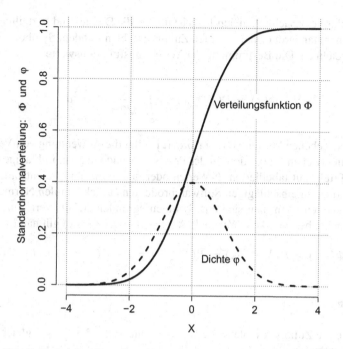

Abb. 2.5 Verteilungsfunktion Φ und Wahrscheinlichkeitsdichte φ der Standardnormalverteilung

$a \leq x \leq b$ und dem Funktionswert 1 im Intervall $x > b$. Ist z. B. $a = 0$ und $b = 1$, bestimmt man mit Hilfe von F die Wahrscheinlichkeit, dass X einen Wert zwischen $\frac{1}{2}$ und $\frac{5}{2}$ annimmt, aus $P(\frac{1}{2} < X < \frac{5}{2}) = F(\frac{5}{2}) - F(\frac{1}{2}) = 1 - \frac{1}{2} = \frac{1}{2}$. Die stetige Gleichverteilung über dem Intervall $[0, 1]$ spielt bei Simulationsexperimenten eine Rolle.[5]

2. Eine Zufallsvariable X heißt **standardnormalverteilt**, wenn ihre Dichtekurve die Form einer symmetrisch zur vertikalen Achse verlaufenden „Glockenkurve" besitzt (vgl. Abb. 2.5). Die Wahrscheinlichkeitsdichte φ ist für jedes reelle x positiv und durch

$$\varphi(x) = \frac{1}{\sqrt{2\pi}} e^{-x^2/2} \qquad (2.3)$$

gegeben. Die Dichtekurve nimmt an der Stelle $x = 0$ den Maximalwert $\varphi(0) = 1/\sqrt{2\pi} = 0.399$ an, besitzt zwei Wendepunkte (an den Stellen $x = -1$ bzw. $x = +1$) und nähert sich für $x \to -\infty$ sowie $x \to \infty$ von oben asymptotisch der horizontalen Achse. Wie man zeigen kann, ist die Gesamtfläche unter der

---

[5] So kann man z. B. das Ausspielen eines Würfels in der Weise simulieren, dass man das Intervall von 0 bis 1 in sechs gleich lange Teilintervalle unterteilt und diesen die Augenzahlen 1, 2 usw. des Würfels zuordnet. Erzeugt man nun einen Wert von X (z. B. mit der Funktion ZUFALLSZAHL() in OpenOffice 3.3.0 bzw. Excel 2010 oder mit der Funktion runif(1) in R), lautet das Ergebnis auf i, wenn die Zufallszahl im Intervall von $(i - 1)/6$ bis $i/6$ ($i = 1, 2, \ldots, 6$) liegt.

Dichtekurve tatsächlich gleich 1. Es ist üblich, die Dichte- und Verteilungsfunktion einer standardnormalverteilten Zufallsvariablen mit dem Symbol φ bzw. Φ zu bezeichnen. Die Bestimmung der Verteilungsfunktionswerte

$$\Phi(x) = P(X \le x) = \int_{-\infty}^{x} \frac{1}{\sqrt{2\pi}} e^{-\xi^2/2} d\xi$$

zu vorgegebenen Werten von x erfordert i. Allg. die Anwendung von Verfahren der numerischen Integration. In der Praxis verwendet man einschlägige statistische Tafeln mit tabellierten Φ-Werten oder man greift auf die entsprechenden Funktionen in einschlägigen Softwareprodukten zurück.[6] In den Normalverteilungstabellen kann man sich aus Symmetriegründen auf Φ-Werte für positive Argumente beschränken. Wegen $P(X \le -x) = P(X \ge x)$ gilt nämlich:

$$\Phi(-x) = P(X \le -x) = P(X \ge x) = 1 - P(X < x) = 1 - \Phi(x)$$

Aufgaben

1. Die stetige Zufallsvariable X ist über dem Intervall $-2 \le x \le 2$ gleichverteilt. Man bestimme

   a) die Dichtefunktion,
   b) die Verteilungsfunktion und
   c) die Wahrscheinlichkeit, dass X einen Wert größer als 1 annimmt.

2. Es sei X eine standardnormalverteilte Zufallsvariable mit der Verteilungsfunktion Φ. Man bestimme die Wahrscheinlichkeit, dass X einen Wert

   a) größer als 1,
   b) kleinergleich -1 und
   c) im Intervall $(0, 1]$ annimmt.

3. Gegeben ist die Dichtefunktion

$$f(x) = \begin{cases} 1 + x & \text{für } -1 \le x \le 0 \\ 1 - x & \text{für } 0 < x \le 1 \\ 0 & \text{für } x < -1 \text{ oder } x > 1 \end{cases}$$

   einer stetigen Zufallsvariablen X.

   a) Wie lautet die Gleichung der Verteilungsfunktion?
   b) Mit welcher Wahrscheinlichkeit nimmt X einen Wert $x \le 1/2$ an?

---

[6] Die in Abschn. 8.1 tabellierten Verteilungsfunktionswerte der Standardnormalverteilung wurden mit der R-Funktion pnorm() berechnet; Werte der Wahrscheinlichkeitsdichte φ erhält man in R mit dnorm().

2.4 Lagemaße

Die Zufallsvariation einer diskreten oder stetigen Zufallsvariablen wird mit Hilfe der Wahrscheinlichkeitsfunktion bzw. Dichtefunktion vollständig beschrieben. Eine Kurzbeschreibung der Zufallsvariation erhällt man, wenn man diese Funktionen hinsichtlich ihrer „Lage" auf der horizontalen Achse (auch Merkmalsachse genannt) und hinsichtlich ihrer „Form" durch geeignete Maßzahlen kennzeichnet. Das wichtigste **Lagemaß** einer Zufallsvariablen X ist der **Erwartungswert** $E(X)$; statt Erwartungswert von X sagt man auch **Mittelwert** von X und schreibt dafür μ_X.

Der Erwartungswert $E(X)$ eine **diskreten** Zufallsvariablen X mit der Wertemenge $D_X = \{x_1, x_2, \ldots\}$ und der Wahrscheinlichkeitsfunktion f ist durch

$$E(X) = \sum_{x_i \in D_X} x_i f(x_i) = x_1 f(x_1) + x_2 f(x_2) + \cdots \tag{2.4a}$$

definiert. Zu seiner Berechnung wird jeder Wert x_i von X mit der entsprechenden Wahrscheinlichkeit $f(x_i) = P(X = x_i)$ multipliziert und die erhaltenen Produkte aufsummiert[7]. Ist X eine **stetige** Zufallsvariable mit der Dichtefunktion f, tritt an Stelle von (2.4a) die Definitionsgleichung

$$E(X) = \int\limits_{-\infty}^{+\infty} x f(x) dx \tag{2.4b}$$

Gleichung (2.4a) erinnert an die Formel für den Schwerpunkt von Punkten, die mit der Masse $f(x_i)$ belegt und an den Stellen x_i der horizontalen Achse angeordnet sind. Auf der Grundlage der Schwerpunktinterpretation kann man sich den Mittelwert als „zentrales Lagemaß" näher bringen. Zu diesem Zweck denke man sich die horizontale Achse mit der Massenbelegung $f(x_i)$ an den Stellen x_i als einen Waagebalken, der an irgendeiner Stelle ξ drehbar gelagert ist. Unter dem Einfluss der Schwerkraft werden die Massenpunkte links und rechts von ξ Drehungen im einander entgegengesetzten Sinn bewirken. Die resultierende Drehwirkung ist null, d. h., der Balken befindet sich im Gleichgewicht, wenn ξ mit $E(X)$ übereinstimmt. Analoges gilt für den Fall, dass X stetig ist. Nun hat man sich die Merkmalsachse mit variabler Masse so belegt zu denken, dass $f(x)$ die Massendichte an der Stelle x ist. Der Schwerpunkt dieser Massenverteilung befindet sich wieder genau an der Stelle $E(X)$.

Im Folgenden werden drei Eigenschaften der durch (2.4a) und (2.4b) definierten Erwartungswerte von diskreten bzw. stetigen Zufallsvariablen angeführt, die für das praktische Rechnen nützlich sind.[8]

---

[7] Wenn X abzählbar unendlich viele Werte besitzt, ist vorauszusetzen, dass die unendliche Reihe $\sum_i |x_i| f(x_i)$ konvergiert. Ist dies nicht der Fall, gibt es keinen Erwartungswert. Analog ist bei stetigem X die Existenz des Integrals (2.4b) zu fordern.

[8] Eine Begründung der angeführten Ergebnisse findet man – für diskrete Zufallsvariablen – in den Ergänzungen (Abschn. 2.11).

- Es sei g eine reellwertige Funktion, die jedem Wert x von X den Funktionswert $g(x)$ zuordnet. Die Gesamtheit dieser Funktionswerte bildet die Wertemenge der Zufallsvariablen $Y = g(X)$, in die X durch g transformiert wird. Mit der **Transformationsregel** kann nun der Erwartungswert von $Y = g(X)$ berechnet werden, ohne dass vorher die Verteilung von Y bestimmt werden muss. Für eine diskrete Zufallsvariable X mit dem Wertevorrat $D_X = \{x_1, x_2, \ldots\}$ und der Wahrscheinlichkeitsfunktion f gilt

$$E(g(X)) = \sum_{x_i} g(x_i) f(x_i). \qquad (2.5a)$$

Die Summe erstreckt sich dabei über alle $x_i \in D_X$. Ist X eine stetige Zufallsvariable und f die Dichtefunktion von X, tritt an die Stelle von (2.5a) die Formel

$$E(g(X)) = \int\limits_{-\infty}^{+\infty} g(x) f(x) dx. \qquad (2.5b)$$

- Ist g eine lineare Funktion, d. h. $Y = g(X) = aX + b$ mit beliebigen reellen Zahlen a und b, so gilt für diskrete und ebenso auch für stetige Zufallsvariablen X die **Linearitätsregel**

$$E(aX + b) = aE(X) + b. \qquad (2.6)$$

Für lineare Funktionen g ist also $E(g(X)) = g(E(X))$. Man beachte jedoch, dass i. Allg. $E(g(X)) \neq g(E(X))$ ist. Speziell wird durch $a = 1$ und $b = -E(X)$ eine Transformation von X auf die Zufallsvariable $Y = g(X) = X - E(X)$ bewirkt, die wegen $E(Y) = E(X) - E(X) = 0$ den Erwartungswert null besitzt.

- Nun seien X und Y zwei Zufallsvariablen. Ist x ein Wert von X und y ein Wert von Y, so ist $x + y$ eine Realisierung der Zufallsvariablen $X + Y$. Der Erwartungswert von $X + Y$ kann in einfacher Weise mit der **Additivitätsregel**

$$E(X + Y) = E(X) + E(Y) \qquad (2.7)$$

als Summe der Erwartungswerte von X und Y bestimmt werden[9]. Wenn Y durch eine Summe von zwei Zufallsvariablen ersetzt wird, folgt aus (2.7) die Additivität des Erwartungswertes für drei Variable und in Weiterführung dieser Überlegung allgemein für $n \geq 3$ Zufallsvariablen.

Neben dem Erwartungswert ist der **Median** eine weitere Maßzahl zur Kennzeichnung der zentralen Lage einer Zufallsvariablen. Für eine stetige Zufallsvariable X mit der Verteilungsfunktion F ist der Median $x_{0.5}$ die eindeutig bestimmte

---

[9] Auf den Erwartungswert $E(X + Y)$ sind die Definitionen (2.4a) und (2.4b) nicht unmittelbar anwendbar. Zur Rückführung auf diese Definitionsgleichungen bilde man die Summenvariable $S = X + Y$. Im Falle von diskreten Variablen X und Y ist dann $E(X + Y) = E(S) = \sum_{s_i} s_i P(S = s_i)$.

Lösung[10] der Gleichung $F(x) = P(X \leq x) = 0.5$. Der Median einer stetigen Zufallsvariablen ist also derjenige Wert von X, der mit 50 %-iger Wahrscheinlichkeit unterschritten (bzw. überschritten) wird; die an der Stelle $x_{0.5}$ der Merkmalsachse errichtete Ordinate teilt die Fläche unter der Dichtekurve von X in zwei Hälften.

Der Median ist ein Spezialfall eines allgemeineren Lagemaßes, des sogenannten p-**Quantils** x_p mit $0 < p < 1$; für eine stetige Zufallsvariable X ist x_p der durch die Forderung

$$F(x_p) = P(X \leq x_p) = p \tag{2.8}$$

festgelegte Wert von X, also jener Wert, der mit der Wahrscheinlichkeit p unterschritten wird. Mit $p = 0.5$ ergibt sich der Median als 50 %-Quantil. Das 25 %-Quantil $x_{0.25}$ und das 75 %-Quantil $x_{0.75}$ heißen auch das **untere** bzw. das **obere Quartil**. Ist X eine diskrete Zufallsvariable mit der Wertemenge $D_X = \{x_1, x_2, \ldots\}$ und der Verteilungsfunktion F, so definieren wir als das p-Quantil das kleinste Element $x_p \in D_X$, das der Forderung

$$F(x_p) = P(X \leq x_p) \geq p \tag{2.9}$$

genügt.[11] Im Besonderen ist der Median bei diskretem X der kleinste Wert $x_{0.5} \in D_X$, der die Ungleichung $F(x_{0.5}) = P(X \leq x_{0.5}) \geq 0.5$ erfüllt. Die Definition des p-Quantils ist in Abb. 2.6 für eine stetige und eine diskrete Zufallsvariable veranschaulicht.

Beispiele

1. Die diskrete Zufallsvariable X besitze die Werte $x_1 = 0$, $x_2 = 1$, $x_3 = 2$, $x_4 = 3$; die entsprechenden Werte der Wahrscheinlichkeitsfunktion f seien $f(x_1) = q^3$, $f(x_2) = 3q^2 p$, $f(x_3) = 3qp^2$ bzw. $f(x_4) = p^3$ (vgl. Beispiel 2 von Abschn. 2.2). Mit (2.4a) ergibt sich der Erwartungswert (Mittelwert)

$$E(X) = 0 \cdot q^3 + 1 \cdot 3q^2 p + 2 \cdot 3qp^2 + 3 \cdot p^3$$
$$= 3p(q^2 + 2qp + p^2) = 3p(q + p)^2 = 3p;$$

dabei wurde davon Gebrauch gemacht, dass p und q die Wahrscheinlichkeiten von komplementären Ereignissen sind, also $q + p = 1$ gilt. Speziell erhält man für $p = 0.75$ – die entsprechende Verteilungsfunktion ist in Abb. 2.3 dargestellt – den Erwartungswert $E(X) = 2.25$. Wegen $F(1) = f(0) + f(1) = 0.156 < 0.5$ und $F(2) = f(0) + f(1) + f(2) = 0.578 \geq 0.5$ ist der Median $x_{0.5} = 2$.

---

[10] Die Eindeutigkeit der Lösung setzt eine streng monoton wachsende Verteilungsfunktion voraus, was bei in der Praxis bedeutsamen Verteilungsfunktionen i. Allg. der Fall ist.
[11] Nach dieser Definition werden auch die Quantile der in der Statistik-Software R bereitgestellten diskreten Wahrscheinlichkeitsverteilungen bestimmt.

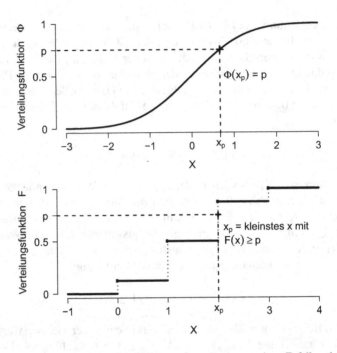

Abb. 2.6 Zur Bestimmung des p-Quantil $(0 < p < 1)$ einer stetigen Zufallsvariablen (obere Grafik) und einer diskreten Zufallsvariablen (untere Grafik) mit Hilfe der Verteilungsfunktion. In der oberen Grafik wurde beispielhaft das Quantil $x_{0.75} = 0.6745$ der Standardnormalverteilung dargestellt, in der unteren Grafik das Quantil $x_{0.75} = 2$ der Anzahl X der Erfolge beim 3-stufigen Bernoulli-Experiment mit der Erfolgswahrscheinlichkeit 0.5

2. Es sei X eine Bernoulli-Variable mit den Werten $x_1 = 0$ und $x_2 = 1$. Die entsprechenden Werte der Wahrscheinlichkeitsfunktion f sind $f(0) = 1 - p$ bzw. $f(1) = p$. Wir bestimmen die Erwartungswerte $E(X)$ und $E((X - p)^2)$. Die Anwendung der Definitionsgleichung (2.4a) führt unmittelbar auf

$$E(X) = 0 \cdot (1 - p) + 1 \cdot p = p.$$

Zur Berechnung des Erwartungswertes von $(X - p)^2$ verwenden wir die Transformationsregel (2.5a) mit $g(X) = (X - p)^2$. Damit ergibt sich

$$E((X - p)^2) = (0 - p)^2 \cdot (1 - p) + (1 - p)^2 \cdot p = p^2(1 - p) + (1 - p)^2 p$$
$$= p(p - p^2 + 1 - 2p + p^2) = p(1 - p).$$

Alternativ könnte man die Berechnung des Erwartungswertes von $Y = (X - p)^2$ auch mit der Additivitätsregel (2.7) in Angriff nehmen. Dazu wird zuerst die Umformung $(X - p)^2 = X^2 - 2pX + p^2 = X_1 + X_2$ mit $X_1 = X^2$ und $X_2 = -2pX + p^2$ vorgenommen. Die Anwendung der Additivitätsregel auf

$E(X_1 + X_2)$ führt auf

$$E(X_1 + X_2) = E(X_1) + E(X_2) = E(X^2) + E(-2pX + p^2)$$
$$= E(X^2) - 2pE(X) + p^2.$$

Im letzten Umformungsschritt wurde von der Linearitätsregel (2.6) Gebrauch gemacht. Wegen $E(X^2) = 0^2 \cdot (1 - p) + 1^2 \cdot p = p$ und $E(X) = p$ erhält man schließlich wie vorher das Ergebnis $E((X - p)^2) = p - 2p^2 + p^2 = p(1 - p)$.
3. Es sei X die über dem Intervall $0 \leq x \leq 1$ gleichverteilte Zufallsvariable mit der Dichte $f(x) = 1$ für $0 \leq x \leq 1$ und $f(x) = 0$ für $x < 0$ oder $x > 1$. Der Erwartungswert von X ist

$$E(X) = \int_{-\infty}^{+\infty} x f(x) dx = \int_0^1 x dx = 1/2.$$

Dass $E(X) = 1/2$ sein muss, ergibt sich im Übrigen direkt aus der (aus der Schwerpunktsinterpretation evidenten) Tatsache, dass die Dichtefunktion symmetrisch zur Geraden $x = 1/2$ verläuft. Wegen

$$P(X \leq x_p) = \int_0^{x_p} f(x) dx = x_p$$

erhält man als p-Quantil $x_p = p$. Daraus folgen z. B. der Median $x_{0.5} = 0.5$ und die Quartile $x_{0.25} = 0.25$, $x_{0.75} = 0.75$.
4. Wir bestimmen

 a) das 95 %-Quantil $x_{0.95}$ und
 b) das 2.5 %-Quantil $x_{0.025}$ der Standardnormalverteilung, d. h. die Lösungen der Gleichung $\Phi(x) = 0.95$ bzw. $\Phi(x) = 0.025$ und verwenden dazu Tab. 8.1 in Abschn. 8.1.[12]

a) Der Verteilungsfunktionswert 0.95 liegt zwischen den in Abschn. 8.1 tabellierten Φ-Werten 0.9495 und 0.9505, zu denen die x-Werte 1.64 bzw. 1.65 gehören. Mittels linearer Interpolation findet man $x_{0.95} = 1.645$.
b) Da Φ-Werte unter 0.5 in Abschn. 8.1 (Tab. 8.1) nicht tabelliert sind, wird zur Bestimmung von $x_{0.025}$ zuerst das Quantil $x_{0.975}$ zur Gegenwahrscheinlichkeit $1 - 0.025 = 0.975$ aus $\Phi(x_{0.975}) = 0.975$ bestimmt; es ergibt sich $x_{0.975} = 1.96$. Das gesuchte 2.5 %-Quantil ist dann aus Symmetriegründen durch $x_{0.025} = -x_{0.975} = -1.96$ gegeben.

---

[12] Schneller gelangt man ans Ziel, wenn man die Quantile direkt der Tab. 8.2 in Abschn. 8.1 entnimmt oder sie mit einer Quantilsfunktion berechnet, die einschlägige Software-Produkte zur Verfügung stellen, z. B. mit der R-Funktion qnorm().

Aufgaben

1. Es sei X die Anzahl der Erfolge bei einem zweistufigen Bernoulli-Experiment mit der Erfolgswahrscheinlichkeit $p = 0.25$ bei jedem einzelnen Versuch. Man zeige:

   a) $E(X) = 0.5$,

   b) $x_{0.5} = 0$ und

   c) $x_{0.75} = 1$.

2. Es werden 3 Münzen geworfen. Bei jedem Wurf tritt mit gleicher Wahrscheinlichkeit entweder das Ergebnis Kopf oder das Ergebnis Zahl ein. Mit der Zufallsvariablen X wird die Anzahl der Köpfe, die beim dreimaligen Werfen auftreten können, gezählt. Man bestimme

   a) den Erwartungswert von X,

   b) den Median von X und

   c) den Erwartungswert von X^2.

3. Die stetige Zufallsvariable X ist über dem Intervall $-1 \leq x \leq 0.5$ gleichverteilt. Man bestimme

   a) den Erwartungswert von X,

   b) den Median und die Quartile von X sowie

   c) den Erwartungswert von X^2.

4. Man zeige:

   a) Für eine stetige Zufallsvariable X ist $E(X) = c$, wenn die Dichtefunktion f symmetrisch bezüglich der Stelle c der reellen Achse ist, d. h. wenn $f(c - x) = f(c + x)$ für alle reellen x gilt.

   b) Für die konstante Zufallsvariable $X = b$ (b ist eine reelle Zahl) gilt $E(X) = b$.

2.5 Formmaße

Wir wenden uns nun der Beschreibung der „Form" der Verteilung einer Zufallsvariablen X zu. Es erscheint nahe liegend, die Form zunächst danach zu beurteilen, ob der Graph der Wahrscheinlichkeitsfunktion bzw. die Dichtekurve einen flachen, langgestreckten Verlauf besitzt oder über einen engen Bereich der Merkmalsachse konzentriert ist. Die damit angesprochene Verteilungseigenschaft wird durch **Streuungsmaße** erfasst, von denen die **Varianz** $Var(X)$ (auch die Bezeichnung σ_X^2 ist üblich) bzw. die **Standardabweichung**

$$\sigma_X = \sqrt{Var(X)}$$

als Quadratwurzel der Varianz die bedeutsamsten sind. Die Varianz von X wird als Erwartungswert der Zufallsvariablen $Y = (X - \mu_X)^2$ eingeführt, d. h., als Mittelwert der quadratischen Abweichung der Variablen X von $\mu_X = E(X)$ berechnet. Die Definitionsgleichung der Varianz für eine diskrete Zufallsvariable X (mit der Wahrscheinlichkeitsfunktion f) lautet folglich

$$Var(X) = E((X - \mu_X)^2) = (x_1 - \mu_X)^2 f(x_1) + (x_2 - \mu_X)^2 f(x_2) + \cdots$$

und für eine stetige Zufallsvariable X (mit der Dichtefunktion f)

$$Var(X) = E((X - \mu_X)^2) = \int\limits_{-\infty}^{+\infty} (x - \mu_X)^2 f(x)dx.$$

Wir fassen im Folgenden einige Ergebnisse zusammen. Die ersten zwei Punkte sind für die Berechnung von Varianzen nützlich, der dritte Punkt für die Interpretation der Varianz als Streuungsmaß.

- Kennt man von einer Zufallsvariablen X die Erwartungswerte $E(X)$ und $E(X^2)$, kann die Varianz von X mit der Formel

$$Var(X) = E(X^2) - (E(X))^2 \qquad (2.11)$$

berechnet werden. Diese Formel wird auch **Verschiebungssatz** genannt. Man erhält sie unmittelbar aus der Definitionsgleichung $Var(X) = E((X - \mu_X)^2)$, indem man das Quadrat des Binoms $X - \mu_X$ ausmultipliziert und die Additivitätseigenschaft des Erwartungswertes beachtet.

- Bei einer **Lineartransformation** von X in die Zufallsvariable $Y = aX + b$ (a und b sind reelle Zahlen) gilt für die Varianz von Y die einfache Formel[13]

$$Var(aX + b) = a^2 Var(X). \qquad (2.12)$$

Im Sonderfall $a = 1$ bedeutet die Lineartransformation $X \to X + b$ geometisch eine Verschiebung des Nullpunktes der reellen Achse um b Einheiten. Aus (2.12) ergibt sich unmittelbar $Var(X + b) = Var(X)$, d. h. die Varianz ist invariant gegenüber Nullpunktsverschiebungen. Setzt man $a = 1/\sigma_X$ und $b = -\mu_X/\sigma_X$, so erhält man aus X die Lineartransformierte

$$Z = \frac{X - \mu_X}{\sigma_X}. \qquad (2.13)$$

Man bezeichnet die Transformation $X \to Z$ gemäß (2.13) als **Standardisierung** und bringt damit zum Ausdruck, dass eine standardisierte Zufallsvariable den Mittelwert null und die Standardabweichung 1 besitzt.

---

[13] Auch diese Formel bestätigt man schnell, in dem man von der Definitionsgleichung ausgeht und $E(aX+b) = a\mu_X+b$ beachtet. Es ist nämlich $Var(aX+b) = E((aX+b-a\mu_X-b)^2) = E(a^2(X - \mu_X)^2) = a^2 E((X - \mu_X)^2) = a^2 Var(X)$.

- Mit der Standardabweichung verbindet man die Vorstellung, dass bei kleinem σ_X die Zufallsvariable X mit hoher Wahrscheinlichkeit Werte in einem engen Intervall um den Mittelwert μ_X annimmt. Diese Vorstellung wird durch die **Ungleichung von Tschebyscheff** präzisiert.[14] Die Ungleichung liefert für die Wahrscheinlichkeit, dass eine Zufallsvariable X mit dem Erwartungswert μ_X und der Varianz σ_X^2 – über die Verteilung wird sonst keine Annahme gemacht – einen Wert im Intervall $\mu_X - c < x < \mu_X + c$ (c ist eine positive reelle Zahl) annimmt, die Abschätzung

$$P(\mu_X - c < X < \mu_X + c) \geq 1 - \frac{\sigma_X^2}{c^2}. \qquad (2.14)$$

Setzt man z. B. $c = 2\sigma_X$, so ergibt sich $P(\mu_X - 2\sigma_X < X < \mu_X + 2\sigma_X) \geq 1 - 1/4 = 0.75$, d. h., die Wahrscheinlichkeit, dass innerhalb der zweifachen Standardabweichung um μ_X eine Realisierung von X liegt, ist wenigstens 75 %.

Der Erwartungswert und die Varianz sind Sonderfälle der sogenannten **Momente** der Verteilung einer Zufallsvariablen. Das k-te Moment ($k = 1, 2, \ldots$) einer Zufallsvariablen X wird allgemein als der Erwartungswert $m_k = E(X^k)$ der k-ten Potenz von X definiert. In diesem Sinne ist der Mittelwert $\mu_X = E(X)$ das erste Moment von X. Man spricht vom **zentralen Moment** $c_k = E((X - \mu_X)^k)$, wenn man den Erwartungswert der k-ten Potenz der zentrierten Zufallsvariablen $X - \mu_X$ bildet. Zum Beispiel ist die Varianz das zweite zentrale Moment $c_2 = E((X - \mu_X)^2)$ von X. Neben dem ersten Moment m_1 und dem zweiten zentralen Moment c_2 spielt noch das dritte zentrale Moment $c_3 = E((X - \mu_X)^3)$ eine Rolle, und zwar bei der Beschreibung der **Asymmetrie** einer Verteilung. Indem man c_3 durch die dritte Potenz der Standardabweichung dividiert, erhält man die dimensionslose Größe

$$\gamma = \frac{c_3}{\sigma_X^3} = \frac{1}{\sigma_X^3} E((X - \mu_X)^3), \qquad (2.15a)$$

die als **Schiefe** der Verteilung bezeichnet und in der Praxis oft als Maß für die Asymmetrie angegeben wird. Die Schiefe ist null, wenn die Wahrscheinlichkeits- bzw. Dichtefunktion f symmetrisch bezüglich $x = \mu_X$ ist, d. h., wenn $f(\mu_X - x) = f(\mu_X + x)$ für alle reellen x gilt.[15] Die Standardnormalverteilung (vgl.

---

[14] Pafnutij L. Tschebyscheff (1821–1894) – man findet den Namen auch als Tschebyschow transkribiert – war einer der bedeutendsten Vertreter der russischen Schule der Wahrscheinlichkeitstheorie. Darüber hinaus war er auch in anderen Gebieten der Mathematik tätig, z. B. in der Analysis. Eine Begründung für die Tschebyscheff'sche Ungleichung kann in den Ergänzungen (Abschn. 2.11) nachgelesen werden.

[15] Man beachte, dass die Umkehrung i. Allg. nicht gilt, d. h. aus $\gamma = 0$ folgt nicht zwingend die Symmetrie der Verteilung. Dies kann man an folgendem Beispiel aus Kreyszig (1977) erkennen: Die diskrete Zufallsvariable X mit der Wertemenge $D_X = \{-4, 1, 5\}$ und den Wahrscheinlichkeitsfunktionswerten $f(-4) = 1/3$, $f(1) = 1/2$ und $f(5) = 1/6$ ist nicht symmetrisch bezüglich $\mu_X = 0$, trotzdem ist $\gamma = 0$.

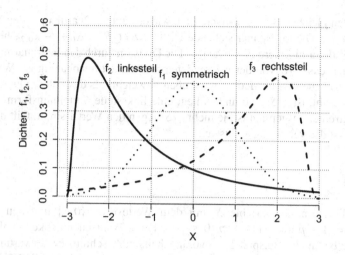

Abb. 2.7 Dichtekurven einer symmetrischen (f_1), linkssteilen (f_2) und rechtssteilen (f_3) stetigen Verteilung

Abb. 2.5) ist symmetrisch bezüglich der Stelle $x = 0$, daher ist $\gamma = 0$. Die möglichen Abweichungen von der Symmetrie sind in Abb. 2.7 veranschaulicht. Ist die Schiefe positiv spricht man auf Grund des Verteilungsbildes von einer **linkssteilen** Asymmetrie, bei negativer Schiefe von einer **rechtssteilen** Verteilung. Statt „linkssteil" ist auch die Bezeichnung rechtsschief und statt „rechtssteil" die Bezeichnung linksschief gebräuchlich.

Beim praktischen Rechnen ist oft die Bestimmung des Momentes m_3 einfacher als die Bestimmung des entsprechenden zentralen Momentes c_3. Kennt man die Momente $m_1 = E(X) = \mu_X$, $m_2 = E(X^2)$ und $m_3 = E(X^3)$, kann c_3 mit Hilfe der Additivitätsregel (2.7) und der Linearitätsregel (2.6) wie folgt auf diese Momente zurückgeführt werden:

$$c_3 = E((X - \mu_X)^3) = E(X^3 - 3X^2\mu_X + 3X\mu_X^2 - \mu_X^3)$$
$$= E(X^3) - 3E(X^2)\mu_X + 3\mu_X^3 - \mu_X^3 = m_3 - 3m_2m_1 + 2m_1^3.$$

Alternativ zu γ werden in der Praxis auch andere Maßzahlen zur Beschreibung der Asymmetrie einer Verteilung verwendet. Eine dieser Maßzahlen ist der mit dem Median $x_{0.5}$ und den Quartilen $x_{0.25}$ und $x_{0.75}$ gebildete **Bowley-Koeffizient**[16]

$$QS = \frac{x_{0.75} - x_{0.5} - (x_{0.5} - x_{0.25})}{x_{0.75} - x_{0.25}} = \frac{x_{0.75} - 2x_{0.5} + x_{0.25}}{x_{0.75} - x_{0.25}}$$

für eine stetige Zufallsvariable X. Der Zähler nimmt bei einer symmetrischen Verteilung den Wert null an, da in diesem Fall das obere Quartil $x_{0.75}$ den Median

---

[16] Benannt nach dem englischen Ökonomen und Statistiker A.L. Bowley (1869–1957).

$x_{0.5}$ um den gleichen Betrag überschreitet, wie das untere Quartil $x_{0.25}$ den Median unterschreitet. Die im Nenner stehende Differenz $IQR = x_{0.75} - x_{0.25}$ heißt **Interquartilabstand** (interquartile range). Die Division durch den Interquartilabstand stellt sicher, dass QS von der verwendeten Maßeinheit unabhängig ist. Wenn das obere Quartil mehr vom Median nach oben abweicht, als das untere Quartil nach unten abweicht, ist $QS > 0$ und es liegt eine linkssteile Verteilungsform vor, die immer extremer ausgeprägt ist, je mehr QS gegen den Wert 1 strebt. Gilt dagegen $QS < 0$, ist die Verteilung rechtssteil.

Beispiele

1. Für die Bernoulli-Variable X mit dem Wertevorrat $\{0, 1\}$ und den Werten $f(0) = 1 - p$ und $f(1) = p$ $(0 \le p \le 1)$ der Wahrscheinlichkeitsfunktion f wurde bereits im Beispiel 2 des vorangehenden Abschnitts der Erwartungswert $E((X - \mu_X)^2) = E((X - p)^2) = p(1 - p)$ berechnet, der nach (2.10) gleich der Varianz von X ist.

2. Die Zufallsvariable X bezeichne nun die Anzahl der Erfolge bei einem dreistufigen Bernoulli-Experiment mit der Erfolgswahrscheinlichkeit p. Der Wertevorrat von X ist $D_X = \{0, 1, 2, 3\}$, die entsprechenden Werte der Wahrscheinlichkeitsfunktion sind $f(0) = q^3$, $f(1) = 3q^2 p$, $f(2) = 3qp^2$ und $f(3) = p^3$ ($q = 1 - p$, vgl. Beispiel 2 von Abschn. 2.2). Der Erwartungswert $E(X) = 3p$ wurde in Beispiel 1 von Abschn. 2.4 berechnet. Für die Varianz von X findet man mit Hilfe des Verschiebungssatzes (2.11)

$$Var(X) = 0^2 \cdot q^3 + 1^2 \cdot 3q^2 p + 2^2 \cdot 3qp^2 + 3^2 \cdot p^3 - (3p)^2$$
$$= 3p(1 - 2p + p^2 + 4p - 4p^2 + 3p^2 - 3p) = 3p(1 - p).$$

3. Es sei X eine stetige, über dem Intervall $a \le x \le b$ (a und b sind reelle Zahlen, $b > a$) gleichverteilte Zufallsvariable. Für die Dichtefunktion f von X ist $f(x) = 1/(b - a)$ für $a \le x \le b$ und $f(x) = 0$ für alle anderen $x \in \mathbb{R}$. Als Mittelwert von X ergibt sich mit Hilfe der Definitionsgleichung (2.4b)

$$\mu_X = E(X) = \int\limits_{-\infty}^{+\infty} x f(x) dx = \int\limits_{a}^{b} \frac{x}{b - a} dx = \frac{b + a}{2}.$$

Setzt man $E(X) = (b + a)/2$ in den Verschiebungssatz (2.11) ein, erhält man die Varianz:

$$\sigma_X^2 = E(X^2) - (E(X))^2 = \int\limits_{a}^{b} \frac{x^2}{b - a} dx - \frac{(b + a)^2}{4}$$
$$= \frac{b^3 - a^3}{3(b - a)} - \frac{(b + a)^2}{4} = \frac{b^2 + ab + a^2}{3} - \frac{b^2 + 2ab + a^2}{4} = \frac{(b - a)^2}{12}.$$

4. Die Dichtefunktion f der stetigen Zufallsvariablen X sei durch $f(x) = 2x$ für $0 \leq x \leq 1$ und $f(x) = 0$ für alle anderen $x \in \mathbb{R}$ definiert. Die Dichtekurve ist über dem Intervall $0 \leq x \leq 1$ eine von Null bis zum Funktionswert 2 an der Stelle $x = 1$ ansteigende Gerade, der Verlauf der Dichtefunktion ist also offensichtlich rechtssteil-asymmetrisch mit einem längeren Anstieg und einem steilen Abfall. Dementsprechend ist ein negativer Bowley-Koeffizient zu erwarten. Wir berechnen den Median und die Quartile. Aus der Forderung $\int_0^{x_{0.5}} 2x\,dx = x_{0.5}^2 = 0.5$ ergibt sich der Median $x_{0.5} = \sqrt{0.5}$. Analog folgen aus $\int_0^{x_{0.25}} 2x\,dx = 0.25$ und $\int_0^{x_{0.75}} 2x\,dx = 0.75$ das 25 %-Quantil $x_{0.25} = 0.5$ und das 75 %-Quantil $x_{0.75} = \sqrt{0.75}$. Damit ergibt sich der Bowley-Koeffizient

$$QS = \frac{\sqrt{0.75} - 2\sqrt{0.5} + 0.5}{\sqrt{0.75} - 0.5} = -0.132.$$

Aufgaben

1. Es bezeichne X die gewürfelte Zahl beim Ausspielen eines (idealen) Würfels. Man bestimme den Erwartungswert und die Varianz von X.
2. Ein Produkt soll mit der vorgegebenen Länge $\mu = 15$ (in mm) hergestellt werden. Auf Grund von nicht kontrollierbaren Einflüssen im Fertigungsprozess ist die produzierte Länge X eine Zufallsvariable mit dem Mittelwert μ und der Fehlervarianz $\sigma^2 = 0.001$. Ein Produkt ist fehlerhaft (und auszuscheiden), wenn $X \leq 14.95$ oder $X \geq 15.05$ ist. Man schätze die Wahrscheinlichkeit, dass ein Produkt fehlerhaft ist, mit Hilfe der Ungleichung von Tschebyscheff.
3. Es sei X eine stetige Zufallsvariable mit der durch $f(x) = 2x$ für $0 \leq x \leq 1$ und $f(x) = 0$ für alle anderen reellen x gegebenen Dichtefunktion f. Man zeige, dass

   a) $m_1 = \mu_X = 2/3$,
   b) $m_2 = E(X^2) = 1/2$,
   c) $c_2 = \sigma_X^2 = 1/18$,
   d) $m_3 = E(X^3) = 2/5$,
   e) $c_3 = m_3 - 3m_2m_1 + 2m_1^3 = -1/135$ und
   f) $\gamma = c_3/\sigma_X^3 = -2\sqrt{2}/5$.

2.6 Unabhängige Zufallsvariablen

In der Praxis geht es oft um Fragestellungen, bei denen mehrere Variable involviert sind. Die Beschreibung der Variation der Variablen kann sich dann i. Allg. nicht nur auf die Modellierung der individuellen Variationen der einzelnen Variablen beschränken. Als neues Element kommt die Erfassung der gemeinsamen Variation der sich wechselseitig beeinflussenden Variablen durch eine entsprechende „mehrdimensionale Wahrscheinlichkeitsverteilung" hinzu. Die isolierte Betrachtung einer Variablen ist aber sinnvoll, wenn jede Variable „unabhängig" von den

Tab. 2.1 Darstellung der gemeinsamen Verteilung von zwei diskreten Zufallsvariablen X und Y durch eine Kontingenztafel. Die gemeinsame Wahrscheinlichkeitsfunktion von X und Y nimmt für die Zahlenpaare $(x, y) = (0, 1), (1, 0), (1, 2), (2, 1)$ den Wert $1/4$ an und ist null für alle anderen reellen Zahlenpaare

X	Y 0	1	2	$\sum$
0	0	1/4	0	1/4
1	1/4	0	1/4	1/2
2	0	1/4	0	1/4
$\sum$	1/4	1/2	1/4	1

anderen variiert. Die Definition der Unabhängigkeit von Zufallsvariablen schließt an die Definition der Unabhängigkeit von Ereignissen an.

Es seien X und Y zunächst zwei **diskrete Zufallsvariablen** mit den Wertemengen D_X bzw. D_Y. Die gemeinsame Verteilung von X und Y wird durch die von den Werten beider Variablen abhängige Wahrscheinlichkeitsfunktion f beschrieben, die durch

$$f(x, y) = P(\{X = x\} \cap \{Y = y\})$$

definiert ist, und für die gelten muss, dass die über alle $x \in D_X$ und $y \in D_Y$ erstreckte Summe der Funktionswerte $f(x, y)$ gleich 1 ist. Dies folgt unmittelbar aus der Definition von $f(x, y)$ als Wahrscheinlichkeit dafür, dass X den Wert x und zugleich Y den Wert y annimmt. Die Wahrscheinlichkeiten $f(x, y)$ werden oft – so wie in Tab. 2.1 beispielhaft gezeigt – in mit den Werten von X und Y gebildeten **Kontingenztafeln** tabelliert. Summiert man in der Kontingenztafel die Wahrscheinlichkeiten $f(x, y)$ bei fest gehaltenem x über alle Werte von Y, erhält man die Wahrscheinlichkeit $P(X = x)$. Analog ergibt sich bei fest gehaltenem y die Wahrscheinlichkeit $P(Y = y)$, in dem man über alle Werte von X summiert. In der Kontingenztafel werden die Wahrscheinlichkeiten $f_X(x) = P(X = x)$ und $f_Y(y) = P(Y = y)$ durch die Zeilensummen bzw. Spaltensummen angezeigt (f_X und f_Y sind die Wahrscheinlichkeitsfunktionen von X bzw. Y). Eine geometrische Veranschaulichung der gemeinsamen Verteilung von X und Y kann durch ein **räumliches Stabdiagramm** erfolgen, in dem über allen Punkten (x, y) der xy-Ebene mit $x \in D_X$ und $y \in D_Y$ Strecken der Länge $f(x, y)$ aufgetragen werden.

Wir bezeichnen die diskreten Zufallsvariablen X und Y als **unabhängig**, wenn für alle $x \in D_X$ und $y \in D_Y$ die Ereignisse $\{X = x\}$ und $\{Y = y\}$ unabhängig sind, d. h. die Multiplikationsregel

$$f(x, y) = P(\{X = x\} \cap \{Y = y\}) = P(X = x)P(Y = y) \qquad (2.16a)$$

gilt. Aus (2.16a) ergibt sich für die bedingte Wahrscheinlichkeit, dass X bei fester Realisierung $y \in D_Y$ irgendeinen Wert $x \in D_X$ annimmt,

$$P(\{X = x\}|\{Y = y\}) = \frac{P(\{X = x\} \cap \{Y = y\})}{P(Y = y)} = P(X = x).$$

Ebenso gilt $P(\{Y = y\}|\{X = x\}) = P(Y = y)$. Wir können also mit dem Unabhängigkeitsbegriff die Vorstellung verbinden, dass die Verteilung der einen Variablen nicht davon abhängt, welchen Wert die zweite Variable besitzt.[17] In Verallgemeinerung von (2.16a) nennt man $n > 2$ diskrete Zufallsvariablen X_i mit den Wertemengen D_{X_i} ($i = 1, 2, \ldots, n$) unabhängig, wenn für alle $x_i \in D_i$ die Ereignisse $\{X_i = x_i\}$ total unabhängig sind.

Bei zwei **stetigen Zufallsvariablen** tritt an Stelle von (2.16a) als Unabhängigkeitskriterium, dass für alle reellen Zahlen a, b, c, d mit $a < b$ und $c < d$ die Ereignisse $\{a < X \leq b\}$ und $\{c < Y \leq d\}$ unabhängig sein müssen, also

$$P(\{a < X \leq b\} \cap \{c < Y \leq d\}) = P(a < X \leq b)P(c < Y \leq d) \qquad (2.16b)$$

gelten muss. Hat man $n > 2$ stetige Zufallsvariablen X_i, so sind diese unabhängig, wenn für alle reellen a_i und b_i mit $a_i < b_i$ die Ereignisse $\{a_i < X_i \leq b_i\}$ total unabhängig sind.

Unabhängige Zufallsvariablen spielen in Verbindung mit Zufallsstichproben eine große Rolle. Im einfachsten Fall sind die beobachteten Werte $x_1, x_2, \ldots, x_n$ der Zufallsstichprobe Realisierungen einer Zufallsvariablen X bei wiederholter Ausführung des zugrundeliegenden Zufallsexperimentes (z. B. eines Messvorganges), wobei angenommen wird, dass die Wiederholungen unabhängig voneinander und unter identischen Versuchsbedingungen erfolgen. Indem wir jedes x_i als Realisierung einer eigenen Zufallsvariablen X_i auffassen, die das Ergebnis der i-ten Wiederholung beschreibt, können wir das Ergebnis aller n-Wiederholungen durch eine Folge $X_1, X_2, \ldots, X_n$ von Zufallsvariablen modellieren, die unabhängig und identisch verteilt sind, d. h. dieselbe Verteilung wie X besitzen. Man nennt eine derartige Folge von Zufallsvariablen eine (einfache) **Zufallsstichprobe**.[18]

Bei unabhängigen Zufallsvariablen sind für das praktische Rechnen mit Erwartungswerten einige Eigenschaften bedeutsam, die wir im Folgenden zusammenstellen:

- Im Allgemeinen ist der Erwartungswert $E(XY)$ des Produktes von zwei Zufallsvariablen X und Y ungleich dem Produkt der Erwartungswerte $E(X)$ und $E(Y)$. Sind aber X und Y unabhängig, gilt die **Produktformel**[19]

$$E(XY) = E(X)E(Y). \qquad (2.17)$$

---

[17] Der durch (2.16a) definierte Unabhängigkeitsbegriff entspricht im Übrigen dem Unabhängigkeitsbegriff, wie er in der Genetik bei der Formulierung der Mendelschen „Unabhängigkeitsregel" verwendet wurde (vgl. dazu auch die entsprechenden Ausführungen in den Ergänzungen, Abschn. 2.11).

[18] Die Eigenschaft der X_i, unabhängig und identisch verteilt zu sein, wird gelegentlich durch i.i.d. (independent and identically distributed) abgekürzt.

[19] Der Erwartungswert $E(XY)$ kann mit der Substitution $U = XY$ auf den Erwartungswert $E(U)$ einer Variablen zurückgeführt werden. Bei diskreten Variablen X und Y ist dann $E(U) = \sum_u uP(U = u)$, wobei sich die Summation über alle möglichen Werte u von U erstreckt. Man kann zeigen, dass $\sum_u uP(U = u) = \sum_x \sum_y xy f(x, y)$ ist (die Doppelsumme erstreckt sich über alle Werte von X und Y). Sind X und Y unabhängig, ist $f(x, y) = f_X(x)f_Y(y)$ und die Doppelsumme zerfällt in das Produkt der Summen $\sum_x x f_X(x) = E(X)$ und $\sum_y y f_Y(y) = E(Y)$.

Umgekehrt folgt aber aus (2.17) i. Allg. nicht die Unabhängigkeit der Variablen X und Y (vgl. das erste der Beispiele am Ende des Abschnitts). Man bezeichnet zwei Zufallsvariablen, die die Produktformel (2.17) erfüllen, als **unkorreliert**.

- Die **Kovarianz** $Cov(X, Y)$ der Zufallsvariablen X und Y ist ein Maß für die gemeinsame Variation von X und Y. Sie wird durch

$$Cov(X, Y) = E((X - \mu_X)(Y - \mu_Y)), \tag{2.18a}$$

definiert, ist also gleich dem Erwartungswert des Produkts der zentrierten Variablen $X - \mu_X$ und $Y - \mu_Y$. Wegen

$$\begin{aligned} Cov(X, Y) &= E((X - \mu_X)(Y - \mu_Y)) = E(XY - \mu_X Y - X\mu_Y + \mu_X\mu_Y) \\ &= E(XY) - \mu_X E(Y) - E(X)\mu_Y + \mu_X\mu_Y \\ &= E(XY) - E(X)E(Y) \end{aligned}$$

ist die Kovarianz genau dann null, wenn (2.17) gilt, d. h. wenn X und Y unkorreliert sind. Da unabhängige Zufallsvariablen stets unkorreliert sind, ist auch ihre Kovarianz null. Die Kovarianz (2.18a) ist wie die Varianz von der Maßeinheit abhängig, mit der die Variablenwerte gemessen werden. Eine von der Maßeinheit unabhängige Maßzahl für die gemeinsame Variation von X und Y erhält man, wenn man die Kovarianz durch das Produkt der Standardabweichungen σ_X und σ_Y von X bzw. Y dividiert, also

$$\rho_{XY} = \frac{Cov(X, Y)}{\sigma_X \sigma_Y} \tag{2.18b}$$

bildet. Diese Maßzahl wird **Korrelationskoeffizient** genannt. Genau dann ist $\rho_{XY} = 0$, wenn X und Y unkorreliert sind. Wie die Kovarianz kann ρ_{XY} positive und negative Werte annehmen, stets gilt aber, dass der Betrag $|\rho_{XY}|$ des Korrelationskoeffizienten höchstens gleich 1 ist.

- Die Varianz der Summe von zwei Zufallsvariablen X und Y kann mit Hilfe der Kovarianz in der Form

$$Var(X + Y) = Var(X) + Var(Y) + Cov(X, Y)$$

dargestellt werden. Sind X und Y unabhängig, ist $Cov(X, Y) = 0$ und es gilt in diesem Fall – wie für den Erwartungswert allgemein – auch für Varianzen die **Additivitätsregel**, d. h. $Var(X + Y) = Var(X) + Var(Y)$. Die Additivitätsregel kann auf mehr als zwei Zufallsvariablen erweitert werden, wenn diese paarweise unabhängig sind.

- Es sei $X_1, X_2, \ldots, X_n$ eine Folge von $n \geq 2$ unabhängigen und identisch verteilten Zufallsvariablen. Alle Variablen X_i ($i = 1, 2, \ldots, n$) besitzen also denselben Mittelwert $E(X_i) = \mu$ und dieselbe Varianz $Var(X_i) = \sigma^2$. Wendet man die Additivitätsregeln für den Erwartungswert und die Varianz auf das Stichprobenmittel $\bar{X}_n = (X_1 + X_2 + \cdots + X_n)/n$ dieser Variablen an, ergibt sich die wichtige

Mittelwertsregel

$$E(\bar{X}_n) = \mu \quad \text{und} \quad Var(\bar{X}_n) = \frac{\sigma^2}{n} \tag{2.19}$$

für das Stichprobenmittel $\bar{X}_n$ der Zufallsstichprobe $X_1, X_2, \ldots, X_n$. Sie besagt, dass $\bar{X}_n$ mit demselben Mittelwert μ wie die einzelnen Variablen X_i verteilt ist, jedoch mit einer um den Faktor $\frac{1}{n}$ verkleinerten Varianz. Mit wachsendem n wird also die Varianz des arithmetischen Mittels $\bar{X}_n$ immer kleiner.

• Setzt man in der Ungleichung (2.14) von Tschebyscheff für X das Stichprobenmittel $\bar{X}_n$ der Zufallsstichprobe $X_1, X_2, \ldots, X_n$ ein, erhält man unter Beachtung von (2.19) zunächst

$$P(\mu - c < \bar{X}_n < \mu + c) \geq 1 - \frac{\sigma^2}{nc^2}.$$

Für jedes feste $c > 0$ strebt hier die rechte Seite mit wachsendem n gegen den Wert 1, sodass $\lim_{n \to \infty} P(\mu - c < \bar{X}_n < \mu + c) \geq 1$ ist. Da das Wahrscheinlichkeitsmaß P den Wert 1 nicht überschreiten kann, folgt schließlich das Ergebnis

$$\lim_{n \to \infty} P(\mu - c < \bar{X}_n < \mu + c) = 1,$$

das in die Literatur als das **Schwache Gesetz der großen Zahlen** bezeichnet wird. Danach strebt für jedes $c > 0$ die Wahrscheinlichkeit, dass sich das Stichprobenmittel $\bar{X}_n$ von μ um weniger als c unterscheidet, mit wachsendem n gegen 1; die Verteilungen von $\bar{X}_n$ sind immer mehr in der Umgebung von μ konzentriert.

Beispiele

1. Es seien X und Y zwei diskrete Zufallsvariablen mit der durch die Kontingenztafel in Tab. 2.1 dargestellten gemeinsamen Verteilung. Wir zeigen, dass X und Y zwar unkorreliert, aber nicht unabhängig sind.
   Zum Nachweis der Unkorreliertheit ist zu zeigen, dass $E(XY) = E(X)E(Y)$ ist. Mit der Wertemenge $D_X = \{0, 1, 2\}$ von X und den Zeilensummen $f_X(x) = P(X = x)$ der Kontingenztafel in Tab. 2.1 findet man

$$E(X) = \sum_{x \in D_X} x f_X(x) = 0 \cdot \frac{1}{4} + 1 \cdot \frac{1}{2} + 2 \cdot \frac{1}{4} = 1$$

und analog $E(Y) = \sum_{y \in D_Y} y f_Y(y) = 1$ mit $D_Y = \{0, 1, 2\}$ und den Spaltensummen $f_Y(y) = P(Y = y)$ der Kontingenztafel in Tab. 2.1. Die Wertemenge der Produktvariablen $U = XY$ ist $D_U = \{0, 1, 2, 4\}$. Das Ereignis $U = 4$ tritt genau dann ein, wenn $\{X = 2\} \cap \{Y = 2\}$ eintritt; die Wahrscheinlichkeit dieses Ereignisses ist null, d. h. $P(U = 4) = 0$. Analog findet man

$$P(U = 2) = P((\{X = 1\} \cap \{Y = 2\}) \cup (\{X = 2\} \cap \{Y = 1\}))$$

$$= \frac{1}{4} + \frac{1}{4} = \frac{1}{2},$$

$$P(U = 1) = P(\{X = 1\} \cap \{Y = 1\}) = 0 \quad \text{und}$$

$$P(U = 0) = 1 - P(U = 1) - P(U = 2) - P(U = 4) = \frac{1}{2}.$$

Der Erwartungswert des Produkts $U = XY$ ist daher

$$E(U) = 0 \cdot \frac{1}{2} + 1 \cdot 0 + 2 \cdot \frac{1}{2} + 4 \cdot 0 = 1.$$

Wegen $E(XY) = 1 = E(X)E(Y)$ sind X und Y unkorreliert. Wenn X und Y unabhängig wären, müsste das Unabhängigkeitskriterium (2.16a) für alle Werte von X und Y erfüllt sein. Dies ist aber nicht der Fall, denn es ist z. B.

$$P(\{X = 0\} \cap \{Y = 0\}) = 0 \neq P(X = 0)P(Y = 0) = \frac{1}{16}.$$

2. In einem Regal befinden sich 2 intakte Glühbirnen und 1 defekte. Ein Kunde wählt hintereinander aufs Geratewohl zwei Glühbirnen (ohne Zurücklegen) aus. Unter den ausgewählten Glühbirnen sei X die Anzahl der intakten und Y die Anzahl der defekten. Offensichtlich können die Variablen nicht unabhängig sein, denn je größer X ist, desto kleiner muss Y sein und umgekehrt. Wir bestätigen diese Vermutung, indem wir den Korrelationskoeffizienten ρ_{XY} der Variablen X und Y berechnen.

Dazu bestimmen wir zuerst die gemeinsame Verteilung von X und Y. Bei Auswahl ohne Zurücklegen können nur die Sequenzen (I steht für intakt und D für defekt) II, ID und DI auftreten. Die Wahrscheinlichkeiten dieser Sequenzen sind $P(II) = P(ID) = \frac{2}{3} \cdot \frac{1}{2} = \frac{1}{3}$ und $P(DI) = \frac{1}{3} \cdot 1 = \frac{1}{3}$. Es folgt, dass die von null verschiedenen Werte der gemeinsamen Wahrscheinlichkeitsfunktion durch

$$f(2, 0) = P(\{X = 2\} \cap \{Y = 0\}) = P(II) = \frac{1}{3} \quad \text{und}$$

$$f(1, 1) = P(\{X = 1\} \cap \{Y = 1\}) = P(ID) + P(DI) = \frac{2}{3}$$

gegeben sind. Wegen $P(X = 1) = P(Y = 1) = f(1, 1)$ und $P(X = 2) = P(Y = 0) = f(2, 0)$ ergeben sich die Erwartungswerte

$$E(X) = 1 \cdot \frac{2}{3} + 2 \cdot \frac{1}{3} = \frac{4}{3} \quad \text{und} \quad E(Y) = 0 \cdot \frac{1}{3} + 1 \cdot \frac{2}{3} = \frac{2}{3}.$$

Bei der Bestimmung des Erwartungswertes des Produktes $U = XY$ ist zu beachten, dass U nur die Werte 0 und 1 annimmt; $U = 0$ gilt genau für $X = 2$ und $Y = 0$, $U = 1$ genau für $X = 1$ und $Y = 1$. Daher ist $P(U = 0) = f(2,0) = \frac{1}{3}$ und $P(U = 1) = f(1,1) = \frac{2}{3}$ und weiter $E(U) = E(XY) = \frac{2}{3}$. Für die gesuchte Kovarianz ergibt sich damit

$$Cov(X,Y) = E(XY) - E(X)E(Y) = \frac{2}{3} - \frac{4}{3} \cdot \frac{2}{3} = -\frac{2}{9}.$$

Für die Varianzen von X und Y findet man mit Hilfe des Verschiebungssatzes (2.11) und der Transformationsregel (2.5a)

$$\sigma_X^2 = E(X^2) - (E(X))^2 = 1^2 \cdot P(X = 1) + 2^2 \cdot P(X = 2) - (E(X))^2$$
$$= \frac{2}{3} + 4 \cdot \frac{1}{3} - \left(\frac{4}{3}\right)^2 = \frac{2}{9},$$
$$\sigma_Y^2 = 0^2 \cdot P(Y = 0) + 1^2 \cdot P(Y = 1) - (E(Y))^2 = \frac{2}{3} - \frac{4}{9} = \frac{2}{9}.$$

Setzt man in (2.18b) ein, folgt der Korrelationskoeffizient

$$\rho_{XY} = \frac{Cov(X,Y)}{\sigma_X \sigma_Y} = \frac{-\frac{2}{9}}{\sqrt{\frac{2}{9}}\sqrt{\frac{2}{9}}} = -1.$$

Dieses Ergebnis ist nicht überraschend, denn die gemeinsam auftretenden Werte $X = 1$, $Y = 1$ sowie $X = 2$, $Y = 0$ hängen über die lineare Beziehung $Y = 2 - X$ zusammen. Man kann zeigen, dass der Korrelationskoeffizient genau dann dem Betrage nach gleich dem Maximalwert 1 ist, wenn Y linear von X abhängt.

3. Der Korrelationskoeffizient (2.18b) kann auch als Kovarianz der standardisierten Variablen $X^* = (X - \mu_X)/\sigma_X$ und $Y^* = (Y - \mu_Y)/\sigma_Y$ berechnet werden. Wegen $E(X^*) = E(Y^*) = 0$ ergibt sich nämlich

$$Cov\left(\frac{X - \mu_X}{\sigma_X}, \frac{Y - \mu_Y}{\sigma_Y}\right) = E\left(\frac{(X - \mu_X)(Y - \mu_Y)}{\sigma_X \sigma_Y}\right)$$
$$= \frac{1}{\sigma_X \sigma_Y} E\left((X - \mu_X)(Y - \mu_Y)\right) = \frac{Cov(X,Y)}{\sigma_X \sigma_Y}.$$

Aufgaben

1. Ein idealer Spielwürfel mit den Augenzahlen 1, 2 und 3 (jede Augenzahl kommt auf zwei Flächen vor) wird zweimal ausgespielt. Die Ergebnismenge des Zufallsexperiments umfasst die Zahlenpaare $(1,1)$, $(1,2)$, $(1,3)$, $(2,1)$, $(2,2)$, $(2,3)$, $(3,1)$, $(3,2)$ und $(3,3)$; die Elemente eines jeden Zahlenpaars zeigen

die Ausgänge des ersten bzw. zweiten Ausspielens. Auf der Ergebnismenge wird das Minimum X und das Maximum Y der angezeigten Augenzahlen beim ersten und zweiten Wurf betrachtet.

a) Man zeige, dass die Zufallsvariablen X und Y nicht unabhängig sind.

b) Man berechne den Korrelationskoeffizienten ρ_{XY}.

2. Mit Bezug auf das in Aufgabe 1 betrachtete Zufallsexperiment möge X nun die Summe der mit beiden Würfeln angezeigten Augenzahlen bedeuten.

a) Man zeige, dass der Mittelwert und die Varianz von X durch $\mu = E(X) = 4$ bzw. $\sigma^2 = Var(X) = \frac{4}{3}$ gegeben sind.

b) Das Zufallsexperiment wird n-mal ($n > 2$) unter identischen Bedingungen so ausgeführt, dass jede Ausführung unbeeinflusst von den vorhergehenden stattfindet. Es sei X_i ($i = 1, 2, \ldots, n$) die Summe der bei der i-ten Versuchsausführung mit beiden Würfeln angezeigten Augenzahlen. Unter den Voraussetzungen sind die Variablen $X_1, X_2, \ldots, X_n$ unabhängig und identisch verteilt, d. h. sie bilden eine Zufallsstichprobe. Man gebe mit Hilfe der Tschebyscheff'schen Ungleichung eine Abschätzung für die Wahrscheinlichkeit P an, dass sich das Stichprobenmittel $\bar{X}_n$ der Zufallsstichprobe vom Mittelwert μ um weniger als 5 % (von μ) unterscheidet. Wie groß müsste n sein, damit $P \geq 95\%$ ist?

3. Mit Bezug auf das zweite Beispiel in diesem Abschnitt bestimme man

a) die gemeinsame Verteilung von X und Y,

b) die Mittelwerte und Varianzen von X und Y und

c) den Korrelationskoeffizienten ρ_{XY},

wenn die Auswahl der Glühbirnen mit Zurücklegen erfolgt.

2.7　Binomialverteilung

In diesem und dem folgenden Abschnitt werden einige für die Praxis bedeutsame diskrete Verteilungsmodelle betrachtet. Wir beginnen mit der Binomialverteilung. Ein Sonderfall der Binomialverteilung, nämlich die **Bernoulli-Verteilung**, wurde bereits im Abschn. 2.2 diskutiert. Diese beschreibt ein Zufallsexperiment mit zwei Ausgängen, die als Erfolg E bzw. Misserfolg M bezeichnet wurden. Ist $p = P(E)$ die Erfolgswahrscheinlichkeit, so ist $q = P(M) = 1 - p$ die Wahrscheinlichkeit, dass das Experiment mit einem Misserfolg ausgeht. Auf der Ergebnismenge $\{E, M\}$ wurde als Zufallsvariable die Anzahl X der Erfolge eingeführt. Die Wertemenge von X ist offensichtlich $D_X = \{0, 1\}$, die entsprechenden Werte der Wahrscheinlichkeitsfunktion f von X sind $f(0) = 1 - p$ und $f(1) = p$. Der Erwartungswert und Varianz von X sind durch $E(X) = p$ bzw. $Var(X) = p(1 - p)$ gegeben.

Bei der **Binomialverteilung** geht es nicht um ein Bernoulli-Experiment, sondern um eine Folge von n ($n > 1$) identischen Bernoulli-Experimenten, die unabhängig voneinander ausgeführt werden. Die Zufallsvariable X bezeichne nun die Anzahl der Erfolge in allen n Experimenten. Der Wertebereich von X umfasst die ganzen Zahlen von $X = 0$ bis $X = n$. Die Wahrscheinlichkeit, dass bei der Durchführung der n Experimente eine konkrete Ergebnissequenz (angeschrieben in der Reihenfolge der Ausführungen) mit x Erfolgen E und $n - x$ Misserfolgen M auftritt, ist – unter der Voraussetzung der Unabhängigkeit und Gleichheit aller Bernoulli-Experimente – durch $p^x q^{n-x}$ gegeben. Ist z. B. $n = 4$, sind $EEMM$, $EMEM$, $EMME$, $MEME$, $MEEM$ und $MMEE$ die möglichen Ergebnissequenzen mit $x = 2$ Erfolgen; jede dieser Sequenzen tritt mit der Wahrscheinlichkeit $p^2 q^{4-2} = p^2 q^2$ auf. Da X als Anzahl der Erfolge unabhängig von ihrem Auftreten in der Ergebnissequenz definiert wurde, ist die Wahrscheinlichkeit $B_{n,p}(x) = P(X = x)$ gleich der Summe der Wahrscheinlichkeiten aller Sequenzen mit x Erfolgen. Die Anzahl dieser Sequenzen ist gleich der Anzahl der Möglichkeiten, von den n Versuchsausführungen genau x auszuwählen (und als erfolgreich zu markieren). Diese Anzahl ist aber gleich der Zahl der x-Kombinationen aus n Elementen, die nach Abschn. 1.4 durch den Binomialkoeffizienten $\binom{n}{x}$ dargestellt werden kann. Somit ist

$$B_{n,p}(x) = P(X = x) = \binom{n}{x} p^x q^{n-x} = \binom{n}{x} p^x (1 - p)^{n-x} \qquad (2.20)$$

mit $x = 0, 1, \ldots, n$. Diese Wahrscheinlichkeiten stimmen mit den Summanden der Entwicklung von $(q + p)^n$ nach Potenzen von q und p überein. Es gilt nämlich (vgl. Punkt 2 von Abschn. 1.7)

$$(q + p)^n = \binom{n}{0} q^n p^0 + \binom{n}{1} q^{n-1} p^1 + \cdots + \binom{n}{n} q^0 p^n = \sum_{x=0}^{n} \binom{n}{x} p^x q^{n-x}.$$

Wegen $q + p = 1 - p + p = 1$ ist die über alle Realisierungen x von X erstreckte Summe der Wahrscheinlichkeiten $P(X = x)$ gleich 1. Man bezeichnet eine diskrete Zufallsvariable X als binomialverteilt[20] mit den Parametern n und p, wenn ihre Wahrscheinlichkeitsfunktion $f = B_{n,p}$ für $x = 0, 1, \ldots, n$ durch (2.20) gegeben ist und für alle anderen $x \in \mathbb{R}$ verschwindet. Abbildung 2.8 vermittelt einen Eindruck vom Verlauf der Wahrscheinlichkeitsfunktion einer binomialverteilten Zufallsvariablen bei verschiedenen Werten von p.

In den folgenden Punkten werden einige Fakten über die Binomialverteilung zusammengefasst:

- Die Binomialverteilung wurde als Verteilung der Anzahl X der Erfolge bei Ausführung von n voneinander unabhängigen und identischen Bernoulli-Experimenten eingeführt. Wird jedes der Bernoulli-Experimente durch eine Bernoulli-Variable X_i beschrieben, so sind diese Variablen unabhängig und identisch verteilt und es gilt $X = X_1 + X_2 + \cdots + X_n$, d. h. die Summe der n Bernoulli-Variablen ergibt die Anzahl X der Erfolge in allen Experimenten. Da jedes X_i

---

[20] Dafür schreiben wir kurz $X \sim B_{n,p}$ und nennen X entsprechend $B_{n,p}$-verteilt.

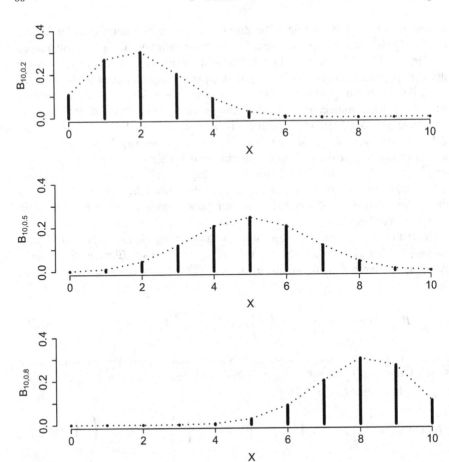

Abb. 2.8 Wahrscheinlichkeitsfunktionen von Binomialverteilungen mit $p = 0.2$, $p = 0.5$ und $p = 0.8$ zu festem $n = 10$. Bei kleinem p zeigt die Form der Verteilung eine ausgeprägte linkssteile Asymmetrie, für $p = 0.5$ ist die Wahrscheinlichkeitsfunktion symmetrisch und für nahe bei 1 liegende p-Werte stark rechtssteil

den Erwartungswert $E(X_i) = p$ und die Varianz $Var(X_i) = pq$ besitzt, erhält man für den **Erwartungswert** und die **Varianz** einer $B_{n,p}$-verteilten Zufallsvariablen X unter Beachtung der Additivitätsregeln

$$E(X) = E(X_1 + X_2 + \cdots + X_n)$$
$$= E(X_1) + E(X_2) + \cdots + E(X_n) = np,$$
$$Var(X) = Var(X_1 + X_2 + \cdots + X_n) \qquad (2.21a)$$
$$= Var(X_1) + Var(X_2) + \cdots + Var(X_n)$$
$$= npq = np(1 - p) = E(X)\,(1 - E(X)/n)\,.$$

Die letzte Formel zeigt, dass die Varianz einer binomialverteilten Zufallsvariablen stets kleiner als deren Erwartungswert ist.

- Dividiert man die Anzahl X der Erfolge bei Ausführung von n voneinander unabhängigen und identischen Bernoulli-Experimenten durch n, so erhält man die **relative Häufigkeit** X/n der Erfolge. Da X gleich der Summe der im vorangehenden Punkt eingeführten Bernoulli-Variablen X_i ist, kann X/n als arithmetisches Mittel $\bar{X}_n$ der X_i interpretiert werden. Der Erwartungswert und die Varianz von $\bar{X}_n = X/n$ folgen unmittelbar aus (2.21a):

$$E(\bar{X}_n) = \frac{1}{n} E(X) = p \quad \text{bzw.} \quad Var(\bar{X}_n) = \frac{1}{n^2} Var(X) = \frac{p(1-p)}{n}$$

$$(2.21b)$$

Wendet man nun die Ungleichung (2.14) von Tschebyscheff auf die relative Häufigkeit $\bar{X}_n = X/n$ an, so ergibt sich[21]

$$P\left(p - c < \bar{X}_n < p + c\right) \geq 1 - \frac{p(1-p)}{nc^2} \geq 1 - \frac{1}{4nc^2}. \qquad (2.22)$$

Mit wachsendem n nähert sich die rechte Seite immer mehr dem Wert 1 und damit strebt auch für jedes $c > 0$ die Wahrscheinlichkeit gegen 1, dass die relative Häufigkeit $\bar{X}_n = X/n$ von p um weniger als c abweicht. Dieser Sachverhalt wird in der Literatur als das **Gesetz der großen Zahlen von Bernoulli** bezeichnet. Da größere Abweichungen der relativen Häufigkeit $\bar{X}_n = X/n$ von der Wahrscheinlichkeit p mit wachsendem n immer unwahrscheinlicher werden, kann man in diesem Gesetz auch ein Argument für die frequentistische Interpretation der Wahrscheinlichkeit eines Ereignisses E als „Grenzwert" der relativen Häufigkeit von E bei oftmaliger Versuchswiederholung sehen. Eine stärkere Aussage zum Grenzverhalten der relativen Häufigkeit liefert das Starke Gesetz der großen Zahlen (vgl. z. B. Häggström 2006).

- Für praktische Anwendungen ist es wichtig, die Binomialverteilung auch mit dem Modell der **Zufallsziehung mit Zurücklegen** zu verbinden. Aus einer Menge, die $a > 0$ Objekte des Typs A und $b > 0$ Objekte des Typs B enthält, werden durch Zufallsziehungen n Objekte hintereinander entnommen und nach jeder Entnahme wieder zurückgelegt. Die Wahrscheinlichkeit, durch zufällige Ziehung ein A-Objekt zu erhalten, ist $p = a/(a + b)$. Es sei X die Anzahl der A-Objekte, die bei n Zufallsziehungen (mit Zurücklegen) der Menge entnommen werden. Die Wahrscheinlichkeit $P(X = x)$, dass X den Wert x ($x = 0, 1, \ldots, n$) annimmt (also x-mal das Objekt A gezogen wird), ist durch Formel (2.20) gegeben. Daher ist X eine $B_{n,p}$-verteilte Zufallsvariable.
- Die Berechnung von Werten der Wahrscheinlichkeitsfunktion $B_{n,p}$ ist bei größerem n mühsam und wird heute meist mit Funktionen durchgeführt, die in

---

[21] Dabei wurde im letzten Schritt die Ungleichung $p(1 - p) \leq 1/4$ verwendet. Von deren Richtigkeit überzeugt man sich, wenn man die Ungleichung in $1/4 - p + p^2 \geq 0$ umschreibt und beachtet, dass die linke Seite gleich dem Quadrat $(1/2 - p)^2$ ist.

einschlägigen Softwareprodukten bereitgestellt werden (z. B. mit der Funktion dbinom() in R). Sind der Reihe nach alle Binomialwahrscheinlichkeiten $B_{n,p}(0), B_{n,p}(1), \ldots, B_{n,p}(n)$ zu bestimmen, geht man zweckmäßigerweise so vor, dass man zuerst $B_{n,p}(0)$ aus (2.20) berechnet und dann mit der folgenden **Rekursionsformel** weiterarbeitet:

$$B_{n,p}(x+1) = B_{n,p}(x)\, \frac{(n-x)p}{(x+1)(1-p)} \quad (x = 0, 1, \ldots, n-1) \quad (2.23)$$

Beispiele

1. Bei einem Test werden 5 Aufgaben derart gestellt, dass es bei jeder Aufgabe 4 Antwortmöglichkeiten gibt, von denen genau eine die richtige ist. Für jede Aufgabe möge die Auswahl der Lösung aufs Geratewohl erfolgen, d. h., jeder Lösungsvorschlag wird mit der Wahrscheinlichkeit $1/4$ gewählt. Wir bestimmen die Wahrscheinlichkeitsverteilung der Anzahl X der richtig gelösten Aufgaben. Die Anzahl X ist eine binomialverteilte Zufallsvariable mit den Parametern $n = 5$ und $p = 0.25$. Aus (2.20) erhält man für $x = 0$

$$B_{5,0.25}(0) = \binom{5}{0} 0.25^0\, 0.75^{5-0} = 0.75^5 = 0.2373.$$

Setzt man $B_{5,0.25}(0)$ in die für $x = 0$ angeschriebene Rekursionsformel (2.23) ein, folgt

$$B_{5,0.25}(1) = B_{5,0.25}(0)\, \frac{(5-0)\, 0.25}{(0+1)(1-0.25)} = 0.2373\, \frac{1.25}{0.75} = 0.3955.$$

Dieses Ergebnis benutzen wir, um mit der Rekursionsformel

$$B_{5,0.25}(2) = B_{5,0.25}(1)\, \frac{(5-1)\, 0.25}{(1+1)(1-0.25)} = 0.2637$$

auszurechnen. So fortfahrend findet man die weiteren Funktionswerte

$$B_{5,0.25}(3) = 0.08789, \quad B_{5,0.25}(4) = 0.01465 \quad \text{und} \quad B_{5,0.25}(5) = 0.0009766.$$

Die $B_{5,0.25}$-Verteilung ist in Abb. 2.9 graphisch durch ein Stabdiagramm dargestellt. Die Abbildung zeigt zusätzlich die Änderung der Verteilung, wenn n größer wird. Mit den berechneten Funktionswerten wollen wir noch die Wahrscheinlichkeit bestimmen, dass man mehr als die Hälfte der Aufgaben richtig löst, wenn die Lösungsauswahl aufs Geratewohl erfolgt. Mehr als die Hälfte der Aufgaben sind richtig gelöst, wenn $X \geq 3$ ist. Die gesuchte Wahrscheinlichkeit ist $P(X \geq 3) = B_{5,0.25}(3) + B_{5,0.25}(4) + B_{5,0.25}(5) = 10.35\,\%$.

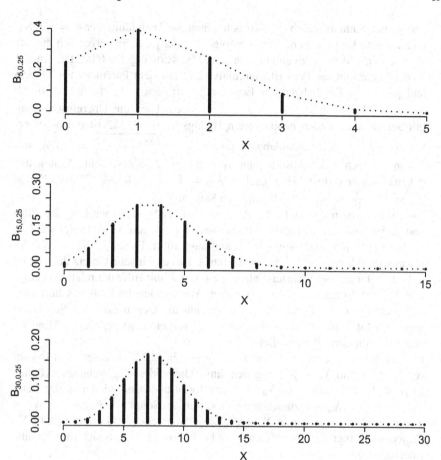

Abb. 2.9 Wahrscheinlichkeitsfunktionen von Binomialverteilungen mit $n = 5$, $n = 15$ und $n = 30$ zu festem $p = 0.25$. Mit wachsendem n nimmt die Binomialverteilung mehr und mehr eine symmetrische Form an

2. In seinen Versuchen mit der Erbse *Pisum sativum* kreuzte Mendel u. a. bezüglich Form und Farbe mischerbige Pflanzen und vermehrte die aus den Samen gezogenen Pflanzen durch Selbstbestäubung. Von $n = 556$ Samen dieser Pflanzen waren $o_1 = 315$ rund und gelb, $o_2 = 101$ kantig und gelb, $o_3 = 108$ rund und grün sowie $o_4 = 32$ kantig und grün. Die Erklärung dieses Ergebnisses gab Mendel auf der Grundlage der Spaltungs- und Unabhängigkeitsregel, wonach er für die genannten Samentypen das (theoretische) Aufspaltungsverhältnis $9 : 3 : 3 : 1$ postulierte.

Um die Übereinstimmung der Beobachtung mit der Theorie zu prüfen, ermitteln wir die dem theoretischen Aufspaltungsverhältnis entsprechenden „erwarteten Häufigkeiten" E_i ($i = 1, 2, 3, 4$). Bei Zutreffen des theoretischen Aufspaltungsverhältnisses ist die Wahrscheinlichkeit für die Ausbildung eines runden und gelben Samens gleich $\frac{9}{16}$. Wir betrachten die Ausbildung der $n = 556$ Samen als eine Bernoullische Versuchsfolge, bei der jeder Einzelversuch mit der Wahrscheinlichkeit $\frac{9}{16}$ zu einem Samen des Typs „rund/gelb" führt. Die Anzahl X der Samen dieses Typs ist binomialverteilt mit dem Parametern $n = 556$ und $p = \frac{9}{16}$. Folglich ist der Erwartungswert (erwartete Häufigkeit) durch $E_1 = E(X) = 556 \cdot \frac{9}{16} = 312.75$ gegeben. Die gute Übereinstimmung mit der entsprechenden beobachteten Häufigkeit $o_1 = 315$ ist umso bemerkenswerter, als die Standardabweichung $\sigma_X = \sqrt{556 \cdot \frac{9}{16} \cdot \frac{7}{16}} = 11.70$ von X ein Vielfaches der Abweichung $o_1 - E_1 = 2.25$ ausmacht. Analog findet man die erwarteten Häufigkeiten $E_2 = E_3 = 556 \cdot \frac{3}{16} = 104.25$ und $E_4 = 556 \cdot \frac{1}{16} = 34.75$ für die anderen Samentypen.

3. Ein Zufallsexperiment (z. B. das Ausspielen eines Würfels) wird durchgeführt und dabei das Eintreten eines Ereignisses E (z. B. das Würfeln der Zahl 6) beobachtet. Das Experiment wird n-mal ausgeführt. Es sei X die Anzahl der Versuchsausführungen, bei denen E eintritt. Das empirische Gesetz der großen Zahlen legt nahe, die Wahrscheinlichkeit p von E mit Hilfe der relative Häufigkeit $\bar{X}_n = X/n$ bei großem n zu schätzen. Wir wenden die Tschebyscheff'sche Ungleichung in der Form von (2.22) an, um die Genauigkeit der Schätzung durch ein Intervall zu dokumentieren, das p mit einer vorgegebenen Mindestwahrscheinlichkeit P einschließt.

Die Ungleichungskette $p - c < \bar{X}_n < p + c$ in (2.22) bedeutet, dass sowohl $\bar{X}_n > p - c$ und $\bar{X}_n < p + c$ gelten muss. Die beiden Ungleichungen können in $p < \bar{X}_n + c$ und $p > \bar{X}_n - c$ umgeformt und dann wieder in der Kette $\bar{X}_n - c < p < \bar{X}_n + c$ zusammengefasst werden. Somit gilt $P(p - c < \bar{X}_n < p + c) = P(\bar{X}_n - c < p < \bar{X}_n + c)$. Diese Wahrscheinlichkeit ist nach (2.22) für jedes $c > 0$ größer oder gleich $P = 1 - 1/(4nc^2)$, woraus sich für die halbe Intervallbreite

$$c = \frac{1}{\sqrt{4n(1 - P)}}$$

ergibt. Ist z. B. $X = 43$ und $n = 100$, erhält man für $P = 95\%$ die halbe Intervallbreite $c = 0.22$ sowie die Intervallgrenzen $\bar{X}_n - c = 0.21$ und $\bar{X}_n + c = 0.64$. Das heißt, 0.21 und 0.64 sind Realisierungen der Grenzen eines Intervalls, das mit zumindest 95%iger Sicherheit die Wahrscheinlichkeit p, dass E eintritt, einschließt. Die mit der Tschebyscheff'schen Ungleichung errechneten Intervalle sind also recht grob. Genauere Intervalle können angegeben werden, wenn über die Verteilung der Zufallsvariablen mehr Informationen genutzt werden als nur die Varianz.

Aufgaben

1. Bei einem Herstellungsverfahren ist die Wahrscheinlichkeit, dass die Länge L eines Produktes die obere Toleranzgrenze T_o überschreitet oder die untere To-

leranzgrenze T_u unterschreitet jeweils gleich 2.5 %. Man gebe die Wahrscheinlichkeit P an, dass von 10 Produkten höchstens 2 außerhalb des Toleranzbereiches liegen.

2. Für bestimmte Blumenzwiebeln wird eine Wahrscheinlichkeit von mindestens 80 % garantiert, dass eine Zwiebel nach dem Einsetzen austreibt. Jemand kauft 5 Zwiebeln und stellt fest, dass 4 austreiben. Unter der Voraussetzung, dass die garantierte Mindestwahrscheinlichkeit von 80 % genau zutrifft, gebe man die Wahrscheinlichkeit P dafür an, dass mindestens 4 der 5 Zwiebeln austreiben.

3. Bei der Fertigung von Produkten nach einem bestimmten Verfahren ist die Wahrscheinlichkeit 0.5 %, dass ein Produkt fehlerhaft ist. Wie groß ist die Wahrscheinlichkeit P, dass in einer Sendung von 100 Stück höchstens 3 Ausschussstücke enthalten sind?

4. Im Folgenden bezeichnet das Merkmal A die Hülsenfarbe der Erbse *Pisum sativum* mit den möglichen Ausprägungen „grün" und „gelb", wobei die Ausprägung „grün" über „gelb" dominiert. In einer seiner Versuchsreihen ging Mendel von bezüglich der Hülsenfarbe mischerbigen Pflanzen mit grüner Hülsenfarbe aus. Durch Selbstbestäubung zog er daraus eine neue Generation, für die er ein Aufspaltungsverhältnis von 3 : 1 zwischen Exemplaren mit grüner und gelber Hülsenfarbe postulierte. Tatsächlich beobachtete Mendel unter 580 Pflanzen 428 mit grüner und 152 mit gelber Hülsenfarbe. Man berechne die erwarteten Häufigkeiten unter der Annahme, dass das postulierte Aufspaltungsverhältnisses zutrifft.

2.8 Weitere diskrete Verteilungen

a) Poisson-Verteilung Die Poisson-Verteilung[22] steht in einem engen Zusammenhang mit der Binomialverteilung. Wir gehen wieder von einem Bernoulli-Experiment aus. Das Experiment, das mit der Wahrscheinlichkeit p zum Ausgang E führt, wird n-mal ausgeführt. Bekanntlich ist dann die Anzahl X der Ausführungen, bei denen E eintritt, binomialverteilt mit den Parametern n und p. Dabei ist vorausgesetzt, dass die Wiederholungen einander nicht beeinflussen. Wenn nun einerseits p sehr klein und andererseits n sehr groß wird, ist die Auswertung der Formel (2.20) für die Binomialwahrscheinlichkeiten recht mühsam, und es stellt sich die Frage, ob die Binomialverteilung in diesem Sonderfall nicht durch eine einfachere „Grenzverteilung" approximiert werden kann. Die Antwort auf diese Frage entnimmt man dem **Poisson'schen Grenzwertsatz**. Lässt man p gegen null und gleichzeitig n so gegen unendlich streben, dass das Produkt $\lambda = np > 0$ konstant bleibt, nähern sich die Binomialwahrscheinlichkeiten (2.20) immer mehr den

---

[22] Diese Verteilung ist nach dem französischen Mathematiker und Physiker S.D. Poisson (1781–1840) benannt. Poisson trug wesentlich zur Entwicklung von mathematischen Methoden in der Physik bei und arbeitete u. a. über Differentialgleichungen und auf dem Gebiet der Wahrscheinlichkeitstheorie.

Poisson-Wahrscheinlichkeiten ($x = 0, 1, 2, \ldots$)[23]

$$P_\lambda(x) = P(X = x) = \mathrm{e}^{-\lambda} \frac{\lambda^x}{x!}. \qquad (2.24)$$

Eine Zufallsvariable X heißt Poisson-verteilt mit dem Parameter λ (kurz ausgedrückt durch $X \sim P_\lambda$), wenn ihre Wahrscheinlichkeitsfunktion f für alle ganzzahligen $x \geq 0$ durch (2.24) gegeben ist und sonst null ist. Dass die über alle Realisierungen $x = 0, 1, \ldots$ erstreckte Summe der Poisson-Wahrscheinlichkeiten null ist, lässt sich mit der Reihenentwicklung der Exponentialfunktion bestätigen. Zur Berechnung der Poisson-Wahrscheinlichkeiten (2.24) kann auch die Rekursion

$$P_\lambda(x + 1) = \frac{\lambda}{x + 1} P_\lambda(x) \qquad (2.25)$$

verwendet werden. Für $x = 0$ erhält man daraus mit $P_\lambda(0) = \mathrm{e}^{-\lambda}$ die Wahrscheinlichkeit $P_\lambda(1)$, damit die Wahrscheinlichkeit $P_\lambda(2)$ usw. Für den Erwartungswert und die Varianz einer P_λ-verteilten Zufallsvariablen X lassen sich aus dem Poisson'schen Grenzwertsatz in Verbindung mit (2.21a) die Formeln

$$E(X) = \lambda \quad \text{und} \quad Var(X) = \lambda \qquad (2.26)$$

ableiten. Bei der Poisson-Verteilung stimmen also der Erwartungswert und die Varianz überein. Im Gegensatz dazu weist die Binomialverteilung eine sogenannte Unterdispersion auf, d. h., die Varianz ist stets kleiner als der Erwartungswert. Abbildung 2.10 zeigt den Verlauf von zwei Poisson-Verteilungen mit den Parametern $\lambda = 3$ und $\lambda = 10$. Wie man zeigen kann, hat die Poisson-Verteilung die (stets postive) Schiefe $\gamma = 1/\sqrt{\lambda}$, die mit wachsendem λ gegen null geht.

Der Grenzwertsatz von Poisson liefert eine Erklärung dafür, dass bei oftmaliger Wiederholung eines Zufallsphänomens die absolute Häufigkeit von „seltenen" Ereignissen in der Praxis oft dem Modell der Poisson-Verteilung folgt. Das gilt z. B. für das Phänomen des radioaktiven Zerfalls, bei dem sich Atomkerne spontan (d. h. zufällig und unabhängig voneinander) umwandeln und dabei radioaktive Strahlung emittieren. Einerseits gibt es in einer Masseneinheit (z. B. einem Gramm) einer radioaktiven Substanz eine sehr große Anzahl von Atomen, andererseits ist die Wahrscheinlichkeit des Zerfalls eines Atoms sehr klein. Zählt man die in einer Zeiteinheit (z. B. einer Minute) im Zuge des Zerfalls emittierten Teilchen, so wurde aus der beobachteten Übereinstimmung des Erwartungswertes mit der Varianz der Zähldaten schon sehr früh der Schluss gezogen, dass die Zählergebnisse Poisson-verteilt sind. Beim radioaktiven Zerfall bezieht sich die beobachtete Anzahl auf eine Zeiteinheit. Auch pro Längen-, Flächen- oder Volumseinheit ausgezählte „seltene Ereignisse" sind oft Poisson-verteilt, etwa die Anzahl von Fehlern bei der Verdrahtung von

---

[23] Eine Begründung kann in den Ergänzungen (Abschn. 2.11) nachgelesen werden. Die Approximation der Binomialverteilung durch die Poisson-Verteilung ist bereits für $n \geq 10$ und $p \leq 0.1$ recht gut. Die Wahrscheinlichkeiten (2.24) werden in R mit der Funktion dpois() berechnet.

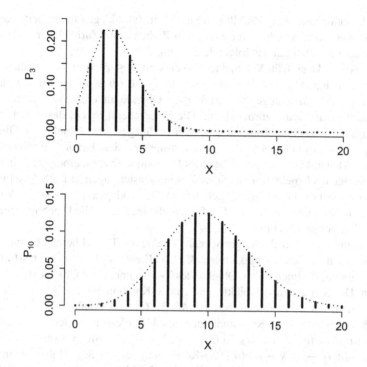

Abb. 2.10 Wahrscheinlichkeitsfunktionen der Poisson-Verteilungen mit $\lambda = 3$ und $\lambda = 10$. Bei kleinem λ hat die Poisson-Verteilung einen stark linkssteilen Verlauf. Mit wachsendem λ wird die Asymmetrie immer schwächer

Platinen in der Elektronik. Die Poisson-Verteilung findet aber auch als Wahrscheinlichkeitsmodell zur Interpretation von Zähldaten in der Ökologie Anwendung, wie sie etwa bei der Auszählung von Objekten (Pflanzen oder Tieren) in irgendwelchen Untersuchungsgebieten anfallen. Eine derartige Situation ist z. B. in Pielou (1978) modelliert: Wir denken uns ein Untersuchungsgebiet aus einer großen Zahl k von „Lebensräumen" zusammengesetzt, und nehmen an, dass ein jeder Lebensraum mit der kleinen Wahrscheinlichkeit λ/k besetzt bzw. mit der Wahrscheinlichkeit $1 - \lambda/k$ nicht besetzt sein kann. Die Besetzungswahrscheinlichkeit ist also für alle Lebensräume gleich groß (Homogenitätsannahme) und unbeeinflusst davon, ob benachbarte Lebensräume schon besiedelt sind (Unabhängigkeitsannahme). Dann ist die Wahrscheinlichkeit, dass x Lebensräume besetzt sind, im Grenzfall $k \to \infty$ durch die Poisson-Wahrscheinlichkeit (2.24) gegeben. Untersuchungsgebiete mit Poisson-verteilten Besetzungszahlen erscheinen dem Betrachter als „zufällig" besiedelt.

b) Hypergeometrische Verteilung Die hypergeometrische Verteilung ist eine diskrete Verteilung, die u. a. in der statistischen Qualitätssicherung (und hier vor allem in der Stichprobenprüfung auf fehlerhafte Einheiten) eine Rolle spielt. Während mit der Binomialverteilung Zufallsziehungen mit Zurücklegen modelliert werden, liegt der hypergeometrischen Verteilung ein Ziehen ohne Zurücklegen zugrunde. Genauer geht es dabei um das folgende Ziehungsschema:

Eine Menge M enthält N Objekte. Davon sind $a \leq N$ vom Typ A (diese bilden die Teilmenge M_A) und $b = N - a$ vom Typ B (diese bilden die Teilmenge M_B). Durch Zufallsziehungen werden $n \leq N$ Objekte hintereinander entnommen und danach nicht wieder zurückgelegt. Die Wahrscheinlichkeit, dass unter n aus der Menge M gezogenen (und nicht wieder zurückgelegten) Objekten x Objekte vom Typ A sind, kann in folgender Weise ermittelt werden. Bei der Zufallsziehung von n Objekten aus der Menge M ist jedes Ergebnis eine Zusammenstellung von n aus M gezogenen Objekten. Jede dieser Zusammenstellungen ist nach Abschn. 1.4 eine n-Kombination aus M. Beim Ziehen (ohne Zurücklegen) können $C(n, N)$ verschiedene n-Kombinationen aus M auftreten, die insgesamt die Ergebnismenge Ω des Zufallsexperimentes bilden.

Es sei nun X die Anzahl der gezogenen Objekte des Typs A bei der betrachteten zufälligen Ziehung von n Objekten aus M. Das Ereignis $\{X = x\}$ umfasst alle n-Kombinationen, in denen sich x Objekte des Typs A und $n - x$ Objekte des Typs B befinden. Die gezogenen A-Objekte sind eine x-Kombination aus M_A; die Anzahl der verschiedenen x-Kombinationen aus M_A ist $C(x, a)$. Analog bilden die gezogenen B-Objekte $(n - x)$-Kombinationen aus M_B; die Anzahl der verschiedenen $(n - x)$-Kombinationen aus M_B ist $C(n - x, N - a)$. Zu jeder x-Kombination M_A gibt es also $C(n - x, N - a)$ $(n - x)$-Kombinationen aus M_B. Daher ist die Anzahl der n-Kombinationen aus M mit genau x A-Objekten und $n - x$ B-Objekten gleich dem Produkt $C(x, a)C(n - x, N - a)$ und folglich die Wahrscheinlichkeit des Ereignisses $\{X = x\}$ durch

$$H_{a,N-a,n}(x) = P(X = x) = \frac{C(x, a)C(n - x, N - a)}{C(n, N)} = \frac{\binom{a}{x}\binom{N-a}{n-x}}{\binom{N}{n}} \quad (2.27)$$

gegeben. Die Werte von X sind ganzzahlig und es gilt $x_{\min} \leq X \leq x_{\max}$. Da offensichtlich $X \leq a$ und $X \leq n$ sein muss, ist der Maximalwert $x_{\max} = \min(a, n)$, also gleich der kleineren der Zahlen a und n. Ferner muss zugleich $X \geq 0$ und $n - X \leq b$ gelten, d. h. der Minimalwert $x_{\min} = \max(0, n - b)$. Eine Zufallsvariable X mit der Wahrscheinlichkeitsfunktion f, die für jedes ganzzahlige x aus dem Intervall $x_{\min} \leq x \leq x_{\max}$ die durch die Wahrscheinlichkeiten (2.27) gegebenen Werte $f(x) = H_{a,N-a,n}(x)$ annimmt und für alle anderen x null ist, heißt hypergeometrisch[24] verteilt mit den Parametern a, $N - a$ und n; wir schreiben dafür kurz $X \sim H_{a,N-a,n}$.

---

[24] Die Bezeichnung geht auf die hypergeometrische Reihe zurück. Näheres dazu findet man z. B. in Kendall (1948). Die Parameter a, $N - a$ und n sind in der Bezeichnung $H_{a,N-a,n}$ so gewählt, wie sie in der R-Funktion dhyper() zur Berechnung der Wahrscheinlichkeiten (2.27) verwendet werden.

Für die Berechnung der Wahrscheinlichkeiten $H_{a,N-a,n}(x)$ ist die Rekursions-formel

$$H_{a,N-a,n}(x+1) = H_{a,N-a,n}(x) \; \frac{(n-x)(a-x)}{(x+1)(N-a-n+x+1)} \qquad (2.28)$$

nützlich. Mit ihr kann man sukzessive alle Werte der Verteilungsfunktion $H_{a,N-a,n}$ bestimmen, wenn zuerst der Anfangswert $H_{a,N-a,n}(x_{\min})$ mit (2.27) berechnet wurde. Den Erwartungswert und die Varianz einer mit den Parametern a, $N-a$ und n hypergeometrisch verteilten Zufallsvariablen X berechnet man mit den Formeln

$$E(X) = n\frac{a}{N} \quad \text{und} \quad Var(X) = n\frac{a}{N}\left(1 - \frac{a}{N}\right)\frac{N-n}{N-1}. \qquad (2.29)$$

Schreibt man $p = a/N$ erkennt man, dass $E(X)$ mit dem Erwartungswert (2.21a) einer $B_{n,p}$-verteilten Zufallsvariablen übereinstimmt. Die Varianz der $H_{a,N-a,n}$-Verteilung ist aber kleiner als die der $B_{n,p}$-Verteilung, und zwar um den Faktor $\frac{N-n}{N-1}$, der für $n>1$ stets kleiner als 1 ist und den man als Endlichkeitskorrektur bezeichnet. Wenn N im Vergleich zu n groß ist (etwa $n/N < 0.1$), liegt die Endlichkeitskorrektur nahe bei 1 und in diesem Fall stimmen auch die Varianzen praktisch überein. Darüber hinaus kann man zeigen, dass mit wachsendem N die Wahrscheinlichkeiten $H_{a,N-a,n}(x)$ gegen die Binomialwahrscheinlichkeiten $B_{n,p}(x)$ streben. Von diesem Grenzverhalten macht man in der Praxis Gebrauch, wenn die hypergeometrische Verteilung (etwa für $n/N < 0.1$ und $N > 60$) durch die Binomialverteilung approximiert wird.

c) Geometrische Verteilung Die geometrische Verteilung ist wie die Poisson-Verteilung ein Beispiel für eine diskrete Zufallsvariable mit abzählbar unendlich vielen Werten. Man betrachte eine (unendliche) Folge unabhängiger Bernoulli-Experimente (ein jedes mit der Erfolgswahrscheinlichkeit p, $0 < p < 1$) und bezeichne mit X die Anzahl der Versuche bis zum erstmaligen Auftreten eines Erfolgs. Die Wahrscheinlichkeit $P(X = x)$ ($x = 1, 2, \ldots$) dafür, dass vor dem ersten Erfolg $x - 1$ Misserfolge liegen, ist gleich der Wahrscheinlichkeit, dass die ersten $x - 1$ Versuche den Ausgang M (Misserfolg) zeigen und beim x-ten Versuch der Ausgang E (Erfolg) eintritt. Mit Hilfe der Multiplikationsregel für unabhängige Ereignisse erhält man $P(X = x) = (1-p)^{x-1}p$. Setzt man hier der Reihe nach die möglichen Werte $x = 1, 2, 3, \ldots$ von X ein, ergeben sich die Wahrscheinlichkeiten

$$p, \; (1-p)p, \; p(1-p)^2, \ldots,$$

die eine geometrische Folge mit dem Anfangsglied $a_1 = p$ und dem Quotienten $q = 1 - p$ bilden. Wie man mit der für $-1 < q < 1$ gültigen Summenformel

$$1 + q + q^2 + q^3 + q^4 + \cdots = \frac{1}{1-q} \qquad (2.30)$$

für eine unendliche geometrische Reihe bestätigt, ist

$$\sum_{x=1}^{\infty} P(X = x) = p + (1 - p)p + p(1 - p)^2 + \cdots = \frac{p}{1 - (1 - p)} = 1.$$

Die durch die Wahrscheinlichkeiten $P(X = x) = (1 - p)^{x-1} p$ $(x = 1, 2, \ldots)$ definierte diskrete Wahrscheinlichkeitsverteilung heißt **geometrische Verteilung**.

Der Erwartungswert einer geometrisch verteilten Zufallsvariablen X ist durch $E(X) = 1/p$ gegeben. Dies erkennt man, wenn man die linke und rechte Seite von (2.30) nach q differenziert. Es ergibt sich

$$1 + 2q + 3q^2 + 4q^3 + \cdots = \frac{1}{(1 - q)^2}.$$

Multipliziert man mit p und setzt $q = 1 - p$, erhält man links den Erwartungswert

$$E(X) = 1 \cdot p + 2 \cdot p(1 - p) + 3 \cdot p(1 - p)^2 + 4 \cdot p(1 - p)^3 + \cdots$$

$$= \sum_{x=1}^{\infty} xp(1 - p)^{x-1}$$

und rechts $1/p$. Somit gilt $E(X) = 1/p$. Für die Varianz einer geometrischen Zufallsvariablen X kann – mit dem Verschiebungssatz (2.11) und durch zweimaliges Differenzieren der geometrischen Reihe (2.30) – die Formel $Var(X) = (1 - p)/p^2$ hergeleitet werden. Die geometrische Verteilung wird z. B. zur Modellierung der Lebensdauer von Geräten (erstmaliges Auftreten eines Defektes) angewendet. Abb. 2.11 zeigt oben die Wahrscheinlichkeitsfunktion der geometrischen Verteilung mit dem Parameter $p = 0.25$.

d) Die negative Binomialverteilung Wie bei der Binomialverteilung wird auch bei der negativen Binomialverteilung von einer Folge unabhängiger Bernoulli-Experimente (ein jedes mit der Erfolgswahrscheinlichkeit p) ausgegangen. Während die Binomialverteilung die Anzahl der erfolgreichen Bernoulli-Experimente bei vorgegebener Länge n der Folge zählt, beschreibt die negative Binomialverteilung die Anzahl X der erforderlichen Bernoulli-Experimente, bis eine vorgegeben Anzahl $r > 0$ von Erfolgen erreicht wird. Die Wertemenge von X ist $D_X = \{r, r + 1, r + 2, \ldots\}$. Das Ereignis $\{X = x\}$, dass das x-te Bernoulli-Experiment den r-ten Erfolg bringt, tritt genau dann ein, wenn unter den vorangehenden $x - 1$ Bernoulli-Experimenten $r - 1$ Erfolge waren (Ereignis A) und das x-te Experiment erfolgreich ist (Ereignis B). Die Wahrscheinlichkeit $P(A)$ ist gleich der Binomialwahrscheinlichkeit $B_{x-1,p}(r - 1)$, die Wahrscheinlichkeit $P(B)$ ist gleich p. Daher ist die Wahrscheinlichkeit, dass die Anzahl X der Versuche bis zum r-ten Erfolg gleich x ist, durch $P(X = x) = P(B \cap A) = pB_{x-1,p}$ gegeben oder, ausführlich angeschrieben, durch

$$P(X = x) = \binom{x - 1}{r - 1} p^r (1 - p)^{x-r} \quad (x = r, r + 1, r + 2, \ldots). \quad (2.31)$$

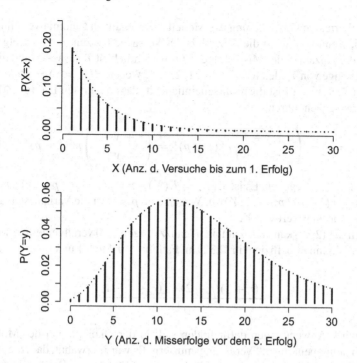

Abb. 2.11 Wahrscheinlichkeitsfunktionen der geometrischen Verteilung mit dem Parameter $p = 0.25$ (*obere Grafik*) und der negativen Binomialverteilung mit den Parametern $r = 10$ und $p = 0.25$ (*untere Grafik*)

Wir nennen eine Zufallsvariable X mit den durch (2.31) gegebenen Wahrscheinlichkeiten $P(X = x)$ negativ binomialverteilt mit dem (ganzzahligen) Parameter $r > 0$ und dem (reellen) Parameter p $(0 < p < 1)$. Man kann zeigen, dass die Summe der Wahrscheinlichkeiten (2.31) gleich 1 ist. Zu Formeln für den Erwartungswert $E(X)$ und die Varianz $Var(X)$ kommt man durch folgende Überlegung:

Wir setzen die Bernoulli-Folge aus r Teilsequenzen zusammen, die die Versuche bis zum ersten Erfolg und dann jeweils die Versuche bis zum nächstfolgenden Erfolg umfassen. Die Anzahl der Versuche in diesen Sequenzen ist geometrisch verteilt, d. h. die Anzahl X der erforderlichen Versuche bis zum r-ten Erfolg kann als Summe $X_1 + X_2 + \cdots + X_r$ von r geometrisch verteilten Zufallsvariablen X_i dargestellt werden. Die X_i sind identisch verteilt und unabhängig, daher gelten wegen $E(X_i) = 1/p$ und $Var(X_i) = (1 - p)/p^2$ für den Erwartungswert und die Varianz von $X = X_1 + X_2 + \cdots + X_r$ die Formeln $E(X) = r/p$ bzw. $Var(X) = r(1 - p)/p^2$.

Die Verteilung von X ist in der unteren Grafik der Abb. 2.11 durch ein Beispiel mit den Parametern $r = 10$ und $p = 0.25$ veranschaulicht. Die negative Binomialverteilung wird z. B. in der Versicherungsmathematik (zur Beschreibung der Verteilung von Schadensfällen) verwendet.

Eine alternative Formulierung des Modells der negativen Binomialverteilung erhält man, wenn man nicht die Anzahl X der Versuche bis zum r-ten Erfolg zählt, sondern die Anzahl Y der Misserfolge.[25] Offensichtlich ist $Y = X - r$ und die Definitionsmenge von Y gleich $D_Y = \{0, 1, 2, \ldots\}$. Wegen $P(Y = y) = P(X - r = y) = P(X = r + y)$ ist die Wahrscheinlichkeit, dass dem r-ten Erfolg y Misserfolge vorausgehen, durch

$$P(Y = y) = \binom{r + y - 1}{r - 1} p^r (1 - p)^y = \binom{r + y - 1}{y} p^r (1 - p)^y \quad (2.32)$$

($y = 0, 1, 2, \ldots$) gegeben. Es ist $E(Y) = E(X) - r = r(1 - p)/p$ und $Var(Y) = Var(X) = r(1 - p)/p^2 = E(Y)/p$. Wegen $0 < p < 1$ ist die Varianz stets größer als der Erwartungswert von Y.

Gleichung (2.32) kann auch auf nicht ganzzahlige $r > 0$ verallgemeinert werden, wenn der Binomialkoeffizient in (2.32) im Falle $y = 0$ durch 1 und für $y = 1, 2, \ldots$ durch

$$\frac{r(r + 1)(r + 2) \cdots (r + y - 1)}{y!}$$

ersetzt wird. Anwendungen dafür finden sich in der Ökologie bei der Modellierung von „klumpenartigen" Verteilungsmustern. Es wurde erwähnt, dass die Anzahl von Objekten (z. B. Bäumen) pro Flächeneinheit durch eine Poisson-Verteilung beschrieben werden kann, wenn das Verteilungsmuster zufällig erscheint. Wenn dagegen Verteilungsmuster aus zufällig verstreuten „Clustern" vorliegen, in denen die Objekte zu Haufen aggregiert sind, spricht man von einem klumpenartigen Verteilungsmuster. Eine Auszählung der Objekte würde in diesem Fall Untersuchungsgebiete mit sehr vielen Objekten und andere mit recht wenigen oder überhaupt keinem Objekt ergeben, die Besetzungszahlen werden also stark von einem Untersuchungsgebiet zum anderen streuen. Bei gleicher mittlerer Besetzungszahl pro Untersuchungsgebiet ist dann die Varianz der Besetzungszahl größer als bei einer zufälligen oder gar regelmäßigen Anordnung. Die Verteilung der Besetzungszahl weist also bei klumpenartigen Anordnungen eine Überdispersion auf, die durch eine den Mittelwert übertreffende Varianz gekennzeichnet ist. Zur Modellierung von klumpenartigen Verteilungsmustern wird gerne die negative Binomialverteilung verwendet.

Beispiele

1. Rückfangmethoden werden in der Ökologie angewendet, um die Größe N einer Population zu schätzen. Im einfachsten Fall werden aus der Population a Indi-

---

[25] Diese Festlegung liegt der Funktion `dnbinom()` der Open Source Software R zugrunde. Mit dieser Funktion können die Wahrscheinlichkeiten $P(Y = y)$ berechnet werden; `pbinom()` liefert die Werte der Verteilungsfunktion von Y.

viduen eingefangen, markiert und wieder freigelassen. Danach befinden sich in der Population a markierte und $b = N - a$ nicht markierte Individuen. Nachdem sich die markierten Individuen mit der übrigen Population vermischt haben, wird eine zweite Stichprobe von n Individuen (ohne Zurücklegen) entnommen und festgestellt, wie groß die Anzahl R der darunter befindlichen markierten Individuen ist. Es sei $N = 500$, $a = 100$ und $n = 5$. Dann ist R $H_{100,400,5}$-verteilt. Wegen $\max(0, n - b) = \max(0, -395) = 0$ und $\min(a, n) = \min(100, 5) = 5$ ist die Wertemenge von R gleich $D_R = 0, 1, \ldots, 5$. Wir bestimmen die Werte der Wahrscheinlichkeitsfunktion $H_{100,400,5}$ und bestätigen mit den Daten des Beispiels die Richtigkeit der Formeln (2.29) für den Erwartungswert und die Varianz einer hypergeometrisch verteilten Zufallsvariablen.

Zur Bestimmung der Wahrscheinlichkeiten $H_{100,400,5}(x)$ für $x = 0, 1, \ldots, 5$ wird zuerst mit (2.27)

$$H_{100,400,5}(0) = \frac{\binom{100}{0}\binom{400}{5}}{\binom{500}{5}} = \frac{400 \cdot 399 \cdot 398 \cdot 397 \cdot 396/120}{500 \cdot 499 \cdot 498 \cdot 497 \cdot 496/120} = 0.3260.$$

berechnet. Die weiteren Werte der Verteilungsfunktion folgen dann mit Hilfe der Rekursionsformel (2.28), indem man der Reihe nach $x = 0, 1, \ldots 4$ einsetzt. Man erhält

$$H_{100,400,5}(1) = H_{100,400,5}(0) \frac{5 \cdot 100}{1 \cdot 396} = 0.4117,$$

$$H_{100,400,5}(2) = H_{100,400,5}(1) \frac{4 \cdot 99}{2 \cdot 397} = 0.2053$$

und auf analoge Weise $H_{100,400,5}(3) = 0.05055$, $H_{100,400,5}(4) = 0.006145$ und $H_{100,400,5}(5) = 0.0002950$. Damit ergibt sich mit der Definitionsgleichung (2.3a) der Erwartungswert

$$E(R) = \sum_{x=0}^{5} x H_{100,400,5}(x) = 1$$

und mit dem Verschiebungssatz (2.11) die Varianz

$$Var(R) = E(R^2) - (E(R))^2 = \sum_{x=0}^{5} x^2 H_{100,400,5}(x) - 1$$

$$= 1.7936 - 1 = 0.7936.$$

Auf dieselben Werte führen die Formeln (2.29); es ist $E(R) = 5 \cdot 100/500 = 1$ und

$$Var(R) = 5 \frac{100}{500} \left(1 - \frac{100}{500}\right) \frac{495}{499} = 0.7936.$$

2. Rutherford und Geiger beobachteten bei ihren Experimenten, dass in einem Zeitintervall von 7.5 s im Mittel 3.87 α-Teilchen emittiert werden. Es werden Messungen über 100 Zeitintervalle vorgenommen. Wir bestimmen, wie viele Zeitintervalle mit mehr als 3 Emissionen zu erwarten sind. Dabei beschreiben wir die Anzahl X der in einem Zeitintervall emittierten α-Teilchen durch eine Poisson-Verteilung mit dem Parameter (Mittelwert) $\lambda = 3.87$.

Zu Beantwortung der Frage wird zuerst die Wahrscheinlichkeit $P(X > 3)$ bestimmt, dass in einem Intervall mehr als 3 α-Teilchen emittiert werden. Da die Wertemenge einer Poisson-verteilten Zufallsvariablen alle ganzen Zahlen größer oder gleich null umfasst, wird die gesuchte Wahrscheinlichkeit mit dem zu $\{X > 3\}$ komplementären Ereignis $\{X \leq 3\}$ aus $P(X > 3) = 1 - P(X \leq 3)$ ermittelt. Wegen $P(X \leq 3) = P(X = 0) + P(X = 1) + P(X = 2) + P(X = 3)$ sind also die Wahrscheinlichkeiten

$$P(X = 0) = e^{-3.87} \frac{3.87^0}{0!} = e^{-3.87} = 0.02086,$$

$$P(X = 1) = e^{-3.87} \frac{3.87^1}{1!} = e^{-3.87} \frac{3.87}{1} = 0.08072,$$

$$P(X = 2) = e^{-3.87} \frac{3.87^2}{2!} = e^{-3.87} \frac{3.87^2}{2} = 0.1562,$$

$$P(X = 3) = e^{-3.87} \frac{3.87^3}{3!} = e^{-3.87} \frac{3.87^3}{6} = 0.2015$$

zu berechnen. Damit folgt $P(X \leq 3) = 0.4593$ und schließlich $P(X > 3) = 1 - 0.4593 = 0.5407$ als Wahrscheinlichkeit, dass in einem Intervall mehr als 3 Teilchen emittiert werden. Es sei nun Y die Anzahl der Zeitintervalle mit mehr als 3 Emissionen (unter den 100 beobachteten Intervallen). Y ist binomialverteilt mit den Parametern $n = 100$ und $p = P(X > 3)$. Der gesuchte Erwartungswert von Y ist $E(Y) = np = 54.07$.

3. Ein Produktionslos enthält 500 Widerstände. Der Hersteller garantiert, dass höchstens 2 % defekt sind. Jedes Los wird vor Lieferung geprüft, indem 10 Widerstände entnommen werden. Sind alle 10 Widerstände in Ordnung, wird das Los zur Auslieferung freigegeben. Wir berechnen die Wahrscheinlichkeit, dass bei diesem Prüfverfahren ein Los zurückgewiesen wird, obwohl es den Bedingungen (höchstens 2 % defekt) entspricht.

Es sei X die Anzahl der defekten Widerstände in der Prüfstichprobe aus $n = 5$ Widerständen, die durch Zufallsziehung ohne Zurücklegen aus dem Los entnommen werden. Das Los hat den Umfang $N = 500$ und – im ungünstigsten Fall – die Fehlerquote $p = a/N = 0.02$, d. h. es gibt $a = 10$ defekte Widerstände im Los. Die Anzahl X ist hypergeometrisch verteilt mit den Parametern $a = 10$, $N - a = 490$ und $n = 5$. Gesucht ist die Wahrscheinlichkeit $P(X > 0) = 1 - P(X = 0)$, dass das Los zurückgewiesen wird, d. h. in der Prüfstichprobe wenigstens ein defekter Widerstand ist. Mit Formel (2.27) ist zunächst

$$P(X = 0) = H_{10,490,5}(0) = \frac{\binom{10}{0}\binom{490}{5}}{\binom{500}{5}}$$

$$= \frac{490 \cdot 489 \cdot 488 \cdot 487 \cdot 486/120}{500 \cdot 499 \cdot 498 \cdot 497 \cdot 496/120} = 0.9035.$$

Es folgt $P(X > 0) = 1 - 0.9035 = 0.0965$. Die Wahrscheinlichkeit für die Rückweisung des Loses ist daher 9.65 % bei einer Fehlerquote von genau 2 %; sie verringert sich, wenn die Fehlerquote unter 2 % liegt.
Wegen $n/N = 5/500 = 0.01 < 0.1$ und $N > 60$ kann die hypergeometrische Verteilung $H_{10,490,5}$ gut durch die Binomialverteilung mit $n = 5$ und $p = a/N = 10/500 = 0.02$ approximiert werden. Mit der Binomialverteilungsapproximation ergibt sich $P(X = 0) = \binom{5}{0}0.02^0 0.98^5 = 0.9039$ und $P(X > 0) = 0.0961$.

4. Ein idealer Würfel wird so lange ausgespielt, bis die Zahl 6 aufscheint. Wir fragen nach der Wahrscheinlichkeit, dass dies erstmals beim 9-ten Wurf der Fall ist. Dann darf unter den vorangehenden 8 Würfen kein Sechser sein. Es sei X die Anzahl der Würfe bis zum ersten Sechser. Die Wahrscheinlichkeit, in der Ergebnisreihe 8 Zahlen ungleich 6 und die letzte Zahl gleich 6 zu haben, ist $P(X = 9) = (5/6)^8 (1/6) = 3.88\,\%$. Wegen $E(X) = 1/p = 6$ ist die erwartete Anzahl von Würfen bis zum ersten Sechser gleich 6.

5. Bei einem Würfelspiel wird so oft gewürfelt, bis der dritte Sechser erreicht wird. Wir bestimmen die Wahrscheinlichkeit, dass 10 mal ausgespielt werden muss, um das Spiel zu beenden. Wenn beim 10-ten Ausspielen des (als ideal vorausgesetzten) Würfels der dritte Sechser gewürfelt wird, hat es $Y = 7$ Misserfolge gegeben. Setzt man in (2.32) $r = 3$ (3 Erfolge) und $p = 1/6$, erhält man für die gesuchte Wahrscheinlichkeit $P(Y = 7) = \binom{9}{7}(1/6)^3(5/6)^7 = 4.65\,\%$. Der Erwartungswert von Y ist $E(Y) = 3 \cdot (1 - 1/6)/(1/6) = 15$. Daher ist die erwartete Spiellänge $E(Y) + 3 = 18$, d. h. man kann erwarten, 18-mal würfeln zu müssen, um beim letzten Wurf den dritten Sechser zu erzielen.

Aufgaben

1. Bei einem medizinischen Eingriff ist das Risiko einer bestimmten Komplikation gleich 0.5 %. Der Eingriff wird bei 100 Personen vorgenommen. Wie groß ist die Wahrscheinlichkeit P, dass mehr als 2 Komplikationen auftreten?

   a) Man bestimme P mit Hilfe der Poisson-Verteilung.

   b) Wie stark weicht die approximative Lösung von der exakten ab?

2. Bei der Fertigung eines Produktes nach einem bestimmten Verfahren ist die Wahrscheinlichkeit 0.25 %, dass ein Produkt fehlerhaft ist. Wie groß ist die Wahrscheinlichkeit P, dass in einer Sendung von 1000 Stück höchstens 5 Ausschussstücke enthalten sind?

3. Ein Produkt wird vom Hersteller in Packungen von 40 Stück ausgeliefert. Im Rahmen der Eingangskontrolle wird nach folgendem Plan geprüft: Es werden 5 Stück aus der gelieferten Packung zufällig ausgewählt (ohne Zurücklegen) und auf Fehler überprüft. Ist kein Stück fehlerhaft, wird die Packung angenommen, andernfalls zurückgeschickt. Wie groß ist die Wahrscheinlichkeit P_{an}, dass bei diesem Prüfplan die Packung angenommen wird, wenn sie 2 defekte Stücke enthält?

4. Bei einer Epidemie sei die Anzahl Y der pro Tag auftretenden Neuinfektionen negativ-binomialverteilt mit dem Mittelwert $\mu = 3$ und der Varianz $\sigma^2 = 5$. Man berechne die Wahrscheinlichkeit, dass an einem Tag

a) genau 3,
b) weniger als 3 und
c) mehr als 3 Infektionen auftreten.

2.9 Normalverteilung

Die wichtigste stetige Verteilung ist die Normalverteilung. Normalverteilte Zufalls-variablen sind nicht nur in der Praxis oft angewandte Modelle bei der Erfassung der Zufallsvariation von Beobachtungsgrößen, sondern auch wichtige „Bausteine" der sogenannten Prüfverteilungen, auf die im nächsten Kapitel in Verbindung mit der Parameterschätzung näher eingegangen wird. Der Sonderfall der **Standardnor-malverteilung** wurde bereits im Abschn. 2.3 (Beispiel 2) behandelt. Eine Zufalls-variable Z heißt standardnormalverteilt, wenn ihre Dichtefunktion φ für alle reellen Argumente z durch

$$\varphi(z) = \frac{1}{\sqrt{2\pi}}\, e^{-z^2/2}$$

gegeben ist. Der Graph von φ hat die Form einer symmetrisch um die Stelle $z = 0$ verlaufenden Glockenkurve. Der Mittelwert von Z ist $\mu_Z = E(Z) = 0$, die Varianz $\sigma_Z^2 = Var(Z) = 1$. Die Verteilungsfunktion von Z wird meist mit Φ bezeichnet; ist z irgendein Wert von Z, so bedeutet $\Phi(z)$ die Wahrscheinlichkeit $\Phi(z) = P(Z \le z)$, dass Z kleiner als oder gleich z ist.

Von Z gehen wir nun durch eine Lineartransformation mit den Konstanten $\sigma > 0$ und μ auf die neue Zufallsvariable $X = \sigma Z + \mu$ über, die den Mittelwert μ und die Standardabweichung σ besitzt. Die Dichtefunktion f von X kann man folgen-dermaßen bestimmen. Wir formen die zwischen den Realisierungen von Z und X bestehende Beziehung $x = \sigma z + \mu$ um in $z = (x - \mu)/\sigma$ und setzen den Ausdruck für z in $\varphi(z)$ ein. Dieser Substitution entspricht geometrisch eine Streckung der Dichtekurve der Standardnormalverteilung in horizontaler Richtung mit dem Fak-tor σ und eine Horizontalverschiebung um μ. Um die zwischen der Dichtekurve und der x-Achse eingeschlossene Fläche wieder auf den Wert 1 zu bringen, muss eine zweite Streckung in vertikaler Richtung mit dem Faktor $1/\sigma$ angeschlossen

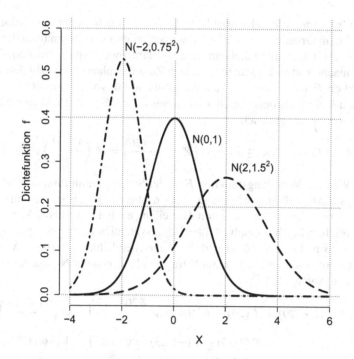

Abb. 2.12 Dichtekurven von normalverteilten Zufallsvariablen mit verschiedenen Mittelwerten und Varianzen. Je nachdem ob $\sigma > 1$ oder $\sigma < 1$ ist, verläuft die Dichtekurve der $N(\mu, \sigma^2)$-Verteilung „flacher" bzw. „steiler" als die Dichtekurve der $N(0, 1)$-Verteilung

werden.[26] Auf diese Weise ergibt sich die Dichtekurve von X mit der Gleichung

$$f(x) = \frac{1}{\sigma\sqrt{2\pi}}\, \mathrm{e}^{-(x-\mu)^2/(2\sigma^2)}. \tag{2.33}$$

Man bezeichnet eine stetige Zufallsvariable X mit der für alle reellen x definierten Dichtefunktion (2.33) als **normalverteilt** mit dem Mittelwert μ und der Varianz σ^2 und schreibt dafür kurz $X \sim N(\mu, \sigma^2)$. Speziell wird durch $Z \sim N(0, 1)$ zum Ausdruck gebracht, dass Z standardnormalverteilt ist. Abbildung 2.12 zeigt den Verlauf von Dichtekurven der Normalverteilung für verschiedene Mittelwerte und Varianzen.

---

[26] Dies erkennt man durch folgende Überlegung: Es sei $[z, z + \Delta z]$ ein Intervall der Z-Achse mit sehr kleiner Länge Δz. Dieses Intervall wird durch die Transformation $z \to x = \sigma z + \mu$ in das Intervall $[x, x + \Delta x]$ der X-Achse übergeführt, wobei $\Delta x = \sigma\Delta z$ ist. Die Wahrscheinlichkeit, dass Z einen Wert in $[z, z + \Delta z]$ annimmt, kann bei kleinem Δz mit Hilfe der Dichtefunktion φ durch $\varphi(z)\Delta z$ dargestellt werden. Diese Wahrscheinlichkeit ist gleich der Wahrscheinlichkeit, dass X einen Wert in $[x, x + \Delta x]$ annimmt, d. h. $P(x \le X \le x + \Delta x) = \varphi(z)\Delta z = \varphi(\frac{x-\mu}{\sigma})\frac{1}{\sigma}\Delta x$. Es folgt, dass an der Stelle x die Dichtefunktion von X durch $f(x) = \varphi(\frac{x-\mu}{\sigma})\frac{1}{\sigma}$ gegeben ist.

Die normalverteilte Zufallsvariable $X \sim N(\mu, \sigma^2)$ geht in die standardnormalverteilte Zufallsvariable $Z = (X - \mu)/\sigma$ über, wenn man sie standardisiert, also den Mittelwert μ subtrahiert und durch die Standardabweichung σ dividiert. Diesen Umstand macht man sich zunutze, um einen Zusammenhang zwischen der Verteilungsfunktion F von X und der Verteilungsfunktion Φ von Z herzustellen. Da X genau dann kleiner als oder gleich x ist, wenn $Z = (X - \mu)/\sigma$ kleiner als oder gleich $(x - \mu)/\sigma$ ist, gilt auch

$$F(x) = P(X \le x) = P\left(Z \le \frac{x - \mu}{\sigma}\right) = \Phi\left(\frac{x - \mu}{\sigma}\right), \qquad (2.34)$$

d. h., der Wert der Verteilungsfunktion F an der Stelle x stimmt mit dem Wert der Verteilungsfunktion Φ an der Stelle $(x - \mu)/\sigma$ überein. Damit können mit der im Abschn. 8.1 tabellierten Standardnormalverteilung auch die Werte der Verteilungsfunktion von beliebigen normalverteilten Zufallsvariablen bestimmt werden. Wenn z. B. $\mu = 15$ und $\sigma^2 = 16$ ist und die Wahrscheinlichkeit $P(10 < X < 20)$ berechnet werden soll, erhält man mit Hilfe von (2.34) und der Normalverteilungstabelle 8.1 in Abschn. 8.1[27]

$$P(10 < X < 20) = F(20) - F(10) = \Phi\left(\frac{20 - 15}{4}\right) - \Phi\left(\frac{10 - 15}{4}\right)$$

$$= \Phi(1.25) - \Phi(-1.25) = \Phi(1.25) - [1 - \Phi(1.25)]$$

$$= 2\Phi(1.25) - 1 = 0.7887.$$

Mit (2.34) kann auch das p-Quantil x_p $(0 < p < 1)$ einer $N(\mu, \sigma^2)$-verteilten Zufallsvariablen X auf das entsprechende Quantil z_p der standardnormalverteilten Variablen Z zurückgeführt werden. Aus der Forderung

$$F(x_p) = \Phi\left(\frac{x_p - \mu}{\sigma}\right) = p$$

ergibt sich $(x_p - \mu)/\sigma = z_p$, d. h. $x_p = \sigma z_p + \mu$. Ist z. B. das 95 %-Quantil der mit den Parametern $\mu = 15$ und $\sigma^2 = 16$ normalverteilten Zufallsvariablen X zu berechnen, erhält man mit dem Quantil $z_{0.95} = 1.645$ der Standardnormalverteilung sofort $x_{0.95} = 4 \cdot 1.645 + 15 = 21.58$.

Die Normalverteilung spielt in Verbindung mit der **Verteilung der Summe** und der **Verteilung des Mittelwertes** von n unabhängigen und identisch verteilten Zufallsvariablen eine große Rolle. Wir führen im Folgenden einige für Theorie und Praxis bedeutsame Ergebnisse an:[28]

---

[27] Steht R zur Verfügung, erhält man die Werte der Verteilungsfunktion einer normalverteilten Zufallsvariablen mit der Funktion pnorm(); mit ihr ergibt sich die Lösung der Aufgabe, in dem man die Anweisung pnorm(20,15,4)-pnorm(10,15,4) ausführt. Quantile einer $N(\mu, \sigma^2)$-verteilten Zufallsvariablen werden in R mit der Funktion qnorm() bestimmt.

[28] Die Ergebnisse mathematisch exakt zu begründen, ist aufwendig und erfordert tiefere Kenntnisse aus der Analysis. Wer nur die Beweisideen nachvollziehen will, findet lesbare Darstellungen in Arens et al. (2010) oder Schinazi (2001). Wir begnügen uns hier damit, die Ergebnisse an Hand von konkreten Simulationen plausibel zu machen.

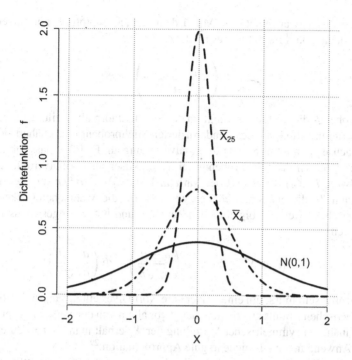

Abb. 2.13 Verteilung der arithmetischen Mittel $\bar{X}_4$ und $\bar{X}_{25}$ einer Folge von $n = 4$ bzw. $n = 25$ standardnormalverteilten Zufallsvariablen X_i. Sowohl $\bar{X}_4$ als auch $\bar{X}_{25}$ ist normalverteilt mit dem Mittelwert null, jedoch mit der gegenüber der $N(0, 1)$-Verteilung um den Faktor $1/\sqrt{n}$ verringerten Standardabweichung $1/2$ bzw. $1/5$

- Es sei $X_1, X_2, \ldots, X_n$ eine Folge von unabhängigen und identisch $N(\mu, \sigma^2)$-verteilten Zufallsvariablen. Dann besitzt nach (2.19) das Stichprobenmittel $\bar{X}_n$ den Erwartungswert $E(\bar{X}_n) = \mu$ und die Varianz $Var(\bar{X}_n) = \sigma^2/n$. Darüber hinaus ist bei $N(\mu, \sigma^2)$-verteilten X_i auch das Stichprobenmittel $\bar{X}_n$ normalverteilt, d. h. es gilt

$$\bar{X}_n = \frac{1}{n}(X_1 + X_2 + \cdots + X_n) \sim N(\mu, \sigma^2/n) \quad \text{und} \quad \frac{\bar{X}_n - \mu}{\sigma/\sqrt{n}} \sim N(0, 1).$$

Abbildung 2.13 veranschaulicht diesen Sachverhalt am Beispiel der Verteilung des arithmetischen Mittels von standardnormalverteilten Zufallsvariablen.

- Nun sei $X_1, X_2, \ldots, X_n$ wieder eine Folge von unabhängigen Zufallsvariablen, die zwar als identisch verteilt, aber nicht notwendigerweise als normalverteilt vorausgesetzt werden. Alle X_i haben also dieselbe Verteilungsfunktion mit dem Mittelwert μ und der (endlichen) Varianz $\sigma^2 > 0$. Wir bilden wieder das Stichprobenmittel $\bar{X}_n = (X_1 + X_2 + \cdots + X_n)/n$ und fragen, welche Aussagen über die Verteilung von $\bar{X}_n$ nun gemacht werden können. Wie vorhin ist $E(\bar{X}_n) = \mu$ und $Var(\bar{X}_n) = \sigma^2/n$. Da die X_i nicht normalverteilt sein müssen, kann nicht erwartet werden, dass $\bar{X}_n$ normalverteilt ist. Nach dem **zentralen Grenzwert-**

satz ist aber das arithmetische Mittel dennoch „asymptotisch normalverteilt". Das bedeutet, dass für beliebiges reelles x

$$\lim_{n \to \infty} P\left(\frac{\bar{X}_n - \mu}{\sigma/\sqrt{n}} \le x\right) = \Phi(x) \tag{2.35a}$$

gilt, wobei Φ die Verteilungsfunktion der Standardnormalverteilung bezeichnet. Die Verteilungsfunktion des standardisierten Stichprobenmittels nähert sich also mit wachsendem n der Standardnormalverteilung an. Es folgt, dass für „ausreichend" großes n das Stichprobenmittel $\bar{X}_n$ praktisch als normalverteilt mit dem Mittelwert $E(\bar{X}_n) = \mu$ und der Varianz $Var(\bar{X}_n) = \sigma^2/n$ angesehen werden kann. In diesem Sinne können wir z. B. für die Wahrscheinlichkeit, dass $\bar{X}_n$ zwischen zwei beliebigen reellen Zahlen a und $b \ge a$ eingeschlossen wird, schreiben:

$$P\left(a \le \bar{X}_n \le b\right) \approx \Phi\left(\frac{b - \mu}{\sigma/\sqrt{n}}\right) - \Phi\left(\frac{a - \mu}{\sigma/\sqrt{n}}\right) \tag{2.35b}$$

Wie groß n sein muss, um eine brauchbare Normalverteilungsapproximation des arithmetischen Mittels zu erhalten, hängt vor allem von der Verteilung der X_i ab. Bei annähernd symmetrischer Verteilung der X_i erhält man ab $n = 30$ eine für viele Anwendungen ausreichend gute Approximation.[29]

- Besondere Beachtung verdient der Sonderfall, dass die X_i Bernoulli-Variable mit der Erfolgswahrscheinlichkeit p $(0 < p < 1)$ sind. Dann ist die Summe $H_n = X_1 + X_2 + \cdots + X_n$ gleich der Anzahl und das Stichprobenmittel $\bar{X}_n = H_n/n$ gleich der relativen Häufigkeit der Realisierungen mit $X_i = 1$. Die Summe H_n ist binomialverteilt mit den Realisierungen $h = 0, 1, \dots, n$ und der durch (2.20) gegebenen Wahrscheinlichkeitsfunktion $B_{n,p}$. Setzt man in (2.35a) $\bar{X}_n = H_n/n$, $\mu = E(X_i) = p$ und $\sigma = \sqrt{Var(X_i)} = \sqrt{p(1 - p)}$, ergibt sich die Formel

$$\lim_{n \to \infty} P\left(\frac{H_n - np}{\sqrt{np(1 - p)}} \le x\right) = \Phi(x), \tag{2.36}$$

die man als zentralen Grenzwertsatz für Binomialverteilungen bezeichnet. Diese Formel bildet die theoretische Grundlage für die **Approximation der Binomialverteilung** durch die Normalverteilung. Sie bringt zum Ausdruck, dass H_n asymptotisch normalverteilt ist mit dem Mittelwert $E(H_n) = np$ und der Varianz $Var(H_n) = np(1 - p)$. Ist F_N die Verteilungsfunktion der approximierenden Normalverteilung, kann also für „größere" n und nicht „zu nahe" bei 0 oder 1 liegende Erfolgswahrscheinlichkeiten p der Wert der Verteilungsfunktion F_B von H_n durch $F_B(h) = P(H_n \le h) \approx F_N(h)$ angenähert werden. Als

---

[29] Die Güte der Approximation kann auf numerischen Wege durch Simulation der Verteilung des Stichprobenmittels untersucht werden. In den Ergänzungen (Abschn. 2.11) sind Ergebnisse von Simulationsexperimenten für Zufallsvariablen X_i mit stetiger Gleichverteilung angeführt.

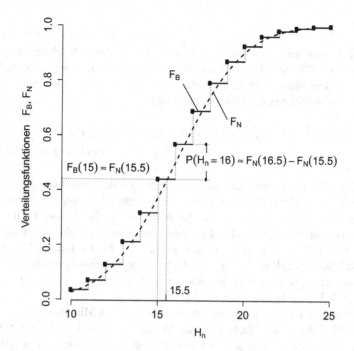

Abb. 2.14 Stetigkeitskorrektur bei der Approximation der Binomialverteilung durch die Normal-verteilung: Die treppenförmige Funktion ist die Verteilungsfunktion F_B der $B_{n,p}$-Verteilung mit $n = 40$ und $p = 0.4$, die strichlierte Kurve die Verteilungsfunktion F_N der approximierenden Normalverteilung mit $\mu = np = 16$ und $\sigma^2 = np(1-p) = 9.6$. Für $h = 15$ ist der exakte Wert der Verteilungsfunktion $F_B = P(H_{40} \leq 15) = 0.4402$; ohne Stetigkeitskorrektur erhält man den Näherungswert $F_N(15) = \Phi((15-16)/\sqrt{9.6}) = 0.3734$, mit der Korrektur den verbesserten Näherungswert $F_N(15.5) = 0.4359$

Faustregel für die Anwendung dieser Approximation wird $np(1-p) > 9$ empfohlen. Die Approximation wird verbessert, wenn man F_N nicht an der Stelle h, sondern an der Stelle $h + 0.5$ berechnet. Diese Änderung des Arguments der Normalverteilung wird als **Stetigkeitskorrektur** bezeichnet; sie ist in Abb. 2.14 an einem Beispiel veranschaulicht. Mit der Stetigkeitskorrektur ergeben sich für die Approximation der Binomialverteilung durch die Normalverteilung die für die Praxis bedeutsamen Formeln:

$$P(H_n \leq h) = F_B(h) \approx F_N(h + 0.5),$$
$$P(H_n = h) = B_{n,p}(h) = F_B(h) - F_B(h-1) \approx F_N(h + 0.5) - F_N(h - 0.5).$$

Der zentrale Grenzwertsatz (2.35a) unterstreicht die Bedeutung der Normalverteilung in der Statistik. Er macht verständlich, warum man es in der Praxis oft mit zumindest annähernd normalverteilten Zufallsvariablen zu tun hat; eine annähernd normalverteilte Zufallsvariable ist dann zu erwarten, wenn sie durch das additive Zusammenwirken von unabhängigen Einflussfaktoren erklärt werden kann.

Beispiele

1. Es sei X eine normalverteilte Zufallsvariable mit dem Mittelwert μ und der Varianz σ^2. Wir berechnen zuerst $P(\mu - \sigma \leq X \leq \mu + \sigma)$, also die Wahrscheinlichkeit, dass X in dem mit der einfachen Standardabweichung um den Mittelwert gebildeten Streuintervall liegt. Es ist

$$P(\mu - \sigma \leq X \leq \mu + \sigma) = F(\mu + \sigma) - F(\mu - \sigma)$$
$$= \Phi(1) - \Phi(-1) = 2\Phi(1) - 1 = 0.6827$$

Innerhalb der einfachen Standardabweichung um den Mittelwert liegen somit bei jeder Normalverteilung 68.27 % der Gesamtfläche unter der Dichtekurve. Auf analoge Weise findet man für die Wahrscheinlichkeit, dass X einen Wert innerhalb der zweifachen Standardabweichung um den Mittelwert annimmt, $P(\mu - 2\sigma \leq X \leq \mu + 2\sigma) = \Phi(2) - \Phi(-2) = 2\Phi(2) - 1 = 95.45\,\%$ und für die Wahrscheinlichkeit, dass X innerhalb der Drei-Sigma-Grenzen (d. h. innerhalb der dreifachen Standardabweichung um den Mittelwert) liegt, $P(\mu - 3\sigma \leq X \leq \mu + 3\sigma) = 2\Phi(3) - 1 = 99.73\,\%$.

2. Wir bestimmen jene Schwankungsbreite $\pm z\sigma$ um den Mittelwert herum, in der genau 95 % der Gesamtfläche unter der Dichtekurve von $X \sim N(\mu, \sigma^2)$ liegen. Wegen $P(\mu - z\sigma \leq X \leq \mu + z\sigma) = \Phi(z) - \Phi(-z) = 2\Phi(z) - 1 = 0.95$, d. h. $\Phi(z) = 0.975$, ist z gleich dem 97.5 %-Quantil $z_{0.975} = 1.96$ der Standardnormalverteilung. Man nennt das Intervall $[\mu - 1.96\sigma, \mu + 1.96\sigma]$ daher auch den 95 %-Bereich der Normalverteilung. Auf analogem Wege bestätigt man, dass der 99 %-Bereich durch das Intervall $[\mu - 2.58\sigma, \mu + 2.58\sigma]$ gegeben ist.

3. Die Masse M (in mg) einer Wirksubstanz in einem Präparat sei normalverteilt mit dem Mittelwert $\mu = 10$ und der Varianz $\sigma^2 = 0.16$. Wir berechnen den Interquartilabstand IQR, der gleich der Differenz zwischen dem oberen und dem unteren Quartil ist, d. h. $IQR = m_{0.75} - m_{0.25}$. Anschließend bestimmen wir die Wahrscheinlichkeit P, dass eine Realisierung von M außerhalb des 2-fachen Interquartilabstandes um den Mittelwert auftritt.
Mit dem 75 %-Quantil $z_{0.75} = 0.6745$ der Standardnormalverteilung erhält man das 75 %-Quantil von M aus $m_{0.75} = z_{0.75}\sigma + \mu$. Analog ergibt sich mit $z_{0.25} = -z_{0.75}$ das 25 %-Quantil $m_{0.25} = -z_{0.75}\sigma + \mu$. Der Interquartilabstand von M ist daher $IQR = z_{0.75}\sigma + \mu - (-z_{0.75}\sigma + \mu) = 2z_{0.75}\sigma = 2 \cdot 0.6745 \cdot 0.4 = 0.5396$. Die gesuchte Wahrscheinlichkeit ist

$$P = P(M < \mu - 2IQR) + P(M > \mu + 2IQR)$$
$$= \Phi\left(\frac{-2IQR}{\sigma}\right) + 1 - \Phi\left(\frac{2IQR}{\sigma}\right) = \Phi(-4z_{0.75}) + 1 - \Phi(4z_{0.75})$$
$$= 2 - 2\Phi(4z_{0.75}) = 2 - 2\Phi(2.698) = 0.006977.$$

Bei einer normalverteilten Zufallsvariablen treten Realisierungen jenseits des 2-fachen Interquartilabstandes vom Mittelwert nur mit einer Wahrscheinlichkeit von rund 0.7 % auf. Tritt eine so unwahrscheinliche Realisierung auf, so besteht der Verdacht, dass sie durch einen Störeinfluss bewirkt wurde und daher ein „Ausreißer" sein kann.

4. Ein Bernoulli-Experiment mit den Ausgängen E und M wird n-mal so durchgeführt, dass sich die Ausgänge nicht beeinflussen. Die Wahrscheinlichkeit, dass E eintritt sei für jedes Experiment p. Es sei H_n die Anzahl der Versuchsausführungen, bei denen E eintritt. Wir suchen ein Intervall mit der unteren Grenze U und der oberen Grenze O, das den (unbekannten) Parameter p mit einer vorgegebenen (großen) Wahrscheinlichkeit $P = 1 - \alpha$ einschließt und zwar so, dass $P(U > p) = P(O < p) = \alpha/2$ ist. Dazu wird das Experiment n-mal ausgeführt und die Realisierung h von H_n beobachtet. In Beispiel 3 von Abschn. 2.7 wurden mit Hilfe der Tschebyscheff'schen Ungleichung die Intervallgrenzen $H_n/n \pm 1/\sqrt{4n\alpha}$ bestimmt. Man erhält deutlich engere Grenzen für p, wenn man bei der Berechnung die Tatsache mitberücksichtigt, dass H_n mit den Parametern n und p binomialverteilt ist.

Bei der Berechnung der Grenzen nehmen wir an, dass $np(1 - p) > 9$ gilt und in der Folge H_n als annähernd $N(\mu, \sigma^2)$-verteilt mit $\mu = np$ und $\sigma^2 = np(1 - p)$ angesehen werden kann. Dann ist, wenn $z_{1-\alpha/2}$ das $1 - \alpha/2$-Quantil der Standardnormalverteilung bezeichnet, $P((H_n - \mu)/\sigma \leq z_{1-\alpha/2}) = 1 - \alpha/2$, d. h. $P((H_n - \mu)/\sigma > z_{1-\alpha/2}) = \alpha/2$. Indem man $\mu = np$ und $\sigma = \sqrt{np(1 - p)}$ einsetzt und die Ungleichung umformt, gelangt man zu

$$P\left(\frac{H_n - \mu}{\sigma} > z_{1-\alpha/2}\right) = P\left(\frac{H_n}{n} - z_{1-\alpha/2}\sqrt{\frac{p(1 - p)}{n}} > p\right) = \frac{\alpha}{2}.$$

Der Parameter p unterschreitet also mit der Wahrscheinlichkeit $\alpha/2$ die Zufallsvariable $H_n/n - z_{1-\alpha/2}\sqrt{p(1 - p)/n}$. Das bedeutet, dass diese Zufallsvariable gleich der gesuchten unteren Grenze U ist. Da wir p nicht kennen, kann U mit dem gefundenen Ausdruck nicht berechnet werden. Mit der Substitution $p(1 - p) \leq 1/4$ erhält man aber durch die Abschätzung

$$U = \frac{H_n}{n} - z_{1-\alpha/2}\sqrt{\frac{p(1 - p)}{n}} \geq \frac{H_n}{n} - z_{1-\alpha/2}\frac{1}{\sqrt{4n}}$$

die untere Schranke $U^* = H_n/n - z_{1-\alpha/2}/\sqrt{4n}$ für U. Analog findet man für die obere Grenze $O \leq O^* = H_n/n + z_{1-\alpha/2}/\sqrt{4n}$. Wir wissen damit, dass der unbekannte Parameter p zumindest mit der Wahrscheinlichkeit $P = 1 - \alpha$ im Intervall $[U^*, O^*]$ liegt.

Zum Beispiel erhält man für $n = 100$, $h = 43$ und $P = 95\%$ (d. h. $\alpha = 5\%$) das Quantil $z_{1-\alpha/2} = z_{0.975} = 1.96$ und die Grenzen $U^* = 43/100 - 1.96/\sqrt{400} = 0.33$ sowie $O^* = 0.53$. Mit dem Intervall $[U^*, O^*] = [0.33, 0.53]$ kann also p genauer geschätzt werden als mit dem Intervall $[0.21, 0.64]$, das in Abschn. 2.7 mit der Tschebyscheff'schen Ungleichung gefunden wurde.

Aufgaben

1. Von einem Herstellungsverfahren ist bekannt, dass die gefertigten Produkte eine Wirksubstanz beinhalten, deren Masse X (in mg) $N(\mu, \sigma^2)$-verteilt mit $\mu = 16$ und $\sigma^2 = 0.09$ ist. Man bestimme die Wahrscheinlichkeit P, dass X einen Wert innerhalb des einfachen Interquartilabstandes IQR um den Mittelwert, also innerhalb des Intervalls $(\mu - IQR, \mu + IQR)$, annimmt.

2. Die Messgröße X ist normalverteilt mit dem Mittelwert $\mu = 100$ (in pg) und der Standardabweichung $\sigma = 10$ (in pg). Man bestimme das obere Quartil von X und rechne nach, dass X mit 25 %iger Wahrscheinlichkeit einen Wert zwischen dem Mittelwert und dem oberen Quartil annimmt.

3. Für eine bestimmte Diagnosegruppe ist ein Laborparameter X normalverteilt mit einem Mittelwert von 60 Einheiten und einer Standardabweichung von 3 Einheiten. Laborwerte unter 55 und über 65 gelten als kritisch.

   a) Wie groß ist die Wahrscheinlichkeit P_{krit}, dass X einen kritischen Wert annimmt?

   b) Wie groß ist die Wahrscheinlichkeit P_{10}, dass in einer Stichprobe von 150 Personen höchstens 10 mal ein kritischer Wert gemessen wird? Man berechne – nach Überprüfung der Voraussetzung – die Binomialwahrscheinlichkeiten näherungsweise mit Hilfe der Normalverteilung und wende dabei die Stetigkeitskorrektur an.

2.10   Weitere stetige Verteilungen

Nicht selten hat man es mit einer stetigen Zufallsvariablen X zu tun, die grundsätzlich nur positive Werte annehmen kann. Die Verteilungsfunktion von X nimmt dann nur auf der positiven reellen Achse von Null verschiedene Werte an. Zum Beispiel sind Konzentrationen zumeist so verteilt, dass sich die Messwerte in einem kleinen Bereich oberhalb des Nullpunktes konzentrieren und größere Werte selten auftreten. Ein derartiges Verteilungsmuster kann nur sehr grob mit der Normalverteilung modelliert werden. Besser geeignet sind Beschreibungsmodelle, die der Asymmetrie in der Verteilung der Messwerte Rechnung tragen, d. h., eine Dichtekurve besitzen, die zuerst steiler ansteigt, ein Maximum durchläuft und danach langsam gegen null geht oder überhaupt vom Nullpunkt weg monoton abfällt. In diesem Abschnitt werden drei Verteilungen behandelt, die zur Modellierung von Zufallsvariationen mit linkssteiler Asymmetrie in Frage kommen, nämlich die logarithmische Normalverteilung, die Exponentialverteilung und die Weibull-Verteilung.

a) Logarithmische Normalverteilung Man bezeichnet eine Zufallsvariable X als logarithmisch normalverteilt mit den Parametern μ und σ^2, wenn ihr Logarithmus $Y = \ln X$ normalverteilt ist mit dem Mittelwert μ und der Varianz σ^2. Aus der Definition erkennt man, dass $X > 0$ sein muss, denn andernfalls wäre $Y = \ln X$

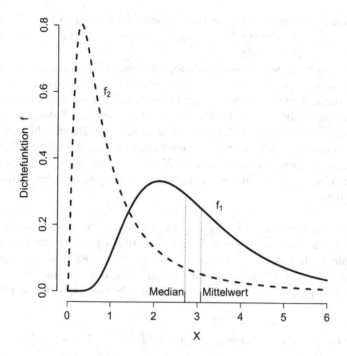

Abb. 2.15 Dichtekurven von zwei logarithmisch normalverteilten Zufallsvariablen X_1 und X_2 mit den Parametern $\mu_1 = 1$ und $\sigma_1^2 = 0.25$ (Dichtefunktion f_1, *durchgezogene Linie*) bzw. $\mu_2 = -0.2$ und $\sigma_2^2 = 1$ (Dichtefunktion f_2, *strichliert*). Zur ersten Dichtekurve sind auch der Median $x_{1,0.5} = e^1 = 2.718$ und der Mittelwert $E(X_1) = e^{1+0.25/2} = 3.08$ eingezeichnet. Man beachte, dass als Folge der linkssteilen Asymmetrie der Mittelwert größer als der Median ist

keine reelle Zahl. Die Dichtefunktion f_X von X ist für $x \le 0$ null und für $x > 0$ durch

$$f_X(x) = \frac{1}{x} f_Y(\ln x) = \frac{1}{\sigma \sqrt{2\pi} \, x} e^{-(\ln x - \mu)^2/(2\sigma^2)}$$

gegeben;[30] f_Y bezeichnet die in (2.33) definierte Dichtefunktion von $Y = \ln X$. Abbildung 2.15 zeigt Dichtekurven von logarithmisch normalverteilten Zufallsvariablen mit verschiedenen Parametern μ und σ^2. Der Mittelwert $E(X)$ und die Varianz $Var(X)$ von X hängen über die Beziehungen

$$E(X) = e^{\mu+\sigma^2/2}, \quad Var(X) = e^{2\mu+\sigma^2}\left(e^{\sigma^2} - 1\right)$$

---

[30] Zur Berechnung von Werten der Dichtefunktion f_X sowie der Verteilungsfunktion $P(X \le x)$ stehen in R die Funktionen dlnorm() bzw. plnorm() zur Verfügung; Quantile erhält man mit der Funktion qlnorm().

mit den Verteilungsparametern μ und σ^2 zusammen. Der Median $x_{0.5} = e^\mu$ von X ergibt sich aus der Forderung $P(X \leq x_{0.5}) = P(\ln X \leq \ln x_{0.5}) = 0.5$, woraus $\ln x_{0.5} = \sigma z_{0.5} + \mu = \mu$ folgt.

Verteilungsmuster, wie sie durch die logarithmische Normalverteilung wiedergegeben werden, sind in der Praxis oft anzutreffen. Die logarithmische Normalverteilung wurde z. B. zur Modellierung der Größe von Russpartikeln in Rauchgasen, der Größe von Fehlstellen im Beton, des Durchmessers von Bakterien oder der Lebensdauer von technischen Baugruppen herangezogen. Dabei geht man in der Regel durch logarithmische Transformation zu einer normalverteilten Zufallsvariablen über. Die Logarithmustransformation $X \to Y = \ln X$ wird in Datenanalysen auch gerne eingesetzt, um linkssteile Verteilungen in symmetrische Verteilungen überzuführen.

b) Exponentialverteilung Ebenso wie die logarithmische Normalverteilung ist auch die Exponentialverteilung eine linkssteile Verteilung. Man bezeichnet die Zufallsvariable X als exponentialverteilt mit dem (positiven) Parameter λ, wenn ihre Dichtefunktion f für negative Argumente x null ist und für nichtnegative x durch $f(x) = \lambda e^{-\lambda x}$ gegeben ist. Damit ergibt sich für $x \geq 0$ die Verteilungsfunktion

$$F(x) = P(X \leq x) = \int_0^x f(\xi)d\xi = \int_0^x \lambda e^{-\lambda \xi} d\xi = 1 - e^{-\lambda x}.$$

Im Gegensatz zur Dichtefunktion einer logarithmisch normalverteilten Zufallsvariablen ist die Dichtekurve der Exponentialverteilung wegen $df/dx = -\lambda f(x)$ für $x > 0$ monoton fallend. Abbildung 2.16 zeigt den Verlauf der Dichte- und Verteilungsfunktionen von exponentialverteilten Zufallsvariablen. Als Mittelwert und Varianz einer exponentialverteilten Zufallsvariablen X findet man $E(X) = 1/\lambda$ bzw. $Var(X) = 1/\lambda^2$. Der Median von X ist $x_{0.5} = \ln 2/\lambda$.

Die Exponentialverteilung spielt u. a. bei der Modellierung der Lebensdauer von Systemen (Zeitdauer bis zum Ausfall) eine Rolle. Es sei X die mit dem Parameter λ exponentialverteilte Lebensdauer eines Produktes. Typisch für die Exponentialverteilung ist, dass die auf die Zeiteinheit bezogene Wahrscheinlichkeit

$$h(x) = \lim_{\Delta x \to 0} \frac{P(x \leq X \leq x + \Delta x | X \geq x)}{\Delta x} = \frac{f(x)}{1 - F(x)},$$

dass das bis zum Zeitpunkt x intakte Produkt zum Zeitpunkt x ausfällt (man bezeichnet diese Größe als Ausfallrate) gleich dem Parameter λ und damit konstant ist. Der Kehrwert von λ, der gleich $E(X)$ ist, hat die Bedeutung einer mittleren Lebensdauer (mittleren Zeitdauer bis zum Ausfall).[31]

---

[31] Weitere Informationen über die Exponentialverteilung und über andere diskrete Verteilungen findet man – in gut lesbarer Form aufbereitet – in Schäfer (2011). In R sind zur Berechnung der Dichte und der Verteilungsfunktion die Funktionen dexp() bzw. pexp() vorgesehen.

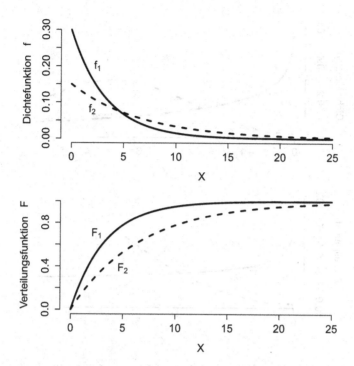

Abb. 2.16 Dichtefunktionen (f_1, f_2) und entsprechende Verteilungsfunktionen (F_1, F_2) von zwei exponentialverteilten Zufallsvariablen X_1 und X_2 mit den Parametern $\lambda_1 = 0.3$ (f_1, F_1, *durchgezogene Linien*) bzw. $\lambda_2 = 0.15$ (f_2, F_2, *strichliert*)

c) Weibull-Verteilung Die Exponentialverteilung kann die Lebensdauer X eines Systems nur sehr grob beschreiben, wenn die Ausfallrate von der Lebensdauer abhängt. Oft hat man eine erhöhte Ausfallrate für kleinere Werte von X und ebenso für größere Werte. Man spricht von Früh- bzw. Ermüdungsausfällen mit einem dazwischenliegenden Altersbereich, in dem es nur wenige Ausfälle gibt. Zur Modellierung der Lebensdauerverteilung bei altersabhängigen Ausfallraten wird gerne die Weibull-Verteilung herangezogen.[32]

Man bezeichnet die Zufallsvariable X als Weibull-verteilt mit dem Formparameter $a > 0$ und dem Skalenparameter $b > 0$, wenn die Verteilungsfunktion F für $x \geq 0$ durch

$$F(x) = P(X \leq x) = 1 - e^{-(x/b)^a}$$

---

[32] Vgl. Weibull (1951). Die Verteilung wurde zu Ehren des schwedischen Physikers und Ingenieurs W. Weibull (1887–1979) benannt. Berechnungen mit der Dichte- und Verteilungsfunktion können in R mit dweibull() bzw. pweibull() durchgeführt werden; Quantile erhält man mit der Funktion qweibull().

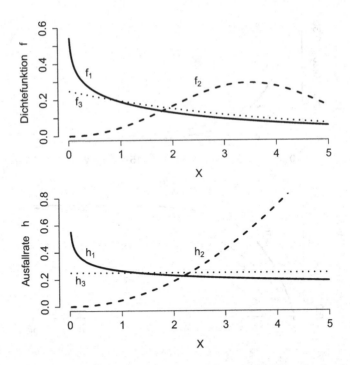

Abb. 2.17 Dichtefunktionen (f_1, f_2, f_3) und entsprechende Ausfallraten (h_1, h_2, h_3) von drei Weibull-verteilten Zufallsvariablen X_1, X_2 und X_3 mit übereinstimmendem Skalenparameter $b_1 = 4$, aber verschiedenen Formparametern $a_1 = 0.8$ (*durchgezogene Linien*), $a_2 = 3$ (*strichliert*) bzw. $a_3 = 1$ (*punktiert*). Die punktierte Linie repräsentiert den Sonderfall der Exponentialverteilung mit dem Parameter $\lambda = 1/b = 0.25$, der gleich der (konstanten) Ausfallrate ist

gegeben und sonst null ist. Die entsprechende Dichtefunktion f hat für $x \geq 0$ die Gleichung

$$f(x) = \frac{a}{b}\left(\frac{x}{b}\right)^{a-1} e^{-(x/b)^a}.$$

Für $a = 1$ erhält man die Exponentialverteilung mit $\lambda = 1/b$ als Sonderfall der Weibull-Verteilung. In Abb. 2.17 sind oben die Dichtekurven von Weibull-Verteilungen mit verschiedenen Formparametern ($a = 0.8, 3.0, 1.0$) gezeichnet. Die untere Grafik stellt die Ausfallrate

$$h(x) = \frac{f(x)}{1 - F(x)} = \frac{a}{b}\left(\frac{x}{b}\right)^{a-1}$$

in Abhängigkeit von x dar. Man erkennt, dass für $a < 1$ die Ausfallrate mit wachsendem x abnimmt und für $a > 1$ zunimmt. Durch geeignet Wahl der Parameter können mit der Weibull-Verteilung sowohl höhere Frühausfälle als auch höhere

Spätausfälle modelliert werden. Die Weibull-Verteilung wird vor allem bei Lebens-
daueranalysen und Materialuntersuchungen verwendet. Ein weiteres Anwendungs-
gebiet liegt z. B. in der Meteorologie bei der Modellierung der Windgeschwindig-
keitsverteilung.

Der Mittelwert μ_X und die Varianz σ_X^2 einer Weibull-verteilten Zufallsvariablen
X können den Formeln

$$\mu_X = b\,\Gamma\left(1 + \frac{1}{a}\right) \quad \text{bzw.} \quad \sigma_X^2 = b^2\,\Gamma\left(1 + \frac{2}{a}\right) - \mu_X^2$$

entnommen werden. Das Symbol Γ bezeichnet die **Gammafunktion**, die in Abschn. 8.1 (Tab. 8.7) für einige positive Argumente tabelliert ist.[33] Speziell gilt
$\Gamma(x) = (x - 1)!$ für ganzzahlige positive x.

Beispiele

1. Der Querschnitt X (in μm^2) von bestimmten Naturfasern ist logarithmisch normalverteilt mit den Parametern $\mu = 8.5$ und $\sigma^2 = 1.5$. Zu bestimmen ist die
   Wahrscheinlichkeit P, dass der Querschnitt kleiner als der Mittelwert μ_X von
   X ist. Gesucht ist also $P = P(X < \mu_X)$.
   Wir lösen die Aufgabe, in dem wir zur logarithmierten Variablen $Y = \ln X$
   übergehen, die $N(\mu, \sigma^2)$-verteilt ist. Die gesuchte Wahrscheinlichkeit kann
   durch $P = P(X < \mu_X) = P(\ln X < \ln \mu_X) = P(Y < \ln \mu_X)$ ausgedrückt
   werden. Hier ist der Mittelwert $\mu_X = e^{\mu + \sigma^2/2} = e^{8.5 + 1.5/2} = e^{9.25}$, d. h.
   $\ln \mu_X = 9.25$. Dieser Wert wird von Y mit der Wahrscheinlichkeit

$$P = P(Y < 9.25) = \Phi\left(\frac{9.25 - 8.5}{\sqrt{1.5}}\right) = \Phi(0.6124) = 72.99\,\%$$

   unterschritten; Φ bezeichnet die Standardnormalverteilungsfunktion.
2. In Datenblättern wird als Nennlebensdauer von LED-Lampen $T = 25000$ Stunden angegeben. Wir interpretieren T als mittlere Lebensdauer und fragen nach
   der Wahrscheinlichkeit eines Ausfalls bis zum Erreichen von T, wenn die Lebensdauer X (in Stunden) exponentialverteilt ist mit dem Parameter $\lambda = 1/T$.
   Mit Hilfe der Verteilungsfunktion F der Exponentialverteilung kann die Aus-
   fallwahrscheinlichkeit P bis zum Erreichen der mittleren Lebensdauer wie folgt
   berechnet werden:

$$P(X \le T) = F(T) = 1 - e^{-\lambda T} = 1 - e^{-1} = 63.21\,\%$$

   Man beachte, dass bei exponentialverteiltem X die Wahrscheinlichkeit P unab-
   hängig von der mittleren Lebensdauer $1/\lambda$ ist. Für die Ausfallrate gilt $h(x) = \lambda = 4 \cdot 10^{-5}$ Stunden^{-1} für alle $x \ge 0$, im Besonderen also auch für $x = 1/\lambda$.

---

[33] Weitere Erläuterungen zur Gammafunktion finden sich in Abschn. 2.11 (Punkt 8). Für die Berechnung von Werten der Gammafunktion steht in R steht die Funktion gamma() zur Verfügung.

3. Die Verteilung der Lebensdauer X eines Bauteils in einem Gerät möge durch die Weibull-Verteilung mit dem Formparameter $a = 0.5$ und dem Skalenparameter $b = 1250$ Stunden darstellbar sein. Wir bestimmen die Wahrscheinlichkeit P, dass X die eineinhalbfache mittlere Lebensdauer (Mittelwert μ_X) übertrifft. Die mittlere Lebensdauer ist durch

$$\mu_X = b\,\Gamma\left(1 + \frac{1}{a}\right) = 1250\,\Gamma(3) = 1250 \cdot 2! = 2500 \text{ Stunden}$$

gegeben. Als Wahrscheinlichkeit, dass $1.5\mu_X$ ($= 3750$ Stunden) überschritten wird, ergibt sich mit der Weibull-Verteilungsfunktion F

$$P(X > 1.5\mu_X) = 1 - P(X \le 1.5\mu_X) = 1 - F(1.5\mu_X) =$$
$$= e^{-(1.5\mu_X/b)^a} = e^{-(3750/1250)^{0.5}} = 17.69\,\%.$$

Aufgaben

1. Es sei X eine mit den Parametern $\mu = 1.5$ und $\sigma^2 = 0.36$ logarithmisch normalverteilte Zufallsvariable, d. h. $\ln X \sim N(\mu, \sigma^2)$. Man bestimme a) den Median und b) das 97.5 %-Quantil von X.

2. Die Lebensdauer X einer bestimmten Glühlampe möge einer Exponentialverteilung mit dem Parameter $\lambda = 5 \cdot 10^{-4}$ Stunden^{-1} folgen. Wie groß ist die Wahrscheinlichkeit P, dass die Lampe nach 3000 Betriebsstunden ausfällt.

3. Für einen Standort kann die Verteilung der Windgeschwindigkeit X durch eine Weibull-Verteilung mit dem Formparameter $a = 2$ und $b = 10$ m/s wiedergegeben werden.

a) Man bestimme den Median und die Quartile von X.

b) Mit welcher Wahrscheinlichkeit P wird der Mittelwert von X unterschritten?

Hinweis: $\Gamma(1.5) = \sqrt{\pi}/2$ (siehe die Ausführungen zur Gammafunktion in Abschn. 2.11).

2.11 Ergänzungen

1. *Transformationsregel*. Zum Nachweis der Gültigkeit der Transformationsregel (2.5a) für eine diskrete Zufallsvariable X bezeichnen wir mit $Y = g(X)$ die Transformierte von X. Durch die Funktion g wird jedem Element des Wertevorrats $D_X = \{x_1, x_2, \ldots\}$ von X ein (reelles) Bildelement aus dem Wertevorrat $D_Y = \{y_1, y_2, \ldots\}$ von Y zugeordnet. Umgekehrt gehören zu einem Bildelement $y_k \in D_Y$ ein oder mehrere Urbilder in D_X, die wir in der Menge $D_k = \{x_{k_1}, x_{k_2}, \ldots\}$ zusammenfassen. Das Ereignis $Y = y_k$ tritt genau dann

ein, wenn X einen Wert in D_k annimmt. Mit der Additionsregel für disjunkte Ereignisse ergibt sich

$$P(Y = y_k) = \sum_{x_{k_i} \in D_k} P(X = x_{k_i}).$$

Zu berechnen ist der Erwartungswert $E(Y) = E(g(X))$. Wir gehen von der Definitionsgleichung aus und formen diese wie folgt um:

$$\begin{aligned}
E(Y) &= \sum_{y_k \in D_Y} y_k P(Y = y_k) = \sum_{y_k \in D_Y} y_k \sum_{x_{k_i} \in D_k} P(X = x_{k_i}) \\
&= \sum_{y_k \in D_Y} \sum_{x_{k_i} \in D_k} y_k P(X = x_{k_i}) = \sum_{y_k \in D_Y} \sum_{x_{k_i} \in D_k} g(x_{k_i}) P(X = x_{k_i}) \\
&= \sum_{x_i \in D_X} g(x_i) P(X = x_i) = \sum_{x_i \in D_X} g(x_i) f(x_i)
\end{aligned}$$

(f bezeichnet die Wahrscheinlichkeitsfunktion von X).

2. *Linearitätsregel.* Die Linearitätsregel (2.6) für den Erwartungswert der linear von X abhängigen Zufallsvariablen $Y = aX + b$ (a und b sind reelle Zahlen, $a \neq 0$) kann bei diskretem X schnell nachgeprüft werden. Es sei $D_X = \{x_1, x_2, \ldots\}$ der Wertevorrat von X und f die Wahrscheinlichkeitsfunktion. Dem Wert x_i von X entspricht der Wert $y_i = ax_i + b$ von Y. Wegen $P(Y = y_i) = P(aX + b = ax_i + b) = P(X = x_i) = f(x_i)$ nimmt Y den Wert y_i mit der Wahrscheinlichkeit $f(x_i)$ an. Es folgt:

$$\begin{aligned}
E(aX + b) &= (ax_1 + b) f(x_1) + (ax_2 + b) f(x_2) + \cdots \\
&= a[x_1 f(x_1) + x_2 f(x_2) + \cdots] + b[f(x_1) + f(x_2) + \cdots] \\
&= aE(X) + b.
\end{aligned}$$

3. *Additivitätsregel.* Wir skizzieren im Folgenden für zwei diskrete Zufallsvariablen X und Y den Nachweis der Gültigkeit der Additivitätsregel (2.7). Es seien $D_X = \{x_1, x_2, \ldots\}$ und $D_Y = \{y_1, y_2, \ldots\}$ die Wertemengen von X bzw. Y. Die Summe $S = X + Y$ besitze die Wertemenge $D_S = \{s_1, s_2, \ldots\}$. Für jedes Element $s_k \in D_S$ betrachten wir alle möglichen Zahlenpaare (x_{k_i}, y_{k_j}) mit $x_{k_i} \in D_X$ und $y_{k_j} \in D_Y$, die in Summe s_k ergeben. Diese Zahlenpaare fassen wir in der Menge D_k zusammen. Das Ereignis $S = s_k$ tritt genau dann ein, wenn X und Y Werte x_{k_i} bzw. y_{k_j} mit der Eigenschaft $(x_{k_i}, y_{k_j}) \in D_k$ annehmen. Folglich kann die Wahrscheinlichkeit $P(S = s_k)$ durch

$$P(S = s_k) = \sum_{(x_{k_i}, y_{k_j}) \in D_k} P(\{X = x_{k_i}\} \cap \{Y = y_{k_j}\})$$

dargestellt werden. Für den Erwartungswert von S ergibt sich damit

$$
\begin{aligned}
E(S) &= \sum_{s_k \in D_S} s_k \, P(S = s_k) \\
&= \sum_{s_k \in D_S} s_k \sum_{(x_{k_i}, y_{k_j}) \in D_k} P(\{X = x_{k_i}\} \cap \{Y = y_{k_j}\}) \\
&= \sum_{s_k \in D_S} \sum_{(x_{k_i}, y_{k_j}) \in D_k} (x_{k_i} + y_{k_j}) P(\{X = x_{k_i}\} \cap \{Y = y_{k_j}\}) \\
&= S_1 + S_2.
\end{aligned}
$$

Die Teilsummen S_1 und S_2 bedeuten:

$$
\begin{aligned}
S_1 &= \sum_{s_k \in D_S} \sum_{(x_{k_i}, y_{k_j}) \in D_k} x_{k_i} \, P(\{X = x_{k_i}\} \cap \{Y = y_{k_j}\}), \\
S_2 &= \sum_{s_k \in D_S} \sum_{(x_{k_i}, y_{k_j}) \in D_k} y_{k_j} \, P(\{X = x_{k_i}\} \cap \{Y = y_{k_j}\}).
\end{aligned}
$$

Da in S_1 über alle möglichen Zahlenpaare (x_{k_i}, y_{k_j}) mit $x_{k_i} \in D_X$ und $y_{k_j} \in D_Y$ summiert wird, kann die Summe auch in der folgenden Weise umgeschrieben werden:

$$
\begin{aligned}
S_1 &= \sum_{x_i \in D_X} \sum_{y_j \in D_Y} x_i \, P(\{X = x_i\} \cap \{Y = y_j\}) \\
&= \sum_{x_i \in D_X} x_i \sum_{y_j \in D_Y} P(\{X = x_i\} \cap \{Y = y_j\}).
\end{aligned}
$$

Zur Vereinfachung der Schreibweise bezeichnen wir die Ereignisse $X = x_i$ und $Y = y_j$ kurz mit A_i bzw. B_j. Die Ereignisse B_j sind disjunkt und die Vereinigung aller B_j ergibt das sichere Ereignis. Daher ist

$$
\begin{aligned}
S_1 &= \sum_{x_i \in D_X} x_i \sum_{y_j \in D_Y} P(A_i \cap B_j) \\
&= \sum_{x_i \in D_X} (x_i P(A_i \cap B_1) + P(A_i \cap B_2) + \cdots) \\
&= \sum_{x_i \in D_X} x_i P((A_i \cap B_1) \cup (A_i \cap B_2) \cup \cdots) \\
&= \sum_{x_i \in D_X} x_i P(A_i \cap (B_1 \cup B_2 \cup \cdots)) \\
&= \sum_{x_i \in D_X} x_i P(A_i) = \sum_{x_i \in D_X} x_i P(X = x_i) = E(X).
\end{aligned}
$$

Analog findet man, dass $S_2 = E(Y)$ ist, womit gezeigt ist, dass $E(X + Y) = E(X) + E(Y)$ ist.

4. *Die Ungleichung von Tschebyscheff.* Den Nachweis der Gültigkeit der Ungleichung von Tschebyscheff führen wir im Folgenden für eine diskrete Zufallsvariable X in zwei Schritten. Zunächst sei Y eine diskrete Zufallsvariable mit nichtnegativen Werten $y_1, y_2, \ldots$, die wir in der Wertemenge D_Y zusammenfassen. Ist c^2 irgendeine (positive) reelle Zahl, dann bezeichnen wir mit D_c die Teilmenge von D_Y, in der alle y_i größer als oder gleich c^2 liegen. Die Wahrscheinlichkeit, dass Y den Wert c^2 nicht unterschreitet, kann dann durch

$$
\begin{aligned}
P(Y \geq c^2) &= \sum_{y_i \in D_c} P(Y = y_i) \\
&\leq \sum_{y_i \in D_c} \frac{y_i}{c^2} P(Y = y_i) = \frac{1}{c^2} \sum_{y_i \in D_c} y_i P(Y = y_i) \\
&\leq \frac{1}{c^2} \sum_{y_i \in D_Y} y_i P(Y = y_i) = \frac{1}{c^2} E(Y)
\end{aligned}
$$

abgeschätzt werden. Setzt man in einem zweiten Schritt für $Y = (X - \mu_X)^2$ ein, und beachtet, dass das Ereignis $(X - \mu_X)^2 \geq c^2$ genau dann eintritt, wenn entweder $X - \mu_X \leq -c$ oder $X - \mu_X \geq c$ ist, folgt die Ungleichung

$$
\begin{aligned}
P((X - \mu_X)^2 \geq c^2) &= P(X \leq \mu_X - c) + P(X \geq \mu_X + c) \\
&\leq \frac{1}{c^2} E((X - \mu_X)^2) = \frac{\sigma_X^2}{c^2}.
\end{aligned}
$$

Durch Übergang zur Gegenwahrscheinlichkeit

$$
P(\mu_X - c < X < \mu_X + c) = 1 - [P(X \leq \mu_X - c) + P(X \geq \mu_X + c)]
$$

erhält man schließlich die Ungleichung von Tschebyscheff in der Form (2.14).

5. *Die Unabhängigkeitsregel von Mendel.* Zum empirischen Nachweis seiner „Unabhängigkeitsregel" führte Mendel auch dihybride Kreuzungen mit Erbsenfomen durch, also Kreuzungen von Pflanzen, die sich in zwei Merkmalen unterschieden. Eines der betrachteten Merkmalspaare bestand aus der Samenform und der Samenfarbe. Die Samen sind entweder von „runder" oder „kantiger" Form und entweder „gelb" oder „grün" gefärbt. Mendel kreuzte zuerst zwei bezüglich Samenform und Samenfarbe mischerbige Pflanzen. Wegen der Dominanzbeziehungen – die Gene für die runde Samenform und die gelbe Samenfarbe sind dominant über den Genen für die kantige Form bzw. die grüne Farbe – waren die aus dieser Kreuzung hervorgehenden Samen rund und gelb. Indem Mendel aus diesen Samen gezogene Pflanzen selbstbestäubte, erhielt er runde und gelbe, kantige und gelbe, runde und grüne bzw. kantige und grüne Samen im Verhältnis 9 : 3 : 3 : 1. Unter den gelb gefärbten Samen einerseits und

Tab. 2.2 Verteilung der Form (X) und Farbe (Y) von Erbsensamen in einem dihybriden Kreuzungsversuch. Die Zellen der Vierfeldertafel beinhalten die Wahrscheinlichkeiten der vier möglichen Wertekombinationen von X und Y. In der Summenspalte (Summenzeile) sind die Wahrscheinlichkeiten angeführt, dass X (Y) die Werte 0 oder 1 annimmt. Die Unabhängigkeit von X und Y ist daran erkennbar, dass die Zellenwahrscheinlichkeiten gleich dem Produkt der entsprechenden Zeilen- und Spaltensummen sind

	Samenfarbe Y		
Samenform X	0 (*grün*)	1 (*gelb*)	$\sum$
0 (*kantig*)	1/16	3/16	1/4
1 (*rund*)	3/16	9/16	3/4
$\sum$	1/4	3/4	1

den grün gefärbten Samen andererseits war also ein Aufspaltungsverhältnis von 3 : 1 zwischen runden und kantigen Formen zu erwarten, d. h., die Merkmals-ausprägungen der Samenform variieren unabhängig von der Ausprägung der Samenfarbe.

Um den Sachverhalt statistisch zu beschreiben, führen wir zwei Zufallsvariablen X und Y für die Samenform bzw. die Samenfarbe ein. Die Variablen erhalten für die dominanten Merkmalsausprägungen (runde Form bzw. gelbe Farbe) jeweils den Wert 1, andernfalls den Wert 0. Die zweidimensionale Wahrscheinlichkeits-verteilung von X und Y, d. h. Wahrscheinlichkeiten $f(x, y)$ der vier möglichen Wertekombinationen (x, y) mit $x = 0, 1$ und $y = 0, 1$ sind in Tab. 2.2 in Form einer „Vierfeldertafel" dargestellt. Ihr entnimmt man z. B., dass die Realisie-rungen $x = 1$ und $y = 0$ mit der Wahrscheinlichkeit $f(1, 0) = P(\{X = 1\} \cap \{Y = 0\})) = 3/16$ auftreten. Wegen $P(X = 0) = f(0, 0) + f(0, 1)$ und $P(X = 1) = f(1, 0) + f(1, 1)$ stimmen die Zeilensummen 1/4 bzw. 3/4 mit den Wahrscheinlichkeiten überein, dass X den Wert 0 bzw. 1 annimmt. Ana-log sind die Spaltensummen gleich den Wahrscheinlichkeiten $P(Y = 0) = 1/4$ bzw. $P(Y = 1) = 3/4$. Da jede Zellenwahrscheinlichkeit gleich dem Produkt der entsprechenden Zeilensumme und Spaltensumme ist, ist das Unab-hängigkeitskriterium (2.16a) erfüllt. Die Unabhängigkeit der Variablen X und Y kommt auch dadurch zum Ausdruck, dass in jeder Zeile (Spalte) die Zellen-wahrscheinlichkeiten im gleichen Verhältnis (nämlich 1 : 3) stehen.

6. *Der Grenzwertsatz von Poisson.* Zum Nachweis ist zu zeigen, dass die Wahr-scheinlichkeitsfunktion $B_{n,p}$ einer mit den Parametern n und p binomi-alverteilten Zufallsvariablen X für jeden festen Wert x der Wertemenge $D_X = \{0, 1, \ldots, n\}$ gegen $P_\lambda(x)$ strebt, wenn n gegen Unendlich geht und dabei der Erwartungswert $np = \lambda$ konstant bleibt. Wir beginnen mit der Bino-mialwahrscheinlichkeit $B_{n,p}(0) = (1 - p)^n$. Mit den Substitutionen $p = \lambda/n$ und $n = (k + 1)\lambda$ erhalten wir

$$B_{n,p}(0) = \left(1 - \frac{\lambda}{n}\right)^n = \left(1 - \frac{1}{k+1}\right)^{(k+1)\lambda} = \left[\left(1 + \frac{1}{k}\right)^k \left(1 + \frac{1}{k}\right)\right]^{-\lambda}.$$

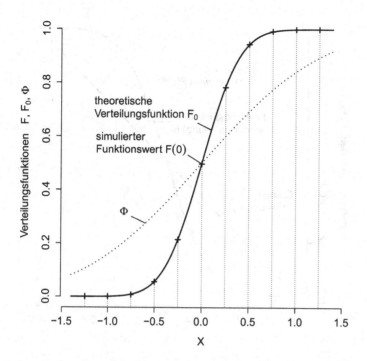

Abb. 2.18 Simulation der Verteilungsfunktion F des arithmetischen Mittels X_n von $n = 10$ standardnormalverteilten Zufallsvariablen. Die simulierte Verteilungsfunktion von $\bar{X}_n$ ist punktweise (Zeichen +) dargestellt, die theoretische Verteilungsfunktion F_0 als *durchgezogene Linie* und die Verteilungsfunktion Φ der X_i *punktiert*. Die Übereinstimmung der durch Simulation bestimmten Werte $F(x)$ der Verteilungsfunktion von $\bar{X}_n$ mit den entsprechenden Werten der theoretischen $N(0, 1/n)$-Verteilung ist ersichtlich

Lässt man nun n und damit auch k gegen Unendlich gehen, so strebt $(1 + 1/k)$ gegen 1 und $(1 + 1/k)^k$ gegen die Eulersche Zahl $e = 2.7128\ldots$. Somit ist

$$\lim_{n \to \infty} B_{n,p}(0) = e^{-\lambda} = P_\lambda(0).$$

Zur Bestimmung der Grenzwerte der Wahrscheinlichkeiten $B_{n,p}(1), B_{n,p}(2), \ldots$ für $n \to \infty$ (bei konstant gehaltenem Erwartungswert $\lambda = np$) verwenden wir die Rekursionsformel (2.23). Mit $p = \lambda/n$ ergibt sich

$$\lim_{n \to \infty} B_{n,p}(x + 1) = \lim_{n \to \infty} \left[B_{n,p}(x) \frac{(n - x)\frac{\lambda}{n}}{(x + 1)\left(1 - \frac{\lambda}{n}\right)} \right]$$

$$= \frac{\lambda}{x + 1} \lim_{n \to \infty} B_{n,p}(x). \tag{2.37}$$

Setzen wir hier $x = 0$, folgt mit dem Grenzwert $\lim_{n \to \infty} B_{n,p}(0) = P_\lambda(0)$ der Grenzwert $\lim_{n \to \infty} B_{n,p}(1)$, mit diesem dann der Grenzwert $\lim_{n \to \infty} B_{n,p}(2)$

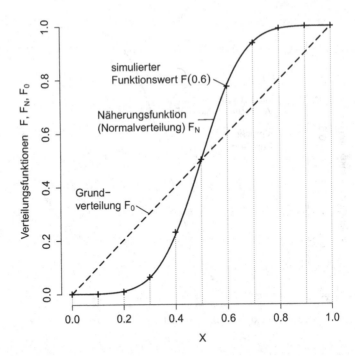

Abb. 2.19 Simulation der Verteilungsfunktion des arithmetischen Mittels $\bar{X}_5 = (X_1 + X_2 + X_3 + X_4 + X_5)/5$, wenn die X_i über dem Intervall $0 \le x \le 1$ stetig gleichverteilt sind. (Die Grundverteilung der X_i ist *strichliert*, es gilt $E(X_i) = 0.5$, $Var(X_i) = 1/12$.) Die simulierte Verteilungsfunktion von $\bar{X}_5$ ist punktweise (Zeichen +) dargestellt, die Verteilungsfunktion F_N gibt die Normalverteilungsapproximation mit $\mu = 0.5$ und $\sigma = 1/\sqrt{60}$ wieder (*durchgezogene Linie*)

usw. Diese Grenzwerte stimmen mit den Poisson-Wahrscheinlichkeiten $P_\lambda(1)$, $P_\lambda(2)$ usw. überein, denn Gleichung (2.37) entspricht der Gleichung (2.25), mit der die Poisson-Wahrscheinlichkeiten rekursiv definiert wurden.

7. *Simulation der Verteilung des Stichprobenmittels.* In Abschn. 2.9 wurde angeführt, dass das Stichprobenmittel $\bar{X}_n$ von n unabhängigen und identisch $N(\mu, \sigma^2)$-verteilten Zufallsvariablen wieder normalverteilt ist mit demselben Mittelwert μ und der Varianz $Var(\bar{X}_n) = \sigma^2/n$. Dies kann durch Simulation der Verteilung von $\bar{X}_n$ an Hand von konkreten Beispielen bestätigt werden. Abbildung 2.18 zeigt dies für das **Stichprobenmittel** von $n = 10$ **standardnormalverteilten Zufallsvariablen**. Mit der R-Funktion `rnorm()` wurden 10000 Realisierungen der Folge der Zufallsvariablen erzeugt, für jede Realisierung das arithmetische Mittel $\bar{x}$ bestimmt und zu vorgegebenen Werten x der horizontalen Achse die relative Häufigkeit der Realisierungen mit $\bar{x} \le x$ dargestellt (Zeichen +). Ferner ist in der Grafik die Verteilungsfunktion F_0 der theoretischen Verteilung von $\bar{X}_n$ eingezeichnet und die Grundverteilung der X_i.

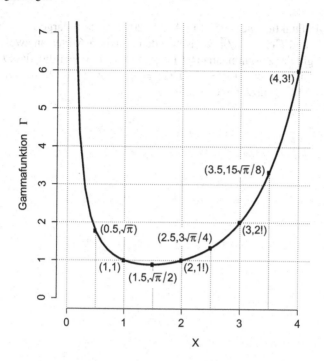

Abb. 2.20 Gammafunktion für positive x. Man beachte, dass $\Gamma(1) = \Gamma(2) = 1$, $\Gamma(3) = 2! = 2$ und $\Gamma(4) = 3! = 6$ ist. Ferner gilt $\Gamma(1/2) = \sqrt{\pi}$, $\Gamma(3/2) = \sqrt{\pi}/2$, $\Gamma(5/2) = 3\sqrt{\pi}/4$ und $\Gamma(7/2) = 15\sqrt{\pi}/8$

Nach dem zentralen Grenzwertsatz strebt die Verteilung des arithmetischen Mittels $\bar{X}_n$ einer Folge von n unabhängigen und identisch verteilten Zufallsvariablen mit wachsendem n gegen die $N(\mu, \sigma^2)$-Verteilung mit $\mu = E(X_i)$ und $\sigma^2 = Var(X_i)/n$. Wir demonstrieren die **Annäherung an die Normalverteilung** für n stetige Zufallsvariablen, die über dem Intervall $[a, b]$ $(b > a)$ **gleichverteilt** sind. In Abb. 2.19 geht es um eine Folge von $n = 5$, über dem Intervall $[0, 1]$ gleichverteilten stetigen Zufallsvariablen. Wie in Abb. 2.18 wurden 10000 Realisierungen der Folge $X_1, X_2, \ldots, X_5$ erzeugt (mit der R-Funktion `runif()`), für jede Realisierung das arithmetische Mittel $\bar{x}$ bestimmt und zu vorgegebenen Werten x der horizontalen Achse die relative Häufigkeit der Realisierungen mit $\bar{x} \leq x$ dargestellt (Zeichen $+$). Man erkennt, dass die Normalverteilungsapproximation (durchgezogene Linie) die simulierten Funktionswerte gut wiedergibt.

8. *Gammafunktion.* In der Statistik tritt die Gammafunktion Γ in verschiedenen Formeln auf. Für positive Argumente x ist Γ durch das Integral

$$\Gamma(x) = \int\limits_{t=0}^{\infty} e^{-t} t^{x-1} dt$$

definiert. Die Funktionsverlauf ist in Abb. 2.20 für $x > 0$ dargestellt. Speziell ist $\Gamma(1) = 1$ und $\Gamma(\frac{1}{2}) = \sqrt{\pi}$. Zwischen den Funktionswerten an zwei Stellen x und $x + 1$ gilt der Zusammenhang $\Gamma(x + 1) = x\Gamma(x)$. Es folgt, dass $\Gamma(2) = 1 \cdot \Gamma(1) = 1$ ist, ferner $\Gamma(3) = 2 \cdot \Gamma(2) = 2 \cdot 1 \cdot \Gamma(1) = 2!$ und allgemein $\Gamma(x + 1) = x!$ für ganzzahlige, positive x.

Kapitel 3
Parameterschätzung

Im Mittelpunkt der Arbeit des angewandten Statistikers stehen Daten. Daten gewinnt man durch Beobachten, Befragen oder Messen unter „natürlichen" oder künstlich geschaffenen Versuchsbedingungen im Rahmen eines Experimentes. An die Datengewinnung schließt als nächster Schritt die Datenbeschreibung in Form von Tabellen, Grafiken oder durch Kenngrößen an. Die Datenbeschreibung stellt meist nur die Vorstufe einer Untersuchung dar, deren eigentliches Ziel darin besteht, von den an einer Stichprobe gewonnenen Ergebnissen zu Aussagen über die Zielpopulation zu gelangen, aus der die Untersuchungseinheiten ausgewählt wurden. Aussagen über die Zielpopulation gewinnt man durch „induktives Schließen". Eine Form des induktiven Schließens ist die Parameterschätzung, bei der es um die folgende Aufgabenstellung geht: Die Variation eines interessierenden Merkmals ist in der Zielpopulation durch eine Zufallsvariable mit einer gewissen Wahrscheinlichkeitsverteilung modelliert, die i. Allg. unbekannte Parameter enthält. Für diese Parameter sind Schätzwerte zu ermitteln und die Schätzungen durch Angaben über deren Genauigkeit zu ergänzen.

3.1 Grundgesamtheit und Stichprobe

Die im vorangehenden Abschnitt betrachteten Wahrscheinlichkeitsverteilungen wurden als Beschreibungsmodelle für die Variation von quantitativen Merkmalen (Zufallsvariablen) eingeführt. Merkmale bringen Eigenschaften von Individuen (z. B. Versuchspersonen, Tieren, Pflanzen) oder von Objekten (z. B. Proben, Baugruppen, Untersuchungsflächen) zum Ausdruck; im Folgenden werden die „Merkmalsträger" allgemein als **Untersuchungseinheiten** und die Gesamtheit der Untersuchungseinheiten, die als Träger von Merkmalen in Frage kommen, als **Population** bezeichnet. Aus welchen Untersuchungseinheiten sich die Population zusammensetzen soll, kann z. B. durch entsprechende Ein- und Ausschlusskriterien präzisiert werden. Das Konzept der Population als Gesamtheit von Untersuchungseinheiten wird in einem allgemeineren Sinne auch auf Versuchswiederholungen im

Rahmen von Experimenten angewendet. Wenn man z. B. eine Beobachtungsgröße durch wiederholtes Messen an einer Probe bestimmen will, wäre jede einzelne Messung, die einen bestimmten Wert der Beobachtungsgröße liefert, als Untersuchungseinheit und die Gesamtheit aller möglichen Messungen als Population zu sehen.

Wir betrachten in der Population ein bestimmtes Merkmal und fassen alle Werte, die die Beobachtung dieses Merkmals an den Untersuchungseinheiten der Population ergeben würde, in einer Menge D zusammen. Bei statistischen Untersuchungen spielt diese Menge eine zentrale Rolle. Die Beschreibung der Variation des Merkmals erfolgt so, dass das Merkmal durch eine Zufallsvariable X mit der Wertemenge D und der Verteilungsfunktion F modelliert wird, die i. Allg. einen oder mehrere unbestimmte Parameter aufweisen wird. In Verbindung mit der zugrundeliegenden Population bildet die Zufallsvariable die sogenannte **Grundgesamtheit** der Untersuchung. In diesem Sinne spricht man z. B. von einer normalverteilten Grundgesamtheit, wenn die Variation des interessierenden Merkmals in der Population durch eine Normalverteilung (mit i. Allg. unbestimmtem Mittelwert und unbestimmter Varianz) modelliert wird. Im Folgenden werden wir kurz auch das durch die Zufallsvariable dargestellte Merkmal mit X bezeichnen.

Informationen über die Verteilung von X in einer Population gewinnt man durch Beobachten (Messen) an ausgewählten Untersuchungseinheiten. Werden alle in der Zielpopulation zusammengefassten Untersuchungseinheiten ausgewählt und die Realisierungen von X bestimmt, spricht man von einer **Vollerhebung**. Vollerhebungen finden z. B. im Rahmen von Volkszählungen statt. Voraussetzung für eine Vollerhebung ist natürlich, dass die Population endlich ist und alle Untersuchungseinheiten mit einem vertretbaren Aufwand erfasst werden können. Diese Voraussetzung ist aber i. Allg. nicht erfüllt. Wir gehen im Folgenden von Populationen aus, die unendlich viele Untersuchungseinheiten enthalten oder so groß sind, dass man sie praktisch als unendlich betrachten kann. Da es nicht möglich ist, alle Untersuchungseinheiten zu erfassen oder einen Versuch beliebig oft zu wiederholen, muss von einer endlichen Anzahl von Untersuchungseinheiten (Versuchswiederholungen) auf die Verteilung von X geschlossen werden. Bei der Auswahl einer endlichen Anzahl von Untersuchungseinheiten aus einer praktisch unendlich großen Population spricht man von einer **Stichprobenerhebung**. Man nennt sowohl die ausgewählten Untersuchungseinheiten als auch die an den Untersuchungseinheiten festgestellten Variablenwerte, die eine Teilmenge der Wertemenge von X bilden, eine (konkrete) **Stichprobe**; die (meist mit dem Buchstaben n bezeichnete) Anzahl der Stichprobenelemente heißt **Stichprobenumfang**.

Für die im Rahmen von Schätz- oder Testverfahren gezogenen Schlüsse von der Stichprobe auf die Grundgesamtheit ist wesentlich, dass die an den n Untersuchungseinheiten beobachteten X-Werte $x_1, x_2, \ldots, x_n$ als Realisierung einer **Zufallsstichprobe** interpretiert werden können. Der Begriff der Zufallsstichprobe wurde bereits im Abschn. 2.6 verwendet und wie folgt festgelegt: Eine Folge von n Zufallsvariablen $X_1, X_2, \ldots, X_n$ heißt eine Zufallsstichprobe, wenn alle X_i die gleiche Verteilung besitzen, nämlich wie X die Verteilungsfunktion F, und unabhängig sind. Indem wir die an den n Untersuchungseinheiten beobachteten Werte von X als Realisierungen von eigenen Zufallsvariablen auffassen, gelangen wir zu einer Folge $X_1, X_2, \ldots, X_n$ von n Zufallsvariablen, in der X_i die Variation des Merkmals an der i-ten Untersuchungseinheit erfasst. Es kann angenommen werden, dass die X_i identisch und unabhängig verteilt sind, wenn die Zufallsprozesse, die zur Erzeugung der Beobachtungswerte führen, für alle Untersuchungseinheiten übereinstimmen und keine wechselseitige Beeinflussung stattfindet. Allfällige systematische Einflüsse können vermieden bzw. in zufällige übergeführt werden, wenn dort, wo es möglich ist, die Auswahl der Untersuchungseinheiten durch einen Zufallsmechanismus erfolgt. Dieser lässt sich z. B. so realisieren, dass man die Untersuchungseinheiten durchnummeriert und mit Hilfe von Zufallszahlen (siehe die Ergänzungen in Abschn. 1.7) jene bestimmt, die auszuwählen sind.

Beobachtet man an den n ausgewählten Untersuchungseinheiten der Stichprobe nur ein Merkmal X, bilden die Merkmalswerte eine **eindimensionale** oder **univariate** Stichprobe. Univariate Stichproben werden meist durch zeilenweises Anschreiben der Merkmalswerte in der Form $x_1, x_2, \ldots, x_n$ angegeben; man spricht in diesem Zusammenhang auch von einer Beobachtungsreihe oder, wenn X eine Messgröße ist, von einer Messreihe. Einer der ersten Bearbeitungsschritte nach der Datengewinnung besteht darin, die Daten so aufzubereiten, dass Besonderheiten in der Verteilung der Merkmalswerte sichtbar werden. Diesem Zwecke dienen verschiedene numerische und grafische Instrumente der beschreibenden und explorativen Statistik.[1] Zu diesen zählen empirische Maßzahlen, Punktdiagramme, Box-Plots, Q-Q-Plots, Häufigkeitstabellen, Stabdiagramme, Histogramme und Dichteschätzer. Wir beginnen im folgenden Abschnitt mit ausgewählten Maßzahlen.

3.2 Elementare Datenbeschreibung mit Maßzahlen

Es gehört zur guten Praxis, das in einer Studie verwendete Datenmaterial (die Beobachtungsreihen) kurz durch Kennzahlen zu beschreiben. Dazu gehören einerseits der Stichprobenumfang n und andererseits ausgewählte Lage- und Streuungsmaße. Einfache Lagemaße sind der **kleinste Merkmalswert** $x_{\min}$ und der **größte Merkmalswert** $x_{\max}$. Bildet man die Differenz aus dem größten und kleinsten Merkmalswert, erhält man die **Spannweite** $R = x_{\max} - x_{\min}$, die als einfaches Streuungsmaß verwendet wird. Die Frage nach einem Kennwert, der „repräsentativ" für die Stichprobenelemente ist, führt zum Begriff des Mittelwerts. Der klassische Mittelwert ist wohl das **arithmetische Mittel**. Man berechnet das arithmetische Mittel $\bar{x}$ einer Beobachtungsreihe $x_1, x_2, \ldots, x_n$, indem man die Summe aller Merkmalswerte durch

---

[1] Die explorative Datenanalyse, kurz EDA genannt, forciert Methoden der Datenaufbereitung, die der Anschauung leicht zugänglich sind und dadurch den Prozess der statistischen Modell- und Hypothesenbildung besonders gut unterstützen. Die Datenexploration wurde vom amerikanischen Statistiker John W. Tukey (1915–2000) als Prinzip in die Statistik eingeführt.

deren Anzahl dividiert, d. h. die Formel

$$\bar{x} = \frac{x_1 + x_2 + \ldots + x_n}{n} = \frac{1}{n} \sum_{i=1}^{n} x_i \qquad (3.1)$$

anwendet. Besonders vermerkt seien drei Eigenschaften, die die zentrale Lage des arithmetischen Mittels innerhalb der Stichprobenwerte beleuchten:

- Es seien $v_i = x_i - \bar{x}$ $(i = 1, 2, \ldots, n)$ die Abweichungen der Stichprobenwerte vom arithmetischen Mittel. Die Summe $\sum_{i=1}^{n} v_i$ aller Abweichungen von $\bar{x}$ ist stets gleich null. Der Sachverhalt lässt sich auch so formulieren, dass die Summe der Beträge der positiven Abweichungen $x_i - \bar{x} > 0$ genau so groß ist wie die Summe der Beträge der negativen Abweichungen $x_i - \bar{x} < 0$.
- Nun seien $v_i = x_i - \xi$ $(i = 1, 2, \ldots, n)$ die Abweichungen der Stichprobenwerte von irgendeiner reellen Zahl ξ. Dann nimmt, wie in den Ergänzungen (Abschn. 3.10) gezeigt wird, die über alle Stichprobenwerte erstreckte, von ξ abhängige Summe $Q(\xi) = \sum_{i=1}^{n} v_i^2$ der Abweichungsquadrate den kleinsten Wert für $\xi = \bar{x}$ an.
- Das arithmetische Mittel kann von einem extrem liegenden Stichprobenwert stark beeinflusst werden. Zum Beispiel ergibt sich für die fünf Stichprobenwerte $x_1 = 4.1$, $x_2 = 3.9$, $x_3 = 4.0$, $x_4 = 4.0$, $x_5 = 3.8$ das arithmetische Mittel

$$\bar{x}_5 = \frac{1}{5}(4.1 + 3.9 + 4.0 + 4.0 + 3.8) = 3.96;$$

fügt man den extremen Messwert $x_6 = 9$ hinzu, hat man als neues arithmetisches Mittel $\bar{x}_6 = 4.8$, das deutlich größer als $\bar{x}_5$ ist und von fünf der sechs Stichprobenwerte unterschritten wird. Da in die Berechnung jeder Stichprobenwert mit gleichem Gewicht eingeht, ist das arithmetische Mittel gegenüber **Ausreißern**, d. h. extremen Beobachtungswerten, sehr empfindlich. Diese Empfindlichkeit kann man reduzieren, wenn z. B. der kleinste und der größte Merkmalswert weggelassen wird. Das aus der so verkürzten Stichprobe berechnete arithmetische Mittel wird als ein **getrimmtes Mittel** bezeichnet. Für die betrachtete Stichprobe mit $n = 6$ (also mit dem Ausreißer $x_6 = 9$) erhält man auf diese Weise das getrimmte Mittel

$$\bar{x}_t = \frac{1}{4}(3.9 + 4.0 + 4.0 + 4.1) = 4.0,$$

das sich nur geringfügig von $\bar{x}_5$ unterscheidet.[2]

---

[2] Man spricht allgemein von einem γ-getrimmten Mittel $\bar{x}_t$, wenn die g größten und g kleinsten Merkmalswerte aus der Beobachtungsreihe gestrichen werden und aus den restlichen $n - 2g$ Stichprobenwerten das arithmetische Mittel bestimmt wird. Dabei ist $0 \leq \gamma < 0.5$ und g die größte ganze Zahl kleiner oder gleich $n\gamma$. In diesem Sinne kann $\bar{x}_t = 4.0$ als das mit dem Anteil $\gamma = 20\%$ getrimmte Mittel der Beobachtungsreihe 4.1, 3.9, 4.0, 4.0, 3.8, 9 bezeichnet werden. In R steht zur Berechnung des arithmetischen Mittels die Funktion mean() zur Verfügung, in der auch der Parameter γ spezifiziert werden kann.

Die klassischen Streuungsmaße sind die Varianz und die Standardabweichung. Diese Maße verwenden zur Beschreibung der Streuung der Merkmalswerte x_i ($i = 1, 2, \ldots, n$) die Summe

$$Q(\bar{x}) = (x_1 - \bar{x})^2 + (x_2 - \bar{x})^2 + \cdots + (x_n - \bar{x})^2 = \sum_{i=1}^{n} (x_i - \bar{x})^2 \qquad (3.2)$$

der Quadrate der Abweichungen $v_i = x_i - \bar{x}$ der Merkmalswerte vom arithmetischen Mittel $\bar{x}$. In die Berechnung der Summe gehen insgesamt n Abweichungsquadrate ein, so dass $Q(\bar{x})$ umso größer ist, je mehr Beobachtungswerte vorhanden sind. Um ein von der Länge n der Beobachtungsreihe unabhängiges Maß für die Variation der Merkmalswerte zu erhalten, muss eine Normierung vorgenommen werden. Diese erfolgt so, dass man $Q(\bar{x})$ durch $n - 1$ dividiert. Man erhält auf diese Art ein „mittleres" Abweichungsquadrat, das als (empirische) **Varianz**

$$s^2 = \frac{Q(\bar{x})}{n-1} = \frac{1}{n-1} \sum_{i=1}^{n} (x_i - \bar{x})^2 \qquad (3.3)$$

der Stichprobe bezeichnet wird.[3] Zieht man daraus die Quadratwurzel, so ergibt sich die (empirische) **Standardabweichung**

$$s = \sqrt{s^2} = \sqrt{\frac{1}{n-1} \sum_{i=1}^{n} (x_i - \bar{x})^2} \qquad (3.4)$$

der Stichprobenwerte, die von derselben Dimension wie die Variable X ist. Für die praktische Arbeit können folgende Eigenschaften der Varianz von Interesse sein:

- Die Berechnung der Varianz mit der Formel (3.3) verlangt, dass zuerst aus der Beobachtungsreihe das arithmetische Mittel bestimmt wird und dann nochmals auf die Beobachtungsreihe zurückgegriffen werden muss, um die Abweichungen $v_i = x_i - \bar{x}$ der Merkmalswerte vom arithmetischen Mittel zu bilden. Diesen Vorgang bezeichnet man als Zentrieren der Beobachtungsreihe. Mit der sich durch Ausquadrieren der Abweichungsquradate ergebenden Formel

$$s^2 = \frac{1}{n-1} \left(\sum_{i=1}^{n} x_i^2 - \frac{1}{n} \left(\sum_{i=1}^{n} x_i \right)^2 \right) \qquad (3.5)$$

erspart man sich das Zentrieren. Es genügt, die Beobachtungsreihe einmal zu verarbeiten, um die Summe der x- bzw. x^2-Werte zu ermitteln. Dieser Umstand wird bei programmunterstützten Berechnungen ausgenützt.

---

[3] Man bezeichnet den Nenner $n - 1$ als Freiheitsgrad der Quadratsumme der Abweichungen $v_i = x_i - \bar{x}$. Wegen $\sum_i v_i = 0$ können bei festem $\bar{x}$ nur $n - 1$ Abweichungen frei variieren. Eine Division durch n statt durch $n - 1$ würde – wie im Abschn. 3.5 gezeigt wird – zu einer „Verzerrung" bei der Schätzung der Varianz σ^2 von X durch s^2 führen. Die Berechnung der Varianz und der Standardabweichung erfolgt in R mit den Funktionen `var()` bzw. `sd()`.

- Bei der Berechnung der Varianz gehen alle Abweichungsquadrate mit gleichem Faktor gewichtet in das Ergebnis ein. Ein mit einem Ausreißer verbundenes großes Abweichungsquadrat kann daher den Wert der Varianz wesentlich bestimmen. Dies ist bei der oben betrachten Beispielstichprobe mit den Werten $x_1 = 4.1, x_2 = 3.9, x_3 = 4.0, x_4 = 4.0, x_5 = 3.8$ und dem Ausreißer $x_6 = 9$ der Fall. Mit dem arithmetischen Mittel $\bar{x}_6 = 4.8$ erhält man die zentrierten Stichprobenwerte $v_1 = -0.7, v_2 = -0.9, v_3 = -0.8, v_4 = -0.8, v_5 = -1.0$ und $v_6 = 4.2$. Damit berechnet man die Varianz

$$s^2 = \frac{1}{5}((-0.7)^2 + (-0.9)^2 + (-0.8)^2 + (-0.8)^2 + (-1.0)^2 + (4.2)^2)$$
$$= 0.098 + 0.162 + 0.128 + 0.128 + 0.200 + 3.528 = 4.244.$$

Der auf den extremen Merkmalswert $x_6 = 9$ zurückgehende Beitrag 3.528 zur Varianz ist mehr als zehnmal so groß wie jeder einzelne Beitrag der übrigen Werte. Ohne den Ausreißerwert $x_6 = 9$ erhält man mit dem arithmetischen Mittel $\bar{x}_5 = 3.96$ die Varianz 0.013.

Es sei $\bar{x}$ und s das arithmetische Mittel bzw. die Standardabweichung einer Beobachtungsreihe. Man nennt die Beobachtungsreihe **zentriert**, wenn $\bar{x} = 0$ ist. Ist darüber hinaus $s = 1$, spricht man von einer **standardisierten** Beobachtungsreihe. Um eine Beobachtungsreihe zu zentrieren, ist von jedem Stichprobenwert $\bar{x}$ zu subtrahieren. Zur Standardisierung einer Stichprobe wird die Stichprobe zuerst zentriert und anschließend jedes Element der zentrierten Stichprobe durch s dividiert.

Die Beschreibung einer Beobachtungsreihe $x_1, x_2, \ldots, x_n$ mit den Maßzahlen $x_{\min}, x_{\max}, \bar{x}$ und s ist zweckmäßig, wenn die x_i Realisierungen einer Zufallsvariablen X mit annähernd symmetrischer Verteilung sind und keine Ausreißer vorkommen. Ist das nicht der Fall, bietet sich als Alternative die sogenannte **Fünf-Punkte-Zusammenfassung** (engl. five-number summary) an. Diese umfasst neben dem kleinsten und größten Merkmalswert die **Quartile** der Stichprobenwerte, nämlich das 25 %-Quantil Q_1 (unteres Quartil), das 50 %-Quantil Q_2 (Median) und das 75 %-Quantil Q_3 (oberes Quartil). Zur Erklärung dieser Maßzahlen denke man sich die Beobachtungsreihe $x_1, x_2, \ldots, x_n$ nach aufsteigender Größe angeordnet, wobei gleiche Merkmalswerte einfach hintereinander geschrieben werden. Für die so angeordneten Stichprobenelemente schreiben wir $x_{(1)}, x_{(2)}, \ldots, x_{(n)}$ und bezeichnen diese Reihe als Ordnungsreihe der Stichprobe, weil die Elemente die Beziehung $x_{(1)} \leq x_{(2)} \leq \cdots \leq x_{(n)}$ erfüllen. Offensichtlich ist $x_{\min} = x_{(1)}$ und $x_{\max} = x_{(n)}$.

Der **Median** Q_2 ist bei ungeradem n gleich dem mittleren Element der Ordnungsreihe, das ist das Element mit dem Index $\left(\frac{n+1}{2}\right)$. Bei geradem n gibt es in der Ordnungsreihe zwei mittlere Elemente, nämlich die Elemente mit den Indices $\left(\frac{n}{2}\right)$ und $\left(\frac{n}{2} + 1\right)$; der Median ist in diesem Fall als das arithmetisches Mittel dieser beiden Elemente definiert. Die Berechnungsvorschrift für den Median wird kurz in der Formel

$$Q_2 = \begin{cases} x_{((n+1)/2)} & \text{für ungerades } n \\ \frac{1}{2}(x_{(n/2)} + x_{(n/2+1)}) & \text{für gerades } n \end{cases} \tag{3.6}$$

zusammen gefasst. Der Median zeichnet sich durch einige Eigenschaften aus, von denen im Folgenden drei hervorgehoben werden:

- Der Anteil der Stichprobenelemente kleinergleich Q_2 ist ebenso groß wie der Anteil der Stichprobenelemente größergleich Q_2 (der Anteil beträgt jeweils mindestens 50 %). Liegt wieder die beim arithmetischen Mittel als Beispiel verwendete Beobachtungsreihe $x_1 = 4.1, x_2 = 3.9, x_3 = 4.0, x_4 = 4.0, x_5 = 3.8$ vor, ist $x_{(1)} = 3.8, x_{(2)} = 3.9, x_{(3)} = 4.0, x_{(4)} = 4.0, x_{(5)} = 4.1$ die entsprechende Ordnungsreihe mit dem mittleren Element $Q_2 = 4.0$. Drei Elemente sind kleinergleich Q_2 und ebenso viele größergleich Q_2. Lässt man das größte Element ($x_1 = 4.1$) weg, hat man eine Beobachtungsreihe mit einem geraden n; als Median der verkürzten Beobachtungsreihe ergibt sich $Q_2 = (3.9 + 4.0)/2 = 3.95$; nun sind zwei Elemente (50 % von n) kleiner oder gleich Q_2 und ebenso viele größer oder gleich Q_2.
- Der Median kann als ein sehr stark getrimmtes Mittel angesehen werden. Entsprechend dem Berechnungsverfahren werden nämlich bei ungeradem n jeweils die $(n-1)/2$ kleinsten und $(n-1)/2$ größten Merkmalswerte weggelassen; der verbleibende Wert ist der Median. Bei geradem n lässt man jeweils die $n/2 - 1$ kleinsten und größten Werte weg und erhält den Median als arithmetisches Mittel der beiden verbleibenden Werte. Allfällige, unter den weggelassenen Werten befindliche Ausreißer können daher keinen Einfluss auf den Median haben.
- Wie das arithmetische Mittel zeichnet sich auch der Median durch eine Minimaleigenschaft aus: Sind $v_i = x_i - \xi$ die Abweichungen der Stichprobenwerte x_i von einer beliebigen reellen Zahl ξ, dann nimmt die Summe $\sum_{i=1}^{n} |v_i|$ der absoluten Abweichungen ihr Minimum für $\xi = Q_2$ an. Eine Begründung dafür findet sich in den Ergänzungen (Abschn. 3.10).

Die **Quartile** Q_1 und Q_3 einer Beobachtungsreihe sind – ebenso wie der Median Q_2 – Sonderfälle des p-**Quantils** x_p mit $0 < p < 1$. Von x_p wird verlangt, dass der Anteil der Stichprobenwerte kleiner oder gleich x_p mindestens p und der Anteil der Stichprobenwerte größer oder gleich x_p mindestens $1 - p$ betragen muss. Durch diese Forderung ist p i. Allg. nicht eindeutig bestimmt. Zur Festlegung von p braucht man eine zusätzliche Vereinbarung. Eine mögliche Vereinbarung, die auch in Software-Applikationen[4] Anwendung findet, geht von folgender Überlegung aus: Wir denken uns die Indices $i = 1, 2, \ldots n$ der Elemente der Ordnungsreihe (die Klammern werden der Einfachheit halber weggelassen) auf der Zahlengeraden (i-Achse) dargestellt. Auf dieser Achse wird die Stelle $u = 1 + (n-1)p$ markiert, die die Strecke von $i = 1$ bis $i = n$ im Verhältnis $p : (1-p)$ teilt. Bezeichnet $[u]$ die größte ganze Zahl kleinergleich u, dann sind $[u]$ und $[u] + 1$ die nächstliegenden Indices, die den Elementen $x_{([u])}$ bzw. $x_{([u]+1)}$ der Ordnungsreihe entsprechen.

---

[4] Nach dieser Vereinbarung werden z. B. die Quantile mit der R-Funktion `quantile()` oder die Quartile mit der R-Funktion `summary()` berechnet. Die R-Funktion `fivenum()` setzt dagegen einen anderen Berechnungsmodus um: Die Quartile sind hier gleich dem Median aus den Stichprobenelementen $x_i \leq Q_2$ bzw. $x_i \geq Q_2$. Die so bestimmten Quartile werden auch als „Angelpunkte" (engl. hinges) bezeichnet; für ungerades n führen beide Definitionen zum selben Wert.

Zwischen diesen Elementen wird nun linear interpoliert und das gesuchte p-Quantil x_p gleich dem Interpolationswert an der Stelle u gesetzt. Dies führt auf die Formel

$$x_p = (1 - v)x_{([u])} + vx_{([u]+1)} \quad \text{mit } v = u - [u]. \tag{3.7}$$

Diese Formel beinhaltet (3.2) als Sonderfall. Für den Median ist nämlich $p = 0.5$, $u = (n + 1)/2$ und folglich $v = 0$ für ungerades n bzw. $v = 0.5$ für gerades n. Wir betrachten noch einmal die (gleich nach aufsteigender Größe angeschriebene) Beobachtungsreihe 3.8, 3.9, 4.0, 4.0, 4.1 und bestimmen das 25 %-Quantil Q_2. Es ist $p = 0.25, n = 5, u = 1 + (n - 1)p = 2$ und $v = u - [u] = 0$, womit sich $Q_2 = x_{0.25} = x_{([u])} = x_{(2)} = 3.9$ ergibt. Für die auf $n = 4$ Elemente verkürzte Reihe 3.8, 3.9, 4.0, 4.0 hat man wieder mit $p = 0.25$ zunächst $u = 1 + 3 \cdot 0.25 = 1.75$, $[u] = 1$, $v = 0.75$ und schließlich

$$Q_2 = x_{0.25} = (1 - 0.75)x_{(1)} + 0.75x_{(2)} = 0.25 \cdot 3.8 + 0.75 \cdot 3.9 = 3.875.$$

In Verbindung mit dem Median Q_2 werden als (robuste) Streuungsmaße der Median MAD der absoluten Abweichungen vom Median (engl. median absolute deviation) bzw. der Interquartilabstand IQR (engl. interquartile range) verwendet. Ist $x_1, x_2, \ldots, x_n$ die Beobachtungsreihe und Q_2 der Median, dann bildet man zur Bestimmung des **Medians der absoluten Abweichungen** die Reihe $|x_1 - Q_2|$, $|x_2 - Q_2|, \ldots, |x_n - Q_2|$ der absoluten Abweichungen der Stichprobenwerte vom Median der Stichprobe und berechnet den Median der Reihe der absoluten Abweichungen.[5] So ergeben sich z. B. aus der Beobachtungsreihe 4.1, 3.9, 4, 4, 3.8 mit dem Median $Q_2 = 4$ die absoluten Abweichungen $|4.1 - 4| = 0.1$, $|3.9 - 4| = 0.1$, $|4 - 4| = 0$, $|4 - 4| = 0$, $|3.8 - 4| = 0.2$. Aus der nach aufsteigender Größe geordneten Reihe 0, 0, 0.1, 0.1, 0.2 der absoluten Abweichungen entnimmt man als mittleres Element den Median $MAD = 0.1$. Der **Interquartilabstand** $IQR = Q_3 - Q_1$ ist als Differenz aus dem oberen und unteren Quartil definiert. Im Bereich zwischen den beiden Quartilen liegen rund 50 % der Merkmalswerte, unter dem unteren Quartil Q_1 rund 25 % und ebenso viele über dem oberen Quartil Q_3. Bei symmetrisch um den Median liegenden Stichprobenwerten, liegt der Median in der Mitte zwischen den Quartilen. Eine nicht zentrale Lage des Medians deutet auf eine Asymmetrie in der Verteilung der Stichprobenwerte hin. Ein einfaches Maß für die Asymmetrie ist der **Bowley-Koeffizient**

$$QS = \frac{(Q_3 - Q_2) - (Q_2 - Q_1)}{Q_3 - Q_1}$$

---

[5] Zur Bestimmung von MAD steht in R die Funktion mad() zur Verfügung. Man beachte, dass mit dieser Funktion standardmäßig der mit der Konstanten $constant = 1/z_{0.75} = 1.4826$ ($z_{0.75}$ ist das 75 %-Quantil der Standardnormalverteilung) multiplizierte Median der absoluten Abweichungen vom Median der Stichprobe berechnet wird. Diese Größe wird bei normalverteiltem X als robuster Schätzwert für die Standardabweichung σ von X verwendet. Um mit R den Median der absoluten Abweichungen zu erhalten, muss in der Funktion der Parameter $constant = 1$ gesetzt werden.

der Stichprobenwerte, der auch als Quartilskoeffizient bezeichnet wird. Wenn der Median Q_2 zentral, d. h. genau in der Mitte zwischen Q_1 und Q_3 liegt, ist $QS = 0$. Liegt der Median näher bei Q_1, ist $QS > 0$ und die Stichprobenwerte liegen im Intervall zwischen Q_1 und Q_2 dichter als im Intervall zwischen Q_2 und Q_3. Bei $QS < 0$ ist der Median näher bei Q_3.

Beispiele

1. Bei der Fertigung eines Produktes soll u. a. der Durchmesser X einer Bohrung überwacht werden. Dazu werden in regelmäßigen Zeitabständen $n = 10$ Produkte aus einem Produktionslos zufällig ausgewählt. In einer derartigen Prüfstichprobe wurden die Werte (in mm) 2.4, 3.0, 2.8, 1.9, 2.7, 3.0, 2.7, 2.5, 2.4 und 2.1 gemessen. Wir bestimmen das arithmetische Mittel $\bar{x}$, die Varianz s^2, die Standardabweichung s sowie das 10%-getrimmte Mittel $\bar{x}_t$. Für $\bar{x}$ und s^2 erhält man:

$$\bar{x} = \frac{1}{6}(2.4 + 3.0 + \cdots + 2.1) = 2.55,$$

$$s^2 = \frac{1}{9}((2.4 - 2.55)^2 + (3.0 - 2.55)^2 + \cdots + (2.1 - 2.55)^2) = 0.1317.$$

Damit ergibt sich die Standardabweichung $s = \sqrt{s^2} = 0.363$. Um das verlangte getrimmte Mittel zu bestimmen, setzen wir $g = [n\gamma] = [1] = 1$ und lassen folglich in der nach aufsteigender Größe geordneten Stichprobe 1.9, 2.1, 2.4, 2.4, 2.5, 2.7, 2.7, 2.8, 3.0, 3.0 den ersten Merkmalswert $x_{(1)} = 1.9$ und den letzten Merkmalswert $x_{(10)} = 3.0$ weg; man beachte, dass $x_{(9)} = x_{(10)} = 3.0$ ist, aber nur der letzte Wert nicht berücksichtigt wird. Das 10%-getrimmte Mittel ist das mit den $n - 2g = 8$ verbleibenden Werten berechnete arithmetische Mittel, d. h. $\bar{x}_t = (2.1 + 2.4 + \cdots + 3.0)/8 = 2.575$. Da es in der Stichprobe keine extremen Merkmalswerte gibt, weicht $\bar{x}_t$ nur wenig von $\bar{x}$ ab.

2. Nun möge in der in Beispiel 1 betrachteten Prüfstichprobe an Stelle des ersten Elementes $x_1 = 2.4$ der extreme Merkmalswert $x_1 = 7.4$ aufscheinen. Als arithmetisches Mittel und Standardabweichung der so modifizierten Stichprobe ergeben sich die deutlich vergrößerten Werte $\bar{x} = 3.05$ bzw. $s = 1.57$. Gegenüber dem Ausreißer robuste Lage- und Streuungsmaße sind der Median Q_2, der Interquartilabstand IQR bzw. der Median MAD der absoluten Abweichungen. Bei der Berechnung des Medians gehen wir von der Ordnungsreihe $x_{(1)} = 1.9$, $x_{(2)} = 2.1$, $x_{(3)} = 2.4$, $x_{(4)} = 2.5$, $x_{(5)} = 2.7$, $x_{(6)} = 2.7$, $x_{(7)} = 2.8$, $x_{(8)} = 3.0$, $x_{(9)} = 3.0$ und $x_{(10)} = 7.4$ aus. Da $n = 10$ gerade ist, ergibt sich nach (3.6) für den Median

$$Q_2 = \frac{1}{2}(x_{(5)} + x_{(6)}) = \frac{1}{2}(2.7 + 2.7) = 2.7.$$

Zur Berechnung des oberen Quartils Q_3 verwenden wir die Formel (3.7) und setzen $p = 0.75$. Mit $u = 1 + (n-1)p = 7.75$, $[u] = 7$ und $v = u - [u] = 0.75$

ergibt sich

$$Q_3 = 0.25x_{(7)} + 0.75x_{(8)} = 0.25 \cdot 2.8 + 0.75 \cdot 3.0 = 2.95;$$

analog findet man für das untere Quartil $Q_1 = 2.425$. Mit den Quartilen erhält man den Interquartilabstand $IQR = Q_3 - Q_1 = 0.525$ und den schwach negativen Quartilskoeffizienten

$$QS = \frac{(2.95 - 2.7) - (2.7 - 2.425)}{2.95 - 2.425} = -0.0476.$$

Für die Bestimmung von MAD werden die absoluten Abweichungen $|x_{(i)} - Q_2|$ vom Median $Q_2 = 2.7$ benötigt. Diese sind (in der Reihenfolge der Ordnungsreihe angeschrieben) $0.8, 0.6, 0.3, 0.2, 0, 0, 0.1, 0.3, 0.3, 4.7$ und nach aufsteigender Größe geordnet $0, 0, 0.1, 0.2, 0.3, 0.3, 0.3, 0.6, 0.8, 4.7$. Als Median dieser Stichprobe folgt $MAD = 0.3$.

3. Formel (3.5) zur Berechnung der Varianz ist zwar mathematisch gleichwertig mit der Definitionsgleichung (3.3), kann aber beim numerischen Rechnen gegenüber Rundungsfehlern sehr anfällig sein. Wir zeigen die Problematik der Formel (3.5) an Hand eines einfachen Rechenbeispiels auf, in dem wir damit die Varianz der Werte 1.07, 1.08 und 1.09 bestimmen. Um Rundungsfehler klein zu halten, wird beim numerischen Rechnen meist eine höhere Stellenanzahl verwendet als man tatsächlich im Ergebnis angibt; es ist üblich, mit 2–3 zusätzlichen Stellen (sogenannten Schutzstellen) zu arbeiten.

Zur Varianzberechnung verwenden wir Formel (3.5) und vereinbaren zunächst nur eine Schutzstelle, d. h., alle Zwischenergebnisse werden auf 4 signifikante Ziffern gerundet[6]. Es ist $\sum x_i = 3.240$, $\sum x_i^2 \approx 1.145 + 1.166 + 1.188 = 3.499$. Wegen $(\sum x_i)^2 \approx 10.50$ und $(\sum x_i)^2/3 \approx 3.500$ ergibt sich für s^2 der (negative) Näherungswert -0.0005. Offensichtlich hat bei der Differenzbildung eine Auslöschung der ersten 3 signifikanten Ziffern stattgefunden und das negative Resultat wurde durch die (fehlerbehafteten) vierten Stellen verursacht. Bei Verwendung von zwei Schutzstellen erhält man für s^2 den Näherungswert 0.00005, bei Verwendung von drei Schutzstellen ergibt sich schließlich das exakte Resultat $s^2 = 0.0001$. In unserem Fall ist die Definitionsgleichung (3.5) numerisch wesentlich günstiger. Sie liefert ohne jegliche Schutzstelle das exakte Resultat.

---

[6] Die Anzahl der signifikanten Ziffern bestimmt die Größenordnung des relativen Fehlers beim Runden. Zur Erklärung des Begriffs denke man sich eine Zahl x in der normalisierten Gleitpunktdarstellung $x = m \cdot 10^k$ angeschrieben, d. h. als Produkt einer Zahl m mit $0.1 \leq m < 1$ und einer Zehnerpotenz mit ganzzahligem Exponenten k. Rundet man m auf n Nachkommastellen, dann ist der absolute Fehler von m nicht größer als $0.5 \cdot 10^{-n}$; die n Ziffern der durch Runden entstehenden Näherung von x sind signifikant. Beispielsweise ergibt die Zahl 3.216 auf 2 signifikante Ziffern gerundet die Näherung 3.2; wenn man 3216 auf 2 signifikante Stellen rundet, folgt 3200. Der relative Fehler beträgt in beiden Fällen $(3.2 - 3.216)/3.216 = (3200 - 3216)/3216 \approx -0.5\%$.

Das Beispiel zeigt, dass verschiedene Algorithmen (Rechenvorschriften) zur Lösung eines Problems zwar mathematisch gleichwertig sein können, beim numerischen Rechnen aber unterschiedlich gute Ergebnisse liefern. Gegenüber Rundungsfehlern anfällige Algorithmen werden als numerisch instabil bezeichnet.

Aufgaben

1. Die Messung der Spaltöffnungslänge (Variable X, in μm) an 15 Exemplaren einer Pflanze (diploide Form von *Biscutella laevigata*) ergab die Beobachtungsreihe 27, 25, 23, 27, 23, 25, 25, 22, 25, 23, 26, 23, 24, 26 und 26. Man bestimme das arithmetische Mittel und die Standardabweichung der Stichprobenwerte sowie die Werte der standardisierten Beobachtungsreihe.
2. Im Rahmen eines Ringversuchs wurde eine Probe in zwei verschiedenen Labors untersucht. Die Bestimmung der Konzentration eines Wirkstoffes ergab im Labor A das aus 4 Messwiederholungen bestimmte arithmetische Mittel $\bar{x}_A = 49.3$ und die Standardabweichung $s_A = 2.4$. Im Labor B wurde bei 6 Messwiederholungen das arithmetische Mittel $\bar{x}_B = 52.1$ und die Standardabweichung $s_B = 1.9$ gefunden. Man bestimme

   a) das arithmetische Gesamtmittel der Messwerte beider Labors und
   b) die sogenannte Wiederholvarianz, d. h. die Varianz aller (mit den jeweiligen Labormittelwerten) zentrierten Messwerte.

3. In einer Versuchsreihe wurden 12 einer Massenproduktion entnommene elektronische Bauteile unter extremen Temperaturen getestet. Die gemessenen Zeitdauern (in Stunden) bis zum Ausfall waren: 136, 124, 140, 129, 121, 137, 125, 133, 123, 150, 125, 118. Man beschreibe die Variation der Stichprobenwerte mit den Maßzahlen der 5-Punkte-Zusammenfassung.

3.3 Einfache grafische Instrumente zur Datenexploration

Grafische Methoden eignen sich besonders gut, Beobachtungsreihen schnell zu überblicken, Besonderheiten zu erkennen und Hinweise für gezielte weitergehende Analysen zu erhalten. Die in diesem Abschnitt dargestellten Methoden umfassen Punktdiagramme, Box-Plots, QQ-Plots und Stabdiagramme.

Bei kleineren Stichprobenumfängen (etwa $n \leq 15$) erhält man mit dem **Punktdiagramm** (engl. dotplot, strip chart) einen ersten Überblick über die Variation der Stichprobenwerte. Dazu werden auf der Merkmalsachse (X-Achse) die Stichprobenwerte x_i als Punkte P_i eingezeichnet. Um Überlappungen zu vermeiden, können die zu gleichen Werten gehörenden Punkte übereinander (bzw. nebeneinander bei vertikaler Merkmalsachse) angeordnet werden. Hat man mehrere Stichproben, die von einem Merkmal unter verschiedenen Bedingungen gewonnen wurden, lassen sich diese in einem Punktdiagramm zusammenfassen und so visuell gut vergleichen. Ein derartiges Beispiel ist in Abb. 3.1 (linke Grafik) wiedergegeben.

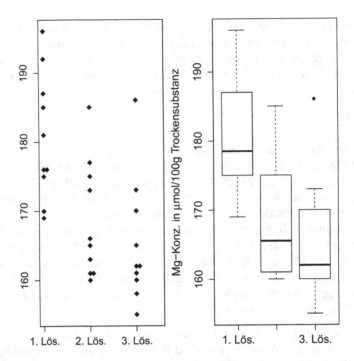

Abb. 3.1 Visualisierung der Variation der Werte einer Zufallsvariablen unter drei verschiedenen Versuchsbedingungen durch Punkt-Diagramme (*linke Grafik*) und Box-Plots (*rechte Grafik*). Bei der Zufallsvariablen handelt es sich um die Mg-Konzentration (in μmol pro g Trockensubstanz) in bestimmten Pflanzen, bei den Versuchsbedingungen um drei spezielle Nährlösungen. Für jede Nährlösung wurden je 10 Versuchspflanzen ausgewählt. Deutlich erkennbar ist ein extremer Wert in der dritten Stichprobe (3. Lös.), der das obere Quartil um mehr als den 1.5fachen Interquartilabstand übertrifft. Die Grafiken wurden mit den R-Funktionen `stripchart()` bzw. `boxplot()` erzeugt

Während das Punktdiagramm jeden einzelnen Wert der Beobachtungsreihe wiedergibt und deshalb bei großen Datenmengen i. Allg. unübersichtlich wird, werden mit einem **Box-Plot** die fünf Maßzahlen x_{min}, Q_1, Q_2, Q_3 und x_{max} einer Beobachtungsreihe in grafischer Form dargestellt. Abb. 3.1 zeigt in der rechten Grafik als Beispiel den Vergleich von drei Beobachtungsreihen mit Hilfe von Box-Plots. Ein Box-Plot besteht aus einem Rechteck, das durch das untere und obere Quartil begrenzt wird und in dem der Median markiert ist. Die Ausläufer nach unten und oben reichen bis zum kleinsten bzw. größten Merkmalswert.[7]

Wenn mit dem Box-Plot extreme (d. h. ausreißerverdächtige) Stichprobenwerte identifiziert werden sollen, zieht man die Ausläufer nicht bis zum kleinsten und größten Merkmalswert. Statt dessen endet der untere Ausläufer beim kleinsten Merkmalswert, der größer oder gleich $Q_1 - 1.5 IQR$ ist, und der obere Ausläu-

---

[7] Die Ausläufer eines Box-Plots werden im Englischen „whiskers" genannt; statt Box-Plot sagt man daher auch „Box-Whisker-Plot".

fer beim größten Merkmalswert kleiner oder gleich $Q_3 + 1.5IQR$. Nach einer Faustregel sind Merkmalswerte, die jenseits der so festgelegten Ausläuferenden liegen, als **potentielle Ausreißer** zu betrachten. Diese Faustregel wird für eine normalverteilte Zufallsvariable X verständlich, wenn man bedenkt, dass X einen Wert außerhalb des 2-fachen IQR-Bereichs um den Median nur mit sehr kleiner Wahrscheinlichkeit, nämlich einer Wahrscheinlichkeit von knapp 0.7 %, annimmt. Tritt ein so unwahrscheinliches Ereignis (also ein Wert, der vom Median um mehr als der 2-fache IQR entfernt ist) tatsächlich auf, so besteht der begründete Verdacht, dass dieser extreme Wert nicht zufällig generiert wurde, sondern durch einen Störeinfluss verursacht ist.

Mit dem **Quantil-Quantil-Diagramm** (kurz QQ-Plot) kann man an Hand der X-Werte $x_1, x_2, \ldots, x_n$ auf grafischem Wege beurteilen, ob die Daten gegen eine bestimmte Verteilungsannahme über X sprechen. Wir beschränken uns auf die für die Praxis besonders wichtige Überprüfung der Normalverteilungsannahme mit einem sogenannten Normal-QQ-Plot. Wenn X normalverteilt ist mit dem Mittelwert μ und der Standardabweichung σ, dann besteht zwischen dem p-Quantil x_p von X und dem entsprechenden Quantil z_p der standardnormalverteilten Zufallsvariablen $Z = (X - \mu)/\sigma$ der lineare Zusammenhang $x_p = \sigma z_p + \mu$ (vgl. Abschn. 2.9). Stellt man die für verschiedene Werte von p ($0 < p < 1$) berechneten Quantile von Z und X als Punkte $P(z_p, x_p)$ im (Z, X)-Koordinatensystem dar, liegen die Punkte auf einer Geraden mit dem Anstieg σ und dem y-Achsenabschnitt μ; die Geradenparameter σ und μ können mit den unteren Quartilen $z_{0.25}$ und $x_{0.25}$ sowie den oberen Quartilen $z_{0.75}$ und $x_{0.75}$ von Z bzw. X auch in der Form

$$\sigma = \frac{x_{0.75} - x_{0.25}}{z_{0.75} - z_{0.25}}, \quad \mu = \frac{x_{0.25} z_{0.75} - x_{0.75} z_{0.25}}{z_{0.75} - z_{0.25}} \tag{3.8}$$

geschrieben werden. Das QQ-Plot knüpft an den Zusammenhang zwischen den theoretischen Quantilen von X und Z an. Die (nach aufsteigender Größe angeordneten) Stichprobenwerte $x_{(i)}$ werden als (empirische) Quantile von X gedeutet, die entsprechenden „Unterschreitungswahrscheinlichkeiten" p_i ermittelt und dazu die Quantile $z_{p_i} = \Phi^{-1}(p_i)$ der Standardnormalverteilung berechnet. Wenn die Stichprobenwerte Realisierungen einer normalverteilten Zufallsvariablen X sind, dann ist zu erwarten, dass die empirischen Quantile $x_{(i)}$ bis auf zufallsbedingte Abweichungen mit den theoretischen Quantilen x_{p_i} übereinstimmen; die Übereinstimmung wird umso besser ausfallen, je größer der Stichprobenumfang n ist. Bei normalverteiltem X werden die in das (Z, X)-Koordinatensystem eingetragenen Punkte $(z_{p_i}, x_{(i)})$ in unregelmäßiger Weise um eine Gerade streuen. Schätzwerte für die Geradenparameter (und damit auch für die Parameter μ und σ der Verteilung von X) findet man, in dem man in (3.8) die theoretischen Quartile $x_{0.25}$ und $x_{0.75}$ durch die empirischen Quartile Q_1 bzw. Q_3 der Beobachtungsreihe ersetzt.

Offen geblieben ist, wie man p_i zu einem vorgegebenem Quantil $x_{(i)}$ bestimmt. Da nach Definition des p-Quantils x_p einer Beobachtungsreihe der Anteil der Werte kleinergleich x_p mindestens p und der Anteil der Werte größergleich x_p mindestens $1 - p$ betragen muss, ist von p_i zu verlangen, dass zugleich $i/n \geq p_i$ und

$(n - i + 1)/n \geq 1 - p_i$ gilt, d. h. $(i - 1)/n \leq p_i \leq i/n$. Um mit p_i weiterarbeiten zu können, muss p_i auf einen Wert des Intervalls fixiert werden. In der Literatur werden dafür verschiedene Festlegungen vorgeschlagen. Naheliegend ist, p_i einfach der Intervallmitte $(i - 0.5)/n$ gleich zu setzen. Für $n \leq 10$ ist es vorteilhafter, die p_i aus der Formel $p_i = \frac{i - 3/8}{n + 1/4}$ zu bestimmen,[8] die gegenüber $p_i = (i - 0.5)/n$ etwas zur Mitte des Intervalls $[0, 1]$ verschobene Wahrscheinlichkeitswerte ergibt. Abb. 3.2 zeigt zwei Normal-QQ-Plots mit simulierten Beobachtungsreihen.

Punktdiagramme können unter gewissen Voraussetzungen auch bei größeren Stichprobenumfängen zur Beschreibung der Merkmalsvariation verwendet werden, z. B. wenn X ein quantitatives diskretes Merkmal ist und die Anzahl k der möglichen Werte von X klein ist (etwa $k < 10$). Das klassische Darstellungsinstrument in diesem Fall ist aber das **Stabdiagramm**, das die absoluten bzw. relativen Häufigkeiten der Merkmalswerte wiedergibt. Es seien $a_1, a_2, \ldots, a_k$ die möglichen Werte von X, die wir uns nach aufsteigender Größe angeschrieben denken. Von X sei die aus n Werten bestehende Beobachtungsreihe $x_1, x_2, \ldots, x_n$ gegeben. Durch Abzählen der mit a_i $(i = 1, 2, \ldots, k)$ übereinstimmenden Stichprobenwerte erhält man die **absolute Häufigkeit** H_i. Dividiert man durch den Stichprobenumfang n, ergibt sich die **relative Häufigkeit** $y_i = H_i/n$, die den Anteil der Stichprobenwerte ausdrückt, die mit a_i übereinstimmen. Die zu den a_i ermittelten Häufigkeiten werden übersichtlich in einer Häufigkeitstabelle zusammengefasst oder grafisch durch ein Stabdiagramm dargestellt. Abbildung 3.3 zeigt oben beispielhaft ein Stabdiagramm, in dem die absoluten Häufigkeiten als Strecken über den möglichen Merkmalswerten aufgetragen sind. Zum Vergleich von Stichproben werden in der Regel mit relativen Häufigkeiten gezeichnete Stabdiagramme verwendet. Man bezeichnet die durch die Zuordnung der relativen Häufigkeiten y_i zu den möglichen Werten a_i von X gegebene Funktion als **Häufigkeitsverteilung** von X auf der Grundlage der vorliegenden Stichprobe. Oft werden im Stabdiagramm die oberen Enden der Stäbe durch einen Streckenzug verbunden, um die Verteilungsform besser zum Ausdruck zu bringen, d. h. das Stabdiagramm wird mit einem sogenannten **Häufigkeitspolygon** kombiniert. Die untere Grafik in Abb. 3.3 zeigt das Ergebnis eines Simulationsexperimentes: Aus einer Zufallsstichprobe mit $n = 40$ Realisierungen einer Poisson-verteilten Zufallsvariablen X wurde die Häufigkeitsverteilung ermittelt und gemeinsam mit der Wahrscheinlichkeitsverteilung von X dargestellt.

Beispiele

1. Die Aufnahme von Mg-Ionen wurde in 3 Nährlösungen untersucht. Für drei verschiedene Nährlösungen ergaben sich bei jeweils 10 Versuchspflanzen die in der folgenden Tabelle angegebenen Mg-Konzentrationen (Variable X, in µmol

---

[8] Die Formeln $p_i = (i - 0.5)/n$ für $n > 10$ und $p_i = (i - 3/8)/(n + 1/4)$ für $n \leq 10$ werden in der R-Funktion qqnorm() zur Erstellung eines Normal-QQ-Plots verwendet. Zur besseren Orientierung erhält man mit der R-Funktion qqline() die durch die Punkte $P(z_{0.25}, Q_1)$ und $P(z_{0.75}, Q_3)$ mit den unteren bzw. oberen Quartilen gelegte Gerade.

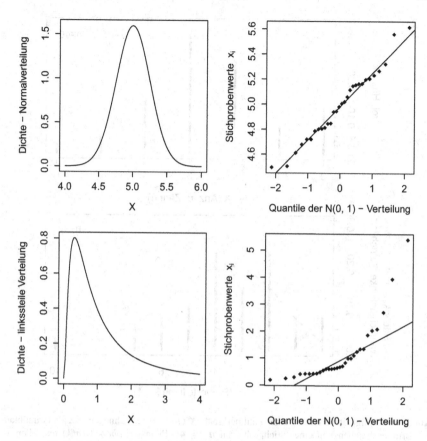

Abb. 3.2 Normal-QQ-Plots für zwei Zufallsstichproben (jeweils vom Umfang $n = 30$). Die QQ-Plots enthalten auch die Orientierungsgeraden durch die den unteren und oberen Quartilen entsprechenden Punkte. *Links* sind die Dichtekurven der Grundgesamtheiten dargestellt, aus denen die Stichproben generiert wurden (*oben*: Normalverteilung mit $\mu = 5$ und $\sigma = 0.25$, *unten*: logarithmische Normalverteilung mit $\mu = -0.2$ und $\sigma = 1$). Man erkennt, dass im oberen QQ-Plot die Punkte angenähert entlang der Orientierungsgeraden angeordnet sind; die Abweichung von der Normalverteilung zeigt sich im unteren QQ-Plot in den (vor allem an den Enden) von der Orientierungsgeraden wegdriftenden Punkten. Bei kleineren Stichprobenumfängen kann es auch bei normalverteilter Grundgesamtheit zu deutlichen Abweichungen von der Orientierungsgeraden kommen

pro g Trockensubstanz):

Nährlösung 1:   176, 175, 196, 181, 169, 176, 170, 185, 192, 187

Nährlösung 2:   163, 161, 175, 185, 173, 166, 161, 160, 165, 177

Nährlösung 3:   162, 173, 186, 165, 155, 161, 170, 158, 162, 160

Die drei Messreihen sind in Abb. 3.1 (linke Grafik) in einem gemeinsamen Punkt-Diagramm dargestellt.

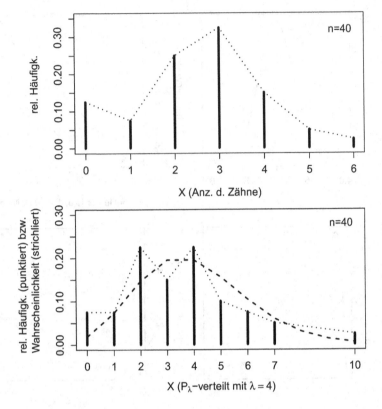

Abb. 3.3 Häufigkeitsverteilung eines Zählmerkmals X (Anzahl der Zähne am größten Grundblatt des Brillenschötchens) in einer Stichprobe mit $n = 40$ Pflanzen (*obere Grafik*) und Häufigkeitsverteilung in einer Zufallsstichprobe vom Umfang $n = 40$ aus einer mit dem Parameter $\lambda = 4$ Poisson-verteilten Grundgesamtheit (*untere Grafik*). Der *unteren Grafik* sind auch die Poisson-Wahrscheinlichkeiten über die *strichlierte Linie* zu entnehmen. Man erkennt, dass die relativen Häufigkeiten, die aus 40 zufällig generierten Realisierungen von X berechnet wurden, z. T. deutlich von den entsprechenden Wahrscheinlichkeiten abweichen können. Dies ist bei der Interpretation von Häufigkeitsverteilungen zu beachten

Wir bestimmen zu den drei Messreihen jeweils die Maßzahlen der 5-Punkte-Zusammenfassungen und zeichnen damit die entsprechenden Box-Plots (vgl. Abb. 3.1, rechte Grafik). Die nach aufsteigender Größe angeordneten Werte der Messreihe 1 (Lösung 1) sind: $x_{(1)} = 169$, $x_{(2)} = 170$, $x_{(3)} = 175$, $x_{(4)} = 176$, $x_{(5)} = 176$, $x_{(6)} = 181$, $x_{(7)} = 185$, $x_{(8)} = 187$, $x_{(9)} = 192$, $x_{(10)} = 196$. Daraus folgt unmittelbar $x_{\min} = x_{(1)} = 169$ und $x_{\max} = x_{(10)} = 196$; wegen $n = 10$ ist der Median das arithmetische Mittel aus den beiden mittleren Elementen, d. h. $Q_2 = (x_{(5)} + x_{(6)})/2 = (176 + 181)/2 = 178.5$. Zur Bestimmung des unteren Quartils Q_1 setzen wir $u = 1 + 9 \cdot 0.25 = 3.25$, bilden $v = u - [u] = 3.25 - 3 = 0.25$ und erhalten

$$Q_1 = (1 - v)x_{[u]} + vx_{[u]+1} = 0.75 \cdot 175 + 0.25 \cdot 176 = 175.25;$$

für das obere Quartil Q_3 ist $u = 1 + 9 \cdot 0.75 = 7.75$ und $v = 7.75 - 7 = 0.75$, woraus $Q_3 = 0.25 \cdot 185 + 0.75 \cdot 187 = 186.5$ folgt. In entsprechender Weise findet man für die Messreihen 2 und 3 die Quartile $Q_1 = 161.5$, $Q_2 = 165.5$ und $Q_3 = 174.5$ bzw. $Q_1 = 160.25$, $Q_2 = 162.0$ und $Q_3 = 168.75$. Bei den Messreihen 1 und 2 ist kein Stichprobenwert kleiner als $Q_1 - 1.5IQR$ oder größer als $Q_3 + 1.5 \cdot IQR$, so dass die Ausläufer der Box-Plots bis zum kleinsten bzw. größten Merkmalswert reichen. Bei der Messreihe 3 ist $IQR = 168.75 - 160.25 = 8.5$; wegen $x_{(10)} = 186 > Q_3 + 1.5IQR = 168.75 + 1.5 \cdot 8.5 = 181.5$ und $x_{(9)} = 173 \leq 181.5$ reicht hier der obere Ausläufer nur bis zum Stichprobenwert $x_{(9)} = 173$ und $x_{(10)} = 186$ ist als extremer Wert hervorgehoben.

2. Wir rechnen die Koordinaten des ersten Punktes $P_1 = (\Phi^{-1}(p_1), x_{(1)})$ im oberen Normal-QQ-Plot von Abb. 3.2 nach. Diesem Normal-QQ-Plot liegt die folgende Zufallsstichprobe von $n = 30$ Realisierungen der mit dem Mittelwert $\mu = 5$ und der Standardabweichung $\sigma = 0.25$ normalverteilten Zufallsvariablen X zugrunde:

$$4.50, 4.51, 4.61, 4.68, 4.72, 4.72, 4.78, 4.80, 4.81, 4.82,$$

$$4.85, 4.85, 4.94, 4.95, 4.98, 5.01, 5.02, 5.06, 5.12, 5.15,$$

$$5.16, 5.16, 5.17, 5.20, 5.21, 5.23, 5.27, 5.32, 5.56, 5.62.$$

Da die X-Werte bereits nach aufsteigender Größe angeordnet sind, ist $x_{(1)} = 4.50$; mit der Formel $p_1 = (1 - 0.5)/30 = 1/60$ ergibt sich als entsprechendes Quantil der Standardnormalverteilung $z_{p_1} = \Phi^{-1}(p_1) = -2.13$. Somit ist $P_1 = (-2.13, 4.50)$. Wegen $p_2 = (2 - 0.5)/30 = 0.05$ und $z_{p_2} = \Phi^{-1}(p_2) = -1.645$ ist $P_2 = (-1.645, 4.51)$ der zu $x_{(2)} = 4.51$ gehörende Punkt des QQ-Plots usw.

Um die Orientierungsgerade zu zeichnen, werden die Quartile Q_1 und Q_3 der Stichprobenwerte sowie die Quartile $z_{0.25} = -0.6745$ und $z_{0.75} = 0.6745$ benötigt. Wegen $u = 1 + (n - 1)0.25 = 8.25$ und $v = u - [u] = 0.25$ ist $Q_1 = 0.75x_{(8)} + 0.25x_{(9)} = 4.803$ und analog $Q_3 = 5.168$. Setzt man in (3.8) Q_1 für $x_{0.25}$ und Q_3 für $x_{0.75}$ ein, folgen

$$b_1 = \frac{5.168 - 4.803}{0.6745 - (-0.6745)} = 0.2706,$$

$$b_0 = \frac{4.803 \cdot 0.6745 - 5.168 \cdot (-0.6745)}{0.6745 - (-0.6745)} = 4.985$$

als Anstieg bzw. Achsenabschnitt der Orientierungsgeraden im oberen Normal-QQ-Plot der Abb. 3.2; diese Parameter sind zugleich Schätzwerte für den Mittelwert μ und die Standardabweichung σ von X.

3. An $n = 40$ Exemplaren einer Pflanze (*Biscutella laevigata*, Brillenschötchen) wurde die Anzahl der Zähne des größten Grundblattes bestimmt (Variable X).

Tab. 3.1 Häufigkeitstabelle eines Zählmerkmals X (Anzahl der Zähne am größten Grundblatt des Brillenschötchens) auf der Grundlage einer Stichprobe vom Umfang $n = 40$ (zu Beispiel 3, Abschn. 3.3)

X	Strichliste	Häufigkeit absolut	relativ
0	⟊⟊⟊	5	0.125
1	|||	3	0.075
2	⟊⟊⟊ ⟊⟊⟊	10	0.250
3	⟊⟊⟊ ⟊⟊⟊ |||	13	0.325
4	⟊⟊⟊		6	0.150
5	||	2	0.050
6			1	0.025
Σ		40	1.000

Es ergaben sich die folgenden Beobachtungswerte:

$$1,\ 2,\ 0,\ 5,\ 2,\ 2,\ 0,\ 3,\ 3,\ 4,\ 0,\ 2,\ 4,\ 3,\ 1,\ 2,\ 4,\ 5,\ 6,\ 4,$$

$$3,\ 2,\ 0,\ 3,\ 3,\ 0,\ 3,\ 2,\ 2,\ 4,\ 3,\ 2,\ 2,\ 3,\ 3,\ 3,\ 1,\ 3,\ 3,\ 4.$$

Zur Visualisierung der Verteilung der Stichprobenwerte soll die Beobachtungsreihe durch ein Stabdiagramm dargestellt werden. Dazu werden zuerst die möglichen Werte a_i von X, die zugehörigen absoluten Häufigkeiten H_i und die
relativen Häufigkeiten $y_i = H_i/n$ ermittelt und in einer Häufigkeitstabelle zusammengefasst (vgl. Tab. 3.1). Um das Abzählen der Stichprobenwerte zu den
verschiedenen Ausprägungen a_i zu erleichtern, kann man – wie in Tab. 3.1 gezeigt – eine Strichliste anlegen.
Das mit den relativen Häufigkeiten gezeichnete Stabdiagramm ist in der oberen
Grafik von Abb. 3.3 dargestellt. Wenn bereits eine Häufigkeitstabelle vorliegt,
ist es zweckmäßig, bei der Berechnung des arithmetische Mittels die absoluten Häufigkeiten zu verwenden. Multipliziert man die Ausprägungen a_i ($i =
1, 2, \ldots, k$) mit den entsprechenden absoluten Häufigkeiten H_i und addiert die
erhaltenen Produkte, ergibt sich die Summe der Stichprobenwerte und nach Division durch den Stichprobenumfang schließlich das arithmetische Mittel. Mit
den absoluten Häufigkeiten von Tab. 3.1 erhält man auf diese Weise

$$\bar{x} = \frac{1}{n} \sum_{i=1}^{k} a_i H_i$$

$$= \frac{1}{40}(0 \cdot 5 + 1 \cdot 3 + 2 \cdot 10 + 3 \cdot 13 + 4 \cdot 6 + 5 \cdot 2 + 6 \cdot 1) = 2.55.$$

Analog verfährt man bei der Berechnung der Varianz. Statt wie in Formel (3.3)
alle Abweichungsquadrate aufzusummieren, kann man die mit den entsprechenden absoluten Häufigkeiten gewichteten Abweichungsquadrate der Werte a_i

vom arithmetischen Mittel aufaddieren. Diese Vorgangsweise führt auf das Ergebnis

$$s^2 = \frac{1}{n-1} \sum_{i=1}^{k} (a_i - \bar{x})^2 H_i$$

$$= \frac{1}{39}((0 - 2.55)^2 \cdot 5 + (1 - 2.55)^2 \cdot 3 + \cdots + (6 - 2.55)^2 \cdot 1) = 2.1.$$

Aufgaben

1. Man vergleiche die durch die folgenden Stichproben gegebenen Variationen von X (Spaltöffnungslänge in μm) bei diploiden und tetraploiden *Biscutella laevigata* mit Hilfe von Punktdiagrammen und Box-Plots.

   diploid   27, 25, 23, 27, 23, 25, 25, 22, 25, 23, 26, 23, 24, 26, 26

   tetraploid   28, 30, 32, 29, 28, 33, 32, 28, 30, 31, 31, 34, 27, 29, 30

2. Gegeben ist eine (fiktive) Zufallsstichprobe einer Variablen X. Man erstelle ein Normal-QQ-Plot und interpretiere den Punkteverlauf. Sprechen die Daten gegen die Annahme einer normalverteilten Grundgesamtheit?

   0.190, 0.553, 0.609, 0.608, 0.247, 0.608, 0.651, 2.041, 3.946, 1.357,
   0.411, 0.295, 0.840, 0.682, 0.421, 2.712, 5.406, 1.005, 0.489, 0.624,
   2.095, 0.440, 1.109, 0.426, 0.421, 0.714, 1.000, 1.364, 1.873, 1.257.

3. Auf 40 Untersuchungsflächen von je 100 cm² wurde jeweils die Anzahl X der darauf befindlichen Eintagsfliegenlarven gezählt. Bei der Auszählung ergaben sich die folgenden Werte:

   8, 8, 15, 11, 7, 8, 12, 3, 6, 9, 13, 9, 8, 8, 12, 16, 4, 8, 12, 9,
   15, 12, 5, 8, 5, 9, 10, 10, 11, 6, 7, 7, 10, 5, 8, 10, 7, 10, 11, 3.

   Man fasse die Stichprobenwerte in einer Häufigkeitstabelle zusammen und stelle die relativen Häufigkeiten in einem Stabdiagramm dar. Ferner zeichne man im Wertebereich von X die zu erwartenden Wahrscheinlichkeiten unter der Annahme ein, dass X Poisson-verteilt ist mit dem arithmetischen Mittel der Stichprobenwerte als Verteilungsparameter λ.

3.4 Empirische Dichtekurven

In diesem Abschnitt ist X eine stetige Zufallsvariable mit der Dichtefunktion f. Von X liegt die Zufallsstichprobe $x_1, x_2, \ldots, x_n$ vom Umfang n vor. Wir stellen uns die Aufgabe, f mit Hilfe der Stichprobe zu „rekonstruieren", d. h. den Funktionsgraphen von f durch eine aus den Stichprobenwerten ermittelte empirische Dichtekurve zu approximieren.

Das einfachste Instrument zur näherungsweisen Erfassung von Dichtekurven ist das **Histogramm**, dem folgende Idee zugrunde liegt. Man denke sich die Merkmalsachse (X-Achse) von links nach rechts fortschreitend in eine bestimmte Anzahl k von gleichlangen, aneinander grenzenden Intervallen (sogenannten Klassen) $I_1, I_2, \ldots, I_k$ zerlegt, die alle Stichprobenwerte überdecken. Die gemeinsame Länge dieser Intervalle wird als Klassenbreite b bezeichnet, die Anfangs- und Endpunkte der Intervalle sind die Klassengrenzen c_i ($i = 0, 1, \ldots, k$). Die erste Klasse I_1 stellt das links offene und rechts abgeschlossene Intervall $(c_0, c_1]$ dar, die zweite Klasse I_2 das Intervall $(c_1, c_2]$ und allgemein die i-te Klasse I_i das Intervall $(c_{i-1}, c_i]$. Die Anzahl der in der Klasse I_i liegenden Stichprobenwerte ist die **absolute Klassenhäufigkeit** H_i von I_i und der Anteil der Stichprobenwerte in der Klasse I_i die **relative Klassenhäufigkeit** $y_i = H_i/n$. Wird der Anteil y_i gleichmäßig über das Intervall $(c_{i-1}, c_i]$ „verschmiert", so erhält man die **Klassenhäufigkeitsdichte** $g_i = y_i/b$, die mit der Klassenbreite multipliziert gleich der relativen Klassenhäufigkeit y_i ist. Wir ordnen nun in den Klassen I_i ($i = 1, 2, \ldots, k$) jeder Stelle $x \in (c_{i-1}, c_i]$ die Klassenhäufigkeitsdichte g_i und jeder Stelle $x \leq c_0$ oder $x > c_k$ den Wert null zu. Durch diese Zuordnungsvorschrift ergibt sich eine Funktion $\hat{f}$, die bis zur ersten Klasse konstant null ist, in jeder Klasse I_i die entsprechende Häufigkeitsdichte g_i als (konstanten) Funktionswert aufweist und ab der letzten Klasse wieder konstant null ist. Die Funktion $\hat{f}$ heißt **Histogramm-Schätzer** der Dichte f.

Der Graph von $\hat{f}$ kann in jeder Klasse I_i als obere Seite eines Rechtecks aufgefasst werden, das bis zur X-Achse reicht und seitlich durch die an der unteren und oberen Klassengrenze errichteten Ordinaten begrenzt wird. Die Gesamtheit dieser über allen Klassen errichteten Rechtecke bezeichnet man als ein Histogramm, das den Histogramm-Schätzer $\hat{f}$ sehr anschaulich wiedergibt. Da das über der Klasse I_i errichtete Rechteck die Höhe g_i und die Breite b, somit den Inhalt $g_i b = y_i$ aufweist, ist der Inhalt der gesamten „Histogrammfläche" gleich $y_1 + y_2 + \cdots y_k = 1$. Um diesen Sachverhalt deutlich zu machen, spricht man auch von einem auf die Fläche 1 normierten Histogramm. Ein Beispiel für ein derartiges Histogramm zeigt die obere Grafik in Abb. 3.4. Gelegentlich werden als Rechteckhöhen statt der Häufigkeitsdichten g_i die relativen Häufigkeiten y_i verwendet. Histogramme dieser Art sind höhennormiert, d. h. die Summe aller Rechteckhöhen ergibt gerade die Längeneinheit.

Für eine gegebene Beobachtungsreihe $x_1, x_2, \ldots, x_n$ findet man eine zweckmäßige Klasseneinteilung auf folgendem Weg: Man legt zuerst eine geeignete Klassenbreite b fest. Die Wahl der Klassenbreite ist der wichtigste Schritt bei der Erstellung eines Histogramms. Zu kleine Klassenbreiten erzeugen unübersichtliche Darstellungen, zu große Klassenbreiten bedeuten einen hohen Informationsverlust. Der Informationsverlust besteht darin, dass nach erfolgter Klassenbildung die Stichprobenwerte innerhalb der Klassen als gleichmäßig verteilt angenommen werden. In den Anwendungen stützt man sich bei der Wahl der Klassenbreite oft auf die

Formel

$$b \approx \frac{R}{1 + 3.322 \log_{10} n} \tag{3.9a}$$

($R = x_{max} - x_{min}$ bezeichnet die Spannweite, $\log_{10}$ den Logarithmus mit der Basis 10). Wir bevorzugen hier die Formel

$$b \approx 2 \frac{IQR}{\sqrt[3]{n}}, \tag{3.9b}$$

die die Streuung der Stichprobenwerte über den Interquartilabstand IQR berücksichtigt und daher robust gegenüber allfälligen extremen Stichprobenwerten ist.[9]

Nach Wahl der Klassenbreite b – der aus (3.9a) oder (3.9b) resultierende Wert wird i. Allg. in geeigneter Weise auf- oder abgerundet – legt man die unterste Klasse $I_1 = (c_0, c_1]$ so fest, dass ihre untere Grenze c_0 kleiner und ihre obere Grenze $c_1 = c_0 + b$ größer als x_{min} ist (die unterste Klassengrenze c_0 heißt auch Reduktionslage). Die obere Grenze von I_1 ist zugleich die untere Grenze der nächstfolgenden Klasse $I_2 = (c_1, c_2]$, deren obere Grenze $c_2 = c_1 + b = c_0 + 2b$ wieder die untere Grenze der dritten Klasse $I_3 = (c_2, c_3]$ bildet usw. Wenn insgesamt k Klassen zur Überdeckung aller Stichprobenwerte benötigt werden, sind die Grenzen der obersten Klasse $I_k = (c_{k-1}, c_k]$ durch $c_{k-1} = c_0 + (k-1)b$ bzw. $c_k = c_0 + kb$ gegeben. Die Werte der Beobachtungsreihe teilen wir nun so den Klassen $I_1, I_2, \ldots, I_k$ zu, dass die Klasse $I_i = (c_{i-1}, c_i]$ gerade die Werte enthält, die größer als c_{i-1}, aber kleiner als c_i oder gleich c_i sind.

Nach Festlegung der Klassengrenzen werden die absoluten und relativen Klassenhäufigkeiten H_i bzw. $y_i = H_i/n$ sowie die Häufigkeitsdichten $g_i = y_i/b$ ermittelt und in einer Häufigkeitstabelle zusammengefasst. Zur grafischen Veranschaulichung der Verteilung von X wird mit den Häufigkeitsdichten ein (flächennormiertes) Histogramm gezeichnet, das Aufschluss über die Dichtekurve von X gibt. Die Häufigkeitstabelle enthält meist auch die (relative) **Summenhäufigkeit** $y_i^* = y_1 + y_2 + \cdots + y_i$, die die Histogrammfläche bis zur i-ten Klasse ausdrückt; die Maßzahl dieser Fläche ist näherungsweise gleich der Wahrscheinlichkeit $F(c_i) = P(X \leq c_i)$ dafür, dass die Zufallsvariable X einen Wert kleiner oder gleich c_i annimmt. In der unteren Grafik von Abb. 3.4 sind die (relativen) Summenhäufigkeiten y_i^* jeweils über den oberen Klassengrenzen c_i aufgetragen und die so erhaltenen Punkte – ausgehend von der untersten Klassengrenze – durch einen Streckenzug (Summenhäufigkeitspolygon) verbunden. Die durch diesen Streckenzug dargestellte empirische Verteilungsfunktion $\hat{F}$ ist eine Approximation der Verteilungsfunktion F von X; der Wert $\hat{F}(x)$ an einer beliebigen Stelle x der Merkmalsachse stimmt mit der Histogrammfläche bis zur Stelle x überein.

Auf Grund ihrer Einfachheit werden Histogramme viel verwendet, um Aufschluss über die Dichtekurven von stetigen Zufallsvariablen zu erhalten. Ein Nach-

---

[9] Formel (3.9a) geht auf Sturges (1926) zurück, (3.9b) auf Freedman und Diaconis (1980). In der R-Funktion `hist()` zur Erstellung von Histogrammen ist (3.9a) standardmäßig und (3.9b) als Option vorgesehen.

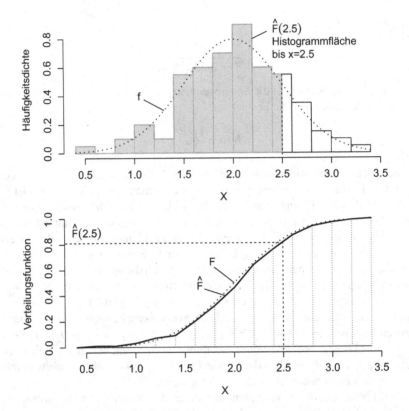

Abb. 3.4 Flächennormiertes Histogramm (*obere Grafik*) und empirische Verteilungsfunktion (*untere Grafik*) einer Zufallsstichprobe. Die Stichprobe umfasst $n = 100$, mit der R-Funktion `rnorm()` generierte Realisierungen einer normalverteilten Variablen X ($\mu = 2, \sigma = 0.5$). Die Klassenbreite $b = 0.2$ wurde aus (3.9b) bestimmt und auf eine Nachkommastelle abgerundet. Hervorgehoben ist die Histogrammfläche bis zur Stelle $x = 2.5$; die Maßzahl dieser Fläche ist gleich dem Wert der empirischen Verteilungsfunktion $\hat{F}$ an der Stelle $x = 2.5$ und drückt den Anteil der Stichprobenwerte kleiner als oder gleich 2.5 aus. Die Dichte f und Verteilungsfunktion F von X sind *punktiert* eingezeichnet

teil dieser Methode ist, dass Histogramm-Schätzer grundsätzlich unstetige Funktionen sind, mit denen man die „glatten" Dichtekurven approximiert. Weitere Nachteile sind die mehr oder weniger starken Abhängigkeiten von der Wahl der Klassenbreite und der untersten Klassengrenze. Den zuletzt erwähnten Nachteil kann man vermeiden, wenn man zu einem **gleitenden Histogramm** übergeht. Es sei x irgendeine Realisierung der stetigen Zufallsvariablen X mit der Dichte f. Wir denken uns um x ein symmetrisches Intervall $(x - h, x + h]$ mit der sogenannten **Bandbreite** h. Bei genügend kleinem h gilt nach Definition der Wahrscheinlichkeitsdichte (vgl. Abschn. 2.3) näherungsweise $P = P(x - h < X \leq x + h) \approx 2hf(x)$. Von X möge die Stichprobe $x_1, x_2, \dots, x_n$ vorliegen. Wenn man die Wahrscheinlichkeit P durch die relative Häufigkeit der Stichprobenwerte in $(x - h, x + h]$ approximiert, kann die Dichte f an der Stelle x durch die von h abhängige empirische Dichte

$$\hat{f}_h(x) = \frac{\text{Anzahl der Stichprobenwerte in } (x-h, x+h]}{2hn}$$

$$= \frac{\sum_{i=1}^{n} I_{(x-h,x+h]}(x_i)}{2hn} \tag{3.10a}$$

angenähert werden. In der zweiten Zeile wurde die Anzahl der Stichprobenwerte im Intervall $(x-h, x+h]$ mit Hilfe der Indikatorfunktion $I_{(x-h,x+h]}$ des Intervalls $(x-h, x+h]$ durch eine über alle x_i erstreckte Summe ausgedrückt.[10] Da x_i genau dann in $(x-h, x+h]$ liegt, wenn $(x-x_i)/h \in (-1, 1]$ gilt, kann der Ausdruck für $\hat{f}_h(x)$ weiter umgeformt werden in

$$\hat{f}_h(x) = \frac{1}{2hn} \sum_{i=1}^{n} I_{(-1,1]}\left(\frac{x-x_i}{h}\right) = \frac{1}{hn} \sum_{i=1}^{n} K_R\left(\frac{x-x_i}{h}\right) \tag{3.10b}$$

mit der Abkürzung:

$$K_R\left(\frac{x-x_i}{h}\right) = \frac{1}{2} I_{(-1,1]}\left(\frac{x-x_i}{h}\right) = \begin{cases} \frac{1}{2} & \text{für } x_i \in (x-h, x+h] \\ 0 & \text{für } x_i \notin (x-h, x+h] \end{cases} \tag{3.10c}$$

Durch die Größe $K_R(u)$ mit $u = (x-x_i)/h$ werden bei festem x und h die Stichprobenwerte außerhalb des Intervalls $(x-h, x+h]$ ausgeblendet, die im Intervall liegenden Stichprobenwerte gehen mit dem gleichen „Gewicht" $\frac{1}{2}$ in die Berechnung der empirischen Dichte $\hat{f}_h(x)$ an der Stelle x ein. Man bezeichnet die durch $K_R(u) = 1/2$ für $u \in (-1, 1]$ und $K_R(0) = 0$ für alle anderen u definierte Funktion als **Rechteck-Kern**. Indem x der Merkmalsachse entlang gleitet, ergibt sich aus (3.10b) für jedes x ein Schätzwert $\hat{f}_h(x)$ für die Dichte von X. Trägt man die Schätzwerte über der X-Achse auf, erhält man eine grafische Darstellung der Verteilung der Stichprobenwerte in Form eines gleitenden Histogramms. In Abb. 3.5 sind gleitende Histogramme mit den bereits in Abb. 3.4 verwendeten Daten für drei verschiedene Bandbreiten h dargestellt. Die Grafiken zeigen, dass die empirische Dichtefunktion $\hat{f}_h$ stark von der Wahl der Bandbreite abhängt. Zufriedenstellend erscheint das gleitende Histogramm mit $h = 0.2$, bei dem wir uns an der Klassenbreite des Histogramms in Abb. 3.4 orientiert haben. Oft ist es zielführend eine optimale Bandbreite heuristisch nach dem Prinzip „Versuch und Irrtum" zu suchen, was auch durch den Einsatz von einschlägiger Software erleichtert wird.[11]

---

[10] Mit der Indikatorfunktion I_A kann die Zugehörigkeit einer reellen Zahl x zu einer Teilmenge $A \subseteq \mathbb{R}$ angezeigt werden. Es ist $I_A(x) = 1$ wenn $x \in A$, andernfalls ist $I_A(x) = 0$.

[11] Die empirischen Dichten in Abb. 3.5 wurden mit der R-Funktion `density()` mit vorgegebenem Rechteck-Kern und vorgegebenen Bandbreiten erzeugt. Man beachte, dass in dieser R-Funktion als Bandbreite die Standardabweichung s_R des Rechteck-Kerns (3.10c) festgelegt ist; es gilt $h = s_R\sqrt{3}$.

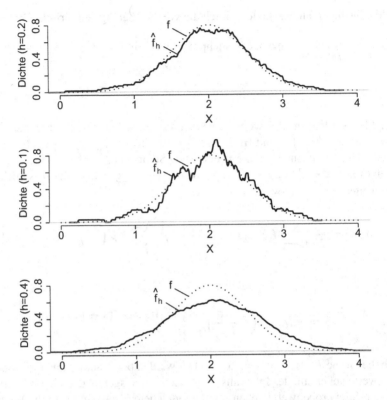

Abb. 3.5 Gleitende Histogramme für verschiedene Bandbreiten. Die Daten sind dieselben wie in Abb. 3.4, d. h. $n = 100$ Realisierungen einer mit $\mu = 2$ und $\sigma = 0.5$ normalverteilten Zufallsvariablen X. Die Bandbreite in der *oberen Grafik* ist gleich der Klassenbreite des Histogramms in Abb. 3.4: die Normalverteilungsdichte f wird durch die empirische Dichte $\hat{f}_h$ gut wiedergegeben. Bei zu kleinen Bandbreiten (*mittlere Grafik*) treten verstärkt zufallsbedingte Schwankungen hervor, bei zu großen Bandbreiten (*unterste Grafik*) werden Spezifika der Verteilung (z. B. Verteilungsgipfel) „nieder geglättet". Die Normalverteilungsdichte f ist *punktiert* eingezeichnet

Eine weitere Verbesserung in der Approximation der Dichtefunktion f kann erreicht werden, wenn in (3.10b) der (unstetige) Rechteck-Kern des gleitenden Histogramms durch eine stetige Kernfunktion ersetzt wird. Bei einer stetigen Kernfunktion ist auch die damit bestimmte empirische Dichte eine stetige Funktion. Man nennt durch stetige Kernfunktionen erzeugte empirische Dichten **Kern-Dichteschätzer**. Wir beschränken uns hier auf Kern-Dichteschätzer mit einem sogenannten **Normalkern** oder **Gauß-Kern**. Dieser besitzt die Funktionsgleichung

$$K_N(u) = \frac{1}{\sqrt{2\pi}} \, e^{-u^2/2} \quad \text{mit } u = \frac{x - x_i}{h} \qquad (3.11a)$$

und gibt näher bei x liegenden Stichprobenwerten ein höheres Gewicht als weiter weg liegenden Werten. Ersetzt man K_R in (3.10b) durch K_N, folgt für die Dichte f von X die für jedes reelle x durch

$$\hat{f}_h(x) = \frac{1}{hn} \sum_{i=1}^{n} K_N \left(\frac{x - x_i}{h} \right) = \frac{1}{hn\sqrt{2\pi}} \sum_{i=1}^{n} e^{-\frac{(x-x_i)^2}{2h^2}} \qquad (3.11b)$$

definierte Approximationsfunktion $\hat{f}_h$. Die Anwendung der Formel (3.11b) auf eine konkrete Stichprobe setzt die Wahl einer passenden Bandbreite voraus. Zur Bestimmung von optimalen Bandbreiten existieren mehrere Verfahren. Am einfachsten ist es, sich bei der Wahl der Bandbreite an Faustformeln zu orientieren, die unter gewissen Bedingungen eine „optimale" Approximation der Dichte f durch den Kern-Dichteschätzer $\hat{f}_h$ sicher stellen. So wird empfohlen, für einen Kern-Dichteschätzer mit Normalkern bei normalverteiltem X die optimale Bandbreite aus

$$h_{\text{opt}} = \sqrt[5]{\frac{4}{3n}}\, \hat{\sigma} \quad \text{mit } \hat{\sigma} = \min\left(s, \frac{IQR}{1.349} \right) \qquad (3.11c)$$

zu bestimmen.[12] In dieser Formel ist n der Stichprobenumfang, s die aus der Stichprobe berechnete Standardabweichung und IQR der Interquartilabstand der Stichprobenwerte. Indem man nun – ausgehend von h_{opt} – die Bandbreite variiert und die entsprechenden Kern-Dichteschätzer grafisch darstellt, lässt sich oft an Hand der Grafiken subjektiv beurteilen, welche Bandbreite eine „passende" Mitte zwischen zu geringer und zu starker Glättung bewirkt. Der Einfluss der Bandbreite bei der Kern-Dichteschätzung mit einem Normalkern wird beispielhaft in Abb. 3.6 aufgezeigt.

Beispiele

1. An 30 weiblichen Patienten wurde die Blutgerinnung X (PPT in s) gemessen. Dabei ergaben sich die folgenden, bereits nach aufsteigender Größe geordneten Werte:

$$22.7,\ 24.0,\ 24.4,\ 25.8,\ 25.9,\ 26.0,\ 26.4,\ 26.6,\ 26.6,\ 26.8,$$
$$27.0,\ 27.7,\ 27.8,\ 28.0,\ 28.0,\ 28.1,\ 28.7,\ 28.7,\ 28.8,\ 29.0,$$
$$29.0,\ 29.0,\ 30.0,\ 30.1,\ 31.1,\ 31.8,\ 32.0,\ 33.0,\ 33.7,\ 35.0.$$

Wir stellen die Verteilung der Messwerte durch ein flächennormiertes Histogramm dar und beginnen mit der Festlegung einer geeigneten Klasseneinteilung.

---

[12] Die Faustformel (3.11c) wird als „normal reference rule" bezeichnet; sie geht auf Scott (1992) zurück. Kern-Dichteschätzer mit Normalkern (und anderen Kernen) werden in R mit der Funktion `density()` berechnet; die Bandbreite (3.11c) ist als Option vorgesehen.

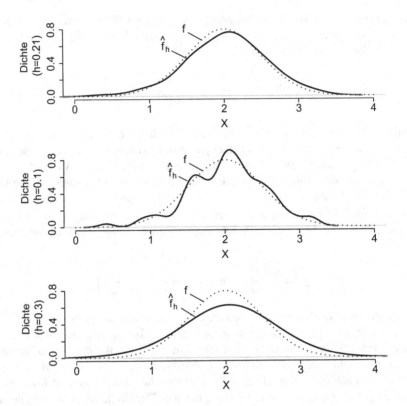

Abb. 3.6 Approximation der Dichte einer normalverteilten Zufallsvariablen X ($\mu = 2$, $\sigma = 0.5$) durch Kern-Dichteschätzer mit Normalkern und verschiedenen Bandbreiten. Um einen Vergleich mit der Dichteschätzung durch Histogramme zu ermöglichen wurde dieselbe Zufallsstichprobe aus $n = 100$ Realisierungen von X wie in Abb. 3.4 und 3.5 verwendet. Die *obere Grafik* zeigt den optimalen Kern-Dichteschätzer mit der aus (3.11b) bestimmten Bandbreite. Ähnlich wie bei den gleitenden Histogrammen in Abb. 3.5 werden bei kleineren Bandbreiten (*mittlere Grafik*) Schwankungen der Stichprobenwerte immer weniger ausgeglättet, bei größeren Bandbreiten (*unterste Grafik*) kommt es dagegen zu einer Verzerrung auf Grund einer zu starken Glättungswirkung. Die Normalverteilungsdichte f ist *punktiert* eingezeichnet

Dazu bestimmen wir zuerst mit Hilfe von (3.9b) die Intervallbreite b. Mit $n = 30$ folgt aus $u = 1 + (n-1) \cdot 0.25 = 8.25$ und $v = u - [u] = 0.25$ als unteres Quartil der Stichprobe $Q_1 = (1-v)x_{(8)} + vx_{(9)} = 26.6$. Analog erhält man für das obere Quartil $Q_3 = 29.75$. Der Interquartilabstand ist $IQR = Q_3 - Q_1 = 3.15$. Setzt man in (3.9b) ein, folgt als Intervallbreite der Wert 2.028, den wir auf eine ganze Zahl runden, d.h. wir setzen $b = 2$. Wenn man als untere Grenze der ersten Klasse $c_0 = 22$ wählt, ergeben sich die Klassengrenzen $c_1 = 24$, $c_2 = 26$, $c_3 = 28$, $c_4 = 30$, $c_5 = 32$, $c_6 = 34$ und $c_7 = 36$. In der ersten Klasse $I_1 = (22, 24]$ liegen 2 Stichprobenwerte, die

Tab. 3.2 Häufigkeitstabelle für ein stetiges Merkmal X (Blutgerinnung PPT in s). Daten: siehe Beispiel 1, Abschn. 3.4 ($n = 30$, $x_{min} = 22.7$, $x_{max} = 35$, $b = 2$)

Klasse	Klassengrenzen		Klassenhäufigkeit		Häufigkeitsdichte
	untere	obere	absolut	relativ	
1	22	24	2	0.0667	0.0333
2	24	26	4	0.1333	0.0667
3	26	28	9	0.3000	0.1500
4	28	30	8	0.2667	0.1333
5	30	32	4	0.1333	0.0667
6	32	34	2	0.0667	0.0333
7	34	36	1	0.0333	0.0167
$\sum$			30	1.0000	0.5000

entsprechende relative Häufigkeit ist $y_1 = 2/30 = 0.0667$ und die entsprechende Häufigkeitsdichte $g_1 = y_1/b = 0.0133$. Die zweite Klasse $I_2 = (24, 26]$ umfasst 4 Werte, so dass $y_2 = 4/30 = 0.1333$ und $g_2 = y_2/2 = 0.0667$ ist. In analoger Weise findet man die übrigen Klassenhäufigkeiten und Häufigkeitsdichten in Tab. 3.2. Die obere Grafik von Abb. 3.7 zeigt das entsprechende (mit den Häufigkeitsdichten erstellte) Histogramm.

2. Die Verteilung der Stichprobenwerte des vorangehenden Beispiels soll nun durch ein *gleitendes Histogramm* und durch einen *Kern-Dichteschätzer mit Normalkern* beschrieben werden. Dazu sind die Kern-Dichteschätzer (3.10b) bzw. (3.11b) punktweise mit den Stichprobenwerten berechnen. Für das gleitende Histogramm wählen wir die Bandbreite $h = 2$ gleich groß wie die Klassenbreite b des Histogramms in Beispiel 1. Die Bandbeite des Kern-Dichteschätzers mit Normalkern entnehmen wir der Formel (3.11c). Es ist $n = 30$, die Standardabweichung $s = 2.84$, der Interquartilabstand $IQR = 3.15$. Wegen $\min(s, IQR/1.349) = \min(2.84, 2.34) = 2.34$ ergibt sich aus (3.11c) die Bandbreite $h = 1.25$. Die mit der R-Anweisung `density()` bestimmten Dichteschätzer sind in der mittleren und unteren Grafik von Abb. 3.7 dargestellt. Auf Grund des hohen Rechenaufwandes beschränken wir uns hier auf die Berechnung des jeweiligen Dichteschätzers an einer Stelle, nämlich $x = 27.40$. Wir beginnen mit dem gleitenden Histogramm-Schätzer, d. h. mit Formel (3.10a) und setzen $h = 2$. Im Intervall $(x - h, x + h] = (25.4, 29.4]$ befinden sich 19 Werte der Stichprobe. Folglich ist

$$\hat{f}_2(27.4) = \frac{19}{2 \cdot 2 \cdot 30} = 0.1583.$$

Um den gesuchten Wert des Kern-Dichteschätzers mit Normalkern zu erhalten, setzen wir $x = 27.4$, $n = 30$, $h = 1.25$ und die Stichprobenwerte $x_1 = 22.7$,

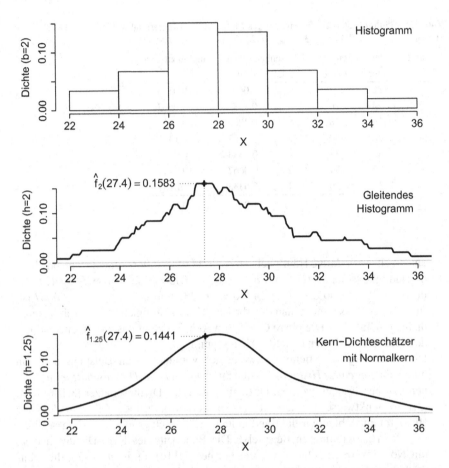

Abb. 3.7 Annäherung der Dichte eines stetigen Merkmals X (Blutgerinnung PPT in s, Daten: siehe Beispiel 1, Abschn. 3.4) durch ein Histogramm (*obere Grafik*), gleitendes Histogramm (*mittlere Grafik*) und einen Kern-Dichteschätzer mit Normalkern (*untere Grafik*). Die Berechnung der Klassenbreite $b = 2$ des Histogramms erfolgte mit (3.9b), die gleiche Bandbreite ($h = 2$) wurde für das gleitende Histogramm gewählt. Die Bandbreite $h = 1.25$ des Dichteschätzers in der *unteren Grafik* resultiert aus (3.11c). Die Berechnungen und grafischen Darstellungen wurden mit R-Anweisungen ausgeführt. Die Berechnung der in den beiden *unteren Grafiken* hervorgehobenen Funktionswerte findet sich in Beispiel 2 dieses Abschnitts

$x_2 = 24$ usw. in die Formel (3.11b) ein. Es folgt

$$\hat{f}_{1.25}(27.4) = \frac{1}{1.25 \cdot 30 \cdot \sqrt{2\pi}}$$
$$\cdot \left(e^{-\frac{(27.4-22.7)^2}{2 \cdot 1.25^2}} + e^{-\frac{(27.4-24)^2}{2 \cdot 1.25^2}} + \cdots + e^{-\frac{(27.4-35)^2}{2 \cdot 1.25^2}} \right)$$
$$= 0.1441.$$

Die berechneten Werte des gleitenden Histogramm-Schätzers sowie des Dichteschätzers mit Normalkern sind in Abb. 3.7 eingezeichnet.

Aufgaben

1. An einer Messstelle (Schauinsland) des Umweltbundesamtes wurden im Monat Mai die folgenden Ozonkonzentrationen X (Tagesmittel aus halbstündlich registrierten Messwerten in $\mu g/m^3$, bezogen auf $20\,°C$) aus drei aufeinanderfolgenden Jahren (2009–2011) erhalten:[13]

104	133	122	92	95	87	114	99	103	111	98	101	108	97	90
92	87	97	110	126	117	102	111	110	116	104	90	76	86	100	100
96	89	80	59	51	55	85	98	102	92	96	87	66	74	65
96	99	93	89	76	78	115	120	129	144	129	99	97	102	80	88
97	101	88	87	113	138	141	139	132	149	135	107	110	117	91
84	85	97	108	112	115	116	102	108	119	119	83	88	100	129	104

   Man zeige, dass sich mit der Faustformel (3.9b) die (abgerundete) Klassenbreite $b = 10$ ergibt, und stelle die Verteilung (Dichte) der Ozonkonzentration durch ein Histogramm mit den Klassengrenzen $50, 60, \ldots, 150$ dar.
2. Was ist eine zweckmäßige Bandbreite für ein mit den Ozondaten von Aufgabe 1 erstelltes gleitendes Histogramm? Zur Beantwortung zeichne man die gleitenden Histogramme mit den Bandbreiten $h = 5$, $h = 10$ und $h = 15$. Man überlege sich ferner eine passende Bandbreite für die Approximation der Dichte der Ozonkonzentration durch einen Dichteschätzer mit Normalkern.

3.5 Schätzfunktionen

In diesem Abschnitt befassen wir uns mit der sogenannten **Punktschätzung**, d. h. mit der Aufgabe, Schätzwerte für Parameter oder Maßzahlen von Verteilungen zu bestimmen. Es sei X eine Zufallsvariable mit der Dichte f (bzw. Wahrscheinlichkeitsfunktion f, wenn X diskret ist). Bei f kann es sich z. B. um die Normalverteilungsdichte (mit den Parametern μ und σ) oder um die Wahrscheinlichkeitsfunktion der Poisson-Verteilung (mit dem Parameter λ) handeln. Mit f wird hier also eine Funktionenschar bezeichnet, die von einem Parameter oder mehreren Parametern abhängt. Einen Näherungswert für einen Verteilungsparameter erhält man i. Allg. so, dass man die Realisierungen einer Zufallsstichprobe in eine geeignet gewählte **Schätzfunktion** einsetzt.

Unter einer Zufallsstichprobe hat man sich – wie bereits in Abschn. 2.6 ausgeführt wurde – eine Folge $X_1, X_2, \ldots, X_n$ von n unabhängigen Zufallsvariablen mit identischer Verteilung (z. B. Normalverteilung) vorzustellen. Eine Zufallsstichpro-

---

[13] Siehe http://www.umweltbundesamt.de/luft/luftmessnetze/berichte.htm, Abfrage Juli 2012.

be wird z. B. durch Zufallsziehungen aus einer Zielpopulation oder durch Messen erzeugt, allgemein durch Wiederholen eines Zufallsexperimentes. Jede Wiederholung liefert einen Stichprobenwert, also eine Realisierung von X. Wird das Experiment n-mal wiederholt, ergibt sich eine (konkrete) Stichprobe $x_1, x_2, \ldots, x_n$ vom Umfang n. Dabei steht x_1 für das Ergebnis der ersten Wiederholung, x_2 für das Ergebnis der zweiten Wiederholung usw. Indem man den einzelnen Wiederholungen die Zufallsvariablen $X_1, X_2, \ldots, X_n$ zuordnet, die unabhängig und identisch (wie X) verteilt sind, lassen sich die Stichprobenwerte $x_1, x_2, \ldots, x_n$ als Realisierung der Zufallsstichprobe $X_1, X_2, \ldots, X_n$ interpretieren.

Zur Konstruktion von Schätzfunktionen gibt es systematische Verfahren. Wir begnügen uns zunächst mit einer heuristischen Überlegung und denken uns f durch die empirische Dichte (bzw. Häufigkeitsverteilung) approximiert. Im Rahmen dieser Approximation ist es naheliegend, z. B. auch den Mittelwert μ von X durch die mittlere Lage der Stichprobenwerte anzunähern, d. h. das arithmetische Mittel $\bar{x} = (x_1 + x_2 + \cdots + x_n)/n$ der Realisierungen $x_1, x_2, \ldots, x_n$ der Zufallsstichprobe $X_1, X_2, \ldots, X_n$ als Schätzwert für μ zu nehmen. Indem man in der Formel für $\bar{x}$ die Realisierungen $x_1, x_2, \ldots, x_n$ durch die Variablen $X_1, X_2, \ldots, X_n$ ersetzt, erhält man das **Stichprobenmittel**

$$\bar{X}_n = \frac{1}{n}(X_1 + X_2 + \cdots + X_n) \tag{3.12}$$

der Zufallsvariablen $X_1, X_2, \ldots, X_n$. Man nennt $\bar{X}_n$ in diesem Zusammenhang eine Schätzfunktion für $\mu = E(X)$ und jeden Wert von $\bar{X}_n$ einen Schätzwert für $\mu = E(X)$. Ähnliche Überlegungen führen dazu, die **Stichprobenvarianz**

$$S_n^2 = \frac{1}{n-1}\left((X_1 - \bar{X}_n)^2 + (X_2 - \bar{X}_n)^2 + \cdots + (X_n - \bar{X}_n)^2\right) \tag{3.13}$$

als Schätzfunktion für $\sigma^2 = Var(X)$ zu verwenden. Bevor im Folgenden auf wünschenswerte Eigenschaften von Schätzfunktionen eingegangen wird und in diesem Zusammenhang auch auf die Güte der Schätzfunktionen (3.12) und (3.13), fassen wir das **Prinzip der Punktschätzung** nochmals in allgemeiner Form zusammen:

Es sei θ ein (reeller) Parameter der Dichte f einer Zufallsvariablen X (oder ein Parameter der Wahrscheinlichkeitsfunktion f, wenn X diskret ist). Mit Hilfe einer Zufallsstichprobe $X_1, X_2, \ldots, X_n$ soll ein Näherungswert für θ bestimmt werden. Dazu benötigt man eine geeignete Schätzfunktion

$$T_n = t_n(X_1, X_2, \ldots, X_n)$$

für θ, die als eine Funktion der Zufallsvariablen $X_1, X_2, \ldots, X_n$ wieder eine Zufallsvariable ist. Indem man für die X_i die beobachteten Werte x_i einsetzt, erhält man den Schätzwert $\hat{\theta} = t_n(x_1, x_2, \ldots, x_n)$ für θ als eine Realisierung von T_n. Abbildung 3.8. veranschaulicht das Prinzip der Punktschätzung am Beispiel der Schätzung des Mittelwertes einer normalverteilten Zufallsvariablen.

Zur Beurteilung der **Güte einer Schätzfunktion** $T_n = t_n(X_1, X_2, \ldots, X_n)$ gibt es eine Reihe von Kriterien, die wünschenswerte Eigenschaften der Verteilung von

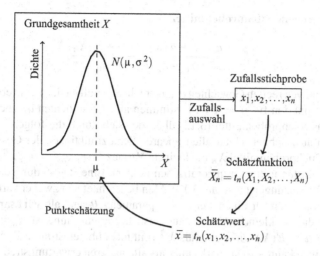

Abb. 3.8 Schematische Darstellung der Vorgangsweise bei der Punktschätzung am Beispiel der Schätzung des Parameters μ einer $N(\mu, \sigma^2)$-verteilten Zufallsvariablen X. Benötigt wird eine Schätzfunktion für μ (als solche wird i. Allg. das Stichprobenmittel $\bar{X}_n = (X_1 + X_2 + \cdots + X_n)/n$ verwendet) und eine Zufallsstichprobe. Durch Einsetzen der Realisierungen x_i der Zufallsstichprobe in die Schätzfunktion $\bar{X}_n$ erhält man den Schätzwert $\bar{x}$ für μ

T_n zum Ausdruck bringen. Intuitiv verbindet man mit einer guten Schätzfunktion, dass ihre Realisierungen, also die Schätzwerte, mit großer Wahrscheinlichkeit um den zu schätzenden Parameter θ konzentriert sind. Die Streuung der Schätzwerte um θ wird durch den **mittleren quadratischen Fehler** (mean squared error)

$$
\begin{aligned}
MSE(T_n) &= E([T_n - \theta]^2) \\
&= E(T_n^2 - 2T_n\theta + \theta^2) = E(T_n^2) - 2\theta E(T_n) + \theta^2 \\
&= E(T_n^2) - (E(T_n))^2 + (E(T_n))^2 - 2\theta E(T_n) + \theta^2 \\
&= Var(T_n) + (E(T_n) - \theta)^2
\end{aligned}
$$

erfasst. Dieser setzt sich additiv aus der Varianz der Schätzfunktion T_n und dem Quadrat der **Verzerrung** $E(T_n) - \theta$ zusammen. Statt Verzerrung sagt man auch systematischer Fehler oder Bias. Offensichtlich ist MSE klein, wenn die Schätzfunktion keine Verzerrung und eine minimale Varianz aufweist. Eine Schätzfunktion T_n mit der Verzerrung $E(T_n) - \theta = 0$ $(n = 1, 2, \ldots)$, heißt **unverzerrt** oder **erwartungstreu**. Das arithmetische Mittel (3.12) ist z. B. eine erwartungstreue Schätzfunktion für $\mu = E(X)$. Es gilt nämlich

$$
\begin{aligned}
E(\bar{X}_n) &= E\left(\frac{1}{n}(X_1 + X_2 + \cdots + X_n)\right) \\
&= \frac{1}{n}(E(X_1) + E(X_2) + \cdots + E(X_n)) = \frac{1}{n}n\mu = \mu.
\end{aligned}
$$

Auch das **gewogene Stichprobenmittel**

$$\bar{X}_n^g = \frac{a_1 X_1 + a_2 X_2 + \cdots + a_n X_n}{a_1 + a_2 + \cdots + a_n} \tag{3.14}$$

mit nichtnegativen reellen Gewichten a_i, die nicht alle null sind, ist eine erwartungstreue Schätzfunktion für $\mu = E(X)$. Stimmen alle Koeffizienten a_i überein, geht (3.14) in das Stichprobenmittel (3.12) über, das sich durch die folgende Minimaleigenschaft auszeichnet: Unter allen linearen Schätzfunktionen der Gestalt (3.14) besitzt das Stichprobenmittel $\bar{X}_n$ die kleinste Varianz $Var(\bar{X}_n) = \sigma^2/n$ (und damit auch den kleinsten mittleren quadratischen Fehler). Eine Begründung dafür findet sich in den Ergänzungen (Abschn. 3.10). Man bezeichnet von zwei erwartungstreuen Schätzfunktionen für einen Verteilungsparameter θ jene als **wirksamer** (oder effizienter), die die kleinere Varianz aufweist. In diesem Sinne ist $\bar{X}_n$ als Schätzfunktion für $\mu = E(X)$ wirksamer als $\bar{X}_n^g$ (mit nicht übereinstimmenden a_i) und – wie man zeigen kann – sogar wirksamer als alle anderen erwartungstreuen Schätzfunktionen für den Parameter μ einer Normalverteilung. Naheliegenderweise wird die Standardabweichung

$$\sigma_{T_n} = \sqrt{Var(T_n)}$$

einer erwartungstreuen Schätzfunktion T_n als ein Maß für die Genauigkeit der Schätzfunktion verwendet und speziell als **Standardfehler** von T_n bezeichnet. Der Standardfehler des Stichprobenmittels ist $\sigma_{\bar{X}_n} = \sigma/\sqrt{n}$. Um ihn zu berechnen, muss i. Allg. ein Schätzwert $\hat{\sigma}$ für σ bestimmt werden. Dies kann mit Hilfe der Stichprobenvarianz (3.13) erfolgen. Setzt man die Beobachtungswerte x_i für die Variablen X_i in (3.13) ein, ergibt sich die empirische Varianz s^2 als Schätzwert für σ^2 und $\hat{\sigma} = \sqrt{s^2}$ als Schätzwert für σ. Wie in einem der Beispiele am Ende des Abschnitts gezeigt wird, ist die Stichprobenvarianz S_n^2 eine erwartungstreue Schätzfunktion für σ^2. Dagegen ist $S_n = \sqrt{S_n^2}$ keine erwartungstreue Schätzfunktion für den Parameter σ einer $N(\mu, \sigma^2)$-verteilten Grundgesamtheit X. Vielmehr gilt

$$E(S_n) = k_n \sigma \quad \text{mit} \quad k_n = \sqrt{\frac{2}{n-1}} \frac{\Gamma\left(\frac{n}{2}\right)}{\Gamma\left(\frac{n-1}{2}\right)}. \tag{3.15}$$

In dieser Formel bezeichnet Γ die Gammafunktion (vgl. Abschn. 2.11). Beispielsweise ist $k_5 = 0.9400$, $k_{10} = 0.9727$, $k_{20} = 0.9869$. Mit der Schätzfunktion S_n wird σ tendenziell unterschätzt. Allerdings nähert sich k_n mit wachsendem Stichprobenumfang n immer mehr dem Wert 1, sodass S_n für „große" n praktisch eine erwartungstreue Schätzfunktion für σ ist.[14] Man bezeichnet eine Schätzfunktion T_n für den Parameter θ als **asymptotisch erwartungstreu**, wenn $E(T_n) \rightarrow \theta$ für $n \rightarrow \infty$ gilt.

---

[14] Dass k_n für $n \rightarrow \infty$ gegen 1 strebt, kann mit Hilfe von asymptotischen Formeln für die Gammafunktion gezeigt werden; vgl. z. B. Abramowitz und Stegun (1964, S. 257).

Mit erwartungstreuen Schätzfunktionen ist für jedes n sicher gestellt, dass es keine systematischen Unter- bzw. Überschätzungen gibt. Darüber hinaus ermöglichen erwartungstreue Schätzfunktionen auch bei kleinem oder mittlerem n eine genaue Schätzung, wenn der Standardfehler klein ist. Mit wachsendem n sollte es jedenfalls zu einer Verbesserung der Genauigkeit kommen. Gilt für eine Schätzfunktion T_n, dass für $n \to \infty$ der mittlere quadratische Fehler $MSR(T_n)$ gegen null geht, nennt man T_n eine **im quadratischen Mittel konsistente** Schätzfunktion. Die Konsistenz im quadratischen Mittel ist genau dann gegeben, wenn die Schätzfunktion wenigstens asymptotisch erwartungstreu ist und die Varianz mit wachsendem n gegen null strebt.[15] Das Stichprobenmittel $\bar{X}_n$ ist wegen $E(\bar{X}_n) = \mu$ und $\lim_{n\to\infty} Var(T_n) = \lim_{n\to\infty} \sigma^2/n = 0$ eine konsistente Schätzfunktion für μ, ebenso auch, wie in den Ergänzungen (Abschn. 3.10) gezeigt wird, die Stichprobenvarianz S_n^2 für den Parameter σ^2.

Unter den systematischen Verfahren zur Konstruktion von Schätzfunktionen kommt der **Maximum Likelihood-Methode** eine besondere Bedeutung zu.[16] Unter gewissen, sehr allgemeinen Voraussetzungen besitzen die mit dieser Methode bestimmten Schätzfunktionen, die man auch kurz ML-Schätzer nennt, optimale Eigenschaften wie asymptotische Erwartungstreue und schwache Konsistenz. Darüber hinaus sind ML-Schätzer asymptotisch normalverteilt. Das bedeutet praktisch, dass für große n ein ML-Schätzer T_n für den Parameter θ als näherungsweise normalverteilt mit dem Mittelwert θ und der Varianz $Var(T_n)$ angesehen werden kann.

Bei der Erläuterung der Maximum Likelihood-Schätzung betrachten wir wieder eine Zufallsvariable X mit der Dichte f (bzw. der Wahrscheinlichkeitsfunktion f, wenn X diskret ist) und beschränken uns zunächst auf den Fall, dass f nur von einem Parameter θ abhängt. Um diese Abhängigkeit sichtbar zu machen, schreiben wir für f im Folgenden f_θ. Von X haben wir eine Zufallsstichprobe $X_1, X_2, \ldots, X_n$ mit den Realisierungen $x_1, x_2, \ldots, x_n$. Die Grundlage der Maximum Likelihood-Methode bildet die **Likelihood-Funktion**

$$L(x_1, x_2, \ldots, x_n | \theta) = f_\theta(x_1) f_\theta(x_2) \cdots f_\theta(x_n) \qquad (3.16a)$$

der Stichprobe $x_1, x_2, \ldots, x_n$. Bei diskretem X ist die Likelihood-Funktion (3.16a) gleich der (von θ abhängigen) Wahrscheinlichkeit P_θ, dass die Stichprobenvariablen X_i die Werte x_i ($i = 1, 2, \ldots, n$) annehmen. Bei stetigem X stimmt die mit den (als sehr klein gewählten) Intervalllängen Δx_i multiplizierte Likelihood-Funktion $L(x_1, x_2, \ldots, x_n | \theta) \Delta x_1 \Delta x_2 \cdots \Delta x_n$ näherungsweise mit der Wahrscheinlichkeit P_θ^* überein, dass die Realisierungen von X_i in den Intervallen

---

[15] Von der Konsistenz im quadratischen Mittel ist die sogenannte schwache Konsistenz zu unterscheiden. Eine Schätzfunktion T_n für den Parameter θ ist schwach konsistent, wenn T_n mit wachsendem n Werte außerhalb eines noch so kleinen Intervalls um θ mit verschwindender Wahrscheinlichkeit annimmt, d. h. wenn für beliebiges $\varepsilon > 0$ gilt: $\lim_{n\to\infty} P(|T_n - \theta| > \varepsilon) = 0$. Wie man zeigen kann, folgt aus der Konsistenz im quadratischen Mittel die schwache Konsistenz.
[16] Die Maximum Likelihood-Methode wurde vom englischen Statistiker R.A. Fisher (1890–1962) begründet. Ein älteres Schätzverfahren ist die Momenten-Methode, die in den Ergänzungen (Abschn. 3.10) kurz erläutert wird.

$(x_i, x_i + \Delta x_i)$ $(i = 1, 2, \ldots, n)$ liegen. Es erscheint nun plausibel, jenen von den Realisierungen $x_1, x_2, \ldots, x_n$ abhängigen Parameterwert $\hat{\theta} = t_n(x_1, x_2, \ldots, x_n)$ als Schätzwert für θ zu nehmen, für den die Wahrscheinlichkeiten P_θ bzw. P_θ^* oder – was auf dasselbe hinausläuft – die Likelihood-Funktion (3.16a) maximal wird. Wir nehmen dabei an, dass die Maximumstelle $\hat{\theta}$ eindeutig bestimmt ist und bezeichnen die durch $T_n = t_n(X_1, X_2, \ldots, X_n)$ definierte Zufallsvariable als **Maximum Likelihood-Schätzer** für den Parameter θ. Bei der Lösung des Maximierungsproblems (durch Nullsetzen der ersten Ableitung) ist es oft vorteilhaft, statt (3.16a) die logarithmierte Likelihood-Funktion

$$\ln L(x_1, x_2, \ldots, x_n | \theta) = \sum_{i=1}^{n} \ln f_\theta(x_i) \qquad (3.16b)$$

zu maximieren. Wegen der Monotonie der Logarithmusfunktion ist eine Maximumstelle von (3.16a) auch eine Maximumstelle der logarithmierten Likelihood-Funktion (3.16b) und umgekehrt. Im Allg. ist es nicht möglich, den Schätzwert $\hat{\theta}$ explizit in Abhängigkeit von den Realisierungen x_i auszudrücken, d. h. die Funktion t_n durch eine Formel darzustellen. Der Schätzwert $\hat{\theta}$ muss dann auf numerischem Wege bestimmt werden.[17] Die im Folgenden beispielhaft angeführten Maximum Likelihood-Schätzungen beziehen sich auf Verteilungsmodelle, bei denen $\hat{\theta}$ explizit durch eine Formel angegeben werden kann.

Wenn die Dichte bzw. Wahrscheinlichkeitsfunktion der Zufallsvariablen X zwei unbestimmte Parameter θ_1 und θ_2 enthält, die zu schätzen sind, wird die Likelihood-Funktion ganz analog zum einparametrigen Fall gebildet. In (3.16a) bzw. (3.16b) ist nunmehr $\theta = (\theta_1, \theta_2)$ als Vektor zu verstehen. Gesucht wird die Stelle $\hat{\theta} = (\hat{\theta}_1, \hat{\theta}_2)$, an der die Likelihood-Funktion (bzw. die logarithmierte Likelihood-Funktion) ihren größten Wert besitzt. Wenn $\hat{\theta}$ eine (lokale) Maximumstelle ist, müssen an dieser Stelle die partiellen Ableitungen der Likelihood-Funktion (bzw. der logarithmierten Likelihood-Funktion) verschwinden. Indem man die partiellen Ableitungen nach θ_1 und θ_2 null setzt und das so erhaltene Gleichungssystem auflöst, erhält man die gesuchten Schätzwerte $\hat{\theta}_1$ und $\hat{\theta}_2$.

Beispiele

1. Im ersten Beispiel schätzen wir mit der Maximum Likelihood-Methode den Parameter p der Bernoulli-Verteilung, also die **Erfolgswahrscheinlichkeit** p eines Bernoulli-Experimentes (vgl. Abschn. 2.2). Eine Zufallsvariable X ist Bernoulli-verteilt, wenn sie entweder den Wert 1 (Erfolg) oder den Wert 0 (Misserfolg) mit den Wahrscheinlichkeiten $f_p(1) = p$ bzw. $f_p(0) = 1 - p$ annimmt

---

[17] Ein Verfahren zur numerischen Optimierung der Likelihood-Funktion wird z. B. in R mit der Prozedur optim() zur Verfügung gestellt. Eine ausführliche Behandlung der Maximum Likelihood-Schätzung findet man in Held (2008).

und kein anderer Wert angenommen werden kann. Wie im Abschn. 2.2 gezeigt wurde, gilt $E(X) = p$ und $Var(X) = p(1-p)$. Ist x eine Realisierung von X, kann die Wahrscheinlichkeit $P(X = x)$ durch $f_p(x) = p^x(1-p)^{1-x}$ ausgedrückt werden. Durch n-malige Ausführung des Experiments ($n \geq 1$) erhalten wir die Zufallsstichprobe $X_1, X_2, \ldots, X_n$, in der jede Stichprobenvariable entweder den Wert 1 (mit der unbekannten Wahrscheinlichkeit p) oder den Wert 0 annehmen kann. Konkret mögen die Ausführungen der Experimente auf die Realisierungen $x_1, x_2, \ldots, x_n$ führen. Die Likelihood-Funktion dieser Stichprobe ist gleich der Wahrscheinlichkeit, dass $X_1 = x_1$ und $X_2 = x_2$ und $\cdots$ und $X_n = x_n$ ist, d. h.,

$$
\begin{aligned}
L(x_1, x_2, \ldots, x_n | p) &= f_p(x_1) f_p(x_2) \cdots f_p(x_n) \\
&= p^{x_1 + x_2 + \cdots + x_n}(1-p)^{n-(x_1+x_2+\cdots+x_n)} \\
&= p^{n\bar{x}}(1-p)^{n(1-\bar{x})}.
\end{aligned}
$$

Dabei wurde im letzten Umformungsschritt die Summe der Stichprobenwerte mit Hilfe des arithmetischen Mittels $\bar{x} = \frac{1}{n}\sum_{i=1}^{n} x_i$ durch $n\bar{x}$ ersetzt. Im Sonderfall $\bar{x} = 0$ (alle x_i sind 0), reduziert sich die Likelihood-Funktion auf $L(0, 0, \ldots, 0 | p) = (1-p)^n$ und nimmt offensichtlich für $p = \hat{p} = 0$ den Größtwert $L(0, 0, \ldots, 0 | \hat{p}) = 1$ an. Analog findet man für den zweiten Sonderfall $\bar{x} = 1$ (alle x_i sind 1) den Schätzwert $\hat{p} = 1$. In allen anderen Fällen, also für $0 < \bar{x} < 1$, gehen wir zur logarithmierten Likelihood-Funktion

$$
\ln L(x_1, x_2, \ldots, x_n | p) = n\bar{x}\ln p + n(1-\bar{x})\ln(1-p)
$$

über. Nullsetzen der ersten Ableitung führt auf

$$
\frac{\partial}{\partial p} \ln L(x_1, x_2, \ldots, x_n | p) = n\bar{x}\,\frac{1}{p} + n(1-\bar{x})\,\frac{-1}{1-p} = 0,
$$

woraus sich als Lösung der Schätzwert $\hat{p} = \bar{x}$ ergibt, der gleich der relativen Häufigkeit der Realisierungen mit dem Wert 1 in der Stichprobe ist. Der ML-Schätzer für die Wahrscheinlichkeit p ist also gleich dem Stichprobenmittel $\bar{X}_n$, das bei Bernoulli-verteilten Stichprobenvariablen auch als **Stichprobenanteil** bezeichnet wird. Wegen $E(\bar{X}_n) = (E(X_1) + E(X_2) + \cdots + E(X_n))/n = p$ und $Var(\bar{X}_n) = (Var(X_1) + Var(X_2) + \cdots + Var(X_n))/n^2 = p(1-p)/n \to 0$ für $n \to \infty$ wird p durch $\bar{X}_n$ erwartungstreu und konsistent (im quadratischen Mittel) geschätzt.

2. Im zweiten Beispiel zur Maximum Likelihood-Methode geht es um die Schätzung der Parameter μ und σ^2 einer $N(\mu, \sigma^2)$-verteilten Zufallsvariablen X mit der Dichte

$$
f_{\mu, \sigma^2}(x) = \frac{1}{\sqrt{2\pi\sigma^2}}\, e^{-(x-\mu)^2/(2\sigma^2)}.
$$

Wir bilden mit den Realisierungen $x_1, x_2, \ldots, x_n$ der Zufallsstichprobe aus der Grundgesamtheit X die Likelihood-Funktion

$$
\begin{aligned}
L(x_1, x_2, \ldots, x_n \mid \mu, \sigma^2) &= f_{\mu, \sigma^2}(x_1) f_{\mu, \sigma^2}(x_2) \cdots f_{\mu, \sigma^2}(x_n) \\
&= \frac{1}{(\sqrt{2\pi\sigma^2})^n} \, e^{-((x_1-\mu)^2 + (x_2-\mu)^2 + \cdots + (x_n-\mu)^2)/(2\sigma^2)}.
\end{aligned}
$$

Die logarithmierte Likelihood-Funktion ist durch

$$
\ln L(x_1, x_2, \ldots, x_n \mid \mu, \sigma^2) = -\frac{n}{2} \ln(2\pi) - \frac{n}{2} \ln \sigma^2 - \frac{1}{2\sigma^2} \sum_{i=1}^{n} (x_i - \mu)^2
$$

gegeben. Partielles Differenzieren nach μ und σ^2 und Nullsetzen der Ableitungen führt auf das Gleichungssystem

$$
\frac{\partial \ln L(x_1, x_2, \ldots, x_n \mid \mu, \sigma^2)}{\partial \mu} = \frac{1}{\sigma^2} \sum_{i=1}^{n} (x_i - \mu) = 0,
$$

$$
\frac{\partial \ln L(x_1, x_2, \ldots, x_n \mid \mu, \sigma^2)}{\partial \sigma^2} = -\frac{n}{2\sigma^2} + \frac{1}{2\sigma^4} \sum_{i=1}^{n} (x_i - \mu)^2 = 0.
$$

Aus der ersten Gleichung folgt unmittelbar der Schätzwert $\hat{\mu} = \bar{x} = (\sum_{i=1}^{n} x_i)/n$. Die zweite Gleichung ergibt in Verbindung mit der ersten den Schätzwert $\hat{\sigma^2} = \frac{1}{n} \sum_{i=1}^{n} (x_i - \bar{x})^2$. Diesen Schätzwerten entsprechen die ML-Schätzer $\bar{X}_n$ bzw. $S_n^{*2} = \frac{1}{n} \sum_{i=1}^{n} (X_i - \bar{X}_n)^2$ für den Mittelwert μ bzw. die Varianz σ^2. Der ML-Schätzer für den Mittelwert μ einer normalverteilten Zufallsvariablen ist also das Stichprobenmittel $\bar{X}_n = (\sum_{i=1}^{n} X_i)/n$. Der ML-Schätzer für die Varianz σ^2 ist die Schätzfunktion $S_n^{*2} = \frac{1}{n} \sum_{i=1}^{n} (X_i - \bar{X}_n)^2$, die um den Faktor $\frac{n-1}{n}$ kleiner als die erwartungstreue Stichprobenvarianz S_n^2 ist. Wegen $E(S_n^{*2}) = \frac{n-1}{n} E(S_n^2) \rightarrow \sigma^2$ für $n \rightarrow \infty$ ist S_n^{*2} aber eine asymptotisch erwartungstreue Schätzfunktion für σ^2.

3. Es sei nun X eine Zufallsvariable mit dem Mittelwert $\mu = E(X)$ und der Varianz $Var(X) = \sigma^2$. Die Parameter μ und σ^2 werden mit Hilfe einer Zufallsstichprobe $X_1, X_2, \ldots, X_n$ durch das Stichprobenmittel $\bar{X}_n$ bzw. die Stichprobenvarianz S_n^2 geschätzt. Wir zeigen, dass S_n^2 eine erwartungstreue Schätzfunktion für σ^2 ist, d.h., dass $E(S_n^2) = \sigma^2$ gilt. Zu diesem Zweck nehmen wir zuerst

folgende Umformung von S_n^2 vor:

$$S_n^2 = \frac{1}{n-1} \sum_{i=1}^{n} (X_i - \bar{X}_n)^2 = \frac{1}{n-1} \sum_{i=1}^{n} [(X_i - \mu) - (\bar{X}_n - \mu)]^2$$

$$= \frac{1}{n-1} \sum_{i=1}^{n} [(X_i - \mu)^2 - 2(X_i - \mu)(\bar{X}_n - \mu) + (\bar{X}_n - \mu)^2]$$

$$= \frac{1}{n-1} \left[\sum_{i=1}^{n} (X_i - \mu)^2 - n(\bar{X}_n - \mu)^2 \right].$$

Hier wurde im letzten Umformungsschritt verwendet, dass $\sum_{i=1}^{n} X_i = n\bar{X}_n$ ist. Unter Beachtung von $E((X_i - \mu)^2) = Var(X_i) = \sigma^2$, $E(\bar{X}_n) = \mu$ und $E((\bar{X}_n - \mu)^2) = Var(\bar{X}_n) = \sigma^2/n$ folgt schließlich

$$E(S_n^2) = E\left(\frac{1}{n-1} \left(\sum_{i=1}^{n} (X_i - \mu)^2 - n(\bar{X}_n - \mu)^2 \right) \right)$$

$$= \frac{1}{n-1} \left(\sum_{i=1}^{n} E((X_i - \mu)^2) - n\, E((\bar{X}_n - \mu)^2) \right)$$

$$= \frac{1}{n-1} \left(\sum_{i=1}^{n} \sigma^2 - n\, \frac{\sigma^2}{n} \right) = \frac{1}{n-1} (n\sigma^2 - \sigma^2) = \sigma^2.$$

Aufgaben

1. Es sei X eine mit dem Parameter λ Poisson-verteilte Zufallsvariable (vgl. Abschn. 2.8) und $X_1, X_2, \ldots, X_n$ eine Zufallsstichprobe aus der Grundgesamtheit X. Man zeige mit der Maximum Likelihood-Methode, dass das Stichprobenmittel $\bar{X}_n = (X_1 + X_2 + \cdots + X_n)/n$ eine Schätzfunktion für λ ist. Konkret wurden bei einem Experiment zum radioaktiven Zerfall die in der folgenden Häufigkeitstabelle enthaltenen Realisierungen von X (Anzahl der Zerfälle pro Sekunde) registriert. Welcher Schätzwert $\hat{\lambda}$ ergibt sich damit für λ?

Zerfälle/s	0	1	2	3	4	5	6	7	8	9	10	11	12	13	14	15	16	17	18	19	20
abs. Häufigk.	0	2	3	14	25	51	62	125	150	128	110	99	73	55	24	20	13	6	2	1	0

2. Der Mittelwert μ einer Zufallsvariablen X soll geschätzt werden. Die klassische Schätzfunktion für μ ist das Stichprobenmittel $\bar{X}_n$ mit dem Erwartungswert $E(\bar{X}_n) = \mu$ und der Varianz $Var(\bar{X}_n) = \sigma^2/n$. Zur Schätzung steht eine Zufallsstichprobe vom Umfang $n = 3$ zur Verfügung.

a) Zeigen Sie, dass der Erwartungswert der Schätzfunktion $\bar{X}_3^* = (X_1 + 2X_2 + X_3)/4$ gleich μ ist.

b) Zeigen Sie ferner, dass $Var(\bar{X}_3^*) > Var(\bar{X}_3)$ gilt.

3. Die Lebensdauer X eines industriellen Produktes sei exponentialverteilt mit dem Parameter λ (vgl. Abschn. 2.10). In einem Versuch werden $n = 40$ Produkte einer Dauerprüfung unterzogen und die Zeiten (in 10^3 Tagen) bis zum Ausfall dokumentiert (siehe nachstehende Tabelle). Man zeige, dass der ML-Schätzer für λ durch den Kehrwert des Stichprobenmittels $\bar{X}_n$ gegeben ist und bestimme mit den Daten einen Schätzwert für λ.

1.9	3.8	4.4	5.2	6.3	6.7	7.0	7.5	8.4	9.0
10.5	12.7	17.7	18.2	18.5	18.6	19.1	19.5	21.8	22.2
22.5	23.9	24.4	25.6	26.0	26.4	29.4	31.7	34.5	34.8
35.1	41.0	42.3	43.6	45.5	47.4	56.8	58.9	69.5	75.5

3.6 Prüfverteilungen

Im vorangehenden Abschnitt wurden für ausgewählte Parameter Schätzfunktionen angegeben und damit Schätzwerte berechnet. Diese können mehr oder weniger stark von den zu schätzenden Parametern abweichen. Bei einer erwartungstreuen Schätzfunktion kann die Genauigkeit der Schätzung mit dem Standardfehler beurteilt werden. Der Standardfehler der Schätzfunktion drückt die Quadratwurzel der zu erwartenden mittleren quadratischen Abweichung vom Wert des Parameters aus. Ein feineres Instrument zur Erfassung der Genauigkeit ist das Konfidenzintervall. Die Konstruktion von Konfidenzintervallen ist Gegenstand der Intervallschätzung. Bevor wir in den folgenden Abschnitten näher auf die Bestimmung von Konfidenzintervallen eingehen, werden in diesem Abschnitt vier Stichprobenfunktionen in den Mittelpunkt gerückt, nämlich das standardisierte Stichprobenmittel, die auf die Varianz bezogene Summe der Abweichungsquadrate der Stichprobenvariablen vom Stichprobenmittel, das studentisierte Stichprobenmittel sowie das sogenannte Varianzverhältnis. Diese Stichprobenfunktionen spielen nicht nur bei der Intervallschätzung, sondern auch beim Testen von Hypothesen eine wichtige Rolle und werden daher auch als Schlüsselvariablen oder Pivotvariablen bezeichnet.[18] Die Frage nach ihrer Verteilung führt zu den grundlegenden Prüfverteilungen, zu denen neben der Standardnormalverteilung die Chiquadrat-Verteilung (χ^2-Verteilung), die Student-Verteilung (t-Verteilung) und die Fisher-Verteilung (F-Verteilung) gehören.

Wir nehmen an, dass $X_1, X_2, \ldots, X_n$ eine Zufallsstichprobe aus der $N(\mu, \sigma^2)$-verteilten Grundgesamtheit X ist, d. h. die X_i sind unabhängige Zufallsvariablen und es gelte $X_i \sim N(\mu, \sigma^2)$. Ferner sei $\bar{X}$ das durch (3.12) definierte Stichprobenmittel und S^2 die durch (3.13) definierte Stichprobenvarianz; zur Vereinfachung der Schreibweise wurde die Indizierung durch den Stichprobenumfang n weggelassen, d. h. wir schreiben $\bar{X}$ statt $\bar{X}_n$ und S^2 statt S_n^2. Die genannten Pivotvariablen und ihre Verteilungen werden in den folgenden Punkten kurz dargestellt.

---

[18] Als Pivotvariablen werden allgemein Stichprobenfunktionen bezeichnet, die von unbekannten Parametern abhängen und deren Verteilungen vollständig bekannt sind.

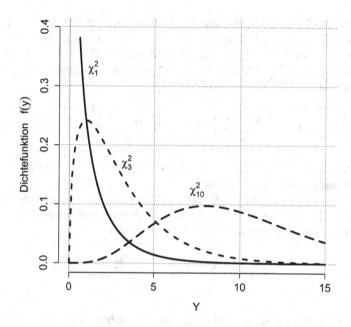

Abb. 3.9 Dichtekurven von χ_n^2-verteilten Zufallsvariablen mit den Freiheitsgraden $n = 1, 3$ und 10. Die Funktionswerte wurden mit der R-Funktion dchisq() bestimmt. Die Dichtekurven besitzen für kleine n einen ausgeprägt linkssteilen Verlauf und nähern sich mit wachsendem n mehr und mehr einer Glockenkurve

- Nach Abschn. 2.9 ist das Stichprobenmittel $\bar{X}$ normalverteilt mit dem Mittelwert $E(\bar{X}) = \mu$ und der Varianz $Var(\bar{X}) = \sigma^2/n$. Durch Übergang zum **standardisierten Stichprobenmittel**

$$Z = \frac{\bar{X} - \mu}{\sigma/\sqrt{n}} \qquad (3.17)$$

erhalten wir eine Stichprobenfunktion, die offensichtlich eine Pivotvariable ist: Z hängt vom Parameter μ (oder auch von σ) ab und die Verteilung von Z ist vollständig bekannt, nämlich die Standardnormalverteilung.
- Die Frage nach der Verteilung der Summe der Quadrate der standardisierten Stichprobenvariablen $Z_i = (X_i - \mu)/\sigma$ führt auf die χ^2-Verteilung. Die **Chiquadrat-Verteilung** mit dem Parameter n ($n = 1, 2, \ldots$) ist definiert als Verteilung der (nichtnegativen) Summe $Y = Z_1^2 + Z_2^2 + \cdots + Z_n^2$ der Quadrate von n unabhängigen und identisch $N(0, 1)$-verteilten Zufallsvariablen Z_i ($i = 1, 2, \ldots, n$). Wir schreiben dafür kurz $Y \sim \chi_n^2$ und bezeichnen den Parameter n als Freiheitsgrad der Chiquadrat-Verteilung. In Abb. 3.9 sind Dichtekurven der Chiquadrat-Verteilung mit verschiedenen Freiheitsgraden n gezeichnet.

Die Summe der Quadrate der standardisierten Variablen $Z_i = (X_i - \mu)/\sigma$ ist also χ_n^2-verteilt. Dies gilt jedoch nicht, wenn μ durch das Stichprobenmittel $\bar{X}$ approximiert wird, d. h. die Z_i durch die Variablen $X_i^* = (X_i - \bar{X})/\sigma$ ersetzt werden. Wegen $\sum_{i=1}^{n} X_i^* = 0$ sind die X_i^* nicht mehr unabhängig. Es lässt sich aber zeigen, dass die Stichprobenfunktion

$$\left(\frac{X_1 - \bar{X}}{\sigma}\right)^2 + \left(\frac{X_2 - \bar{X}}{\sigma}\right)^2 + \cdots + \left(\frac{X_n - \bar{X}}{\sigma}\right)^2 = \frac{(n-1)S^2}{\sigma^2} \qquad (3.18)$$

einer Chiquadrat-Verteilung mit $n - 1$ Freiheitsgraden folgt und daher eine von σ^2 abhängige Pivotvariable darstellt.

- Eine weitere Pivotvariable ergibt sich, wenn man in (3.17) die Standardabweichung σ durch die Quadratwurzel S der Stichprobenvarianz S^2 approximiert. Auf diese Weise gelangt man zur Stichprobenfunktion

$$\bar{X}^* = \frac{\bar{X} - \mu}{S / \sqrt{n}} = \frac{\frac{\bar{X} - \mu}{\sigma/\sqrt{n}}}{\sqrt{\frac{(n-1)S^2}{\sigma^2} \frac{1}{n-1}}}, \qquad (3.19)$$

die nicht mehr standardnormalverteilt ist. Vielmehr erkennt man aus der vorgenommenen Umformung, dass $\bar{X}^*$ der Quotient einer $N(0, 1)$-verteilten Zufallsvariablen und eines Wurzelausdrucks ist, der die χ_{n-1}^2-verteilte Stichprobenfunktion (3.18) enthält. Man bezeichnet die Verteilung einer Zufallsvariablen $T = Z/\sqrt{Y/n}$ mit $N(0, 1)$-verteiltem Z und χ_n^2-verteiltem Y als **Student-Verteilung** (t-Verteilung) mit dem Parameter n und schreibt dafür kurz $T \sim t_n$. Der Parameter n heißt – wie bei der χ^2-Verteilung – Freiheitsgrad. Abbildung 3.10 zeigt zwei Dichtekurven der t_n-Verteilung mit den Freiheitsgraden $n = 2$ und $n = 5$. Auffallend ist die Symmetrie der Dichtekurven und die Annäherung[19] an die Dichtekurve der Standardnormalverteilung mit wachsendem n. Aus der Definition der Student-Verteilung folgt unmittelbar, dass die Stichprobenfunktion (3.19) t_{n-1}-verteilt ist. Wegen der engen Verknüpfung mit der Student-Verteilung, wird $\bar{X}^*$ auch als **studentisiertes Stichprobenmittel** bezeichnet.

- Bei der zuletzt betrachteten Stichprobenfunktion gehen wir von zwei unabhängigen Zufallsvariablen $X \sim N(\mu_x, \sigma_x^2)$ und $Y \sim N(\mu_y, \sigma_y^2)$ aus. Von X und Y denken wir uns jeweils Zufallsstichproben mit den Umfängen n_x bzw. n_y gegeben, die entsprechenden Stichprobenvarianzen seien S_x^2 bzw. S_y^2. Bezieht man S_x^2 und S_y^2 auf die Parameter σ_x^2 bzw. σ_y^2 und bildet dann das Verhältnis dieser Größen, hat man die Stichprobenfunktion

$$F = \frac{S_x^2}{\sigma_x^2} : \frac{S_y^2}{\sigma_y^2} = \left(\frac{1}{n_x - 1} \frac{(n_x - 1)S_x^2}{\sigma_x^2}\right) : \left(\frac{1}{n_y - 1} \frac{(n_y - 1)S_y^2}{\sigma_y^2}\right). \qquad (3.20)$$

---

[19] Die Approximation der t-Verteilung durch die Standardnormalverteilung ist mit einer für die Praxis ausreichenden Genauigkeit ab $n = 30$ gerechtfertigt.

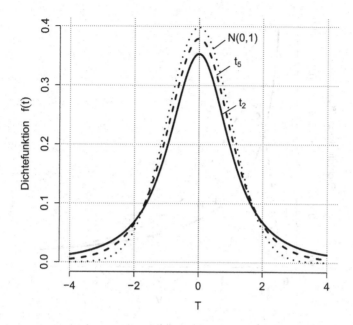

Abb. 3.10 Dichtekurven von t_n-verteilten Zufallsvariablen mit den Freiheitsgraden $n = 2$ und $n = 5$ (*durchgezogene* bzw. *strichlierte Linie*). Die Funktionswerte wurden mit der R-Funktion dt() bestimmt. Mit wachsendem n nähern sich die t_n-Dichtekurven mehr und mehr der $N(0, 1)$-Dichtekurve (*punktierte Linie*)

Die Umformung in (3.20) zeigt, dass F als Verhältnis von zwei χ^2-verteilten Zufallsvariablen dargestellt werden kann, die jeweils auf den entsprechenden Freiheitsgrad bezogen sind. Die Frage nach der Verteilung von (3.20) führt unmittelbar auf die F-Verteilung. Die F-**Verteilung** mit den Parametern f_1 und f_2 ($f_1, f_2 = 1, 2, \ldots$) ist als Verteilung des mit zwei unabhängigen Zufallsvariablen $V_1 \sim \chi^2_{f_1}$ und $V_2 \sim \chi^2_{f_2}$ gebildeten (nichtnegativen) Quotienten $V = \frac{V_1/f_1}{V_2/f_2}$ definiert. Die Parameter f_1 und f_2 heißen Freiheitsgrade der Verteilung, speziell wird f_1 der Zählerfreiheitsgrad und f_2 der Nennerfreiheitsgrad genannt. Ist V eine Zufallsvariable, die F-verteilt ist mit den Freiheitsgraden f_1 und f_2, schreibt man dafür kurz $V \sim F_{f_1, f_2}$. In Abb. 3.11 sind Dichtefunktionen der F-Verteilung mit verschiedenen Freiheitsgraden dargestellt.

Als Ergebnis halten wir fest: Die Größe (3.20) – man bezeichnet sie auch als Varianzverhältnis – ist F-verteilt mit den Freiheitsgraden $f_1 = n_x - 1$ und $f_2 = n_y - 1$.

In einschlägigen Anwendungen sind häufig **Quantile der Prüfverteilungen** zu bestimmen. Als p-Quantil $\chi^2_{n,p}$ ($0 < p < 1$) einer χ^2_n-verteilten Zufallsvariablen Y bezeichnen wir jenen Wert von Y, der mit der Wahrscheinlichkeit p unterschritten wird. Analog sind die Quantile $t_{n,p}$ und $F_{f_1, f_2, p}$ von t_n- bzw. F_{f_1, f_2}-verteilten

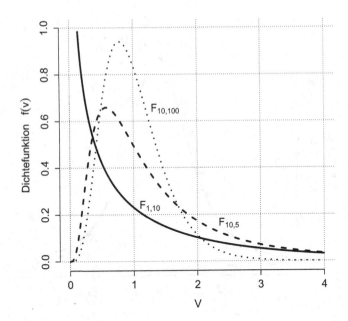

Abb. 3.11 Dichtekurven von F_{f_1,f_2}-verteilten Zufallsvariablen mit den Freiheitsgraden $f_1 = 1$, $f_2 = 10$ (*durchgezogene Linie*), $f_1 = 10$, $f_2 = 5$ (*strichliert*) und $f_1 = 10$, $f_2 = 100$ (*punktiert*). Die Funktionswerte wurden mit der R-Funktion df() bestimmt

Zufallsvariablen als Werte dieser Zufallsvariablen zur vorgegebenen Unterschreitungswahrscheinlichkeit p definiert.[20]

Beispiele

1. In den Ergänzungen (Abschn. 3.10) wird gezeigt, dass der Erwartungswert einer χ_n^2-verteilten Zufallsvariablen Y gleich dem Freiheitsgrad n ist. Da die Dichtekurve von Y linkssteil verläuft, ist zu erwarten, dass der Median von Y kleiner als der Erwartungswert ist. Wir zeigen dies für die Zufallsvariablen $Y_1 \sim \chi_1^2$, $Y_5 \sim \chi_5^2$ und $Y_{30} \sim \chi_{30}^2$, indem wir die 50%-Quantile $\chi_{1,0.5}^2$, $\chi_{5,0.5}^2$ bzw. $\chi_{30,0.5}^2$ bestimmen. Der entsprechenden Tafel im Abschn. 8.1 entnimmt man: $\chi_{1,0.5}^2 = 0.455 < E(Y_1) = 1$, $\chi_{5,0.5}^2 = 4.351 < E(Y_5) = 5$ sowie $\chi_{30,0.5}^2 = 29.34 < E(Y_{30}) = 30$. Mit wachsendem n wird die Asymmetrie der Dichtekurven immer geringer, so dass der Erwartungswert und der Median mehr und mehr zusammenrücken.

---

[20] Quantile der χ_n^2- und t_n-Verteilung sind für ausgewählte Freiheitsgrade n und Unterschreitungswahrscheinlichkeiten p im Anhang tabelliert. Ebenso Quantile $F_{f_1,f_2,p}$ der F_{f_1,f_2}-Verteilung für ausgewählte Kombinationen der Freiheitsgrade f_1, f_2 zu den Unterschreitungswahrscheinlichkeiten 0.975 und 0.95. Die Berechnung der Quantile $\chi_{n,p}^2$, $t_{n,p}$ und $F_{f_1,f_2,p}$ kann z. B. mit den R-Funktionen qchisq(), qt() bzw. qf() erfolgen. Einige praxisrelevante Beziehungen zwischen den Prüfverteilungen sind in den Ergänzungen (Abschn. 2.10) zusammengefasst.

2. Aus Symmetriegründen ist der (für $n \geq 2$ definierte) Erwartungswert einer t_n-verteilten Zufallsvariablen T gleich null, die Varianz ist – wie man zeigen kann – für $n \geq 3$ durch $Var(T) = \frac{n}{n-2}$ gegeben. Die Dichtekurve der t_n-Verteilung hat also wegen $Var(T) = \frac{n}{n-2} = 1 + \frac{2}{n-2} > 1$ im Vergleich zur Dichte der Standardnormalverteilung vor allem bei kleinerem n eine deutlich größere „Breite". Dieser Sachverhalt lässt sich auch durch einen Vergleich der Interquartilabstände erkennen. Die Quartile der Standardnormalverteilung sind $z_{0.75} = 0.6745$ und $z_{0.25} = -z_{0.75} = -0.6745$, der entsprechende Interquartilabstand daher $IQR_z = z_{0.75} - z_{0.25} = 1.349$. Für die t_n-Verteilung mit dem Freiheitsgrad $n = 5$ erhält man (z. B. mit der R-Funktion qt()) die Quartile $t_{5,0.75} = 0.727$ und $t_{5,0.25} = -t_{5,0.75} = -0.727$, also den Interquartilabstand $IQR_5 = t_{5,0.75} - t_{5,0.25} = 1.454 > IQR_z$.

3. Es sei V eine F-verteilte Zufallsvariable mit dem Zählerfreiheitsgrad f_1 und dem Nennerfreiheitsgrad f_2. Für das p-Quantil $F_{f_1,f_2,p}$ von V gilt $P(V \leq F_{f_1,f_2,p}) = p$. Für das Aufsuchen von Quantilen zu vorgegebener Unterschreitungswahrscheinlichkeit p und vorgegebenen Freiheitsgraden f_1 und f_2 aus einschlägigen Tafeln ist die Beziehung

$$F_{f_1,f_2,p} = \frac{1}{F_{f_2,f_1,1-p}} \tag{3.21}$$

zwischen dem p-Quantil der F_{f_1,f_2}-Verteilung und dem $(1 - p)$-Quantil der F_{f_2,f_1}-Verteilung nützlich. Aus $P(V \leq F_{f_1,f_2,p}) = p$ folgt nämlich

$$1 - p = 1 - P(V \leq F_{f_1,f_2,p})$$
$$= 1 - P(1/V \geq 1/F_{f_1,f_2,p}) = P(1/V \leq 1/F_{f_1,f_2,p}),$$

d. h., $1/F_{f_1,f_2,p}$ ist gleich dem $(1 - p)$-Quantil $F_{f_2,f_1,1-p}$ der Zufallsvariablen $1/V$, die F_{f_2,f_1}-verteilt ist. Mit Hilfe von (3.21) können z. B. die 2.5 %-Quantile der F_{f_1,f_2}-Verteilung mit den in Tab. 8.6 vertafelten 97.5 %-Quantilen der F_{f_2,f_1}-Verteilung bestimmt werden. So ist etwa $F_{5,10,0.025} = 1/F_{10,5,0.975} = 1/6.62 = 0.151$.

Aufgaben

1. Es sei Y eine χ_n^2-verteilte Zufallsvariable. Wie man zeigen kann (vgl. Abschn. 3.10), gilt $E(Y) = n$ und $Var(Y) = 2n$. Nach dem zentralen Grenzwertsatz ist Y asymptotisch $N(n, 2n)$-verteilt. Für hinreichend großes n ($n \geq 50$) können daher die Quantile der χ_n^2-Verteilung näherungsweise als Quantile der $N(n, 2n)$-Verteilung berechnet werden. Bezeichnet z_p das p-Quantil ($0 < p < 1$) der Standardnormalverteilung, gilt also $\chi_{n,p}^2 \approx n + z_p\sqrt{2n}$. Man bestimme mit der Näherungsfomel den Interquartilabstand der χ_{50}^2-Verteilung und vergleiche die Näherung mit dem exakten Wert.[21]

---

[21] Eine bessere Annäherung an die Quantile der χ_n^2-Verteilung erhält man für $n \geq 30$ mit der Formel $\chi_{n,p}^2 \approx \frac{1}{2}(z_p + \sqrt{2n-1})^2$.

2. Es sei T eine t_n-verteilte Zufallsvariable. Wenn das p-Quantil $t_{n,p}$ von T durch das p-Quantil z_p der Standardnormalverteilung approxmiert wird, ist der relative Fehler durch $\Delta_{n,p} = (z_p - t_{n,p})/t_{n,p}$ gegeben. Man zeige, dass $|\Delta_{10,0.975}| = 12.04\%$ und $|\Delta_{30,0.975}| = 4.03\%$ ist.

3. Der Tafel über die 95%-Quantile der F-Verteilung sind in Tab. 8.5 die (auf 3 signifikante Stellen gerundeten) Quantile $F_{15,10,0.95} = 2.85$ und $F_{20,10,0.95} = 2.77$ zu entnehmen. Man bestimme durch lineare Interpolation das Quantil $F_{16,10,0.95}$.

3.7 Konfidenzintervalle für Mittelwert und Varianz

In diesem Abschnitt werden nach allgemeinen Erklärungen Konfidenzintervalle für den Mittelwert und die Varianz einer normalverteilten Zufallsvariablen sowie für das Verhältnis der Varianzen von zwei unabhängigen und normalverteilten Zufallsvariablen bereitgestellt.

Unter einem (zweiseitigen) γ-**Konfidenzintervall** oder, wie man auch sagt, einem (zweiseitigen) γ-Vertrauensbereich für einen unbekannten Parameter θ versteht man ein zufälliges Intervall $[U, O]$ der reellen Achse mit der Eigenschaft, dass für alle zulässigen θ die **Überdeckungswahrscheinlichkeit** $P(U \leq \theta \leq O)$ gleich einem vorgegebenen hohen Wert γ ist. Dieser Wert heißt **Konfidenzniveau** und wird meist mit 95% oder 99% festgelegt. Man beachte, dass die Grenzen $U = f_u(X_1, X_2, \ldots, X_n)$ und $O = f_o(X_1, X_2, \ldots, X_n)$ Zufallsvariablen sind, die über gewisse Funktionen f_u bzw. f_o von den Variablen X_1, X_2, ..., X_n einer Zufallsstichprobe abhängen. Die Wahrscheinlichkeit α des Ereignisses, dass θ vom Intervall $[U, O]$ nicht eingeschlossen wird – diese Wahrscheinlichkeit wird als **Irrtumswahrscheinlichkeit** bezeichnet, ist durch $\alpha = P(U > \theta) + P(O < \theta) = 1 - \gamma$ gegeben. Wir werden uns im Folgenden auf symmetrische Konfidenzintervalle beschränken, bei denen die Überschreitungswahrscheinlichkeit $P(U > \theta)$ ebenso groß wie die Unterschreitungswahrscheinlichkeit $P(O < \theta)$ ist. Ein symmetrisches $(1 - \alpha)$-Konfidenzintervall für θ zeichnet sich also durch die Eigenschaft

$$P(U > \theta) = P(O < \theta) = \frac{\alpha}{2} = \frac{1 - \gamma}{2} \qquad (3.22)$$

aus.[22] Mit den Werten $x_1, x_2, \ldots, x_n$ der Stichprobenvariablen $X_1, X_2, \ldots, X_n$ erhält man die Realisierungen $u = f_u(x_1, x_2, \ldots, x_n)$ und $o = f_o(x_1, x_2, \ldots, x_n)$ der unteren bzw. oberen Grenze des Konfidenzintervalls $[U, O]$. Es hat sich eingebürgert, auch das konkrete Intervall $[u, o]$ als (empirisches) Konfidenzintervall zu bezeichnen. Dies sollte aber nicht über die unterschiedliche Bedeutung hinwegtäu-

---

[22] Für den Parameter einer diskreten Verteilung ist die Definition eines Konfidenzintervalles $[U, O]$ durch die Forderung $P(U \leq \theta \leq O) = \gamma$ nicht zielführend, da die Überdeckungswahrscheinlichkeiten i. Allg. nicht konstant sind. Statt dessen verlangt man $P(U \leq \theta \leq O) \geq \gamma$. Entsprechend treten an die Stelle von (3.22) die Ungleichungen $P(U > \theta) = P(O < \theta) \leq \frac{\alpha}{2}$.

schen. Während es sich bei $[U, O]$ um ein Intervall mit zufälligen Grenzen handelt, sind u und o feste Zahlen, die entweder θ einschließen oder nicht. Hat man eine große Anzahl von Realisierungen der Zufallsstichprobe und berechnet damit konkrete $(1 - \alpha)$-Konfidenzintervalle für θ, so folgt aus $P(U \leq \theta \leq O) = 1 - \alpha$, dass ein hoher Anteil dieser Intervalls (nämlich der Anteil $1 - \alpha$) den Parameter θ einschließen wird.[23]

Im Folgenden sei X eine $N(\mu, \sigma^2)$-verteilte Grundgesamtheit und $X_1, X_2,$ $\ldots, X_n$ eine Zufallsstichprobe aus X. Bei der Konstruktion der Konfidenzintervalle für μ und σ^2 greifen wir auf die im Abschn. 3.6 bereitgestellten Pivotvariablen zurück.

- Wir bestimmen zuerst ein $(1 - \alpha)$-**Konfidenzintervall für** μ **bei bekannter Varianz** σ^2 mit Hilfe der Pivotvariablen (3.17), die $N(0, 1)$-verteilt ist. Die Quantile $z_{\alpha/2}$ und $z_{1-\alpha/2}$ der $N(0, 1)$-Verteilung liegen symmetrisch um null, und markieren jene Stellen der Merkmalsachse, für die die links bzw. rechts liegenden „Ausläuferflächen" unter der Dichtekurve der $N(0, 1)$-Verteilung gerade $\alpha/2$ Flächeneinheiten ausmachen. Für die Wahrscheinlichkeit, dass die Pivotvariable (3.17) einen Wert zwischen dem $\alpha/2$- und dem $(1 - \alpha/2)$-Quantil der $N(0, 1)$-Verteilung annimmt, muss gelten:

$$P\left(z_{\alpha/2} \leq \frac{(\bar{X} - \mu)\sqrt{n}}{\sigma} \leq z_{1-\alpha/2}\right) = 1 - \alpha.$$

Durch Umformung der in Klammern stehenden Ungleichungskette gewinnt man daraus unter Beachtung von $z_{\alpha/2} = -z_{1-\alpha/2}$

$$P\left(\bar{X} - z_{1-\alpha/2}\frac{\sigma}{\sqrt{n}} \leq \mu \leq \bar{X} + z_{1-\alpha/2}\frac{\sigma}{\sqrt{n}}\right) = 1 - \alpha.$$

Daher sind die Grenzen des $(1 - \alpha)$- Konfidenzintervalls $[U, O]$ für den Mittelwert μ einer normalverteilten Zufallsvariablen bei bekannter Varianz durch

$$U = \bar{X} - z_{1-\alpha/2}\frac{\sigma}{\sqrt{n}} \quad \text{und} \quad O = \bar{X} + z_{1-\alpha/2}\frac{\sigma}{\sqrt{n}} \tag{3.23a}$$

gegeben. In diesen Formeln ist $\bar{X}$ das Stichprobenmittel, also eine Zufallsvariable. Für jede Realisierung der Zufallsstichprobe $X_1, X_2, \ldots, X_n$ erhält man im Allgemeinen eine andere Realisierung $\bar{x}$ von $\bar{X}$ und daher auch ein anderes konkretes Konfidenzintervall, das μ überdecken kann oder auch nicht. Bei einer großen Anzahl von Schätzungen ist aber zu erwarten, dass $100(1 - \alpha)\%$ der errechneten konkreten Konfidenzintervalle den unbekannten Parameter μ einschließen.

---

[23] Neben zweiseitigen Konfidenzintervallen treten in der Praxis auch einseitige Konfidenzintervalle in der Form $U \leq \theta$ oder $\theta \leq O$ auf. Die einseitigen Grenzen U und O werden aus den Forderungen $P(U \leq \theta) = \gamma$ bzw. $P(\theta \leq O) = \gamma$ bestimmt.

Eine Besonderheit des Konfidenzintervalls mit den Grenzen (3.23a) ist, dass seine Länge $L = O - U = 2z_{1-\alpha/2}\sigma/\sqrt{n}$ keine Zufallsvariable ist, sondern eine durch die Sicherheit $\gamma = 1 - \alpha$, die Standardabweichung σ und den Stichprobenumfang n determinierte Größe. Je größer n gewählt wird, umso kleiner ist L (bei festem α und σ), d. h., umso „genauer" ist die Intervallschätzung. Dagegen wird L – bei konstantem n und σ – größer, wenn die Sicherheit $1-\alpha$ gegen eins, also die Irrtumswahrscheinlichkeit gegen null geht. Die Abhängigkeit der Länge L von n wird genutzt, um den erforderlichen **Mindeststichprobenumfang** zu bestimmen, der sicher stellt, dass eine vorgegebene Genauigkeitsschranke $2d$ für die Intervalllänge nicht überschritten wird. Aus $L \leq 2d$ erhalten wir durch Umformung die Ungleichung

$$n \geq \left(\frac{z_{1-\alpha/2}\sigma}{d}\right)^2. \tag{3.23b}$$

Der gesuchte Mindeststichprobenumfang ist die kleinste ganze Zahl, die die Ungleichung (3.23b) erfüllt. Ein mit diesem Stichprobenumfang bestimmtes $(1 - \alpha)$-Konfidenzintervall schließt den Mittelwert μ mit der Sicherheit $1-\alpha$ ein und besitzt eine Länge von höchstens $2d$. Da das Konfidenzintervall symmetrisch um $\bar{X}$ liegt, spricht man auch von einer Mittelwertschätzung auf $\pm d$ genau.

- Zur Konstruktion eines $(1 - \alpha)$-**Konfidenzintervalles für μ bei unbekanntem σ^2** verwenden wir als Pivotvariable die t_{n-1}-verteilte Stichprobenfunktion (3.19) und gehen analog zum zuerst betrachteten Fall vor. Ausgangspunkt ist die nunmehr mit den Quantilen $t_{n-1,\alpha/2} = -t_{n-1,1-\alpha/2}$ und $t_{n-1,1-\alpha/2}$ der t_{n-1}-Verteilung gebildete Beziehung

$$P\left(t_{n-1,\alpha/2} \leq \frac{(\bar{X} - \mu)\sqrt{n}}{S} \leq t_{n-1,1-\alpha/2}\right) = 1 - \alpha$$

und bringen diese durch Umformung auf die Gestalt $P(U \leq \mu \leq O) = 1 - \alpha$ mit den Grenzen

$$U = \bar{X} - t_{n-1,1-\alpha/2}\frac{S}{\sqrt{n}} \quad \text{und} \quad O = \bar{X} + t_{n-1,1-\alpha/2}\frac{S}{\sqrt{n}}. \tag{3.24a}$$

Das mit diesen Grenzen gebildete Intervall $[U, O]$ ist das gesuchte $(1 - \alpha)$-Konfidenzintervall für den Mittelwert μ einer normalverteilten Zufallsvariablen bei unbekannter Varianz. Ersetzt man in (3.24a) die Stichprobenfunktionen $\bar{X}$ und S durch die aus den Realisierungen einer Zufallstichprobe berechneten Kennwerte $\bar{x}$ bzw. s, erhält man ein konkretes $(1 - \alpha)$-Konfidenzintervall für den Mittelwert μ.

Im Gegensatz zum Fall des Konfidenzintervalls für μ bei bekanntem σ ist die Länge $L = O - U = 2t_{n-1,1-\alpha/2}S/\sqrt{n}$ des Konfidenzintervalls mit den Grenzen (3.24a) eine Zufallsvariable. In diesem Fall nehmen wir die Quadratwurzel $L^* = \sqrt{E(L^2)}$ aus dem Erwartungswert von L^2 als Maß für die Genauigkeit.

Wegen $E(S^2) = \sigma^2$, ist

$$L^* = \frac{2t_{n-1,1-\alpha/2}\,\sigma}{\sqrt{n}}.$$

Durch geeignete Wahl von n kann erreicht werden, dass L^* eine vorgegebene Schranke $2d$ nicht übertrifft, also $L^* \leq 2d$ gilt. Diese Forderung führt auf die Ungleichung

$$n \geq \left(\frac{t_{n-1,1-\alpha/2}\,\sigma}{d}\right)^2, \qquad (3.24b)$$

aus der der erforderliche **Mindeststichprobenumfang** zur Einhaltung der Genauigkeitsvorgabe als kleinste ganzzahlige Lösung zu bestimmen ist. Da σ^2 unbekannt ist, muss es i. Allg. mit Hilfe einer Vorstichprobe geschätzt werden. Die Rechnung wird wesentlich erleichtert, wenn man von der Approximation der t-Verteilung durch die Standardnormalverteilung Gebrauch machen kann, was bei großem n (etwa $n \geq 30$) vertretbar ist. Unter dieser Voraussetzung tritt an Stelle von $t_{n-1,1-\alpha/2}$ das entsprechende Quantil $z_{1-\alpha/2}$ der Standardnormalverteilung.

- In der Praxis ist die Annahme einer normalverteilten Zufallsvariablen X oft nicht gerechtfertigt. Man kann sich dann mit der Tatsache behelfen, dass die Pivotvariable (3.19) asymptotisch standardnormalverteilt ist, und bei „großem" n (bei symmetrisch verteiltem X etwa ab $n = 30$) näherungsweise

$$P\left(z_{\alpha/2} \leq \frac{\bar{X} - \mu}{S/\sqrt{n}} \leq z_{1-\alpha/2}\right) \approx \Phi(z_{1-\alpha/2}) - \Phi(z_{\alpha/2}) = 1 - \alpha$$

schreiben. Es folgt, dass

$$\left[\bar{X} - z_{1-\alpha/2}\frac{S}{\sqrt{n}}, \bar{X} + z_{1-\alpha/2}\frac{S}{\sqrt{n}}\right] \qquad (3.25)$$

ein **approximatives $(1-\alpha)$-Konfidenzintervall für den Mittelwert** einer (nicht notwendigerweise normalverteilten) Zufallsvariablen ist. Man nennt das Intervall (3.25) auch ein asymptotisches $(1-\alpha)$-Konfidenzintervall, und bringt damit zum Ausdruck, dass mit wachsendem n die Wahrscheinlichkeit, dass (3.25) den Parameter μ überdeckt, gegen das nominelle Konfidenzniveau $\gamma = 1 - \alpha$ strebt.

- Wir wenden uns nun der Bestimmung eines $(1-\alpha)$-**Konfidenzintervalles für die Varianz** σ^2 zu und gehen dabei von der Pivotvariablen (3.18) aus, die χ^2_{n-1}-verteilt ist. Mit dem $\alpha/2$-Quantil $\chi^2_{n-1,\alpha/2}$ können wir dann schreiben

$$\frac{\alpha}{2} = P\left(\frac{(n-1)S^2}{\sigma^2} \leq \chi^2_{n-1,\alpha/2}\right) = P\left(\frac{(n-1)S^2}{\chi^2_{n-1,\alpha/2}} \leq \sigma^2\right),$$

woraus die gesuchte obere Grenze unmittelbar abzulesen ist. Die untere Grenze leiten wir von der mit dem $(1 - \alpha/2)$-Quantil $\chi^2_{n-1,1-\alpha/2}$ gebildeten Gleichung

$$1 - \frac{\alpha}{2} = P\left(\frac{(n-1)S^2}{\sigma^2} < \chi^2_{n-1,1-\alpha/2}\right)$$

$$= 1 - P\left(\frac{(n-1)S^2}{\sigma^2} \geq \chi^2_{n-1,1-\alpha/2}\right) = 1 - P\left(\frac{(n-1)S^2}{\chi^2_{n-1,1-\alpha/2}} \geq \sigma^2\right)$$

ab. Folglich ist

$$\left[\frac{(n-1)S^2}{\chi^2_{n-1,1-\alpha/2}}, \frac{(n-1)S^2}{\chi^2_{n-1,\alpha/2}}\right] \tag{3.26}$$

ein Konfidenzintervall zum Niveau $1 - \alpha$ für die Varianz σ^2 einer $N(\mu, \sigma^2)$-verteilten Zufallsvariablen.

- Zum Abschluss geben wir noch ein $(1 - \alpha)$- Konfidenzintervall für das **Verhältnis** $\sigma^2_x : \sigma^2_y$ **der Varianzen** von zwei unabhängigen Zufallsvariablen $X \sim N(\mu_x, \sigma^2_x)$ und $Y \sim N(\mu_y, \sigma^2_y)$ an. Dabei verwenden wir als Pivotvariable das in (3.20) definierte Varianzverhältnis F, das F-verteilt ist mit dem Zählerfreiheitsgrad $f_1 = n_x - 1$ und dem Nennerfreiheitsgrad $f_2 = n_y - 1$. Wie im vorangehenden Fall kann man aus den mit den Quantilen $F_{n_x-1,n_y-1,\alpha/2}$ und $F_{n_x-1,n_y-1,1-\alpha/2}$ gebildeten Gleichungen $P(F \leq F_{n_x-1,n_y-1,\alpha/2}) = \alpha/2$ und $P(F \leq F_{n_x-1,n_y-1,1-\alpha/2}) = 1 - \alpha/2$ die Grenzen

$$U = \frac{S^2_x}{S^2_y F_{n_x-1,n_y-1,1-\alpha/2}} \quad \text{und} \quad O = \frac{S^2_x}{S^2_y F_{n_x-1,n_y-1,\alpha/2}} \tag{3.27}$$

eines $(1 - \alpha)$-Konfidenzintervalls für das Verhältnis $\sigma^2_x : \sigma^2_y$ ableiten.

Beispiele

1. Um das Prinzip des Konfidenzintervalls zu veranschaulichen, wird die Zufallsauswahl von 25 Stichproben aus einer $N(\mu, \sigma^2)$-verteilten Grundgesamtheit X mit $\mu = 1.5$ und $\sigma = 0.5$ simuliert. Jede Stichprobe hat den Umfang $n = 10$. Die Werte der ersten Stichprobe sind: 0.9644, 1.008, 2.092, 1.464, 1.723, 1.539, 1.384, 1.577, 1.802, 0.4137. Zur Bestimmung eines 95 %-Konfidenzintervalls für den Mittelwert μ verwenden wir Formel (3.24a) und berechnen aus den Stichprobenwerten das arithmetische Mittel $\bar{x} = 1.397$ sowie die Standardabweichung $s = 0.4849$. Ferner ist $\alpha = 1 - 0.95 = 0.05$, $(1 - \alpha/2) = 0.975$ und $t_{9,0.975} = 2.262$. Die Realisierungen der unteren und oberen Grenze des gesuchten 95 %-Konfidenzintervalls sind $u = \bar{x} - t_{9,0.975}s/\sqrt{n} = 1.050$ und $o = \bar{x} + t_{9,0.975}s/\sqrt{n} = 1.744$. Das Intervall $[u, o]$ ist in Abb. 3.12 als

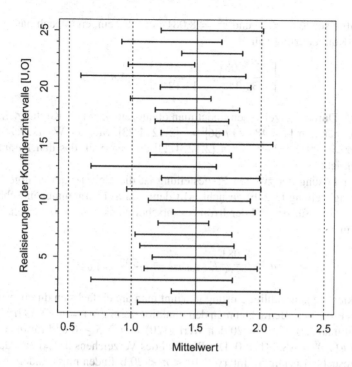

Abb. 3.12 Simulation der Mittelwertschätzung mit Formel (3.24a). Aus der mit den Parametern $\mu = 1.5$ und $\sigma = 0.5$ normalverteilten Grundgesamtheit wurden 25 konkrete Stichproben gezogen. Die Zufallsauswahl der Stichproben (jede mit dem Umfang $n = 10$) erfolgte mit der R-Funktion `rnorm(10, 1.5, 0.5)`. Dargestellt sind die aus den Werten der 25 Stichproben berechneten 95 %-Konfidenzintervalle für μ. Man erkennt, dass bis auf die Realisierung mit der fortlaufenden Nummer 22 alle Konfidenzintervalle den Parameter $\mu = 1.5$ überdecken

erste Realisierung dargestellt. Analog ergeben sich die weiteren Realisierungen. In unserem Simulationsexperiment mit 25 Wiederholungen ist der Anteil der Intervalle, die μ einschließen, gleich $24/25 = 96\,\%$. (Bei einem 95 %-Konfidenzintervall $[U, O]$ ist die Wahrscheinlichkeit, eine Realisierung $[u, o]$ zu erhalten, die μ einschließt, gleich 95 %.)

2. Wir beziehen uns auf die in Beispiel 1 von Abschn. 3.4 angegebene Stichprobe der Variablen X (Blutgerinnung PPT in s) und nehmen X als $N(\mu, \sigma^2)$-verteilt an. Aus den Stichprobenwerten errechnet man das arithmetische Mittel $\bar{x} = 28.39$ und die Varianz $s^2 = 8.081$. Im Folgenden werden a) ein 99 %-iges Konfidenzinzterval für die Varianz σ^2 bestimmt und b) der erforderliche Mindeststichprobenumfang geplant, um den Mittelwert von X mit einem 95 %-Konfidenzintervall der Länge $L^* = 2d = 3$ schätzen zu können.

a) Um das Konfidenzintervall für die Varianz mit Formel (3.26) zu berechnen, benötigen wir neben n und der Stichprobenvarianz s^2 die Quantile $\chi^2_{n-1,1-\alpha/2}$ und $\chi^2_{n-1,\alpha/2}$. Mit der Irrtumswahrscheinlichkeit $\alpha = 1 - 0.99 = 0.01$ und $n = 30$ erhält man $\chi^2_{29,0.995} = 52.34$ sowie $\chi^2_{29,0.005} = 13.12$. Setzt man die

Quantile sowie $n = 30$ und $s^2 = 8.081$ in (3.26) ein, ergibt sich das gesuchte 99 %-Konfidenzintervall

$$\left[\frac{29 \cdot 8.081}{52.34}, \frac{29 \cdot 8.081}{13.12} \right] = [4.48, 17.86]$$

für σ^2. Durch Wurzelziehen findet man daraus ein 95 %iges Konfidenzintervall für σ, nämlich $[\sqrt{4.48}, \sqrt{17.86}] = [2.12, 4.23]$. Mit der Wahrscheinlichkeit $1 - \alpha = 99\%$ haben wir in $[2.12, 4.23]$ ein Intervall, das den Parameter σ einschließt.

b) Zur Lösung der zweiten Fragestellung ist die kleinste ganzzahlige Lösung der Ungleichung (3.24b) gesucht. Mit dem von a) übernommenen Schätzwert $s^2 = 8.081$ für σ^2 und der Irrtumswahrscheinlichkeit $\alpha = 0.05$ geht (3.24b) über in

$$n \geq \frac{8.081}{2.25} t_{n-1, 0.975}^2 = 3.592 \, t_{n-1, 0.975}^2.$$

Die kleinste ganzzahlige Lösung gewinnt man am einfachsten durch systematisches Probieren. Betrachtet man den Funktionsterm $g(n) = n - 3.592 t_{n-1, 0.975}^2$, so hat man z. B. für $n = 20$ den Wert $g(20) = 4.265 \geq 0$ und für $n = 10$ den Wert $g(10) = -8.381 < 0$. Der Wechsel des Vorzeichens drückt aus, dass sich die gesuchte Lösung im Intervall $10 < n < 20$ befinden muss. Indem man nun $g(n)$ für die n-Werte aus diesem Intervall bildet, erkennt man aus $g(17) = 0.858$ und $g(16) = -0.318$, dass der erforderliche Mindeststichprobenumfang $n = 17$ beträgt. Man muss also eine Untersuchung mit mindestens 17 Personen planen, um der vorgegebenen Genauigkeit $2d = 3$ und der Sicherheit $1 - \alpha = 0.95$ zu entsprechen.

3. Im Zuge der statistischen Prozesslenkung werden zu vorgegebenen Zeitpunkten t_i $(i = 1, 2, \ldots)$ aus einem Fertigungsprozess Stichproben entnommen und eine zu überwachende Größe (z. B. ein Durchmesser in mm) gemessen. Wir bezeichnen die Größe zum Zeitpunkt t_i mit X_i und setzen $X_i \sim N(\mu_i, \sigma_i^2)$ voraus. Es ergaben sich zum Zeitpunkt t_1 die Werte

$$4.25, \, 4.31, \, 4.20, \, 4.26, \, 4.26, \, 4.20, \, 4.25, \, 4.23$$

von X_1 und zum Zeitpunkt t_2 die X_2-Werte

$$4.22, \, 4.32, \, 4.28, \, 4.30, \, 4.33, \, 4.26, \, 4.32, \, 4.28.$$

Wir zeigen, dass das mit diesen Werten berechnete 95 %-Konfidenzintervall für σ_1^2 / σ_2^2 das Varianzverhältnis 1 (also den Fall gleicher Varianzen $\sigma_1^2 = \sigma_2^2$ ein-schließt. Dazu berechnen wir die arithmetischen Mittel $\bar{x}_1 = 4.245$ und $\bar{x}_2 = 4.289$ von X_1 bzw. X_2 sowie die entsprechenden Varianzen $s_1^2 = 0.001286$ und $s_2^2 = 0.001355$. Das Verhältnis der empirischen Varianzen ist also $s_1^2 / s_2^2 = 0.9486$. Wegen $\alpha = 1 - 0.95 = 0.05$ und $n_1 - 1 = n_2 - 1 = 7$ (n_1 und n_2 sind die Stichprobenumfänge) sind die Quantile $F_{n_1-1,n_2-1,1-\alpha/2} = F_{7,7,0.975} = 4.995$ und $F_{n_1-1,n_2-1,\alpha/2} = F_{7,7,0.025} = 0.2002$ zu bestimmen. Einsetzen in Formel (3.27) führt auf die Grenzen $u = 0.9486/4.995 = 0.1899$ und $o = 0.9486/0.2002 = 4.7382$. Diese Grenzen schließen offensichtlich den Wert 1 ein.

Aufgaben

1. Es soll die Masse einer Probe bestimmt werden. Bei der Auswertung einer Messreihe mit $n = 5$ Wiederholungen wurden das arithmetische Mittel (in mg) $\bar{x} = 40$ und die Standardabweichung $s = 2$ bestimmt.

   a) Unter Annahme, dass die Messgröße X normalverteilt ist, berechne man ein 95 %-Konfidenzintervall für den Mittelwert von X.

   b) Man zeige, dass sich für $n = 20$, also bei einer Vervierfachung des Stichprobenumfanges, und sonst gleichen Parameterwerten die Länge des Intervalls halbiert.

   c) Um wie viel Prozent ist die Länge eines 99 %-Konfidenzintervalls für den Mittelwert größer als die des 95 %-Intervalls.

2. Der mittlere Glykoalkaloidgehalt X (in mg/100 mg Frischgewicht) einer Kartoffelsorte soll mit einer Genauigkeit von ± 0.25 bei einer Sicherheit von 99 % bestimmt werden. Dabei nehme man an, dass $X \sim N(\mu, \sigma^2)$ ist und von einer Voruntersuchung der Schätzwert $s = 1.5$ für σ bekannt sei. Welcher Stichprobenumfang n ist zu planen, d. h. mit welchem n kann man ein 99 %-Konfidenzintervall für μ mit der Länge 0.5 erwarten?

3. Die Messung der Länge X (in mm) ergab an 10 Proben die folgende Prüfstichprobe: 2.40, 2.46, 2.38, 2.41, 2.42, 2.42, 2.39, 2.37, 2.40 und 2.44.

   a) Man bestimme ein 95 %-Konfidenzintervall für die Varianz sowie für die Standardabweichung unter der Voraussetzung, dass X normalverteilt ist.

   b) Wie groß ist der Erwartungswert der Länge $L = O - U$ des Konfidenzintervalls für σ^2? Welchen Stichprobenumfang müsste man planen, um eine halb so große Intervalllänge (wie die in a) berechnete) erwarten zu können? (Hinweis: Man nehme die aus den Stichprobenwerten bestimmte Varianz als Schätzwert für σ^2.)

3.8 Konfidenzintervalle für Parameter von diskreten Verteilungen

Im diesem Abschnitt geht es um Konfidenzintervalle für eine unbekannte Wahrscheinlichkeit p (als Parameter der Bernoulli-Verteilung) sowie für den Parameter λ der Poisson-Verteilung, der mit dem Erwartungswert und der Varianz übereinstimmt.

Wir beginnen mit einer Auswahl von Konfidenzintervallen für p und gehen von der Bernoulli-Variablen X mit den Werten 1 und 0 (für Erfolg bzw. Misserfolg) und der Erfolgswahrscheinlichkeit $p = P(X = 1)$ aus. Ferner sei $X_1, X_2, \ldots, X_n$ eine Zufallsstichprobe aus der Grundgesamtheit X. Die Summe $H_n = \sum_{i=1}^{n} X_i$ ist dann $B_{n,p}$-verteilt und bedeutet die Anzahl der Erfolge in der Stichprobe. Der Anteil H_n/n der Erfolge – dieser ist gleich dem Stichprobenmittel $\bar{X}_n$ – ist nach Abschn. 3.5 der ML-Schätzer für p.

- Beim zuerst betrachteten **Wilson-Konfidenzintervall für** p machen wir vom zentralen Grenzwertsatz (2.36) für Binomialverteilungen Gebrauch.[24] Damit erhalten wir die unter der Voraussetzung $np(1 - p) > 9$ akzeptable Näherung

$$P\left(z_{\alpha/2} \leq \frac{H_n - np}{\sqrt{np(1 - p)}} \leq z_{1-\alpha/2}\right) \approx \Phi(z_{1-\alpha/2}) - \Phi(z_{\alpha/2}) = 1 - \alpha,$$

in der Φ die Verteilungsfunktion der $N(0, 1)$-Verteilung und $z_{1-\alpha/2}$ und $z_{\alpha/2} = -z_{1-\alpha/2}$ Quantile dieser Verteilung bedeuten. Wie in den Ergänzungen (Abschn. 3.10) gezeigt wird, kann die linke Seite auf die Form $P(U_W \leq p \leq O_W)$ mit den von H_n abhängigen Grenzen

$$U_W = M_W - \frac{1}{2} L_W \quad \text{und} \quad O_W = M_W + \frac{1}{2} L_W \qquad (3.28a)$$

gebracht werden. Hier bezeichnet

$$M_W = \frac{H_n + \frac{1}{2} z_{1-\alpha}^2}{n + z_{1-\alpha/2}^2} \qquad (3.28b)$$

die Mitte des Intervalls $[U_W, O_W]$ und

$$L_W = O_W - U_W = \frac{2 z_{1-\alpha/2}}{n + z_{1-\alpha/2}^2} \sqrt{\frac{H_n(n - H_n)}{n} + \frac{1}{4} z_{1-\alpha/2}^2} \qquad (3.28c)$$

die Intervalllänge. Das durch (3.28a)–(3.28c) definierte Intervall $[U_W, O_W]$ ist ein approximatives $(1 - \alpha)$-Konfidenzintervall für p. Man beachte, dass die Intervallmitte M_W nicht mit dem ML-Schätzer H_n/n übereinstimmt. Da das Wilson-Intervall von der Approximation der Binomialverteilung durch die Normalverteilung Gebrauch macht, ist zu erwarten, dass die für festes n und p bestimmte Überdeckungswahrscheinlichkeit

$$C_{n,p} = P(U_W \leq p \leq O_W) = \sum_{x=0}^{n} I_{x,p} \binom{n}{x} p^x (1 - p)^{n-x}$$

---

[24] Vgl. Wilson (1927). Das Wilson-Intervall kann – ebenso wie die anderen in diesem Abschnitt behandelten Konfidenzintervalle für p – mit der R-Funktion `binom.confint()` im Paket `binom` berechnet werden.

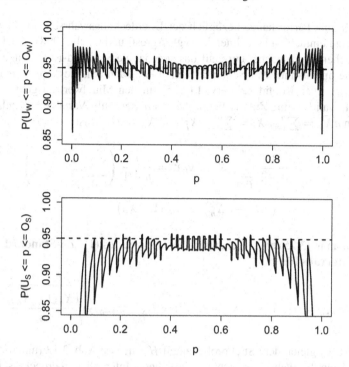

Abb. 3.13 Abhängigkeit der Überdeckungswahrscheinlichkeit vom Parameter p für das Wilson-Intervall (*obere Grafik*) und das Standard-Intervall (*untere Grafik*). Das nominelle Konfidenzniveau ist $1 - \alpha = 95\%$ (*strichlierte Linie*). Als Stichprobenumfang wurde $n = 50$ gewählt. Die Überdeckungswahrscheinlichkeiten des Wilson-Intervalls (3.28a) liegen sichtbar näher beim Nominalwert als die des Standardintervalls (3.29)

i. Allg. vom nominellen Konfidenzniveau $1 - \alpha$ abweicht. In dieser Formel bezeichnet $I_{x,p}$ einen Indikator, der den Wert 1 annimmt, wenn das mit $H_n = x$ gebildete Wilson-Intervall (3.28a) p einschließt, andernfalls 0 ist. Eine Vorstellung von der Größenordnung und dem Verlauf der Abweichungen vermittelt die obere Grafik von Abb. 3.13, die die Überdeckungswahrscheinlichkeit in Abhängigkeit von p zeigt. Der sägezahnartige Verlauf der Überdeckungswahrscheinlichkeit ist durch den Umstand bedingt, dass H_n ganzzahlig ist, d. h. nur die Werte $0, 1, \ldots, n$ annehmen kann. Insgesamt zeigt sich, dass im Gültigkeitsbereich $np(1 - p) > 9$ der Approximation die Schwankungen um das nominelle Konfidenzniveau $1 - \alpha$ gering bleiben, für p-Werte nahe bei 0 oder nahe bei 1 aber größer werdende Abweichungen auftreten.[25]

• Unter den approximativen Konfidenzintervallen für p ist für die Praxis neben dem Wilson-Intervall auch das **Agresti-Coull-Intervall** interessant, das eine

[25] Die Überdeckungswahrscheinlichkeiten von Konfidenzintervallen für den Parameter p der Binomialverteilung wurden in zahlreichen Untersuchungen analysiert. Ein guter Überblick findet sich in Brown et al. (2001).

ähnlich gute Performance bezüglich der Überdeckungswahrscheinlichkeit aufweist und einfach zu berechnen ist (vgl. Agresti und Coull, 1998). Zur Einführung gehen wir zunächst kurz auf das sogenannte Standard-Konfidenzintervall für eine unbekannte Wahrscheinlichkeit p ein. Man erhält es, indem man vom approximativen Konfidenzintervall (3.25) für den Mittelwert ausgeht und dieses Intervall für eine Zufallsstichprobe aus n Bernoulli-Variablen X_i adaptiert. Wegen $n\bar{X}_n = \sum_{i=1}^{n} X_i = \sum_{i=1}^{n} X_i^2$ und $\bar{X}_n = H_n/n$ ist

$$
S^2 = \frac{1}{n-1} \sum_{i=1}^{n} (X_i - \bar{X}_n)^2 = \frac{1}{n-1} \left(\sum_{i=1}^{n} X_i^2 - n\bar{X}_n^2 \right)
$$

$$
\approx \frac{1}{n} \left(n\bar{X}_n - n\bar{X}_n^2 \right) = \bar{X}_n \left(1 - \bar{X}_n \right).
$$

Setzt man in (3.25) ein, ergeben sich als Grenzen des $(1-\alpha)$-**Standard-Konfidenzintervalls für** p

$$
U_S = \bar{X}_n - L_S, \quad O_S = \bar{X}_n + L_S \quad \text{mit } L_S = z_{1-\alpha/2} \sqrt{\frac{\bar{X}_n(1-\bar{X}_n)}{n}}. \quad (3.29)
$$

Hier ist $\bar{X}_n$ gleich dem Stichprobenanteil H_n/n. Wie Abb. 3.13 (untere Grafik) zeigt, kann die Wahrscheinlichkeit, dass dieses Intervall p überdeckt, selbst für mittlere p und große n beträchtlich vom Nominalwert $1-\alpha$ abweichen. Aus diesem Grund wird das Standardintervall nicht für Anwendungen empfohlen, wohl aber eine Modifikation, bei der der Stichprobenumfang n durch $\tilde{n} = n + z_{1-\alpha/2}^2$ und der Stichprobenanteil $\bar{X}_n = H_n/n$ durch die Klassenmitte M_W des Wilson-Intervalls (d. h. H_n durch $\tilde{H}_n = H_n + \frac{1}{2} z_{1-\alpha/2}^2$ und n durch $\tilde{n}$) ersetzt wird. Diese von A. Agresti und B. A. Coull vorgeschlagene Abänderung des Standardintervalls besitzt also die Grenzen

$$
U_A = M_W - L_A, \quad O_A = M_W + L_A \quad \text{mit } L_A = z_{1-\alpha/2} \sqrt{\frac{M_W(1-M_W)}{n + z_{1-\alpha/2}^2}}
$$

$$
(3.30)
$$

und der durch (3.28b) gegebenen Klassenmitte M_W. Speziell für ein 95%-Konfidenzintervall ist $\alpha = 0.05$, $z_{0.975} = 1.96 \approx 2$ und $M_W \approx \frac{H_n+2}{n+4}$. In diesem Fall ergibt sich das Agresti-Coull-Intervall (3.30) aus dem Standardintervall, in dem man einfach die Anzahl H_n der Erfolge um 2 und den Stichprobenumfang n um 4 erhöht. Abbildung 3.14 (obere Grafik) zeigt, dass die Überdeckungswahrscheinlichkeit des Agresti-Coull-Intervalls für mittlere Werte von p ähnlich gut wie die des Wilson-Intervalls ist und bei p-Werten nahe bei 0 oder 1 über dem Nominalwert bleibt.

- Im Folgenden gehen wir kurz auf die Planung des **Mindeststichprobenumfangs** auf der Grundlage des Wilson-Intervalls ein. Wie schon beim Konfidenzintervall

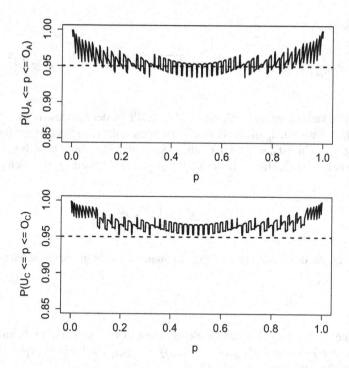

Abb. 3.14 Abhängigkeit der Überdeckungswahrscheinlichkeit vom Parameter p für das Agresti-Coull-Intervall (*obere Grafik*) und das Clopper-Pearson-Intervall (*untere Grafik*). Das nominelle Konfidenzniveau ist $1 - \alpha = 95\%$ (*strichlierte Linie*). Als Stichprobenumfang wurde $n = 50$ gewählt. Die Überdeckungswahrscheinlichkeiten des Agresti-Coull-Intervalls (3.30) liegen für mittlere p ähnlich wie die des Wilson-Intervalls, für p-Werte nahe bei 0 oder 1 deutlich über dem Nominalwert 95 %. Die Überdeckungswahrscheinlichkeiten des Clopper-Pearson-Intervalls liegen durchgehend (z. T. deutlich) über der 95 %-Linie

für den Mittelwert verwenden wir die Quadratwurzel L_W^* aus dem Erwartungswert von L_W^2 als Maß für die Länge des Intervalls und bestimmen n so, dass L_W^* eine vorgegebene (kleine) Schranke $2d < 1$ nicht überschreitet. Setzt man abkürzend $c = z_{1-\alpha/2}$ und beachtet die Formeln $E(H_n) = np$, $Var(H_n) = E(H_n^2) - (E(H_n))^2 = np(1 - p)$, so erhält man die Darstellung

$$E(L_W^2) = \left(\frac{2c}{n + c^2}\right)^2 \left(E(H_n) - \frac{1}{n} E(H_n^2) + \frac{c^2}{4}\right)$$

$$\approx \left(\frac{2c}{n + c^2}\right)^2 \left(p(1 - p)n + \frac{c^2}{4}\right)$$

für den Erwartungswert von L_W^2. Dabei wurde in der zweiten Klammer die für große n vertretbare Näherung $n - 1 \approx n$ verwendet. Durch eine längere Rechnung kann gezeigt werden, dass die Forderung $E(L_W^2) \leq 4d^2$ auf die Ungleichung

$$n \geq \frac{c^2}{2d^2} \left(p(1-p) - 2d^2 + \sqrt{[p(1-p) - 2d^2]^2 + d^2(1-4d^2)} \right)$$

$$(3.31a)$$

führt. Die kleinste ganze Zahl, die (3.31a) erfüllt, ist der Mindeststichprobenumfang. Die Anwendung dieser Formel setzt voraus, dass ein Schätzwert für p zur Verfügung steht. Ist das nicht der Fall, so kann man sich damit behelfen, dass die rechte Seite von (3.31a) im Intervall $0 \leq p \leq 1$ an der Stelle $p = \frac{1}{2}$ den größten Wert

$$n^* = \frac{c^2}{2d^2} \left(\frac{1}{2} - 2d^2 \right)$$

annimmt. An die Stelle von (3.31a) tritt dann die (recht grobe) Abschätzung

$$n \geq n^* \approx \frac{c^2}{4d^2},$$

$$(3.31b)$$

die eine Vorstellung von der Größenordnung des Mindeststichprobenumfangs liefert. Für $1 - \alpha = 95\,\%$ ist $c = z_{1-\alpha/2} = z_{0.975} \approx 2$ und es ergibt sich aus (3.31b) die Faustformel $n \geq 1/d^2$.

- Wie aus den Abb. 3.13 und 3.14 zu erkennen ist, können die Überdeckungswahrscheinlichkeiten des Wilson- und Agresti-Coull-Intervalls sowohl über als auch unter dem nominellen Konfidenzniveau $1 - \alpha$ liegen. Dagegen zeichnet sich das **Clopper-Pearson-Intervall** zum Konfidenzniveau $1 - \alpha$ dadurch aus, dass die Überdeckungswahrscheinlichkeit für kein zulässiges p das Niveau $1-\alpha$ unterschreitet. Zur Bestimmung der Grenzen U_C und O_C des Clopper-Pearson-Intervalls wird die exakte Verteilung (nämlich die Binomialverteilung) der Anzahl X der Erfolge in einer Serie von n unabhängigen und identisch (mit der Erfolgswahrscheinlichkeit p) verteilten Bernoulli-Variablen verwendet. In diesem Sinne wird das Clopper-Pearson-Intervall auch als „exakt" bezeichnet, um auszudrücken, dass keine Approximation der $B_{n,p}$-Verteilung vorgenommen wird. Bei festem n und α ergibt sich zu einer Realisierung $x < n$ von X die entsprechende Realisierung der oberen Grenze O_C als (eindeutig bestimmte) Lösung $p = o_C$ der Gleichung

$$\sum_{i=0}^{x} B_{n,p}(i) = \sum_{i=0}^{x} \binom{n}{i} p^i (1-p)^{n-i} = \frac{\alpha}{2},$$

$$(3.32a)$$

d. h., die Realisierung o_C wird so gewählt, dass eine mit den Parametern n und $p = o_C$ binomialverteilte Zufallsvariable mit der Wahrscheinlichkeit $\alpha/2$ einen Wert kleiner oder gleich x annimmt. Für den Sonderfall $x = n$ wird $o_C = 1$ definiert. Die Lösung $p = o_C$ von (3.32a) kann explizit angegeben werden.

Wir verwenden dazu eine Formel, die die linke Seite von (3.32a) mit der Verteilungsfunktion einer $F_{2(x+1),2(n-x)}$-verteilten Zufallsvariablen W verknüpft. Die Formel lautet (vgl. z. B. Abramowitz und Stegun 1964, S. 945)

$$\sum_{i=0}^{x} B_{n,p}(i) = 1 - P(W \leq w_o) \quad \text{mit } w_o = \frac{n-x}{x+1} \frac{p}{1-p}. \tag{3.32b}$$

Mit Hilfe von (3.32b) kann man (3.32a) durch $1 - P(W \leq w_o) = \alpha/2$ ausdrücken. Es folgt, dass w_o gleich dem $1 - \alpha/2$-Quantil der $F_{2(x+1),2(n-x)}$-Verteilung ist, d. h. $w_o = \frac{n-x}{x+1} \frac{p}{1-p} = F_{2(x+1),2(n-x),1-\alpha/2}$. Setzt man $p = o_C$, ergibt sich

$$o_C = \frac{(x+1)q_o}{n-x+(x+1)q_o} \quad \text{mit} \quad q_o = F_{2(x+1),2(n-x),1-\alpha/2}. \tag{3.32c}$$

Analog findet man zum Wert $x < n$ von X die Realisierung der unteren Grenze U_C als Lösung $p = u_C$ der Gleichung

$$\sum_{i=x}^{n} \binom{n}{i} p^i (1-p)^{n-i} = \frac{\alpha}{2}, \tag{3.33a}$$

die mit dem $\alpha/2$-Quantil q_u der $F_{2x,2(n-x+1)}$-Verteilung explizit durch

$$u_C = \frac{xq_u}{n-x+1+xq_u} \quad \text{mit } q_u = F_{2x,2(n-x+1),\alpha/2} \tag{3.33b}$$

dargestellt werden kann. Im Sonderfall $x = 0$ wird $u_C = 0$ gesetzt. Die Überdeckungswahrscheinlichkeit für das Clopper-Pearson-Intervall $[U_C, O_C]$ mit dem nominellen Konfidenzniveau $1 - \alpha$ ist in Abb. 3.14 (untere Grafik) dargestellt.

• Mit der beim Clopper-Pearson-Intervall angewandten Methode kann auch ein $(1 - \alpha)$-Konfidenzintervall für den **Parameter** λ **einer Poisson-verteilten Zufallsvariablen** X bestimmt werden. Die untere Grenze des Intervalls sei U_λ, die obere O_λ. Wegen $\lambda = E(X) = Var(X)$ ist $[U_\lambda, O_\lambda]$ zugleich auch ein $(1-\alpha)$-Konfidenzintervall für den Mittelwert und die Varianz von X. Zum Wert x ($x = 1, 2, \ldots$) von X findet man die Realisierung u_λ von U_λ als jenes λ, das die Forderung

$$\sum_{i=x}^{\infty} P_\lambda(i) = 1 - \sum_{i=0}^{x-1} P_\lambda(i) = 1 - \sum_{i=0}^{x-1} e^{-\lambda} \frac{\lambda^i}{i!} = \frac{\alpha}{2} \tag{3.34}$$

erfüllt. In Analogie zum Clopper-Pearson-Intervall erhalten wir zu vorgegebenem $x \geq 0$ die Realisierung o_λ der oberen Grenze O_λ als Lösung der Gleichung $\sum_{i=0}^{x} P_\lambda(i) = \frac{\alpha}{2}$. Wie im Abschn. 3.10 (für u_λ) gezeigt wird, sind die (eindeutig bestimmten) Lösungen dieser Gleichungen durch

$$u_\lambda = \frac{1}{2} \chi^2_{2x,\alpha/2} \quad \text{und} \quad o_\lambda = \frac{1}{2} \chi^2_{2(x+1),1-\alpha/2} \tag{3.35}$$

gegeben; in diesen Formeln bedeutet $\chi^2_{2x,\alpha/2}$ das $\alpha/2$-Quantil der χ^2_{2x}-Verteilung und $\chi^2_{2(x+1),1-\alpha/2}$ das $(1-\alpha/2)$-Quantil der $\chi^2_{2(x+1)}$-Verteilung. Die Realisierungen eines zweiseitigen $(1-\alpha)$-Konfidenzintervalls für den Parameter λ einer Poisson-verteilten Zufallsvariablen X sind also für $x > 0$ aus (3.35) zu berechnen. Für $x = 0$ ist $u_\lambda = 0$ und $o_\lambda = \frac{1}{2}\chi^2_{2,1-\alpha/2}$.

Bei den einseitigen Konfidenzintervallen $U_\lambda \leq \lambda$ und $\lambda \leq O_\lambda$ treten bei vorgegebener Sicherheit $1-\alpha$ für $x > 0$ an die Stelle von (3.35) die Formeln $u_\lambda = \frac{1}{2}\chi^2_{2x,\alpha}$ bzw. $o_\lambda = \frac{1}{2}\chi^2_{2(x+1),1-\alpha}$. Für $x = 0$ ist $u_\lambda = 0$ bzw. $o_\lambda = \frac{1}{2}\chi^2_{2,1-\alpha}$.

Beispiele

1. Von einer Pflanze erhielt G. Mendel insgesamt 62 Samen, von denen 44 gelb und 18 grün gefärbt waren. Wir bestimmen ein 95 %iges Konfidenzintervall für die Wahrscheinlichkeit p dafür, dass ein gelber Same ausgebildet wird. Dabei gehen wir von der Modellvorstellung aus, dass die Ausbildung eines jeden Samens durch eine Bernoulli-Variable beschrieben wird, die den Wert 1 erhält, wenn die Samenfärbung gelb ist, andernfalls den Wert 0. Ferner werden die den $n = 62$ Samen entsprechenden Bernoulli-Variablen als unabhängig und identisch verteilt angenommen. Unter diesen Voraussetzungen ist die Anzahl H_n der gelben Samen in einer Zufallsstichprobe vom Umfang n binomialverteilt mit den Parametern n und p.

Es ist $n = 62$ und die beobachtete Anzahl der Erfolge (Ausbildung eines gelben Samens) in der Stichprobe $H_n = 44$. Damit ergibt sich der Schätzwert $\hat{p} = \frac{44}{62} = 0.7097$ als Anteil der beobachteten Erfolge. Wegen $np(1-p) \approx n\hat{p}(1-\hat{p}) = 12.77 > 9$ können wir die Binomialverteilung durch eine Normalverteilung annähern und die Intervallschätzung mit dem Wilson-Intervall vornehmen. Indem man $n = 62$, $z_{1-\alpha/2} = z_{0.975} = 1.96$ und den Wert $H_n = 44$ in Formel (3.28b) einsetzt, erhält man als durch die Beobachtungsdaten realisierte Intervallmitte $M_W = 0.6974$. Für die Intervalllänge erhält man aus (3.28c) den Wert $L_W = 0.2206$. Konkret ergeben sich damit aus (3.28a) als Grenzen des 95 %-Wilson-Intervalls für p die Werte $u_W = 0.5871$ und $o_W = 0.8078$.

Zum Vergleich bestimmen wir zusätzlich auch die Grenzen des Agresti-Coull-Intervalls sowie des exakten Clopper-Pearson-Intervalls. Als halbe Intervalllänge des Agresti-Coull-Intervalls erhält man mit $M_W = 0.6974$ nach (3.30) $L_A = 0.1110$ und weiter die Grenzen $u_A = 0.5865$ und $o_A = 0.8084$. Zur Berechnung der Grenzen U_C und O_C des Clopper-Pearson-Intervalls mit den Formeln (3.33b) bzw. (3.32c) benötigen wir die Quantile $F_{2x,2(n-x+1),\alpha/2} = F_{88,38,0.025} = 0.5976$ sowie $F_{2(x+1),2(n-x),1-\alpha/2} = F_{90,36,0.975} = 1.7979$; die Grenzen des Clopper-Pearson-Intervalls sind $u_C = 0.5805$ und $o_C = 0.8180$. Die Unterschiede zu den Grenzen der betrachteten asymptotischen Intervalle sind gering.

2. In Ergänzung zum Beispiel 1 planen wir den Mindeststichprobenumfang so, dass wir eine Intervallschätzung der Wahrscheinlichkeit p mit einem 90 %igen Konfidenzintervall der halben Länge $d = 0.05$ erwarten können. Anders ausgedrückt: Wir planen den Stichprobenumfang so, dass die Intervallschätzung des Parameters p mit einer Genauigkeit von ± 0.05 und einer Sicherheit von 90 % erfolgt.
Die Berechnung des Mindeststichprobenumfangs erfolgt mit Formel (3.31a), also auf der Grundlage des approximativen Wilson-Intervalls. Setzt man in (3.31a) rechts $c = z_{1-\alpha/2} = z_{0.95} = 1.645$, $d = 0.05$ und $p \approx \hat{p} = 44/62 = 0.7097$ ein, erhält man $n \geq 220.85$. Der erforderliche Mindeststichprobenumfang beträgt $n = 221$. Ohne Kenntnis eines Schätzwertes für p nimmt man die Abschätzung mit $p = \frac{1}{2}$ oder gleich mit der Faustformel (3.31b) vor; im ersten Fall ergibt $n \geq 267.85$ und im zweiten $n \geq 270.55$.

3. Nach der ISO-Norm 13408-1 soll in einer Anlage zur aseptischen Abfüllung bei der Prozessüberprüfung mit $n \geq 3000$ Einheiten der Ausschussanteil von $p_0 = 0.1$ % nicht überschritten werden. Bei einem Prüflauf mit 4750 Einheiten wurde eine kontaminierte Einheit festgestellt. Wir zeigen, dass der Ausschussanteil p mit 95 %iger Sicherheit unter p_0 liegt.
Es sei X die Anzahl der abgefüllten Einheiten, die kontaminiert sind. Wenn der Prüflauf mit n Wiederholungen (Abfüllungen) als Serie von Bernoulli-Experimenten gedacht wird, ist X binomialverteilt mit $n = 4750$ und der (unbekannten) Kontaminierungswahrscheinlichkeit p. Wegen $n \gg 10$ und $p \leq 0.1$ kann die Binomialverteilung durch die Poisson-Verteilung mit $\lambda = np$ approximiert werden. Als Schätzwert von λ wird der ungünstigste Wert, d. h. die obere Grenze $o_\lambda = \frac{1}{2}\chi^2_{2(x+1),1-\alpha}$ des einseitigen Konfidenzintervalls für λ zur Sicherheit $1 - \alpha = 0.95$ verwendet. Von X liegt die Realisierung $x = 1$ vor. Damit ergibt sich das Quantil $\chi^2_{2(x+1),1-\alpha} = \chi^2_{4,0.95} = 9.4877$, also die Grenze $o_\lambda = 4.7439$. Indem man durch $n = 4750$ dividiert, folgt für p der Schätzwert $\hat{p} = o_\lambda/n = 0.0998\,\% < 0.1\,\%$.

Aufgaben

1. In einer Studie über die Behandlung von akuten Herzinfarktpatienten wurden 200 Patienten mit einem neuen Präparat therapiert. Innerhalb von 4 Wochen verstarben 12 Patienten. Man bestimme für die Sterbewahrscheinlichkeit p einen Schätzwert und ein 95 %-Konfidenzintervall.
2. Welcher Mindeststichprobenumfang ist notwendig, um in Aufgabe 1 bei gleicher Sicherheit ein halb so großes Wilson-Intervall für p zu erhalten?
3. Ein selten auftretender Defekt ist in einem Produktionslos von $n = 6000$ Einheiten zweimal aufgetreten. Man nehme die Anzahl X der Defekte als $B_{n,p}$-verteilt an und bestimme ein 95 %iges zweiseitiges Konfidenzintervall für die Defektwahrscheinlichkeit p. Welche Grenzen erhält man für p, wenn X näherungsweise als Poisson-verteilt mit $\lambda = np$ angenommen wird?

3.9 Bootstrap-Schätzung

Bei der Konstruktion eines Konfidenzintervalles für den Mittelwert einer $N(\mu, \sigma^2)$-verteilten Zufallsvariablen X war es wesentlich, dass die Verteilung des (standardisierten oder studentisierten) Stichprobenmittels bekannt ist. Wenn X nicht normalverteilt ist, kann man sich mit dem approximativen Konfidenzintervall (3.25) behelfen, das auf dem zentralen Grenzwertsatz beruht. Als Alternative zu den analytischen Standardverfahren in der Parameterschätzung steht heute dem angewandten Statistiker eine Palette von Simulationstechniken zur Verfügung, zu denen u. a. die Bootstrap-Verfahren gehören.[26] Diese beruhen auf folgender Idee:

Es seien X eine Zufallsvariable mit der (unbekannten) Verteilungsfunktion F und $X_1, X_2, \ldots, X_n$ eine Zufallsstichprobe mit den Realisierungen $x_1, x_2, \ldots, x_n$. Ferner sei $T_n = t_n(X_1, X_2, \ldots, X_n)$ eine Schätzfunktion für den Parameter θ. Mit den Realisierungen $X_i = x_i$ $(i = 1, 2, \ldots, n)$ ergibt sich als Schätzwert $\hat{\theta} = t_n(x_1, x_2, \ldots, x_n)$. Um Aussagen über die Verteilung von T_n zu erhalten, wird in einem ersten Verfahrensschritt F durch die empirische Verteilungsfunktion $\hat{F}$ angenähert, die durch

$$F(x) = P(X \leq x) \approx \hat{F}(x) = \frac{1}{n} \sum_{i=1}^{n} I_{x_i \leq x} \quad \text{mit } I_{x_i \leq x} = \begin{cases} 1 & \text{für } x_i \leq x \\ 0 & \text{sonst} \end{cases}$$

gegeben ist; $\hat{F}$ ist die Verteilungsfunktion einer diskreten Zufallsvariablen X^* mit den Realisierungen $x_1, x_2, \ldots, x_n$. Der Realisierung x_i ist die Wahrscheinlichkeit $\hat{f}(x_i) = P(X^* = x_i) = \frac{1}{n}$ $(i = 1, 2, \ldots, n)$ zugeordnet. Mit der Ergänzung $\hat{f}(x) = 0$ für $x \neq x_i$ stellt $\hat{f}$ die Wahrscheinlichkeitsfunktion von X^* dar. Der erste Verfahrensschritt hängt eng mit dem **Plug In-Prinzip** zusammen, bei dem die Zufallsvariable X mit der Verteilungsfunktion F – auf der Grundlage der Realisierung $x_1, x_2, \ldots, x_n$ einer Zufallsstichprobe – näherungsweise durch die Zufallsvariable X^* mit der durch die Basisstichprobe $x_1, x_2, \ldots, x_n$ definierten empirischen Verteilungsfunktion $\hat{F}$ ersetzt wird. Nach Übergang von X zu X^* kann man z. B. den Erwartungswert $\mu = E(X)$ von X durch den Erwartungswert

$$\mu^* = E(X^*) = \sum_{i=1}^{n} x_i \hat{f}(x_i) = \frac{1}{n} \sum_{i=1}^{n} x_i = \bar{x}$$

approximieren, der gleich dem arithmetischen Mittel der Stichprobenelemente ist; $\bar{x}$ wird in diesem Zusammenhang auch Plug-In-Schätzwert für μ genannt. Ana-

---

[26] Die Entwicklung und Verbreitung der Bootstrap-Technik geht maßgeblich auf den US-amerikanischen Statistiker B. Efron zurück. Besonders hingewiesen sei auf seine frühen Beiträge (Efron 1979, 1986). Eine ausführliche Behandlung der Thematik findet sich in Efron und Tibshirani (1993) oder Davison und Hinkley (1997). Neben den Bootstrap-Verfahren sind auch Jackknife-Methoden von praktischer Bedeutung (vor allem bei der Schätzung des Standardfehlers, vgl. Abschn. 3.10).

log zeigt man, dass $s^{*2} = \frac{1}{n} \sum_{i=1}^{n} (x_i - \bar{x})^2$ der Plug-In-Schätzwert für $\sigma^2 = Var(X)$ ist.

Die Zufallsvariable X^* mit der empirische Verteilungsfunktion $\hat{F}$ bildet den Ausgangspunkt für den zweiten Verfahrensschritt. Es sei $X_1^*, X_2^*, \ldots, X_n^*$ eine Zufallsstichprobe aus der Grundgesamtheit X^*. Jede Realisierung von $X_1^*, X_2^*, \ldots, X_n^*$ kann durch eine Zufallsauswahl (mit Zurücklegen) von n Elementen aus der (als vorgegeben angenommenen) Basisstichprobe $x_1, x_2, \ldots, x_n$ erzeugt werden. Der Erfolg der Bootstrap-Verfahren beruht nun darauf, dass aus der Verteilung des **Bootstrap-Schätzers** $T_n^* = t_n(X_1^*, X_2^*, \ldots, X_n^*)$ auf Eigenschaften der ursprünglichen Schätzfunktion $T_n = t_n(X_1, X_2, \ldots, X_n)$ zurück geschlossen werden kann. So ist in vielen Fällen bei hinreichend großem n die Verteilung von $T_n^* - \hat{\theta}$ eine gute Näherung der Verteilung von $T_n - \theta$.

Die exakte Verteilungsfunktion des Bootstrap-Schätzers T_n^* ist auf analytischem Wege i. Allg. nicht bzw. nur sehr aufwendig zu bestimmen. Dies ist u. a. durch die mit n schnell anwachsende Anzahl der möglichen Bootstrap-Stichproben (d. h. der mit Zurücklegen aus der Basisstichprobe gezogenen Zufallsstichproben mit dem Umfang n) bedingt. So gibt es für $n = 10$ bereits 92 378 verschiedene Bootstrap-Stichproben, wenn alle Elemente der Basisstichprobe verschieden sind.[27] In der Praxis werden daher Aussagen über die Verteilung von T_n^* fast ausschließlich durch **Monte-Carlo-Simulationen** gewonnen. Dabei wird eine vorgegebene (große) Anzahl B von Bootstrap-Stichproben erzeugt und für jede dieser Stichproben der entsprechende Wert $\hat{\theta}_i^*$ $(i = 1, 2, \ldots, B)$ des Bootstrap-Schätzers T_n^* bestimmt. In den folgenden Punkten sind einige Anwendungen der Bootstrap-Schätzung angeführt.

- Die **Schätzung des Standardfehlers** σ_{T_n} von T_n erfolgt durch die (empirische) Standardabweichung der Bootstrap-Schätzwerte $\hat{\theta}_1^*, \hat{\theta}_2^*, \ldots, \hat{\theta}_B^*$. Es gilt also näherungsweise

$$\sigma_{T_n} \approx \sqrt{Var(T_n^*)} \approx s_B = \sqrt{\frac{1}{B-1} \sum_{i=1}^{B} \left(\hat{\theta}_i^* - \bar{\theta}^*\right)^2} \quad \text{mit } \bar{\theta}^* = \frac{1}{B} \sum_{i=1}^{B} \hat{\theta}_i^*.$$

$$(3.36)$$

Im ersten Approximationsschritt wird T_n durch den Bootstrap-Schätzer T_n^* ersetzt (d. h. die Verteilung F durch $\hat{F}$), hinter der zweiten Approximation steht die Annäherung der theoretische Verteilung von T_n^* durch die empirische Verteilung der Bootstrap-Schätzwerte.

In analoger Weise wird die **Schätzung der Verzerrung** (Bias) der Schätzfunktion T_n vorgenommen; die Bootstrap-Schätzung für die durch $b(T_n) = E(T_n) - \theta$ definierte Verzerrung erfolgt nach dem Plug In-Prinzip durch $b(T_n^*) = E(T_n^*) - \hat{\theta}$. Ersetzt man $E(T_n^*)$ durch den Bootstrap-Mittelwert $\bar{\theta}^*$, ergibt sich die Näherung $b(T_n) \approx \bar{\theta}^* - \hat{\theta}$. Eine Vorstellung über die

---

[27] Aus der Basisstichprobe mit n voneinander verschiedenen Elementen können $\binom{2n-1}{n}$ verschiedene Bootstrap-Stichproben ausgewählt werden.

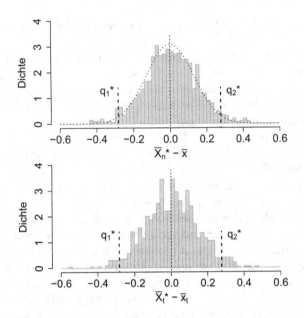

Abb. 3.15 Verteilung des Stichprobenmittels $\bar{X}$ und des γ-getrimmten Stichprobenmittels $\bar{X}_t$ ($\gamma = 20\,\%$). Dargestellt sind die (flächennormierten) Histogramme der zentrierten Bootstrap-Schätzer $T_n^* - \hat{\theta} = \bar{X}_n^* - \bar{x}$ (*obere Grafik*) bzw. $\bar{X}_t^* - \bar{x}_t$ (*untere Grafik*). Die Basisstichprobe ($n = 30$, arithmetisches Mittel $\bar{x} = 1.009$, $20\,\%$-getrimmtes Mittel $\bar{x}_t = 0.995$) wurde aus einer normalverteilten Grundgesamtheit X ($\mu = 1$, $\sigma^2 = 0.5$) ausgewählt und ist für beide Grafiken dieselbe. Die Monte-Carlo-Simulation wurde mit $B = 1000$ Bootstrap-Stichproben durchgeführt. Die exakte Dichte des Stichprobenmittels $\bar{X}_n$ ist in der *oberen Grafik* punktiert eingezeichnet. Die Quantile q_1^* und q_2^* bezeichnen jeweils das 2.5 %- bzw. 97.5 %-Quantil der (zentrierten) Bootstrap-Schätzwerte

Güte der Bootstrap-Schätzung vermittelt die obere Grafik von Abb. 3.15; die Schätzfunktion T_n ist hier das Stichprobenmittel $\bar{X}_n$ einer $N(\mu, \sigma^2)$-verteilten Grundgesamtheit. Bei nicht zu kleinem Umfang n der Basisstichprobe und ausreichend vielen Bootstrap-Stichproben kann eine akzeptable Übereinstimmung der Dichtekurve des zentrierten Bootstrap-Schätzers $T_n^* - \hat{\theta} = \bar{X}_n^* - \bar{x}$ mit der theoretischen $N(0, \sigma^2/n)$-Verteilung von $T_n - \theta = \bar{X}_n - \mu$ erreicht werden.

• Mit Hilfe der Verteilung des (zentrierten) Bootstrap-Schätzers $T_n^* - \hat{\theta}$ können näherungsweise auch die Quantile der Verteilung der Schätzfunktion $T_n - \theta$ bestimmt und damit ein approximatives Konfidenzintervall für θ angegeben werden. Sind nämlich $q_{\alpha/2}$ und $q_{1-\alpha/2}$ das $\alpha/2$- bzw. das $(1 - \alpha/2)$-Quantil von $T_n - \theta$, so gilt

$$1 - \alpha = P\left(q_{\alpha/2} \leq T_n - \theta \leq q_{1-\alpha/2}\right) = P\left(T_n - q_{1-\alpha/2} \leq \theta \leq T_n + q_{\alpha/2}\right),$$

d. h. wir haben in $[T_n - q_{1-\alpha/2}, T_n - q_{\alpha/2}]$ ein $(1 - \alpha)$-Konfidenzintervall für θ, wobei angenommen werden muss, dass die Quantile nicht von θ abhängen.

Ersetzt man hier die Quantile durch die entsprechenden Bootstrap-Schätzwerte $q^*_{1-\alpha/2}$ bzw. $q^*_{\alpha/2}$, erhält man das **Bootstrap-Konfidenzintervall**[28]

$$[T_n - q^*_{1-\alpha/2}, T_n - q^*_{\alpha/2}] \tag{3.37}$$

für θ zum Niveau $1 - \alpha$. Zur Bestimmung von $q^*_{1-\alpha/2}$ und $q^*_{\alpha/2}$ werden aus der Basisstichprobe B Bootstrap-Stichproben erzeugt, zu jeder Stichprobe der Wert $\hat{\theta}^*_i - \hat{\theta}$ $(i = 1, 2, \ldots, B)$ des Bootstrap-Schätzers $T^*_n - \hat{\theta}$ ermittelt und das $(1-\alpha/2)$-Quantil bzw. das $\alpha/2$-Quantil der Stichprobe $\hat{\theta}^*_1 - \hat{\theta}, \hat{\theta}^*_2 - \hat{\theta}, \ldots, \hat{\theta}^*_B - \hat{\theta}$ berechnet. In Abb. 3.15 sind die Quantile $q_1 = q^*_{0.025}$ und $q_2 = q^*_{0.975}$ der Bootstrap-Schätzwerte für das zentrierte Stichprobenmittel bzw. das zentrierte getrimmte Mittel eingezeichnet.

Beispiele

1. Gegeben sei eine Zufallsstichprobe X_1, X_2, X_3 aus der Grundgesamtheit X mit den Realisierungen $x_1 = 1, x_2 = 2$ und $x_3 = 3$. Die Ergebnisse der zufälligen Auswahl (mit Zurücklegen) von drei Elementen aus der Stichprobe x_1, x_2, x_3 beschreiben wir durch die Zufallsvariablen X^*_1, X^*_2 und X^*_3 für die erste, zweite bzw. dritte Auswahl. Die X^*_i sind identisch verteilt mit der durch $\hat{f}(x) = \frac{1}{3}$ für $x = x_i$ und $\hat{f}(x) = 0$ für $x \neq x_i$ gegebenen Wahrscheinlichkeitsfunktion. Wir stellen uns die Aufgabe, die exakte Verteilung des Medians $X^*_{0.5}$ der Variablen X^*_1, X^*_2, X^*_3 und ferner den Standardfehler der Stichprobenfunktion $X^*_{0.5}$ zu bestimmen.
Jede Realisierung des Tripels X^*_1, X^*_2, X^*_3 ist eine Kombination (mit Wiederholung) aus den drei Elementen der Basisstichprobe. Mit Berücksichtigung der Reihenfolge gibt es $n^n = 3^3 = 27$ verschiedene Kombinationen, von denen jede mit der Wahrscheinlichkeit $\frac{1}{27}$ auftritt. Ohne Berücksichtigung der Reihenfolge sind es $\binom{2n-1}{n} = \binom{5}{3} = 10$ verschiedene Kombinationen, die in Tab. 3.3 gemeinsam mit der entsprechenden Wahrscheinlichkeit P und dem Median aufgelistet sind. Bei der Berechnung der Wahrscheinlichkeiten ist zu beachten, dass z. B. die zweite dort angegebene Kombination die drei alternativen Ereignisse $X^*_1 = X^*_2 = 1, X^*_3 = 2$ oder $X^*_1 = X^*_3 = 1$ $X^*_2 = 2$ oder $X^*_1 = 2$, $X^*_2 = 1 = X^*_3 = 1$ zusammenfasst und daher die Wahrscheinlichkeit P des zusammengesetzten Ereignisses gleich $\frac{3}{27}$ ist. Die Wahrscheinlichkeitsfunktion f^* des Medians $X^*_{0.5}$ der Stichprobenvariablen X^*_1, X^*_2 und X^*_3 ist somit durch $f^*(1) = f^*(3) = \frac{7}{27}$, $f^*(2) = \frac{13}{27}$ und $f^*(x) = 0$ für $x \notin \{1, 2, 3\}$ gegeben.

---

[28] Dieses Intervall wird auch als „basic bootstrap interval" bezeichnet. Einen informativen Überblick über Bootstrap-Konfidenzintervalle findet man in Carpenter und Bithell (2000). Das Konfidenzintervall (3.37) und andere Bootstrap-Konfidenzintervalle – wie z. B. das Bootstrap-t-Intervall – können mit der R-Prozedur `boot.ci()` im Paket „boot" bestimmt werden. Im selben Paket findet sich auch die Prozedur `boot()` für die Erzeugung von Bootstrap-Stichproben. Das Bootstrap-t-Intervall wird in den Ergänzungen (Abschn. 2.10) erläutert.

Tab. 3.3 Mögliche Kombinationen mit Wiederholung und ohne Berücksichtigung der Reihenfolge (o.B.d.R.) aus der Basisstichprobe $x_1 = 1$, $x_2 = 2$, $x_3 = 3$, die zugehörigen Wahrscheinlichkeiten P und Mediane $x_{0.5}$ (zu Beispiel 1 von Abschn. 3.9)

Kombination o. B. d. R.	Wahrscheinlichkeit P	Median $x_{0.5}$
1, 1, 1	1/27	1
1, 1, 2	3/27	1
1, 1, 3	3/27	1
1, 2, 2	3/27	2
1, 2, 3	6/27	2
1, 3, 3	3/27	3
2, 2, 2	1/27	2
2, 2, 3	3/27	2
2, 3, 3	3/27	3
3, 3, 3	1/27	3
$\sum$	1	

Als Erwartungswert von $X_{0.5}^*$ erhält man $E(X_{0.5}^*) = 1 \cdot \frac{7}{27} + 2 \cdot \frac{13}{27} + 3 \cdot \frac{7}{27} = 2$. Die Varianz ist $Var(X_{0.5}^*) = (1-2)^2 \cdot \frac{7}{27} + (2-2)^2 \cdot \frac{13}{27} + (3-2)^2 \cdot \frac{7}{27} = \frac{14}{27} = 0.519$. Der Standardfehler des Medians ist $\sqrt{Var(X_{0.5}^*)} = 0.720$.

2. Im Anschluss an Beispiel 1 wird klar, dass die explizite Bestimmung der Verteilung einer Bootstrap-Schätzfunktion T_n^* mit größer werdendem Umfang der Basisstichprobe immer komplizierter wird. Im Sonderfall, dass es sich bei T_n^* um das Bootstrap-Mittel $\bar{X}_n^* = \frac{1}{n}(X_1^* + X_2^* + \cdots + X_n^*)$ handelt, kann der Erwartungswert $E(T_n^*)$ und die Varianz $Var(X_n^*)$ von T_n^* auch ohne genaue Kenntnis der Verteilungsfunktion exakt angegeben werden. Es gilt nämlich:

$$E(\bar{X}_n^*) = E\left(\frac{1}{n}\sum_{i=1}^{n}X_i^*\right) = \frac{1}{n}\sum_{i=1}^{n}E(X_i^*) = \frac{1}{n}\sum_{i=1}^{n}\sum_{j=1}^{n}x_j\frac{1}{n} = \bar{x},$$

$$Var(X_n^*) = Var\left(\frac{1}{n}\sum_{i=1}^{n}X_i^*\right) = \frac{1}{n^2}\sum_{i=1}^{n}Var(X_i^*)$$

$$= \frac{1}{n^2}\sum_{i=1}^{n}\sum_{j=1}^{n}(x_j - \bar{x})^2\frac{1}{n} = \frac{1}{n^2}\sum_{j=1}^{n}(x_j - \bar{x})^2 = \frac{s^{*2}}{n}.$$

$E(\bar{X}_n^*)$ und $Var(\bar{X}_n^*)$ sind somit Plug-In-Schätzwerte für den Mittelwert und die Varianz des Stichprobenmittels $\bar{X}_n$.

3. Im folgenden Rechenbeispiel ist mit $n = 8$ und $B = 10$ der Umfang der Basisstichprobe sowie die Anzahl der Bootstrap-Stichproben bewusst sehr klein gewählt, um die Anwendung der Bootstrap-Technik zur näherungsweisen Bestimmung des Standardfehlers einer Schätzfunktion T_n und eines Konfidenzintervalles ohne Computersimulation demonstrieren zu können. Als Basisstichprobe

Tab. 3.4 Bootstrap-Stichproben, 20 %-getrimmte Mittel $\bar{x}_{t,i}^*$ und mit $\bar{x}_t = 5.083$ zentrierte Mittel $\bar{x}_{t,i}^* - \bar{x}_t$ (zu Beispiel 3, Abschn. 3.9)

Nr. i	Bootstrap-Stichprobe								$\bar{x}_{t,i}^*$	$\bar{x}_{t,i}^* - \bar{x}_t$
1	−0.2	3.2	4.9	4.6	4.9	5.7	5.7	4.6	4.650	−0.4333
2	4.6	−0.2	5.7	4.6	4.9	4.6	4.6	−0.2	3.850	−1.2333
3	5.7	−0.2	4.9	4.8	4.8	8.0	3.2	3.2	4.433	−0.6500
4	7.3	4.8	−0.2	5.7	4.8	7.3	4.8	8.0	5.783	0.7000
5	−0.2	−0.2	4.8	4.6	−0.2	4.9	8.0	5.7	3.267	−1.8167
6	8.0	5.7	7.3	7.3	8.0	−0.2	4.8	4.6	6.283	1.2000
7	5.7	4.9	7.3	−0.2	8.0	5.7	4.6	8.0	6.033	0.9500
8	8.0	−0.2	−0.2	4.9	4.9	4.8	8.0	3.2	4.267	−0.8167
9	4.9	4.6	7.3	5.7	−0.2	4.8	4.9	4.8	4.950	−0.1333
10	5.7	4.6	3.2	4.9	5.7	4.9	−0.2	7.3	4.833	−0.2500
$\sum$									48.350	−2.4830

nehmen wir 8 zufällig generierte (und auf eine Nachkommastellen gerundete) Realisierungen einer $N(\mu, \sigma^2)$-verteilten Variablen ($\mu = 5, \sigma = 4$):

$$-0.2,\ 3.2,\ 7.3,\ 5.7,\ 4.9,\ 4.8,\ 8.0,\ 4.6.$$

Wir stellen uns die Aufgabe, den Standardfehler des γ-getrimmten Mittels $T_n = \bar{X}_t$ als Schätzfunktion für $\theta = \mu$ sowie ein 95 %iges Bootstrap-Konfidenzintervall zu bestimmen, und wählen $\gamma = 20\%$. Zur Bestimmung des 20 %-getrimmten Mittels $\bar{x}_t$ der Basisstichprobe lassen wir – wegen $g = [n\gamma] = [1.6] = 1$ – das größte und kleinste Element weg, und erhalten $\bar{x}_t = 5.083$ als arithmetisches Mittel der so verkürzten Basisstichprobe 3.2, 4.6, 4.8, 4.9, 5.7, 7.3. Die durch Zufallsziehung mit Zurücklegen aus der Basisstichprobe ausgewählten $B = 10$ Bootstrap-Stichproben sind in Tab. 3.4 zusammengefasst. Zusätzlich enthält die Tabelle für jede Stichprobe das 20 %-getrimmte Mittel $\hat{\theta}_i^* = \bar{x}_{t,i}^*$ sowie die entsprechenden zentrierten Mittel $\hat{\theta}_i^* - \hat{\theta} = \bar{x}_{t,i}^* - \bar{x}_t = \bar{x}_{t,i}^* - 5.083$. Das arithmetische Mittel der getrimmten Mittelwerte $\bar{x}_{t,i}$ ist $\bar{\theta}^* = 48.35/10 = 4.835$. Damit ergibt sich mit (3.36) der Schätzwert $s_B = 0.9658$ für die Standardabweichung (d. h. den Standardfehler) von $\bar{X}_t$. Um das Bootstrap-Konfidenzintervall (3.37) zum Niveau $1 - \alpha = 0.95$ zu bestimmen, benötigen wir das 2.5 %-Quantil $q_1^* = -1.685$ und das 97.5 %-Quantil $q_2^* = 1.144$ der Bootstrap-Schätzwerte $\bar{x}_{t,i}^* - \bar{x}_t$ ($i = 1, 2, \ldots, 10$). Die untere und obere Grenze des 95 %igen Bootstrap-Konfidenzintervalls für μ sind $u = \bar{x}_t - q_2^* = 5.083 - 1.144 = 3.939$ bzw. $o = \bar{x}_t - q_1^* = 5.083 + 1.685 = 6.768$.

Aufgaben

1. Für die Basisstichprobe mit den Elementen $x_1 = 1$, $x_2 = 0$ und $x_3 = 2$ bestimme man den Erwartungswert und den Standardfehler des Bootstrap-Schätzers $T_3^* = \min(X_1^*, X_2^*, X_3^*)$.

2. Es sei X eine Bernoulli-Variable mit der Wahrscheinlichkeitsfunktion f, die durch $f(1) = p$, $f(0) = 1 - p$ und $f(x) = 0$ für $x \notin \{0, 1\}$ gegeben ist. Ferner sei $x_1, x_2, \ldots, x_n$ eine Realisierung der Zufallsstichprobe $X_1, X_2, \ldots, X_n$ aus der Grundgesamtheit X. Man betrachte den Stichprobenanteil $\bar{X}_n = \sum_{i=1}^{n} X_i / n$, der eine erwartungstreue Schätzfunktion für p ist, und zeige, dass für den entsprechenden Bootstrap-Schätzer $\bar{X}_n^* = \sum_{i=1}^{n} X_i^* / n$ gilt:

$$E(\bar{X}_n^*) = \bar{x}, \quad Var(\bar{X}_n^*) = \frac{\bar{x}(1 - \bar{x})}{n}.$$

3. Man bestimme mit Formel (3.37) ein 95 %iges Bootstrap-Konfidenzintervall für den Mittelwert μ und verwende dabei das Stichprobenmittel $\bar{X}_n$ als Schätzfunktion und die folgende Basisstichprobe (Zufallsstichprobe aus normalverteilter Grundgesamtheit mit $\mu = 1$ und $\sigma^2 = 0.5$). Ferner bestimme man die Bootstrap-Schätzwerte für den Standardfehler und die Verzerrung (Bias) des Stichprobenmittels.

   Hinweis: Bei Verwendung einer entsprechenden Statistik-Software (wie z. B. R) führe man die Monte Carlo-Simulation mit zumindest $B = 1000$ Bootstrap-Stichproben aus.

−0.43	2.01	1.46	0.62	−0.77	1.72	0.65	1.21	1.58	2.77
1.79	1.48	2.42	1.22	0.08	0.95	0.72	0.60	1.26	1.08
0.40	0.51	0.60	0.43	1.13	0.10	0.61	1.41	0.82	1.85

3.10 Ergänzungen

1. *Minimaleigenschaft des arithmetischen Mittels.* Ist $x_1, x_2, \ldots, x_n$ eine Stichprobe vom Umfang n und ξ irgendeine reelle Zahl, so nimmt die Summe $Q(\xi) = \sum_{i=1}^{n} (x_i - \xi)^2$ den kleinsten Wert für das arithmetische Mittel $\xi = \bar{x} = \frac{1}{n} \sum_{i=1}^{n} x_i$ an. Diese Minimaleigenschaft des arithmetischen Mittels kann schnell aus der Umformung (die Summen erstrecken sich jeweils von 1 bis n)

$$Q(\xi) = \sum_{i} (x_i - \xi)^2 = \sum_{i} x_i^2 - 2\xi \sum_{i} x_i + \sum_{i} \xi^2$$

$$= n\xi^2 - 2n\bar{x}\xi + \sum_{i} x_i^2 = n(\xi - \bar{x})^2 + \sum_{i} x_i^2 - n\bar{x}^2 \geq Q(\bar{x})$$

erkannt werden. Für $\xi = \bar{x}$ nimmt $Q(\xi)$ den kleinsten Wert $Q(\bar{x})$ an. Das Prinzip, einen Parameter durch Minimierung einer geeignet gewählten Summe von Abweichungsquadraten zu bestimmen, wird als **Methode der kleinsten Quadrate** bezeichnet.

2. *Minimaleigenschaft des Medians.* Wieder sei $x_1, x_2, \ldots, x_n$ eine Stichprobe und $x_{(1)}, x_{(2)}, \ldots x_{(n)}$ die (nach aufsteigender Größe geordnete) Ordnungsreihe der Stichprobe. Wir geben im Folgenden eine Begründung für die Minimaleigenschaft des Medians, dass nämlich die Summe $S(\xi) = \sum_{i=1}^{n} |x_i - \xi|$

der absoluten Abweichungen der Stichprobenwerte x_i von irgendeiner reellen Zahl ξ ihr Minimum für den Median $\xi = Q_2$ annimmt. Bei ungeradem n ist $Q_2 = x_{(\frac{n+1}{2})}$ und das Minimum von S ist eindeutig bestimmt. Bei geradem n ist $Q_2 = \frac{1}{2}[x_{(\frac{n}{2})} + x_{(\frac{n}{2}+1)}]$ und S weist an jeder Stelle des Intervalls $[x_{(\frac{n}{2})}, x_{(\frac{n}{2}+1)}]$ den Minimalwert $S(Q_2)$ auf.

Wir betrachten S zunächst im Intervall $x_{(j)} \leq \xi < x_{(j+1)}$ ($j = 1, 2, \ldots, n-1$), schreiben für die auf dieses Intervall eingeschränkte Funktion S_j und nehmen die Umformung

$$S_j(\xi) = \sum_{i=1}^{n} |x_i - \xi| = \sum_{i=1}^{n} |x_{(i)} - \xi| = \sum_{i=1}^{j} (\xi - x_{(i)}) + \sum_{i=j+1}^{n} (x_{(i)} - \xi)$$

$$= j\xi - \sum_{i=1}^{j} x_{(i)} + \sum_{i=j+1}^{n} x_{(i)} - (n-j)\xi$$

$$= (2j - n)\xi - \sum_{i=1}^{j} x_{(i)} + \sum_{i=j+1}^{n} x_{(i)}$$

vor. S_j ist linear mit dem Anstieg $2j - n$ und stetigem Übergang in das nächstfolgende Intervall, d. h. $S_j(x_{(j+1)}) = S_{(j+1)}(x_{(j+1)})$. Der Anstieg ist positiv (d. h. S_j ist monoton steigend) für $j > n/2$ und negativ (d. h. S_j ist monoton fallend) für $j < n/2$. Für ganzzahliges $j = n/2$ (d. h. für gerades n) ist S_j konstant im Intervall $x_{(\frac{n}{2})} \leq \xi \leq x_{(\frac{n}{2}+1)}$. Ferner ist S für $\xi < x_{(1)}$ monoton fallend und für $\xi > x_{(n)}$ monoton steigend. Somit ist S bei ungeradem n eine stetige Funktion, die bis $x_{(\frac{n+1}{2})}$ monoton fällt und von dort weg monoton steigt, also ein eindeutig bestimmten Minimum an der Stelle $Q_2 = x_{(\frac{n+1}{2})}$ besitzt.

Bei geradem n ist S monoton fallend bis $x_{(\frac{n}{2})}$, ab der Stelle $x_{(\frac{n}{2}+1)}$ monoton steigend und konstant zwischen $x_{(\frac{n}{2})}$ und $x_{(\frac{n}{2}+1)}$; auch in diesem Fall ist $Q_2 = \frac{1}{2}[x_{(\frac{n}{2})} + x_{(\frac{n}{2}+1)}]$ eine (nicht eindeutig bestimmte) Minimumstelle von S.

3. *Beste lineare unverzerrte Schätzfunktion.* Es sei X ein Zufallsvariable mit dem Mittelwert $\mu = E(X)$ und der Varianz $\sigma^2 = Var(X)$. Wir zeigen, dass das **Stichprobenmittel** $\bar{X}_n$ die beste lineare unverzerrte Schätzfunktion für den Mittelwert μ ist. Das heißt, für alle Linearkombinationen $L_n = c_1 X_1 + c_2 X_2 + \cdots c_n X_n$ der Stichprobenvariablen X_i mit reellen Koeffizienten c_i und $\sum_{i=1}^{n} c_i = 1$ gilt: $Var(L_n) \geq Var(\bar{X}_n) = \sigma^2/n$. Auf Grund der Voraussetzung $\sum_{i=1}^{n} c_i = 1$ ist L_n wegen

$$E(L_n) = E(c_1 X_1 + c_2 X_2 + \cdots + c_n X_n)$$
$$= c_1 E(X_1) + c_2 E(X_2) + \cdots + c_n E(X_n)$$
$$= (c_1 + c_2 + \cdots + c_n)\mu = \mu$$

eine erwartungstreue Schätzfunktion für μ. Die Varianz von L_n kann wie folgt umgeformt werden:

$$Var(L_n) = Var\left(\sum_{i=1}^{n} c_i X_i\right) = \sum_{i=1}^{n} c_i^2 Var(X_i) = \sigma^2 \sum_{i=1}^{n} c_i^2$$

$$= \sigma^2 \sum_{i=1}^{n}\left(c_i^2 - 2c_i\frac{1}{n} + \frac{1}{n^2} + 2c_i\frac{1}{n} - \frac{1}{n^2}\right)$$

$$= \sigma^2 \sum_{i=1}^{n}\left(c_i - \frac{1}{n}\right)^2 + \frac{\sigma^2}{n} \sum_{i=1}^{n}\left(2c_i - \frac{1}{n}\right)$$

$$= \sigma^2 \sum_{i=1}^{n}\left(c_i - \frac{1}{n}\right)^2 + \frac{\sigma^2}{n}.$$

Daraus folgt unmittelbar, dass $Var(L_n)$ den kleinsten Wert σ^2/n annimmt, wenn alle $c_i = 1/n$ sind, d. h., wenn $L_n = \bar{X}_n$ ist. Setzt man $c_i = a_i/\sum_{i=1}^{n} a_i$ mit reellen Zahlen $a_i \geq 0$ und mindestens einem $a_i > 0$, nimmt L_n die Gestalt des gewogenen Stichprobenmittels (3.14) an.

4. *Schwache Konsistenz der Stichprobenvarianz.* Wie im vorangehenden Punkt ist X eine Zufallsvariable mit dem Mittelwert μ und der Varianz σ^2 und $X_1, X_2, \ldots, X_n$ eine Zufallsstichprobe aus der Grundgesamtheit X. Für alle Stichprobenvariablen gilt im Besonderen $E(X_i) = \mu$ und $Var(X_i) = \sigma^2$. In Abschn. 3.5, Beispiel 3, wurde ausgeführt, dass die Stichprobenvarianz S_n^2 eine erwartungstreue Schätzfunktion für den Parameter $\sigma^2 = Var(X)$ ist. Wir zeigen nun, dass $Var(S_n^2) \to 0$ für $n \to \infty$ gilt. Daraus folgt, dass die **Stichprobenvarianz konvergent** im quadratischen Mittel und schwach **konsistent** ist. Da die Varianz invariant gegenüber Nullpunktsverschiebungen ist, können wir ohne Beschränkung der Allgemeinheit den Skalennullpunkt an die Stelle μ verlegen, so dass $E(X) = 0$ und ebenso $E(X_i) = 0$ für alle Stichprobenvariablen sind. Dies vereinfacht die nun folgende längere Rechnung.

Mit Hilfe des Verschiebungssatzes (2.11) erhält man zunächst

$$Var(S_n^2) = E((S_n^2)^2) - (E(S_n^2))^2 = E((S_n^2)^2) - \sigma^4.$$

Indem wir $S_n^2 = \frac{1}{n-1}(\sum_{i=1}^{n} X_i^2 - n\bar{X}_n^2)$ (siehe die erste Umformung in Beispiel 3 von Abschn. 3.5 unter Beachtung von $\mu = 0$) setzen, ergibt sich

$$(n-1)^2 E((S_n^2)^2) = E\left(\left[\sum_{i=1}^{n} X_i^2 - n\bar{X}_n^2\right]^2\right)$$

$$= E\left(\left[\sum_{i=1}^{n} X_i^2\right]^2\right) - 2n\, E\left(\bar{X}_n^2 \sum_{i=1}^{n} X_i^2\right) + n^2 E(\bar{X}_n^4).$$

Wir bezeichnen die Erwartungswerte in den drei erhaltenen Summanden mit E_1, E_2 bzw. E_3 und lassen in den folgenden Umformungen die Summationsgrenzen zur Vereinfachung der Schreibweise weg. Es ist

$$E_1 = E\left(\left[\sum_i X_i^2\right]^2\right) = E\left(\sum_i X_i^2 \sum_j X_j^2\right)$$

$$= E\left(\sum_i \sum_j X_i^2 X_j^2\right) = E\left(\sum_i X_i^2\left[X_i^2 + \sum_{j \neq i} X_j^2\right]\right)$$

$$= E\left(\sum_i X_i^4\right) + E\left(\sum_i \sum_{j \neq i} X_i^2 X_j^2\right)$$

$$= \sum_i E(X_i^4) + \sum_i \sum_{j \neq i} E(X_i^2 X_j^2) = \sum_i c_4 + \sum_i \sum_{j \neq i} E(X_i^2)E(X_j^2)$$

$$= nc_4 + n(n-1)\sigma^4.$$

Hier ist $c_4 = E(X_i^4)$ das als endlich vorausgesetzte vierte zentrale Moment der Stichprobenvariablen X_i (vgl. Abschn. 2.5). Da die Stichprobenvariablen unabhängig sind, gilt dies auch für deren Quadrate, so dass $E(X_i^2 X_j^2) = E(X_i^2)E(X_j^2) = \sigma^2 \cdot \sigma^2 = \sigma^4$ ist. Für den zweiten Erwartungswert E_2 erhält man:

$$E_2 = E\left(\bar{X}_n^2 \sum_i X_i^2\right) = E\left(\frac{1}{n^2}\left[\sum_i X_i\right]^2 \sum_k X_k^2\right)$$

$$= \frac{1}{n^2} E\left(\left[\sum_i X_i^2 + \sum_i \sum_{j \neq i} X_i X_j\right] \sum_k X_k^2\right)$$

$$= \frac{1}{n^2} E\left(\sum_i X_i^2 \sum_j X_j^2\right) + \frac{1}{n^2} E\left(\sum_i \sum_{j \neq i} X_i X_j \sum_k X_k^2\right)$$

$$= \frac{E_1}{n^2} + \frac{1}{n^2} E\left(\sum_i \sum_{j \neq i} X_i X_j\left[X_i^2 + X_j^2 + \sum_{k \neq i,j} X_k^2\right]\right)$$

$$= \frac{E_1}{n^2} + \frac{1}{n^2}\left[\sum_i \sum_{j \neq i} E(X_i^3 X_j) + \sum_i \sum_{j \neq i} E(X_i X_j^3)\right.$$

$$\left. + \sum_i \sum_{j \neq i} \sum_{k \neq i,j} E(X_i X_j X_k^2)\right]$$

Wegen der Unabhängigkeit der Stichprobenvariablen und der Voraussetzung $\mu = 0$ sind die Summen innerhalb den eckigen Klammern null, so dass $E_2 =$

E_1/n^2 ist. Wir kommen zum dritten Erwartungswert E_3:

$$E_3 = E(\bar{X}_n^4) = \frac{1}{n^4} E\left(\left[\sum_i X_i\right]^2 \left[\sum_j X_j\right]^2\right)$$

$$= \frac{1}{n^4} E\left(\left[\sum_i X_i^2 + \sum_i \sum_{j \neq i} X_i X_j\right]\left[\sum_k X_k^2 + \sum_k \sum_{r \neq k} X_k X_r\right]\right)$$

$$= \frac{1}{n^4} E\left(\sum_i X_i^2 \sum_k X_k^2\right) + \frac{1}{n^4} E\left(\sum_i \sum_{j \neq i} X_i X_j \sum_k X_k^2\right)$$

$$+ \frac{1}{n^4} E\left(\sum_k \sum_{r \neq k} X_k X_r \sum_i X_i^2\right) + \frac{1}{n^4} E\left(\sum_i \sum_{j \neq i} X_i X_j \sum_k \sum_{r \neq k} X_k X_r\right).$$

Der erste der erhaltenen Erwartungswerte stimmt mit E_1 überein, die Erwartungswerte im zweiten und dritten Summanden sind jeweils null (und schon bei der Berechnung von E_2 aufgetreten). Für den letzten Erwartungswert erhält man nach längerer Rechnung und unter Beachtung der Voraussetzungen das Ergebnis:

$$E_3^* = E\left(\sum_i \sum_{j \neq i} X_i X_j \sum_k \sum_{r \neq k} X_k X_r\right) = 2n(n-1)\sigma^4.$$

Durch Zusammenfassen aller Teilergebnisse ergibt sich

$$E((S_n^2)^2) = \frac{1}{(n-1)^2}\left(E_1 - 2n\frac{E_1}{n^2} + n^2\frac{E_1 + E_1^*}{n^4}\right)$$

$$= \frac{c_4}{n} + \frac{n^2 - 2n + 3}{n(n-1)}\sigma^4$$

und schließlich

$$Var(S_n^2) = E((S_n^2)^2) - \sigma^4 = \frac{1}{n}\left(c_4 - \frac{n-3}{n-1}\sigma^4\right).$$

Es folgt, dass – bei endlichem Moment c_4 – die Varianz der Stichprobenvarianz S_n^2 mit wachsendem n gegen null geht. Bei normalverteilter Grundgesamtheit X kann c_4 explizit berechnet werden. Man erhält

$$c_4 = \frac{1}{\sigma\sqrt{2\pi}}\int\limits_{-\infty}^{+\infty}(x-\mu)^4 e^{-(x-\mu)^2/(2\sigma^2)}dx = 3\sigma^4\frac{1}{\sqrt{2\pi}}\int\limits_{-\infty}^{+\infty} e^{-t^2/2}dt = 3\sigma^4$$

und für die Varianz der Stichprobenvarianz $Var(S_n^2) = 2\sigma^4/(n-1)$.

5. *Die Momenten-Methode.* Es sei θ der zu schätzende Parameter der Verteilung einer Zufallsvariablen X mit dem Erwartungswert μ und der Varianz σ^2. Um nach der Momenten-Methode einen Schätzwert $\hat{\theta}$ für θ zu erhalten, drückt man zuerst den Mittelwert μ (d. h. das erste Moment $m_1 = \mu$ der Verteilung von X) in Abhängigkeit von θ aus. Die Abhängigkeit möge durch die Funktionsgleichung $\mu = g(\theta)$ erfasst sein. Indem dann μ durch das aus den Werten $x_1, x_2, \ldots, x_n$ einer Zufallsstichprobe berechnete arithmetische Mittel $\bar{x}$ approximiert wird, erhält man die Gleichung $\bar{x} = g(\theta)$. Wir nehmen an, dass diese Gleichung die eindeutig bestimmte Lösung $\hat{\theta} = g^{-1}(\bar{x})$ besitzt. Dann ist $\hat{\theta}$ ein Schätzwert für θ. Ersetzt man $\bar{x}$ durch das Stichprobenmittel $\bar{X}_n$, ergibt sich der sogenannte M-Schätzer $g^{-1}(\bar{X}_n)$ als Schätzfunktion für θ.

Sind zwei Parameter θ_1 und θ_2 zu schätzen, so stellt man den Mittelwert μ und die Varianz σ^2 in Abhängigkeit von θ_1 und θ_2 dar. Anschließend wird μ und σ^2 durch das arithmetische Mittel $\bar{x}_n$ bzw. durch die Varianz s^2 ersetzt und versucht, das Gleichungssystem nach θ_1 und θ_2 aufzulösen. Der springende Punkt ist die Gleichsetzung des Mittelwertes und der Varianz (diese ist das zweite zentrale Moment der Verteilung von X) mit den entsprechenden, aus einer Zufallsstichprobe errechneten empirischen Maßzahlen.

Beispiel 1: Von einer zum Zeitpunkt t aus n Individuen bestehenden Kohorte sind zum Zeitpunkt t' ($t' > t$) noch n' am Leben. Das Überleben der Individuen wird im Rahmen einer sogenannten Sterbetafelanalyse so modelliert, dass jedem Individuum i ($i = 1, 2, \ldots, n$) eine Zufallsvariable X_i zugeordnet wird, die den Wert 1 oder 0 erhält je nachdem, ob das jeweilige Individuum den Zeitpunkt t' erlebt bzw. nicht erlebt. Die Wahrscheinlichkeit, die Zeitspanne von t bis t' zu überleben, seien für jedes Individuum gleich. Wenn sich die Individuen in ihrem Überlebensverhalten nicht beeinflussen, sind die X_i unabhängig und identisch, mit dem Parameter $p = P(X_i = 1)$ verteilte Bernoulli-Variable. Der nach der Momentenmethode bestimmte Schätzwert $\hat{p}$ für p ist wegen $E(X_i) = \mu = p$ gleich dem aus den Beobachtungsdaten errechneten arithmetischen Mittel $\bar{x} = \sum_i x_i/n = n'/n$ der Realisierungen x_i von X_i, d. h. $\hat{p} = n'/n$. Das ist derselbe Schätzwert, der sich auch mit der Maximum Likelihood-Methode für p ergeben hat (vgl. Beispiel 1 von Abschn. 3.5).

Beispiel 2: Im Rahmen einer ökologischen Studie werden 20 Untersuchungsflächen bestimmter Größe aufs Geratewohl ausgewählt und die Anzahl X der darauf befindlichen Individuen (z. B. Larven von Eintagsfliegen) gezählt. Die Auszählung ergab, dass sich auf fünf der 20 Flächen nur zwei, auf weiteren fünf je vier und auf den restlichen zehn Flächen je drei Individuen befanden. Unter der Voraussetzung, dass X binomialverteilt ist, sollen Schätzwerte $\hat{n}$ und $\hat{p}$ für die Verteilungsparameter n bzw. p berechnet werden (vgl. Elliott 1983). Für eine $B_{n,p}$-verteilte Zufallsvariable X gilt nach (2.21a) $E(X) = \mu = np$ und $Var(X) = \sigma^2 = \mu(1 - \mu/n)$. Aus der zweiten Gleichung findet man unmittelbar $n = \mu^2/(\mu - \sigma^2)$. Setzt man den erhaltenen Ausdruck für n in $p = \mu/n$ ein, hat man auch p durch μ und σ^2 ausgedrückt. Nach der Momenten-

Methode sind μ und σ^2 durch die aus den Beobachtungsdaten berechneten Maßzahlen $\bar{x} = 3$ bzw. $s^2 = 0.53$ zu ersetzen. Für n ergibt die Rechnung zunächst $n = 3.6$. Offensichtlich muss n ganzzahlig und wenigstens ebenso groß wie der größte beobachtete Wert von X sein. Wir setzen daher $\hat{n} = 4$. Aus $p = \bar{x}/n$ folgt dann der zweite Schätzwert $\hat{p} = 3/4 = 0.75$.

6. *Erwartungswert einer einer χ_n^2-verteilten Zufallsvariablen.* Es sei $Y = Z_1^2$ eine Zufallsvariable mit $N(0, 1)$-verteiltem Z_1. Dann ist $Y \sim \chi_1^2$ mit der Verteilungsfunktion $F(y) = 0$ für $y \leq 0$ und

$$F(y) = P(Y \leq y) = P(Z_1^2 \leq y) = P(-\sqrt{y} \leq Z_1 \leq \sqrt{y})$$
$$= \Phi(\sqrt{y}) - \Phi(-\sqrt{y}) = 2\Phi(\sqrt{y}) - 1$$

für $y > 0$. Hier bezeichnet Φ die Verteilungsfunktion der $N(0, 1)$-Verteilung. Wegen der Symmetrie der Standardnormalverteilungsdichte φ ist $\Phi(-\sqrt{y}) = 1 - \Phi(\sqrt{y})$. Die Dichtefunktion f von Y ergibt sich als erste Ableitung der Verteilungsfunktion, d. h. $f(y) = \frac{dF}{dy}(y) = 0$ für $y \leq 0$ und

$$f(y) = \frac{dF}{dy}(y) = 2\frac{d\Phi}{d(\sqrt{y})}(\sqrt{y})\frac{d(\sqrt{y})}{dy} = 2\varphi(\sqrt{y})\frac{1}{2\sqrt{y}} = \frac{1}{\sqrt{2\pi y}}e^{-y/2}$$

für $y > 0$. Der Erwartungswert von Y ist durch

$$E(Y) = \int\limits_{-\infty}^{\infty} yf(y)dy = \frac{1}{\sqrt{2\pi}}\int\limits_{0}^{\infty} \sqrt{y}e^{-y/2}dy$$

gegeben. Das Integral kann berechnet werden, wenn man partiell integriert und anschließend zur Variablen $t = \sqrt{y}$ übergeht. Es ergibt sich:

$$\frac{1}{\sqrt{2\pi}}\int\limits_{0}^{\infty} \sqrt{y}e^{-y/2}dy = \frac{1}{\sqrt{2\pi}}\int\limits_{0}^{\infty} \frac{1}{\sqrt{y}}e^{-y/2}dy$$
$$= \sqrt{\frac{2}{\pi}}\int\limits_{0}^{\infty} e^{t^2/2}dt = \sqrt{\frac{2}{\pi}}\frac{\sqrt{2\pi}}{2} = 1.$$

Damit haben wir gezeigt, dass $E(Z_1^2) = 1$ ist. Für die Summe $Z_1^2 + Z_2^2 + \cdots + Z_n^2$ von n unabhängigen und $N(0, 1)$-verteilten Zufallsvariablen folgt unter Beachtung der Additivitätsregel

$$E(Z_1^2 + Z_2^2 + \cdots + Z_n^2) = E(Z_1^2) + E(Z_2^2) + \cdots + E(Z_n^2) = n,$$

d. h. der Erwartungswert einer χ_n^2-verteilten Zufallsvariablen ist gleich dem Freiheitsgrad n. Durch eine ähnliche Überlegung kann man zeigen, dass die Varianz einer χ_n^2-verteilten Zufallsvariablen gleich dem 2-fachen Freiheitsgrad $2n$ ist.

7. *Beziehungen zwischen den Prüfverteilungen.* Die Quantile der χ_1^2-Verteilung können auf Quantile der Standardnormalverteilung zurückgeführt werden. Nach Definition ist das Quadrat einer $N(0, 1)$-verteilten Zufallsvariablen X chiquadratverteilt mit einem Freiheitsgrad. Sind $c = \chi_{1,\alpha}^2$ das α-Quantil $(0 < \alpha < 1)$ der χ_1^2-Verteilung und Φ die Verteilungsfunktion der $N(0, 1)$-Verteilung, so gilt:

$$\alpha = P(X^2 \le c) = P\left(-\sqrt{c} \le X \le \sqrt{c}\right) = \Phi\left(\sqrt{c}\right) - \Phi\left(-\sqrt{c}\right)$$
$$= \Phi\left(\sqrt{c}\right) - 1 + \Phi\left(\sqrt{c}\right) = 2\Phi\left(\sqrt{c}\right) - 1$$

Es folgt, dass $\sqrt{c}$ gleich dem $(1 + \alpha)/2$-Quantil $z_{(1+\alpha)/2}$ der $N(0, 1)$-Verteilung ist, d.h. $\chi_{1,\alpha}^2 = z_{(1+\alpha)/2}^2$. Zum Beispiel ist $\chi_{1,0.95}^2 = 3.84 = z_{0.975}^2 = 1.96^2$.

Die F_{f_1,f_2}-Verteilung wurde als Verteilung des Quotienten $F = \frac{V_1/f_1}{V_2/f_2}$ mit zwei unabhängigen Zufallsvariablen $V_1 \sim \chi_{f_1}^2$ und $V_2 \sim \chi_{f_2}^2$ eingeführt. Mit wachsendem f_2 nähert sich die Verteilung von $f_1 F$ der $\chi_{f_1}^2$-Verteilung und im Grenzfall $f_2 = \infty$ gilt: $f_1 F \sim \chi_{f_1}^2$. So ist z.B. das 95%-Quantil der $F_{10,500}$-Verteilung $F_{10,500,0.95} = 1.8496$; mit dem Freiheitsgrad $f_1 = 10$ multipliziert ist das ungefähr gleich dem 95%-Quantil $\chi_{10,0.95}^2 = 18.31$ der χ_{10}^2-Verteilung. Der Sachverhalt wird verständlich, wenn man beachtet, dass $E(V_2/f_2) = 1$ und $Var(V_2/f_2) = 2/f_2$ ist. Lässt man also f_2 gegen ∞ gehen, so strebt die Varianz $Var(V_2/f_2)$ gegen null und die Variable V_2/f_2 gegen 1.

Die Zufallsvariable $T = Z/\sqrt{V/f}$ mit $N(0, 1)$-verteiltem Z und χ_f^2-verteiltem V ist bekanntlich t-verteilt mit f Freiheitsgraden. Die Verteilung von T strebt mit wachsendem f gegen die Verteilung von Z, d.h. gegen die Standardnormalverteilung. Dies wird plausibel, wenn man $V/f \to 1$ für $f \to \infty$ beachtet.

Schließlich folgt aus der Definition der F_{f_1,f_2}-Verteilung – als Verteilung des Quotienten $F = \frac{V_1/f_1}{V_2/f_2}$ – und der Definition der t_f-Verteilung – als Verteilung der Größe $T = Z/\sqrt{V/f}$ – unmittelbar, wenn man $f_1 = 1$ setzt, dass das Quadrat einer t_f-verteilten Zufallsvariablen $F_{1,f}$-verteilt ist. Damit lassen sich die Quantile der $F_{1,f}$-Verteilung auf die Quantile der t_f-Verteilung zurückführen. Es gilt: $F_{1,f,\alpha} = t_{f,(1+\alpha)/2}^2$. Z.B. ist $F_{1,5,0.95} = t_{5,0.975}^2 = 2.570582^2 = 6.607891$.

8. *Die Grenzen des Konfidenzintervalls* (3.28a). Wir machen uns die Formeln (3.28a), (3.28b) und (3.28c) für die Grenzen des Wilson-Intervalls an Hand einer geometrischen Überlegung klar. Für $0 < p < 1$ kann die Ungleichungskette

$$-z_{1-\alpha/2} \le \frac{H_n - np}{\sqrt{np(1 - p)}} \le z_{1-\alpha/2}$$

Abb. 3.16 Skizze zur Herleitung der Grenzen (3.28a) des Wilson-Konfidenzintervalls. Die Grenzen U_W und O_W sind gleich den Lösungen der Gleichungen $f_l(p) = f_r(p)$ bzw. $f_l(p) = -f_r(p)$ im Intervall $0 < p < 1$. Für die Zeichnung wurde $n = 50$, $H_n = 30$ und $\alpha = 0.05$ angenommen

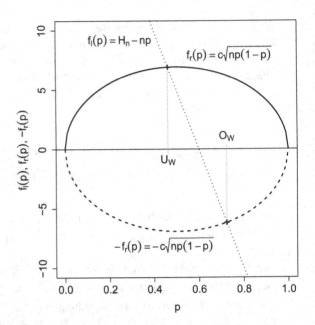

mit dem Nenner $\sqrt{np(1-p)}$ multipliziert und in die äquivalenten Ungleichungen

$$H_n - np \leq z_{1-\alpha/2}\sqrt{np(1-p)} \quad \text{und} \quad H_n - np \geq -z_{1-\alpha/2}\sqrt{np(1-p)} \tag{3.38}$$

zerlegt werden. Es ist zu zeigen, dass (3.38) genau dann erfüllt ist, wenn $p \leq O_W$ und $p \geq U_W$ mit den durch (3.28a), (3.28b) und (3.28c) gegebenen Grenzen gilt. Mit den Bezeichnungen $f_l(p) = H_n - np$ und $f_r(p) = c\sqrt{np(1-p)}$ können die Ungleichungen (3.38) in der Form $f_l(p) \leq f_r(p)$ und $f_l(p) \geq -f_r(p)$ geschrieben werden. Dabei wurde zur Vereinfachung der Schreibweise $c = z_{1-\alpha/2}$ gesetzt. Die Funktionen f_l, f_r und $-f_r$ sind in Abb. 3.16 über dem betrachteten Wertebereich $0 < p < 1$ skizziert. Man erkennt, dass die Gleichungen $f_l(p) = f_r(p)$ und $f_l(p) = -f_r(p)$ im Intervall $0 < p < 1$ die Lösungen $p = U_W$ bzw. $p = O_W$ besitzen. Ferner kann aus Abb. 3.16 entnommen werden, dass $p \geq U_W$ und $p \leq O_W$ die Lösungsmengen von $f_l(p) \leq f_r(p)$ bzw. $f_l(p) \geq -f_r(p)$, d. h. der Ungleichungen (3.38), sind. Es verbleibt die Aufgabe, die Lösungen der Gleichungen $f_l(p) = f_r(p)$ und $f_l(p) = -f_r(p)$ zu berechnen. Durch Quadrieren nehmen beide Gleichungen die Gestalt $(H_n - np)^2 = c^2 np(1-p)$ an. Wir haben also die quadratische Gleichung

$$Q(p) = p^2 - \frac{(2H_n + c^2)}{n + c^2}p + \frac{H_n^2}{n(n + c^2)} = 0$$

mit den Lösungen

$$p_{\pm} = \frac{H_n + \frac{c^2}{2}}{n + c^2} \pm \frac{c}{n + c^2} \sqrt{\frac{H_n(n - H_n)}{n} + \frac{c^2}{4}} = M_W \pm \frac{1}{2} L_W.$$

Man beachte, dass M_W die Klassenmitte (3.28b) und L_W die Intervallbreite (3.28c) ist. Wegen $Q(0) > 0$, $Q(H_n/n) < 0$ und $Q(1) > 0$ gilt $0 < p_- < H_n/n < p_+ < 1$, soferne H_n weder 0 noch n ist. In den Sonderfällen $H_n = 0$ und $H_n = n$ ergibt sich $p_- = 0$ bzw. $p_+ = 1$. Die gesuchten Grenzen sind $U_W = p_-$ und $O_W = p_+$.

9. *Die Grenzen des Konfidenzintervalls* (3.35). Wir skizzieren im Folgenden die Herleitung der Formeln (3.34) für die Grenzen des zweiseitigen $(1 - \alpha)$-Konfidenzintervalls für den Parameter λ einer Poisson-verteilten Zufallsvariablen X. Dabei gehen wir von Formel (3.32b) aus, d. h. von der Beziehung

$$\sum_{i=0}^{x} B_{n,p}(i) = 1 - P(W \le w_o)$$

$$\text{mit } W \sim F_{2(x+1), 2(n-x)} \text{ und } w_o = \frac{n-x}{x+1} \frac{p}{1-p}.$$

Nach dem Grenzwertsatz von Poisson streben die Binomialwahrscheinlichkeiten $B_{n,p}(i)$ für $n \to \infty$ bei festem $\lambda = np$ gegen die Poissonwahrscheinlichkeiten $P_\lambda(i)$. Damit ist einerseits $\lim_{n\to\infty} \sum_{i=0}^{x} B_{n,p}(i) = \sum_{i=0}^{x} P_\lambda(i)$. Andererseits ist

$$\lim_{n\to\infty} w_o = \lim_{n\to\infty} \frac{\lambda(1 - x/n)}{(x+1)(1 - \lambda/n)} = \frac{\lambda}{x+1}$$

und W geht für $n \to \infty$ über in die Zufallsvariable $\frac{V}{2(x+1)}$ mit $V \sim \chi^2_{2(x+1)}$. Damit kann (3.34) in

$$\sum_{i=x}^{\infty} P_\lambda(i) = 1 - \sum_{i=0}^{x-1} P_\lambda(i) = 1 - [1 - P(V \le 2\lambda)] = \frac{\alpha}{2} \quad \text{mit } V \sim \chi^2_{2x}$$

übergeführt werden. Es folgt, dass 2λ gleich dem $\alpha/2$-Quantil $\chi^2_{2x,\alpha/2}$ der χ^2_{2x}-Verteilung ist, so dass die Lösung von (2.36) – wie in (2.37) angeführt – durch $\lambda = u_\lambda = \frac{1}{2}\chi^2_{2x,\alpha/2}$ gegeben ist.

10. *Der Jackknife-Algorithmus.* Der Jackknife-Algorithmus wurde entwickelt, um Schätzwerte für die Verzerrung (Bias) und den Standardfehler von Stichprobenfunktionen auf numerischem Wege zu bestimmen. Es sei $\hat{\theta}$ eine Maßzahl der Verteilung einer Zufallsvariablen X und $T_n = t_n(X_1, X_2, \ldots, X_n)$ eine Schätzfunktion für θ. Von X möge eine konkrete Stichprobe mit den Werten $X_1 = x_1, X_2 = x_2, \ldots, X_n = x_n$ vorliegen, die wir als Basisstichprobe bezeichnen. Setzt man die Werte der Basisstichprobe in die Schätzfunktion t_n

ein, erhält man den Plug In-Schätzwert $\hat{\theta} = t_n(x_1, x_2, \ldots, x_n)$ für θ. Beim Bootstrap-Verfahren werden Werte $\hat{\theta}_i^*$ der Schätzfunktion gebildet, in dem man Bootstrap-Stichproben (durch zufällige Auswahl – mit Zurücklegen – von n Elementen aus der Basisstichprobe) erzeugt und die Elemente dieser Stichproben in die Schätzfunktion einsetzt. Bootstrap-Stichproben sind also vollständige „Resamples" der Basisstichprobe, d.h., sie besitzen wie die Basisstichprobe den Umfang n.

Im Gegensatz dazu erzeugt man beim Jackknife-Verfahren Replikationen der Schätzfunktion, indem man ein Element aus der Basisstichprobe weglässt und die verbleibenden $n-1$ Elemente in die Schätzfunktion t_{n-1} einsetzt. Bei n Elementen in der Basisstichprobe gibt es also n mögliche Jackknife-Stichproben und ebenso viele Jackknife-Replikationen. Wir bezeichnen die Jackknife-Replikation durch $\hat{\theta}_{(-i)}^J$, wenn sie mit der um das Element x_i ($i = 1, 2, \ldots, n$) verkürzten Basisstichprobe berechnet wurde, und definieren die Jackknife-Schätzwerte für die Verzerrung und den Standardfehler der Schätzfunktion T_n durch

$$b_J = (n-1)\left(\bar{\theta}^J - \hat{\theta}\right) \quad \text{bzw.} \quad s_J = \sqrt{\frac{n-1}{n} \sum_{i=1}^{n} \left(\hat{\theta}_{(-i)}^J - \bar{\theta}^J\right)^2}. \quad (3.39)$$

Hier ist $\bar{\theta}^J = \frac{1}{n} \sum_{i=1}^{n} \hat{\theta}_{(-i)}^J$ das arithmetische Mittel der n Jackknife-Replikationen.[29]

Beispiel: In Beispiel 3 von Abschn. 3.9 wurden auf der Grundlage der Basisstichprobe -0.2, 3.2, 7.3, 5.7, 4.9, 4.8, 8.0, 4.6 Bootstrap-Schätzwerte für den Standardfehler des 20%-getrimmten Mittels $\bar{X}_t$ bestimmt. Wir zeigen mit derselben Basisstichprobe die Anwendung der Formeln (3.39) zur Berechnung der Jackknife-Schätzwerte für die Verzerrung und den Standardfehler von $\bar{X}_t$. Die Jackknife-Replikationen $\hat{\theta}_{(-i)}^J$ der Schätzfunktion $\bar{X}_t$ sind: 5.46, 5.46, 4.64, 4.96, 5.12, 5.14, 4.64, 5.18. Zum Beispiel ergibt sich der erste Wert $\hat{\theta}_{(-1)}^J = 5.46$ aus der Basis-Stichprobe ohne das Element $x_1 = -0.2$, d.h. aus der Stichprobe: 3.2, 7.3, 5.7, 4.9, 4.8, 8.0, 4.6; wegen $g = [7 \cdot 0.2] = [1.4] = 1$ bleiben bei der Berechnung des 20%-getrimmten Mittels der kleinste und größte Wert – nämlich die Werte 3.2 und 8.0 – unberücksichtigt. Das arithmetische Mittel aus den verbleibenden 5 Werten 7.3, 5.7, 4.9, 4.8, 4.6 ist gerade die Jackknife-Replikation $\hat{\theta}_{(-1)}^J = 5.46$. Das arithmetische Mittel aller 8 Jackknife-Replikationen ist ist $\bar{\theta}^J = 5.075$. Mit dem aus der Basis-Stichprobe berechneten Plug In-Schätzwert $\hat{\theta} = 5.083$ erhält man mit den Formeln (3.39) den Jackknife-Schätzwert $b_J = (8-1)(5.075 - 5.083) = -0.0583$ für die Verzerrung und den Jackknife-Schätzwert $s_J = 0.786$ für den Standardfehler von T_n.

---

[29] Die Schätzwerte (3.39) können mit der R-Funktion `jackknife()` im Paket „bootstrap" berechnet werden.

Wenn es sich bei der Schätzfunktion T_n um das Stichprobenmittel $\bar{X}_n$ handelt, stimmt der Jackknife-Schätzwert mit dem Plug In-Schätzwert $\bar{x}$ überein und die Verzerrung wird null. Es ist nämlich (die Summenbildung erstreckt sich jeweils von 1 bis n)

$$\bar{\theta}^J = \frac{1}{n} \sum_i \hat{\theta}^J_{(-i)} = \frac{1}{n} \sum_i \left(\frac{1}{n-1} \sum_{j \neq i} x_j \right) = \frac{1}{n(n-1)} \sum_i \sum_{j \neq i} x_j$$

$$= \frac{1}{n(n-1)} \sum_i \left(\sum_j x_j - x_i \right) = \frac{1}{n(n-1)} \sum_i (n\bar{x} - x_i)$$

$$= \frac{1}{n-1} \sum_i \bar{x} - \frac{1}{n-1} \frac{1}{n} \sum_i x_i = \frac{n\bar{x}}{n-1} - \frac{\bar{x}}{n-1} = \bar{x}.$$

Damit ergibt sich in diesem Sonderfall die Verzerrung $b_J = (n-1)(\bar{x}-\bar{x}) = 0$.

11. *Das Bootstrap-t-Konfidenzintervall.* Das Bootstrap-Konfidenzintervall (3.37) setzt voraus, dass die Verteilung der (zentrierten) Schätzfunktion $T_n - \theta$ gut durch die Verteilung des (zentrierten) Bootstrap-Schätzers $T_n^* - \hat{\theta}$ approximiert wird. Wenn die Verteilung der Grundgesamtheit X nicht stark von der Normalverteilung abweicht, ist das Bootstrap-t-Intervall i. Allg. genauer.[30] Die Bootrap-t-Methode beruht auf der Approximation der Verteilungsfunktion der „studentisierten" Schätzfunktion $(T_n - \theta)/SE$ durch die Verteilungsfunktion des studentisierten Bootstrap-Schätzers $(T_n^* - \hat{\theta})/SE^*$; hier sind SE und SE^* Schätzfunktionen für die Varianzen von T_n bzw. T_n^*. Bezeichnen $q_{\alpha/2}$ und $q_{1-\alpha/2}$ das $\alpha/2$- und das $(1-\alpha/2)$-Quantil der studentisierten Schätzfunktion, so gilt

$$1 - \alpha = P\left(q_{\alpha/2} \leq \frac{T_n - \theta}{SE} \leq q_{1-\alpha/2} \right)$$

$$= P\left(T_n - q_{1-\alpha/2}SE \leq \theta \leq T_n - q_{\alpha/2}SE \right),$$

d. h., $[T_n - q_{1-\alpha/2}SE, T_n - q_{\alpha/2}SE]$ ist ein $(1 - \alpha)$- Konfidenzintervall für θ (unter der Voraussetzung, dass die Quantile nicht von θ abhängen). Die Approximation der studentisierten Schätzfunktion $(T_n - \theta)/SE$ durch den studentisierten Bootstrap-Schätzer $(T_n^* - \hat{\theta})/SE^*$ bedeutet, dass auch die Quantile $q_{\alpha/2}$ und $q_{1-\alpha/2}$ durch die entsprechenden Quantile $q_{\alpha/2}^*$ bzw. $q_{1-\alpha/2}^*$ des studentisierten Bootstrap-Schätzers angenähert werden können. Mit diesen erhalten wir das approximative Bootstrap-t-Intervall

$$[T_n - q_{1-\alpha/2}^*SE, T_n - q_{\alpha/2}^*SE] \tag{3.40}$$

---

[30] Vgl. z. B. Wilcox (2001). Die (sehr rechenintensive) Bootstrap-t-Methode kann z. B. mit der R-Prozedur `boot.ci()` im Paket „boot" oder mit der R-Prozedur `boott()` im Paket „bootstrap" ausgeführt werden.

für θ zum Konfidenzniveau $1 - \alpha$. Wir fassen im Folgenden die Rechenschritte zur Bestimmung eines Bootstrap-t-Konfidenzintervalles zusammen:

a. Berechne den durch die Basisstichprobe $x_1, x_2, \ldots, x_n$ realisierten Wert $\hat{\theta} = t_n(x_1, x_2, \ldots, x_n)$ der Schätzfunktion T_n.

b. Erzeuge B ($B \geq 1000$) Bootstrap-Stichproben. Zur i-ten Bootstrap-Stichprobe ($i = 1, 2, \ldots, B$) bestimme man den Wert $\hat{\theta}_i^*$ der Schätzfunktion T_n^* und berechne mit Formel (3.36) den Schätzwert s_B für den Standardfehler von T_n^*.

c. Zur i-ten Bootstrap-Stichprobe ($i = 1, 2, \ldots, n$) bestimme man ferner den Wert $\hat{\theta}_i^{*s} = (\hat{\theta}_i^* - \hat{\theta})/se_i^*$ der studentisierten Schätzfunktion; hier ist se_i^* ein mit der i-ten Bootstrap-Stichprobe berechneter Schätzwert für SE^*. Wenn T_n der Stichprobenmittelwert ist, kann – mit den Daten der i-ten Bootstrap-Stichprobe ($i = 1, 2, \ldots, B$) – der Standardfehler des Bootstrap-Schätzers T_n^* durch $se_i^* = s_i^*/\sqrt{n}$ approximiert werden; s_i^* bezeichnet die Standardabweichung der Werte in der i-ten Bootstrap-Stichprobe. Wenn keine Formel zur Verfügung steht, mit der der Standardfehler des Bootstrap-Schätzers aus der jeweiligen Bootstrap-Stichprobe berechnet werden kann, ist zu jeder Bootstrap-Stichprobe eine weitere Bootstrap-Schätzung des Standardfehlers erforderlich.

d. Bestimme das $1 - \alpha/2$-Quantil $q_{1-\alpha/2}^*$ und das $\alpha/2$-Quantil $q_{\alpha/2}^*$ der $\hat{\theta}_i^*$-Werte und bilde damit die Realisierung

$$[\hat{\theta} - q_{1-\alpha/2}^* s_B, \hat{\theta} - q_{\alpha/2}^* s_B] \qquad (3.41)$$

eines $(1 - \alpha)$-Konfidenzintervalls für θ.

Beispiel:
Um die Anwendung der Formel (3.41) zu demonstrieren, berechnen wir ein 95 %-Konfidenzintervall für den Erwartungswert μ und greifen dabei auf die Bootstrap-Stichproben von Beispiel 3 im Abschn. 3.9 zurück. Dort wurden aus der Basisstichprobe

$$-0.2, \ 3.2, \ 7.3, \ 5.7, \ 4.9, \ 4.8, \ 8.0, \ 4.6$$

einer (mit den Parametern $\mu = 5$ und $\sigma = 4$) normalverteilten Grundgesamtheit X insgesamt $B = 10$ Bootstrap-Stichproben zufällig ausgewählt (vgl. Tab. 3.5; B sollte in echten Anwendungen deutlich größer gewählt werden). Als Schätzfunktion T_n für $\theta = \mu$ betrachten wir nun das Stichprobenmittel $\bar{X}_8$. Aus der Basisstichprobe ergibt sich $\hat{\theta} = \bar{x} = \frac{1}{8}(-0.2 + 3.2 + \cdots + 4.6) = 4.788$ und

$$s = \sqrt{\frac{1}{7}((-0.2 - 4.788)^2 + (3.2 - 4.788)^2 + \cdots + (4.6 - 4.788)^2)} = 2.533.$$

Die Mittelwerte $\hat{\theta}_i^* = \bar{x}_i^*$ der Bootstrap-Stichproben, die daraus mit der Formel $s_i^*/\sqrt{8}$ berechneten Schätzwerte für den Standardfehler des Stichprobenmittels

Tab. 3.5 Bootstrap-Stichproben, Stichprobenmittel $\bar{x}_i^*$, Standardfehler $s_i^*/\sqrt{8}$ und studentisierte Stichprobenmittel $\bar{x}_i^{*s}$ (zum Beispiel in Abschn. 3.10.11)

Nr. i	Bootstrap-Stichprobe								$\bar{x}_i^*$	$s_i^*/\sqrt{8}$	$\bar{x}_i^{*s}$
1	−0.2	3.2	4.9	4.6	4.9	5.7	5.7	4.6	4.175	0.6834	−0.8962
2	4.6	−0.2	5.7	4.6	4.9	4.6	4.6	−0.2	3.575	0.8343	−1.4534
3	5.7	−0.2	4.9	4.8	4.8	8.0	3.2	3.2	4.300	0.8364	−0.5828
4	7.3	4.8	−0.2	5.7	4.8	7.3	4.8	8.0	5.313	0.9107	0.5765
5	−0.2	−0.2	4.8	4.6	−0.2	4.9	8.0	5.7	3.267	1.1258	−1.2103
6	8.0	5.7	7.3	7.3	8.0	−0.2	4.8	4.6	5.688	0.9685	0.9293
7	5.7	4.9	7.3	−0.2	8.0	5.7	4.6	8.0	5.500	0.9400	0.7580
8	8.0	−0.2	−0.2	4.9	4.9	4.8	8.0	3.2	4.175	1.1175	−0.5481
9	4.9	4.6	7.3	5.7	−0.2	4.8	4.9	4.8	4.600	0.7536	−0.2488
10	5.7	4.6	3.2	4.9	5.7	4.9	−0.2	7.3	4.513	0.7886	−0.3487

sowie die Werte $\hat{\theta}_i^{*s} = \bar{x}_i^{*s} = (\bar{x}_i^* - \bar{x})/se_i^*$ des studentisierten Stichprobenmittels sind in Tab. 3.5 eingetragen. Die Standardabweichung $s_B = 0.7670$ der $\bar{x}_i^*$-Werte ist ein Schätzwert für den Standardfehler von $\bar{X}_8$. (Im konkreten Fall würde auch die Formel $s/\sqrt{n} = 2.533/\sqrt{10} = 0.8955$ einen Schätzwert liefern.) Das 2.5 %-Quantil und das 97.5 %-Quantil der Werte $\bar{x}_i^{*s}$ des studentisierten Stichprobenmittels sind $q_{0.025}^* = -1.3987$ bzw. $q_{0.975}^* = 0.8907$. Damit ergibt sich die untere Grenze $u = \bar{x} - q_{0.975}^* s_B = 4.102$ und die obere Grenze $o = \bar{x} - q_{0.025}^* s_B = 5.864$.

Kapitel 4
Testen von Hypothesen

Bei der Sicherung von Wissen spielen logische Schlussweisen und Wahrscheinlichkeitsschlüsse eine entscheidende Rolle. Logische Schlussweisen führen zu gesichertem Wissen, wie es die Sätze der Mathematik sind. Wahrscheinlichkeitsschlüsse erzeugen dagegen unsicheres Wissen, wie es z. B. die Diagnose eines Arztes ist. Auch die statistischen Tests fallen in diese Kategorie. Statistische Tests, wie sie im Folgenden besprochen werden, sind Verfahren, mit denen man eine Entscheidung zwischen zwei alternativen Hypothesen herbeiführen will. Man spricht deshalb auch von Alternativtests. Unter den Hypothesen hat man sich Aussagen über Parameter der Grundgesamtheit vorzustellen; z. B. kann es um die Frage gehen, ob der Mittelwert der Grundgesamtheit von einem festen Sollwert abweicht oder mit diesem übereinstimmt. Die Entscheidung zwischen den Alternativen erfolgt auf der Grundlage von Zufallsstichproben aus der Grundgesamtheit. Aufgabe der mathematischen Statistik ist es, für den Anwender Tests zur Verfügung zu stellen, die zu Entscheidungen mit geringem Fehlerrisiko führen. In diesem Abschnitt werden die Methodik[1] des Testens an Hand von Beispielen erläutert und grundlegende 1- und 2-Stichprobentests vorgestellt.

4.1 Einführung in das Testen: Der Gauß-Test

a) Formulierung des zweiseitigen Testproblems Bei dem zuerst betrachteten Testproblem geht es um den Vergleich eines unbekannten Erwartungswerts μ mit einem vorgegebenen, festen Wert μ_0. Genauer gesagt, möge über den Erwartungswert μ eine Vermutung vorliegen, die wir die **Alternativhypothese** H_1 nennen. Bei H_1 kann es sich z. B. um die Aussage handeln, dass μ ungleich μ_0 ist; für diesen Sachverhalt schreiben wir kurz $H_1: \mu \neq \mu_0$. Die Menge der μ-Werte, für die H_1 nicht zutrifft (sie besteht im konkreten Fall nur aus dem Wert μ_0), bildet die

---

[1] Wir folgen dabei der klassischen Testtheorie, die von J. Neyman und E.S. Pearson (1933) sowie R.A. Fisher (1958) begründet wurde.

W. Timischl, *Angewandte Statistik*, DOI 10.1007/978-3-7091-1349-3_4,
© Springer-Verlag Wien 2013

Nullhypothese $H_0: \mu = \mu_0$. Mit einem Alternativtest soll geklärt werden, ob eine Entscheidung für H_1 möglich ist.

Wir verwenden ein begleitendes Beispiel, um die Begriffe und die Methodik zu veranschaulichen. Das Beispiel betrifft einen Fertigungsprozesses, bei dem es um die Herstellung von Injektionsnadeln gehen möge. Das zu überwachende Qualitätsmerkmal sei der Außendurchmesser X, für den der Sollwert $\mu_0 = 0.8\,\text{mm}$ vorgegeben ist. Im Zuge der Überwachung des Prozesses wird aus der laufenden Produktion eine Prüfstichprobe von n Nadeln entnommen und die Außendurchmesser $x_1, x_2, \ldots, x_n$ gemessen. Konkret seien $n = 10$ und die Stichprobenwerte (in mm)

$$0.88,\ 0.77,\ 0.77,\ 0.84,\ 0.87,\ 0.81,\ 0.75,\ 0.87,\ 0.87,\ 0.84.$$

Die Frage ist, ob das arithmetische Mittel $\bar{x} = 0.827$ dieser 10 Außendurchmesser „signifikant" von $\mu_0 = 0.8$ abweicht.

Zur Beantwortung dieser Frage formulieren wir zuerst ein passendes **statistisches Modell**, mit dem sich die beobachteten Daten erklären lassen. Ein Standardansatz zur Simulation einer Messreihe ist die Modellgleichung $X = \mu + \varepsilon$, in der μ einen festen Basiswert und ε eine regellos um null schwankende Fehlergröße bedeuten. Die Fehlergröße nehmen wir als $N(0, \sigma^2)$-verteilt an und setzen der Einfachheit halber σ als bekannt voraus;[2] konkret sei $\sigma = 0.05$ (mm). Nach unserem Modell ist also die Messgröße X normalverteilt mit unbekanntem Mittelwert μ und bekannter Varianz σ^2.

Als nächstes geht es um eine Präzisierung der **Entscheidungsalternativen**. Diese werden im konkreten Fall durch die Aussagen $H_0: \mu = \mu_0 = 0.8$ (der Erwartungswert der Messgröße ist μ_0, die in der Stichprobe beobachtete Abweichung ist zufälliger Natur) und $H_1: \mu \neq \mu_0 = 0.8$ (es liegt eine Abweichung des Erwartungswertes vom Sollwert μ_0 vor) zum Ausdruck gebracht und kurz in der Form

$$H_0: \mu = \mu_0 \quad \text{gegen} \quad H_1: \mu \neq \mu_0 \tag{4.1}$$

angeschrieben. Man beachte dabei, dass die Alternativhypothese H_1 die der Fragestellung entsprechende Aussage $\mu \neq \mu_0$ enthält. Da H_1 sowohl eine Unter- als auch Überschreitung des Sollwertes μ_0 zulässt, spricht man von einer zweiseitigen Hypothese und nennt darüber hinaus das damit formulierte Testproblem **zweiseitig**.

Ob wir uns für H_1 aussprechen können, ist mit einer geeigneten Entscheidungsregel zu klären. In Tab. 4.1 sind die Hypothesen und die möglichen Testentscheidungen in einer Entscheidungsmatrix zusammengefasst. Wenn H_0 richtig ist, also

---

[2] Im Allg. wird auch die Varianz aus den Stichprobenwerten zu schätzen sein. Wir nehmen hier an, dass aus Vorerhebungen ein sehr genauer Schätzwert zur Verfügung steht, so dass die Varianz als praktisch bekannt angesehen werden kann. Der Gauß-Test, der eine normalverteilte Messgröße mit bekannter Varianz voraussetzt, wird wegen seiner Einfachheit gerne zur Einführung in die Begriffswelt der Signifikanzprüfung verwendet. In der Praxis spielt er z. B. im Zusammenhang mit Qualitätsregelkarten zur Überwachung des Mittelwerts einer normalverteilten Messgröße eine Rolle.

Tab. 4.1 Entscheidungssituation beim zweiseitigen Gauß-Test mit den Hypothesen $H_0: \mu = \mu_0$ gegen $H_1: \mu \neq \mu_0$. Durch Vorgabe der Fehlerschranken α und β kann das Risiko einer Fehlentscheidung (irrtümliche Entscheidung gegen H_0 bzw. gegen H_1) klein gehalten werden

Wahrer Sachverhalt	Testentscheidung für	
	H_0 (gegen H_1), Ereignis E_0	H_1 (gegen H_0), Ereignis E_1
H_0 ist richtig ($\mu = \mu_0$)	richtige Entscheidung!	Fehler 1. Art (α-Fehler) Forderung: $P(E_1 \mid H_0$ richtig$) \leq \alpha$
H_1 ist richtig ($\mu = \mu_0 + \Delta, \Delta \neq 0$)	Fehler 2. Art (β-Fehler) Forderung: $P(E_0 \mid H_1$ richtig$) \leq \beta$	richtige Entscheidung!

$\mu = \mu_0$ gilt, ist eine Entscheidung gegen H_0 (d. h. für H_1) offensichtlich eine Fehlentscheidung; man bezeichnet diese Fehlentscheidung als **Fehler 1. Art** oder α-Fehler. Wenn dagegen H_1 richtig ist, also $\mu = \mu_0 + \Delta$ mit einer von null verschiedenen Abweichung Δ gilt, ist eine Entscheidung gegen H_1 (d. h. für H_0) eine Fehlentscheidung, die **Fehler 2. Art** oder β-Fehler heißt. Man spricht von einem Test auf dem **(Signifikanz-)Niveau** α, wenn die Wahrscheinlichkeit einer irrtümlichen Ablehnung von H_0 (Fehler 1. Art) den Wert α nicht überschreitet. In der Praxis wird meist $\alpha = 5\%$ oder $\alpha = 1\%$ vorgegeben. Im konkreten Beispiel möge $\alpha = 5\%$ sein.

b) Testentscheidung mit dem P-Wert Wir gehen nun bei der Entscheidungsfindung von der Annahme aus, dass H_0 richtig ist, im betrachteten Beispiel also $\mu = \mu_0 = 0.8$ gilt. Im Rahmen des zugrunde gelegten Wahrscheinlichkeitsmodells ist die Beobachtungsreihe $x_1, x_2, \ldots, x_n$ eine Zufallsstichprobe einer $N(\mu_0, \sigma^2)$-verteilten Messgröße X mit dem Mittelwert μ_0 und der Varianz σ^2. Beim **Gauß-Test** ist das standardisierte Stichprobenmittel

$$TG = \frac{\bar{X} - \mu_0}{\sigma / \sqrt{n}} \sim N(0, 1) \qquad (4.2)$$

der n Stichprobenvariablen $X_1, X_2, \ldots, X_n$ die zentrale Größe für die Herleitung des Entscheidungskriteriums; man bezeichnet sie daher auch als **Testgröße** (oder Prüfgröße). Setzt man $n = 10$, $\sigma = 0.05$ und $\bar{x} = 0.827$ für $\bar{X}$ ein, ergibt sich die Realisierung $TG_s = 1.71$ der Testgröße TG. Zur Beurteilung der „Verträglichkeit" dieses Beobachtungsergebnisses mit $H_0: \mu = \mu_0 = 0.8$ berechnen wir unter der Voraussetzung $\mu = \mu_0$ die Wahrscheinlichkeit P, dass eine Zufallsstichprobe vom Umfang $n = 10$ ein Stichprobenmittel $\bar{X}$ besitzt, das zumindest gleich weit von μ_0 entfernt ist wie die beobachtete Realisierung $\bar{x}$, für das also $\bar{X} \leq \mu_0 - d$ oder $\bar{X} \geq \mu_0 + d$ mit $d = |\bar{x} - \mu_0| = |TG_s|\sigma/\sqrt{n}$ gilt. Für die Wahrscheinlichkeit P ergibt sich die Formel

$$P = P(\bar{X} \leq \mu_0 - d \mid \mu = \mu_0) + P(\bar{X} \geq \mu_0 + d \mid \mu = \mu_0)$$
$$= P(TG \leq -|TG_s| \mid \mu = \mu_0) + P(TG \geq |TG_s| \mid \mu = \mu_0)$$
$$= \Phi(-|TG_s|) + 1 - \Phi(|TG_s|) = 2[1 - \Phi(|TG_s|)], \qquad (4.3)$$

in der Φ die Verteilungsfunktion der $N(0, 1)$-Verteilung bezeichnet. Speziell folgt damit für das betrachtete Beispiel $P = 2[1 - \Phi(1.7076)] = 0.0877$. Dieses Resultat bedeutet, dass bei Zutreffen von H_0 in rund 9 von 100 Wiederholungen des Experimentes ein Stichprobenmittel $\bar{X}$ zu erwarten ist, das zumindest ebenso stark vom Sollwert $\mu_0 = 0.8$ abweicht wie das beobachtete. Eine Ablehnung von H_0 zugunsten der Alternativhypothese H_1 würde demnach in 9 von 100 Fällen irrtümlich erfolgen, d. h., die Wahrscheinlichkeit für eine irrtümliche Ablehnung von H_0 (Fehler 1. Art) wäre rund 9 %. Bei einem Test auf dem Signifikanzniveau α ist α der vereinbarte Grenzwert für das Risiko einer irrtümlichen Entscheidung gegen H_0. Damit hat man die **Entscheidungsregel**, dass H_0 genau dann abgelehnt (d. h. für H_1 entschieden) wird, wenn $P < \alpha$ gilt.[3] Da in unserem Beispiel die Wahrscheinlichkeit P die mit 5 % festgelegte Irrtumswahrscheinlichkeit überschreitet, können wir keine Ablehnung der Nullhypothese vornehmen; das beobachtete Stichprobenmittel steht nicht im Widerspruch zur Annahme einer zufallsbedingten Abweichung vom Sollwert.

Die Wahrscheinlichkeit P wird kurz P-**Wert** (engl. p-value) genannt. Statistische Software-Pakete geben für die Testentscheidung in der Regel den P-Wert an, der als Wahrscheinlichkeit berechnet wird, dass die Testgröße die beobachtete Realisierung oder einen (in Richtung der Alternativhypothese) extremeren Wert annimmt. Ist der P-Wert kleiner als α, entscheidet man gegen die Nullhypothese.[4]

c) Testentscheidung durch Bestimmung des Ablehnungsbereiches Bei manueller Durchführung des Tests wird meist der **Ablehnungsbereich** bestimmt, d. h., die Menge jener Werte der Testgröße, für die H_0 abzulehnen ist. Wir zeigen die Vorgangsweise an Hand des Gauß-Tests für das zweiseitige Testproblem (4.1) auf. Dabei sei wieder ein 5 %iges Signifikanzniveau vereinbart.

Als Testgröße verwenden wir das standardisierte Stichprobenmittel (4.2), das unter der Voraussetzung $\mu = \mu_0$ standardnormalverteilt ist. Abbildung 4.1 zeigt die Dichtekurve der Testgröße (4.2) und die Werte $|TG_s| = 1.71$ sowie $-|TG_s| = -1.71$. Ferner sind in Abb. 4.1 auch die Quantile $z_{\alpha/2} = z_{0.025} = -1.96$ und $z_{1-\alpha/2} = z_{0.975} = 1.96$ zum vorgegebenen $\alpha = 5\%$ eingetragen; die Quantile

---

[3] In der Literatur wird auch $P \leq \alpha$ als Kriterium für die Ablehnung von H_0 verwendet. Aus praktischer Sicht ist die eine Festlegung ebenso gut wie die andere; wir haben uns hier aus Gründen der Konsistenz (mit den in Kapitel 3 eingeführten Konfidenzintervallen) für $P < \alpha$ entschieden.

[4] Der P-Wert, der eng mit dem Namen R.A. Fisher (1958) verbunden ist, wird demnach als Evidenzmaß gegen die Nullhypothese interpretiert. Auf dem P-Wert beruhende Testentscheidungen werden auch als Signifikanztests bezeichnet. Die Deutung des P-Werts als Evidenzmaß ist nicht unumstritten. Ein Einwand besteht darin, dass in die Definition des P-Werts nicht nur die Wahrscheinlichkeit der beobachteten Realisierung der Testgröße eingeht, sondern auch die Wahrscheinlichkeit von extremeren (nicht mit Beobachtungswerten verknüpften) Realisierungen; somit haben wir ein Evidenzmaß, das auch von nicht beobachteten Werten abhängt. Oft kommt es in der Praxis auch zu Fehlinterpretationen des P-Werts, z. B. der, dass man den P-Wert fälschlicherweise als Wahrscheinlichkeit deutet, dass H_0 gilt; da der P-Wert unter der Annahme berechnet wird, dass H_0 richtig ist, kann er nicht gleichzeitig die Wahrscheinlichkeit dieser Annahme sein. Einen Überblick über die Thematik findet man in Goodman (2008).

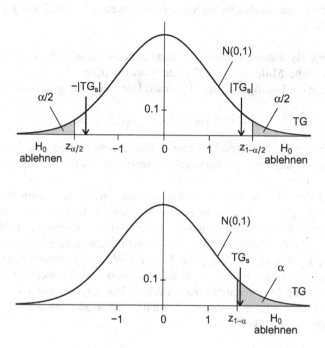

Abb. 4.1 Gauß-Test: Ablehnungsbereich $|TG| > z_{1-\alpha/2}$ für das zweiseitige Testproblem H_0 : $\mu = \mu_0$ gegen $H_1 : \mu \neq \mu_0$ (*obere Grafik*) und Ablehnungsbereich $TG > z_{1-\alpha}$ für das einseitige Testproblem $H_0 : \mu \leq \mu_0$ gegen $H_1 : \mu > \mu_0$ (*untere Grafik*)

werden von der Testgröße mit der Wahrscheinlichkeit $\alpha/2$ unter- bzw. überschritten, die „Ausläuferflächen" links von $z_{\alpha/2}$ und rechts von $z_{1-\alpha/2}$ betragen also jeweils $\alpha/2$ Flächeneinheiten. Nahe bei null liegende Werte der Testgröße sprechen für die Gültigkeit der Nullhypothese, von null weit entfernte Werte für die Alternativhypothese. Entscheidet man gegen H_0, wenn $|TG_s| > z_{1-\alpha/2}$ gilt, so ist sicher gestellt, dass die Wahrscheinlichkeit einer irrtümlichen Ablehnung von H_0 kleiner als das Testniveau α bleibt. Denn der P-Wert, also die Wahrscheinlichkeit, dass bei Gültigkeit von H_0 die Testgröße TG einen Wert annimmt, der gleich weit oder weiter von null entfernt liegt als der beobachtete Testgrößenwert TG_s, ist gleich der Summe der „Ausläuferflächen" unter der Dichtekurve links von $-|TG_s|$ und rechts von $|TG_s|$. Die Ausläuferflächen sind in Summe kleiner als α, solange $|TG_s| > z_{1-\alpha/2}$ bleibt. Somit bilden die Intervalle $TG < z_{\alpha/2} = -z_{1-\alpha/2}$ und $TG > z_{1-\alpha/2}$ zusammen den Ablehnungsbereich.[5] In unserem Fall liegt $TG_s = 1.71$ nicht im Ablehnungsbereich; es kann daher nicht gegen H_0 (für H_1) entschieden werden,

---

[5] Man beachte die Dualität mit dem im Abschn. 3.7 definierten $(1-\alpha)$-Konfidenzintervall für den Mittelwert einer normalverteilten Zufallsvariablen (bei bekannter Varianz): H_0 wird genau dann abgelehnt, wenn μ_0 nicht im Konfidenzintervall liegt. Vgl. dazu auch die Ausführungen in den Ergänzungen (Abschn. 4.11).

die Abweichung des beobachteten Stichprobenmittels $\bar{x} = 0.827$ von $\mu_0 = 0.8$ ist nicht signifikant.

d) Einseitige Hypothesen Würde im begleitenden Beispiel die Frage lauten, ob das arithmetische Mittel $\bar{x} = 0.827$ den Sollwert $\mu_0 = 0.8$ „signifikant" überschreitet, liegt ein **1-seitiges Testproblem auf Überschreitung** mit den Hypothesen

$$H_0: \mu \leq \mu_0 \quad \text{gegen} \quad H_1: \mu > \mu_0 \qquad (4.4)$$

vor. Nun sind in der Nullhypothese alle μ-Werte zusammengefasst, die kleiner als oder gleich μ_0 sind, und zur Alternativhypothese gehören nur die einseitigen Überschreitungen $\mu > \mu_0$.

Die Hypothese $H_0: \mu \leq \mu_0$ wird man ablehnen, wenn das arithmetische Mittel $\bar{x}$ „signifikant" größer als jeder in H_0 zusammengefasste Wert von μ ist. Das ist wiederum der Fall, wenn $\bar{x}$ „signifikant" größer als der Randwert μ_0 ist. Wir können uns im Weiteren also auf den Randwert μ_0 beschränken und die Nullhypothese auf die einfache Hypothese $H_0: \mu = \mu_0$ reduzieren. Wie beim zweiseitigen Gauß-Test verwenden wir als Testgröße TG das standardisierte Stichprobenmittel (4.2), das bei Gültigkeit von H_0 standardnormalverteilt ist. Die Abweichung $d = \bar{x} - \mu_0 > 0$ des arithmetischen Mittels $\bar{x}$ von μ_0 beurteilen wir wieder mit dem P-Wert, also mit der Wahrscheinlichkeit[6]

$$P = P(\bar{X} \geq \mu_0 + d \mid \mu = \mu_0) = 1 - P(\bar{X} < \mu_0 + d \mid \mu = \mu_0)$$

$$= 1 - P(\bar{X} < \bar{x} \mid \mu = \mu_0) = 1 - \Phi\left(\frac{\bar{x} - \mu_0}{\sigma/\sqrt{n}}\right) = 1 - \Phi(TG_s). \qquad (4.5)$$

Für das betrachtete Beispiel ist $TG_s = 1.71$; damit ergibt sich $P = 0.0439$. Bei einem angenommenen Signifikanzniveau von $\alpha = 5\%$ ist daher wegen $P < \alpha$ die Überschreitung des Referenzwertes μ_0 signifikant.

Selbstverständlich kann der Test auch so geführt werden, dass man für die Testgröße TG den Ablehnungsbereich zum Signifikanzniveau $\alpha = 5\%$ bestimmt und nachsieht, ob die Realisierung TG_s im Ablehnungsbereich liegt. Da Werte der Testgröße, die deutlich über null liegen, für eine Entscheidung zugunsten H_1 sprechen, ist der Ablehnungsbereich beim Test auf Überschreitung ein nach oben unbeschränktes Intervall, also von der Gestalt $TG > c_1$ mit einer gewissen kritischen Überschreitung c_1. Wir bestimmen c_1 aus der Forderung, dass der P-Wert für diese kritische Überschreitung gleich dem Signifikanzniveau α ist, d. h. wir setzen $\alpha = 1 - \Phi(c_1)$. Somit ist c_1 gleich dem $(1-\alpha)$-Quantil $z_{1-\alpha}$ der Standardnormalverteilung und der Ablehnungsbereich des 1-seitigen Gauß-Tests auf Überschreitung

---

[6] Man beachte, dass der P-Wert des 1-seitigen Gauß-Tests halb so groß ist wie der P-Wert des 2-seitigen. Mit 1-seitigen Hypothesen erreicht man daher eher eine Ablehnung der Nullhypothese als mit 2-seitigen. Der Umstand darf nicht dazu verleiten, auf 1-seitige Hypothesen umzusteigen, wenn mit dem 2-seitigen Testproblem kein signifikantes Ergebnis erreicht wird. Die Verwendung von 1-seitigen Hypothesen muss jedenfalls durch die Problemstellung begründet sein (vgl. Bailar und Mosteller 1992).

durch $TG > z_{1-\alpha}$ gegeben. In unserem Beispiel ist $z_{1-\alpha} = z_{0.05} = 1.645$, wegen $TG_s = 1.71 > z_{1-\alpha} = 1.645$ wird H_0 abgelehnt. Diese Testentscheidung ist in der unteren Grafik von Abb. 4.1 veranschaulicht.

Analog geht man beim **1-seitigen Gauß-Test auf Unterschreitung** vor, bei dem

$$H_0\colon \mu \geq \mu_0 \quad \text{gegen} \quad H_1\colon \mu < \mu_0 \tag{4.6}$$

geprüft wird. Mit $\mu < \mu_0$ wird auch jeder in H_0 inkludierte μ-Wert unterschritten, so dass die Nullhypothese wieder auf die einfache Hypothese $H_0\colon \mu = \mu_0$ reduziert werden kann. Den P-Wert (also die Wahrscheinlichkeit, dass bei angenommener Gültigkeit von $\mu = \mu_0$ das Stichprobenmittel $\bar{X}$ den Sollwert μ_0 um den gleichen Betrag $d = \mu_0 - \bar{x} > 0$ wie die beobachtete Realisierung $\bar{x}$ oder noch mehr unterschreitet) berechnet man nun aus

$$
\begin{aligned}
P &= P(\bar{X} \leq \mu_0 - d \mid \mu = \mu_0) \\
&= P(\bar{X} \leq \bar{x} \mid \mu = \mu_0) = \Phi\left(\frac{\bar{x} - \mu_0}{\sigma/\sqrt{n}}\right) = \Phi(TG_s). \tag{4.7}
\end{aligned}
$$

Wir betrachten ein Zahlenbeispiel: Es sei $\mu_0 = 0.8$, $\bar{x} = 0.765$, $\sigma = 0.05$ und $n = 10$; dann ist $P = \Phi(-2.2136) = 0.01343$. Wegen $P < 0.05$ ist H_0 auf 5 %igen Signifikanzniveau abzulehnen. Der Ablehnungsbereich für die Testgröße (4.2) ist beim 1-seitigen Gauß-Test auf Unterschreitung das nach unten unbeschränkte Intervall $TG < z_\alpha = -z_{1-\alpha}$, also für das betrachtete Beispiel $TG < -1.645$.

e) Gütefunktion In Tab. 4.1 wurden zwei mögliche Fehler beim Testen unterschieden, nämlich der Fehler 1. Art (α-Fehler), der in einer irrtümlichen Ablehnung der Nullhypothese besteht, und der Fehler 2. Art (β-Fehler), der darin besteht, dass die Nullhypothese beibehalten wird, obwohl sie falsch ist. Die Wahrscheinlichkeiten für einen Fehler 1. und 2. Art werden in der **Gütefunktion** G zusammengefasst. Diese gibt – in Abhängigkeit vom unbekannten Erwartungswert μ – die Wahrscheinlichkeit

$$G(\mu) = P(\text{Ablehnung von } H_0 \mid \mu) \tag{4.8}$$

an, dass der Test auf Grund einer Zufallsstichprobe zu einer Entscheidung gegen H_0 führt. Durch die Testentscheidung (mit dem P-Wert oder mit Hilfe des Ablehnungsbereichs) ist sicher gestellt, dass die Wahrscheinlichkeit eines Fehlers 1. Art höchstens gleich dem vorgegebenen Signifikanzniveau α ist. Wenn z. B. das 1-seitige Testproblem $H_0\colon \mu \leq \mu_0$ gegen $H_1\colon \mu > \mu_0$ vorliegt und H_0 zutrifft, gilt also $G(\mu) \leq \alpha$. Trifft dagegen $H_1\colon \mu > \mu_0$ zu, so ist die Güte des Tests umso besser, je näher $G(\mu)$ bei 1 liegt, oder anders ausgedrückt, je kleiner die Wahrscheinlichkeit $\beta(\mu) = 1 - G(\mu)$ eines Fehlers zweiter Art ist. Da die Nullhypothese $H_0\colon \mu \leq \mu_0$ des 1-seitigen Gauß-Tests auf Überschreitung genau dann abgelehnt wird, wenn $TG > c_1 = z_{1-\alpha}$ ist, kann die Gütefunktion wie folgt berechnet werden:

$$G(\mu) = P(TG > c_1 \,|\, \mu) = P\left(\frac{\bar{X} - \mu_0}{\sigma/\sqrt{n}} > c_1 \,\Big|\, \mu\right)$$

$$= P\left(\frac{\bar{X} - \mu + \mu - \mu_0}{\sigma\sqrt{n}} > c_1 \,\Big|\, \mu\right) = P\left(\frac{\bar{X} - \mu}{\sigma\sqrt{n}} < -c_1 + \frac{\mu - \mu_0}{\sigma/\sqrt{n}} \,\Big|\, \mu\right)$$

$$= \Phi\left(-z_{1-\alpha} + \frac{\mu - \mu_0}{\sigma/\sqrt{n}}\right). \tag{4.9}$$

Die Gütefunktion ist streng monoton wachsend, geht für $\mu \to -\infty$ asymptotisch gegen 0, für $\mu \to +\infty$ asymptotisch gegen 1 und nimmt an der Stelle $\mu = \mu_0$ den Wert α an. Für $\mu \le \mu_0$ ist also $G(\mu) \le \alpha$. Für $\mu > \mu_0$ gilt $G(\mu) > \alpha$ und $G(\mu)$ wird in diesem Fall als **Trennschärfe** oder **Power** an der Stelle μ bezeichnet. Je größer n wird, desto mehr nähert sich G der durch die Gleichungen $G_0(\mu) = 0$ für $\mu \le \mu_0$ und $G_0(\mu) = 1$ für $\mu > \mu_0$ gegebenen Gütefunktion G_0 eines idealen Tests auf Überschreitung an, bei dem es keine Fehler gibt, d. h., bei dem die Wahrscheinlichkeit einer Ablehnung von H_0 gleich null ist, wenn H_0 gilt, und gleich eins ist, wenn H_1 zutrifft. In Abb. 4.2 ist in der oberen Grafik die Gütefunktion des 1-seitigen Gauß-Tests $H_0 \colon \mu \le \mu_0$ gegen $H_1 \colon \mu > \mu_0$ für verschiedene Stichprobenumfänge dargestellt. Dabei wurde horizontal die auf die Standardabweichung bezogene Abweichung $\delta = (\mu - \mu_0)/\sigma$ des Mittelwerts vom Sollwert aufgetragen, die man auch als Effektstärke bezeichnet. Die untere Grafik zeigt den Verlauf der Gütefunktion des 2-seitigen Gauß-Tests für zwei Stichprobenumfänge; die Herleitung der Gütefunktion des 2-seitigen Gauß-Tests kann man in den Ergänzungen (Abschn. 4.11) nachlesen.

f) Planung des Stichprobenumfangs Die Fehlerrisiken α und β, die Abweichung $\Delta = \mu - \mu_0$ und der Stichprobenumfang n sind beim 1-seitigen Gauß-Test mit den Hypothesen $H_0 \colon \mu \le \mu_0$ gegen $H_1 \colon \mu > \mu_0$ über die Beziehung

$$G(\mu) = \Phi\left(-z_{1-\alpha} + \frac{\Delta}{\sigma/\sqrt{n}}\right) = 1 - \beta \tag{4.10a}$$

miteinander verknüpft. Daraus kann man z. B. folgern, dass – bei festgehaltenem n und Δ – eine Verkleinerung des α-Risikos eine Zunahme des β-Risikos zur Folge hat. Dazu wird (4.10a) zuerst in

$$z_{1-\alpha} + z_{1-\beta} = \frac{\Delta\sqrt{n}}{\sigma} \tag{4.10b}$$

umgeformt. Bei festem n und Δ ist also $z_{1-\alpha} + z_{1-\beta}$ konstant. Macht man $z_{1-\alpha}$ größer (d. h. α kleiner), wird $z_{1-\beta}$ kleiner (d. h. β größer). Formel (4.10b) bildet auch die Grundlage für die Planung des Stichprobenumfangs n bei Anwendung des

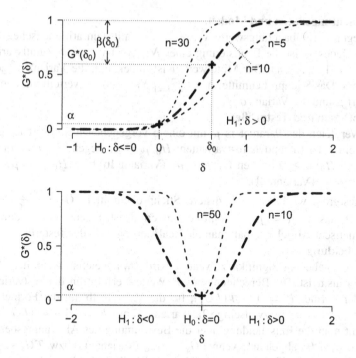

Abb. 4.2 Gütefunktionen des 1-seitigen Gauß-Tests $H_0: \mu \leq \mu_0$ gegen $H_1: \mu > \mu_0$ für die Stichprobenumfänge $n = 5, 10, 20$ (*obere Grafik*) und des 2-seitigen Gauß-Tests $H_0: \mu = \mu_0$ gegen $H_1: \mu \neq \mu_0$ für die Stichprobenumfänge $n = 10$ und $n = 50$ (*untere Grafik*). Horizontal ist die auf σ bezogene Abweichung $\delta = (\mu - \mu_0)/\sigma$ des Mittelwerts vom Sollwert μ_0 aufgetragen, vertikal kann man die entsprechenden Gütefunktionswerte $G^*(\delta) = G((\mu - \mu_0)/\sigma)$ ablesen

1-seitigen Gauß-Test auf dem Signifikanzniveau α. Löst man nach n auf, ergibt sich

$$n^* = \frac{\sigma^2}{\Delta^2} \left(z_{1-\alpha} + z_{1-\beta} \right)^2 .$$

Um eine kritische Überschreitung $\Delta = \mu - \mu_0$ des Sollwertes μ zumindest mit der Sicherheit $1 - \beta$ als signifikant erkennen zu können, benötigt man einen Stichprobenumfang $n \geq n^*$.

g) Zusammenfassung Der Gauß-Test dient zur Prüfung, ob der Mittelwert einer $N(\mu, \sigma^2)$-verteilten Zufallsvariablen X von einem vorgegebenen Sollwert μ_0 abweicht bzw. diesen unter- oder überschreitet. Die Varianz σ^2 wird dabei als bekannt vorausgesetzt. Das folgende Schema enthält eine Zusammenfassung der für die Anwendung des Tests relevanten Fakten.[7]

---

[7] Das Schema orientiert sich an der Darstellung der Testverfahren in Büning und Trenkler (1978).

- **Beobachtungsdaten und Modell:**
  Es liegen n Beobachtungswerte $x_1, x_2, \ldots, x_n$ mit dem arithmetischen Mittel $\bar{x}$ vor. Jedes x_i ist die Realisierung einer $N(\mu, \sigma^2)$-verteilten Zufallsvariablen X_i ($i = 1, 2, \ldots, n$). Der Mittelwert μ ist unbekannt, die Varianz σ^2 jedoch bekannt. Das Stichprobenmittel $\bar{X} = \sum_{i=1}^{n} X_i$ ist normalverteilt mit dem Mittelwert μ und der Varianz σ^2/n.

- **Hypothesen und Testgröße:**
  Der Vergleich des Parameters μ mit einem vorgegebenen Sollwert μ_0 erfolgt nach einer der folgenden Testvarianten: $H_0: \mu \le \mu_0$ gegen $H_1: \mu > \mu_0$ (Variante Ia), $H_0: \mu \ge \mu_0$ gegen $H_1: \mu < \mu_0$ (Variante Ib) bzw. $H_0: \mu = \mu_0$ gegen $H_1: \mu \ne \mu_0$ (Variante II).

  Als Testgröße wird das standardisierte Stichprobenmittel $TG = \frac{(\bar{X}-\mu_0)\sqrt{n}}{\sigma}$ verwendet, das für $\mu = \mu_0$ standardnormalverteilt ist. Ersetzt man $\bar{X}$ durch das arithmetische Mittel $\bar{x}$, erhält man die Realisierung TG_s der Testgröße.

- **Entscheidung:**
  Bei vorgegebenem Signifikanzniveau α wird H_0 abgelehnt, wenn der P-Wert kleiner als α ist. Die Berechnung des P-Wertes[8] erfolgt für die Testvariante Ia mit der Formel $P = 1 - \Phi(TG_s)$, für die Variante Ib mit der Formel $P = \Phi(TG_s)$ bzw. für die zweiseitige Testvariante II mit $P = 2[1 - \Phi(|TG_s|)]$. Nimmt man die Entscheidung über die Bestimmung des Ablehnungsbereiches vor, so wird H_0 abgelehnt, wenn $TG_s > z_{1-\alpha}$ (Variante Ia) bzw. $TG_s < -z_{1-\alpha}$ (Variante Ib) bzw. $|TG_s| > z_{1-\alpha/2}$ (Variante II) gilt. Dabei bezeichnen $z_{1-\alpha}$ und $z_{1-\alpha/2}$ das $(1-\alpha)$- bzw. das $(1-\alpha/2)$- Quantil der $N(0, 1)$-Verteilung.

- **Planung des Stichprobenumfangs:**
  Um auf dem Niveau α mit der Sicherheit $1 - \beta$ eine Entscheidung für H_1 herbeizuführen, wenn μ von μ_0 um $\Delta = |\mu - \mu_0| > 0$ im Sinne der Alternativhypothese abweicht, ist im Falle der 1-seitigen Testvarianten Ia und Ib ein Stichprobenumfang

$$n \ge \frac{\sigma^2}{\Delta^2}\left(z_{1-\alpha} + z_{1-\beta}\right)^2 \qquad (4.11a)$$

erforderlich. Für die 2-seitige Testvariante II gibt es die in typischen Anwendungssituationen brauchbare Näherungsformel

$$n \approx \frac{\sigma^2}{\Delta^2}\left(z_{1-\alpha/2} + z_{1-\beta}\right)^2. \qquad (4.11b)$$

Beispiele

1. Bei der Herstellung einer bestimmten Zigarettensorte soll ein Nikotingehalt X (in mg) von $\mu_0 = 12$ nicht überschritten werden. Zur regelmäßigen Kontrolle

---

[8] In R können die drei Testvarianten des Gauß-Tests mit der Anweisung z.test() im Paket „TeachingDemos" ausgeführt werden. Für die Power-Berechnung bzw. Planung des Stichprobenumfangs steht in R die Funktion pwr.norm.test() im Paket „pwr" zur Verfügung.

werden Prüfstichproben von je 20 Zigaretten zufällig einem Produktionslos entnommen und der Nikotingehalt bestimmt. Für eine Prüfstichprobe ergab sich das
arithmetische Mittel $\bar{x} = 12.14$. Wir zeigen mit dem Gauß-Test, dass $\bar{x} = 12.14$
auf 5 %igem Niveau keine signifikante Überschreitung des Sollwerts $\mu_0 = 12$
anzeigt. Der Gauß-Test kann angewendet werden, wenn das Untersuchungs-
merkmal X (der Nikotingehalt) $N(\mu, \sigma^2)$-verteilt und σ bekannt ist; wir nehmen
an, dass für σ der (sehr genaue) Schätzwert $\hat{\sigma} = 1.5$ zur Verfügung steht. Es liegt
ein 1-seitiges Testproblem mit den Hypothesen $H_0: \mu \leq \mu_0$ ($\mu = \mu_0$) gegen
$H_1: \mu > \mu_0$ vor. Als Wert der Testgröße ergibt sich

$$TG_s = \frac{\bar{x} - \mu_0}{\sigma/\sqrt{n}} = \frac{12.14 - 12}{1.5/\sqrt{20}} = 0.4174;$$

damit erhält man den P-Wert $P = 1 - \Phi(TG_s) = 0.3382$. Wegen $P \geq \alpha = 0.05$ kann H_0 nicht abgelehnt werden.

2. Mit Bezug auf die Versuchsanlage im vorangehenden Beispiel überlegen wir
uns, welche Sicherheit wir überhaupt haben, eine Abweichung des Mittelwerts
μ vom Sollwert μ_0, die so groß wie die beobachtete Abweichung des arithmetischen Mittels $\bar{x}$ vom Sollwert ist, als signifikant zu erkennen. Dazu wird
die Gütefunktion (4.9) an der Stelle $\mu = \bar{x} = 12.14$ berechnet. Es ergibt sich
mit $z_{1-\alpha} = z_{0.95} = 1.645$ und $(\mu - \mu_0)/(\sigma/\sqrt{20}) = 0.4174$ die (sehr kleine) Power $G(\bar{x}) = \Phi(-1.645 + 0.4174) = 0.1098$. Wir haben mit unserer
Versuchsanlage also nur eine Sicherheit von rund 11 %, die beobachtete Abweichung als signifikant zu erkennen.

Besser als eine Power-Analyse im Nachhinein ist es, den Stichprobenumfang so
zu planen, dass wir mit der Versuchsanlage eine große Sicherheit (z. B. 90 %)
haben, bei einer vorher als relevant festgelegten Überschreitung $\Delta = |\mu - \mu_0|$
ein signifikantes Testergebnis zu erhalten. Wir nehmen z. B. an, dass $\Delta = 1$ eine relevante Überschreitung ist, die wir mit dem 1-seitigen Gauß-Test auf dem
Testniveau $\alpha = 5\%$ als signifikant erkennen wollen. Der erforderliche Min-
deststichprobenumfang ergibt sich aus (4.11a). Mit $\sigma = 1.5$, $\Delta = 1$, $z_{1-\alpha} = z_{0.95} = 1.645$ und $z_{1-\beta} = z_{0.9} = 1.282$ erhält man $n^* = 19.28$, d. h. es ist
ein Mindeststichprobenumfang von $n = 20$ notwendig, um die Überschreitung
$\Delta = 1$ mit 90 %iger Sicherheit als signifikant erkennen zu können. Die Prüfstichprobe mit dem Umfang $n = 20$ ist also richtig bemessen.

3. Ein in Säckchen verpacktes Granulat enthält gemäß Angabe auf dem Etikett u. a.
eine Wirksubstanz A von zumindest 365 mg. Vom Herstellungsverfahren weiß
man, dass die abgefüllten Mengen der Substanz A eine Standardabweichung
von 25 mg haben. Eine Stichprobe aus 10 Proben ergab eine mittlere Wirksub-
stanzmenge von 350 mg. Die Frage ist, ob bei der Herstellung des Granulats der
Sollwert systematisch unterschritten wird.

Damit die Aufgabe gelöst werden kann, sind einige Präzisierungen notwendig. Zunächst nehmen wir an, dass die Menge X der Substanz A pro Säckchen
$N(\mu, \sigma^2)$-verteilt ist mit bekanntem $\sigma = 25$. Gegenstand der Fragestellung ist
eine allfällige Unterschreitung des Sollwerts $\mu_0 = 365$, die zu prüfenden Hy-

pothesen sind demnach $H_0: \mu = \mu_0$ gegen $H_1: \mu < \mu_0$. Als Signifikanzniveau sei $\alpha = 5\%$ vereinbart. Aus den Angaben zur Stichprobe berechnet man den Wert

$$TG_s = \frac{\bar{x} - \mu_0}{\sigma/\sqrt{10}} = \frac{350 - 365}{25/\sqrt{10}} = -1.897$$

der Testgröße. Der P-Wert ist $P = \Phi(TG_s) = 0.02889$. Wegen $P < \alpha = 0.05$ wird H_0 abgelehnt und für H_1 entschieden. Dies bedeutet, dass eine (auf 5 %igem Testniveau) signifikante Unterschreitung des Sollwertes vorliegt.

Aufgaben

1. Es sei X eine $N(\mu, \sigma^2)$-verteilte Zufallsvariable mit der Varianz $\sigma^2 = 4$. Man prüfe die Hypothesen $H_0: \mu = 15$ gegen $H_1: \mu \neq 15$ mit dem 2-seitigen Gauß-Test auf der Grundlage der Beobachtungsreihe

   15.6, 17.3, 15.0, 13.7, 11.1, 15.2, 14.7, 13.4, 14.4, 11.9, 10.4, 14.5

   und argumentiere die Testentscheidung sowohl mit dem P-Wert als auch mit dem Ablehnungsbereich. Als Signifikanzniveau sei $\alpha = 5\%$ vereinbart.
2. An Hand einer Stichprobe mit dem Umfang $n = 10$ und dem arithmetischen Mittel $\bar{x} = 0.827$ soll mit dem Gauß-Test geprüft werden, ob der Mittelwert eines $N(\mu, \sigma^2)$-verteilten Untersuchungsmerkmals X den Sollwert $\mu_0 = 0.8$ überschreitet. Dabei sei $\sigma = 0.05$ und $\alpha = 1\%$. Ist die Überschreitung signifikant? Man bestimme ferner die Wahrscheinlichkeit einer Testentscheidung für H_1, wenn die Überschreitung $\Delta = 0.027$ beträgt.
3. Es soll die Abweichung einer Messgröße X von einem vorgegebenen Sollwert $\mu_0 = 1.5$ geprüft werden. Da X als normalverteilt angenommen werden kann und überdies ein genauer Schätzwert für die Standardabweichung, nämlich $\hat{\sigma} = 0.3$, bekannt ist, wird die Prüfung mit dem 2-seitigen Gauß-Test vorgenommen und dabei das Signifikanzniveau $\alpha = 5\%$ vereinbart. Wie groß ist der Stichprobenumfang zu planen, damit man mit dem Test eine kritische Abweichung von 10 % des Sollwerts mit 80 %iger Sicherheit als signifikant erkennen kann.

4.2 Zur Logik der Signifikanzprüfung

a) Signifikanztest und indirekter Beweis Die bisherigen Beispiele sind von der Art, dass man wissen will, ob sich ein Parameter (z. B. der Mittelwert μ einer $N(\mu, \sigma^2)$-verteilten Zufallsvariablen) von einem vorgegebenen Wert (dem Sollwert μ_0) unterscheidet, entweder im Sinne einer ungerichteten Abweichung (zweiseitiges Testproblem) oder im Sinne einer Über- bzw. Unterschreitung (einseitige Testprobleme). Prüfungen auf Unterschiede spielen in der Praxis eine wichtige Rolle, vor allem auch bei den noch zu behandelnden Zwei- und Mehrstichprobenproblemen. Da das Auftreten einer Abweichung (z. B. der Überschreitung eines Sollwertes) oft als Wirkung einer Ursache (z. B. einer Störung in einem Fertigungsprozess) gedeutet wird, spricht man auch von Wirksamkeitsprüfungen. Diese verlaufen nach einem logischen Schema, das wir uns noch einmal an Hand des 2-seitigen Gauß-Tests in Verbindung mit dem im Abschn. 4.1c betrachteten Beispiel klar machen wollen.

Unser Interesse gilt dem Nachweis, dass der Mittelwert μ eines $N(\mu, \sigma^2)$-verteilten Qualitätsmerkmals von einem festgelegten Sollwert abweicht. Zu diesem Zweck wird die Abweichung durch die Aussage $\mu \neq \mu_0$ erfasst und als Alternativhypothese H_1 formuliert. Um zu zeigen, dass H_1 gilt, wird vorerst angenommen, H_1 treffe nicht zu, d. h., die Negation von H_1 wird als Nullhypothese $H_0: \mu = \mu_0$ postuliert. Mit Hilfe einer für den Test typischen Zufallsgröße TG (Testgröße) fixiert man dann einen kritischen Bereich K, den Ablehnungsbereich $|TG| > z_{1-\alpha/2}$, in dem Realisierungen der Testgröße mit nur geringer Wahrscheinlichkeit (diese ist jedenfalls kleiner als das sogenannten Signifikanzniveau α) auftreten. Wir haben also eine Folgerung der Art: „Wenn H_0 gilt, dann nimmt die Testgröße TG einen Wert in K mit einer Wahrscheinlichkeit an, die kleiner als α ist". Den entscheidenden Schluss zieht man nun mit einer Zufallsstichprobe, die zur Realisierung TG_s der Testgröße führt. Im Beispiel ist $|TG_s| = 1.71$ kleiner als $z_{0.975} = 1.96$ ($\alpha = 5\%$), so dass die beobachtete Abweichung der Testgröße vom Sollwert null sehr wohl durch den Zufall erklärt werden kann. Im Falle $|TG_s| > z_{1-\alpha/2}$ hätte man dagegen – der Konvention folgend – den Zufall als Erklärungsursache für die Abweichung ausgeschlossen und in den Beobachtungsdaten einen Widerspruch zu H_0 gesehen. Die bei der Ablehnung von H_0 zur Anwendung kommende Schlussfigur folgt also dem folgendem Schema:[9]

Wenn H_0 gilt, dann ist $|TG| > z_{1-\alpha/2}$ unwahrscheinlich.

Aus einer Zufallsstichprobe ergibt sich ein TG_s mit $|TG_s| > z_{1-\alpha/2}$.

Daher: H_0 gilt nicht (ist unwahrscheinlich).

Dieses Schema erinnert an eine Beweisführung, die in der Philosophie und Mathematik schon eingesetzt wurde, bevor Aristoteles die Grundlagen der Logik schuf. So hat z. B. Anaximander (um 600 v. Chr.) aus der langen Pflege und dem Schutzbedürfnis der Menschenkinder den Schluss gezogen, dass der Mensch, falls er immer so gewesen wäre wie heute, nicht hätte überleben können. Daher musste er sich aus einem Wesen entwickelt haben, das viel früher für sich sorgen kann (vgl. Russel 1997). Man nennt diese Argumentation einen **indirekten Beweis** oder auch einen Widerspruchsbeweis (reductio ad absurdum); um eine Aussage A indirekt zu beweisen, wird die Annahme gemacht, die Aussage ist falsch, und aus der Negation der

---

[9] Diese Schlussweise der Signifikanzprüfung wird von Royall (1997) in seiner Monographie über statistische Evidenz als „Law of improbability" bezeichnet und so umschrieben: If hypothesis A implies that the probability that a random variable X takes on the value x is quite small, say $p_A(x)$, then the observation $X = x$ is evidence against A, and the smaller $p_A(x)$, the stronger that evidence.

Aussage etwas abgeleitet, was offensichtlich falsch ist. Daher kann die Annahme nicht stimmen, d. h., die Aussage A muss richtig sein.

Mit dem Hinweis auf die Analogie zwischen der Signifikanzprüfung und dem indirekten Beweis in der Mathematik wird zum Ausdruck gebracht, dass die Signifikanzprüfung einem Denkmuster folgt, das nicht erst mit der Entwicklung der Statistik erfunden wurde. Die Gleichartigkeit des Denkmusters soll aber nicht dazu führen, Signifikanzprüfungen, in denen die Prämissen den Charakter von Wahrscheinlicheitsaussagen besitzen, mit indirekten Beweisen gleichzusetzen.[10]

b) Vorgaben für den α- und β-Fehler Das Risiko, bei der Testentscheidung H_0 irrtümlich abzulehnen, also einen Fehler 1. Art (oder α-Fehler) zu begehen, wird durch Vorgabe des Signifikanzniveaus α begrenzt; meist ist $\alpha = 5\,\%$ vereinbart. Ein Fehler 2. Art (oder β-Fehler) liegt vor, wenn man an H_0 (z. B. $\mu = \mu_0$) festhält, obwohl H_1 (z. B. $\mu = \mu_0 + \Delta$ mit $\Delta > 0$) gilt. Da der β-Fehler vom Wert des zu prüfenden Parameters abhängt, der mehr oder weniger von dem in der Nullhypothese spezifizierten Sollwert abweichen kann, macht eine Vorgabe für β nur in Verbindung mit einer festgelegten Abweichung Δ einen Sinn; Δ kann z. B. die in der verwendeten Zufallsstichprobe festgestellte Abweichung des arithmetischen Mittels $\bar{x}$ vom Sollwert μ_0 bedeuten. Während man das α-Fehlerrisiko auf 5 % und darunter festlegt, wird beim β-Fehler ein Risiko bis 20 % toleriert; allerdings hat die Vorgabe eines β-Fehlerrisikos von maximal 20 % keineswegs die Akzeptanz wie die 5 %ige Fehlerschranke beim α-Fehler. An dieser Stelle sei in Erinnerung gerufen, dass die Fehlerrisiken α und β sowie die Abweichung Δ und der Stichprobenumfang n über die Gütefunktion verknüpft sind. Danach ist es bei festem Δ und n nicht möglich, beide Fehlerrisiken gleichzeitig klein zu halten; eine Verkleinerung von α hat eine Vergrößerung von β zur Folge und umgekehrt.

Es ist nützlich, die Konsequenzen zu überlegen, die aus verschieden festgelegten Toleranzgrenzen der Fehlerarten resultieren. Grundsätzlich wird man das Risiko jenes Fehler kleiner halten, dessen Folgen sich negativer auswirken. Eine Vorgabe von nur 5 % beim α-Fehler und 20 % beim β-Fehler bringt daher zum Ausdruck: Es ist mir wichtiger, einen vermuteten Unterschied nicht als tatsächlichen zu qualifizieren, als umgekehrt, einen tatsächlichen Unterschied nicht als solchen zu erkennen. Diese Sicht der Dinge orientiert sich an der Grundlagenforschung. Hier entspricht es der Tradition, Vermutungen über Effekte (in H_1 als Unterschiedshypothesen formuliert) nur dann dem vorhandenen Wissen als neue Erkenntnisse hinzuzufügen, wenn dabei das Irrtumsrisiko klein ist. Einen vorhandenen Effekt infolge des relativ großen β-Risikos nicht zu erkennen, kann zwar bedeuten, dass sich die Entwicklung des Fachgebietes verzögert, wird aber in Kauf genommen. In der angewandten Forschung, z. B. bei Wirksamkeitsprüfungen in der Medizin, können die Verhältnisse aber so liegen, dass es sinnvoll ist, die Fehlerrisiken anders zu gewichten. Eine ausführliche Diskussion der Problematik findet man z. B. in Lipsey (1990).

---

[10] In diesem Zusammenhang sei auch auf die Ausführungen in den lesenswerten Taschenbüchern von Beck-Bornholdt und Dubben (1998, 2003, 2005) hingewiesen.

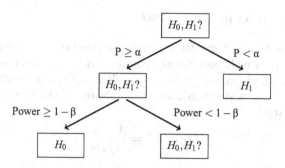

Abb. 4.3 Schema der Entscheidungsfindung beim Signifikanztest. Vorgegeben sind die Fehlerschranken α (z. B. 5 %) und β (z. B. 10 %). Ist der P-Wert kleiner als α, wird H_0 abgelehnt, also für H_1 entschieden. Andernfalls, d. h. für $P \geq \alpha$, wird eine Poweranalyse angeschlossen. Wenn die Power größer oder gleich $1 - \beta$ ist, wir H_0 angenommen

c) Signifikante und nicht-signifikante Ergebnisse Abbildung 4.3 enthält eine schematische Darstellung der Entscheidungslinien bei der Signifikanzprüfung; dabei sind die angegebenen Fehlerschranken (5 % für den Fehler 1. Art und 10 % für den Fehler 2. Art) nicht als allgemein gültige Vorgaben zu verstehen, sondern als Empfehlungen, die je nach Situation abgeändert werden können.

Im Abschn. 4.1d wurde geprüft, ob das beobachtete Mittel $\bar{x} = 0.827$ signifikant über dem Sollwert $\mu_0 = 0.8$ liegt. Offensichtlich liegt eine Abweichung vor. Diese ist tatsächlich auf dem 5 %-Niveau signifikant, da das (durch den P-Wert ausgedrückte) Risiko einer irrtümlichen Ablehnung von H_0 (der Mittelwert μ liegt nicht über μ_0) die vorgegebene Fehlerschranke von 5 % unterschreitet und daher für $H_1 : \mu > \mu_0$ entschieden wird. Ein im statistischen Sinn signifikantes Ergebnis sagt natürlich nichts über dessen Relevanz aus. Zum Beispiel kann eine mittlere Blutdruckabnahme um 1 mm Hg – bei genügend großem Stichprobenumfang – auf dem vorgegebenem Testniveau durchaus signifikant von null abweichen, ohne dass diesem Effekt i. Allg. eine klinische Bedeutung zugesprochen wird.

Geht es um die Frage, ob das arithmetische Mittel $\bar{x} = 0.827$ signifikant vom Sollwert $\mu_0 = 0.8$ abweicht, hat man über das 2-seitige Testproblem $H_0 : \mu = \mu_0$ gegen $H_1 : \mu \neq \mu_0$ zu entscheiden. Der im Abschn. 4.1b auf 5 %igem Niveau geführte Gauß-Test führte zu keinem signifikanten Ergebnis. Denn das Risiko einer irrtümlichen Ablehnung von H_0 lag mit $P = 8.77 \%$ über dem vorgegebenen Niveau von $\alpha = 5 \%$, so dass nicht gegen H_0 entschieden werden konnte. Dieser Ausgang darf aber nicht zu der Schlussfolgerung verleiten, dass $\mu = \mu_0$ zutrifft und die beobachtete Abweichung ein zufälliges Ereignis ist. Eine solche Folgerung wäre nur dann gerechtfertigt, wenn eine irrtümliche Ablehnung von H_1 unwahrscheinlich ist, also ein kleines β-Fehlerrisiko bzw. eine hohe Güte (Power) vorliegt.[11]

---

[11] Aus Abb. 4.3 wird die Rolle des P-Werts als die zentrale Rechengröße bei Testentscheidungen ersichtlich. Es ist daher eine weit verbreitete Praxis, über Testergebnisse durch Angabe des P-Werts zu berichten. Da dieser alleine aber keine Aussage über den ein Testergebnis verursachenden Effekt (z. B. Abweichung eines Mittelwerts vom Sollwert) zulässt, sollten ergänzend

4.3   Der Ein-Stichproben-t-Test

a) Zweiseitiger t-Test Wenn das Untersuchungsmerkmal X zwar normalverteilt ist, aber die Varianz nicht als bekannt vorausgesetzt werden kann, ist die Verwendung des standardisierten Stichprobenmittels als Testgröße nicht mehr zielführend. Statt dessen hat man im studentisierten Stichprobenmittel (3.19) eine Pivotvariable, die man als Testgröße

$$TG = \bar{X}^* = \frac{\bar{X} - \mu_0}{S / \sqrt{n}} \qquad (4.12a)$$

zum Vergleich des Mittelwerts einer $N(\mu, \sigma^2)$-verteilten Zufallsvariablen mit einem vorgegebenen Sollwert bei unbekanntem σ^2 verwenden kann. Da diese Testgröße t_{n-1}-verteilt ist (vgl. Abschn. 3.6), wird die Signifikanzprüfung mit dem studentisierten Stichprobenmittel (4.12a) kurz als t-Test bezeichnet. Analog zum entsprechenden Gauß-Test wird mit dem zweiseitigen t-Test an Hand einer Zufallsstichprobe $x_1, x_2, \dots, x_n$ geprüft, ob der Mittelwert einer $N(\mu, \sigma^2)$-verteilten Zufallsvariablen X von einem vorgegebenen Sollwert μ_0 abweicht. Dazu werden die Hypothesen

$$H_0: \mu = \mu_0 \quad \text{gegen} \quad H_1: \mu \neq \mu_0$$

formuliert und das Signifikanzniveau α festgelegt. Zur Testentscheidung – mit dem P-Wert oder dem Ablehnungsbereich – benötigen wir die Realisierung TG_s der Testgröße TG und setzen dazu für $\bar{X}$ und S die entsprechenden Kenngrößen $\bar{x}$ bzw. s aus der Stichprobe ein. Den P-Wert berechnen wir wieder als Wahrscheinlichkeit $P = P(TG \leq -|TG_s| \mid \mu = \mu_0) + P(TG \geq |TG_s| \mid \mu = \mu_0)$, dass bei Gültigkeit von H_0 die Testgröße einen Wert annimmt, der zumindest gleich weit von null entfernt ist wie die Realisierung TG_s. Alternativ kann die Entscheidung auch mit dem Ablehnungsbereich erfolgen, der durch die Vereinigung der Intervalle $TG < -t_{n-1,1-\alpha/2}$ und $TG > t_{n-1,1-\alpha/2}$ gegeben ist. Ist $P < \alpha$ oder liegt TG_s im Ablehnungsbereich, wird gegen H_0 entschieden. Bei dieser Entscheidung bleibt die Wahrscheinlichkeit, H_0 irrtümlich abzulehnen, unter dem Signifikanzniveau α.

b) Gütefunktion Um die Gütefunktion des 2-seitigen t-Tests zu erhalten, betrachten wir – wie beim Gauß-Test – die Wahrscheinlichkeit $G(\mu)$ einer Testentscheidung gegen H_0 in Abhängigkeit vom Mittelwert μ der Grundgesamtheit X. Da H_0 genau dann abgelehnt wird, wenn die Testgröße TG einen Wert im Ablehnungsbereich annimmt, ist $G(\mu)$ gleich der Wahrscheinlichkeit des Ereignisses, dass $|TG|$ größer als das Quantil $t_{n-1,1-\alpha/2}$ der t_{n-1}-Verteilung ist. Die Berechnung dieser Wahrscheinlichkeit setzt die Kenntnis der Verteilungsfunktion der Testgröße TG voraus. Wenn $\mu = \mu_0$ ist, gilt $TG \sim t_{n-1}$; für $\mu \neq \mu_0$ ist die Testgröße nicht mehr t_{n-1}-verteilt, sondern folgt der sogenannten **nicht-zentralen t-Verteilung** mit den Parametern $f = n - 1$ und $\lambda = (\mu - \mu_0)\sqrt{n}/\sigma$. Der Parameter f heißt wie

---

auch Angaben zur Effektgröße gemacht werden. So geben die Testprozeduren der einschlägigen Statistik-Software zusätzlich zur Testgröße und dem P-Wert meist auch Schätzwerte und Konfidenzintervalle aus, aus denen die Größe von Effekten beurteilt werden kann.

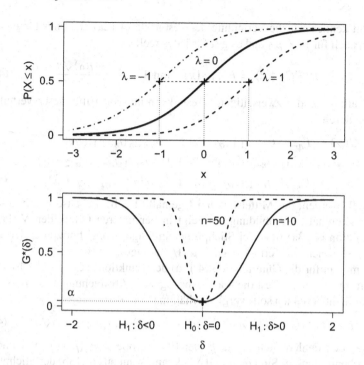

Abb. 4.4 Nicht-zentrale t-Verteilungen mit den Parameterkombinationen $(f, \lambda) = (10, -1)$ und $(10, 1)$ sowie der Sonderfall $f = 10, \lambda = 0$ (*obere Grafik*). – Gütefunktionen des 2-seitigen t-Tests $H_0: \mu = \mu_0$ gegen $H_1: \mu \neq \mu_0$ für die Stichprobenumfänge $n = 10$ und $n = 50$. Horizontal ist die auf σ bezogene Abweichung $\delta = (\mu - \mu_0)/\sigma$ des Mittelwerts μ vom Sollwert μ_0 aufgetragen, vertikal kann man die entsprechenden Gütefunktionswerte $G^*(\delta) = G((\mu - \mu_0)/\sigma)$ ablesen (*untere Grafik*)

bei der t-Verteilung Freiheitsgrad, der zweite Parameter λ wird Nichtzentralitäts-parameter genannt. Für die nicht-zentrale t-Verteilung mit den Parametern f und λ schreiben wir kurz $t_{f,\lambda}$ und bezeichnen die entsprechende Verteilungsfunktion[12] mit $F_{f,\lambda}$. Für $\lambda = 0$ geht die nicht-zentrale t-Verteilung in die t-Verteilung mit dem gleichen Freiheitsgrad über und wir schreiben in diesem Fall für die Verteilungs-funktion $F_{f,0} = F_f$. In der oberen Grafik von Abb. 4.4 ist die Verteilungsfunktion $F_{f,\lambda}$ für die Parameterkombinationen $f = 10$ und $\lambda = -1$ sowie $f = 10$ und $\lambda = 1$ gemeinsam mit der Verteilungsfunktion F_{10} ($\lambda = 0$) dargestellt. Man erkennt, dass der Graph von $F_{10,1}$ gegenüber der t_{10}-Verteilungsfunktionskurve um rund 1 Einheit nach rechts verschoben ist. Tatsächlich gilt zwischen den Ver-teilungsfunktionswerten der $t_{f,\lambda}$-Verteilung und t_f-Verteilung der Zusammenhang $F_{f,\lambda}(x) \approx F_{f,0}(x - \lambda) = F_f(x - \lambda)$.

---

[12] Die Bestimmung von Werten der Verteilungsfunktion $F_{f,\lambda}$ erfolgt heute meist mit elektroni-schen Tabellen, die in jeder professionellen Statistik-Software zur Verfügung stehen. In R benutzt man dazu die Funktion pt() mit dem optionalen Nichtzentralitätsparameter ncp.

Damit kennen wir die Verteilung der Testgröße (4.12a) nicht nur für $\mu = \mu_0$, sondern auch für $\mu \neq \mu_0$ und es gilt für jedes reelle x

$$P(TG \leq x) = F_{n-1,\lambda}(x) \quad \text{mit } \lambda = \frac{(\mu - \mu_0)\sqrt{n}}{\sigma}. \quad (4.12b)$$

Die Gütefunktion des zweiseitigen t-Tests kann nun mit Hilfe dieser Verteilungsfunktion durch

$$\begin{aligned}
G(\mu) &= F_{n-1,\lambda}(-t_{n-1,1-\alpha/2}) + 1 - F_{n-1,\lambda}(t_{n-1,1-\alpha/2}) \\
&\approx F_{n-1}(-t_{n-1,1-\alpha/2} - \lambda) + 1 - F_{n-1}(t_{n-1,1-\alpha/2} - \lambda) \\
&= F_{n-1}(-t_{n-1,1-\alpha/2} - \lambda) + F_{n-1}(-t_{n-1,1-\alpha/2} + \lambda) \quad (4.13a)
\end{aligned}$$

dargestellt werden; der Mittelwert μ ist gemäß (4.12b) – ebenso wie σ – im Parameter λ enthalten. Abbildung 4.4 zeigt in der unteren Grafik den Verlauf der Gütefunktion (4.13a) für zwei Stichprobenumfänge, wobei horizontal der als Effektgröße bezeichnete Term $\delta = (\mu - \mu_0)/\sigma$ aufgetragen ist.

Indem man für die Gütefunktion (4.13a) den Funktionswert $1 - \beta$ (also die Sicherheit, mit der der t-Test die – auf σ bezogene – Abweichung $\delta = (\mu - \mu_0)/\sigma$ als signifikant erkennen soll) vorgibt, erhält man die Beziehung

$$1 - \beta = F_{n-1}(-t_{n-1,1-\alpha/2} - \delta\sqrt{n}) + F_{n-1}(-t_{n-1,1-\alpha/2} + \delta\sqrt{n}) \quad (4.13b)$$

zwischen den Fehlerrisiken α und β, der Effektgröße $\delta = (\mu - \mu_0)/\sigma$ und dem Stichprobenumfang n. Sind α, β und δ bekannt, kann aus (4.13b) der Stichprobenumfang n bestimmt werden. Bei positivem δ ist es zumeist gerechtfertigt, den ersten Summanden auf der rechten Seite von (4.13b) zu vernachlässigen; man erhält dann die Näherung $1 - \beta \approx F_{n-1}(-t_{n-1,1-\alpha/2} + \delta\sqrt{n})$, aus der

$$n \approx \frac{1}{\delta^2}\left(t_{n-1,1-\alpha/2} + t_{n-1,1-\beta}\right)^2$$

folgt. Approximiert man schließlich die Quantile der t-Verteilung durch die entsprechenden Quantile der Standardnormalverteilung, ergibt sich daraus die zwar grobe, aber einfache Näherungsformel[13]

$$n \approx \frac{1}{\delta^2}\left(z_{1-\alpha/2} + z_{1-\beta}\right)^2. \quad (4.13c)$$

Dieser Mindeststichprobenumfang ist also zu planen, um mit dem zweiseitigen t-Test auf dem Niveau α bei einer kritischen Effektgröße $\delta = (\mu - \mu_0)/\sigma$ mit der Sicherheit $1 - \beta$ eine Entscheidung für $H_1: \delta \neq 0$ (gegen $H_0: \delta = 0$) herbeizuführen.

c) Einseitige Testvarianten Liegt eine einseitige Fragestellung im Sinne der Hypothesen

$$H_0: \mu \leq \mu_0 \quad (\text{bzw. } \mu = \mu_0) \quad \text{gegen} \quad H_1: \mu > \mu_0$$

---

[13] Für den typischen Anwendungsfall $\alpha = 0.05$, $\beta = 0.10$ und $\delta = 0.7$ ist der mit (4.13c) bestimmte Näherungswert $n^* = 21.44$, als Lösung der exakten Gleichung ergibt sich $n_e = 23.45$; der relative Fehler bleibt unter 10 %.

vor, ist H_0 abzulehnen, wenn $TG_s > t_{n-1,1-\alpha}$ gilt; dabei bedeutet TG_s wie beim zweiseitigen t Test die mit den empirischen Maßzahlen $\bar{x}$ und s bestimmte Realisierung der Testgröße (4.12a). Alternativ kann man die Testentscheidung mit dem P-Wert $P = 1 - F_{n-1}(TG_s)$ herbeiführen, in dem man H_0 ablehnt, wenn $P < \alpha$ gilt; mit F_{n-1} ist die Verteilungsfunktion der t_{n-1}-Verteilung bezeichnet. In entsprechender Weise ist beim der 1-seitigen t-Test mit den Hypothesen

$$H_0\colon \mu \geq \mu_0 \quad (\text{bzw. } \mu = \mu_0) \quad \text{gegen} \quad H_1\colon \mu < \mu_0$$

vorzugehen. Die Nullhypothese wird nun abgelehnt, wenn $TG_s < t_{n-1,\alpha}$ oder $P = F_{n-1}(TG_s) < \alpha$ gilt. Bei der Planung des Stichprobenumfangs ist bei den einseitigen Testvarianten in der Formel (4.13c) das Quantil $z_{1-\alpha/2}$ durch $z_{1-\alpha}$ zu ersetzen.

d) Zusammenfassung Der 1-Stichproben-t-Test dient zur Prüfung, ob der Mittelwert einer $N(\mu,\sigma^2)$-verteilten Zufallsvariablen X von einem vorgegebenen Sollwert μ_0 abweicht bzw. diesen unter- oder überschreitet. Für die Anwendung des t-Tests sind folgende Punkte zu beachten:

- **Beobachtungsdaten und Modell:**
  Es liegen n Beobachtungswerte $x_1, x_2, \ldots, x_n$ mit dem arithmetischen Mittel $\bar{x}$ und der Varianz s^2 vor. Jedes x_i ist die Realisierung einer $N(\mu,\sigma^2)$-verteilten Zufallsvariablen X_i $(i = 1, 2, \ldots, n)$, mit denen das Stichprobenmittel $\bar{X}$ sowie die Stichprobenvarianz S^2 gebildet werden.
- **Hypothesen und Testgröße:**
  Der Vergleich des Parameters μ mit einem vorgegebenen Sollwert μ_0 erfolgt nach einer der folgenden Testvarianten: $H_0\colon \mu \leq \mu_0$ gegen $H_1\colon \mu > \mu_0$ (Variante Ia), $H_0\colon \mu \geq \mu_0$ gegen $H_1\colon \mu < \mu_0$ (Variante Ib) bzw. $H_0\colon \mu = \mu_0$ gegen $H_1\colon \mu \neq \mu_0$ (Variante II).

  Als Testgröße wird das studentisierte Stichprobenmittel $TG = \frac{(\bar{X}-\mu_0)\sqrt{n}}{S}$ verwendet, das für $\mu = \mu_0$ t-verteilt mit dem Freiheitsgrad $f = n - 1$ ist. Ersetzt man $\bar{X}$ durch das arithmetische Mittel $\bar{x}$ und S durch die empirische Standardabweichung s, erhält man die Realisierung TG_s der Testgröße.
- **Entscheidung:**
  Bei vorgegebenem Signifikanzniveau α wird H_0 abgelehnt, wenn der P-Wert kleiner als α ist. Die Berechnung des P-Wertes erfolgt für die Testvariante Ia mit der Formel $P = 1 - F_{n-1}(TG_s)$, für die Variante Ib mit der Formel $P = F_{n-1}(TG_s)$ bzw. mit $P = 2F_{n-1}(-|TG_s|)$ für die zweiseitige Testvariante II; F_{n-1} bezeichnet die Verteilungsfunktion der t_{n-1}-Verteilung.[14]
  Nimmt man die Entscheidung über die Bestimmung des Ablehnungsbereichs vor, so wird H_0 abgelehnt, wenn $TG_s > t_{n-1,1-\alpha}$ (Variante Ia) bzw. $TG_s < -t_{n-1,1-\alpha}$ (Variante Ib) bzw. $|TG_s| > t_{n-1,1-\alpha/2}$ (Variante II) gilt. Dabei bezeichnen $t_{n-1,1-\alpha}$ und $t_{n-1,1-\alpha/2}$ das $(1-\alpha)$- bzw. das $(1-\alpha/2)$- Quantil der t_{n-1}-Verteilung.

---

[14] Zur Durchführung des t-Tests steht in R die Funktion `t.test()` zur Verfügung.

- **Planung des Stichprobenumfangs:**
  Um auf dem Niveau α mit der Sicherheit $1 - \beta$ eine Entscheidung für H_1 herbeizuführen, wenn μ von μ_0 um $\Delta \neq 0$ im Sinne der Alternativhypothese abweicht, kann im Falle der 1-seitigen Testvarianten Ia und Ib der erforderliche Mindeststichprobenumfang näherungsweise aus

$$n \approx \frac{\sigma^2}{\Delta^2} \left(z_{1-\alpha} + z_{1-\beta} \right)^2 \tag{4.14a}$$

und im Falle der 2-seitigen Testvariante II aus

$$n \approx \frac{\sigma^2}{\Delta^2} \left(z_{1-\alpha/2} + z_{1-\beta} \right)^2 . \tag{4.14b}$$

bestimmt werden. Bei Anwendung von (4.14a) und (4.14b) muss ein Schätzwert für σ zur Verfügung stehen. Die Formeln stimmen mit den entsprechenden Formeln beim Gauß-Test überein, ergeben aber auf Grund der Näherungen nur Richtwerte für den erforderlichen Mindeststichprobenumfang.[15]

Beispiele

1. Die Wirkung eines Präparats auf den systolischen Blutdruck wurde durch Blutdruckmessungen an 20 Probanden vor und nach Gabe des Präparats ermittelt. Es ergaben sich die folgenden Werte für die Blutdruckänderung X (Differenz aus dem End- und Anfangswert, in mm Hg):

$$-23, \quad -5, \quad -18, \quad 15, \quad -9, \quad -4, \quad -6, \quad 6, \quad -12, \quad -11,$$
$$-6, \quad -28, \quad 22, \quad 3, \quad 27, \quad -31, \quad 2, \quad -33, \quad 18, \quad -16.$$

   Unter der Voraussetzung $X \sim N(\mu, \sigma^2)$ zeigen wir

   a) dass die mittlere Blutdruckänderung (auf dem 5 %-Niveau) keine signifikante Abnahme anzeigt, und berechnen
   b) die Wahrscheinlichkeit, dass der 1-Stichproben-t-Test ein signifikantes Resultat liefert, wenn μ gleich dem beobachteten Stichprobenmittel $\bar{x}$ ist und σ durch die beobachtete Standardabweichung s approximiert wird.

   a) Es ist auf dem 5 %-Niveau $H_0 \colon \mu = \mu_0 = 0$ gegen $H_1 \colon \mu < 0$ zu prüfen. Der Stichprobe entnimmt man $n = 20$, $\bar{x} = -5.45$ und $s = 17.20$; damit findet man den Wert

$$TG_s = \frac{\bar{x}\sqrt{n}}{s} = \frac{-5.45\sqrt{20}}{17.20} = -1.417$$

---

[15] Die exakte Bestimmung des erforderlichen Mindeststichprobenumfangs kann für die drei Testvarianten mit der R-Funktion `power.t.test()` vorgenommen werden. Mit derselben Prozedur lassen sich alternativ auch Werte der Gütefunktionen der Testvarianten berechnen.

der Testgröße bei Gültigkeit von H_0. Wegen $TG_s \geq t_{19,0.95} = -1.73$ ist die beobachtete Unterschreitung des Sollwerts $\mu_0 = 0$ auf dem 5 %-Niveau nicht signifikant, also eine Entscheidung für H_1: $\mu < 0$ nicht möglich. Zum selben Resultat gelangt man, wenn man den P-Wert $P = F_{n-1}(TG_s) = 0.0863 \geq \alpha$ berechnet.

b) Die gesuchte Wahrscheinlichkeit ist gleich dem Wert der Gütefunktion $G(\mu) = P(TG < TG_s \mid \mu)$ des 1-seitigen t-Tests auf Unterschreitung an der Stelle $\mu = \bar{x} = -5.45$ (bei gleichzeitiger Approximation von σ durch $s = 17.20$). Wegen $\delta = (\mu - \mu_0)/\sigma \approx -0.3169$ und $\lambda = \delta\sqrt{n} \approx -1.42$ ergibt sich mit $t_{19,0.95} = 1.73$

$$G(-5.45) = F_{n-1,\lambda}(-t_{n-1,1-\alpha})$$
$$\approx F_{n-1}(-t_{n-1,1-\alpha} - \lambda) = F_{n-1}(-1.73 + 1.42) = 0.38.$$

Wenn also das Präparat eine mittlere Blutdrucksenkung von 5.45 Einheiten bewirkt (und eine Standardabweichung von 17.20 Einheiten angenommen werden kann), gelangt man im Rahmen der Versuchsanlage (Stichprobe vom Umfang n, 1-seitiger t-Test mit $\alpha = 5$ %) mit einer Wahrscheinlichkeit von knapp 40 % zu einer richtigen Entscheidung für H_1: $\mu < 0$. Mit zunehmendem n wird das Risiko β einer irrtümlichen Ablehnung von H_1 kleiner; z. B. hat man bei einem Stichprobenumfang von $n = 50$ – bei sonst gleichen Vorgaben – bereits eine Güte von 71 %, d. h. ein β-Risiko von nur mehr 29 %.

2. In einem Experiment wurde die Selbstentladung von wiederaufladbaren NiMH-Gerätezellen mit einer Kapazität (in mAh) von 2000 überprüft. Laut Hersteller soll die Kapazität X nach 12 Monaten 85 % des Anfangswertes, also $\mu_0 = 1700$, betragen.

a) Wir zeigen zuerst, dass das Experiment mit 30 Zellen durchgeführt werden müsste, damit der t-Test auf 5 %igem Niveau eine Sollwertabweichung in der Höhe von $\Delta = 60$ mit einer Sicherheit von 90 % feststellen kann. Dabei möge die Annahme zutreffen, dass die Kapazität X normalverteilt sei, und für σ der Schätzwert $\hat{\sigma} = 100$ zur Verfügung stehen. Es ist $\alpha = 0.05$, $\beta = 0.1$ und $\delta = \Delta/\hat{\sigma} = 0.6$. Um die Formel (4.14b) anwenden zu können, werden die Quantile $z_{0.975} = 1.960$ und $z_{0.9} = 1.282$ benötigt. Wegen

$$n^* = \frac{1}{0.6^2}(1.96 + 1.282)^2 = 29.2$$

legen wir den Umfang der Prüfstichprobe mit $n = 30$ fest.

b) Die Ausführung des Experimentes hat die folgenden Messwerte ergeben:

1590, 1620, 1670, 1790, 1670, 1580, 1470, 1690, 1680, 1890
1560, 1610, 1670, 1450, 1690, 1710, 1670, 1810, 1580, 1560
1680, 1730, 1680, 1550, 1760, 1750, 1530, 1540, 1690, 1730.

Wir zeigen mit dem 2-seitigen t-Test, dass das arithmetische Mittel der Prüfstichprobe signifikant ($\alpha = 5$ %) vom Sollwert $\mu_0 = 1700$ abweicht. Die Hypothesen lauten: H_0: $\mu = \mu_0$ gegen H_1: $\mu \neq \mu_0$. Das arithmetische Mittel und die

Standardabweichung der Stichprobenwerte sind $\bar{x} = 1653.33$ bzw. $s = 100.18$.
Der Wert der Testgröße (4.12a) ist $TG_s = (1653.33 - 1700)\sqrt{30}/100.18 =$
-2.55, als P-Wert erhält man $P = 2F_{29}(-|-2.55|) = 0.0163$; F_{29} bezeichnet
die Verteilungsfunktion der t-Verteilung mit $n-1 = 29$ Freiheitsgraden. Wegen
$P < 0.05$ wird die Nullhypothese (keine Abweichung vom Sollwert) abgelehnt.

3. Bei Weißwein ist für die gesamte schwefelige Säure X (in mg/l) ein Grenzwert
   von $\mu_0 = 200$ Einheiten festgelegt. Bei einer Kontrolle wurden in 10 Proben
   die folgenden X-Werte gemessen:

$$210, 199, 195, 210, 217, 226, 220, 222, 221, 182.$$

Die Frage ist, ob die Stichprobe eine Überschreitung des Grenzwertes anzeigt.
Wir setzen X als $N(\mu, \sigma^2)$-verteilt voraus und formulieren die Hypothesen
$H_0: \mu \le \mu_0$ (bzw. $\mu = \mu_0$) gegen $H_1: \mu > \mu_0$. Das Testniveau sei $\alpha = 5\%$.
Der Stichprobe entnimmt man die Kennwerte $n = 10$, $\bar{x} = 210.2$ und $s =$
14.141. Als Realisierung der Testgröße (4.12a) ergibt sich

$$T_s = \frac{(210.2 - 200)\sqrt{10}}{14.141} = 2.281.$$

Dieser Wert liegt im Ablehnungsbereich $TG > t_{9,0.95} = 1.833$, es liegt auf
5%igem Niveau eine Überschreitung des Grenzwerts $\mu_0 = 200$ vor. Wir bestimmen noch zusätzlich den Wert der Gütefunktion an der Stelle $\mu = \bar{x}$. Es
ergibt sich mit dem Quantil $t_{9,0.95} = 1.833$ und dem Nichtzentralitätsparame-
ter $\lambda = \frac{(\mu-\mu_0)\sqrt{n}}{\sigma} \approx \frac{(210.2-200)\sqrt{10}}{14.141} = 2.281$ (hier wurde näherungsweise
$\sigma = s = 14.141$ gesetzt, F_9 ist die Verteilungsfunktion der t_9-Verteilung)

$$\begin{aligned}
G(\bar{x}) &= P(TG > t_{n-1,1-\alpha} \mid \mu = \bar{x}) \\
&= 1 - P(TG \le t_{n-1,1-\alpha} \mid \mu = \bar{x}) = 1 - F_{n-1,\lambda}(t_{n-1,1-\alpha}) \\
&\approx 1 - F_{n-1}(t_{n-1,1-\alpha} - \lambda) = F_{n-1}(-t_{n-1,1-\alpha} + \lambda) \\
&= F_9(-t_{9,0.95} + \lambda) = F_9(-1.833 + 2.281) = 0.6676.
\end{aligned}$$

Dieses Ergebnis bedeutet, dass wir mit unserer Versuchsanlage (Stichprobe vom
Umfang $n = 10$, t-Test auf 5%igem Niveau) nur eine Sicherheit von 66.76%
haben, die beobachtete Überschreitung von $\Delta = \bar{x} - \mu_0 = 10.2$ als signifikant
zu erkennen.

Aufgaben

1. Von einer Messstelle wurden die folgenden Werte der Variablen X (SO_2-Kon-
   zentration der Luft in mg/m^3) gemeldet: 32, 41, 33, 35, 34.

   a) Weicht die mittlere SO_2-Konzentration signifikant vom Wert $\mu_0 = 30$ ab?
      Als Testniveau sei $\alpha = 5\%$ vereinbart.

b) Welcher Mindeststichprobenumfang müsste geplant werden, um mit dem Test eine Abweichung vom Referenzwert μ_0 um 5 % (des Referenzwertes) mit einer Sicherheit von 95 % erkennen zu können?

2. Bei einer Untersuchung der Cd-Belastung von Forellen in einem Fließgewässer wurden $n = 10$ Forellen gefangen und der Cd-Gehalt X (in $\mu g/g$ Frischgewicht) bestimmt. Die Auswertung ergab den Mittelwert $\bar{x} = 62$ und die Standardabweichung $s = 7$.

a) Kann aus den Angaben geschlossen werden, dass der mittlere Cd-Gehalt signifikant ($\alpha = 5$ %) über dem vorgegebenen Referenzwert $\mu_0 = 60$ liegt?

b) Wie groß ist die Wahrscheinlichkeit, dass man mit dem Test eine Überschreitung des Referenzwerts in der Höhe der beobachteten Überschreitung als signifikant erkennt?

3. Bei der Inbetriebnahme einer Anlage zur Abfüllung einer Lösung in Flaschen mit der Nennfüllmenge von 0.5 l wurden in einem Probebetrieb die folgenden Füllmengen X (in l) gemessen: 0.491, 0.488, 0.493, 0.538, 0.493, 0.478, 0.506, 0.459, 0.471, 0.480.

a) Kann man aus den Daten schließen, dass die Nennfüllmenge nicht erreicht wird? Das Testniveau sei mit $\alpha = 0.01$ festgelegt.

b) Ist der Stichprobenumfang ausreichend groß, um eine Unterschreitung in der Höhe von 10ml mit einer Sicherheit von 90 % feststellen zu können?

4.4 Der Binomialtest

a) Exakter Binomialtest Der Binomialtest wird verwendet, um eine unbekannte Wahrscheinlichkeit p mit einem vorgegebenen, festen Wert p_0 zu vergleichen. Die Wahrscheinlichkeit p denken wir uns als Parameter einer Bernoulli-verteilten Zufallsvariablen X; diese möge den Wert 1 mit der Wahrscheinlichkeit p und den Wert 0 mit der Wahrscheinlichkeit $1 - p$ annehmen. Die Hypothesen des **2-seitigen Binomialtests** sind $H_0: p = p_0$ gegen $H_1: p \neq p_0$. Um eine allfällige Entscheidung für H_1 herbeizuführen benötigen wir eine Zufallsstichprobe $X_1, X_2, \ldots, X_n$ aus der Grundgesamtheit X und eine aus den Stichprobenvariablen abgeleitete Testgröße TG. Beim exakten Binomialtest ist TG gleich der Anzahl $H = n\bar{X}$ der Stichprobenvariablen mit $X_i = 1$. Nach Abschn. 2.7 ist H binomialverteilt mit den Parametern n und p. Wenn H_0 gilt, sind $\mu_0 = E(n\bar{X}) = np_0$ Realisierungen mit $X_i = 1$ zu erwarten. Es sei $h = \sum_{i=1}^{n} x_i$ die beobachtete Anzahl der Realisierungen $x_i = 1$. Zur Beurteilung der „Verträglichkeit" des Beobachtungsergebnisses mit $H_0: p = p_0$ berechnen wir wieder den P-Wert. Dieser ist gleich der Wahrscheinlichkeit, dass – unter der Voraussetzung $p = p_0$ – eine Zufallsstichprobe vom Umfang n zu einem Wert von H führt, der zumindest gleich weit wie die beobachtete Realisierung vom Erwartungswert μ_0 entfernt ist, für den also $H \leq \mu_0 - d$ oder $H \geq \mu_0 + d$ mit $d = |h - \mu_0|$ gilt. Bezeichnet F_B die

Verteilungsfunktion der B_{n,p_0}-Verteilung, kann die Wahrscheinlichkeit P durch

$$P = P(H \leq \mu_0 - d \mid p = p_0) + P(H \geq \mu_0 + d \mid p = p_0)$$
$$= F_B(\mu_0 - d) + 1 - F_B(\mu_0 + d - 1) \tag{4.15a}$$

ausgedrückt werden. Die Nullhypothese H_0 wird abgelehnt, wenn P das vereinbarte Signifikanzniveau α unterschreitet.[16]

Lautet die Fragestellung, ob die Wahrscheinlichkeit p den vorgegebenen Sollwert p_0 überschreitet, liegt ein 1-seitiger **Test auf Überschreitung** mit den Hypothesen $H_0\colon p \leq p_0$ gegen $H_1\colon p > p_0$ vor. Wie beim 1-seitigen Vergleich von Mittelwerten mit einem vorgegebenen Sollwert können wir uns in H_0 auf den Randwert p_0 beschränken, d.h. die Nullhypothese in der Form $H_0\colon p = p_0$ ansetzen. Der P-Wert wird nun als Wahrscheinlichkeit berechnet, dass die Testgröße $TG = H = n\bar{X}$ den Erwartungswert $E(H) = np_0$ um zumindest denselben Betrag $d = h - np_0 > 0$ überschreitet, wie die beobachtete Realisierung h ($h = 0, 1, \ldots, n$), dass also $H \geq np_0 + d = H \geq h$ gilt. Wenn F_B die Verteilungsfunktion der B_{n,p_0}-Verteilung bezeichnet, kann der P-Wert aus

$$P = P(H \geq h \mid p = p_0) = 1 - P(H < h \mid p = p_0)$$
$$= 1 - P(H \leq h - 1 \mid p = p_0) = 1 - F_B(h - 1) \tag{4.15b}$$

berechnet werden. Auf dem Signifikanzniveau α ist eine Überschreitung des Referenzwertes p_0 signifikant, wenn $P < \alpha$ gilt.

Bei einem 1-seitigen **Test auf Unterschreitung** sind die Hypothesen $H_0\colon p \geq p_0$ (d.h. $p = p_0$) gegen $H_1\colon p < p_0$ zu prüfen. Der P-Wert

$$P = P(H \leq h \mid p = p_0) = F_B(h) \tag{4.15c}$$

ist die Wahrscheinlichkeit, dass die Testgröße $TG = H = n\bar{X}$ unter der Nullhypothese $H_0\colon p = p_0$ höchstens gleich der beobachteten Realisierung $h < np_0$ von H ist. F_B bezeichnet wieder die Verteilungsfunktion der B_{n,p_0}-Verteilung. Die Unterschreitung ist auf dem Niveau α signifikant, wenn $P < \alpha$ gilt.

b) Approximativer Binomialtest Wenn $np_0(1 - p_0) > 9$ ist, kann die exakte Verteilung der Testgröße H bei Gültigkeit von $H_0\colon p = p_0$ durch die Normalverteilung mit dem Mittelwert $\mu_0 = np_0$ und der Varianz $\sigma_0^2 = np_0(1 - p_0)$ approximiert werden. Bezeichnet F_B die Verteilungsfunktion der B_{n,p_0}-Verteilung und F_N die Verteilungsfunktion der $N(\mu_0, \sigma_0^2)$-Verteilung, so gilt mit Berücksichtigung der Stetigkeitskorrektur (vgl. Abschn. 2.9)

$$P(H \leq h) = F_B(h) \approx F_N(h + 0.5)$$

---

[16] Die numerische Bestimmung von Funktionswerten der $B_{n,p}$-Verteilung erfolgt heute meist mit Hilfe einschlägiger Statistik-Software, z.B. mit der R-Funktion `pbinom()`.

$(h = 0, 1, \ldots, n)$. Mit dieser Näherung kann (4.15a) auf die Gestalt

$$
\begin{aligned}
P &= F_B(\mu_0 - d) + 1 - F_B(\mu_0 + d - 1) \\
&\approx F_N(\mu_0 - d + 0.5) + 1 - F_N(\mu_0 + d - 0.5) \\
&= 2F_N(\mu_0 - d + 0.5) = 2\Phi\left(\frac{-d + 0.5}{\sqrt{np_0(1 - p_0)}}\right)
\end{aligned} \tag{4.16a}
$$

gebracht werden. Wird die Testentscheidung mit diesem P-Wert durchgeführt, spricht man von einem approximativen Binomialtest (mit Stetigkeitskorrektur).[17] Nähert man in entsprechender Weise die Verteilungsfunktion F_B in (4.15b) durch die Normalverteilungsfunktion an, erhält man für den approximativen Binomialtest auf Überschreitung den P-Wert

$$
P = 1 - F_B(h - 1) \approx 1 - F_N(h - 0.5) = 1 - \Phi\left(\frac{d - 0.5}{\sqrt{np_0(1 - p_0)}}\right) \tag{4.16b}
$$

mit der Abkürzung $d = h - np_0 > 0$. Auf analoge Weise folgt aus (4.15c) der P-Wert

$$
P = F_B(h) \approx F_N(h + 0.5) = \Phi\left(\frac{d + 0.5}{\sqrt{np_0(1 - p_0)}}\right) \tag{4.16c}
$$

für den approximativen Binomialtest auf Unterschreitung; hier ist $d = h - np_0 < 0$.

Wie beim Vergleich eines Mittelwerts mit einem Sollwert kann die Testentscheidung auch beim Binomialtetst durch Bestimmung des **Ablehnungsbereichs** herbeigeführt werden. Wir beschränken uns dabei auf den approximativen Binomialtest, setzen also $np_0(1 - p_0) > 9$ voraus. Als Testgröße verwenden wir wieder H und nehmen an, dass H_0 gilt, also $p = p_0$ ist. Nahe beim Erwartungswert $E(H) = np_0$ liegende Realisierungen der Testgröße sprechen für die Gültigkeit der Nullhypothese, von np_0 in Richtung der Alternativhypothese weit entfernte Werte gegen H_0. Um die kritische Entfernung d_c von der Stelle np_0 zu bestimmen, bei deren Überschreitung für H_1 zu entscheiden ist, fordern wir $P = \alpha$ und erhalten im Falle der 2-seitigen Testvariante aus (4.16a) die Gleichung

$$
\alpha = 2\Phi(\zeta) \quad \text{mit } \zeta = \frac{-d_c + 0.5}{\sqrt{np_0(1 - p_0)}}.
$$

Es folgt, dass ζ gleich dem $\alpha/2$-Quantil $z_{\alpha/2} = -z_{1-\alpha/2}$ der Standardnormalverteilung ist. Aus $\zeta = -z_{1-\alpha/2}$ ergibt sich schließlich die kritische Entfernung

$$
d_c = 0.5 + z_{1-\alpha/2}\sqrt{np_0(1 - p_0)}. \tag{4.17a}
$$

---

[17] Lässt man den Korrekturterm 0.5 in (4.16a)–(4.16c) weg, erhält man den P-Wert des approximativen Binomialtests ohne Stetigkeitskorrektur, der ungenauer ist als der Binomialtest mit Stetigkeitskorrektur.

Wenn die Realisierung TG_s der Testgröße H die Bedingung $TG_s < np_0 - d_c$ oder $TG_s > np_0 + d_c$ erfüllt, ist der P-Wert kleiner als α und folglich H_0 abzulehnen. Der Ablehnungsbereich ist daher durch die Vereinigung der Intervalle $TG < np_0 - d_c$ und $TG > np_0 + d_c$ gegeben.

Im Falle der 1-seitigen Hypothesen $H_0: p \leq p_0$ (d.h. $p = p_0$) gegen $H_1: p > p_0$ (Test auf Überschreitung) sprechen große Werte der Testgröße H für eine Entscheidung zugunsten H_1. Wir setzen den Ablehnungsbereich in der Form $TG > np_0 + d_c$ an und bestimmen d_c aus der Forderung, dass der P-Wert für diese kritische Überschreitung gleich dem Signifikanzniveau α ist. Aus (4.16b) folgt zunächst

$$\alpha = 1 - \Phi\left(\frac{d_c - 0.5}{\sqrt{np_0(1 - p_0)}}\right),$$

d.h., das Argument von Φ ist gleich dem $(1 - \alpha)$-Quantil $z_{1-\alpha}$ der Standardnormalverteilung. Damit gilt $d_c = 0.5 + z_{1-\alpha}\sqrt{np_0(1 - p_0)}$ und man erhält als Ablehnungsbereich

$$TG > np_0 + d_c = np_0 + 0.5 + z_{1-\alpha}\sqrt{np_0(1 - p_0)}. \tag{4.17b}$$

Auf analoge Weise findet man den Ablehnungsbereich

$$TG < np_0 - 0.5 - z_{1-\alpha}\sqrt{np_0(1 - p_0)} \tag{4.17c}$$

für den 1-seitigen approximativen Binomialtest mit den Hypothesen $H_0: p \geq p_0$ (d.h. $p = p_0$) gegen $H_1: p < p_0$ (Test auf Unterschreitung).

c) Gütefunktion Wir beschränken uns auf den approximativen Binomialtest (ohne Stetigkeitskorrektur). Im Falle der 1-seitigen Testvariante $H_0: p \leq p_0$ gegen $H_1: p > p_0$ wird H_0 genau dann auf dem Niveau α abgelehnt, wenn $TG > np_0 + c$ mit der Abkürzung $c = z_{1-\alpha}\sqrt{np_0(1 - p_0)}$ gilt. Daher ist die Wahrscheinlichkeit einer Ablehnung von H_0 in Abhängigkeit von p durch

$$G(p) \approx P(TG > np_0 + c \mid p)$$

$$= P\left(\frac{TG - np}{\sqrt{np(1 - p)}} > \frac{-n(p - p_0) + c}{\sqrt{np(1 - p)}} \;\middle|\; p\right)$$

$$= 1 - \Phi\left(\frac{-n(p - p_0) + c}{\sqrt{np(1 - p)}}\right)$$

gegeben. Diese Formel drückt also die Wahrscheinlichkeit (Power) aus, mit der man die Überschreitung $\Delta = p - p_0 > 0$ bei vorgegebenem n und α als signifikant feststellen kann. Gibt man umgekehrt für die Power den Wert $1 - \beta$ vor, kann man den Stichprobenumfang berechnen, der mit der Sicherheit $1 - \beta$ zu einer Entscheidung für H_1 führt, wenn die Wahrscheinlichkeit p den Sollwert p_0 um den Betrag $\Delta > 0$ überschreitet. Setzt man entsprechend $G(p) = 1 - \beta$, erhält man

$$\frac{-n(p - p_0) + z_{1-\alpha}\sqrt{np_0(1 - p_0)}}{\sqrt{np(1 - p)}} = z_\beta = -z_{1-\beta}$$

und schließlich durch Auflösen nach n die Lösung

$$n^* = \frac{1}{(p - p_0)^2}\left(z_{1-\alpha}\sqrt{p_0(1 - p_0)} + z_{1-\beta}\sqrt{p(1 - p)}\right)^2.$$

Um mit dem (approximativen) Binomialtest auf dem Niveau α bei einer kritischen Überschreitung $\Delta = p - p_0 > 0$ mit der Sicherheit $1 - \beta$ eine Entscheidung für $H_1\colon p > p_0$ (gegen $H_0\colon p \leq p_0$) herbeizuführen, ist ein Stichprobenumfang $n \geq n^*$ zu planen. Dieselbe Formel ist anwendbar, wenn eine Fragestellung der Form $H_0\colon p \geq p_0$ gegen $H_1\colon p < p_0$ vorliegt und der Stichprobenumfang zur Feststellung einer kritischen Unterschreitung $\Delta = p_0 - p > 0$ zu planen ist; die Formel liefert für die Planung des Stichprobenumfangs auch im Falle der zweiseitigen Fragestellung $H_0\colon p = p_0$ gegen $H_1\colon p \neq p_0$ einen brauchbaren Richtwert, wenn das Quantil $z_{1-\alpha}$ durch $z_{1-\alpha/2}$ ersetzt wird.

d) Zusammenfassung Mit dem Binomialtest kann festgestellt werden, ob eine unbekannte Wahrscheinlichkeit p von einem vorgegebenen Sollwert p_0 abweicht bzw. diesen über- oder unterschreitet. Die folgenden Punkte fassen relevante Fakten über die Voraussetzungen und die Anwendung des Tests zusammen.

- **Beobachtungsdaten und Modell:**
  Es liegen n Beobachtungen vor, die in zwei Klassen eingeteilt werden können. Die Zugehörigkeit der i-ten Beobachtung zur Klasse 1 sei durch eine Bernoulli-Variable X_i beschrieben, die den Wert 1 annimmt, wenn die Beobachtung zur Klasse 1 gehört und den Wert 0, wenn dies nicht der Fall ist. Jede der unabhängigen und identisch verteilten Bernoulli-Variablen $X_1, X_2, \ldots, X_n$ nimmt mit der Wahrscheinlichkeit p den Wert 1 an. Konkret wurden h Beobachtungen in der Klasse 1 gezählt.

- **Hypothesen und Testgröße:**
  Der Vergleich der Wahrscheinlichkeit p mit einem vorgegebenen Sollwert p_0 erfolgt nach einer der folgenden Testvarianten: $H_0\colon p \leq p_0$ gegen $H_1\colon p > p_0$ (Variante Ia), $H_0\colon p \geq p_0$ gegen $H_1\colon p < p_0$ (Variante Ib) bzw. $H_0\colon p = p_0$ gegen $H_1\colon p \neq p_0$ (Variante II).
  Als Testgröße wird die Anzahl $TG = H = n\bar{X}$ der Beobachtungen in der Klasse 1 verwendet. Die Testgröße ist unter der Voraussetzung $p = p_0$ binomialverteilt mit den Parametern n und p_0. Wenn $np_0(1 - p_0) > 9$ ist, kann die Binomialverteilung mit für die meisten Anwendungsfälle ausreichender Genauigkeit durch die Normalverteilung mit dem Mittelwert $\mu = np_0$ und der Varianz $\sigma^2 = np_0(1 - p_0)$ approximiert werden. Für die konkrete Beobachtungsreihe nimmt die Testgröße den Wert $TG_s = h$ an.

- **Entscheidung:**
  Bei vorgegebenem Signifikanzniveau α wird H_0 abgelehnt, wenn der P-Wert kleiner als α ist. Beim exakten Binomialtest erfolgt die Berechnung des P-Wertes für die Testvariante Ia mit der Formel $P = 1 - F_B(h-1)$, für die Variante Ib mit der Formel $P = F_B(h)$ bzw. mit $P = F_B(np_0-d)+1-F_B(np_0+d-1)$ für die zweiseitige Testvariante II; hier bezeichnet F_B die Verteilungsfunktion der B_{n,p_0}-Verteilung und es ist $d = |h - np_0|$.
  Die entsprechenden Berechnungsformeln für den approximativen Binomialtest (mit Stetigkeitskorrektur) sind $P \approx 1 - F_N(h-0.5)$ für die Testvariante Ia, $P \approx F_N(h + 0.5)$ für die Variante Ib und $P \approx 2F_N(np_0 - d + 0.5)$ für die Variante II; F_N ist die Verteilungsfunktion der $N(\mu, \sigma^2)$-Verteilung mit $\mu = np_0$ und $\sigma_0^2 = np_0(1 - p_0)$; $d = |h - np_0|$ ist die Abweichung der beobachteten Anzahl vom Mittelwert.[18]
  Nimmt man die Entscheidung über die Bestimmung des Ablehnungsbereichs vor, so wird H_0 abgelehnt, wenn $TG_s - np_0 > 0.5 + z_{1-\alpha}\sigma_0$ (Variante Ia) bzw. $TG_s - np_0 < -0.5 - z_{1-\alpha}\sigma_0$ (Variante Ib) bzw. $|TG_s - np_0| > 0.5 + z_{1-\alpha/2}\sigma_0$ (Variante II) gilt. Dabei bezeichnen $z_{1-\alpha}$ und $z_{1-\alpha/2}$ das $(1 - \alpha)$- bzw. das $(1 - \alpha/2)$- Quantil der $N(0, 1)$-Verteilung und $\sigma_0 = \sqrt{np_0(1 - p_0)}$.

- **Planung des Stichprobenumfangs:**
  Um auf dem Niveau α mit der Sicherheit $1 - \beta$ eine Entscheidung für H_1 herbeizuführen, wenn p von p_0 um $\Delta \neq 0$ im Sinne der Alternativhypothese abweicht, kann im Falle der 1-seitigen Testvarianten Ia und Ib der erforderliche Mindeststichprobenumfang näherungsweise aus

$$n \approx \frac{1}{(p - p_0)^2} \left(z_{1-\alpha}\sqrt{p_0(1 - p_0)} + z_{1-\beta}\sqrt{p(1 - p)}\right)^2 \qquad (4.18a)$$

und im Falle der 2-seitigen Testvariante II aus

$$n \approx \frac{1}{(p - p_0)^2} \left(z_{1-\alpha/2}\sqrt{p_0(1 - p_0)} + z_{1-\beta}\sqrt{p(1 - p)}\right)^2 \qquad (4.18b)$$

bestimmt werden.[19]

---

[18] Den P-Wert des exakten Binomialtests erhält man in R mit der Funktion `binom.test()`, den P-Wert des approximativen Binomialtests (mit und ohne Stetigkeitskorrektur) mit `prop.test()`.

[19] Eine näherungsweise Bestimmung des erforderlichen Mindeststichprobenumfangs kann für die drei Testvarianten mit der R-Funktion `pwr.p.test()` im Paket „pwr" vorgenommen werden. Die R-Funktion verwendet die sogenannte Arcus-Sinus-Transformation, mit der der Stichprobenanteil H/n (die Anzahl H ist $B_{n,p}$-verteilt) in die Zufallsvariable $Y^* = 2\arcsin\sqrt{H/n}$ übergeführt wird. Wie man zeigen kann, nähert sich mit wachsendem n die Verteilung von Y^* einer Normalverteilung mit dem Mittelwert $\mu_{Y^*} = 2\arcsin\sqrt{p}$ und der konstanten Varianz $\sigma_{Y^*}^2 = 1/n$. Mit dieser Approximation findet man in Analogie zur Vorgangsweise beim Gauß-Test z. B. zur Planung des Stichprobenumfangs für den 1-seitigen Binomialtest die Formel $n \approx (z_{1-\alpha} + z_{1-\beta})^2/(2\arcsin\sqrt{p} - 2\arcsin\sqrt{p_0})^2$, die in der R-Funktion `pwr.p.test()` implementiert ist. Mit derselben Prozedur lassen sich alternativ auch Werte der Gütefunktionen berechnen.

Beispiele

1. Einem Produktionslos wird eine Zufallsstichprobe mit 500 Einheiten entnommen und bei der Überprüfung festgestellt, dass 34 Einheiten nicht den Prüfkriterien entsprechen. Die Ausschusswahrscheinlichkeit soll bei $p_0 = 0.05$ liegen. Wir untersuchen folgende Fragen:

   a) Unterscheidet sich der Ausschussanteil in der Stichprobe auf 5%igem Testniveau signifikant vom Sollwert $p_0 = 0.05$?
   b) Was ist das Testergebnis, wenn auf demselben Testniveau 1-seitig auf signifikante Überschreitung geprüft wird?

a) Es sei p die Wahrscheinlichkeit, dass ein nicht den Vorgaben entsprechendes Produkt (also ein Ausschuss) hergestellt wird, und H die Anzahl der nicht entsprechenden Einheiten in der Prüfstichprobe. Das Testproblem wird zunächst als zweiseitig aufgefasst und entsprechend die Hypothesen $H_0: p = p_0 = 0.05$ gegen $H_1: p \neq 0.05$ formuliert. Wir nehmen an, dass H_0 zutrifft und modellieren die Anzahl H durch eine B_{n,p_0}-verteilte Zufallsvariable. Die beobachtete Realisierung von H ist $h = 34$, der beobachtete Stichprobenanteil $h/n = 34/500 = 0.068$ liegt offensichtlich über dem Sollwert $p_0 = 0.05$. Mit $\mu_0 = np_0 = 25$ und $d = |h - \mu_0| = 9$ erhält man aus (4.15a) den exakten P-Wert

$$P = F_B(\mu_0 - d) + 1 - F_B(\mu_0 + d - 1) = F_B(16) + 1 - F_B(33) = 0.0797.$$

Zum Vergleich rechnen wir auch die Normalverteilungsapproximation, die wegen $np_0(1 - p_0) = 23.75 > 9$ zulässig ist. Es ergibt sich aus (4.16a) mit $\sigma_0 = \sqrt{np_0(1 - p_0)} = \sqrt{500 \cdot 0.05(1 - 0.05)} = 4.8734$ der approximative P-Wert

$$P = 2\Phi\left(\frac{-9 + 0.5}{4.8734}\right) = 0.08113.$$

Der Ablehnungsbereich besteht aus den Intervallen

$$TG > np_0 + 0.5 + z_{1-\alpha/2}\sqrt{np_0(1 - p_0)} = 35.05 \quad \text{und}$$
$$TG < np_0 - 0.5 - z_{1-\alpha/2}\sqrt{np_0(1 - p_0)} = 14.95.$$

Da der P-Wert größer als 5 % ist bzw. die Realisierung $TG_s = h = 34$ der Testgröße außerhalb des Ablehnungsbereiches liegt, ist eine Entscheidung für H_1 nicht möglich.

b) Wenn im konkreten Problem ein Test auf Überschreitung des Sollwertes ausgeführt wird, also die Hypothese $H_0: p = p_0$ gegen $H_1: p > p_0$ geprüft wird, so würde man ein signifikantes Ergebnis erhalten. Denn der P-Wert ist in diesem Fall $P = 1 - F_B(h - 1) = 1 - F_B(33) = 0.04541 < 5\%$ und die Nullhypothese wäre abzulehnen. Die Entscheidung kann also wesentlich davon abhängen, ob die Fragestellung als 1- oder 2-seitiges Testproblem formuliert wird.

2. Mit einer neuen Behandlungsmethode will man die Erfolgsrate p (d. h. die Wahrscheinlichkeit, dass bei einer mit der neuen Methode behandelten Person eine Verbesserung eintritt) von mehr als $p_0 = 0.7$ erreichen. In einer Studie mit 100 Probanden ist die neue Methode bei $h = 80$ Personen erfolgreich, der beobachtete Stichprobenanteil $h/n = 0.8$ überschreitet also den Sollwert $p_0 = 0.7$. Wir zeigen a), dass die Überschreitung auf 5 %igem Niveau signifikant ist, und berechnen b) den erforderlichen Mindeststichprobenumfang, damit der (approximative) Binomialtest mit 90 %iger Sicherheit ein auf 5 %igem Testniveau signifikantes Ergebnis liefert, wenn der Sollwert um den Betrag $\Delta = 0.1$ überschritten wird.

a) Es liegt ein 1-seitiges Testproblem mit den Hypothesen $H_0\colon p \le p_0 = 0.7$ gegen $H_1\colon p > p_0$ vor. Bei der Nullhypothese können wir uns auf die einfache Hypothese $H_0\colon p = p_0$ beschränken. Die beobachtete Häufigkeit $h = 80$ denken wir uns als Realisierung einer Zufallsvariablen H, die die Anzahl der Erfolge (Personen mit Verbesserung) in einer Kette von $n = 100$ Bernoulli-Experimenten mit der Erfolgswahrscheinlichkeit $p = p_0$ bedeutet. Unter der Voraussetzung $p = p_0$ ist die Testgröße $TG = H$ binomialverteilt mit den Parametern $n = 100$ und $p = p_0 = 0.7$. Mit der Normalverteilungsapproximation – man beachte, dass $np_0(1 - p_0) = 21 > 9$ ist – ergibt sich aus (4.16b) mit $d = h - np_0 = 10$ der approximative P-Wert

$$P = 1 - \Phi\left(\frac{10 - 0.5}{\sqrt{100 \cdot 0.7(1 - 0.7)}}\right) = 1 - 0.9809 = 0.0191.$$

Wegen $P = 1.91\% < 5\%$ wird H_0 abgelehnt; die Erfolgsrate der neuen Methode liegt über dem Sollwert $p_0 = 0.7$. Zum Vergleich sei auch der exakte P-Wert $P = 0.0165$ angeführt.

b) Gegeben ist das Signifikanzniveau $\alpha = 0.05$, die Sicherheit $1 - \beta = 0.9$ und die relevante Überschreitung $\Delta = 0.1$. Mit $p = p_0 + \Delta = 0.8$, $z_{1-\alpha} = z_{0.95} = 1.645$ und $z_{1-\beta} = z_{0.9} = 1.282$ folgt aus (4.18a)

$$n^* = \frac{1}{0.1^2}\left(1.645\sqrt{0.7 \cdot 0.3} + 1.282\sqrt{0.8 \cdot 0.2}\right)^2 = 160.37,$$

d. h. es ist ein Mindeststichprobenprobenumfang von $n = 161$ zu planen. Im Übrigen ist die Wahrscheinlichkeit (Power) dafür, dass mit dem Binomialtest eine Überschreitung des Sollwerts $p_0 = 0.7$ um $\Delta = 0.1$ als signifikant ($\alpha = 5\%$) erkannt wird, gegeben durch:

$$G(p_0 + \Delta) \approx P(TG > np_0 + z_{1-\alpha}\sqrt{np_0(1 - p_0)} \mid p = 0.8)$$
$$= 1 - \Phi\left(\frac{-100(0.8 - 0.7) + 1.645\sqrt{100 \cdot 0.7 \cdot 0.3}}{\sqrt{100 \cdot 0.8 \cdot 0.2}}\right) = 0.731.$$

3. Für eine Blumenzwiebelsorte wird eine Keimfähigkeit von mindestens $p = 75\%$ garantiert. In einer Stichprobe mit $n = 60$ Zwiebeln keimten $h = 35$ Stück, d.h. $h/n = 58.33\%$. Die Frage ist, ob eine signifikante Unterschreitung des garantierten Prozentsatzes vorliegt. Wir prüfen diese Frage auf dem Signifikanzniveau $\alpha = 5\%$ und führen die Entscheidung durch Berechnung des Ablehnungsbereichs herbei. Ferner bestimmen wir den erforderlichen Mindeststichprobenumfang, um mit dem Test eine relevante Unterschreitung des Sollwertes um 10%-Punkte mit der Sicherheit $1 - \beta = 90\%$ zu erkennen.

Wir bezeichnen mit p die Wahrscheinlichkeit, dass ein Zwiebel keimt, und formulieren damit die Hypothesen H_0: $p = p_0 = 0.75$ gegen H_1: $p < p_0$. Wegen $np_0(1 - p_0) = 11.25 > 9$ ist die Normalverteilungsapproximation (4.16c) vertretbar. Die Testgröße $TG = H$ ist die Anzahl der keimenden Zwiebeln in der zur Verfügung stehen Stichprobe mit dem Umfang $n = 60$. Unter der Annahme $p = p_0$ ist H binomialverteilt mit den Parametern $n = 60$ und $p = p_0$. Zur (näherungsweisen) Berechnung des Ablehnungsbereiches verwenden wir Formel (4.17c). Mit dem Quantil $z_{1-\alpha} = z_{0.95} = 1.645$ erhält man den Ablehnungsbereich

$$TG < 60 \cdot 0.75 - 0.5 - 1.645\sqrt{60 \cdot 0.75 \cdot 0.25} = 38.98.$$

Die Realisierung $h = 35$ der Testgröße liegt im Ablehnungsbereich, so dass für H_1 (Unterschreitung) entschieden wird. Ergänzend führen wir noch den mit (4.15c) berechneten exakten P-Wert $P = F_B(h) = F_B(35) = 0.00342$ an, der das Signifikanzniveau deutlich unterschreitet.

Der gesuchte Mindeststichprobenumfang wird mit (4.18a) bestimmt. Es ist $z_{1-\alpha} = z_{0.95} = 1.645$, $z_{1-\beta} = z_{0.9} = 1.282$ und $p = p_0 - 0.1 = 0.65$. Damit ergibt sich $n^* = 175.17$. Erst ein Stichprobenumfang von rund 175 gibt eine 90%ige Sicherheit, eine Unterschreitung des Sollwertes $p_0 = 0.75$ um $\Delta = 0.1$ als signifikant ($\alpha = 5\%$) zu erkennen.

Aufgaben

1. In einer Studie wurde u.a. das Ges. Eiweiß i.S. am Beginn und am Ende einer Behandlung bestimmt. Bei 40 Probanden war eine Veränderung zu beobachten: 27 Probanden, bei denen der Eiweißwert vorher im Normbereich lag, wiesen nachher einen Wert außerhalb des Normbereichs auf; bei 13 Probanden lag der Eiweißwert vorher außerhalb und nachher im Normbereich.

   a) Man prüfe auf 5%igen Niveau, ob der Anteil der Probanden, bei denen der Eiweißwert vorher außerhalb und nachher innerhalb des Normbereichs lag, signifikant von 0.5 abweicht.

   b) Welcher Stichprobenumfang müsste geplant werden, damit der (approximative) Binomialtest mit 90%iger Sicherheit ein signifikantes ($\alpha = 5\%$) Ergebnis liefert, wenn $p = p_0 + 0.15$ ist?

2. Im Rahmen einer Untersuchung des Ernährungsstatus von Schulkindern wurde u. a. das Gesamtcholesterin erfasst. In einer Stichprobe aus den Kindern der Volksschule einer bestimmten Region war der Cholesterinwert bei 45 von 75 Kindern im Normbereich.

a) Man prüfe auf 5 %igem Niveau, ob der Anteil der Schulkinder im Normbereich signifikant über 50 % liegt.

b) Man bestimme die Wahrscheinlichkeit (Power), mit dem Test eine Überschreitung von p_0 um $\Delta = 0.1$ als signifikant zu erkennen.

3. Von einer Abfüllanlage sei bekannt, dass die abgefüllten Einheiten nur mit 5 %iger Wahrscheinlichkeit nicht eine vorgegebene Mindestmenge aufweisen. Nach einer Neueinstellung der Anlage wurden im Probelauf 150 Packungen zufällig ausgewählt und dabei festgestellt, dass in 4 Fällen die Mindestmenge nicht erreicht wurde. Die Frage ist, ob dieses Ergebnis eine signifikante Unterschreitung des Sollwertes $p_0 = 5 \%$ anzeigt ($\alpha = 5 \%$).

4.5 Zwei-Stichprobenvergleiche bei normalverteilten Grundgesamtheiten

a) Parallelversuch und Paarvergleich Der **Parallelversuch** ist eine einfache Versuchsanlage, um unter kontrollierten Bedingungen zwei Gruppen hinsichtlich eines interessierenden Untersuchungsmerkmals X (z. B. Präparatwirkung) zu vergleichen. Bei einem metrischen Untersuchungsmerkmal geht es dabei meist um einen Vergleich von Mittelwerten unter zwei Versuchsbedingungen, bei einem alternativ skalierten Untersuchungsmerkmal erfolgt der Vergleich der Gruppen in der Regel an Hand der relativen Häufigkeiten einer Merkmalsausprägung. Aus einer „Zielpopulation" wird eine bestimmte Anzahl von Untersuchungseinheiten (Probanden, Patienten, Proben) ausgewählt und damit zwei (möglichst gleich große) Gruppen, sogenannte „Parallelgruppen" gebildet. Die eine Gruppe ist die Testgruppe (z. B. zur Erprobung eines neuen Präparates), die andere Gruppe in der Regel eine Kontrollgruppe (z. B. eine Placebogruppe oder eine mit einem herkömmlichen Präparat behandelte Gruppe). Durch eine zufällige Zuordnung der Untersuchungseinheiten erreicht man, dass die Gruppen „strukturgleich" sind. Das bedeutet, dass es in den Gruppen – außer den angewendeten Behandlungen – keine weiteren systematischen Einflussfaktoren gibt.

Tabelle 4.2a zeigt die Organisation der Beobachtungsdaten beim Parallelversuch. Die Variablen X_1 und X_2 bezeichnen das Untersuchungsmerkmal in den Parallelgruppen; $x_{11}, x_{21}, \ldots, x_{n_1,1}$ und $x_{12}, x_{22}, \ldots, x_{n_2,2}$ sind die an den Untersuchungseinheiten der jeweiligen Gruppe beobachteten Werte von X_1 bzw. X_2. Man beachte, dass zwischen den Untersuchungseinheiten der Parallelgruppen keinerlei Beziehung besteht, die eine Anordnung in Paaren rechtfertigen würde. Vielmehr können die Untersuchungseinheiten (und entsprechend die Stichprobenwerte) der Testgruppe unabhängig von jenen der Kontrollgruppe angeordnet werden. Es ist

Tab. 4.2 Datenorganisation bei 2-Stichprobenvergleichen. Beim Parallelversuch werden die Untersuchungseinheiten zufällig den Behandlungsgruppen zugeteilt. Die an den Untersuchungseinheiten der Gruppen beobachteten Merkmalswerte bilden zwei „unabhängige" Stichproben. Beim Paarvergleich stehen die in einer Zeile stehenden Werte des Untersuchungsmerkmals in einem sachlogischen Zusammenhang (z. B. über die Untersuchungseinheit, an der das Merkmal zwei mal zeitlich hintereinander beobachtet wird); die Stichproben sind nun „abhängig"

a) Parallelversuch

	X_1 (Testgruppe)	X_2 (Kontrolle)
	x_{11}	x_{12}
Wieder-	x_{21}	x_{22}
holungen	$\vdots$	$\vdots$
	$x_{n_1,1}$	$x_{n_2,2}$

b) Paarvergleich

Untersuchungs- einheit	X_1 (Zeitpunkt 1)	X_2 (Zeitpunkt 2)
1	x_{11}	x_{12}
2	x_{21}	x_{22}
$\vdots$	$\vdots$	$\vdots$
n	$x_{n,1}$	$x_{n,2}$

daher üblich, den Parallelversuch auch als einen Versuch mit unabhängigen Stichproben zu bezeichnen. Die Unabhängigkeit der Stichproben kommt auch darin zum Ausdruck, dass die Stichprobenumfänge n_1 und n_2 der Parallelgruppen grundsätzlich verschieden sein können; dennoch sollten symmetrische Versuchsanlagen mit $n_1 = n_2$ angestrebt werden, weil sie i. Allg. eine höhere Testgüte aufweisen.

Man spricht von einem 2-Stichprobenproblem mit abhängigen (oder verbundenen) Stichproben, wenn es einen sachlogischen Zusammenhang gibt, nach dem jeder Wert der einen Stichprobe mit einem Wert der anderen Stichprobe zu einem Wertepaar zusammengefasst werden kann. Ein solcher Zusammenhang ist z. B. gegeben, wenn die Stichprobenwerte durch zweimaliges Beobachten an ein und derselben Untersuchungseinheit gewonnen wurden; in dieser Weise geplante Versuche werden auch **Paarvergleiche** genannt. Typische Anwendungsfälle sind die sogenannten selbst-kontrollierten Versuche zur Prüfung eines allfälligen Behandlungseffektes: Um die Auswirkung einer Behandlung auf eine Zielvariable zu prüfen, werden aus einer Zielpopulation n Probanden ausgewählt und an jedem Probanden die Zielvariable vor der Behandlung (Variable X_1) sowie nach erfolgter Behandlung (Variable X_2) beobachtet. Von jedem Probanden liegt also ein Paar von Beobachtungswerten vor. Die aus einem Paarvergleich resultierenden Stichproben sind daher als Spalten einer Datenmatrix zu sehen, in der jede Zeile einem „Block" (z. B. einem Probanden) entspricht, über den die Stichprobenwerte zu Wertepaaren verbunden werden (vgl. Tab. 4.2b).

b) Der F-Test zum Vergleich zweier Varianzen Der F-Test wird verwendet um festzustellen, ob die Varianzen von zwei unabhängigen Stichproben – diese stellen meist die Werte eines unter zwei Bedingungen im Rahmen eines Parallelversuchs beobachteten Untersuchungsmerkmals X dar – voneinander „signifikant" abweichen. Dabei wird X unter jeder Versuchsbedingung als normalverteilt vorausgesetzt. Wie man beim Test vorzugehen hat, ist der folgenden Punktation zu entnehmen.

- **Beobachtungsdaten und Modell:**
  Es liegen die (voneinander unabhängigen) Stichproben $x_{11}, x_{21}, \ldots, x_{n_1,1}$ und $x_{12}, x_{22}, \ldots, x_{n_2,2}$ mit den Varianzen s_1^2 bzw. s_2^2 vor; die x_{i1} ($i = 1, 2, \ldots, n_1$) sind Realisierungen der (unabhängigen und identisch verteilten) Zufallsvariablen $X_{i1} \sim N(\mu_1, \sigma_1^2)$; analog sind die x_{i2} ($i = 1, 2, \ldots, n_2$) Realisierungen der Zufallsvariablen $X_{i2} \sim N(\mu_2, \sigma_2^2)$. Aus den Zufallsvariablen X_{i1} und X_{i2} werden die Stichprobenvarianzen S_1^2 bzw. S_2^2 gebildet.

- **Hypothesen und Testgröße:**
  Der Vergleich der Varianzen σ_1^2 und σ_2^2 erfolgt nach einer der folgenden Testvarianten: $H_0: \sigma_1^2 \leq \sigma_2^2$ gegen $H_1: \sigma_1^2 > \sigma_2^2$ (Variante Ia), $H_0: \sigma_1^2 \geq \sigma_2^2$ gegen $H_1: \sigma_1^2 < \sigma_2^2$ (Variante Ib) bzw. $H_0: \sigma_1^2 = \sigma_2^2$ gegen $H_1: \sigma_1^2 \neq \sigma_2^2$ (Variante II). Als Testgröße wird das Varianzverhältnis (3.20) verwendet, das unter der Voraussetzung $\sigma_1^2 = \sigma_2^2$ die Gestalt $TG = S_1^2/S_2^2$ annimmt und F-verteilt ist mit den Freiheitsgraden $f_1 = n_1 - 1$ und $f_2 = n_2 - 1$. Setzt man für S_1^2 und S_2^2 die aus den beiden Stichproben berechneten Varianzen s_1^2 bzw. s_2^2 ein, ergibt sich die Realisierung $TG_s = s_1^2/s_2^2$ der Testgröße. Im Falle der Testvarianten Ia und Ib möge $TG_s \geq 1$ (also $s_1^2 \geq s_2^2$) bzw. $TG_s \leq 1$ (also $s_1^2 \leq s_2^2$) gelten. Im Falle der 2-seitigen Testvariante nehmen wir $TG_s \geq 1$ (also $s_1^2 \geq s_2^2$) an, was durch entsprechende Bezeichnung der Stichproben stets erreicht werden kann.

- **Entscheidung:**
  Bei vorgegebenem Signifikanzniveau α wird H_0 abgelehnt, wenn der P-Wert kleiner als α ist. Die Berechnung des P-Wertes[20] erfolgt für die Testvariante Ia mit der Formel $P = 1 - F_{n_1-1,n_2-1}(TG_s)$, für die Variante Ib mit der Formel $P = F_{n_1-1,n_2-1}(TG_s)$ bzw. mit der Formel $P = 1 - F_{n_1-1,n_2-1}(TG_s) + F_{n_2-1,n_1-1}(1/TG_s) = 2[1 - F_{n_1-1,n_2-1}(TG_s)]$ für die zweiseitige Testvariante II; F_{n_1-1,n_2-1} und F_{n_2-1,n_1-1} bezeichnen die Verteilungsfunktionen der F-Verteilung mit den Freiheitsgraden $f_1 = n_1 - 1$, $f_2 = n_2 - 1$ bzw. $f_1 = n_2 - 1$, $f_2 = n_1 - 1$.
  Nimmt man die Entscheidung über die Bestimmung des Ablehnungsbereichs vor, so wird H_0 abgelehnt, wenn $TG_s > F_{n_1-1,n_2-1,1-\alpha}$ (Variante Ia) bzw. $TG_s < F_{n_1-1,n_2-1,\alpha}$ (Variante Ib) bzw. $TG_s < F_{n_1-1,n_2-1,\alpha/2}$ oder $TG_s > F_{n_1-1,n_2-1,1-\alpha/2}$ gilt[21]. Dabei bezeichnet $F_{n_1-1,n_2-1,\gamma}$ das γ-Quantil der F-Verteilung mit den Freiheitsgraden $f_1 = n_1 - 1$, $f_2 = n_2 - 1$.

---

[20] Der P-Wert wurde als Wahrscheinlichkeit definiert, dass – bei Gültigkeit von H_0 – die Testgröße einen Wert annimmt, der zumindest so extrem (in Richtung der Alternativhypothese) liegt, wie die beobachtete Realisierung. Bei den 1-seitigen Testvarianten ist unmittelbar einsichtig, dass unter den „extremen" Werten der Testgröße TG jene mit $TG \geq TG_s$ (Variante Ia) bzw. mit $TG \leq TG_s$ (Variante Ib) zu verstehen sind. Im Falle der 2-seitigen Testvariante sind bei der Berechnung des P-Wertes Varianzverhältnisse $S_1^2/S_2^2 \geq TG_s$ oder $S_2^2/S_1^2 \leq 1/TG_s$ als „extrem" zu betrachten; dabei haben wir $TG_s = s_1^2/s_2^2 > 1$ vorausgesetzt. In R werden die P-Werte des F-Tests mit der Funktion var.test() bestimmt.

[21] Bildet man die Testgröße so, dass die größere Varianz im Zähler steht, reduziert sich im Fall der zweiseitigen Testvariante die Bedingung für die Ablehnung von H_0 auf $TG_s > F_{n_1-1,n_2-1,1-\alpha/2}$.

b) Vergleich von 2 Mittelwerten bei gleichen Varianzen Es soll im Rahmen eines Parallelversuchs festgestellt werden, ob die Mittelwerte μ_1 und μ_2 einer unter zwei Versuchsbedingungen betrachteten Zufallsvariablen X voneinander abweichen. Dabei wird X unter jeder Versuchsbedingung als normalverteilt mit möglicherweise verschiedenen Mittelwerten, aber gleichen Varianzen angenommen. Das klassische Testverfahren zur Behandlung dieser Fragestellung ist der **2-Stichproben-t-Test**. Seine Voraussetzungen und die prinzipielle Vorgangsweise sind dem folgenden Schema zu entnehmen.

- **Beobachtungsdaten und Modell:**
  Es liegen zwei (unabhängige) Beobachtungsreihen $x_{11}, x_{21}, \ldots, x_{n_1,1}$ und x_{12}, $x_{22}, \ldots, x_{n_2,2}$ vor. Die Mittelwerte und Varianzen der Stichproben seien $\bar{x}_1$, $\bar{x}_2$ bzw. s_1^2, s_2^2. Die unter der ersten Versuchsbedingung beobachteten Merkmalswerte x_{i1} sind Realisierungen der (unabhängigen und identisch) verteilten Zufallsvariablen $X_{i1} \sim N(\mu_1, \sigma_1^2)$ ($i = 1, 2, \ldots, n_1$); das mit diesen Variablen gebildete Stichprobenmittel sei $\bar{X}_1$, die Stichprobenvarianz sei S_1^2. Entsprechend sind die x_{i2} Realisierungen der Zufallsvariablen $X_{i2} \sim N(\mu_2, \sigma_2^2)$ ($i = 1, 2, \ldots, n_2$), aus denen wir das Stichprobenmittel $\bar{X}_2$ sowie die Stichprobenvarianz S_2^2 bilden. Es liege Varianzhomogenität vor, d. h., es gelte $\sigma_1^2 = \sigma_2^2 = \sigma^2$.
- **Hypothesen und Testgröße:**
  Der Vergleich der Mittelwerte μ_1 und μ_2 erfolgt nach einer der folgenden Testvarianten: $H_0: \mu_1 \leq \mu_2$ gegen $H_1: \mu_1 > \mu_2$ (Variante Ia), $H_0: \mu_1 \geq \mu_2$ gegen $H_1: \mu_1 < \mu_2$ (Variante Ib) bzw. $H_0: \mu_1 = \mu_2$ gegen $H_1: \mu_1 \neq \mu_2$ (Variante II). Als Testgröße verwenden wir

$$TG = \frac{\bar{X}_1 - \bar{X}_2}{\sqrt{S_p^2}} \sqrt{\frac{n_1 n_2}{n_1 + n_2}} \qquad (4.19a)$$

mit der „gepoolten" Varianz

$$S_p^2 = \frac{(n_1 - 1)S_1^2 + (n_2 - 1)S_2^2}{n_1 + n_2 - 2}, \qquad (4.19b)$$

die gleich dem mit $n_1 - 1$ und $n_2 - 1$ gewichteten Mittel der Stichprobenvarianzen S_1^2 und S_2^2 ist. Unter der Voraussetzung $\mu_1 = \mu_2$ ist die Testgröße t-verteilt mit $f = n_1 + n_2 - 2$ Freiheitsgraden. Ersetzt man $\bar{X}_1$ und $\bar{X}_2$ durch die arithmetischen Mittel $\bar{x}_1$ bzw. $\bar{x}_2$ sowie S_1^2 und S_2^2 durch die Varianzen s_1^2 bzw. s_2^2, so erhält man die Realisierung TG_s der Testgröße. Im Falle der Testvarianten Ia und Ib möge $TG_s \geq 0$ (also $\bar{x}_1 \geq \bar{x}_2$) bzw. $TG_s \leq 0$ (also $\bar{x}_1 \leq \bar{x}_2$) gelten.
- **Entscheidung:**
  Bei vorgegebenem Signifikanzniveau α wird H_0 abgelehnt, wenn der P-Wert kleiner als α ist. Die Berechnung des P-Wertes erfolgt für die Testvariante Ia mit der Formel $P = 1 - F_f(TG_s)$, für die Variante Ib mit der Formel $P = F_f(TG_s)$

bzw. mit $P = 2F_f(-|TG_s|)$ für die zweiseitige Testvariante II; F_f bezeichnet die Verteilungsfunktion der t-Verteilung mit $f = n_1 + n_2 - 2$ Freiheitsgraden.[22] Nimmt man die Entscheidung über die Bestimmung des Ablehnungsbereichs vor, so wird H_0 abgelehnt, wenn $TG_s > t_{f,1-\alpha}$ (Variante Ia) bzw. $TG_s < -t_{f,1-\alpha}$ (Variante Ib) bzw. $|TG_s| > t_{f,1-\alpha/2}$ (Variante II) gilt. Dabei bezeichnet $t_{f,\gamma}$ das γ-Quantil der t-Verteilung mit $f = n_1 + n_2 - 2$ Freiheitsgraden.[23]

• **Planung des Stichprobenumfangs:**
  Um auf dem Niveau α mit der Sicherheit $1 - \beta$ eine Entscheidung für H_1 herbeizuführen, wenn μ_1 von μ_2 um $\Delta \neq 0$ im Sinne der Alternativhypothese abweicht, kann für symmetrische Versuchsanlagen mit $n_1 = n_2 = n$ im Falle der 1-seitigen Testvarianten Ia und Ib der erforderliche Mindeststichprobenumfang[24] näherungsweise aus

$$n \approx 2\frac{\sigma^2}{\Delta^2}\left(z_{1-\alpha} + z_{1-\beta}\right)^2 \qquad (4.20a)$$

und im Falle der 2-seitigen Testvariante II aus

$$n \approx 2\frac{\sigma^2}{\Delta^2}\left(z_{1-\alpha/2} + z_{1-\beta}\right)^2 \qquad (4.20b)$$

bestimmt werden.[25] Bei der Anwendung dieser Formeln muss ein Schätzwert für σ^2 zur Verfügung stehen, z. B. eine Realisierung der gewichteten Stichprobenvarianz S_p^2.

Für die Anwendung des 2-Stichproben-t-Tests ist die Homogenität (Gleichheit) der Varianzen σ_1^2 und σ_2^2 eine wesentliche Voraussetzung, die i. Allg. überprüft werden muss. Zu diesem Zwecke kann man den F-Test mit den Hypothesen $H_0 : \sigma_1^2 = \sigma_2^2$ gegen $H_0 : \sigma_1^2 \neq \sigma_2^2$ quasi als „Vortest" einsetzen und damit versuchen, die Nullhypothese zu „falsifizieren". Aus einem nicht-signifikanten Ausgang des F-Tests wird der Schluss gezogen, dass die Beobachtungsdaten nicht gegen die Annahme der Varianzhomogenität sprechen und diese daher aufrecht bleibt. Führt man den

---

[22] Die P-Werte für die Varianten des 2-Stichproben-t-Tests erhält man z. B. mit der R-Funktion t.test(), wenn der Parameter var.equal=TRUE gesetzt wird. Mit der Festlegung var.equal=FALSE (Voreinstellung) führt die R-Funktion t.test() den im folgenden Unterpunkt behandelten Welch-Test zum Vergleich zweier Mittelwerte bei ungleichen Varianzen aus.
[23] Wie beim Vergleich eines Mittelswerts mit einem Sollwert kann auch beim Vergleich zweier Mittelwerte die Entscheidung mit Hilfe eines Konfidenzintervalls (für die Mittelwertdifferenz) herbeigeführt werden; vgl. dazu die entsprechenden Ausführungen in den Ergänzungen (Abschn. 4.11).
[24] Eine exakte Bestimmung des erforderlichen Mindeststichprobenumfangs kann wie im Falle des 1-Stichproben-t-Tests z. B. mit der R-Funktion power.t.test() vorgenommen werden. Wenn man $n_1 = n_2 = n$, Δ, σ und α vorgibt, liefert diese Funktion die entsprechenden Werte der Gütefunktion des 2-Stichproben-t-Tests.
[25] In der Qualitätssicherung wird die Faustformel $N = 2n \approx 60(\sigma/\Delta)^2$ für den Versuchsumfang beim Vergleich von 2 Mittelwerten verwendet (vgl. Kleppmann 2011); diese Faustformel ergibt sich aus (4.20b) im Sonderfall $\alpha = 1\,\%$ und $1 - \beta = 90\,\%$.

F-Test auf demselben Signifikanzniveau α wie den Haupttest (den 2-Stichproben-t-Test), dann kann bei dieser Vorgangsweise das Gesamt-Irrtumsrisiko α_g (d. h. die Wahrscheinlichkeit, bei einer der beiden Testentscheidungen die Nullhypothese irrtümlich abzulehnen) nach Abschn. 1.5 bis auf knapp 2α ansteigen. Diesen nicht erwünschten Nebeneffekt vermeidet man, wenn zum Mittelwertvergleich der Welch-Test eingesetzt wird, dessen Gütefunktion bei Varianzhomogenität fast ebenso gut wie die des 2-Stichproben-t-Tests ist.[26]

c) Vergleich von 2 Mittelwerten bei ungleichen Varianzen Ist die Voraussetzung gleicher Varianzen nicht erfüllt, kann man sich zum Vergleich zweier Mittelwerte eines approximativen Verfahrens bedienen, das von B.L. Welch (1938) vorgeschlagen wurde. Der nach ihm benannte **Welch-Test** verwendet – unter bis auf die Varianzhomogenität gleichen Voraussetzungen wie beim 2-Stichproben-t-Test – die Testgröße

$$TG = \frac{\bar{X}_1 - \bar{X}_2}{\sqrt{S_1^2/n_1 + S_2^2/n_2}}. \tag{4.21a}$$

Mit dieser Testgröße (4.21a) gelangt man zu einer befriedigenden Testentscheidung, wenn man ihre Verteilung bei Gültigkeit von $\mu_1 = \mu_2$ durch eine t-Verteilung mit dem durch

$$f = \frac{\left(s_1^2/n_1 + s_2^2/n_2\right)^2}{\left(s_1^2/n_1\right)^2/(n_1 - 1) + \left(s_2^2/n_2\right)^2/(n_2 - 1)} \tag{4.21b}$$

gegebenen Freiheitsgrad f approximiert. Formel (4.21b) ergibt i. Allg. keine ganze Zahl; in diesem Fall wird meist auf die nächst kleinere ganze Zahl abgerundet. Die Testentscheidung erfolgt analog zur Vorgangsweise beim 2-Stichproben-t-Test entweder mit dem P-Wert oder mit Hilfe des Ablehnungsbereiches, wobei nun unter TG_s die Realisierung der Testgröße (4.21a) zu verstehen und der Freiheitsgrad aus (4.21b) zu berechnen ist.

d) Der t-Test für abhängige Stichproben Es sei X ein Untersuchungsmerkmal, das unter zwei verschiedenen Bedingungen beobachtet wird. Die beiden Bedingungen können z. B. den Beginn und das Ende einer Behandlung bedeuten. Wir schreiben für das Merkmal genauer X_1 bzw. X_2, wenn es unter der ersten bzw. zweiten Bedingung beobachtet wird. Im Gegensatz zum Parallelversuch erfolgen die Beobachtungen unter den beiden Bedingungen an Untersuchungseinheiten, die gezielt als Paare (sogenannte Blöcke) ausgewählt werden. Die blockbildende Eigenschaft kann z. B. darin bestehen, dass die in einem Block zusammengefassten Untersuchungseinheiten ein und dieselbe Versuchsperson betreffen, Mitglieder der

---

[26] Berechnungen zur Gütefunktion des 2-Stichproben-t-Tests und des Welch-Tests finden sich in den Ergänzungen (Abschn. 4.11).

gleichen Familie sind oder Proben aus einem Produktionslos darstellen. Das aus der Beobachtung an n Blöcken resultierende Datenmaterial besteht also aus n paarweise verbundenen Werten x_{i1} und x_{i2} ($i = 1, 2, \ldots, n$), die zwei abhängige Stichproben bilden.

Der t-Test für abhängige Stichproben dient dazu, die Mittelwerte der X_1- und X_2-Stichprobe (ein- oder zweiseitig) zu vergleichen. Dabei geht man von folgender Modellvorstellung aus: Jeder Stichprobenwert x_{ij} wird als Summe eines von der Bedingung abhängigen Mittelwerts μ_j, einer vom Block abhängigen Wirkungsgröße $\hat{\beta}_i$ und einer „Restgröße" e_{ij} verstanden, die die Realisierung einer um den Mittelwert 0 normalverteilten Zufallsvariablen ist. Indem man zu den Paardifferenzen $d_i = x_{i2} - x_{i1}$ übergeht, kürzt sich der Blockeffekt $\hat{\beta}_i$ heraus; die Differenz $D = X_2 - X_1$ ist also normalverteilt mit dem Mittelwert $\mu = \mu_2 - \mu_1$ und einer vom Einfluss des Blockfaktors bereinigten Varianz.

Anstatt die Mittelwerte μ_1 und μ_2 zu vergleichen, kann man auch die Differenz $\mu_D = \mu_2 - \mu_1$ mit dem Sollwert $\mu_0 = 0$ vergleichen. Dieser Vergleich erfolgt mit dem in Abschn. 4.3 besprochenen 1-Stichproben-t-Test; der t-Test für abhängige Stichproben ist nichts anderes als ein mit der Differenzstichprobe d_i ($i = 1, 2, \ldots, n$) geführter 1-Stichproben-t-Test. Die Durchführung des t-Tests für abhängige Stichproben, den man auch als **Differenzen-t-Test** bezeichnet, verläuft somit nach dem folgenden Schema.

- **Beobachtungsdaten und Modell:**
  Es liegen zwei abhängige Beobachtungsreihen x_{i1} und x_{i2} ($i = 1, 2, \ldots, n$) der Variablen X_1 (Mittelwert μ_1) bzw. X_2 (Mittelwert μ_2) vor; der Index i kennzeichnet die zu einem Block gehörenden Wertepaare. Aus den n Wertepaaren x_{i1}, x_{i2} der Originalstichproben wird die Differenzstichprobe $d_i = x_{i2} - x_{i1}$ ($i = 1, 2, \ldots, n$) gebildet und der Mittelwert $\bar{d}$ sowie die Varianz s_d^2 berechnet. Jedes d_i ist die Realisierung einer Zufallsvariablen D_i ($i = 1, 2, \ldots, n$); die Variablen D_i sind unabhängig und (identisch) normalverteilt mit dem Mittelwert $\mu_D = \mu_2 - \mu_1$. $\bar{D}$ und S_D^2 bezeichnen das Stichprobenmittel bzw. die Stichprobenvarianz der Variablen D_i.

- **Hypothesen und Testgröße:**
  Der Vergleich der Mittelwerte μ_1 und μ_2 erfolgt nach einer der folgenden Testvarianten ($\mu_D = \mu_2 - \mu_1$): $H_0: \mu_D \leq 0$ gegen $H_1: \mu_D > 0$ (Variante Ia), $H_0: \mu_D \geq 0$ gegen $H_1: \mu_D < 0$ (Variante Ib) bzw. $H_0: \mu_D = 0$ gegen $H_1: \mu_D \neq 0$ (Variante II).
  Als Testgröße verwendet man das studentisierte Stichprobenmittel $TG = (\bar{D} - \mu_D)\sqrt{n}/S_D$; für $\mu_D = 0$ ist die Testgröße t-verteilt mit dem Freiheitsgrad $f = n-1$ und nimmt den Wert $TG_s = \bar{d}\sqrt{n}/s_d$ an, wenn $\bar{D}$ durch das arithmetische Mittel $\bar{d}$ und S_D durch die empirische Standardabweichung s_d ersetzt wird.

- **Entscheidung:**
  Bei vorgegebenem Signifikanzniveau α wird H_0 abgelehnt, wenn der P-Wert kleiner als α ist. Die Berechnung des P-Wertes erfolgt für die Testvariante Ia mit der Formel $P = 1 - F_{n-1}(TG_s)$, für die Variante Ib mit der Formel $P =$

$F_{n-1}(TG_s)$ bzw. mit $P = 2F_{n-1}(-|TG_s|)$ für die zweiseitige Testvariante II; F_{n-1} bezeichnet die Verteilungsfunktion der t_{n-1}-Verteilung. Nimmt man die Entscheidung über die Bestimmung des Ablehnungsbereichs vor, so wird H_0 abgelehnt, wenn $TG_s > t_{n-1,1-\alpha}$ (Variante Ia) bzw. $TG_s < -t_{n-1,1-\alpha}$ (Variante Ib) bzw. $|TG_s| > t_{n-1,1-\alpha/2}$ (Variante II) gilt. Dabei bezeichnet $t_{n-1,\gamma}$ das γ-Quantil der t_{n-1}-Verteilung.

- **Planung des Stichprobenumfangs:**
  Um auf dem Niveau α mit der Sicherheit $1 - \beta$ eine Entscheidung für H_1 herbeizuführen, wenn μ_D von 0 (μ_2 von μ_1) um $\Delta \neq 0$ im Sinne der Alternativhypothese abweicht, kann der erforderliche Mindeststichprobenumfang näherungsweise mit den für den 1-Stichproben-t-Test bereitgestellten Formeln (4.14a) und (4.14b) berechnet werden.

Der Vorteil einer Versuchsanlage mit abhängigen Stichproben (also eines Paarvergleichs) liegt in der durch die Blockung erzielbaren Verkleinerung des Standardfehlers der Mittelwertdifferenz. Dadurch wird, wie ein Blick auf die Testgröße zeigt, die Chance erhöht, signifikante Resultate zu erhalten. Allerdings geht in die Entscheidung auch der Freiheitsgrad der Verteilung der Testgröße ein. Dieser ist bei einem Parallelversuch mit zwei Stichproben (jeweils vom Umfang n) doppelt so groß wie bei einem Paarvergleich mit n Blöcken mit der Konsequenz, dass der Ablehnungsbereich beim Parallelversuch etwas größer als der des Paarvergleichs ist. Ein Paarvergleich mit n Personen, auf die (mit einem gewissen zeitlichen Abstand) zwei Behandlungen angewendet werden, ist jedenfalls nicht zweckmäßig, wenn ein Übertragungseffekt der ersten Behandlung auf die zweite zu befürchten ist.

d) Zusammenfassung In Abb. 4.5 sind der Verwendungszweck und die Voraussetzungen der in diesem Abschnitt behandelten parametrischen Testverfahren (2-Stichproben-t-Test, Welch-Test, Differenzen-t-Test und F-Test) schematisch dargestellt. Diese Tests setzen normalverteilte Untersuchungsmerkmale voraus, liefern aber – bis auf den F-Test – auch dann noch brauchbare Ergebnisse, wenn die Abweichungen von der Normalverteilung nicht zu groß sind. Bei deutlicher Verletzung der Normalverteilungsvoraussetzung stehen als Alternative zum 2-Stichproben-t-Test der Rangsummen-Test von Wilcoxon und als Alternative zum Differenzen-t-Test der Wilcoxon-Test für Paardifferenzen sowie der Vorzeichen-Test zur Verfügung. Diese Testverfahren, die keine spezielle Verteilungsfunktion voraussetzen, sind Gegenstand des nächsten Abschnitts.

Beispiele

1. Die Konzentration (in μg/dl) von Eisen im Blutserum wurde bei 15- bis 18-jährigen Schülern (Variable X_1) und Schülerinnen (Variable X_2) bestimmt. Die verwendeten Zufallsstichproben haben jeweils den Umfang $n_1 = n_2 = 20$, die Mittelwerte sind $\bar{x}_1 = 102.1$, $\bar{x}_2 = 81.4$ und die Standardabweichungen $s_1 = 39.1, s_2 = 42.5$. Unter der Annahme von mit gleichen Varianzen normal-

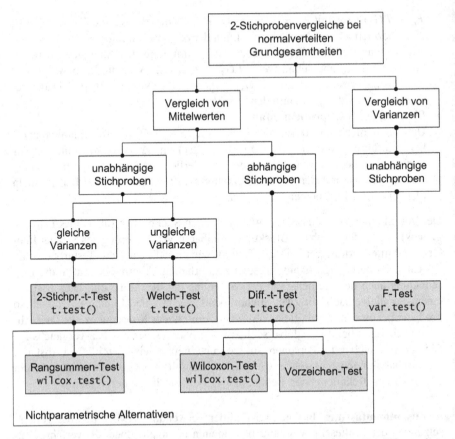

Abb. 4.5 Übersicht über grundlegende 2-Stichproben-Tests im Rahmen von Parallelversuchen (mit unabhängigen Stichproben) und Paarvergleichen (mit abhängigen Stichproben) für normalverteilte Untersuchungsmerkmale. Die Grafik enthält zusätzlich den Rangsummen-Test von Wilcoxon, den Wilcoxon-Test für Paardifferenzen sowie den Vorzeichen-Test als nichtparametrische Alternativen zum 2-Stichproben-t-Test bzw. zum Differenzen-t-Test. Den Testbezeichnungen sind die entsprechenden R-Funktionen beigefügt

verteilten Grundgesamtheiten $X_1 \sim N(\mu_1, \sigma^2)$ und $X_2 \sim N(\mu_2, \sigma^2)$ zeigen wir, dass die beobachteten Mittelwerte $\bar{x}_1$ und $\bar{x}_2$ sich auf 5 %igem Niveau nicht signifikant unterscheiden. Anschließend bestimmen wir den erforderlichen Mindeststichprobenumfang, der geplant werden müsste, um mit dem Test bei einem Mittelwertunterschied von $\Delta = \mu_1 - \mu_2 = 20$ mit 90 %iger Sicherheit ein signifikantes Ergebnis zu erhalten.

Die Hypothesen lauten $H_0: \mu_1 = \mu_2$ gegen $H_1: \mu_1 \neq \mu_2$. Das Signifikanzniveau ist $\alpha = 5\%$. Ob H_0 abgelehnt werden kann, wird wegen der angenommenen Varianzhomogenität mit dem 2-Stichproben-t-Test entschieden. Zu diesem Zweck berechnen wir mit (4.19b) zuerst das gewichtete Mittel $s^2 = (19 \cdot 42.5^2 + 19 \cdot 39.1^2)/38 = 1667.53$ aus den Varianzen s_1^2 und s_2^2 und damit die Reali-

sierung $TG_s = (102.1 - 81.4)\sqrt{20 \cdot 20/40}/\sqrt{1667.53} = 1.603$ der Testgröße
(4.19a). Wegen $|TG_s| \leq t_{38,0.975} = 2.024$ halten wir an der Nullhypothese fest.
Alternativ könnte man die Entscheidung auch mit dem P-Wert herbeiführen;
dieser ist, wenn F_f die Verteilungsfunktion der t_f-Verteilung mit $f = 38$ Frei-
heitsgraden bezeichnet, durch $P = 2F_f(-|TG_s|) = 2F_{38}(-1.603) = 0.1172$
gegeben, also größer als das zuvor festgelegte Signifikanzniveau.
Einen Richtwert für den gesuchten Mindeststichprobenumfang erhält man mit
(4.20b). Es ist $\Delta = \mu_1 - \mu_2 = 20$, $\alpha = 0.05$, $z_{1-\alpha/2} = z_{0.975} = 1.960$,
$\beta = 0.1$, $z_{1-\beta} = z_{0.9} = 1.282$ und $\sigma^2 \approx s_p^2 = 1667.53$. Aus (4.20b) ergibt
sich damit $n \approx 87.61$, also ein Mindeststichprobenumfang von rund 88 Untersuchungseinheiten in jeder Parallelstichprobe.[27]

2. Bei einer Untersuchung der Cd-Belastung von Forellen in einem Fließgewässer
wurden an zwei Stellen je zehn Forellen gefangen und der Cd-Gehalt (in mg/g
Frischgewicht) bestimmt. Dabei ergaben sich an der Stelle 1 die Messwerte

$$76.8, \ 72.3, \ 74.0, \ 73.2, \ 46.1, \ 76.5, \ 61.9, \ 62.4, \ 65.9, \ 62.4$$

und an der Stelle 2 die Werte

$$64.4, \ 60.0, \ 59.4, \ 61.2, \ 52.0, \ 58.1, \ 55.8, \ 62.0, \ 57.8, \ 57.2.$$

Die Frage ist, ob der mittlere Cd-Gehalt an der Stelle 1 auf 5 %igem Testniveau signifikant über dem entsprechenden Wert an der Stelle 2 liegt. Dabei
ist anzunehmen, dass die Cd-Belastungen der Forellen an den Stellen 1 (Variable X_1) und 2 (Variable X_2) näherungsweise normalverteilt sind, d. h. dass
$X_1 \sim N(\mu_1, \sigma_1^2)$ und $X_2 \sim N(\mu_2, \sigma_2^2)$ gilt.
Da von keiner Gleichheit der Varianzen ausgegangen werden kann, verwenden
wir zum Vergleich der Mittelwerte den Welch-Test und setzen – der Fragestellung entsprechend – die Hypothesen in der Form $H_0: \mu_1 = \mu_2$ gegen $H_1: \mu_1 >$
μ_2 an. Den Stichproben entnimmt man die Umfänge $n_1 = n_2 = 10$, die Mittelwerte $\bar{x}_1 = 67.15$ und $\bar{x}_2 = 58.79$ sowie die Standardabweichungen $s_1 = 9.475$
und $s_2 = 3.471$. Die mit Formel (4.21a) bestimmte Realisierung der Testgröße ist $TG_s = 2.620$, der mit (4.21b) errechnete Freiheitsgrad ist $f = 11.37$.
Die Testgröße ist mit dem Quantil $t_{f,1-\alpha} = t_{11.37,0.95} = 1.791$ zu vergleichen; wegen $TG_s = 2.620 > 1.791$ wird H_0 abgelehnt. Rechnet man mit
dem P-Wert, so ergibt sich mit der Verteilungsfunktion F_f der t_f-Verteilung
$P = 1 - F_f(TG_s) = 0.01163$; der P-Wert liegt unter dem festgelegten Testniveau α.
Dass die Daten gegen die Gleichheit der Varianzen σ_1^2 und σ_2^2 sprechen, kann
mit dem F-Test bestätigt werden. Dazu setzen wir die Hypothesen $H_0: \sigma_1^2 = \sigma_2^2$
gegen $H_1: \sigma_1^2 \neq \sigma_2^2$ an und legen das Signifikanzniveau wie beim Welch-Test
mit $\alpha = 0.05$ fest. Als Realisierung der Testgröße erhält man $TG_s = s_1^2/s_2^2 =$

---

[27] Mit Hilfe der in den Ergänzungen (Abschn. 4.11) angegebenen Gütefunktion des 2-Stichproben-
t-Tests kann der erforderliche Mindeststichprobenumfang exakt berechnet werden; es ergibt sich
das nur gering vom Richtwert abweichende Ergebnis $n = 88.58 \approx 89$.

7.45 > 1. Die Nullhypothese H_0 (Gleichheit der Varianzen) ist auf dem Test-
niveau $\alpha = 0.05$ abzulehnen, weil $TG_s > F_{n_1-1,n_2-1,1-\alpha/2} = F_{9,9,0.975} = 4.026$ zutrifft. Zur gleichen Testentscheidung kommt man durch Berechnung
des P-Wertes $P = 2[1 - F_{n_1-1,n_2-1}(TG_s)] = 0.63\% < \alpha$.

3. Ein einfaches Maß für die Wirkung W eines Präparats auf ein Untersuchungsmerkmal ist die Differenz $W = X_n - X_v$ aus dem Untersuchungsmerkmal X_n
nach und dem Untersuchungsmerkmal X_v vor Gabe des Präparats. Es soll festgestellt werden, ob ein Testpräparat B im Mittel eine größere Wirkung zeigt
als ein Kontrollpräparat A. Die Untersuchung wird als Paarvergleich so geplant, dass 10 Probanden zuerst mit dem Kontrollpräparat und dann (nach einer
angemessenen Zeitdauer zur Vermeidung von Übertragungseffekten) mit dem
Testpräparat behandelt werden. Die mit den Präparaten A und B erzielten Wirkungen W_A bzw. W_B sind in der folgenden (fiktiven) Datentabelle zusammengefasst. Die Tabelle enthält auch die Werte der Differenz $D = W_B - W_A$.

Proband	1	2	3	4	5	6	7	8	9	10
W_A	9.45	8.50	7.46	10.10	11.81	9.70	12.76	7.03	10.49	5.01
W_B	11.56	12.50	7.15	13.97	9.35	12.67	13.14	8.13	11.64	9.73
$W_B - W_A$	2.11	4.00	−0.31	3.87	−2.46	2.97	0.38	1.10	1.15	4.72

Wir legen als Signifikanzniveau $\alpha = 0.05$ fest. Bezeichnen μ_A und μ_B die
Mittelwerte von W_A bzw. W_B, ist auf dem 5%-Niveau $H_0\colon \mu_B = \mu_A$ gegen
$H_1\colon \mu_B > \mu_A$ zu prüfen. Wir bilden die Differenz $D = W_B - W_A$, die den Mittelwert $\mu_D = \mu_B - \mu_A$ besitzt. Damit lassen sich die zu prüfenden Hypothesen
durch $H_0\colon \mu_D = 0$ und $H_1\colon \mu_D > 0$ ausdrücken. Unter der Voraussetzung, dass
die Differenz D normalverteilt ist, können wir zur Entscheidungsfindung den
1-Stichproben-t-Test verwenden. Als Mittelwert und Standardabweichung der
Differenzstichprobe ergeben sich $\bar{d} = 1.753$ und $s_d = 2.227$. Damit findet man
den Testgrößenwert $TG_s = \bar{d}\sqrt{n}/s_d = 2.490$, der mit dem 95%-Quantil der
t_9-Verteilung zu vergleichen ist. Wegen $TG_s > t_{9,0.95} = 1.833$ ist H_0 abzulehnen, also für $\mu_B > \mu_A$ zu entscheiden.

Aufgaben

1. a) Es soll untersucht werden, ob die mittlere Menge (in mg) eines Wirkstoffes
      in mit der Anlage A hergestellten Produkten (Wirkstoffmenge X_A) sich von
      jener unterscheidet, die mit der Anlage B (Wirkstoffmenge X_B) hergestellt
      werden. Die Werte der Prüfstichproben sind:

   Anlage A: 16.1, 15.4, 16.1, 15.6, 16.2, 16.2, 15.9, 16.2, 16.1, 16.0

   Anlage B: 16.5, 15.9, 16.3, 16.4, 15.9, 15.9, 16.3, 16.2, 16.0, 16.2

   Aus Voruntersuchungen sei bekannt, dass die Wirkstoffmengen X_A und X_B
   mit guter Näherung als normalverteilt betrachtet werden können und die Va-

rianzen nicht von der Anlage abhängen. Als Signifikanzniveau nehme man 5 % an.

b) Ferner stelle man fest, ob der Umfang der Prüfstichproben ausreichend groß geplant wurde, um den als relevant angesehenen Mittelwertunterschied $\Delta = 0.25$ mit 90 %iger Sicherheit erkennen zu können.

2. Das Wachstum einer Kultur (Gewicht in g) wird in Abhängigkeit von 2 Nährlösungen 1 und 2 gemessen. Es ergaben sich die folgenden Messwerte:

Nährlösung 1: 8.17, 7.92, 8.02, 7.97, 6.42, 8.16, 7.32, 7.35
Nährlösung 2: 6.98, 6.94, 6.92, 6.93, 6.62, 7.17, 7.42, 6.95

a) Man überprüfe auf 5 %igem Signifikanzniveau, ob die Nährlösung einen signifikanten Einfluss auf das mittlere Wachstum hat?

b) Ist die Annahme gleicher Varianzen gerechtfertigt?

3. a) Es soll an Hand der Messwerte (in °C) in der nachfolgenden Tabelle auf 5 %igem Signifikanzniveau geprüft werden, ob durch ein bestimmtes Medikament eine fiebersenkende Wirkung eintritt. Dabei bedeuten X_1 und X_2 die gemessenen Temperaturen vor bzw. 3 Stunden nach Einnahme des Medikaments.

b) Ist die Fallzahl richtig geplant, um in dem Versuch eine mittlere Fiebersenkung um 0.5 Grad mit 90 %iger Sicherheit feststellen zu können?

Patient	1	2	3	4	5	6	7	8	9	10
X_1	38.4	39.6	39.4	40.1	39.2	38.5	39.3	39.1	38.4	39.5
X_2	37.6	37.9	39.1	39.4	38.6	38.9	38.7	38.7	38.9	38.7

4.6 Nichtparametrische Alternativen zum t-Test

a) Der Wilcoxon-Rangsummen-Test Eine Voraussetzung für die Anwendung des 2-Stichproben-t-Tests oder des Welch-Tests ist, dass die Grundgesamtheiten wenigstens näherungsweise normalverteilt sind. Wenn die Stichproben nicht aus normalverteilten Grundgesamtheiten stammen oder über die Verteilung der Daten nichts Genaues ausgesagt werden kann, ist die Verwendung eines nichtparametrisches Testverfahrens zu überlegen. Nichtparametrische Testverfahren, gehen von einer „freien" Verteilungsfunktion des Untersuchungsmerkmals aus, d. h. einer Verteilungsfunktion, die – nicht wie z. B. die Normalverteilung – durch eine Funktionsgleichung mit einem oder mehreren Parametern dargestellt werden kann. Ein nichtparametrisches Verfahren zum Vergleich der Lage von zwei unabhängigen Stichproben ist der Rangsummen-Test von Wilcoxon (1945). Dieser unterscheidet sich vom sogenannten U-Test, der auf Mann und Whitney (1947) zurückgeht, nur durch eine einfache Transformation der verwendeten Testgröße. Die Voraussetzungen und die Anwendung des Wilcoxon-Rangsummen-Tests sind der folgenden Punktation zu entnehmen.

- **Beobachtungsdaten:**
  Es liegen von den Variablen X_1 und X_2 (X_1 und X_2 beziehen sich oft auf ein Merkmal, das unter zwei Bedingungen beobachtet wird) zwei unabhängige Beobachtungsreihen $x_{11}, x_{21}, \ldots, x_{n_1,1}$ bzw. $x_{12}, x_{22}, \ldots, x_{n_2,2}$ vor. Diese werden in der folgenden Weise **rangskaliert**:
  Man kombiniert beide Stichproben und schreibt die Stichprobenwerte nach aufsteigender Größe geordnet an. Die Stichprobenwerte werden dann (von 1 bis $n_1 + n_2$) durchnummeriert und die erhaltenen Platznummern (Ränge) den Stichprobenwerten x_{i1} und x_{i2} als Rangzahlen r_{i1} bzw. r_{i2} zugeordnet. Stimmen mehrere Stichprobenwerte überein, wird jedem dieser gleichen Werte das arithmetische Mittel der zugeordneten Nummern als Rangzahl zugewiesen. Die Summe der den Werten der ersten Stichprobe zugeteilten Rangzahlen sei r_1, die Rangsumme der zweiten Stichprobe sei r_2.

- **Modell:**
  Jedes x_{i1} ist die Realisierung einer Zufallsvariablen X_{i1} ($i = 1, 2, \ldots, n_1$); die Variablen X_{i1} bilden eine Zufallsstichprobe vom Umfang n_1 aus einer Grundgesamtheit mit der Verteilungsfunktion F_1. Entsprechend ist jedes x_{i2} eine Realisierung der Zufallsvariablen X_{i2} ($i = 1, 2, \ldots, n_2$) und die X_{i2} bilden eine Zufallsstichprobe aus einer Grundgesamtheit mit der Verteilungsfunktion F_2. F_1 und F_2 unterscheiden sich nicht in der Form, sondern nur in der Lage, d. h., der Graph von F_2 geht durch Verschiebung um ein bestimmtes θ in Richtung der positiven horizontalen Achse in den Graphen von F_1 über.[28]
  Bei positivem θ ist zu erwarten, dass X_1 „im Mittel" größere Werte als X_2 annimmt; X_2 wird in diesem Fall als **stochastisch kleiner** als X_1 bezeichnet. Bei negativem θ wird X_2 die Zufallsvariable X_1 „im Mittel" übertreffen; in diesem Fall heißt X_2 **stochastisch größer** als X_1. Ist schließlich $\theta = 0$, fallen die Verteilungsfunktionen F_1 und F_2 zusammen und die Zufallsvariablen X_1 und X_2 heißen **stochastisch gleich**. Die für die X_1- und X_2-Reihe berechneten Rangsummen seien R_1 bzw. R_2 mit den Realisierungen r_1 bzw. r_2.

- **Hypothesen und Testgröße:**
  Der Vergleich der Beobachtungsreihen erfolgt nach einer der folgenden Testvarianten ($st. >$ steht für stochastisch größer usw.):

  $$H_0 : \theta \le 0 \quad \text{gegen} \quad H_1 : \theta > 0 \quad (X_1 \ st. > X_2, \text{ Variante Ia}),$$

  $$H_0 : \theta \ge 0 \quad \text{gegen} \quad H_1 : \theta < 0 \quad (X_1 \ st. < X_2, \text{ Variante Ib}) \quad \text{bzw.}$$

  $$H_0 : \theta = 0 \quad \text{gegen} \quad H_1 : \theta \ne 0 \quad (X_1 \ st. \ne X_2, \text{ Variante II}).$$

  Als Testgröße verwenden wir die Summe der Ränge der X_1-Stichprobe, vermindert um den kleinst möglichen Wert $n_1(n_1 + 1)/2$ dieser Rangsumme, d. h.

---

[28] Diese Voraussetzung bedeutet im Besonderen, dass die Varianzen von X_1 und X_2 übereinstimmen müssen. Ist $n_1 = n_2$ zeichnet sich der Rangsummen-Test von Wilcoxon aber durch seine Robustheit gegenüber ungleichen Varianzen aus.

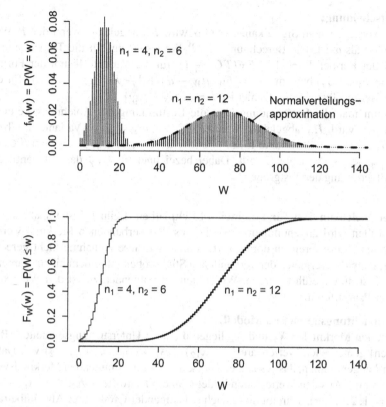

Abb. 4.6 Verteilung der Testgröße W des Rangsummen-Tests von Wilcoxon bei Gültigkeit von H_0. Die *obere Grafik* zeigt die exakte Wahrscheinlichkeitsfunktion $f_W(w) = P(W = w)$ für $n_1 = n_2 = 12$ (einschließlich der Dichtefunktion der approximierenden Normalverteilung) und für $n_1 = 4, n_2 = 6$. In der *unteren Grafik* sind die entsprechenden Verteilungsfunktionen F_W dargestellt

$TG = W = R_1 - n_1(n_1 + 1)/2$. Für $\theta = 0$ ist der Erwartungswert und die Varianz der Testgröße durch

$$E(W) = \mu_W = \frac{n_1 n_2}{2} \quad \text{bzw. } Var(W) = \sigma_W^2 = \frac{n_1 n_2 (n_1 + n_2 + 1)}{12}$$

gegeben. Bei größeren Werten von n_1 und n_2 (etwa ab $n_1, n_2 > 20$) kann die Nullverteilung von W (d. h. die Verteilung unter der Voraussetzung $\theta = 0$) durch die $N(\mu_W, \sigma_W^2)$-Verteilung approximiert werden; die exakte Berechnung von Funktionswerten und Quantilen der Verteilungsfunktion F_W von W ist (vor allem bei größeren Stichprobenumfängen) rechnerisch aufwändig. Für die Praxis stehen dafür Funktionen in einschlägigen Softwareprodukten zur Verfügung. In Abb. 4.6 ist beispielhaft die Nullverteilung der Testgröße für $n_1 = n_2 = 12$ und $n_1 = 4, n_2 = 6$ dargestellt. Setzt man r_1 für R_1 ein, erhält man die Realisierung TG_s der Testgröße W.

- **Entscheidung:**
  Bei vorgegebenem Signifikanzniveau α wird H_0 abgelehnt, wenn der P-Wert kleiner als α ist. Die Berechnung des P-Wertes erfolgt für die Testvariante Ia mit der Formel $P = 1 - F_W(TG_s - 1)$, für die Variante Ib mit der Formel $P = F_W(TG_s)$ bzw. mit $P = F_W(\mu_W - d) + 1 - F_W(\mu_W + d - 1)$ für die zweiseitige Testvariante II; hier ist $d = |TG_s - \mu_W|$.

  Nimmt man die Entscheidung über die Bestimmung des Ablehnungsbereichs vor, so wird H_0 abgelehnt, wenn $TG_s > w_{n_1,n_2,1-\alpha}$ (Variante Ia) bzw. $TG_s < w_{n_1,n_2,\alpha}$ (Variante Ib) bzw. entweder $TG_s < w_{n_1,n_2,\alpha/2}$ oder $TG_s > w_{n_1,n_2,1-\alpha/2}$ (Variante II) gilt. Dabei bezeichnet $w_{n_1,n_2,\gamma}$ das γ-Quantil der Nullverteilung der Testgröße.[29]

b) Der Wilcoxon-Test für abhängige Stichproben Beim t-Test für abhängige Stichproben wird angenommen, dass die aus den verbundenen Merkmalswerten gebildeten Paardifferenzen normalverteilt sind. Ist diese Annahme nicht gerechtfertigt, kann der Vergleich der verbundenen Stichproben mit einem nichtparametrischen Test durchgeführt werden. Wir stellen im Folgenden zuerst den Wilcoxon-Test für Paardifferenzen vor.

- **Beobachtungsdaten und Modell:**
  Von den Merkmalen X_1 und X_2 liegen die an n Untersuchungseinheiten (Blöcken) gemessenen Wertepaare (x_{11}, x_{12}), (x_{21}, x_{22}), ..., (x_{n1}, x_{n2}) vor. Dabei wird angenommen, dass es keinen Block mit übereinstimmenden Merkmalswerten gibt.[30] Aus den Wertepaaren bildet man die Paardifferenzen $d_i = x_{i1} - x_{i2}$ ($i = 1, 2, \ldots, n$), schreibt diese nach aufsteigender Größe ihrer Absolutbeträge geordnet an und nummeriert sie durch. Die Nummern werden den Differenzen als Rangzahlen zugeordnet. Differenzen mit gleichen Absolutbeträgen erhalten als Rangzahl das arithmetische Mittel der vergebenen Platznummern. Wenn eine Paardifferenz negativ ist, wird die entsprechende Rangzahl mit einem negativen Vorzeichen versehen. Die Summe der positiven Rangzahlen sei w^+. Jedes d_i ist die Realisierung einer Zufallsvariablen D_i ($i = 1, 2, \ldots, n$) mit einer stetigen und symmetrisch um den Median ζ liegenden Verteilungsfunktion.

- **Hypothesen und Testgröße:**
  Der Vergleich der verbundenen Stichproben läuft auf einen Vergleich des Medians der Paardifferenzen mit dem Wert null hinaus, wobei folgende Testvarian-

---

[29] In R werden Werte der Verteilungsfunktion F_W von W mit der Funktion `pwilcox()` und die Quantile von F_W mit `qwilcox()` bestimmt. Mit der Funktion `wilcox.test()` erhält man den exakten P-Wert des Tests, wenn die Stichprobenumfänge kleiner als 50 sind und keine Bindungen (gleiche Stichprobenwerte) auftreten; andernfalls wird von der Normalverteilungsapproximation Gebrauch gemacht. Einen auch bei Bindungen exakten Rangsummen-Test findet man im R-Paket „exactRankTests" unter der Bezeichnung `wilcox.exact()`. Wie man die Nullverteilung der Testgröße W grundsätzlich berechnet, ist in den Ergänzungen (Abschn. 4.11) an Hand eines Beispiels ausgeführt.

[30] Ist dies der Fall, wird der Block nicht berücksichtigt.

ten betrachtet werden:

$$H_0: \zeta \leq 0 \quad \text{gegen} \quad H_1: \zeta > 0 \quad \text{(Variante Ia)},$$

$$H_0: \zeta \geq 0 \quad \text{gegen} \quad H_1: \zeta < 0 \quad \text{(Variante Ib)},$$

$$H_0: \zeta = 0 \quad \text{gegen} \quad H_1: \zeta \neq 0 \quad \text{(Variante II)}.$$

Als Testgröße wird die Summe $TG = W^+$ der den positiven Paardifferenzen D_i zugeordneten Rangzahlen verwendet. Der Mittelwert und die Varianz von W^+ ist unter der Voraussetzung $\zeta = 0$ durch

$$E(W^+) = \mu_{W^+} = \frac{n(n+1)}{4} \quad \text{bzw. } Var(W^+) = \sigma_{W^+}^2 = \frac{n(n+1)(2n+1)}{24}$$

gegeben. Bei größerem n (etwa ab $n = 20$) kann die Nullverteilung von W^+ (d. h. die Verteilung von W^+ für $\zeta = 0$) durch die Normalverteilung mit dem Mittelwert μ_{W^+} und der Varianz $\sigma_{W^+}^2$ approximiert werden. Funktionswerte und Quantile der exakten Verteilungsfunktion F_{W^+} von W^+ werden heute meist mit den entsprechenden Funktionen von einschlägigen Softwareprodukten bestimmt.[31] Aus den Beobachtungsdaten ergibt sich die Realisierung $TG_s = w^+$ der Testgröße W^+.

- **Entscheidung:**
Bei vorgegebenem Signifikanzniveau α wird H_0 abgelehnt, wenn der P-Wert kleiner als α ist. Die Berechnung des P-Wertes erfolgt für die Testvariante Ia mit der Formel $P = 1 - F_{W^+}(TG_s - 1)$, für die Variante Ib mit der Formel $P = F_{W^+}(TG_s)$ bzw. mit $P = F_{W^+}(\mu_{W^+} - d) + 1 - F_{W^+}(\mu_{W^+} + d - 1)$ für die zweiseitige Testvariante II; hier ist $d = |TG_s - \mu_{W^+}|$.
Bei Entscheidung mit den Quantilen wird H_0 abgelehnt, wenn $TG_s > w_{n,1-\alpha}^+$ (Variante Ia) bzw. $TG_s < w_{n,\alpha}^+$ (Variante Ib) bzw. entweder $TG_s < w_{n,\alpha/2}^+$ oder $TG_s > w_{n,1-\alpha/2}^+$ (Variante II) gilt. Dabei bezeichnet $w_{n,\gamma}^+$ das γ-Quantil der Nullverteilung der Testgröße W^+.

c) Der Vorzeichen-Test für abhängige Stichproben Dieser Test besitzt noch schwächere Voraussetzungen als der im vorangehenden Punkt behandelte Wilcoxon-

---

[31] Zur Berechnung von Funktionswerten der Verteilungsfunktion von W^+ steht in R die Anweisung `psignrank()` zur Verfügung, Quantile erhält man mit `qsignrank()`. Die exakte Berechnung der Nullverteilung von W^+ geht von der Überlegung aus, dass unter der Voraussetzung $\zeta = 0$ jede der n Paardifferenzen mit gleicher Wahrscheinlichkeit positiv oder negativ sein kann. Indem man jede der Rangzahlen von 1 bis n entweder mit einem positiven oder negativen Vorzeichen versieht, erhält man insgesamt 2^n mögliche Sequenzen, die alle gleich wahrscheinlich sind. Bei kleinem n können die den Werten von W^+ entsprechenden Sequenzen leicht bestimmt werden. Z.B. sind für Stichproben mit $n = 3$ (verschiedenen) Paardifferenzen der kleinste und größte Wert von W^+ durch 1 bzw. 6 gegeben. Die zum Wert $W^+ = 3$ führenden Sequenzen sind $(1, 2, -3)$ und $(-1, -2, 3)$, daher ist $P(W^+ = 3) = 2/2^3 = 2/8$. Die Werte $W^+ = 1$ und $W^+ = 2$ definieren die Sequenzen $(1, -2, -3)$ bzw. $(-1, 2, -3)$, d. h. $P(W^+ = 1) = P(W^+) = 1/8$. Es folgt $F_{W^+}(3) = P(W^+ \leq 3) = 4/8$.

Tab. 4.3 Besiedlungsdichten X_1 und X_2 in zwei Entfernungen (30 m bzw. 60 m) vom Ufer eines Fließgewässers (Beispiel 1 von Abschn. 4.6). Die R_1- und R_2-Spalten enthalten die den Stichprobenwerten zugeordneten Rangzahlen, in der letzten Zeile sind die Rangsummen angegeben

	X_1 (30 m)	X_2 (60 m)	R_1 (30 m)	R_2 (60 m)
	2389	9123	10	23
	1705	1949	7	9
	1678	5827	6	21
	5766	9657	20	24
	1393	4919	4	18
Wieder-	3599	3335	14	13
holungen	6182	1520	22	5
	872	5182	2	19
	1373	4446	3	17
	3832	3006	15	12
	2952	4069	11	16
	800	1921	1	8
$\sum$			115	185

Test. Um den Wilcoxon-Test anwenden zu können, müssen die zu vergleichenden Merkmale X_1 und X_2 metrisch sein; beim Vorzeichen-Test genügt ein ordinales Skalenniveau. Die Beobachtung der Merkmale X_1 und X_2 an n Untersuchungseinheiten liefert die Wertepaare (x_{i1}, x_{i2}) $(i = 1, 2, \ldots, n)$. Wir setzen zunächst voraus, dass es keine „Bindungen" gibt, d. h., dass für alle Wertepaare $x_{i1} \neq x_{i2}$ gilt, und bezeichnen die Anzahl der Paare mit $x_{i1} > x_{i2}$ durch H; bei metrischem Messniveau bedeutet H die Anzahl der positiven Paardifferenzen $d_i = x_{i1} - x_{i2}$. Wenn X_1 und X_2 dieselbe Verteilung besitzen, ist $P(X_1 > X_2) = P(X_1 < X_2) = 1/2$. Die Anzahl H ist unter dieser Voraussetzung binomialverteilt mit den Parametern n und $p = p_0 = 0.5$. Abweichungen des Parameters p von $p_0 = 0.5$ werden mit dem Binomialtest festgestellt (vgl. Abschn. 4.4).

Für Stichproben mit Bindungen kann folgende Vorgangsweise gewählt werden: Ist die Anzahl k der übereinstimmenden Wertepaare $x_{i1} = x_{i2}$ gerade, wird die eine Hälfte der Kategorie $x_{i1} > x_{i2}$, die andere der Kategorie $x_{i1} < x_{i2}$ zugerechnet. Bei ungeradem k wird ein gebundenes Wertepaar weggelassen und der Stichprobenumfang um 1 verkleinert.

Beispiele

1. In zwei Entfernungen vom Ufer eines Fließgewässers wurden an jeweils 12 Entnahmestellen die in Tab. 4.3 angeführten Besiedlungsdichten (Makrozoobenthos pro m^2) beobachtet. Wir prüfen mit dem Rangsummen-Test von Wilcoxon, ob sich die betrachtete Besiedlungsdichte im Mittel von der Entfernung 1 zur Entfernung 2 signifikant verändert. Es liegt also eine zweiseitige Fragestellung (Variante II) mit den Hypothesen $H_0: X_1$ $st. = X_2$ gegen $H_1: X_1$ $st. \neq X_2$ vor; als Signifikanzniveau sei $\alpha = 0.05$ vereinbart.

Zunächst muss eine Rangskalierung der (kombinierten) Stichproben vorgenommen werden. Zu diesem Zweck werden die in einer Reihe zusammengefassten Stichprobenwerte nach aufsteigender Größe geordnet; das kleinste Element ist $x_{12,1} = 800$ (es erhält die Rangzahl $r_{12,1} = 1$), das nächst größere Element ist $x_{8,1} = 872$ (die zugeordnete Rangzahl ist $r_{8,1} = 2$). So fortfahrend kommt man zum größten Element $x_{4,2} = 9657$ mit der Rangzahl $r_{4,2} = 24$. Durch Addition der Rangzahlen in den beiden Stichproben erhält man die Rangsummen $r_1 = 115$ und $r_2 = 185$. Die Realisierung der Testgröße $TG = R_1 - n_1(n_1 + 1)/2$ ist $TG_s = 115 - 12 \cdot 13/2 = 37$. Diese Realisierung weicht vom Erwartungswert $\mu_W = n_1 n_2/2 = 72$ um den Betrag $d = |37 - 72| = 35$ ab. Der P-Wert ist die Wahrscheinlichkeit, dass die Testgröße einen Wert annimmt, der zumindest ebenso extrem (in Richtung H_1) liegt wie das beobachtete TG_s; dabei sind jene Werte als extrem zu betrachten, die von μ_W um den Betrag d oder mehr abweichen. Somit ergibt sich

$$P = P(TG \leq \mu_W - d) + P(TG \geq \mu_W + d)$$
$$= F_W(\mu_W - d) + 1 - F_W(\mu_W + d - 1) = F_W(37) + 1 - F_W(106)$$
$$= 0.02245 + 1 - 0.97755 = 4.49\,\%.$$

Da P das festgelegte Signifikanzniveau $\alpha = 5\,\%$ unterschreitet, wird H_0 (Gleichheit der mittleren Besiedlungsdichten) abgelehnt. Zum selben Ergebnis kommt man, wenn man die Testentscheidung mit dem aus den Intervallen $TG < w_{0.025,12,12} = 38$ und $TG > w_{0.975,12,12} = 106$ bestehenden Ablehnungsbereich herbeiführt. Die Realisierung $TG_s = 37$ der Testgröße ist kleiner als $w_{0.025,12,12}$ und liegt daher im Ablehnungsbereich.
Obwohl die Stichprobenumfänge recht klein sind, führen wir den Test auch noch mit der näherungsweise standardnormalverteilten Testgröße $TG' = (W - \mu_W)/\sigma_W$ durch, um die Anwendung der Normalverteilungsapproximation (ohne Stetigkeitskorrektur) zu demonstrieren. Mit $TG'_s = (TG_s - \mu_W)/\sigma_W = (37 - 72)/17.32 = -2.021$ erhält man nun den P-Wert $P' = 2\Phi(-|TG'_s|) = 4.33\,\%$, der etwas kleiner als der exakte Wert ist.

2. Zur Erhöhung der Lesegeschwindigkeit unterziehen sich 14 Probanden einem Training. Die Lesegeschwindigkeit (in Wörtern pro Minute) vor und nach dem Training (wir bezeichnen sie mit X_1 bzw. X_2) ist der Tab. 4.4 zu entnehmen. Wir zeigen mit dem Wilcoxon-Test für abhängige Stichproben, dass das Training zu einer signifikanten ($\alpha = 5\,\%$) Erhöhung der Lesegeschwindigkeit geführt hat. Zu diesem Zweck bilden wir die in Tab. 4.4 wiedergegebenen Paardifferenzen $d_i = x_{i2} - x_{i1}$. Wenn wir voraussetzen, dass den Paardifferenzen eine um den Median ζ symmetrische Verteilung zugrunde liegt, kann die Prüfung der Hypothesen $H_0: \zeta \leq 0$ gegen $H_1: \zeta > 0$ mit dem Wilcoxon-Test vorgenommen werden. Als Summe der Rangzahlen zu positiven Paardifferenzen ergibt sich $TG_s = w^+ = 87$. Wegen $P = 1 - F_{W+}(TG_s - 1) = 0.01477 < \alpha = 0.05$ wird H_0 auf dem 5 %-Niveau abgelehnt. Das Training ist also geeignet, die Lesegeschwindigkeit (im Mittel) zu erhöhen. Zum selben Ergebnis führt der Vergleich

Tab. 4.4 Datentabelle zu Beispiel 2 von Abschn. 4.6. Die letzte Spalte enthält die mit $\text{sgn}(d_i)$ multiplizierten Ränge der absoluten Paardifferenzen $|d_i|$. Die Summe der positiven Ränge ist die Realisierung TG_s der Testgröße

Proband	vorher	nachher	Paardifferenz	Rang von
i	x_{i1}	x_{i2}	$d_i = x_{i2} - x_{i1}$	$|d_i|$
1	236	287	51	11
2	270	287	17	5
3	381	395	14	3
4	294	305	11	1
5	414	426	12	2
6	308	290	−18	−6
7	301	337	36	10
8	220	283	63	14
9	286	301	15	4
10	401	462	61	13
11	435	456	21	7
12	324	351	27	9
13	310	255	−55	−12
14	354	380	26	8

der Testgröße mit dem Quantil $w^+_{14,0.95} = 79$; wegen $TG_s > w^+_{14,0.95}$ ist H_0 abzulehnen.

Der Vollständigkeit halber nehmen wir auch noch die Testentscheidung so vor, dass wir die exakte Verteilung der Testgröße W^+ durch die Normalverteilung mit dem Mittelwert $\mu_{W^+} = 14 \cdot 15/4 = 52.5$ und der Varianz $\sigma^2_{W^+} = 14 \cdot 15 \cdot 29/12 = 253.75$ annähern. Die Realisierung der (näherungsweise) standardnormalverteilten Testgröße $TG' = (W^+ - \mu_{W^+})/\sigma_{W^+}$ ist $TG'_s = 2.166$, der P-Wert nunmehr $P = 1 - \Phi(TG'_s) = 0.01516$. Im gegebenen Fall ergibt die Normalverteilungsapproximation bereits bei einem Stichprobenumfang unter 20 einen akzeptablen P-Wert, der nur um knapp 3 % über dem exakten liegt.

3. Zur Prüfung der Wirksamkeit eines Präparats wurde u. a. die Zielvariable „Kopfschmerz" auf einer 3-stufigen Skala mit den Werten „nicht vorhanden", „leicht ausgeprägt" und „deutlich ausgeprägt" am Beginn (Variable X_1) sowie am Ende (Variable X_2) der Behandlung von $n = 22$ Probanden bewertet; die Bewertungsergebnisse sind in Tab. 4.5 zusammengefasst. Es soll auf 5 %igem Signifikanzniveau geprüft werden, ob die Behandlung eine Verbesserung der Kopfschmerzen herbeigeführt hat.

Im Beispiel geht es um einen Paarvergleich mit ordinalskalierten Untersuchungsmerkmalen. Da der Wilcoxon-Test oder gar der t-Test auf Grund des Skalenniveaus nicht verwendet werden kann, lösen wir die Aufgabe mit dem Vorzeichen-Test. Der Tab. 4.5 ist zu entnehmen, dass bei 14 Probanden eine Verbesserung, bei einem Probanden eine Verschlechterung und bei 7 Probanden keine Veränderung festgestellt wurde. Indem wir eine Bindung außer Acht

Tab. 4.5 Datentabelle zu Beispiel 3 von Abschn. 4.6. Die Tabelle enthält die absoluten Häufigkeiten, mit denen die Wertekombinationen der ordinalskalierten Untersuchungsmerkmale in der Stichprobe auftreten

Kopfschmerz	Kopfschmerz/Ende		
Beginn	nicht vorh.	leicht	deutlich
nicht vorh.	5	0	0
leicht	7	2	1
deutlich	4	3	0

lassen (d. h. den Stichprobenumfang auf $n = 21$ verkleinern) und die restlichen sechs Bindungen gleichmäßig auf die Kategorien „Verbesserung" und „Verschlechterung" aufteilen, ergibt sich für die Anzahl H der Probanden mit einer Verbesserung der Wert 17. Wegen $np_0(1 - p_0) = 5.25 \leq 9$ führen wir die Prüfung der Hypothesen $H_0: p \leq 0.5$ gegen $H_1: p > 0.5$ mit dem exakten Binomialtest durch. Als P-Wert ergibt sich $P = 1 - F_B(h - 1) = 0.0036 < 0.05$, so dass die Nullhypothese abzulehnen ist. Das Präparat bewirkt auf 5 %igem Signifikanzniveau eine Besserung.

Aufgaben

1. Eine Testgruppe von chronisch kranken Patienten erhält eine neue Schmerztherapie. Es wird nach einer Woche (Variable X_1) sowie nach vier Wochen (Variable X_2) registriert, bei welchen Patienten Schmerzen ($+$) bzw. keine Schmerzen ($-$) auftreten. Die Ergebnisse sind in der nachfolgenden Tabelle dokumentiert.

   a) Gibt es zwischen der ersten und vierten Woche einen auf 5 %igem Niveau signifikanten Behandlungseffekt?

   b) Was kann über die Planung des Stichprobenumfangs ausgesagt werden?

Patient	1	2	3	4	5	6	7	8	9	10	11	12	13	14	15	16	17	18	19	20
X_1	−	+	+	+	+	−	+	+	−	+	+	+	+	+	−	+	−	−	+	+
X_2	+	−	−	−	−	+	−	+	+	−	−	+	−	−	+	−	+	+	−	−

2. In einem Versuch wurde auf 10 Parzellen eine Getreidesorte ausgesät und in einer Hälfte einer jeden Parzelle das Bewässerungssystem A und in der anderen Hälfte das System B angewendet. Die unter den Versuchsbedingungen erzielten Erträge (in kg/ha) sind in der folgenden Tabelle zusammengefasst. Sind die unter der Bedingung B erzielbaren Erträge im Mittel größer als die Erträge unter der Bedingung A? Man prüfe die Fragestellung auf 5 %igem Signifikanzniveau.

Bewässerung	Parzellen									
A	7400	5740	5530	6190	3740	5050	4180	6520	4910	4690
B	8450	6400	6410	7010	3690	6040	4060	6730	4760	5770

3. Diffusionstests werden angewendet, um die Wirksamkeit bestimmter Antibiotika auf Mikroorganismen (Krankheitserreger) festzustellen. Diese werden auf einem festen Nährboden zusammen mit dem Antibiotikum aufgebracht. Ist das Antibiotikum wirksam, entsteht eine Hemmzone, in der der Testorganismus nicht wachsen konnte. Bei der Wirksamkeitsprüfung von 2 Antibiotika A und B wurden in je 15 Versuchen Hemmzonen mit den in der folgenden Tabelle angeführten Durchmessern (in mm) beobachtet. Kann an Hand der Daten auf 5 %igem Testniveau ein Unterschied in der Wirksamkeit der Antibiotika (d. h. ein Unterschied der mittleren Durchmesser) festgestellt werden?

Antibiotikum	Durchmesser
A	19.5, 14.0, 12.0, 19.0, 23.0, 28.0, 24.5, 26.0, 25.0, 16.0, 27.5, 17.0, 17.5, 20.0, 18.5
B	18.0, 21.0, 30.5, 24.0, 20.5, 29.0, 25.5, 27.0, 40.5, 26.5, 22.5, 40.0, 16.5, 21.5, 23.5

4.7 Zwei-Stichprobenvergleiche bei dichotomen Grundgesamtheiten

a) Vierfeldertafel Es seien X_1 und X_2 zwei dichotome Variablen, d. h. Variablen mit zwei Merkmalsausprägungen. Die Variable X_1 stellt das Untersuchungsmerkmal dar, seine Werte seien a_1 und a_2. X_1 kann z. B. ein Qualitätsmerkmal (mit den Werten „intakt" bzw. „defekt"), den Überlebensstatus (mit den Werten „verstorben" bzw. „am Leben") oder den Befall einer Pflanze mit einem Schädling (mit den Werten „befallen" bzw. „nicht befallen") bedeuten. Die zweite Variable X_2 wird als Gliederungsmerkmal verwendet; durch die Werte b_1 und b_2 von X_2 werden die zu vergleichenden Gruppen festgelegt. Bei den Gruppen kann es sich z. B. um Risikogruppen (wie „Raucher" bzw. „Nichtraucher") oder Behandlungsgruppen (wie „Testgruppe" bzw. „Kontrollgruppe") handeln. Aus den durch $X_2 = b_1$ und $X_2 = b_2$ bestimmten Zielgruppen werden n_1 bzw. n_2 Untersuchungseinheiten ausgewählt. Durch Beobachten von X_1 an den Untersuchungseinheiten in jeder Gruppe, ergeben sich zwei unabhängige Stichproben, die man übersichtlich in Form einer zweidimensionalen Häufigkeitstabelle darstellt. Da bei zwei dichotomen Merkmalen die Tabelle aus 2 × 2-Zellen besteht, spricht man auch von einer **Vierfeldertafel**.

Tabelle 4.6a zeigt die Anordnung der Häufigkeiten in einer Vierfeldertafel. Es bedeuten n_{ij} die Anzahl der Untersuchungseinheiten mit $X_1 = a_i$ und $X_2 = b_j$, $n_{i.} = n_{i1} + n_{i2}$ die Zeilensummen, $n_{.j} = n_{1j} + n_{2j} = n_j$ die (vorgegebenen) Spaltensummen und $n = n_1 + n_2$ die Anzahl aller Untersuchungseinheiten. In Tab. 4.6b ist der Sonderfall eines Fall-Kontroll-Studiendesigns dargestellt, das in der Epidemiologie häufig verwendet wird. Hier hat X_2 die Bedeutung eines Krankheitsmerkmals und definiert über die Ausprägungen „Diagnose positiv" bzw. „Diagnose negativ" zwei Diagnosegruppen (Erkrankte = Fälle, Nichterkrankte =

Tab. 4.6 Vierfeldertafel mit einem zweistufigen Untersuchungsmerkmal X_1 (mit den Werten a_1, a_2) und einem ebenfalls zweistufigen Gliederungsmerkmal X_2 (mit den Werten b_1, b_2). Neben den Zellenhäufigkeiten n_{ij} sind auch die Randsummen (Zeilensummen $n_{i.}$ und Spaltensummen $n_{.j}$) sowie die Gesamtsumme n dargestellt

a) Allgemeines Schema

Untersuchungs- merkmal X_1	Gliederungsmerkmal X_2		
	b_1	b_2	$\sum$
a_1	n_{11}	n_{12}	$n_{1.}$
a_2	n_{21}	n_{22}	$n_{2.}$
$\sum$	$n_{.1} = n_1$ (vorgegeben)	$n_{.2} = n_2$ (vorgegeben)	$n_1 + n_2 = n$

b) Beispiel: Fall-Kontroll-Studiendesign

Risikofaktor X_1	Diagnose X_2		
	positiv	negativ	$\sum$
vorhanden	n_{11}	n_{12}	$n_{1.}$
nicht vorhanden	n_{21}	n_{22}	$n_{2.}$
$\sum$	$n_{.1} = n_1$ (vorgegeben)	$n_{.2} = n_2$ (vorgegeben)	$n_1 + n_2 = n$

Kontrolle); das Untersuchungsmerkmal X_1 stellt einen zweiwertigen Risikofaktor mit den Ausprägungen „vorhanden" bzw. „nicht vorhanden" dar, der gewissermaßen im Rückblick (retrospektiv) beobachtet wird.

b) Vergleich zweier Anteile bei großen Stichproben Wir bezeichnen in den durch $X_2 = b_1$ und $X_2 = b_2$ unterschiedenen Stichproben mit Y_1 bzw. Y_2 die Anteile der Untersuchungseinheiten, bei denen das Untersuchungsmerkmal X_1 den Wert a_1 besitzt. In der ersten (durch $X_2 = b_1$ festgelegten) Grundgesamtheit möge das Ereignis $X_1 = a_1$ mit der Wahrscheinlichkeit p_1 und in der zweiten Grundgesamtheit ($X_2 = b_2$) mit der Wahrscheinlichkeit p_2 eintreten. Es folgt, dass die absoluten Häufigkeiten $H_{11} = n_1 Y_1$ und $H_{12} = n_2 Y_2$ der Untersuchungseinheiten mit der Ausprägung $X_1 = a_1$ in den Parallelstichproben binomialverteilt sind mit den Parametern n_1, p_1 bzw. n_2, p_2. Der Vergleich der Anteile Y_1 und Y_2 erfolgt an Hand der Differenz $Y_1 - Y_2$. Unter der Voraussetzung $p_1 = p_2 = p$ gilt

$$E(Y_1 - Y_2) = p_1 - p_2 = 0,$$

$$Var(Y_1 - Y_2) = \frac{p_1(1 - p_1)}{n_1} + \frac{p_2(1 - p_2)}{n_2} = p(1 - p)\left(\frac{1}{n_1} + \frac{1}{n_2}\right).$$

Damit kann die Differenz $Y_1 - Y_2$ standardisiert und auf die Gestalt

$$\frac{Y_1 - Y_2 - E(Y_1 - Y_2)}{\sqrt{Var(Y_1 - Y_2)}} = \frac{Y_1 - Y_2}{\sqrt{p(1 - p)}}\sqrt{\frac{n_1 n_2}{n_1 + n_2}} \qquad (4.22a)$$

gebracht werden. Die Wahrscheinlichkeit p ist unbekannt und muss aus den Stichproben geschätzt werden. Wegen $p_1 = p_2$ fasst man zweckmäßigerweise die durch X_2 unterschiedenen Grundgesamtheiten zusammen und nimmt den Anteil Y der Untersuchungseinheiten mit $X_1 = a_1$ als Schätzfunktion für p. Wegen

$$E\left(Y(1-Y)\right) = E(Y) - E\left(Y^2\right) = p - \left(Var(Y) + p^2\right)$$

$$= p - \frac{p(1-p)}{n} - p^2 = p(1-p)\left(1 - \frac{1}{n}\right) \approx p(1-p)$$

ist $Y(1-Y)$ für $n = n_1 + n_2 \to \infty$ eine erwartungstreue Schätzfunktion für $p(1-p)$. Ersetzt man $p(1-p)$ in (4.22a) durch $Y(1-Y)$, ergibt sich die Testgröße

$$TG = \frac{Y_1 - Y_2}{\sqrt{Y(1-Y)}} \sqrt{\frac{n_1 n_2}{n_1 + n_2}}, \tag{4.22b}$$

die asymptotisch standardnormalverteilt ist. Häufig wird beim 2-seitigen Vergleich der Wahrscheinlichkeiten p_1 und p_2 als Testgröße das Quadrat von (4.22b) verwendet, das χ_1^2-verteilt ist. Die folgenden Punkte fassen die Voraussetzungen und die Details der Ausführung des Tests zum Vergleich zweier Wahrscheinlichkeiten zusammen.

- **Beobachtungsdaten und Modell:**
  Von einem Untersuchungsmerkmal X_1 liegen zwei unabhängige Stichproben mit den Umfängen n_1 bzw. n_2 vor. Die Stichproben stammen aus zwei, durch das Gliederungsmerkmal X_2 unterschiedenen Grundgesamtheiten; der Wert $X_2 = b_1$ kennzeichnet die eine, der Wert $X_2 = b_2$ die andere Grundgesamtheit. Das Untersuchungsmerkmal X_1 setzen wir als binär voraus, d. h., seine Realisierungen beschränken sich auf zwei Werte a_1 und a_2. In der ersten Stichprobe ($X_2 = b_1$) möge n_{11}-mal der Wert a_1 und n_{21}-mal der Wert a_2 auftreten, in der zweiten Stichprobe ($X_2 = b_2$) n_{12}-mal der Wert a_1 und n_{22}-mal der Wert a_2. Die Stichproben lassen sich übersichtlich in Gestalt der Vierfeldertafel in Tab. 4.6a anschreiben.
  Die Werte der ersten und zweiten Stichprobe sind Realisierungen eines Untersuchungsmerkmals X_1, das als Bernoulli-verteilt mit den Werten a_1, a_2 und den Parametern p_1 bzw. p_2 vorausgesetzt wird.
- **Hypothesen und Testgröße:**
  Der Vergleich der Wahrscheinlichkeiten p_1 und p_2 erfolgt nach einer der folgenden Testvarianten:

$$H_0: p_1 \leq p_2 \quad \text{gegen} \quad H_1: p_1 > p_2 \quad \text{(Variante Ia)},$$

$$H_0: p_1 \geq p_2 \quad \text{gegen} \quad H_1: p_1 < p_2 \quad \text{(Variante Ib)},$$

$$H_0: p_1 = p_2 \quad \text{gegen} \quad H_1: p_1 \neq p_2 \quad \text{(Variante II)}.$$

Als Testgröße wird die standardisierte Differenz (4.22b) der Anteile, mit denen die Merkmalsausprägung $X_1 = a_1$ in der ersten bzw. zweiten Stichprobe auftritt, verwendet. Die Verteilung der Testgröße kann mit einer für die Praxis i. Allg. ausreichenden Genauigkeit durch die Standardnormalverteilung approximiert werden, wenn $n_{.j}n_{i.}/n > 5$ ($i, j = 1, 2$) gilt, also die auf den Gesamtumfang n bezogenen Produkte der Spaltensummen mit den Zeilensummen größer als 5 sind.[32]

Indem man für Y_1, Y_2 und Y die entsprechenden relativen Häufigkeiten $y_1 = n_{11}/n_1$, $y_2 = n_{12}/n_2$ bzw. $y = n_{1.}/n$ einsetzt, erhält man die Realisierung TG_s der Testgröße. Die Approximation kann verbessert werden, wenn in (4.22b) eine *Stetigkeitskorrektur* so vorgenommen wird, dass man Y_1 und Y_2 im Falle $y_1 > y_2$ durch $y_1 - \frac{1}{2n_1}$ bzw. $y_2 + \frac{1}{2n_2}$ und im Falle $y_1 < y_2$ durch $y_1 + \frac{1}{2n_1}$ bzw. $y_2 - \frac{1}{2n_2}$ ersetzt.

- **Entscheidung:**
Bei vorgegebenem Signifikanzniveau α wird H_0 abgelehnt, wenn der P-Wert kleiner als α ist. Die Berechnung[33] des P-Wertes (auf der Grundlage der Normalverteilungsapproximation) erfolgt für die Testvariante Ia mit der Formel $P = 1 - \Phi(TG_s)$, für die Variante Ib mit der Formel $P = \Phi(TG_s)$ bzw. mit $P = 2\Phi(-|TG_s|)$ für die zweiseitige Testvariante II.

Nimmt man die Entscheidung über die Bestimmung des Ablehnungsbereichs vor, so wird H_0 abgelehnt, wenn $TG_s > z_{1-\alpha}$ (Variante Ia) bzw. $TG_s < -z_{1-\alpha}$ (Variante Ib) bzw. $|TG_s| > z_{1-\alpha/2}$ (Variante II) gilt. Dabei bezeichnet z_γ das γ-Quantil der $N(0, 1)$-Verteilung.

- **Planung des Stichprobenumfangs:**
Um auf dem Niveau α mit der Sicherheit $1 - \beta$ eine Entscheidung für H_1 herbeizuführen, wenn p_1 von p_2 um $\Delta \neq 0$ im Sinne der Alternativhypothese abweicht, kann für symmetrische Versuchsanlagen mit $n_1 = n_2 = n$ im Falle der 1-seitigen Testvarianten Ia und Ib der erforderliche Mindeststichprobenumfang näherungsweise aus

$$n \approx \frac{2(z_{1-\alpha} + z_{1-\beta})^2}{h^2}$$

und im Falle der 2-seitigen Testvariante II aus

$$n \approx \frac{2(z_{1-\alpha/2} + z_{1-\beta})^2}{h^2} \tag{4.23a}$$

bestimmt werden; dabei ist $h = 2\arcsin\sqrt{p_2 + \Delta} - 2\arcsin\sqrt{p_2}$. Die Formeln verwenden die Arcus-Sinus-Transformation $Y^* = 2\arcsin\sqrt{H/n}$, um

---

[32] In der Literatur werden verschieden Kriterien für die Anwendbarkeit der Normalverteilungsapproximation genannt. So findet man auch $n_1 > 50, n_2 > 50, n_{11} + n_{12} > 5, n_{21} + n_{22} > 5$ (z. B. in Sachs und Hedderich 2012) oder $n_1 p_1(1 - p_1) > 10$ und $n_2 p_2(1 - p_2) > 10$ (Fisher und van Belle 1993).

[33] Zur Durchführung des Tests (mit und ohne Stetigkeitskorrektur) steht in R die Funktion `prop.test()` zur Verfügung.

die $B_{n,p}$-verteilte Zufallsvariable H in die näherungsweise $N(\mu, \sigma^2)$-verteilte Variable Y^* mit $\mu = 2 \arcsin \sqrt{p}$ und $\sigma^2 = 1/n$ überzuführen.[34]

c) Der exakte Test von Fisher Wenn beim Vergleich von zwei Wahrscheinlichkeiten die Voraussetzungen für die Normalverteilungsapproximation nicht erfüllt sind (also die Zellenhäufigkeiten n_{ij} zu klein sind), muss man einen exakten Test verwenden. Am bekanntesten ist der exakte Test von Fisher (1958, vgl. auch den Überblick über exakte Verfahren in Agresti 1992).

Es liegen wieder zwei Parallelstichproben mit den Umfängen n_1 und n_2 aus zwei Grundgesamtheiten vor; die Zughörigkeit einer Untersuchungseinheit zur ersten oder zweiten Grundgesamtheit wird durch die Ausprägungen b_1 bzw. b_2 des Gliederungsmerkmals X_2 zum Ausdruck gebracht. An den Untersuchungseinheiten wird eine interessierende Variable X_1 (z. B. Erfolg einer Behandlung) mit den Werten a_1 und a_2 beobachtet; die Wahrscheinlichkeit, dass X_1 in der ersten Grundgesamtheit den Wert a_1 annimmt, sei p_1 und die entsprechende Wahrscheinlichkeit für die zweite Grundgesamtheit p_2. Im Gegensatz zur Vierfeldertafel der Tab. 4.6a, in der die Spaltensummen $n_{.1} = n_1, n_{.2} = n_2$ vorgegeben sind, betrachten wir nun zusätzlich auch die Zeilensummen $n_{1.}, n_{2.}$ als vorgegeben.[35] Dann sind mit der Vorgabe einer Zellenhäufigkeit – in Tab. 4.7 ist es die Häufigkeit n_{11} – alle anderen Häufigkeiten bestimmt.

Der exakte Test von Fisher verwendet die absolute Häufigkeit H_{11} der Untersuchungseinheiten, die in der ersten Parallelstichprobe ($X_2 = b_1$) den Merkmalswert $X_1 = a_1$ besitzen, als Testgröße TG. Realisierungen von H_{11} können unter der Annahme $p_1 = p_2$ auf folgende Weise erzeugt werden. Da X_1 in beiden Grundgesamtheiten gleich verteilt ist, vereinigen wir die $n = n_1 + n_2$ Untersuchungseinheiten der Parallelstichproben in einer Menge M; in M sind $n_{1.}$ Untersuchungseinheiten vom „Typ a_1" (d. h. $X_1 = a_1$) und $n_{2.} = n - n_{1.}$ vom „Typ a_2" (d. h. $X_1 = a_2$). Die erste Parallelstichprobe wird nun so generiert, dass wir aus M zufällig und ohne Zurücklegen n_1 Elemente auswählen. Die Wahrscheinlichkeit $P(H_{11} = n_{11})$, dass unter den n_1 ausgewählten Untersuchungseinheiten genau n_{11} vom Typ a_1 sind, ist dann durch

$$P(H_{11} = n_{11}) = H_{n_{1.}, n - n_{1.}, n_1}(n_{11}) = \frac{\binom{n_{1.}}{n_{11}}\binom{n - n_{1.}}{n_1 - n_{11}}}{\binom{n}{n_1}} \tag{4.24a}$$

gegeben.[36] Die Zellenhäufigkeit H_{11} ist also bei fixierten Randhäufigkeiten (und unter der Voraussetzung $p_1 = p_2$) hypergeometrisch verteilt mit dem Wertebereich

---

[34] Zur Planung von Stichprobenumfängen mit den Formeln (4.22a, b) kann man die R-Funktion `pwr.2p.test` im Paket „pwr" verwenden; mit dieser Funktion können auch Werte der Gütefunktion bestimmt werden, wenn man $n_1 = n_2 = n$, α sowie p_1 und p_2 vorgibt.

[35] Obwohl der exakte Test von Fisher ursprünglich für Vierfeldertafeln mit festen Spalten- und Zeilensummen entwickelt wurde, kann er auch verwendet werden, wenn nur entweder die Spaltensummen oder die Zeilensummen vorgegeben sind.

[36] Vgl. die Ausführungen zur hypergeometrischen Verteilung in Abschn. 2.8. Den dortigen Objekten des Typs A und B entsprechen hier die Untersuchungseinheiten vom „Typ a_1" bzw. vom „Typ

Tab. 4.7 Vierfeldertafel zum exakten Test von Fisher. Bei fixierten Spalten- und Zeilensummen sind durch die Vorgabe von n_{11} auch die anderen Zellenhäufigkeiten bestimmt

Untersuchungs-merkmal X_1	Gliederungsmerkmal X_2		
	b_1	b_2	$\sum$
a_1	n_{11}	$n_{1.} - n_{11}$	$n_{1.}$
a_2	$n_{.1} - n_{11}$	$n_{.2} - n_{1.} + n_{11}$	$n_{2.}$
$\sum$	$n_{.1} = n_1$	$n_{.2} = n_2$	$n_1 + n_2 = n$

$\max(0, n_1 - n_2.) \leq H_{11} \leq \min(n_{1.}, n_1)$. Nach (2.29) kann der Erwartungswert der Testgröße aus

$$\mu_{H_{11}} = E(H_{11}) = \frac{n_1 n_{1.}}{n}$$

berechnet werden. Man nennt den Erwartungswert auch erwartete Häufigkeit der Merkmalskombination $X_1 = a_1, X_2 = b_1$ unter der Voraussetzung $p_1 = p_2$. Zur Berechnung wird das Produkt der der Zelle $X_1 = a_1, X_2 = b_1$ in der Vierfeldertafel entsprechenden Randsummen (d. h. der Spaltensumme n_1 und der Zeilensumme $n_{1.}$) durch den Gesamtumfang n beider Stichproben dividiert.

Die Testentscheidung beim 2-seitigen Test mit den Hypothesen $H_0: p_1 = p_2$ gegen $H_1: p_1 \neq p_2$ wird in der gewohnten Weise so herbeigeführt, dass man den P-Wert mit der vorgegebenen Fehlerschranke α vergleicht. Der P-Wert ist gleich der Summe der Wahrscheinlichkeiten aller Realisierungen der Testgröße, die zumindest ebenso „extrem" (in Richtung von H_1) sind, wie es die beobachtete Realisierung $TG_s = n_{11}$ ist. Dabei gilt eine Realisierung dann als „extrem", wenn sie vom Erwartungswert $\mu_{H_{11}}$ wenigstens ebenso stark abweicht, wie TG_s. Mit Hilfe der Verteilungsfunktion F_H der Testgröße H_{11} (diese ist $H_{n_{1.}, n-n_{1.}, n_1}$-verteilt) kann der P-Wert des 2-seitigen Tests in der Form

$$P = F_H(\mu_{H_{11}} - d) + 1 - F_H(\mu_{H_{11}} + d - 1) \quad \text{mit } d = |n_{11} - \mu_{H_{11}}|$$
$$(4.24b)$$

dargestellt werden[37]. In analoger Weise wird der P-Wert bei 1-seitigen Fragestellungen bestimmt.

d) Vergleich von Wahrscheinlichkeiten mit abhängigen Stichproben Wir betrachten wieder ein dichotomes Untersuchungsmerkmal (mit den Ausprägungen a_1 und a_2), das an n Untersuchungseinheiten zweimal beobachtet wird (z. B. vor und nach einer Behandlung; die Werte a_1 und a_2 können für „Verbesserung" bzw.

---

a_2". Setzt man in (2.27) $a = n_{1.}, x = n_{11}, N = n$ und $n = n_1$, geht die Formel in (4.24a) über.

[37] Verteilungsfunktionswerte der hypergeometrischen Verteilung können z. B. mit der R-Funktion `phyper()` bestimmt werden. Mit der R-Funktion `fisher.test()` erhält man direkt den P-Wert des 2-seitigen exakten Tests von Fisher.

Tab. 4.8 Vierfeldertafeln zum Vergleich der Wahrscheinlichkeiten $p_{1.} = P(X_1 = a_1)$ und $p_{.1} = P(X_2 = a_1)$ mit abhängigen Stichproben. X_1 und X_2 sind zwei dichotome Merkmale, die die Beobachtung eines Merkmals zu zwei aufeinanderfolgenden Zeitpunkten oder unter verschiedenen Versuchsbedingungen bedeuten können

a) Beobachtete Häufigkeiten   b) Wahrscheinlichkeiten

X_1	X_2 a_1	a_2	$\sum$
a_1	n_{11}	n_{12}	$n_{1.}$
a_2	n_{21}	n_{22}	$n_{2.}$
$\sum$	$n_{.1}$	$n_{.2}$	n

X_1	X_2 a_1	a_2	$\sum$
a_1	p_{11}	p_{12}	$p_{1.}$
a_2	p_{21}	p_{22}	$p_{2.}$
$\sum$	$p_{.1}$	$p_{.2}$	1

„keine Verbesserung" stehen). Die durch die Variablen X_1 und X_2 ausgedrückten Ergebnisse der ersten bzw. zweiten Beobachtung werden meist so wie in Tab. 4.8a in einer Vierfeldertafel zusammengefasst.[38] Es bedeuten n_{11} und n_{22} die (absoluten) Häufigkeiten der Untersuchungseinheiten, die bei der ersten und zweiten Beobachtung dieselben Merkmalswerte zeigen; n_{12} und n_{21} sind die Häufigkeiten der Untersuchungseinheiten, bei denen eine Veränderung vom Wert a_1 zum Wert a_2 bzw. umgekehrt stattfindet. In Tab. 4.8b sind die den beobachteten Häufigkeiten entsprechenden Wahrscheinlichkeiten dargestellt. Es bedeutet $p_{ij} = P(X_1 = a_i$ und $X_2 = a_j)$ die Wahrscheinlichkeit, dass eine Untersuchungseinheit zum Zeitpunkt 1 den Wert $X_1 = a_i$ und zum Zeitpunkt 2 den Wert a_j annimmt. Die Summenzeile und Summenspalte enthalten die Wahrscheinlichkeiten $p_{1.} = P(X_1 = a_i)$ bzw. $p_{.j} = P(X_2 = a_j)$.

Zum Vergleich der Wahrscheinlichkeiten $p_{1.} = P(X_1 = a_1)$ und $p_{.1} = P(X_2 = a_1)$ bilden wir die (2-seitigen) Hypothesen

$$H_0: p_{1.} = p_{.1} \quad \text{gegen} \quad H_1: p_{1.} \neq p_{.1}. \tag{4.25a}$$

Wegen $p_{1.} = p_{11} + p_{12}$ und $p_{.1} = p_{11} + p_{21}$ ist $p_{1.} = p_{.1}$ äquivalent zu $p_{12} = p_{21}$. Dividiert man durch $p_{12} + p_{21}$, so geht diese Gleichung über in

$$p_{12}^* := \frac{p_{12}}{p_{12} + p_{21}} = \frac{p_{21}}{p_{12} + p_{21}} =: p_{21}^*$$

und schließlich, wenn man $p_{12}^* + p_{21}^* = 1$ beachtet, in $p_{12}^* = 1/2$. Hier ist p_{12}^* die Wahrscheinlichkeit des zusammengesetzten Ereignisses $X_1 = a_1$ und $X_2 = a_2$ unter der Voraussetzung, dass X_1 und X_2 verschiedene Werte haben. Das Testproblem (4.25a) kann damit auf den **Binomialtest** (vgl. Abschn. 4.4) mit den Hypothesen

$$H_0: p_{12}^* = p_0 = \frac{1}{2} \quad \text{gegen} \quad H_1: p_{12}^* \neq \frac{1}{2} \tag{4.25b}$$

---

[38] Mit der beschriebenen Versuchsanlage wird die Veränderung eines 2-stufigen Merkmals auf Grund einer Behandlung erfasst. Das Schema der Tab. 4.8a lässt sich aber auch für Vergleiche von Behandlungen verwenden; so können z. B. X_1 und X_2 die auf einer 2-stufigen Skala ausgedrückten Nebenwirkungen (z. B. Übelkeit) von zwei Präparaten bedeuten.

zurückgeführt werden. Die Testgröße $TG = H_{12}$ ist die Anzahl der Untersuchungseinheiten mit $X_1 = a_1$ und $X_2 = a_2$. Die Realisierung der Testgröße ist $TG_s = n_{12}$. Für die Summe $H_{12} + H_{21}$ der Untersuchungseinheiten mit ungleichen Werten von X_1 und X_2 schreiben wir $n^* = n_{12} + n_{21}$. Unter der Nullhypothese $H_0: p_{12}^* = \frac{1}{2}$ ist die Testgröße B_{n^*, p_0}-verteilt mit dem Mittelwert $\mu_0 = n^* p_0 = n^*/2$ und der Varianz $\sigma_0^2 = n^* p_0(1 - p_0) = n^*/4$. Bezeichnen F_B die Verteilungsfunktion der Testgröße unter $H_0: p_{12}^* = \frac{1}{2}$ und $d = |n_{12} - \mu_0| = \frac{1}{2}|n_{12} - n_{21}|$ den Abstand der Realisierung $TG_s = n_{12}$ vom Mittelwert μ_0, kann man den exakten P-Wert mit (4.15a) ausrechnen. Die Nullhypothese $H_0: p_{12}^* = \frac{1}{2}$ wird abgelehnt, wenn $P = F_B(\mu_0 - d) + 1 - F_B(\mu_0 + d - 1)$ kleiner als das Signifikanzniveau α ist.

Ist $n^* p_0(1 - p_0) = n^*/4 > 9$, kann die B_{n^*, p_0}-Verteilung mit für die Praxis ausreichender Genauigkeit durch die Normalverteilung mit dem Mittelwert μ_0 und der Varianz σ_0^2 approximiert werden. Zusammen mit der *Stetigkeitskorrektur* erhält man damit für den P-Wert die Näherung

$$P^* = 2\Phi\left(-\frac{d - 0.5}{\sigma_0}\right) = 2\Phi\left(-\frac{|n_{12} - n_{21}| - 1}{\sqrt{n_{12} + n_{21}}}\right). \tag{4.26a}$$

Man kann den P-Wert näherungsweise auch mit dem Quadrat der standardisierten Testgröße $(H_{12} - \mu_0)/\sigma_0$ bestimmen. Versieht man dieses Quadrat mit der Stetigkeitskorrektur, so ergibt sich die sogenannte **McNemar-Statistik**

$$TG^* = \frac{(|H_{12} - H_{21}| - 1)^2}{H_{12} + H_{21}},$$

die (näherungsweise) χ_1^2-verteilt ist (McNemar 1947). Indem man $H_{12} = n_{12}$ und $H_{21} = n_{21}$ setzt, folgt die Realisierung TG_s^*, mit der man den approximativen P-Wert (4.26a) auch aus

$$P^* = 1 - F_1(TG_s^*) = 1 - F_1\left(\frac{(|n_{12} - n_{21}| - 1)^2}{n_{12} + n_{21}}\right) \tag{4.26b}$$

bestimmen kann; hier ist F_1 die Verteilungsfunktion der χ_1^2-Verteilung. Obwohl das Testproblem (4.25b) ein Sonderfall des Binomialtests ist, spricht man in der Literatur vom **McNemar-Test**, wenn die Entscheidungsfindung mit (4.26b) herbeigeführt wird.[39] Zur näherungsweisen Planung des Stichprobenumfangs n^* kann (4.18b) mit $p_0 = 1/2$ herangezogen werden.

Beispiele

1. Im Zuge einer Studie über den Einfluss der Düngung (Tresterkompost- bzw. Mineraldüngung) auf den Pilzbefall (Falscher Mehltau) von Weinstöcken (*Vitis*

---

[39] Der P-Wert (4.26b) wird in R mit der Funktion `mcnemar.test()` berechnet.

Tab. 4.9 Vierfeldertafel zum Beispiel 1 von Abschn. 4.7. Den beobachteten Häufigkeiten sind in Klammern die sogenannten erwarteten Häufigkeiten e_{ij} beigefügt, die als durch die Gesamtsumme geteilten Produkte der Zeilen- und Spaltensummen berechnet werden. Die Normalverteilungsapproximation ist anwendbar, wenn alle $e_{ij} > 5$ sind

Befall	Tresterkompost (Testgruppe)	Mineral (Kontrolle)	$\sum$
stark (a_1)	20 (15)	10 (15)	30
nicht-schwach (a_2)	19 (24)	29 (24)	48
$\sum$	39	39	78

vinifera) wurden $n_1 = 39$ Weinstöcke mit Tresterkompost gedüngt und ebenso viele ($n_2 = 39$) Stöcke mineralgedüngt. Es stellte sich heraus, dass in der ersten Gruppe (Testgruppe) $n_{11} = 20$ Stöcke einen starken Befall (Ausprägung a_1) und $n_{21} = 19$ Stöcke nur ein schwachen bzw. überhaupt keinen Befall (Ausprägung a_2) zeigten. In der zweiten Gruppe (Kontrollgruppe) waren $n_{12} = 10$ Weinstöcke stark und $n_{22} = 29$ nur schwach bis nicht erkennbar befallen. An Hand dieses Beobachtungsergebnisses wollen wir auf 5 %igem Testniveau prüfen, ob sich das Befallrisiko in den Gruppen signifikant unterscheidet.

Es seien p_1 und p_2 die Wahrscheinlichkeiten, dass ein tresterkompostgedüngter bzw. mineralgedüngter Weinstock einen starken Befall aufweist. Damit bilden wir die Hypothesen H_0: $p_1 = p_2$ gegen H_1: $p_1 \neq p_2$. In Tab. 4.9 sind die beobachteten Häufigkeiten in einer Vierfeldertafel erfasst und auch die Zeilensummen $n_{1.} = 30$, $n_{2.} = 48$, die Spaltensummen $n_{.1} = n_{.2} = 39$ sowie die Gesamtsumme $n = 78$ eingetragen. Wegen $n_{1.}n_{.1}/n = n_{1.}n_{.2}/n = 30 \cdot 39/78 = 15 > 5$ und $n_{2.}n_{.1}/n = n_{2.}n_{.2}/n = 48 \cdot 39/78 = 24 > 5$ (auch diese Größen sind in Tab. 4.9 eingetragen) sind die Voraussetzungen zur Anwendung der Normalverteilungsapproximation erfüllt. Setzt man in die Testgröße (4.22b) die (mit der Stetigkeitskorrektur versehenen) relativen Häufigkeiten $y_1 = \frac{n_{11}}{n_1} - \frac{1}{2n_1}$, $y_2 = \frac{n_{21}}{n_2} + \frac{1}{2n_2}$ für Y_1 bzw. Y_2 und $y = n_{1.}/n$ für Y ein, ergibt sich die Realisierung

$$TG_s = \frac{\left(\frac{20}{39} - \frac{1}{2 \cdot 39}\right) - \left(\frac{10}{39} + \frac{1}{2 \cdot 39}\right)}{\sqrt{\frac{30}{78}\left(1 - \frac{30}{78}\right)}} \sqrt{\frac{39 \cdot 39}{78}} = 2.095.$$

Damit folgt im Rahmen der Näherung der P-Wert $P = 2\Phi(-2.095) = 0.03620$. Wegen $P < 0.05$ wird H_0 (gleiches Befallrisiko in den Gruppen) abgelehnt, d. h. die Düngung besitzt sehr wohl einen Einfluss auf den Pilzbefall. Die aus den Beobachtungsdaten ermittelten Schätzwerte $y_1 = 0.513$ (Testgruppe) und $y_2 = 0.256$ (Kontrolle) für die Wahrscheinlichkeiten p_1 bzw. p_2 weisen die Differenz $y_1 - y_2 = 0.256$ auf. Wir wollen die Versuchsanlage dahingehend hinterfragen, ob die Fallzahlen $n_1 = n_2 = 39$ ausreichend groß sind, um mit dem Test eine Differenz der Befallwahrscheinlichkeiten p_1 und p_2 in der Höhe von $\Delta = 0.20$ mit einer Sicherheit von 90 % erkennen zu können.

Tab. 4.10 Vierfeldertafel zum Beispiel 2 von Abschn. 4.7. Die erwarteten Häufigkeiten (Erwartungswerte der Zellenhäufigkeiten unter der Voraussetzung $p_1 = p_2$) sind $e_{11} = e_{12} = 8 \cdot 9/16 = 4.5 < 5$ und $e_{21} = e_{22} = 8 \cdot 7/16 = 3.5 < 5$. Zum Vergleich der Erfolgswahrscheinlichkeiten ist der exakte Test von Fisher zu verwenden

	Präparat X_2		
Behandlungserfolg X_1	Testgruppe	Kontrolle	$\sum$
Verbesserung	7	2	9
keine Änderung	1	6	7
$\sum$	8	8	16

Für die Rechnung setzen wir die Befallwahrscheinlichkeit in der Kontrollgruppe gleich der entsprechenden relativen Häufigkeit, also $p_2 \approx y_2 = 0.256$. Dann ist $p_1 = p_2 + \Delta = 0.456$. Mit $\alpha = 0.05$, $z_{1-\alpha/2} = z_{0.975} = 1.960$, $\beta = 0.1$, $z_{1-\beta} = z_{0.9} = 1.282$ ergibt sich aus (4.23a) der Näherungswert 118.2, d. h. der erforderliche Mindeststichprobenumfang in jeder Gruppe beträgt rund $n_1 = n_2 = 120$. Dieser Wert liegt deutlich über den in der Studie verwendeten Umfängen $n_1 = n_2 = 39$.

2. Tabelle 4.10 enthält die Ergebnisse einer Untersuchung über die Wirkung von zwei Präparaten. Das Untersuchungsmerkmal X_1 ist der auf einer zweistufigen Skala (Skalenwerte „Verbesserung" bzw. „keine Änderung") dargestellte Behandlungserfolg. Jede Präparatgruppe (Test- bzw. Kontrollgruppe) wurde mit 8 Probanden geplant. Wir prüfen auf 5 %igem-Niveau, ob sich der Behandlungserfolg zwischen den Präparatgruppen signifikant unterscheidet. Bezeichnen p_1 und p_2 die Erfolgswahrscheinlichkeiten in den beiden Präparatgruppen, ist zweiseitig H_0: $p_1 = p_2$ gegen H_1: $p_1 \neq p_2$ zu prüfen. Wenn $p_1 = p_2$ gilt, ist der Erwartungswert von H_{11} durch $\mu_{H_{11}} = 8 \cdot 9/16 = 4.5$ gegeben. Die möglichen Realisierungen von H_{11} liegen zwischen dem Kleinstwert $\max(0, n_1 - n_{2.}) = \max(0, 1) = 1$ und dem Größtwert $\min(n_{1.}, n_1) = \min(9, 8) = 8$. Der beobachtete Wert $n_{11} = 7$ weicht von $\mu_{H_{11}}$ um den Betrag $d = |7 - 4.5| = 2.5$ ab. Alle Realisierungen von H_{11} mit $H_{11} \leq \mu_H - d = 2$ oder mit $H_{11} \geq 7$ sind als zumindest ebenso extrem anzusehen wie die beobachtete Realisierung $H_{11} = 7$. „Extreme" Realisierungen sind daher die H_{11}-Werte $1, 2, 7$ und 8. Die Wahrscheinlichkeit, dass die Testgröße den Wert $H_{11} = 2$ annimmt, ist nach (4.24a) durch

$$P(H_{11} = 2) = \frac{\binom{9}{2}\binom{7}{6}}{\binom{16}{8}} = \frac{\frac{9!}{2!\,7!}\frac{7!}{6!\,1!}}{\frac{16!}{8!\,8!}} = \frac{9!\,7!\,8!\,8!}{16!\,2!\,7!\,6!\,1!} = 1.96\,\%$$

gegeben. Analog ergibt sich für die anderen „extremen" Realisierungen $P(H_{11} = 7) = 1.96\,\%$ und $P(H_{11} = 1) = P(H_{11} = 8) = 0.0699\,\%$. Der P-Wert ist gleich der Summe $P(H_{11} = 1) + P(H_{11} = 2) + P(H_{11} = 7) + P(H_{11} = 8) = 4.06\,\%$, die kleiner als die vorgegebene 5 %-Schranke ist. Daher wird gegen H_0 entschieden; die Erfolgswahrscheinlichkeiten hängen

Tab. 4.11 Vierfeldertafel zum Beispiel 3 von Abschn. 4.7. Die Differenz $\frac{55}{80} - \frac{44}{80}$ der Anteile der Probanden im Normbereich (NB) zwischen dem Ende und dem Beginn der Behandlung ist gleich der Differenz $\frac{24}{80} - \frac{13}{80}$ der Anteile jener Probanden, die aus dem Normbereich fallen bzw. in den Normbereich wechseln

| Behandlungsbeginn X_1 | Behandlungsende X_2 | | |
	a_1 (im NB)	a_2 (nicht im NB)	$\sum$
a_1 (im NB)	31	24	55
a_2 (nicht im NB)	13	12	25
$\sum$	44	36	80

vom Präparat ab. Schneller berechnet man den P-Wert mit (4.24b); es ist

$$P = F_H(4.5 - 2.5) + 1 - F_H(4.5 + 2.5) = F_H(2) + 1 - F_H(7)$$
$$= 0.0203 + 1 - 0.9797 = 0.0406.$$

3. Im Rahmen einer Studie wurde u. a. der Blutzucker am Beginn (Variable X_1) und am Ende (Variable X_2) einer Behandlung bestimmt. Die Ergebnisse der Blutzuckerbestimmung wurden dabei auf einer 2-stufigen Skala mit den Werten a_1 („im Normbereich") und a_2 („nicht im Normbereich") dokumentiert. Bei $n_{11} = 31$ Probanden war der Blutzuckerwert am Beginn und am Ende im Normbereich, bei $n_{12} = 24$ Probanden lag der Wert vorher im Normbereich und nachher außerhalb, bei $n_{21} = 13$ Probanden vorher außerhalb und nachher innerhalb und bei $n_{22} = 12$ vorher und nachher nicht im Normbereich. Die beobachteten Häufigkeiten der Merkmalskombinationen sind in Tab. 4.11 zusammengefasst. Die Frage ist, ob die Wahrscheinlichkeit, dass der Blutzucker am Beginn im Normbereich liegt, verschieden ist von der entsprechenden Wahrscheinlichkeit am Ende der Behandlung.

Da das Untersuchungsmerkmal an jedem Probanden zweimal gemessen wird, liegen abhängige Stichproben vor, mit denen wir die Hypothesen $H_0 : p_{1.} = P(X_1 = a_1) = p_{.1} = P(X_2 = a_1)$ gegen $H_1: p_{1.} \neq p_{.1}$ prüfen. Als Signifikanzniveau sei $\alpha = 5\%$ vereinbart. Die Testgröße H_{12} (Anzahl der Probanden, die am Beginn der Behandlung im und am Ende nicht im Normbereich sind) ist B_{n^*, p_0}-verteilt mit $n^* = n_{12} + n_{21} = 37$ und $p_0 = 1/2$. Die beobachtete Abweichung der Testgröße vom Erwartungswert $\mu_0 = n^* p_0 = 18.5$ ist $d = 24 - 18.5 = 5.5$. Der exakte P-Wert ergibt sich aus

$$P = F_B(18.5 - 5.5) + 1 - F_B(18.5 + 5.5 - 1) = F_B(13.3) + 1 - F_B(23)$$
$$= 0.0494 + 1 - 0.9506 = 0.0988;$$

dabei ist F_B ist die Verteilungsfunktion der $B_{37,0.5}$-Verteilung. Wegen $P \geq 0.05$ kann H_0 (Wahrscheinlichkeit, dass der Blutzucker im Normbereich liegt, ist am Beginn und am Ende der Behandlung gleich) nicht abgelehnt werden.

Wegen $n^*/4 = 9.25 > 9$ kann die Testentscheidung auch mit Hilfe der Normal-verteilungsapproximation bzw. dem McNemar-Test vorgenommen werden. Die McNemar-Statistik TG^* nimmt für $H_{12} = n_{12} = 24$ und $H_{21} = n_{21} = 13$ den Wert $TG_s^* = (|24 - 13| - 1)^2/(24 + 13) = 2.703$ an. Der mit der Vertei-lungsfunktion F_1 der χ_1^2-Verteilung berechnete (approximative) P-Wert

$$P^* = 1 - F_1(TG_s^*) = F_1(2.703) = 1 - 0.8998 = 0.1002$$

ist etwas größer als der exakte. Um mit dem – auf dem Signifikanzniveau $\alpha = 5\,\%$ geführten – Test die beobachtete Abweichung $\Delta = |n_{12}/n^* - 0.5| \approx 0.15$ mit einer Sicherheit von $1 - \beta = 90\,\%$ als signifikant zu erkennen, wäre nach (4.18b) ein $n^* = n_{12} + n_{21}$ von zumindest

$$\frac{1}{0.15^2} \left(z_{0.975} \cdot 0.5 + z_{0.9} \sqrt{0.65 \cdot 0.35} \right)^2 \approx 113$$

erforderlich. Rechnet man auf den Gesamtumfang hoch, müsste man für den Versuch insgesamt $n = 113 \cdot 80/37 \approx 255$ Probanden vorsehen.

Aufgaben

1. Im Rahmen einer Untersuchung des Ernährungsstatus von Schulkindern aus zwei Regionen A und B wurde u. a. das Gesamtcholesterin (in mg/dl, Varia-ble X) stichprobenartig erfasst. X-Werte unter 200 gelten als ideal, X-Werte darüber als erhöht. In Region A umfasste die Stichprobe 103 Schulkinder mit idealen und 45 mit erhöhten Werten. Die entsprechenden Häufigkeiten für die Region B waren 84 bzw. 58. Man prüfe auf 5 %igem Niveau, ob sich der An-teil von Schulkindern mit idealem Gesamtcholesterin zwischen den Regionen signifikant unterscheidet.
2. In einem Betrieb mit 30 Mitarbeiter/innen haben sich 15 Personen einer Grippe-impfung unterzogen. Von diesen ist eine erkrankt, von den nicht geimpften Personen waren es 8. Kann aus den Beobachtungsdaten der Schluss gezogen werden, dass das Risiko einer Person, an Grippe zu erkranken, davon abhängt, ob sich die Person impfen lässt oder nicht? Man prüfe diese Frage auf 5 %igem Testniveau und fasse dabei die geimpften und nicht-geimpften Mitarbeiter/in-nen als Zufallsstichproben aus der Gesamtheit aller in vergleichbaren Betrieben tätigen Mitarbeiter/innen mit bzw. ohne Impfung auf.
3. In einem Versuch wurden zwei verschiedene diagnostische Verfahren A und B an $n = 233$ Patienten angewendet. Beide Tests waren positiv bei 145 Personen und negativ bei 48 Personen. Bei 13 Personen war Test A positiv und B negativ, bei 27 Personen war A negativ und B positiv. Man vergleiche die Anteile der positiven Ergebnisse zwischen den beiden diagnostischen Verfahren; als Signi-fikanzniveau sei $\alpha = 5\,\%$ vereinbart.

4.8 Anpassungstests

a) Die Chiquadrat-Summe (Goodness of fit-Statistik) Mit einem Anpassungstest wird untersucht, ob die beobachtete Verteilung einer Zufallsvariablen X von
einer vorgegebenen, hypothetischen Verteilung abweicht. Wir nehmen zuerst an,
dass X nur endlich viele Ausprägungen $a_1, a_2, \ldots, a_k$ besitzt und die hypothetische Verteilung durch die Wahrscheinlichkeiten $p_i = P(X = a_i) = p_{0i}$ ($i =
1, 2, \ldots, k$) vorgegeben sei. Von X liege eine Beobachtungsreihe mit dem Um-
fang n vor. Wenn X tatsächlich der hypothetischen Verteilung folgt (Nullhypothese
H_0), kann die Beobachtungsreihe durch ein Zufallsexperiment mit den Ausgängen $a_1, a_2, \ldots, a_k$ generiert werden, die mit den Wahrscheinlichkeiten $p_i = p_{0i}$
($i = 1, 2, \ldots, k$) eintreten. Die unter der Voraussetzung H_0 bei n-maliger Wiederholung des Experimentes zu erwartenden Häufigkeiten der Ausgänge $a_1, a_2, \ldots, a_k$
sind durch $E_1 = np_{01}$, $E_2 = np_{02}, \ldots, E_k = np_{0k}$ gegeben (E steht für „ex-
pected"). Die entsprechenden beobachteten Häufigkeiten seien $O_1, O_2, \ldots, O_k$ (O
steht für „observed"). Mit Hilfe der O_i und E_i kann die Abweichung der beobachteten von der hypothetischen Verteilung durch die Goodness of fit-Statistik
(Chiquadrat-Summe)

$$GF = \sum_{i=1}^{k} \frac{(O_i - E_i)^2}{E_i} = \sum_{i=1}^{k} \frac{(O_i - np_{0i})^2}{np_{0i}} \qquad (4.27)$$

erfasst werden. Offensichtlich ist GF nichtnegativ, genau null, wenn alle $O_i = E_i$
sind, und umso größer, je mehr die beobachteten Häufigkeiten von den erwarteten
abweichen.

Einen Aufschluss über die Verteilung von GF erhält man, wenn man den Sonderfall $k = 2$ mit $p_1 = P(X = a_1) = p_{01}$ und $p_2 = P(X = a_2) = p_{02} =
1 - p_{01}$ betrachtet. Nach dem zentralen Grenzwertsatz für Binomialverteilungen ist
die Anzahl O_1 der Wiederholungen mit der Ausprägung a_1 für genügend großes
n mit guter Näherung normalverteilt mit dem Mittelwert $E(O_1) = np_{01}$ und der
Varianz $Var(O_1) = np_{01}(1 - p_{01})$. Wegen

$$GF = \frac{(O_1 - np_{01})^2}{np_{01}} + \frac{(O_2 - np_{02})^2}{np_{02}}$$

$$= \frac{(O_1 - np_{01})^2}{np_{01}} + \frac{(n - O_1 - n + np_{01})^2}{n(1 - p_{01})} = \frac{(O_1 - np_{01})^2}{np_{01}(1 - p_{01})}$$

stimmt GF im betrachteten Sonderfall $k = 2$ mit dem Quadrat der standardisierten Häufigkeit $(O_1 - np_{01})/\sqrt{np_{01}(1 - p_{01})}$ überein, die näherungsweise
$N(0, 1)$-verteilt ist. Da das Quadrat einer standardnormalverteilten Zufallsvariablen
χ_1^2-verteilt ist, ergibt sich, dass auch GF näherungsweise einer Chiquadrat-
Verteilung mit einem Freiheitsgrad folgt. Dieses für $k = 2$ gültige Ergebnis
kann auf Variable mit $k > 2$ Werten erweitert werden. Man kann zeigen, dass die
Chiquadrat-Summe (4.27) asymptotisch χ^2-verteilt ist mit $k - 1$ Freiheitsgraden
(vgl. z. B. Georgii 2009).

b) Chiquadrat-Test zur Prüfung von Anzahlen auf ein vorgegebenes Verhältnis Die Chiquadrat-Summe tritt als Testgröße in verschiedenen Problemsituationen auf. Ein klassischer Anwendungsfall ist die Untersuchung, ob k beobachtete Häufigkeiten in einem vorgegebenen Verhältnis stehen. Der Prüfung liegt das folgende Schema zugrunde.

- **Beobachtungsdaten und Modell:**
  Es liegen n Beobachtungen einer k-stufig skalierten Variablen vor, d. h. einer (nicht notwendigerweise quantitativen) Variablen mit $k > 1$ Ausprägungen (Klassen) $a_1, a_2, \ldots, a_k$. Die Ausprägung a_i wird an o_i Untersuchungseinheiten beobachtet. Jede Beobachtung ist das Ergebnis eines Zufallsexperimentes, das n-mal wiederholt wird. Dabei ist p_i die Wahrscheinlichkeit, dass eine Wiederholung mit der Ausprägung a_i auftritt. Für die Anzahl O_i der Wiederholungen mit der Ausprägung a_i ist der Mittelwert $E_i = E(O_i) = np_i$ zu erwarten.

- **Hypothesen und Testgröße:**
  Die Wahrscheinlichkeiten p_i ($i = 1, 2, \ldots, k$) werden zweiseitig an Hand der Hypothesen

$$H_0\colon p_i = p_{0i} \quad \text{gegen} \quad H_1\colon p_i \neq p_{0i} \quad \text{für wenigstens ein } i$$

mit vorgegebenen Sollwerten p_{0i} verglichen. Die Testentscheidung stützt sich auf die Chiquadrat-Summe (4.27) als Testgröße, die asymptotisch χ^2-verteilt ist mit $k - 1$ Freiheitsgraden. Ersetzt man die O_i durch die beobachteten Häufigkeiten o_i, erhält man die Realisierung TG_s der Testgröße.

- **Entscheidung:**
  Bei vorgegebenem Signifikanzniveau α wird H_0 abgelehnt, wenn der P-Wert kleiner als α ist. Mit der Verteilungsfunktion F_{k-1} der χ^2_{k-1}-Verteilung erhält man aus $P = 1 - F_{k-1}(TG_s)$ eine Näherung für den P-Wert.[40] Der Ablehnungsbereich ist näherungsweise durch das mit dem $(1 - \alpha)$-Quantil $\chi^2_{k-1,1-\alpha}$ der χ^2_{k-1}-Verteilung gebildete Intervall $TG = GF > \chi^2_{k-1,1-\alpha}$ gegeben. Die Näherung ist ausreichend genau, wenn alle erwarteten Häufigkeiten $E_i > 5$ sind.[41] Ist für eine Ausprägung a_i die erwartete Häufigkeit $E_i \leq 5$, fasst man a_i so mit einer anderen Ausprägung (oder mehreren Ausprägungen) in einer Klasse zusammen, dass die erwartete Häufigkeit für diese Klasse größer als 5 wird.

c) Der χ^2-Test für parametrisierte Verteilungen Der χ^2-Test ist auch anwendbar, wenn überprüft werden soll, ob die Häufigkeitsverteilung einer diskreten Zufallsvariablen X mit der Annahme einer speziellen Verteilungsfunktion F_0 vereinbar ist, die einen oder mehrere unbestimmte Parameter enthält. Bei der Verteilungsfunktion F_0 kann es sich z. B. um die Poisson-Verteilung P_λ handeln, die von einem Parameter (nämlich λ) abhängt. In diesem Fall würde man als Nullhypothese „X

---

[40] Die Berechnung des (approximativen) P-Werts bei der Prüfung von Anzahlen auf ein vorgegebenes Verhältnis erfolgt in R mit der Funktion `chisq.test()`.

[41] In der Literatur finden sich weitere Kriterien für die Anwendbarkeit des Chiquadrat-Tests, z. B. dass nicht mehr als 20 % der E_i kleiner als 5 und kein E_i kleiner als 1 sein soll (Hartung 2005). Vgl. auch die Diskussion in Büning und Trenkler (1978).

ist Poisson-verteilt" formulieren. Dadurch ist die Verteilungsfunktion von X nicht vollständig bestimmt, da der Parameter λ nicht festgelegt ist. Um die Testgröße (4.27) berechnen zu können, muss für jeden Wert a_i von X die unter der Nullhypothese zu erwartende Häufigkeit $E_i = n P_\lambda(a_i)$ (also die Häufigkeit des Ereignisses, dass X in einer Stichprobe vom Umfang n den Wert a_i annimmt) bekannt sein. Eine Berechnung der E_i wird möglich, wenn man λ durch den Maximum-Likelihood-Schätzwert $\hat{\lambda} = \bar{x} = \sum_i a_i o_i / n$ approximiert. Wie man zeigen kann, ist die so berechnete Chiquadrat-Summe (4.27) wieder asymptotisch χ^2-verteilt; gegenüber dem Fall einer nicht parametrisierten Verteilungsfunktion F_0 (wie sie beim Testen auf ein vorgegebenes Verhältnis gegeben ist), ist nun für jeden zu schätzenden Parameter der Freiheitsgrad um 1 zu vermindern; im konkreten Fall der Poisson-Verteilung ist nur der Parameter λ zu schätzen, daher ist die Testgröße (4.27) χ^2_f-verteilt mit dem Freiheitsgrad $f = k - 1 - 1 = k - 2$.

Wenn X eine stetige Variable ist und entsprechend auch die in der Nullhypothese angenommene Verteilungsfunktion F_0 stetig ist, nimmt man zuerst eine Zerlegung der Merkmalsachse in k Klassen vor. Die beobachtete Häufigkeit O_i ist nun die Anzahl der Untersuchungseinheiten in einer Stichprobe vom Umfang n, bei denen X einen Wert in der i-ten Klasse aufweist. Analog ist unter E_i die für die i-te Klasse bei Zutreffen der Nullverteilung F_0 zu erwartende Klassenhäufigkeit zu verstehen. Sie kann, nachdem allfällige Verteilungsparameter mit der Maximum Likelihood-Methode geschätzt wurden, aus $E_i = n (F_0(c_i) - F_0(c_{i-1}))$ berechnet werden; hier sind c_i und c_{i-1} die obere bzw. untere Grenze der i-ten Klasse. Die Annahme der Verteilungsfunktion F_0 für X wird auf dem Signifikanzniveau α verworfen, wenn die Realisierung der Testgröße (4.27) das $(1 - \alpha)$-Quantil der χ^2-Verteilung mit $f = k - 1 - m$ übertrifft; dabei ist m die Anzahl der geschätzten Verteilungsparameter von F_0. Grundsätzlich kann man mit dem χ^2-Anpassungstest auch Normalverteilungshypothesen überprüfen; allerdings gibt es dafür bessere Verfahren, die auch bei kleinen Stichprobenumfängen anwendbar sind.

d) Anpassungstests an die Normalverteilung Im Folgenden geht es um die Frage, ob die Verteilung einer stetigen Beobachtungsgröße X von einer vorgegebenen stetigen Bezugsverteilung abweicht. Für die Praxis am wichtigsten sind Vergleiche mit der Normalverteilung. Bei vielen statistischen Untersuchungen wird angenommen, dass die Untersuchungsmerkmale normalverteilt sind. Diese Annahme hat den Charakter einer Arbeitshypothese, an der festgehalten wird, solange man sie nicht „falsifizieren" kann. Die Überprüfung der Normalverteilungsannahme (und anderer Verteilungsannahmen) ist ein Falsifizierungsverfahren: An Hand einer Stichprobe wird entschieden, ob die Beobachtungsdaten gegen die Annahme (Nullhypothese) einer normalverteilten Grundgesamtheit sprechen. Es gibt zahlreiche Anpassungstests an die Normalverteilung (und andere Verteilungen); eine Auswahl wird im Folgenden kurz vorgestellt.

Sehr verbreitet ist der **Kolmogorov-Smirnov-Test**, kurz K-S-Test genannt. Es sei X eine Zufallsvariable und $x_1, x_2, \ldots, x_n$ eine (nach aufsteigender Größe geordnete) Zufallsstichprobe. Der Einfachheit halber nehmen wir $x_1 < x_2 < \cdots < x_n$ an. Die Nullhypothese lautet: X ist normalverteilt mit spezifizierten Parametern μ

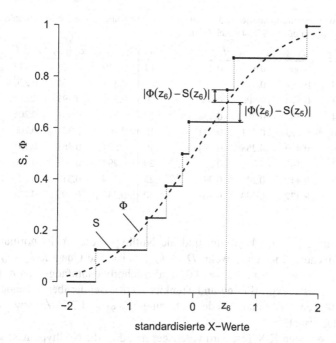

Abb. 4.7 K-S-Test: Veranschaulichung der empirischen Verteilungsfunktion S, der Standardnormalverteilungsfunktion Φ und der Abstände D_{i+}, D_{i-} an Hand einer Stichprobe mit den Werten 6.6, 8.2, 8.8, 9.3, 9.5, 10.7, 10.9, 13.2 (vgl. Beispiel 3 am Ende des Abschnitts). Als Parameter der hypothetischen Normalverteilung wurden die entsprechenden Stichprobenkennwerte genommen

und σ^2. Wir gehen zu den standardisierten Stichprobenwerten $z_i = (x_i - \mu)/\sigma$ ($i = 1, 2, \ldots, n$) über und bilden die empirische Verteilungsfunktion S durch folgende Vorschrift: Jedem reellen z wird der Anteil der Stichprobenwerte, die höchstens gleich z sind, als Funktionswert $S(z)$ zugewiesen; offensichtlich ist $S(z_i) = i/n$ ($i = 1, 2, \ldots, n$). Die Verteilungsfunktion S hat die Gestalt einer „Treppenfunktion", die bis z_1 den Wert null hat, an der Stelle z_1 auf den Wert $1/n$ springt und diesen bis zur Stelle z_2 beibehält; an der Stelle z_2 erfolgt wieder ein Sprung um $1/n$ usw., bis – nach n Sprüngen – an der Stelle z_n der Wert 1 erreicht wird.

Da die ursprüngliche Messreihe standardisiert wurde, wird die Verteilungsfunktion S mit der Standardnormalverteilungsfunktion Φ verglichen und der größte vertikale Abstand zwischen den beiden Verteilungsfunktionen gesucht. Dieser muss an einer Sprungstelle von S auftreten. An jeder Sprungstelle z_i kann der Abstand $D_{i+} = |\Phi(z_i) - S(z_i)| = |\Phi(z_i) - i/n|$ der Funktion Φ zur oberen „Stufenkante" von S sowie der Abstand $D_{i-} = |\Phi(z_i) - S(z_{i-1})| = |\Phi(z_i) - (i-1)/n|$ zur unteren „Stufenkante" gebildet werden ($i = 1, 2, \ldots, n$). Dies ergibt insgesamt $2n$ Abstände. Die empirische Verteilungsfunktion S, die Standardnormalverteilungsfunktion Φ und die Abstände D_{i+}, D_{i-} sind in Abb. 4.7 beispielhaft für eine Stichprobe veranschaulicht. Beim K-S-Test wird das Maximum

$$D = \max(D_{1+}, D_{2+}, \ldots, D_{n+}, D_{1-}, D_{2-}, \ldots, D_{n-}). \tag{4.28}$$

Tab. 4.12 Ausgewählte Quantile $k_{n,1-\alpha}$ für den K-S-Test und ausgewählte Schranken $l_{n,1-\alpha}$ für die Modifikation des K-S-Tests nach Lilliefors

n	$k_{n,0.95}$	$k_{n,0.99}$	$l_{n,0.95}$	$l_{n,0.99}$	n	$k_{n,0.95}$	$k_{n,0.99}$	$l_{n,0.95}$	$l_{n,0.99}$
5	0.563	0.669	0.337	0.404	14	0.349	0.418	0.227	0.261
6	0.519	0.617	0.319	0.364	15	0.338	0.404	0.220	0.257
7	0.483	0.576	0.300	0.348	16	0.327	0.392	0.213	0.250
8	0.454	0.542	0.285	0.331	17	0.318	0.381	0.206	0.245
9	0.430	0.513	0.271	0.311	18	0.309	0.371	0.200	0.239
10	0.409	0.489	0.258	0.294	19	0.301	0.361	0.195	0.235
11	0.391	0.468	0.249	0.284	20	0.294	0.352	0.190	0.231
12	0.375	0.449	0.242	0.275	25	0.264	0.317	0.180	0.203
13	0.361	0.432	0.234	0.268	30	0.242	0.290	0.161	0.187

der Abstände D_{i+}, D_{i-} bestimmt und die Nullhypothese (X ist normalverteilt) auf dem Niveau α abgelehnt, wenn $D > k_{n,1-\alpha}$ ist. Die Quantile $k_{n,1-\alpha}$ sind in Tab. 4.12 für $\alpha = 0.05$ und $\alpha = 0.01$ und Stichprobenumfänge von $n = 5$ bis $n = 30$ aufgelistet (vgl. Büning und Trenkler 1978). Bei darüber liegenden Stichprobenumfängen macht man von der Näherung $k_{n,0.95} \approx 1.36/\sqrt{n}$ bzw. $k_{n,0.99} \approx 1.63/\sqrt{n}$ Gebrauch.[42]

Beim klassischen K-S-Test wird vorausgesetzt, dass die Nullhypothese vollständig bekannt ist, d. h. dass man die Parameter der hypothetischen Normalverteilung kennt. Dies ist i. Allg. nicht der Fall. Wenn man den Mittelwert und die Varianz aus den Stichprobenwerten schätzt, ist eine Modifikation des K-S-Tests erforderlich. Eine solche stellt der **K-S-Test mit Lilliefors-Schranken** dar. An die Stelle des Quantils $k_{n,1-\alpha}$ tritt nun die Lilliefors-Schranke $l_{n,1-\alpha}$, die gleichfalls in Tab. 4.12 für kleinere n und die Signifikanzniveaus $\alpha = 0.05$ und $\alpha = 0.01$ angegeben ist (vgl. Lilliefors 1967). Bei größeren Werten von n (etwa ab $n = 30$) kann mit guter Näherung $l_{n,0.95} = 0.886/\sqrt{n}$ bzw. $l_{n,0.99} = 1.031/\sqrt{n}$ verwendet werden. Die Nullhypothese (Normalverteilungsannahme) wird auf dem Niveau α abgelehnt, wenn $D > l_{n,1-\alpha}$ gilt.[43]

Auch der **Anderson-Darling-Test** ist eine Weiterentwicklung des K-S-Tests zur Überprüfung von Verteilungsannahmen, im Besonderen auch der Normalverteilungsannahme bei unspezifizierten Parametern (vgl. Anderson und Darling 1952). Wie Simulationsergebnisse zeigen, besitzt dieser Test eine vergleichsweise hohe Power und wird daher zunehmend empfohlen (vgl. Stephens 1974). Zur Testentscheidung verwendet man die Statistik

$$A_n^2 = -n - \frac{1}{n} \sum_{i=1}^{n} (2i-1) \left[\ln \Phi(z_i) + \ln \left(1 - \Phi(z_{n-i+1}) \right) \right], \qquad (4.29a)$$

---

[42] Den P-Wert des K-S-Tests kann man z. B. mit der R-Funktion `ks.test()` bestimmen. Diese Funktion ist im Paket „stats" enthalten, das bei der Standardinstallation von R mit installiert wird.
[43] P-Werte zur Modifikation des K-S-Tests nach Lilliefors findet man mit der R-Funktion `lillie.test` im Paket „nortest".

in der n den Stichprobenumfang bedeutet; die z_i sind die standardisierten, nach aufsteigender Größe geordneten Stichprobenwerte und Φ ist die Verteilungsfunktion der $N(0, 1)$-Verteilung. Die Nullhypothese (Normalverteilungsannahme) wird auf dem Testniveau α abgelehnt, wenn

$$A^* = A_n^2 \left(1 + \frac{0.75}{n} + \frac{2.25}{n^2} \right) > d_{1-\alpha} \qquad (4.29\text{b})$$

gilt.[44] Für $\alpha = 0.05$ und $\alpha = 0.01$ sind die kritischen Werte $d_{0.95} = 0.752$ bzw. $d_{0.99} = 1.035$ (vgl. Stephens 1979).

Zum Abschluss sei noch der **Shapiro-Wilk-Test** erwähnt, der speziell zur Überprüfung der Normalverteilungsannahme entwickelt wurde und der sich – wie der Anderson-Darling-Test – durch eine gute Performance (Power) auszeichnet (vgl. Shapiro und Wilk 1965). Die Teststatistik W des Shapiro-Wilk-Tests ist als Quotient von zwei Schätzfunktionen für die Varianz σ^2 der hypothetischen Normalverteilung konstruiert. Die eine Schätzfunktion (im Nenner) ist die Stichprobenvarianz, die andere (im Zähler) hängt mit dem Anstieg der Orientierungsgeraden im QQ-Plot zusammen (vgl. Abschn. 3.3). Die Berechnung der Teststatistik ist aufwendig und praktisch nur mit einschlägiger Software zu bewältigen[45]. Für die Interpretation ist wichtig zu wissen, dass W nichtnegativ ist und den Wert 1 nicht überschreiten kann. Wenn H_0 (Normalverteilungsannahme) gilt, dann nimmt W Werte nahe bei 1 an, kleinere Werte von W sprechen gegen H_0. Z.B. ist bei einem Stichprobenumfang $n = 10$ die Nullhypothese auf 5 %igem Signifikanzniveau abzulehnen, wenn W den kritischen Wert 0.842 unterschreitet.

e) Identifizierung von Ausreißern In der Praxis kommen manchmal von den anderen Stichprobenwerten stark abweichende, sehr große oder kleine Beobachtungswerte vor. Derartige Werte stehen im Verdacht, Ausreißer zu sein. Wenn man sich die Stichprobenwerte durch ein Verteilungsmodell (z.B. eine Normalverteilung) generiert denkt, sind extreme Merkmalswerte mit nur geringer Wahrscheinlichkeit zu erwarten. So nimmt eine $N(\mu, \sigma^2)$-verteilte Zufallsvariable X einen Wert außerhalb des 4-fachen Sigma-Bereichs mit der sehr geringen Wahrscheinlichkeit $P(X < \mu - 4\sigma) + P(X > \mu + 4\sigma) = 0.0063\,\%$ an. Tritt ein derartiger Wert auf, so steht er im Verdacht, dass er keine Realisierung von X unter dem angenommenen Verteilungsmodell ist, sondern z.B. durch einen Datenfehler oder einen Störeinfluss bei der Messung zustande gekommen ist. Mutmaßliche Ausreißer sollten jedenfalls dokumentiert und nur dann aus der Stichprobe entfernt werden, wenn es dafür einen sachlogischen Grund gibt. Zur Identifizierung eines Stichprobenwerts als Ausreißer gibt es einfache Kriterien – z.B. die Unter- bzw. Überschreitung der mit dem Interquartilabstand IQR gebildeten robusten Grenzen $Q_1 - 1.5\,IQR$ bzw. $Q_3 + 1.5\,IQR$ (vgl. Abschn. 3.3) – oder spezielle Testverfahren.

---

[44] P-Werte zum Anderson-Darling-Tests können z. B. mit der R-Funktion `ad.test()` im Paket „nortest" berechnet werden.

[45] Z.B. mit der R-Funktion `shapiro.test()`, die die Teststatistik und den P-Wert anzeigt.

Einen einzelnen Ausreißer kann man formell mit dem **Grubbs-Test** identifizieren, wenn die Stichprobenwerte Realisierungen einer normalverteilten Zufallsvariablen sind (vgl. Grubbs 1969). Die Normalverteilungsannahme überprüft man zweckmäßigerweise mit einem Normal-QQ-Plot (vgl. Abschn. 3.3). Bei der Verwendung eines Anpassungstests kann die Existenz eines Ausreißers zu einer irrtümlichen Ablehnung der Normalverteilungsannahme führen. Zur Prüfung auf einen allfälligen Ausreißer wird das Maximum der absoluten Abweichungen $|x_i - \bar{x}|$ der Stichprobenwerte x_i vom arithmetischen Mittel $\bar{x}$ bestimmt und durch die Standardabweichung s dividiert. Die Nullhypothese (H_0: „Der Wert mit dem größten Abstand vom arithmetischen Mittel ist kein Ausreißer") wird auf dem Signifikanzniveau α abgelehnt, wenn

$$G_s = \frac{\max_{i=1,\ldots,n}(|x_i - \bar{x}|)}{s} > g_{n,\alpha} = \frac{n-1}{\sqrt{n}} \sqrt{\frac{c^2}{n-2+c^2}}$$

gilt; dabei ist c das $\frac{\alpha}{2n}$-Quantil der t-Verteilung mit $f = n - 2$ Freiheitsgraden. Eine Verallgemeinerung des Grubbs-Tests zur Identifizierung von mehreren Ausreißern in einer univariaten Stichprobe ist der Tietjen-Moore-Test (NIST/SEMATECH 2012).

Beispiele

1. Bei seinen Kreuzungsversuchen mit Erbsen untersuchte Gregor Mendel unter anderem die Nachkommen von bezüglich zweier Merkmale mischerbigen Pflanzen. Bei den Merkmalen handelte es sich um die Samenform mit den Allelen A (runde Form) und a (kantige Form) sowie um die Samenfarbe mit den Allelen B (gelbe Färbung) und b (grüne Färbung). 15 Stammpflanzen des Genotyps $AaBb$ gaben insgesamt 529 Samen, aus denen sich Pflanzen der Genotypen $AABB$, $AAbb$, $aaBB$, $aabb$, $AABb$, $aaBb$, $AaBB$, $Aabb$ sowie $AaBb$ mit den in Tab. 4.13 angegebenen Häufigkeiten entwickelten. Nach der Mendelschen Theorie müssten sich die neun Genotypen im Verhältnis $1:1:1:1:2:2:2:2:4$ aufspalten, d. h., die Wahrscheinlichkeiten p_i für das Auftreten der Genotypen müssten die in Tab. 4.13 angegebenen Sollwerte p_{0i} besitzen.

   Zur Prüfung der Frage, ob die Beobachtungswerte auf 5 %igem Signifikanzniveau im Widerspruch zur Hypothese

$$H_0\colon p_1 = p_{01} = \frac{1}{16}, \ p_2 = p_{02} = \frac{1}{16}, \ \ldots, \ p_9 = p_{09} = \frac{4}{16}$$

   stehen, werden die unter H_0 zu erwartenden Häufigkeiten $E_i = np_{0i}$ der neun Genotypen berechnet und die Realisierung $TG_s = 2.811$ der Testgröße bestimmt. Der P-Wert ist die Wahrscheinlichkeit, dass die Chiquadrat-Summe zumindest gleich groß wie die beobachtete Realisierung TG_s ist. Es ergibt sich (mit der Verteilungsfunktion F_8 der χ_8^2-Verteilung) $P = 1 - F_8(TG_s) =$

Tab. 4.13 Rechenschema zum χ^2-Test zur Prüfung von Anzahlen auf ein vorgegebenes Verhältnis (Beispiel 1 von Abschn. 4.8). Die erwarteten Häufigkeiten ergeben sich als Produkt der Gesamtzahl $n = 529$ der Beobachtungen mit den entsprechenden Wahrscheinlichkeiten

Genotyp	beobachtete Häufigkeit O_i	Wahrschein- lichkeit p_{0i}	erwartete Häufigkeit E_i	$(O_i - E_i)^2/E_i$
$AABB$	38	1/16	33.0625	0.7374
$AAbb$	35	1/16	33.0625	0.1135
$aaBB$	28	1/16	33.0625	0.7752
$aabb$	30	1/16	33.0625	0.2837
$ABbb$	65	2/16	66.1250	0.0191
$aaBb$	68	2/16	66.1250	0.0532
$AaBB$	60	2/16	66.1250	0.5673
$Aabb$	67	2/16	66.1250	0.0116
$AaBb$	138	4/16	132.2500	0.2500
$\sum$	529	16/16	529.0000	2.8110

0.9457. Wegen $TG_s \geq 0.05$ kann H_0 nicht abgelehnt werden, d. h., die beobachteten Häufigkeiten der Genotypen sind mit der Nullhypothese vereinbar.

2. Es sei X die Anzahl der defekten Computer in einem Lehrsaal mit 30 Arbeitsplätzen. Bei $n = 100$ Kontrollen ergab sich die in Tab. 4.14a dargestellte Häufigkeitsverteilung. Dabei bedeutet die (absolute) Häufigkeit O_i die Anzahl der Kontrollen mit $X = a_i$ defekten Geräten. Es wird vermutet, dass X Poisson-verteilt ist. Wir zeigen auf dem 5 %-Niveau, dass die Beobachtungsdaten dieser Vermutung nicht widersprechen.

In der Nullhypothese gehen wir davon aus, dass X Poisson-verteilt ist. Um die Poisson-Wahrscheinlichkeiten $P(X = a_i) = P_\lambda(a_i)$ und in der Folge die unter H_0 zu erwartenden Häufigkeiten $E_i = n P_\lambda(a_i)$ berechnen zu können, muss zuerst der Parameter λ der Poisson-Verteilung geschätzt werden. Der Maximum Likelihood-Schätzwert für λ ist

$$\hat{\lambda} = \bar{x} = \frac{1}{100} (0 \cdot 29 + 1 \cdot 40 + 2 \cdot 18 + 3 \cdot 10 + 4 \cdot 3) = 1.18.$$

Die in der dritten Spalte von Tab. 4.14a angeschriebenen Poisson-Wahrscheinlichkeiten wurden mit der Formel

$$P(X = a_i) = P_{\hat{\lambda}}(a_i) = e^{-\hat{\lambda}} \frac{\hat{\lambda}^{a_i}}{a_i!}$$

berechnet. Man erhält damit

$$P_{\hat{\lambda}}(0) = e^{-1.18} \frac{1.18^0}{0!} = 0.3073, \quad P_{\hat{\lambda}}(1) = e^{-1.18} \frac{1.18^1}{1!} = 0.3626, \quad \text{usw.}$$

Indem man die Poisson-Wahrscheinlichkeiten mit dem Stichprobenumfang $n = 100$ multipliziert, ergeben sich die entsprechenden erwarteten Häufigkeiten. Da

Tab. 4.14 χ^2-Anpassungstest zur Überprüfung einer angenommenen Poisson-Verteilung (Beispiel 2 von Abschn. 4.8). Es bedeuten a_i die Anzahl der defekten Geräte, O_i die beobachteten Häufigkeiten und E_i die unter der angenommenen Poisson-Verteilung erwarteten Häufigkeiten

a) Bestimmung der erwarteten Häufigkeiten

Defekt. Comp. a_i	beob. H. O_i	Poisson-Wahrsch. $P(X = a_i)$	erw. H. E_i
0	29	0.3073	30.73
1	40	0.3626	36.26
2	18	0.2139	21.39
3	10	0.0842	8.42
4	3	0.0248	2.48
≥ 5	0	0.0072	0.72
$\sum$	100	1.0000	100.00

b) Rechenschema zum χ^2-Test

Klasse i	a_i	O_i	E_i	$(O_i - E_i)^2/E_i$
1	0	29	30.73	0.097
2	1	40	36.26	0.386
3	2	18	21.39	0.538
4	≥ 3	13	11.62	0.164
$\sum$		100	100.00	1.185

die erwarteten Häufigkeiten für $X = 4$ und $X \geq 5$ das Kriterium $E_i > 5$ nicht erfüllen, werden diese Ausprägungen mit der Ausprägung $X = 3$ zu einer Klasse zusammengefasst (vgl. Tab. 4.14b); als beobachtete und erwartete Häufigkeit dieser Klasse ergeben sich die Werte $10 + 3 + 0 = 13$ bzw. $8.42 + 2.48 + 0.72 = 11.62$. Mit den so aktualisierten Häufigkeiten erhält man die Realisierung $TG_s = 1.185$ der Chiquadrat-Summe (3.25). Da wir $k = 4$ Klassen haben und ein Parameter aus den Beobachtungsdaten geschätzt wurde, wird der P-Wert näherungsweise mit der Verteilungsfunktion F_f der χ^2-Verteilung mit $f = k - 1 - 1 = 2$ Freiheitsgraden bestimmt. Es ergibt sich $P = 1 - F_2(TG_s) = 0.553$. Wegen $P \geq 0.05$ kann die Nullhypothese (X ist Poisson-verteilt) nicht abgelehnt werden.

3. Wir zeigen mit dem K-S-Test (in der Modifikation von Lilliefors) und dem Anderson-Darlings-Test, dass die aus den Werten der ersten Spalte der Tab. 4.15 bestehende Stichprobe nicht der Annahme einer normalverteilten Grundgesamtheit widerspricht. Als Signifikanzniveau sei jeweils $\alpha = 5\,\%$ vereinbart. Die Stichprobenwerte sind bereits nach aufsteigender Größe angeordnet. Der Mittelwert μ und die Varianz der hypothetischen Normalverteilung werden aus der Stichprobe geschätzt.

Die Bestimmung der Testgröße (4.28) des K-S-Tests wird an Hand des Rechenschemas in Tab. 4.15 vorgenommen. In der zweiten Spalte sind die den Stichprobenwerten entsprechenden (mit dem arithmetischen Mittel $\bar{x} = 9.65$

Tab. 4.15 Rechenschema zur Prüfung der Normalverteilungsannahme mit dem K-S-Test (Beispiel 3 von Abschn. 4.8). Die maximale absolute Differenz D zwischen der empirischen Verteilungsfunktion und der Standardnormalverteilungsfunktion ist unterstrichen

x_i	z_i	$S(z_i)$	$S(z_{i-1})$	$\Phi(z_i)$	$|D_{i+}|$	$|D_{i-}|$
6.6	−1.5377	0.125	0.000	0.0621	0.0629	0.0621
8.2	−0.7310	0.250	0.125	0.2324	0.0176	0.1074
8.8	−0.4285	0.375	0.250	0.3341	0.0409	0.0841
9.3	−0.1765	0.500	0.375	0.4300	0.0700	0.0550
9.5	−0.0756	0.625	0.500	0.4699	<u>0.1551</u>	0.0301
10.7	0.5294	0.750	0.625	0.7017	0.0483	0.0767
10.9	0.6302	0.875	0.750	0.7357	0.1393	0.0143
13.2	1.7898	1.000	0.875	0.9633	0.0367	0.0883

und der Standardabweichung $s = 1.984$) standardisierten Werte $z_i = (x_i - \bar{x})/s$ angeschrieben. Die dritte und vierte Spalte enthalten die Werte $S(z_i) = i/8$ bzw. $S(z_{i-1}) = (i-1)/8$ ($i = 1, 2, \ldots, 8$) der empirischen Verteilungsfunktion. In der fünften Spalte scheinen die an den Stellen z_i berechneten Werte $\Phi(z_i)$ der Standardnormalverteilungsfunktion auf. Schließlich sind in den beiden letzten Spalten die absoluten Differenzen $D_{i+} = |S(z_i) - \Phi(z_i)|$ bzw. $D_{i-} = |S(z_{i-1}) - \Phi(z_i)|$ eingetragen. Die maximale Differenz $D = 0.1551$ ist mit der Lilliefors-Schranke $l_{8,0.95} = 0.285$ zu vergleichen. Wegen $D \leq l_{8,0.95}$ kann H_0 (die Normalverteilungsannahme) nicht abgelehnt werden. Zum selben Ergebnis gelangt man mit dem Anderson-Darling-Test. Die Testgröße (4.29a) nimmt mit den Φ-Werten aus Tab. 4.15 den Wert

$$A_8^2 = -8 - \frac{1}{8}\{(2 \cdot 1 - 1)[\ln 0.0621 + \ln(1 - 0.9633)]$$

$$+ \cdots + (2 \cdot 8 - 1)[\ln 0.9633 + \ln(1 - 0.0621)\} = 0.1888$$

an. Wegen

$$A^* = 0.1888\left(1 + \frac{0.75}{8} + \frac{2.25}{8^2}\right) = 0.2132 \leq d_{0.95} = 0.752$$

ist das Kriterium (4.29b) nicht erfüllt und folglich die Normalverteilungsannahme beizubehalten.

Aufgaben

1. Ein symmetrischer Würfel sollte beim Ausspielen mit gleicher Wahrscheinlichkeit eine der sechs Augenzahlen zeigen. Zur Überprüfung wurde ein Würfel 1000mal ausgespielt und dabei die folgenden Häufigkeiten der Augenzahlen erhalten:

Augenzahl	1	2	3	4	5	6
Häufigkeit	172	179	173	163	171	142

Man prüfe mit dem χ^2-Test, ob die Häufigkeiten, mit denen die Augenzahlen auftreten, signifikant von der Gleichverteilung, d. h. vom Verhältnis 1 : 1 : 1 : 1 : 1 : 1 abweichen. Als Signifikanzniveau wähle man $\alpha = 5\%$.

2. Es soll gezeigt werden, dass die Stichprobewerte 210, 199, 195, 210, 217, 226, 220, 222, 221, 182 mit der Annahme einer normalverteilten Grundgesamtheit X vereinbar sind. Man führe den Nachweis auf 5 %igem Testniveau sowohl mit dem K-S-Test (mit den Lilliefors-Schranken) als auch dem Anderson-Darling-Test.

3. Durch einen Eingabefehler möge der zweite Wert $x_2 = 199$ der Stichprobe in der vorangehenden Aufgabe auf 299 verfälscht sein. Man zeige, dass dieser Wert mit dem Grubbs-Test auf 5 %igem Niveau als Ausreißer identifiziert werden kann.

4.9 Äquivalenzprüfung

a) Der Begriff der Gleichwertigkeit (Äquivalenz) In den vorangehenden Abschnitten wurde u. a. in klassische Prüfverfahren zum Vergleich von zwei Stichproben eingeführt. Mit diesen Verfahren wird versucht, Unterschiede zwischen zwei Grundgesamtheiten zu erkennen. Dazu formuliert man den interessierenden Unterschied oder die interessierende Abweichung als Alternativhypothese. Der Nachweis eines allfälligen Unterschieds erfolgt auf indirektem Wege; man geht von der Annahme (Nullhypothese) aus, dass die Alternativhypothese nicht zutrifft, also kein Unterschied besteht. Mit Hilfe einer für den jeweiligen Test typischen Stichprobenfunktion (Testgröße) wird beurteilt, ob die Beobachtungsergebnisse die Nullhypothese stützen oder gegen sie sprechen. Die Entscheidung erfolgt für die Alternativhypothese, wenn das Risiko eines α-Fehlers (d. h. einer irrtümlichen Ablehnung der Nullhypothese) klein ist, jedenfalls unter einer vorgegebenen, maximal zugelassenen Irrtumswahrscheinlichkeit α liegt. Kann man die Nullhypothese mit den Stichprobendaten nicht ablehnen, bedeutet dies keinesfalls, dass die Nullhypothese zutrifft. Eine Entscheidung für die Nullhypothese (kein Unterschied) ist erst gerechtfertigt, wenn die Wahrscheinlichkeit eines β-Fehlers (d. h. einer irrtümlichen Entscheidung für die Nullhypothese) klein ist, jedenfalls kleiner als eine vorgegebene maximale Irrtumswahrscheinlichkeit β.

Der klassische Testansatz erlaubt daher nicht nur ein Erkennen von Unterschieden (Entscheidung für die Alternativhypothese), sondern auch eine Bestätigung der Nullhypothese (keine Unterschiede). Allerdings gibt es einen wesentlichen Nachteil. Wenn der Test mit hoher Power (großem Stichprobenumfang) geplant wird, führen bereits kleine Unterschiede, die überhaupt keine praktische Relevanz besitzen, zu einem signifikanten Ausgang. Zur Prüfung von Gleichwertigkeiten wurden daher andere Verfahren entwickelt, die in der Pharmakologie als Methoden zum Nachweis gleicher Bioverfügbarkeit von Präparaten und in klinischen Studien bei therapeutischen Vergleichen eingesetzt werden. Zur Konkretisierung wollen wir folgende Situation betrachten: Es seien X_1 und X_2 die Wirkungen eines Test- bzw.

Kontrollpräparates oder allgemein die Wirkungen von zwei zu vergleichenden Behandlungen B_1 bzw. B_2. Wir wollen zuerst sowohl X_1 als auch X_2 als normalverteilte Zufallsvariablen mit den Mittelwerten μ_1 bzw. μ_2 annehmen und davon ausgehen, dass die Gleichwertigkeit (Äquivalenz) der Behandlungen an Hand der Mittelwerte μ_1 und μ_2 beurteilt werden kann. Der Begriff der Gleichwertigkeit wird sowohl in einem einseitigen als auch zweiseitigen Sinne verwendet.

Wir bezeichnen die Behandlung B_1 als **zumindest so wirksam** wie die Behandlung B_2, wenn die mittlere Wirkung μ_1 von B_1 die mittlere Wirkung μ_2 von B_2 um weniger als eine irrelevante Abweichung $\Delta > 0$ unterschreitet, also $\mu_1 - \mu_2 > -\Delta$ gilt. Bei der Wahl von Δ orientiert man sich meist an der mittleren Wirkung der Kontrolle B_2 und betrachtet einen kleinen Prozentsatz (z. B. 10 %) davon als irrelevant (vgl. Lachenbruch, 2001). Die Behandlung B_1 wird als **höchstens so wirksam** wie die Behandlung B_2 bezeichnet, wenn die mittlere Wirkung μ_1 von B_1 die mittlere Wirkung μ_2 von B_2 um weniger als Δ überschreitet, also $\mu_1 - \mu_2 < \Delta$ gilt. Schließlich wird die Behandlung B_1 als **gleichwertig** mit der Behandlung B_2 bezeichnet, wenn B_1 sowohl zumindest so wirksam als auch höchstens so wirksam wie B_2 ist, also $-\Delta < \mu_1 - \mu_2 < \Delta$ gilt.[46]

b) Äquivalenz von Mittelwerten Wir befassen uns zuerst mit der Prüfung der Gleichwertigkeit von Mittelwerten mit **abhängigen Stichproben**, also im Rahmen eines Paarvergleichs. Wenn der Nachweis erbracht werden soll, dass eine Behandlung B_1 im Mittel **zumindest so wirksam** wie eine Behandlung B_2 (Kontrolle) ist, werden – wie beim Testen von Unterschiedshypothesen – die interessierende Sachhypothese (B_1 ist im Mittel zumindest so wirksam wie B_2) als Alternativhypothese $H_1: \mu_1 - \mu_2 > -\Delta$ und deren logische Verneinung als Nullhypothese $H_0: \mu_1 - \mu_2 \leq -\Delta$ formuliert. Wir führen die Differenz $D = X_1 - X_2$ der Wirkungen X_1 und X_2 der Behandlungen ein und schreiben $\mu_D = \mu_1 - \mu_2$ für den Erwartungswert von D. Die Hypothesen können damit in $H_0: \mu_D \leq -\Delta$ gegen $H_1: \mu_D > -\Delta$ umformuliert und die Testentscheidung mit dem 1-Stichproben-t-Test (vgl. Abschn. 4.3) herbeigeführt werden. Die Nullhypothese wird auf dem Niveau α verworfen, wenn

$$TG_s = \frac{\bar{d} + \Delta}{s_{\bar{d}}} > t_{n-1,1-\alpha} \quad \text{bzw.} \quad \bar{d} - s_{\bar{d}}\, t_{n-1,1-\alpha} > -\Delta$$

gilt. Dabei bedeuten $\bar{d}$ den Mittelwert der n beobachteten Paardifferenzen von $D = X_1 - X_2$, $s_{\bar{d}} = s_d/\sqrt{n}$ den empirischen Standardfehler der mittleren Paardifferenz $\bar{D}$ und s_d die Standardabweichung der Paardifferenzen. Nimmt man zur Entscheidung den P-Wert $P = 1 - F_{n-1}(TG_s)$, wird H_0 abgelehnt, wenn $P < \alpha$ gilt; hier ist F_{n-1} die Verteilungsfunktion der t_{n-1}-Verteilung.

Analog geht man beim Nachweis vor, dass die Behandlung B_1 im Mittel **höchstens so wirksam** wie die Behandlung B_2 ist. Die Nullhypothese $H_0: \mu_1 - \mu_2 \geq \Delta$

---

[46] Bei therapeutischen Vergleichen spricht man statt von Prüfung auf „zumindest so wirksam" vom „Test auf Nicht-Unterlegenheit" (non-inferiority) und meint mit „Nicht-Unterlegen", dass die Testbehandlung B_1 nur irrelevant schlechter als die Standardbehandlung B_2 ist.

wird zugunsten der Alternativhypothese $H_1: \mu_1 - \mu_2 < \Delta$ auf dem Niveau α verworfen, wenn

$$TG_s = \frac{\bar{d} - \Delta}{s_{\bar{d}}} < -t_{n-1,1-\alpha} \quad \text{bzw.} \quad \bar{d} + s_{\bar{d}}\, t_{n-1,1-\alpha} < \Delta$$

gilt oder $P = F_{n-1}(TG_s) < \alpha$ ist.

Soll schließlich die **Gleichwertigkeit** der mittleren Wirkungen der Behandlungen B_1 und B_2 geprüft werden, lauten die Hypothesen

$$H_0: |\mu_1 - \mu_2| \geq \Delta \quad \text{gegen} \quad H_1: |\mu_1 - \mu_2| < \Delta. \tag{4.30}$$

Die Nullhypothese wird nach Westlake (1979) auf dem Niveau α abgelehnt, wenn die beiden (1-seitigen) Teilhypothesen $H_{01}: \mu_1 - \mu_2 \leq -\Delta$ und $H_{02}: \mu_1 - \mu_2 \geq \Delta$ zugleich (auf dem Niveau α) abgelehnt werden, also die Ungleichungen

$$-\Delta < \bar{d} - s_{\bar{d}}\, t_{n-1,1-\alpha} \quad \text{und} \quad \bar{d} + s_{\bar{d}}\, t_{n-1,1-\alpha} < \Delta$$

gelten. Beachtet man, dass

$$\left[\bar{d} - s_{\bar{d}}\, t_{n-1,1-\alpha},\ \bar{d} + s_{\bar{d}}\, t_{n-1,1-\alpha}\right] \tag{4.31}$$

die Realisierung eines $(1 - 2\alpha)$-Konfidenzintervalls für die mittlere Behandlungsdifferenz $\mu_D = \mu_1 - \mu_2$ ist, kann man das Entscheidungskriterium auch mit der folgenden **Inklusionsregel** formulieren: Gleichwertigkeit (im Mittel) zwischen zwei Behandlungen liegt auf dem Testniveau α genau dann vor, wenn das $(1 - 2\alpha)$-Konfidenzintervall für $\mu_D = \mu_1 - \mu_2$ vollständig im Äquivalenzintervall $(-\Delta, \Delta)$ liegt. Die Entscheidungsfindung mit dieser Regel ist in Abb. 4.8 grafisch veranschaulicht.

Wenn man die Äquivalenz von Mittelwerten mit **unabhängigen Stichproben** (d. h. im Rahmen eines Parallelversuchs) prüft, ist die Inklusions-Regel entsprechend zu adaptieren. Die Parallelgruppen mögen aus n_1 bzw. n_2 Personen bestehen, die sich der Behandlung B_1 bzw. B_2 unterziehen. Wir setzen voraus, dass die Wirkungsvariablen X_1 bzw. X_2 in beiden Gruppen normalverteilt sind, und nehmen die Varianzen als gleich an, d. h. wir lassen allfällige Unterschiede nur in den Mittelwerten μ_1 und μ_2 zu. Um mit der Inklusions-Regel auf dem Signifikanzniveau α eine Entscheidung zwischen den Hypothesen (4.30) herbeizuführen, müssen wir die Grenzen eines konkreten $(1 - 2\alpha)$-Konfidenzintervalls für die Mittelwertdifferenz $\mu_D = \mu_1 - \mu_2$ berechnen. Wir ermitteln dementsprechend die arithmetischen Mittel $\bar{x}_1$ und $\bar{x}_2$ sowie deren Differenz $\bar{d} = \bar{x}_1 - \bar{x}_2$. Mit den Varianzen s_1^2 und s_2^2 ergibt sich der Schätzwert

$$s_{\bar{d}} = \sqrt{\frac{(n_1 - 1)s_1^2 + (n_2 - 1)s_2^2}{n_1 + n_2 - 2}\left(\frac{1}{n_1} + \frac{1}{n_2}\right)} \tag{4.32}$$

für den Standardfehler der Differenz $\bar{X}_1 - \bar{X}_2$ der Stichprobenmittel. Man entscheidet für die Gleichwertigkeit der Testbehandlung mit der Kontrollbehandlung, wenn das mit dem Standardfehler (4.32) gebildete Konfidenzintervall (4.31) im Äquivalenzintervall $(-\Delta, \Delta)$ liegt.

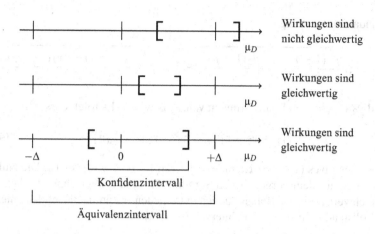

Abb. 4.8 Anwendung der Inklusions-Regel zur Feststellung der Gleichwertigkeit von zwei Behandlungen. Gleichwertigkeit liegt auf dem Signifikanzniveau α genau dann vor, wenn das Äquivalenzintervall $(-\Delta, +\Delta)$ das $(1 - 2\alpha)$-Konfidenzintervall für die mittlere Behandlungsdifferenz $\mu_D = \mu_1 - \mu_2$ einschließt

c) Gleichwertigkeit von Anteilen Oft kann man die Wirkungen X_1 und X_2 der Behandlungen B_1 bzw. B_2 nur auf einer zweistufigen Skala mit den Werten „wirksam" und „nicht wirksam" darstellen. Nimmt man den Vergleich der Wirkungen im Rahmen eines Parallelversuchs vor, so bildet man zwei Parallelgruppen mit n_1 Probanden, die sich der Behandlung B_1 unterziehen, und n_2 Probanden, die die Behandlung B_2 erhalten. Es seien Y_1 und Y_2 die Anteile der Probanden in den Parallelgruppen, bei denen eine Wirkung zu beobachten ist, und p_1 sowie p_2 die Wahrscheinlichkeiten, dass in den entsprechenden Grundgesamtheiten die Behandlung B_1 bzw. B_2 bei einer Person wirksam ist. Dann kann die Variation von Y_1 und Y_2 durch Binomialverteilungen mit den Parametern n_1 und p_1 bzw. n_2 und p_2 modelliert werden. Im Abschn. 4.7 ging es um die Frage, ob sich die Wahrscheinlichkeiten p_1 und p_2 unterscheiden. Dem entsprechend sind (bei zweiseitiger Prüfung) die Hypothesen in der Form H_0: $p_1 = p_2$ gegen H_1: $p_1 \neq p_2$ anzusetzen. Bei der Gleichwertigkeitsprüfung wird dagegen gefragt, ob die Erfolgswahrscheinlichkeiten „gleich" sind; die Erfolgswahrscheinlichkeiten gelten dabei als gleich, wenn sie sich voneinander um weniger als eine Abweichung $\Delta > 0$ unterscheiden. Die Hypothesen lauten nun (wieder für die zweiseitige Prüfung)

$$H_0: |p_1 - p_2| \geq \Delta \quad \text{gegen} \quad H_1: |p_1 - p_2| < \Delta.$$

Bei genügend großen Stichprobenumfängen n_1 und n_2 (Faustformel: $n_1 p_1 (1 - p_1) > 9$ und $n_2 p_2 (1 - p_2) > 9$) ist es gerechtfertigt, die Verteilungen von Y_1 und Y_2 durch Normalverteilungen zu approximieren. Dann ist auch die Differenz $Y_1 - Y_2$ der Anteile näherungsweise normalverteilt mit dem Mittelwert $\mu = p_1 - p_2$ und der Standardabweichung

$$\sigma = \sqrt{\frac{p_1(1-p_1)}{n_1} + \frac{p_2(1-p_2)}{n_2}} \approx \hat{\sigma} = \sqrt{\frac{y_1(1-y_1)}{n_1} + \frac{y_2(1-y_2)}{n_2}}$$

(y_1 und y_2 bezeichnen Realisierungen von Y_1 bzw. Y_2). Es folgt, dass

$$[y_1 - y_2 - z_{1-\alpha}\hat{\sigma}, \; y_1 - y_2 + z_{1-\alpha}\hat{\sigma}] \tag{4.33}$$

ein approximatives $(1 - 2\alpha)$-Konfidenzintervall für $\mu = p_1 - p_2$ ist. Die Nullhypothese wird auf dem vorgegebenen Signifikanzniveau α abgelehnt und damit für die Gleichwertigkeit der Behandlungen entschieden, wenn das Konfidenzintervall (4.33) vollständig im Äquivalenzintervall $(-\Delta, \Delta)$ liegt.

Beispiele

1. In einer Studie wurden 7 Probanden zeitlich hintereinander ein Testpräparat (t) und ein Kontrollpräparat (k) verabreicht; die Zuordnung der Präparatsequenzen tk bzw. kt erfolgte zufällig. Die Zielvariable ist die Halbwertszeit X_t bzw. X_k (in h) für die Elimination des jeweiligen Wirkstoffes aus dem Blut. Es ergaben sich die in der folgenden Tabelle dargestellten Wertepaare von X_t und X_k; die letzte Zeile der Tabelle enthält die Differenzen $D = X_t - X_k$.

Proband	1	2	3	4	5	6	7
X_t	1.50	1.92	1.43	1.68	1.97	2.01	1.85
X_k	1.95	2.05	2.46	2.88	2.52	1.80	2.03
$D = X_t - X_k$	−0.45	−0.13	−1.03	−1.20	−0.55	+0.21	−0.18

Wir zeigen, dass hinsichtlich der mittleren Halbwertszeiten auf 5 %igem Testniveau keine Gleichwertigkeit zwischen den Präparaten besteht; dabei sind die Wirkstoffe als gleichwertig zu betrachten, wenn sich die mittleren Halbwertszeiten um weniger als 20 % des Kontrollmittels unterscheiden. Ferner zeigen wir, dass sich die mittleren Halbwertszeiten (auf 5 %igem Testniveau) signifikant unterscheiden.
Aus den Werten der Differenzstichprobe berechnet man das arithmetische Mittel $\bar{d} = -0.4757$ und die Standardabweichung $s_d = 0.5025$. Mit dem Quantil $t_{n-1,1-\alpha} = t_{6,0.95} = 1.943$ ergeben sich nach Formel (4.31) die untere Grenze $-0.4757 - 0.5025 \cdot 1.943/\sqrt{7} = -0.845$ sowie die obere Grenze $-0.4757 + 0.5025 \cdot 1.943/\sqrt{7} = -0.107$ des gesuchten 90 %-Konfidenzintervall für die Mittelwertdifferenz $\mu_D = \mu_t - \mu_k$. Das arithmetische Mittel der Kontrollstichprobe ist $\bar{x}_k = 2.241$; daher ist $\Delta = 2.241 \cdot 0.2 = 0.448$. Das mit Δ gebildete Äquivalenzintervall $(-\Delta, \Delta) = (-0.448, 0.448)$ schließt das konkrete Konfidenzintervall $[-0.845, -0.107]$ nicht ein; die mittleren Präparatwirkungen sind auf 5 %igem Testniveau nicht gleichwertig.

Ein signifikanter Mittelwertunterschied liegt vor, wenn die Nullhypothese $H_0\colon \mu = \mu_t - \mu_k = 0$ auf dem vereinbarten Niveau abgelehnt werden kann. Als Realisierung der Testgröße (4.12a) erhält man mit $\mu_0 = 0$, $\bar{X} = \bar{d} = -0.4757$, $S = s_d = 0.5025$ und $n = 7$ den Wert $TG_s = \bar{d}\sqrt{7}/s_d = -2.505$, der P-Wert ist $P = 2F_6(-|TG_s|) = 4.62\,\%$; dabei bezeichnet F_6 die Verteilungsfunktion der t_6-Verteilung. Wegen $P < 5\,\%$ ist der Mittelwertunterschied auf 5 %igem Testniveau signifikant.

2. In einer Studie zum Vergleich der Wirksamkeit von zwei Präparaten wurde der Therapieerfolg grob durch die Bewertungen „Verbesserung" bzw. „keine Verbesserung" erfasst. Der Prüfplan sah vor, dass 50 Patienten mit dem Testpräparat (t) und ebenso viele mit dem Referenzpräparat (k) behandelt werden. Am Behandlungsende gab es in der Testgruppe in 30 Fällen eine Verbesserung, in der Kontrollgruppe in 35 Fällen. Es soll gezeigt werden, dass die Therapien auf 5 %igem Testniveau nicht gleichwertig sind, wenn Abweichungen der Erfolgswahrscheinlichkeiten bis $\Delta = 0.1$ als nicht relevant betrachtet werden. Es ist $y_t = 30/50 = 0.6$ und $y_k = 35/50 = 0.7$. Wegen $n_t y_t (1 - y_t) = 12 > 9$ und $n_k y_k (1 - y_k) = 10.5 > 9$ können wir die Stichprobenanteile Y_t und Y_k als näherungsweise normalverteilt ansehen und mit Formel (4.33) ein approximatives Konfidenzintervall für die Differenz $p_t - p_k$ der Erfolgswahrscheinlichkeiten bestimmen. Mit dem Schätzwert

$$\hat{\sigma} = \sqrt{\frac{0.6(1 - 0.6)}{50} + \frac{0.7(1 - 0.7)}{50}} = 0.09487.$$

für die Standardabweichung der Verteilung von $Y_t - Y_k$ und dem Quantil $z_{0.95} = 1.645$ ergibt sich das 90 %-Konfidenzintervall

$$[0.6 - 0.7 - 0.09487 \cdot 1.645, 0.6 - 0.7 + 0.09487 \cdot 1.645] = [-0.256, 0.0560].$$

Da das Konfidenzintervall nicht im Äquivalenzintervall $(-0.1, 0.1)$ enthalten ist, kann auf 5 %igem Testniveau keine Gleichwertigkeit zwischen den Therapien konstatiert werden.

Aufgaben

1. In einem als Paarvergleich geplanten Experiment wurden an 10 Probanden zeitlich hintereinander eine Testformulierung (t) und (nach einer ausreichend langen Wash out-Periode) eine Kontrolle (k) verabreicht. Die Zielvariablen sind die maximalen Konzentrationen X_t und X_k (in mg/l) der Wirkstoffe im Blut. Man prüfe an Hand der maximalen Konzentrationen, ob die mittleren Präparatwirkungen als gleichwertig angesehen werden können; dabei möge eine Abweichung von bis zu 20 % des Kontrollstichprobenmittels als klinisch nicht relevant gelten. Zusätzlich stelle man fest, ob sich die maximalen Konzentrationen der Präparate im Mittel unterscheiden. In beiden Fragestellungen sei $\alpha = 5\,\%$.

Proband	1	2	3	4	5	6	7	8	9	10
X_t	5.53	4.18	4.03	5.66	4.26	6.64	7.70	7.44	6.06	5.70
X_k	6.37	6.35	5.68	6.82	5.64	6.96	6.77	8.42	6.92	4.38

2. In einer Studie wurden 200 Patienten mit einer Methode B_1 und ebenso viele mit einer Methode B_2 behandelt. Die Behandlung mit B_1 war bei 130 Personen erfolgreich, die Behandlung mit B_2 bei 120 Personen. Man untersuche auf 5 %igem Signifikanzniveau, ob die beiden Methoden als gleichwertig angesehen werden können. Gleichwertigkeit möge vorliegen, wenn sich die Erfolgswahrscheinlichkeiten um weniger als 0.10 unterscheiden.

4.10 Annahmestichprobenprüfung

Die Annahmestichprobenprüfung wird zur Eingangsprüfung oder Endkontrolle von Prüflosen, d. h. von unter vergleichbaren Bedingungen hergestellten Einheiten, verwendet. Die Überprüfung erfolgt mit einer so genannten Stichprobenanweisung, die über den Umfang der Prüfstichprobe sowie über die Entscheidung für die Annahme oder die Zurückweisung des Prüfloses Auskunft gibt.

a) Prüfung auf fehlerhafte Einheiten Bei der Prüfung auf fehlerhafte Einheiten (Attributprüfung) werden die Untersuchungseinheiten qualitativ mit einer zweistufigen Variablen klassifiziert, die die Werte „gut" oder „schlecht" annimmt (Gut-/Schlechtprüfung). Es sei N der Umfang des Prüfloses, a die Anzahl der schlechten Einheiten im Prüflos (Ausschusszahl), $p = a/N$ der Fehleranteil (bzw. Ausschussanteil) und n der Umfang der Prüfstichprobe. Wir setzen voraus, dass die Stichprobennahme zufällig aus dem Prüflos erfolgt und eine zerstörende Überprüfung der Einheiten vorgenommen wird, d. h. die Zufallsauswahl entspricht dem Modell der „Zufallsziehung ohne Zurücklegen". Dann folgt die Anzahl X der schlechten Einheiten in der Prüfstichprobe einer hypergeometrischen Verteilung.

Wenn die maximal zulässige Anzahl c von Ausschusseinheiten festgelegt ist, wird das Prüflos im Falle $X \leq c$ angenommen und im Falle $X > c$ abgelehnt. Die Stichprobenanweisung ist also durch den Umfang n der Prüfstichprobe und die Annahmezahl c festgelegt und wird daher auch kurz als (n, c)-Plan bezeichnet. Die Wahrscheinlichkeit P_{an}, dass nach dieser Entscheidungsregel das Prüflos angenommen wird, ist in Abhängigkeit vom Ausschussanteil $p = a/N$ ($a = 0, 1, 2, \ldots, N$) durch

$$P_{an}(p|n, c) = \sum_{x=0}^{c} H_{a, N-a, n}(x) = \sum_{x=0}^{c} \frac{\binom{a}{x}\binom{N-a}{n-x}}{\binom{N}{n}} \qquad (4.34a)$$

gegeben. Bezeichnet $D = \{p | p = a/N$ und $a = 0, 1, \ldots N\}$ die Menge der möglichen Ausschussanteile, so heißt die auf D definierte Funktion $f : D \to [0, 1]$ mit der Gleichung $f(p) = P_{an}(p|n, c)$ die Operationscharakteristik der Stichprobenanweisung (n, c). Der Graph der Operationscharakteristik heißt Annahmekennlinie oder OC-Kurve.

Unter der Voraussetzung $n/N < 0.1$ und $N > 60$ können die Verteilungsfunktionswerte $H_{a,N-a,n}(x)$ mit ausreichender Genauigkeit durch die entsprechenden Werte der Binomialverteilung $B_{n,p}(x)$ mit $p = a/N$ approximiert werden; die Formel für die Annahmewahrscheinlichkeit vereinfacht sich damit auf

$$P_{an}(p|n,c) = \sum_{x=0}^{c} B_{n,p}(x) = \sum_{x=0}^{c} \binom{n}{x} p^x (1-p)^{n-x}. \tag{4.34b}$$

Auf der Grundlage dieser Approximation kann zu einem vorgegebenen Wert γ der Annahmewahrscheinlichkeit $P_{an}(p|n,c)$ der entsprechende Ausschussanteil p_γ nach Formel (3.32b) im Abschn. 3.8 explizit aus

$$p_\gamma = \frac{(c+1)F_{2(c+1),2(n-c),1-\gamma}}{n-c+(c+1)F_{2(c+1),2(n-c),1-\gamma}} = \frac{c+1}{c+1+(n-c)F_{2(n-c),2(c+1),\gamma}}$$

berechnet werden. In Abb. 4.9 sind die OC-Kurven von zwei einfachen Prüfplänen dargestellt. Man erkennt:

- Die OC-Kurven verlaufen monoton fallend vom Wert 1 an der Stelle $p = 0$ auf den Wert 0 an der Stelle $p = 1$; mit wachsendem n wird der Kurvenverlauf steiler.

- Sehr gute Lose (mit $p \leq p_{1-\alpha}$) sollen mit einer (hohen) Wahrscheinlichkeit $P_{an}(p|n,c) \geq 1 - \alpha$ angenommen werden; α ist z. B. 10 % oder 5 % und heißt das Herstellerrisiko; $p_{1-\alpha}$ wird Annahmegrenze (kurz AQL, acceptable quality level) genannt. Der Punkt $(p_{1-\alpha}, 1 - \alpha)$ auf der OC-Kurve heißt auch Producer Risk Point (PRP).

- Sehr schlechte Lose (mit $p \geq p_\beta$) sollen mit einer (kleinen) Wahrscheinlichkeit $P_{an}(p|n,c) \leq \beta$ (irrtümlich) angenommen werden; β ist z. B. 10 % oder 5 % und heißt Abnehmerrisiko; p_β wird Ablehngrenze (kurz LQL, limiting quality level) genannt. Der Punkt (p_β, β) auf der OC-Kurve heißt Consumer Risk Point (CRP).

Zur Bestimmung der Parameter n und c des Prüfplans (n, c) werden die Gleichungen $P_{an}(p_{1-\alpha}|n,c) = 1 - \alpha$ und $P_{an}(p_\beta|n,c) = \beta$ herangezogen, die in geometrischer Deutung verlangen, dass die Punkte $PRP = (p_{1-\alpha}, 1 - \alpha)$ und $CRP = (p_\beta, \beta)$ auf der OC-Kurve liegen. Diese Vorgaben entsprechen den Forderungen, dass das Prüflos bis zum Fehleranteil $p_{1-\alpha}$, zumindest mit der (hohen) Wahrscheinlichkeit $1 - \alpha$ und ab dem Fehleranteil $p_\beta > p_{1-\alpha}$ höchstens mit der (kleinen) Wahrscheinlichkeit β angenommen wird. Eine Auflösung des Systems der Gleichungen $P_{an}(p_{1-\alpha}|n,c) = 1 - \alpha$ und $P_{an}(p_\beta|n,c) = \beta$ ist i. Allg. nur auf numerischem Wege möglich. Um ganzzahlige Lösungswerte für n und c zu finden, werden statt der Gleichungen die Ungleichungen

$$P_{an}(p_{1-\alpha}|n,c) \geq 1 - \alpha \quad \text{und} \quad P_{an}(p_\beta|n,c) \leq \beta \tag{4.35}$$

betrachtet und zusätzlich verlangt, dass n so klein wie möglich ist.

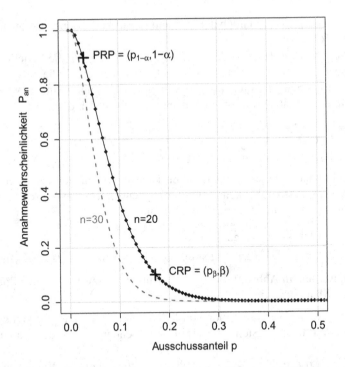

Abb. 4.9 Annahmestichprobenprüfung auf fehlerhafte Einheiten: OC-Kurven zu (n, c)-Prüfplänen mit $n = 20$ und $n = 30$ sowie $c = 1$. Zum Herstellerrisiko $\alpha = 10\%$ und zum Abnehmerrisiko $\beta = 10\%$ ergeben sich über die OC-Kurve mit $n = 20$ die Annahmegrenze $p_{0.9} \approx 0.03$ und die Ablehngrenze $p_{0.1} \approx 0.17$. Die Punkte PRP und CRP bedeuten den Producer Risk Point bzw. den Consumer Risk Point

Die Entscheidung mit einem (n, c)-Plan bei der Prüfung auf fehlerhafte Einheiten erinnert an die Entscheidungssituation beim Binomialtest. Bei der einseitigen Prüfung der Fehlerwahrscheinlichkeit p auf allfällige Überschreitung eines vorgegebenen Sollwertes p_0 lautet die Nullhypothese $H_0: p \leq p_0$ und folglich die Alternativhypothese $H_1: p = p_0 + \Delta$ mit $\Delta > 0$. Zusätzlich wird gefordert, dass die Wahrscheinlichkeit eines Fehlers 1. Art (irrtümlichen Ablehnung von H_0) und die Wahrscheinlichkeit eines Fehlers 2. Art (irrtümliches Beibehalten von H_0) die Fehlerschranken α bzw. β nicht überschreiten. Tabelle 4.16 zeigt die Analogie mit dieser Entscheidungssituation bei Verwendung eines (n, c)-Prüfplans auf.

Die Ausschussrate p ist unbekannt. Sie kann kleiner als oder gleich $p_0 = p_{1-\alpha}$ sein (in diesem Fall liegt ein gutes Los vor) oder sie liegt darüber (in diesem Fall ist das Los nicht gut). Um die Wahrscheinlichkeit für die Ablehnung eines guten Loses sowie die Wahrscheinlichkeit für die Annahme eines sehr schlechten Loses mit $p \geq p_\beta = p_0 + \Delta$ ($\Delta > 0$) klein zu halten, vereinbaren Abnehmer und Hersteller, einerseits ein kleines Abnehmerrisiko β, durch das die Annahmewahrscheinlichkeit für sehr schlechte Lose nach oben begrenzt wird; andererseits wird durch ein kleines Herstellerrisiko α sicher gestellt, dass die Annahmewahrscheinlichkeit nicht

Tab. 4.16 Entscheidungssituation beim Prüfen auf fehlerhafte Einheiten mit einem (n, c)-Plan. Durch Vorgabe der Fehlerschranken α und β wird das Risiko einer Fehlentscheidung (irrtümliche Ablehnung eines guten Loses bzw. irrtümliche Annahme eines sehr schlechten Loses) klein gehalten

| | Entscheidung mit Prüfplan für | |
	Annahme $(X \le c)$	Ablehnung $(X > c)$
Gutes Los: $p \le p_0 = p_{1-\alpha}$	richtige Entscheidung!	Herstellerrisiko α Forderung: $1 - P_{an} \le \alpha$
Sehr schlechtes Los: $p \ge p_\beta > p_0$	Abnehmerrisiko β Forderung: $P_{an} \le \beta$	richtige Entscheidung!

unter $1 - \alpha$ fällt, wenn ein gutes Los vorliegt. Durch $p_{1-\alpha}$, p_β, α und β sind (in Verbindung mit der Forderung nach einem kleinstmöglichen n) die Punkte PRP und CRP der OC-Kurve und damit der Prüfplan festgelegt.

Die Operationscharakteristik des Prüfplans (n, c) wurde als Wahrscheinlichkeit P_{an} für die Annahme des Loses in Abhängigkeit von p eingeführt. Dagegen ist die Gütefunktion G eines Tests die Wahrscheinlichkeit für die Ablehnung der Nullhypothese (gutes Los) in Abhängigkeit vom Parameter p. Die beiden Wahrscheinlichkeiten sind zueinander komplementär, d. h. $P_{an} = 1 - G$.

b) Prüfplan für ein quantitatives Qualitätsmerkmal Wir betrachten nun den Fall, dass die zu kontrollierende Eigenschaft der Einheiten des Prüfloses durch ein metrisches Merkmal X (z. B. eine Länge oder Konzentration) beschrieben ist. Wir setzen X als normalverteilt mit den Parametern μ und σ^2 voraus und nehmen an, dass der Fertigungsmittelwert μ unbekannt, die Fertigungsstreuung σ^2 der Einfachheit halber aber bekannt sei.

Soll X nur mit einer kleinen Wahrscheinlichkeit p eine vorgegebene obere Toleranzgrenze T_o überschreiten, liegt ein einseitiges Kriterium „nach oben" vor. Die folgenden Ausführungen beschränken sich auf diesen Fall, d. h. auf eine Prüfung auf Überschreitung. Wegen $P(X \le T_o) = 1 - P(X > T_o) = 1 - p$, ist T_o das $(1 - p)$-Quantil der Verteilung von X. Es folgt, dass die standardisierte Größe $(T_o - \mu)/\sigma$ gleich dem $(1 - p)$-Quantil z_{1-p} der Standardnormalverteilung ist. Der Fertigungsmittelwert μ kann damit durch $\mu = T_o - z_{1-p}\sigma$ ausgedrückt werden. Die Abhängigkeit des Fertigungsmittelwerts μ vom Ausschussanteil p ist in der oberen Grafik von Abb. 4.10 dargestellt. Die Wahrscheinlichkeit p ist der zu erwartende Anteil von schlechten Einheiten, also solchen mit $X > T_o$.

Zur Schätzung des Fertigungsmittelwerts μ wird dem Prüflos (vom Umfang N) eine Zufallsstichprobe vom Umfang $n < N$ entnommen und daraus das Stichprobenmittel $\bar{X}$ bestimmt. Damit wird nun die folgende Prüfvorschrift formuliert: Das Los wird angenommen, wenn $\bar{X} \le T_o - k\sigma$ oder $(T_o - \bar{X})/\sigma \ge k$ gilt.[47] Die

---

[47] Diese Prüfvorschrift entspricht dem 1-seitige Gauß-Test mit den Hypothesen $H_0: \mu \le \mu_0$ gegen $H_1: \mu > \mu_0$. Nach Abschn. 4.1 wird H_0 auf dem Testniveau α beibehalten, wenn $TG = (\bar{X} - \mu_0)\sqrt{n}/\sigma \le z_{1-\alpha}$ ist. Diese Vorschrift kann in der Form $(T_o - \bar{X})/\sigma \ge k$ mit $k = (T_o - \mu_0)/\sigma - z_{1-\alpha}/\sqrt{n}$ formuliert werden.

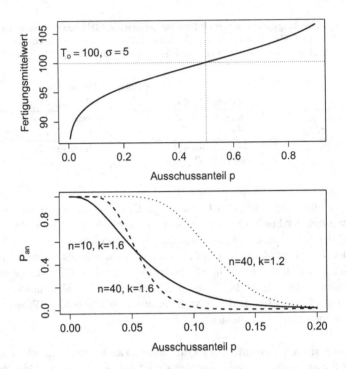

Abb. 4.10 Annahmestichprobenprüfung bei quantitativen Merkmalen: Abhängigkeit des Fertigungsmittelwerts $\mu = T_o - z_{1-p}\sigma$ vom Ausschussanteil p (*obere Grafik*) und OC-Kurven zu Prüfplänen mit $n = 10, k = 1.6, n = 40, k = 1.6$ und $n = 40, k = 1.2$

Konstante k ist der sogenannte Annahmefaktor und neben dem Umfang n der Prüfstichprobe die zweite Kennzahl des Prüfplans für ein metrisches Merkmal.

Für die Annahmewahrscheinlichkeit ergibt sich in Abhängigkeit vom Fertigungsmittelwert μ die Formel

$$P_{an}^*(\mu|n,k) = P(\bar{X} \leq T_o - k\sigma) = \Phi\left(\left[\frac{T_o - \mu}{\sigma} - k\right]\sqrt{n}\right).$$

Setzt man für den Fertigungsmittelwert $\mu = T_o - z_{1-p}\sigma$ ein, kann die Annahmewahrscheinlichkeit in Abhängigkeit von p durch

$$P_{an}(p|n,k) = \Phi\left([z_{1-p} - k]\sqrt{n}\right) \tag{4.36}$$

dargestellt werden. Den Graphen der Funktion $P_{an}: p \mapsto P_{an}(p|n,k)$ bezeichnet man wieder als Annahmekennlinie oder Operationscharakteristik (*OC*-Kurve) des verwendeten Prüfplans. Aus der Monotonie von Φ folgt, dass die Annahmewahrscheinlichkeit mit wachsendem p streng monoton abnimmt. Die untere Grafik von Abb. 4.10 zeigt *OC*-Kurven zu verschiedenen Kombinationen von n und k.

Die Kennzahlen n und k können durch Vorgabe von 2 Punkten der Operationscharakteristik bestimmt werden. Wie schon bei der Prüfung auf fehlerhafte Einheiten wird verlangt, dass einerseits sehr gute Lose ($p \leq p_{1-\alpha}$) mindestens mit der an der Annahmegrenze $AQL = p_{1-\alpha}$ vorgegebenen hohen Wahrscheinlichkeit $1 - \alpha$ und andererseits sehr schlechte Lose ($p \geq p_{\beta}$) höchstens mit der an der Ablehngrenze $LQL = p_{\beta}$ vorgegebenen kleinen Wahrscheinlichkeit β angenommen werden. Für die Annahmewahrscheinlichkeiten folgen daraus die Bedingungen

$$P_{an}(AQL|n,k) = \Phi\left(\left[z_{1-AQL} - k\right]\sqrt{n}\right) = 1 - \alpha \quad \text{und}$$

$$P_{an}(LQL|n,k) = \Phi\left(\left[z_{1-LQL} - k\right]\sqrt{n}\right) = \beta,$$

aus denen sich die Kennzahlenwerte

$$n = \left(\frac{z_{1-\alpha} + z_{1-\beta}}{z_{1-AQL} - z_{1-LQL}}\right)^2 \quad \text{und} \quad k = \frac{z_{1-\alpha}z_{1-LQL} + z_{1-\beta}z_{1-AQL}}{z_{1-\alpha} + z_{1-\beta}} \quad (4.37)$$

ergeben. Dabei ist n i. Allg. keine ganze Zahl und durch die nächst größere ganze Zahl zu ersetzen. Weitergehende Verfahren der Annahmestichprobenprüfung findet man z. B. in Montgomery (2005) oder Timischl (2012).

Beispiele

1. Bei einem Fertigungsprozess werden Lose von $N = 150$ Stück mit Hilfe eines einfachen (n,c)-Planes mit Stichproben vom Umfang $n = 20$ und der Annahmezahl $c = 1$ geprüft. Wir bestimmen die entsprechende OC-Kurve und zum Vergleich auch die OC-Kurve für den Plan $(n,c) = (30,1)$. Im Falle $n = 20$ und $c = 1$ ergeben sich als Funktionswerte[48] der Operationscharakteristik $P_{an}(0/N|n,c) = 1$,

$$P_{an}(a/N|n,c) = \sum_{x=0}^{1} H_{a,150-a,20} = \frac{\binom{a}{0}\binom{150-a}{20}}{\binom{150}{20}} + \frac{\binom{a}{1}\binom{150-a}{20-1}}{\binom{150}{20}}$$

$$(a = 1, 2, \ldots, 130),$$

$P_{an}(131/N|n,c) = 131/\binom{150}{20}$ und $P_{an}(a/N|n,c) = 0$ für $a = 132, 133,$ $\ldots, 150$. Für den Prüfplan $(n,c) = (30,1)$ erhält man $P_{an}(0/N|n,c) = 1$,

$$P_{an}(a/N|n,c) = \sum_{x=0}^{1} H_{a,150-a,30} = \frac{\binom{a}{0}\binom{150-a}{30}}{\binom{150}{30}} + \frac{\binom{a}{1}\binom{150-a}{30-1}}{\binom{150}{30}}$$

$$(a = 1, 2, \ldots, 120),$$

---

[48] Die Berechnung von Operationscharakteristiken auf der Grundlage der Binomialverteilung, der hypergeometrischen Verteilung sowie der Poisson-Verteilung kann in R mit der Funktion OC2c() im Paket „AcceptanceSampling" vorgenommen werden.

$P_{an}(121/N\,|n,c) = 121/\binom{150}{30}$ und $P_{an}(a/N\,|n,c) = 0$ für $a = 122, 133,$
$\ldots, 150$. Die OC-Kurven sind Abb. 4.9 dargestellt.

2. Wir bestimmen die Stichprobenanweisung, wenn Hersteller und Abnehmer vereinbart haben: Die Annahmewahrscheinlichkeit soll bis zu einem Fehleranteil von 2 % zumindest 90 % und ab einem Fehleranteil von 8 % höchstens 10 % betragen. Der Umfang des Prüfloses sei $N = 5000$.

Es ist $1 - \alpha = 0.9$, $p_{1-\alpha} = 0.02$ und $\beta = 0.1$, $p_\beta = 0.08$. Zur Lösung der Ungleichungen $P_{an}(0.02|n,c) \geq 0.9$, $P_{an}(0.08|n,c) \leq 0.01$ geben wir für c die Werte 0, 1, 2 und 3 vor und schreiben die entsprechenden Annahmewahrscheinlichkeiten an:

$$c = 0: P_{an}(p|n,0) = \binom{n}{0}(1-p)^n = (1-p)^n,$$

$$c = 1: P_{an}(p|n,1) = \binom{n}{0}(1-p)^n + \binom{n}{1}(1-p)^{n-1}p,$$

$$c = 2: P_{an}(p|n,2) = \binom{n}{0}(1-p)^n + \binom{n}{1}(1-p)^{n-1}p + \binom{n}{2}(1-p)^{n-2}p^2,$$

$$c = 3: P_{an}(p|n,3) = \binom{n}{0}(1-p)^n + \binom{n}{1}(1-p)^{n-1}p + \binom{n}{2}(1-p)^{n-2}p^2$$
$$+ \binom{n}{3}(1-p)^{n-3}p^3.$$

Dabei wurde die Annahme gemacht, dass für das gesuchte n gilt $n/N < 0.1$, so dass mit ausreichender Genauigkeit die Approximation durch die Binomialverteilung angewendet werden kann. Durch systematischen Einsetzen von Werten für n erkennt man, dass $P_{an}(0.02|n,0) \geq 0.9$ für $n < 6$ und $P_{an}(0.08|n,0) \leq 0.01$ für $n > 55$ gilt, d. h. für $c = 0$ besitzen die Ungleichungen keine Lösung; dies gilt ebenso für $c = 1$ und $c = 2$. Im Falle $c = 3$ findet man, dass $P_{an}(0.02|n,3) \geq 0.9$ für $n < 88$ und $P_{an}(0.08|n,3) \leq 0.01$ für $n > 81$; beide Ungleichungen sind also für $81 < n < 88$ erfüllt. Aus wirtschaftlichen Gründen entscheidet man sich für das kleinste n, d. h. für $n = 82$. Die gesuchte Anweisung ist daher $(n, c) = (82, 3)$. Wegen $n/N = 82/5000 = 0.0164 < 0.1$ ist die Approximation der hypergeometrischen Verteilung durch die Binomialverteilung gerechtfertigt.[49]

Wir rechnen als Kontrolle für die durch $n = 82$ und $c = 3$ festgelegte OC-Kurve die tatsächlichen Werte für die Annahmegrenze $p_{1-\alpha}$ sowie die Ablehn-

---

[49] Zur Bestimmung der Parameter eines (n, c)-Prüfplans ist in R die Funktion find.plan() aus dem Paket „AcceptanceSampling" vorgesehen. Die Kontrolle, ob der ermittelte Prüfplan die Anforderungen in den „Risk points" PRP und CRP erfüllt, kann mit assess() vorgenommen werden.

grenze p_β nach. Mit $\gamma = 1 - \alpha = 0.9$ und $F_{2(n-c),2(c+1),1-\alpha} = F_{158,8,0.9} = 2.311$ ist

$$p_{1-\alpha} = p_{0.9} = \frac{c+1}{c+1+(n-c)F_{2(n-c),2(c+1),\gamma}}$$

$$= \frac{4}{4+79\cdot 2.311} = 0.0214 > 0.02.$$

Analog ergibt sich mit $\gamma = \beta = 0.1$ und $F_{2(n-c),2(c+1),\beta} = F_{158,8,0.1} = 0.585$ für die Ablehngrenze $p_\beta = 0.0797 < 0.08$.

3. Bei der Fertigung eines Produktes wird ein Längenmerkmal X (in mm) auf allfällige Überschreitung der oberen Toleranzgrenze geprüft. Zur Anwendung soll ein Prüfplan mit $n = 40$ (Umfang der Prüfstichprobe) und $k = 1.6$ (Annahmefaktor) kommen. Erfüllt der Prüfplan die Kriterien, dass bis zu einem Ausschussanteil von 5 % die Annahmewahrscheinlichkeit nicht kleiner als 95 % ist und ab einem Ausschussanteil von 7.5 % die Annahmewahrscheinlichkeit nicht größer als 10 % wird?
   Mit $p = AQL = 0.05$ ergibt sich die Annahmewahrscheinlichkeit $P_{an}(p = 0.05|n = 40, k = 1.6) = \Phi([z_{0.95} - 1.6]\sqrt{40}) = 61.2\%$, die den geforderten Wert von 95 % deutlich unterschreitet. Für $p = LQL = 0.075$ ist $P_{an}(p = 0.075|n = 40, k = 1.6) = 15.5\%$. Dieser Wert ist größer als die vereinbarte Annahmewahrscheinlichkeit von 10 %. Der Prüfplan erfüllt daher weder im PRP noch im CRP die Vorgaben.

4. Es sei X ein normalverteiltes Längenmerkmal (in mm); zur Festlegung der Operationscharakteristik wird ein Herstellerrisiko von 5 % an der Annahmegrenze $AQL = 5\%$ und ein Abnehmerrisiko von 7.5 % an der Ablehngrenze $LQL = 10\%$ vereinbart. Man bestimme die Kennwerte n und k des entsprechenden Prüfplans zur Überwachung des Qualitätsmerkmals. Dabei nehme man für die Varianz $\sigma^2 = 5$ und die Toleranzgrenze $T_o = 100$ an.
   Es ist $1 - \alpha = 0.95$ an der Stelle $AQL = p_{1-\alpha} = 0.05$ (Herstellerforderung) und $\beta = 0.075$ an der Stelle $LQL = p_\beta = 0.10$ (Abnehmerforderung). Die zur Bestimmung von n und k benötigten Quantile der Standardnormalverteilung sind: $z_{1-\alpha} = z_{0.95} = 1.645, z_{1-AQL} = z_{0.95} = 1.645, z_{1-\beta} = z_{0.925} = 1.44$ und $z_{1-LQL} = z_{0.9} = 1.282$. Damit ergibt sich $n = 72.1 \approx 73$ und $k = 1.451$. Für den Prüfplan mit diesen Parametern ergibt die Kontrollrechnung die Annahmewahrscheinlichkeiten $P_{an}(AQL|n, k) = 95.1\% \geq 95\%$ und $P_{an}(LQL|n, k) = 7.4\% \leq 7.5\%$.

Aufgaben

1. Bei einem Fertigungsprozess geht es um Lose, die aus $N = 7000$ Einheiten bestehen. Im Zuge der Ausgangskontrolle wird mit einem einfachen (n, c)-Plan auf fehlerhafte Einheiten geprüft. Die Prüfstichproben haben den Umfang $n = 60$, die Annahmezahl ist $c = 4$. Man stelle fest, ob mit diesem Plan die Vor-

gaben $P_{an}(p|n,c) \geq 90\%$ für $p \leq 5\%$ und $P_{an}(p|n,c) = 5\%$ für $p \geq 15\%$ eingehalten werden können.

2. Es sei X eine normalverteilte Messgröße. Zur Festlegung der Operationscharakteristik wird ein Herstellerrisiko von 10 % an der Annahmegrenze $AQL = 1\%$ und ein Abnehmerrisiko von 10 % an der Ablehngrenze $LQL = 2\%$ vereinbart. Man bestimme die Kennwerte n und k des entsprechenden Prüfplans bei bekannter Varianz!

4.11 Ergänzungen

1. *Dualität zwischen Signifikanztest und Konfidenzintervall.* Zwischen einem Signifikanztest zum Vergleich eines Parameters mit einem Sollwert und einem Konfidenzintervall für den Parameter besteht eine bemerkenswerte Dualität. Wir zeigen dies an Hand des 2-seitigen Gauß-Tests mit den Hypothesen $H_0: \mu = \mu_0$ gegen $H_1: \mu \neq \mu_0$. Nach Abschn. 4.1c wird H_0 genau dann abgelehnt, wenn

$$|TG_s| = \left| \frac{\bar{x} - \mu_0}{\sigma/\sqrt{n}} \right| > z_{1-\alpha/2}$$

gilt. Diese Bedingung bedeutet, dass entweder $\mu_0 < \bar{x} - z_{1-\alpha/2}\frac{\sigma}{\sqrt{n}}$ oder $\mu_0 > \bar{x} + z_{1-\alpha/2}\frac{\sigma}{\sqrt{n}}$ ist, d.h. der Sollwert μ_0 kein Element des mit den Beobachtungsdaten gebildeten $(1-\alpha)$-Konfidenzintervalls für den Mittelwert μ (bei bekannter Varianz σ) ist. Bestimmt man umgekehrt mit den Beobachtungsdaten ein konkretes $(1-\alpha)$-Konfidenzintervall für μ, kann die Testentscheidung des 2-seitigen Gauß-Tests auf dem Signifikanzniveau α so herbeigeführt werden, dass man sich genau dann für die Ablehnung von H_0 entscheidet, wenn μ_0 nicht im Konfidenzintervall liegt. Das $(1-\alpha)$-Konfidenzintervall für μ stimmt also mit der Komplementärmenge des Ablehnungsbereichs des 2-seitigen Gauß-Tests (man bezeichnet diese Menge auch als Annahmebereich) überein.

2. *Gütefunktion des 2-seitigen Gauß-Tests.* In der unteren Grafik von Abb. 4.2 ist die Gütefunktion des 2-seitigen Gauß-Tests $H_0: \mu = \mu_0$ gegen $H_1: \mu \neq \mu_0$ dargestellt. Die Gleichung der Gütefunktion des 2-seitigen Tests findet man analog zur Vorgangsweise im 1-seitigen Fall. Die Gütefunktion ist als die vom Parameter μ abhängige Wahrscheinlichkeit definiert, mit der der Test zu einer Ablehnung der Nullhypothese führt. Da H_0 beim 2-seitigen Gauß-Test auf dem Niveau $\alpha = 5\%$ abgelehnt wird, wenn der Betrag der Testgröße TG einen Wert größer als $c_2 = z_{1-\alpha/2}$ annimmt, ist der Wert der Gütefunktion G an der Stelle μ durch $G(\mu) = P(|TG| > c_2 \mid \mu) = P(TG < -c_2 \mid \mu) + P(TG > c_2 \mid \mu)$ gegeben. Setzt man die Testgröße ein, ergibt sich

$$G(\mu) = P\left(\frac{\bar{X} - \mu_0}{\sigma/\sqrt{n}} < -c_2 \,\Big|\, \mu \right) + P\left(\frac{\bar{X} - \mu_0}{\sigma/\sqrt{n}} > c_2 \,\Big|\, \mu \right)$$

$$= P\left(\frac{\bar{X} - \mu}{\sigma/\sqrt{n}} < -c_2 - \frac{\mu - \mu_0}{\sigma/\sqrt{n}} \,\Big|\, \mu \right) + P\left(\frac{\bar{X} - \mu}{\sigma/\sqrt{n}} > c_2 - \frac{\mu - \mu_0}{\sigma/\sqrt{n}} \,\Big|\, \mu \right).$$

Mit Hilfe der Normalverteilungsfunktion Φ erhält man schließlich unter Beachtung von $\Phi(-x) = 1 - \Phi(x)$

$$
\begin{aligned}
G(\mu) &= \Phi\left(-c_2 - \frac{\mu - \mu_0}{\sigma/\sqrt{n}}\right) + 1 - \Phi\left(c_2 - \frac{\mu - \mu_0}{\sigma/\sqrt{n}}\right) \\
&= \Phi\left(-z_{1-\alpha/2} - \frac{\mu - \mu_0}{\sigma/\sqrt{n}}\right) + \Phi\left(-z_{1-\alpha/2} + \frac{\mu - \mu_0}{\sigma/\sqrt{n}}\right).
\end{aligned} \tag{4.38}
$$

Im Beispiel zum 2-seitigen Gauß-Test (vgl. Abschn. 4.1c) ging es um die Frage, ob der Mittelwert μ einer mit bekanntem $\sigma = 0.05$ normalverteilten Zufallsvariablen vom Sollwert $\mu_0 = 0.8$ abweicht. Für die Prüfung stand eine Stichprobe vom Umfang $n = 10$ mit dem arithmetischen Mittel $\bar{x} = 0.827$ zur Verfügung. Der auf dem Niveau $\alpha = 5\%$ durchgeführte 2-seitige Gauß-Test hat den P-Wert $P = 0.0877$ ergeben, also zu einem nicht-signifikantem Ergebnis geführt. Wir überlegen uns im Anschluss daran, welche Sicherheit wir mit unserer Versuchsanlage überhaupt haben, eine Abweichung des Mittelwerts μ vom Sollwert μ_0, die so groß wie die beobachtete Abweichung des arithmetischen Mittels $\bar{x}$ vom Sollwert ist, als signifikant zu erkennen. Dazu wird die Gütefunktion (4.38) an der Stelle $\mu = \bar{x} = 0.827$ berechnet. Es ergibt sich mit $z_{1-\alpha/2} = z_{0.975} = 1.96$ und $(\mu - \mu_0)/(\sigma/\sqrt{10}) = 1.71$ die recht kleine Power $G(\bar{x}) = \Phi(-1.96 - 1.71) + \Phi(-1.96 + 1.71) = 0.40$. Die Analyse der Power zeigt, dass wir mit unserer Versuchsanlage eine Sicherheit von nur 40% haben, die beobachtete Abweichung als signifikant zu erkennen.

Die in der Zusammenfassung des Gauß-Tests am Ende des Abschn. 4.1 angegebene Formel zur Planung des Stichprobenumfangs folgt unmittelbar aus (4.38), wenn man $G(\mu) = 1 - \beta$ setzt und beachtet, dass für in der Praxis auftretende Werte von α, n und $(\mu - \mu_0)/\sigma$ der erste Summand in (4.38) gegenüber dem zweiten vernachlässigbar klein ist.

3. *Gütefunktion des 2-Stichproben-t-Tests.* Die Gütefunktion des 2-Stichproben-t-Tests ist in Abhängigkeit von der Differenz $\Delta = \mu_1 - \mu_2$ der Populationsmittelwerte durch die Wahrscheinlichkeit definiert, dass $H_0: \mu_1 = \mu_2$ abgelehnt wird, wenn $\mu_1 - \mu_2 = \Delta$ ist. Ohne Beschränkung der Allgemeinheit setzen wir $\Delta > 0$ voraus. H_0 wird im 2-seitigen Test genau dann auf dem Signifikanzniveau α abgelehnt, wenn die durch (4.19a) und (4.19b) gegebene Testgröße entweder kleiner als das Quantil $t_{f,\alpha/2}$ oder größer als $t_{f,1-\alpha/2}$ ist, wobei der Freiheitsgrad durch $f = n_1 + n_2 - 2$ gegeben ist. Dabei sind n_1 und n_2 die Umfänge der Parallelstichproben; für den Gesamtumfang der Stichproben schreiben wir $N = n_1 + n_2$. Mit x als Anteil der Untersuchungseinheiten in der ersten Stichprobe, ist $n_1 = xN$ und $n_2 = (1 - x)N$. Gibt man den Gesamtstichprobenumfang N, die Varianz σ^2 sowie das Signifikanzniveau α vor, ist der Wert der Gütefunktion in Abhängigkeit von Δ und x

durch[50]

$$G(\Delta, x) = F_{f,\lambda}(-t_{f,1-\alpha/2}) + 1 - F_{f,\lambda}(t_{f,1-\alpha/2}) \approx 1 - F_{f,\lambda}(t_{f,1-\alpha/2})$$
(4.39a)

gegeben; hier bezeichnet $F_{f,\lambda}$ die Verteilungsfunktion der nicht-zentralen t-Verteilung mit dem Freiheitsgrad $f = N - 2$ und dem Nichtzentralitätsparameter

$$\lambda = \frac{\Delta}{\sigma\sqrt{\frac{1}{n_1} + \frac{1}{n_2}}} = \frac{\Delta}{\sigma}\sqrt{Nx(1-x)} > 0.$$

Approximiert man den Verteilungsfunktionswert $F_{f,\lambda}(t_{f,1-\alpha/2})$ der nicht-zentralen t-Verteilung durch die an der Stelle $t_{f,1-\alpha/2} - \lambda$ berechnete Verteilungsfunktion der t_f-Verteilung, ergibt sich die Näherung

$$G(\Delta, x) \approx 1 - F_f(t_{f,1-\alpha/2} - \lambda) = F_f(-t_{f,1-\alpha/2} + \lambda)$$
(4.39b)

Man beachte, dass λ (und damit auch die Gütefunktion, wie man aus der Näherung (4.39b) unmittelbar erkennen kann) bei festem Δ, σ und N den größten Wert für $x = 0.5$, also für eine symmetrische Versuchsanlage mit $n_1 = n_2$, annimmt. Gibt man für die Gütefunktion den Wert (die Power) $1 - \beta$ vor, kann man aus der Näherung (4.39b) den im symmetrischen Falle $n_1 = n_2 = n$ dafür erforderlichen Mindeststichprobenumfang n bestimmen. Es ergibt sich zunächst $-t_{f,1-\alpha/2} + \lambda \approx t_{f,1-\beta}$ und daraus schließlich

$$n \approx 2\frac{\sigma^2}{\Delta^2}\left(t_{f,1-\alpha/2} + t_{f,1-\beta}\right)^2 \approx 2\frac{\sigma^2}{\Delta^2}\left(z_{1-\alpha/2} + z_{1-\beta}\right)^2.$$
(4.39c)

Beispiel 1: Es seien $\alpha = 0.05$, $\Delta = 0.8$, $\sigma = 1.0$, $N = 20$ und $x = 0.5$ (d. h. $n_1 = n_2 = 10$). Mit $f = 20 - 2 = 18$, $\lambda = 0.8\sqrt{20 \cdot 0.5 \cdot 0.5}/1.0 = 1.789$ und $t_{18,0.975} = 2.101$ ergibt sich aus der Näherung (4.39b) $G(0.8, 0.5) \approx F_{18}(-2.101 + 1.789) = 37.93\%$. Wendet man (4.39a) an, so folgt mit $F_{f,\lambda}(-t_{f,1-\alpha/2}) = 0.0001264$ und $F_{f,\lambda}(t_{f,1-\alpha/2}) = 0.6051$ der exakte Wert $G(0.8, 0.5) = 0.0001264 + 1 - 0.6051 = 39.51\%$.

Beispiel 2: Nun seien $x = 0.75$ (d. h. $n_1 = 15$, $n_2 = 5$) und die anderen Eingangsdaten wie in Beispiel 1. Der Nichtzentralitätsparameter ist $\lambda = 0.8\sqrt{20 \cdot 0.75 \cdot 0.25}/1.0 = 1.549$. Die Näherung (4.39b) ergibt nun $G(0.8, 0.75) \approx F_{18}(-2.101 + 1.549) = 29.40\%$, der sich aus (4.39a) ergebende exakte Wert der Gütefunktion ist $G(0.8, 0.75) = 31.13\%$. Beide Werte sind

---

[50] Mit der R-Funktion `power.t.test()` erhält man den exakten Wert der Gütefunktion, wenn man den Parameter `strict` = TRUE setzt; andernfalls wird die Näherung $1 - F_{f,\lambda}(t_{f,1-\alpha/2})$ verwendet, die bei kleinem λ deutlich vom Ergebnis der nicht verkürzten Gütefunktion abweicht. Die Parallelstichproben werden jeweils als gleich groß angenommen.

kleiner als die entsprechenden Ergebnisse für die symmetrische Versuchsanlage mit $n_1 = n_2 = 10$.

Beispiel 3: Die Planung des Umfangs $n_1 = n_2 = n$ der als als gleich groß angenommenen Parallelstichproben nehmen wir mit folgenden Daten vor: $\Delta = 0.8$, $\sigma = 1.0$, $\alpha = 0.05$ und $\beta = 0.1$. Aus (4.39c) ergibt sich mit den Quantilen $z_{1-\alpha/2} = z_{0.975} = 1.960$ und $z_{1-\beta} = z_{0.9} = 1.282$ der Richtwert $n \approx 2 \cdot 1.0^2 (1.960 + 1.282)^2 / 0.8^2 = 32.84 \approx 33$ für den Umfang einer jeden Stichprobe.[51]

4. *Gütefunktion des Welch-Tests*. Auch die Gütefunktion des Welch-Tests kann – für die zweiseitige Testvariante $H_0 : \mu_1 = \mu_2$ gegen $H_1 : \mu_1 \neq \mu_2$ – näherungsweise aus (4.39a) oder (4.39b) berechnet werden, wobei der Freiheitsgrad f mit (4.21b) und der Nichtzentralitätsparameter mit der Formel

$$\lambda = \frac{\mu_1 - \mu_2}{\sqrt{\sigma_1^2/n_1 + \sigma_2^2/n_2}} = \frac{\Delta\sqrt{N}}{\sqrt{\sigma_1^2/x + \sigma_2^2/(1-x)}}$$

zu bestimmen ist. Hier ist wie beim 2-Stichproben-t-Test $\Delta = \mu_1 - \mu_2$ die Differenz der Mittelwerte der (als normalverteilt angenommenen) Grundgesamtheiten unter den Versuchsbedingungen; σ_1 und σ_2 sind die (i. Allg. verschiedenen) Standardabweichungen der Grundgesamtheiten, N ist der Gesamtumfang der Parallelstichproben und x der Anteil der Untersuchungseinheiten in der ersten Stichprobe. Man beachte, dass λ bei festem Δ, σ_1, σ_2 und N den größten Wert nun nicht mehr bei $x = 0.5$ (also $n_1 = n_2$) annimmt, sondern für $x/(1-x) = \sigma_1/\sigma_2$ (d. h. für $n_1/n_2 = \sigma_1/\sigma_2$).

Beispiel 1: Es seien $\alpha = 0.05$, $\Delta = 0.8$, $\sigma_1 = 1.0$, $\sigma_2 = 1.5$, $N = 20$ und $x = 0.4$. Aus (4.21b) ergibt sich der Freiheitsgrad $f = 17.99 \approx 18$; der Nichtzentralitätsparameter ist

$$\lambda = 0.8\sqrt{20} / \sqrt{1.0/0.4 + 1.5^2/0.6} = 1.431.$$

Ferner ist $t_{18, 0.975} = 2.101$. Damit ergibt sich die Näherung $G(0.8, 0.4) \approx F_{18}(-2.101 + 1.431) = 25.57\,\%$ mit (4.39b). Wendet man (4.39a) an, so folgt die verbesserte Näherung $G(0.8, 0.4) = 27.31\,\%$.

Beispiel 2: Die Festlegung $x = 0.4$ entspricht den „optimalen" Stichprobenumfängen $n_1 = 8$ und $n_2 = 12$, die im Verhältnis $n_1 : n_2 = \sigma_1 : \sigma_2 = 2 : 3$ stehen. Nimmt man dagegen $x = 0.5$ (also $n_1 = n_2 = 10$), so erhält man bei sonst gleichen Daten wie im vorangehenden Beispiel den Nichtzentralitätsparameter $\lambda = 1.403$, den Freiheitsgrad $f = 15.68$ und das

---

[51] Das exakte n findet man, wenn (4.39a) gleich der vorgegebenen Power $1 - \beta = 0.9$ gesetzt wird; die Lösung der Gleichung ist $n^* = 33.83\,\%$, so dass der erforderliche Umfang je Stichprobe mit $n = 34$ zu planen ist. Bei nicht zu kleinem Stichprobenumfängen – etwa ab $n = 10$ – weicht der Näherungswert nur geringfügig vom exakten Wert ab. Die Bestimmung der exakten Lösung erfolgte mit der R-Funktion `power.t.test()`.

Quantil $t_{15.68,0.975} = 2.123$. Aus (4.39b) ergibt sich damit der Gütefunktionswert $G(0.8, 0.5) \approx 24.10\,\%$, der kleiner ist als der vorhin errechnete. (Der aus (4.39a) resultierende genauere Näherungswert ist $G(0.8, 0.5) = 26.10\,\%$.)

5. *Konfidenzintervall für die Mittelwertdifferenz.* Wenn man zwei Mittelwerte μ_1 und μ_2 mit dem 2-Stichproben-t-Test oder dem Welch-Test vergleicht, wird in Ergänzung zum P-Wert oft auch ein Konfidenzintervall für die Mittelwertdifferenz $\mu_1 - \mu_2$ angegeben. Dadurch wird es z. B. möglich, den durch die Mittelwertdifferenz ausgedrückten systematischen Unterschied der Wirkungen der Versuchsbedingungen auf ein Untersuchungsmerkmal einzuschätzen. Es seien $X_1 \sim N(\mu_1, \sigma_1^2)$ und $X_2 \sim N(\mu_2, \sigma_2^2)$ zwei unabhängige und normalverteilte Zufallsvariablen. Von X_1 und X_2 liegen zwei Parallelstichproben vor; die Längen, die arithmetischen Mittel und die Standardabweichungen der Stichproben sind n_1, $\bar{x}_1$ und s_1 bzw. n_2, $\bar{x}_2$ und s_2.

- Wir betrachten zuerst den Fall gleicher Varianzen, nehmen also $\sigma_1^2 = \sigma_2^2 = \sigma^2$ an. Dem zweiseitigen 2-Stichproben-t-Test mit den Hypothesen $H_0\colon \mu_1 = \mu_2$ gegen $H_0\colon \mu_1 \neq \mu_2$ und dem Signifikanzniveau α entspricht das (konkrete) $(1 - \alpha)$-Konfidenzintervall

$$\Delta\bar{x} - q_1 s_p \sqrt{\frac{1}{n_1} + \frac{1}{n_2}} \le \Delta\mu \le \Delta\bar{x} + q_1 s_p \sqrt{\frac{1}{n_1} + \frac{1}{n_2}} \qquad (4.40\text{a})$$

für die Mittelwertdifferenz $\Delta\mu = \mu_1 - \mu_2$. Dabei bedeuten $\Delta\bar{x} = \bar{x}_1 - \bar{x}_2$ die Differenz der arithmetischen Mittel der Stichproben,

$$s_p = \sqrt{\frac{(n_1 - 1)s_1^2 + (n_2 - 1)s_2^2}{n_1 + n_2 - 2}}$$

die Quadratwurzel aus dem mit $n_1 - 1$ und $n_2 - 1$ gewichteten Mittel der Varianzen s_1^2, s_2^2 und $q_1 = t_{n_1 + n_2 - 2, 1 - \alpha/2}$ das $(1 - \alpha/2)$-Quantil der t-Verteilung mit $f = n_1 + n_2 - 2$ Freiheitsgraden.

- Ist $\sigma_1^2 \neq \sigma_2^2$, sind die Hypothesen $H_0\colon \mu_1 = \mu_2$ gegen $H_0\colon \mu_1 \neq \mu_2$ mit dem zweiseitigen Welch-Test zu prüfen. An die Stelle von (4.40a) tritt nun das $(1 - \alpha)$-Konfidenzintervall

$$\Delta\bar{x} - q_2 \sqrt{\frac{s_1^2}{n_1} + \frac{s_2^2}{n_2}} \le \Delta\mu \le \Delta\bar{x} + q_2 \sqrt{\frac{s_1^2}{n_1} + \frac{s_2^2}{n_2}} \qquad (4.40\text{b})$$

für die Mittelwertdifferenz $\Delta\mu = \mu_1 - \mu_2$. Die Größe q_2 bedeutet hier das $(1 - \alpha/2)$-Quantil der t-Verteilung mit dem aus (4.21b) zu bestimmenden Freiheitsgrad.

Beispiel: Die Werte der X_1-Stichprobe seien 10.01, 8.90, 8.53, 10.05, 10.71, die der X_2-Stichprobe 13.02, 12.26, 12.55, 12.40, 7.76, 12.98. Daraus errechnet man die Kennwerte $n_1 = 5$, $\bar{x}_1 = 9.64$, $s_1 = 0.8986$ bzw. $n_2 = 6$, $\bar{x}_2 = 11.83$, $s_2 = 2.017$. Da die Gleichheit der Varianzen nicht angenommen werden kann, verwenden wir (4.40b) zur Bestimmung eines 95 %iges Konfidenzintervalls für die Mittelwertdifferenz $\Delta\mu = \mu_1 - \mu_2$. Mit $\Delta\bar{x} = -2.188$, $f = 7.159$ und $q_2 = t_{7.159,0.975} = 2.3540$ erhält man $-4.345 \le \Delta\mu \le -0.03184$. Man beachte, dass $\Delta\mu$ auf 5 %igem Niveau signifikant von null abweicht, da das Intervall die Differenz $\Delta\mu = 0$ nicht überdeckt.

6. *Nullverteilung der Wilcoxon-Teststatistik W.* Die Bestimmung der Nullverteilung der Testgröße W für den Rangsummen-Test von Wilcoxon ist zwar bei großen Umfängen n_1 und n_2 der Parallelstichproben aufwändig, das Prinzip kann aber schnell an Hand eines einfachen Beispiels aufgezeigt werden. Es seien $n_1 = 3$ und $n_2 = 3$ die Umfänge von zwei Parallelstichproben mit lauter verschiedenen Elementen. Offensichtlich ist der kleinste Wert, den die Rangsumme R_1 der ersten Stichprobe annehmen kann, gleich $r_{1,min} = 1 + 2 + 3 = 6$ und der größte Wert von R_1 ist $r_{1,max} = 4 + 5 + 6 = 15$. Somit kann R_1 die Werte $6, 7, \ldots, 15$ annehmen; es folgt, dass der Wertebereich von $W = R_1 - n_1(n_1 + 1)/2$ die Zahlen $0, 1, \ldots, 9$ umfasst.

Insgesamt gibt es $\binom{n_1+n_2}{n_1} = \binom{6}{3} = 20$ Möglichkeiten, aus den Rangzahlen $1, 2, \ldots, 6$ drei auszuwählen, d. h. die Zahl der möglichen Aufteilungen der 6 Ränge auf die beiden Stichproben ist (ohne Berücksichtigung der Reihenfolge) gleich 20. Wenn die Werte der Parallelstichproben aus identischen Grundgesamtheiten stammen (genau das ist die Nullhypothese), dann sind die möglichen Rangaufteilungen auf die beiden Gruppen gleich wahrscheinlich. Um die Wahrscheinlichkeitsverteilung von W zu erhalten, brauchen wir nur die Aufteilungen, die den Werten von W entsprechen, abzählen und durch die Gesamtanzahl der möglichen Aufteilungen dividieren. Tabelle 4.17 zeigt die Vorgangsweise im Detail.

7. *Qualitätsregelkarten.* In der statistischen Prozesslenkung[52] erfolgt eine systematische Überwachung eines Fertigungsprozesses hinsichtlich eines Qualitätsmerkmals X. Zu diesem Zweck werden regelmäßig Stichproben aus dem Prozess entnommen und mit Hilfe von Kennzahlen beurteilt, ob eine „Störung" des Prozesses vorliegt. Zur Dokumentation des Prozessverlaufs werden sogenannte Qualitätsregelkarten verwendet.

Wir betrachten den Einsatz von Qualitätsregelkarten zur Klärung der Frage, ob ein Prozess „beherrscht" ist. Für einen beherrschten Prozess bleibt die Verteilung des Qualitätsmerkmals X im Laufe des Prozesses unverändert. Wenn X – wie wir annehmen wollen – eine normalverteilte Messgröße ist, bedeutet dies, dass die Werte von X mit einer konstanten Fehlervarianz σ^2 zufällig um einen festen Mittelwert (dem Fertigungsmittelwert) μ streuen. Große oder systematische in eine Richtung gehende Abweichungen vom Mittelwert

---

[52] Die Kurzbezeichnung SPC leitet sich vom englischen Begriff *Statistical Process Control* ab.

Tab. 4.17 Bestimmung der Wahrscheinlichkeits- und Verteilungsfunktion der Testgröße W für den Rangsummen-Test von Wilcoxon bei Gültigkeit von H_0. Die beiden Parallelstichproben bestehen aus $n_1 = n_2 = 3$ (verschiedenen) Werten. Die Summe der den Werten der ersten Parallelgruppe zugeordneten Ränge ist R_1. Die vorletzte Spalte enthält die Wahrscheinlichkeiten, mit denen W die Werte $w \in \{0, 1, \ldots, 9\}$ annimmt, die letzte Spalte die entsprechenden Werte der Verteilungsfunktion

W	R_1	Ränge (Gruppe 1)	$P(W = w)$	$P(W \leq w)$
0	6	$(1,2,3)$	1/20	1/20
1	7	$(1,2,4)$	1/20	2/20
2	8	$(1,2,5), (1,3,4)$	2/20	4/20
3	9	$(1,2,6), (1,3,5), (2,3,4)$	3/20	7/20
4	10	$(1,3,6), (1,4,5), (2,3,5)$	3/20	10/20
5	11	$(1,4,6), (2,3,6), (2,4,5)$	3/20	13/20
6	12	$(1,5,6), (2,4,6), (3,4,5)$	3/20	16/20
7	13	$(2,5,6), (3,4,6)$	2/20	18/20
8	14	$(3,5,6)$	1/20	19/20
9	15	$(4,5,6)$	1/20	20/20

deuten eine (unerwünschte) Änderung des Mittelwertes und/oder der Standardabweichung an, die z. B. durch Störungen in der Fertigungsanlage bedingt sein können.

Zur Überwachung des Mittelwerts μ findet die $\bar{x}$-Karte, zur Überwachung der Standardabweichung σ die s-Karte Anwendung. Mit diesen Karten wird grundsätzlich nach folgendem Schema gearbeitet:

- Man entnimmt zum Zeitpunkt t_1 eine Zufallsstichprobe vom Umfang n (z. B. $n = 5$) und bestimmt damit den Stichprobenmittelwert $\bar{x}_1$ und die Standardabweichung s_1.

- Liegt der Stichprobenmittelwert $\bar{x}_1$ (die Standardabweichung s_1) außerhalb des mit der unteren und oberen Eingriffsgrenze gebildeten Intervalls $[UEG, OEG]$, wird der Prozessverlauf als gestört angesehen und eingegriffen.

- Liegt der Stichprobenmittelwert $\bar{x}_1$ (die Standardabweichung s_1) im Intervall $[UEG, OEG]$, wird der Prozessverlauf als ungestört interpretiert und die Überwachung mit der Entnahme einer neuerlichen Stichprobe zum Zeitpunkt t_2 fortgesetzt.

Zusätzlich zur unteren und oberen Eingriffsgrenze enthalten die $\bar{x}$- und s-Karte auch noch eine untere Warngrenze UWG und obere Warngrenze OWG. Ein $\bar{x}$- oder s- Wert außerhalb der Warngrenzen (aber noch innerhalb der Eingriffsgrenzen) ist im Allgemeinen Anlass zu erhöhter Aufmerksamkeit, die sich z. B. in einer Verkürzung der Zeitpunkte zwischen den Stichprobenentnahmen ausdrückt.

Die Eingriffsgrenzen der Mittelwertkarte ($\bar{x}$-Karte) werden aus der Forderung $P(\bar{X} < UEG) = P(\bar{X} > OEG) = 0.5\%$ bestimmt; daraus ergibt sich[53]

$$UEG = \hat{\mu} - z_{0.995}\frac{\hat{\sigma}}{\sqrt{n}} \quad \text{und} \quad OEG = \hat{\mu} + z_{0.995}\frac{\hat{\sigma}}{\sqrt{n}}.$$

Analog werden die Warngrenzen aus der Forderung $P(\bar{X} < UWG) = P(\bar{X} > OWG) = 2.5\%$ ermittelt, d. h. es ist

$$UWG = \hat{\mu} - z_{0.975}\frac{\hat{\sigma}}{\sqrt{n}} \quad \text{und} \quad OWG = \hat{\mu} + z_{0.975}\frac{\hat{\sigma}}{\sqrt{n}}.$$

In diesen Formeln sind $\hat{\mu}$ und $\hat{\sigma}$ die Schätzwerte für den Fertigungsmittelwert μ und die Fertigungsstreuung σ, die im Allgemeinen aus einem Vorlauf mit einer großen Anzahl von Stichprobenwerten bestimmt werden. Zu diesem Zweck werden dem Fertigungsprozess in 20 bis 30 aufeinanderfolgenden Zeitpunkten Stichproben (jeweils vom Umfang n) entnommen. Den Schätzwert $\hat{\mu}$ gewinnt man durch Mittelung der Stichprobenmittelwerte über die Erhebungszeitpunkte; analog wird σ^2 durch den Mittelwert der Stichprobenvarianzen geschätzt, die Quadratwurzel dieses Mittelwerts ist schließlich der gesuchte Schätzwert $\hat{\sigma}$ für σ. Neben den Eingriffs- und Warngrenzen ist in der $\bar{x}$-Karte auch der Schätzwert $\hat{\mu}$ für den Fertigungsmittelwert (als Mittellinie $ML_\mu = \hat{\mu}$ parallel zur Zeitachse) eingezeichnet.[54]

Die Eingriffsgrenzen der s-Karte werden aus der Forderung $P(S^2 < UEG^2) = P(S^2 > OEG^2) = 0.5\%$ bestimmt; daraus ergibt sich

$$UEG = \hat{\sigma}\sqrt{\frac{\chi^2_{n-1,0.005}}{n-1}} \quad \text{und} \quad OEG = \hat{\sigma}\sqrt{\frac{\chi^2_{n-1,0.995}}{n-1}}.$$

In analoger Weise erhält man aus der Forderung $P(S^2 < UWG^2) = P(S^2 > OWG^2) = 2.5\%$ die Warngrenzen

$$UWG = \hat{\sigma}\sqrt{\frac{\chi^2_{n-1,0.025}}{n-1}} \quad \text{und} \quad OWG = \hat{\sigma}\sqrt{\frac{\chi^2_{n-1,0.975}}{n-1}}$$

---

[53] Die Wahl der Eingriffsgrenzen (analoges gilt für die Warngrenzen) entspricht der Festlegung des Ablehnungsbereiches beim zweiseitigen Vergleich eines Mittelwerts μ mit dem vorgegebenen Sollwert $\mu_0 = \hat{\mu}$. Die entsprechenden Alternativen lauten: $H_0: \mu = \hat{\mu}$ (der Prozess verläuft hinsichtlich des Fertigungsmittelwerts ungestört) gegen $H_1: \mu \neq \hat{\mu}$ (der Prozess ist gestört). Die Nullhypothese wird auf dem Testniveau $\alpha = 1\%$ abgelehnt, wenn $|TG_s| = |\bar{x} - \hat{\mu}|\sqrt{n}/\hat{\sigma} > z_{0.995}$, d. h. $\bar{x} < UEG = \hat{\mu} - z_{0.995}\hat{\sigma}/\sqrt{n}$ oder $\bar{x} > OEG = \hat{\mu} + z_{0.995}\hat{\sigma}/\sqrt{n}$ gilt.

[54] In R können $\bar{x}$- und s-Karten (und weitere) mit der R-Funktion qcc() aus dem Paket „qcc" (quality control charts) berechnet und dargestellt werden.

Tab. 4.18 Datentabelle mit Mittelwerten und Varianzen der Prüfstichproben zum Beispiel im Abschn. 4.11.7

Zeitpunkt i	Stichproben					$\bar{x}_i$	s_i^2
1	4.46	4.50	4.59	4.35	4.65	4.510	0.0136
2	4.91	4.32	4.39	4.59	4.88	4.618	0.0739
3	5.36	4.32	5.34	4.47	4.64	4.826	0.2417
4	4.97	5.00	4.24	4.92	4.95	4.816	0.1045
5	4.50	4.69	4.45	4.34	4.42	4.480	0.0172
6	4.20	4.35	4.44	3.98	4.56	4.306	0.0505
7	4.61	4.44	4.58	4.31	4.17	4.422	0.0342
8	4.45	4.38	4.55	4.39	4.24	4.402	0.0128
9	4.18	4.43	4.72	4.44	4.20	4.394	0.0483
10	4.45	4.37	4.30	3.51	4.31	4.188	0.1472
11	3.96	4.69	4.20	4.01	3.91	4.154	0.1018
12	4.52	4.21	4.58	4.33	4.84	4.496	0.0588
13	4.77	4.50	4.35	4.51	4.27	4.480	0.0366
14	4.30	4.37	4.51	4.60	4.27	4.410	0.0198
15	4.31	4.29	4.10	4.18	4.24	4.224	0.0073
16	4.26	4.65	4.54	4.88	4.68	4.602	0.0516
17	4.17	4.22	4.62	4.22	4.59	4.364	0.0489
18	4.76	4.31	4.08	4.17	4.63	4.390	0.0864
19	4.82	4.76	4.49	4.10	4.72	4.578	0.0870
20	4.52	4.82	4.42	4.40	4.24	4.480	0.0462
Gesamtmittelwert						4.457	
Mittelwert der Varianzen							0.0644

der s-Karte. Für die Mittellinie der s-Karte ergibt sich nach Formel (3.15) die Lage

$$ML_s = E(S) = k_n\hat{\sigma} \quad \text{mit } k_n = \sqrt{\frac{2}{n-1}}\frac{\Gamma(\frac{n}{2})}{\Gamma(\frac{n-1}{2})}.$$

Beispiel: Zur Erstellung einer $\bar{x}$- und s-Karte zur Überwachung des Fertigungsmittelwerts bzw. der Streuung des Durchmessers eines Produktes (Nennmaß 4.5 mm) werden aus einem Vorlauf 20 Stichproben vom Umfang $n = 5$ in aufeinanderfolgenden Zeitpunkten der Fertigung entnommen und die gemessenen Durchmesser zusammen mit den Mittelwerten und Varianzen dokumentiert (vgl. Tab. 4.18).

Zur Bestimmung der Parameter der Mittelwertkarte entnehmen wir der Tab. 4.18 die Mittelwertlage $ML_\mu = 4.457$ und den Schätzwert $\hat{\sigma}^2 = 0.0644$. Mit dem Quantil $z_{0.995} = 2.576$ ergeben sich die Eingriffsgrenzen $UEG = 4.457 - 2.576 \cdot 0.2538/\sqrt{5} = 4.17$ und $OEG = 4.75$. Die Warngrenzen sind mit dem Quantil $z_{0.975} = 1.96$ durch $UWG = 4.457 - 1.96 \cdot 0.2538/\sqrt{5} = 4.24$ und $OWG = 4.68$ gegeben. Bei der s-Karte erhält man

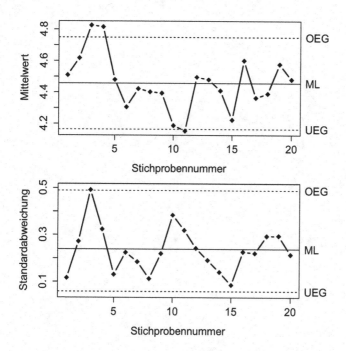

Abb. 4.11 Mit den Stichprobenwerten der Tab. 4.18 berechnete Mittelwertkarte (oben) und *s*-Karte unten. Eingezeichnet sind jeweils die Mittellinien ML und die Eingriffsgrenzen UEG sowie OEG

mit

$$k_5 = \frac{1}{\sqrt{2}} \frac{\Gamma(5/2)}{\Gamma(2)} = \frac{1}{\sqrt{2}} \frac{3\sqrt{\pi}/4}{1} = 0.94$$

zunächst den Wert $ML_\sigma = k_5 \hat{\sigma} = 0.2386$ für die Mittellinie. Als Eingriffsgrenzen ergeben sich mit den Quantilen $\chi^2_{4,0.005} = 0.207$ und $\chi^2_{4,0.995} = 14.86$ die Werte $UEG = 0.2538\sqrt{0.207/4} = 0.058$ und $OEG = 0.49$. Die Warngrenzen sind $UWG = 0.088$ und $OWG = 0.42$.

Abbildung 4.11 zeigt die $\bar{x}$-Karte und die *s*-Karte mit den berechneten Mittellinien und den Eingriffsgrenzen. In der $\bar{x}$-Karte werden die Eingriffsgrenzen zu drei Zeitpunkten über- bzw. unterschritten. In diesen Fällen nimmt man an, dass diese extremen Werte nicht mehr als zufällig zu betrachten sind und auf eine systematische Änderung des Fertigungsmittelwertes hinweisen. Der Vorlauf wäre abzubrechen und die ursprüngliche Lage des Mittelwertes herzustellen. Analog wird bei Über- oder Unterschreitung der Eingriffsgrenzen in der *s*-Karte angenommen, dass eine systematische Veränderung der Fertigungsstreuung stattgefunden hat.

Kapitel 5
Korrelation und Regression

Im Mittelpunkt dieses Kapitels steht die Erfassung der gemeinsamen Variation von zwei Merkmalen. Die gleichzeitige Erfassung zweier Merkmale X und Y an n Untersuchungseinheiten führt auf eine zweidimensionale Stichprobe mit den Wertepaaren (x_1, y_1), (x_2, y_2), ..., (x_n, y_n). Die Beschreibung der gemeinsamen Variation der Merkmale X und Y kann auf zwei verschiedene Arten vorgenommen werden. Einerseits im Rahmen einer Korrelationsanalyse, in der die „Stärke" des Zusammenhanges zwischen X und Y durch Kenngrößen (Korrelationsmaße) ausgedrückt wird, und andererseits im Rahmen einer Regressionsanalyse, in der die Abhängigkeit des einen Merkmals vom anderen mit Hilfe von Funktionsgleichungen modelliert wird. Bei Beschränkung auf zwei Merkmale X und Y spricht man genauer von **einfacher Korrelation** bzw. **einfacher Regression**. Die mittels einfacher Korrelation oder einfacher Regression gewonnenen Ergebnisse lassen sich nur schwer interpretieren, wenn X und Y Einflüssen unterliegen, die durch ein drittes, nicht kontrolliertes Merkmal Z verursacht werden. Indem man auch dieses Merkmal als Einflussgröße mit erfasst, wird aus dem ursprünglich bivariaten Problem ein dreidimensionales, und wir können nun danach fragen, wie sich eine Änderung etwa des Merkmals X auf Y auswirkt, wenn man den Einfluss von Z ausschaltet, in dem man Z künstlich konstant hält. Diese Frage kann im Rahmen einer **mehrfachen** oder **multiplen Regressionsanalyse** untersucht werden. Wir können ferner nach einem von der Wirkung des Merkmals Z „bereinigten" Maß für die Korrelation der Merkmale X und Y fragen. Diese Frage führt zum Begriff der **partiellen Korrelation**.

5.1 Zweidimensionale Kontingenztafeln

a) Unabhängige Merkmale Es seien X und Y zwei diskrete Merkmale mit k bzw. m ($k, m \geq 2$) Werten. Die Werte von X bezeichnen wir mit $a_1, a_2, \ldots, a_k$ und jene von Y mit $b_1, b_2, \ldots, b_m$. Beide Variablen werden an n Untersuchungseinheiten beobachtet. Das resultierende Datenmaterial umfasst daher n Wertepaare, von denen

W. Timischl, *Angewandte Statistik*, DOI 10.1007/978-3-7091-1349-3_5,
© Springer-Verlag Wien 2013

Tab. 5.1 Beschreibung der gemeinsamen Variation von zwei diskreten Merkmalen X und Y durch eine zweidimensionale Häufigkeitstabelle (Kontingenztafel) und Modellierung durch ein Wahrscheinlichkeitsmodell. Es bedeuten n_{ij} die Anzahl der Untersuchungseinheiten mit $(X, Y) = (a_i, b_j)$ und p_{ij} die Wahrscheinlichkeit, dass X den Wert a_i und Y den Wert b_j annimmt

a) $k \times m$-Kontingenztafel

Werte von X	b_1	b_2	...	b_j	...	b_m	$\sum$
			Werte von Y				
a_1	n_{11}	n_{12}	...	n_{1j}	...	n_{1m}	$n_{1.}$
a_2	n_{21}	n_{22}	...	n_{2j}	...	n_{2m}	$n_{2.}$
$\vdots$	$\vdots$	$\vdots$	$\vdots$	$\vdots$	$\vdots$	$\vdots$	$\vdots$
a_i	n_{i1}	n_{i2}	...	n_{ij}	...	n_{im}	$n_{i.}$
$\vdots$	$\vdots$	$\vdots$	$\vdots$	$\vdots$	$\vdots$	$\vdots$	$\vdots$
a_k	n_{k1}	n_{k2}	...	n_{kj}	...	n_{km}	$n_{k.}$
$\sum$	$n_{.1}$	$n_{.2}$	...	$n_{.j}$	...	$n_{.m}$	n

b) Wahrscheinlichkeitsmodell

Werte von X	b_1	b_2	...	b_j	...	b_m	$\sum$
			Werte von Y				
a_1	p_{11}	p_{12}	...	p_{1j}	...	p_{1m}	$p_{1.}$
a_2	p_{21}	p_{22}	...	p_{2j}	...	p_{2m}	$p_{2.}$
$\vdots$	$\vdots$	$\vdots$	$\vdots$	$\vdots$	$\vdots$	$\vdots$	$\vdots$
a_i	p_{i1}	p_{i2}	...	p_{ij}	...	p_{im}	$p_{i.}$
$\vdots$	$\vdots$	$\vdots$	$\vdots$	$\vdots$	$\vdots$	$\vdots$	$\vdots$
a_k	p_{k1}	p_{k2}	...	p_{kj}	...	p_{km}	$p_{k.}$
$\sum$	$p_{.1}$	$p_{.2}$	...	$p_{.j}$	...	$p_{.m}$	1

jedes aus einem an derselben Untersuchungseinheit beobachteten X- und Y-Wert besteht. Durch Abzählen der Untersuchungseinheiten, die den Wert a_i von X und b_j von Y zeigen, erhält man die dem Wertepaar (a_i, b_j) entsprechende (absolute) Häufigkeit n_{ij}. Alle $k \times m$ auf diese Art bestimmten Häufigkeiten fasst man nach Tab. 5.1a in einem Rechteckschema aus k Zeilen und m Spalten zusammen, das man eine (zweidimensionale) **Kontingenztafel** der Dimension $k \times m$ nennt. In der Kontingenztafel sind rechts bzw. unten die sogenannten Randhäufigkeiten $n_{i.}$ (Zeilensummen) bzw. $n_{.j}$ (Spaltensummen) angeschrieben.

Die Kontingenztafel ist eine zweidimensionale Häufigkeitstabelle, mit der die in einer Stichprobe beobachtete gemeinsame Variation von zwei diskreten Merkmalen in übersichtlicher Form dargestellt wird. Wie bei eindimensionalen Stichproben ist auch bei zwei Merkmalen i. Allg. nicht die Datenbeschreibung das Ziel, sondern die Gewinnung von Kenntnissen über das Wahrscheinlichkeitsgesetz, nach dem die Werte von X und Y generiert werden. Wir verbinden mit der Kontingenztafel 5.1a ein Zufallsexperiment mit $k \times m$ Ausgängen C_{ij}; dabei bedeutet C_{ij} das Ereignis, dass bei Durchführung des Experimentes (Ziehung einer Untersuchungseinheit aus der Grundgesamtheit) die Werte $X = a_i$ und $Y = b_j$ realisiert werden. In Tab. 5.1b sind die Wahrscheinlichkeiten $p_{ij} = P(C_{ij})$ aller $k \times m$ möglichen Ausgänge C_{ij} zusammengefasst. Neben den Einzelwahrscheinlichkeiten p_{ij} enthält die Tafel auch als sogenannte Randwahrscheinlichkeiten die Zeilensummen $p_i.$ und die Spaltensummen $p_{.j}$. Es bedeutet $p_i.$ die Wahrscheinlichkeit, dass X an einer Untersuchungseinheit den Wert a_i annimmt (Ereignis A_i); analog ist $p_{.j}$ die Wahrscheinlichkeit, dass Y den Wert b_j annimmt (Ereignis B_j).

Das durch die Tafel 5.1b zum Ausdruck gebrachte Wahrscheinlichkeitsgesetz hat eine besonders einfache Struktur, wenn die Merkmale X und Y unabhängig sind. Nach Abschn. 1.5 heißen die Ereignisse $A_i = \{X = a_i\}$ und $B_j = \{Y = b_j\}$ unabhängig, wenn die Wahrscheinlichkeit p_{ij} des Ereignisses $C_{ij} = A_i \cap B_j$ (an einer Untersuchungseinheit tritt das Wertepaar $X = a_i$ und $Y = b_j$ auf) durch die Multiplikationsregel $p_{ij} = P(A_i)P(B_j) = p_i.p_{.j}$ dargestellt werden kann. Gilt diese Darstellung für alle Werte a_i $(i = 1, 2, \ldots, k)$ von X und alle Werte b_j $(j = 1, 2, \ldots, m)$ von Y, nennt man die Variablen X und Y unabhängig, andernfalls abhängig. Bei unabhängigen Merkmalen ist in Tafel 5.1b jede Einzelwahrscheinlichkeit p_{ij} gleich dem Produkt der Zeilensumme $p_i.$ und Spaltensumme $p_{.j}$; drückt man in diesem Sinne alle Einzelwahrscheinlichkeiten durch die entsprechenden Randwahrscheinlichkeiten aus, erhält man das in Tafel 5.2a dargestellte Wahrscheinlichkeitsmodell für unabhängige Merkmale. Man erkennt, dass sich die in der ersten Spalte stehenden Wahrscheinlichkeiten $p_{i1} = p_i.p_{.1}$ wie die entsprechenden Zeilensummen $p_i.$ verhalten; das Gleiche gilt für die in der zweiten und den weiteren Spalten stehenden Wahrscheinlichkeiten. Dieser Umstand macht deutlich, dass die X-Werte nach einem Gesetz erzeugt werden, das unabhängig vom Wert des Merkmals Y ist. Analoges gilt für die Y-Werte.

b) Abhängigkeitsprüfung Ob eine Abhängigkeit zwischen den Merkmalen X und Y besteht, kann grundsätzlich mit dem in Abschn. 4.8 betrachteten Anpassungstest geprüft werden. Wir haben insgesamt $k \times m$ Klassen (Kombinationen der Werte von X und Y) mit den Klassenwahrscheinlichkeiten p_{ij}. Nimmt man X und Y als unabhängig an (Nullhypothese), gilt das Wahrscheinlichkeitsmodell in Tafel 5.2a. Wir führen das die X- und Y-Werte generierende Zufallsexperiment (z. B. Ziehung einer Untersuchungseinheit aus der Grundgesamtheit) n-mal durch und notieren die Häufigkeiten n_{ij} der Untersuchungseinheiten mit den Wertekombinationen (a_i, b_j). Diesen Häufigkeiten werden die unter der Unabhängigkeitsannahme zu erwartenden Häufigkeiten gegenüber gestellt. Die erwartete Häufigkeit E_{ij} der Wertekombination (a_i, b_j) erhält man, indem man die Klassenwahrscheinlichkeit p_{ij} mit dem Stichprobenumfang n multipliziert. Die Klassenwahrscheinlichkeiten sind bei Unabhängigkeit von X und Y gleich dem Produkt der entsprechenden Randwahrscheinlichkeiten, d. h., es ist $p_{ij} = p_i.p_{.j}$. Da die Randwahrscheinlichkeiten unbekannt sind, müssen sie geschätzt werden. Wir verwenden dazu die entsprechenden relativen Häufigkeiten; das heißt, wir schätzen $p_i.$ durch die relative Häufigkeit $n_i./n$ einer Untersuchungseinheit mit dem X-Wert a_i und analog die

Tab. 5.2 Wahrscheinlichkeitsmodell und erwartete Häufigkeiten E_{ij} bei Unabhängigkeit von X und Y. Zur Bestimmung der E_{ij} sind die entsprechenden Randhäufigkeiten $n_{i.}$ und $n_{.j}$ zu multiplizieren und durch den Stichprobenumfang n zu teilen

a) Wahrscheinlichkeitsmodell

Werte von X	b_1	b_2	...	b_j	...	b_m	$\sum$
			Werte von Y				
a_1	$p_1.p_{.1}$	$p_1.p_{.2}$	...	$p_1.p_{.j}$	...	$p_1.p_{.m}$	$p_{1.}$
a_2	$p_2.p_{.1}$	$p_2.p_{.2}$	...	$p_2.p_{.j}$	...	$p_2.p_{.m}$	$p_{2.}$
$\vdots$	$\vdots$	$\vdots$	$\vdots$	$\vdots$	$\vdots$	$\vdots$	$\vdots$
a_i	$p_i.p_{.1}$	$p_i.p_{.2}$	...	$p_i.p_{.j}$	...	$p_i.p_{.m}$	$p_{i.}$
$\vdots$	$\vdots$	$\vdots$	$\vdots$	$\vdots$	$\vdots$	$\vdots$	$\vdots$
a_k	$p_k.p_{.1}$	$p_k.p_{.2}$	...	$p_k.p_{.j}$	...	$p_k.p_{.m}$	$p_{k.}$
$\sum$	$p_{.1}$	$p_{.2}$	...	$p_{.j}$	...	$p_{.m}$	1

b) Erwartete Häufigkeiten

Werte von X	b_1	...	b_j	...	b_m	$\sum$
			Werte von Y			
a_1						$n_{1.}$
$\vdots$			$\vdots$			$\vdots$
a_i		...	$E_{ij} = n_{i.}n_{.j}/n$	...		$n_{i.}$
$\vdots$			$\vdots$			$\vdots$
a_k						$n_{k.}$
$\sum$	$n_{.1}$	...	$n_{.j}$	...	$n_{.m}$	n

Randwahrscheinlichkeit $p_{.j}$ durch die relative Häufigkeit $n_{.j}/n$. Damit ergibt sich der Schätzwert

$$E_{ij} = \frac{n_{i.}n_{.j}}{n} \qquad (5.1)$$

für die Häufigkeit der Wertekombination $(X, Y) = (a_i, b_j)$, die in einer Stichprobe vom Umfang n bei Unabhängigkeit der Variablen X und Y zu erwarten ist. Tab. 5.2b verdeutlicht die Bestimmung der erwarteten Häufigkeiten (5.1) aus den Randhäufigkeiten der Kontingenztafel. Man beachte, dass die Randwahrscheinlichkeiten $p_{i.}$ ($i = 1, 2, \ldots, k$) und $p_{.j}$ ($j = 1, 2, \ldots, m$) in Summe jeweils 1 ergeben, so dass tatsächlich nur $k + m - 2$ Randwahrscheinlichkeiten zu schätzen sind.

Die Abweichung zwischen den beobachteten Häufigkeiten n_{ij} und den bei Unabhängigkeit von X und Y (Nullhypothese H_0) zu erwartenden Häufigkeiten E_{ij} kann wie beim Anpassungstest in Abschn. 4.8a mit der **Goodness of fit-Statistik**

(Chiquadrat-Summe)

$$GF_s = \sum_{i=1}^{k} \sum_{j=1}^{m} \frac{(n_{ij} - E_{ij})^2}{E_{ij}} \qquad (5.2)$$

gemessen werden. Wenn H_0 (Unabhängigkeit) zutrifft, kann (5.2) bei „großem" Stichprobenumfang n als Realisierung einer näherungsweise χ_f^2-verteilten Zufallsvariablen mit $f = km-1-(k+m-2) = (k-1)(m-1)$ Freiheitsgraden aufgefasst werden.[1] Große Werte von (5.2) deuten auf eine Abhängigkeit hin. Genauer gilt die Entscheidungsregel, dass – bei vorgegebenem Signifikanzniveau α – die Nullhypothese (Unabhängigkeit) abgelehnt wird, wenn die Chiquadrat-Summe (5.2) größer als das $(1-\alpha)$-Quantil der χ_f^2-Verteilung ist, oder der P-Wert $P = 1 - F_f(GF_s)$ die Schranke α unterschreitet;[2] hier ist F_f die Verteilungsfunktion der χ_f^2-Verteilung mit $f = (k-1)(m-1)$.

c) **Kontingenzmaße** Hat die Abhängigkeitsprüfung ergeben, dass die Merkmale X und Y voneinander abhängig variieren, ist es nahe liegend, nach der Stärke des Zusammenhangs zu fragen. Diese wird durch sogenannte Kontingenzmaße zum Ausdruck gebracht, die eng mit der Chiquadrat-Summe (5.2) verbunden sind. Wir erwähnen als Beispiel den **Kontingenz-Index von Cramer**, der durch die Formel

$$V = \sqrt{\frac{GF_s}{n[\min(k,m) - 1]}} \qquad (5.3)$$

definiert ist. Der Ausdruck $\min(k,m)$ im Nenner bedeutet die kleinere der Zahlen k und m. V variiert zwischen dem Minimalwert 0 und dem Maximalwert 1; nahe bei null liegende Werte deuten auf eine Unabhängigkeit der Merkmale hin.

Der Cramer'sche Kontingenz-Index geht im Sonderfall $k = m = 2$, also bei zwei dichotomen Merkmalen, in den sogenannten Φ-**Koeffizienten**

$$\Phi = \sqrt{\frac{GF_s}{n}} = \frac{|n_{11}n_{22} - n_{12}n_{21}|}{\sqrt{n_1.n_2.n_{.1}n_{.2}}} \qquad (5.4)$$

---

[1] Um den Fehler klein zu halten, wird bei Anwendung der Chiquadrat-Approximation verlangt, dass alle erwarteten Häufigkeiten $E_{ij} > 5$ sind. Nach einer anderen (schwächeren) Empfehlung (Büning und Trenkler 1978) sollten alle erwarteten Häufigkeiten $E_{ij} \geq 1$ sein und nicht mehr als 20 % dieser Häufigkeiten kleiner als 5 sein.

[2] Der P-Wert kann in R direkt mit Hilfe der Verteilungsfunktion `pchisq()` oder mit der Anweisung `chisq.test()` für die Abhängigkeitsprüfung mit dem Chiquadrat-Test bestimmt werden. Man beachte dabei, dass die Abhängigkeitsprüfung mit der R-Funktion `chisq.test()` für 2-stufige Variable mit einer von Yates (1934) vorgeschlagenen *Stetigkeitskorrektur* erfolgt (die Differenzen $n_{ij} - E_{ij}$ im Zähler der Chiquadrat-Summe (5.2) werden durch $|n_{ij} - E_{ij}| - 0.5$ ersetzt), wenn nicht der Parameter `correct=FALSE` gesetzt wird. Über die Zweckmäßigkeit der Korrektur gibt es geteilte Meinungen; vgl. dazu die Ausführungen in Sachs und Hedderich (2012) oder Fisher und van Belle (1993).

Tab. 5.3 Häufigkeitstabelle und Wahrscheinlichkeitsmodell für zwei dichotome Merkmale. Der Φ-Koeffizient nimmt den Wert 1 an, wenn entweder $n = n_{11} + n_{22}$ oder $n = n_{12} + n_{21}$ gilt

a) Häufigkeitstabelle und Wahrscheinlichkeitsmodell

	Y					Y		
X	b_1	b_2	$\sum$		X	b_1	b_2	$\sum$
a_1	n_{11}	n_{12}	$n_{1.}$		a_1	p_{11}	p_{12}	$p_{1.}$
a_2	n_{21}	n_{22}	$n_{2.}$		a_2	p_{21}	p_{22}	$p_{2.}$
$\sum$	$n_{.1}$	$n_{.2}$	n		$\sum$	$p_{.1}$	$p_{.2}$	1

b) Vierfeldertafeln mit $\Phi = 1$ (perfekte Korrelation)

	b_1	b_2	$\sum$			b_1	b_2	$\sum$
a_1	n_{11}	0	n_{11}		a_1	0	n_{12}	n_{12}
a_2	0	n_{22}	n_{22}		a_2	n_{21}	0	n_{21}
$\sum$	n_{11}	n_{22}	n		$\sum$	n_{21}	n_{12}	n

für Vierfeldertafeln über (vgl. Tab. 5.3a). Offensichtlich ist Φ nichtnegativ. Der Maximalwert $\Phi = 1$ wird entweder für $n_{12} = n_{21} = 0$ oder für $n_{11} = n_{22} = 0$ angenommen, im Falle $\Phi = 1$ gibt es also entweder nur Wertepaare mit gleichen Indizes oder solche mit ungleichen (vgl. Tab. 5.3b). Man bezeichnet die betrachteten Merkmale dann als **perfekt korreliert**, denn mit jedem Wert des einen Merkmals ist zugleich auch der Wert des anderen festgelegt. Mit Φ wird im Wahrscheinlichkeitsmodell (vgl. Tab. 5.3a) der Parameter

$$\rho = \frac{|p_{11}p_{22} - p_{12}p_{21}|}{\sqrt{p_{1.}p_{2.}p_{.1}p_{.2}}}$$

geschätzt, der den Wert null annimmt, wenn die Merkmale unabhängig sind.

Ein zweites, grundlegendes Maß für den Zusammenhang zwischen zwei dichotomen Merkmalen ist das **Chancen-Verhältnis** OR (auch relative Chance genannt, engl. odds ratio). Es ist im Wahrscheinlichkeitsmodell (vgl. Tab. 5.3a) durch

$$OR = \frac{p_{11}/p_{21}}{p_{12}/p_{22}} = \frac{p_{11}p_{22}}{p_{12}p_{21}} \tag{5.5a}$$

definiert. Die Bezeichnung „Chancen-Verhältnis" erinnert daran, dass nach Abschn. 1.3 die Chance des Ereignisses $X = a_1$ (gegen das Ereignis $X = a_2$) unter der Bedingung $Y = b_1$ durch $p_{11} : p_{21}$ und unter der Bedingung $Y = b_2$ durch $p_{12} : p_{22}$ gegeben ist. Man denke z. B. an eine Situation, in der Y einen Risikofaktor mit den Werten b_1 (Raucher) und b_2 (Nichtraucher) bedeutet und X eine Diagnose mit den Werten a_1 (positiv) und a_2 (negativ). Wenn X und Y unabhängig sind, gilt $p_{11} : p_{21} = p_{12} : p_{22} = p_{1.} : p_{2.}$, d. h., das Chancen-Verhältnis nimmt in diesem Fall den Wert $OR = 1$ an. Indem man für die Einzelwahrscheinlichkeiten p_{ij} die entsprechenden relativen Häufigkeiten n_{ij}/n einsetzt, erhält man die Schätzfunktion

$$\widehat{OR} = \frac{n_{11}n_{22}}{n_{12}n_{21}} \tag{5.5b}$$

bzw. einen Schätzwert für OR, wenn unter den n_{ij} die beobachteten Werte der Zellenhäufigkeiten verstanden werden. Durch Logarithmieren ergibt sich die näherungsweise normalverteilte Schätzfunktion $\ln(\widehat{OR})$ mit dem (empirischen) Standardfehler

$$SE\left(\ln\left(\widehat{OR}\right)\right) = \sqrt{\frac{1}{n_{11}} + \frac{1}{n_{12}} + \frac{1}{n_{21}} + \frac{1}{n_{22}}}. \tag{5.5c}$$

Damit kann zur vorgegebenen Sicherheit $1 - \alpha$ das approximative Konfidenzintervall

$$\ln(\widehat{OR}) \pm z_{1-\alpha/2}\, SE\left(\ln\left(\widehat{OR}\right)\right)$$

für $\ln(OR)$ berechnet werden.[3] Durch Entlogarithmieren der Grenzen erhält man schließlich die entsprechenden Grenzen für OR.

d) Homogenitätshypothesen Bei der Abhängigkeitsprüfung wird in der Nullhypothese die Unabhängigkeit der Merkmale X und Y angenommen und der Versuch so geplant, dass beide Merkmale an n Untersuchungseinheiten beobachtet werden. Davon zu unterscheiden sind Versuchsanlagen, bei denen $m \geq 2$ Populationen, die durch ein Gliederungsmerkmal Y mit den Werten $b_1, b_2, \ldots, b_m$ unterschieden werden, zu vergleichen sind. Der Vergleich erfolgt hinsichtlich eines (diskreten) Untersuchungsmerkmals X, das die Werte $a_1, a_2, \ldots, a_k$ besitzt. Dieser Versuchsanlage liegt das in Tab. 5.4a dargestellte Wahrscheinlichkeitsmodell zugrunde. Es bedeutet p_{ij} nun jene Wahrscheinlichkeit, mit der eine aus der j-ten Population (durch den Wert b_j von Y gekennzeichnet) ausgewählte Untersuchungseinheit den X-Wert a_i aufweist. Man bezeichnet die Populationen als **homogen** bezüglich X, wenn die Wahrscheinlichkeiten, mit denen die X-Werte $a_1, a_2, \ldots, a_k$ auftreten, in allen Populationen im selben Verhältnis stehen. Um **Abweichungen von der Homogenität** zu prüfen, wird in der Nullhypothese angenommen, dass die Populationen homogen sind. Aus den in einer Kontingenztafel vom Typ der Tab. 5.4b zusammengefassten Beobachtungsdaten (man beachte, dass die Spaltensummen $n_{\cdot j}$ vorgegeben sind) wird wie bei der Abhängigkeitsprüfung die Chiquadrat-Summe (5.2) als Testgröße verwendet. Die Homogenitätshypothese ist auf dem Signifikanzniveau α abzulehnen, wenn die Realisierung GF_s der Testgröße das 95 %-Quantil der Chiquadrat-Verteilung mit $f = (k - 1)(m - 1)$ Freiheitsgraden übertrifft oder

---

[3] Vgl. z. B. Schuhmacher und Schulgen (2002) oder Held (2008). Schätzwert und Konfidenzintervall für das Chancenverhältnis können mit der R-Funktion oddsratio() – in Verbindung mit summary() und confint() – im Paket „vcd" (Visualizing Categorical Data) bestimmt werden.

Tab. 5.4 Vergleich von $m \geq 2$ Populationen (H_0: „Die Wahrscheinlichkeitsverteilungen der Populationen stimmen überein."). Die Spaltensummen $n_{.j}$ der Häufigkeitstabelle sind vorgegeben

a) Wahrscheinlichkeitsmodell

Untersuchungs-merkmal X	Populationen (Y)				
	b_1	b_2	... b_j	...	b_m
a_1	p_{11}	p_{12}	... p_{1j}	...	p_{1m}
a_2	p_{21}	p_{22}	... p_{2j}	...	p_{2m}
$\vdots$	$\vdots$	$\vdots$	$\vdots$ $\vdots$	$\vdots$	$\vdots$
a_i	p_{i1}	p_{i2}	... p_{ij}	...	p_{im}
$\vdots$	$\vdots$	$\vdots$	$\vdots$ $\vdots$	$\vdots$	$\vdots$
a_k	p_{k1}	p_{k2}	... p_{kj}	...	p_{km}
$\sum$	1	1	... 1	...	1

b) Häufigkeitstabelle

Untersuchungs-merkmal X	Populationen (Y)					$\sum$
	b_1	b_2	... b_j	...	b_m	
a_1	n_{11}	n_{12}	... n_{1j}	...	n_{1m}	$n_{1.}$
a_2	n_{21}	n_{22}	... n_{2j}	...	n_{2m}	$n_{2.}$
$\vdots$	$\vdots$	$\vdots$	$\vdots$ $\vdots$	$\vdots$	$\vdots$	$\vdots$
a_i	n_{i1}	n_{i2}	... n_{ij}	...	n_{im}	$n_{i.}$
$\vdots$	$\vdots$	$\vdots$	$\vdots$ $\vdots$	$\vdots$	$\vdots$	$\vdots$
a_k	n_{k1}	n_{k2}	... n_{kj}	...	n_{km}	$n_{k.}$
$\sum$	$n_{.1}$	$n_{.2}$	... $n_{.j}$	...	$n_{.m}$	n

der P-Wert $P = 1 - F_f(GF_s)$ kleiner als α ist; F_f ist die Verteilungsfunktion der χ_f^2-Verteilung. Die rein technische Durchführung des Tests ist also dieselbe wie bei der Abhängigkeitsprüfung. Im Besonderen sind auch die bei der Abhängigkeitsprüfung genannten Voraussetzungen für die Anwendung der Chiquadrat-Approximation zu beachten. Die Homogenitätsprüfung ist eine Erweiterung der im Abschn. 4.7 behandelten 2-Stichproben-Vergleiche mit dichotomen Untersuchungsmerkmalen.

Beispiele

1. Die Häufigkeitsdaten in Tab. 5.5 beschreiben die gemeinsame Variation der Merkmale „Augenfarbe" (Variable X) und „Haarfarbe" (Variable Y) in einer Stichprobe von 200 Personen. Die Augenfarbe weist vier Ausprägungen auf, die Haarfarbe drei; es liegt also eine 4 × 3-Tafel vor. Wir zeigen, dass die Merkmale X und Y abhängig sind; dabei sei als Signifikanzniveau $\alpha = 5\%$ vorgegeben. Zusätzlich bestimmen wir den Kontingenz-Index von Cramer.

Tab. 5.5 4×3-Kontingenztafel zu Beispiel 1 von Abschn. 5.1. Neben den beobachteten Häufigkeiten n_{ij} sind in Klammern die bei Unabhängigkeit zu erwartenden Häufigkeiten E_{ij} eingetragen

Augenfarbe X	Haarfarbe Y			
	hell	mittel	dunkel	$\sum$
blau	16 (8.96)	11 (14.72)	5 (8.32)	32
hell	18 (13.16)	19 (21.62)	10 (12.22)	47
mittel	16 (21.84)	42 (35.88)	20 (20.28)	78
dunkel	6 (12.04)	20 (19.78)	17 (11.18)	43
$\sum$	56	92	52	200

Zur Beantwortung der Frage werden zuerst die unter der Unabhängigkeitsannahme zu erwartenden Häufigkeiten mit Hilfe der Formel (5.1) bestimmt. Es ist z. B. $E_{11} = \frac{32 \cdot 56}{200} = 8.96$. Alle erwarteten Häufigkeiten E_{ij} sind größer als 5 (siehe Tab. 5.3), somit kann die Chiquadrat-Approximation angewendet werden. Die Chiquadrat-Summe ist

$$GF_s = \frac{(16 - 8.96)^2}{8.96} + \frac{(11 - 14.72)^2}{14.72} + \frac{(5 - 8.32)^2}{8.32}$$
$$+ \frac{(18 - 13.16)^2}{13.16} + \frac{(19 - 21.62)^2}{21.62} + \frac{(10 - 12.22)^2}{12.22}$$
$$+ \frac{(16 - 21.84)^2}{21.84} + \frac{(42 - 35.88)^2}{35.88} + \frac{(20 - 20.28)^2}{20.28}$$
$$+ \frac{(6 - 12.04)^2}{12.04} + \frac{(20 - 19.78)^2}{19.78} + \frac{(17 - 11.18)^2}{11.18} = 18.97.$$

Das 95%-Quantil der Chiquadratverteilung mit $f = (4 - 1)(3 - 1) = 6$ Freiheitsgraden ist $\chi^2_{6, 0.95} = 12.59$. Wegen $GF_s > \chi^2_{6, 0.95}$ ist die in der Nullhypothese angenommene Unabhängigkeit zu verwerfen, d. h., die beiden Merkmale sind voneinander abhängig.[4] Zur selben Entscheidung gelangt man mit dem P-Wert $P = 1 - F_6(GF_s) = 0.004217 < \alpha$; F_6 bezeichnet hier die Verteilungsfunktion der χ^2_6-Verteilung. Als Kontingenz-Index ergibt sich $V = \sqrt{18.97/(200 \cdot 2)} = 0.218$.

2. In einer Studie wurde untersucht, ob zwischen der Mortalität in der Perinatalperiode (Merkmal Y, Werte ja/nein) und dem Rauchen während der Schwangerschaft (Merkmal X, Werte ja/nein) ein Zusammenhang besteht. Zu diesem Zweck wurden die Daten in Tab. 5.6 in einer Geburtenstation erhoben. Den beobachteten Häufigkeiten sind in Klammern die bei Unabhängigkeit der Merkmale zu erwartenden Häufigkeiten beigefügt. Wir bestimmen den Φ-Koeffizienten und das Chancen-Verhältnis OR.

---

[4] Für die Abhängigkeitsprüfung (Chiquadratsumme, P-Wert) und die Berechnung des Kontingenz-Index von Cramer (sowie anderer Kontingenz-Maße) ist in R die Funktion `assocstats()` aus dem Paket „vcd" bereitgestellt.

Tab. 5.6 Vierfeldertafel zu Beispiel 2 von Abschn. 5.1. Die bei Unabhängigkeit der Mortalität vom Raucherverhalten zu erwartenden Häufigkeiten E_{ij} sind in Klammern neben den beobachteten Häufigkeiten eingetragen. Es ist z. B. $E_{11} = 510 \cdot 8406/19380 = 221.2$ usw.

Mortalität	Raucherin				$\sum$
	ja		nein		
ja	246	(221.2)	264	(288.8)	510
nein	8160	(8184.8)	10710	(10685.2)	18870
$\sum$	8406		10974		19380

Mit Hilfe von (5.2) erhält man Chiquadratsumme (ohne Stetigkeitskorrektur)

$$GF_s = \frac{(246 - 221.2)^2}{221.2} + \frac{(264 - 288.8)^2}{288.8}$$
$$+ \frac{(8160 - 8184.8)^2}{8184.8} + \frac{(10710 - 10685.2)^2}{10685.2} = 5.038.$$

Wegen $GF_s > \chi^2_{1,0.95} = 3.841$ wird die Annahme verworfen, dass die Mortalität unabhängig vom Raucherverhalten ist. Die Intensität des Zusammenhanges zwischen Mortalität und Raucherverhalten ist allerdings gering; der Φ-Koeffizient $\Phi = \sqrt{GF_s/n} = 0.016$ liegt nur wenig über null. Als Chancen-Verhältnis erhält man $\widehat{OR} = (246 : 8160)/(264 : 10710) = 1.22$. Das logarithmierte Chancen-Verhältnis ist $\ln(\widehat{OR}) = 0.2013$ und der entsprechende Standardfehler

$$SE\left(\ln(\widehat{OR})\right) = \sqrt{\frac{1}{246} + \frac{1}{8160} + \frac{1}{264} + \frac{1}{10710}} = 0.0898.$$

Damit ergibt sich für das logarithmierte Chancen-Verhältnis das approximative 95 %-Konfidenzintervall mit der unteren Grenze $0.2013 - 1.96 \cdot 0.0898 = 0.0253$ und der oberen Grenze $0.2013 + 1.96 \cdot 0.0898 = 0.3774$. Für das Chancen-Verhältnis OR folgt daraus das 95 %-Konfidenzintervall

$$[e^{0.0253}, e^{0.3774}] = [1.03, 1.46],$$

das den Wert $OR = 1$ (dieser entspricht der Unabhängigkeit) nicht einschließt. Somit kann aus den Beobachtungsdaten auf 5 %igem Niveau der Schluss gezogen werden, dass Rauchen das Mortalitätsrisiko (um den Faktor $\widehat{OR} = 1.22$) vergrößert.

3. In einer Untersuchung über die Ernährung von Schulkindern wurden Kinder im Alter von 6 bis 18 Jahren u. a. aufgefordert, ihr Körpergewicht auf einer 5-stufigen Skala mit den Werten $a_1 =$ „bin zufrieden", $a_2 =$ „habe nie nachgedacht", $a_3 =$ „bin nicht dick, will aber abnehmen", $a_4 =$ „bin zu dick", $a_5 =$ „bin zu dünn" zu beurteilen; die Einschätzung des Körpergewichts stellt also das Untersuchungsmerkmal X dar. Die Ergebnisse sind in Tab. 5.7 nach dem Geschlecht (Gliederungsmerkmal Y) getrennt dargestellt. Es soll auf 5 %igem

Tab. 5.7 Häufigkeitstabelle zu Beispiel 3. Die Tabelle enthält neben den beobachteten Häufigkeiten die Randhäufigkeiten und die unter der Homogenitätsannahme zu erwartenden Häufigkeiten (*in Klammern*)

Einschätzung X	Geschlecht weiblich		männlich		$\sum$
zufrieden	167	(192.01)	219	(193.99)	386
nie nachgedacht	20	(29.35)	39	(29.65)	59
will abnehmen	110	(83.57)	58	(84.43)	168
zu dick	70	(55.71)	42	(56.29)	112
zu dünn	19	(25.37)	32	(25.63)	51
$\sum$	386		390		776

Signifikanzniveau geprüft werden, ob Mädchen und Buben das eigene Körpergewicht verschiedenartig beurteilen.

Mit den in der Tab. 5.7 ausgewiesenen Randhäufigkeiten werden zuerst die erwarteten Häufigkeiten $E_{ij} = n_{i.}n_{.j}/n$ bestimmt. Beispielsweise ist $E_{21} = 59 \cdot 386/776 = 29.35$. Als Chiquadrat-Summe ergibt sich damit

$$GF_s = \frac{(167 - 192.01)^2}{192.01} + \frac{(219 - 193.99)^2}{193.99}$$
$$+ \cdots + \frac{(19 - 25.37)^2}{25.37} + \frac{(32 - 25.63)^2}{25.63} = 39.51.$$

Dieser Wert ist mit dem 95 %-Quantil der χ^2-Verteilung mit $f = (5 - 1)(2 - 1) = 4$ Freiheitsgraden, also mit $\chi^2_{4,0.95} = 9.49$ zu vergleichen. Wegen $GF_s = 39.51 > 9.49$ ist die Annahme homogener Gruppen auf 5 %igem Testniveau zu verwerfen.

Aufgaben

1. Um den Zusammenhang zwischen dem Pupariengewicht (in mg) und dem Alter (in Tagen) von Tsetsefliegenweibchen (*Glossina p. palpalis*) bei der Puparienablage zu beschreiben, wurden 537 Puparien untersucht. Das Alter wurde in 4, das Gewicht in 5 Klassen eingeteilt. Man zeige, dass das Gewicht vom Alter abhängt ($\alpha = 5\%$) und beschreibe die Intensität des Zusammenhangs mit dem Kontingenz-Index von Cramer.

Gewicht	Alter bis 20	21 bis 40	41 bis 60	über 60
bis 23	7	8	8	11
24 bis 27	22	27	38	34
28 bis 31	33	60	59	41
32 bis 35	19	55	42	21
über 35	5	26	16	5

2. In einer Studie wurden 33 Personen mit dem Präparat A und 27 Personen mit dem Präparat B behandelt. Der Behandlungserfolg wurde auf einer 3-stufigen Skala mit den Skalenwerten „Verbesserung", „keine Änderung", „Verschlechterung" dargestellt. In der Präparatgruppe A gab es 13 Personen mit einer Verbesserung, 13 Personen zeigten keine Veränderung und 7 Personen eine Verschlechterung. Die entsprechenden Häufigkeiten für die Präparatgruppe B sind 6, 16 bzw. 5. Man prüfe auf 5 %igem Testniveau, ob der Behandlungserfolg vom Präparat abhängt.

3. In einer Geburtenstation wurden von 50 Müttern unter 20 Jahren 28 Mädchen und 22 Knaben zur Welt gebracht. Von 70 Müttern über 20 Jahren gab es 37 Mädchen- und 33 Knabengeburten. Man beschreibe den Zusammenhang zwischen dem Geschlecht des Kindes und dem Alter der Mutter mit dem Chancen-Verhältnis und bestimme für diese Maßzahl ein 95 %iges Konfidenzintervall.

5.2 Korrelation bei metrischen Variablen

a) Zweidimensionale Normalverteilung Ein nützliches Hilfsmittel zur Beurteilung des Zusammenhanges zwischen Beobachtungsreihen von metrischen Merkmalen ist das Streudiagramm. Es seien $x_1, x_2, \ldots, x_n$ und $y_1, y_2, \ldots, y_n$ zwei Stichproben, die durch Beobachtung der metrischen Merkmale X bzw. Y an n Untersuchungseinheiten erhalten wurden. Die beiden Stichproben können auch als eine zweidimensionale (bivariate) Stichprobe mit den n Wertepaaren $(x_1, y_1), (x_2, y_2), \ldots, (x_n, y_n)$ aufgefasst werden. Im Streudiagramm wird jedes Wertepaar als ein Punkt dargestellt. Man zeichnet dazu ein rechtwinkeliges Koordinatensystem (die sogenannte Merkmalsebene) und trägt horizontal die X- und vertikal die Y-Werte auf. Indem man die Merkmalswerte eines jeden Wertepaares als Punktkoordinaten interpretiert, können verbundene Beobachtungsreihen von metrischen Merkmalen durch eine „Punktewolke" veranschaulicht werden.

Aus der Anordnung der Punkte im Streudiagramm kann man nicht nur eine Aussage über die Stärke der gemeinsamen Variation der X- und Y-Reihe machen, sondern auch über die Art des Zusammenhangs. Bei einem engen Zusammenhang zwischen den Beobachtungsreihen liegen die Punkte innerhalb eines schmalen Bandes, bei einem losen Zusammenhang sind die Punkte über das Diagramm verstreut. Eines der wichtigsten Modelle zur Beschreibung der gemeinsamen Variation von zwei stetigen Merkmalen ist die **zweidimensionale Normalverteilung,** die fünf Parameter enthält. Es seien $X \sim N(\mu_X, \sigma_X^2)$ und $Y \sim N(\mu_Y, \sigma_Y^2)$ zwei normalverteilte Zufallsvariablen mit den Mittelwerten μ_X bzw. μ_Y und den Varianzen σ_X^2 bzw. σ_Y^2. Die Variablen X und Y heißen zweidimensional-normalverteilt, wenn sie durch die Gleichungen

$$X = \sigma_X Z_1 + \mu_X,$$
$$Y = \sigma_Y \rho Z_1 + \sigma_Y \sqrt{1 - \rho^2} Z_2 + \mu_Y \qquad (5.6a)$$

dargestellt werden können. Dabei bedeuten Z_1 und Z_2 zwei unabhängige $N(0, 1)$-verteilte Zufallsvariablen. Der neben den Mittelwerten μ_X, μ_Y und den Standardabweichungen σ_X, σ_Y fünfte Verteilungsparameter ρ wird Korrelationskoeffizient genannt. Mit dem Korrelationskoeffizienten ρ wird der Zusammenhang zwischen den Variablen X und Y auf einer von -1 bis $+1$ reichenden Skala bewertet; um den Bezug auf die Variablen X und Y deutlich zu machen, schreibt man statt ρ auch ρ_{XY}. Im Falle $\rho = 0$ sind die Variablen X und Y **nicht korreliert**; sie variieren – wie man aus (5.6a) unmittelbar sieht – voneinander unabhängig. In den Fällen $\rho = +1$ oder $\rho = -1$ liegt eine **perfekte** (positive bzw. negative) **Korrelation** vor, d. h., die Variable X ist bis auf eine multiplikative (positive oder negative) Konstante gleich der Variablen Y. Um die Bedeutung von ρ besser erkennen zu können, nehmen wir in (5.6a) eine Umformung vor; durch Subtraktion von μ_X bzw. μ_Y und anschließende Division durch σ_X bzw. σ_Y erhalten wir aus (5.6a) die Gleichungen

$$X' = (X - \mu_X)/\sigma_X = Z_1,$$
$$Y' = (Y - \mu_Y)/\sigma_Y = \rho Z_1 + \sqrt{1 - \rho^2} Z_2 \tag{5.6b}$$

für die standardisierten Variablen X' und Y'; die gemeinsame Verteilung dieser Variablen ist die Standardform der zweidimensionalen Normalverteilung. Die Streudiagramme in Abb. 5.1 wurden mit Hilfe von (5.6b) erzeugt. Es sind jeweils Stichproben mit $n = 100$ Wertepaaren dargestellt. Ein Wertepaar der Variablen X' und Y' gewinnt man, indem man für Z_1 und Z_2 in (5.5b) $N(0, 1)$-verteilte Zufallszahlen einsetzt.[5]

b) Dichtefunktion Die Bedeutung des Verteilungsparameters ρ kann man auch an Hand der Dichtefunktion f_{XY} der zweidimensionalen Normalverteilung studieren. Die Dichtefunktion hängt von den X- und den Y-Werten ab; sie ordnet jedem Wertepaar (x, y) von X und Y die Wahrscheinlichkeitsdichte

$$z = f_{XY}(x, y) = \frac{1}{2\pi\sigma_X\sigma_Y\sqrt{1 - \rho^2}}$$
$$\times \exp\left\{-\frac{1}{2(1-\rho^2)}\left[\left(\frac{x-\mu_X}{\sigma_X}\right)^2 - 2\rho\frac{x-\mu_X}{\sigma_X}\frac{y-\mu_Y}{\sigma_Y} + \left(\frac{y-\mu_Y}{\sigma_Y}\right)^2\right]\right\}$$

zu. Geht man zu den standardisierten Variablen $X' = (X - \mu_X)/\sigma_X$ und $Y' = (Y - \mu_Y)/\sigma_Y$ mit den Realisierungen x' bzw. y' über, erhält man die Standardform der 2-dimensionalen Normalverteilung mit der durch

$$z' = f_{X'Y'}(x', y') = \frac{1}{2\pi\sqrt{1 - \rho^2}}\exp\left[-\frac{1}{2(1-\rho^2)}\left(x'^2 - 2\rho x'y' + y'^2\right)\right] \tag{5.6c}$$

---

[5] Diese können z. B. mit der R-Funktion `rnorm()` erzeugt werden.

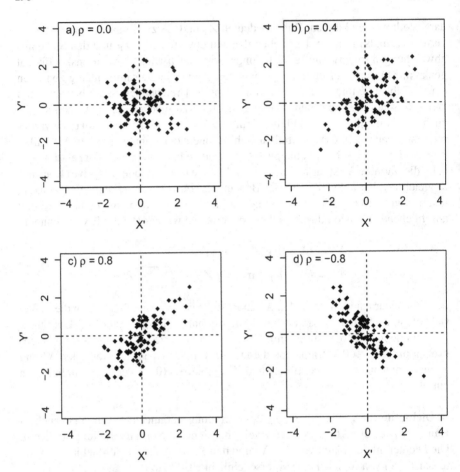

Abb. 5.1 Streudiagramme von Zufallsstichproben ($n = 100$) aus zweidimensional-normalverteilten Grundgesamtheiten. **a** $\rho = 0$: X' und Y' sind nicht korreliert, die 100 Punkte streuen regellos in horizontaler und vertikaler Richtung. **b** $\rho = 0.4$: X' und Y' sind positiv korreliert, die Punktewolke zeigt eine erkennbare lineare Tendenz in dem Sinne, dass größere (kleinere) X'-Werte mit größeren (kleineren) Y'-Werten gepaart sind. **c** $\rho = 0.8$: Wegen der stärkeren positiven Korrelation ist die lineare Ausformung der Punkteverteilung deutlicher als im Falle $\rho = 0.4$. **d** $\rho = -0.8$: X' und Y' sind negativ korreliert, die Punktewolke weist eine fallende lineare Tendenz auf; größere (kleinere) X'-Werte sind nun mit kleineren (größeren) Y'-Werten gepaart

gegebenen Dichtefunktion $f_{X'Y'}$. Die grafische Darstellung dieser Funktion nehmen wir in einem aus den Merkmalsachsen (X', Y') und der Dichteachse (Z') aufgespannten dreidimensionalen, rechtwinkeligen Koordinatensystem vor. Der Graph von $f_{X'Y'}$ ist eine Fläche, die den höchsten Wert an der Stelle $x' = y' = 0$ annimmt und nach allen Seiten abfällt. Die Form der Dichtefläche hängt wesentlich vom Parameter ρ ab. Abbildung 5.2 zeigt die Höhenlinien der Dichteflächen für verschiedene Korrelationskoeffzienten. Im ersten Fall (X' und Y' sind nicht

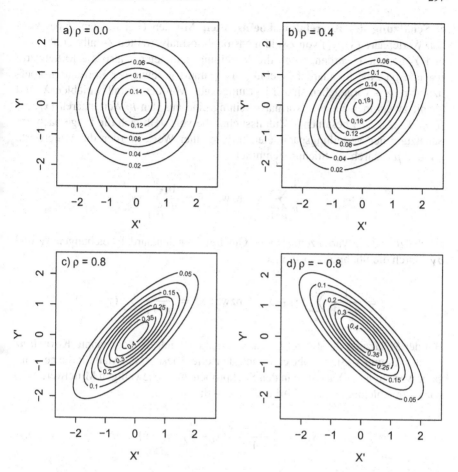

Abb. 5.2 Höhenlinien der Dichte (5.6c) der Standardform der 2-dimensionalen Normalverteilung. Die Werte des Verteilungsparameters ρ entsprechen den Werten der Grundgesamtheiten, die den Streudiagrammen in Abb. 5.1 zugrunde liegen

korreliert) hat man eine Drehfläche von der Form einer „Glockenfläche"; in den Fällen b) und c) sind X' und Y' positiv korreliert und in der Folge die Dichteflächen in Richtung gleicher X'- und Y'-Werte gedehnt und normal dazu gestaucht. Die Interpretation der zweidimensionalen Dichte ist analog zur eindimensionalen Dichtefunktion vorzunehmen. Bezeichnet $\Delta x'\Delta y'$ den Inhalt eines (kleinen) Rechtecks um den Punkt (x', y') der Merkmalsebene, dann wird die Wahrscheinlichkeit, dass die Variablen X' und Y' einen Wert in diesem Rechteck annehmen, durch das Volumen $f_{X'Y'}(x', y')\Delta x'\Delta y'$ der über dem Rechteck errichteten „Säule" bis zur Dichtefläche dargestellt. Realisierungen von X' und Y' fallen also mit größerer Wahrscheinlichkeit in Bereiche mit hohen Dichtewerten als in Bereiche mit niedrigen Dichtewerten. Der Inhalt des gesamten unter der Dichtefläche liegenden Körpers ist auf den Wert 1 normiert.

c) Schätzung des Korrelationskoeffizienten Mit den Gleichungen (5.6a) können Wertepaare (x_i, y_i) von zweidimensional-normalverteilten Zufallsvariablen X und Y generiert werden, wenn die Verteilungsparameter – also die Mittelwerte μ_X und μ_Y, die Standardabweichungen σ_X und σ_Y sowie der Korrelationskoeffizient ρ_{XY} – vorgegeben sind. Liegt umgekehrt von den Zufallsvariablen X und Y mit zweidimensionaler Normalverteilung eine aus den n Wertepaaren (x_i, y_i) $(i = 1, 2, \ldots, n)$ bestehende Zufallsstichprobe vor, stellt sich die Frage nach der Schätzung der Verteilungsparameter. In bekannter Weise werden die Mittelwerte μ_X und μ_Y durch die Stichprobenmittel

$$\bar{x} = \frac{1}{n} \sum_{i=1}^{n} x_i \quad \text{bzw.} \quad \bar{y} = \frac{1}{n} \sum_{i=1}^{n} x_i$$

geschätzt und die Varianzen, also die Quadrate der Standardabweichungen σ_X und σ_Y, durch die Stichprobenvarianzen

$$s_x^2 = \frac{1}{n-1} \sum_{i=1}^{n} (x_i - \bar{x})^2 \quad \text{bzw.} \quad s_y^2 = \frac{1}{n-1} \sum_{i=1}^{n} (y_i - \bar{y})^2.$$

Bei der Schätzung des Korrelationskoeffizienten spielt die sogenannte **Kovarianz** s_{xy} der X- und Y-Stichprobe eine zentrale Rolle. Diese ist ein Maß für die gemeinsame Variation der Variablen in den Stichproben um die jeweiligen Mittelwerte und wird – in Anlehnung an die Varianzformel – durch

$$s_{xy} = \frac{1}{n-1} \sum_{i=1}^{n} (x_i - \bar{x})(y_i - \bar{y}) \tag{5.7}$$

definiert. Die Kovarianz ist positiv, wenn die x- und y-Werte „gleichsinnig" variieren, d. h., wenn die positiven (negativen) Abweichungen $(x_i - \bar{x})$ überwiegend mit gleichfalls positiven (negativen) Abweichungen $(y_i - \bar{y})$ gepaart sind. Die Kovarianz ist negativ, wenn die x- und y-Werte überwiegend im entgegengesetzten Sinn um die jeweiligen Mittelwerte variieren. Ein nahe bei null liegender Wert von s_{xy} ergibt sich dann, wenn die x- und y-Werte regellos und voneinander unabhängig variieren. Wie man zeigen kann, wird die Kovarianz nach unten durch den Minimalwert $-s_x s_y$ und nach oben durch den Maximalwert $+s_x s_y$ begrenzt. Teilt man die Kovarianz der X- und Y-Stichprobe durch das Produkt der Standardabweichungen, erhält man die von der individuellen Variation der Stichproben bereinigte Größe

$$r_{xy} = \frac{s_{xy}}{s_x s_y} = \frac{\sum_{i=1}^{n} (x_i - \bar{x})(y_i - \bar{y})}{\sqrt{\sum_{i=1}^{n} (x_i - \bar{x})^2 \sum_{i=1}^{n} (y_i - \bar{y})^2}}. \tag{5.8}$$

Wie der Korrelationsparameter ρ_{XY} in der 2-dimensional normalverteilten Grundgesamtheit nimmt r_{xy} nur Werte aus dem Intervall von -1 bis $+1$ an. Die Größe

r_{xy} – man bezeichnet sie als **Produktmomentkorrelation** (oder Pearson'schen Korrelationskoeffizienten) – stellt die klassische Schätzfunktion für ρ_{XY} dar.[6] Die Verteilung der Schätzfunktion r_{xy} ist kompliziert. Wendet man aber auf r_{xy} die **Fisher-Transformation**

$$Z = \frac{1}{2} \ln \frac{1 + r_{xy}}{1 - r_{xy}}$$

an, so ist – wenn ρ_{XY} nicht zu nahe bei -1 oder $+1$ liegt – die neue Variable Z bereits für kleine n näherungsweise normalverteilt mit den Parametern

$$\mu_Z = E(Z) \approx \frac{1}{2} \ln \frac{1 + \rho_{XY}}{1 - \rho_{XY}} + \frac{\rho_{XY}}{2(n-1)} \quad \text{und} \quad \sigma_Z^2 = Var(Z) \approx \frac{1}{n-3}.$$

Auf der Grundlage dieser Approximation ergibt sich für μ_Z das $(1 - \alpha)$-Konfidenzintervall $[z_{\mathrm{u}}, z_{\mathrm{o}}]$ mit den Grenzen

$$z_{\mathrm{u}} = \frac{1}{2} \ln \frac{1 + r_{xy}}{1 - r_{xy}} - \frac{r_{xy}}{2(n-1)} - z_{1-\alpha/2} \frac{1}{\sqrt{n-3}}, \tag{5.9a}$$

$$z_{\mathrm{o}} = \frac{1}{2} \ln \frac{1 + r_{xy}}{1 - r_{xy}} - \frac{r_{xy}}{2(n-1)} + z_{1-\alpha/2} \frac{1}{\sqrt{n-3}}. \tag{5.9b}$$

Indem man diese Grenzen auf die ρ_{XY}-Skala zurück transformiert, folgt für ρ_{XY} das $(1 - \alpha)$-Konfidenzintervall

$$\left[\frac{e^{2z_{\mathrm{u}}} - 1}{e^{2z_{\mathrm{u}}} + 1}, \frac{e^{2z_{\mathrm{o}}} - 1}{e^{2z_{\mathrm{o}}} + 1} \right]. \tag{5.10}$$

d) Abhängigkeitsprüfung Die Variablen X und Y seien zweidimensional normalverteilt mit dem Korrelationsparameter ρ_{XY}. Wenn $\rho_{XY} \neq 0$ gilt, sind X und Y voneinander abhängig; der Nachweis der Abhängigkeit kann mit dem folgendem Test geführt werden.

- **Beobachtungsdaten und Modell:**
  Die Variation der Variablen X und Y wird durch eine zweidimensionale Normalverteilung mit dem Korrelationsparameter ρ_{XY} beschrieben. Von X und Y liegt eine zweidimensionale Zufallsstichprobe vor, die aus den an n Untersuchungseinheiten beobachteten Wertepaaren (x_i, y_i) $(i = 1, 2, \ldots, n)$ besteht. Der Verteilungsparameter ρ_{XY} wird mit der aus den Beobachtungswerten bestimmten Produktmomentkorrelation r_{xy} geschätzt.
- **Hypothesen und Testgröße:**
  Der Vergleich des Parameters ρ_{XY} mit dem Wert null (dieser Wert entspricht dem Fall zweier unabhängiger Variablen X und Y) erfolgt nach einer der folgenden

---

[6] Die durch (5.8) definierte Statistik ist der ML-Schätzer für den Korrelationskoeffizienten ρ. Die Bezeichnung r_{xy} wird sowohl für die Schätzfunktion als auch für einen Schätzwert verwendet; die Bedeutung ergibt sich aus dem Zusammenhang.

Testvarianten:

$H_0: \rho_{XY} \leq 0$ gegen $H_1: \rho_{XY} > 0$ (Variante Ia),

$H_0: \rho_{XY} \geq 0$ gegen $H_1: \rho_{XY} < 0$ (Variante Ib) bzw.

$H_0: \rho_{XY} = 0$ gegen $H_1: \rho_{XY} \neq 0$ (Variante II).

Als Testgröße wird die Stichprobenfunktion $TG = r_{xy}\sqrt{n-2}/\sqrt{1 - r_{xy}^2}$ verwendet, die unter $H_0: \rho_{XY} = 0$ einer t-Verteilung mit $n-2$ Freiheitsgraden folgt. Setzt man für r_{xy} die konkreten Stichprobenwerte ein, erhält man die Realisierung TG_s der Testgröße.

• **Entscheidung:**
Bei vorgegebenem Signifikanzniveau α wird H_0 abgelehnt, wenn der P-Wert kleiner als α ist. Die Berechnung des P-Wertes erfolgt für die Testvariante Ia mit der Formel $P = 1 - F_{n-2}(TG_s)$, für die Variante Ib mit der Formel $P = F_{n-2}(TG_s)$ bzw. mit $P = 2F_{n-2}(-|TG_s|)$ für die zweiseitige Testvariante II; F_{n-2} bezeichnet die Verteilungsfunktion der t_{n-2}-Verteilung.[7]
Nimmt man die Entscheidung über die Bestimmung des Ablehnungsbereichs vor, so wird H_0 abgelehnt, wenn $TG_s > t_{n-2,1-\alpha}$ (Variante Ia) bzw. $TG_s < -t_{n-2,1-\alpha}$ (Variante Ib) bzw. $|TG_s| > t_{n-2,1-\alpha/2}$ (Variante II) gilt. Dabei bezeichnen $t_{n-2,1-\alpha}$ und $t_{n-2,1-\alpha/2}$ das $(1-\alpha)$- bzw. das $(1-\alpha/2)$- Quantil der t_{n-2}-Verteilung.

e) Interpretation der Produktmomentkorrelation Die Produktmomentkorrelation r_{xy} wurde als Schätzfunktion für den Korrelationsparameter ρ_{XY} der zweidimensionalen Normalverteilung eingeführt. Der aus den Beobachtungsdaten berechnete Schätzwert erlaubt zunächst nur eine Aussage über den Zusammenhang zwischen den beobachteten X- und Y-Werten. Die Verallgemeinerung von z. B. $r_{xy} \neq 0$ zur generellen Aussage $\rho_{XY} \neq 0$ in der (als zweidimensional-normalverteilt vorausgesetzten) Grundgesamtheit sollte vor allem bei kleinen Stichprobenumfängen nur auf der Grundlage einer Intervallschätzung oder eines statistischen Tests vorgenommen werden.

Zu Interpretationsproblemen kann es kommen, wenn die Variablen X und Y nicht zweidimensional-normalverteilt sind. In diesem Fall hat die Produktmomentkorrelation den Charakter einer rein deskriptiven Statistik, die über den Zusammenhang zwischen den beobachteten X- und Y-Werten informiert. Auf zwei Eigenschaften sei besonders hingewiesen.

1. Die Werte $r_{xy} = -1$ bzw. $r_{xy} = +1$ treten genau dann auf, wenn die X- und Y-Werte eines jeden Wertepaares (x_i, y_i) $(i = 1, 2, \ldots, n)$ linear verknüpft

---

[7] Für die Abhängigkeitsprüfung mit der Produktmomentkorrelation ρ_{XY} steht in R die Funktion `cor.test()` mit der Parametersetzung `method="pearson"` zur Verfügung. Neben dem P-Wert wird mit dieser Funktion auch der Schätzwert r_{XY} und ein approximatives Konfidenzintervall für ρ_{XY} auf der Grundlage der Fisher-Transformation berechnet. Geringfügige Abweichungen von (5.10) sind dadurch bedingt, dass in R der Term $r_{XY}/[2(n-1)]$ in (5.9a) und (5.9b) vernachlässigt wird.

sind, d. h., zwischen den Werten x_i und y_i der Zusammenhang $y_i = ax_i + b$ mit konstantem $a \neq 0$ und b besteht. Die den Wertepaaren entsprechenden „Datenpunkte" liegen im Streudiagramm bei perfekter negativer Korrelation ($r_{xy} = -1$) auf einer fallenden Geraden, bei perfekter positiver Korrelation ($r_{xy} = +1$) auf einer steigenden Geraden.

2. Im Falle $r_{xy} = 0$ läßt sich nicht ableiten, dass es zwischen den X- und Y-Werten keine „Abhängigkeit" gibt. Die durch $r_{xy} = 0$ zum Ausdruck gebrachte Null-korreliertheit ist stets in dem Sinne zu sehen, dass keine lineare Abhängigkeit zwischen den X- und Y-Werten besteht. Um zu erkennen, dass die Produkt-momentkorrelation verschwinden kann, obwohl eine streng funktionale (nicht-lineare) Beziehung zwischen den X- und Y-Werten existiert, betrachte man z. B. die aus den Wertepaaren $(-3, 9)$, $(-2, 4)$, $(-1, 1)$, $(0, 0)$, $(1, 1)$, $(2, 4)$ und $(3, 9)$ bestehende zweidimensionale Stichprobe. Die Mittelwerte der X- und Y-Stichproben sind $\bar{x} = 0$ bzw. $\bar{y} = 4$; damit ergeben sich die auf den jeweiligen Mittelwert null zentrierten Paare $(-3, 5)$, $(-2, 0)$, $(-1, -3)$, $(0, -4)$, $(1, -3)$, $(2, -4)$ und $(3, 5)$. Multipliziert man die Elemente eines jeden Wertepaares, so ist die Summe dieser Produkte gleich null; daher ist auch die Kovarianz und die Produktmomentkorrelation null.

Trotzdem besteht ein enger Zusammenhang zwischen den X- und Y-Werten. Alle Datenpunkte liegen auf einer Parabel, die X- und Y-Werte sind perfekt „quadratisch korreliert" (jeder Y-Wert ist das Quadrat des entsprechenden X-Wertes). Um Missdeutungen von errechneten Produktmomentkorrelationen zu vermeiden, sollte man den Zusammenhang der betrachteten Merkmale stets auch durch ein Streudiagramm veranschaulichen.

Ein hoher Wert der Produktmomentkorrelation kann eine kausale Beziehung zwischen den betrachteten Merkmalen ausdrücken, wie er z. B. zwischen der Düngung und dem Ernteertrag besteht. Nicht immer aber gibt es sachlogische Gründe für die Annahme einer derartigen **Kausalkorrelation**. Es ist daher besondere Vorsicht angebracht, bevor man eine Korrelation kausal interpretiert. Zumindest sollte man prüfen, ob die Korrelation nicht durch eine der folgenden Ursachen vorgetäuscht wird.

1. Es kann eine **Formalkorrelation** vorliegen, bei der X und Y durch eine Gleichung miteinander verknüpft sind. Im Extremfall denke man sich X und Y als zwei Merkmale mit konstanter Summe, z. B. als zwei sich auf $100\,\%$ ergänzende Konzentrationen. Eine Stichprobe mit fehlerfrei gemessenen Werten von X und Y wäre in diesem Falle zwangsläufig perfekt (linear) korreliert. Eine besondere Art der Formalkorrelation, nämlich eine sogenannte **Teil-Ganzheitskorrelation** besteht zwischen einem Merkmal (= Teil) und einer Summe (= Ganzheit), in der dieses Merkmal als Summand auftritt (z. B. zwischen dem Trockengewicht und dem Frischgewicht).

2. Eine **Inhomogenitätskorrelation** liegt vor, wenn die Untersuchungspopulation sich aus zwei oder mehreren Teilpopulationen zusammensetzt, in denen X und Y einander nur teilweise überdeckende bzw. nicht überdeckende Streubereiche

besitzen. Eine etwaige Inhomogenität der Untersuchungspopulation bezüglich der beobachteten Merkmale kommt im Streudiagramm durch voneinander abgesetzte „Datenpunkthaufen" der Teilpopulationen zum Ausdruck. Wir erwähnen als Beispiel den Zusammenhang zwischen dem Hämoglobingehalt im Blut des Menschen und der mittleren Oberfläche der Erythrozyten. Während jeweils für Frauen und Männer getrennt nur eine schwache Korrelation nachweisbar ist, ergibt die Rechnung für Frauen und Männer gemeinsam eine deutliche (positive) Korrelation.

3. Schließlich kann eine **Gemeinsamkeitskorrelation** vorliegen, die durch eine gemeinsame Abhängigkeit der interessierenden Merkmale X und Y von einem dritten Merkmal zustande kommt. So nehmen beispielsweise die Körperhöhe und das Gewicht gemeinsam mit wachsendem Alter zu, wodurch sich eine höhere Korrelation zwischen der Körperhöhe und dem Gewicht ergibt, als dies bei konstant gehaltenem Alter der Fall wäre.

Beispiele

1. In einer Studie wurden u. a. die Serumkonzentrationen X und Y der Na- bzw. Cl-Ionen (in mmol/l) von $n = 15$ Probanden bestimmt. Die Messwerte sind in Tab. 5.8 (zusammen mit den entsprechenden, auf den Mittelwert null zentrierten Werten) zusammengefasst. Unter der Annahme, dass X und Y zweidimensional-normalverteilt sind, soll

   a) der Verteilungsparameter ρ_{XY} durch die Produktmomentkorrelation r_{xy} geschätzt und

   b) ein 95 %-Konfidenzintervall für ρ_{XY} berechnet werden.

   a) Die arithmetischen Mittel der beiden Messreihen sind $\bar{x} = 2119.5/15 = 141.3$ bzw. $\bar{y} = 1519/15 = 101.3$. Zur Berechnung der Stichprobenvarianzen werden die zentrierten Einzelwerte quadriert, aufsummiert und durch $n-1 = 14$ dividiert. Auf diese Weise erhält man $s_x^2 = 762.4/14 = 54.46$ und $s_y^2 = 306.93/14 = 21.92$. Schließlich wird die Kovarianz der Messreihen so berechnet, dass man die Summe der Produkte der zentrierten Einzelwerte bildet (diese ist in der letzten Spalte von Tab. 5.8 ausgewiesen) und die Summe durch $n - 1 = 14$ dividiert; es folgt $s_{xy} = 362.30/14 = 25.88$. Einsetzen in Formel (5.8) ergibt die gesuchte Produktmomentkorrelation

$$r_{xy} = \frac{s_{xy}}{s_x s_x} = \frac{25.88}{\sqrt{54.46}\sqrt{21.92}} = 0.749.$$

   b) Um mit Formel (5.10) ein 95 %-Konfidenzintervall für ρ_{XY} zu erhalten, müssen zuerst die durch (5.9a) und (5.9b) gegebenen Grenzen z_u und z_o berechnet werden. Mit $r_{xy} = 0.749$, $n = 15$ und dem 97.5 %-Quantil $z_{0.975} = 1.96$ der

Tab. 5.8 Na- und Cl-Ionenkonzentration X bzw. Y in mmol/l (zu Beispiel 1, Abschn. 5.2). Rechenschema zur Bestimmung der Produktmomentkorrelation r_{XY}

lfd. Nr.	X	Y	$X - \bar{x}$	$Y - \bar{y}$	$(X - \bar{x})(Y - \bar{y})$
1	135.0	99.0	−6.3	−2.27	14.28
2	147.0	106.5	5.7	5.23	29.83
3	148.5	105.5	7.2	4.23	30.48
4	130.0	94.0	−11.3	−7.27	82.11
5	139.0	98.0	−2.3	−3.27	7.51
6	129.0	92.0	−12.3	−9.27	113.98
7	142.0	97.0	0.7	−4.27	−2.99
8	146.0	106.0	4.7	4.73	22.25
9	131.0	102.5	−10.3	1.23	−12.70
10	143.5	98.5	2.2	−2.77	−6.09
11	138.5	105.0	−2.8	3.73	−10.45
12	145.0	103.0	3.7	1.73	6.41
13	143.0	101.0	1.7	−0.27	−0.45
14	153.0	107.0	11.7	5.73	67.08
15	149.0	104.0	7.7	2.73	21.05
$\sum$	2119.5	1519.0	0.0	0.00	362.30

Standardnormalverteilung findet man dafür

$$z_u = \frac{1}{2} \ln \frac{1 + 0.749}{1 - 0.749} - \frac{0.749}{2(15 - 1)} - 1.96 \frac{1}{\sqrt{15 - 3}} = 0.378,$$

$$z_o = \frac{1}{2} \ln \frac{1 + 0.749}{1 - 0.749} - \frac{0.749}{2(15 - 1)} + 1.96 \frac{1}{\sqrt{15 - 3}} = 1.510.$$

Damit ergibt sich aus Formel (5.10) das gesuchte Konfidenzintervall

$$\left[\frac{e^{2 \cdot 0.378} - 1}{e^{2 \cdot 0.378} + 1}, \frac{e^{2 \cdot 1.51} - 1}{e^{2 \cdot 1.51} + 1} \right] = [0.361, 0.907].$$

2. Im vorangehenden Beispiel wurde aus $n = 15$ Wertepaaren der Merkmale X und Y (Konzentration der Na- bzw. Cl-Ionen) die Produktmomentkorrelation $r_{xy} = 0.749$ berechnet und damit der Korrelationsparameter ρ_{XY} der (als zweidimensional-normalverteilt vorausgesetzten) Variablen geschätzt. Wir zeigen auf 5 %igem Signifikanzniveau, dass ρ_{XY} ungleich null ist (d. h., die Variablen tatsächlich voneinander abhängig sind). Dazu berechnen wir die Realisierung $TG_s = 0.749\sqrt{15 - 2}/\sqrt{1 - 0.749^2} = 4.075$ der Testgröße TG. Wegen $TG_s > t_{13, 0.975} = 2.16$ ist $H_0 : \rho_{XY} = 0$ auf dem 5 %-Niveau abzulehnen und für $H_1 : \rho_{XY} \neq 0$ zu entscheiden. Zum gleichen Ergebnis gelangt man mit dem P-Wert $P = 2F_{13}(-4.075) = 0.00131$, der das Signifikanzniveau $\alpha = 0.05$ deutlich unterschreitet; F_{13} bezeichnet die Verteilungsfunktion der t_{13}-Verteilung.

Aufgaben

1. An bestimmten von sechs verschiedenen Grasarten stammenden Chromosomen
   wurden die Gesamtlänge L sowie die Teillänge H des C-Band Heterochroma-
   tins gemessen (Angaben in μm; aus Thomas, H. M.: Heredity, vol. 46, 263–267,
   1981). Man berechne und interpretiere die Produktmomentkorrelation r_{lh}.

L	77.00	79.00	72.50	65.50	56.50	57.25
H	6.00	5.00	5.00	3.00	2.75	4.25

2. An 27 Leukämiepatienten wurden die in der folgenden Tabelle angeführten Ex-
   pressionswerte der Gene A (Variable X) und B (Variable Y) ermittelt.[8] Man
   bestimme unter der Annahme, dass X und Y zweidimensional-normalverteilt
   sind, einen Schätzwert und ein 95 %iges Konfidenzintervall für die Produktmomentkorrelation ρ_{XY} und zeige auf 5 %igem Signifikanzniveau, dass $\rho \neq 0$ ist.

X	Y	X	Y	X	Y
0.194	0.564	−0.123	0.717	−0.188	0.656
−0.011	0.295	−0.056	0.626	−0.066	0.500
0.270	0.817	−0.138	0.165	−0.702	0.014
−0.248	0.530	−0.436	0.519	0.922	0.893
−0.391	0.388	0.002	0.530	−0.382	0.158
0.005	0.051	−0.532	0.389	−0.076	0.613
−0.027	0.908	0.211	0.495	−0.250	0.236
0.363	0.604	0.192	0.872	0.276	0.756
−0.195	0.377	0.473	0.471	0.764	0.702

5.3 Die Korrelationskoeffizienten von Spearman und Kendall

a) Rangreihen Wenn die Darstellung der X- und Y-Werte im Streudiagramm
eine Punkteverteilung ergibt, die einen deutlich erkennbaren nichtlinearen Trend
aufweist, ist die Annahme einer zweidimensional-normalverteilten Grundgesamtheit problematisch. Zwei verteilungsunabhängige Korrelationsmaße für zumindest
ordinal-skalierte Merkmale sind der Korrelationskoeffizient von Spearman (1904)
und der Korrelationskoeffizient von Kendall (1938). Sie beruhen auf der Idee, die
gegebenen Beobachtungsreihen durch sogenannte **Rangreihen** darzustellen. Zu
diesem Zweck wird ein einfaches Skalierungsverfahren angewendet, das bereits
im Zusammenhang mit dem Rangsummen-Test von Wilcoxon (vgl. Abschn. 4.6)
besprochen wurde:

---

[8] Die Stichproben sind dem Datensatz "golub" im Paket "multtest" aus der Software-Sammlung
"bioconductor" entnommen und betreffen die Gene mit den Bezeichnungen "M81830_at" bzw.
"U58048_at" von 27 Leukämiepatienten der Tumorklasse 0 (vgl. http://www.bioconductor.org/).

Sind z. B. $x_1, x_2, \ldots, x_n$ die beobachteten Werte von X, werden diese nach aufsteigender Größe von 1 bis n durchnummeriert, wobei wir auch gleiche Werte mit fortlaufenden Reihungsziffern versehen (am einfachsten in der Reihenfolge ihres Auftretens). Jedem einfach auftretenden x_i ordnen wir dann die diesem Wert entsprechende Reihungsziffer als Rangzahl zu und schreiben dafür $R(x_i)$. Treten mehrere gleiche x-Werte auf – man spricht dann von **Bindungen**, erhält ein jeder dieser gleichen x-Werte das arithmetische Mittel der entsprechenden Reihungsziffern als Rangzahl zugewiesen. Die Folge $R(x_1), R(x_2), \ldots, R(x_n)$ der so ermittelten Rangzahlen bildet die gesuchte Rangreihe. Offensichtlich ist die Summe der Rangzahlen gleich $1 + 2 + \cdots + n = n(n + 1)/2$.

b) Der Rangkorrelationskoeffizient von Spearman Es seien X und Y zwei metrische Merkmale, von denen die verbundenen Stichproben $x_1, x_2, \ldots, x_n$ bzw. $y_1, y_2, \ldots, y_n$ vorliegen. Durch Rangskalierung der X- bzw. Y-Werte ergeben sich die (verbundenen) Rangreihen $R(x_1), R(x_2), \ldots, R(x_n)$ bzw. $R(y_1), R(y_2), \ldots, R(y_n)$. Wenn die X- und Y-Reihe so verbunden sind, dass jeweils die kleinsten Werte, die zweitkleinsten Werte usw. miteinander korrespondieren, dann gilt offensichtlich $R(x_i) = R(y_i)$, d. h., die beiden Rangreihen sind identisch. Stellt man die Rangzahlenpaare in der (x, y)-Ebene als Punkte dar, indem man horizontal $R(x_i)$ und vertikal $R(y_i)$ aufträgt, so liegen die Punkte auf einer Geraden mit dem Anstieg $+1$. Man spricht von einer perfekten positiven Rangkorrelation, der der maximale Korrelationswert $r_s = +1$ zugeordnet ist. Um die Abweichung von der perfekten positiven Rangkorrelation zu erfassen, ist nach Spearman die Quadratsumme

$$S = \sum_{i=1}^{n} (R(x_i) - R(y_i))^2$$

der Differenzen $d_i = R(x_i) - R(y_i)$ zwischen den einander entsprechenden Rangwerten $R(x_i)$ und $R(y_i)$ zu bilden und in die Formel

$$r_s = 1 - \frac{6S}{n(n - 1)(n + 1)} \tag{5.11a}$$

einzusetzen. Wie man zeigen kann, ist r_s gleich der mit den Rangreihen berechneten Produktmomentkorrelation. Aus diesem Grund wird r_s auch als ein zur Produktmomentkorrelation analoges Maß für monotone Zusammenhänge bezeichnet. Für den Spearman'schen Korrelationskoeffizienten gilt daher $-1 \le r_s \le +1$. Je nachdem, ob $r_s > 0$ oder $r_s < 0$ ist, spricht man von einer positiven bzw. negativen Rangkorrelation. Speziell liegt für $r_s = -1$ eine perfekte negative Rangkorrelation vor, bei der die Rangreihen durch den linearen Zusammenhang $R(y_i) = n + 1 - R(x_i)$ miteinander verknüpft sind, d. h., die den Rangzahlenpaaren entsprechenden Punkte liegen in der (x, y)-Ebene auf einer Geraden mit dem Anstieg -1. Im Hinblick auf die ursprünglichen Beobachtungsreihen bedeutet der Sonderfall $r_s = -1$, dass der kleinste X-Wert mit dem größten Y-Wert, der zweitkleinste X-Wert mit dem zweitgrößten Y-Wert usw. verbunden ist.

Ein stark von null abweichendes r_s ist ein Hinweis darauf, dass X und Y voneinander abhängen. Welche Abweichung von null als „signifikant" anzusehen ist, muss mit einem entsprechenden **Abhängigkeitstest** entschieden werden. Wir wollen im Folgenden voraussetzen, dass es keine Bindungen gibt. Ohne Beschränkung der Allgemeinheit kann angenommen werden, dass die X-Werte nach aufsteigender Größe angeordnet und folglich die X-Ränge durch $R(x_1) = 1$, $R(x_2) = 2$, ..., $R(x_n) = n$ gegeben sind. Wenn X und Y unabhängig sind (diese Annahme postulieren wir als Nullhypothese H_0), sind alle Permutationen der Y-Ränge gleichwahrscheinlich. Jede einzelne Permutation und jeder daraus berechnete Koeffizient r_s tritt also unter H_0 mit der Wahrscheinlichkeit $1/n!$ auf. Indem man die übereinstimmenden r_s-Werte zusammenfasst und ihre Wahrscheinlichkeiten aufsummiert, erhält man die unter H_0 zu erwartende Wahrscheinlichkeitsverteilung des Spearman'schen Rangkorrelationskoeffizienten.[9]

Bei größeren Stichprobenumfängen (etwa $n > 10$) kann man bei der Abhängigkeitsprüfung davon Gebrauch machen, dass die Testgröße

$$TG = \frac{r_s \sqrt{n-2}}{\sqrt{1 - r_s^2}} \qquad (5.11\mathrm{b})$$

unter H_0 (Unabhängigkeitsannahme) mit guter Näherung t-verteilt ist mit $n - 2$ Freiheitsgraden (vgl. Kendall und Stuart 1978). Bei vorgegebenem α wird H_0 abgelehnt, falls $|TG_s| > t_{n-2,1-\alpha/2}$ gilt bzw. der P-Wert $P = 2F_{n-2}(-|TG_s|)$ kleiner als α ist.[10]

c) Der Rangkorrelationskoeffizient von Kendall Wir gehen wieder von zwei abhängigen Stichproben x_i bzw. y_i $(i = 1, 2, \ldots, n)$ aus. Alle X-Werte seien verschieden und ebenso die Y-Werte. Die X-Werte denken wir uns nach aufsteigender Größe angeordnet, so dass die X-Ränge durch $R(x_1) = 1$, $R(x_2) = 2$ usw. gegeben sind. Die Y-Ränge $R(y_1)$, $R(y_2)$ usw. bilden i. Allg. eine von den X-Rängen $1, 2, \ldots, n$ abweichende Sequenz der natürlichen Zahlen von 1 bis n. Die Abweichung wird nach Kendall durch die Anzahl Q der Inversionen in der Y-Rangreihe gemessen. Eine Inversion besteht zwischen zwei Stellen i und $j > i$ der Y-Rangreihe, wenn $R(y_j)$ kleiner als $R(y_i)$ ist. Um die Anzahl der Inversionen

---

[9] Beispielsweise hat man für $n = 3$ zu vorgegebenen X-Rängen $R(x_1) = 1$, $R(x_2) = 2$, $R(x_3) = 3$ als mögliche Y-Ränge die 3! = 6 gleichwahrscheinlichen Tripel $(1, 2, 3)$, $(1, 3, 2)$, $(2, 1, 3)$, $(2, 3, 1)$, $(3, 1, 2)$ und $(3, 2, 1)$. Die entsprechenden Werte S_i der Summe $S = \sum_{i=1}^{3} d_i^2$ der quadrierten Abweichungen d_i sind $S_1 = 0$, $S_2 = S_3 = 2$, $S_4 = S_5 = 6$ und $S_6 = 8$. Indem man in (5.11a) einsetzt, ergeben sich die Korrelationswerte $r_{s1} = 1$, $r_{s2} = r_{s3} = 0.5$, $r_{s4} = r_{s5} = -0.5$ und $r_{s6} = -1$. Im Falle $n = 3$ nimmt also der Spearman'sche Korrelationskoeffizient die Werte -1, -0.5, 0.5 und 1 mit den Wahrscheinlichkeiten $1/6$, $1/3$, $1/3$ bzw. $1/6$ an. Die exakte Bestimmung der Verteilung von r_s ist für große n sehr aufwändig. Die Abhängigkeitsprüfung mit der exakten Nullverteilung von r_s kann für $n \leq 22$ mit der R-Funktion `spearman.test()` im Paket „pspearman" ausgeführt wird.

[10] Dabei ist F_{n-2} die Verteilungsfunktion der t_{n-2}-Verteilung. Mit dieser Approximation rechnet die R-Funktion `cor.test()`, wenn die Parametersetzungen `method="spearman"` und `exact=F` vorgenommen werden.

zu bestimmen, beginnt man z. B. mit dem ersten Element der Rangreihe und zählt ab, wie viele kleinere Elemente folgen. In gleicher Weise verfährt man mit dem zweiten Element usw., bis man zum vorletzten Element gelangt. Besteht z. B. die Y-Rangreihe aus 5 Werten in der Anordnung 2, 1, 4, 5, 3, so liegen die Inversionen 2-1, 4-3 und 5-3 vor (dem ersten, dritten und vierten Element folgt je ein kleineres nach), also ist $Q = 3$.

Bei perfekter positiver Rangkorrelation ist $Q = 0$, für eine perfekte negative Rangkorrelation (in diesem Fall sind die Y-Ränge wie $n, n - 1, \ldots, 1$ angeordnet) nimmt Q den Maximalwert $n(n-1)/2$ an. Indem man Q vom halben Maximalwert subtrahiert und anschließend durch den halben Maximalwert dividiert, erhält man den Kendall'schen Rangkorrelationskoeffizienten

$$\tau = 1 - \frac{4Q}{n(n-1)}, \tag{5.12a}$$

der zwischen den Grenzen -1 und $+1$ liegt. Die Verteilung der Kendall'schen Rangkorrelation kann im Falle der Unabhängigkeit von X und Y (Nullhypothese H_0) schon ab $n > 10$ mit guter Näherung durch die Normalverteilung mit dem Mittelwert $\mu = 0$ und der (von n abhängigen) Standardabweichung

$$\sigma_\tau = \sqrt{\frac{2(2n+5)}{9n(n-1)}} \tag{5.12b}$$

wiedergegeben werden. Die aus den Rangreihen berechnete Realisierung der Kendall'schen Rangkorrelation τ weicht auf dem Niveau α signifikant von null ab, wenn $|\tau/\sigma_\tau| > z_{1-\alpha/2}$ gilt oder der P-Wert $P = 2\Phi(-|\tau/\sigma_\tau|)$ kleiner als α ist.[11]

Beispiele

1. Gegeben sei eine Beobachtungsreihe aus den folgenden 10 Merkmalswerten: $x_1 = 20$, $x_2 = 18$, $x_3 = 19$, $x_4 = 21$, $x_5 = 24$, $x_6 = 17$, $x_7 = 19$, $x_8 = 19$, $x_9 = 23$, $x_{10} = 22$. Um die dieser Beobachtungsreihe entsprechende Rangreihe zu ermitteln, suchen wir den kleinsten Merkmalswert und geben ihm die Reihungsziffer 1. Der nächstgrößere erhält die Ziffer 2 usw. Auf diese Weise ergibt sich die zweite Zeile in Tab. 5.9, wobei die drei gleichen Werte x_3, x_7 und x_8 in dieser Reihenfolge mit fortlaufenden Ziffern versehen sind.

Die in der dritten Zeile stehenden Rangzahlen stimmen mit den Reihungsziffern überein, die an die einfach auftretenden Merkmalswerte vergeben wurden. Da

---

[11] Für die Bestimmung der Kendall'schen Rangkorrelation und die Abhängigkeitsprüfung mit diesem Korrelationsmaß steht in R die Funktion `cor.test()` mit der Parametersetzung `method="kendall"` zur Verfügung. Für Stichprobenumfänge unter 50 wird der exakte P-Wert berechnet, wenn es keine Bindungen gibt und der Parameter `exact` nicht auf `FALSE` gesetzt wurde. Andernfalls kommt die Normalverteilungsapproximation zur Anwendung.

Tab. 5.9 Rangskalierung einer Beobachtungsreihe (zu Beispiel 1). Der Wert 19 ist unterstrichen, um die Bindung der Merkmalswerte x_3, x_7 und x_8 zu verdeutlichen

Beobachtungsreihe	20	18	19	21	24	17	19	19	23	22
Reihungsziffern	6	2	3	7	10	1	4	5	9	8
Rangreihe	6	2	4	7	10	1	4	4	9	8

die Ausprägung 19 dreimal vorkommt, ist aus den unter den Werten 19 stehenden Nummern das arithmetische Mittel $(3 + 4 + 5)/3 = 4$ zu bilden und jedem der Merkmalswerte x_3, x_7 und x_8 als Rangzahl zuzuweisen.

2. Es soll der Zusammenhang zwischen den Variablen X und Y durch die Spearman'sche Rangkorrelation mit den Daten in Tab. 5.10 geschätzt werden. Bei den Variablen X und Y handelt es sich um Ca- bzw. Mg-Serumkonzentrationen (in mmol/l). Diese wurden in einer Zufallsstichprobe von $n = 12$ Personen gemessen. Weder innerhalb der X- noch innerhalb der Y-Stichprobe gibt es Bindungen, also gleiche Messwerte. Mit der Spaltensumme $S = \sum_{i=1}^{12} d_i^2 = 160$ ergibt sich aus Formel (5.11a) der Schätzwert

$$r_s = 1 - \frac{6 \cdot 160}{12 \cdot 11 \cdot 13} = 0.441$$

für den Spearman'schen Rangkorrelationskoeffizienten. Die Realisierung der Testgröße (5.11b) ist $TG_s = r_s \sqrt{n-2}/\sqrt{1-r_s^2} = 1.552$. Mit der Verteilungsfunktion F_{10} der t_{10}-Verteilung berechnen wir den P-Wert $P = 2F_{10}(-1.552) = 0.1517$. Wegen $P \geq 0.05$ ist der beobachtete r_s-Wert auf dem 5%-Niveau nicht signifikant von null verschieden; die angenommene Unabhängigkeit der Ca- und Mg-Konzentration kann mit den Stichprobendaten nicht widerlegt werden. (Der mit der R-Funktion `spearman.test()` ermittelte exakte P-Wert ist 0.1542.)

3. Wir greifen wieder auf die in Tab. 5.10 tabellierten Variablen zurück und schätzen den Zusammenhang auch mit Hilfe der Kendall'schen Rangkorrelation. Um die Anzahl Q der Inversionen zu ermitteln, ist in der Q_i-Spalte der Tab. 5.10 für jeden Y-Rang angeführt, wie viele kleinere Y-Ränge der jeweiligen Rangzahl nachfolgen. Zum Beispiel hat man in der siebenten Zeile ($i = 7$) den Y-Rang 10. In den weiteren Zeilen findet man die Rangzahlen 12, 3, 11, 9 und 4, von denen 3 kleiner als 10 sind; daher ist $Q_7 = 3$. Die Summe der Q_i-Werte ergibt $Q = 22$. Damit folgt aus Formel (5.12a) der Wert

$$\tau = 1 - \frac{4 \cdot 22}{12 \cdot 11} = 0.333$$

für den Kendall'schen Rangkorrelationskoeffizienten. Um die Abhängigkeitsprüfung näherungsweise mit der Normalverteilungsapproximation auszuführen, berechnen wir mit Formel (5.12b) die Standardabweichung

$$\sigma_\tau = \sqrt{\frac{2(2 \cdot 12 + 5)}{9 \cdot 12(12 - 1)}} = 0.221.$$

Tab. 5.10 Ca- und Mg-Ionenkonzentration X bzw. Y in mmol/l (zu den Beispielen 2 und 3, Abschn. 5.3). Die X-Werte sind nach aufsteigender Größe angeordnet. Die dritte und vierte Spalte enthalten die X- bzw. Y-Ränge. In der d_i^2-Spalte sind die quadrierten Differenzen der entsprechenden X- und Y-Ränge angeführt; die Q_i-Spalte enthält die Anzahl der jedem $R(y_i)$ nachfolgenden kleineren Y-Ränge.

lfd. Nr. i	x_i	y_i	$R(x_i)$	$R(y_i)$	d_i^2	Q_i
1	2.12	0.79	1	1	0	0
2	2.15	0.95	2	5	9	3
3	2.19	0.80	3	2	1	0
4	2.26	1.12	4	8	16	4
5	2.27	1.10	5	7	4	3
6	2.30	1.05	6	6	0	2
7	2.40	1.22	7	10	9	3
8	2.42	1.34	8	12	16	4
9	2.46	0.81	9	3	36	0
10	2.50	1.25	10	11	1	2
11	2.53	1.20	11	9	4	1
12	2.61	0.90	12	4	64	0
$\sum$					160	22

Wegen $P = 2\Phi(-|\tau/\sigma_\tau|) = 2\Phi(-1.509) = 0.1314 \geq 0.05$ kann auf dem 5 %-Niveau keine Entscheidung gegen die angenommene Unabhängigkeit der Variablen vorgenommen werden. (Der exakte P-Wert ist 0.1526.)

Aufgaben

1. Auf eine Ausschreibung hin haben sich 12 Personen beworben. Im Zuge der Einstellungsgespräche werden die Bewerber von je einem Vertreter der Dienstgeberseite (Bewertung X) und Dienstnehmerseite (Bewertung Y) einer Beurteilung unterzogen, und das Ergebnis wird in Form von Rangreihungen dargestellt. Man beschreibe den Grad der Übereinstimmung zwischen den beiden Bewertungsreihen mit den Rangkorrelationskoeffizienten von Spearman und von Kendall und zeige, dass die Korrelationskoeffizienten signifikant von null abweichen ($\alpha = 5\,\%$). Ferner zeige man an Hand der Bewertungsreihen, dass der Rangkorrelationskoeffizient von Spearman mit der aus den Rangzahlen berechneten Produktmomentkorrelation übereinstimmt.

Bewertung	Bewerber											
	1	2	3	4	5	6	7	8	9	10	11	12
X	5	10	3	1	9	2	8	6	4	12	11	7
Y	6	5	2	3	4	1	11	8	7	9	12	10

2. An 15 Pflanzen (*Biscutella laevigata*) wurden u. a. die Sprosshöhe X und die Länge Y des untersten Stängelblattes gemessen (Angaben in mm). Man berech-

ne den Spearman'schen Korrelationskoeffizienten r_s und zeige, dass r_s signifikant von null abweicht ($\alpha = 5\,\%$).

X	298	345	183	340	352	385	92	380	195	265	232	90	200	350
Y	39	47	18	29	45	50	33	70	20	52	71	14	28	40

5.4 Lineare Regression und zweidimensionale Normalverteilung

a) Regression von Y auf X Wir gehen wie in der Korrelationsrechnung von einer zweidimensionalen Stichprobe mit den Wertepaaren (x_1, y_1), (x_2, y_2), ..., (x_n, y_n) aus, die durch Beobachtung der Variablen X und Y an n Untersuchungseinheiten gewonnen wurden. Während durch die Korrelationsmaße eine numerische Bewertung der Stärke des Zusammenhanges zwischen den Variablen an Hand der Stichprobenwerte erfolgt, geht es in der Regressionsrechnung um eine weiter gehende Quantifizierung. Der Zusammenhang zwischen den Variablen soll in einer Form dargestellt werden, die eine Aussage darüber erlaubt, wie die „mittlere" Ausprägung der einen Variablen von den Werten der anderen Variablen abhängt. Diese Zielsetzung bedeutet, dass die Variablen X und Y nun nicht mehr wie bei Korrelationsanalysen gleichberechtigt nebeneinander stehen. Vielmehr betrachten wir im folgenden X als die „unabhängige" und Y als die „abhängige" Variable und wollen damit zum Ausdruck bringen, dass die beobachtete Variation der Werte von Y (wenigstens teilweise) durch die Variation von X erklärt werden soll. Zur Verdeutlichung der den Variablen zugewiesenen Rollen wird X auch als **Einflussgröße** oder **Regressor** bezeichnet und Y als **Zielgröße** oder **Regressand**.

Im zuerst betrachteten Fall nehmen wir an, dass die gemeinsame Variation von X und Y durch eine zweidimensionale Normalverteilung beschrieben werden kann. Die Verteilungsparameter sind durch die Mittelwerte μ_X und μ_Y, die Varianzen σ_X^2 und σ_Y^2 sowie den Korrelationskoeffizienten ρ_{XY} gegeben. Die gesuchte Abhängigkeit der Variablen Y von X folgt unmittelbar aus den Formeln (5.6a), mit denen die Werte dieser Variablen generiert wurden. Wir drücken aus der ersten Gleichung der Formel (5.6a) Z_1 durch X aus und setzen in die zweite Gleichung ein. Die sich ergebende Gleichung kann man auf die Form

$$Y = \beta_0 + \beta_1 X + \varepsilon \tag{5.13a}$$

bringen. Darin bedeuten

$$\beta_1 = \rho_{XY}\frac{\sigma_Y}{\sigma_X} \quad \text{und} \quad \beta_0 = \mu_Y - \rho_{XY}\frac{\sigma_Y}{\sigma_X}\mu_X = \mu_Y - \beta_1\mu_X \tag{5.13b}$$

zwei aus den Verteilungsparametern zu berechnende Konstanten und

$$\varepsilon = \sigma_Y\sqrt{1 - \rho_{XY}^2}\,Z_2 \tag{5.13c}$$

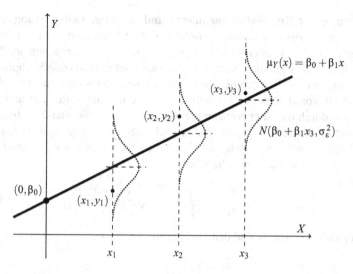

Abb. 5.3 Regression von Y auf X bei zweidimensional-normalverteilten Variablen. Für jeden festen Wert x von X ist Y normalverteilt mit dem Mittelwert $\mu_Y(x) = \beta_0 + \beta_1 x$ und der von x unabhängigen Varianz σ_ε^2

eine normalverteilte Zufallsvariable mit dem Mittelwert $\mu_\varepsilon = 0$ und der Varianz $\sigma_\varepsilon^2 = \sigma_Y^2(1 - \rho_{XY}^2)$. Für jeden festen Wert x der Regressorvariablen X ist Y also normalverteilt mit dem von der Stelle x abhängigen Mittelwert

$$\mu_Y(x) = E(Y|X = x) \doteq \beta_0 + \beta_1 x \qquad (5.14a)$$

und der von der Stelle x unabhängigen Varianz σ_ε^2. Die durch (5.14a) zum Ausdruck gebrachte Abhängigkeit des mittleren Y-Wertes von den Werten der Regressorvariablen X wird als **Regressionsfunktion** bezeichnet. Da Y in Abhängigkeit von X betrachtet wird, spricht man genauer von einer **Regression von Y auf X**. Für zweidimensional-normalverteilte Variablen X und Y ist der Graph der Regressionsfunktion (von Y auf X) in der (x, y)-Ebene somit eine Gerade mit dem Anstieg β_1 und dem y-Achsenabschnitt β_0. In Abb. 5.3 ist der Sachverhalt veranschaulicht; für jeden Wert x der Regressorvariablen liegt der Mittelwert $\mu_Y(x)$ von Y auf der Regressionsgeraden. Wegen $\beta_0 = \mu_Y - \beta_1\mu_X$ kann die Gleichung der Regressionsgeraden auch in der Form

$$\mu_Y(x) = \mu_Y + \beta_1(x - \mu_X) \qquad (5.14b)$$

angeschrieben werden. Diese Darstellung zeigt, dass die Regressionsgerade stets durch den Punkt (μ_X, μ_Y) mit den Mittelwertskoordinaten verläuft.[12]

---

[12] Die Ursprünge der Regressionsrechnung gehen auf Galton (1886) zurück. Galton zog aus Beobachtungsdaten über die Körpergröße von Vätern und deren Söhnen den Schluss, dass die mittlere

b) Schätzung der Regressionsparameter und Abhängigkeitsprüfung Um die durch die Regressorvariable determinierte Variationskomponente $\mu_Y(x)$ von Y in Abhängigkeit von x angeben zu können, müssen die Regressionsparameter β_1 (Anstieg der Regressionsgeraden) und β_0 (y-Achsenabschnitt) aus den Stichprobendaten geschätzt werden. Wir nehmen die Schätzung nach der Momentenmethode (vgl. Abschn. 3.10) vor, d. h. in den Formeln (5.13b) werden die Verteilungsmittelwerte μ_X und μ_Y durch die Stichprobenmittelwerte $\bar{x}$ bzw. $\bar{y}$, die Standardabweichungen σ_X und σ_Y durch die entsprechenden Stichprobenparameter s_x bzw. s_y und der Korrelationsparameter ρ_{XY} durch die Produktmomentkorrelation r_{xy} ersetzt. Auf diese Weise gewinnt man den Schätzwert

$$\hat{\beta}_1 = b_1 = r_{xy}\frac{s_y}{s_x} = \frac{s_{xy}}{s_x^2} = \frac{\sum_{i=1}^{n}(x_i - \bar{x})(y_i - \bar{y})}{\sum_{i=1}^{n}(x_i - \bar{x})^2} \qquad (5.15\text{a})$$

für den Geradenanstieg β_1 und den Schätzwert

$$\hat{\beta}_0 = b_0 = \bar{y} - b_1\bar{x} \qquad (5.15\text{b})$$

für den y-Achsenabschnitt β_0. Damit ergibt sich die **empirische Regressionsfunktion** mit der Gleichung

$$\hat{y}(x) = b_0 + b_1 x \quad \text{bzw.} \quad \hat{y}(x) = \bar{y} + b_1(x - \bar{x}) \qquad (5.15\text{c})$$

zur Schätzung des (von X abhängigen) Mittelwertes $\mu_Y(x)$ der Zielgröße. Man bezeichnet $\hat{y}(x)$ auch als den durch X determinierten Anteil der Zielgröße oder den auf der Grundlage des Regressionsmodells nach Vorgabe von x zu erwartenden Y-Wert. Wegen $\hat{y}(\bar{x}) = \bar{y}$ ist $(\bar{x}, \bar{y})$ ein Punkt der empirischen Regressionsgeraden.

Schließlich wird die Varianz σ_ε^2, die die Variation der Y-Werte um das jeweilige Zielgrößenmittel $\mu_Y(x)$ beschreibt, durch das **mittlere Residuenquadrat** geschätzt. Die Residuen sind die Abweichungen der beobachteten Y-Werte von den erwarteten Y-Werten, die zu den entsprechenden X-Werten mit Formel (5.15c) berechnet werden. Bezeichnet e_i das Residuum des i-ten Wertepaares (x_i, y_i), so gilt also $e_i = y_i - \hat{y}(x_i) = y_i - b_0 - b_1 x_i$ ($i = 1, 2, \ldots, n$). Um σ_ε^2 erwartungstreu zu schätzen, bilden wir die Quadratsumme $SQE = \sum_{i=1}^{n} e_i^2$ der Residuen und dividieren diese durch den um die Zahl 2 verminderten Stichprobenumfang n; auf diese Weise ergibt sich als Schätzwert für σ_ε^2 das mittlere Residuenquadrat

$$MQE = \frac{1}{n-2}\sum_{i=1}^{n} e_i^2 = \frac{1}{n-2}\sum_{i=1}^{n}[y_i - \hat{y}(x_i)]^2. \qquad (5.16)$$

Körpergröße der Söhne großer Väter kleiner als die der Väter ist, und spricht in diesem Zusammenhang von einer „Regression". Tatsächlich folgt dieses Phänomen unmittelbar aus (5.14b), wenn man unter X und Y die Körpergröße der Väter bzw. Söhne versteht und annimmt, dass die Variation der Körpergröße in beiden Generationen übereinstimmt, also $\sigma_X = \sigma_Y$ ist. Gleichung (5.14b) geht dann in $\mu_Y(x) = \mu_Y + \rho_{XY}(x - \mu_X)$ über, d. h. es gilt $\mu_Y(x) - \mu_Y < x - \mu_X$ für $0 < \rho_{XY} < 1$. Somit geben – das ist die Interpretation von Galton – die Väter für jedes „inch" über μ_X im Mittel ρ_{XY} „inches" an die Söhne weiter; vgl. dazu auch Bingham und Fry (2010).

Das mittlere Residuenquadrat wird benötigt, um **Konfidenzintervalle** für den Anstieg β_1 und für das Zielgrößenmittel $\mu_Y(x)$ zu bestimmen. Die Grenzen eines $(1 - \alpha)$-Konfidenzintervalls für den Anstieg β_1 der Regressionsgeraden sind durch

$$b_1 \pm t_{n-2,1-\alpha/2} \sqrt{\frac{MQE}{(n-1)s_x^2}} \tag{5.17a}$$

gegeben; hier ist $t_{n-2,1-\alpha/2}$ das $(1 - \alpha/2)$-Quantil der t_{n-2}-Verteilung. Für das Zielgrößenmittel $\mu_Y(x)$ hat man

$$\hat{y}(x) \pm t_{n-2,1-\alpha/2} \sqrt{MQE\left(\frac{1}{n} + \frac{(x - \bar{x})^2}{(n-1)s_x^2}\right)} \tag{5.17b}$$

als Grenzen eines $(1 - \alpha)$-Konfidenzintervalls an der Stelle x. Stellt man die untere und obere Grenze in Abhängigkeit von x in der (x, y)-Ebene dar, erhält man ein „Konfidenzband", das an der Stelle $X = \bar{x}$ am engsten ist und sich nach beiden Seiten verbreitert (siehe Abb. 5.4).

Die Angabe einer empirischen Regressionsfunktion nach (5.15c) ist nur sinnvoll, wenn Y von X abhängt. Im Rahmen des Modellansatzes (5.13a) besteht eine Abhängigkeit von X genau dann, wenn der Anstiegsparameter β_1 ungleich null ist. Dies ist auf dem Signifikanzniveau α der Fall, wenn das Konfidenzintervall (5.17a) die null nicht überdeckt. Wegen $\beta_1 = \rho_{XY}\sigma_Y/\sigma_X$ ist die **Abhängigkeitsprüfung** äquivalent zu der in Abschn. 5.2d betrachteten Prüfung, ob der Korrelationsparameter ρ_{XY} von null abweicht.

c) Bestimmtheitsmaß, Streuungszerlegung Es empfiehlt sich, nach Schätzung der Regressionsparameter die Regressionsgerade gemeinsam mit den Datenpunkten in ein Streudiagramm einzuzeichnen. Auf diese Weise gewinnt man eine Vorstellung, wie „gut" die Punkteverteilung durch die Regressionsgerade wieder gegeben wird. Die Konfidenzintervalle für das Zielgrößenmittel sind umso genauer, je enger die Datenpunkte um die Regressionsgerade herum konzentriert sind, je kleiner also die Residuenquadrate sind. In diesem Zusammenhang ist allerdings zu beachten, dass die Residuenquadrate von Haus aus klein sind, wenn der Regressand eine geringe Variabilität aufweist. Die geforderte Kleinheit der Residuenquadrate muss also in Relation zur Streuung der Y-Werte gesehen werden.

Auf der Grundlage dieser Überlegungen wollen wir nun das **Bestimmtheitsmaß** B als eine Kenngröße einführen, mit der die Regressionsgerade als Instrument zur Erklärung der Variation von Y durch den Regressor X bewertet werden kann. Zu diesem Zweck setzen wir $\hat{y}_i = \hat{y}(x_i)$ und erfassen die Abweichung der Datenpunkte von der Regressionsgeraden durch die Quadratsumme $SQE = \sum_{i=1}^{n}(y_i - \hat{y}_i)^2$ und die Streuung der Y-Werte durch $SQY = \sum_{i=1}^{n}(y_i - \bar{y})^2$. Mit Hilfe von

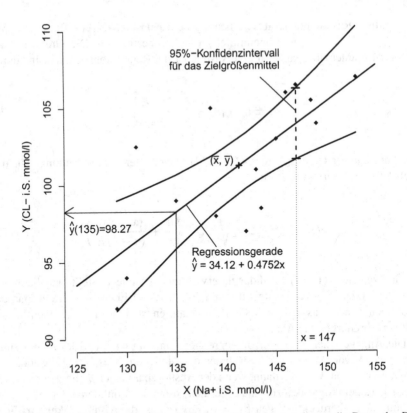

Abb. 5.4 Lineare Regression von Y auf X. Dem Streudiagramm liegen die Daten des Beispiels 1 am Ende dieses Abschnitts zugrunde. Die Abbildung zeigt die mit den Formeln (5.15a) und (5.15b) berechnete Regressionsgerade und die mit (5.17b) berechneten Grenzen der 95%-Konfidenzintervalle für das Zielgrößenmittel in Abhängigkeit von X

(5.15c) kann SQE wie folgt umgeformt werden:

$$SQE = \sum_{i=1}^{n} (y_i - \hat{y}_i)^2 = \sum_{i=1}^{n} \left[(y_i - \bar{y}) - b_1(x_i - \bar{x}) \right]^2$$

$$= \sum_{i=1}^{n} (y_i - \bar{y})^2 - 2b_1 \sum_{i=1}^{n} (y_i - \bar{y})(x_i - \bar{x}) + b_1^2 \sum_{i=1}^{n} (x_i - \bar{x})^2$$

$$= SQY - 2b_1(n-1)s_{xy} + b_1^2(n-1)s_x^2 = SQY \left(1 - r_{xy}^2 \right) \qquad (5.18)$$

Der mit den Quadratsummen SQE und SQY gebildete Ausdruck

$$B = 1 - \frac{SQE}{SQY} = r_{xy}^2 = \left(\frac{s_{xy}}{s_x s_y} \right)^2 \qquad (5.19)$$

stimmt mit dem Quadrat der Produktmomentkorrelation überein. Offensichtlich nimmt $B = r_{xy}^2$ den größtmöglichen Wert 1 an, wenn $SQE = 0$ ist, d. h., alle Datenpunkte auf der Regressionsgeraden liegen. Ist dagegen $SQE = SQY$, besitzt $B = r_{xy}^2$ den kleinstmöglichen Wert 0. In diesem Fall verläuft wegen $b_1 = 0$ die Regressionsgerade parallel zur Regressorachse, d. h., die Regressionsfunktion ist eine konstante Funktion, die keinen Beitrag zur Erklärung der Variabilität des Regressanden leisten kann. Je näher andererseits B bei 1 liegt, desto kleiner ist der durch den Regressor nicht erklärbare Restanteil.

Nicht nur die Randwerte 0 und 1, sondern auch die dazwischenliegenden Werte von B lassen sich in anschaulicher Weise interpretieren. Dazu bringen wir (5.18) auf die Gestalt $SQY = SQE + SQY r_{xy}^2$. Der zweite Summand auf der rechten Seite ist gleich der Quadratsumme $SQ\hat{Y}$ der Abweichungen der erwarteten Y-Werte $\hat{y}_i$ von ihrem Mittelwert $\bar{\hat{y}}$. Es gilt nämlich[13]

$$SQ\hat{Y} = \sum_{i=1}^{n} (\hat{y}_i - \bar{\hat{y}})^2 = \sum_{i=1}^{n} (\hat{y}_i - \bar{y})^2 = \sum_{i=1}^{n} b_1^2 (x_i - \bar{x})^2 = SQY r_{xy}^2. \quad (5.20)$$

Wir haben damit SQY in die Quadratsumme SQE der Residuen und die Quadratsumme $SQ\hat{Y}$ der durch die Regressionsfunktion erklärten Abweichungen vom Gesamtmittel zerlegt und können den Zusammenhang zwischen den drei Quadratsummen kurz durch die einfache Formel $SQY = SQE + SQ\hat{Y}$ ausdrücken. Mit Hilfe dieser sogenannten **Streuungszerlegung** ergibt sich nun für das Bestimmtheitsmaß die Darstellung

$$B = 1 - \frac{SQE}{SQY} = \frac{SQY - SQE}{SQY} = \frac{SQ\hat{Y}}{SQY}, \quad (5.21)$$

nach der B gerade als jener Anteil der Gesamtvariation SQY zu deuten ist, der mit der Regressionsfunktion erklärt werden kann.

d) Regression von X auf Y Wenn die Aufgabenstellung vorsieht, dass X in Abhängigkeit von Y zu betrachten ist, also X die Zielvariable und Y die Einflussvariable ist, hat man eine Regression von X auf Y durchzuführen. Die dazu notwendigen Formeln ergeben sich aus den Formeln für die Regression von Y auf X, indem man einfach die Variablenbezeichnungen vertauscht und $\rho_{XY} = \rho_{YX}$ bzw. $r_{xy} = r_{yx}$ beachtet. Für die erwarteten X-Werte folgt so z. B. aus (5.15c) in Verbindung mit (5.15a) die Darstellung

$$\hat{x}(y) = \bar{x} + b_1'(y - \bar{y}) \quad \text{mit } b_1' = r_{xy} \frac{s_x}{s_y}. \quad (5.22)$$

Zeichnet man die mit den Formeln (5.22) berechnete Gerade für die Regression von X auf Y in die (x, y)-Ebene ein, so gibt es im Allgemeinen keine Übereinstimmung

---

[13] Man beachte, dass $n\bar{\hat{y}} = \sum_i \hat{y}_i = \sum_i [\bar{y} + b_1(x_i - \bar{x})] = n\bar{y}$ ist.

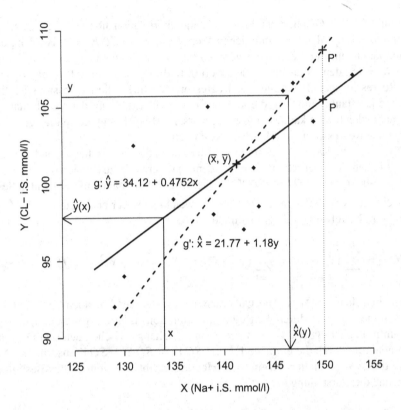

Abb. 5.5 Lineare Regression von Y auf X (*durchgezogene Linie*) und lineare Regression von X auf Y (*strichlierte Linie*) mit den Daten von Tab. 5.11. Beide Regressionsgeraden verlaufen „scherenartig" durch das Zentrum $(\bar{x}, \bar{y})$ der Punkteverteilung im Streudiagramm. Je kleiner der Betrag von r_{XY} ist, desto weiter ist die „Regressionsschere" geöffnet

mit der Geraden zur Regression von Y auf X (siehe Abb. 5.5). Zwar verlaufen beide Geraden stets durch das Zentrum der Punkteverteilung (d. h. durch den Punkt mit den Koordinaten $x = \bar{x}$ und $y = \bar{y}$), sie fallen aber nur bei perfekter linearer Korrelation zwischen den Beobachtungsreihen zusammen, also wenn $r_{xy}^2 = 1$ ist.

Beispiele

1. Mit den in Tab. 5.11 angeführten Messwerten x_i und y_i soll eine Regression von Y auf X durchgeführt werden, um zu vorgegebenen Werten von X auf die entsprechenden Mittelwerte von Y schätzen zu können. Bei den Variablenwerten handelt es sich um die bereits in Beispiel 1 von Abschn. 5.2 verwendeten Na- und Cl-Ionenkonzentrationen. Es wird eine zweidimensional normalverteilte Grundgesamtheit vorausgesetzt. Wir bestimmen

Tab. 5.11 Rechentabelle zur Regression von Y auf X (zu Beispiel 1, Abschn. 5.4). Der Datensatz ist nach aufsteigender Größe der X-Werte sortiert. Neben den Werten von X und Y sind die erwarteten Y-Werte $\hat{y}(x_i)$, die Residuen $e_i = y_i - \hat{y}(x_i)$ sowie die Grenzen der 95 %igen Konfidenzintervalle für die Zielgrößenmittel $\mu_Y(x_i)$ angegeben

lfd. Nr.				Residuen	95 %-Konfidenzband	
i	x_i	y_i	$\hat{y}(x_i)$	$y_i - \hat{y}(x_i)$	untere Gr.	obere Gr.
1	129.0	92.0	95.42	−3.42	91.84	99.00
2	130.0	94.0	95.90	−1.90	92.53	99.26
3	131.0	102.5	96.37	6.13	93.22	99.53
4	135.0	99.0	98.27	0.73	95.88	100.67
5	138.5	105.0	99.94	5.06	98.01	101.87
6	139.0	98.0	100.17	−2.17	98.29	102.06
7	142.0	97.0	101.60	−4.60	99.79	103.40
8	143.0	101.0	102.07	−1.07	100.23	103.92
9	143.5	98.5	102.31	−3.81	100.43	104.19
10	145.0	103.0	103.02	−0.02	101.00	105.05
11	146.0	106.0	103.50	2.50	101.35	105.65
12	147.0	106.5	103.98	2.52	101.68	106.27
13	148.5	105.5	104.69	0.81	102.14	107.24
14	149.0	104.0	104.93	−0.93	102.28	107.57
15	153.0	107.0	106.83	0.17	103.38	110.28
$\sum$	2120.0	1519.0	1519.00	0.00		

a) die Parameter der Regressionsgeraden (von Y auf X),

b) die Summe SQE der Quadrate der Residuen, das mittlere Residuenquadrat MQE und das Bestimmtheitsmaß B sowie

c) 95 %-Konfidenzintervalle für den Anstieg der Regressionsgeraden und die Zielgrößenmittelwerte.

a) Die arithmetischen Mittel der Stichproben $\bar{x} = 141.3$ und $\bar{y} = 101.3$, die Stichprobenvarianzen $s_x^2 = 54.46$ und $s_y^2 = 21.92$ und die Produktmomentkorrelation $r_{xy} = 0.749$ wurden bereits in Beispiel 1 von Abschn. 5.2 berechnet. In Beispiel 2 dieses Abschnitts wurde auch gezeigt, dass die Produktmomentkorrelation auf dem 5 %-Niveau signifikant von null abweicht, so dass tatsächlich eine (lineare) Abhängigkeit der Zielvariablen vom Regressor angenommen werden kann. Mit (5.15a) und (5.15b) erhält man für den Anstieg der Regressionsgeraden den Schätzwert $b_1 = 0.749\sqrt{21.92}/\sqrt{54.46} = 0.4752$ und für den y-Achsenabschnitt $b_0 = 101.3 - 0.4752 \cdot 141.3 = 34.12$. Die Gleichung der empirischen Regressionsfunktion ist daher durch $\hat{y}(x) = 34.12 + 0.4752x$ gegeben.

b) Setzt man in die Gleichung der Regressionsgeraden für x der Reihe nach die beobachteten X-Werte ein, erhält man die in der $\hat{y}$-Spalte von Tab. 5.11 eingetragenen Schätzwerte für die Zielgrößenmittelwerte. Man findet z. B. für $x = x_1 = 129$ den Schätzwert aus der Gleichung $\hat{y}(129) = 34.12 + 0.4752 \cdot 129 = 95.42$.

Zieht man die geschätzten (erwarteten) Zielgrößenmittelwerte von den beobachteten Y-Werten ab, folgen die Residuen in der fünften Spalte der Tab. 5.11. Man beachte, dass die Summe der für die beobachteten X-Werte berechneten Residuen stets null ist. Summiert man die quadrierten Residuen auf, erhält man $SQE = (-3.42)^2 + (-1.90)^2 + \cdots + (0.17)^2 = 134.8$; indem man diese Summe durch $n - 2 = 13$ dividiert, folgt als mittleres Residuenquadrat $MQE = 10.37$. Abbildung 5.4 zeigt die Verteilung der Messpunkte (x_i, y_i) im Streudiagramm. Ferner ist das „Zentrum" der Punktewolke markiert und die durch dieses Zentrum verlaufende Regressionsgerade eingezeichnet. Als Bestimmtheitsmaß ergibt sich $B = r_{xy}^2 = 0.749^2 = 0.561$, d. h. 56.1 % der Variation von Y können aus der Variation von X (über die lineare Regressionsfunktion) erklärt werden.

c) Mit den bereits berechneten Statistiken und dem Quantil $t_{13, 0.975} = 2.16$ findet man aus Formel (5.17a) für den Anstieg der Regressionsgeraden das 95 %-Konfidenzintervall

$$\left[0.4752 - 2.16\sqrt{\frac{10.37}{14 \cdot 54.46}}, \ 0.4752 + 2.16\sqrt{\frac{10.37}{14 \cdot 54.46}} \right] = [0.22, 0.73].$$

Für das Zielgrößenmittel rechnet man z. B. an der Stelle $x = x_1 = 129$ mit Formel (5.17b) die 95 %-Konfidenzgrenzen

$$95.42 \pm 2.16\sqrt{10.37\left(\frac{1}{15} + \frac{(129 - 141.3)^2}{14 \cdot 54.46}\right)} = 95.42 \pm 3.58 = \begin{cases} 91.84 \\ 99.00. \end{cases}$$

Diese Grenzen sind für die beobachteten X-Werte in Tab. 5.11 eingetragen; ferner ist das entsprechende Konfidenzband in Abb. 5.4 dargestellt.

2. Mit dem Datensatz des vorangehenden Beispiels soll zusätzlich zur Regression von Y auf X auch eine lineare Regression von X auf Y durchgeführt werden, die eine Schätzung der Mittelwerte von X zu vorgegebenen Werten von Y erlaubt. Es ist $\bar{x} = 141.3$, $\bar{y} = 101.3$, $s_x = 7.38$, $s_y = 4.68$ und $r_{xy} = 0.749$. Aus (5.22) folgt für die erwarteten X-Werte die Prognosegleichung

$$\hat{x}(y) = 141.3 + 0.749\frac{7.38}{4.68}(y - 101.3) = 21.77 + 1.18y.$$

Die der Regression von Y auf X entsprechende Gerade – wir bezeichnen sie mit g – hat die Gleichung $y = \hat{y}(x) = 34.12 + 0.4752x$; die Gleichung der der Regression von X auf Y entsprechenden Geraden g' lautet $x = \hat{x}(y) = 21.77 + 1.18y$. In Abb. 5.5 sind beide Geraden in ein rechtwinkeliges Koordinatensystem mit horizontaler X-Achse und vertikaler Y-Achse eingezeichnet. Sowohl g als auch g' verlaufen durch den Punkt $(\bar{x}, \bar{y}) = (141.3, 101.3)$. Um die Geraden zeichnen zu können, geben wir z. B. $x = 150$ vor und berechnen aus $\hat{y}(150) = 34.12 + 0.4752 \cdot 150 = 105.4$ den Punkt $P = (150, 105.4)$ auf g sowie aus der Forderung $\hat{x}(y) = 21.77 + 1.18y = 150$ den Punkt

$P' = (150, 108.6)$ auf g'. Die Geraden weichen deutlich voneinander ab. Durch die Pfeile wird veranschaulicht, dass von einem festen x mit Hilfe von g auf Y hoch zu schätzen ist; die Schätzung von einem vorgegebenen Wert y auf X hat dagegen mit Hilfe der Regressionsgeraden g' zu erfolgen.

Aufgaben

1. Mit den Leukämie-Daten der Aufgabe 2 von Abschn. 5.2 soll die Abhängigkeit der Variablen Y von der Variablen X durch eine lineare Regressionsfunktion dargestellt werden.

   a) Man bestimme Schätzwerte für die Parameter der Regressionsgeraden und berechne für den Anstieg ein 95 %iges Konfidenzintervall.
   b) Man bestimme ein 95 %iges Konfidenzintervall für das Zielgrößenmittel an der Stelle $X = \bar{x}$.
   c) Wie groß ist die zu erwartende Änderung Δ von Y, wenn X um 0.1 Einheiten zunimmt? Mittels einer Regression von X auf Y berechne man zusätzlich auch die zu erwartende Änderung von X bei Variation von Y um $\Delta = 0.1$ Einheiten.

2. Die mit den Formeln (5.15a)–(5.15c) berechnete lineare Regressionsgleichung $\hat{y} = b_0 + b_1 x$ zeichnet sich dadurch aus, dass a) die Summe der Residuen $e_i = y_i - \hat{y}_i$ stets null ergibt und b) das Bestimmtheitsmaß auch als Quadrat der Produktmomentkorrelation $r_{y\hat{y}}$ zwischen den Beobachtungswerten y_i und den erwarteten Y-Werten $\hat{y}_i$ berechnet werden kann, also $r_{xy}^2 = r_{y\hat{y}}^2$ ist. Man bestätige diese Behauptungen.

5.5 Lineare Regression und zufallsgestörte Abhängigkeiten

a) Problemstellung Sind X und Y zweidimensional-normalverteilte Zufallsvariablen, hängt der Mittelwert der einen Variablen (z. B. Y) über eine lineare Funktion (der sogenannten Regressionsfunktion) von den Werten der anderen Variablen (z. B. X) ab. Wir wollen nun das Konzept der Regressionsrechnung auf einen zweiten wichtigen Anwendungsfall übertragen. Bei diesem ist die unabhängige Variable X eine Größe, die frei von statistischen Schwankungen (z. B. Messfehlern) ist. Von X hängt eine zweite Messgröße Y ab. Wird die Abhängigkeit durch die Funktion f ausgedrückt, ergibt sich zu jedem Wert x von X der Funktionswert $f(x)$, durch den Y allerdings nicht vollständig bestimmt ist. Vielmehr denken wir uns die beobachteten Y-Werte so zustande gekommen, dass der von X abhängigen Y-Komponente eine Zufallskomponente ε additiv überlagert ist. An jeder Stelle x soll also die abhängige Variable $Y(x)$ durch den Modellansatz

$$Y(x) = \mu_Y(x) + \varepsilon \quad \text{mit } \mu_Y(x) = f(x) \tag{5.23}$$

generiert werden. Zusätzlich wird angenommen, dass die Zufallsvariable ε eine von der Stelle x unabhängige Verteilung mit dem Mittelwert null und der Varianz σ_ε^2 besitzt. Die Funktion f heißt wieder Regressionsfunktion, die unabhängige Variable Regressor oder Einflussgröße und die abhängige Variable auch Regressand oder Zielvariable. Im Gegensatz zur Modellgleichung (5.13a) ist X keine Zufallsvariable, was im Besonderen auch bedeutet, dass die Werte von X frei von zufälligen Messfehlern sind. Durch das Modell kann eine streng-funktionale Abhängigkeit wiedergegeben werden, bei der die beobachteten Y-Werte auf Grund von Messfehlern von den wahren Y-Werten $\mu_Y(x)$ abweichen; durch ε kann aber auch eine natürliche Variation der Messgröße Y zum Ausdruck gebracht werden; man denke z. B. an die Änderung einer Wachstumsgröße im Laufe der Zeit. In beiden Fällen wollen wir von einer zufallsgestörten Abhängigkeit der Variablen Y von X sprechen.

Aufgabe der Regressionsrechnung ist es, die Abhängigkeit der Variablen Y von den Werten der zweiten Variablen X durch eine Regressionsfunktion f darzustellen. Zu diesem Zweck wird der Modellansatz (5.23) ergänzt, indem man den Typ der Regressionsfunktion f näher spezifiziert. Dies geschieht so, dass man für f einen Funktionsterm $f(x; \beta_0, \beta_1, \ldots)$ vorschreibt, der bis auf gewisse Parameter $\beta_0, \beta_1, \ldots$ vollständig bestimmt ist. Für jede Wahl von Parameterwerten wird durch $f(x; \beta_0, \beta_1, \ldots)$ eine Funktion definiert, deren Gesamtheit jene Funktionenschar bildet, aus der die Regressionsfunktion auszuwählen ist. Ein wichtiger Sonderfall ist das Modell der **einfachen linearen Regression**. Hier wird f durch den zweiparametrigen Funktionsterm $f(x; \beta_0, \beta_1) = \beta_0 + \beta_1 x$ angesetzt. Der Graph dieser Funktion stellt in der (x, y)-Ebene eine Gerade dar. Einfache lineare Regressionsfunktionen sind also nur sinnvoll, wenn das mit dem jeweiligen Datenmaterial erstellte Streudiagramm auch tatsächlich einen „geradlinigen" Trend zeigt. Ist das nicht der Fall, ist für f ein anderer Funktionstyp anzunehmen, z. B. ein quadratisches Polynom der Gestalt $f(x; \beta_0, \beta_1, \beta_2) = \beta_0 + \beta_1 x + \beta_2 x^2$; die Regressionsfunktion ist wieder linear (in den Parametern), aber nicht mehr einfach, da neben X als zweite Regressorvariable X^2 aufscheint. Gelegentlich kann der Ansatz für die Regressionsfunktion auch mit theoretischen Argumenten motiviert werden. Ein Beispiel dafür ist der Zusammenhang zwischen verschiedenen Wachstumsgrößen eines biologischen Systems, den man oft mit Hilfe der allometrischen Funktion $f(x; \beta_0, \beta_1) = \beta_0 x^{\beta_1}$ zu beschreiben sucht; da f in diesem Fall nichtlinear in den Parametern β_0 und β_1 ist, spricht man von einer **nichtlinearen Regression**.

b) Kleinste Quadrate-Schätzung Nachdem die Regressionsfunktion auf einen bestimmten Funktionsterm $f(x; \beta_0, \beta_1, \ldots)$ eingeschränkt wurde, benötigen wir ein Verfahren, um Schätzwerte $\hat{\beta}_0, \hat{\beta}_1, \ldots$ für die Regressionsparameter $\beta_0, \beta_1, \ldots$ zu ermitteln. Wir verwenden dazu die **Methode der kleinsten Quadrate**. Dieser liegt die folgende Idee zugrunde:[14] Es seien $x_1, x_2, \ldots, x_n$ ein Satz von Werten

---

[14] Die Methode der kleinsten Quadrate ist ein Verfahren der Ausgleichsrechung, das von Carl Friedrich Gauß (1777–1855) und Adrien-Marie Legendre (1752–1833) zur Berechnung der Bahnen von Himmelskörpern aus beobachteten Positionen entwickelt wurde.

der Variablen X und $y_1, y_2, \ldots, y_n$ die entsprechenden Beobachtungswerte von Y. Nehmen wir an, wir hätten Schätzwerte $\hat{\beta}_0, \hat{\beta}_1, \ldots$ für die Parameter der in der Form $\mu_Y = f(x; \beta_0, \beta_1, \ldots)$ angesetzten Regressionsfunktion. Mit den Schätzwerten können wir die empirische Regressionsfunktion durch $\hat{y} = f(f(x; \hat{\beta}_0, \hat{\beta}_1, \ldots)$ ausdrücken und den zu jedem x_i gehörenden mittleren Y-Wert durch $\hat{y}(x_i) = f(x_i; \hat{\beta}_0, \hat{\beta}_1, \ldots)$ schätzen. Der mit x_i verbundene Beobachtungswert y_i von Y wird im Allgemeinen von $\hat{y}(x_i)$ abweichen. Die durch $e_i = y_i - \hat{y}(x_i)$ gegebene Abweichung nennen wir wie im Abschn. 5.4 das zu x_i gehörende Residuum. Je weniger die Residuen e_i ($i = 1, 2, \ldots, n$) von null abweichen, desto besser ist die Regressionsfunktion an das Datenmaterial „angepasst" und desto genauer lassen sich die Y-Werte mit der Regressionsfunktion vorhersagen. Die Abweichungen der Residuen von null können insgesamt durch die Summe

$$Q(\hat{\beta}_1, \hat{\beta}_2, \ldots) = \sum_{i=1}^{n} w_i e_i^2 = \sum_{i=1}^{n} w_i \left[y_i - f(x_i; \hat{\beta}_0, \hat{\beta}_1, \ldots) \right]^2 \qquad (5.24)$$

erfasst werden, in der die Größen w_i positive Gewichtsfaktoren darstellen, mit denen man eine unterschiedliche Bedeutung der Residuenquadrate e_i^2 für die Bestimmung der Regressionsparameter zum Ausdruck bringen kann. Indem wir nun verlangen, dass Q so klein wie möglich bleibt, haben wir eine Extremwertaufgabe formuliert, die es erlaubt, „optimale" Schätzwerte $\hat{\beta}_0 = b_0, \hat{\beta}_1 = b_1, \ldots$ für die Regressionsparameter $\beta_0, \beta_1, \ldots$ zu berechnen.

In der Praxis am wichtigsten ist der Fall, dass in (5.24) alle $w_i = 1$ sind, d. h., alle Residuenquadrate mit gleichem Gewicht in die zu minimierende Summe eingehen. Man sollte aber bedenken, dass die gleiche Gewichtung der Residuenquadrate, auf die wir uns im Folgenden beschränken werden, nicht immer angebracht ist. Der Wert $\hat{y}(x_i)$ der Regressionsfunktion wird an der Stelle x_i mit dem beobachteten y_i umso besser übereinstimmen, je stärker das Residuumquadrat e_i^2 im Vergleich zu den übrigen gewichtet ist. Es wäre daher verfehlt, das Residuumquadrat e_i^2 besonders zu gewichten, wenn man von vornherein mit einer starken Abweichung zwischen dem beobachteten y_i und dem durch X erklärbaren Anteil $\hat{y}(x_i)$ zu rechnen hat. Um eine sinnvolle Gewichtung der Residuenquadrate vorzunehmen, brauchen wir also eine Vorstellung darüber, wie stark die Residuen in Abhängigkeit von X streuen können. Wenn es zu jedem Wert x_i jeweils mehrere Beobachtungen von Y gibt, lässt sich die Reststreuung an jeder Stelle x_i einfach mit Hilfe der Varianz der zu diesem x_i gehörenden Y-Werten schätzen. Weichen die Varianzen nicht „wesentlich" voneinander ab, kann man annehmen, dass sich auch die Streuung der Residuen nicht wesentlich in Abhängigkeit von X verändert. Eine ungleiche Gewichtung der Residuenquadrate wäre hier nicht sinnvoll. Man wird also immer dann die Regressionsparameter durch Minimierung der mit gleichen Gewichten $w_i = 1$ angesetzten Restquadratsumme (5.24) bestimmen, wenn es keinen Hinweis auf eine mit X veränderliche Reststreuung gibt, d. h., eine **Homogenität der Reststreuung** angenommen werden kann.

Abb. 5.6 Geometrische
Veranschaulichung der Me-
thode der kleinsten Quadrate.
Die Kleinste Quadrate-
Schätzwerte b_1 und b_0
minimieren die Summe der
Quadrate der senkrechten
Abstände der Datenpunkte
P_i von der Regressionsgera-
den

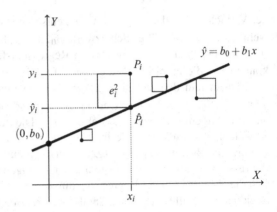

c) Parameterschätzung im einfachen linearen Regressionsmodell Bei einfachen linearen Regressionsaufgaben wird zu jedem Wert x_i von X der entsprechende
mittlere Y-Wert mit dem Funktionsterm $\hat{y}(x_i) = f(x_i; \hat{\beta}_0, \hat{\beta}_1) = \hat{\beta}_0 + \hat{\beta}_1 x_i$ geschätzt. Dabei sind die unbestimmten Konstanten $\hat{\beta}_0$ und $\hat{\beta}_1$ so zu bestimmen, dass
die Quadratsumme der Residuen

$$Q(\hat{\beta}_0, \hat{\beta}_1) = \sum_{i=1}^{n} (y_i - \hat{\beta}_0 - \hat{\beta}_1 x_i)^2 \qquad (5.25a)$$

minimal wird. Die in diesem Sinne optimalen Werte der Konstanten sind die Kleinste Quadrate-Schätzwerte b_0 und b_1. Um die geometrische Bedeutung der Minimierung zu veranschaulichen, tragen wir jedes Wertepaar (x_i, y_i) als Punkt P_i in ein
rechtwinkeliges Koordinatensystem ein und erhalten so die verbundenen Stichproben durch ein Streudiagramm dargestellt. Man spricht auch von einer Darstellung
der Stichproben in der **Merkmalsebene**, da die Koordinatenachsen den Merkmalen
entsprechen, während die eingezeichneten Punkte die Untersuchungseinheiten repräsentieren. Abbildung 5.6 zeigt eine Punkteverteilung in der Merkmalsebene für
eine hypothetische Untersuchungspopulation und zugleich die Regressionsgerade,
die der Funktion f für die optimale Wahl der Regressionsparameter entspricht. In
diesem Zusammenhang sei erinnert, dass durch b_1 der Anstieg der Geraden und
durch b_0 der y-Achsenabschnitt fixiert wird. Indem man nun den Punkt P_i in y-
Richtung auf diese Gerade projiziert, erhält man den Punkt $\hat{P}_i$ mit der x-Koordinate
x_i und der y-Koordinate $\hat{y}_i = \hat{y}(x_i) = b_0 + b_1 x_i$. Das zu x_i gehörende Residuum
$e_i = y_i - \hat{y}_i = y_i - b_0 - b_1 x_i$ stimmt also dem Betrage nach mit dem Abstand
des Punktes $\hat{P}_i$ vom Punkt P_i überein, und folglich kann das Residuumquadrat e_i^2
als Flächeninhalt des mit der Streckenlänge $\overline{P_i \hat{P}_i}$ errichteten Quadrats interpretiert
werden. Stellt man nun alle e_i^2 $(i = 1, 2, \ldots, n)$ auf diese Weise als Quadrate dar,
dann lässt sich die Quadratsumme (5.25a) der Residuen geometrisch als Summe
von Quadratflächeninhalten deuten, die durch die optimale Wahl der Regressionsparameter $\hat{\beta}_0 = b_0$ und $\hat{\beta}_1 = b_1$ so klein wie möglich gemacht wurde.

Die Lösung der Minimierungsaufgabe führt auf die Schätzwerte

$$b_1 = \frac{s_{xy}}{s_x^2} = r_{xy}\frac{s_y}{s_x} = \frac{\sum_{i=1}^{n}(x_i - \bar{x})(y_i - \bar{y})}{\sum_{i=1}^{n}(x_i - \bar{x})^2} \quad \text{und} \quad b_0 = \bar{y} - b_1\bar{x} \quad (5.25b)$$

für den Anstieg β_1 bzw. den y-Achsenabschnitt β_0 der Regressionsgeraden. Man beachte die Übereinstimmung der Ergebnisse der Kleinste Quadrate-Schätzung mit den Formeln (5.15a) und (5.15b), die für die Regressionsparameter bei zweidimensional-normalverteilten Zufallsvariablen angegeben wurden. Mit den erhaltenen Schätzwerten $\hat{\beta}_1 = b_1$ und $\hat{\beta}_0 = b_0$ ist die gesuchte Regressionsgerade bestimmt. Sie zeichnet sich unter allen Geraden dadurch aus, dass für sie die Quadratsumme (5.25a) der Residuen den kleinstmöglichen Wert annimmt. Im folgenden bezeichnen wir diesen Minimalwert mit SQE. Setzt man die Schätzwerte in (5.25a) ein und schreibt $SQY = (n-1)s_y^2$, kann die (minimale) Quadratsumme durch die Formel $SQE = SQY\left(1 - r_{xy}^2\right)$ ausgedrückt werden, die mit (5.18) übereinstimmt. Um die Regressionsgerade in der Merkmalsebene darzustellen, braucht man nur eine Gerade durch die Punkte $(\bar{x}, \bar{y})$ und $(0, b_0)$ oder irgendeinen anderen mit Hilfe der Funktionsgleichung $\hat{y} = f(x) = b_0 + b_1 x$ berechneten Punkt hindurch zu legen.

d) Zusammenfassung Auf Grund der Gemeinsamkeiten werden die in diesem und dem vorangehenden Abschnitt betrachteten (einfachen linearen) Regressionsmodelle in einem Modell, dem sogenannten **linearen Modell** (mit metrischer Einflussgröße X und metrischer Zielvariablen Y) zusammengefasst. Beide Ansätze gehen von einer zweidimensionalen Stichprobe mit den Wertepaaren (x_i, y_i) $(i = 1, 2, \ldots, n)$ aus. Die x_i sind entweder Realisierungen einer Zufallsvariablen oder vorgegebene Messwerte. Jeden Wert y_i der abhängigen Variablen Y denkt man sich beim linearen Modell additiv zusammengesetzt aus der (nicht zufälligen) Komponente μ_Y, die über die Gleichung $\mu_Y(x_i) = \beta_0 + \beta_1 x_i$ mit x_i verknüpft ist, und der Realisierung einer zufälligen Komponente ε, die eine von X unabhängige Verteilung mit dem Mittelwert null und der Varianz σ_ε^2 besitzt. Die Modellparameter β_1, β_0 und σ_ε^2 sowie die Komponente μ_Y (Mittelwert von Y) werden mit Hilfe der Größen

$$b_1 = r_{xy}\frac{s_y}{s_x}, \quad b_0 = \bar{y} - b_1\bar{x}, \quad MQE = \frac{SQE}{n-2} \quad \text{bzw.} \quad \hat{y} = b_1 x + b_0$$

geschätzt. Wir setzen im Folgenden voraus, dass ε normalverteilt ist. Dann gelten die Konfidenzintervalle (5.17a) und (5.17b) allgemein für den Anstieg β_1 bzw. das Zielvariablenmittel $\mu_Y(x)$ des linearen Modells. Ferner kann die Abhängigkeitsprüfung $H_0: \beta_1 = 0$ gegen $H_1: \beta_1 \neq 0$ rein rechnerisch wie in Abschn. 5.2 mit der Testgröße $TG = r_{xy}\sqrt{n-2}/\sqrt{1 - r_{xy}^2}$ durchgeführt werden; H_0 wird auf dem Niveau α abgelehnt, wenn $|TG_s| > t_{n-2,1-\alpha/2}$ gilt.

Es sei erwähnt, dass die Abhängigkeitsprüfung im einfachen linearen Regressionsmodell auch mit einer Variante des F-Tests durchgeführt werden kann. Als Testgröße wird dabei der Quotient $TG = SQ\hat{Y}/MQE$ verwendet. Die Nullhypothese $H_0: \beta_1 = 0$ (der Y-Mittelwert ist vom Regressor unabhängig) wird auf

Tab. 5.12 Entwicklungsdauer Y (in Tagen) von *Gammarus fossarum* in Abhängigkeit von der Wassertemperatur X (in °C), zu Beispiel 1 (Abschn. 5.5)

a) Datentabelle

lfd. Nr.	X	Y	lfd. Nr.	X	Y	lfd. Nr.	X	Y	lfd. Nr.	X	Y
1	16	22	6	17	19	11	18	17	16	20	14
2	16	20	7	17	20	12	19	17	17	20	14
3	16	19	8	17	19	13	19	15	18	20	14
4	16	21	9	18	18	14	19	16	19	20	15
5	16	21	10	18	18	15	19	17	20	20	13

b) Fallzahlen, Mittelwerte und Standardabweichungen

	Werte von X					gesamte Stichprobe
	16	17	18	19	20	
n	5	3	3	4	5	20
$\bar{y}$	20.60	19.33	17.67	16.25	14.00	17.45
s_y	1.14	0.58	0.58	0.96	0.71	2.69

dem Niveau α abgelehnt, wenn $TG_s > F_{1,n-2,1-\alpha}$ gilt oder der P-Wert $P = 1 - F_{1,n-2}(TG_s)$ kleiner als α ist.[15]

Beispiele

1. Um herauszufinden, wie die Entwicklungsdauer Y des Bachflohkrebses *Gammarus fossarum* von der Wassertemperatur X abhängt, wurde ein Laboratoriumsexperiment mit vorgegebenen Temperaturwerten durchgeführt. Die Versuchsergebnisse sind in Tab. 5.12a zusammengefasst. Wir stellen uns die Aufgabe, die Abhängigkeit der mittleren Entwicklungsdauer von der Temperatur durch eine Regressionsgerade darzustellen.

Zuerst überzeugen wir uns, dass die Modellvoraussetzungen erfüllt sind. Dazu berechnen wir auf jeder Temperaturstufe den Mittelwert und die Standardabweichung der beobachteten Entwicklungsdauer; diese Statistiken sind mit dem jeweiligen Stichprobenumfang in Tab. 5.12b zusammengefasst. Eine grafische Darstellung der Mittelwerte und der entsprechenden mit den Standardabweichungen gebildeten einfachen Streuintervalle enthält Abb. 5.7 für jede Temperaturstufe. Verbindet man die den Mittelwerten zugeordneten Punkte durch einen Streckenzug, erscheint die Annahme einer linearen Abhängigkeit der mittleren Entwicklungsdauer von der Temperatur durchaus gerechtfertigt; die Grafik zeigt auch, dass die Fehlerbalken eine durchaus vergleichbare Größe aufweisen, so dass die Annahme einer von X unabhängigen Varianz σ_ε^2 der Fehlergröße ε als gerechtfertigt erscheint.

---

[15] Die Schätzung der Regressionsparameter (Punkt- und Intervallschätzung) und die Abhängigkeitsprüfung wird i. Allg. mit Hilfe von speziellen Prozeduren aus einschlägigen Softwarepaketen durchgeführt. In R steht für lineare Modelle, im Besonderen auch für die einfache lineare Regression, die Funktion `lm()` zur Verfügung.

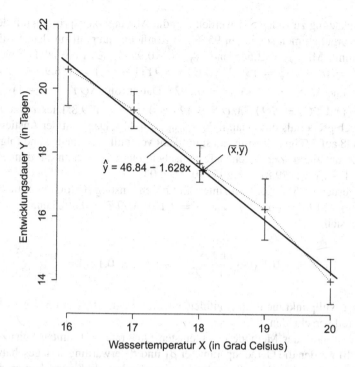

Abb. 5.7 Einfache lineare Regression mit mehreren Y-Werten zu jedem x_i (zu Beispiel 1, Abschn. 5.5). An jeder Stelle x_i sind die Mittelwerte und einfachen Streuintervalle der Y-Stichproben eingezeichnet. Die den Mittelwerten entsprechenden Punkte sind durch einen *punktierten Streckenzug* verbunden. Die Grafik wurde mit Hilfe der R-Funktion `plotCI()` aus dem Paket „gplots" erstellt

Zur Berechnung der Schätzwerte für den Anstieg und den y-Achsenabschnitt der Regressionsgeraden werden die Mittelwerte $\bar{x} = 18.05$ und $\bar{y} = 17.45$, die Standardabweichungen $s_x = 1.572$ und $s_y = 2.685$ sowie die Produktmoment-korrelation $r_{xy} = -0.9534$ benötigt. Damit findet man die Geradenparameter $b_1 = -0.9534 \cdot 2.685/1.572 = -1.628$ und $b_0 = 17.45 + 1.628 \cdot 18.05 = 46.84$. Die Abhängigkeit der mittleren Entwicklungsdauer von der Temperatur wird daher durch die Regressionsgerade $\hat{y} = 46.84 - 1.628x$ ausgedrückt. Das Bestimmtheitsmaß ist $B = r_{xy}^2 = 0.909$, d.h., knapp 91 % der Variation der Entwicklungsdauer kann aus der Änderung der Wassertemperatur erklärt werden.

Dass die Entwicklungsdauer Y tatsächlich über das lineare Modell (5.23) mit $f(x) = \beta_0 + \beta_1 x$ von der Wassertemperatur X abhängt, kann schnell nachgeprüft werden. Der durch $b_1 = -1.628$ geschätzte Anstieg β_1 ist auf 5 %igem Signifikanzniveau von null verschieden; denn der Betrag der Testgröße $TG_s = r_{xy}\sqrt{n-2}/\sqrt{1-r_{xy}^2} = -13.41$ ist deutlich größer als das Quantil $t_{18,0.975} = 2.101$.

2. In Ergänzung zu Beispiel 1 werden nun die Abhängigkeitsprüfung mit dem F-Test vorgenommen sowie ein 95 %iges Konfidenzintervall für den Anstieg β_1 bestimmt. Mit $s_y = 2.685$ und $r_{xy} = -0.9534$ (aus Beispiel 1) erhält man $SQY = (n-1)s_y^2 = 136.9$, $SQE = SQY(1 - r_{xy}^2) = 136.9(1 - 0.909) = 12.46$ und $MQE = 12.46/18 = 0.6925$. Damit folgt $SQ\hat{Y} = (n-1)s_y^2 r_{xy}^2 = 124.5$ und $TG_s = SQ\hat{Y}/MQE = 124.5/0.6925 = 179.8$. Dieser Quotient ist deutlich größer als das Quantil $F_{1,18,0.95} = 4.414$. Daher ist der Anstieg $b_1 = -1.628$ auf 5 %igem Testniveau signifikant von null verschieden und folglich Y von X abhängig. Zur gleichen Testentscheidung gelangt man mit dem P-Wert $P = 1 - F_{1,18}(179.8) = 8.295 \cdot 10^{-11} < 0.05$.

Das gesuchte 95 %-Konfidenzintervall für den Anstieg β_1 folgt unmittelbar aus (5.17a). Mit $b_1 = -1.628$, $t_{18,0.975} = 2.101$, $MQE = 0.6925$ und $s_x^2 = 2.471$ ergibt sich

$$-1.628 \pm 2.101 \sqrt{\frac{0.6925}{19 \cdot 1.572^2}} = -1.628 \pm 0.1214 = \begin{cases} -1.883 \\ -1.373. \end{cases}$$

Da der Nullpunkt nicht im Konfidenzintervall liegt, ist β_1 auf 5 %igem Niveau von null verschieden.

3. Mit den nach der Methode der kleinsten Quadrate bestimmten Schätzwerten (5.25b) werden die Geradenparameter β_1 und β_0 erwartungstreu geschätzt. Das bedeutet, dass $E(b_1) = \beta_1$ und $E(b_0) = \beta_0$ sind; da b_1 und b_0 nun die Bedeutung von Stichprobenfunktionen haben, hat man sich in (5.25b) unter y_i die (zufällige) Beobachtungsgröße Y_i an der Stelle $X = x_i$ und unter $\bar{y}$ das Stichprobenmittel $\bar{Y}$ der Beobachtungsgrößen Y_i ($i = 1, 2, \ldots, n$) vorzustellen. Die Erwartungstreue der Schätzfunktion b_1 kann man auf folgende Weise zeigen: Es ist $E(Y_i) = \hat{y}(x_i) = \beta_0 + \beta_1 x_i$ und $E(\bar{Y}) = \beta_0 + \beta_1 \bar{x}$. Damit ergibt sich

$$E(b_1) = E\left(\frac{\sum_{i=1}^{n} (x_i - \bar{x})(Y_i - \bar{Y})}{\sum_{i=1}^{n} (x_i - \bar{x})^2} \right)$$

$$= \frac{\sum_{i=1}^{n} (x_i - \bar{x})(E(Y_i) - E(\bar{Y}))}{\sum_{i=1}^{n} (x_i - \bar{x})^2} = \frac{\sum_{i=1}^{n} (x_i - \bar{x})\beta_1(x_i - \bar{x})}{\sum_{i=1}^{n} (x_i - \bar{x})^2} = \beta_1.$$

Für den y-Achsenabschnitt b_0 ergibt sich der Erwartungswert $E(b_0) = E(\bar{Y} - b_1\bar{x}) = E(\bar{Y}) - E(b_1)\bar{x} = \beta_0 + \beta_1\bar{x} - \beta_1\bar{x} = \beta_0$.

Als Varianz von b_1 findet man (die Y_i sind nach Voraussetzung unabhängige und normalverteilte Zufallsvariablen mit der von X unabhängigen Varianz σ_ε^2):

$$Var(b_1) = Var\left(\frac{\sum_{i=1}^{n} (x_i - \bar{x})(Y_i - \bar{Y})}{\sum_{i=1}^{n} (x_i - \bar{x})^2} \right) = Var\left(\frac{\sum_{i=1}^{n} (x_i - \bar{x})Y_i}{\sum_{i=1}^{n} (x_i - \bar{x})^2} \right)$$

$$= \frac{\sum_{i=1}^{n} (x_i - \bar{x})^2 \, Var(Y_i)}{\left[\sum_{i=1}^{n} (x_i - \bar{x})^2 \right]^2} = \frac{\sigma_\varepsilon^2}{\sum_{i=1}^{n} (x_i - \bar{x})^2}.$$

Wenn man hier σ_ε^2 durch das mittlere Residuenquadrat $MQE = SQE/(n-2)$ schätzt und die Wurzel zieht, folgt der (empirische) Standardfehler

$$s_{b_1} = \sqrt{\frac{MQE}{\sum_{i=1}^{n}(x_i - \bar{x})^2}} = \sqrt{\frac{MQE}{(n-1)s_x^2}}$$

des Anstiegs b_1, mit dem das Konfidenzintervall (5.17b) gebildet wurde.

Aufgaben

1. Man beschreibe die Abnahme der Säuglingssterblichkeit Y (Anzahl der gestorbenen Säuglinge auf 1000 Lebendgeborene) in Österreich von 1977 bis 1987 durch ein lineares Regressionsmodell. Gibt es eine signifikante Änderung der Säuglingssterblichkeit mit der Zeit ($\alpha = 5\,\%$)? Wie groß ist die durchschnittliche Abnahme der Säuglingssterblichkeit pro Jahr innerhalb des angegebenen Beobachtungszeitraumes?

X	77	78	79	80	81	82	83	84	85	86	87
Y	16.8	15.0	14.7	14.3	12.7	12.8	11.9	11.4	11.2	10.3	9.8

2. Die nachfolgende Tabelle enthält die über das Jahr gemittelten Wassertemperaturen (in °C) der Donau. Man prüfe im Rahmen einer linearen Regression, ob sich im Beobachtungszeitraum die Temperatur signifikant verändert hat ($\alpha = 5\,\%$).

Jahr	Temp.	Jahr	Temp.	Jahr	Temp.	Jahr	Temp.
80	9.4	84	9.9	88	10.6	92	11.5
81	10.6	85	10.1	89	10.4	93	10.6
82	10.5	86	10.7	90	10.9	94	11.5
83	10.0	87	9.6	91	10.2	95	9.9

5.6 Skalentransformationen und Regression durch den Nullpunkt

a) Linearisierende Transformationen Eine Voraussetzung des einfachen linearen Regressionsmodells ist, dass der Y-Mittelwert linear vom Regressor X abhängt. Auch wenn dies nicht der Fall ist, findet das einfache lineare Modell zumindest näherungsweise Anwendung; und zwar dann, wenn auf Grund eines relativ kleinen Streubereichs des Regressors der Regressand keine nennenswerten Abweichungen von einem geradlinigen Trend zeigt. Je größer aber der Wertebereich des Regressors ist, desto deutlicher tritt eine vorhandenen Nichtlinearität zu Tage. Wir wollen uns nun mit speziellen **nichtlinearen Modellen** befassen, die sich auf das lineare Regressionsmodell zurückführen lassen. Das lineare Modell denken wir uns mit den Variablen X (als Regressor) und Y (als Regressand) in der Form $Y = \beta_0 + \beta_1 x + \varepsilon$ angeschrieben. Danach setzt sich jede Realisierung von Y aus dem vom Wert x des Regressors abhängigen linearen Term $\mu_Y(x) = \beta_0 + \beta_1 x$ und einer Realisierung der $N(0, \sigma_\varepsilon^2)$-verteilten, zufälligen Restgröße ε zusammen. Von den Variablen X und Y nehmen wir an, dass sie durch „linearisierende Transformationen" aus den ursprünglich gegebenen Originalvariablen X' bzw. Y' abgeleitet wurden.

Man spricht von einer **doppelt-logarithmischen Transformation** (kurz log/log-Transformation), wenn sich die Werte von X und Y durch Logarithmieren der Originalvariablen X' bzw. Y' ergeben haben, also $X = \ln X'$ und $Y = \ln Y'$ gilt.[16] Geht man damit in die Gleichung $Y = \beta_0 + \beta_1 x + \varepsilon$ ein, folgt $\ln Y' = \beta_0 + \beta_1 \ln x' + \varepsilon$ bzw. $Y' = e^{\beta_0} \cdot x'^{\beta_1} \cdot e^{\varepsilon}$, wenn man die Gleichung zur Basis $e = 2.71828\ldots$ erhebt. Indem man die Konstante $\beta_0' = e^{\beta_0}$ einführt und die für kleine Werte von ε gültige Approximation $e^{\varepsilon} \approx 1 + \varepsilon$ anwendet, ergibt sich schließlich

$$Y' = \mu_{Y'}(x')(1 + \varepsilon) \quad \text{mit } \mu_{Y'}(x') = \beta_0' x'^{\beta_1}. \tag{5.26}$$

Damit haben wir auch für die Originalvariablen eine Aufspaltung der Zielgrößenwerte in einen durch die Einflussgröße X' erklärbaren und einen nicht vorhersagbaren Restanteil erhalten. Gegenüber dem Modell der einfachen linearen Regression gibt es aber zwei wesentliche Unterschiede: Einmal ist der durch X' erklärbare Anteil $\mu_{Y'}$ in nichtlinearer Weise, nämlich über die **allometrische** Gleichung $\mu_{Y'}(x') = \beta_0' x'^{\beta_1}$, mit x' verknüpft. Zum anderen streut die durch $\mu_{Y'}(x')\varepsilon$ gegebene Restabweichung umso mehr, je größer der Mittelwert $\mu_{Y'}(x')$ ist.[17]

Wenn also zwischen zwei Originalvariablen X' und Y' eine durch das Modell (5.26) darstellbare Abhängigkeit existiert, dann lassen sich die Parameter β_0' und β_1 der allometrischen Funktion schätzen, indem man mittels log/log-Transformation eine Linearisierung vornimmt. Das heißt, man geht zu den durch Logarithmieren aus den Originalvariablen abgeleiteten Größen $X = \ln X'$ bzw. $Y = \ln Y'$ über und führt dann eine einfache lineare Regression von Y auf X durch. Von den Geradenparametern β_0 und β_1 ist β_1 bereits der gesuchte Exponent in der allometrischen Funktion, der zweite unbekannte Parameter folgt aus $\beta_0' = e^{\beta_0}$. Eine Anwendung zeigt Abb. 5.8, die entsprechenden Berechnungen finden sich in Beispiel 1 am Ende des Abschnitts.

Neben der doppelt-logarithmischen Transformation kommen in der Praxis andere linearisierende Transformationen zur Anwendung. Von diesen seien die **einfach-logarithmische** Transformation erwähnt, mit der sich Exponentialfunktionen linearisieren lassen, sowie die **einfache** bzw. **doppelte Reziproktransformation** zur Linearisierung gebrochener linearer Funktionen. Tabelle 5.13 gibt einen Über-

---

[16] Statt der natürlichen Logarithmen könnte man ebenso gut auch Logarithmen mit einer anderen Basis (z. B. der Basis 10) verwenden.

[17] Eine derartige Abweichung von der Homogenität der Reststreuung ist in Verbindung mit nichtlinearen Abhängigkeiten häufig beobachtbar.

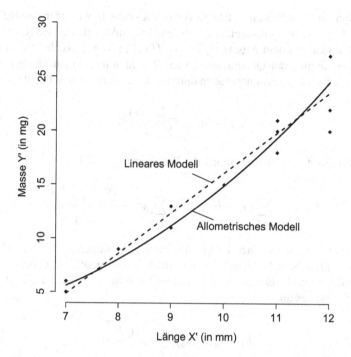

Abb. 5.8 Allometrische Regressionsfunktion $\hat{y}' = 0.02692 x'^{2.743}$ mit den Daten aus Tab. 5.14 (zu Beispiel 1, Abschn. 5.6). Die Funktion ergibt sich aus der mit den logarithmierten Originalvariablen bestimmten linearen Regressionsfunktion $\ln \hat{y}' = -3.615 + 2.743 \ln x'$. *Strichliert* ist die lineare Regressionsfunktion mit den Originalvariablen eingezeichnet

Tab. 5.13 Aus der Geradengleichung $y = \beta_0 + \beta_1 x$ durch logarithmische bzw. reziproke Skalentransformationen ableitbare nichtlineare Funktionstypen

Transformation	Nichtlineare Gleichung	Funktionstyp
$x = \ln x', y = \ln y'$	$y' = \beta_0' x'^{\beta_1}, \beta_0' = e^{\beta_0}$	Allometrische Funktion
$x = x', y = \ln y'$	$y' = \beta_0' e^{\beta_1 x'}, \beta_0' = e^{\beta_0}$	Exponentialfunktion
$x = x', y = 1/y'$	$y' = 1/(\beta_0 + b_1 x')$	Gebrochene lineare Funktion
$x = 1/x', y = 1/y'$	$y' = x'/(\beta_0 x' + \beta_1)$	Gebrochene lineare Funktion

blick über die genannten Anwendungsfälle. Weitere Transformationen auf Linearität findet man z. B. in Sachs und Hedderich (2012).

b) Regressionsgerade durch einen festen Punkt Ein vom bisher betrachteten einfachen linearen Modell abweichender Sonderfall liegt vor, wenn von der Regressionsgeraden auf Grund sachlogischer Überlegungen verlangt wird, dass sie durch einen festen Punkt $P = (x_0, y_0)$ der Merkmalsebene verläuft. Ohne Beschränkung der Allgemeinheit kann P im Nullpunkt des Koordinatensystems liegend angenommen, also $x_0 = y_0 = 0$ vorausgesetzt werden. Andernfalls lässt sich P stets durch

Subtraktion der Koordinaten x_0 und y_0 von den X- bzw. Y-Werten in den Nullpunkt verlegen. Der Forderung nach einer durch den Nullpunkt verlaufenden Regressionsgeraden hat man mit dem Ansatz $\mu_Y(x) = f(x; \beta_1) = \beta_1 x$ Rechnung zu tragen. Durch Minimierung der Quadratsumme der Residuen findet man für den Anstieg β_1 der gesuchten Regressionsgeraden durch den Nullpunkt den Schätzwert

$$\hat{\beta}_1 = b_1 = \frac{\sum_{i=1}^{n} x_i y_i}{\sum_{i=1}^{n} x_i^2}. \tag{5.27a}$$

Als Minimalwert der Quadratsumme der Residuen ergibt sich

$$SQE = \sum_{i=1}^{n} (y_i - b_1 x_i)^2 = \sum_{i=1}^{n} y_i^2 - \frac{\left(\sum_{i=1}^{n} x_i y_i\right)^2}{\sum_{i=1}^{n} x_i^2}.$$

Abweichend vom allgemeinen Fall ist das mittlere Residuenquadrat aus $MQE = SQE/(n-1)$ zu berechnen; es wird nur ein Parameter geschätzt, daher der Stichprobenumfang um 1 verringert. Bei der Intervallschätzung tritt an die Stelle der Formel (5.17a) das durch

$$b_1 \pm t_{n-1, 1-\alpha/2} \sqrt{\frac{MQE}{\sum_{i=1}^{n} x_i^2}} \tag{5.27b}$$

gegebene $(1 - \alpha)$-Konfidenzintervall für den Geradenanstieg β_1. Das Bestimmtheitsmaß ist in diesem Fall mit Hilfe der Formel $B = 1 - SQE/SQY$ mit $SQY = (n-1)s_y^2$ zu berechnen. Die Regression durch einen festen Punkt ist in Abb. 5.9 durch ein Beispiel veranschaulicht.

Beispiele

1. Tabelle 5.14 enthält Angaben über die Länge X' (in mm) und Masse Y' (in mg) von 15 Exemplaren des Bachflohkrebses *Gammarus fossarum*. Es soll die Abhängigkeit der Masse von der Länge durch ein geeignetes Regressionsmodell dargestellt werden.
Der erste Schritt bei der Bearbeitung dieser Aufgabe besteht darin, die Regressionsfunktion festzulegen. Dazu ist es zweckmäßig, zuerst die Werte von X' und Y' graphisch durch ein Streudiagramm darzustellen. Dies ist in Abb. 5.8 geschehen; man beachte dabei, dass die Punkte $(7, 5)$, $(9, 11)$ und $(12, 27)$ ein doppeltes Gewicht besitzen. Die Punkteverteilung lässt eine schwache Konvexität erkennen. In Verbindung mit der Zusatzforderung, dass die Regressionsfunktion durch den Nullpunkt verlaufen muss, erscheint der allometrische Regressionsansatz nach (5.26) geeignet, die Abhängigkeit der Masse von der Länge wiederzugeben. Das bedeutet, dass die Regressionsparameter β_0' und β_1 im Rahmen einer einfachen linearen Regression von $Y = \ln Y'$ auf $X = \ln X'$

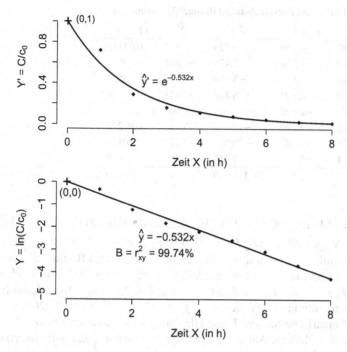

Abb. 5.9 Nichtlineare Regression durch den vorgegebenen Punkt $(0, 1)$. Die Regressionsfunktion wurde als eine durch den Punkt $(0, 1)$ verlaufende Exponentialkurve mit der Gleichung $\hat{y}' = e^{b_1 x}$ angesetzt. Die Anpassung der Exponentialkurve (*obere Grafik*) an die Datenpunkte erfolgte – nach logarithmischer Transformation der Y'-Werte – im Zuge einer linearen Regression durch den Punkt $(0, 0)$ (*untere Grafik*). Daten und Berechnungen: siehe Beispiel 2 am Ende des Abschnitts

Tab. 5.14 Datentabelle zu Beispiel 1, Abschn. 5.6. Die X'- und Y'-Spalten enthalten die Werte der Originalvariablen, die logarithmierten Variablenwerte sind auf 4 signifikante Stellen gerundet

X'	Y'	$X = \ln X'$	$Y = \ln Y'$	X'	Y'	$X = \ln X'$	$Y = \ln Y'$	X'	Y'	$X = \ln X'$	$Y = \ln Y'$
7	5	1.946	1.609	9	11	2.197	2.398	11	21	2.398	3.045
7	5	1.946	1.609	9	13	2.197	2.565	12	20	2.485	2.996
7	6	1.946	1.792	10	15	2.303	2.708	12	22	2.485	3.091
8	9	2.079	2.197	11	18	2.398	2.890	12	27	2.485	3.296
9	11	2.197	2.398	11	20	2.398	2.996	12	27	2.485	3.296

geschätzt werden können. Wir gehen also zu den abgeleiteten Variablen $X = \ln X'$ und $Y = \ln Y'$ über und logarithmieren die Werte der Originalvariablen. Mit Hilfe der Statistiken $n = 15$, $\bar{x} = 2.263$, $\bar{y} = 2.592$, $s_x = 0.2073$, $s_y = 0.5779$ und $r_{xy} = 0.9837$ erhält man die Schätzwerte $b_1 = r_{xy} s_y / s_x = 2.743$ und $b_0 = 2.592 - 2.743 \cdot 2.263 = -3.615$ für den Anstieg β_1 bzw. den y-Achsenabschnitt β_0 der Regressionsgeraden. Ferner ist $SQE = (n - 1)s_y^2(1 -$

Tab. 5.15 Daten- und Rechentabelle zu Beispiel 2, Abschn. 5.6

X	Y'	$Y = \ln Y'$	XY	$\hat{Y}$	$(Y - \hat{Y})^2$
1	0.720	−0.329	−0.329	−0.532	0.04141
2	0.290	−1.238	−2.476	−1.064	0.03023
3	0.160	−1.833	−5.498	−1.596	0.05596
4	0.110	−2.207	−8.829	−2.128	0.00628
5	0.075	−2.590	−12.951	−2.660	0.00487
6	0.046	−3.079	−18.475	−3.192	0.01275
7	0.025	−3.689	−25.822	−3.724	0.00124
8	0.014	−4.269	−34.150	−4.256	0.00016
			−108.529		0.15290

$r_{xy}^2) = 0.1513$, $MQE = SQE/(n - 2) = 0.01164$, $SQ\hat{Y} = (n - 1)s_y^2 r_{xy}^2 = 4.525$. Wegen $SQ\hat{Y}/MQE = 388.9 > F_{1,13,0.95} = 4.667$ ist der Geradenanstieg signifikant von null verschieden ($\alpha = 5\%$). Das Bestimmtheitsmaß (für das einfache lineare Modell) beträgt $B = r_{xy}^2 = 96.77\%$. Aus $\ln y' = y = b_0 + b_1 x = -3.615 + 2.743x = -3.615 + 2.743 \ln x'$ folgt durch Entlogarithmieren die Funktionsgleichung $y' = e^{-3.615} x'^{2.743} = 0.02692 x'^{2.743}$ für das allometrische Modell. Diese Gleichung ist in Abb. 5.8 eingezeichnet. Zum Vergleich enthält die Abbildung auch die Regressionsgerade (strichliert) mit den Originalvariablen.

2. Es sei C die Plasmakonzentration eines Wirkstoffes und c_0 der Anfangswert. Tabelle 5.15 enthält (fiktive) Daten über die Abnahme der Konzentration; angegeben ist die auf den Anfangswert bezogene Wirkstoffkonzentration $Y' = C/c_0$ in Abhängigkeit von der Zeit X. Offensichtlich muss $Y'(0) = 1$ gelten. Unter der (auch durch das Streudiagramm in Abb. 5.9 nahegelegten) Annahme, dass Y' im Mittel nach dem Exponentialgesetz $\mu_{Y'}(x) = e^{\beta_1 x}$ abnimmt, bestimme man einen Schätzwert (samt 95 %igem Konfidenzintervall) für β_1.
Durch logarithmische Transformation auf die Variable $Y = \ln Y'$ geht die Exponentialkurve in der (X, Y')-Ebene in eine durch den Nullpunkt verlaufende Gerade mit dem Anstieg β_1 in der (X, Y)-Ebene über. Die Schätzung von β_1 erfolgt mit Hilfe der Formel (5.27a). Mit $\sum x_i^2 = 204$ und $\sum x_i y_i = -108.529$ (aus der Tabelle) ergibt sich der Schätzwert $b_1 = -108.529/204 = -0.5320$ für β_1. Die Quadratsumme $SQE = 0.1529$ der Residuen (im Rahmen des einfachen linearen Modells) kann der Tab. 5.15 entnommen werden. Das entsprechende mittlere Residuenquadrat ist $MQE = 0.1529/7 = 0.02184$. Mit dem Quantil $t_{7,0.975} = 2.365$ folgt schließlich aus (5.27b) das 95 %-Konfidenzintervall

$$-0.5320 \pm 2.365 \sqrt{\frac{0.02184}{204}} = -0.5320 \pm 0.02447 = \begin{cases} -0.5565 \\ -0.5075. \end{cases}$$

Da der Wert null nicht im Konfidenzintervall liegt, ist der Geradenanstieg auf dem angenommenen Niveau signifikant von null verschieden. Wir berechnen

noch die Summe $\sum y^2 = 57.89$ der Quadrate der (logarithmierten) Y-Werte
und damit das Bestimmtheitsmaß $B = 1 - 0.1529/57.89 = 99.74\,\%$. Die in
Abb. 5.9 dargestellte Exponentialkurve hat die Gleichung $\mu_{Y'}(x) = e^{-0.532x}$.

Aufgaben

1. Die folgende Tabelle enthält die altersspezifischen Lebensraten l_i (Anteil der
   Individuen, die das Alter a_i erleben), die an einer Kohorte von ursprünglich
   142 Individuen eines Rankenfüßers (*Balanus glandula*) festgestellt wurden (aus
   Krebs, Ch.J.: Ecology. Harper & Row, New York (1985); die Variable a_i zählt
   das Lebensalter in Jahren). Für die Abnahme der Lebensrate mit dem Alter versuche man den exponentiellen Ansatz $l = e^{\beta_1 a}$, der insbesondere auch der
   Forderung $l_0 = 1$ genügt. Mittels einer einfach-logarithmischen Transformation erhält man daraus eine lineare Funktion, deren Parameter b_1 zu bestimmen
   ist. Man berechne zusätzlich ein 95 %-Konfidenzintervall für β_1.

a_i	1	2	3	4	5	6	7	8
l_i	0.437	0.239	0.141	0.109	0.077	0.046	0.014	0.014

2. Der Energieumsatz E (in kJ pro kg Körpergewicht und Stunde) wurde in Abhängigkeit von der Laufgeschwindigkeit v (in m/s) gemessen. Es ergaben sich folgende Wertepaare (v, E): $(3.1, 27.6)$, $(4.2, 50.6)$, $(5.0, 62.7)$, $(5.4, 147.1)$ und
   $(6.6, 356.3)$. Man stelle die Abhängigkeit des Energieumsatzes von der Laufgeschwindigkeit durch ein geeignetes Regressionsmodell dar und prüfe, ob im
   Rahmen des Modells überhaupt ein signifikanter Einfluss der Geschwindigkeit
   auf den Energieumsatz besteht ($\alpha = 5\,\%$).

3. Bei der in diesem Abschnitt behandelten linearen Regression durch den Nullpunkt wurde vorausgesetzt, dass die Reststreuung homogen ist, d. h. unabhängig
   vom Wert des Regressors. Diese Annahme ist nicht immer erfüllt. Vielmehr
   kommt es vor, dass die an einer Stelle x des Regressors berechnete Varianz
   $s_{y|x}^2$ des Regressanden proportional mit x zunimmt, d. h., $s_{y|x}^2 = cx$ gilt (c
   bezeichnet die Proportionalitätskonstante). Die beobachteten y_i-Werte streuen
   dann auf einer hohen Stufe x des Regressors mehr um den durch den Regressor bestimmten Prognosewert $\hat{y}_i$ als bei niedrigem x. Diesem Umstand wird bei
   Anwendung der Methode der kleinsten Quadrate so Rechnung getragen, dass
   man jeden Summanden $(y_i - \hat{y}_i)^2$ der zu minimierenden Restquadratsumme
   mit einem Gewicht w_i versieht, das gleich ist dem Kehrwert der Varianz des
   Regressanden an der Stelle x_i. Die Restquadratsumme ist nun von der Gestalt

$$Q(\hat{\beta}_1) = \sum_{i=1}^{n} w_i (y_i - \hat{\beta}_1 x_i)^2 = \sum_{i=1}^{n} \frac{(y_i - \hat{\beta}_1 x_i)^2}{cx_i}.$$

Man zeige (durch Nullsetzen der ersten Ableitung), dass die Restquadratsumme
für $\hat{\beta}_1 = \bar{y}/\bar{x}$ den kleinsten Wert annimmt.

5.7 Mehrfache lineare Regression

a) Bestimmung der Regressionsfunktion Mittels einfacher Regression kann man die Abhängigkeit des Erwartungswertes einer Variablen von einer anderen Variablen darstellen. In Verallgemeinerung dieses Ansatzes wollen wir nun die Zielgröße in Abhängigkeit von $p > 1$ Einflussgrößen betrachten und diese Abhängigkeit durch ein **mehrfaches** oder **multiples Regressionsmodell** beschreiben. Wir beschränken uns dabei auf den folgenden linearen Ansatz:

Es seien $X_1, X_2, \ldots, X_p$ die Einflussvariablen (Regressoren) und Y die Zielvariable (der Regressand). Für jedes Satz $x_1, x_2, \ldots, x_p$ von Werten der p Regressoren (innerhalb eines gewissen Wertebereichs) möge Y normalverteilt sein mit dem von den Regressoren abhängigen Mittelwert $\mu_Y = f(x_1, x_2, \ldots, x_p)$ und der von den Regressoren unabhängigen Varianz σ_ε^2. Die durch die Funktion f ausgedrückte Abhängigkeit des Mittelwertes von den Regressorwerten wird bei der mehrfachen **linearen** Regression durch die Gleichung

$$f(x_1, x_2, \ldots, x_p) = \beta_0 + \beta_1 x_1 + \cdots + \beta_p x_p \qquad (5.28)$$

mit unbestimmten Konstanten $\beta_0, \beta_1, \ldots, \beta_p$ modelliert. Diese Gleichung zeichnet sich durch die folgende Linearitätseigenschaft aus: Wird der Wert irgendeiner Regressorvariablen X_j von x_j auf $x_j + \Delta_j$ verändert und werden die übrigen Regressoren gleich belassen, so ist die dadurch bewirkte Veränderung der Zielvariablen durch $\beta_j \Delta_j$ gegeben, also nicht von den Ausgangswerten der Regressorvariablen abhängig.

Die Parameter $\beta_0, \beta_1, \ldots, \beta_p$ der Regressionsfunktion f sowie die Varianz σ_ε^2 sind unbekannt und mit Hilfe einer Zufallsstichprobe zu schätzen. Die Zufallsstichprobe bestehe aus den an n Untersuchungseinheiten beobachteten $p + 1$ Werten der Einfluss- und Zielvariablen. Meist wird die Stichprobe in Form der Datentabelle

Nr.	X_1	X_2	$\ldots$	X_p	Y
1	x_{11}	x_{12}	$\ldots$	x_{1p}	y_1
2	x_{21}	x_{22}	$\ldots$	x_{2p}	y_2
$\vdots$	$\vdots$	$\vdots$	$\vdots$	$\vdots$	$\vdots$
i	x_{i1}	x_{i2}	$\ldots$	x_{ip}	y_i
$\vdots$	$\vdots$	$\vdots$	$\vdots$	$\vdots$	$\vdots$
n	x_{n1}	x_{n2}	$\ldots$	x_{np}	y_n

mit n Zeilen und $p + 1$ Spalten dargestellt, die den Untersuchungseinheiten bzw. den Variablen entsprechen. Wenn $b_0, b_1, \ldots, b_p$ Schätzwerte für die Parameter $\beta_0, \beta_1, \ldots, \beta_p$ sind, kann für jede Untersuchungseinheit i mit den Regressorwerten $x_{i1}, x_{i2}, \ldots, x_{ip}$ der Funktionswert

$$\hat{y}_i = f(x_{i1}, x_{i2}, \ldots x_{ip}) = b_0 + b_1 x_{i1} + \ldots + b_p x_{ip}$$

$$= a + \sum_{j=1}^{p} b_j(x_{ij} - \bar{x}_j) \quad \text{mit } a = b_0 - \sum_{j=1}^{p} b_j \bar{x}_j \qquad (5.29)$$

berechnet werden. Hier ist $\bar{x}_j$ das arithmetischen Mittel der Realisierungen von X_j. Die Größe $\hat{y}_i$ drückt den mit den Regressoren vorhersagbaren Anteil der Zielvariablen aus und wird i. Allg. von dem an der i-ten Untersuchungseinheit beobachteten Wert y_i der Zielvariablen abweichen. Die Differenz ist das Residuum $e_i = y_i - \hat{y}_i$. Zur Bestimmung der Schätzwerte $a, b_1, \ldots, b_p$ verlangen wir wie bei der einfachen linearen Regression, dass die Summe der Quadrate aller Residuen so klein wie möglich wird (Kleinste Quadrate-Schätzung). Die aus dieser Forderung resultierenden Schätzwerte $b_1, b_2, \ldots, b_p$ lassen sich aus dem Gleichungssystem

$$
\begin{aligned}
s_1^2 b_1 + s_{12} b_2 + \cdots + s_{1p} b_p &= s_{y1} \\
s_{21} b_1 + s_2^2 b_2 + \cdots + s_{2p} b_p &= s_{y2} \\
\vdots \qquad \vdots \qquad\qquad \vdots \qquad & \ \ \vdots \\
s_{p1} b_1 + s_{p2} b_2 + \cdots + s_p^2 b_p &= s_{yp}
\end{aligned}
\tag{5.30a}
$$

berechnen. Die Koeffizienten der Gleichungsvariablen sind die Varianzen s_j^2 der Beobachtungswerte von X_j ($j = 1, 2, \ldots, p$) sowie die Kovarianzen $s_{jj'}$ der Beobachtungsreihen von X_j und $X_{j'}$ ($j, j' = 1, 2, \ldots, p;\ j \neq j'$). Rechts stehen die Kovarianzen s_{yj} der Beobachtungsreihen von Y und X_j ($j = 1, 2, \ldots, p$). Der Schätzwert a ist gleich dem arithmetischen Mittel $\bar{y}$ der Beobachtungsreihe von Y, woraus

$$
b_0 = \bar{y} - (b_1 \bar{x}_1 + b_2 \bar{x}_2 + \cdots + b_p \bar{x}_p),
\tag{5.30b}
$$

folgt. Es sei SQE die mit den Kleinste Quadrate-Schätzwerten berechnete (minimale) Summe der Residuenquadrate. Indem man durch $n - p - 1$ dividiert, folgt als mittleres Residuenquadrat

$$
MQE = \frac{SQE}{n - p - 1},
\tag{5.31}
$$

mit dem die Varianz σ_ε^2 geschätzt wird. Schließlich erfolgt die Schätzung des Mittelwertes μ_Y der Zielvariablen zu vorgegebenen Regressorwerten $x_1, x_2, \ldots, x_p$ durch

$$
\hat{y} = \bar{y} + b_1(x_1 - \bar{x}_1) + b_2(x_2 - \bar{x}_2) + \cdots + b_p(x_p - \bar{x}_p).
\tag{5.32}
$$

Die Koeffizienten $b_1, b_2, \ldots, b_p$ heißen auch **partielle Regressionskoeffizienten**. Wird nämlich x_j um eine Einheit vergrößert und bleiben alle übrigen Einflussvariablen konstant, so ändert sich $\hat{y}$ gerade um den Wert des entsprechenden Regressionsparameters b_j, der ein Maß für die Sensitivität der Zielvariablen gegenüber Änderungen von X_j darstellt.

Die Schätzung der Regressionskoeffizenten nach der Methode der kleinsten Quadrate läuft im Wesentlichen auf die Lösung des linearen Gleichungssystems (5.30a) hinaus. Wir befassen uns im Folgenden näher mit dem Sonderfall $p = 2$, der **zweifachen linearen Regression**. Bei nur zwei Regressoren X_1, X_2 reduziert sich (5.32) auf $\hat{y} = \bar{y} + b_1(x_1 - \bar{x}_1) + b_2(x_2 - \bar{x}_2)$ und (5.30a) auf das Gleichungssystem

$$s_1^2 b_1 + s_{12} b_2 = s_{y1}$$
$$s_{21} b_1 + s_2^2 b_2 = s_{y2}$$
$$\text{(5.33a)}$$

mit den Varianzen s_1^2 und s_2^2 der X_1- bzw. X_2-Spalte sowie deren Kovarianzen s_{12} und $s_{21} = s_{12}$ als Koeffizienten und den Kovarianzen s_{y1} und s_{y2} der Y-Spalte mit den Regressorspalten als „rechter Seite". Unter der Voraussetzung $s_1^2 s_2^2 - s_{12}^2 \neq 0$ können die Lösungen b_1 und b_2 in der Form

$$b_1 = \frac{s_{y1} s_2^2 - s_{y2} s_{12}}{s_1^2 s_2^2 - s_{12}^2} \quad \text{und} \quad b_2 = \frac{s_{y2} s_1^2 - s_{y1} s_{12}}{s_1^2 s_2^2 - s_{12}^2} \qquad \text{(5.33b)}$$

dargestellt werden. Mit Hilfe der Produktmomentkorrelation $r_{12} = s_{12}/(s_1 s_2)$ zwischen den Regressoren lassen sich die Nenner auf die Gestalt $s_1^2 s_2^2 - s_{12}^2 = s_1^2 s_2^2 (1 - r_{12}^2)$ bringen. Man erkennt, dass (5.33a) genau dann eindeutig bestimmte Lösungen besitzt, wenn der als **Toleranz** bezeichnete Ausdruck $1 - r_{12}^2$ ungleich null ist, d. h., die beiden Regressoren nicht perfekt korreliert sind. Aber auch bei stark korrelierten Regressoren, also sehr kleinen Toleranzwerten, ist die Lösung des Gleichungssystems (5.33a) problematisch, weil in diesem Fall geringfügige Änderungen der Eingangsdaten die Ergebnisse stark beeinflussen können.

Eine geometrische Veranschaulichung der zweifachen linearen Regression zeigt Abb. 5.10. In einem rechtwinkeligen Koordinatensystem (dem sogenannten Merkmalsraum, die Achsen sind den Variablen X_1, X_2 und Y zugeordnet) kann man die an der i-ten Untersuchungseinheit festgestellten Merkmalswerte x_{i1}, x_{i2}, y_i durch einen Punkt $P_i = (x_{i1}, x_{i2}, y_i)$ und die Regressionsfunktion (5.32) als eine Ebene darstellen, die den Punkt $\bar{P} = (\bar{x}_1, \bar{x}_2, \bar{y})$ enthält. Die Y-Koordinate des Punktes $\hat{P}_i = (x_{i1}, x_{i2}, \hat{y}_i)$ ist gleich dem aus (5.32) für $p = 2$ an der Stelle $x_1 = x_{i1}$, $x_2 = x_{i2}$ errechneten Erwartungswert $\hat{y}_i = \bar{y} + b_1(x_{i1} - \bar{x}_1) + b_2(x_{i2} - \bar{x}_2)$. Von allen Ebenen des Merkmalsraums zeichnet sich die (nach der Methode der kleinsten Quadrate bestimmte) Regressionsebene dadurch aus, dass für sie die Quadratsumme der in Y-Richtung genommenen Abstände der „Beobachtungspunkte" P_i den kleinstmöglichen Wert annimmt.

b) Multiple Korrelation Wie gut eine nach der Methode der kleinsten Quadrate ermittelte Regressionsebene an die Datenpunkte im Merkmalsraum angepasst ist, kann man graphisch (mit sogenannten Residualplots) oder numerisch (mit dem multiplen Korrelationskoeffizienten oder dem multiplen Bestimmtheitsmaß) beurteilen. Eine geeignete Graphik zur Prüfung der Anpassungsgüte ist auch das $\hat{y}$y-Diagramm, in dem jede Untersuchungseinheit als Punkt mit horizontal aufgetragener $\hat{y}$- und vertikal aufgetragener y-Koordinate dargestellt wird. Auf diese Weise kann man schnell überblicken, wie gut die Schätzwerte $\hat{y}_i$ für das Zielvariablenmittel mit den beobachteten Zielvariablenwerten y_i übereinstimmen. Bei perfekter Anpassung müssten nämlich alle Punkte auf der 45°-Geraden $y = \hat{y}$ liegen. Je stärker

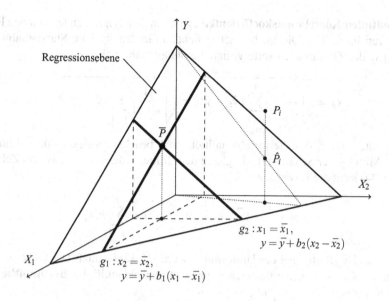

Abb. 5.10 Geometrische Veranschaulichung der zweifachen linearen Regression. Die Abbildung zeigt das Bild einer Regressionsfunktion mit negativen Koeffizienten b_1 und b_2. Die Regressionsebene ist durch die Geraden g_1 und g_2 festgelegt, die beide durch $\bar{P} = (\bar{x}_1, \bar{x}_2, \bar{x}_3)$ verlaufen, und zwar g_1 parallel zur (x_1, y)-Ebene und g_2 parallel zur (x_2, y)-Ebene. Die Anstiege von g_1 und g_2 stimmen mit den partiellen Regressionskoeffizienten b_1 bzw. b_2 überein. Die Koordinaten des Punktes $P_i = (x_{i1}, x_{i2}, y_i)$ sind die an der i-ten Untersuchungseinheit beobachteten Variablenwerte. Der Punkt $\hat{P}_i = (x_{i1}, x_{i2}, \hat{y}_i)$ mit dem aus (5.32) folgenden Erwartungswert $\hat{y}_i$ von Y liegt auf der Regressionsebene

die Punkte von der Geraden abweichen, desto schlechter ist die erreichte Anpassung. Für jeden Punkt $(\hat{y}_i, y_i)$ ist die in y-Richtung betrachtete Abweichung von der Geraden $y = \hat{y}$ gleich dem Residuum $e_i = y_i - \hat{y}_i$ der durch den Punkt repräsentierten Untersuchungseinheit. Bei Adäquatheit des Modells sollten die Datenpunkte regellos um die Gerade $\hat{y} = y$ herum streuen. Systematische Abweichungen von der Geraden bzw. systematische Veränderungen im Streubereich deuten auf eine Verletzung der Linearitätsannahme bzw. der Forderung nach Homogenität der Reststreuung hin.

Eine gute Anpassung liegt vor, wenn im $\hat{y}y$-Diagramm die Datenpunkte nur wenig von der 45°-Geraden abweichen, die beobachteten und vorhergesagten Zielvariablenwerte also nahezu linear (nach dem Gesetz $y_i = \hat{y}_i$) miteinander verknüpft sind. Ein Maß für den (linearen) Zusammenhangs zwischen zwei metrischen Beobachtungsreihen ist die Produktmomentkorrelation. Speziell bezeichnet man die mit den y_i- und $\hat{y}_i$-Werten berechnete Produktmomentkorrelation

$$r_{y\hat{y}} = \frac{s_{y\hat{y}}}{s_y s_{\hat{y}}} \qquad (5.34)$$

als **multiplen Korrelationskoeffizienten** zwischen dem Regressanden und den Regressoren insgesamt. Die im Nenner stehenden Größen sind die Standardabweichung s_y der Zielvariablenwerte y_i und die Standardabweichung

$$s_{\hat{y}} = \sqrt{\frac{1}{n-1}\sum_{i=1}^{n}(\hat{y}_i - \bar{\hat{y}})^2} = \sqrt{\frac{1}{n-1}\sum_{i=1}^{n}(\hat{y}_i - \bar{y})^2}$$

der Schätzwerte $\hat{y}_i$ des Zielvariablenmittels; man beachte dabei, dass das arithmetische Mittel $\bar{\hat{y}}$ der Schätzwerte $\hat{y}_i$ gleich dem Mittel $\bar{y}$ der y_i-Werte ist. Im Zähler von (5.34) steht die Kovarianz

$$s_{y\hat{y}} = \frac{1}{n-1}\sum_{i=1}^{n}(y_i - \bar{y})(\hat{y}_i - \bar{y}) = \sum_{j=1}^{p}b_j s_{yj}$$

der y_i- und $\hat{y}_i$-Reihe; bei der Umformung wurde (5.32) benutzt. Das Quadrat des multiplen Korrelationskoeffizienten bezeichnet man als **multiples Bestimmtheitsmaß** $B_{y\hat{y}}$. Wegen $s_{y\hat{y}} = s_{\hat{y}}^2$ ist

$$B_{y\hat{y}} = r_{y\hat{y}}^2 = \frac{s_{\hat{y}}^2}{s_y^2}. \tag{5.35}$$

Das multiple Bestimmtheitsmaß drückt also den Anteil der Varianz des Regressanden aus, der mit den Regressoren erklärt werden kann. Multipliziert man Zähler und Nenner mit $n-1$, folgt wegen $SQ\hat{Y} = (n-1)s_{\hat{y}}^2$ und $SQY = (n-1)s_y^2$ schließlich die Darstellung $B_{y\hat{y}} = SQ\hat{Y}/SQY$, die mit dem für die einfache lineare Regression gefundenen Resultat (5.21) formal übereinstimmt. In Analogie zur einfachen linearen Regression gilt ferner die Formel $SQE = SQY(1 - B_{y\hat{y}})$, der die Streuungszerlegung $SQY = SQE + SQ\hat{Y}$ zugrunde liegt.[18]

Mit Hilfe der Streuungszerlegung kann das multiple Bestimmtheitsmaß auch durch $B_{y\hat{y}} = 1 - SQE/SQY$ ausgedrückt werden. Das multiple Bestimmtheitsmaß wird gerne zum Vergleich der Anpassungsgüte von Modellen benutzt. Dabei ist zu bedenken, dass $B_{y\hat{y}}$ durch Aufnahme zusätzlicher Regressoren in das Modell (also mit wachsender Komplexität des Regressionsmodells) größer wird – auch dann, wenn diese Regressoren zur Erklärung der Zielvariablen nur unwesentlich beitragen. Man erhält ein korrigiertes Maß für die Anpassungsgüte, wenn an Stelle der Quadratsummen SQE und SQY die mittleren Abweichungsquadrate $MQE = SQE/(n-p-1)$ bzw. $MQY = SQY/(n-1)$ verwendet werden. Die so definierte Maßzahl

$$B_{\text{adj}} = 1 - \frac{MQE}{MQY} = 1 - \frac{SQE}{SQY}\frac{n-1}{n-p-1} = 1 - (1 - B_{y\hat{y}})\frac{n-1}{n-p-1}$$

---

[18] Eine Begründung der Streuungszerlegung $SQY = SQE + SQ\hat{Y}$ sowie der Formel $s_{y\hat{y}} = s_{\hat{y}}^2$ findet man im Abschn. 5.8.

heißt **adjustiertes Bestimmtheitsmaß** und eignet sich besser zum Vergleich von Modellen verschiedener Komplexität als $B_{y\hat{y}}$.

c) Globale und partielle Abhängigkeitsprüfung Das mehrfache lineare Regressionsmodell geht von folgenden Voraussetzungen aus: Für jede Realisierung der Regressoren $X_1, X_2, \ldots, X_p$ setzt sich die Zielvariable Y additiv aus den beiden Komponenten μ_Y und ε zusammen. Die erste Komponente hängt über die lineare Regressionsgleichung

$$\mu_Y = f(x_1, x_2, \ldots, x_p) = \beta_0 + \beta_1 x_1 + \cdots + \beta_p x_p \qquad (5.36)$$

von den Werten $x_1, x_2, \ldots, x_p$ der Regressoren ab. Die zweite Komponente ε ist eine Zufallsvariable, die mit konstanter (d. h. von den Regressoren unabhängiger) Varianz σ_ε^2 um den Wert null normalverteilt ist; dabei sind die zu verschiedenen Realisierungen der Regressoren gehörenden zufälligen Komponenten unabhängig. Auf Grund der Voraussetzungen ist die von den Werten der Regressoren abhängige Komponente μ_Y gleich dem Erwartungswert der Zielvariablen an der Stelle $X_1 = x_1, X_2 = x_2, \ldots, X_p = x_p$. Von einer Abhängigkeit des Zielvariablenmittels von den Regressoren kann man aber nur dann sprechen, wenn wenigstens einer der Parameter $\beta_1, \beta_2, \ldots, \beta_p$ ungleich null ist. Um das festzustellen, hat man die Nullhypothese

$$H_0 : \beta_1 = \beta_2 = \cdots = \beta_p = 0$$

gegen die Alternative H_1 zu prüfen, dass wenigstens einer der Regressionsparameter $\beta_1, \beta_2, \ldots, \beta_p$ ungleich null ist. Zur Prüfung wird eine Zufallsstichprobe benötigt, die aus den an n Untersuchungseinheiten vorgenommenen Beobachtungen $x_{i1}, x_{i2}, \ldots, x_{ip}, y_i$ ($i = 1, 2, \ldots, n$) der Einflussvariablen $X_1, X_2, \ldots, X_p$ und der Zielvariablen Y bestehen möge. Nach Schätzung der Modellparameter $\beta_1, \beta_2, \ldots, \beta_p$ durch die partiellen Regressionskoeffizienten $b_1, b_2, \ldots, b_p$ werden mit Hilfe der Regressionsfunktion (5.32) die Schätzwerte $\hat{y}_i$ für das (von den Regressoren abhängige) Zielvariablenmittel μ_Y bestimmt. Diese stellen die Grundlage für die Berechnung der Testgröße dar. Einerseits bildet man die Quadratsumme SQE der Residuen $e_i = y_i - \hat{y}_i$ und mit (5.31) das mittlere Residuenquadrat $MQE = SQE/(n - p - 1)$. Andererseits berechnet man – am besten mit Hilfe der Varianz der $\hat{y}_i$-Werte – die Quadratsumme $SQ\hat{Y} = (n - 1)s_{\hat{y}}^2$ der Abweichungen der Schätzwerte $\hat{y}_i$ von ihrem Mittelwert $\bar{y}$. Mit dieser Quadratsumme und dem mittleren Residuenquadrat wird die Testgröße

$$TG = \frac{SQ\hat{Y}/p}{MQE} = \frac{n - p - 1}{p} \frac{B_{y\hat{y}}}{1 - B_{y\hat{y}}} \qquad (5.37)$$

gebildet. Bei vorgegebenem Signifikanzniveau α ist die Nullhypothese (alle β_i sind null, d. h., es besteht keine Abhängigkeit der Zielvariablen von den Regressoren) abzulehnen, wenn der Wert TG_s der Testgröße das Quantil $F_{p, n-p-1, 1-\alpha}$

überschreitet. Alternativ kann die Testentscheidung auch mit dem P-Wert $P = 1 - F_{p,n-p-1}(TG_s)$ herbei geführt werden, in dem man H_0 ablehnt, wenn $P < \alpha$ ist; hier ist $F_{p,n-p-1}$ die Verteilungsfunktion der F-Verteilung mit dem Zählerfreiheitsgrad $f_1 = p$ und dem Nennerfreiheitsgrad $f_2 = n - p - 1$. Der beschriebene Test wird als **globaler F-Test** bezeichnet.

Wenn der globale F-Test zu einem signifikanten Resultat geführt hat, hängt die Zielvariable mit hoher Sicherheit wenigstens von einer Regressorvariablen in der Regressionsgleichung (5.36) ab. Offen bleibt aber, ob in der Regressionsgleichung nicht die eine oder andere Regressorvariable redundant ist und damit entfernt werden kann. Eine Regressorvariable X_r ($r = 1, 2, \ldots, p$) ist dann redundant, wenn sie entweder keinen Einfluss auf die Zielvariable Y besitzt oder ihr Einfluss auf Y über andere Variablen in der Regressionsgleichung mit erfasst wird. Ohne Beschränkung der Allgemeinheit können wir X_r in der Reihe der Regressoren an die letzte Stelle setzen, also $r = p$ annehmen. Entfernt man die so umbezeichnete Variable, hat man aus dem vollständigen Modell mit der Regressionsgleichung (5.36) ein reduziertes Modell mit der Regressionsgleichung

$$\mu_Y = f(x_1, x_2, \ldots, x_{p-1}) = \beta_0 + \beta_1 x_1 + \beta_2 x_2 + \cdots + \beta_{p-1} x_{p-1}$$

erhalten. Die Entscheidung, ob der Übergang zum reduzierten Modell (also das Nullsetzen von β_p) die durch die Regressoren nicht erklärbare Variation von Y „wesentlich" vergrößert (in diesem Fall wäre die Variable X_p nicht redundant), wird mit einer Variante des F-Tests, dem sogenannten **partiellen F-Test**, herbeigeführt. Wir gehen von der Nullhypothese H_0 aus, dass die Variable X_p im vollständigen Modell redundant ist. Es seien $SQE(X_1, \ldots, X_p)$ und $SQE(X_1, \ldots, X_{p-1})$ die (minimalen) Quadratsummen der Residuen des vollständigen bzw. reduzierten Modells. Damit wird die Testgröße

$$TG(X_p | X_1 \ldots, X_p) = \frac{SQE(X_1, \ldots, X_{p-1}) - SQE(X_1, \ldots, X_p)}{SQE(X_1, \ldots, X_p)/(n - p - 1)} \tag{5.38}$$

gebildet und H_0 (die angenommene Redundanz von X_p im vollständigen Modell) auf dem Signifikanzniveau α abgelehnt, wenn die Realisierung der Testgröße das Quantil $F_{1,n-p-1,1-\alpha}$ der F-Verteilung mit dem Zählerfreiheitsgrad $f_1 = 1$ und dem Nennerfreiheitsgrad $f_2 = n - p - 1$ übertrifft oder der P-Wert $P = 1 - F_{1,n-p-1}(TG_s)$ kleiner als α ist.

Mit Hilfe der Testgröße (5.38) für den partiellen F-Tests kann man ein $(1 - \alpha)$-**Konfidenzintervall** für den **partiellen Regressionskoeffizienten** β_p in der Form

$$b_p \pm t_{n-p-1,1-\alpha/2} \frac{|b_p|}{\sqrt{TG(X_p | X_1 \ldots, X_p)}} \tag{5.39}$$

angeben. Dabei ist b_p der Kleinste Quadrate-Schätzwert für β_p und $t_{n-p-1,1-\alpha/2}$ das $(1 - \alpha/2)$-Quantil der t-Verteilung mit $f = n - p - 1$ Freiheitsgraden.

d) Polynomiale Regression Das multiple lineare Regressionsmodell wird auch zur Lösung von speziellen (hinsichtlich der Regressorvariablen) nichtlinearen Regressionsproblemen herangezogen. Wir erwähnen im Besonderen die polynomiale Regression, bei der die Abhängigkeit des Mittelwerts μ_Y der Zielvariablen Y von den Werten einer Einflussgröße X mit Hilfe eines Polynoms vom Grade $p > 1$, also durch die Funktionsgleichung

$$\mu_Y = \beta_0 + \beta_1 x + \beta_2 x^2 + \cdots + \beta_p x^p,$$

beschrieben wird. Führt man für die Potenzen von x die Bezeichnungen $x = x_1$, $x^2 = x_2, \ldots, x^p = x_p$ ein, hat man die polynomiale Regression in ein multiples lineares Regressionsmodell mit der durch (5.28) gegebenen Regressionsfunktion eingebettet. Im Falle $p = 2$ spricht man speziell von **quadratischer Regression**.

Beispiele

1. An $n = 20$ Schädeln aus unterschiedlicher Fundorten wurden u. a. die Schädelkapazität Y (in cm^3), die Transversalbogenlänge X_1 (in mm) und die größte Hirnschädellänge X_2 (in mm) bestimmt. Die Messergebnisse sind in Tab. 5.16 angegeben. Es soll die Abhängigkeit der Schädelkapazität von den beiden Längenmerkmalen mit einem zweifachen linearen Regressionsmodell beschrieben werden.
Wir setzen die mit den Regressoren erklärbare Schädelkapazität nach (5.32) an. Aus Tab. 5.16 findet man die Spaltenmittelwerte $\bar{y} = 1332.25$, $\bar{x}_1 = 174.30$ und $\bar{x}_2 = 305.25$, die Varianzen $s_y^2 = 14722.30$, $s_1^2 = 60.54$ und $s_2^2 = 215.88$, sowie die Kovarianzen $s_{y1} = 362.71$, $s_{y2} = 1230.99$ und $s_{12} = -37.24$. Mit den errechneten Varianzen und Kovarianzen folgt aus (5.33a) das Gleichungssystem

$$60.54 b_1 - 37.24 b_2 = 362.71$$
$$-37.24 b_1 + 215.88 b_2 = 1230.99,$$

das die Lösungen $b_1 = 10.63$, $b_2 = 7.54$ besitzt. Die Gleichung der gesuchten Regressionsfunktion ist daher

$$\hat{y} = 1332.25 + 10.63(x_1 - 174.30) + 7.54(x_2 - 305.25).$$

Wird X_1 bei festgehaltenem X_2 um eine Einheit erhöht, ist die dadurch zu erwartende Veränderung von Y durch den Regressionsparameter $b_1 = 10.63$ gegeben. Dagegen lässt eine Änderung von X_2 um eine Einheit (bei festem X_1) nur eine Zunahme des Regressanden um 7.54 erwarten.
Man beachte, dass die Koeffizienten b_1 und b_2 der Regressoren in der zweifachen linearen Regressionsgleichung verschieden von den bei einfacher Regression erhaltenen Koeffizienten der Variablen X_1 bzw. X_2 sind. Führt man nämlich

Tab. 5.16 Daten und Rechenschema zu Beispiel 1, Abschn. 5.7. An $n = 20$ Untersuchungs-einheiten (Schädeln aus verschiedenen Fundorten) wurden die Variablen X_1 (Transversalbogen-länge), X_2 (größte Hirnschädellänge) und Y (Schädelkapazität) gemessen und die erwarteten Y-Werte $\hat{y}_i$ sowie die Residuenquadrate e_i^2 im Rahmen einer zweifachen linearen Regression bestimmt

lfd. Nr. i	x_{i1}	x_{i2}	y_i	$\hat{y}_i = f(x_{i1}, x_{i2})$	$e_i^2 = y_i - \hat{y}_i$
1	160	310	1260	1216.08	1928.69
2	164	318	1290	1318.87	833.45
3	166	312	1270	1294.91	620.61
4	166	302	1220	1219.56	0.19
5	169	306	1220	1281.58	3792.22
6	169	322	1420	1402.14	318.90
7	170	327	1480	1450.44	873.56
8	170	329	1400	1465.51	4292.10
9	171	279	1060	1099.39	1551.34
10	172	300	1330	1268.25	3813.06
11	174	299	1340	1281.97	3367.73
12	176	283	1160	1182.66	513.46
13	178	316	1500	1452.57	2249.61
14	179	308	1380	1402.92	525.14
15	181	293	1315	1311.14	14.88
16	183	278	1240	1219.37	425.61
17	183	301	1400	1392.68	53.64
18	183	319	1560	1528.31	1004.42
19	184	297	1380	1373.16	46.75
20	188	306	1420	1483.48	4030.21
$\sum$	3486	6105	26645	26645.00	30255.57

mit den Daten von Tab. 5.16 nach dem Ansatz $\hat{y} = \bar{y} + b_2'(x_2 - \bar{x}_2)$ die Re-gression von Y auf X_2 aus, erhält man $b_2' = s_{y2}/s_2^2 = 5.70$. Danach würde eine Zunahme von X_2 um eine Einheit den Regressanden Y um 5.70 vergrö-ßern. Die einfache lineare Regression von Y auf X_1 liefert den Koeffizi-enten $b_1' = s_{y1}/s_1^2 = 5.99$, der deutlich kleiner ist als der entsprechende Koeffizi-ent $b_1 = 10.63$ im zweifachen linearen Modell. Es folgt, dass die gemeinsame Wirkung zweier Regressoren i. Allg. nicht durch zwei einfache Regressionen modelliert werden kann.

Die letzten zwei Spalten der Tab. 5.16 enthalten die mit der Regressionsfunktion ermittelten Schätzwerte $\hat{y}_i$ der mittleren Zielvariablen sowie die Residuenqua-drate $e_i^2 = (y_i - \hat{y}_i)^2$. Ferner ist die Summe der Residuenquadrate $SQE = 30255.57$ angegeben. Dividiert man SQE durch $n - p - 1 = 17$ ergibt sich das mittlere Residuenquadrat $MQE = 1779.74$, mit dem die Fehlervarianz σ_ε^2 geschätzt wird.

2. In Ergänzung zum vorangehenden Beispiel sind in Abb. 5.11 die beobachteten y_i gegen die erwarteten Y-Werte (also die mit der Regressionsfunktion berech-

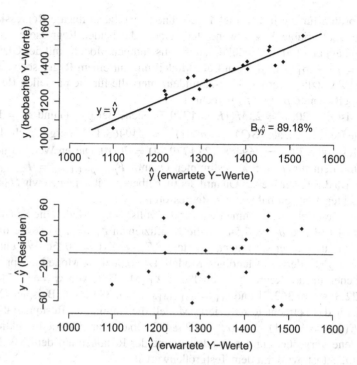

Abb. 5.11 Beurteilung der Anpassungsgüte und der Modelladäquatheit mit dem $\hat{y}\,y$-Diagramm (*obere Grafik*) und den gegen die erwarteten Y-Werte aufgetragenen Residuen (*untere Grafik*). Daten und Berechnungen: Beispiel 2, Abschn. 5.7

neten $\hat{y}_i$ in Tab. 5.16) aufgetragen. Die Datenpunkte streuen nur wenig um die Gerade $y = \hat{y}$. Die akzeptable Anpassung mit dem Regressionsmodell wird auch durch den multiplen Korrelationskoeffizient bzw. das multiple Bestimmtheitsmaß zum Ausdruck gebracht. Zur Berechnung dieser Maßzahlen benötigen wir $s_y = 121.34$ (d. h. die Standardabweichung der y_i-Spalte von Tab. 5.16), ferner $s_{\hat{y}} = 114.59$ (d. h. die Standardabweichung der $\hat{y}_i$-Spalte von Tab. 5.16) sowie $s_{y\hat{y}} = 13129.90$ (d. h. die Kovarianz der y_i- und $\hat{y}_i$-Spalte von Tab. 5.16). Damit folgt der multiple Korrelationskoeffizient $r_{y\hat{y}} = 13129.90/(121.34 \cdot 114.59) = 0.9444$ und das multiple Bestimmtheitsmaß $B_{y\hat{y}} = 0.9444^2 = 0.8918$. Zum selben Bestimmtheitsmaß gelangt man mit der Formel (5.35); es ist nämlich $B_{y\hat{y}} = 114.59^2/121.34^2 = 0.8918$. Mit den gewählten Regressoren können somit rund 90 % der Variation der Zielvariablen auf der Grundlage eines zweifachen linearen Regressionsmodells erklärt werden. Das adjustierte Bestimmtheitsmaß $B_{\text{adj}} = 1 - (1 - 0.8918) \cdot (20 - 1)/(20 - 2 - 1) = 0.8791$ ist etwas kleiner als $B_{y\hat{y}}$. Abbildung 5.11 enthält neben dem $\hat{y}\,y$-Diagramm ein Residualplot, mit dem die Adäquatheit des linearen Modells beurteilt werden kann.

3. Wir prüfen für die in Beispiel 1 gerechnete zweifache lineare Regression, ob a) die Zielvariable Y von wenigstens einem der beiden Regressoren X_1 und X_2 abhängt und b) die Reduktion des vollständigen Modells mit der Gleichung $\mu_Y = \beta_0 + \beta_1 x_1 + \beta_2 x_2$ auf ein Modell mit nur einem Regressor vertretbar ist. c) Zusätzlich werden 95 %-Konfidenzintervalle für die partiellen Regressionskoeffizienten β_1 und β_2 berechnet.

a) Es ist $n = 20$, $p = 2$, $MQE = 1779.74$ (siehe Beispiel 1) und $s_{\hat{y}}^2 = 114.59$ (siehe Beispiel 2), also $SQ\hat{Y} = (n-1)s_{\hat{y}}^2 = 249468$. Daher ergibt sich als Wert der Testgröße $TG_s = 249468/(2 \cdot 1779.74) = 70.10$. Diesen Wert vergleichen wir mit dem für $\alpha = 5\%$ bestimmten Quantil $F_{p,n-p-1,1-\alpha} = F_{2,17,0.95} = 3.59$. Da die Testgröße das Quantil deutlich überschreitet, lehnen wir H_0 ab und betrachten Y als global von den Regressoren abhängig.

b) Von Beispiel 1 übernehmen wir für das vollständige Modell die Schätzwerte $b_1 = 10.63$ und $b_2 = 7.54$ für die Koeffizienten β_1 bzw. β_2 sowie die (minimale) Summe der Residuenquadrate $SQE(X_1, X_2) = 30256$. Wir entfernen zuerst X_2 aus dem vollständigen Modell. Das reduzierte Modell entspricht der einfachen lineare Regression von Y auf X_1. Mit Hilfe von $s_1^2 = 60.54$, $s_y^2 = 14722.3$, $s_{y1} = 362.71$ und $r_{y1} = s_{y1}/(s_1 s_y) = 0.3842$ (vgl. Beispiel 1) erhält man für das betrachtete reduzierte Modell die (minimale) Restquadratsumme $SQE(X_1) = (n-1)s_y^2(1 - r_{y1}^2) = 238433$. Ob die durch Modellreduktion entstandene Vergrößerung der Quadratsumme der Residuen auf dem 5 %-Niveau signifikant ist, wird mit dem Testgrößenwert

$$TG(X_2|X_1, X_2) = \frac{SQE(X_1) - SQE(X_1, X_2)}{SQE(X_1, X_2)/(n-p-1)} = \frac{238433 - 30256}{30256/17} = 117$$

beurteilt. Wegen $TG(X_2|X_1, X_2) > F_{1,17,0.95} = 4.45$ ist die Vergrößerung auf 5 %igem Testniveau signifikant und daher $\beta_2 \neq 0$.

Analog ist die Vorgangsweise beim Nachweis, dass im vollständigen Modell auch $\beta_1 \neq 0$ gilt. Indem man $\beta_1 = 0$ setzt (also X_1 entfernt), verbleibt eine einfache lineare Regression von Y auf X_2. Als minimale Quadratsumme der Residuen hat man nun $SQE(X_2) = 146358$. Die Testgröße

$$TG(X_1|X_1, X_2) = \frac{SQE(X_2) - SQE(X_1, X_2)}{SQE(X_1, X_2)/(n-p-1)} = \frac{146358 - 30256}{30256/17} = 65.2$$

ist wieder größer als das Quantil $F_{1,17,0.95} = 4.45$. Durch Nullsetzen von β_1 ergibt sich also auf 5 %igem Niveau eine signifikante Vergrößerung der Restquadratsumme, daher ist auch X_1 (wie X_2) nicht redundant.

c) Setzt man $TG(X_2|X_1, X_2) = 117$, $b_2 = 7.54$ und das Quantil $t_{17,0.975} = 2.11$ in die Formel (5.39) ein, folgt das 95 %-Konfidenzintervall

$$7.54 \pm 2.11 \frac{|7.54|}{\sqrt{117}} = [6.07, 9.01]$$

Tab. 5.17 Daten und Rechenschema zu Beispiel 4, Abschn. 5.7. Die quadratische Regression von Y (Werte y_i) auf X (Werte $x_i = x_{i1}$) wird mit den Regressoren $X_1 = X$ (Werte x_{i1}) und $X_2 = X^2$ (Werte $x_{i2} = x_{i1}^2$) als zweifache lineare Regressionsaufgabe ausgeführt

lfd. Nr. i	x_{i1}	y_i	x_{i2}	$\hat{y}_i$
1	2	34.6	4	38.23
2	4	50.3	16	52.34
3	6	68.2	36	63.08
4	8	75.6	64	70.45
5	10	75.4	100	74.46
6	12	74.1	144	75.10
7	16	59.0	256	66.28
8	20	46.3	400	44.00
9	22	24.9	484	27.80
10	24	11.6	576	8.24
$\sum$	124	520.0	2080	520.00

für den partiellen Regressionskoeffizienten β_2 von X_2. Mit $TG(X_1|X_1, X_2) = 65.2$, $b_1 = 10.63$ und $t_{17,0.975} = 2.11$ ergibt sich für β_1 das 95 %-Konfidenzintervall

$$10.63 \pm 2.11 \frac{|10.63|}{\sqrt{65.2}} = [7.85, 13.40].$$

4. Mit Hilfe der in Tab. 5.17 angegebenen Daten soll der mittlere Schlupferfolg Y (Prozentsatz der abgelegten Eier, aus denen Junge schlüpfen) des Bachflohkrebses *Gammarus fossarum* als Funktion der Wassertemperatur X (in °C) dargestellt werden. (Um den Schlupferfolg zu ermitteln, wurden auf jeder Temperaturstufe rund 500 abgelegte Eier beobachtet.)
In dem mit den Wertepaaren von X und Y gezeichneten Streudiagramm (vgl. Abb. 5.12) ist deutlich ein parabelartiger Verlauf der Datenpunkte erkennbar. Folglich setzen wir den Schätzwert $\hat{y}$ für die mit der Wassertemperatur x prognostizierbare mittlere Schlupferfolgsrate als eine quadratische Funktion der Gestalt $\hat{y} = b_0 + b_1 x + b_2 x^2$ mit den zunächst unbestimmten Parametern b_0, b_1 und b_2 an, die nach der Methode der kleinsten Quadrate zu berechnen sind. Die Rechnung kann im Rahmen eines zweifachen linearen Regressionsmodells ausgeführt werden. Führt man die neuen Bezeichnungen $x_1 = x$ und $x_2 = x^2$ in die quadratische Regressionsfunktion ein, geht diese in $\hat{y} = b_0 + b_1 x_1 + b_2 x_2$ über. Die partiellen Regressionskoeffizienten b_1 und b_2 erhält man nun z. B. mit (5.33b), die Konstante b_0 aus $b_0 = \bar{y} - (b_1 \bar{x}_1 + b_2 \bar{x}_2)$.
Für die weitere Rechnung benötigen wir die Mittelwerte $\bar{x}_1 = \bar{x} = 12.40$, $\bar{x}_2 = 208$ und $\bar{y} = 52$, die Varianzen $s_1^2 = s_{x_1}^2 = 60.27$, $s_2^2 = s_{x_2}^2 = 43925.33$ und $s_y^2 = 512.12$ sowie die Kovarianzen $s_{12} = s_{x_1 x_2} = 1589.33$, $s_{y1} = s_{yx_1} = -91.58$ und $s_{y2} = s_{yx_2} = -3261.73$. Mit diesen aus Tab. 5.17 ermittelten

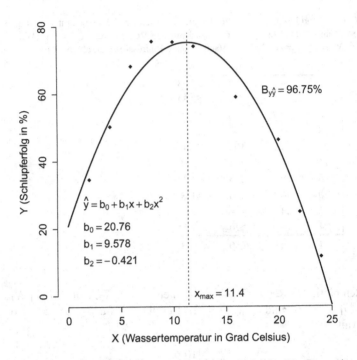

Abb. 5.12 Streudiagramm mit quadratischer Regressionsfunktion. Die Regressionsfunktion nimmt ihr Maximum an der Stelle $x = 11.4$ an. Die gute Anpassung wird auch durch das Bestimmtheitsmaß $B_{y\hat{y}} = 96.75\,\%$ zum Ausdruck gebracht. Berechnungen: Beispiel 4, Abschn. 5.7

Kenngrößen findet man die Regressionsparameter $b_1 = 9.578$, $b_2 = -0.421$ und $b_0 = 20.761$. Somit ist

$$\hat{y} = 20.761 + 9.578x_1 - 0.421x_2 = 20.761 + 9.578x - 0.421x^2$$

die Gleichung der gesuchten Regressionsfunktion, die in Abb. 5.12 zusammen mit den Datenpunkten dargestellt ist. Die Varianz der erwarteten Y-Werte ist $s_{\hat{y}}^2 = 495.46$, als Bestimmtheitsmaß ergibt sich $B_{y\hat{y}} = s_{\hat{y}}^2 / s_y^2 = 0.9675$. Die globale Abhängigkeitsprüfung ergibt damit die Realisierung $TG_s = 104.07$ der Testgröße (5.37). Wegen $TG_s > F_{2,7,0.95} = 4.74$ hängt auf 5 %igem Signifikanzniveau der mittlere Schlupferfolg global von den beiden Regressoren (und damit von der Wassertemperatur X) ab.

Einen maximalen Schlupferfolg sollte man also bei einer Wassertemperatur von knapp über $11\,°C$ erwarten. Durch Nullsetzen der ersten Ableitung $d\hat{y}/dx = 9.578 - 0.421 \cdot 2 \cdot x$ findet man für die optimale Wassertemperatur den Wert $x = 11.4$.

Aufgaben

1. Für eine Laborkolonie von Tsetsefliegen (*Glossina p. palpalis*) wurden die altersabhängigen Fertilitätsraten m_i (Anzahl der weiblichen Nachkommen in der jeweiligen Altersklasse bezogen auf die Anzahl der in der Mitte der Altersklassen lebenden Weibchen) ermittelt. Die Größe a_i bezeichnet das Alter in Einheiten von 10 Tagen. Die beobachteten Wertepaare (a_i, m_i) sind: $(1, 0.369)$, $(2, 0.429)$, $(3, 0.464)$, $(4, 0.451)$, $(5, 0.474)$, $(6, 0.459)$ und $(7, 0.470)$.

   a) Man gebe die Abhängigkeit der Fertilität vom Alter durch ein quadratisches Regressionspolynom wieder.

   b) Wie groß ist der mit der quadratischen Regressionsfunktion erklärbare Streuungsanteil der Fertilität?

   c) Man prüfe die Abhängigkeit auf 5 %igem Signifikanzniveau global mit dem F-Test.

   d) Man gebe 95 %-Konfidenzintervalle für die partiellen Regressionskoeffizienten an.

2. Man überzeuge sich an Hand der folgenden (hypothetischen) Beobachtungswerte der Variablen X_1, X_2 und Y, dass die multiple Korrelation von Y mit X_1 und X_2 nahe bei 1 liegen kann, obwohl die einfachen Korrelationen von Y mit X_1 bzw. Y mit X_2 klein sind (vgl. Kendall 1975).

$$X_1: \quad 7 \quad -19 \quad 38 \quad 45 \quad -5 \quad 15 \quad -38 \quad 38 \quad 59 \quad -27$$

$$X_2: \quad 7 \quad -12 \quad 39 \quad 49 \quad -7 \quad 12 \quad -40 \quad 39 \quad 59 \quad -29$$

$$Y: \quad 29 \quad -48 \quad 18 \quad -12 \quad 44 \quad 57 \quad 47 \quad 10 \quad 86 \quad 46$$

3. Die folgende Tabelle enthält für alle Bezirke des Bundeslandes Steiermark den prozentuellen Anteil X der Berufstätigen, die in der Land- und Forstwirtschaft arbeiten, den prozentuellen Anteil Y der Schüler/innen, die eine Allgemeinbildende Höhere Schule besuchen, sowie die durchschnittliche Kinderzahl Z pro Familie nach der Volkszählung 1981. Man stelle die Abhängigkeit der Variablen Z von X und Y im Rahmen eines zweifachen linearen Regressionsmodells dar und beurteile die Güte der Anpassung mit dem multiplen Bestimmtheitsmaß.

Bezirk	X	Y	Z	Bezirk	X	Y	Z
Graz/Stadt	0.7	35.0	1.59	Leibnitz	20.6	16.0	2.07
Bruck/Mur	5.3	21.6	1.78	Leoben	4.4	17.9	1.74
Deutschlandsberg	19.1	8.6	2.08	Liezen	12.2	15.0	1.99
Feldbach	28.7	9.2	2.19	Mürzzuschlag	8.2	19.0	1.81
Fürstenfeld	20.1	20.2	1.98	Murau	19.4	9.7	2.28
Graz/Umgebung	12.6	17.4	1.91	Radkersburg	32.2	12.3	2.04
Hartberg	23.9	9.8	2.22	Voitsberg	11.8	16.0	1.89
Judenburg	9.0	19.7	1.96	Weiz	21.1	13.8	2.10
Knittelfeld	10.1	20.8	1.95				

5.8 Ergänzungen

a) Lineare Kalibrationsfunktionen In der instrumentellen Analytik wird die Bestimmung einer Größe X (z. B. einer Substanzmenge) oft indirekt über eine messbare Hilfsgröße Y (z. B. Leitfähigkeit) vorgenommen, aus der dann mit Hilfe einer sogenannten Kalibrationsfunktion der gesuchte Wert von X berechnet werden kann. Die Kalibrationsfunktion bestimmt man in der Regel so, dass man zu vorgegebenen Kalibrierproben (d. h. standardisierten Werten x_i von X) die entsprechenden Werte y_i der Hilfsgröße Y misst und eine Regression von Y auf X mit einer geeigneten Regressionsfunktion durchführt. Wir beschränken uns auf den Fall, dass die Abhängigkeit für den betrachteten Wertebereich der Kalibrierproben durch ein lineares Regressionsmodell dargestellt werden kann, d. h., dass die Messwerte von Y durch die Gleichung $Y(x) = f(x; \beta_0, \beta_1) + \varepsilon = \beta_0 + \beta_1 x + \varepsilon$ generiert werden können; hier ist die mit ε bezeichnete Fehlergröße normalverteilt mit dem Mittelwert null und der (von x unabhängigen) Varianz σ_ε^2. Schätzwerte für die Modellparameter β_0, β_1 und σ_ε^2 sind nach den Abschn. 5.5 und 5.6 durch

$$\hat{\beta}_1 = b_1 = r_{xy} \frac{s_y}{s_x}, \quad \hat{\beta}_0 = b_0 = \bar{y} - b_1 \bar{x},$$

$$\widehat{\sigma_\varepsilon^2} = MQE = \frac{SQE}{n-2} \quad \text{mit } SQE = (n-1)s_y^2 \big(1 - r_{xy}^2\big)$$

gegeben. Die mit den Schätzwerten b_1 und b_0 für den Anstieg bzw. y-Achsenabschnitt gebildete Regressionsfunktion f ermöglicht es, zu einem vorgegebenen Wert x von X den Erwartungswert $\hat{y} = f(x; b_0, b_1) = b_0 + b_1 x$ von Y zu berechnen. Dabei ist vorauszusetzen, dass der Anstieg b_1 auf dem vorgegebenen Testniveau α signifikant von Null abweicht, d. h.

$$TG_s = \frac{r_{xy}\sqrt{n-2}}{\sqrt{1 - r_{xy}^2}} = \sqrt{\frac{b_1^2(n-1)s_x^2}{MQE}} > t_{n-2, 1-\alpha/2}$$

gilt. Wir wenden uns nun der „Umkehraufgabe" zu: Ausgehend von der in der beschriebenen Weise bestimmten Regressionsfunktion f (f heißt in diesem Zusammenhang auch Kalibrationsfunktion) soll von Y auf X zurück geschlossen werden. Bei bekannten Regressionsparametern β_1 und β_0 sowie bekanntem Erwartungswert η von Y ergibt sich aus der Regressionsgleichung der gesuchte X-Wert $\xi = (\eta - \beta_0)/\beta_1$.

Im Allgemeinen kennt man weder die Regressionsparameter β_1 und β_0 noch den Erwartungswert η. Naheliegend ist nun folgende Vorgangsweise: Wir schätzen η durch den Mittelwert $\bar{y}^*$ aus $m \geq 1$ zum selben Wert ξ von X gemessenen Y-Werten, setzen $\bar{y}^*$ an Stelle von $\hat{y}$ in die (empirische) Regressionsgleichung $\hat{y} = \bar{y} + b_1(x - \bar{x})$ ein und lösen nach x auf. Die so erhaltene Größe – wir bezeichnen sie mit $\hat{x}$ – nehmen wir als Schätzfunktion für ξ. Es ist also $\hat{x} = \bar{x} + (\bar{y}^* - \bar{y})/b_1$. Für den Standardfehler $s_{\hat{x}}$ von $\hat{x}$ ergibt sich unter der Voraussetzung $g = t_{n-2, 1-\alpha/2}^2 / TG_s^2 < 0.1$ die für die meisten Anwendungsfälle ausreichend genaue Näherung[19]

$$s_{\hat{x}} = \sqrt{\frac{MQE}{b_1^2} \left(\frac{1}{m} + \frac{1}{n} + \frac{(\bar{y}^* - \bar{y})^2}{b_1^2(n-1)s_x^2} \right)}. \tag{5.40}$$

Damit berechnet man schließlich die Grenzen $\hat{x} \pm t_{n-2,1-\alpha/2} s_{\hat{x}}$ eines approximativen $(1 - \alpha)$-Konfidenzintervalls für den gesuchten Wert ξ von X. Man beachte, dass die Genauigkeit der Schätzung u. a. von der Anzahl n der Kalibrierproben und vom Umfang m der Y-Stichprobe abhängt. Für ein optimales Design der Kalibrationsfunktion wird man ferner darauf achten, dass $\bar{y}^* - \bar{y}$ möglichst klein und s_x^2 möglichst groß ist. Weitergehende Ausführungen zum Entwurf von linearen Kalibrationsexperimenten findet man in Ellison et al. (2009).

b) Prüfung der Linearitätsannahme bei einfacher Regression Die Modellierung der Abhängigkeit einer Zielgröße Y von einer Einflussgröße X durch eine lineare Regressionsfunktion setzt voraus, dass die Datenpunkte in Y-Richtung regellos um die Regressionsgerade herum streuen. Damit ist gemeint, dass in Abhängigkeit vom Regressor keine systematische Tendenz der Abweichungen erkennbar sein darf. Liegt eine solche vor, so deutet das auf eine Inadäquatheit des linearen Modellansatzes hin, und man sollte eine nichtlineare Regressionsfunktion in Erwägung ziehen. So ist z. B. ein Ansatz mit einer quadratischen Regressionsfunktion angebracht, wenn sich im Rahmen einer einfachen linearen Regression herausstellt, dass bei kleinen und großen Werten des Regressors die Datenpunkte mehrheitlich unter, im mittleren Bereich der X-Werte dagegen über der Regressionsgeraden liegen.

Wenn es zu vorgegebenen X-Werten jeweils mehrere Beobachtungswerte der Zielgröße Y gibt, kann mit einer Variante des F-Tests geprüft werden, ob die Beobachtungsdaten gegen die Modellierung der Abhängigkeit durch eine Regressionsgerade sprechen. Zur Prüfung auf eine allfällige Nichtlinearität organisieren wir die beobachteten n Wertepaare der Variablen X und Y so, dass wir die verschiedenen X-Werte durchnummerieren und die zu diesen X-Werten beobachteten Y-Werte – wie in Tab. 5.18a – darunter anschreiben. Es mögen insgesamt m verschiedene X-Werte vorliegen, von denen die ersten k jene sind, zu denen es mehr als einen Beobachtungswert von Y gibt.

Zuerst bestimmen wir mit allen Beobachtungsdaten die Gleichung $\hat{y} = b_0 + b_1 x$ der Regressionsgeraden und berechnen die Summe $SQE = (n-1)s_y^2(1 - r_{xy}^2)$ der Quadrate der Residuen $e_i = y_i - \hat{y}(x_i)$ sowie die Summe $SQ\hat{Y} = (n-1)s_y^2 r_{xy}^2$ der Quadrate der Abweichungen $\hat{y}(x_i) - \bar{y}$, die mit der Regressionsgeraden erklärt werden können. Anschließend betrachten wir nur die zu den X-Werten x_j ($j = 1, 2, \ldots, k$) – diese X-Werte zeichnen sich durch mindestens zwei Beobachtungswerte von Y aus – gehörenden Y-Stichproben; wir berechnen ihre Mittelwerte $\bar{y}_j$

---

[19] Eine Begründung der Näherung (5.40) findet man z. B. in Brownlee (1965). In Ellison et al. (2009) werden u. a. Kalibrationsexperimente in Verbindung mit der linearen Regression ausführlich diskutiert.

Tab. 5.18 Rechenschema zur Überprüfung der Linearitätsannahme bei der einfachen linearen Regression. Zu jedem x_j mit $1 \le j \le k$ gibt es mehr als einen, zu jedem anderen x_j genau einen Y-Wert

a) Datentabelle

X-Werte	x_1	...	x_k	x_{k+1}	...	x_m	
Y-Werte	y_{11}	...	y_{1k}	$y_{1,k+1}$	...	y_{1m}	
	$\vdots$	$\vdots$	$\vdots$				
	$y_{n_1,1}$	...	$y_{n_k,k}$				
Umfang d. Y-Stichpr.	n_1	...	n_k	$n_{k+1} = 1$	...	$n_m = 1$	n

b) Kennwerte zu den Y-Stichproben

X-Werte	x_1	x_2	...	x_j	...	x_k	$\sum$
n_j	n_1	n_2	...	n_j	...	n_k	n'
$\bar{y}_j$	$\bar{y}_1$	$\bar{y}_2$	...	$\bar{y}_j$	...	$\bar{y}_k$	
s_{yj}^2	s_1^2	s_2^2	...	s_j^2	...	s_k^2	
SQI_j	SQI_1	SQI_2	...	SQI_j	...	SQI_k	SQI

und ihre Varianzen s_{yj}^2. Tabelle 5.18b enthält neben diesen Statistiken die Umfänge n_j der einzelnen Y-Stichproben sowie die Größen $SQI_j = (n_j - 1)s_{yj}^2$ und deren Summe $SQI = SQI_1 + SQI_2 + \cdots + SQI_k$. Jedes SQI_j ist gleich der Summe der Quadrate der Abweichungen der Werte der j-ten Y-Stichprobe vom entsprechenden Mittelwert $\bar{y}_j$. Daher umfasst SQI ebenso viele Abweichungsquadrate wie es Einzelwerte in den Y-Stichproben gibt, also insgesamt $n' = n_1 + n_2 + \cdots + n_k$. Indem wir SQI durch $n'' = n' - k$ (für jeden geschätzten Mittelwert wird n' um 1 vermindert) dividieren, erhalten wir das mittlere Abweichungsquadrat

$$MQI = \frac{SQI}{n''} = \frac{(n_1 - 1)s_{y1}^2 + (n_2 - 1)s_{y2}^2 + \cdots + (n_k - 1)s_{yk}^2}{n_1 + n_2 + \cdots + n_k - k}.$$

Durch MQI wird die mittlere Streuung *innerhalb* der Y-Stichproben zum Ausdruck gebracht.

Der mittleren Streuung MQI innerhalb der Y-Stichproben stellen wir ein zweites mittleres Abweichungsquadrat gegenüber, mit dem die „Abweichung" von der Linearitätsannahme gemessen wird. Wir nehmen wieder alle X-Werte in die Rechnung auf und betrachten an jeder Stelle x_j die Abweichung $\bar{y}_j - \hat{y}(x_j)$. Dabei bezeichnet $\bar{y}_j$ wie oben den Mittelwert der zu x_j gehörenden Y-Werte; gibt es nur einen Y-Wert, setzen wir diesen gleich dem Mittelwert. Die Größe $\hat{y}(x_j)$ ist der mit Hilfe der Modellgleichung $\hat{y} = b_0 + b_1 x$ geschätzte Y-Wert an der Stelle x_j. Weichen die beobachteten Y-Mittelwerte „stark" von den geschätzten ab, so spricht dies gegen die angenommene lineare Abhängigkeit des Y-Mittelwertes vom Regressor. Zur Gesamtbewertung der Abweichungen bildet man die mit den Stichprobenumfängen n_j gewichtete Quadratsumme

$$SQM = \sum_{j=1}^{m} n_j [\bar{y}_j - \hat{y}(x_j)]^2.$$

Wie man zeigen kann, ist $SQM = SQE - SQI$. Ein mit MQI vergleichbares Maß für die Nichtlinearität ergibt sich, wenn man SQM durch $n - 2 - n''$ dividiert, also das mittlere Abweichungsquadrat

$$MQM = \frac{SQM}{n - 2 - n''}$$

bildet. Zur Prüfung auf eine allfällige Nichtlinearität wird der Quotient $TG = MQM/MQI$ verwendet, der unter der Linearitätsannahme (Nullhypothese H_0) einer F-Verteilung mit dem Zählerfreiheitsgrad $f_1 = n - 2 - n''$ und dem Nennerfreiheitsgrad $f_2 = n''$ folgt. Die in der Nullhypothese angenommene lineare Abhängigkeit des Y-Mittelwertes vom Regressor wird auf dem Niveau α abgelehnt, wenn $TG_s > F_{n-2-n'',n'',1-\alpha}$ gilt oder der P-Wert $P = 1 - F_{n-2-n'',n''}(TG_s) < \alpha$ ist; dabei bezeichnen $F_{n-2-n'',n'',1-\alpha}$ das $(1 - \alpha)$-Quantil und $F_{n-2-n'',n''}$ die Verteilungsfunktion der F-Verteilung mit $f_1 = n - 2 - n''$ und $f_2 = n''$ Freiheitsgraden.

c) Partielle Korrelation Mit Hilfe eines Kunstgriffes können die im Zuge einer zweifachen linearen Regression von Y auf X_1 und X_2 ermittelten partiellen Regressionskoeffizienten b_1 bzw. b_2 auch aus einfachen linearen Regressionsanalysen gewonnen werden. Der Kunstgriff beruht auf der Überlegung, dass sich die zweifache lineare Regression auf eine einfache reduziert, wenn man z. B. die durch den Regressor X_2 bedingte Variation aus Y und X_1 beseitigt. Um das zu erreichen, denken wir uns X_2 auf einen festen Wert fixiert, den wir der Einfachheit halber dem aus den Beobachtungswerten von X_2 gebildeten arithmetischen Mittel $\bar{x}_2$ gleichsetzen. Jede so vorgenommene Veränderung eines Wertes x_{i2} von X_2 auf $\bar{x}_2$ hat im Allgemeinen auch eine Auswirkung auf die entsprechenden Werte y_i und x_{i1} der beiden anderen Variablen, von denen wir ja im Rahmen des zugrunde liegenden zweifachen linearen Regressionsansatzes annehmen, dass sie mit X_2 durch eine (zufallsgestörte) lineare Beziehung miteinander verknüpft sind.

Den durch die Fixierung von X_2 auf $\bar{x}_2$ bedingten Effekt auf Y bestimmen wir nach Linder und Berchthold (1982b) folgendermaßen: Wir führen eine einfache lineare Regression von Y auf X_2 durch und erhalten die in Abb. 5.13 dargestellte Regressionsgerade mit der Gleichung $\hat{y} = \bar{y} + b_1'(x_2 - \bar{x}_2)$. Ihr entnimmt man, dass zur Schwankung $x_2 - \bar{x}_2$ die durch X_2 bedingte Änderung $\hat{y} - \bar{y} = b_1'(x_2 - \bar{x}_2)$ von Y gehört. Wenn also X_2 von x_{i2} auf $x_{i2} - (x_{i2} - \bar{x}_2) = \bar{x}_2$ gesetzt wird, ist auch Y von y_i auf $y_i' = y_i - (\hat{y}_i - \bar{y}) = y_i - b_1'(x_{i2} - \bar{x}_2)$ zu verändern. Dieser Änderung entspricht in Abb. 5.13 die Verschiebung des Punktes P_i parallel zur Regressionsgeraden in die neue Lage P_i'. Indem wir die mittels linearer Regression auf X_2 zurückzuführende Variation aus allen Y-Werten $y_1, y_2, \ldots, y_n$

Abb. 5.13 Beseitigung der durch X_2 bedingten Variation aus der Variablen Y. Jeder Datenpunkt $P_i = (x_{2i}, y_i)$ wird parallel zur Regeressionsgeraden von Y auf X_2 zur Stelle $X_2 = \bar{x}_2$ verschoben

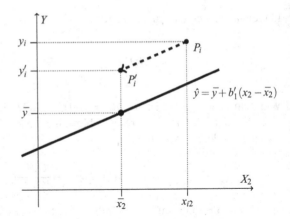

beseitigen, ergeben sich die vom Einfluss der Variablen X_2 bereinigten Stichprobenwerte $y_1', y_2', \ldots, y_n'$.

Analog verfahren wir auch mit den X_1-Werten. Wir nehmen eine lineare Regression von X_1 auf X_2 vor und bezeichnen den Anstieg der Regressionsgeraden nun mit b_1''. Jeden Wert x_{i1} von X_1 ersetzen wir dann durch den vom Einfluss der Variablen X_2 bereinigten Wert $x_{i1}' = x_{i1} - b_1''(x_{i2} - \bar{x}_2)$.

Nachdem in der geschilderten Weise der von X_2 herrührende Einfluss beseitigt wurde, stellen wir die Abhängigkeit der Variablen Y von X_1 durch eine (mit den bereinigten Stichproben berechnete) Regressionsgerade dar. Es zeigt sich, dass deren Anstieg gleich dem partiellen Regressionskoeffizienten b_1 von X_1 ist, der sich bei einer zweifachen linearen Regression von Y auf X_1 und X_2 (mit den nicht bereinigten Stichproben) ergibt. Diese Übereinstimmung bringt zum Ausdruck, dass die vorgenommene Bereinigung der Y- und X_1-Stichproben tatsächlich zu einer Ausschaltung des von X_2 auf Y und X_1 ausgeübten Einflusses geführt hat.

Wir schließen weiter, dass die mit den bereinigten Stichproben der Variablen Y und X_1 berechnete Produktmomentkorrelation ein vom Einfluss der Variablen X_2 befreites Maß für die gemeinsame Variation der Variablen Y und X_1 ist. Man bezeichnet dieses Maß als **partielle Korrelation von Y und X_1 unter Konstanthaltung von X_2** und schreibt dafür $r_{yx_1|x_2}$. Die partielle Korrelation $r_{yx_1|x_2}$ kann auch ohne explizites Bereinigen der Y- und X_1-Stichprobe bestimmt werden. Es gilt nämlich die Formel

$$r_{yx_1|x_2} = \frac{r_{yx_1} - r_{yx_2}r_{x_1x_2}}{\sqrt{(1 - r_{yx_2}^2)(1 - r_{x_1x_2}^2)}}, \tag{5.41}$$

die die Kenntnis der aus den ursprünglichen (d. h. nicht bereinigten) Beobachtungsreihen berechneten einfachen Korrelationen r_{yx_1}, r_{yx_2} und $r_{x_1x_2}$ von Y und X_1, Y und X_2 bzw. X_1 und X_2 voraussetzt.

d) Herleitung des Gleichungssystems (5.30a) Wir gehen vom Ansatz (5.29) aus und bilden damit die von den Regressionsparametern $a, b_1, \ldots, b_p$ abhängige Summe

$$Q(a, b_1, \ldots, b_p) = \sum_{i=1}^{n} (y_i - \hat{y}_i)^2 = \sum_{i=1}^{n} \left[y_i - a - \sum_{j=1}^{p} b_j (x_{ij} - \bar{x}_j) \right]^2$$

der Quadrate der Residuen. Die gesuchten Kleinste Quadrate-Schätzer sind jene, für die Q minimal wird. An der Minimumstelle müssen die partiellen Ableitungen nach a und den b_j $(j = 1, 2, \ldots, p)$ verschwinden. Die partielle Ableitung nach a ist

$$\frac{\partial Q}{\partial a} = -2 \sum_{i=1}^{n} \left[y_i - a - \sum_{j=1}^{p} b_j (x_{ij} - \bar{x}_j) \right] = -2 \left(\sum_{i=1}^{n} y_i - na \right).$$

Setzt man diese null, ergibt sich der Schätzwert $a = \bar{y}$. Die partielle Ableitung nach b_k $(k = 1, 2, \ldots, p)$ ist durch

$$\frac{\partial Q}{\partial b_k} = -2 \sum_{i=1}^{n} (x_{ik} - \bar{x}_k) \left[y_i - a - \sum_{j=1}^{p} b_j (x_{ij} - \bar{x}_j) \right]$$

$$= -2 \left(\sum_{i=1}^{n} (x_{ik} - \bar{x}_k)(y_i - a) - \sum_{j=1}^{p} b_j \sum_{i=1}^{n} (x_{ik} - \bar{x}_k)(x_{ij} - \bar{x}_j) \right)$$

gegeben. Mit $a = \bar{y}$ und den Kovarianzen

$$s_{yk} = \frac{1}{n-1} \sum_{i=1}^{n} (y_i - \bar{y})(x_{ik} - \bar{x}_k) \quad \text{und} \quad s_{kj} = \frac{1}{n-1} \sum_{i=1}^{n} (x_{ik} - \bar{x}_k)(x_{ij} - \bar{x}_j)$$

für $j \neq k$ und den Varianzen

$$s_k^2 = s_{kk} = \frac{1}{n-1} \sum_{i=1}^{n} (x_{ik} - \bar{x}_k)^2$$

für $j = k$ kann man die partielle Ableitung $\partial Q / \partial b_k$ in

$$\frac{\partial Q}{\partial b_k} = -2 \left(s_{yk} - \sum_{j=1}^{p} b_j s_{kj} \right)$$

umschreiben, woraus sich durch Nullsetzen das Gleichungssystem (5.30a) ergibt. Mit den Gleichungen (5.30a) und (5.30b) lassen sich die folgenden Beziehungen begründen, die in Abschn. 5.7 verwendet wurden:

- Das arithmetische Mittel $\bar{\hat{y}}$ der erwarteten Y-Werte $\hat{y}_i$ ist gleich dem arithmetischen Mittel $\bar{y}$ der beobachteten Y-Werte. Mit Hilfe von (5.30b) erhält man nämlich

$$\sum_{i=1}^{n} \hat{y}_i = \sum_{i=1}^{n} \left[\bar{y} + \sum_{j=1}^{p} b_j (x_{ij} - \bar{x}_j) \right] = \sum_{i=1}^{n} \bar{y} + \sum_{j=1}^{p} b_j \sum_{i=1}^{n} (x_{ij} - \bar{x}_j) = n \bar{y}.$$

- Die Kovarianz $s_{y\hat{y}}$ zwischen den beobachteten Y-Werten y_i und den entsprechenden erwarteten Y-Werten $\hat{y}_i$ stimmt mit der Varianz $s_{\hat{y}}^2$ der erwarteten Y-Werte überein. Einerseits erhält man mit (5.32) und der Festlegung $s_{jj} = s_j^2$ ($j = 1, 2, \ldots, p$)

$$(n-1)s_{y\hat{y}} = \sum_{i=1}^{n} (y_i - \bar{y})(\hat{y}_i - \bar{y}) = \sum_{i=1}^{n} (y_i - \bar{y}) \sum_{k=1}^{p} b_k (x_{ik} - \bar{x}_k)$$

$$= (n-1) \sum_{k=1}^{p} b_k s_{yk}.$$

Andererseits ergibt sich mit (5.32) und (5.30a)

$$(n-1)s_{\hat{y}}^2 = \sum_{i=1}^{n} (\hat{y}_i - \bar{y})^2 = \sum_{i=1}^{n} \left[\sum_{j=1}^{p} b_j (x_{ij} - \bar{x}_j) \right]^2$$

$$= \sum_{k=1}^{p} b_k \sum_{j=1}^{p} b_j \sum_{i=1}^{n} (x_{ik} - \bar{x}_k)(x_{ij} - \bar{x}_j)$$

$$= (n-1) \sum_{k=1}^{p} b_k \sum_{j=1}^{p} b_j s_{kj} = (n-1) \sum_{k=1}^{p} b_k s_{yk}.$$

- Das mit den Kleinste Quadrate-Schätzern $a, b_1, \ldots, b_p$ bestimmte Minimum SQE der Summe der Quadrate der Residuen hängt mit den Quadratsummen $SQY = (n-1)s_y^2$ und $SQ\hat{Y} = (n-1)s_{\hat{y}}^2$ über die Streuungszerlegung $SQY = SQ\hat{Y} + SQE$ zusammen. Dies erkennt man, wenn man SQE wie folgt umformt:

$$SQE = \sum_{i=1}^{n} (y_i - \hat{y}_i)^2 = \sum_{i=1}^{n} \left[(y_i - \bar{y}) - (\hat{y}_i - \bar{y}) \right]^2$$

$$= \sum_{i=1}^{n} (y_i - \bar{y})^2 - 2 \sum_{i=1}^{n} (y_i - \bar{y})(\hat{y}_i - \bar{y}) + \sum_{i=1}^{n} (\hat{y}_i - \bar{y})^2$$

$$= SQY - 2SQ\hat{Y} + SQ\hat{Y} = SQY - SQ\hat{Y}$$

Beispiele

1. Zur Messung von Fe-Konzentrationen sollen die Peakhöhen von Atomabsorptionsspektrallinien herangezogen werden. Zwecks Kalibration des Messverfahrens wurden die Peakhöhen (Variable Y, in cm) in Abhängigkeit von einigen vorgegebenen Massenwerten (Variable X, in ng) bestimmt. Wir berechnen

   a) die lineare Kalibrationsfunktion im Rahmen einer linearen Regression von Y auf X und schätzen

   b) die Masse einer neuen Probe auf Grund einer gemessenen Peakhöhe von 0.055 cm ($\alpha = 5\,\%$).

Masse X:	1.409	3.013	5.508	8.100	10.303
Peakhöhe Y:	0.027	0.040	0.065	0.084	0.102

a) Wie man sich an Hand der im Streudiagramm dargestellten Wertepaare (x_i, y_i) überzeugen kann, wird die Abhängigkeit der Peakhöhe von der Masse gut mit einer linearen Regressionsfunktion wiedergegeben. Zur Bestimmung der Regressionsgeraden berechnen wir zuerst die univariaten Statistiken $n = 5$, $\bar{x} = 5.667$, $s_x = 3.627$, $\bar{y} = 0.0636$ und $s_y = 0.03078$ sowie die bivariaten Kennwerte $s_{xy} = 0.1125$ und $r_{xy} = 0.9987$. Es folgen als Anstieg und y-Achsenabschnitt der Regressionsgeraden $b_1 = 0.008476$ bzw. $b_0 = 0.01557$ und

$$MQE = \frac{SQE}{n-2} = \frac{(n-1)s_y^2(1-r_{xy}^2)}{n-2} = 3.293 \cdot 10^{-6}$$

als Schätzwert für die Fehlervarianz σ_ε^2. Wegen $TG_s = r_{xy}\sqrt{n-2}/\sqrt{1-r_{xy}^2} = 33.88 > t_{3,0.975} = 3.182$ ist der Anstieg auf dem 5 %-Niveau signifikant von null verschieden und die lineare Abhängigkeit der mittleren Peakhöhe von der Masse durch die Funktionsgleichung $\hat{y} = 0.01557 + 0.008476x$ darstellbar. Als Bestimmtheitsmaß erhält man $B = r_{xy}^2 = 99.74\,\%$.

b) Die vorgegebene Peakhöhe ist der Einzelwert $\bar{y}^* = 0.055$. Setzt man in die Regressionsgleichung ein, folgt der Schätzwert

$$\hat{x} = \bar{x} + \frac{\bar{y}^* - \bar{y}}{b_1} = 5.667 + \frac{0.055 - 0.0636}{0.008476} = 4.652$$

für die der Peakhöhe entsprechende Probenmasse. Wegen $g = t_{3,0.975}^2 / TG_s^2 = 0.008825 < 0.1$ ist die Voraussetzung für die näherungsweise Bestimmung des Standardfehlers der Schätzfunktion für $\hat{x}$ mit Formel (5.40) erfüllt. Man erhält

$$s_{\hat{x}} = \sqrt{\frac{3.293 \cdot 10^{-6}}{0.008476^2}\left(1 + \frac{1}{5} + \frac{0.055 - 0.0636)^2}{0.008476^2 \cdot 4 \cdot 3.627^2}\right)} = 0.2364.$$

Mit dem Quantil $t_{3,0.975} = 3.182$ ergibt sich schließlich das 95 %-Konfidenzintervall $4.652 \pm 3.182 \cdot 0.2364 = [3.899, 5.404]$ für die zu bestimmende Probenmasse.

Tab. 5.19 Rechenschema zu Beispiel 2, Abschn. 5.8. Aufbereitung der Daten von Tab. 5.12 nach Art der Tab. 5.18

X-Werte	16	17	18	19	20	$\sum$
Y-Werte	22	19	18	17	14	
	20	20	18	15	14	
	19	19	17	16	14	
	21			17	15	
	21				13	
n_j	5	3	3	4	5	20
$\bar{y}_j$	20.6	19.33	17.67	16.25	14.00	
$s_{y.j}^2$	1.300	0.333	0.333	0.917	0.500	
SQI_j	5.200	0.667	0.667	2.750	2.000	11.28

2. Im Beispiel 1 von Abschn. 5.5 wurde mit den Daten der Tab. 5.12 die Abhängigkeit der mittleren Entwicklungsdauer μ_Y von der Wassertemperatur X durch die Regressionsgleichung $\hat{y} = b_0 + b_1 x = 46.84 - 1.628x$ dargestellt. In Ergänzung dazu wird nun eine allfällige Verletzung der Linearitätsannahme geprüft. Als Signifikanzniveau sei $\alpha = 5\%$ vereinbart. Das zu verwendende Datenmaterial ist in Tab. 5.19 nach Art der Tab. 5.18 noch einmal angeschrieben. Nach Tab. 5.19 gibt es $m = 5$ verschiedene Werte von X, nämlich $x_1 = 16$, $x_2 = 17$, $x_3 = 18$, $x_4 = 19$ und $x_5 = 20$. Zu jedem Wert von X wurde mehr als ein Y-Wert beobachtet, daher ist $k = m = 5$, $n' = n = 20$ und $n'' = n - k = 15$. Mit Hilfe der Stichprobenumfänge n_j und der Varianzen $s_{y_j}^2$ der Y-Stichproben werden die Quadratsummen $SQI_j = (n_j - 1)s_{y_j}^2$ und deren Summe $SQI = 11.28$ berechnet. Das entsprechende mittlere Streuungsmaß für die Variation innerhalb der Y-Stichproben ist $MQI = SQI/n'' = 11.28/15 = 0.752$. Wegen $SQE = 12.46$ (siehe Abschn. 5.5, Beispiel 2) und $SQM = SQE - SQI = 12.46 - 11.28 = 1.18$ ergibt sich das Maß $MQM = SQM/(m - 2) = 1.18/3 = 0.393$ für die mittlere Streuung der Mittelwerte der Y-Stichproben um die Regressionsgerade. Da die Testgröße $TG = MQM/MQI = 0.393/0.752 = 0.523$ das Quantil $F_{3,15,0.95} = 3.287$ unterschreitet, besteht keine Veranlassung, die in der Nullhypothese angenommene lineare Abhängigkeit auf dem vorgegebenen Signifikanzniveau zu verwerfen.

3. Wir wollen den in Beispiel 1 von Abschn. 5.7 im Zuge einer zweifachen linearen Regression berechneten partiellen Regressionskoeffizienten $b_1 = 10.63$ nun auch durch eine einfache lineare Regression mit den vom Einfluss der Variablen X_2 bereinigten Y- und X_1-Stichproben gewinnen. Um die durch X_2 bedingte Variation aus den Y- und X_1-Werten zu beseitigen, wird eine lineare Regression von Y auf X_2 bzw. von X_1 auf X_2 durchgeführt. Es ergeben sich die Anstiegsparameter $b_1' = s_{y2}/s_2^2 = 5.702$ bzw. $b_1'' = s_{12}/s_2^2 = -0.1725$. Die Y-Werte werden mit Hilfe von $y_i' = y_i - b_1'(x_{i2} - \bar{x}_2) = y_i - 5.702(x_{i2} - 305.25)$ bereinigt; beispielsweise ist $y_1' = 1260 - 5.702(310 - 305.25) = 1232.91$. Die bereinigten X_1-Werte findet man mit Hilfe von $x_{i1}' = x_{i1} - b_1''(x_{i2} - \bar{x}_2) =$

Tab. 5.20 Ausschaltung des Einflusses der Variablen X_2 (Werte x_{i2}) auf die Werte x_{i1} und y_i von X_1 bzw. Y. Daten und Rechenschema zu Beispiel 3, Abschn. 5.8. Die bereinigten Werte von X_1 und Y stehen in der x'_{i1}- bzw. y'_i-Spalte

lfd. Nr. i	x_{i1}	x_{i2}	y_i	x'_{i1}	y'_i
1	160	310	1260	160.82	1232.91
2	164	318	1290	166.20	1217.30
3	166	312	1270	167.16	1231.51
4	166	302	1220	165.44	1238.53
5	169	306	1220	169.13	1215.72
6	169	322	1420	171.79	1324.79
7	170	327	1480	173.52	1355.98
8	170	329	1400	174.10	1264.57
9	171	279	1060	166.47	1209.68
10	172	300	1330	171.09	1359.94
11	174	299	1340	172.92	1375.64
12	176	283	1160	172.16	1286.87
13	178	316	1500	179.85	1438.70
14	179	308	1380	179.47	1364.32
15	181	293	1315	178.89	1384.85
16	183	278	1240	178.30	1395.38
17	183	301	1400	182.27	1424.23
18	183	319	1560	185.37	1481.60
19	184	297	1380	182.58	1427.04
20	188	306	1420	188.13	1415.72

$x_{i1} + 0.1725(x_{i2} - 305.25)$. Tabelle 5.20 enthält eine Zusammenstellung der so auf den festen Wert $X_2 = \bar{x}_2 = 305.25$ umgerechneten Y- und X_1-Werte. Wie man leicht nachrechnet, sind die Varianzen der bereinigten X_1- und Y-Werte durch $s^2_{x'_1} = 54.114$ bzw. $s^2_{y'} = 7703.04$ gegeben, die Kovarianz der bereinigten X_1- und Y-Beobachtungsreihe ist $s_{y'x'_1} = 575.04$. Somit ergibt sich als Anstiegsparameter der mit den bereinigten Beobachtungsreihen durchgeführten einfachen Regression von Y auf X_1 der Wert $s_{y'x'_1}/s^2_{x'_1} = 575.04/54.114 = 10.63$, der mit dem im Rahmen der zweifachen linearen Regression von Y auf X_1 und X_2 erhaltenen partiellen Regressionskoeffizienten b_1 übereinstimmt.

Den partiellen Korrelationskoeffizienten von Y und X_1 (unter Konstanthaltung von X_2) berechnen wir zuerst mit den bereinigten Stichproben und erhalten

$$r_{yx_1|x_2} = \frac{s_{y'x'_1}}{s_{y'}s_{x'_1}} = \frac{575.04}{\sqrt{7703.04}\sqrt{54.114}} = 0.891.$$

Wir zeigen, dass die Berechnungsformel (5.41) dasselbe Resultat liefert. Die aus den (nicht bereinigten) Beobachtungsreihen ermittelten einfachen Korrelationskoeffizienten sind: $r_{yx_1} = 0.3842, r_{yx_2} = 0.6905, r_{x_1x_2} = -0.3257$. Setzt man in (5.41) ein, folgt

$$r_{yx_1|x_2} = \frac{0.3842 - 0.6905 \cdot (-0.3257)}{\sqrt{(1 - 0.6905^2)(1 - (-0.3257)^2)}} = 0.891.$$

Auffallend ist der deutliche Unterschied zwischen der partiellen Korrelation $r_{yx_1|x_2}$ und der einfachen Korrelation r_{yx_1}. Erst die Beseitigung des Einflusses von X_2 hat die starke Korrelation zwischen Y und X_1 sichtbar gemacht. Auch das Umgekehrte ist möglich; die einfache Korrelation kann einen starken Zusammenhang zwischen zwei interessierenden Variablen X und Y anzeigen, der sich dann nach Ausschaltung des von einer dritten Variablen Z herrührenden Einflusses als viel schwächer oder überhaupt nicht erkennbar herausstellt. Im letzten Fall, also wenn $|r_{xy}|$ groß und $r_{xy|z}$ praktisch null ist, wird durch den einfachen Korrelationskoeffizienten r_{xy} eine durch die Variation von Z bedingte Gemeinsamkeitskorrelation vorgetäuscht, auf die bereits im Abschn. 5.2 hingewiesen wurde.

Aufgaben

1. Zur Bestimmung der unbekannten Konzentration einer K-Lösung wurden 6 Kalibrationslösungen mit den Konzentrationen (Variable X in μg/ml) 5, 10, 15, 20, 25 und 30 vermessen und die Messwerte (relative Emissionen, Variable Y) 112, 228, 333, 454, 565 bzw. 662 erhalten. Man bestimme die lineare Regressionsfunktion von Y auf X. Für eine Probe wurde die relative Emission $\bar{y}^* = 386$ gemessen. Man gebe damit einen Schätzwert und ein 95 %iges Konfidenzintervall für die K-Konzentration dieser Probe an.

2. Die folgende Tabelle enthält Messwerte der Länge X und Masse Y von 20 Weibchen des Bachflohkrebses *Gammarus fossarum*. Was lässt sich aus den Wertepaaren über die Abhängigkeit der Masse von der Länge aussagen? Kann die Abhängigkeit durch ein lineares Regressionsmodell dargestellt werden? Sprechen die Beobachtungsdaten gegen den linearen Ansatz?

lfd. Nr.	X	Y	lfd. Nr.	X	Y	lfd. Nr.	X	Y	lfd. Nr.	X	Y
1	7	5	6	9	11	11	10	13	16	11	21
2	7	7	7	9	11	12	10	15	17	11	21
3	8	8	8	9	12	13	10	15	18	11	23
4	8	10	9	9	14	14	10	22	19	12	22
5	9	9	10	9	14	15	11	18	20	12	27

3. Bei einer morphologischen Untersuchung wurden unter anderem die Variablen X (Länge), Y (Anzahl der Segmente des ersten Fühlerpaares) und Z (Anzahl der Segmente des zweiten Fühlerpaares) an 30 Männchen des Bachflohkrebses *Gammarus fossarum* erhoben und die Produktmomentkorrelationen $r_{xy} = 0.84$, $r_{xz} = 0.74$ und $r_{yz} = 0.82$ errechnet. Man bestimme die vom Einfluss der Variablen X bereinigte Korrelation zwischen Y und Z, d. h. den partiellen Korrelationskoeffizienten $r_{yz|x}$.

Kapitel 6
Ausgewählte Modelle der Varianzanalyse

Wie in anderen Disziplinen werden auch in der Statistik Versuche zur Gewinnung von Erkenntnissen eingesetzt. Es ist nützlich, einen Versuch als ein Input/Output-System zu sehen. Den Systemoutput denken wir uns dabei als eine Zielvariable, den Systeminput als Einflussvariablen, von denen zwei Arten zu unterscheiden sind. Die einen werden vom Experimentator gezielt verändert, um die Abhängigkeit der Zielvariablen von den Einflussvariablen zu studieren. Die anderen entziehen sich der Kontrolle durch den Experimentator; sie haben den Charakter von Störgrößen, die einen mehr oder weniger großen Versuchsfehler bewirken. Es ist ein wichtiges Ziel bei der Planung von Versuchen, den Versuchsfehler klein zu halten. Ein Beispiel für eine einfache Versuchsanlage ist der im Zusammenhang mit dem 2-Stichproben-t-Test betrachtete Parallelversuch. Bei diesem geht es um den Vergleich von zwei Bedingungen (meist einer „Testbehandlung" mit einer „Kontrollbehandlung"). Die Verallgemeinerung dieser Versuchsanlage auf mehr als zwei Behandlungsgruppen führt zu randomisierten Versuchen mit einem mehrstufigen Faktor, denen das Modell der einfaktoriellen Varianzanalyse zugrunde liegt. Dieses Grundmodell der Varianzanalyse kann in vielfältiger Weise verfeinert und verallgemeinert werden. Einfache und für die Praxis wichtige Versuchsanlagen sind die Blockvarianzanalyse, die Kovarianzanalyse sowie die zweifaktorielle Varianzanalyse.

6.1 Einfaktorielle Varianzanalyse

a) **Versuchsanlage und Modell** Es sollen die unter $k > 2$ Bedingungen gemessenen Werte einer Variablen Y miteinander verglichen und Unterschiede zwischen den Bedingungen hinsichtlich der mittleren Y-Werte festgestellt werden. Die Variable Y setzen wir als metrisch voraus, sie kann z. B. eine Ertragsgröße in einem Wachstumsversuch oder die Wirkung von Behandlungen in einem klinischen Versuch bedeuten. Es entspricht einer häufig geübten Praxis, eine Bedingung als „Kontrolle" zu planen und die übrigen $k - 1$ Bedingungen vor allem mit der Kontrolle zu vergleichen. Die Frage, ob Y unter den Versuchsbedingungen verschiedene

W. Timischl, *Angewandte Statistik*, DOI 10.1007/978-3-7091-1349-3_6,
© Springer-Verlag Wien 2013

(Mittel-)Werte annimmt, kann auch als Abhängigkeitsproblem formuliert werden. Zu diesem Zweck fassen wir die im Versuch vorgesehenen Bedingungen als „Werte" einer (nominalen) Einflussvariablen A auf und das Untersuchungsmerkmal Y als eine von A abhängige Zielvariable. Man bezeichnet die Einflussvariable A als **Faktor** und die Werte von A als **Faktorstufen**. Die Faktorstufen denken wir uns von 1 bis k durchnummeriert. Stimmen die Werte von Y auf allen Faktorstufen im „Wesentlichen" überein, ist die Zielvariable vom Faktor unabhängig, andernfalls abhängig. Der Einfluss des Faktors auf die Zielvariable kommt darin zum Ausdruck, dass die Zielvariable um einen von der Faktorstufe abhängigen festen Wert, der sogenannten Faktorwirkung, verändert wird.

Beim Vergleich der Faktorwirkungen ist die durch die Untersuchungseinheiten und allfällige Umgebungseinflüsse bedingte Variabilität der Zielvariablen als weitere Variationsursache zu beachten. Sie bewirkt den sogenannten Versuchsfehler. Wir nehmen den Versuchsfehler als eine vom Faktor unabhängige Zufallsgröße an, die der Faktorwirkung additiv überlagert ist. Ohne Kenntnis der Variation des Versuchsfehlers können die Faktorwirkungen überhaupt nicht sinnvoll beurteilt werden. Um den Versuchsfehler zu erfassen, sind auf den Faktorstufen daher Messungen an mehreren Untersuchungseinheiten, also **Wiederholungen**, notwendig. Es sei n_j die Anzahl der Untersuchungseinheiten, die der j-ten Faktorstufe zugeordnet sind.

Im Allgemeinen werden neben dem Faktor A weitere, nicht interessierende Störgrößen vorhanden sein. Um einen systematischen Einfluss von Störgrößen auszuschalten, versucht man diese entweder konstant zu halten oder, wo das nicht möglich ist, durch eine zufällige Zuordnung der Untersuchungseinheiten zu den Faktorstufen allenfalls vorhandene systematische Einflüsse in zufällige überzuführen, die in den Versuchsfehler eingehen. Man bezeichnet diese Technik als **Randomisierung**. Neben der Wiederholung ist die Randomisierung der zweite wichtige Grundsatz bei der Planung von Versuchen. Nach Ausschaltung der systematischen Einflüsse von Störgrößen kann der Einfluss der (geplanten) Variation des Faktors A auf die Zielvariable Y im Rahmen einer einfaktoriellen Varianzanalyse studiert werden. Bei der einfaktoriellen Varianzanalyse gibt es also genau einen Faktor, der in mehreren Stufen vorliegt.[1]

Die Messung der Zielvariablen Y an der i-ten Untersuchungseinheit (kurz die i-te Wiederholung) auf der j-ten Faktorstufe führt zum Ergebnis Y_{ij}. Jedes Messergebnis ist mit einem doppelten Index versehen; der erste Index bezeichnet die Wiederholung, der zweite die Faktorstufe. Im Modell der einfaktoriellen Varianzanalyse wird angenommen, dass jedes Messergebnis mit der Formel

$$Y_{ij} = \mu_j + \varepsilon_{ij} = \mu + \tau_j + \varepsilon_{ij} \qquad (6.1\text{a})$$

generiert werden kann ($j = 1, 2, \ldots, k; i = 1, 2, \ldots, n_j$). In dieser Darstellung ist μ_j ein von der Faktorstufe abhängiger fester Mittelwert (der Mittelwert von Y unter der Versuchsbedingung j) und ε_{ij} der Versuchsfehler. Den Mittelwert μ_j kann

---

[1] Für die Varianzanalyse wird gelegentlich die Abkürzung ANOVA verwendet, die von der englischen Bezeichnung *analysis of variance* abgeleitet ist.

Tab. 6.1 Datentabelle und Rechenschema zur einfaktoriellen Varianzanalyse. Die Stichproben-werte auf den k Faktorstufen sind spaltenweise angeordnet. Für die Berechnungen wird auf jeder Faktorstufe j der Stichprobenumfang n_j, das arithmetische Mittel $\bar{y}_j$ sowie die Varianz s_j^2 benö-tigt

	Versuchsbedingung (Faktorstufe)				
	1	2	$\cdots$ j	$\cdots$	k
	y_{11}	y_{12}	$\cdots$ y_{1j}	$\cdots$	y_{1k}
	y_{21}	y_{22}	$\cdots$ y_{2j}	$\cdots$	y_{2k}
Wiederholungen	$\vdots$	$\vdots$	$\vdots$ $\vdots$	$\vdots$	$\vdots$
	y_{i1}	y_{i2}	$\cdots$ y_{ij}	$\cdots$	y_{ik}
	$\vdots$	$\vdots$	$\vdots$ $\vdots$	$\vdots$	$\vdots$
	$y_{n_1 1}$	$y_{n_2 2}$	$\cdots$ $y_{n_j j}$	$\cdots$	$y_{n_k k}$
Anzahl	n_1	n_2	$\cdots$ n_j	$\cdots$	n_k
Mittelwert	$\bar{y}_1$	$\bar{y}_2$	$\cdots$ $\bar{y}_j$	$\cdots$	$\bar{y}_k$
Varianz	s_1^2	s_2^2	$\cdots$ s_j^2	$\cdots$	s_k^2

man weiter aufspalten in $\mu_j = \mu + \tau_j$, also in eine von der Faktorstufe unabhän-gige Komponente μ und die Faktorwirkung τ_j, die den Einfluss des Faktors auf der j-ten Stufe zum Ausdruck bringt.[2] Das Modell der einfaktoriellen Varianzanalyse betrachtet also jedes Messergebnis als Summe einer von den Faktorstufen unab-hängigen Konstanten μ, der Faktorwirkung τ_j und dem Versuchsfehler ε_{ij}. Der Versuchsfehler ε_{ij} wird auf jeder Faktorstufe j und für jede Wiederholung i als normalverteilt mit dem Mittelwert null und der (von den Faktorstufen unabhängi-gen) Varianz σ_ε^2 angenommen; ferner wird angenommen, dass die Versuchsfehler zu verschiedenen Wiederholungen unabhängig sind.

b) Schätzung der Modellparameter Es ist üblich, die Messreihen auf den k Fak-torstufen in Spalten nebeneinander anzuordnen, so dass sich das in Tab. 6.1 darge-stellte Datenschema ergibt. Dieses enthält auf jeder Faktorstufe j die Messwerte $y_{1j}, y_{2j}, \ldots, y_{n_j j}$, die Anzahl n_j der Wiederholungen sowie das arithmetische Mittel und die Varianz

$$\bar{y}_j = \frac{1}{n_j} \sum_{i=1}^{n_j} y_{ij} \quad \text{bzw.} \quad s_j^2 = \frac{1}{n_j - 1} \sum_{i=1}^{n_j} (y_{ij} - \bar{y}_j)^2$$

---

[2] Die Konstante μ setzen wir gleich dem mit den Fallzahlen n_j gewichteten Mittel $(\sum_j n_j \mu_j)/N$ der Stufenmittelwerte μ_j (die Summation läuft von $j = 1$ bis k, $N = \sum_j n_j$ bezeichnet den gesamten Umfang der Stichproben auf allen Faktorstufen). Diese Festlegung be-dingt, dass die Summe der mit den Fallzahlen n_j gewichteten Faktorwirkungen τ_j null ergibt. Es ist nämlich $\sum_j n_j \tau_j = \sum_j n_j (\mu_j - \mu) = \sum_j n_j \mu_j - \mu \sum_j n_j = 0$. Mit den so nor-mierten τ_j werden die Wirkungen der Faktoren relativ zu μ ausgedrückt; man spricht von einer Effekt-Codierung. Eine andere Methode, die Überparametrisierung in der Modellgleichung (6.1a) zu beseitigen, ist die Dummy-Codierung. Hier wird auf der ersten Faktorstufe $\tau_1 = 0$ gesetzt und die Wirkungen der anderen Faktorstufen werden auf die erste Faktorstufe bezogen.

der Wiederholungen (kurz j-tes Stufenmittel bzw. j-te Stufenvarianz). Die Gesamt-
zahl der Messwerte ist $N = \sum_{j=1}^{k} n_j$ und das Gesamtmittel $\bar{y} = \frac{1}{N} \sum_{j=1}^{k} n_j \bar{y}_j$.
Mit $\hat{\mu} = \bar{y}$ wird die Modellkonstante μ geschätzt, die Schätzung des Parameters
μ_j erfolgt durch das j-te Stufenmittel $\bar{y}_j$ und die Schätzung der Faktorwirkung τ_j
durch die Abweichung $\hat{\tau}_j = \bar{y}_j - \bar{y}$ des j-ten Stufenmittels vom Gesamtmittel.[3]
Mit diesen Schätzwerten kann jede Realisierung

$$y_{ij} = \bar{y} + (\bar{y}_j - \bar{y}) + (y_{ij} - \bar{y}_j) = \hat{\mu} + \hat{\tau}_j + e_{ij} \qquad (6.1b)$$

von Y_{ij} in Analogie zur Modellgleichung (6.1a) als Summe des Gesamtmittels
$\hat{\mu} = \bar{y}$, der Faktorwirkung $\hat{\tau}_j = \bar{y}_j - \bar{y}$ und des Residuums $e_{ij} = y_{ij} - \bar{y}_j$
dargestellt werden. Die Komponente e_{ij} ist gleich der Abweichung des Messwertes
y_{ij} vom j-Stufenmittel und Ausdruck der zufälligen Variation der Variablen Y auf
der j-ten Faktorstufe. Sie stellt eine Realisierung des Versuchsfehlers bei der i-ten
Wiederholung auf der j-ten Faktorstufe dar. Für die (im Sinne der Methode der
kleinsten Quadrate minimale) Summe der Quadrat der Residuen – wir bezeichnen
diese Quadratsumme wie bei der Regression mit SQE – ergibt sich

$$SQE = \sum_{j=1}^{k} \sum_{i=1}^{n_j} e_{ij}^2 = \sum_{j=1}^{k} \left(\sum_{i=1}^{n_j} (y_{ij} - \bar{y}_j)^2 \right) = \sum_{j=1}^{k} (n_j - 1)s_j^2. \qquad (6.2a)$$

Es folgt, dass die Varianz der N Versuchsfehler e_{ij} als das mit $n_j - 1$ gewichtete
Mittel

$$MQE = \frac{SQE}{N - k} = \frac{\sum_{j=1}^{k} (n_j - 1)s_j^2}{N - k} \qquad (6.2b)$$

der Stufenvarianzen s_j^2 dargestellt werden kann.[4] Mit dem mittleren Fehlerquadrat
MQE wird die Varianz σ_ε^2 des Versuchsfehlers im Modell (6.1a) erwartungstreu
geschätzt.

c) Test auf signifikante Mittelwertunterschiede Zum Nachweis eines allfälligen
Einflusses des Faktors A auf die Zielgröße Y wird die Übereinstimmung der Mittelwerte μ_j als Nullhypothese

$$H_0: \mu_1 = \mu_2 = \cdots = \mu_k$$

formuliert und gegen die Alternativhypothese

$$H_1: \text{wenigstens zwei der } \mu_j \text{ unterscheiden sich}$$

---

[3] Wie man zeigen kann, nimmt die Summe $Q(\hat{\mu}, \hat{\tau}_1, \ldots, \hat{\tau}_k) = \sum_j \sum_i (y_{ij} - \hat{\mu} - \hat{\tau}_j)^2$ der
Quadrate der Residuen $y_{ij} - \hat{\mu} - \hat{\tau}_j$ unter der Nebenbedingung $\sum_j n_j \hat{\tau}_j = 0$ den kleinsten
Wert gerade für die Schätzwerte $\hat{\mu} = \bar{y}$ und $\hat{\tau}_j = \bar{y}_j - \bar{y}$ an. Der Summationsindex j läuft
jeweils von $j = 1$ bis k, der Index i von $i = 1$ bis n_j.
[4] Wegen $\sum_j \sum_i e_{ij} = \sum_j \sum_i (y_{ij} - \bar{y}_j) = \sum_j (\sum_i y_{ij} - n_j \bar{y}_j) = 0$ ist das arithmetische
Mittel aller N Residuen gleich null.

geprüft. Die Nullhypothese kann auch in der Form $H_0: \tau_1 = \tau_2 = \cdots = \tau_k = 0$ (alle Faktorwirkungen sind null) ausgedrückt werden.

Die Entscheidung zwischen H_0 und H_1 wird über einen Varianzvergleich herbeigeführt. Durch die Modellgleichung (6.1a) wird die Variation der Messgröße Y auf zwei Ursachen zurückgeführt. Die eine Ursache ist die (geplante) Änderung der Faktorvariablen A, die andere der zufällig variierende Versuchsfehler ε. Die durch ε bedingte Streuung wurde bereits mit Hilfe der Quadratsumme SQE der Residuen erfasst. Der Einfluss des Faktors A kommt in der Streuung der durch A erklärten Anteile $\bar{y}_j = \bar{y} + \hat{\tau}_j$ von Y zum Ausdruck. Analog zum Versuchsfehler kann die durch den Faktor A bedingte Streuung durch die Summe

$$SQA = \sum_{j=1}^{k} n_j(\bar{y}_j - \bar{y})^2 = \sum_{j=1}^{k} n_j \hat{\tau}_j^2$$

der Quadrate der mit den Fallzahlen n_j gewichteten Abweichungen der Stufenmittel vom Gesamtmittel dargestellt werden. Beim praktischen Rechnen greift man gelegentlich auf die **Streuungszerlegung**

$$SQY = SQA + SQE \qquad (6.3)$$

zurück, nach der sich die Quadratsummen SQA und SQE zur Summe SQY der Quadrate der Abweichungen der Messwerte y_{ij} vom Gesamtmittel $\bar{y}$ aufaddieren.[5]

Die Idee der einfaktoriellen Varianzanalyse besteht darin, den Einfluss des Faktors A auf die Zielvariable Y an Hand der durch A bedingten Variation zu beurteilen, und zwar im Rahmen eines Vergleichs mit der durch den Versuchsfehler bedingten Variation. Vergleichbare Variationsmaße sind die mit den Freiheitsgraden $k - 1$ bzw. $N - k$ gemittelten Quadratsummen $MQA = SQA/(k - 1)$ und $MQE = SQE/(N - k)$. Es lässt sich zeigen, dass die Erwartungswerte von MQA und MQE durch

$$E(MQA) = \sigma_\varepsilon^2 + \frac{1}{k-1} \sum_{j=1}^{k} n_j \tau_j^2 \quad \text{bzw.} \quad E(MQE) = \sigma_\varepsilon^2$$

gegeben sind. Daraus folgt, dass ein $MQA > MQE$ zu erwarten ist, wenn der Faktor A einen Einfluss auf Y ausübt (d. h. nicht alle $\tau_j = 0$ sind). Somit erscheint es naheliegend, die Testentscheidung mit dem Verhältnis der mittleren Quadratsummen MQA und MQE herbeizuführen und für H_1 zu entscheiden, wenn dieses Verhältnis „wesentlich" größer als 1 ist. Tatsächlich wird bei der einfaktoriellen

---

[5] Die Gültigkeit der Streuungszerlegung (6.3) erkennt man, wenn man von $SQY = \sum_j \sum_i (y_{ij} - \bar{y})^2 = \sum_j \sum_i [(y_{ij} - \bar{y}_j) + (\bar{y}_j - \bar{y})]^2$ ausgeht, das Quadrat ausrechnet und beachtet, dass der Term $2 \sum_j \sum_i (y_{ij} - \bar{y}_j)(\bar{y}_j - \bar{y}) = 2 \sum_j (\bar{y}_j - \bar{y}) \sum_i (y_{ij} - \bar{y}_j)$ verschwindet. Der Summationsindex j geht von 1 bis k, der Index i von 1 bis n_j.

Tab. 6.2 ANOVA-Tafel zur einfaktoriellen Varianzanalyse. Meist ist es zweckmäßig, zuerst $SQY = (N-1)s_y^2$ und $SQA = \sum_j n_j s_j^2$ und dann SQE aus $SQE = SQY - SQA$ zu berechnen. Analog kann man auch den Freiheitsgrad $N - k$ des Versuchsfehlers als Differenz $(N-1)-(k-1) = N - k$ bestimmen

Variations-ursache	Quadrat-summe	Freiheits-grad	Mittlere Quadratsumme	Testgröße
Faktor A	SQA	$k-1$	$MQA = SQA/(k-1)$	$TG = MQA/MQE$
Versuchsfehler	SQE	$N-k$	$MQE = SQE/(N-k)$	
Summe	SQY	$N-1$		

Varianzanalyse die Testgröße

$$TG = \frac{SQA/(k-1)}{SQE/(N-k)} = \frac{MQA}{MQE} \qquad (6.4)$$

verwendet, die unter der Nullhypothese (Gleichheit der Mittelwerte μ_j, kein Einfluss des Faktors auf die Zielvariable) F-verteilt ist mit dem Zählerfreiheitsgrad $f_1 = k - 1$ und dem Nennerfreiheitsgrad $f_2 = N - k$. Bei vorgegebenem Signifikanzniveau α ist die Nullhypothese abzulehnen, wenn die Realisierung TG_s der Testgröße das Quantil $F_{k-1,N-k,1-\alpha}$ übertrifft. Nimmt man die Entscheidung mit dem P-Wert vor, berechnet man zunächst mit der Verteilungsfunktion F der $F_{k-1,N-k}$-Verteilung die Wahrscheinlichkeit $P = 1 - F(TG_s)$ und lehnt H_0 ab, wenn $P < \alpha$ ist. Die im Test benötigten Rechengrößen können übersichtlich in einer Tafel nach Art der Tab. 6.2 zusammengefasst werden.[6] Es wird empfohlen, die numerischen Ergebnisse einer einfaktoriellen Varianzanalyse, die kompakt durch die ANOVA-Tafel und dem P-Wert des F-Tests ausgedrückt werden, durch eine grafische Darstellung der Stufenmittelwerte mit den entsprechenden Konfidenzintervallen zu ergänzen (vgl. Abb. 6.1, obere Grafik).

d) Gütefunktion Die Gütefunktion G des (globalen) F-Tests im Rahmen der einfaktoriellen Varianzanalyse erhält man, wenn man die Wahrscheinlichkeit einer Testentscheidung gegen H_0 (Übereinstimmung aller Stufenmittelwerte μ_j) zu vorgegebenen Modellparametern $\mu_1, \mu_2, \ldots, \mu_k$ und σ_ε^2 bestimmt. Da diese Wahrscheinlichkeit von den Modellparametern nur über die Größe

$$\lambda = \frac{1}{\sigma_\varepsilon^2} \sum_{j=1}^{k} n_j (\mu_j - \mu)^2 \qquad (6.5)$$

abhängt, betrachten wir die Gütefunktion in Abhängigkeit von λ. Der Parameter λ kann als ein globales Maß für die Abweichungen der Mittelwerte vom Gesamtmittel

---

[6] In R kann die ANOVA-Tafel und der P-Wert des F-Tests zum globalen Vergleich der Mittelwerte z. B. mit der Anweisung aov() berechnet werden. In dieser Funktion ist die Dummy-Codierung voreingestellt, die Effekt-Codierung erreicht man durch entsprechende Festlegung des Parameters contrasts.

aufgefasst werden; λ ist nichtnegativ und genau dann null, wenn alle Mittelwerte zusammenfallen. Der Wert der Gütefunktion an der Stelle λ kann mit Hilfe der **nicht-zentralen** F-**Verteilung** durch

$$G(\lambda) = P\left(TG > F_{k-1,N-k,1-\alpha} \mid \lambda\right) = 1 - F^*_{f_1,f_2,\lambda}\left(F_{k-1,N-k,1-\alpha}\right) \qquad (6.6)$$

ausgedrückt werden; hier bezeichnet $F^*_{f_1,f_2,\lambda}$ die Verteilungsfunktion der nicht-zentralen F-Verteilung mit dem Zählerfreiheitsgrad $f_1 = k - 1$, dem Nennerfreiheitsgrad $f_2 = N - k$ und dem (positiven) **Nichtzentralitätsparameter** λ, der im konkreten Anwendungsfall durch (6.5) gegeben ist.[7] Das Argument $F_{k-1,N-k,1-\alpha}$ der Funktion $F^*_{f_1,f_2,\lambda}$ ist das $(1 - \alpha)$-Quantil der (zentralen) $F_{k-1,N-k}$-Verteilung. Hat man nur Funktionswerte der (zentralen) F-Verteilung zur Verfügung, können damit Verteilungsfunktionswerte der nicht-zentralen F-Verteilung mit der Formel

$$F_{f_1,f_2,\lambda}(x) \approx F_{f_1^*,f_2}(x/\kappa) \quad \text{mit } f_1^* = \frac{(f_1 + \lambda)^2}{f_1 + 2\lambda}, \kappa = \frac{f_1 + \lambda}{f_1} \qquad (6.7)$$

näherungsweise berechnet werden. Mit (6.6) kann im Besonderen zu vorgegebenen Werten von k (Anzahl der Faktorstufen), n_j (Umfänge der Stichproben auf den Faktorstufen), μ_j (Faktorstufenmittelwerte), σ_ε^2 (Varianz des Versuchsfehlers) und α (Risiko eines Fehlers erster Art) die Wahrscheinlichkeit (Power) bestimmt werden, ein signifikantes Testergebnis zu erhalten.[8]

e) Untersuchung der Modellvoraussetzungen Wenn man den Mittelwertvergleich im Rahmen der einfaktoriellen Varianzanalyse durchführt, sollte man sich vergewissern, dass keine Abweichungen von den Modellvoraussetzungen vorliegen. Eine Voraussetzung ist, dass die Stichproben auf jeder Faktorstufe aus **normalverteilten** Grundgesamtheiten stammen. Da i. Allg. die Stichprobenumfänge auf jeder Faktorstufe klein sind, nimmt man meist eine visuelle Überprüfung der Normalverteilungsannahme an Hand eines mit den Residuen erstellten **Normal-** QQ-**Plots** vor. Ein Beispiel zeigt die untere Grafik von Abb. 6.1, die sich auf Beispiel 1 am Ende des Abschnitts bezieht. Nach Schätzung der Modellparameter wurden die Residuen ermittelt und gegen die entsprechenden Quantile der $N(0, 1)$-Verteilung aufgetragen. Man erkennt, dass die Abweichungen von der Orientierungsgeraden (durch die Punkte mit den unteren und oberen Quartilen) gering sind und daher nicht gegen die Normalverteilungsannahme sprechen.

Die zweite Voraussetzung, die überprüft werden muss, ist die **Homogenität der Varianzen**. Es sei σ_j^2 die Varianz der Zielvariablen Y unter der j-ten Versuchsbe-

---

[7] Die Gleichung der Dichtefunktion der nicht-zentralen F-Verteilung findet man z. B. in Abramowitz und Stegun (1964). Dieser Quelle ist auch die Approximation (6.7) entnommen. Zur Bestimmung von Werten der Verteilungsfunktion $F^*_{f_1,f_2,\lambda}$ kann man z. B. die R-Funktion pf() mit dem (optionalen) Nichtzentralitätsparameter ncp verwenden.

[8] Einfacher ist es, die Poweranalyse mit einer einschlägigen Software durchzuführen, z. B. mit der R-Funktion power.anova.test() oder der R-Funktion pwr.anova.test im Paket „pwr" (Basic functions for power analysis).

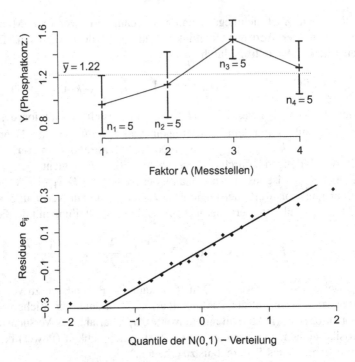

Abb. 6.1 Beiden Grafiken liegt der Datensatz der Tab. 6.3 zugrunde (Beispiel 1 am Ende des Abschnitts). *Oben* ist das Mittelwertdiagramm dargestellt, in dem die vier Stufenmittelwerte zusammen mit den 95 %-Konfidenzintervallen gegen die Faktorstufen aufgetragen sind. Die *punktierte Linie* entspricht dem Gesamtmittel. Die *untere Grafik* zeigt das mit den Residuen erstellte Normal-QQ-Plot zur schnellen Überprüfung der Normalverteilungsannahme

dingung. Von Varianzhomogenität spricht man, wenn die Varianzen σ_j^2 der Zielvariablen Y unter den k Versuchsbedingungen übereinstimmen, andernfalls liegt eine Heterogenität der Varianzen vor. Um eine allfällige Heterogenität der Varianzen zu erkennen, wird die Gleichheit der Varianzen unter den k Versuchsbedingungen als Nullhypothese

$$H_0: \sigma_1^2 = \sigma_2^2 = \cdots = \sigma_k^2$$

postuliert und gegen die Alternativhypothese

$$H_1: \text{wenigstens zwei der } \sigma_j^2 \text{ unterscheiden sich}$$

geprüft. Ein verbreitetes Prüfverfahren ist der **Levene-Test** (Levene 1960). Auf jeder Stufe j des Faktors A werden die Residuen $e_{ij} = y_{ij} - \bar{y}_j$ ($i = 1, 2, \ldots, n_j$) bestimmt und die Beträge $z_{ij} = |e_{ij}|$ gebildet. Damit berechnet man den Stufenmittelwert $\bar{z}_j = \sum_{i=1}^{n_j} z_{ij}/n_j$ und die Stufenvarianz $s_j^2(z)$. Das Gesamtmittel der Beträge aller Residuen ist $\bar{z} = \sum_{j=1}^{k} n_j \bar{z}_j / N$. Mit dem Globaltest der einfaktoriellen Varianzanalyse wird dann geprüft, ob zwischen den Stufenmittelwerten $\bar{z}_j$

„signifikante" Unterschiede bestehen. Ist das der Fall, entscheidet man für H_1 (Heterogenität der Varianzen). Es seien

$$MQE(z) = \frac{1}{N-k} \sum_{j=1}^{k} (n_j - 1)s_j^2(z) \quad \text{und} \quad MQA(z) = \frac{1}{k-1} \sum_{j=1}^{k} n_j(\bar{z}_j - \bar{z})^2$$

die mit den Beträgen z_{ij} der Residuen berechneten mittleren Streuungsquadrate. Bei vorgegebenem Signifikanzniveau α wird die angenommene Homogenität der Varianzen abgelehnt, wenn

$$TG_s = \frac{MQA(z)}{MQE(z)}$$

das Quantil $F_{k-1,N-k,1-\alpha}$ der F-Verteilung mit dem Zählerfreiheitsgrad $f_1 = k-1$ und dem Nennerfreiheitsgrad $f_2 = N - k$ übertrifft. Das Kriterium für die Ablehnung von H_0 kann auch mit dem P-Wert durch $P = 1 - F(TG_s) < \alpha$ formuliert werden; hier bezeichnet F die Verteilungsfunktion der $F_{k-1,N-k}$-Verteilung. Wenn H_0 nicht abgelehnt werden kann, wird die Voraussetzung der Varianzhomogenität als nicht widerlegt betrachtet und daran festgehalten.[9]

Beispiele

1. An Hand der Messwerte (Phosphatkonzentrationen in mg/l in Tab. 6.3a soll das Modell der 1-faktoriellen Varianzanalyse nachvollzogen werden. Das Untersuchungsmerkmal ist die Phosphatkonzentration Y, die an $k = 4$ Messstellen eines Gewässers bestimmt wurde. Die Datentabelle enthält neben den Messwerten für jede Faktorstufe die Anzahl n_j der Wiederholungen, die Stufenmittelwerte $\bar{y}_j$ und die Stufenvarianzen s_j^2. Die Gesamtzahl der Beobachtungswerte ist $N = 20$, das Gesamtmittel ist $\bar{y} = 1.22$.
Für die Faktorwirkungen ergeben sich die Schätzwerte $\hat{\tau}_1 = \bar{y}_1 - \bar{y} = -0.26$, $\hat{\tau}_2 = -0.09$, $\hat{\tau}_3 = 0.30$ und $\hat{\tau}_4 = 0.05$; man beachte, dass $\sum_j n_j\hat{\tau}_j = 5[(-0.26) + (-0.09) + 0.30 + 0.05] = 0$ ist. Wir betrachten auf der vierten Faktorstufe den Messwert $y_{24} = 1.20$. Aus dem Gesamtmittel $\bar{y} = 1.22$ und der Faktorwirkung $\hat{\tau}_4 = 0.05$ ergibt sich der durch das Modell erklärte Anteil $\bar{y} + \hat{\tau}_4 = 1.27$ des Messwertes. Nicht erklärt (durch die Wirkung des Faktors) wird das verbleibende Residuum $e_{24} = y_{24} - \bar{y}_2 = -0.07$. Tabelle 6.3b enthält die so durchgeführten Zerlegungen der Wiederholungen auf allen Faktorstufen. Für die Quadratsumme der Residuen findet man mit Hilfe der Stufenvarianzen $SQE = 4(0.04175 + 0.05325 + 0.01825 + 0.03450) = 0.591$. Dividiert man durch $N - k = 16$, folgt $MQE = 0.03694$ als Schätzwert für die Varianz des Versuchsfehlers.

---

[9] Der Test kann mit der R-Funktion `leveneTest()` aus dem Paket „car" (Companion to Applied Regression) ausgeführt werden.

Tab. 6.3 Messwertzerlegung bei der 1-faktoriellen Varianzanalyse (Beispiel 1, Abschn. 6.1). Jeder Messwert y_{ij} wird als Summe des Gesamtmittels $\bar{y}$, der Faktorwirkung $\bar{y}_j - \bar{y}$ und des Residuums $e_{ij} = y_{ij} - \bar{y}_j$ geschrieben

a) Datentabelle

	Messstelle j			
Wiederholungen i	1	2	3	4
1	1.20	1.00	1.45	1.30
2	0.75	0.85	1.60	1.20
3	1.15	1.45	1.35	1.35
4	0.80	1.25	1.50	1.50
5	0.90	1.10	1.70	1.00
Anzahl n_j	5	5	5	5
Stufenmittel $\bar{y}_j$	0.96	1.13	1.52	1.27
Stufenvarianz s_j^2	0.04175	0.05325	0.01825	0.03450

b) Zerlegung der Messwerte

	Messstelle j			
Messwert $y_{ij} =$	1	2	3	4
Gesamtmittel $\bar{y}$	1.22	1.22	1.22	1.22
+				
Faktorwirkung $\bar{y}_j - \bar{y}$	−0.26	−0.09	+0.30	+0.05
+				
Residuum e_{ij} der Wiederholungen	+0.24	−0.13	−0.07	+0.03
	−0.21	−0.28	+0.08	−0.07
	+0.19	+0.32	−0.17	+0.08
	−0.16	+0.12	−0.02	+0.23
	−0.06	−0.03	+0.18	−0.27

2. In Fortführung des ersten Beispiels wird nun global geprüft, ob sich wenigstens zwei der Mittelwerte μ_j unterscheiden, also die Zielvariable Y vom Faktor A abhängt. Die Quadratsumme $SQE = 0.591$ und das entsprechende mittlere Residuenquadrat $MQE = 0.03694$ sind bereits bekannt. Noch zu berechnen sind die Quadratsumme $SQA = 5[(-0.26)^2 + (-0.09)^2 + 0.30^2 + 0.05^2] = 0.841$ und das mittlere Quadrat $MQA = 0.841/3 = 0.2803$. Als Realisierung der Testgröße (6.4) folgt $TG_s = MQA/MQE = 7.59$. Dieser Wert ist deutlich größer als das Quantil $F_{3,16,0.95} = 3.24$. Daher wird H_0 auf 5 %igem Testniveau abgelehnt, d. h., wenigstens zwei mittlere Phosphatwerte unterscheiden sich signifikant. Die zur Ergebnisfindung notwendige Information ist in Tab. 6.4 zusammengefasst. Der Vollständigkeit halber sei noch der P-Wert $P = 1 - F(7.59) = 0.00223$ angeführt; hier bedeutet F die Verteilungsfunktion der $F_{3,16}$-Verteilung. Wegen $P < 0.05$ kommt man wieder zu einer Entscheidung für H_1.

Wie das Mittelwertdiagramm in der oberen Grafik von Abb. 6.1 zeigt, ist der signifikante Ausgang des Globaltests vor allem auf die Lage des Mittelwertes

Tab. 6.4 ANOVA-Tafel zu Beispiel 2, Abschn. 6.1

Variations- ursache	Quadrat- summe	Freiheits- grad	Mittlere Quadratsumme	Testgröße
Faktor A	0.841	3	$0.841/3 = 0.2803$	$0.2803/0.03694 = 7.59$
Versuchsfehler	0.591	16	$0.591/16 = 0.03694$	
Summe	1.432	19		

$\bar{y}_3$ der dritten Faktorstufe zurückzuführen. Die Besonderheit dieses Mittelwertes kommt dadurch zum Ausdruck, dass sich $\bar{y}_3$ deutlich vom Mittelwert der ersten Faktorstufe abhebt und sich die entsprechenden 95 %-Konfidenzintervalle nicht überlappen. Das Normal-QQ-Plot (vgl. Abschn. 3.3) in der unteren Grafik von Abb. 6.1 bringt zum Ausdruck, dass die Verteilung der Residuen im Einklang mit der Normalverteilungsannahme steht.

3. In einer Studie über die Aufnahme von Mg-Ionen wurden 6 Versuchspflanzen (Huflattich, *Tussilago farfara*) in drei Nährlösungen mit gleicher Mg-Ionenkonzentration (0.4 mmol/l), aber verschiedenen K- und Ca-Ionenkonzentrationen (Lösung 1: 1.5 K, 0.75 Ca; Lösung 2: 1.5 K, 3.75 Ca; Lösung 3: 7.5 K, 0.75 Ca; Zahlenangaben in mmol/l). Die Bestimmung der Mg-Ionenkonzentrationen in Blättern mit vergleichbarem Alter ergab die in Tab. 6.5a angeschriebenen Werte. In den folgenden Auswertungen wird gezeigt, dass

a) die Hypothese gleicher Zielvariablenmittelwerte auf 5 %igem Testniveau nicht abgelehnt werden kann und

b) eine Entscheidung für die Gleichheit der Zielvariablenmittelwerte mit einem hohen Irrtumsrisiko (β-Fehler) behaftet ist.

a) Es seien μ_1, μ_2 und μ_3 die Mittelwerte der Zielvariablen auf den $k = 3$ Faktorstufen. Die Nullhypothese lautet H_0: $\mu_1 = \mu_2 = \mu_3$. Die Stichprobenmittelwerte $\bar{y}_j$ und Stichprobenvarianzen s_j^2 der jeweils $n_j = n = 6$ Wiederholungen sind in Tab. 6.5a angegeben. Der Gesamtmittelwert aller $N = 18$ Wiederholungen ist $\bar{y} = 6(187.83 + 175.67 + 162.00)/18 = 175.17$. Die durch den Faktor A (die Nährlösung) bedingte Streuung drücken wir mit Hilfe der Quadratsumme $SQA = 6[(187.83 - 175.17)^2 + (175.67 - 175.17)^2 + (162.00 - 175.17)^2] = 2004.33$ aus. Das entsprechende mittlere Streuungsquadrat ist $MQA = 2004.33/2 = 1002.17$. Die Quadratsumme der Residuen ergibt sich mit Hilfe der Stufenvarianzen aus $SQE = 5(266.97 + 327.87 + 503.20) = 5490.17$, das mittlere Fehlerquadrat ist daher $MQE = 5490.17/15 = 366.01$. Die Realisierung der Testgröße ist der Quotient der mittleren Quadrate, also $MQA/MQE = 1002.17/366.01 = 2.74$. Dieser Wert ist kleiner als das Quantil $F_{2,15,0.95} = 3.68$. Es folgt, dass die Nullhypothese (Gleichheit der Mittelwerte) nicht abgelehnt werden kann.

b) Wenn die Nullhypothese nicht abgelehnt werden kann, sind dafür zwei Ursachen in Betracht zu ziehen. Eine Ursache kann sein, dass tatsächlich keine Mittelwertunterschiede bestehen. Die zweite, dass vorhandene Unterschiede auf

Tab. 6.5 Vergleich der Mg-Ionenkonzentration Y (in μmol pro g Trockensubstanz) in Blättern von Versuchspflanzen, die in 3 verschiedenen Nährlösungen kultiviert wurden (Beispiel 3, Abschn. 6.1)

a) Datentabelle

| | Nährlösung | | |
	1	2	3
	208	184	182
	175	161	193
Wiederholungen	196	155	166
	181	185	145
	201	203	135
	166	166	151
Anzahl	6	6	6
Stufenmittel	187.83	175.67	162.00
Stufenvarianz	266.97	327.87	503.20

b) ANOVA-Tafel

Variations-ursache	Quadrat-summe	Freiheits-grad	Mittlere Quadratsumme	Testgröße
Nährlösung	2004.33	2	1002.17	2.74
Versuchsfehler	5490.17	15	366.01	
Summe	7494.50	17		

Grund einer unzureichenden Versuchsanlage nicht erkannt werden können. Die zweite Ursache wird man ausschließen, wenn die Wahrscheinlichkeit (Power) einer Entscheidung für H_1 groß ist. Die gesuchte Power ist gleich dem Wert der Gütefunktion (6.6) an der durch (6.5) gegebenen Stelle λ. Indem wir die Parameter σ_ε^2, μ_1, μ_2, μ_2 und μ durch MQE, $\bar{y}_1, \bar{y}_2, \bar{y}_3$ bzw. $\bar{y}$ schätzen, folgt mit $n_1 = n_2 = n_3 = 6$ der Schätzwert

$$\hat{\lambda} = \frac{SQA}{MQE} = \frac{2004.33}{366.01} = 5.476$$

für λ. Als Wert der nicht-zentralen F-Verteilung mit $f_1 = k - 1 = 2$, $f_2 = N - k = 15$ und $\lambda = \hat{\lambda} = 5.476$ an der Stelle $F_{k-1,N-k,1-\alpha} = F_{2,15,0.95} = 3.68$ erhält man $F_{2,15,5.476}^*(3.68) = 0.542$. Damit ergibt sich $G(5.476) = 1 - 0.542 = 0.458$. Mit der Versuchsanlage hat man also nur eine Wahrscheinlichkeit von rund 45 %, dass der auf 5 %igem Niveau geführte F-Test zu einem signifikanten Ergebnis führt, wenn die Stufenmittelwerte vom Gesamtmittel wie im konkreten Fall abweichen.[10] Eine Entscheidung für H_0 ist daher nicht gerechtfertigt.

---

[10] Wendet man die Näherung (6.7) an, so erhält man mit $f_1^* = 4.315$, $\kappa = 3.738$, $F_{4.315,15}(3.68/3.738) = F_{4.315,15}(0.984) = 0.55$ das nur wenig vom exakten Wert abweichende Ergebnis $G(5.476) \approx 0.45$.

Tab. 6.6 Datenaufbereitung für den Levene-Test (Beispiel 4, Abschn. 6.1). Die Wiederholungen z_{ij} sind die Absolutbeträge der Residuen $e_{ij} = y_{ij} - \bar{y}_j$ von Tab. 6.3b

	Messstelle			
	1	2	3	4
	0.24	0.13	0.07	0.03
	0.21	0.28	0.08	0.07
Wiederholungen z_{ij}	0.19	0.32	0.17	0.08
	0.16	0.12	0.02	0.23
	0.06	0.03	0.18	0.27
Anzahl n_j	5	5	5	5
Stufenmittel $\bar{z}_j$	0.172	0.176	0.104	0.136
Stufenvarianz $s_j(z)$	0.00477	0.01453	0.00473	0.01138

4. Wir zeigen mit dem Levene-Test auf 5 %igem Signifikanzniveau, dass die Daten in Beispiel 1 nicht gegen die Annahme der Varianzhomogenität sprechen. Zu diesem Zweck werden zuerst von den Messwerten y_{ij} in Tab. 6.3a die entsprechenden Stufenmittel $\bar{y}_j$ subtrahiert und die Beträge $z_{ij} = |y_{ij} - \bar{y}_j|$ gebildet. Zum Beispiel ist $z_{13} = |y_{13} - \bar{y}_3| = |1.45 - 1.52| = 0.07$. Tabelle 6.6 enthält die Beträge z_{ij} der Residuen sowie die Stufenmittelwerte $\bar{z}_j$ und die Stufenvarianzen $s_j^2(z)$ dieser Beträge. Der Gesamtmittelwert ist $\bar{z} = 5(0.172 + 0.176 + 0.104 + 0.136)/20 = 0.147$, die mittleren Streuungsquadrate sind

$$MQE(z) = \frac{4}{16}(0.00477 + 0.01453 + 0.00473 + 0.01138) = 0.008853 \quad \text{und}$$

$$MQA(z) = \frac{5}{3}\big[(0.172 - 0.147)^2 + (0.176 - 0.147)^2 + (0.104 - 0.147)^2$$
$$+ (0.136 - 0.147)^2\big] = 0.005727.$$

Da $TG_s = MQA(z)/MQE(z) = 0.6469$ das Quantil $F_{3,16,0.95} = 3.24$ nicht übertrifft, kann auf 5 %igem Testniveau nicht gegen die Nullhypothese H_0 (Varianzhomogenität) entschieden werden.

Aufgaben

1. Man vergleiche die Ca-Konzentration Y (in mg/ml) zwischen drei Lösungen. Die Messwerte sind: 50, 39, 35, 51, 57, 66, 48 (Lösung 1), 66, 68, 67, 43, 71, 54, 65 (Lösung 2) und 42, 34, 43, 41, 44, 56, 33 (Lösung 3).

   a) Kann auf 5 %igem Testniveau die Annahme gleicher Mittelwerte verworfen werden?

   b) Ist die Annahme gleicher Varianzen gerechtfertigt?

   c) Man erstelle ein Mittelwertdiagramm (mit den Stufenmittelwerten und den entsprechenden 95 %-Konfidenzintervallen) sowie ein Normal-QQ-Plot mit allen Residuen.

2. Beim Vergleich der Mittelwerte wurde in Beispiel 3 dieses Abschnitts vorausgesetzt, dass die Varianzen auf den drei Faktorstufen übereinstimmen. Stehen die Daten in Widerspruch zu dieser Voraussetzung? Man beantworte die Frage mit dem Levene-Test auf 5 %igem Signifikanzniveau.

3. Die Versuchsanlage in Beispiel 1 dieses Abschnitts sieht 4 Faktorstufen und 5 Wiederholungen auf jeder Stufe vor. Für die Stufenmittelwerte μ_1, μ_2, μ_3, μ_4 wurden die Schätzwerte $\bar{y}_1 = 0.96$, $\bar{y}_2 = 1.13$, $\bar{y}_3 = 1.52$ bzw. $\bar{y}_4 = 1.27$ und für die Fehlervarianz σ_ε^2 der Schätzwert $MQE = 0.03694$ berechnet. Man bestimme mit diesen Angaben die Wahrscheinlichkeit (Power), dass man für die Versuchsanlage des Beispiels 1 mit dem globalen F-Test auf 5 %igem Testniveau ein signifikantes Ergebnis erhält.

6.2   Multiple Vergleiche von Mittelwerten

a) Das *LSD*-Verfahren   Wenn der Globaltest auf dem vorgegebenen Signifikanzniveau α zu einer Ablehnung der Nullhypothese (Gleichheit der k Mittelwerte) führt, stellt sich die Frage, welche der beobachteten Mittelwertunterschiede für dieses Testergebnis verantwortlich sind. Wir befassen uns zuerst mit Vergleichen zwischen zwei Mittelwerten. Will man bei insgesamt k Versuchsbedingungen jeden Mittelwert mit jedem vergleichen, sind $k(k-1)/2$ Vergleiche durchzuführen. Oft ist man nur an bestimmten Vergleichen interessiert, z. B. dem Vergleich der Kontrolle mit den übrigen $k-1$ Testbedingungen.

Eine einfache Vorgangsweise besteht darin, den 2-Stichproben-t-Test wiederholt anzuwenden. Es sei μ_i der Mittelwert unter der Versuchsbedingung i und μ_j der Mittelwert unter der Bedingung j. Die entsprechenden Stichprobenmittelwerte seien $\bar{y}_i$ bzw. $\bar{y}_j$, die Stichprobenumfänge n_i bzw. n_j. Um die Nullhypothese $H_0: \mu_i = \mu_j$ gegen die Alternativhypothese $H_1: \mu_i \neq \mu_j$ zu prüfen, verwenden wir wie beim 2-Stichproben-t-Test zur Testentscheidung die Größe

$$TG_s = \frac{|\bar{y}_i - \bar{y}_j|}{\sqrt{s_p^2 \left(1/n_i + 1/n_j\right)}} \tag{6.8a}$$

und setzen für die Varianz s_p^2 die mittlere Fehlerquadratsumme MQE aus der ANOVA-Tafel ein. Die Nullhypothese wird auf dem Niveau α abgelehnt, wenn $TG_s > t_{N-k,1-\alpha/2}$ ist oder – anders ausgedrückt – für die beobachtete Mittelwertdifferenz die Ungleichung $|\bar{y}_i - \bar{y}_j| > d_{\text{LSD}}(i, j)$ mit

$$d_{LSD}(i, j) = t_{N-k,1-\alpha/2} \sqrt{MQE \left(\frac{1}{n_i} + \frac{1}{n_j}\right)} \tag{6.8b}$$

gilt; N ist wieder die Anzahl der Wiederholungen auf allen k Faktorstufen. Indem man (6.8b) für alle zu vergleichenden Mittelwerte bildet, kann man jene Mittelwerte angeben, die sich auf dem vorgegebenen Niveau α signifikant unterscheiden. Wenn auf allen Faktorstufen die gleiche Anzahl n von Wiederholungen vorliegt, nimmt die rechte Seite in der Ungleichung (6.8b) den für alle Paare von Mittelwerten gleichen Wert $d_{LSD} = t_{N-k,1-\alpha/2}\sqrt{2MQE/n}$ an, der auch als **kleinste gesicherte Differenz** (least significant difference) bezeichnet wird.

b) Adjustierung des α-Fehlers Beim LSD-Verfahren ist zu beachten, dass jeder einzelne Mittelwertvergleich mit der Irrtumswahrscheinlichkeit α gegen eine falsche Entscheidung für H_1 (es wird ein Mittelwertunterschied festgestellt, obwohl keiner vorhanden ist) abgesichert ist. Man bezeichnet α auch als **individuelle Irrtumswahrscheinlichkeit**, da sie für den Einzelvergleich vorgegeben ist. Davon zu unterscheiden ist die **Gesamt-Irrtumswahrscheinlichkeit** α_g für eine Anzahl von simultanen Testentscheidungen, z. B. von $l > 1$ Mittelwertvergleichen, die im Rahmen des LSD-Verfahrens durchgeführt werden. Die Gesamt-Irrtumswahrscheinlichkeit bezeichnet hier das Risiko, dass mindestens eine der l simultanen Testentscheidungen irrtümlich zur Feststellung eines Unterschiedes führt. Nach der Bonferroni-Ungleichung (ein Sonderfall wurde im Abschn. 1.7 betrachtet) gilt $\alpha_g \le l\alpha$, d. h., die Gesamt-Irrtumswahrscheinlichkeit kann bis zum l-fachen der individuellen Irrtumswahrscheinlichkeit anwachsen. Will man erreichen, dass die Gesamt-Irrtumswahrscheinlichkeit α_g ein vorgegebenes Niveau (z. B. 5 %) nicht überschreitet, muss man die individuelle Irrtumswahrscheinlichkeit α adjustieren. Man spricht von einer **Bonferroni-Korrektur**, wenn für jeden der $l > 1$ Einzelvergleiche die individuelle Irrtumswahrscheinlichkeit $\alpha = \alpha_g / l$ vorgegeben wird.

Mit der Bonferroni-Korrektur wird erreicht, dass beim LSD-Verfahren die Gesamt-Irrtumswahrscheinlichkeit ein vorgegebenes Niveau nicht übersteigt. Das Verfahren hat allerdings den Nachteil, dass es sehr „konservativ" ist, d. h., es tendiert dazu, tatsächlich vorhandene Unterschiede als nicht signifikant auszuweisen. In diesem Sinne günstiger ist eine Adjustierung des α-Fehlers mit dem **Bonferroni-Holm-Algorithmus**, der auf Holm (1979) zurückgeht: Wir wollen $l > 1$ Mittelwerte paarweise vergleichen und berechnen dazu für jedes Mittelwertpaar die Teststatistik (6.8a) mit $s_p^2 = MQE$ und den P-Wert $P = 2F(-|TG_s|)$; hier bezeichnet F die Verteilungsfunktion der t_{N-k}-Verteilung. Es sei $P_1, P_2, \ldots, P_l$ die Folge der nach aufsteigender Größe angeordneten P-Werte. Wir beginnen den Algorithmus, in dem wir P_1 mit dem Testniveau $\alpha_1 = \alpha_g / l$ vergleichen. Ist $P_1 \ge \alpha_1$, sind der zu P_1 gehörende Mittelwertunterschied und alle anderen nicht signifikant. Andernfalls, also für $P_1 < \alpha_1$, ist die entsprechende Mittelwertdifferenz signifikant von null verschieden und wir setzen fort, indem wir P_2 mit $\alpha_2 = \alpha_g / (l-1)$ vergleichen. Ist $P_2 < \alpha_2$, halten wir den entsprechenden Unterschied als signifikant fest und vergleichen P_3 mit $\alpha_3 = \alpha_g / (l-2)$. Sobald für ein P_i gilt $P_i \ge \alpha_g / (l-i+1)$, brechen wir den Algorithmus ab. Die Mittelwertunterschiede zu den P-Werten $P_i, P_{i+1}, \ldots, P_l$ sind nicht signifikant, alle anderen sind signifikant.[11]

---

[11] Die in den Unterpunkten a) bis c) beschriebenen Verfahren zum paarweisen Vergleich von Mittelwerten können mit der R-Funktion `pairwise.t.test()` ausgeführt werden. Die Fest-

c) Der Scheffé-Test Der Scheffé-Test (vgl. Scheffé 1953) ist so angelegt, dass die Gesamt-Irrtumswahrscheinlichkeit für eine Vielzahl von Vergleichen ein vorgegebenes Signifikanzniveau α_g nicht überschreitet. Im Besonderen werden vom Scheffé-Test alle möglichen Vergleiche zwischen je zwei Mittelwerten erfasst, darüber hinaus auch spezielle Vergleiche mit mehr als zwei Mittelwerten. Genauer geht es beim Scheffé-Test um solche Vergleiche, die mit Hilfe der Linearkombination

$$L = c_1\mu_1 + c_2\mu_2 + \cdots + c_k\mu_k \tag{6.9}$$

der Mittelwerte $\mu_1, \mu_2, \ldots, \mu_k$ gebildet werden. Die Koeffizienten $c_1, c_2, \ldots, c_k$ sind Konstante mit der Eigenschaft, dass ihre Summe null ergibt. Man bezeichnet L für jede Wahl der Koeffizienten als einen **linearen Kontrast**. Möchte man z. B. wissen, ob sich der erste Mittelwert μ_1 vom Durchschnitt $(\mu_2 + \mu_3)/2$ des zweiten und dritten Mittelwertes unterscheidet, hat man die Nullhypothese $H_0: \mu_1 = (\mu_2 + \mu_3)/2$ gegen die Alternativhypothese $H_1: \mu_1 \neq (\mu_2 + \mu_3)/2$ zu prüfen. Gleichwertig damit ist das Hypothesenpaar $H_0: \mu_1 + (-1/2)\mu_2 + (-1/2)\mu_3 = 0$ gegen $H_1: \mu_1 + (-1/2)\mu_2 + (-1/2)\mu_3 \neq 0$. Der Ausdruck $L = \mu_1 + (-1/2)\mu_2 + (-1/2)\mu_3$ ist ein linearer Kontrast, denn offensichtlich liegt eine Linearkombination vom Typ (6.9) mit den Konstanten $c_1 = 1$, $c_2 = c_3 = -1/2$ und $c_4 = \cdots = c_k = 0$ vor und es ist $c_1 + c_2 + \cdots + c_k = 0$. Bei einem Vergleich von zwei Mittelwerten (z. B. des ersten mit dem zweiten) ist $H_0: \mu_1 - \mu_2 = 0$ gegen $H_1: \mu_1 - \mu_2 \neq 0$ zu prüfen. Man erkennt unschwer, dass $L = \mu_1 - \mu_2$ ein linearer Kontrast ist ($c_1 = 1$, $c_2 = -1$ und $c_3 = c_4 = \cdots = c_k = 0$, $c_1 + c_2 + \cdots + c_k = 0$), mit dem die Hypothesen in der Form $H_0: L = 0$ gegen $H_1: L \neq 0$ ausgedrückt werden können. Zur Schätzung von L werden in (6.9) die Mittelwerte μ_j durch die aus den Messwerten errechneten Stufenmittel $\bar{y}_j$ ersetzt; auf diese Weise ergibt sich der Schätzwert $\hat{L} = c_1\bar{y}_1 + c_2\bar{y}_2 + \cdots + c_k\bar{y}_k$.

Beim Scheffé-Test prüft man die Nullhypothese $H_0: L = 0$ gegen die Alternativhypothese $H_1: L \neq 0$. Die Testentscheidung (auf dem Signifikanzniveau α_g) wird mit Hilfe des $(1 - \alpha_g)$-Konfidenzintervalls

$$\hat{L} \pm \sqrt{(k-1)F_{k-1,N-k,1-\alpha_g}\, MQE \sum_{j=1}^{k} \frac{c_j^2}{n_j}}$$

für L herbeigeführt. Es bedeuten n_j die Anzahl der Messwerte auf der j-ten Faktorstufe, N die Gesamtzahl der Beobachtungswerte, MQE das der ANOVA-Tafel zu entnehmende gewichtete Mittel der Faktorstufenvarianzen und $F_{k-1,N-k,1-\alpha_g}$ das $(1 - \alpha_g)$-Quantil der $F_{k-1,N-k}$-Verteilung. Die Nullhypothese wird abgelehnt, wenn das Konfidenzintervall den Wert null nicht einschließt, d. h.,

$$|\hat{L}| > d_{\text{krit}} = \sqrt{(k-1)F_{k-1,N-k,1-\alpha_g}\, MQE \sum_{j=1}^{k} \frac{c_j^2}{n_j}} \tag{6.10a}$$

---

legung des Verfahrens erfolgt durch Setzung des Parameter `p.adjust.method` auf `"none"`, `"bonferroni"` bzw. `"holm"`.

ist. Ist man nur an Paarvergleichen interessiert (z. B. am Vergleich der Mittelwerte der i- und j-ten Faktorstufe), setzt man $c_i = 1$, $c_j = -1$ und alle anderen Koeffizienten gleich null; die Gleichheit der beiden Mittelwerte wird auf dem Signifikanzniveau α_g abgelehnt, wenn $|\bar{y}_i - \bar{y}_j| > d_S(i, j)$ mit

$$d_S(i, j) = \sqrt{(k - 1)F_{k-1,N-k,1-\alpha_g} MQE \left(\frac{1}{n_i} + \frac{1}{n_j} \right)} \qquad (6.10b)$$

gilt. Gibt es auf allen k Faktorstufen die gleiche Anzahl n von Wiederholungen, vereinfacht sich das (6.10b) auf die Bedingung $|\bar{y}_i - \bar{y}_j| > d_S$ mit der kritischen Differenz $d_S = \sqrt{2(k - 1)F_{k-1,N-k,1-\alpha_g} MQE/n}$.

d) Paarweise Mittelwertvergleiche nach Tukey Mit dem Scheffé-Test wird der α-Fehler für alle mit irgendwelchen linearen Kontrasten L gebildeten Testprobleme $H_0: L = 0$ gegen $H_1: L \neq 0$ kontrolliert. Der Test ist aber sehr konservativ, so dass bei einfachen Kontrasten andere Verfahren schärfer und daher zu bevorzugen sind. Speziell gilt das, wenn es um paarweise Vergleiche von Stufenmittelwerten in Verbindung mit einer Varianzanalyse geht. Dafür steht mit dem **HSD-Test** von Tukey ein leistungsfähiges Instrument zur Verfügung.[12] Der HSD-Test verwendet die Verteilung der **studentisierten Spannweite**

$$Q_{k,f} = \frac{\max(X_1, X_2, \ldots, X_k) - \min(X_1, X_2, \ldots, X_k)}{\sqrt{S^2}}$$

einer Zufallsstichprobe von n Variablen $X_1, X_2, \ldots, X_k$ aus einer mit dem Mittelwert μ und der Varianz σ^2 normalverteilten Grundgesamtheit. Die Größe S^2 ist eine erwartungstreue Schätzfunktion für σ^2, genauer möge $fS^2/\sigma^2 \sim \chi_f^2$ gelten. Ausgewählte Quantile $Q_{k,f,1-\alpha}$ der Verteilung von $Q_{k,f}$, die nicht von μ oder σ^2 abhängt, sind in Tab. 6.7 zusammengefasst.

Wir betrachten nun eine einfaktorielle Versuchsanlage mit $k > 2$ Stufen und n Wiederholungen auf jeder Stufe. Der Gesamtumfang aller Wiederholungen ist dann $N = kn$. Die Stufenmittelwerte seien $\bar{y}_j$, den Schätzwert MQE für die Fehlervarianz σ_ε^2 entnehmen wir wieder der Tafel einer im Vorfeld durchgeführten Varianzanalyse. Dann gelten zwei Stufenmittelwerte μ_i und μ_j als verschieden, wenn die Bedingung

$$|\bar{y}_i - \bar{y}_j| > d_{HSD} = Q_{k,f,1-\alpha_g} \sqrt{\frac{MQE}{n}} \qquad (6.11)$$

mit $f = N - k$ erfüllt ist. Mit diesem Entscheidungskriterium wird sicher gestellt, dass das Gesamt-Irrtumsrisiko für alle paarweisen Mittelwertvergleiche das vorgegebene Testniveau α_g nicht überschreitet. Wenn die Umfänge n_j der Stichproben

---

[12] HSD steht für *honestly significant different*. Vgl. Tukey (1953) und den Übersichtsartikel von Benjamini und Braun (2002).

Tab. 6.7 95 %-Quantile der studentisierten Spannweite $Q_{k,f}$ zu ausgewählten Werten der Parameter k und f. Die Quantile wurden mit der R-Funktion qtukey() berechnet

f	$k=2$	$k=3$	$k=4$	$k=5$	f	$k=2$	$k=3$	$k=4$	$k=5$
4	3.93	5.04	5.76	6.29	13	3.06	3.73	4.15	4.45
5	3.64	4.60	5.22	5.67	14	3.03	3.70	4.11	4.41
6	3.46	4.34	4.90	5.30	15	3.01	3.67	4.08	4.37
7	3.34	4.16	4.68	5.06	16	3.00	3.65	4.05	4.33
8	3.26	4.04	4.53	4.89	17	2.98	3.63	4.02	4.30
9	3.20	3.95	4.41	4.76	18	2.97	3.61	4.00	4.28
10	3.15	3.88	4.33	4.65	19	2.96	3.59	3.98	4.25
11	3.11	3.82	4.26	4.57	20	2.95	3.58	3.96	4.23
12	3.08	3.77	4.20	4.51	21	2.94	3.56	3.94	4.21

auf den Faktorstufen nicht übereinstimmen, ist n in (6.11) durch $2n_i n_j / (n_i + n_j)$ zu ersetzen; die kritische Grenze d_{HSD} ist dann nur mehr als Näherung zu betrachten.[13]

Beispiele

1. Im Anschluss an den Globaltest im zweiten Beispiel von Abschn. 6.1 sollen alle Mittelwerte paarweise mit dem *LSD-Verfahren* verglichen werden. Als Irrtumswahrscheinlichkeit sei für jeden Vergleich $\alpha = 5\%$ vorgegeben. Es ist $N = 20$, $k = 4$, $n_1 = n_2 = n_3 = n_4 = 5$ und $t_{16,0.975} = 2.12$. Der ANOVA-Tafel 6.4 entnimmt man $MQE = 0.03694$. Da es auf jeder der vier Faktorstufen die gleiche Anzahl von Wiederholungen gibt, ist $d_{LSD} = 2.12 \sqrt{2 \cdot 0.03694/5} = 0.258$ die kleinste gesicherte Differenz für alle Mittelwertpaare. Bezeichnet $d_{ij} = |\bar{y}_j - \bar{y}_i|$ den Abstand der Mittelwerte $\bar{y}_i$ und $\bar{y}_j$, ist $d_{21} = 0.17 \leq d_{LSD}$, $d_{31} = 0.56 > d_{LSD}$, $d_{41} = 0.31 > d_{LSD}$, $d_{32} = 0.39 > d_{LSD}$, $d_{42} = 0.14 \leq d_{LSD}$ und $d_{43} = 0.25 \leq d_{LSD}$. Somit gibt es auf dem 5 %-Niveau signifikante Mittelwertunterschiede zwischen den Faktorstufen 1 und 3, 1 und 4 sowie 2 und 3.

2. Wir modifizieren das im vorangehenden Beispiel angewendete LSD-Verfahren, indem wir die Gesamt-Irrtumswahrscheinlichkeit $\alpha_g = 5\%$ für alle $l = 6$ Vergleiche vorgeben. Nach *Bonferroni* ist die individuelle Irrtumswahrscheinlichkeit für jeden Einzelvergleich auf $\alpha = 0.05/6 = 0.00833$ zu verkleinern. Mit dem Quantil $t_{16,1-\alpha/2} = t_{16,0.9958} = 3.01$ erhält man die kleinste gesi-

---

[13] Den paarweisen Vergleich aller Mittelwerte mit dem HSD-Test kann man z.B. mit der R-Funktion TukeyHSD() ausführen. Die Ausgabe dieser Funktion umfasst die empirischen Mittelwertdifferenzen, die entsprechenden Konfidenzintervalle und die (adjustierten) P-Werte. Die Grenzen der simultan gültigen Konfidenzintervalle erhält man, wenn man die Stufenmittelwerte um d_{HSD} verkleinert bzw. vergrößert. Um die P-Werte zu berechnen, bestimmt man die Teststatistiken $TG_s = |\bar{y}_i - \bar{y}_j|/\sqrt{MQE/n}$ und damit $P = 1 - F(TG_s)$; hier ist F die Verteilungsfunktion der studentisierten Spannweite $Q_{k,N-k}$.

cherte Differenz $d_B = 3.01\sqrt{2 \cdot 0.03694/5} = 0.366$. Diese Differenz wird nur von den absoluten Differenzen der Mittelwerte $\bar{y}_1$ und $\bar{y}_3$ sowie $\bar{y}_2$ und $\bar{y}_3$ übertroffen; daher können mit dem nach Bonferroni korrigierten LSD-Verfahren nur mehr zwischen den Faktorstufen 3 und 1 sowie 3 und 2 signifikante Mittelwertunterschiede konstatiert werden.

Zum selben Ergebnis kommt man, wenn man die Entscheidung mit den P-Werten der Mittelwertvergleiche vornimmt. Es mögen F_{N-k} die Verteilungsfunktion der t_{N-k}-Verteilung und

$$P_{ij} = 2F_{N-k}\left(-\frac{|\bar{y}_j - \bar{y}_i|}{\sqrt{MQE(1/n_i + 1/n_j)}}\right)$$

der P-Wert für den Vergleich der Mittelwerte $\bar{y}_j$ und $\bar{y}_i$ ($j < i$) bezeichnen. Im konkreten Anwendungsfall ist $n_1 = n_2 = n_3 = n_4 = 5$, $N - k = 16$ und $MQE = 0.03694$, so dass sich die Formel für P_{ij} auf $P_{ij} = 2F_{16}(-8.227|\bar{y}_j - \bar{y}_i|)$ reduziert. Mit dieser Formel ergeben sich die P-Werte $P_{21} = 0.181$, $P_{31} = 0.000291$, $P_{41} = 0.0214$, $P_{32} = 0.00548$, $P_{42} = 0.266$ und $P_{43} = 0.0564$. Statt diese Werte mit $\alpha = 0.00833$ zu vergleichen, kann man auch die P-Werte mit $l = 6$ multiplizieren und mit $\alpha_g = 0.05$ vergleichen. Die in diesem Sinne Bonferroni-korrigierten P-Werte sind $P_{21}^B = 1.086 \geq 0.05$, $P_{31}^B = 0.00175 < 0.05$, $P_{41}^B = 0.128 \geq 0.05$, $P_{32}^B = 0.0329 < 0.05$, $P_{42}^B = 1.598 \geq 0.05$ und $P_{43}^B = 0.338 \geq 0.05$. Somit sind auf 5%igem (simultanen) Testniveau nur die Mittelwertpaare (μ_3, μ_1) und (μ_3, μ_2) verschieden.

3. In Ergänzung zu Beispiel 2 nehmen wir auch eine α-Adjustierung der P-Werte nach dem *Bonferroni-Holm-Verfahren* vor. Von Beispiel 2 übernehmen wir die P-Werte P_{ij} und schreiben sie nach aufsteigender Größe geordnet an: $P_{31} = 0.000291$, $P_{32} = 0.00548$, $P_{41} = 0.0214$, $P_{43} = 0.0564$, $P_{21} = 0.181$, $P_{42} = 0.266$. Den ersten multiplizieren wir mit $l = 6$ und erhalten den korrigierten Wert $P_{31}^H = 0.000291 \cdot 6 = 0.00175 < 0.05$; der zweite wird mit $l - 1 = 5$ multipliziert, wodurch sich $P_{32}^H = 0.00548 \cdot 5 = 0.0274 < 0.05$ ergibt. Wir setzen fort und multiplizieren den dritten P-Wert mit $l - 2 = 4$; dies ergibt $P_{41}^H = 0.0214 \cdot 4 = 0.0856$. Wegen $P_{41}^H \geq 0.05$ wird das Verfahren beendet. Die P^H-Werte zu den ersten zwei Mittelwertvergleichen sind kleiner als das Testniveau $\alpha_g = 0.05$; die entsprechenden Mittelwertdifferenzen sind daher ungleich null.

4. Als Daten verwenden wir wieder wie in den drei vorangehenden Beispielen die an vier Stellen gemessenen Phosphatwerte von Tab. 6.3a. Es ist $k = 4$, $n_1 = n_2 = n_3 = n_4 = 5$ und $N = 20$. Mit dem *Scheffé-Test* soll die Frage beantwortet werden, ob sich die mittlere Phosphatkonzentration der Stellen 1 und 2 auf 5%igem Testniveau signifikant von der mittleren Phosphatkonzentration der Stellen 3 und 4 unterscheidet.

Wir bilden zuerst die Fragestellung mit Hilfe des linearen Kontrastes $L = (\mu_1 + \mu_2)/2 - (\mu_3 + \mu_4)/2$ durch das Testproblem $H_0: L = 0$ gegen $H_1: L \neq 0$ ab. Dem Kontrast entnimmt man die Konstanten $c_1 = c_2 = 1/2$ und $c_3 = c_4 = -1/2$. Als Schätzwert von L erhält man $\hat{L} = (\bar{y}_1 + \bar{y}_2)/2 - (\bar{y}_3 + \bar{y}_4)/2 =$

−0.35. Für die kritische Schranke (6.10a) ergibt sich mit $MQE = 0.03694$ (aus der ANOVA-Tafel 6.4) und dem Quantil $F_{k-1,N-k,1-\alpha_g} = F_{3,16,0.95} = 3.24$

$$d_{krit} = \sqrt{3 \cdot 3.24 \cdot 0.03694 \cdot 4 \cdot 0.5^2/5} = 0.268.$$

Wegen $|\hat{L}| = 0.35 > d_{krit}$ wird gegen H_0 entschieden.

5. Auch in diesem Rechenbeispiel greifen wir auf die Daten der Tab. 6.3a zurück und bestimmen die kritische Schranke d_{HSD} für die Mittelwertvergleiche mit dem *HSD-Verfahren*; als Gesamt-Irrtumsrisiko sei $\alpha_g = 0.05$ vorgegeben. Setzt man $k = 4$, $f = N - k = 16$, $n = 5$ und $MQE = 0.03694$ in (6.11) ein, ergibt sich $d_{HSD} = Q_{4,16,0.95} \sqrt{0.03694/5}$. Mit dem Quantil $Q_{4,16,0.95} = 4.05$ (aus Tab. 6.7) findet man schließlich $d_{HSD} = 0.348$. Die absoluten Mittelwertdifferenzen $|\bar{y}_3 - \bar{y}_1| = 0.56$ sowie $|\bar{y}_3 - \bar{y}_2| = 0.39$ übertreffen die kritische Schranke und sind daher auf dem vereinbarten Niveau signifikant von null verschieden.

Aufgaben

1. Der in Aufgabe 1 des vorangehenden Abschnitts durchgeführten Varianzanalyse soll ein paarweiser Vergleich aller Mittelwerte angeschlossen werden. Der Globaltest hat einen auf dem 5 %-Niveau signifikanten Unterschied der mittleren Ca-Konzentrationen auf den $k = 3$ Faktorstufen angezeigt. Die (jeweils aus $n = 7$ Wiederholungen) berechneten Stufenmittelwerte sind $\bar{y}_1 = 49.43$, $\bar{y}_2 = 62$ und $\bar{y}_3 = 41.86$, das mittlere Fehlerquadrat ist $MQE = 88.48$. Mit dem Bonferroni-Holm-Verfahren soll geklärt werden, welche der drei Mittelwertdifferenzen von null verschieden sind.

2. Die Stand by-Zeit (in h) der Akkus aus drei Produktionsreihen wurde unter bestimmten Bedingungen jeweils mit 5 Mobiltelefongeräten bestimmt. Es ergaben sich die folgenden Messreihen: 584, 552, 565, 558, 365 (Produkt 1), 532, 428, 432, 456, 431 (Produkt 2) und 327, 348, 436, 396, 353 (Produkt 3).

   a) Man zeige, dass sich die mittleren Stand by-Zeiten zwischen den Produktionsreihen auf 5 %igem Signifikanzniveau global unterscheiden.

   b) Man führe alle paarweisen Mittelwertvergleiche mit dem HSD-Test von Tukey durch und nehme dabei ein Gesamtirrtums-Risiko von $\alpha_g = 5 \%$ an.

   c) Weicht μ_3 vom arithmetischen Mittel der Mittelwerte μ_1 und μ_2 ab?

6.3 Versuchsanlagen mit Blockbildung und Messwiederholungen

a) Effektgröße Wir betrachten noch einmal eine einfaktorielle Versuchsanlage, bei der die Zielvariable Y unter k Bedingungen (Stufen des Faktors A) gemessen wurde. Der Einfachheit halber nehmen wir eine gleiche Anzahl n von Wiederholungen auf jeder Faktorstufe an. Im Versuch wird eine Entscheidung über die Frage angestrebt, ob die Zielvariablenmittel zwischen den Faktorstufen Unterschiede aufweisen, also die Zielvariable vom Faktor abhängt (Alternativhypothese H_1). Im Rahmen des Globaltests erfolgt bei einem vorgegebenen Testniveau α die Entscheidung für H_1, wenn die Testgröße (6.4) das Quantil $F_{k-1,k(n-1),1-\alpha}$ überschreitet. Ein zentrales Ziel der Versuchsplanung ist es, dass durch entsprechende Vorkehrungen vorhandene Unterschiede zwischen den Mittelwerten als signifikant erkannt werden. Die Vorkehrungen betreffen vor allem die Fallzahl n sowie den Versuchsfehler. Wir betrachten das Testniveau α und die Anzahl k der Versuchsbedingungen als fest vorgegeben.

Der eine Ansatzpunkt zur Verbesserung der Power des Globaltests ist der Vergleichswert $F_{k,k(n-1),1-\alpha}$, der abnimmt, wenn man die Anzahl n der Wiederholungen auf jeder Faktorstufe größer macht. Der andere Ansatzpunkt ist die Testgröße (6.4), die wir in der Form

$$TG = \frac{MQA}{MQE} = \frac{1}{k-1} \frac{SQA}{MQE} = \frac{nk}{k-1} \frac{\sum_{j=1}^{k} (\bar{y}_j - \bar{y})^2/k}{MQE}$$

anschreiben. Im ersten Faktor kommt wieder die Fallzahl n vor. Der zweite Faktor enthält im Zähler die mittlere quadratische Abweichung $\hat{\sigma}_M^2 = \sum (\bar{y}_j - \bar{y})^2/k$ der Stufenmittel $\bar{y}_j$ vom Gesamtmittel $\bar{y}$, die ein Maß für die Variation der Stufenmittel ist. Im Nenner steht das mittlere Fehlerquadrat $\hat{\sigma}_\varepsilon^2 = MQE$, mit dem die Varianz des Versuchsfehlers geschätzt wird. Das Verhältnis

$$f = \frac{\hat{\sigma}_M}{\hat{\sigma}_\varepsilon} = \sqrt{\frac{\sum_{j=1}^{k} (\bar{y}_j - \bar{y})^2/k}{MQE}} \tag{6.12}$$

wird als Effektgröße (effect size) bezeichnet.[14] In der Testgröße kommt es also auf die Fallzahl n und die Effektgröße f an. Die Chance, Mittelwertunterschiede als signifikant zu erkennen, ist umso größer, je mehr Wiederholungen vorliegen und je kleiner der Versuchsfehler ist. Die **randomisierte Blockanlage** strebt eine Reduzierung des Versuchsfehlers durch Einführung einer sogenannten Blockvariablen an, durch die die Fehlervariation zum Teil auf eine bekannte Ursache zurückgeführt wird.

b) Randomisierte Blockanlage Der randomisierten Blockanlage liegt das folgende Versuchsschema zugrunde: Wie bei der einfaktoriellen Versuchsanlage soll festgestellt werden, ob sich die unter k geplanten Versuchsbedingungen (Stufen der Faktorvariablen A) gemessenen Werte einer Zielvariablen Y im Mittel signifikant unterscheiden. Oft werden durch den Faktor A verschiedene Behandlungen ausgedrückt, denen die Untersuchungseinheiten unterworfen werden. Wir wollen daher

---

[14] Diese Definition der Effektgröße ist eine von vielen und geht auf Cohen (1988) zurück. Die Maßzahl f ist bei symmetrischen Versuchsanlagen mit $n_1 = n_2 = \cdots = n_k = n$ mit dem Schätzwert $\hat{\lambda}$ für den Nichtzentralitätsparameter (6.5) über die Beziehung $\hat{\lambda} = f^2 k n$ verknüpft. Einen Überblick über verschiedene Maße zur Erfassung der Wirkung eines Faktors findet man z. B. in Fritz et. al. (2012).

Tab. 6.8 Organisation der Beobachtungsdaten y_{ij} bei der randomisierten Blockanlage und die auf den Block- und Behandlungsstufen zu erwartenden Zielvariablenwerte $\hat{y}_{ij} = \bar{y} + \hat{\beta}_i + \hat{\tau}_j$

a) Datenmatrix mit Zeilen- und Spaltenmittelwerten

Blockfaktor B	Behandlungsfaktor A				$\bar{y}_{i.}$
	1	2	...	k	
1	y_{11}	y_{12}	...	y_{1k}	$\bar{y}_{1.}$
2	y_{21}	y_{22}	...	y_{2k}	$\bar{y}_{2.}$
$\vdots$	$\vdots$	$\vdots$	$\vdots$	$\vdots$	$\vdots$
n	y_{n1}	y_{n2}	...	y_{nk}	$\bar{y}_{n.}$
$\bar{y}_{.j}$	$\bar{y}_{.1}$	$\bar{y}_{.2}$	...	$\bar{y}_{.k}$	$\bar{y}$

b) Erwartete Zielvariablenwerte $\hat{y}_{ij}$

Blockfaktor B	Behandlungsfaktor A			
	1	2	...	k
1	$\bar{y} + \hat{\beta}_1 + \hat{\tau}_1$	$\bar{y} + \hat{\beta}_1 + \hat{\tau}_2$	...	$\bar{y} + \hat{\beta}_1 + \hat{\tau}_k$
2	$\bar{y} + \hat{\beta}_2 + \hat{\tau}_1$	$\bar{y} + \hat{\beta}_2 + \hat{\tau}_2$	...	$\bar{y} + \hat{\beta}_2 + \hat{\tau}_k$
$\vdots$	$\vdots$	$\vdots$	$\vdots$	$\vdots$
n	$\bar{y} + \hat{\beta}_n + \hat{\tau}_1$	$\bar{y} + \hat{\beta}_n + \hat{\tau}_2$	...	$\bar{y} + \hat{\beta}_n + \hat{\tau}_k$

den Faktor A als Behandlungsfaktor bezeichnen. Auf jeder Behandlungsstufe (Stufe des Faktors A) werden n Wiederholungen vorgesehen. Zum Zwecke der Verkleinerung des Versuchsfehlers erfolgt die Auswahl der $N = nk$ Untersuchungseinheiten so, dass n Blöcke mit jeweils k Untersuchungseinheiten entstehen. Die in einem Block zusammengefassten Untersuchungseinheiten sind hinsichtlich eines Merkmals (z. B. Alter) oder Merkmalskomplexes (z. B. Wachstumsbedingungen) homogen. Die blockbildende Eigenschaft bringen wir symbolisch durch den Blockfaktor B (mit den Werten $i = 1, 2, \dots, n$) zum Ausdruck; jeder der n Werte (Stufen) entspricht einem Block. Die nk Untersuchungseinheiten zerfallen also in n Blöcke. Innerhalb eines jeden Blocks wird eine zufällige Zuordnung der Untersuchungseinheiten zu den k Faktorstufen so vorgenommen, dass jede Faktorstufe genau einmal vorkommt. Somit gibt es in jeder durch feste Werte des Behandlungsfaktors A und des Blockfaktors B definierten „Zelle" der Datenmatrix genau einen Zielvariablenwert (vgl. Tab. 6.8a).

Zur Generierung der Daten wird der Ansatz (6.1a) der einfaktoriellen Varianzanalyse verfeinert. Das Modell der randomisierten Blockanlage setzt voraus, dass der Wert der Zielvariablen Y_{ij} auf der Blockstufe i und der Behandlungsstufe j nach der Formel

$$Y_{ij} = \text{Basiswert } \mu + \text{Blockeffekt } \beta_i$$
$$+ \text{ Behandlungseffekt } \tau_j + \text{Versuchsfehler } \varepsilon_{ij} \tag{6.13}$$

erzeugt werden kann. Die erste Komponente μ stellt einen von der Behandlung und dem Block unabhängigen Basiswert dar, der durch das Gesamtmittel $\hat{\mu} = \bar{y}$ aus allen nk Y-Werten geschätzt wird. Die zweite Komponente drückt den Beitrag β_i des Blockfaktors B aus; der Blockeffekt β_i wird durch die Differenz $\hat{\beta}_i = \bar{y}_{i.} - \bar{y}$ des Mittelwertes $\bar{y}_{i.}$ der Y-Werte innerhalb des i-ten Blocks und des Gesamtmittels $\bar{y}$ geschätzt. Für die Blockeffekte β_i (und deren Schätzwerte $\hat{\beta}_i$) gilt, dass ihre Summe null ist. Die dritte Komponente τ_j bringt die Wirkung der jeweiligen Behandlungsstufe j zum Ausdruck; sie wird durch die Differenz $\hat{\tau}_j = \bar{y}_{.j} - \bar{y}$ des Mittelwertes $\bar{y}_{.j}$ der Wiederholungen auf der j-ten Behandlungsstufe und des Gesamtmittels $\bar{y}$ geschätzt. Auch die Behandlungseffekte τ_j (und ebenso deren Schätzwerte $\hat{\tau}_j$) sind so normiert, dass ihre Summe null ergibt. Mit den Schätzwerten für μ, β_i und τ_j erhält man aus (6.13) die Anteile

$$\hat{y}_{ij} = \hat{\mu} + \hat{\beta}_i + \hat{\tau}_j = \bar{y} + (\bar{y}_{i.} - \bar{y}) + (\bar{y}_{.j} - \bar{y}) = \bar{y}_{i.} + \bar{y}_{.j} - \bar{y}$$

der beobachteten Zielvariablenwerte y_{ij}, die durch den Block- und Behandlungsfaktor erklärt werden können (vgl. Tab. 6.8b). Schließlich verbleibt als letzte Komponente der Versuchsfehler, der keiner geplanten Ursache zugeordnet werden kann. Wir setzen die Versuchsfehler ε_{ij} als von der Behandlung und dem Block unabhängige und $N(0, \sigma_\varepsilon^2)$-verteilte Zufallsvariablen an. Den auf der Blockstufe i und der Behandlungsstufe j realisierten Versuchsfehler e_{ij} erhält man, indem man vom Messwert y_{ij} den durch das Modell berechenbaren Anteil $\hat{y}_{ij}$ subtrahiert, d. h., $e_{ij} = y_{ij} - \hat{y}_{ij}$ bildet. Ein Maß für die Variation des Versuchsfehlers ist die Summe SQE aller Fehlerquadrate e_{ij}^2. Dividiert man durch die um die Anzahl der geschätzten Parameter (das sind $n - 1$ Blockeffekte, $k - 1$ Behandlungseffekte sowie das Gesamtmittel) verkleinerte Fallzahl, also durch $nk - (n - 1) - (k - 1) - 1 = (n-1)(k-1)$, ergibt sich das mittlere Fehlerquadrat $MQE = \frac{SQE}{(n-1)(k-1)}$, mit dem die Varianz σ_ε^2 des Versuchsfehlers geschätzt wird.

Die **Additivität der Effekte** sowie die **Normalverteilung** des Versuchsfehlers sind zwei wesentliche Modellannahmen, die man schnell und einfach mit einem Wechselwirkungsdiagramm bzw. einem Normal-QQ-Plot überprüfen kann. Diese Instrumente wurden in Abb. 6.2 verwendet, um die Modellvoraussetzungen der randomisierten Blockanlage im ersten Beispiel am Ende des Abschnitts zu diskutieren. Beim Wechselwirkungsdiagramm sind die Messwerte gegen die Blockstufen aufgetragen und die zur selben Behandlungsstufe gehörenden Messwerte durch einen Linienzug verbunden. Wenn der Modellansatz (6.13) zutrifft, ist zu erwarten, dass die Differenz $y_{ij} - y_{ij'}$ der auf den Stufen j und j' beobachteten Y-Werte bis auf zufällige Abweichungen mit $\tau_j - \tau_j'$ übereinstimmt, also unabhängig von der Blockstufe i ist. Tatsächlich verlaufen in Abb. 6.2 die Linienzüge der Behandlungstufen in grober Näherung „parallel". Man kann daher sagen, dass im Großen und Ganzen der Behandlungsfaktor „unabhängig" vom Blockfaktor ist. Aus dieser Sicht erscheint die im Modell angenommene Additivität der Faktorwirkungen gerechtfertigt. Ein Test zur Überprüfung der Additivitätsannahme wird in Abschn. 6.5d behandelt.

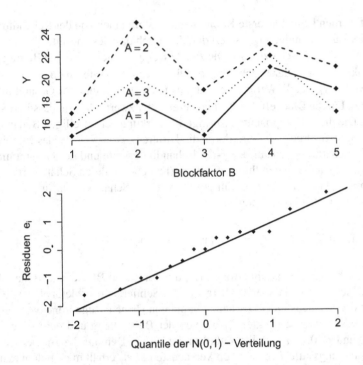

Abb. 6.2 Wechselwirkungsdiagramm (*oben*) und Normal-QQ-Plot (*unten*) zur Beurteilung der Additivitätsvoraussetzung bzw. der Annahme normalverteilter Residuen bei der randomisierten Blockanlage. Den Grafiken liegen die Beobachtungsdaten der Tab. 6.10 zugrunde (Beispiel 1 am Ende des Abschnitts). *Oben* sind die Stichprobenwerte gegen die Blockstufen aufgetragen. Verbindet man die zur gleichen Behandlungsstufe gehörenden Y-Werte, erhält man in grober Näherung „parallele" Streckenzüge, die ein additives Zusammenwirken der Faktoren anzeigen. Die *untere Grafik* zeigt das mit den Residuen erstellt Normal-QQ-Plot, das mit der Normalverteilungsannahme im Einklang steht

Als Nullhypothese H_0 des **Globaltests** zum Nachweis allfälliger, von null verschiedener Behandlungseffekte wird postuliert, dass $\tau_j = 0$ für alle Behandlungsstufen gilt, also die Mittelwerte auf den Behandlungsstufen übereinstimmen. Wie bei der einfaktoriellen Varianzanalyse wird die Entscheidungsfindung mit dem Verhältnis MQA/MQE des mittleren quadratischen Behandlungseffektes MQA zum mittleren Fehlerquadrat MQE vorgenommen. Der mittlere quadratische Behandlungseffekt wird berechnet, indem man die Summe $SQA = n \sum_{j=1}^{k} \hat{\tau}_j^2$ der quadrierten Behandlungseffekte durch $(k-1)$ dividiert, also $MQA = SQA/(k-1)$ bildet. Die Nullhypothese (alle Behandlungseffekte sind null, d. h., der Behandlungsfaktor hat keinen Einfluss auf die Zielvariable) wird auf dem Testniveau α abgelehnt, wenn die mit den Daten berechnete Teststatistik $TG_s = MQA/MQE$ das Quantil $F_{k-1,(n-1)(k-1),1-\alpha}$ der F-Verteilung übertrifft. Bei signifikantem Ausgang des Globaltests können die Mittelwerte der Behandlungsstufen mit einem der in Abschn. 6.2 behandelten Testverfahren (z. B. mit dem HSD-Test) verglichen werden.

Tab. 6.9 Datenschema beim einfaktoriellen Versuch mit Messwiederholungen. Die Tabelle enthält die Messwerte y_{ij}, die Personenmittelwerte $\bar{y}_{i.}$, die Behandlungsstufenmittelwerte $\bar{y}_{.j}$ sowie den Gesamtmittelwert $\bar{y}$

Personen	Behandlungsfaktor A				$\bar{y}_{i.}$
	1	2	$\cdots$	k	
1	y_{11}	y_{12}	$\cdots$	y_{1k}	$\bar{y}_{1.}$
2	y_{21}	y_{22}	$\cdots$	y_{2k}	$\bar{y}_{2.}$
$\vdots$	$\vdots$	$\vdots$	$\vdots$	$\vdots$	$\vdots$
n	y_{n1}	y_{n2}	$\cdots$	y_{nk}	$\bar{y}_{n.}$
$\bar{y}_{.j}$	$\bar{y}_{.1}$	$\bar{y}_{.2}$	$\cdots$	$\bar{y}_{.k}$	$\bar{y}$

c) Einfaktorielle Varianzanalyse mit Messwiederholungen Bei den bisher betrachteten varianzanalytischen Modellen sind die Faktorstufen fest vorgegeben. So bedeuten bei der randomisierten Blockanlage die Stufen des Behandlungsfaktors A festgelegte Versuchsbedingungen (z. B. Präparatgruppen); die Stufen des Blockfaktors B entsprechen festgelegten Auswahlkriterien für die Untersuchungseinheiten (z. B. vorgegebene Altersklassen), durch die eine Verkleinerung der Variation innerhalb eines jeden Blocks angestrebt wird. Dementsprechend werden die Wirkungen auf den Faktorstufen durch feste Größen (Behandlungseffekte τ_j und Blockeffekte β_i) ausgedrückt. Man bezeichnet Versuchsanlagen mit fest vorgegebenen Faktorstufen daher auch als Modelle mit **festen Effekten**. Wird dagegen ein Faktor so geplant, dass seine Stufen zufällig realisiert werden, muss man auch die Faktorwirkungen durch **zufällige Effekte**, also nicht durch feste Größen, sondern durch Zufallsvariablen, modellieren.

Beim einfaktoriellen Versuch mit Messwiederholungen gibt es einen Faktor (den Behandlungsfaktor A), der mit k vorgegebenen Stufen geplant ist, und einen Blockfaktor, dessen Stufen zufällig generiert werden. Oft bedeuten die Blöcke Personen (Subjekte), an denen wiederholte Messungen (eine Messung auf jeder Stufe des Behandlungsfaktors) vorgenommen werden. Die Personen denken wir uns als eine Zufallsstichprobe aus einer gewissen Zielpopulation; der Umfang der Zufallsstichprobe sei n. Da von jeder Person auf allen k Behandlungsstufen Messwerte vorliegen, der Behandlungsfaktor A also innerhalb der Personen variiert, wird A auch als „Messwiederholungsfaktor" oder „Innersubjektfaktor" (intra-subject-factor) bezeichnet. Wir betrachten nun also ein Untersuchungsmerkmal Y, das an n Versuchspersonen wiederholt gemessen wird, und zwar unter k Versuchsbedingungen (Behandlungsstufen). Diesem Versuchsplan entspricht das Datenschema in Tab. 6.9. Das Element y_{ij} bedeutet den auf der j-ten Behandlungsstufe ($j = 1, 2, \ldots, k$) an der i-ten Person ($i = 1, 2, \ldots, n$) festgestellten Wert von Y. Tabelle 6.9 enthält ferner die Personenmittelwerte $\bar{y}_{i.}$ (Zeilenmittelwerte über alle Messwiederholungen), die Behandlungsstufenmittelwerte $\bar{y}_{.j}$ (Spaltenmittelwerte über alle Personen) sowie den Gesamtmittelwert $\bar{y}$. Die Gleichheit des Datenschemas mit dem Schema der randomisierten Blockanlage (Tab. 6.8a) ist evident.

Das Modell der der einfaktoriellen Varianzanalyse mit Messwiederholungen sieht vor, dass die Messgröße Y_{ij} an der Person i auf der Behandlungsstufe j durch die Modellgleichung

$$Y_{ij} = \text{Basiswert } \mu + \text{Personeneffekt } P_i$$
$$+ \text{Behandlungseffekt } \tau_j + \text{Versuchsfehler } \varepsilon_{ij} \tag{6.14}$$

erzeugt wird. Wie bei der randomisierten Blockanlage (vgl. (6.13)) werden der Basiswert μ durch das Gesamtmittel $\bar{y}$ und der Behandlungseffekt τ_j durch die Differenz $\hat{\tau}_j = \bar{y}_{.j} - \bar{y}$ aus dem jeweiligen Behandlungsstufenmittel und dem Gesamtmittel geschätzt. Im Gegensatz zum Blockeffekt β_i in Formel (6.13) stellt der Personeneffekt P_i nun eine Zufallsvariable dar, die als $N(0, \sigma_P^2)$-verteilt angenommen wird. Der durch eine konkrete Person bewirkte Effekt wird (wie der Blockeffekt) durch die Differenz $p_i = \bar{y}_{i.} - \bar{y}$ aus dem jeweiligen Personenmittel und dem Gesamtmittel geschätzt. Der aus dem Basiswert, dem Personeneffekt und dem Behandlungseffekt erklärte Wert der Messgröße ist für die i-te Person und die j-te Behandlungsstufe (wie bei der randomisierten Blockanlage) durch $\hat{y}_{ij} = \bar{y}_{i.} + \bar{y}_{.j} - \bar{y}$ gegeben. Die Differenz $e_{ij} = y_{ij} - \hat{y}_{ij}$ ist der an der i-ten Person bei der j-ten Behandlung auftretende Versuchsfehler. Nach Voraussetzung ist der Versuchsfehler normalverteilt mit dem Mittelwert null und der (konstanten) Fehlervarianz σ_ε^2. Letztere wird durch das mittlere Fehlerquadrat $MQE = \frac{SQE}{(k-1)(n-1)}$ geschätzt; SQE bezeichnet hier die über alle Behandlungsstufen und Personen erstreckte Summe der Quadrate der Versuchsfehler e_{ij}.

Um einen allfälligen Einfluss des Behandlungsfaktors A auf die Messgröße beurteilen zu können, wird der mittlere quadratische Behandlungseffekt $MQA = n\left(\sum_{j=1}^{k} \hat{\tau}_j^2\right)/(k-1)$ berechnet und mit MQE verglichen. Die Nullhypothese H_0 lautet: Der Behandlungsfaktor hat keinen Einfluss auf die Messgröße, d. h., die Behandlungsstufenmittel stimmen überein. Zur Testentscheidung (auf dem Testniveau α) wird von Geisser und Greenhouse (1958) folgende Vorgangsweise empfohlen:

- H_0 wird jedenfalls beibehalten, wenn $MQA/MQE \leq F_{k-1,(n-1)(k-1),1-\alpha}$ ist, und abgelehnt, wenn $MQA/MQE > F_{1,n-1,1-\alpha}$ gilt.

- Für alle anderen Werte von MQA/MQE muss als kritische Schranke das Quantil $F_{f_1,f_2,1-\alpha}$ mit den Freiheitsgraden $f_1 = \varepsilon_{GG}(k-1)$ und $f_2 = \varepsilon_{GG}(n-1)(k-1)$ herangezogen werden; ε_{GG} ist ein nach Greenhouse und Geisser benannter Korrekturfaktor. H_0 wird abgelehnt, wenn $MQA/MQE > F_{f_1,f_2,1-\alpha}$ gilt, andernfalls beibehalten.

Bei der Berechnung von ε_{GG} gehen wir von den Stichproben $y_{1j}, y_{2j}, \ldots, y_{nj}$ ($j = 1, 2, \ldots, k$) auf den Behandlungsstufen aus. Es seien $s_j^2 = s_{jj}$ die Varianzen und s_{ij} ($j \neq i$) die Kovarianzen dieser Stichproben. Die Varianzen und Kovarianzen werden in der Kovarianzmatrix $S = (s_{ij})_{k \times k}$ zusammengefasst. Von S bestimmen wir das arithmetische Mittel $\bar{s}_g$ aller Elemente, das arithmetische Mittel $\bar{s}_d$ der Diagonalelemente und die arithmetischen Mittel $\bar{s}_{zi}$ der Elemente in jeder Zeile i ($i = 1, 2, \ldots, k$). Damit kann der Korrekturfaktor von Greenhouse und

Geisser aus

$$\varepsilon_{GG} = \frac{k^2\left(\bar{s}_d - \bar{s}_g\right)^2}{(k-1)\left(\sum_{i=1}^{k}\sum_{j=1}^{k} s_{ij}^2 - 2k\sum_{i=1}^{k}\bar{s}_{zi}^2 + k^2\bar{s}_g^2\right)} \tag{6.15a}$$

berechnet werden. Eine Verbesserung dieser Korrektur wurde von Huynh und Feldt (1976) vorgenommen.[15] Sie empfehlen, anstelle von (6.15a) den Korrekturfaktor

$$\varepsilon_{HF} = \frac{n(k-1)\varepsilon_{GG} - 2}{(k-1)[n-1-(k-1)\varepsilon_{GG}]}. \tag{6.15b}$$

zu verwenden. Dieser Korrekturfaktor kann größer als 1 werden; in diesem Fall ist $\varepsilon_{HF} = 1$ zu setzen.

Beispiele

1. Zur Verdeutlichung des Modells der randomisierten Blockanlage betrachten wir einen Versuch mit einem 3-stufigen Behandlungsfaktor A und einem 5-stufigen Blockfaktor B. Die Messwerte y_{ij} der Zielvariablen Y sind in Tab. 6.10 zusammengefasst. Die Tabelle enthält zusätzlich die Mittelwerte $\bar{y}_{i.}$ und $\bar{y}_{.j}$ der Block- bzw. Behandlungsstufen, die Block- und Behandlungseffekte $\hat{\beta}_i$ bzw. $\hat{\tau}_j$ sowie den Gesamtmittelwert $\bar{y}$. Z.B. findet man den Effekt auf der zweiten Blockstufe aus $\hat{\beta}_2 = \bar{y}_{2.} - \bar{y} = 21 - 19 = 2$. Der Effekt auf der dritten Behandlungsstufe ist $\hat{\tau}_3 = \bar{y}_{.3} - \bar{y} = 18.4 - 19 = -0.6$. Für jede Zelle erhält man den aus den Faktorwirkungen berechenbaren Anteil des Zielvariablenwertes, indem man zum Gesamtmittel die entsprechenden Effekte addiert. So ergibt sich z. B. für die zweite Blockstufe und die dritte Behandlungsstufe $\hat{y}_{23} = \bar{y} + \hat{\beta}_2 + \hat{\tau}_3 = 19 + 2 - 0.6 = 20.4$. Subtrahiert man diesen Wert vom Messwert $y_{23} = 20$, folgt für die betrachtete Zelle der Versuchsfehler $e_{23} = y_{23} - \hat{y}_{23} = 20 - 20.4 = -0.4$. In Tab. 6.10 ist für jede Zelle die Messwertzerlegung in den durch die Faktoren erklärten Anteil (den Erwartungswert auf Grund des Modells) und den nicht erklärten Anteil (den Versuchsfehler) in Klammern vermerkt. Wie Abb. 6.2 zeigt, können die Modellvoraussetzungen (Additivität der Faktorwirkungen, Normalverteilung der Residuen) als erfüllt betrachtet werden.

Wir prüfen nun mit dem Globaltest, ob die Nullhypothese $H_0\colon \tau_1 = \tau_2 = \tau_3 = 0$ abgelehnt werden kann, und setzen das Testniveau mit $\alpha = 0.05$ fest. Die über

---

[15] Die Korrektur der Freiheitsgrade gegenüber der randomisierten Blockanlage ist deshalb notwendig, weil beim einfaktoriellen Versuch mit Messwiederholungen die Stichproben auf verschiedenen Behandlungsstufen i. Allg. voneinander abhängig sind. Weitergehende Details über die Korrekturen findet man z. B. in Bortz (1993) oder Jobson (1991). Für die globale Prüfung der Wirkung des Innersubjektfaktors im Rahmen der einfaktoriellen Varianzanalyse mit Messwiederholungen kann die R-Funktion Anova() aus dem Paket „car" (Companion to Applied Regression) verwendet werden.

Tab. 6.10 Messwerte zu Beispiel 1, Abschn. 6.3. Rechts sind die Zeilenmittelwerte $\bar{y}_i$. und die geschätzten Blockeffekte $\hat{\beta}_i$ beigefügt, unten die Spaltenmittelwerte $\bar{y}_{.j}$ und die geschätzten Behandlungseffekte $\hat{\tau}_j$. Die Klammerausdrücke zeigen die Zusammensetzung der Messwerte y_{ij} aus den Erwartungswerten $\hat{y}_{ij}$ und den Residuen e_{ij}

Blockfaktor B	Behandlungsfaktor A			$\bar{y}_i.$	$\hat{\beta}_i$
	1	2	3		
1	15	17	16	16	−3
	(= 14.6 + 0.4)	(= 18.0 − 1.0)	(= 15.4 + 0.6)		
2	18	25	20	21	2
	(= 19.6 − 1.6)	(= 23.0 + 2.0)	(= 20.4 − 0.4)		
3	15	19	17	17	−2
	(= 15.6 − 0.6)	(= 19.0 + 0.0)	(= 16.4 + 0.6)		
4	21	23	22	22	3
	(= 20.6 + 0.4)	(= 24.0 − 1.0)	(= 21.4 + 0.6)		
5	19	21	17	19	0
	(= 17.6 + 1.4)	(= 21.0 + 0.0)	(= 18.4 − 1.4)		
$\bar{y}_{.j}$	17.6	21.0	18.4	$\bar{y} = 19$	
$\hat{\tau}_j$	−1.4	+2.0	−0.6		0

alle Zellen erstreckte Summe der Fehlerquadrate ist

$$SQE = 0.4^2 + (-1.6)^2 + (-0.6)^2 + 0.4^2 + 1.4^2 + (-1.0)^2 + 2.0^2$$
$$+ (-1.0)^2 + 0.6^2 + (-0.4)^2 + 0.6^2 + 0.6^2 + (-1.4)^2 = 14.4.$$

Als Summe der quadrierten Behandlungseffekte ergibt sich $SQA = 5[(-1.4)^2 + 2^2 + (-0.6)^2] = 31.6$. Aus den Quadratsummen folgen das mittlere Fehlerquadrat $MQE = 14.4/(4 \cdot 2) = 1.8$ und der mittlere quadratische Behandlungseffekt $MQA = 31.6/2 = 15.8$. Da die Teststatistik $MQA/MQE = 15.8/1.8 = 8.78$ größer als das 95 %-Quantil $F_{2,8,0.95} = 4.46$ ist, wird H_0 abgelehnt; dies bedeutet, dass sich wenigstens zwei Behandlungsstufenmittelwerte unterscheiden.

Welche Behandlungsstufenmittelwerte verschieden sind, kann z. B. mit dem HSD-Test von Tukey festgestellt werden. Mit $k = 3$, $n = 5$, $f = (n - 1)(k - 1) = 8$, $MQE = 1.8$ und dem Quantil $Q_{3,8,0.95} = 4.04$ (aus Tab. 6.7) ergibt sich aus (6.11) die kritische Schranke $d_{HSD} = Q_{3,8,0.95}\sqrt{1.8/5} = 2.42$. Die (absoluten) Differenzen $|\bar{y}_2 - \bar{y}_1| = 3.4$ sowie $|\bar{y}_3 - \bar{y}_2| = 2.6$ übertreffen die kritische Schranke und sind daher auf dem vereinbarten Niveau signifikant von null verschieden.

2. Um die Wirkung einer Behandlung auf eine Zielvariable Y zu untersuchen, wurden 10 Probanden der Behandlung unterzogen und die Zielvariable am Beginn und am Ende der Behandlung (Zeitpunkte 1 bzw. 2) sowie nach einem längeren zeitlichen Intervall (Zeitpunkt 3) gemessen. Die Messwerte sind in Tab. 6.11 protokolliert. Es soll auf dem 5 %-Niveau geprüft werden, ob sich die Zielvariable im Mittel verändert hat.

Tab. 6.11 Daten und Rechenschema zu Beispiel 2, Abschn. 6.3. Neben den Messwerten y_{ij} zu den Zeitpunkten 1, 2 und 3 enthält die Tabelle die Spaltenmittelwerte $\bar{y}_{.j}$ und Zeiteffekte $\hat{\tau}_j = \bar{y}_{.j} - \bar{y}$ sowie die Zeilenmittelwerte $\bar{y}_{i.}$ und das Gesamtmittel $\bar{y}$. Rechts sind die Residuen $e_{ij} = y_{ij} - \hat{y}_{ij} = y_{ij} - \bar{y}_{.j} - \bar{y}_{i.} + \bar{y}$ aufgelistet

| | Messwerte zum Zeitpunkt | | | | Residuen zum Zeitpunkt | | |
Person	1	2	3	$\bar{y}_{i.}$	1	2	3
1	568	728	713	669.67	−58.67	−31.87	90.53
2	668	849	820	779.00	−68.00	−20.20	88.20
3	441	440	465	448.67	35.33	−98.87	63.53
4	466	681	340	495.67	13.33	95.13	−108.47
5	521	621	611	584.33	−20.33	−53.53	73.87
6	696	779	555	676.67	62.33	12.13	−74.47
7	761	754	640	718.33	85.67	−54.53	−31.13
8	605	837	696	712.67	−64.67	34.13	30.53
9	504	756	297	519.00	28.00	146.80	−174.80
10	469	586	520	525.00	−13.00	−29.20	42.20
$\bar{y}_{.j}$	569.90	703.10	565.70	$\bar{y} = 612.90$			
$\hat{\tau}_j$	−43.00	90.20	−47.20				

Offensichtlich liegt ein einfaktorieller Versuchsplan mit Messwiederholungen vor. Der Behandlungsfaktor (kurz Zeitfaktor genannt und mit A bezeichnet) hat $k = 3$ Stufen (die Messzeitpunkte), jeder der $n = 10$ Blockfaktorstufen entspricht einem Probanden. Die Quadratsumme SQE der Residuen und die Quadratsumme SQA der Zeiteffekte sind

$$SQE = (-58.67)^2 + (-68.00)^2 + \cdots + (-13.00)^2$$
$$+ (-31.87)^2 + (-20.20)^2 + \cdots + (-29.20)^2$$
$$+ 90.53^2 + 88.2^2 + \cdots + 42.2^2 = 153083.9,$$

$$SQA = 10[(-43.00)^2 + 90.20^2 + (-47.20)^2] = 122128.8.$$

Damit ergeben sich das mittlere Fehlerquadrat $MQE = \frac{153083.9}{2 \cdot 9} = 8504.66$ und der mittlere quadratische Zeiteffekt $MQA = \frac{122128.8}{2} = 61064.4$. Die Teststatistik $TG_s = \frac{MQA}{MQE} = 7.18$ vergleichen wir im ersten Entscheidungsschritt mit $F_{2,18,0.95} = 3.55$. Wegen $TG_s > 3.55$ gehen wir zum zweiten Kriterium $TG_s > F_{1,9,0.95} = 5.12$ über. Da dieses Kriterium erfüllt ist, lehnen wir H_0 (Gleichheit der Zeitstufenmittel) ab und kommen zu dem Schluss, dass die Messgröße sich im Mittel verändert hat.

Obwohl damit der Entscheidungsprozess zu Ende ist, bestimmen wir auch noch die Korrekturfaktoren ε_{GG} und ε_{HF}, um die Anwendung der Formeln (6.15a) und (6.15b) zu demonstrieren. Die Varianzen und Kovarianzen der Y-Stichproben auf den drei Zeitstufen sind $s_1^2 = s_{11} = 11956.1$, $s_2^2 = s_{22} = 15683.2$ und $s_3^2 = s_{33} = 27377.8$ bzw. $s_{12} = s_{21} = 9646.34$, $s_{13} = s_{31} = 10958.2$ und $s_{23} = s_{32} = 8898.59$. Daraus folgen das arithmetische Mittel $\bar{s}_g$ = 12669.26 aller Elemente der Kovarianzmatrix, das arithmetische Mittel $\bar{s}_d$ = 18339.03 der Varianzen sowie die Zeilenmittelwerte $\bar{s}_{z1}$ = 1053.54, $\bar{s}_{z2}$ = 11409.38, $\bar{s}_{z3}$ = 15744.86 und ihre Quadratsumme $\sum_{i=1}^{3} s_{zi}^2$ = 4.95874 · 10^8. Ferner ist die Summe der Quadrate aller Varianzen und Kovarianzen gleich $\sum_{i=1}^{3} \sum_{j=1}^{3} s_{ij}^2$ = 1.72309 · 10^9. Setzt man die Zwischenergebnisse in (6.15a) und (6.15b) ein, folgen

$$\varepsilon_{GG} = \frac{9(18339.03 - 12669.26)^2}{2\left(1.72309 \cdot 10^9 - 6 \cdot 4.95874 \cdot 10^8 + 9 \cdot 12669.26^2\right)} = 0.7517,$$

$$\varepsilon_{HF} = \frac{10 \cdot 2 \cdot 0.7517 - 2}{2(9 - 2 \cdot 0.7517)} = 0.8693.$$

Mit den Freiheitsgraden $f_1 = \varepsilon_{HF}(k-1) = 1.739$ und $f_2 = \varepsilon_{HF}(n-1)(k-1) = 15.65$ ergibt sich das korrigierte Quantil $F_{1.739,15.65,0.95} = 3.81$, das kleiner als die kritische Schranke $F_{1,9,0.95} = 5.12$ ist, mit der H_0 bereits abgelehnt werden konnte.

Aufgaben

1. Die folgende Datentabelle zeigt die an einer Messstelle der Donau erhaltenen monatlichen Messwerte des Gesamtphosphors (in mg/l) für die Jahre 1985 bis 1988.

   a) Man vergleiche die Jahresmittelwerte und verwende dabei den Monat als Blockfaktor. Als Testniveau ist $\alpha = 5\,\%$ vorgegeben.

   b) Bei signifikantem Ausgang des Globaltests bestimme man die sich unterscheidenden Mittelwerte mit dem HSD-Test von Tukey.

Monat	1985	1986	1987	1988	Monat	1985	1986	1987	1988
1	0.402	0.282	0.365	0.179	7	0.154	0.137	0.274	0.170
2	0.329	0.308	0.202	0.189	8	0.205	0.254	0.183	0.251
3	0.315	0.381	0.192	0.241	9	0.193	0.224	0.186	0.231
4	0.188	0.282	0.170	0.160	10	0.213	0.252	0.166	0.209
5	0.236	0.199	0.111	0.150	11	0.338	0.262	0.218	0.231
6	0.162	0.211	0.085	0.130	12	0.230	0.271	0.209	0.251

2. Um die Wirksamkeit einer neuen Zubereitung eines blutdrucksenkenden Präparates zu studieren, wurde u. a. der systolische Blutdruck von zehn Versuchspersonen (im Sitzen) vor (1), während (2) und nach Abschluss (3) der Therapie bestimmt. Kann man im Mittel eine signifikante Änderung der Blutdruckwerte feststellen? Als Signifikanzniveau sei $\alpha = 5\,\%$ vereinbart.

Proband	1	2	3	Proband	1	2	3
1	170	162	165	6	175	170	153
2	160	173	155	7	178	190	175
3	158	160	147	8	160	173	155
4	150	137	150	9	165	150	145
5	185	158	165	10	140	133	125

6.4 Einfaktorielle Versuche mit einer Kovariablen

a) Versuchsanlage und Modell Wir gehen wieder vom Grundmodell des einfaktoriellen Versuchs aus, der mit einem k-stufigen Behandlungsfaktor A geplant wurde. Ziel des Versuches ist es festzustellen, ob die durch den Behandlungsfaktor festgelegten Bedingungen verschiedene Wirkungen auf ein Untersuchungsmerkmal Y ausüben. Bei der randomisierten Blockanlage wird ein zusätzlicher Faktor B (der Blockfaktor) eingeführt und damit die Variation der Zielvariablen Y teilweise auf eine bekannte Ursache (nämlich B) zurückgeführt. Indem man die durch B bedingte Variation aus Y herausrechnet, kann eine Verkleinerung des Versuchsfehlers erreicht werden.

Neben der **Blockbildung** ist die Planung des einfaktoriellen Versuchs mit einer **Kovariablen** eine zweite Möglichkeit, eine Reduktion des Versuchsfehlers zu erreichen. Unter einer Kovariablen (wir bezeichnen sie mit X) stellen wir uns eine metrische Einflussvariable vor, die gemeinsam mit der Zielvariablen Y gemessen werden kann. Von jeder Untersuchungseinheit liegen daher ein X-Wert und ein Y-Wert vor. Wir fassen die Beobachtungsdaten nach Art der Tab. 6.12 zusammen. Es bedeuten x_{ij} und y_{ij} die bei der i-ten Messung auf der j-ten Behandlungsstufe festgestellten Werte von X bzw. Y. Dabei ist angenommen, dass es auf jeder der k Behandlungsstufen die gleiche Anzahl n von Wiederholungen gibt. Die Tabelle enthält zusätzlich für jede Behandlungsstufe die Mittelwerte und Varianzen sowie die Kovarianzen der X- und Y-Reihen. Die Zielvariable Y hängt einerseits vom (geplanten) Behandlungsfaktor A und andererseits von der (nicht kontrollierten) Kovariablen X ab. Im Rahmen einer **einfaktoriellen Kovarianzanalyse** wird mit einem rechnerischen Kunstgriff die Kovariable auf einen konstanten Wert fixiert, d. h., die durch X bedingte Variation aus den Zielvariablenwerten entfernt. Die Anwendung des Kunstgriffes setzt voraus, dass in jeder Behandlungsgruppe die Abhängigkeit der Zielvariablen von der Kovariablen bekannt ist. Die einfaktorielle Kovarianzanalyse geht im Allgemeinen davon aus, dass diese Abhängigkeit durch lineare Regressionsfunktionen mit dem für alle Behandlungsgruppen gleichen Anstieg β_1 modelliert werden kann.[16]

Das Prinzip der Kovarianzanalyse lässt sich am einfachsten geometrisch erklären. Man denke sich jede Untersuchungseinheit als Punkt in einem Streudiagramm

---

[16] Die Kovarianzanalyse (engl. analysis of covariance) wird abkürzend auch als ANCOVA bezeichnet.

Tab. 6.12 Datentabelle und Rechenschema zur einfaktoriellen Kovarianzanalyse. Die Tabelle enthält auf jeder Stufe des Behandlungsfaktors A die an jeweils n Untersuchungseinheiten gemessenen Werte der Kovariablen X und Zielvariablen Y, die entsprechenden Stufenmittelwerte und -varianzen sowie die Kovarianzen

Wieder-holungen i	Behandlungsfaktor A							
	Stufe 1		$\dots$	Stufe j		$\dots$	Stufe k	
	X	Y	$\dots$	X	Y	$\dots$	X	Y
1	x_{11}	y_{11}	$\dots$	x_{1j}	y_{1j}	$\dots$	x_{1k}	y_{1k}
2	x_{21}	y_{21}	$\dots$	x_{2j}	y_{2j}	$\dots$	x_{2k}	y_{2k}
$\vdots$	$\vdots$	$\vdots$	$\vdots$	$\vdots$	$\vdots$	$\vdots$	$\vdots$	$\vdots$
i	x_{i1}	y_{i1}	$\dots$	x_{ij}	y_{ij}	$\dots$	x_{ik}	y_{ik}
$\vdots$	$\vdots$	$\vdots$	$\vdots$	$\vdots$	$\vdots$	$\vdots$	$\vdots$	$\vdots$
n	x_{n1}	y_{n1}	$\dots$	x_{nj}	y_{nj}	$\dots$	x_{nk}	y_{nk}
Mittelwert	$\bar{x}_1$	$\bar{y}_1$	$\dots$	$\bar{x}_j$	$\bar{y}_j$	$\dots$	$\bar{x}_k$	$\bar{y}_k$
Varianz	s_{x1}^2	s_{y1}^2	$\dots$	s_{xj}^2	s_{yj}^2	$\dots$	s_{xk}^2	s_{yk}^2
Kovarianz	$s_{xy,1}$		$\dots$	$s_{xy,j}$		$\dots$	$s_{xy,k}$	

dargestellt, in dem man horizontal den X-Wert und vertikal den entsprechenden Y-Wert aufträgt. Das Zentrum $C = (\bar{x}, \bar{y})$ aller Datenpunkte hat als X- und Y-Koordinate die arithmetischen Mittel aller X- bzw. Y-Werte. An die Punkte einer jeden Behandlungsstufe j wird eine Regressionsgerade g_j angepasst. Die Gerade g_j verläuft durch das Zentrum $C_j = (\bar{x}_j, \bar{y}_j)$ der Punkte in der Behandlungsgruppe j. Nach Voraussetzung sollen die Regressionsgeraden g_j für alle Behandlungsgruppen den gleichen Anstieg β_1 besitzen. Zu einem Schätzwert $\hat{\beta}_1$ für den gemeinsamen Anstieg gelangt man, wenn man die X- und Y-Werte auf jeder Behandlungsstufe j mit den Stufenmittelwerten $\bar{x}_j$ bzw. $\bar{y}_j$ zentriert (d. h., von jedem Einzelwert x_{ij} und y_{ij} die entsprechenden Stufenmittelwerte subtrahiert) und die zentrierten X- und Y-Werte aller Behandlungsstufen in einer Stichprobe zusammenfasst. Aus der kombinierten Stichprobe wird dann im Rahmen einer linearen Regression von Y auf X der Anstiegsparameter geschätzt, der gleich dem gesuchten Anstieg $\hat{\beta}_1$ ist. Eine direkte Berechnung kann mit den Kovarianzen und Varianzen aus Tab. 6.12 mit der Formel

$$\hat{\beta}_1 = \frac{s_{xy,1} + s_{xy,2} + \cdots s_{xy,k}}{s_{x1}^2 + s_{x2}^2 + \cdots s_{xk}^2} \tag{6.16}$$

vorgenommen werden. Wir können damit durch das Zentrum C_j der Behandlungsgruppe j die Regressionsgerade g_j mit dem Anstieg $\hat{\beta}_1$ einzeichnen. Es ergeben sich k parallele Geraden, die auf der jeweiligen Behandlungsstufe die Abhängigkeit des Zielvariablenmittels von der Kovariablen wiedergeben. Für die j-te Behandlungsgruppe möge die Abhängigkeit durch den Funktionsterm $f_j(x) = \bar{y}_j + \hat{\beta}_1(x - \bar{x}_j)$ dargestellt sein. Zusätzlich legen wir auch durch das globale Zentrum C eine Gerade g mit dem Anstieg $\hat{\beta}_1$. Diese Gerade besitzt den Funktionsterm $f(x) =$

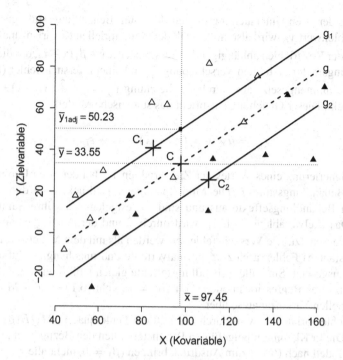

Abb. 6.3 Veranschaulichung des Prinzips der Kovarianzanalyse an der Hand der Daten von Beispiel 1 (am Ende des Abschnitts). Die Stichproben auf den beiden Faktorstufen sind als *Punkte* im Steudiagramm dargestellt (*offene Dreiecke*: Testgruppe, *volle Dreiecke*: Kontrolle). Besonders markiert sind die Zentren C_1 und C_2 der Behandlungsgruppen sowie das aus allen Datenpunkten berechnete Zentrum C. Die Geraden g_1 und g_2 geben den durch die Kovariable X bestimmten Anteil von Y an. Den Behandlungseffekten entsprechend sind g_1 und g_2 gegenüber der durch C verlaufenden Bezugsgeraden um $\hat{\tau}_1 = -\hat{\tau}_2 = 16.68$ Einheiten nach oben bzw. unten verschoben

$\bar{y} + \hat{\beta}_1(x - \bar{x})$. Sie stimmt mit der aus allen Datensätzen berechneten Regressionsgeraden von Y auf X überein, wenn die Zielvariable nicht vom Behandlungsfaktor abhängt. Andernfalls ist die Wirkung des Behandlungsfaktors an der mehr oder weniger großen Abweichung der Regressionsgeraden g_j von der Geraden g erkennbar. Zur Bestimmung der Abweichungen (in Y-Richtung) fixieren wir die Kovariable auf den Wert $\bar{x}$ und markieren die entsprechenden Punkte auf den Regressionsgeraden g_j. Die Y-Koordinaten dieser Punkte sind als auf den Wert $\bar{x}$ der Kovariablen **adjustierte Zielvariablenmittel** aufzufassen. Das adjustierte Zielvariablenmittel der j-ten Behandlungsgruppe ist $\bar{y}_{j,\text{adj}} = f_j(\bar{x}) = \bar{y}_j + \hat{\beta}_1(\bar{x} - \bar{x}_j)$. Indem man von $\bar{y}_{j,\text{adj}}$ das Gesamtmittel $\bar{y}$ subtrahiert, erhält man die Abweichung $\hat{\tau}_j = \bar{y}_j - \bar{y} + \hat{\beta}_1(\bar{x} - \bar{x}_j)$ der Regressionsgeraden g_j von der Geraden g, mit dem der Effekt τ_j der j-ten Behandlungsstufe geschätzt wird. Wie man leicht nachrechnet, ist die Summe der Behandlungseffekte gleich null. In Abb. 6.3 ist die geometrische Idee der Kovarianzanalyse (mit den Daten von Beispiel 1 am Ende des Abschnitts) veranschaulicht.

Der an der i-ten Untersuchungseinheit der j-ten Behandlungsstufe gemessene Zielvariablenwert y_{ij} wird also im Modell der einfaktoriellen Kovarianzanalyse aus dem von der Kovariablen abhängigen Regressionsterm $\bar{y} + \hat{\beta}_1(x - \bar{x})$, der durch den Behandlungsfaktor bedingten Verschiebung $\hat{\tau}_j$ und einem Versuchsfehler (Residuum) e_{ij} zusammengesetzt, also durch die Gleichung $y_{ij} = \bar{y} + \hat{\beta}_1(x_{ij} - \bar{x}) + \hat{\tau}_j + e_{ij}$ ausgedrückt. Dieser Gleichung entspricht das statistische Modell

$$Y_{ij} = \mu_Y + \beta_1(x_{ij} - \bar{x}) + \tau_j + \varepsilon_{ij} \qquad (6.17)$$

für die Generierung eines Wertes der Zielvariablen Y_{ij} bei der i-ten Beobachtung auf der Behandlungsstufe j. Die Modellparameter τ_j drücken die durch $\hat{\tau}_j$ geschätzten Behandlungseffekte aus und sind so festgelegt, dass ihre Summe null ergibt. Das Zielvariablenmittel μ_Y wird durch $\bar{y}$ und der Anstiegsparameter β_1 durch $\hat{\beta}_1$ geschätzt. Die Versuchsfehler ε_{ij} werden als mit dem Mittelwert null und der (konstanten) Fehlervarianz σ_ε^2 normalverteilte und unabhängige Zufallsvariablen vorausgesetzt. Sind alle Behandlungseffekte gleich null, reduziert sich (6.17) auf ein lineares Regressionsmodell. Gilt $\beta_1 = 0$, geht (6.17) in das Modell der einfaktoriellen Varianzanalyse über.

Die Fehlervarianz σ_ε^2 wird durch das mittlere Fehlerquadrat $MQE(\beta_1, \tau_j)$ geschätzt. Die in Klammern beigefügten Parameter sollen den Bezug zum „vollständigen" Modell nach (6.17) zum Ausdruck bringen ($\beta_1 \neq 0$, nicht alle $\tau_j = 0$). Zur Berechnung von $MQE(\beta_1, \tau_j)$ quadrieren wir die Residuen

$$e_{ij} = y_{ij} - \bar{y} - \hat{\beta}_1(x_{ij} - \bar{x}) - \hat{\tau}_j = y_{ij} - \bar{y}_j - \hat{\beta}_1(x_{ij} - \bar{x}_j) \qquad (6.18a)$$

und bilden die Summe $SQE(\beta_1, \tau_j)$ der Quadrate. Diese kann auf die Form

$$SQE(\beta_1, \tau_j) = (n-1)\sum_{j=1}^{k} s_{yj}^2 - (n-1)\hat{\beta}_1^2 \sum_{j=1}^{k} s_{xj}^2 \qquad (6.18b)$$

gebracht werden. Der erste Term rechts ist die Residuenquadratsumme des reduzierten Modells (6.17) mit $\beta_1 = 0$, das der in Abschn. 6.1 betrachteten einfaktoriellen Versuchsanlage entspricht. Die Formel (6.18b) zeigt, dass sich durch Einführung einer Kovariablen in die einfaktorielle Varianzanalyse die Variation des Versuchsfehlers i. Allg. verkleinert. Um die Residuen berechnen zu können, sind in (6.17) die Parameter μ_Y und β_1 des Regressionsterms sowie $k - 1$ Behandlungseffekte zu schätzen. Daher ist die Mittelung der Fehlerquadratsumme $SQE(\beta_1, \tau_j)$ mit dem Nenner $nk - 2 - (k - 1) = k(n - 1) - 1$ durchzuführen; zur Schätzung der Fehlervarianz σ_ε^2 verwenden wir also das mittlere Fehlerquadrat

$$MQE(\beta_1, \tau_j) = \frac{SQE(\beta_1, \tau_j)}{k(n-1) - 1}. \qquad (6.18c)$$

b) Test auf signifikante Behandlungseffekte Eine Abhängigkeit der Zielvariablen Y vom Behandlungsfaktor A besteht, wenn es in der Modellgleichung (6.17) von null verschiedene Behandlungseffekte τ_j gibt (Alternativhypothese). Zur Prüfung der Abhängigkeit wird zuerst das vollständige Modell (das sogenannte **Alternativmodell**) an die Beobachtungsdaten angepasst und die Fehlerquadratsumme $SQE(\beta_1, \tau_j)$ sowie das mittlere Fehlerquadrat $MQE(\beta_1, \tau_j) = SQE(\beta_1, \tau_j)/f_2$ mit $f_2 = k(n-1) - 1$ bestimmt. Anschließend nehmen wir an, dass alle Behandlungseffekte null sind (Nullhypothese). In diesem Fall verkürzt sich die Modellgleichung (6.17) auf ein einfaches lineares Regressionsmodell. Auch dieses sogenannte **Nullmodell** wird an die Beobachtungsdaten angepasst, wobei nun zwischen den Behandlungsgruppen nicht mehr unterschieden wird, also alle X- und Y-Werte in je einer Stichprobe zusammengefasst werden. Die Fehlerquadratsumme des verkürzten Modells sei $SQE(\beta_1)$; die Berechnung kann z. B. mit der Formel $SQE(\beta_1) = (N-1)s_y^2(1-r_{xy}^2)$ vorgenommen werden, in der $N = kn$ die Anzahl aller Beobachtungen, s_y^2 die Varianz der Y-Werte und r_{xy} die Produktmomentkorrelation der X- und Y-Werte bedeuten.

Der Test auf signifikante Behandlungseffekte beruht auf der folgenden Idee: Wenn eine Abhängigkeit der Zielvariablen vom Behandlungsfaktor besteht, muss der Übergang vom Nullmodell zum Alternativmodell eine „wesentliche" Verkleinerung der Fehlerquadratsumme bewirken. Die tatsächliche Abnahme ist durch die Differenz $SQE(\beta_1) - SQE(\beta_1, \tau_j)$ gegeben. Gegenüber dem Nullmodell besitzt das Alternativmodell k zusätzliche Parameter (die Behandlungseffekte τ_j), von denen aber nur $k-1$ unabhängig sind. Im Mittel ist daher der Beitrag eines jeden zusätzlichen (unabhängigen) Modellparameters zur **Reduktion der Fehlerquadratsumme** durch

$$MQE(\beta_1, \tau_j | \beta_1) = \frac{SQE(\beta_1) - SQE(\beta_1, \tau_j)}{k-1}$$

gegeben. Diese mittlere Reduktion wird mit dem (durch Zufallsvariation bewirkten) mittleren Fehlerquadrat $MQE(\beta_1, \tau_j)$ des Alternativmodells verglichen.[17] Die sich durch Hinzunahme des Behandlungsfaktors in das Nullmodell ergebende Reduktion der Fehlerquadratsumme ist auf dem Testniveau α signifikant, wenn

$$\frac{MQE(\beta_1, \tau_j | \beta_1)}{MQE(\beta_1, \tau_j)} > F_{k-1, k(n-1)-1, 1-\alpha} \tag{6.19}$$

gilt, also der Quotient aus der mittleren Fehlerquadratreduktion und dem mittleren Fehlerquadrat des Alternativmodells das $(1-\alpha)$-Quantil der F-Verteilung mit dem Zählerfreiheitsgrad $f_1 = k-1$ und dem Nennerfreiheitsgrad $f_2 = k(n-1) - 1$ übertrifft.

---

[17] Entsprechend geht man auch in R bei der Prüfung auf signifikante Behandlungseffekte im Rahmen der Kovarianzanalyse vor. Man rechnet zuerst mit Hilfe der Funktion `lm()` das Nullmodell sowie das vollständige Modell und vergleicht dann die erzeugten Objekte mit der Funktion `anova()`.

c) Untersuchung der Parallelität von Regressionsgeraden Nach (6.17) wird die Abhängigkeit der Zielvariablen Y von der Kovariablen X durch lineare Regressionsfunktionen modelliert, die in jeder Behandlungsgruppe denselben Anstiegsparameter β_1 besitzen. Ob diese Annahme gerechtfertigt ist, kann mit einer Variante des F-Tests überprüft werden. Als Nullhypothese H_0 wird die Übereinstimmung der Anstiegsparameter postuliert, also die Parallelität der Regressionsgeraden; die Alternativhypothese H_1 bedeutet, dass sich wenigstens zwei Anstiegsparameter unterscheiden. Einen nicht signifikanten Ausgang des Tests interpretiert man in der Weise, dass die Parallelitätsannahme mit den Beobachtungsdaten verträglich ist.

Dem Test liegt wieder ein Modellvergleich zu Grunde. Wir haben einerseits das mit H_1 verbundene Alternativmodell, nach dem die Abhängigkeit der Zielvariablen Y von der Kovariablen X in den Behandlungsgruppen durch lineare Regressionsmodelle mit gleicher Fehlervarianz und den von der Behandlungsgruppe abhängigen Geradenparametern β_{0j} (y-Achsenabschnitt) und β_{1j} (Anstieg) beschrieben wird. Die Beobachtungsdaten mögen in Form der Tab. 6.12 vorliegen; in jeder Behandlungsgruppe gibt es n Paare von X- und Y-Werten. Bei Anpassung der Geraden an die Wertepaare der j-ten Behandlungsgruppe verbleibt die Fehlerquadratsumme $SQE_j = (n-1)s_{yj}^2(1 - r_{xy,j}^2)$. Es bedeuten s_{yj}^2 und $r_{xy,j}$ die Varianz der Y-Werte bzw. die Produktmomentkorrelation zwischen den X- und Y-Werten in der j-ten Behandlungsgruppe; die Produktmomentkorrelation wird mit der Kovarianz $s_{xy,j}$ und den Standardabweichungen s_{xj} und s_{yj} aus $r_{xy,j} = s_{xy,j}/(s_{xj}s_{yj})$ berechnet. Durch Aufsummieren der Fehlerquadratsummen aller k Behandlungsgruppen erhält man die Fehlerquadratsumme $SQE(H_1)$ des Alternativmodells. Dividiert man durch $nk - 2k = k(n-2)$ (Gesamtzahl der Wertepaare vermindert um die Zahl der geschätzten Parameter), folgt das mittlere Fehlerquadrat $MQE(H_1)$, mit dem man die Fehlervarianz schätzt.

Dem Alternativmodell stellen wir das Nullmodell gegenüber, in das das Alternativmodell übergeht, wenn man für alle Geraden einen gemeinsamen Anstieg β_1 vorschreibt, also die in der Nullhypothese geforderte Übereinstimmung der Anstiegsparameter annimmt. Das Nullmodell ist identisch mit dem Modell (6.17) der Kovarianzanalyse. In Analogie zum Alternativmodell schreiben wir für die Fehlerquadratsumme des Nullmodells $SQE(H_0)$; sie ist gleich der durch Formel (6.18b) gegebenen Fehlerquadratsumme $SQE(\beta_1, \tau_j)$.

Durch den Übergang vom Nullmodell zum Alternativmodell nimmt die Fehlerquadratsumme um $SQE(H_0) - SQE(H_1)$ ab. Dem Übergang entspricht die Einführung von $k-1$ zusätzlichen Parametern in das Modell. Bei der Reduktion der Fehlerquadratsumme entfällt also auf jeden zusätzlichen Parameter im Mittel der Beitrag

$$MQE(H_1|H_0) = \frac{SQE(H_0) - SQE(H_1)}{k-1}.$$

Dieser Beitrag fällt umso stärker aus, je mehr die Anstiegsparameter β_{1j} in den Behandlungsgruppen vom gemeinsamen Anstieg β_1 abweichen. Die Reduktion der Fehlerquadratsumme ist auf dem Testniveau α signifikant, wenn der Quotient $MQE(H_1|H_0)/MQE(H_1)$ größer ist als das $(1-\alpha)$-Quantil $F_{k-1,k(n-2),1-\alpha}$ der

Tab. 6.13 Datentabelle und Rechenschema zu Beispiel 1, Abschn. 6.4

Wieder-holungen i	Behandlungsfaktor (Präparat)							
	Stufe 1 (Test)				Stufe 2 (Placebo)			
	X	X'	Y	e_{i1}	X	X'	Y	e_{i2}
1	62	32	30	5.36	57	83	−26	−13.66
2	84	21	63	22.48	146	79	67	15.08
3	49	31	18	2.75	163	92	71	6.80
4	56	49	7	−13.31	158	122	36	−24.59
5	110	28	82	22.70	68	68	0	4.40
6	91	29	62	16.42	112	76	36	8.63
7	126	72	54	−16.85	77	68	9	6.90
8	44	52	−8	−19.64	136	98	38	−6.70
9	132	56	76	0.82	74	56	18	18.07
10	94	67	27	−20.74	110	99	11	−14.93
Mittelwert	84.80		41.10	0.00	110.10		26.00	0.00
Varianz	997.73		933.66	289.37	1560.77		889.78	231.82
Kovarianz	$s_{xy,1} = 806.36$				$s_{xy,2} = 1041.11$			

F-Verteilung mit dem Zählerfreiheitsgrad $f_1 = k - 1$ und dem Nennerfreiheitsgrad $f_2 = k(n - 2)$.

Beispiele

1. In einem Placebo-kontrollierten Parallelversuch wurde eine Größe vor Gabe des Präparates (Variable X) und danach (Variable X') gemessen. Jeweils zehn Versuchspersonen erhielten das Testpräparat, andere zehn das Kontrollpräparat (Placebo). Die Messergebnisse sind in Tab. 6.13 zusammengestellt. Als Maß für die Präparatwirkung nehme man die Differenz $Y = X' - X$. Beim Vergleich der Präparatwirkungen soll eine allfällige Abhängigkeit vom Anfangswert mit berücksichtigt werden.

Offensichtlich liegt ein einfaktorieller Versuch mit einer Kovariablen vor. Dem entsprechend erfolgt die Auswertung im Rahmen einer Kovarianzanalyse mit dem 2-stufigen Behandlungsfaktor „Präparat" (Stufe 1 = Testpräparat, Stufe 2 = Placebo) und der Kovariablen X. Die Zielvariable ist Y. Als ersten Schritt passen wir das Modell (6.17) an die Daten an, d. h., wir bestimmen *Schätzwerte für die Modellparameter*.

Mit Hilfe der angegebenen Mittelwerte der Behandlungsstufen ergeben sich die Gesamtmittelwerte $\bar{x} = (84.80 + 110.10)/2 = 97.45$ und $\hat{\mu}_Y = \bar{y} = (41.10 + 26.00)/2 = 33.55$ der X- bzw. Y-Stichproben. Nach (6.16) wird der Anstiegsparameter β_1 durch

$$\hat{\beta}_1 = \frac{s_{xy,1} + s_{xy,2}}{s_{x1}^2 + s_{x2}^2} = \frac{806.36 + 1041.11}{997.73 + 1560.77} = 0.7221$$

geschätzt. Die adjustierten Zielvariablenmittel auf den beiden Behandlungsstufen sind $\bar{y}_{1,\mathrm{adj}} = \bar{y}_1 + \hat{\beta}_1(\bar{x} - \bar{x}_1) = 41.10 + 0.7221(97.45 - 84.80) = 50.23$ und $\bar{y}_{2,\mathrm{adj}} = 26.00 + 0.7221(97.45 - 110.10) = 16.87$. Subtrahiert man davon das Gesamtmittel $\bar{y} = 33.55$, ergeben sich die Schätzwerte $\hat{\tau}_1 = 50.23 - 33.55 = 16.68$ und $\hat{\tau}_2 = 16.87 - 33.55 = -16.68$ für die Behandlungseffekte. Wir können nun mit (6.18a) die Versuchsfehler (Residuen) e_{i1} und e_{i2} zu den einzelnen Beobachtungen der ersten bzw. zweiten Behandlungsstufe berechnen. Die Ergebnisse sind in Tab. 6.13 wiedergegeben. Auf der zweiten Behandlungsstufe ergibt sich z. B. für die erste Beobachtung das Residuum $e_{12} = y_{12} - \bar{y} - \hat{\beta}_1(x_{12} - \bar{x}) - \hat{\tau}_2 = -26 - 33.55 - 0.7221(57 - 97.45) - (-16.68) = -13.66$. Die Fehlerquadratsumme $SQE(\beta_1, \tau_j)$ kann direkt durch Quadrieren der Residuen und Aufsummieren berechnet werden. Einfacher ist es allerdings, Formel (6.18b) zu verwenden. Damit erhält man

$$
\begin{aligned}
SQE(\beta_1, \tau_j) &= (n-1)(s_{y1}^2 + s_{y2}^2) - (n-1)\hat{\beta}_1^2(s_{x1}^2 + s_{x2}^2) \\
&= 9\big[933.66 + 889.78 - 0.7221^2(997.73 + 1560.77)\big] \\
&= 4404.57.
\end{aligned}
$$

Schließlich folgt mit $k(n-1) - 1 = 2(10-1) - 1 = 17$ aus (6.18c) das mittlere Fehlerquadrat $MQE(\beta_1, \tau_j) = 259.09$.

2. Im Anschluss an die Ausführungen im vorangehenden Beispiel prüfen wir nun in einem zweiten Schritt die *Abhängigkeit der Zielvariablen vom Behandlungsfaktor*. Vom vollständigen Modell (Alternativmodell) sind bereits das Fehlerquadrat $SQE(\beta_1, \tau_j) = 4404.6$, das mittlere Fehlerquadrat $MQE(\beta_1, \tau_j) = 259.09$ und der entsprechende Freiheitsgrad $f_2 = 17$ bekannt. Die Berechnungen zum Nullmodell (einfache lineare Regression von der Zielvariablen Y auf die Kovariable X) werden mit den kombinierten Stichproben beider Behandlungsstufen durchgeführt. Die kombinierte Stichprobe besteht aus $N = 2 \cdot 10 = 20$ Wertepaaren der Kovariablen X und der Zielvariablen Y. Die Mittelwerte und Varianzen der X- und Y-Stichprobe sind $\bar{x} = 97.45$ und $s_x^2 = 1380.37$ bzw. $\bar{y} = 33.55$ und $s_y^2 = 923.73$. Die Kovarianz beträgt $s_{xy} = 774.58$, die Produktmomentkorrelation ist $r_{xy} = 0.686$. Daher ergibt sich für das Nullmodell die Fehlerquadratsumme $SQE(\beta_1) = 19 \cdot 923.73(1 - 0.686^2) = 9292.59$. Durch Berücksichtigung des Behandlungsfaktors reduziert sich also die Fehlerquadratsumme um $9292.59 - 4404.57 = 4888.02$. Wegen $k - 1 = 1$ ist auch $MQE(\beta_1, \tau_j | \beta_1) = 4888.02$. Diesen Wert vergleichen wir mit dem mittleren Fehlerquadrat des Alternativmodells. Da der Quotient

$$
\frac{MQE(\beta_1, \tau_j | \beta_1)}{MQE(\beta_1, \tau_j)} = 4888.02/259.09 = 18.86
$$

das Quantil $F_{1,17,0.95} = 4.45$ deutlich übersteigt, sind die Behandlungseffekte auf 5 %igem Testniveau signifikant von null verschieden.

Zum Abschluss zeigen wir, dass die Prüfung der Abhängigkeit der Zielvariablen Y vom Behandlungsfaktor A zu keinem signifikantem Ergebnis führt, wenn man nur im Rahmen einer einfaktoriellen Varianzanalyse, also ohne Beachtung der Kovariablen, testet. In diesem Fall werden die Behandlungseffekte durch $\hat{\tau}_1 = \bar{y}_1 - \bar{y} = 7.55$ und $\hat{\tau}_2 = \bar{y}_2 - \bar{y} = -7.55$ geschätzt (vgl. Abschn. 6.1). Der Globaltest der einfaktoriellen Varianzanalyse wird mit den Quadratsummen

$$SQA = n_1\hat{\tau}_1^2 + n_2\hat{\tau}_2^2 = 10 \cdot 7.55^2 + 10 \cdot (-7.55)^2 = 1140.05,$$

$$SQE = (n_1 - 1)s_{y1}^2 + (n_2 - 1)s_{y2}^2 = 9 \cdot 933.66 + 9 \cdot 889.78 = 16410.96$$

. bzw. den entsprechenden mittleren Fehlerquadraten $MQA = SQA/(k-1) = 1140.05$ und $MQE = SQE/(N-k) = 16410.96/18 = 911.72$ geführt. Da das Verhältnis $MQE/MQA = 1.25$ deutlich unter dem Quantil $F_{1,18,0.95} = 4.41$ bleibt, kann auf dem 5%-Niveau kein signifikanter Einfluss des Behandlungsfaktors festgestellt werden.

3. Bei der Kovarianzanalyse mit den Daten von Tab. 6.13 haben wir angenommen, dass die Regressionsgeraden in den beiden Behandlungsgruppen parallel verlaufen. Wir zeigen, dass diese Annahme (Nullhypothese) nicht in Widerspruch zu den Beobachtungsdaten steht. Für das nunmehrige Nullmodell erhalten wir die Fehlerquadratsumme (vgl. Beispiel 1)

$$SQE(H_0) = (n-1)(s_{y1}^2 + s_{y2}^2) - (n-1)\hat{\beta}_1^2(s_{x1}^2 + s_{x2}^2) = 4404.57.$$

Im Alternativmodell wird an die Wertepaare einer jeden Behandlungsgruppe eine Regressionsgerade angepasst. Für den Geradenanstieg in der ersten Behandlungsgruppe findet man den Schätzwert $\hat{\beta}_{11} = s_{xy,1}/s_{x1}^2 = 806.36/997.73 = 0.8082$. Der entsprechende Wert für die zweite Behandlungsgruppe ist $\hat{\beta}_{12} = s_{xy,2}/s_{x2}^2 = 1041.11/1560.77 = 0.6671$. Beide Geradenanstiege unterscheiden sich nur wenig vom gemeinsamen Anstieg $\hat{\beta}_1 = 0.7221$.

Um die Fehlerquadratsumme für das Alternativmodell zu erhalten, bestimmen wir zuerst mit $r_{xy,1}^2 = 806.36^2/(997.73 \cdot 933.66) = 0.6980$ die Fehlerquadratsumme $SQE_1 = (n-1)s_{y1}^2(1-r_{xy,1}^2) = 2537.72$ zum Regressionsmodell in der ersten Behandlungsgruppe. Analog ergeben sich $r_{xy,2}^2 = 0.7805$ und $SQE_2 = 1757.73$ für die zweite Behandlungsgruppe. Für das Alternativmodell hat man daher die Fehlerquadratsumme $SQE(H_1) = SQE_1 + SQE_2 = 4295.45$ sowie das mittlere Fehlerquadrat $MQE(H_1) = 4295.45/(20-4) = 268.47$.

Der Übergang vom Nullmodell (gemeinsamer Anstieg in den Behandlungsgruppen) zum Alternativmodell (verschiedene Anstiege in den Behandlungsgruppen) bewirkt eine Reduktion der Fehlerquadratsumme um $SQE(H_0) - SQE(H_1) = 4404.57 - 4295.45 = 109.12$. Da das Alternativmodell gegenüber dem Nullmodell nur einen zusätzlichen Parameter aufweist, ist $MQE(H_1|H_0) = 109.12$. Das Verhältnis $MQE(H_1|H_0)/MQE(H_1) = 109.12/268.47 = 0.406$ liegt deutlich unter dem Quantil $F_{1,16,0.95} = 4.49$; es folgt, dass die Anstiegsparameter der Behandlungsgruppen auf dem Testniveau $\alpha = 5\%$ keinen signifikanten Unterschied aufweisen.[18]

---

[18] Beim Vergleich von zwei Regressionsgeraden kann man auch so vorgehen, dass man mit Hilfe einer $(0, 1)$-codierten Hilfsvariablen (Dummy-Variablen) z zu einem mehrfachen linearen Re-

Aufgaben

1. Am Beginn und am Ende einer Studie mit zwei Präparatgruppen (Test- bzw. Kontrollpräparat) wurden die Serumkonzentrationen Fe_1 und Fe_2 im Eisen (in µg/dl) bestimmt. Gleichzeitig wurde das Alter der Versuchspersonen als Kovariable mit erfasst. Hängt die durch die Differenz $Y = Fe_1 1 - Fe_2$ ausgedrückte Änderung der Serumkonzentration im Mittel vom Präparat ab? Man vergleiche die Präparatgruppen im Rahmen einer Kovarianzanalyse mit $\alpha = 0.05$.

Testpräparat								Kontrollpräparat						
Alter	Fe_1	Fe_2		Alter	Fe_1	Fe_2		Alter	Fe_1	Fe_2		Alter	Fe_1	Fe_2
28	141	102		19	54	70		26	123	45		28	122	68
21	137	71		24	78	64		22	139	107		25	105	47
22	88	90		25	122	84		26	112	91		21	105	102
29	139	68		20	62	56		22	115	85		25	68	60

2. An zwei Stellen eines Fließgewässers wurde die Strömungsgeschwindigkeit v (in m/s) in Abhängigkeit von der Tiefe x (in m) bestimmt. Man stelle

   a) die Abhängigkeit an jeder Stelle durch ein lineares Regressionsmodell dar und prüfe

   b) auf dem Testniveau $\alpha = 5\,\%$, ob die Regressionsgeraden einen nichtparallelen Verlauf besitzen.

Tiefe x	0.0	0.5	1.0	1.5	2.0	2.5
v_1 (Stelle 1)	1.80	1.78	1.73	1.53	1.52	1.41
v_2 (Stelle 2)	2.38	2.23	2.15	2.10	1.84	1.77

6.5 Zweifaktorielle Varianzanalyse

a) Versuchsanlage und Modell In diesem Abschnitt geht es um Versuche, bei denen eine metrische Zielvariable Y in Abhängigkeit von zwei Faktoren A und B (z. B. Behandlungen, Sorten) untersucht werden soll. Wie bei der einfaktoriellen

---

gressionsproblem übergeht. Es seien $\mu_Y(x) = \beta_{01} + \beta_{11}x$ und $\mu_Y(x) = \beta_{02} + \beta_{12}x$ die Gleichungen der Regressionsfunktionen, durch die die Abhängigkeit des Zielvariablenmittels μ_Y von der Einflussgröße X in zwei Grundgesamtheiten (z. B. auf zwei Faktorstufen) modelliert wird. Der einen Grundgesamtheit ordnen wir den Wert $z = 0$, der anderen den Wert $z = 1$ zu und fassen mit Hilfe von z die einfachen Regressionsgleichungen in der Gleichung $\mu_Y(x) = \beta_{01} + \beta_{11}x + \beta_2 z + \beta_3 xz$ zusammen. Statt der zwei einfachen Regressionsmodelle haben wir nun ein mehrfaches lineares Regressionsmodell mit den Regressoren $x_1 = x, x_2 = z$ und $x_3 = xz$. Für $z = 0$ ergibt sich wieder die Gleichung der ersten Regressionsfunktion, für $z = 1$ folgt mit $\beta_{02} = \beta_{01} + \beta_2$ und $\beta_{12} = \beta_{11} + \beta_3$ die Gleichung der zweiten Regressionsfunktion. Die Anstiege β_{11} und β_{12} der Regressionsgeraden stimmen überein, wenn $\beta_3 = 0$ ist. Dies lässt sich mit dem partiellen F-Test nach Abschn. 5.7c prüfen. Der Test stimmt im Übrigen mit dem F-Test zur Überprüfung der Parallelität von Regressionsgeraden im Rahmen der Kovarianzanalyse überein.

Tab. 6.14 Datentabelle zu Beispiel 1, Abschn. 6.5

	Faktor A (Nährstoff)		
Faktor B (Licht)	1 (Kontrolle)	2 (K-Mangel)	3 (K-Überschuss)
1	13.8	57.7	29.9
(Langtag)	25.3	42.2	30.8
	17.4	26.8	36.7
	17.7	29.1	24.8
	39.8	20.9	17.3
2	27.7	41.8	34.0
(Kurztag)	19.5	49.5	33.1
	33.2	46.7	10.7
	41.3	30.8	23.3
	37.6	28.6	19.6

Varianzanalyse beschränken wir uns darauf, dass die in den Faktoren zusammengefassten Versuchsbedingungen (die sogenannten Faktorstufen) fest vorgegeben sind. Der Faktor A möge in k Stufen, der Faktor B in m Stufen geplant sein. Werden die Faktoren im Versuch so variiert, dass jede Stufe von A mit jeder Stufe von B kombiniert ist, spricht man von einem **vollständigen Versuch**. Beim vollständigen Versuch gibt es also mk Kombinationen der Stufen von A und B. Indem man in einer Kreuztabelle den Faktor B horizontal und den Faktor A vertikal aufträgt, entsteht ein aus $m \times k$ Zellen bestehendes Schema. Wir nehmen an, dass jeder Zelle (also jeder Kombination von Faktorstufen) die gleiche Anzahl von $n > 1$ Untersuchungseinheiten zufällig zugeordnet wird. In jeder Zelle gibt es dann n Messwerte. Tabelle 6.14 zeigt an Hand der Daten zu Beispiel 1 am Ende des Abschnitts die Anordnung der Messwerte in Form einer Kreuztabelle mit 2×3 Zellen; auf jeder Faktorstufenkombination liegen $n = 5$ Wiederholungen vor. Die Kombination der Faktorstufen $B = i$ und $A = j$ wollen wir im Folgenden kurz durch (B_i, A_j) bezeichnen.

Der Faktor B darf nicht mit dem gleichnamigen Blockfaktor der randomisierten Blockanlage verwechselt werden. Die Einführung des Blockfaktors in die einfaktorielle Varianzanalyse stellt einen Kunstgriff dar, um den Versuchsfehler zu kontrollieren. Bei der zweifaktoriellen Versuchsanlage ist es dagegen das primäre Ziel, neben der Wirkung des Faktors A auch die Wirkung des Faktors B auf das Untersuchungsmerkmal zu studieren. Das Modell der zweifaktoriellen Varianzanalyse beruht auf den folgenden Annahmen:

- Die s-te Realisierung Y_{ijs} der Zielvariablen Y auf der Stufenkombination (B_i, A_j) setzt sich gemäß

$$Y_{ijs} = \mu_{ij} + \varepsilon_{ijs} \qquad (6.20a)$$

additiv aus dem von den Faktorstufen abhängigen Zellenmittelwert μ_{ij} und einem Restterm ε_{ijs}, dem sogenannten Versuchsfehler, zusammen. Die Ver-

Tab. 6.15 Datenaufbereitung bei der zweifaktoriellen Varianzanalyse. Aus den Realisierungen jeder Faktorstufenkombination werden die Zellenmittelwerte $\bar{y}_{ij}$ und die Zellenvarianzen s_{ij}^2 berechnet; ferner die Mittelwerte $\bar{y}_{i\cdot}$ der Wiederholungen auf den Stufen des Faktors B, ebenso die Mittelwerte $\bar{y}_{\cdot j}$ der Wiederholungen auf den Stufen des Faktors A sowie der Gesamtmittelwert $\bar{y}$ aus allen Realisierungen der Zielvariablen

Faktor B	Faktor A				B-Stufenmittel
	1	2	$\ldots$	k	
1	$\bar{y}_{11}, s_{11}^2$	$\bar{y}_{12}, s_{12}^2$	$\ldots$	$\bar{y}_{1k}, s_{1k}^2$	$\bar{y}_{1\cdot}$
2	$\bar{y}_{21}, s_{21}^2$	$\bar{y}_{22}, s_{22}^2$	$\ldots$	$\bar{y}_{2k}, s_{2k}^2$	$\bar{y}_{2\cdot}$
$\vdots$	$\vdots$	$\vdots$	$\vdots$	$\vdots$	$\vdots$
m	$\bar{y}_{m1}, s_{m1}^2$	$\bar{y}_{m2}, s_{m2}^2$	$\ldots$	$\bar{y}_{mk}, s_{mk}^2$	$\bar{y}_{m\cdot}$
A-Stufenmittel	$\bar{y}_{\cdot 1}$	$\bar{y}_{\cdot 2}$	$\ldots$	$\bar{y}_{\cdot k}$	Gesamtmittel $\bar{y}$

suchsfehler zu verschiedenen Realisierungen und Faktorstufenkombinationen sind unabhängige und identisch normalverteilte Zufallvariablen mit dem Mittelwert $\mu_\varepsilon = 0$ und der Varianz σ_ε^2.

- Die Abhängigkeit des Zellenmittelwertes μ_{ij} von den Faktoren setzt sich gemäß dem Ansatz

$$\mu_{ij} = \mu + \beta_i + \tau_j + \gamma_{ij} \qquad (6.20b)$$

aus drei sich additiv überlagernden Komponenten zusammen: Dem Basiswert μ, der gleich dem Gesamtmittel der Grundgesamtheit ist, dem durch die Faktorstufe $B = i$ bedingten Effekt $\beta_i = \mu_{i\cdot} - \mu$, der durch die Abweichung des entsprechenden Stufenmittelwertes $\mu_{i\cdot}$ vom Gesamtmittel μ definiert ist, dem durch die Faktorstufe $A = j$ bedingten Effekt $\tau_j = \mu_{\cdot j} - \mu$, der durch die Abweichung des entsprechenden Stufenmittelwertes $\mu_{\cdot j}$ vom Gesamtmittel μ definiert ist, und einem gemeinsamen Effekt der Faktorstufen $B = i$ und $A = j$, der durch $\gamma_{ij} = \mu_{ij} - \mu_{i\cdot} - \mu_{\cdot j} + \mu$ definiert ist. Die Größen β_i und τ_j stellen die sogenannten **Haupteffekte** der Faktoren B bzw. A dar, γ_{ij} wird als **Wechselwirkungseffekt** bezeichnet.[19]

Wenn in (6.20b) alle Wechselwirkungseffekte γ_{ij} null sind, so bedeutet das, dass für zwei beliebige Stufen i_1, i_2 ($i_1 \neq i_2$) des Faktors B die Differenz $\mu_{i_1 j} - \mu_{i_2 j} = \beta_{i1} - \beta_{i2}$ der Zellenmittelwerte unabhängig von der Stufe j des Faktors A ist. Analoges gilt für die Differenz zwischen den Mittelwerten zweier A-Stufen.

b) Schätzung der Modellparameter   Zur Schätzung der Modellparameter bereiten wir die Beobachtungsdaten nach Art der Tab. 6.15 auf. Es möge y_{ijs} eine Realisierung der Messgröße auf der Stufenkombination (B_i, A_j) und e_{ijs} der ent-

---

[19] Die Parametrisierung mit den so definierten Haupt- und Wechselwirkungseffekten wird als Effekt-Codierung bezeichnet. Die Effekte erfüllen wegen $\sum_i \mu_{i\cdot} = m\mu$, $\sum_j \mu_{\cdot j} = k\mu$ und $\sum_i \sum_j \mu_{ij} = mk\mu$ die Nebenbedingungen $\sum_i \alpha_i = 0$, $\sum_j \tau_j = 0$, $\sum_i \gamma_{ij} = 0$ und $\sum_j \gamma_{ij} = 0$.

sprechende Wert des Versuchsfehlers ε_{ijs} sein. Schätzwerte für die Modellparameter μ, β_i, τ_j und γ_{ij} findet man z. B. mit der Momentenmethode, indem man die Mittelwerte μ, $\mu_{i.}$, $\mu_{.j}$ und μ_{ij} durch die entsprechenden Stichprobenkennwerte ersetzt. Auf diese Weise ergeben sich unmittelbar die Schätzwerte

$$
\begin{aligned}
\hat{\mu} &= \bar{y}, \\
\hat{\beta}_i &= \bar{y}_{i.} - \bar{y} \quad (i = 1, 2, \ldots, m), \\
\hat{\tau}_j &= \bar{y}_{.j} - \bar{y} \quad (j = 1, 2, \ldots, k), \\
\hat{\gamma}_{ij} &= \bar{y}_{ij} - \bar{y}_{i.} - \bar{y}_{.j} + \bar{y} \quad (i = 1, 2, \ldots, m; \ j = 1, 2, \ldots, k).
\end{aligned}
\tag{6.21}
$$

Der Schätzwert $\hat{\mu}$ für μ ist demnach gleich dem Gesamtmittel $\bar{y}$ aus allen $N = n \times k \times m$ Zielvariablenwerten. Der Effekt β_i der Faktorstufe $B = i$ wird durch die Differenz aus dem i-ten B-Stufenmittel $\bar{y}_{i.}$ und dem Gesamtmittel $\bar{y}$ geschätzt und analog der Effekt τ_j der Faktorstufe $A = j$ durch der Differenz aus dem j-ten A-Stufenmittel $\bar{y}_{.j}$ und dem Gesamtmittel $\bar{y}$. Für die Faktorwechselwirkung γ_{ij} auf der Stufenkombination (B_i, A_j) findet man den Schätzwert, indem man vom Zellenmittelwert $\bar{y}_{ij}$ die Stufenmittel $\bar{y}_{i.}$ und $\bar{y}_{.j}$ subtrahiert und das Gesamtmittel $\bar{y}$ addiert.

Wie bei der einfaktoriellen Varianzanalyse können die Schätzwerte für die Modellparameter auch mit Hilfe der Methode der kleinsten Quadrate gefunden werden. Zu diesem Zweck drücken wir den Versuchsfehler durch $e_{ijs} = y_{ijs} - \hat{\mu} - \hat{\beta}_i - \hat{\tau}_j - \hat{\gamma}_{ij}$ aus und bilden damit die Summe

$$
Q = \sum_{i=1}^{m} \sum_{j=1}^{k} \sum_{s=1}^{n} e_{ijs}^2 = \sum_{i=1}^{m} \sum_{j=1}^{k} \sum_{s=1}^{n} (y_{ijs} - \hat{\mu} - \hat{\beta}_i - \hat{\tau}_j - \hat{\gamma}_{ij})^2
\tag{6.22}
$$

der Fehlerquadrate, die von den insgesamt $1 + m + k + mk$ Modellparametern abhängt. Die Schätzwerte (6.21) sind jene Werte der Modellparameter, für die (6.22) – unter Beachtung der Nebenbedingungen, die die Haupt- und Wechselwirkungseffekte erfüllen müssen – den kleinsten Wert SQE annimmt. Dieser ist durch

$$
SQE = \sum_{i=1}^{m} \sum_{j=1}^{k} \sum_{s=1}^{n} (y_{ijs} - \bar{y}_{ij})^2 = (n-1) \sum_{i=1}^{m} \sum_{j=1}^{k} s_{ij}^2
$$

gegeben; s_{ij}^2 sind hier die aus den Wiederholungen auf jeder Stufenkombination (B_i, A_j) berechneten Zellenvarianzen. Dividiert man durch $mk(n-1)$, ergibt sich das mittlere Fehlerquadrat

$$
MQE = \frac{SQE}{N - mk} = \frac{SQE}{mk(n-1)},
\tag{6.23}
$$

mit dem die Fehlervarianz σ_ε^2 geschätzt wird.

c) Test auf Haupt- und Wechselwirkungen Die Prüfung der Abhängigkeit der Zielvariablen von den Faktoren wird auf der Grundlage des Modells (6.20a), (6.20b) der zweifaktoriellen Varianzanalyse in dreifacher Weise vorgenommen. Die direkte Abhängigkeit vom Faktor A oder vom Faktor B wird mit Hilfe der Haupteffekte τ_j bzw. β_i beurteilt. Wenn die Zielvariable nicht direkt vom Faktor A abhängt, sind in der Modellgleichung alle $\tau_j = 0$ null. Sind alle Effekte β_i des Faktors B gleich null, hängt die Zielvariable nicht direkt von B ab. Wenn sich die Gesamtwirkung beider Faktoren in allen Zellen additiv aus den Haupteffekten zusammensetzt, sind alle Wechselwirkungseffekte γ_{ij} null; andernfalls gibt es eine Faktorwechselwirkung, die eine von den Stufen des Faktors B abhängige Wirkung des Faktors A (und umgekehrt) zum Ausdruck bringt.

Um die **Hauptwirkung des A-Faktors** global zu erfassen, quadrieren wir die Faktoreffekte $\hat{\tau}_j$, multiplizieren sie mit der Zahl nm der Messwerte auf der jeweiligen Faktorstufe und bilden damit die Summe $SQA = nm(\hat{\tau}_1^2 + \hat{\tau}_2^2 + \cdots + \hat{\tau}_k^2)$. Dividiert man diese Quadratsumme durch $k - 1$, also durch die um 1 verminderte Anzahl der Stufen von A, erhält man die mittlere quadratische Faktorwirkung $MQA = SQA/(k - 1)$. Die Nullhypothese $H_0: \tau_1 = \tau_2 = \cdots = \tau_k$ (keine Hauptwirkung des Faktors A) ist auf dem Testniveau α abzulehnen, wenn $MQA/MQE > F_{k-1,mk(n-1),1-\alpha}$ gilt, d. h., wenn der Quotient aus der mittleren quadratischen Wirkung MQA des Faktors A und dem mittleren Fehlerquadrat MQE größer ist als das $(1-\alpha)$-Quantil der F-Verteilung mit dem Zählerfreiheitsgrad $f_1 = k - 1$ und dem Nennerfreiheitsgrad $f_2 = mk(n - 1)$. Mit dem P-Wert formuliert, ist $P = 1 - F_{k-1,mk(n-1)}(MQA/MQE) < \alpha$ das Kriterium für die Ablehnung der Nullhypothese; hier ist $F_{k-1,mk(n-1)}$ die Verteilungsfunktion der F-Verteilung mit den Freiheitsgraden $f_1 = k - 1$ und $f_2 = mk(n - 1)$.

Analog verfährt man mit der **Hauptwirkung des B-Faktors**. Nunmehr werden die Faktoreffekte $\hat{\beta}_i$ quadriert, mit den entsprechenden Fallzahlen nk multipliziert und aufsummiert. Es ergibt sich die Quadratsumme $SQB = nk(\hat{\beta}_1^2 + \hat{\beta}_2^2 + \cdots + \hat{\beta}_k^2)$ und schließlich nach Division durch $m - 1$ die mittlere quadratische Wirkung $MQB = SQB/(m - 1)$. Die Hauptwirkung von B ist auf dem Testniveau α signifikant, wenn $MQB/MQE > F_{m-1,mk(n-1),1-\alpha}$ gilt oder der P-Wert $P = 1 - F_{m-1,mk(n-1)}(MQB/MQE) < \alpha$ ist.

Schließlich werden zur Beurteilung der **Faktorwechselwirkung** die Wechselwirkungseffekte $\hat{\gamma}_{ij}$ quadriert, mit der Fallzahl n einer jeden Zelle multipliziert und über alle Zellen aufsummiert. Die resultierende Summe – wir bezeichnen sie mit $SQAB$ – dividieren wir durch $(n-1)(k-1)$. Dies ergibt den mittleren quadratischen Wechselwirkungseffekt $MQAB = SQAB/[(m-1)(k-1)]$. Die Faktorwechselwirkung ist auf dem Testniveau α signifikant, wenn $MQAB/MQE > F_{(m-1)(k-1),mk(n-1),1-\alpha}$ oder $P = 1 - F_{(m-1)(k-1),mk(n-1)}(MQAB/MQE) < \alpha$ gilt.

Die bei der Prüfung der Haupt- und Wechselwirkungen benötigten Rechengrößen sind in Tab. 6.16 zusammengefasst. Bei der praktischen Durchführung der zweifaktoriellen Varianzanalyse ist es zweckmäßig, zuerst die Faktorwechselwirkung zu testen. Bei nicht signifikantem Ausgang bleiben wir bei der Nullhypothese, dass alle Wechselwirkungseffekte null sind, also keine Faktorwechselwirkung

Tab. 6.16 ANOVA-Tafel zur zweifaktoriellen Varianzanalyse mit mehrfach besetzten Zellen. In der Summenzeile ist SQY die über alle Messwerte erstreckte Summe der Quadrate der Abweichungen vom Gesamtmittel. Es gilt die Streuungszerlegung $SQY = SQA + SQB + SQAB + SQE$

Variations- ursache	Quadrat- summe	Freiheits- grad	Mittlere Quadratsumme	Testgröße
Faktor A	SQA	$k-1$	$MQA = \frac{SQA}{k-1}$	MQA/MQE
Faktor B	SQB	$m-1$	$MQB = \frac{SQB}{m-1}$	MQB/MQE
Wechselwirkung	$SQAB$	$(m-1)(k-1)$	$MQAB = \frac{SQAB}{(m-1)(k-1)}$	$MQAB/MQE$
Fehler	SQE	$mk(n-1)$	$MQE = \frac{SQE}{mk(n-1)}$	
Summe	SQY	$nmk-1$		

besteht. In diesem Fall können die Wechselwirkungsterme aus dem Modell entfernt werden. Gleichzeitig muss aber SQE durch die neue Fehlerquadratsumme $SQE' = SQE + SQAB$ ersetzt werden; die Mittelung der neuen Fehlerquadratsumme erfolgt mit dem Freiheitsgrad $mk(n-1)+(m-1)(k-1) = mkn-m-k+1$, d. h., bei der nachfolgenden Prüfung der Haupteffekte ist das neue mittlere Fehlerquadrat $MQE' = SQE'/(mkn - m - k + 1)$ anzuwenden. Gibt es zusätzlich auch beim Testen auf Haupteffekte (z. B. beim Faktor B) einen nicht signifikanten Ausgang, reduziert sich das zweifaktorielle Modell auf ein einfaktorielles.

Wenn eine signifikante Faktorwechselwirkung besteht, ist bei der Interpretation der Haupteffekte Vorsicht geboten. Es wird empfohlen, sich die Zusammenhänge durch ein sogenanntes **Wechselwirkungsdiagramm** zu veranschaulichen (vgl. Abb. 6.4). In diesem Diagramm werden horizontal die Stufen des einen Faktors (z. B. des Faktors A) aufgetragen. Vertikal trägt man zu jeder Stufe von A die Zellenmittelwerte auf, die zur ersten Stufe des zweiten Faktors (z. B. des Faktors B) gehören, und verbindet die „Mittelwertpunkte" durch einen Streckenzug. Dasselbe macht man für die weiteren Stufen des Faktors B. Auf diese Weise erhält man m Streckenzüge. Liegen die Streckenzüge mehr oder weniger parallel, bedeutet das, dass die Wirkung des Faktors A auf jeder Stufe von B gleich ist. Abweichungen von der Parallelität weisen auf eine Faktorwechselwirkung hin; die Wirkung des Faktors A ist von den Stufen des Faktors B abhängig. Im Rahmen der zweifaktoriellen Varianzanalyse werden die Haupteffekte von A durch Mittelung über alle B-Stufen bestimmt. Bei Vorliegen einer Wechselwirkung kann es daher sein, dass die Wirkung von A als nicht gesichert ausgewiesen wird, obwohl für einzelne Stufen von B sehr wohl signifikante Unterschiede zwischen den A-Stufen bestehen.

Die zweifaktorielle Varianzanalyse setzt voraus, dass die Versuchsfehler Realisierungen einer nomalverteilten Zufallsvariablen mit dem Mittelwert null und der von den Faktorstufen unabhängigen Varianz σ_ε^2 sind. Routinemäßig sollte man sich überzeugen, dass kein Widerspruch zur angenommenen Gleichheit der mk Zellenvarianzen besteht. Die Untersuchung der **Varianzhomogenität** kann mit dem Levene-Test durch geführt werden (siehe Abschn. 6.1e). Zusätzlich empfiehlt es sich, die Annahme normalverteilter Versuchsfehler (Residuen) graphisch mit Hilfe eines Normal-QQ-Plots zu kontrollieren (vgl. Abb. 6.4).

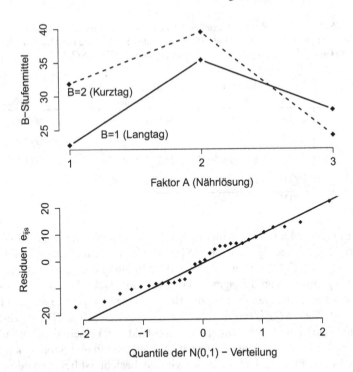

Abb. 6.4 Wechselwirkungsdiagramm (*oben*) und Normal-QQ-Plot (*unten*) zu Beispiel 2, Abschn. 6.5. Im Wechselwirkungsdiagramm sind zu jeder der drei Stufen des Faktors A die beiden Mittelwerte der B-Stufen vertikal aufgetragen. Durch Verbinden der zur selben B-Stufe gehörenden Mittelwertpunkte ergeben sich die Mittelwertprofile der B-Stufen. Bei unabhängig wirkenden Faktoren A und B sollten die Profile parallel verlaufen. Die Abweichungen von der Parallelität sind nicht so ausgeprägt, dass der Test zu einer gesicherten Wechselwirkung führt. Die *untere Grafik* zeigt das mit den Residuen (des auf die Haupteffekte eingeschränkten Modells) erstellte Normal-QQ-Plot, das mit der Normalverteilungsannahme im Einklang steht

d) Versuche mit einfach besetzten Zellen Wenn man von vornherein eine Wechselwirkung der Faktoren A und B ausschließen kann, genügt es grundsätzlich, den Versuch mit nur einem Messwert pro Zelle zu planen. Der zweifaktoriellen Varianzanalyse mit einfach besetzten Zellen liegt das Modell

$$Y_{ij} = \mu + \beta_i + \tau_j + \varepsilon_{ij} \tag{6.24}$$

zu Grunde. Danach setzt sich die Realisierung Y_{ij} der Zielvariablen Y auf der Stufenkombination (B_i, A_j) additiv aus dem Basiswert μ, den Faktoreffekten β_i und τ_j und dem Versuchsfehler ε_{ij} zusammen.[20] Das Modell stimmt formal mit dem

---

[20] In dem wir für die Faktorwirkungen β_i ($i = 1, 2, \ldots, m$) und τ_j ($j = 1, 2, \ldots, k$) wieder die Nebenbedingungen $\sum_i \beta_i = \sum_j \tau_j = 0$ vorschreiben, haben wir die Effekte als Abweichungen des B-Stufenmittels $\mu_{i\cdot}$ bzw. A-Stufenmittels $\mu_{\cdot j}$ vom Gesamtmittel μ definiert (Effekt-Codierung).

Tab. 6.17 ANOVA-Tafel zur zweifaktoriellen Varianzanalyse mit einfach besetzten Zellen

Variations-ursache	Quadrat-summe	Freiheits-grad	Mittlere Quadratsumme	Testgröße
Faktor A	SQA	$k-1$	$MQA = \frac{SQA}{k-1}$	MQA/MQE
Faktor B	SQB	$m-1$	$MQB = \frac{SQB}{m-1}$	MQB/MQE
Fehler	SQE	$(m-1)(k-1)$	$MQE = \frac{SQE}{(m-1)(k-1)}$	
Summe	SQY	$mk-1$		

durch (6.13) ausgedrückten Modell der randomisierten Blockanlage überein. Wie dort wird der Basiswert durch das Gesamtmittel $\bar{y}$, der Effekt β_i durch die Differenz $\hat{\beta}_i = \bar{y}_{i.} - \bar{y}$ und der Effekt τ_j durch die Differenz $\hat{\tau}_j = \bar{y}_{.j} - \bar{y}$ geschätzt; $\bar{y}_{i.}$ und $\bar{y}_{.j}$ bezeichnen die Mittelwerte aus den Messwerten auf der i-ten B-Stufe bzw. der j-ten A-Stufe. Mit den Schätzwerten $\bar{y}$, $\hat{\beta}_i$ und $\hat{\tau}_j$ für den Basiswert und die Faktoreffekte wird der durch die Faktoren erklärte Anteil der Zielvariablen durch $\hat{y}_{ij} = \bar{y} + \hat{\beta}_i + \hat{\tau}_j$ dargestellt. Zieht man von jedem gemessenen Zielvariablenwert y_{ij} den entsprechenden durch die Faktoren erklärten Anteil $\hat{y}_{ij}$ ab, erhält man die Residuen $e_{ij} = y_{ij} - \hat{y}_{ij}$.

Es sei m die Anzahl der Stufen des Faktors B und k die Anzahl der Stufen von A. Für die Summe der Quadrate der Residuen schreiben wir SQE; ferner seien $SQB = k(\hat{\beta}_1^2 + \hat{\beta}_2^2 + \cdots + \hat{\beta}_m^2)$ die (mit k multiplizierte) Quadratsumme der Effekte von B und $SQA = m(\hat{\tau}_1^2 + \hat{\tau}_2^2 + \cdots + \hat{\tau}_k^2)$ die (mit m multiplizierte) Quadratsumme der Effekte von A. Die mittleren Quadrate MQE, MQB und MQA sowie die Testgrößen zur Prüfung auf signifikante Faktorwirkungen sind der ANOVA-Tafel in Tab. 6.17 zu entnehmen. Die Nullhypothese, dass B keinen Einfluss auf die Zielvariable ausübt, ist auf dem Testniveau α abzulehnen, wenn $MQB/MQE > F_{m-1,(m-1)(k-1),1-\alpha}$ ist. Analoges gilt für den Faktor A; hier lautet die Bedingung für eine signifikante Wirkung des Faktors, dass $MQA/MQE > F_{k-1,(m-1)(k-1),1-\alpha}$ gilt.

Für die Verwendung des Modells (6.24) ist wesentlich, dass die Faktoren additiv zusammenwirken, also keine Faktorwechselwirkung besteht. Ob eine Verletzung der angenommenen **Additivität** vorliegt, kann mit einem von Tukey (1949) vorgeschlagenen Test geprüft werden. Bei diesem Test wird die Wechselwirkung proportional zur Größe $w_{ij} = \beta_i \tau_j$ angenommen. Eine Nichtadditivität der Faktoren besteht, wenn die Residuen des Modells (6.24) von der Wechselwirkungsgröße w_{ij} abhängen. Die Abhängigkeitsprüfung erfolgt im Rahmen einer linearen Regressionsrechnung. Als Daten werden dafür die $m \times k$ Residuen e_{ij} sowie die Schätzwerte $\hat{w}_{ij} = \hat{\beta}_i \hat{\tau}_j$ der Wechselwirkungsgröße verwendet. An Stelle der Residuen kann auch mit den Werten y_{ij} der Messgröße gerechnet werden. Es seien s_w^2 die Varianz der $\hat{w}_{ij}$-Werte und b_1 der aus der Stichprobendaten ermittelte Anstieg der Regression von der Messgröße auf die Wechselwirkungsgröße. Damit lässt sich der Anteil der Quadratsumme SQE der Residuen, der mit der Wechselwirkungsgröße erklärt wird, durch $SQW = (mk-1)s_w^2 b_1^2$ ausdrücken. Der als reine Fehlervariation verbleibende Restanteil ist $SQE - SQW$. Wir bilden mit den Quadratsummen die Testgröße

$$TG = \frac{SQW}{(SQE - SQW)/[(m-1)(k-1) - 1]}. \qquad (6.25)$$

Auf dem Niveau α ist gegen die angenommene Additivität (also für ein nichtadditives Zusammenwirken der Faktoren) zu entscheiden, wenn der Wert der Testgröße das Quantil $F_{1,(m-1)(k-1)-1,1-\alpha}$ überschreitet.

Beispiele

1. Im Zusammenhang mit einer Untersuchung des Wasserhaushaltes einer Pflanze wurde unter verschiedenen Nährstoff- und Lichtbedingungen die mittlere Spaltöffnungsfläche (Zielvariable Y in μm^2) auf bestimmten Blättern gemessen. Die Nährstoffgaben bestanden in einer als Kontrolle verwendeten „Volllösung" sowie zwei weiteren Lösungen mit einem Mangel bzw. Überschuss an Kalium (im Vergleich zur Kontrolle). Die unterschiedlichen Lichtbedingungen simulierten eine „Langtag-Situation" (16 Stunden Helligkeit und 8 Stunden Dunkelheit) und eine „Kurztag-Situation" (8 Stunden Helligkeit und 16 Stunden Dunkelheit). Bei dem betrachteten Experiment liegen also zwei Faktoren vor, ein „Nährstoff-Faktor" A mit den Stufen 1 (Volllösung), 2 (K-Mangel) und 3 (K-Überschuss) sowie ein „Licht-Faktor" B mit den Stufen 1 (Langtag) und 2 (Kurztag). Das in Tab. 6.14 zusammengestellte Datenmaterial stellt eine Kreuzklassifikation der Spaltöffnungsfläche nach diesen beiden Faktoren dar. Zu jeder Kombination einer Nährstoff- und Licht-Faktorstufe sind 5 Messwerte des Untersuchungsmerkmals angeschrieben, die von 5 verschiedenen, unter der jeweiligen Bedingung kultivierten Pflanzen stammen. (Jeder Messwert ist das arithmetische Mittel von 5 Zentralspaltflächen, die aufs Geratewohl von der Unterseite bestimmter Blätter ausgewählt wurden.)
Die Mittelwerte $\bar{y}_{ij}$ und Varianzen s_{ij}^2 auf den Faktorstufenkombinationen sind in Tab. 6.18a angegeben; ebenso die Mittelwerte $\bar{y}_{i.}$ und $\bar{y}_{.j}$ der Faktorstufen von B bzw. A sowie der Gesamtmittelwert $\bar{y}$. Aus den Mittelwerten berechnet man die Schätzwerte für den Basiswert sowie für die Haupt- und Wechselwirkungseffekte. Der Basiswert μ wird durch $\hat{\mu} = \bar{y} = 30.25$ geschätzt, die Effekte des Faktors B durch $\hat{\beta}_1 = \bar{y}_{1.} - \bar{y} = 28.68 - 30.25 = -1.57$ und $\hat{\beta}_2 = 31.82 - 30.25 = 1.57$, die Effekte des Faktors A durch $\hat{\tau}_1 = \bar{y}_{.1} - \bar{y} = 27.33 - 30.25 = -2.92$, $\hat{\tau}_2 = 37.41 - 30.25 = 7.16$ und $\hat{\tau}_3 = 26.02 - 30.25 = -4.23$. Der Schätzwert für den Wechselwirkungseffekt auf der ersten Stufe von A und der ersten Stufe von B ist $\hat{\gamma}_{11} = \bar{y}_{11} - \bar{y}_{1.} - \bar{y}_{.1} + \bar{y} = 22.80 - 28.68 - 27.33 + 30.25 = -2.96$; die Schätzwerte für die Wechselwirkungseffekte auf den anderen Faktorstufenkombinationen sind aus Tab. 6.18b zu entnehmen. Mit Hilfe der Zellenvarianzen berechnet man die Fehlerquadrat-

Tab. 6.18 Datenaufbereitung und Schätzung der Modellparameter (zu Beispiel 1, Abschn. 6.5). Für die Haupteffekte gelten die Nebenbedingungen $\hat{\beta}_1 + \hat{\beta}_2 = 0$, $\hat{\tau}_1 + \hat{\tau}_2 + \hat{\tau}_3 = 0$ und für die Wechselwirkungseffekte $\hat{\gamma}_{1j} + \hat{\gamma}_{2j} = 0$ (für $j = 1, 2, 3$) sowie $\hat{\gamma}_{i1} + \hat{\gamma}_{i2} + \hat{\gamma}_{i3} = 0$ (für $i = 1, 2$); die von null verschiedenen Zeilensummen sind auf Rundungsfehler zurückzuführen

a) Zellenmittelwerte und Zellenvarianzen

Faktor B	Faktor A			$\bar{y}_{i.}$
	1	2	3	
1	$\bar{y}_{11} = 22.80$	$\bar{y}_{12} = 35.34$	$\bar{y}_{13} = 27.90$	$\bar{y}_{1.} = 28.68$
	$s_{11}^2 = 107.86$	$s_{12}^2 = 216.85$	$s_{13}^2 = 52.96$	
2	$\bar{y}_{21} = 31.86$	$\bar{y}_{22} = 39.48$	$\bar{y}_{23} = 24.14$	$\bar{y}_{2.} = 31.83$
	$s_{21}^2 = 73.48$	$s_{22}^2 = 87.91$	$s_{23}^2 = 94.86$	
$\bar{y}_{.j}$	$\bar{y}_{.1} = 27.33$	$\bar{y}_{.2} = 37.41$	$\bar{y}_{.3} = 26.02$	$\bar{y} = 30.25$

b) Schätzwerte für die Haupt- und Wechselwirkungseffekte

Faktor B	Faktor A			$\sum \hat{\tau}$ $\sum \hat{\gamma}$
	1	2	3	
1	$\hat{\beta}_1 = -1.57$	$\hat{\beta}_1 = -1.57$	$\hat{\beta}_1 = -1.57$	
	$\hat{\tau}_1 = -2.92$	$\hat{\tau}_2 = +7.16$	$\hat{\tau}_3 = -4.23$	$+0.01$
	$\hat{\gamma}_{11} = -2.96$	$\hat{\gamma}_{12} = -0.50$	$\hat{\gamma}_{13} = +3.45$	-0.01
2	$\hat{\beta}_2 = +1.57$	$\hat{\beta}_2 = +1.57$	$\hat{\beta}_2 = +1.57$	
	$\hat{\tau}_1 = -2.92$	$\hat{\tau}_2 = +7.16$	$\hat{\tau}_3 = -4.23$	$+0.01$
	$\hat{\gamma}_{21} = +2.96$	$\hat{\gamma}_{22} = +0.50$	$\hat{\gamma}_{23} = -3.45$	$+0.01$
$\sum \hat{\beta}$	0	0	0	
$\sum \hat{\gamma}$	0	0	0	

summe

$$SQE = (n - 1)(s_{11}^2 + s_{21}^2 + s_{12}^2 + s_{22}^2 + s_{13}^2 + s_{23}^2) = 2535.66$$

und daraus durch Mittelung mit dem Nenner $mk(n - 1) = 24$ das mittlere Fehlerquadrat $MQE = 2535.66/24 = 105.65$.

2. Wir setzen das vorangehende Beispiel fort und testen, ob es signifikante Haupt- oder Wechselwirkungseffekte gibt. Als Testniveau sei $\alpha = 5\%$ vereinbart. Zur Berechnung der Testgrößen werden die Schätzwerte für die Haupt- und Wechselwirkungseffekte benötigt (diese sind aus Tab. 6.18b zu entnehmen) sowie die Fehlerquadratsumme $SQE = 2535.66$, die entsprechenden Freiheitsgrade $mk(n - 1) = 24$ und das mittlere Fehlerquadrat $MQE = 105.65$. Die mit der Fallzahl $mn = 10$ multiplizierte Quadratsumme der Effekte des Faktors A ist $SQA = nm(\hat{\tau}_1^2 + \hat{\tau}_2^2 + \hat{\tau}_3^2) = 776.85$. Die Mittelung mit $k - 1 = 2$ führt auf den mittleren quadratischen Effekt $MQA = SQA/(k - 1) = 388.42$. Für den Faktor B erhält man die (mit der Fallzahl $kn = 15$ multiplizierte) Quadratsumme $SQB = kn(\hat{\beta}_1^2 + \hat{\beta}_2^2) = 74.26$ der Effekte $\hat{\beta}_1$ und $\hat{\beta}_2$. Wegen $m - 1 = 1$ ist auch der entsprechende mittlere Effekt $MQB = 74.26$.

6 Ausgewählte Modelle der Varianzanalyse

Tab. 6.19 ANOVA-Tafel zur zweifaktoriellen Varianzanalyse in Beispiel 2 (Abschn. 6.5). Die vorletzte Spalte enthält die Testgrößen für das Modell mit Haupt- und Wechselwirkungseffekten, in der letzten Spalte sind nur die Haupteffekt berücksichtigt; die Testgrößenwerte stimmen bei Rundung auf 2 Nachkommastellen überein

Variationsursache	Quadrat-summe	Freiheits-grad	Mittlere Quadratsumme	Testgröße A, B, AB	Testgröße A, B
Faktor A	776.85	2	388.42	3.68	3.68
Faktor B	74.26	1	74.26	0.70	0.70
Wechselwirkung AB	209.14	2	104.57	0.99	–
Versuchsfehler	2535.66	24	105.65		
Summe	3595.91	29			

Schließlich ist die (mit $n = 5$ multiplizierte) Quadratsumme der Wechselwirkungseffekte[21] durch $SQAB = n \sum_i \sum_j \hat{\gamma}_{ij}^2 = 209.14$ gegeben. Mittelt man mit den Freiheitsgraden $(m - 1)(k - 1) = 2$, folgt der mittlere quadratische Wechselwirkungseffekt $MQAB = 209.14/2 = 104.57$. Alle Quadratsummen, die entsprechenden Freiheitsgrade und die durch Mittelung mit diesen Freiheitsgraden resultierenden mittleren Quadrate sind in Tab. 6.19 zusammengefasst. Wir prüfen zuerst die *Faktorwechselwirkung*. Die Testgröße $MQAB/MQE = 104.57/105.65 = 0.99$ ist kleiner als das für die Signifikanz entscheidende kritische Quantil $F_{2,24,0.95} = 3.40$. Daher besteht keine Veranlassung, die als Nullhypothese postulierte unabhängige Wirkung der Faktoren abzulehnen. Dieses Ergebnis kann man sich mit dem in Abb. 6.4 dargestellten Wechselwirkungsdiagramm veranschaulichen.

Die Beibehaltung der Hypothese, dass die Faktoren voneinander unabhängig wirken, bedeutet, dass wir uns im zweifaktoriellen Modell auf die *Haupteffekte* beschränken können. Bei der Prüfung der Haupteffekte ist die Quadratsumme $SQAB$ der Wechselwirkungseffekte zur Fehlerquadratsumme SQE hinzuzurechnen, also die neue Fehlerquadratsumme $SQE' = SQE + SQAB = 2535.66 + 209.14 = 2744.80$ zu bilden. Analog sind die neuen Freiheitsgrade als Summe $24 + 2 = 26$ der entsprechenden alten zu berechnen. Das neue mittlere Fehlerquadrat ist daher durch $MQE' = 2744.80/26 = 105.57$ gegeben. Mit diesem mittleren Fehlerquadrat sind die mittleren quadratischen Faktoreffekte MQA und MQB zu vergleichen. Da der Quotient $MQA/MQE' = 388.42/105.57 = 3.68$ größer als das Quantil $F_{2,26,0.95} = 3.37$ ist, gibt es auf 5 %igem Testniveau signifikant von null verschiedene Haupteffekte des Faktors A. Dagegen ist $MQB/MQE' = 74.26/105.57 = 0.70$ deutlich kleiner als das für die Signifikanz maßgebende kritische Quantil $F_{1,26,0.95} = 4.23$; daher ist die Wirkung des Faktors B auf 5 %igem Niveau nicht gesichert.

---

[21] Die Quadratsumme $SQAB$ der Wechselwirkungseffekte kann auch aus $SQAB = SQY - SQA - SQB - SQE$ nach Bestimmung von SQY berechnet werden. Die Quadratsumme $SQY = 3595.91$ ist gleich der mit $N - 1 = 29$ multiplizierten Varianz $s_y^2 = 123.997$ aller $N = 30$ Messwerte.

Tab. 6.20 Rechenschema für den Levene-Test zum Vergleich der Varianzen der Faktorstufenkombinationen (B_i, A_j) in Beispiel 2, Abschn. 6.5

| | Faktorstufenkombinationen (B_i, A_j) | | | | | |
	$(1,1)$	$(2,1)$	$(1,2)$	$(2,2)$	$(1,3)$	$(2,3)$
Wiederholungen z_{ijs}	9.00	4.16	22.36	2.32	2.00	9.86
	2.50	12.36	6.86	10.02	2.90	8.96
	5.40	1.34	8.54	7.22	8.80	13.44
	5.10	9.44	6.24	8.68	3.10	0.84
	17.00	5.74	14.44	10.88	10.60	4.54
Anzahl n_{ij}	5	5	5	5	5	5
Stufenmittel $\bar{z}_{ij}$	7.80	6.61	11.69	7.82	5.48	7.53
Stufenvarianz $s_{ij}^2(z)$	31.81	18.90	46.09	11.39	15.42	24.02

Zur Untersuchung der *Varianzhomogenität* mit dem Levene-Test werden die 5 Messwerte auf jeder der $2 \times 3 = 6$ Kombinationen des Licht- und Nährstoff-Faktors durch die Beträge $z_{ijs} = |y_{ijs} - \bar{y}_{ij}|$ der Abweichungen vom jeweiligen Zellenmittelwert ersetzt. Die z_{ijs} sind in Tab. 6.20 zusammengefasst. Die Tabelle enthält ferner die für jede Faktorstufenkombination (B_i, A_j) aus den z_{ijs} berechneten Stufenmittel $\bar{z}_{ij}$ und die Stufenvarianzen $s_{ij}^2(z)$. Als Gesamtmittel aller z_{ijs} erhält man $\bar{z} = (7.80 + 6.61 + 11.69 + 7.82 + 5.48 + 7.53)/6 = 7.82$. Nach dem Levene-Test wird im Rahmen einer einfaktoriellen Varianzanalyse geprüft, ob sich die Stufenkombinationen (B_i, A_j) hinsichtlich der Mittelwerte $\bar{z}_{ij} = \sum_s z_{ijs}/n$ signifikant unterscheiden. Als Testniveau wird $\alpha = 5\%$ angenommen. Für den Globaltest der Varianzanalyse benötigen wir das mittlere Fehlerquadrat $MQE(z)$, das gleich dem mit den Freiheitsgraden $n - 1 = 4$ gewichteten Mittel der Stufenvarianzen $s_{ij}^2(z)$ ist, und die mittlere quadratische Wirkung der Stufenkombinationen. Diese können mit den Werten aus Tab. 6.20 wie folgt berechnet werden:

$$MQE(z) = 4(31.81 + 18.9 + 46.09 + 11.39 + 15.42 + 24.04)/24 = 24.61,$$

$$MQA(z) = 5\big[(7.80 - 7.82)^2 + (6.61 - 7.82)^2 + (11.69 - 7.82)^2$$
$$+ (7.82 - 7.82)^2 + (5.48 - 7.82)^2 + (7.53 - 7.82)^2\big]/5 = 22.00.$$

Da die Testgröße $MQA(z)/MQE(z) = 0.89$ kleiner als das Quantil $F_{5,24,0.95} = 2.62$ ist, besteht kein Anlass, die Hypothese der Gleichheit der Zellenvarianzen zu verwerfen. Auch die Voraussetzung *normalverteilter Residuen* kann, wie das Normal-QQ-Plot in Abb. 6.4 zeigt, im Großen und Ganzen als erfüllt betrachtet werden.

3. An 5 Probenstellen (Faktor A mit $k = 5$ Stufen) wurden zu zwei verschiedenen Zeitpunkten (Faktor B mit $m = 2$ Stufen) Proben entnommen und die in Tab. 6.21a dargestellten (hypothetischen) Analysenwerte (Werte der Zielvariablen Y) bestimmt. Es liegt eine zweifaktorielle Versuchsanlage vor, für jede Kombinationen der Faktorstufen gibt es einen Zielvariablenwert.

Tab. 6.21 Zweifaktorielle Varianzanalyse mit einfach besetzten Zellen: Daten, Rechenschema und ANOVA-Tafel zu Beispiel 3 (Abschn. 6.5)

a) Zielvariablenwerte, Faktoreffekte und Residuen

Faktor B	Faktor A					$\bar{y}_{i.}$	$\hat{\beta}_i$
	1	2	3	4	5		
1	15 (+0.6)	12 (−0.4)	18 (+0.6)	11 (−0.4)	9 (−0.4)	13.0	−0.1
2	14 (−0.6)	13 (+0.4)	17 (−0.6)	12 (+0.4)	10 (+0.4)	13.2	+0.1
$\bar{y}_{.j}$	14.5	12.5	17.5	11.5	9.5	$\bar{y} = 13.1$	
$\hat{\tau}_j$	+1.4	−0.6	+4.4	−1.6	−3.6		0.0

b) ANOVA-Tafel

Variationsursache	Quadrat-summe	Freiheits-grad	Mittlere Quadratsumme	Testgröße	P-Wert
Faktor A	74.4	4	18.6	31.00	0.0029
Faktor B	0.1	1	0.1	0.17	0.7040
Versuchsfehler	2.4	4	0.6		
Summe	76.9	9			

Um das Modell (6.24) an die Daten anzupassen, benötigen wir die Zeilenmittelwerte $\bar{y}_{i.}$ (Stufenmittel von B), die Spaltenmittelwerte $\bar{y}_{.j}$ (Stufenmittel von A) sowie den Gesamtmittelwert $\bar{y}$. Indem man den Gesamtmittelwert von den Zeilen- und Stufenmittelwerten subtrahiert, ergeben sich die Schätzwerte $\hat{\beta}_i$ und $\hat{\tau}_j$ für die Effekte der Faktoren B bzw. A. Die genannten Mittelwerte und Effekte sind in Tab. 6.21a angeführt. Ferner sind in der Tabelle neben den Zielvariablenwerten y_{ij} in Klammern die Residuen e_{ij} (Zielvariablenwert minus Zeilenmittelwert minus Spaltenmittelwert plus Gesamtmittelwert) eingetragen. Die Quadratsumme $SQE = 2.4$ der Residuen, die Quadratsumme $SQB = 0.1$ der Effekte von B, die Quadratsumme $SQA = 74.4$ der Effekte von A sowie die entsprechenden mittleren Quadrate sind der ANOVA-Tafel in Tab. 6.21b zu entnehmen. Auf dem Testniveau $\alpha = 5\%$ sind wegen $MQB/MQE = 0.17 \leq F_{1,4,0.95} = 7.71$ die Effekte von B nicht signifikant von null verschieden. Dagegen gibt es wegen $MQA/MQE = 18.6/0.6 = 31 > F_{4,4,0.95} = 6.39$ einen signifikanten Einfluss des Faktors A. Tab. 6.21b enthält in der letzten Spalte auch die P-Werte der Signifikanzprüfungen. Z.B. ergibt sich für den Faktor A der P-Wert $P = 1 - F_{4,4}(31) = 0.00287$.

Es verbleibt zu überprüfen, ob die Faktorwirkungen der Additivitätsannahme widersprechen. Dazu berechnen wir durch Multiplikation der Faktoreffekte die Wechselwirkungen $w_{ij} = \hat{\beta}_i \hat{\tau}_j$. Zum Beispiel sind auf der Stufenkombination (B_1, A_1) die geschätzten Effekte $\hat{\beta}_1 = -0.1$ und $\hat{\tau}_1 = 1.4$, daher ist $w_{11} = -0.1 \cdot 1.4 = -0.14$. In Tab. 6.22 sind für alle Kombinationen der Faktorstufen die Zielvariablenwerte y_{ij} und die entsprechenden multiplikativen Wechselwirkungseffekte w_{ij} zusammengefasst. Die Varianz aller w_{ij} ist $s_w^2 = 0.0827$, der Anstiegsparameter der Regression (von der Zielvariablen Y auf die Wech-

Tab. 6.22 Rechenschema zur Überprüfung der Additivitätsannahme in Beispiel 3 (Abschn. 6.5). Die Indices i und j bezeichnen die Stufen der Faktoren (Lichtbedingung, Nährstoff), die Größe w_{ij} ist gleich dem Produkt der Faktorwirkungen $\hat{\beta}_i$ und $\hat{\tau}_j$

i	j	y_{ij}	$\hat{\beta}_i$	$\hat{\tau}_j$	w_{ij}	i	j	y_{ij}	$\hat{\beta}_i$	$\hat{\tau}_j$	w_{ij}
1	1	15	−0.1	1.4	−0.14	2	1	14	0.1	1.4	0.14
1	2	12	−0.1	−0.6	0.06	2	2	13	0.1	−0.6	−0.06
1	3	18	−0.1	4.4	−0.44	2	3	17	0.1	4.4	0.44
1	4	11	−0.1	−1.6	0.16	2	4	12	0.1	−1.6	−0.16
1	5	9	−0.1	−3.6	0.36	2	5	10	0.1	−3.6	−0.36

selwirkungsgröße) ist $b_1 = -1.559$. Daher ist $SQW = (mk - 1)s_w^2 b_1^2 = 9 \cdot 0.0827 \cdot (-1.559)^2 = 1.81$. Mit der Quadratsumme $SQE = 2.40$ folgt der Testgrößenwert $TG_s = \frac{1.81}{(2.40-1.81)/3} = 9.17$. Wegen $TG_s \leq F_{1,3,0.95} = 10.13$ ist auf dem 5 %-Niveau keine signifikante Wechselwirkung nachzuweisen. Es besteht also keine Veranlassung, die Additivitätsannahme zu verwerfen.

Aufgaben

1. Von zwei Einflussfaktoren A und B (z. B. Düngung, Bewässerung) wurde ein Versuch mit je zwei Stufen der Faktoren und fünf Wiederholungen (z. B. Anbauflächen) auf jeder der vier Faktorstufen-Kombinationen geplant. Man prüfe mit den angegebenen (hypothetischen) Daten, ob es auf dem Testniveau 5 % signifikante Haupteffekte bzw. Wechselwirkungseffekte gibt. Ferner überprüfe man die Homogenität der Zellenvarianzen mit dem Levene-Test. Zusätzlich erstelle man ein Wechselwirkungsdiagramm sowie ein Normal-QQ-Plot der Residuen zur Beurteilung der Additivitätsannahme bzw. der Normalverteilungsannahme.

	Faktor A									
Faktor B			1					2		
1	11.8,	8.9,	10.9,	10.1,	11.1	9.9,	9.7,	9.7,	9.0,	10.4
2	9.8,	7.7,	6.4,	7.8,	6.1	8.7,	8.2,	6.1,	7.0,	8.0

2. Im ersten Beispiel von Abschn. 6.3 wurde die Unabhängigkeit der Faktoren der randomisierten Blockanlage mit Hilfe eines Wechselwirkungsdiagramms visuell überprüft. Man zeige nun mit dem Test von Tukey, dass die Daten nicht in Widerspruch zur angenommenen Additivität des Behandlungs- und Blockfaktors stehen.

6.6 Rangvarianzanalysen

a) Der H-Test für unabhängige Stichproben Die einfaktorielle Varianzanalyse setzt eine auf jeder Stufe j ($j = 1, 2, \ldots, k$) eines Faktors A normalverteilte Zielvariable $Y \sim N(\mu_j, \sigma_\varepsilon^2)$ voraus. Mit dem Globaltest der Varianzanalyse werden die

Mittelwerte μ_j von k Normalverteilungen verglichen, die dieselbe Varianz σ_ε^2 aufweisen. Wir nehmen nun eine Verallgemeinerung vor, indem wir Y nicht mehr als $N(\mu_j, \sigma_\varepsilon^2)$-verteilt annehmen. Statt dessen möge Y auf jeder Faktorstufe irgendeine stetige Verteilungsfunktion F_j besitzen, wobei aber angenommen wird, dass alle F_j bis auf ihre Lage gleich sind. Das Problem besteht nun darin, k stetige Verteilungsfunktionen F_j, die in der Form übereinstimmen, hinsichtlich ihrer Lage zu vergleichen. Die Lage der Verteilung denken wir uns durch ein geeignetes Lagemaß (wie z. B. Mittelwert oder Median) ausgedrückt. Wie bei der einfaktoriellen Varianzanalyse nehmen wir den Vergleich der Lagemaße zunächst im Rahmen eines Globaltests vor und prüfen die Nullhypothese H_0, dass die Lagemaße der F_j auf allen Faktorstufen gleich sind, gegen die Alternativhypothese H_1, dass sich die Lagemaße auf wenigstens zwei Faktorstufen voneinander unterscheiden. Das bekannteste globale Entscheidungsverfahren ist der H-**Test von Kruskal und Wallis** (1952). Dieser Test stellt eine verteilungsunabhängige Alternative zur einfaktoriellen Varianzanalyse dar und gehört daher zu den Rangvarianzanalysen.

Vor Anwendung des H-Tests müssen die Messwerte rangskaliert werden. Das Verfahren entspricht der Vorgangsweise beim Wilcoxon-Rangsummen-Test (vgl. Abschn. 4.6a). Es werden die Wiederholungen auf den k Faktorstufen zu einer Stichprobe mit dem Umfang $N = n_1 + n_2 + \cdots + n_k$ zusammengefasst und nach aufsteigender Größe von 1 bis N durchnummeriert. Dabei werden gleiche Messwerte hintereinander angeschrieben. Jedem Messwert y_{ij} wird seine Ordnungsnummer R_{ij} als Rang zugeordnet. Stimmen zwei oder mehrere Messwerte überein (man spricht dann von einer Bindung), erhält jeder dieser Messwerte das arithmetische Mittel der entsprechenden Ordnungsnummern als Rang zugewiesen. Anschließend bestimmen wir für jede Faktorstufe j die Summe $R_j = R_{1j} + R_{2j} + \cdots + R_{n_j j}$ der Ränge sowie den mittleren Rang $\bar{R}_j = R_j / n_j$. Die Aufbereitung der Daten ist in Tab. 6.23a dargestellt. Mit den Rangsummen $R_1, R_2, \ldots, R_k$ wird die Größe

$$H = \sum_{j=1}^{k} \frac{\left[\bar{R}_j - E(\bar{R}_j)\right]^2}{Var(\bar{R}_j)} \left(1 - \frac{n_j}{N}\right) \qquad (6.26a)$$

gebildet. Bei Zutreffen von H_0 ist $E(\bar{R}_j) = \frac{N+1}{2}$ und $Var(\bar{R}_j) = \frac{(N+1)(N^2-1)}{12 n_j}$ und (6.26a) kann in diesem Falle in

$$H = \frac{12}{N(N+1)} \left(\sum_{j=1}^{k} \frac{R_j^2}{n_j}\right) - 3(N+1) \qquad (6.26b)$$

umgeschrieben werden. Die exakte Verteilung von H ist kompliziert. In der praktischen Anwendung greift man meist auf eine für „größere" N gültige Approximation zurück, nach der H unter der Nullhypothese asymptotisch χ^2-verteilt mit $f = k - 1$ Freiheitsgraden ist.[22] Wenn Bindungen in einer größeren Zahl auftre-

---

[22] Als Kriterium für die Anwendung der χ^2-Approximation findet man in der Literatur $k \geq 4$ und $\min(n_1, n_2, \ldots, n_k) \geq 5$ (vgl. Sachs und Hedderich 2012). In R wird der (approximative) H-

Tab. 6.23 Datenorganisation und Rechenschema beim H-Test. Die Ränge sind als Rangzahlen der Wiederholungen auf allen Faktorstufen zu bestimmen. Der mittlere Rang $\bar{R}_j$ ist die durch den Stichprobenumfang n_j geteilte Summe R_j der Ränge der Faktorstufe j

		Versuchsbedingung (Faktorstufe)					
		1		2		k	
	Y	Ränge	Y	Ränge	$\cdots$	Y	Ränge
	y_{11}	R_{11}	y_{12}	R_{12}	$\cdots$	y_{1k}	R_{1k}
Wieder-	y_{21}	R_{21}	y_{22}	R_{22}	$\cdots$	y_{2k}	R_{2k}
holungen y_{ij}	$\vdots$	$\vdots$	$\vdots$	$\vdots$	$\cdots$	$\vdots$	$\vdots$
	$y_{n_1 1}$	$R_{n_1 1}$	$y_{n_2 2}$	$R_{n_2 2}$	$\cdots$	$y_{n_k k}$	$R_{n_k k}$
Rangsumme		R_1		R_2	$\cdots$		R_k
mittlerer Rang		$\bar{R}_1$		$\bar{R}_2$	$\cdots$		$\bar{R}_k$

ten, ist eine Korrektur der Testgröße vorzunehmen. Es seien $g \leq N$ die Anzahl der verschiedenen Ausprägungen a_i von Y und $h_i \geq 1$ die absoluten Häufigkeiten der Ausprägungen a_i. Die korrigierte Testgröße ist dann durch

$$H^* = \frac{H}{C_H} \quad \text{mit } C_H = 1 - \frac{1}{N^3 - N} \sum_{i=1}^{g} (h_i^3 - h_i) \qquad (6.26c)$$

gegeben. Wie H ist auch H^* unter der Nullhypothese asymptotisch χ^2_{k-1}-verteilt. Näheres zum H-Test findet man z. B. in Bortz et al. (2008).

Nach signifikantem Ausgang des Globaltests können wie bei der einfaktoriellen Varianzanalyse **a posteriori-Tests** eingesetzt werden, um festzustellen, welche Faktorstufen sich hinsichtlich der mittleren Ränge unterscheiden. Bei dem folgenden (asymptotisch für größere N anwendbaren) Verfahren ist für alle möglichen Vergleiche zwischen je zwei Faktorstufen sichergestellt, dass die vorgegebene Gesamt-Irrtumswahrscheinlichkeit α_g nicht überschritten wird. Es seien $\bar{R}_i$ und $\bar{R}_j$ die mittleren Ränge der Faktorstufen i bzw. j ($j \neq i$). Die mittleren Ränge $\bar{R}_i$ und $\bar{R}_j$ sind auf dem Testniveau α_g signifikant verschieden, wenn

$$|\bar{R}_i - \bar{R}_j| > d_{\bar{R}}(i, j) = \sqrt{\chi^2_{k-1, 1-\alpha_g} \frac{N(N+1)}{12} \left(\frac{1}{n_i} + \frac{1}{n_j} \right)} \qquad (6.27)$$

gilt (vgl. Bortz u. a. 2008). Als Bedingung für die Anwendbarkeit von (6.27) kann wieder $k \geq 4$ und $n_j \geq 5$ für alle Faktorstufen gelten. Bei gleicher Anzahl n von Wiederholungen auf jeder Faktorstufe tritt an die Stelle von $d_{\bar{R}}(i, j)$ die für alle Paarvergleiche gültige kritische Mindestdistanz $d_{\bar{R}} = \sqrt{\chi^2_{k-1, 1-\alpha_g} N(N+1)/(6n)}$.

Test mit der Anweisung kruskal.test() ausgeführt. Man beachte dabei, dass bei Bindungen die korrigierte Testgröße (6.26c) ausgegeben wird.

Tab. 6.24 Datentabelle und Rechenschema zum Friedman-Test. Die Stichprobenwerte y_{ij} sind die auf jeder Blockstufe i und Behandlungsstufe j beobachteten Y-Werte; die Ränge R_{ij} ergeben sich durch Rangskalierung der Stichprobenwerte auf jeder Blockstufe. Der Vergleich der Behandlungsstufen erfolgt an Hand der Rangsummen R_j

Block	A-Stufen (y_{ij})				A-Stufen (R_{ij})			
(Person)	1	2	...	k	1	2	...	k
1	y_{11}	y_{12}	...	y_{1k}	R_{11}	R_{12}	...	R_{1k}
2	y_{21}	y_{22}	...	y_{2k}	R_{21}	R_{22}	...	R_{2k}
⋮	⋮	⋮	⋮	⋮	⋮	⋮	⋮	⋮
n	y_{n1}	y_{n2}	...	y_{nk}	R_{n1}	R_{n2}	...	R_{nk}
$\sum$					R_1	R_2	...	R_k

b) Der Friedman-Test für verbundene Stichproben Wir setzen ein einfaktorielles Versuchsschema voraus, das mit randomisierten Blöcken (nach Abschn. 6.3b) oder mit Messwiederholungen (nach Abschn. 6.3c) geplant wurde. Der Behandlungsfaktor A möge k Stufen und der Blockfaktor (bzw. Personenfaktor) n Stufen besitzen. Im Gegensatz zu den vorangehenden, parametrischen Modellen gibt es nun hinsichtlich der Zielvariablen Y keine spezielle Verteilungsvoraussetzung; die Werte von Y sind metrisch oder ordinal skaliert. Ein geeignetes Lagemaß für zumindest ordinal skalierte Merkmale ist der Median. Mit dem **Test von Friedman** (1937, 1939) wird global geprüft, ob sich die Mediane der Zielvariablen zwischen den Behandlungsstufen unterscheiden. Als Nullhypothese H_0 wird angenommen, dass die Mediane auf allen Behandlungsstufen gleich sind.

Die Beobachtungswerte werden meist nach Art der Tab. 6.24 angeordnet; y_{ij} ist der auf der j-ten Behandlungsstufe im i-ten Block (an der i-ten Person) beobachtete Wert von Y. Die in einer Zeile stehenden Y-Werte gehören zum selben Block (zur selben Person); die Spalten der Datenmatrix bilden daher verbundene Stichproben. Auf jede Zeile der Datenmatrix wenden wir die übliche Rangskalierung an. Wir denken uns die Y-Werte in jeder Zeile nach aufsteigender Größe geordnet. Übereinstimmende Y-Werte werden hintereinander angeschrieben. Jeder Y-Wert erhält seine Ordnungsnummer als Rang zugewiesen, übereinstimmende Y-Werte den sich durch arithmetische Mittelung der entsprechenden Ordnungsnummern ergebenden Rang. Die so erhaltenen Rangreihen sind in Tab. 6.24 neben den Y-Werten angeführt. Auf jeder Blockstufe i treten (bei Fehlen von Bindungen) die Rangzahlen $1, 2, \ldots, k$ auf, so dass die Zeilensumme der Rangzahlen stets $k(k+1)/2$ ergibt. Wenn alle Behandlungsstufen auf die Zielvariable gleich wirken (Nullhypothese H_0), ist zu erwarten, dass auch die Spaltensummen R_j im Großen und Ganzen gleich sind und nicht wesentlich vom Durchschnitt $\bar{R} = \sum_{j=1}^{k} R_j / k = n(k+1)/2$ abweichen. Die von Friedman vorgeschlagene Testgröße

$$TG = \frac{12}{nk(k+1)} \sum_{j=1}^{k} (R_j - \bar{R})^2 = \frac{12}{nk(k+1)} \left(\sum_{j=1}^{k} R_j^2 \right) - 3n(k+1)$$

$$(6.28a)$$

ist ein Maß für die Abweichungen der Spaltensummen R_j vom Durchschnitt $\bar{R}$. Bei einem vorgegebenen Testniveau α wird gegen die Nullhypothese, also gegen die Annahme gleicher Behandlungseffekte entschieden, wenn (6.28a) das $(1 - \alpha)$-Quantil $\chi^2_{k-1,1-\alpha}$ der Chiquadrat-Verteilung mit $k-1$ Freiheitsgraden übertrifft. Für kleine n weicht die Verteilung der Testgröße von der χ^2_{k-1}-Verteilung ab. Die Testentscheidung mit der χ^2-Approximation setzt also ein ausreichend großes n voraus. Genaue Quantile für kleine Stichproben findet man z. B. in Sachs und Hedderich (2012). Liegen Rangaufteilungen (Bindungen) auf einer Blockstufe oder mehreren Blockstufen vor, rechnet man besser mit der korrigierten Teststatistik

$$TG^* = \frac{(k-1)\left(\sum_{j=1}^{k} R_j^2 - n^2 k(k+1)^2/4\right)}{\sum_{i=1}^{n}\sum_{j=1}^{k} R_{ij}^2 - nk(k+1)^2/4} \tag{6.28b}$$

und lehnt H_0 auf dem Testniveau α ab, wenn $TG^* > \chi^2_{k-1,1-\alpha}$ oder $P = 1 - F_{k-1}(TG^*) < \alpha$ ist; F_{k-1} ist die Verteilungsfunktion der χ^2_{k-1}-Verteilung.[23]

Für **Einzelvergleiche** zwischen den Behandlungsstufen stehen Verfahren zur Verfügung, bei denen für alle möglichen Paarvergleiche das Gesamt-Irrtumsrisiko unter einer vorgegebenen Schranke α_g bleibt. Die Verfahren arbeiten mit kritischen Differenzen für die Rangsummen der zu vergleichenden Behandlungsstufen. Liegt die absolute Differenz $|R_i - R_j|$ der Rangsummen der Behandlungsstufen i und j ($j \neq i$) über der kritischen Differenz, dann sind diese Behandlungsstufen bezüglich des Zielvariablenmittels signifikant verschieden. Zur Berechnung der kritischen Differenz kann man z. B. die Formel

$$d_C = \sqrt{\frac{2q^2}{(n-1)(k-1)}\left(n\sum_{j}\sum_{i} R_{ij}^2 - \sum_{j} R_j^2\right)} \tag{6.29}$$

verwenden, für die keine speziellen Tabellen benötigt werden (vgl. z. B. Bortz et al. 2008); die Größe q ist das $(1-\alpha/2)$-Quantil der t-Verteilung mit $f = (n-1)(k-1)$ Freiheitsgraden.

Beispiele

1. Wir vergleichen die Messstellen hinsichtlich der PO_4-Konzentration mit den Daten von Tab. 6.3a (Beispiel 1, Abschn. 6.1) auch mit dem H-Test. Zu diesem Zweck wird zuerst eine Rangskalierung durchgeführt. Der kleinste der 4×5 Messwerte (der Wert 0.75) erhält den Rang 1. Der zweitkleinste Wert 0.80 den

---

[23] In (6.28b) bedeuten R_{ij} den Rang des Stichprobenwerts auf der i-ten Blockstufe und j-ten Behandlungsstufe und R_j die Summe der Rangzahlen auf der Behandlungsstufe j. Mit der R-Funktion `friedman.test()` erhält man die korrigierte Testgröße (6.28b) und den entsprechenden P-Wert.

Tab. 6.25 Datenaufbereitung zu Beispiel 1, Abschn. 6.6

| | Messstelle (Faktorstufe) | | | | | | | |
| | 1 | | 2 | | 3 | | 4 | |
	Y	Ränge	Y	Ränge	Y	Ränge	Y	Ränge
	1.20	9.5	1.00	5.5	1.45	15.5	1.30	12
	0.75	1	0.85	3	1.60	19	1.20	9.5
Wieder-	1.15	8	1.45	15.5	1.35	13.5	1.35	13.5
holungen	0.80	2	1.25	11	1.50	17.5	1.50	17.5
	0.90	4	1.10	7	1.70	20	1.00	5.5
Rangsumme		24.5		42		85.5		58
mittlerer Rang		4.9		8.4		17.1		11.6

Rang 2. Die fünftkleinste Ausprägung 1.00 tritt zwei Mal auf (auf der zweiten und vierten Faktorstufe). Die dieser Ausprägung entsprechenden Stichprobenelemente erhalten beim Durchnummerieren die Ordnungsnummern 5 und 6. Der Mittelwert $(5+6)/2 = 5.5$ dieser Ordnungsnummern wird beiden Stichprobenelementen als Rang zugewiesen. So fortfahrend gelangt man zu den in Tab. 6.25 (neben den Originalwerten) angeführten Rängen. Die Tabelle enthält ferner die Rangsummen und die mittleren Ränge. Die globale Prüfung auf signifikante Unterschiede zwischen den mittleren Rängen wird mit der H-Statistik

$$H = \frac{12}{20 \cdot 21}\left(\frac{24.5^2}{5} + \frac{42^2}{5} + \frac{85.5^2}{5} + \frac{58^2}{5}\right) - 3 \cdot 21 = 11.506$$

vorgenommen. Da 5 Ausprägungen (nämlich 1, 1.2, 1.35, 1.45 und 1.5) doppelt auftreten, kommt die Hälfte der Stichprobenwerte in Bindungen (aus jeweils 2 Werten) vor. Daher wird die Bindungskorrektur (6.26c) angewendet. Wegen $C_H = 1 - 5 \cdot (2^3 - 2)/(20^3 - 20) = 0.996$ ist die korrigierte Testgröße $H^* = 11.506/0.996 = 11.55$. Dieser Wert ist größer als das Quantil $\chi^2_{3,0.95} = 7.815$ (als Testniveau sei $\alpha = 5\,\%$ vereinbart), so dass gegen die Gleichheit der mittleren Ränge zu entscheiden ist.

2. Wir zeigen die Anwendung des Friedman-Tests mit den Daten der Tab. 6.26. Diese beziehen sich auf ein Fließgewässer, bei dem an $k = 3$ Stellen aus $n = 9$ Tiefenstufen Proben aus dem Substrat entnommen und damit das Lückenraumvolumen Y (das um das Sediment verringerte Gesamtvolumen) bestimmt wurde. Wir prüfen auf dem Testniveau $\alpha = 5\,\%$, ob sich das Lückenraumvolumen zwischen den Entnahmestellen im Mittel unterscheidet.
Die Nullhypothese lautet, dass die Zielvariable Y auf den $k = 3$ Behandlungsstufen (Stellen) im Mittel (Median) übereinstimmt. Entsprechend der Versuchsanlage sind die Messwerte der Entnahmestellen in $n = 9$ Blöcken (Tiefenstufen) angeordnet. Nach Tab. 6.26 werden in jedem Block zu den Messwerten die Ränge bestimmt und deren Spaltensummen $R_1 = 13$, $R_2 = 19.5$ und $R_3 = 21.5$ berechnet. Wegen der Bindung auf der letzten Tiefenstufe berechnen wir die korrigierte Testgröße (6.28b). Die Summe der Quadrate aller Rangzahlen ist

Tab. 6.26 Datenaufbereitung zu Beispiel 2, Abschn. 6.6

Block	y_{ij}			R_{ij}		
Tiefe/cm	Stelle 1	Stelle 2	Stelle 3	Stelle 1	Stelle 2	Stelle 3
10	19.4	32.0	25.0	1	3	2
20	10.3	25.0	17.4	1	3	2
30	17.9	15.2	20.0	2	1	3
40	15.2	20.6	17.2	1	3	2
50	8.3	17.7	25.0	1	2	3
60	13.0	24.1	17.7	1	3	2
70	17.4	8.7	28.6	2	1	3
80	13.3	22.7	25.5	1	2	3
90	20.0	10.0	10.0	3	1.5	1.5
$\sum$				13	19.5	21.5

$8(1^2 + 2^2 + 3^2) + 3^2 + 2 \cdot 1.5^2 = 125.5$, die Summe der Quadrate der Spalten-summen ist $13^3 + 19.5^2 + 21.5^2 = 1011.5$. Damit erhält man den Wert

$$TG^* = \frac{2(1011.5 - 9^2 \cdot 3 \cdot 4^2/4)}{125.5 - 9 \cdot 3 \cdot 4^2/4} = 4.51$$

für die korrigierte Teststatistik. Da dieser Wert unter dem Quantil $\chi^2_{2,0.95} = 5.99$ liegt, kann die Nullhypothese auf dem 5 %-Niveau nicht abgelehnt werden. Zur selben Testentscheidung kommt man mit dem P-Wert ($P = 0.105$).

Aufgaben

1. Im Rahmen einer Studie über die Lebensgemeinschaft des Makrozoobenthos in der Donau wurden östlich von Wien je sechs Proben an fünf Entnahmestellen quer über die Donau mit einem Sedimentgreifer entnommen (Stelle 3 liegt in der Flussmitte, die Stellen 2 und 1 sowie 4 und 5 liegen in 60-m-Abständen in Richtung zum rechten bzw. linken Ufer). Die Auswertung der Proben ergab für die Großgruppe *Diptera* die in der folgenden Tabelle angeführten Besiedlungs-dichten (Individuenanzahl pro m²). Man prüfe auf dem Testniveau $\alpha = 5\,\%$, ob sich die Entnahmestellen global hinsichtlich der mittleren Individuenanzahl unterscheiden.

	Besiedlungsdichte in m^{-2}				
	Stelle 1	Stelle 2	Stelle 3	Stelle 4	Stelle 5
	5442	497	135	434	7304
	1763	587	91	886	7087
Wieder-	3060	15	107	347	557
holungen	2259	478	22	550	1471
	647	938	37	421	3982
	649	1470	76	285	2365

2. In Aufgabe 1 von Abschn. 6.3 war der an einer Entnahmestelle der Donau durch monatliche Messungen erfasste Gesamtphosphor aus den Jahren 1985 bis 1988 im Rahmen einer einfaktoriellen Varianzanalyse mit dem Monat als Blockfaktor zu vergleichen. Man führe den Lagevergleich auch mit der Rangvarianzanalyse für verbundene Stichproben durch.

Kapitel 7
Einführung in multivariate Verfahren

Die multivariaten Methoden umfassen eine Vielzahl von beschreibenden und induktiven Verfahren, mit denen mehrere Variable gleichzeitig analysiert werden können. Im Gegensatz zu univariaten Datenanalysen geht es in der multivariaten Statistik primär darum, durch simultane Betrachtung mehrerer Variablen neue Einsichten über Beziehungsstrukturen zwischen den Variablen oder Untersuchungseinheiten (Objekten) zu gewinnen. Man kann z. B. fragen, ob die Stichprobe strukturiert ist, d. h., in Gruppen von in den Variablenwerten „ähnlichen" Objekten zerlegt werden kann. Wie man Strukturen in der Menge der Objekte aufdeckt, lehrt die Clusteranalyse. In der Hauptkomponentenanalyse stehen die Beziehungen zwischen den Variablen im Mittelpunkt des Interesses. Mit der Hauptkomponentenanalyse wird durch Übergang zu neuen Variablen (den sogenannten Hauptkomponenten) oft eine Reduktion der Anzahl der Variablen erreicht, indem man sich auf die „wesentlichen" Hauptkomponenten beschränkt und die anderen weglässt. Eine weitere klassische Fragestellung behandelt die Diskriminanzanalyse. Auf Grund der beobachteten Variablenwerte sollen neue Objekte einer von mehreren vorgegebenen Gruppen von Objekten zugewiesen werden. Die folgenden Ausführungen können nur eine erste Einführung in das große Gebiet der multivariaten Statistik sein. Die multivariate Statistik macht intensiv von der Matrizenrechnung Gebrauch. Ein kurzer Abriss darüber findet sich im letzten Abschnitt dieses Kapitels.[1]

7.1 Clusteranalyse

a) Prinzip der hierarchischen Klassifikation Wir gehen von n Untersuchungseinheiten aus, an denen p Variablen $X_1, X_2, \ldots, X_p$ beobachtet wurden. Der an der i-ten Untersuchungseinheit beobachtete Wert von X_j sei x_{ij}. Es ist zweckmä-

---

[1] Aufgabenstellungen der multivariaten Statistik sind zumeist mit einem umfangreichen Datenmaterial verbunden und ohne Verwendung einer einschlägigen Statistik-Software kaum zu bewältigen. In Ergänzung zu den in diesem Abschnitt behandelten Beispielen sind in Abschn. 8.3 auch die Lösungen mit R angegeben.

W. Timischl, *Angewandte Statistik*, DOI 10.1007/978-3-7091-1349-3_7,
© Springer-Verlag Wien 2013

Tab. 7.1 Datentabelle

Untersuchungs-einheit	Merkmale X_1	X_2	$\cdots$	X_j	$\cdots$	X_p
1	x_{11}	x_{12}	$\cdots$	x_{1j}	$\cdots$	x_{1p}
2	x_{21}	x_{22}	$\cdots$	x_{2j}	$\cdots$	x_{2p}
$\vdots$	$\vdots$	$\vdots$	$\vdots$	$\vdots$	$\vdots$	$\vdots$
i	x_{i1}	x_{i2}	$\cdots$	x_{ij}	$\cdots$	x_{ip}
$\vdots$	$\vdots$	$\vdots$	$\vdots$	$\vdots$	$\vdots$	$\vdots$
n	x_{n1}	x_{n2}	$\cdots$	x_{nj}	$\cdots$	x_{np}

ßig, die $n \times p$ Variablenwerte in Tabellenform so anzuschreiben, dass die Zeilen den Objekten und die Spalten den Variablen entsprechen (vgl. Tab. 7.1). Die in n Zeilen und p Spalten angeordneten Variablenwerte x_{ij} können als $(n \times p)$-Matrix aufgefasst und durch

$$X = (x_{ij})_{n \times p} = \begin{pmatrix} x_{11} & x_{12} & \cdots & x_{1p} \\ x_{21} & x_{22} & \cdots & x_{2p} \\ \vdots & \vdots & \vdots & \vdots \\ x_{n1} & x_{n2} & \cdots & x_{np} \end{pmatrix}$$

dargestellt werden. Wir betrachten in der Datenmatrix X den mit den Elementen der i-ten Zeile (d. h. mit den am i-ten Objekt beobachteten Variablenwerten) gebildeten Zeilenvektor, für den wir $x'_{i.} = (x_{i1}, x_{i2}, \ldots, x_{ip})$ schreiben. Indem man die Elemente als Koordinaten eines Punktes in einem p-dimensionalen **Merkmalsraum** deutet, der von p rechtwinkelig angeordneten Merkmalsachsen aufgespannt wird, kann man das i-te Objekt geometrisch als Punkt darstellen. Stellt man auf diese Art alle Zeilenvektoren von X als Punkte dar, ergibt sich eine die Objekte (Untersuchungseinheiten) repräsentierende Verteilung von Punkten im Merkmalsraum, an denen man die Beziehungsstrukturen zwischen den Objekten (z. B. Abstände) studieren kann. In Abb. 7.1 ist dies für den Sonderfall zweier Merkmale veranschaulicht.

Man kann die Datenmatrix $X = (x_{ij})_{n \times p}$ aber auch als Zusammenfassung der Spaltenvektoren $x_{.j} = (x_{1j}, x_{2j}, \ldots, x_{nj})'$ $(j = 1, 2, \ldots, p)$ deuten.[2] Jeder Spaltenvektor ist einer Variablen X_j zugeordnet und beinhaltet die an den Untersuchungseinheiten beobachteten Werte dieser Variablen. Mit diesen Werten können die Variablen in einem rechtwinkeligen Koordinatensystem, in dem die Achsen die n Untersuchungseinheiten repräsentieren, als Punkte dargestellt werden. Im von den n Achsen aufgespannten **Objektraum** lassen sich die Beziehungen zwischen den Variablen veranschaulichen. So ist z. B. der Kosinus des Winkels, der von den Strahlen eingeschlossen wird, die vom Koordinatenursprung zu den die beiden Merkmale

---

[2] Die Elemente des Vektors $x_{.j}$ sind als Zeilenvektor mit einem Apostroph $'$ angeschrieben. Dadurch wird zum Ausdruck gebracht, dass $x_{.j}$ ein Spaltenvektor ist.

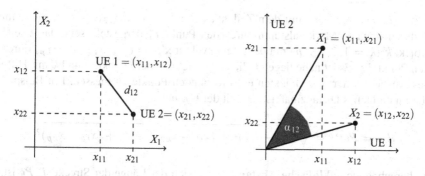

Abb. 7.1 Geometrische Interpretation der Datenmatrix. Das *linke Bild* zeigt die Darstellung der Untersuchungseinheiten (UE) als Punkte im Merkmalsraum (hier im Sonderfall $p = 2$). In der *rechten Grafik* sind die Merkmale als Punkte im Objektraum eingezeichnet (hier im Sonderfall $n = 2$); die Achsen des Objektraums entsprechen den Untersuchungseinheiten

X_1, X_2 repräsentierenden Punkten führen, gleich der Produktmomentkorrelation dieser Merkmale.[3] (vgl. Abb. 7.1)

Es ist unser Ziel, ähnliche Objekte schrittweise in Gruppen (Cluster) zu vereinigen. Die Vereinigung erfolgt auf der Grundlage eines geeigneten Maßes, durch das die **Ähnlichkeit** (bzw. die Unähnlichkeit) zwischen zwei Objekten quantifiziert wird. Maße für die Unähnlichkeit von Objekten werden auch als **Distanzmaße** bezeichnet. Die für alle Paare von Objekten bestimmten Ähnlichkeitsmaße (Distanzmaße) werden zweckmäßigerweise in einer Ähnlichkeitsmatrix (Distanzmatrix) zusammengefasst. Bei den **agglomerativen Verfahren** (nur solche werden in diesem Abschnitt betrachtet) wird am Beginn von einer Anfangsklassifikation ausgegangen, in der jedes Objekt eine eigene Gruppe bildet. In einem ersten Verfahrensschritt werden die einander „ähnlichsten" Gruppen (die Objekte mit der geringsten Distanz) fusioniert und die von der Fusionierung betroffenen Ähnlichkeitswerte (Distanzen) neu berechnet. Zu diesem Zweck muss das zunächst nur für zwei Objekte definierte Ähnlichkeitsmaß (Distanzmaß) auf Gruppen mit mehr als einem Objekt erweitert werden, wofür es zahlreiche Methoden gibt. Im zweiten Schritt werden wieder die „ähnlichsten" Gruppen fusioniert, und danach wird die Ähnlichkeitsmatrix (Distanzmatrix) erneut aktualisiert. So fortfahrend ergibt sich eine Folge von Zerlegungen der Objekte in Gruppen. Bei jedem Schritt werden zwei Gruppen fusioniert, bis zuletzt alle Objekte in einer einzigen Gruppe enthalten sind. Die schrittweise entstehende Hierarchie von Gruppen kann durch ein **Baumdiagramm** (Dendrogramm) veranschaulicht werden. Man bezeichnet die durch Baumdiagramme darstellbaren Klassifikationsverfahren als **hierarchisch**.

b) Distanz- und Ähnlichkeitsmaße Es existiert eine große Zahl von Maßen, um die Unähnlichkeit oder Ähnlichkeit von zwei Objekten auszudrücken. Das Ob-

---

[3] Die Merkmalswerte werden dabei als zentriert vorausgesetzt, d. h. von jedem Element der Datenmatrix ist der entsprechende Spaltenmittelwert abgezogen.

jekt i $(i = 1, 2, \ldots, n)$ mit dem Zeilenvektor $\mathbf{x}'_i = (x_{i1}, x_{i2}, \ldots, x_{ip})$ möge im p-dimensionalen Merkmalsraum durch den Punkt P_i dargestellt sein, das zweite Objekt k $(k = 1, 2, \ldots, n)$ mit dem Zeilenvektor $\mathbf{x}'_k = (x_{k1}, x_{k2}, \ldots, x_{kp})$ durch den Punkt P_k. Es ist nahe liegend, die Unähnlichkeit der Objekte i und k mit Hilfe des Abstandes der den Objekten entsprechenden Punkte zu messen. Ein Beispiel für ein einfaches Distanzmaß ist der mit der Formel

$$d_{ik} = \overline{P_i P_k} = \sqrt{(x_{i1} - x_{k1})^2 + (x_{i2} - x_{k2})^2 + \cdots + (x_{ip} - x_{kp})^2}$$

zu berechnende **euklidische Abstand**, der gleich der Länge der Strecke $P_i P_k$ ist. Häufig wird die Unähnlichkeit auch mit dem **quadrierten euklidischen Abstand** bewertet. Man erkennt schnell, dass der euklidische Abstand zwei für ein Distanzmaß typische Eigenschaften besitzt.

- Es ist $d_{ii} = 0$ (die Distanz eines jeden Objektes von sich selbst ist null) und $d_{ik} > 0$ für $i \neq k$.
- Es gilt die Symmetriebedingung $d_{ik} = d_{ki}$ (d. h., die Distanz zwischen den Objekten i und k ist genau so groß wie jene zwischen den Objekten k und i). Folglich ist die mit den Distanzen aller Paare von Objekten gebildete Distanzmatrix

$$\mathbf{D} = \begin{pmatrix} 0 & d_{12} & \cdots & d_{1n} \\ d_{21} & 0 & \cdots & d_{2n} \\ \vdots & \vdots & \vdots & \vdots \\ d_{n1} & d_{n2} & \cdots & 0 \end{pmatrix}$$

symmetrisch mit den Hauptdiagonalelementen $d_{ii} = 0$. Man kann sich daher auf die Angabe der Elemente oberhalb oder unterhalb der Hauptdiagonale beschränken.

Die euklidische Distanz hängt davon ab, in welchen Maßeinheiten die Variablenwerte ausgedrückt werden. Diese Eigenschaft kann dazu führen, dass die eine oder andere Variable auf Grund der Größenordnung der Variablenwerte ein dominierendes Gewicht bei der Klassifizierung erhält. Dieser Effekt wird vermieden, wenn man die euklidische Distanz mit den standardisierten Variablenwerten berechnet, also in der Datenmatrix von den Einzelwerten den entsprechenden Spaltenmittelwert subtrahiert und die so zentrierten Werte durch die jeweilige Standardabweichung dividiert.

Auch die üblichen Ähnlichkeitsmaße sind symmetrisch und so festgelegt, dass ein jedes Objekt zu sich selbst die maximale Ähnlichkeit eins aufweist. Ein einfaches Beispiel ist das **Kosinusmaß**. Es ist evident, dass der Winkel α_{ik} zwischen den Halbstrahlen vom Nullpunkt O des Merkmalsraums zum Punkt P_i einerseits und zum Punkt P_k andererseits ein Maß für die Ähnlichkeit der Objekte i und k darstellt. Statt des Winkels nimmt man besser den Kosinus des Winkels, der mit

Hilfe der Formel

$$\cos \alpha_{ik} = \frac{x_{i1}x_{k1} + x_{i2}x_{k2} + \cdots + x_{ip}x_{kp}}{\sqrt{x_{i1}^2 + x_{i2}^2 + \cdots + x_{ip}^2}\sqrt{x_{k1}^2 + x_{k2}^2 + \cdots + x_{kp}^2}}$$

aus den Variablenwerten der Objekte i und k bestimmt wird. Dieses sogenannte Kosinusmaß nimmt den Maximalwert $+1$ an, wenn beide Punkte P_i und P_k auf einem vom Nullpunkt ausgehenden Strahl liegen.

In den einschlägigen Softwareprodukten stehen eine Reihe weiterer Distanz- und Ähnlichkeitsmaße, im Besonderen auch für zweistufige Variable, zur Verfügung. Ein einfaches Ähnlichkeitsmaß für ein zweistufiges Merkmal ist der **Simple Matching-Koeffizient**. Ohne Beschränkung der Allgemeinheit können die Ausprägungen eines zweistufigen Merkmals mit 1 (interessierende Eigenschaft vorhanden) und 0 (interessierende Eigenschaft nicht vorhanden) bezeichnet werden. Naheliegend ist es, zwei Objekte in einem zweistufigen Merkmal als ähnlich zu betrachten, wenn sie entweder beide die Ausprägung 1 oder beide die Ausprägung 0 aufweisen. Der Simple Matching-Koeffizient ist als Anteil der (binären) Merkmale definiert, in denen die Objekte übereinstimmen. Nimmt man den Anteil der Objekte, bei denen keine Übereinstimmung besteht, erhält man das entsprechende Distanzmaß. Dieses Maß kann auch verwendet werden, um den Abstand zwischen zwei DNA-Sequenzen i und k an Hand des Anteils h_{ik} der Mismatches (Anzahl der ungleichen Zeichen, bezogen auf die Länge der Sequenzen) zu messen.[4]

c) Fusionierung von Gruppen Bei der agglomerativen hierarchischen Clusteranalyse wird von einer Startklassifikation ausgegangen, bei der jede Gruppe genau ein Objekt enthält. Um zwei 1-elementige Gruppen zu fusionieren, muss man ein Maß für die (Un-)Ähnlichkeit von Objekten haben. Wir nehmen an, dass ein Distanzmaß festgelegt wurde. Aus der Distanzmatrix wird das Paar von Objekten mit der geringsten Distanz ausgewählt und die entsprechenden Startcluster werden in einer Gruppe vereinigt. Der neuen Klassifikation entsprechend sind die Distanzen zwischen den verbliebenen 1-elementigen Gruppen und der 2-elementigen Gruppe neu zu bestimmen. Es gibt verschiedene Methoden, die Distanz zwischen einer mehrelementigen Gruppe G einerseits und einer 1- oder mehrelementigen zweiten Gruppe G' andererseits zu definieren.

Besonders einfach sind die unter den Bezeichnungen **Nearest Neighbour** (oder Single Linkage) sowie **Furthest Neighbour** (oder Complete Linkage) bekannten Verfahren. Die Distanz zwischen den Gruppen G und G' wird gleich dem Minimum (Nearest Neighbour) oder dem Maximum (Furthest Neighbour) der Distanzen zwischen den Objekten in G und den Objekten in G' gesetzt. Da beim Nearest Neighbour-Verfahren die Distanz zwischen den Gruppen durch das im Merkmalsraum am nächsten liegende Paar von Objekten bestimmt wird, kann es zu einer Fusionierung der Gruppen kommen, obwohl es weit auseinander liegende Objekte

---

[4] Eine Weiterentwicklung stellt der Jukes-Cantor-Abstand dar, der durch $d_{ik} = 0.75 \ln (1 - 4h_{ik}/3)$ definiert ist (vgl. Hütt und Dehnert 2006).

in den Gruppen gibt. Man spricht in diesem Fall von einer **Kettenbildung**. Die Gefahr der Erzeugung einer Kettenstruktur ist auch bei deutlich ausgebildeten realen Gruppen gegeben, wenn es zwischen den Gruppen „Brücken" in Form von einigen dazwischenliegenden Objekten gibt. Beim Furthest Neighbour-Verfahren kommt es zu keiner Kettenbildung, weil die Fusionierung durch die entferntesten Objekte gesteuert wird. Allerdings besteht eine Tendenz, dass isolierte Objekte bereits in einem frühen Verfahrensschritt fusioniert werden und daher im Dendrogramm nicht als Sonderfall erkennbar sind. Bei deutlich abgegrenzten realen Gruppen führen das Nearest Neighbour- und das Furthest Neighbour-Verfahren zu sehr ähnlichen Hierarchien.

Eine Mittelstellung zwischen dem Nearest und dem Furthest Neighbour-Verfahren nimmt das **Average Linkage-Verfahren** ein.[5] Hier wird die Distanz zwischen zwei Gruppen G und G' als arithmetisches Mittel aller Distanzen zwischen den Objekten in G und den Objekten in G' berechnet. Wie das Nearest Neighbour- und das Furthest Neighbour-Verfahren kann auch das Average Linkage-Verfahren in Verbindung mit einem Ähnlichkeitsmaß verwendet werden. Außer den hier erwähnten Methoden gibt es noch weitere, die in einschlägigen Datenanalysesystemen angeboten werden.[6]

Beispiele

1. Es soll mit den Daten in Abb. 7.2 die Gruppenhierarchie von sieben Objekten nach dem Average Linkage-Verfahren ermittelt werden. Als Distanzmaß verwenden wir den euklidischen Abstand.
Aus den Koordinatenpaaren $(14, 5)$ und $(11, 6)$ ergibt sich für die Objekte 1 und 2 der euklidische Abstand $d_{12} = \sqrt{(14-11)^2 + (5-6)^2} = 3.162$. Analog werden die weiteren Abstände berechnet und in der Distanzmatrix

	G_1	G_2	G_3	G_4	G_5	G_6
G_2	3.162					
G_3	6.325	4.243				
G_4	13.601	10.440	9.220			
G_5	12.530	9.434	9.434	2.828		
G_6	13.892	10.817	10.817	3.162	1.414	
G_7	7.810	5.385	8.062	8.246	6.000	7.071

[5] Auch die Bezeichnung Between Groups-Linkage oder UPGMA-Algorithmus (für *unweighted pair group method with arithmetic averages*) ist gebräuchlich.
[6] Für Nutzer von R sind z. B. im Paket „cluster" verschiedene hierarchische sowie partitionierende Algorithmen in Verbindung mit einer Reihe von Distanzmaßen bereitgestellt. Die besprochenen Fusionsverfahren der agglomerativen hierarchischen Klassifikation können mit der Funktion agnes() ausgeführt werden. Zur Clusteranalyse gibt es eine umfangreiche Literatur. Über diese Einführung hinausgehende Darstellungen findet man z. B. bei Hartung und Elpelt (1989) oder Jobson (1991).

Obj.	X_1	X_2
1	14	5
2	11	6
3	8	3
4	1	9
5	3	11
6	2	12
7	9	11

Abb. 7.2 Datentabelle und Streudiagramm zu Beispiel 1, Abschn. 7.1. Die Objekte sind ausgewählte europäische Länder, die Variablen X_1 und X_2 bedeuten die Aufwendungen für Gesundheit bzw. Bildung in Prozent der Staatsausgaben. Die Beschränkung auf nur zwei Variable erlaubt es, den Fusionierungsprozess an Hand des Streudiagramms zu verfolgen

zusammengefasst, wobei die Hauptdiagonale, die Elemente oberhalb der Hauptdiagonale und die Matrixklammern weggelassen wurden. Zur Verdeutlichung sind oben und links die Gruppen am Beginn der Klassifikation hinzugefügt; die Gruppe G_i enthält das Objekt i. Den kleinsten Abstand (nämlich 1.144) haben die Objekte 5 und 6. Daher werden die entsprechenden Gruppen G_5 und G_6 in einer Gruppe mit der Bezeichnung G_{56} vereinigt. Die Abstände der von der Fusion nicht betroffenen Gruppen zur Gruppe G_{56} sind neu zu berechnen. Nach dem Average Linkage-Verfahren ist der Abstand zwischen G_1 und G_{56} gleich dem arithmetischen Mittel $(12.530 + 13.892)/2 = 13.211$ der Abstände zwischen den Objekten 5 und 1 sowie den Objekten 6 und 1. Mit den neu berechneten Abständen ergibt sich die aktualisierte Distanzmatrix:

	G_1	G_2	G_3	G_4	G_{56}
G_2	3.162				
G_3	6.325	4.243			
G_4	13.601	10.440	9.220		
G_{56}	13.211	10.125	10.125	2.995	
G_7	7.810	5.385	8.062	8.246	6.536

Den kleinsten Abstand (nämlich 2.995) weisen nun die Gruppen G_4 und G_{56} auf, die im zweiten Fusionsschritt in die neue Gruppe G_{564} vereinigt werden. Der Abstand[7] zwischen G_1 und G_{564} ist $(13.601 + 12.530 + 13.892)/3 =$

---

[7] Bei der Berechnung des Abstandes zwischen G_{564} und G_1 wurde auf die anfängliche Distanzmatrix zurückgegriffen. Der Abstand kann aber auch aus den Elementen der aktuellen Distanzmatrix bestimmt werden. Es ist nämlich

$$d_{1,564} = \frac{1}{3}\left(13.601 + 2\frac{12.530 + 13.892}{2}\right) = \frac{1}{3}(13.601 + 2 \cdot 13.211) = 13.341.$$

13.341. Die weiteren Abstände sind der Distanzmatrix

	G_1	G_2	G_3	G_{564}
G_2	3.162			
G_3	6.325	4.243		
G_{564}	13.341	10.230	9.823	
G_7	7.810	5.385	8.062	7.106

für den dritten Fusionsschritt zu entnehmen. Nach Vereinigung der Gruppen G_1 und G_2 mit dem Minimalabstand 3.162 hat man die vier Gruppen G_{12}, G_3, G_{564} und G_7. Die Neuberechnung der Abstände – z.B. folgt der Abstand zwischen G_{12} und G_{564} aus $(3 \cdot 13.341 + 3 \cdot 10.230)/6 = 11.786$ – ergibt die Distanzmatrix:

	G_{12}	G_3	G_{564}
G_3	5.284		
G_{564}	11.786	9.823	
G_7	6.598	8.062	7.106

Der Minimalabstand 5.284 tritt zwischen G_{12} und G_3 auf. Wir fusionieren dementsprechend die Gruppen G_{12} und G_3 und erhalten die Distanzmatrix:

	G_{123}	G_{564}
G_{564}	11.132	
G_7	7.086	8.062

Nach Zusammenlegung der Gruppen G_{123} und G_7 (mit dem Minimalabstand 7.086) verbleiben die Gruppen G_{1237} und G_{564}, die im letzten Fusionsschritt bei einer Distanz von 10.125 vereinigt werden. Die Hierarchie der Gruppen ist in der oberen Grafik von Abb. 7.3 durch das entsprechende Dendrogramm wiedergegeben.

2. Wendet man das Single Linkage-Verfahren in Verbindung mit dem Kosinusmaß auf die Daten in Abb. 7.1 an, ergibt sich eine geringfügig veränderte Gruppenhierarchie. Die durch das Kosinusmaß ausgedrückten Ähnlichkeiten zwischen den sieben Objekten (bzw. den Anfangsgruppen G_i) werden durch die Ähnlichkeitsmatrix

	G_1	G_2	G_3	G_4	G_5	G_6
G_2	0.9878					
G_3	0.9999	0.9901				
G_4	0.4383	0.5729	0.4524			
G_5	0.5723	0.6930	0.5851	0.9879		
G_6	0.4866	0.6167	0.5003	0.9985	0.9949	
G_7	0.8567	0.9265	0.8647	0.8392	0.9133	0.8675

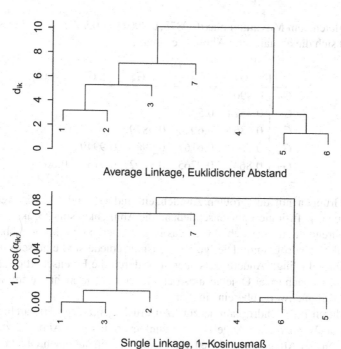

Average Linkage, Euklidischer Abstand

Single Linkage, 1−Kosinusmaß

Abb. 7.3 Beiden Grafiken liegt der Datensatz der Abb. 7.2 zugrunde. Das *obere Dendrogamm* wurde mit dem Average Linkage-Verfahren und der euklidischen Distanz als Abstandsmaß erstellt, die *untere Grafik* mit dem Single Linkage-Verfahren und dem Kosinusmaß, das durch Subtraktion von 1 in ein Distanzmaß umgewandelt wurde. Aus den vertikalen Skalen können die jeweiligen Maßzahlen abgelesen werden, bei denen die Fusionschritte erfolgen

wiedergegeben. Zum Beispiel findet man den Ähnlichkeitswert zwischen G_1 und G_5 – also zwischen den Objekten 1 und 5 mit den Koordinatenpaaren $(14, 5)$ bzw. $(3, 11)$ – aus

$$\cos\alpha_{15} = \frac{14 \cdot 3 + 5 \cdot 11}{\sqrt{14^2 + 5^2}\sqrt{3^2 + 11^2}} = \frac{97}{\sqrt{221}\sqrt{130}} = 0.5723.$$

Wegen der Symmetrie der Ähnlichkeitsmatrix sind nur die Elemente unter der Hauptdiagonale angeschrieben. Auch die Hauptdiagonalelemente (sie drücken die Ähnlichkeit der Objekte zu sich selbst aus und sind gleich dem Maximalwert 1 des Konsinusmaßes) scheinen nicht auf.[8] Im Gegensatz zum Arbeiten mit Distanzmaßen werden nun jene Gruppen zusammengelegt, die den größten Ähnlichkeitswert aufweisen. Es sind dies die Gruppen G_1 und G_3. Die Aktualisierung der Ausgangsmatrix ist nun nach dem Single Linkage-Verfahren vorzunehmen. Das bedeutet, dass die Ähnlichkeit z. B. der Gruppen G_2 und

---

[8] Indem man jedes Element von 1 subtrahiert, geht die Ähnlichkeitsmatrix in eine Distanzmatrix über.

G_{13} gleich dem Maximum $\max(0.9878, 0.9901) = 0.9901$ ist. Auf diese Weise ergibt sich die aktualisierte Ähnlichkeitsmatrix:

	G_{13}	G_2	G_4	G_5	G_6
G_2	0.9901				
G_4	0.4524	0.5729			
G_5	0.5851	0.6930	0.9879		
G_6	0.5003	0.6167	0.9985	0.9949	
G_7	0.8647	0.9265	0.8392	0.9133	0.8675

Die Gruppen mit der größten Ähnlichkeit sind G_4 und G_6. Sie werden zur Gruppe G_{46} fusioniert und anschließend die Ähnlichkeitsmatrix aktualisiert. So fortfahrend erhält man schließlich das in der unteren Grafik von Abb. 7.3 dargestellte Dendrogramm. Die (geringen) Unterschiede sind einerseits durch das Verfahren bedingt. Andererseits aber auch durch die Eigenschaft des Kosinusmaßes, wonach zwei Objekte umso ähnlicher sind, je mehr sie im Verhältnis ihrer Variablenwerte übereinstimmen.

Die durch die Dendrogramme zum Ausdruck gebrachten Hierarchien wären wohl auch mit freiem Auge aus der Punkteverteilung in Abb. 7.2 zu ersehen gewesen. Im Allgemeinen liegen von den zu klassifizierenden Objekten jedoch $p > 2$ Merkmale vor. In diesem Fall leisten die numerischen Klassifikationsverfahren eine wertvolle Hilfe.

7.2 Hauptkomponentenanalyse

a) Prinzip und Grundbegriffe Eine grundlegende Frage bei der Bearbeitung eines multivariaten Datenmaterials, das aus Messwerten von p Variablen $X_1, X_2, \ldots, X_p$ an n Untersuchungseinheiten (Objekten) besteht, lautet: Sind alle Variablen von Bedeutung und daher in weiterführenden Analysen beizubehalten oder können, bedingt durch Zusammenhänge zwischen den Variablen, einige Variable ohne „wesentlichen" Informationsverlust weggelassen werden? Bevor wir uns mit dieser Frage befassen, sind einige Festlegungen vorzunehmen. Wie bei der Clusteranalyse denken wir uns die Messwerte der p Variablen an den n Objekten in der Datenmatrix $\mathbf{X} = (x_{ij})_{n \times p}$ angeschrieben. In jeder Zeile stehen die an einem Objekt gemessenen Variablenwerte, die wir in einem Zeilenvektor zusammenfassen. Geometrisch können die Zeilenvektoren (und damit auch die entsprechenden Objekte) als Punkte in einem p-dimensionalen, rechtwinkeligen Koordinatensystem (dem Merkmalsraum) gedeutet werden. Die Darstellung der Objekte als Punkte im Merkmalsraum ist eine Verallgemeinerung des Konzepts des Streudiagramms für nur zwei Variable.

Oft bedeuten die Variablen Messgrößen mit unterschiedlichen Maßeinheiten. Es empfiehlt sich dann, die Hauptkomponentenanalyse mit den standardisierten (dimensionslosen) Variablen durchzuführen. Wir wollen voraussetzen, dass die Variablen bereits standardisiert sind, d. h. die Elemente $x_{1j}, x_{2j}, \ldots, x_{nj}$ einer jeden Spalte j $(j = 1, 2, \ldots, p)$ der Datenmatrix haben den Mittelwert $\bar{x}_{.j} = 0$ und die Standardabweichung $s_j = 1$. Es folgt, dass die Gesamtvarianz aller Variablen, d. h., die Summe der Spaltenvarianzen, durch $s_{\text{tot}}^2 = s_1^2 + s_2^2 + \cdots + s_p^2 = p$ gegeben ist. Ferner ist die aus den Variablenwerten der j-ten und j'-ten Spalte berechnete Kovarianz $s_{jj'} = s_j s_{j'} r_{jj'} = r_{jj'}$ gleich der entsprechenden Produktmomentkorrelation $r_{jj'}$. Alle möglichen Produktmomentkorrelationen zwischen den p Variablen werden in der **Korrelationsmatrix**

$$
\mathbf{R} = \begin{pmatrix}
1 & r_{12} & \cdots & r_{1p} \\
r_{21} & 1 & \cdots & r_{2p} \\
\vdots & \vdots & \vdots & \vdots \\
r_{p1} & r_{p2} & \cdots & 1
\end{pmatrix}
$$

zusammengefasst, die von der Dimension $p \times p$ ist. Wegen $r_{ij} = r_{ji}$ ist $\mathbf{R}$ symmetrisch. Die Hauptdiagonalelemente sind alle gleich eins.

Der Hauptkomponentenanalyse liegt folgende geometrische Idee zu Grunde: Wir denken uns die n Zeilenvektoren $\mathbf{x}'_{i.} = (x_{i1}, x_{i2}, \ldots, x_{ip})$ der Untersuchungseinheiten als Punkte P_i im Merkmalsraum dargestellt, der von den p aufeinander senkrecht stehenden Variablenachsen $X_1, X_2, \ldots, X_p$ aufgespannt wird. Durch Rotation dieses Koordinatensystems gehen wir auf das sogenannte **Hauptachsensystem** über. Die neuen Koordinatenachsen bezeichnen wir mit $Z_1, Z_2, \ldots, Z_p$. Zur Bestimmung der ersten Hauptachse (Z_1-Achse) legen wir durch den Nullpunkt O des Merkmalsraumes irgendeine Achse und projizieren jeden Punkt P_i senkrecht auf diese Achse. Der Skalenwert z_{i1} der Projektion ist die Z_1-Koordinate des Punktes P_i. Die Richtung der Z_1-Achse ergibt sich aus der Forderung, dass die Koordinatenwerte z_{i1} größtmöglich streuen, d. h., ihre Varianz $(z_{11}^2 + z_{21}^2 + \cdots + z_{n1}^2)/(n-1)$ maximal ist. Für die maximale Varianz schreiben wir λ_1. Um die zweite Hauptachse zu finden, legen wir durch O die Ebene ε_1 normal zur Z_1-Achse. Die Z_2-Achse verläuft durch O und liegt in der Ebene ε_1. Ihre genaue Lage folgt wieder aus der Forderung, dass die Normalprojektionen der Punkte P_i auf die Z_2-Achse maximal streuen. Die durch die Normalprojektionen bestimmten Skalenwerte auf der Z_2-Achse sind die Z_2-Koordinaten der Punkte P_i. Für die Varianz λ_2 der Z_2-Werte gilt $\lambda_2 \leq \lambda_1$. Zur Bestimmung der dritten Hauptachse wird durch den Nullpunkt des Merkmalsraumes die Ebene ε_{12} normal auf die Z_1- und die Z_2-Achse gelegt. Die Z_3-Achse geht durch O und soll so in der Ebene ε_{12} liegen, dass die Normalprojektionen der Punkte P_i auf die Z_3-Achse maximal streuen. So fortfahrend erhält man der Reihe nach die weiteren Hauptachsen. Die neuen Variablen $Z_1, Z_2, \ldots, Z_p$ werden **Hauptkomponenten** genannt.

Die Hauptkomponenten besitzen zwei wichtige Eigenschaften. Erstens ist die Korrelation zwischen zwei verschiedenen Hauptkomponenten null. Zweitens gilt für die Varianzen $\lambda_1, \lambda_2, \ldots, \lambda_p$ der Hauptkomponenten $Z_1, Z_2, \ldots, Z_p$ die Ungleichung $\lambda_1 \geq \lambda_2 \geq \cdots \geq \lambda_p$. Da die Summe der Varianzen der Z_i-Werte gleich der Gesamtvarianz $s_{\text{tot}}^2 = p$ ist, wird durch Z_1 der größte Anteil λ_1/p der Gesamtvarianz erklärt, durch Z_2 der zweitgrößte Anteil λ_2/p usw. Gemessen an ihrem Beitrag zur Erklärung der Gesamtvariation haben daher die Hauptkomponenten von der ersten bis zur letzten eine abnehmende Bedeutung. Indem man die weniger bedeutsamen weglässt, gelingt es oft, die Anzahl der Variablen zu verkleinern, ohne dass ein wesentlicher Informationsverlust eintritt.

Die Durchführung der Hauptkomponentenanalyse wird in der Regel computerunterstützt mit einer einschlägigen Statistik-Software erfolgen. Die folgenden Ausführungen haben vor allem den Zweck, ein Grundverständnis zu vermitteln. Anspruchsvollere Darstellungen findet man z. B. bei Linder und Berchtold (1982b) oder Handl (2002). Deutlich umfassender und in die Tiefe gehend wird die Thematik von Morrison (1967), Chatfield und Collins (1980), Hartung und Elpelt (1989) oder Jobson (1992) behandelt.

b) Eigenwerte und Eigenvektoren der Korrelationsmatrix Um die Hauptkomponentenwerte angeben zu können, muss man die Richtungen der den Hauptkomponenten Z_i entsprechenden Koordinatenachsen (also der Hauptachsen) kennen. Die Richtung einer Achse wird i. Allg. durch einen sogenannten Richtungsvektor definiert, der vom Nullpunkt des Koordinatensystems in Richtung der Achse weist und die Länge 1 besitzt. Es sei $\mathbf{v}_j = (v_{1j}, v_{1j}, \ldots, v_{pj})'$ der Richtungsvektor der j-ten Hauptachse. Die Normierung auf die Länge eins bedeutet, dass

$$|\mathbf{v}_j| = \sqrt{v_{1j}^2 + v_{2j}^2 + \cdots + v_{pj}^2} = 1$$

gelten muss. Man kann zeigen, dass der Richtungsvektor $\mathbf{v}_j$ die Gleichung

$$\mathbf{R}\mathbf{v}_j = \lambda_j \mathbf{v}_j \qquad (7.1)$$

erfüllt, in der $\mathbf{R}$ die Korrelationsmatrix und λ_j die Varianz der j-ten Hauptkomponentenwerte bedeuten. Man bezeichnet λ_j als einen **Eigenwert** der Korrelationsmatrix und $\mathbf{v}_j$ als den zu λ_j gehörenden (normierten) **Eigenvektor**. Kennt man die Koordinaten $v_{1j}, v_{2j}, \ldots, v_{pj}$ des Richtungsvektors $\mathbf{v}_j$, kann der Wert z_{ij} der Hauptkomponente Z_j, der an der i-ten Untersuchungseinheit realisiert wird, durch skalare Multiplikation des Zeilenvektors $\mathbf{x}'_{i.} = (x_{i1}, x_{i2}, \ldots, x_{ip})$ mit dem Richtungsvektor $\mathbf{v}_j$ berechnet werden, d. h., es ist

$$z_{ij} = \mathbf{x}'_{i.} \cdot \mathbf{v}_j = x_{i1}v_{1j} + x_{i2}v_{2j} + \cdots + x_{ip}v_{pj}.$$

Die durch diese Gleichung dargestellte Abhängigkeit der Hauptkomponenten von den Originalvariablen wird in einschlägigen Softwareprodukten oft mit Hilfe der sogenannten **Komponentenmatrix**

	Z_1	Z_2	$\cdots$	Z_j	$\cdots$	Z_p
X_1	v_{11}	v_{12}	$\cdots$	v_{1j}	$\cdots$	v_{1p}
X_2	v_{21}	v_{22}	$\cdots$	v_{2j}	$\cdots$	v_{2p}
$\vdots$	$\vdots$	$\vdots$	$\vdots$	$\vdots$	$\vdots$	$\vdots$
X_p	v_{p1}	v_{p2}	$\cdots$	v_{pj}	$\cdots$	v_{pp}

$$(7.2)$$

Abb. 7.4 Veranschaulichung der Hauptkomponentenanalyse in der Merkmalsebene. Die Datenmatrix besteht aus den Koordinaten der Punkte P_1, P_2 und P_3. Die Hauptachsen (Z_1, Z_2) sind durch die Eigenvektoren der Korrelationsmatrix bestimmt. Die Werte z_{ij} der Hauptkomponenten ergeben sich durch Projektion der Punkte P_j normal auf die Hauptachsen. Berechnungen: siehe Beispiel 1 am Ende des Abschnitts

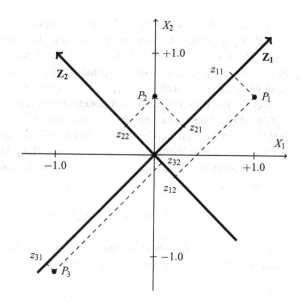

ausgedrückt. Um die Hauptkomponente Z_j aus den Originalvariablen zu berechnen, werden die in der Z_j-Spalte stehenden Elemente $v_{1j}, v_{2j}, \ldots, v_{pj}$ mit den entsprechenden Originalvariablen $X_1, X_2, \ldots, X_p$ multipliziert und die Produkte aufaddiert. Die Hauptkomponente Z_j lässt sich somit als Linearkombination in der Form

$$Z_j = v_{1j}X_1 + v_{2j}X_2 + \cdots + v_{pj}X_p \qquad (7.3)$$

anschreiben. Setzt man für die Originalvariablen die z. B. an der i-ten Untersuchungseinheit gemessenen Werte $x_{i1}, x_{i2}, \ldots, x_{ip}$ ein, ergibt sich der an dieser Untersuchungseinheit realisierte Wert z_{ij} von Z_j.

Der mathematische Kern der Hauptkomponentenanalyse besteht darin, die Eigenwerte und Eigenvektoren der Korrelationsmatrix zu berechnen.[9] Die Behandlung des allgemeinen Falles einer Korrelationsmatrix der Dimension $p \times p$ setzt Detailkenntnisse der Matrizenrechnung voraus. In Abb. 7.4 ist die Bestimmung der Hauptkomponenten an Hand eines Beispiels für den Sonderfall $p = 2$ in der (X_1, X_2)-Ebene veranschaulicht. Die zugrunde liegenden Berechnungen findet man im Beispiel 1 am Ende des Abschnitts.

c) Approximation durch $m < p$ Hauptkomponenten Bei Beschränkung auf die erste Hauptkomponente Z_1 lässt sich die Datenmatrix $\mathbf{X}$ so approximieren,

---

[9] Dies kann sehr einfach mit Hilfe der R-Funktion `eigen()` bewerkstelligt werden. In R stehen in der Basisinstallation die Funktionen `prcomp()` und `princomp()` für die Hauptkomponentenanalyse zur Verfügung. Ferner sei auf die Funktion `principal()` im Paket "psych" (Procedures for Psychological, Psychometric, and Personality Research) hingewiesen.

dass man die durch die Zeilenvektoren $\mathbf{x}'_{i\cdot}$ repräsentierten Positionen P_i der Untersuchungseinheiten im Merkmalsraum normal auf die Z_1-Achse (mit dem Richtungsvektor $\mathbf{v}_1$) projiziert und die auf der Z_1-Achse an den Stellen z_{i1} liegenden Projektionen $\tilde{P}_i$ als eine erste Näherung für die P_i auffasst. Im Sinne dieser Näherung wird also $\mathbf{x}'_{i\cdot}$ durch $\tilde{\mathbf{x}}'_{i\cdot} = z_{i1}\mathbf{v}'_1$ wiedergegeben.

Werden die ersten m Hauptkomponenten $Z_1, Z_2, \ldots, Z_m$ $(m < p)$ berücksichtigt, wird die Approximation des Zeilenvektors $\mathbf{x}'_{i\cdot}$ für die i-te Untersuchungseinheit folgendermaßen durchgeführt. Man nimmt die an der i-ten Untersuchungseinheit realisierten Werte $z_{i1}, z_{i2}, \ldots, z_{im}$ der Hauptkomponenten, bildet mit den Richtungsvektoren $\mathbf{v}'_1, \mathbf{v}'_2, \ldots, \mathbf{v}'_m$ der entsprechenden Hauptachsen die Linearkombination

$$\tilde{\mathbf{x}}'_{i\cdot} = z_{i1}\mathbf{v}'_1 + z_{i2}\mathbf{v}'_2 + \cdots + z_{im}\mathbf{v}'_m$$

und setzt $\mathbf{x}'_{i\cdot} \approx \tilde{\mathbf{x}}'_{i\cdot}$. Dies bedeutet, dass der an der i-ten Untersuchungseinheit gemessene Wert x_{ij} der Variablen X_j durch den Wert

$$\tilde{x}_{ij} = z_{i1}v_{j1} + z_{i2}v_{j2} + \cdots + z_{im}v_{jm} \qquad (7.4)$$

angenähert wird. Man bezeichnet die Varianz der Näherungswerte $\tilde{x}_{1j}, \tilde{x}_{2j}, \ldots, \tilde{x}_{nj}$ für die an den Untersuchungseinheiten beobachteten Originalwerte von X_j als **Kommunalität** c_j^2 der Variablen X_j. Zur Berechnung der Kommunalität von X_j kann die Formel

$$c_j^2 = v_{j1}^2\lambda_1 + v_{j2}^2\lambda_2 + \cdots + v_{jm}^2\lambda_m \qquad (7.5)$$

verwendet werden. Offensichtlich ist die Approximation der X_j-Werte umso besser, je näher die Kommunalität bei 1 liegt.

Ein Maß für die in den ersten m Hauptkomponenten $Z_1, Z_2, \ldots, Z_m$ enthaltene Information ist der durch sie erklärte Prozentsatz

$$\frac{1}{p}(\lambda_1 + \lambda_2 + \cdots + \lambda_m) \cdot 100\,\%$$

der Gesamtvarianz $s_{\text{tot}}^2 = p$ der Originalvariablen $X_1, X_2, \ldots, X_p$. Dieser Anteil soll möglichst hoch sein. Oft gewinnt man mit dem **Eigenwertkriterium** einen brauchbaren Richtwert für die Anzahl m der "relevanten" Hauptkomponenten. Danach ist eine Hauptkomponente Z_j von Bedeutung, wenn der entsprechende Eigenwert λ_j größer als 1 ist. Sehr übersichtlich wird der Sachverhalt durch ein sogenanntes **Scree-Plot** dargestellt, in dem die Eigenwerte gegen die fortlaufende Nummer der Hauptkomponenten aufgetragen werden (vgl. Abb. 7.5).

Wenn die ersten m Hauptkomponenten einen akzeptablen Anteil (etwa 80 % oder mehr) der Gesamtvarianz erklären, können sie an Stelle der Originalvariablen für weitere Analysen herangezogen werden. Im Sonderfall $m = 2$ kann man z. B. in der (Z_1, Z_2)-Ebene ein Streudiagramm der Untersuchungseinheiten erstellen und

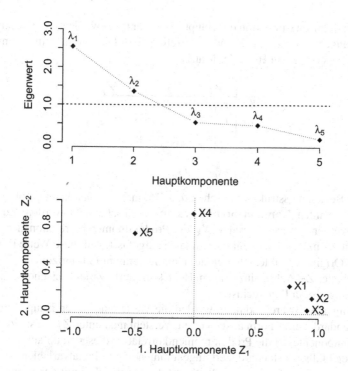

Abb. 7.5 Die Grafiken beziehen sich auf Beispiel 3 am Ende des Abschnitts. *Oben* ist ein Scree-Plot dargestellt. Mit den ersten zwei Hauptkomponenten können knapp 80 % der Gesamtvarianz erklärt werden (die entsprechenden Eigenvektoren sind größer als 1). Im Komponentendiagramm (*untere Grafik*) sind die Koordinaten der „Merkmalspunkte" X_j die Produktmomentkorrelationen mit der ersten und zweiten Hauptkomponente; X_1, X_2, X_3 sind mit Z_1 und X_4, X_5 mit Z_2 hoch korreliert

damit versuchen, Lagebeziehungen zwischen den Untersuchungseinheiten sichtbar zu machen. In der Ökologie spricht man von einem **Ordinationsverfahren**, wenn Untersuchungseinheiten mit Hilfe der ersten zwei Hauptkomponenten skaliert werden (vgl. z. B. Pielou 1984).

d) Interpretation der Hauptkomponenten Für die Interpretation der Hauptkomponenten $Z_1, Z_2, \ldots, Z_p$ sind deren Produktmomentkorrelationen mit den Originalvariablen $X_1, X_2, \ldots, X_p$ nützlich. Mit Hilfe von (7.3) und (7.1) lässt sich zeigen, dass die mit den Werten der Originalvariablen X_k und den Werten der Hauptkomponente Z_j errechnete Produktmomentkorrelation durch

$$r_{x_k z_j} = v_{kj} \sqrt{\lambda_j} \qquad (7.6)$$

gegeben ist, also gleich dem Produkt der k-ten Koordinate des zur Z_j-Achse gehörenden Eigenvektors $\mathbf{v}_j$ und der Quadratwurzel aus dem entsprechenden Eigenwert λ_j ist. Zur Interpretation der Hauptkomponente Z_j werden jene Originalvariablen herangezogen, die mit Z_j hoch korreliert sind. Die Interpretation nimmt man zweckmäßigerweise an Hand der Matrix

$$
\begin{array}{c|cccc}
 & Z_1 & Z_2 & \cdots & Z_p \\
\hline
X_1 & r_{x_1 z_1} & r_{x_1 z_2} & \cdots & r_{x_1 z_p} \\
X_2 & r_{x_2 z_1} & r_{x_2 z_2} & \cdots & r_{x_2 z_p} \\
\vdots & \vdots & \vdots & \vdots & \\
X_p & r_{x_p z_1} & r_{x_p z_2} & \vdots & r_{x_p z_p}
\end{array}
\tag{7.7}
$$

vor. Die Beziehungsstruktur zwischen den Originalvariablen kann graphisch in einem sogenannten **Komponentendiagramm** veranschaulicht werden. Zu diesem Zweck werden für jede Variable X_k die Produktmomentkorrelationen $r_{x_k z_1}$ und $r_{x_k z_2}$ mit Z_1 bzw. Z_2 als Punktkoordinaten aufgefasst. Auf diese Weise ist es möglich, die Originalvariablen als Punkte in ein Diagramm mit horizontaler Z_1-Achse und vertikaler Z_2-Achse einzutragen. Hoch korrelierte Variable erscheinen in dieser Darstellung als ein Punktecluster.

In einigen Softwareprodukten werden die Werte einer jeden Hauptkomponente Z_j in standardisierter Form ausgewiesen. Versteht man unter Z_j die standardisierte Hauptkomponente, ist die Produktmomentkorrelation dieser Hauptkomponente mit der – gleichfalls als standardisiert angenommenen – Originalvariablen X_k einfach durch v_{kj} gegeben. In diesem Fall stimmt die Matrix (7.7) mit der Komponentenmatrix (7.2) überein.

Beispiele

1. An $n = 3$ Untersuchungseinheiten wurden $p = 2$ Variablen gemessen. Die (fiktiven) Messwertpaare sind $(6, 6), (5, 6), (4, 3)$. Wir führen eine Hauptkomponentenanalyse mit den standardisierten Variablenwerten durch. Durch Standardisieren der Stichprobenwerte 6, 5 und 4 (der Mittelwert und die Standardabweichung sind 5 bzw. 1) ergibt sich $1, 0, -1$. Aus der zweiten Stichprobe 6, 6 und 3 mit dem Mittelwert 5 und der Standardabweichung $\sqrt{3}$ erhält man durch Standardisieren die Werte $1/\sqrt{3}, 1/\sqrt{3}, -2/\sqrt{3}$. Die Produktmomentkorrelation der Datenreihen ist

$$
r_{12} = \frac{1}{2} \left(1 \cdot 1/\sqrt{3} + 0 \cdot 1/\sqrt{3} + (-1) \cdot (-2)/\sqrt{3} \right) = \sqrt{3}/2 = 0.866.
$$

Die Datenmatrix und die Korrelationsmatrix für die Hauptkomponentenanalyse sind daher durch

$$
\mathbf{X} = \begin{pmatrix} 1 & 1/\sqrt{3} \\ 0 & 1/\sqrt{3} \\ -1 & -2/\sqrt{3} \end{pmatrix} \quad \text{bzw.} \quad \mathbf{R} = \begin{pmatrix} 1 & \sqrt{3}/2 \\ \sqrt{3}/2 & 1 \end{pmatrix}
$$

gegeben. Als Gesamtvarianz notieren wir $s_{tot}^2 = p = 2$. Es seien $\mathbf{v}_1 = (v_{11}, v_{21})'$ und $\mathbf{v}_2 = (v_{12}, v_{22})'$ die Richtungsvektoren der beiden Hauptachsen in der (X_1, X_2)-Ebene. Die Richtungsvektoren sind die normierten Eigenvektoren der Korrelationsmatrix $\mathbf{R}$. Wir schreiben $\mathbf{v} = (v_1, v_2)'$ für den Eigenvektor zum Eigenwert λ. Der Eigenvektor genügt der Matrizengleichung $\mathbf{Rv} = \lambda\mathbf{v}$ oder – ausführlich angeschrieben – dem linearen Gleichungssystem

$$1 \cdot v_1 + (\sqrt{3}/2) \cdot v_2 = \lambda v_1,$$
$$(\sqrt{3}/2) \cdot v_1 + 1 \cdot v_2 = \lambda v_2.$$

Nach Zusammenfassen der v_1- und v_2-Terme ergibt sich daraus

$$(1 - \lambda)v_1 + (\sqrt{3}/2)v_2 = 0,$$
$$(\sqrt{3}/2)v_1 + (1 - \lambda)v_2 = 0. \tag{7.8}$$

Eine von $v_1 = v_2 = 0$ verschiedene Lösung gibt es für jeden Wert von λ, für den die Koeffizientendeterminante null ist. Diese Forderung führt auf die (quadratische) Gleichung

$$\begin{vmatrix} 1 - \lambda + \sqrt{3}/2 \\ \sqrt{3}/2 + 1 - \lambda \end{vmatrix} = (1 - \lambda)^2 - 3/4 = 0$$

mit den Lösungen $\lambda_1 = 1 + \sqrt{3}/2 = 1.866$ und $\lambda_2 = 1 - \sqrt{3}/2 = 0.134$. Der größere Eigenwert λ_1 gehört zur ersten Hauptkomponente Z_1. Um den Eigenvektor $\mathbf{v}_1$ zu λ_1 zu erhalten, wird z. B. in der ersten Gleichung des Systems (7.8) $\lambda = \lambda_1$ gesetzt. Es folgt

$$(1 - \lambda_1)v_1 + (\sqrt{3}/2)v_2 = (\sqrt{3}/2)v_1 + (\sqrt{3}/2)v_2 = (\sqrt{3}/2)(v_1 - v_2) = 0,$$

d. h., die erste und die zweite Koordinate von $\mathbf{v}_1$ sind gleich groß. Schreibt man zusätzlich die Normierungsbedingung $v_1^2 + v_2^2 = 1$ vor, ergeben sich die Koordinaten $v_{11} = 1/\sqrt{2}$ und $v_{21} = 1/\sqrt{2}$ des auf die Länge 1 normierten Eigenvektors $\mathbf{v}_1$ zum Eigenwert λ_1. Der Eigenvektor $\mathbf{v}_1$ ist der Richtungsvektor der ersten Hauptachse, die mit der X_1-Achse einen Winkel von 45° einschließt. Auf analoge Weise werden die Koordinaten $v_{12} = -1/\sqrt{2}$ und $v_{22} = 1/\sqrt{2}$ des (normierten) Eigenvektors $\mathbf{v}_2$ zum Eigenwert λ_2 bestimmt. Durch Berechnen des Skalarproduktes $\mathbf{v'}_1 \cdot \mathbf{v}_2$ wird bestätigt, dass die Eigenvektoren aufeinander senkrecht stehen. Der Eigenvektor $\mathbf{v}_2$ ist der Richtungsvektor der zweiten Hauptachse. Man beachte, dass sich durch Vertauschen der Vorzeichen der Koordinaten die Orientierung des Eigenvektors $\mathbf{v}_2$ umkehrt. Die Orientierung wurde so festgelegt, dass $\mathbf{v}_1$ und $\mathbf{v}_2$ (so wie die X_1- und X_2-Achse) ein rechtshändiges System bilden, d. h., in ihrer Lage zueinander wie der Daumen und der Zeigefinger der rechten Hand angeordnet sind.

Mit den Koordinaten der Eigenvektoren bilden wir die Komponentenmatrix

$$
\begin{array}{c|cc}
 & Z_1 & Z_2 \\
\hline
X_1 & 1/\sqrt{2} & -1/\sqrt{2} \\
X_2 & 1/\sqrt{2} & 1/\sqrt{2}
\end{array}
$$

und drücken nach dem Vorbild der Gleichung (7.3) die Abhängigkeit der Hauptkomponenten von den Originalvariablen durch die Linearkombinationen

$$
Z_1 = \frac{1}{\sqrt{2}} X_1 + \frac{1}{\sqrt{2}} X_2 \quad \text{und} \quad Z_2 = -\frac{1}{\sqrt{2}} X_1 + \frac{1}{\sqrt{2}} X_2
$$

aus. Indem man für X_1 und X_2 die an der ersten Untersuchungseinheit beobachteten Werte $x_{11} = 1$ bzw. $x_{12} = 1/\sqrt{3}$ einsetzt, erhält man die entsprechenden Werte $z_{11} = 1.1154$ und $z_{12} = -0.2989$ der ersten und zweiten Hauptkomponente. Die weiteren Hauptkomponentenwerte sind der folgenden Zusammenfassung zu entnehmen:

Objekt	Z_1	Z_2
1	1.1154	−0.2989
2	0.4082	0.4082
3	−1.5236	−0.1094

Die Z_1- und Z_2-Werte haben den Mittelwert null, die Varianzen sind $\lambda_1 = 1.866$ bzw. $\lambda_2 = 0.134$. Der durch die erste Hauptkomponente erklärte Anteil der Gesamtvarianz ist $\lambda_1/p = 1.866/2 = 93.3\,\%$. Auf die zweite Hauptkomponente entfallen nur $\lambda_2/p = 0.134/2 = 6.7\,\%$. Durch Berechnen der Kovarianz

$$
\begin{aligned}
s_{z_1 z_2} &= \frac{1}{2}[1.1154 \cdot (-0.2989) + 0.4082 \cdot 0.4082 + (-1.5236) \cdot (-0.1094)] \\
&= 0
\end{aligned}
$$

wird im betrachteten Sonderfall (bis auf Rundungsfehler) bestätigt, dass die Hauptkomponenten unkorreliert sind. Die Hauptachsen und die Hauptkomponentenwerte sind in Abb. 7.4 dargestellt.

2. In Beispiel 1 wurde festgestellt, dass durch die erste Hauptkomponente Z_1 mehr als 93 % der Gesamtvarianz erklärt wird. Hinsichtlich der Gesamtvarianz ist es daher vertretbar, eine Approximation mit der ersten Hauptkomponente Z_1 vorzunehmen. Wir wollen genauer untersuchen, was die Approximation für die einzelnen Originalvariablen X_1 und X_2 bedeutet. Die an der ersten Untersuchungseinheit realisierten X_1- und X_2-Werte sind im Zeilenvektor $\mathbf{x}'_{1.}$ = $(1, 1/\sqrt{3})$ zusammengefasst. Beschränkt man sich auf die erste Hauptkomponente, ist dieser Zeilenvektor durch den Näherungsvektor

$$
\tilde{\mathbf{x}}'_{1.} = z_{11} \mathbf{v}'_1 = 1.1154\,(1/\sqrt{2}, 1/\sqrt{2}) = (0.7887, 0.7887)
$$

zu ersetzen. Die Näherungsvektoren für die der zweiten und dritten Untersuchungseinheit entsprechenden Zeilenvektoren sind

$$\tilde{\mathbf{x}}'_{2.} = z_{21}\mathbf{v}'_1 = (0.2886, 0.2886) \quad \text{bzw.} \quad \tilde{\mathbf{x}}'_{3.} = z_{31}\mathbf{v}'_1 = (-1.0773, -1.0773).$$

Im Rahmen unserer Näherung tritt daher die Näherungsmatrix

$$\tilde{\mathbf{X}} = \begin{pmatrix} 0.7887 & 0.7887 \\ 0.2886 & 0.2886 \\ -1.0773 & -1.0773 \end{pmatrix}$$

an die Stelle der Datenmatrix $\mathbf{X}$. Wie man schnell nachrechnet, haben die Näherungswerte in jeder Spalte den Mittelwert null und die Varianz 0.9330. Die Varianz kann auch direkt mit der Formel (7.6) für die Kommunalität der Originalvariablen berechnet werden; für X_1 ergibt sich z. B. daraus $v_{11}^2 \lambda_1 = 1.866/2 = 0.933$. Ein Vergleich der Kommunalitäten von X_1 und X_2 mit den aus den Originalwerten bestimmten Varianzen (diese sind wegen der Standardisierung jeweils 1) zeigt, dass durch die Näherung mit der ersten Hauptkomponente nicht nur die Gesamtvarianz, sondern auch die Einzelvarianzen der Originalvariablen zu einem hohen Prozentsatz erklärt werden.

3. Im Rahmen einer Studie wurden u. a. die hämatologischen Parameter X_1 (Erythrozyten), X_2 (Leukozyten), X_3 (Hämoglobin), X_4 (Hämatokrit) und X_5 (Thrombozyten) bestimmt. Die aus den Messungen an 50 Probanden berechneten Produktmomentkorrelationen sind in der folgenden Korrelationsmatrix zusammengefasst (die Werte oberhalb der Hauptdiagonale sind nicht angeschrieben):

	X_1	X_2	X_3	X_4	X_5
X_1	1.000				
X_2	0.663	1.000			
X_3	0.524	0.880	1.000		
X_4	0.107	0.094	0.006	1.000	
X_5	−0.162	−0.318	−0.344	0.393	1.000

Die – mit der R-Funktion eigen() bestimmten – Eigenwerte der Korrelationsmatrix sind: $\lambda_1 = 2.541$, $\lambda_2 = 1.358$, $\lambda_3 = 0.539$, $\lambda_4 = 0.464$ und $\lambda_5 = 0.098$. Der mit der ersten Hauptkomponente erklärte Anteil der Gesamtvarianz $s_{\text{tot}}^2 = p = 5$ ist $\lambda_1/p = 50.8\,\%$. Auf die zweite Hauptkomponente entfallen $\lambda_2/p = 27.2\,\%$ der Gesamtvarianz. Mit den ersten zwei Hauptkomponenten können also 78 % der Gesamtvarianz erklärt werden. Die Korrelationen der Originalvariablen $X_1, X_2, \ldots, X_5$ mit den Hauptkomponenten $Z_1, Z_2, \ldots, Z_5$

sind in der folgenden Matrix angegeben:

	Z_1	Z_2	Z_3	Z_4	Z_5
X_1	0.766	0.245	−0.456	0.377	0.057
X_2	0.947	0.137	0.050	−0.159	−0.237
X_3	0.909	0.032	0.138	−0.341	0.195
X_4	−0.008	0.883	0.412	0.222	0.020
X_5	−0.481	0.706	−0.374	−0.362	−0.008

Man erkennt, dass hohe Korrelationswerte (Werte größer als 0.5) nur in der Z_1- und Z_2-Spalte auftreten. Die Variablen X_1, X_2 und X_3 sind mit Z_1 hoch korreliert, die Variablen X_4 und X_5 mit Z_2. Der enge Zusammenhang zwischen X_1, X_2 und X_3 wird auch durch das Komponentendiagramm in Abb. 7.5 zum Ausdruck gebracht.

7.3 Diskriminanzanalyse

a) Das Diskriminanzkriterium von Fisher Es werden p Variablen $X_1, X_2, \ldots, X_p$ an N Untersuchungseinheiten beobachtet, die in k Gruppen gegliedert sind. Die Gruppen werden durch den Index g ($g = 1, 2, \ldots, k$) identifiziert. In der Gruppe g gibt es n_g Untersuchungseinheiten, die wir uns durchnummeriert denken. Den an der i-ten Untersuchungseinheit der g-ten Gruppe beobachteten Wert von X_j bezeichnen wir durch $x_{g,ij}$. Die Struktur der Beobachtungsdaten ist in Tab. 7.2 dargestellt. Zusätzlich zu den Variablenwerten sind die Gruppenmittelwerte $\bar{x}_{g,j}$ angeführt. Der Gesamtmittelwert der Realisierungen von X_j in allen Gruppen ist $\bar{x}_j = \sum_{g=1}^{k} n_g \bar{x}_{g,j} / N$. Die individuelle und gemeinsame Variation der Variablen wird innerhalb der Gruppe g durch die Kovarianzmatrix

$$\mathbf{S}_g = \begin{pmatrix} s_{g,11} & s_{g,12} & \cdots & s_{g,1p} \\ s_{g,21} & s_{g,22} & \cdots & s_{g,2p} \\ \vdots & \vdots & \vdots & \vdots \\ s_{g,p1} & s_{g,p2} & \cdots & s_{g,pp} \end{pmatrix}$$

ausgedrückt. Die Hauptdiagonale enthält die Varianzen $s_{g,jj} = s_{g,j}^2$ von X_j, oberhalb und unterhalb der Hauptdiagonale stehen die Kovarianzen $s_{g,jj'}$ zwischen X_j und $X_{j'}$. Man beachte, dass die Kovarianzmatrix symmetrisch ist, also $s_{g,jj'} = s_{g,j'j}$ gilt. Mit Hilfe der Diskriminanzanalyse wird eine Antwort auf folgende Fragen gesucht:

1. Lassen sich die Unterschiede zwischen den Gruppen (Gruppenmittelwerten) durch neue Variable (sogenannte Diskriminanzvariable), die aus den Originalvariablen $X_1, X_2, \ldots, X_p$ abzuleiten sind, einfacher beschreiben?

Tab. 7.2 Datenschema bei der Diskriminanzanalyse für $k = 2$ Gruppen. Die Beobachtungswerte sind dreifach indiziert; $x_{g,ij}$ ist der an der i-ten Untersuchungseinheit ($i = 1, 2, \ldots, n_g$) in der Gruppe g ($g = 1, 2$) festgestellte Wert der Variablen X_j ($j = 1, 2, \ldots, p$). Die letzte Zeile enthält in jeder Gruppe g die arithmetischen Mittel $\bar{x}_{g,j}$ der Variablen X_j

Gruppe 1				Gruppe 2			
X_1	X_2	$\ldots$	X_p	X_1	X_2	$\ldots$	X_p
$x_{1,11}$	$x_{1,12}$	$\ldots$	$x_{1,1p}$	$x_{2,11}$	$x_{2,12}$	$\ldots$	$x_{2,1p}$
$x_{1,21}$	$x_{1,22}$	$\ldots$	$x_{1,2p}$	$x_{2,21}$	$x_{2,22}$	$\ldots$	$x_{2,2p}$
$\vdots$	$\vdots$	$\vdots$	$\vdots$	$\vdots$	$\vdots$	$\vdots$	$\vdots$
$x_{1,n_1 1}$	$x_{1,n_1 2}$	$\ldots$	$x_{1,n_1 p}$	$x_{2,n_2 1}$	$x_{2,n_2 2}$	$\ldots$	$x_{2,n_2 p}$
$\bar{x}_{1,1}$	$\bar{x}_{1,2}$	$\ldots$	$\bar{x}_{1,p}$	$\bar{x}_{2,1}$	$\bar{x}_{2,2}$	$\ldots$	$\bar{x}_{2,p}$

2. Wie lassen sich neue Untersuchungseinheiten (Objekte), deren Gruppenzugehörigkeit nicht bekannt ist, auf Grund der Beobachtungswerte einer der Gruppen zuordnen?

Nach einer auf Fisher (1936) zurückgehenden Idee wird jede Diskriminanzvariable Y (statt Diskriminanzvariable sagt man auch Diskriminanzfunktion) in der Form

$$Y = b_1 X_1 + b_2 X_2 + \cdots + b_p X_p \qquad (7.9)$$

als eine Linearkombination der Originalvariablen mit zunächst noch unbestimmten Koeffizienten $b_1, b_2, \ldots, b_p$ (den sogenannten Diskriminanzfunktionskoeffizienten) angesetzt. Die Realisierung von Y am i-ten Objekt in der Gruppe g bezeichnen wir durch

$$y_{g,i} = b_1 x_{g,i1} + b_2 x_{g,i2} + \cdots + b_p x_{g,ip},$$

den (arithmetischen) Mittelwert und die Varianz der Realisierungen von Y an allen n_g Objekten der g-ten Gruppe durch $\bar{y}_g$ bzw. $s_{y,g}^2$ und den Gesamtmittelwert von Y über die Realisierungen in allen Gruppen durch $\bar{y}$. Durch Übergang von den Originalvariablen zur Diskriminanzvariablen Y wird der Vergleich der Gruppen auf einen univariaten Mittelwertvergleich zurückgeführt. Eine zentrale Rolle spielt dabei der Quotient

$$F_y = \frac{SQG_y}{SQE_y}, \qquad (7.10)$$

in dem $SQG_y = \sum_{g=1}^{k} n_g (\bar{y}_g - \bar{y})^2$ die durch die Gruppenmittelwerte bedingte Variation von Y ausdrückt und $SQE_y = \sum_{g=1}^{k} (n_g - 1) s_{y,g}^2$ die Restvariation um die jeweiligen Gruppenmittelwerte. Eine gute Trennung der Gruppen ist dann zu erwarten, wenn die Gruppenmittelwerte $\bar{y}_g$ stark voneinander abweichen und die Streuungen innerhalb der Gruppen klein bleiben. Zum Aufdecken von Unterschieden zwischen den Gruppen wird daher jene Linearkombination (7.9) am besten geeignet sein, für die F_y größtmöglich wird. Diese Forderung wird verwendet, um die Koeffizienten b_i in (7.9) und damit die Diskriminanzvariable Y zu bestimmen. Die rechnerische Ausführung der Maximierungsaufgabe findet man z. B. in Linder und Berchthold (1982b). Für die Ergebnisdarstellung ist es zweckmäßig, die unbekannten Koeffizienten in einem Vektor $\mathbf{b}' = (b_1, b_2, \ldots, b_p)$ zusammenzufassen und die (symmetrischen) Matrizen $\mathbf{H} = (h_{jj'})_{p \times p}$ und $\mathbf{W} = (w_{jj'})_{p \times p}$ mit den Elementen

$$h_{jj'} = \sum_{g=1}^{k} n_g (\bar{x}_{g,j} - \bar{x}_j)(\bar{x}_{g,j'} - \bar{x}_{j'}) \quad \text{bzw.} \quad w_{jj'} = \sum_{g=1}^{k} (n_g - 1) s_{g,jj'}$$

einzuführen. Mit $\mathbf{b}$, $\mathbf{H}$ und $\mathbf{W}$ können die Quadratsummen SQG_y und SQE_y als Produkte in der Form $SQG_y = \mathbf{b}'\mathbf{Hb}$ bzw. $SQE_y = \mathbf{b}'\mathbf{Wb}$ dargestellt werden. Der Quotient

$$F_y = \frac{SQG_y}{SQE_y} = \frac{\mathbf{b}'\mathbf{Hb}}{\mathbf{b}'\mathbf{Wb}}$$

möge für $\mathbf{b}' = \mathbf{b}'_j = (b_{1j}, b_{2j}, \ldots, b_{pj})$ ein lokales Maximum annehmen; der entsprechende Maximalwert sei λ_j. Man kann zeigen, dass $\mathbf{b}_j$ der Matrizengleichung

$$\mathbf{W}^{-1}\mathbf{Hb}_j = \lambda_j \mathbf{b}_j \tag{7.11}$$

genügt. Gleichung (7.11) bildet ein System von p linearen Gleichungen für die Koeffizienten $b_{1j}, b_{2j}, \ldots, b_{pj}$. Jeder Wert λ_j, für den es eine Lösung $\mathbf{b}_j$ gibt, bei der nicht alle Koeffizienten null sind, ist ein Eigenwert der (nicht symmetrischen) Matrix $\mathbf{W}^{-1}\mathbf{H}$. Der sich für λ_j aus (7.11) ergebende Lösungsvektor $\mathbf{b}_j$ wird als zu λ_j gehörender Eigenvektor von $\mathbf{W}^{-1}\mathbf{H}$ bezeichnet. Wir denken uns die positiven Eigenwerte (ihre Anzahl r ist gleich der kleineren der Zahlen p oder $k - 1$) nach fallender Größe angeordnet, d. h., λ_1 ist der größte Eigenwert, λ_2 der zweitgrößte usw. Die entsprechenden Eigenvektoren seien $\mathbf{b}_1$, $\mathbf{b}_2$ usw. Mit den Koordinaten des Eigenvektors $\mathbf{b}'_j = (b_{1j}, b_{2j}, \ldots, b_{pj})$ wird nach (7.9) die Diskriminanzvariable

$$Y_j = b_{1j} X_1 + b_{2j} X_2 + \cdots + b_{pj} X_p$$

gebildet. Setzt man für die Originalvariablen z. B. die in der Gruppe g an der i-ten Untersuchungseinheit beobachteten Werte $x_{g,i1}, x_{g,i2}, \ldots, x_{g,ip}$ ein, erhält man die Realisierung $y_{g,ij}$ der j-ten Diskriminanzvariablen Y_j an der i-ten Untersuchungseinheit der Gruppe g. Den Mittelwert über alle Realisierungen von Y_j in der Gruppe g bezeichnen wir mit $\bar{y}_{g,j}$. Wir subtrahieren von den Realisierungen von Y_j in allen k Gruppen den jeweiligen Gruppenmittelwert und bilden aus den so zentrierten Y_j-Werten die Varianz s_{yj}^2. Diese kann mit der Formel $s_{yj}^2 = \mathbf{b}'_j \mathbf{Wb}_j / (N - k)$ berechnet werden. Es ist eine verbreitete Praxis, den Eigenvektor $\mathbf{b}_j$ so zu normieren, dass $s_{yj}^2 = 1$ gilt. Dies wird erreicht, indem man die aus (7.11) folgenden (und bis auf eine multiplikative Konstante bestimmten) Koordinaten $b_{1j}, b_{2j}, \ldots, b_{pj}$ mit

$\sqrt{(N - k)/(\mathbf{b}'_j \mathbf{W} \mathbf{b}_j)}$ multipliziert. Man bezeichnet die so normierten Koordinaten als **kanonische Koeffizienten** der Diskriminanzfunktion Y_j. Der Eigenwert λ_j zum Eigenvektor $\mathbf{b}_j$ stimmt mit $\mathbf{b}'_j \mathbf{H} \mathbf{b}_j /(N - k)$ überein und ist ein Maß für die Variation der Y_j-Werte zwischen den Gruppen. Der Quotient $\lambda_j /(\lambda_1 + \lambda_2 + \cdots + \lambda_r)$ drückt den auf Y_j entfallenden Anteil der Gesamtvariation aller Diskriminanzvariablen zwischen den Gruppen aus und ist daher ein Kennwert für die durch Y_j erreichbare Trenngüte. Oft ist der auf die erste oder die ersten beiden Diskriminanzvariablen entfallende Anteil so groß, dass man sich auf diese Variablen beschränken kann und damit die Gruppenunterschiede in einer oder zwei Dimensionen (statt der ursprünglichen p Dimensionen) beschreiben kann. Da die zu verschiedenen Eigenwerten gehörenden Eigenvektoren aufeinander senkrecht stehen, sind die entsprechenden Diskriminanzvariablen nicht korreliert.

b) Diskriminanzanalyse für zwei Gruppen Im Sonderfall von nur zwei Gruppen vereinfacht sich die Berechnung der Koeffizienten der kanonischen Diskriminanzfunktion. Wie vorhin bezeichnet $\mathbf{b}' = (b_1, b_2, \ldots, b_p)$ den zu bestimmenden Koeffizientenvektor. Zusätzlich führen wir den Vektor $\mathbf{d}' = (d_1, d_2, \ldots, d_p)$ ein; die Koordinate d_j bedeutet die Differenz zwischen dem Mittelwert $\bar{x}_{2,j}$ der Variablen X_j in der zweiten Gruppe und dem entsprechenden Mittelwert $\bar{x}_{1,j}$ in der ersten Gruppe. Man kann zeigen, dass sich der zu maximierende Quotient (7.10) im Zweigruppenfall in der Form

$$F_y = \frac{SQG_y}{SQE_y} = \frac{(\mathbf{b}'\mathbf{d})^2}{\mathbf{b}'\mathbf{W}\mathbf{b}}$$

schreiben lässt. Dieser Ausdruck besitzt für den Koeffizientenvektor

$$\mathbf{b} = c\mathbf{W}^{-1}\mathbf{d} \quad \text{mit} \quad c = \sqrt{(N - 2)/(\mathbf{d}'\mathbf{W}^{-1}\mathbf{d})} \tag{7.12}$$

ein lokales Maximum mit dem Maximalwert

$$\lambda = (\mathbf{b}'\mathbf{d})^2 = \mathbf{d}' \, (\mathbf{W}/(N - 2))^{-1} \, \mathbf{d}. \tag{7.13}$$

Man beachte, dass jedes Hauptdiagonalelement w_{jj} von $\mathbf{W}$ die Summe der mit $(n_g - 1)$ multiplizierten Varianzen der Variablen X_j in den beiden Gruppen bedeutet. Entsprechend ist das Element $w_{jj'}$ außerhalb der Hauptdiagonale gleich der Summe der mit $(n_g - 1)$ multiplizierten Kovarianzen von X_j und $X_{j'}$ in den Gruppen 1 und 2. Dividiert man diese Summen durch $(n_1 - 1) + (n_2 - 1) = N - 2$, erhält man gewichtete Mittelwerte der Varianzen bzw. Kovarianzen. Die über die Gruppen gemittelten Varianzen und Kovarianzen werden in der Kovarianzmatrix

$$\mathbf{S} = \mathbf{W}/(N - 2) = \frac{1}{N - 2}[(n_1 - 1)\mathbf{S}_1 + (n_2 - 1)\mathbf{S}_2]$$

zusammengefasst. Für λ ergibt sich damit die Darstellung $\lambda = \mathbf{d}'\mathbf{S}^{-1}\mathbf{d}$, die erkennen lässt, dass der Maximalwert gleich dem quadrierten **Mahalanobis-Abstand**

$$D^2 = (\bar{\mathbf{x}}_1 - \bar{\mathbf{x}}_2)' \, \mathbf{S}^{-1}(\bar{\mathbf{x}}_1 - \bar{\mathbf{x}}_2)$$

zwischen den Vektoren $\bar{\mathbf{x}}_1' = (\bar{x}_{1,1}, \bar{x}_{1,2}, \ldots, \bar{x}_{1,p})$ und $\bar{\mathbf{x}}_2' = (\bar{x}_{2,1}, \bar{x}_{2,2}, \ldots, \bar{x}_{2,p})$ der Mittelwerte beider Gruppen ist (Mahalanobis 1936). Nach dem Diskriminanzkriterium von Fisher wird also die Diskriminanzfunktion Y so bestimmt, dass sich der quadrierte Mahalanobis-Abstand eindimensional aus $D^2 = (\bar{y}_2 - \bar{y}_1)^2$ berechnen lässt.

c) Multivariater Vergleich der Gruppenmittelwerte Im Rahmen der Diskriminanzanalyse ist zu prüfen, ob sich die Mittelwertvektoren $\bar{\mathbf{x}}_1' = (\bar{x}_{1,1}, \bar{x}_{1,2}, \ldots, \bar{x}_{1,p})$ und $\bar{\mathbf{x}}_2' = (\bar{x}_{2,1}, \bar{x}_{2,2}, \ldots, \bar{x}_{2,p})$ der beiden Gruppen auf einem vorgegebenem Testniveau α überhaupt signifikant unterscheiden. Zur Prüfung kann die mit dem quadrierten Mahalanobis-Abstand D^2 gebildete Testgröße

$$TG = \frac{n_1 + n_2 - p - 1}{p(n_1 + n_2 - 2)} \frac{n_1 n_2}{n_1 + n_2} D^2 \qquad (7.14)$$

verwendet werden. Man entscheidet auf dem Testniveau α, dass ein signifikanter Lageunterschied zwischen den Gruppen besteht, wenn der Wert der Testgröße das Quantil $F_{p, n_1 + n_2 - p - 1, 1 - \alpha}$ der F-Verteilung überschreitet. Die Testgröße (7.14) stimmt bis auf einen von den Stichprobenumfängen abhängigen Faktor mit der T^2-Statistik von Hotelling (1931) überein.

Um den Test anwenden zu können, müssen die Variablen $X_1, X_2, \ldots, X_p$ in beiden Gruppen p-dimensional-normalverteilt sein. In Verallgemeinerung der in Abschn. 5.2a betrachteten zweidimensionalen Normalverteilung heißen die Variablen $X_1, X_2, \ldots, X_p$ p-dimensional normalverteilt mit den Mittelwerten μ_i, den Varianzen σ_i^2 und den Korrelationskoeffizienten ρ_{ij} ($i \neq j$), wenn sie durch den Linearterm

$$X_i = a_{i1} Z_1 + a_{i2} Z_2 + \cdots + a_{ip} Z_p + \mu_i$$

erzeugt werden können. Dabei sind $Z_1, Z_2, \ldots, Z_p$ unabhängige und identisch standardnormalverteilte Zufallsvariablen und die Koeffizienten a_{ij} Konstante mit der Eigenschaft, dass für die mit ihnen gebildete Matrix $\mathbf{A} = (a_{ij})_{p \times p}$ gilt:

$$\mathbf{AA}' = \begin{pmatrix} \sigma_1^2 & \sigma_1\sigma_2\rho_{12} & \cdots & \sigma_1\sigma_p\rho_{1p} \\ \sigma_1\sigma_2\rho_{12} & \sigma_2^2 & \cdots & \sigma_2\sigma_p\rho_{2p} \\ \vdots & \vdots & \vdots & \vdots \\ \sigma_1\sigma_p\rho_{1p} & \sigma_2\sigma_p\rho_{2p} & \cdots & \sigma_p^2 \end{pmatrix}$$

Man nennt $\mathbf{AA}'$ die **Kovarianzmatrix** der Variablen $X_1, X_2, \ldots, X_p$ und schreibt dafür kurz Σ. In der Hauptdiagonale von Σ stehen die Varianzen σ_i^2. Das Element $\sigma_{ij} = \sigma_i \sigma_j \rho_{ij}$ außerhalb der Hauptdiagonale ist die Kovarianz von X_i und X_j.

Die Nullhypothese beim multivariaten Mittelwertvergleich mit der Testgröße (7.14) lautet, dass die Stichproben in Gruppe 1 und in Gruppe 2 aus derselben p-dimensional normalverteilten Grundgesamtheit stammen. Dies impliziert im Besonderen, dass auch die Kovarianzmatrizen für beide Gruppen gleich sein müssen.

Abweichungen von der Gleichheit der Kovarianzmatrizen werden z. B. mit dem Box-Test (Box 1949) geprüft. Näheres darüber findet man bei Morrison (1967) oder Jobson (1992).

d) Zuordnung von Objekten Es seien $\bar{\mathbf{x}}_g' = (\bar{x}_{g,1}, \bar{x}_{g,2}, \ldots, \bar{x}_{g,p})$ das mit den Variablenmittelwerten gebildete Zentrum der Gruppe g und $\mathbf{S}_g$ die Kovarianzmatrix für die Gruppe g. Durch Mittelung über die Kovarianzmatrizen aller Gruppen erhält man die kombinierte Kovarianzmatrix

$$\mathbf{S} = \frac{1}{N - k}\left[(n_1 - 1)\mathbf{S}_1 + (n_2 - 1)\mathbf{S}_2 + \cdots + (n_p - 1)\mathbf{S}_p\right].$$

Wir betrachten ein Objekt, das einer der Gruppen zugeordnet werden soll. Die an dem Objekt gemessenen Werte $x_1, x_2, \ldots, x_p$ der Variablen $X_1, X_2, \ldots, X_p$ fassen wir im Zeilenvektor $\mathbf{x}' = (x_1, x_2, \ldots, x_p)$ zusammen. Es ist nahe liegend, das zu klassifizierende Objekt jener Gruppe g zuzuordnen, für die der quadrierte Mahalanobis-Abstand

$$D^2 = (\mathbf{x}' - \bar{\mathbf{x}}_g')\,\mathbf{S}^{-1}(\mathbf{x} - \bar{\mathbf{x}}_g)$$

zwischen dem Objekt mit der Realisierung $\mathbf{x}$ und dem Gruppenzentrum $\bar{\mathbf{x}}_g$ am kleinsten ist.

Im Fall von nur zwei Gruppen kann die Entscheidung eindimensional mit Hilfe der Diskriminanzvariablen $Y = b_1 X_1 + b_2 X_2 + \cdots + b_p X_p$ herbeigeführt werden, statt mit den Originalvariablen p-dimensional rechnen zu müssen. Wir bestimmen zuerst die Werte $\bar{y}_1 = b_1 \bar{x}_{1,1} + b_2 \bar{x}_{1,2} + \cdots + b_p \bar{x}_{1,p}$ und $\bar{y}_2 = b_1 \bar{x}_{2,1} + b_2 \bar{x}_{2,2} + \cdots + b_p \bar{x}_{2,p}$ der Diskriminanzvariablen in den Gruppenzentren sowie den Wert $y = b_1 x_1 + b_2 x_2$ der Diskriminanzfunktion für die Realisierung $\mathbf{x}$. Liegt y näher bei $\bar{y}_1$, wird das Objekt der Gruppe 1 zugeteilt, andernfalls der Gruppe 2.

Die Objektzuweisung mit Hilfe der Mahalanobis-Distanz ist eine verbreitete Zuteilungsregel. Daneben gibt es zahlreiche andere, wie z. B. die Zuordnung mit dem Likelihood-Prinzip, das die Berücksichtigung von Vorkenntnissen in Form von a-priori-Wahrscheinlichkeiten erlaubt. Hat man eine Zuweisung von Objekten durchgeführt, so stellt sich die Frage nach der **Güte der Klassifikation**. Zur Bewertung der Güte kann man die richtigen und falschen Zuordnungen in einer 2×2-Zuordnungsmatrix zusammenfassen. Methodische Bedenken gibt es, wenn man dieselben Daten zweimal verwendet, nämlich einmal bei der Bestimmung der Diskriminanzfunktion und ein zweites Mal bei der Beurteilung der Güte der mit der Diskriminanzfunktion erreichten Zuordnung. Man kann sich hier mit einer Teilung der Gesamtstichprobe in eine „Analysenstichprobe", mit der die Diskriminanzfunktion bestimmt wird, und eine „Kontrollstichprobe", mit der die Klassifikation überprüft wird, behelfen. Alternativ dazu kann man auch so vorgehen, dass man die Diskriminanzfunktion unter Ausschluss des ersten Objektes bestimmt und damit das erste Objekt klassifiziert. Analog wird das zweite Objekt mit der ohne Objekt 2 berechneten Diskriminanzfunktion klassifiziert usw.

Tab. 7.3 Daten und Rechenschema zu Beispiel 1, Abschn. 7.3

	Gruppe 1			Gruppe 2		
	X_1	X_2	Y'	X_1	X_2	Y'
Variablen-	6	6	−2.182	6	2	2.182
werte	5	6	−4.146	7	2	4.146
	4	3	−2.837	8	5	2.837
Mittelwerte	5	5	−3.055	7	3	3.055
Varianzen	1	3		1	3	
Kovarianzen	1.5			1.5		

Abhandlungen über die Diskriminanzanalyse findet man in vielen Büchern über multivariate statistische Verfahren, wie z. B. in Bortz (1993), Kleinbaum und Kupper (1978), Linder und Berchthold (1982b) oder Handl (2002). Theoretisch anspruchsvoller sind die Bücher von Hartung und Elpelt (1989) oder Jobson (1992).

Beispiele

1. Der Zweck dieses Beispiels ist es, die Berechnung der Diskriminanzfunktion an Hand eines einfaches Falles mit nur zwei Gruppen zu demonstrieren. In jeder Gruppe werden die beiden Variablen X_1 und X_2 an drei Untersuchungseinheiten beobachtet. Es ist also $k = p = 2$ und $n_1 = n_2 = 3$. Die Variablenwerte und Gruppenstatistiken sind in Tab. 7.3 zusammengefasst. Die Gesamtmittelwerte sind $\bar{x}_1 = 6$ und $\bar{x}_2 = 4$. Zu bestimmen sind die Koeffizienten b_1 und b_2 der Diskriminanzvariablen $Y = b_1 X_1 + b_2 X_2$.

   Wir bilden zuerst die Matrizen **H** und **W**. Die Abweichungen der Mittelwerte vom entsprechenden Gesamtmittel sind in der Gruppe 1 durch $\bar{x}_{1,1} - \bar{x}_1 = -1$ und $\bar{x}_{1,2} - \bar{x}_2 = 1$ gegeben. Für die Gruppe 2 ergibt sich $\bar{x}_{2,1} - \bar{x}_1 = 1$ bzw. $\bar{x}_{2,2} - \bar{x}_2 = -1$. Die Elemente von **H** sind daher

$$h_{11} = 3 \cdot (-1) \cdot (-1) + 3 \cdot 1 \cdot 1 = 6, \quad h_{12} = 3 \cdot (-1) \cdot 1 + 3 \cdot 1 \cdot (-1) = -6,$$

$$h_{21} = 3 \cdot 1 \cdot (-1) + 3 \cdot (-1) \cdot 1 = -6, \quad h_{22} = 3 \cdot 1 \cdot 1 + 3 \cdot (-1) \cdot (-1) = 6.$$

Die Varianzen und Kovarianzen sind in den beiden Gruppen übereinstimmend $s_{1,11} = s_{2,11} = 1$, $s_{1,12} = s_{2,12} = 1.5$ und $s_{1,22} = s_{2,22} = 3$. Als Elemente von **W** erhält man damit $w_{11} = 2 \cdot 1 + 2 \cdot 1 = 4$, $w_{12} = w_{21} = 2 \cdot 1.5 + 2 \cdot 1.5 = 6$ und $w_{22} = 2 \cdot 3 + 2 \cdot 3 = 12$. Die mit den berechneten Elementen gebildeten Matrizen

$$\mathbf{H} = \begin{pmatrix} 6 & -6 \\ -6 & 6 \end{pmatrix} \quad \text{und} \quad \mathbf{W} = \begin{pmatrix} 4 & 6 \\ 6 & 12 \end{pmatrix}$$

sind beide symmetrisch. Mit der Determinante $|\mathbf{W}| = 4 \cdot 12 - 6 \cdot 6 = 12$ erhalten wir die Inverse

$$\mathbf{W}^{-1} = \frac{1}{|\mathbf{W}|} \begin{pmatrix} w_{22} & -w_{12} \\ -w_{21} & w_{11} \end{pmatrix} = \frac{1}{12} \begin{pmatrix} 12 & -6 \\ -6 & 4 \end{pmatrix} = \begin{pmatrix} 1 & -1/2 \\ -1/2 & 1/3 \end{pmatrix}$$

und multiplizieren diese von rechts mit $\mathbf{H}$. Es folgt die Produktmatrix

$$\mathbf{W}^{-1}\mathbf{H} = \begin{pmatrix} 1 & -1/2 \\ -1/2 & 1/3 \end{pmatrix} \begin{pmatrix} 6 & -6 \\ -6 & 6 \end{pmatrix} = \begin{pmatrix} 9 & -9 \\ -5 & 5 \end{pmatrix},$$

mit der wir das Gleichungssystem

$$\begin{pmatrix} 9 & -9 \\ -5 & 5 \end{pmatrix} \begin{pmatrix} b_1 \\ b_2 \end{pmatrix} = \begin{pmatrix} 9b_1 - 9b_2 \\ -5b_1 + 5b_2 \end{pmatrix} = \lambda \begin{pmatrix} b_1 \\ b_2 \end{pmatrix}$$

zur Bestimmung von b_1 und b_2 bilden. Indem man die b_1- und b_2-Terme zusammenfasst, folgen die linearen Gleichungen

$$\begin{aligned} (9 - \lambda)b_1 - \quad 9b_2 &= 0, \\ -5b_1 + (5 - \lambda)b_2 &= 0. \end{aligned} \tag{7.15}$$

Durch Nullsetzen der mit den Koeffizienten der Gleichungsvariablen b_1 und b_2 gebildeten Determinante ergibt sich die Gleichung

$$\begin{vmatrix} 9 - \lambda & -9 \\ -5 & 5 - \lambda \end{vmatrix} = (9 - \lambda)(5 - \lambda) - (-5)(-9) = \lambda(\lambda - 14) = 0$$

mit den Lösungen $\lambda_1 = 14$ und $\lambda_2 = 0$. Wir haben also einen positiven Eigenwert $\lambda_1 = 14$, den wir z. B. in die erste der Gleichungen (7.15) einsetzen. Es folgt $(9 - 14)b_1 - 9b_2 = 0$ oder $b_1 + 1.8b_2 = 0$. Somit ist $\mathbf{b}' = (b_1, b_2) = (1.8c, -c)$ für jeden Wert der Konstanten c ein Lösungsvektor. Wir bestimmen c so, dass $\mathbf{b}'\mathbf{W}\mathbf{b} = N - k = 4$ gilt. Wegen

$$(1.8c, -c) \begin{pmatrix} 4 & 6 \\ 6 & 12 \end{pmatrix} \begin{pmatrix} 1.8c \\ -c \end{pmatrix} = (1.8c, -c) \begin{pmatrix} 1.2c \\ -1.2c \end{pmatrix} = 3.36c^2$$

muss $c = \sqrt{4/3.36} = 1.091$ gewählt werden. Die kanonischen Koeffizienten der Diskriminanzfunktion sind daher $b_1 = 1.8c = 1.964$ und $b_2 = -c = -1.091$. Die Gleichung der kanonischen Diskriminanzfunktion ist $Y = b_1 X_1 + b_2 X_2 = 1.964 X_1 - 1.091 X_2$. Oft wird die Diskriminanzvariable Y so festgelegt, dass sie für $X_1 = \bar{x}_1$ und $X_2 = \bar{x}_2$ den Wert null annimmt. Wegen $1.964 \cdot 6 - 1.091 \cdot 4 = 7.420$ bedeutet das für unser Beispiel, dass die Diskriminanzfunktion durch die Gleichung $Y' = Y - 7.420 = 1.964 X_1 - 1.091 X_2 - 7.420$ definiert werden müsste. Die damit berechneten Werte der Diskriminanzfunktion sind in Tab. 7.3 neben den Originalwerten angeschrieben.

2. Wir verwenden die Formeln (7.12), um die Koeffizienten b_1 und b_2 der kanonischen Diskriminanzfunktion mit den Daten von Tab. 7.3 auf direktem Wege
zu berechnen, vergleichen dann die Gruppenmittelwerte mit Hilfe von (7.14)
und nehmen schließlich die Zuordnung eines neues Objektes mit vorgegebenen
Realisierungen von X_1 und X_2 vor.

a) Zur Anwendung von (7.12) bilden wir zuerst aus den Gruppenmittelwerten
$\bar{x}_{11} = 5, \bar{x}_{12} = 5, \bar{x}_{21} = 7$ und $\bar{x}_{22} = 3$ den Differenzvektor

$$\mathbf{d} = \left(\begin{array}{c} \bar{x}_{21} - \bar{x}_{11} \\ \bar{x}_{22} - \bar{x}_{12} \end{array} \right) = \left(\begin{array}{c} 2 \\ -2 \end{array} \right).$$

Mit der von Beispiel 1 bekannten Inversen $\mathbf{W}^{-1}$ ergibt sich dann

$$\mathbf{d}'\mathbf{W}^{-1}\mathbf{d} = (2,-2) \left(\begin{array}{cc} 1 & -1/2 \\ -1/2 & 1/3 \end{array} \right) \left(\begin{array}{c} 2 \\ -2 \end{array} \right) = (2,-2) \left(\begin{array}{c} 3 \\ -5/3 \end{array} \right) = \frac{28}{3}.$$

Als Normierungskonstante folgt $c = \sqrt{(N-2)/(\mathbf{d}'\mathbf{W}^{-1}\mathbf{d})} = \sqrt{3/7}$, der Koeffizientenvektor ist durch

$$\mathbf{b} = \sqrt{3/7} \left(\begin{array}{cc} 1 & -1/2 \\ -1/2 & 1/3 \end{array} \right) \left(\begin{array}{c} 2 \\ -2 \end{array} \right) = \left(\begin{array}{c} 1.964 \\ -1.091 \end{array} \right)$$

und die Diskriminanzfunktion wie in Beispiel 1 durch $Y = 1.964X_1 - 1.091X_2$
gegeben. Der mit Formel (7.13) berechnete Maximalwert

$$\lambda = (\mathbf{b}'\mathbf{d})^2 = (1.964 \cdot 2 + (-1.091) \cdot (-2))^2 = 37.33$$

ist gleich dem quadrierten Mahalanobis-Abstand D^2 der Gruppenzentren $\bar{\mathbf{x}}_1' = (\bar{x}_{1,1}, \bar{x}_{1,2}) = (5,5)$ und $\bar{\mathbf{x}}_2' = (\bar{x}_{2,1}, \bar{x}_{2,2}) = (7,3)$. Dasselbe Ergebnis erhält
man, wenn man die Kovarianzmatrix

$$\mathbf{S} = \frac{1}{N-2}\mathbf{W} = \frac{1}{4} \left(\begin{array}{cc} 4 & 6 \\ 6 & 12 \end{array} \right) = \left(\begin{array}{cc} 1 & 3/2 \\ 3/2 & 3 \end{array} \right)$$

in die Formel $D^2 = \mathbf{d}'\mathbf{S}^{-1}\mathbf{d}$ einsetzt.

b) Wir prüfen nun mit der Testgröße (7.14), ob sich die mit den Mittelwerten ge-
bildeten Gruppenzentren $\bar{\mathbf{x}}_1' = (5,5)$ und $\bar{\mathbf{x}}_2' = (7,3)$ signifikant unterscheiden.
Das Testniveau sei $\alpha = 5\%$. Mit $n_1 = n_2 = 3, p = 2$ und dem quadrier-
ten Mahalanobis-Abstand $D^2 = 37.33$ ergibt sich $TG = 21$. Dieser Wert ist
größer als das kritische Quantil $F_{2,3,0.95} = 9.55$, daher ist der Lageunterschied
signifikant.

c) Es soll ein neues Objekt mit der Realisierung $\mathbf{x}' = (6,5)$ zugeordnet werden.
Die Diskriminanzvariable Y nimmt für das Objekt den Wert $y = 1.964 \cdot 6 - 1.091 \cdot 5 = 6.329$ an. Dieser Wert liegt näher bei $\bar{y}_1 = 4.365$ als bei $\bar{y}_2 = 10.474$, daher erfolgt eine Zuordnung an die Gruppe 1.

Tab. 7.4 Datentabelle zu Beispiel 3, Abschn. 7.3

Gruppe 1					Gruppe 2				
X_1	X_2	X_3	X_4	X_5	X_1	X_2	X_3	X_4	X_5
1.90	99	4.20	0.85	135	2.42	100	4.70	1.34	140
1.65	107	4.90	0.95	139	2.53	106	4.60	1.20	140
2.05	102	4.50	1.40	137	2.50	101	4.30	1.25	137
1.90	106	4.50	1.30	147	2.46	98	4.00	0.80	143
1.70	105	3.20	0.97	149	2.41	94	4.30	0.98	134
2.17	104	4.00	0.60	141	2.26	105	4.81	1.12	139
1.90	94	4.50	0.63	130	2.30	103	5.10	1.05	145
2.05	105	4.00	0.79	142	2.11	101	4.00	0.84	140
2.38	98	3.40	0.80	139	2.61	103	3.60	0.90	143
2.10	92	3.70	0.95	129	2.19	98	3.80	0.80	132

3. An 20 Probanden wurde in Verbindung mit zwei Diagnosen (diese definieren die Gruppe 1 bzw. 2) der Mineralstatus an Hand der Variablen X_1 (Ca^{++}), X_2 (Cl^-), X_3 (K^+), X_4 (Mg^{++}) und X_5 (Na^+) analysiert. Es soll mit den Analysewerten der Tab. 7.4 die Diskriminanzfunktion bestimmt und damit ein neuer Proband (mit den Variablenwerten $x_1 = 2.38$, $x_2 = 101$, $x_3 = 4.80$, $x_4 = 0.84$ und $x_5 = 146$, alle Angaben in mmol/l) einer der beiden Diagnosegruppen zugeordnet werden.
Die Berechnungen (mit der R-Funktion lda() im Paket „MASS") ergeben für die Gruppen die Mittelwertvektoren $\bar{x}'_1 = (1.98, 101.20, 4.09, 0.924, 138.80)$ bzw. $\bar{x}'_2 = (2.379, 100.90, 4.321, 1.028, 139.30)$. Die Gleichung der kanonischen Diskriminanzfunktion lautet

$$Y = 5.334X_1 - 0.02462X_2 + 1.036X_3 - 0.1458X_4 + 0.04409X_5.$$

Die Y-Werte in den Gruppenzentren $\bar{x}_1$ und $\bar{x}_2$ sind $\bar{y}_1 = 18.29$ bzw. $\bar{y}_2 = 20.67$. Für den neuen Probanden nimmt die Diskriminanzfunktion den Wert $y = 21.49$ an, der näher bei $\bar{y}_2$ liegt. Es ist daher eine Zuordnung an die zweite Gruppe vorzunehmen.

7.4 Matrizen

a) Begriff der Matrix Es seien x_{ij} ($i = 1, 2, \ldots, n$; $j = 1, 2, \ldots, p$) $n \times p$ Elemente (z. B. Zahlen), die in n Zeilen und p Spalten angeordnet sind. Man bezeichnet das entstehende Rechteckschema als eine $n \times p$-**Matrix** und schreibt dafür

$$X = \begin{pmatrix} x_{11} & x_{12} & \cdots & x_{1p} \\ x_{21} & x_{22} & \cdots & x_{2p} \\ \vdots & \vdots & \vdots & \vdots \\ x_{n1} & x_{n2} & \cdots & x_{np} \end{pmatrix}$$

oder kürzer $\mathbf{X} = (x_{ij})_{n \times p}$. Jedes x_{ij} heißt **Element** der Matrix. Durch die Zeilenzahl n und Spaltenzahl p wird die **Dimension** $n \times p$ der Matrix festgelegt. Im Sonderfall $n = p$ (Zeilen- und Spaltenzahl stimmen überein) spricht man von einer **quadratischen Matrix**, im Sonderfall $p = 1$ von einem **Spaltenvektor** und im Sonderfall $n = 1$ von einem **Zeilenvektor**. Eine Matrix der Dimension $n \times p$ kann man auch als „Zusammenfassung" von p Spaltenvektoren (mit je n Elementen) oder n Zeilenvektoren (mit je p Elementen) auffassen. Spaltenvektoren werden meist durch Kleinbuchstaben bezeichnet; in diesem Sinne schreiben wir z. B. für den aus den Elementen der j-ten Spalte bestehenden Spaltenvektor $\mathbf{x}_{.j} = (x_{ij})_{n \times 1}$. Auch Zeilenvektoren werden durch Kleinbuchstaben bezeichnet, denen allerdings ein Apostroph angefügt wird; dementsprechend wird die i-te Zeile von $\mathbf{X}$ durch den Zeilenvektor $\mathbf{x}'_{i.} = (x_{ij})_{1 \times p}$ dargestellt.

Wenn zwei Matrizen $\mathbf{A}$ und $\mathbf{B}$ dieselbe Dimension $n \times p$ besitzen und darüber hinaus in allen einander entsprechenden Elementen übereinstimmen, also $a_{ij} = b_{ij}$ für alle $i = 1, 2, \ldots, n$ und $j = 1, 2, \ldots, p$ gilt, schreibt man kurz $\mathbf{A} = \mathbf{B}$. Die aus einer Matrix $\mathbf{A} = (a_{ij})_{n \times p}$ durch Vertauschen der Zeilen und Spalten entstehende Matrix $\mathbf{A}' = (a_{ji})_{p \times n}$ heißt **transponierte Matrix** von $\mathbf{A}$. Speziell nennt man eine quadratische Matrix $\mathbf{X}$ **symmetrisch**, wenn sie mit ihrer Transponierten $\mathbf{X}'$ übereinstimmt, d. h., $\mathbf{X} = \mathbf{X}'$ gilt.

b) Addition und Multiplikation Es seien $\mathbf{A} = (a_{ij})_{n \times p}$ und $\mathbf{B} = (b_{ij})_{n \times p}$ zwei in ihren Dimensionen übereinstimmende Matrizen. Die Summe $\mathbf{A} + \mathbf{B}$ ist erklärt als jene $(n \times p)$-Matrix, deren Elemente gleich der Summe der entsprechenden Elemente von $\mathbf{A}$ und $\mathbf{B}$ sind, d. h.

$$(a_{ij})_{n \times p} + (b_{ij})_{n \times p} = (a_{ij} + b_{ij})_{n \times p}.$$

Die Multiplikation einer Matrix $\mathbf{A} = (a_{ij})_{n \times p}$ mit einer reellen Zahl λ wird durch die Vorschrift

$$\lambda (a_{ij})_{n \times p} = (\lambda a_{ij})_{n \times p}$$

festgelegt, nach der jedes Element von $\mathbf{A}$ mit λ zu multiplizieren ist. Unter dem **Skalarprodukt $\mathbf{a}'\mathbf{b}$** der Vektoren

$$\mathbf{a}' = (a_1, a_2, \ldots, a_n) \quad \text{und} \quad \mathbf{b} = \begin{pmatrix} b_1 \\ b_2 \\ \vdots \\ b_n \end{pmatrix}$$

mit jeweils n reellen Elementen versteht man die durch

$$\mathbf{a}'\mathbf{b} = \sum_{i=1}^{n} a_i b_i$$

definierte Summe aus den Produkten der einander entsprechenden Elemente von $\mathbf{a}'$ und $\mathbf{b}$. Die geometrische Bedeutung des Skalarprodukts liegt darin, dass man damit Entfernungen und Winkel ausdrücken kann. Um dies zu zeigen, deuten wir die Elemente a_i von $\mathbf{a}' = (a_1, a_2, \ldots, a_n)$ als Koordinaten eines Punktes A in einem n-dimensionalen rechtwinkeligen Koordinatensystem. Analog wird $\mathbf{b}$ durch den Punkt B dargestellt werden. Für den quadrierten Abstand $\overline{AO}^2$ des Punktes A vom Koordinatenursprung O gilt

$$\overline{AO}^2 = \sum_{i=1}^{n} a_i^2 = \mathbf{a}'\mathbf{a}.$$

Man bezeichnet $\sqrt{\mathbf{a}'\mathbf{a}} = \sqrt{a_1^2 + a_2^2 + \cdots + a_n^2}$ als Betrag des Vektors $\mathbf{a}$ und schreibt dafür kurz $|\mathbf{a}|$. Der quadrierte Abstand $\overline{AB}^2$ der Punkte A und B kann durch

$$\overline{AB}^2 = \sum_{i=1}^{n} (a_i - b_i)^2 = (\mathbf{a} - \mathbf{b})'(\mathbf{a} - \mathbf{b})$$

ausgedrückt werden. Schließlich ergibt sich der Winkel $\alpha = \angle(AOB)$ zwischen den von O nach A und von O nach B führenden Strahlen mit Hilfe der Formel

$$\cos \alpha = \frac{\mathbf{a}'\mathbf{b}}{\sqrt{\mathbf{a}'\mathbf{a}}\sqrt{\mathbf{b}'\mathbf{b}}}.$$

Das **Produkt AB** der Matrizen $\mathbf{A} = (a_{ij})_{n \times p}$ und $\mathbf{B} = (b_{ij})_{p \times m}$ ist eine Matrix $\mathbf{C}$ der Dimension $n \times m$. Jedes Element c_{ij} von $\mathbf{C}$ wird so gebildet, dass man den i-ten Zeilenvektor $\mathbf{a}'_{i.}$ von $\mathbf{A}$ mit dem j-ten Spaltenvektor $\mathbf{b}_{.j}$ von $\mathbf{B}$ skalar multipliziert, d. h., es gilt

$$c_{ij} = \mathbf{a}'_{i.}\mathbf{b}_{.j} = \sum_{k=1}^{p} a_{ik}b_{kj}$$

für $i = 1, 2, \ldots, n$ und $j = 1, 2, \ldots, m$. Die Produktbildung ist offensichtlich nur dann möglich, wenn der erste Faktor $\mathbf{A}$ ebenso viele Spalten besitzt, wie der zweite Faktor $\mathbf{B}$ Zeilen aufweist. Durch Vertauschung der Faktoren ergibt sich bei der Matrizenmultiplikation (so ferne diese überhaupt ausführbar ist) im Allgemeinen ein anderes Resultat. Für Produkte mit drei Matrizen $\mathbf{A}$, $\mathbf{B}$ und $\mathbf{C}$ gilt $\mathbf{A}(\mathbf{B}\mathbf{C}) = (\mathbf{A}\mathbf{B})\mathbf{C}$. Sind alle Hauptdiagonalelemente einer quadratischen Matrix gleich eins und alle Elemente oberhalb und unterhalb der Hauptdiagonale gleich null (wir bezeichnen diese Matrix speziell mit $\mathbf{E}$), gilt $\mathbf{A}\mathbf{E} = \mathbf{E}\mathbf{A} = \mathbf{A}$. Die Matrix $\mathbf{E}$ spielt also bei der Matrizenmultiplikation eine analoge Rolle wie die Zahl Eins bei der Multiplikation im Bereich der reellen Zahlen. Man nennt $\mathbf{E}$ daher **Einheitsmatrix**.

c) Determinanten Es sei $\mathbf{A}$ eine Matrix der Dimension 2×2. Die Determinante $|\mathbf{A}|$ von $\mathbf{A}$ ist der durch

$$|\mathbf{A}| = \begin{vmatrix} a_{11} & a_{12} \\ a_{21} & a_{22} \end{vmatrix} = a_{11}a_{22} - a_{21}a_{12}$$

definierte Ausdruck, also gleich der Differenz aus dem Produkt der **Hauptdiagonalelemente** a_{11}, a_{22} und dem Produkt der **Nebendiagonalelemente** a_{21}, a_{12}. Für die Berechnung von Determinanten zu quadratischen Matrizen mit mehr als zwei Reihen sind folgende Regeln nützlich:

- Sind für eine Determinante $|\mathbf{A}|$ alle Elemente a_{ij} mit $i > j$, also alle Elemente unter der Hauptdiagonale, gleich null, ist der Wert der Determinante gleich dem Produkt der Hauptdiagonalelemente.
- Der Wert einer Determinante bleibt unverändert, wenn man die mit einer Konstanten $\lambda \neq 0$ multiplizierten Elemente einer Spalte (Zeile) zu den entsprechenden Elementen einer anderen Spalte (Zeile) addiert.
- Wenn man in einer Determinante zwei benachbarte Zeilen (Spalten) miteinander vertauscht, ändert sich das Vorzeichen der Determinante.

Die beiden letztgenannten Eigenschaften können dazu benutzt werden, durch geeignetes Kombinieren oder Vertauschen von Zeilen (bzw. Spalten) eine gegebene Determinante so umzuformen, dass alle Elemente unter der Hauptdiagonale null sind. Im folgenden Beispiel wird dieses Verfahren angewendet:

$$\begin{vmatrix} 1 & -2 & 4 \\ 3 & 1 & 3 \\ 2 & 4 & 0 \end{vmatrix} = \begin{vmatrix} 1 & -2 & 4 \\ 0 & 7 & -9 \\ 0 & 8 & -8 \end{vmatrix} = \begin{vmatrix} 1 & 2 & 4 \\ 0 & -2 & -9 \\ 0 & 0 & -8 \end{vmatrix} = 16$$

Im ersten Schritt wird das 3-fache und 2-fache der ersten Zeile von der zweiten bzw. dritten subtrahiert, im zweiten Schritt wird die letzte Spalte zur zweiten addiert.

d) Inverse Matrix Zu jeder quadratischen Matrix $\mathbf{A}$ mit nicht verschwindender Determinante $|\mathbf{A}|$ gibt es eine inverse Matrix $\mathbf{A}^{-1}$, für die $\mathbf{A}^{-1}\mathbf{A} = \mathbf{A}\mathbf{A}^{-1} = \mathbf{E}$ gilt. Im Sonderfall der zweireihigen Matrix $\mathbf{A} = (a_{ij})_{2 \times 2}$ ist die Inverse durch

$$\mathbf{A}^{-1} = \frac{1}{|\mathbf{A}|} \begin{pmatrix} a_{22} & -a_{12} \\ -a_{21} & a_{11} \end{pmatrix}$$

gegeben. Im allgemeinen Fall kann die Berechnung von $\mathbf{A}^{-1}$ so erfolgen, dass man das lineare Gleichungssystem $\mathbf{A}\mathbf{x} = \mathbf{b} = \mathbf{E}\mathbf{b}$ durch gezieltes Eliminieren von Variablen in $\mathbf{E}\mathbf{x} = \mathbf{A}^{-1}\mathbf{b}$ überführt. Die Anwendung des Eliminationsverfahrens zur Ermittlung der inversen Matrix soll an Hand der dreireihigen Matrix

$$\mathbf{A} = \begin{pmatrix} 2 & 2 & -3 \\ 3 & -2 & -4 \\ 5 & 4 & -6 \end{pmatrix}$$

veranschaulicht werden. Wir bilden das Gleichungssystem:

$$\begin{pmatrix} 2 & 2 & -3 \\ 3 & -2 & -4 \\ 5 & 4 & -6 \end{pmatrix} \begin{pmatrix} x_1 \\ x_2 \\ x_3 \end{pmatrix} = \begin{pmatrix} 1 & 0 & 0 \\ 0 & 1 & 0 \\ 0 & 0 & 1 \end{pmatrix} \begin{pmatrix} b_1 \\ b_2 \\ b_3 \end{pmatrix}$$

Im ersten Umformungsschritt wird die erste Gleichung durch 2 dividiert; diese dann mit 3 (bzw. 5) multipliziert und von der zweiten (bzw. dritten) Gleichung subtrahiert; die Koeffizientenmatrix hat danach in der ersten Spalte die Eintragungen 1, 0 bzw. 0:

$$\begin{pmatrix} 1 & 1 & -3/2 \\ 0 & -5 & 1/2 \\ 0 & -1 & 3/2 \end{pmatrix} \begin{pmatrix} x_1 \\ x_2 \\ x_3 \end{pmatrix} = \begin{pmatrix} 1/2 & 0 & 0 \\ -3/2 & 1 & 0 \\ -5/2 & 0 & 1 \end{pmatrix} \begin{pmatrix} b_1 \\ b_2 \\ b_3 \end{pmatrix}$$

Im zweiten Schritt wird die zweite Gleichung durch -5, d. h. durch den Koeffizienten von x_2 dividiert; diese dann von der ersten subtrahiert und zur dritten addiert mit dem Ergebnis, dass die Koeffizientenmatrix in der zweiten Spalte die Eintragungen 0, 1 bzw. 0 aufweist. Wir fassen den zweiten Schritt in dem folgenden Schema zusammen, in dem die x- sowie die b-Spalte weggelassen ist:

$$\begin{array}{ccc|ccc} 1 & 0 & -14/10 & 2/10 & 1/5 & 0 \\ 0 & 1 & -1/10 & 3/10 & -1/5 & 0 \\ 0 & 0 & 14/10 & -22/10 & -1/5 & 1 \end{array}$$

Schließlich wird die dritte Gleichung durch 14/10 dividiert und danach zur ersten (zweiten) Gleichung nach vorhergehender Multiplikation mit 14/10 (1/10) addiert. Es folgt in schematischer Darstellung:

$$\mathbf{E} = \left\{ \begin{array}{ccc|ccc} 1 & 0 & 0 & -2 & 0 & 1 \\ 0 & 1 & 0 & 1/7 & -3/14 & 1/14 \\ 0 & 0 & 1 & -11/7 & -1/7 & 5/7 \end{array} \right\} = \mathbf{A}^{-1}$$

Während auf der linken Seite die Koeffizientenmatrix $\mathbf{A}$ sukzessive in die Einheitsmatrix übergeführt wurde, ist auf der rechten Seite die inverse Matrix $\mathbf{A}^{-1}$ entstanden.

Beispiele

1. Wir berechnen die Produkte $\mathbf{A}'\mathbf{A}$, $\mathbf{A}\mathbf{A}'$, $\mathbf{A}\mathbf{b}$, $\mathbf{A}\mathbf{D}$ sowie $\mathbf{A}\mathbf{E}$, wobei

$$\mathbf{A} = \begin{pmatrix} 2 & -1 \\ -3 & 4 \end{pmatrix}, \quad \mathbf{b} = \begin{pmatrix} 2 \\ -5 \end{pmatrix}, \quad \mathbf{D} = \begin{pmatrix} 4 & 0 \\ 0 & 5 \end{pmatrix} \quad \text{und} \quad \mathbf{E} = \begin{pmatrix} 1 & 0 \\ 0 & 1 \end{pmatrix}$$

Tab. 7.5 Multiplikation von Matrizen (Beispiel 1, Abschn. 7.4)

$\mathbf{A'A}$	$\begin{matrix} 2 & -1 \\ -3 & 4 \end{matrix}$	
$\begin{matrix} 2 & -3 \\ -1 & 4 \end{matrix}$	$2 \cdot 2 + (-3) \cdot (-3) = 13 \qquad 2 \cdot (-1) + (-3) \cdot 4 = -14$ $(-1) \cdot 2 + 4 \cdot (-3) = -14 \qquad (-1) \cdot (-1) + 4 \cdot 4 = 17$	

$\mathbf{AA'}$	$\begin{matrix} 2 & -3 \\ -1 & 4 \end{matrix}$	$\mathbf{Ab}$	$\begin{matrix} 2 \\ -5 \end{matrix}$	$\mathbf{AD}$	$\begin{matrix} 4 & 0 \\ 0 & 5 \end{matrix}$	$\mathbf{AE}$	$\begin{matrix} 1 & 0 \\ 0 & 1 \end{matrix}$
$\begin{matrix} 2 & -1 \\ -3 & 4 \end{matrix}$	$\begin{matrix} 5 & -10 \\ -10 & 25 \end{matrix}$	$\begin{matrix} 2 & -1 \\ -3 & 4 \end{matrix}$	$\begin{matrix} 9 \\ 26 \end{matrix}$	$\begin{matrix} 2 & -1 \\ -3 & 4 \end{matrix}$	$\begin{matrix} 8 & -5 \\ -12 & 20 \end{matrix}$	$\begin{matrix} 2 & -1 \\ -3 & 4 \end{matrix}$	$\begin{matrix} 2 & -1 \\ -3 & 4 \end{matrix}$

vorgegeben sind. Die Multiplikationen führt man zweckmäßigerweise – so wie in Tab. 7.5 gezeigt – mit Hilfe eines Rechenschemas durch. Die Ergebnisse lauten:

$$\mathbf{A'A} = \begin{pmatrix} 13 & -14 \\ -14 & 17 \end{pmatrix} \quad \text{und} \quad \mathbf{AA'} = \begin{pmatrix} 5 & -10 \\ -10 & 25 \end{pmatrix}$$

(man beachte, dass $\mathbf{AA'} \neq \mathbf{A'A}$ ist) sowie

$$\mathbf{Ab} = \begin{pmatrix} 9 \\ -26 \end{pmatrix}, \quad \mathbf{AD} = \begin{pmatrix} 8 & -5 \\ -12 & 20 \end{pmatrix} \quad \text{und} \quad \mathbf{AE} = \begin{pmatrix} 2 & -1 \\ -3 & 4 \end{pmatrix}$$

(man beachte, dass $\mathbf{AE} = \mathbf{A}$ und – wie man schnell nachrechnet – auch $\mathbf{EA} = \mathbf{A}$ gilt; die Wirkung der Multiplikation mit $\mathbf{D}$ besteht darin, dass die erste Spalte von $\mathbf{A}$ mit 4 und die zweite mit 5 multipliziert wird).

2. Es sei $\mathbf{X} = (x_{ij})_{n \times p}$ eine Datenmatrix, in der die x_{ij} die an n Objekten gemessenen Werte von p Merkmalen $X_1, X_2, \ldots, X_p$ bedeuten. Eine grundlegende Umformung besteht darin, dass man $\mathbf{X}$ spaltenweise „standardisiert". Zu diesem Zweck hat man aus den Elementen einer jeden Spalte j ($j = 1, 2, \ldots, p$) das arithmetische Mittel $\bar{x}_{.j}$ sowie die Standardabweichung s_j zu bestimmen und jedes x_{ij} durch das entsprechende „Z-Score" $z_{ij} = (x_{ij} - \bar{x}_{.j})/s_j$ zu ersetzen. Die Überführung von $\mathbf{X}$ in $\mathbf{Z} = (z_{ij})_{n \times p}$ kann durch geeignete Matrizenoperationen vorgenommen werden, wenn man die Mittelwerte und die Standardabweichungen mit Hilfe der Matrizen

$$\bar{\mathbf{X}} = \begin{pmatrix} \bar{x}_{.1} & \bar{x}_{.2} & \cdots & \bar{x}_{.p} \\ \bar{x}_{.1} & \bar{x}_{.2} & \cdots & \bar{x}_{.p} \\ \vdots & \vdots & \vdots & \vdots \\ \bar{x}_{.1} & \bar{x}_{.2} & \cdots & \bar{x}_{.p} \end{pmatrix} \quad \text{bzw.} \quad \mathbf{D} = \begin{pmatrix} 1/s_1 & 0 & \cdots & 0 \\ 0 & 1/s_2 & \cdots & 0 \\ \vdots & \vdots & \vdots & \vdots \\ 0 & 0 & \cdots & 1/s_p \end{pmatrix}$$

zusammenfasst. Die Subtraktion der Spaltenmittelwerte von den x_{ij} wird durch die Differenzmatrix $\mathbf{X} - \bar{\mathbf{X}}$ dargestellt; die spaltenweise Multiplikation mit den Faktoren $1/s_j$ wird bewirkt, indem man die Differenzmatrix von rechts mit der Diagonalmatrix $\mathbf{D}$ multipliziert. Somit ist $\mathbf{Z} = (\mathbf{X} - \bar{\mathbf{X}}) \mathbf{D}$.

3. Die quadrierte Mahalanobis-Distanz zwischen dem Zentroid $\mathbf{m}$ einer n-dimensionalen Stichprobe mit der Kovarianzmatrix $\mathbf{S}$ und einem vorgegebenen festen Punkt $\mathbf{m_0}$ ist durch den Ausdruck

$$D_M^2 = (\mathbf{m} - \mathbf{m_0})'\, \mathbf{S}^{-1}\, (\mathbf{m} - \mathbf{m_0})$$

gegeben. (Dieser Ausdruck stellt ein Matrizenprodukt mit drei Faktoren dar, für das – wie für das Produkt von drei reellen Zahlen – das Assoziativgesetz gilt.) Konkret möge die Datenmatrix

$$\mathbf{X} = \begin{pmatrix} 386 & 218 \\ 431 & 188 \\ 419 & 256 \\ 472 & 246 \\ 524 & 241 \\ 534 & 243 \end{pmatrix}$$

vorliegen. Die Koordinaten des Zentroids $\mathbf{m}$ sind die Mittelwerte $\bar{x}_{.1} = 461$ und $\bar{x}_{.2} = 232$ der X_1- bzw. X_2-Stichprobe. Gesucht ist die quadrierte Mahalanobis-Distanz des Zentroids vom Punkt $\mathbf{m_0'} = (420, 260)$. Die Kovarianzmatrix $\mathbf{S}$ und deren Inverse $\mathbf{S}^{-1}$ sind

$$\mathbf{S} = \begin{pmatrix} 3541.6 & 577.2 \\ 577.2 & 621.2 \end{pmatrix} \quad \text{bzw.} \quad \mathbf{S}^{-1} = \begin{pmatrix} 3.327 \cdot 10^{-4} & -3.092 \cdot 10^{-4} \\ -3.092 \cdot 10^{-4} & 1.897 \cdot 10^{-3} \end{pmatrix}.$$

Die gesuchte quadrierte Distanz ist daher

$$\begin{aligned} D_M^2 &= (41, -28) \begin{pmatrix} 3.327 \cdot 10^{-4} & -3.092 \cdot 10^{-4} \\ -3.092 \cdot 10^{-4} & 1.897 \cdot 10^{-3} \end{pmatrix} \begin{pmatrix} 41 \\ -28 \end{pmatrix} \\ &= (41, -28) \begin{pmatrix} 0.02230 \\ -0.06579 \end{pmatrix} = 2.757. \end{aligned}$$

Kapitel 8
Appendix

8.1   A: Statistische Tafeln

Tab. 8.1 Werte $\Phi(z)$ der Verteilungsfunktion der Standardnormalverteilung

z	0.00	0.01	0.02	0.03	0.04	0.05	0.06	0.07	0.08	0.09
0.0	0.5000	0.5040	0.5080	0.5120	0.5160	0.5199	0.5239	0.5279	0.5319	0.5359
0.1	0.5398	0.5438	0.5478	0.5517	0.5557	0.5596	0.5636	0.5675	0.5714	0.5753
0.2	0.5793	0.5832	0.5871	0.5910	0.5948	0.5987	0.6026	0.6064	0.6103	0.6141
0.3	0.6179	0.6217	0.6255	0.6293	0.6331	0.6368	0.6406	0.6443	0.6480	0.6517
0.4	0.6554	0.6591	0.6628	0.6664	0.6700	0.6736	0.6772	0.6808	0.6844	0.6879
0.5	0.6915	0.6950	0.6985	0.7019	0.7054	0.7088	0.7123	0.7157	0.7190	0.7224
0.6	0.7257	0.7291	0.7324	0.7357	0.7389	0.7422	0.7454	0.7486	0.7517	0.7549
0.7	0.7580	0.7611	0.7642	0.7673	0.7704	0.7734	0.7764	0.7794	0.7823	0.7852
0.8	0.7881	0.7910	0.7939	0.7967	0.7995	0.8023	0.8051	0.8078	0.8106	0.8133
0.9	0.8159	0.8186	0.8212	0.8238	0.8264	0.8289	0.8315	0.8340	0.8365	0.8389
1.0	0.8413	0.8438	0.8461	0.8485	0.8508	0.8531	0.8554	0.8577	0.8599	0.8621
1.1	0.8643	0.8665	0.8686	0.8708	0.8729	0.8749	0.8770	0.8790	0.8810	0.8830
1.2	0.8849	0.8869	0.8888	0.8907	0.8925	0.8944	0.8962	0.8980	0.8997	0.9015
1.3	0.9032	0.9049	0.9066	0.9082	0.9099	0.9115	0.9131	0.9147	0.9162	0.9177
1.4	0.9192	0.9207	0.9222	0.9236	0.9251	0.9265	0.9279	0.9292	0.9306	0.9319
1.5	0.9332	0.9345	0.9357	0.9370	0.9382	0.9394	0.9406	0.9418	0.9429	0.9441
1.6	0.9452	0.9463	0.9474	0.9484	0.9495	0.9505	0.9515	0.9525	0.9535	0.9545
1.7	0.9554	0.9564	0.9573	0.9582	0.9591	0.9599	0.9608	0.9616	0.9625	0.9633
1.8	0.9641	0.9649	0.9656	0.9664	0.9671	0.9678	0.9686	0.9693	0.9699	0.9706
1.9	0.9713	0.9719	0.9726	0.9732	0.9738	0.9744	0.9750	0.9756	0.9761	0.9767
2.0	0.9772	0.9778	0.9783	0.9788	0.9793	0.9798	0.9803	0.9808	0.9812	0.9817
2.1	0.9821	0.9826	0.9830	0.9834	0.9838	0.9842	0.9846	0.9850	0.9854	0.9857
2.2	0.9861	0.9864	0.9868	0.9871	0.9875	0.9878	0.9881	0.9884	0.9887	0.9890
2.3	0.9893	0.9896	0.9898	0.9901	0.9904	0.9906	0.9909	0.9911	0.9913	0.9916
2.4	0.9918	0.9920	0.9922	0.9925	0.9927	0.9929	0.9931	0.9932	0.9934	0.9936
2.5	0.9938	0.9940	0.9941	0.9943	0.9945	0.9946	0.9948	0.9949	0.9951	0.9952
2.6	0.9953	0.9955	0.9956	0.9957	0.9959	0.9960	0.9961	0.9962	0.9963	0.9964
2.7	0.9965	0.9966	0.9967	0.9968	0.9969	0.9970	0.9971	0.9972	0.9973	0.9974
2.8	0.9974	0.9975	0.9976	0.9977	0.9977	0.9978	0.9979	0.9979	0.9980	0.9981
2.9	0.9981	0.9982	0.9982	0.9983	0.9984	0.9984	0.9985	0.9985	0.9986	0.9986
3.0	0.9987	0.9987	0.9987	0.9988	0.9988	0.9989	0.9989	0.9989	0.9990	0.9990

Hinweis für negative Argumente z: $\Phi(z) = 1 - \Phi(-z)$
Beispiele: $\Phi(0.84) = 0.7995$, $\Phi(-0.84) = 1 - \Phi(0.84) = 0.2005$.

W. Timischl, *Angewandte Statistik*, DOI 10.1007/978-3-7091-1349-3_8,
© Springer-Verlag Wien 2013

Tab. 8.2 Quantile z_p der Standardnormalverteilung

p	0.000	0.001	0.002	0.003	0.004	0.005	0.006	0.007	0.008	0.009
0.50	0.000	0.003	0.005	0.008	0.010	0.013	0.015	0.018	0.020	0.023
0.52	0.050	0.053	0.055	0.058	0.060	0.063	0.065	0.068	0.070	0.073
0.54	0.100	0.103	0.105	0.108	0.111	0.113	0.116	0.118	0.121	0.123
0.56	0.151	0.154	0.156	0.159	0.161	0.164	0.166	0.169	0.171	0.174
0.58	0.202	0.204	0.207	0.210	0.212	0.215	0.217	0.220	0.222	0.225
0.60	0.253	0.256	0.259	0.261	0.264	0.266	0.269	0.272	0.274	0.277
0.62	0.305	0.308	0.311	0.313	0.316	0.319	0.321	0.324	0.327	0.329
0.64	0.358	0.361	0.364	0.366	0.369	0.372	0.375	0.377	0.380	0.383
0.66	0.412	0.415	0.418	0.421	0.423	0.426	0.429	0.432	0.434	0.437
0.68	0.468	0.470	0.473	0.476	0.479	0.482	0.485	0.487	0.490	0.493
0.70	0.524	0.527	0.530	0.533	0.536	0.539	0.542	0.545	0.548	0.550
0.71	0.553	0.556	0.559	0.562	0.565	0.568	0.571	0.574	0.577	0.580
0.72	0.583	0.586	0.589	0.592	0.595	0.598	0.601	0.604	0.607	0.610
0.73	0.613	0.616	0.619	0.622	0.625	0.628	0.631	0.634	0.637	0.640
0.74	0.643	0.646	0.650	0.653	0.656	0.659	0.662	0.665	0.668	0.671
0.75	0.674	0.678	0.681	0.684	0.687	0.690	0.693	0.697	0.700	0.703
0.76	0.706	0.710	0.713	0.716	0.719	0.722	0.726	0.729	0.732	0.736
0.77	0.739	0.742	0.745	0.749	0.752	0.755	0.759	0.762	0.765	0.769
0.78	0.772	0.776	0.779	0.782	0.786	0.789	0.793	0.796	0.800	0.803
0.79	0.806	0.810	0.813	0.817	0.820	0.824	0.827	0.831	0.834	0.838
0.80	0.842	0.845	0.849	0.852	0.856	0.860	0.863	0.867	0.871	0.874
0.81	0.878	0.882	0.885	0.889	0.893	0.896	0.900	0.904	0.908	0.912
0.82	0.915	0.919	0.923	0.927	0.931	0.935	0.938	0.942	0.946	0.950
0.83	0.954	0.958	0.962	0.966	0.970	0.974	0.978	0.982	0.986	0.990
0.84	0.994	0.999	1.003	1.007	1.011	1.015	1.019	1.024	1.028	1.032
0.85	1.036	1.041	1.045	1.049	1.054	1.058	1.063	1.067	1.071	1.076
0.86	1.080	1.085	1.089	1.094	1.098	1.103	1.108	1.112	1.117	1.122
0.87	1.126	1.131	1.136	1.141	1.146	1.150	1.155	1.160	1.165	1.170
0.88	1.175	1.180	1.185	1.190	1.195	1.200	1.206	1.211	1.216	1.221
0.89	1.227	1.232	1.237	1.243	1.248	1.254	1.259	1.265	1.270	1.276
0.90	1.282	1.287	1.293	1.299	1.305	1.311	1.317	1.323	1.329	1.335
0.91	1.341	1.347	1.353	1.359	1.366	1.372	1.379	1.385	1.392	1.398
0.92	1.405	1.412	1.419	1.426	1.433	1.440	1.447	1.454	1.461	1.468
0.93	1.476	1.483	1.491	1.499	1.506	1.514	1.522	1.530	1.538	1.546
0.94	1.555	1.563	1.572	1.580	1.589	1.598	1.607	1.616	1.626	1.635
0.95	1.645	1.655	1.665	1.675	1.685	1.695	1.706	1.717	1.728	1.739
0.96	1.751	1.762	1.774	1.787	1.799	1.812	1.825	1.838	1.852	1.866
0.97	1.881	1.896	1.911	1.927	1.943	1.960	1.977	1.995	2.014	2.034
0.98	2.054	2.075	2.097	2.120	2.144	2.170	2.197	2.226	2.257	2.290
0.99	2.326	2.366	2.409	2.457	2.512	2.576	2.652	2.748	2.878	3.090

Hinweis für $p < 0.5$: $z_p = -z_{1-p}$
Beispiele: $z_{0.95} = 1.695$, $z_{0.05} = -z_{1-0.05} = -z_{0.95} = -1.695$.

Tab. 8.3 Quantile $\chi^2_{f,p}$ der χ^2-Verteilung

f	$\chi^2_{f,0.995}$	$\chi^2_{f,0.99}$	$\chi^2_{f,0.975}$	$\chi^2_{f,0.95}$	$\chi^2_{f,0.50}$	$\chi^2_{f,0.05}$	$\chi^2_{f,0.025}$	$\chi^2_{f,0.01}$	$\chi^2_{f,0.005}$
1	7.879	6.635	5.024	3.841	0.455	0.004	0.001	0.000	0.000
2	10.60	9.210	7.378	5.991	1.386	0.103	0.051	0.020	0.010
3	12.84	11.34	9.348	7.815	2.366	0.352	0.216	0.115	0.072
4	14.86	13.28	11.14	9.488	3.357	0.711	0.484	0.297	0.207
5	16.75	15.09	12.83	11.07	4.352	1.145	0.831	0.554	0.412
6	18.55	16.81	14.45	12.59	5.348	1.635	1.237	0.872	0.676
7	20.28	18.48	16.01	14.07	6.346	2.167	1.690	1.239	0.989
8	21.96	20.09	17.53	15.51	7.344	2.733	2.180	1.647	1.344
9	23.59	21.67	19.02	16.92	8.343	3.325	2.700	2.088	1.725
10	25.19	23.21	20.48	18.31	9.342	3.940	3.247	2.558	2.156
11	26.76	24.73	21.92	19.68	10.34	4.575	3.816	3.053	2.603
12	28.30	26.22	23.34	21.03	11.34	5.226	4.404	3.571	3.074
13	29.82	27.69	24.74	22.36	12.34	5.892	5.009	4.107	3.565
14	31.32	29.14	26.12	23.68	13.34	6.571	5.629	4.660	4.075
15	32.80	30.58	27.49	25.00	14.34	7.261	6.262	5.229	4.601
16	34.27	32.00	28.85	26.30	15.34	7.962	6.908	5.812	5.142
17	35.72	33.41	30.19	27.59	16.34	8.672	7.564	6.408	5.697
18	37.16	34.81	31.53	28.87	17.34	9.390	8.231	7.015	6.265
19	38.58	36.19	32.85	30.14	18.34	10.12	8.907	7.633	6.844
20	40.00	37.57	34.17	31.41	19.34	10.85	9.591	8.260	7.434
21	41.40	38.93	35.48	32.67	20.34	11.59	10.28	8.897	8.034
22	42.80	40.29	36.78	33.92	21.34	12.34	10.98	9.542	8.643
23	44.18	41.64	38.08	35.17	22.34	13.09	11.69	10.20	9.260
24	45.56	42.98	39.36	36.42	23.34	13.85	12.40	10.86	9.886
25	46.93	44.31	40.65	37.65	24.34	14.61	13.12	11.52	10.52
26	48.29	45.64	41.92	38.89	25.34	15.38	13.84	12.20	11.16
27	49.64	46.96	43.19	40.11	26.34	16.15	14.57	12.88	11.81
28	50.99	48.28	44.46	41.34	27.34	16.93	15.31	13.56	12.46
29	52.34	49.59	45.72	42.56	28.34	17.71	16.05	14.26	13.12
30	53.67	50.89	46.98	43.77	29.34	18.49	16.79	14.95	13.79
40	66.77	63.69	59.34	55.76	39.34	26.51	24.43	22.16	20.71
50	79.49	76.15	71.42	67.50	49.33	34.76	32.36	29.71	27.99
60	91.95	88.38	83.30	79.08	59.33	43.19	40.48	37.48	35.53
70	104.2	100.4	95.02	90.53	69.33	51.74	48.76	45.44	43.28
80	116.3	112.3	106.6	101.9	79.33	60.39	57.15	53.54	51.17
90	128.3	124.1	118.1	113.1	89.33	69.13	65.65	61.75	59.20
100	140.2	135.8	129.6	124.3	99.33	77.93	74.22	70.06	67.33

Beispiele: $\chi^2_{1,0.95} = 3.841$, $\chi^2_{18,0.025} = 8.231$.

Tab. 8.4 Quantile $t_{f,p}$ der t-Verteilung

f	$t_{f,0.995}$	$t_{f,0.99}$	$t_{f,0.975}$	$t_{f,0.95}$	$t_{f,0.9}$
1	63.66	31.82	12.71	6.314	3.078
2	9.925	6.965	4.303	2.920	1.886
3	5.841	4.541	3.182	2.353	1.638
4	4.604	3.747	2.776	2.132	1.533
5	4.032	3.365	2.571	2.015	1.476
6	3.707	3.143	2.447	1.943	1.440
7	3.500	2.998	2.365	1.895	1.415
8	3.355	2.896	2.306	1.860	1.397
9	3.250	2.821	2.262	1.833	1.383
10	3.169	2.764	2.228	1.812	1.372
11	3.106	2.718	2.201	1.796	1.363
12	3.055	2.681	2.179	1.782	1.356
13	3.012	2.650	2.160	1.771	1.350
14	2.977	2.624	2.145	1.761	1.345
15	2.947	2.602	2.131	1.753	1.341
16	2.921	2.583	2.120	1.746	1.337
17	2.898	2.567	2.110	1.740	1.333
18	2.878	2.552	2.101	1.734	1.330
19	2.861	2.539	2.093	1.729	1.328
20	2.845	2.528	2.086	1.725	1.325
21	2.831	2.518	2.080	1.721	1.323
22	2.819	2.508	2.074	1.717	1.321
23	2.807	2.500	2.069	1.714	1.319
24	2.797	2.492	2.064	1.711	1.318
25	2.787	2.485	2.060	1.708	1.316
26	2.779	2.479	2.056	1.706	1.315
27	2.771	2.473	2.052	1.703	1.314
28	2.763	2.467	2.048	1.701	1.313
29	2.756	2.462	2.045	1.699	1.311
30	2.750	2.457	2.042	1.697	1.310
40	2.705	2.423	2.021	1.684	1.303
50	2.678	2.403	2.009	1.676	1.299
60	2.660	2.390	2.000	1.671	1.296
70	2.648	2.381	1.994	1.667	1.294
80	2.639	2.374	1.990	1.664	1.292
90	2.632	2.369	1.987	1.662	1.291
100	2.626	2.364	1.984	1.660	1.290
∞	2.576	2.326	1.960	1.645	1.282

Hinweis für kleine p: $t_{f,p} = -t_{f,1-p}$
Beispiele: $t_{5,0.95} = 2.015$, $t_{5,0.05} = -t_{5,0.95} = -2.015$.

Tab. 8.5 95 %-Quantile $F_{f_1, f_2, 0.95}$ der F-Verteilung

f_2	f_1 1	2	3	4	5	6	7	8	9	10
1	161.4	199.5	215.7	224.6	230.2	234.0	236.8	238.9	240.5	241.9
2	18.51	19.00	19.16	19.25	19.30	19.33	19.35	19.37	19.38	19.40
3	10.13	9.55	9.28	9.12	9.01	8.94	8.89	8.85	8.81	8.79
4	7.71	6.94	6.59	6.39	6.26	6.16	6.09	6.04	6.00	5.96
5	6.61	5.79	5.41	5.19	5.05	4.95	4.88	4.82	4.77	4.74
6	5.99	5.14	4.76	4.53	4.39	4.28	4.21	4.15	4.10	4.06
7	5.59	4.74	4.35	4.12	3.97	3.87	3.79	3.73	3.68	3.64
8	5.32	4.46	4.07	3.84	3.69	3.58	3.50	3.44	3.39	3.35
9	5.12	4.26	3.86	3.63	3.48	3.37	3.29	3.23	3.18	3.14
10	4.96	4.10	3.71	3.48	3.33	3.22	3.14	3.07	3.02	2.98
11	4.84	3.98	3.59	3.36	3.20	3.09	3.01	2.95	2.90	2.85
12	4.75	3.89	3.49	3.26	3.11	3.00	2.91	2.85	2.80	2.75
13	4.67	3.81	3.41	3.18	3.03	2.92	2.83	2.77	2.71	2.67
14	4.60	3.74	3.34	3.11	2.96	2.85	2.76	2.70	2.65	2.60
15	4.54	3.68	3.29	3.06	2.90	2.79	2.71	2.64	2.59	2.54
16	4.49	3.63	3.24	3.01	2.85	2.74	2.66	2.59	2.54	2.49
17	4.45	3.59	3.20	2.96	2.81	2.70	2.61	2.55	2.49	2.45
18	4.41	3.55	3.16	2.93	2.77	2.66	2.58	2.51	2.46	2.41
19	4.38	3.52	3.13	2.90	2.74	2.63	2.54	2.48	2.42	2.38
20	4.35	3.49	3.10	2.87	2.71	2.60	2.51	2.45	2.39	2.35
21	4.32	3.47	3.07	2.84	2.68	2.57	2.49	2.42	2.37	2.32
22	4.30	3.44	3.05	2.82	2.66	2.55	2.46	2.40	2.34	2.30
23	4.28	3.42	3.03	2.80	2.64	2.53	2.44	2.37	2.32	2.27
24	4.26	3.40	3.01	2.78	2.62	2.51	2.42	2.36	2.30	2.25
25	4.24	3.39	2.99	2.76	2.60	2.49	2.40	2.34	2.28	2.24
26	4.23	3.37	2.98	2.74	2.59	2.47	2.39	2.32	2.27	2.22
27	4.21	3.35	2.96	2.73	2.57	2.46	2.37	2.31	2.25	2.20
28	4.20	3.34	2.95	2.71	2.56	2.45	2.36	2.29	2.24	2.19
29	4.18	3.33	2.93	2.70	2.55	2.43	2.35	2.28	2.22	2.18
30	4.17	3.32	2.92	2.69	2.53	2.42	2.33	2.27	2.21	2.16
40	4.08	3.23	2.84	2.61	2.45	2.34	2.25	2.18	2.12	2.08
60	4.00	3.15	2.76	2.53	2.37	2.25	2.17	2.10	2.04	1.99
80	3.96	3.11	2.72	2.49	2.33	2.21	2.13	2.06	2.00	1.95
120	3.92	3.07	2.68	2.45	2.29	2.17	2.09	2.02	1.96	1.91
∞	3.84	3.00	2.60	2.37	2.21	2.10	2.01	1.94	1.88	1.88

Hinweis für 5 %-Quantile: $F_{f_1, f_2, 0.05} = 1/F_{f_2, f_1, 0.95}$
Beispiele: $F_{5, 8, 0.95} = 3.69$, $F_{5, 8, 0.05} = 1/F_{8, 5, 0.95} = 1/4.82 = 0.21$.

Tab. 8.5 (Fortsetzung)

f_2	11	12	13	14	15	20	25	30	40	60	120	∞
1	243.0	243.9	244.7	245.4	245.9	248.0	249.3	250.1	251.1	252.2	253.3	254.3
2	19.40	19.41	19.42	19.42	19.43	19.45	19.46	19.46	19.47	19.48	19.49	19.50
3	8.76	8.74	8.73	8.71	8.70	8.66	8.63	8.62	8.59	8.57	8.55	8.53
4	5.94	5.91	5.89	5.87	5.86	5.80	5.77	5.75	5.72	5.69	5.66	5.63
5	4.70	4.68	4.66	4.64	4.62	4.56	4.52	4.50	4.46	4.43	4.40	4.37
6	4.03	4.00	3.98	3.96	3.94	3.87	3.83	3.81	3.77	3.74	3.70	3.67
7	3.60	3.57	3.55	3.53	3.51	3.44	3.40	3.38	3.34	3.30	3.27	3.23
8	3.31	3.28	3.26	3.24	3.22	3.15	3.11	3.08	3.04	3.01	2.97	2.93
9	3.10	3.07	3.05	3.03	3.01	2.94	2.89	2.86	2.83	2.79	2.75	2.71
10	2.94	2.91	2.89	2.86	2.85	2.77	2.73	2.70	2.66	2.62	2.58	2.54
11	2.82	2.79	2.76	2.74	2.72	2.65	2.60	2.57	2.53	2.49	2.45	2.41
12	2.72	2.69	2.66	2.64	2.62	2.54	2.50	2.47	2.43	2.38	2.34	2.30
13	2.63	2.60	2.58	2.55	2.53	2.46	2.41	2.38	2.34	2.30	2.25	2.21
14	2.57	2.53	2.51	2.48	2.46	2.39	2.34	2.31	2.27	2.22	2.18	2.13
15	2.51	2.48	2.45	2.42	2.40	2.33	2.28	2.25	2.20	2.16	2.11	2.07
16	2.46	2.42	2.40	2.37	2.35	2.28	2.23	2.19	2.15	2.11	2.06	2.01
17	2.41	2.38	2.35	2.33	2.31	2.23	2.18	2.15	2.10	2.06	2.01	1.96
18	2.37	2.34	2.31	2.29	2.27	2.19	2.14	2.11	2.06	2.02	1.97	1.92
19	2.34	2.31	2.28	2.26	2.23	2.16	2.11	2.07	2.03	1.98	1.93	1.88
20	2.31	2.28	2.25	2.22	2.20	2.12	2.07	2.04	1.99	1.95	1.90	1.84
21	2.28	2.25	2.22	2.20	2.18	2.10	2.05	2.01	1.96	1.92	1.87	1.81
22	2.26	2.23	2.20	2.17	2.15	2.07	2.02	1.98	1.94	1.89	1.84	1.78
23	2.24	2.20	2.18	2.15	2.13	2.05	2.00	1.96	1.91	1.86	1.81	1.76
24	2.22	2.18	2.15	2.13	2.11	2.03	1.97	1.94	1.89	1.84	1.79	1.73
25	2.20	2.16	2.14	2.11	2.09	2.01	1.96	1.92	1.87	1.82	1.77	1.71
26	2.18	2.15	2.12	2.09	2.07	1.99	1.94	1.90	1.85	1.80	1.75	1.69
27	2.17	2.13	2.10	2.08	2.06	1.97	1.92	1.88	1.84	1.79	1.73	1.67
28	2.15	2.12	2.09	2.06	2.04	1.96	1.91	1.87	1.82	1.77	1.71	1.65
29	2.14	2.10	2.08	2.05	2.03	1.94	1.89	1.85	1.81	1.75	1.70	1.64
30	2.13	2.09	2.06	2.04	2.01	1.93	1.88	1.84	1.79	1.74	1.68	1.62
40	2.04	2.00	1.97	1.95	1.92	1.84	1.78	1.74	1.69	1.64	1.58	1.51
60	1.95	1.92	1.89	1.86	1.84	1.75	1.69	1.65	1.59	1.53	1.47	1.39
80	1.91	1.88	1.84	1.82	1.79	1.70	1.64	1.60	1.54	1.48	1.41	1.33
120	1.87	1.83	1.80	1.78	1.75	1.66	1.60	1.55	1.50	1.43	1.35	1.26
∞	1.79	1.75	1.72	1.69	1.67	1.57	1.51	1.46	1.39	1.32	1.22	1.00

Hinweis für 5 %-Quantile: $F_{f_1,f_2,0.05} = 1/F_{f_2,f_1,0.95}$

Beispiele: $F_{12,15,0.95} = 2.48$, $F_{12,15,0.05} = 1/F_{15,12,0.95} = 1/2.62 = 0.38$.

Tab. 8.6   97.5 %-Quantile $F_{f_1,f_2,0.975}$ der F-Verteilung

f_2	\ f_1									
	1	2	3	4	5	6	7	8	9	10
1	647.8	799.5	864.2	899.6	921.8	937.1	948.2	956.7	963.3	968.6
2	38.51	39.00	39.17	39.25	39.30	39.33	39.36	39.37	39.39	39.40
3	17.44	16.04	15.44	15.10	14.88	14.73	14.62	14.54	14.47	14.42
4	12.22	10.65	9.98	9.60	9.36	9.20	9.07	8.98	8.90	8.84
5	10.01	8.43	7.76	7.39	7.15	6.98	6.85	6.76	6.68	6.62
6	8.81	7.26	6.60	6.23	5.99	5.82	5.70	5.60	5.52	5.46
7	8.07	6.54	5.89	5.52	5.29	5.12	4.99	4.90	4.82	4.76
8	7.57	6.06	5.42	5.05	4.82	4.65	4.53	4.43	4.36	4.30
9	7.21	5.71	5.08	4.72	4.48	4.32	4.20	4.10	4.03	3.96
10	6.94	5.46	4.83	4.47	4.24	4.07	3.95	3.85	3.78	3.72
11	6.72	5.26	4.63	4.28	4.04	3.88	3.76	3.66	3.59	3.53
12	6.55	5.10	4.47	4.12	3.89	3.73	3.61	3.51	3.44	3.37
13	6.41	4.97	4.35	4.00	3.77	3.60	3.48	3.39	3.31	3.25
14	6.30	4.86	4.24	3.89	3.66	3.50	3.38	3.29	3.21	3.15
15	6.20	4.77	4.15	3.80	3.58	3.41	3.29	3.20	3.12	3.06
16	6.12	4.69	4.08	3.73	3.50	3.34	3.22	3.12	3.05	2.99
17	6.04	4.62	4.01	3.66	3.44	3.28	3.16	3.06	2.98	2.92
18	5.98	4.56	3.95	3.61	3.38	3.22	3.10	3.01	2.93	2.87
19	5.92	4.51	3.90	3.56	3.33	3.17	3.05	2.96	2.88	2.82
20	5.87	4.46	3.86	3.51	3.29	3.13	3.01	2.91	2.84	2.77
21	5.83	4.42	3.82	3.48	3.25	3.09	2.97	2.87	2.80	2.73
22	5.79	4.38	3.78	3.44	3.22	3.05	2.93	2.84	2.76	2.70
23	5.75	4.35	3.75	3.41	3.18	3.02	2.90	2.81	2.73	2.67
24	5.72	4.32	3.72	3.38	3.15	2.99	2.87	2.78	2.70	2.64
25	5.69	4.29	3.69	3.35	3.13	2.97	2.85	2.75	2.68	2.61
26	5.66	4.27	3.67	3.33	3.10	2.94	2.82	2.73	2.65	2.59
27	5.63	4.24	3.65	3.31	3.08	2.92	2.80	2.71	2.63	2.57
28	5.61	4.22	3.63	3.29	3.06	2.90	2.78	2.69	2.61	2.55
29	5.59	4.20	3.61	3.27	3.04	2.88	2.76	2.67	2.59	2.53
30	5.57	4.18	3.59	3.25	3.03	2.87	2.75	2.65	2.57	2.51
40	5.42	4.05	3.46	3.13	2.90	2.74	2.62	2.53	2.45	2.39
60	5.29	3.93	3.34	3.01	2.79	2.63	2.51	2.41	2.33	2.27
80	5.22	3.87	3.29	2.95	2.73	2.57	2.45	2.36	2.28	2.21
120	5.15	3.80	3.23	2.89	2.67	2.52	2.39	2.30	2.22	2.16
∞	5.02	3.69	3.12	2.79	2.57	2.41	2.29	2.19	2.11	2.05

Hinweis für 2.5 %-Quantile: $F_{f_1,f_2,0.025} = 1/F_{f_2,f_1,0.975}$
Beispiele: $F_{5,8,0.975} = 4.82$, $F_{5,8,0.025} = 1/F_{8,5,0.975} = 1/6.76 = 0.148$.

Tab. 8.6 (Fortsetzung)

						f_1						
f_2	11	12	13	14	15	20	25	30	40	60	120	∞
1	973.0	976.7	979.8	982.5	984.9	993.1	998.1	1001	1006	1010	1014	1018
2	39.41	39.41	39.42	39.43	39.43	39.45	39.46	39.46	39.47	39.48	39.49	39.50
3	14.37	14.34	14.30	14.28	14.25	14.17	14.12	14.08	14.04	13.99	13.95	13.90
4	8.79	8.75	8.71	8.68	8.66	8.56	8.50	8.46	8.41	8.36	8.31	8.26
5	6.57	6.52	6.49	6.46	6.43	6.33	6.27	6.23	6.18	6.12	6.07	6.02
6	5.41	5.37	5.33	5.30	5.27	5.17	5.11	5.07	5.01	4.96	4.90	4.85
7	4.71	4.67	4.63	4.60	4.57	4.47	4.40	4.36	4.31	4.25	4.20	4.14
8	4.24	4.20	4.16	4.13	4.10	4.00	3.94	3.89	3.84	3.78	3.73	3.67
9	3.91	3.87	3.83	3.80	3.77	3.67	3.60	3.56	3.51	3.45	3.39	3.33
10	3.66	3.62	3.58	3.55	3.52	3.42	3.35	3.31	3.26	3.20	3.14	3.08
11	3.47	3.43	3.39	3.36	3.33	3.23	3.16	3.12	3.06	3.00	2.94	2.88
12	3.32	3.28	3.24	3.21	3.18	3.07	3.01	2.96	2.91	2.85	2.79	2.73
13	3.20	3.15	3.12	3.08	3.05	2.95	2.88	2.84	2.78	2.72	2.66	2.60
14	3.09	3.05	3.01	2.98	2.95	2.84	2.78	2.73	2.67	2.61	2.55	2.49
15	3.01	2.96	2.92	2.89	2.86	2.76	2.69	2.64	2.59	2.52	2.46	2.40
16	2.93	2.89	2.85	2.82	2.79	2.68	2.61	2.57	2.51	2.45	2.38	2.32
17	2.87	2.82	2.79	2.75	2.72	2.62	2.55	2.50	2.44	2.38	2.32	2.25
18	2.81	2.77	2.73	2.70	2.67	2.56	2.49	2.44	2.38	2.32	2.26	2.19
19	2.76	2.72	2.68	2.65	2.62	2.51	2.44	2.39	2.33	2.27	2.20	2.13
20	2.72	2.68	2.64	2.60	2.57	2.46	2.40	2.35	2.29	2.22	2.16	2.09
21	2.68	2.64	2.60	2.56	2.53	2.42	2.36	2.31	2.25	2.18	2.11	2.04
22	2.65	2.60	2.56	2.53	2.50	2.39	2.32	2.27	2.21	2.14	2.08	2.00
23	2.62	2.57	2.53	2.50	2.47	2.36	2.29	2.24	2.18	2.11	2.04	1.97
24	2.59	2.54	2.50	2.47	2.44	2.33	2.26	2.21	2.15	2.08	2.01	1.94
25	2.56	2.51	2.48	2.44	2.41	2.30	2.23	2.18	2.12	2.05	1.98	1.91
26	2.54	2.49	2.45	2.42	2.39	2.28	2.21	2.16	2.09	2.03	1.95	1.88
27	2.51	2.47	2.43	2.39	2.36	2.25	2.18	2.13	2.07	2.00	1.93	1.85
28	2.49	2.45	2.41	2.37	2.34	2.23	2.16	2.11	2.05	1.98	1.91	1.83
29	2.48	2.43	2.39	2.36	2.32	2.21	2.14	2.09	2.03	1.96	1.89	1.81
30	2.46	2.41	2.37	2.34	2.31	2.20	2.12	2.07	2.01	1.94	1.87	1.79
40	2.33	2.29	2.25	2.21	2.18	2.07	1.99	1.94	1.88	1.80	1.72	1.64
60	2.22	2.17	2.13	2.09	2.06	1.94	1.87	1.82	1.74	1.67	1.58	1.48
80	2.16	2.11	2.07	2.03	2.00	1.88	1.81	1.75	1.68	1.60	1.51	1.40
120	2.10	2.05	2.01	1.98	1.94	1.82	1.75	1.69	1.61	1.53	1.43	1.31
∞	1.99	1.95	1.90	1.87	1.83	1.71	1.63	1.57	1.49	1.39	1.27	1.00

Hinweis für 2.5 %-Quantile: $F_{f_1,f_2,0.025} = 1/F_{f_2,f_1,0.975}$
Beispiele: $F_{15,30,0.975} = 2.31$, $F_{15,30,0.025} = 1/F_{30,15,0.975} = 1/2.64 = 0.38$.

Tab. 8.7   Werte $\Gamma(x)$ der Gammafunktion

x	0.00	0.01	0.02	0.03	0.04	0.05	0.06	0.07	0.08	0.09
0.0		99.4326	49.4422	32.7850	24.4610	19.4701	16.1457	13.7736	11.9966	10.6162
0.1	9.5135	8.6127	7.8633	7.2302	6.6887	6.2203	5.8113	5.4512	5.1318	4.8468
0.2	4.5908	4.3599	4.1505	3.9598	3.7855	3.6256	3.4785	3.3426	3.2169	3.1001
0.3	2.9916	2.8903	2.7958	2.7072	2.6242	2.5461	2.4727	2.4036	2.3383	2.2765
0.4	2.2182	2.1628	2.1104	2.0605	2.0132	1.9681	1.9252	1.8843	1.8453	1.8081
0.5	1.7725	1.7384	1.7058	1.6747	1.6448	1.6161	1.5886	1.5623	1.5369	1.5126
0.6	1.4892	1.4667	1.4450	1.4242	1.4041	1.3848	1.3662	1.3482	1.3309	1.3142
0.7	1.2981	1.2825	1.2675	1.2530	1.2390	1.2254	1.2123	1.1997	1.1875	1.1757
0.8	1.1642	1.1532	1.1425	1.1322	1.1222	1.1125	1.1031	1.0941	1.0853	1.0768
0.9	1.0686	1.0607	1.0530	1.0456	1.0384	1.0315	1.0247	1.0182	1.0119	1.0059
1.0	1.0000	0.9943	0.9888	0.9835	0.9784	0.9735	0.9687	0.9642	0.9597	0.9555
1.1	0.9514	0.9474	0.9436	0.9399	0.9364	0.9330	0.9298	0.9267	0.9237	0.9209
1.2	0.9182	0.9156	0.9131	0.9108	0.9085	0.9064	0.9044	0.9025	0.9007	0.8990
1.3	0.8975	0.8960	0.8946	0.8934	0.8922	0.8912	0.8902	0.8893	0.8885	0.8879
1.4	0.8873	0.8868	0.8864	0.8860	0.8858	0.8857	0.8856	0.8856	0.8857	0.8859
1.5	0.8862	0.8866	0.8870	0.8876	0.8882	0.8889	0.8896	0.8905	0.8914	0.8924
1.6	0.8935	0.8947	0.8959	0.8972	0.8986	0.9001	0.9017	0.9033	0.9050	0.9068
1.7	0.9086	0.9106	0.9126	0.9147	0.9168	0.9191	0.9214	0.9238	0.9262	0.9288
1.8	0.9314	0.9341	0.9368	0.9397	0.9426	0.9456	0.9487	0.9518	0.9551	0.9584
1.9	0.9618	0.9652	0.9688	0.9724	0.9761	0.9799	0.9837	0.9877	0.9917	0.9958
2.0	1.0000	1.0043	1.0086	1.0131	1.0176	1.0222	1.0269	1.0316	1.0365	1.0415
2.1	1.0465	1.0516	1.0568	1.0621	1.0675	1.0730	1.0786	1.0842	1.0900	1.0959
2.2	1.1018	1.1078	1.1140	1.1202	1.1266	1.1330	1.1395	1.1462	1.1529	1.1598
2.3	1.1667	1.1738	1.1809	1.1882	1.1956	1.2031	1.2107	1.2184	1.2262	1.2341
2.4	1.2422	1.2503	1.2586	1.2670	1.2756	1.2842	1.2930	1.3019	1.3109	1.3201
2.5	1.3293	1.3388	1.3483	1.3580	1.3678	1.3777	1.3878	1.3981	1.4084	1.4190
2.6	1.4296	1.4404	1.4514	1.4625	1.4738	1.4852	1.4968	1.5085	1.5204	1.5325
2.7	1.5447	1.5571	1.5696	1.5824	1.5953	1.6084	1.6216	1.6351	1.6487	1.6625
2.8	1.6765	1.6907	1.7051	1.7196	1.7344	1.7494	1.7646	1.7799	1.7955	1.8113
2.9	1.8274	1.8436	1.8600	1.8767	1.8936	1.9108	1.9281	1.9457	1.9636	1.9817

Hinweis für große Argumente: $\Gamma(x + 1) = x\,\Gamma(x)$
Beispiel: $\Gamma(4.2) = \Gamma(3.2 + 1) = 3.2\,\Gamma(3.2) = 3.2 \cdot 2.2\,\Gamma(2.2) = 3.2 \cdot 2.2 \cdot 1.1018 = 7.7567$.

8.2   B: R-Funktionen

Im Folgenden sind R-Funktionen zusammengestellt, auf die im Text verwiesen wurde. Wenn die R-Funktion nicht in der Basis-Installation bereit gestellt wird, ist rechts in eckigen Klammern die Bezeichnung des Pakets beigefügt; das Paket muss vor Ausführung der Funktion installiert und geladen werden. Anwendungen der Funktionen findet man in den Lösungen der Aufgaben (Abschn. 8.3).

Kapitel 1: Rechnen mit Wahrscheinlichkeiten

choose()	Binomialkoeffizient
factorial()	Faktorielle (Fakultät)
sample()	Zufallsauswahl ohne bzw. mit Zurücklegen

Kapitel 2: Zufallsvariable und Wahrscheinlichkeitsverteilungen

dbinom()	Wahrscheinlichkeitsfunktion der Binonmialverteilung
dexp()	Dichtefunktion der Exponentialverteilung
dhyper()	Wahrscheinlichkeitsfunktion der hypergeometrischen Verteilung
dlnorm()	Dichtefunktion der logarithmischen Normalverteilung
dnbinom()	Wahrscheinlichkeitsfunktion der negativen Binomialverteilung
dnorm()	Dichtefunktion der Normalverteilung
dpois()	Wahrscheinlichkeitsfunktion der Poisson-Verteilung
dweibull()	Dichtefunktion der Weibull-Verteilung
gamma()	Gammafunktion
pbinom(), qbinom()	Verteilungs- bzw. Quantilsfunktion der Binomialverteilung
pexp(), qexp()	Verteilungs- bzw. Quantilsfunktion der Eponentialverteilung
phyper(), qhyper()	Verteilungs- bzw. Quantilsfunktion der hypergeometrischen Verteilung
plnorm(), qlnorm()	Verteilungs- bzw. Quantilsfunktion der logarithmischen Normalverteilung
pnbinom()	Verteilungsfunktion der negativen Binomialverteilung
pnorm(), qnorm()	Verteilungs- bzw. Quantilsfunktion der Normalverteilung
ppois(), qpois()	Verteilungs- bzw. Quantilsfunktion der Poisson-Verteilung
pweibull(), qweibull()	Verteilungs- bzw. Quantilsfunktion der Weibull-Verteilung
rnorm()	Zufallszahlen aus normalverteilter Grundgesamtheit

Kapitel 3: Parameterschätzung

boot()	Bootstrap-Stichproben [boot]
boot.ci()	Bootstrap-Konfidenzintervalle [boot]
boott()	Bootstrap-t-Konfidenzintervall [bootstrap]
boxplot()	Box-Plot
dchisq()	Dichtefunktion der χ^2-Verteilung
density()	Kern-Dichteschätzer
df()	Dichtefunktion der F-Verteilung
dt()	Dichtefunktion der t-Verteilung
fivenum()	Fünf-Punkte-Zusammenfassung

Kapitel 3: Parameterschätzung (Fortsetzung)

hist()	Histogrammschätzer
jackknife()	Jackknife-Schätzwerte für die Verzerrung und den Standardfehler [bootstrap]
length()	Umfang einer Stichprobe
mad()	Median der absoluten Abweichungen
mean()	Mittelwert (getrimmter Mittelwert) einer Stichprobe
pchisq(), qchisq()	Verteilungs- bzw. Quantilsfunktion der χ^2-Verteilung
pf(), qf()	Verteilungs- bzw. Quantilsfunktion der F-Verteilung
pt(), qt()	Verteilungs- bzw. Quantilsfunktion der t-Verteilung
qqnorm(), qqline()	Normal-QQ-Plot mit Orientierungsgerade
quantile()	Quantil(e) einer Stichprobe
stripchart()	Punktdiagramm
summary()	deskriptive Kennwerte einer Stichprobe
var(), sd()	Varianz bzw. Standardabweichung einer Stichprobe

Hinweis: Konfidenzintervalle für Mittelwerte, Wahrscheinlichkeiten, Varianzverhältnisse: siehe die R-Funktionen t.test(), binom.test() oder prop.test() bzw. var.test.

Kapitel 4: Testen von Hypothesen

ad.test()	Anderson-Darling-Test [nortest]
binom.test()	Binomialtest (exakt)
chisq.test()	Test auf ein vorgegebenes Verhältnis
ecdf()	empirische Verteilungsfunktion
find.plan(), assess()	Bestimmung der Parameter bzw. Kontrolle eines Prüfplans (auf fehlerhafte Einheiten) [AcceptanceSampling]
fisher.test()	exakter Test von Fisher
ks.test()	K-S-Test (Kolmogorov-Smirnov-Test)
lillie.test()	K-S-Test mit Lilliefors-Schranken [nortest]
mcnemar.test()	McNemar-Test
OC2c()	Operationscharakteristik für Annahmestichprobenprüfung auf fehlerhafte Einheiten [AcceptanceSampling]
power.t.test()	Power bzw. Mindeststichprobenumfang für den Ein-/Zwei-Stichproben-t-Test
prop.test()	Binomialtest (Normalverteilungsapproximation), Vergleich von Anteilen (aus unabhängigen Stichproben)
pwr.norm.test()	Power bzw. Mindeststichprobenumfang für den Gauß-Test [pwr]
pwr.p.test()	Power bzw. Mindeststichprobenumfang für den Binomialtest (mit Arcus-Sinus-Transformation) [pwr]
pt(..., ncp=...)	Verteilungsfunktion der nicht-zentralen t-Verteilung mit Nichtzentralitätsparameter ncp
qcc()	Qualitätsregelkarten ($\bar{x}$-, s-Karte) [qcc]
qsignrank()	Quantilsfunktion der Wilcoxon-Statistik W^+ (Teststatistik des Wilcoxon-Tests für abhängige Stichproben)
qwilcox()	Quantilsfunktion der Wilcoxon-Statistik W (Teststatistik des Wilcoxon-Rangsummen-Tests)

Kapitel 4: Testen von Hypothesen (Fortsetzung)

`shapiro.test()`	Shapiro-Wilk-Test
`t.test()`	Ein-/Zwei-Stichproben-t-Test bzw. Welch-Test
`wilcox.exact()`	Wilcoxon-Rangsummen-Test (exakt) `[exactRankTests]`
`wilcox.test()`	Wilcoxon-Rangsummen-Test bzw. Wilcoxon-Test für abhängige Stichproben
`var.test`	F-Test
`z.test()`	Gauß-Test `[TeachingDemos]`

Kapitel 5: Korrelation und Regression

`assocstats()`	Abhängigkeitsprüfung mit Kontingenzmaßen `[vcd]`
`chisq.test()`	Abhängigkeitsprüfung bei diskreten Variablen
`cor(), cor.test()`	Korrelationskoeffzient (Pearson, Spearman, Kendall) bzw. Abhängigkeitsprüfung mit diesen Koeffizienten
`lm()`	lineare Modelle (Parameterschätzung, Abhängigkeitsprüfung), im Besonderen auch lineare Regressionsmodelle
`oddsratio()`	Odds-Ratio (Schätzwert und Konfidenzintervall) `[vcd]`
`spearman.test()`	exakte Abhängigkeitsprüfung mit dem Rangkorrelationskoeffzienten von Spearman `[pspearman]`

Kapitel 6: Ausgewählte Modelle der Varianzanalyse

`anova()`	Vergleich von mit `lm()` berechneten linearen Modellen (z. B. Null- und Alternativmodell)
`Anova()`	einfaktorielle ANOVA mit Messwiederholungen `[car]`
`aov()`	ein- und mehrfaktorielle ANOVA
`friedman.test()`	Friedman-Test
`kruskal.test()`	H-Test von Kruskal und Wallis
`leveneTest()`	Levene-Test `[car]`
`pairwise.t.test()`	multiple Vergleiche von Mittelwerten (LSD-Verfahren, Bonferroni-Korrektur, Bonferroni-Holm-Algorithmus u. a.)
`pf(..., ncp=...)`	Verteilungsfunktion der nicht-zentralen F-Verteilung mit Nichtzentralitätsparameter ncp
`power.anova.test()`	Power der einfaktoriellen Varianzanalyse (symmetrische Versuchsanlage)
`pwr.anova.test()`	Power der einfaktoriellen Varianzanalyse (symmetrische Versuchsanlage) `[pwr]`
`TukeyHSD()`	HSD-Test von Tukey

Kapitel 7: Einführung in multivariate Verfahren

`agnes()`	agglomerative, hierarchische Klassifikation `[cluster]`
`dist()`	Distanzmatrix
`eigen()`	Eigenwerte und Eigenvektoren einer Matrix
`lda()`	lineare Diskriminanzanalyse `[MASS]`
`pltree()`	Dendrogramm (für ein mit `agnes()` erzeugtes Objekt) `[cluster]`
`prcomp(), princomp()`	Hauptkomponentenanalyse
`principal()`	Hauptkomponentenanalyse `[psych]`

8.3 C: Lösungen der Aufgaben

C.1 Rechnen mit Wahrscheinlichkeiten

Abschn. 1.1:

1. a) $\Omega = \{(K, K), (K, Z), (Z, K), (Z, Z)\}$ (K und Z stehen für den Ausgang Kopf bzw. Zahl; das Wertepaar (K, Z) bedeutet, dass M_1 und M_2 die Ausgänge K bzw. Z zeigen.).
   b) $A = \{(K, K), (K, Z)\}$, $B = \{(K, Z), (Z, Z)\}$.
   c) $A \cap B = \{(K, Z)\}$.
2. $A^c = \{5, 6, 7, 8\}$, $B^c = \{1, 3, 5, 7\}$;
   $A \cup B = \{1, 2, 3, 4, 6, 8\}$, $(A \cup B)^c = \{5, 7\} = A^c \cap B^c$;
   $A \cap B = \{2, 4\}$, $(A \cap B)^c = \{1, 3, 5, 6, 7, 8\} = A^c \cup B^c$.
3. a) $\Omega = \{(M, M), (M, H), (M, F), (H, M), (H, H), (H, F), (F, M),$
   $(F, M), (F, F)\}$; (M, M) ist das Ereignis, dass P_1 und P_2 das Symbol M zeigen, (M, H) das Ereignis, dass P_1 das Symbol M und P_2 das Symbol H zeigt, usw.
   b) $A = \{(M, M), (M, H), (M, F)\}$, $B = \{(M, F), (H, F), (F, F)\}$
   c) $A \cap B = \{(M, F)\} \neq \emptyset$, d. h. A und B sind nicht disjunkt.

Abschn. 1.2:

1. $\Omega = \{VV, Vw, wV, ww\}$, $P(\{VV\}) = 1/4$.
2. Im Folgenden stehen M und K für eine Mädchen- bzw. Knabengeburt. Bei 3 Geburten umfasst die Ergebnismenge Ω folgende 8 Sequenzen: MMM, MMK, MKM, MKK, KMM, KMK, KKM und KKK. Zum Ereignis E, dass von den drei Geburten wenigstens 2 Mädchengeburten sind, gehören die 4 Sequenzen MMM, MMK, MKM und KMM. Daher ist $P(E) = |E|/|\Omega| = 4/8 = 1/2$.
3. Wenn die Eltern vom Genotyp $\alpha_1 \alpha_2$ bzw. $\beta_1 \beta_2$ sind, sind die möglichen Genotypen eines Kindes $\alpha_1 \beta_1$, $\alpha_1 \beta_2$, $\alpha_2 \beta_1$ und $\alpha_2 \beta_2$. Zwei abstammungsgleiche Gene (Ereignis E) haben zwei Kinder genau dann, wenn sie im Genotyp völlig übereinstimmen, d. h. beide Kinder vom Genotyp $\alpha_1 \beta_1$, $\alpha_1 \beta_2$, $\alpha_2 \beta_1$ oder $\alpha_2 \beta_2$ sind. Da es insgesamt $4 \times 4 = 16$ Kombinationen der Genotypen von zwei Geschwistern gibt, ist $|\Omega| = 16$ und $P(E) = 4/16 = 1/4$.
4. Beim Ausspielen von 2 Würfeln gibt es 36 mögliche Ausgänge, die als Zahlenpaare (i, j) mit $i, j = 1, 2, \ldots, 6$ dargestellt werden können. Eine durch 4 teilbare Summe besitzen die folgenden Zahlenpaare: $(1, 3)$, $(2, 2)$, $(2, 6)$, $(3, 1)$, $(3, 5)$, $(4, 4)$, $(5, 3)$, $(6, 2)$ und $(6, 6)$. Daher ist ist die gesuchte Wahrscheinlichkeit $9/36 = 1/4$.

Abschn. 1.3:

1. a) $P(A^c) = 6/36 = 1/6$ (A^c ist das Ereignis, beim zweimaligen Ausspielen
   eines Würfels zwei gleiche Zahlen zu erhalten), $P(A) = 1 - P(A^c) = 1 - 1/6 = 5/6$.
   b) $P(A)/P(A^c) = 5 : 1$.
2. $P(A \cup B) = P(A) + P(B) - P(A \cap B) = 0.05 + 0.025 - 0.005 = 0.07$.
3. $A \setminus B$ umfasst jene Elemente von A, die nicht in B liegen. Wegen $B \subseteq A$ liegt
   jedes Element von B in A. Daher gilt $A = B \cup (A \setminus B)$. Aus dem Kolmogorov'schen Axiom A3 folgt $P(A) = P(B) + P(A \setminus B)$ (die Ereignisse B und
   $A \setminus B$ sind disjunkt), d. h. $P(A \setminus B) = P(A) - P(B)$.

Abschn. 1.4:

1. $N = 4, n = 10, V(n, N) = V(10, 4) = 4^{10} = 1048576$.
2. $N = 2$ (Kopf K, Zahl Z), Anzahl der verschiedenen Ergebnissequenzen
   beim n-maligen Werfen: $V(2, n) = 2^n$. Bis auf die Sequenz aus lauter K
   enthalten alle Sequenzen mindestens ein K, d. h. die Wahrscheinlichkeit P,
   beim n-maligen Werfen eine Sequenz mit mindestens einem K zu erhalten, ist
   $P = (2^n - 1)/2^n$. Aus der Forderung $P \geq 0.99$ ergibt sich $2^n \geq 100$, d. h.
   $n \geq \ln 100 / \ln 2 = 6.64$.
3. Zu bestimmen ist in a) die Anzahl $C(n, N)$ der n-Kombinationen und in b)
   die Anzahl $P(n, N)$ der n-Permutationen aus N Elementen, wobei $n = 3$ und
   $N = 10$ ist; $C(3, 10) = \binom{10}{3} = 120$, $P(3, 10) = 10!/(10-3)! = 10 \cdot 9 \cdot 8 = 720$.
4. Es seien E_6 und E_3 die Ereignisse, dass der Tipp 6 richtige Zahlen bzw. genau
   3 richtige Zahlen aufweist.

   a) Da es insgesamt $\binom{45}{6} = 8145060$ verschiedene Tipps gibt, die mit gleicher
   Wahrscheinlichkeit gezogen werden, ist $P(E_6) = 1/\binom{45}{6} = 1.23 \cdot 10^{-7}$.

   b) Die Anzahl der Realisierungsmöglichkeiten, bei der Ziehung genau 3 der 6
   getippten Zahlen zu erhalten, ist durch die Anzahl der 3er-Kombinationen
   aus der Menge der 6 getippten Zahlen multipliziert mit der Anzahl der
   Möglichkeiten, drei der 39 Zahlen zu ziehen, die nicht mit den getippten
   Zahlen übereinstimmen; die Anzahl der für E_3 günstigen Ausgänge ist also
   durch $\binom{6}{3}\binom{39}{3} = 20 \cdot 9139 = 182780$ gegeben; damit errechnet man die
   Wahrscheinlichkeit $P(E_3) = 182780/8145060 = 2.24\%$ für die Errei-
   chung eines Gewinnrangs mit genau 3 richtigen Zahlen.

   c) Die entsprechenden Wahrscheinlichkeiten für das deutsche Zahlenlotto
   sind: $P(E_6) = 7.15 \cdot 10^{-8}$, $P(E_3) = 1.77\%$.

Abschn. 1.5:

1. $P(A) = \frac{r}{n}$, $P(A \cap B) = \frac{r(r-1)}{n(n-1)}$, $P(B|A) = \frac{P(A \cap B)}{P(A)} = \frac{r-1}{n-1}$.
2. Die Ergebnismenge Ω umfasst die 8 Sequenzen (M und K stehen für Mädchen-
   bzw. Knabengeburt) MMM, MMK, MKM, MKK, KMM, KMK, KKM

und KKK. Es seien $A = \{MMM\}$, $B = \{MMM, MMK, MKM, MKK\}$ und $C = \Omega \setminus \{KKK\}$ die Ereignisse, dass alle drei Kinder Mädchen sind bzw. das erstgeborene ein Mädchen ist bzw. eines der Kinder ein Mädchen ist. Offensichtlich ist $A \cap B = A \cap C = \{MMM\}$.

a) $P(A|B] = \frac{P(A \cap B)}{P(A)} = \frac{P(A)}{P(B)} = \frac{1/8}{4/8} = \frac{1}{4}.$

b) $P(A|C] = \frac{P(A \cap C)}{P(A)} = \frac{P(A)}{P(C)} = \frac{1/8}{7/8} = \frac{1}{7}.$

3. a) $W = P(W_{60}|W_{40}) = P(W_{60} \cap W_{40})/P(W_{40}) = P(W_{60})/P(W_{40}) = 0.935/0.985 = 94.92\,\%,$

   $M = P(M_{65}|M_{45}) = P(M_{65})/P(M_{45}) = 0.815/0.957 = 85.16\,\%.$

   b) $P = MW = 0.9492 \cdot 0.8516 = 80.8\,\%$ (dabei wird die Unabhängigkeit der Ereignisse vorausgesetzt, dass die Partner die 20 Jahre überleben).

4. Das Los wird angenommen, wenn in der Prüfstichprobe vom Umfang $n = 55$ entweder alle Einheiten fehlerfrei sind (Ereignis A) oder genau eine Einheit fehlerhaft (Ereignis B) ist. Die Wahrscheinlichkeiten dieser Ereignisse sind:

   $P(A) = (1 - p)^n = 0.995^{55} = 0.7590,$

   $P(B) = n(1 - p)^{54} p = 55 \cdot 0.995^{54} \cdot 0.005 = 0.2098;$

   bei der Berechnung von $P(A)$ wurde die Multiplikationsregel für unabhängige Ereignisse angewendet. Bei der Berechnung von $P(B)$ wurde B aus den n (einander ausschließenden) Ereignissen, dass die erste Einheit fehlerhaft ist (und die anderen fehlerfrei sind), die zweite Einheit fehlerhaft ist usw. zusammengesetzt und anschließend die Additionsregel und die Mutiplikationsregel verwendet.

   Mit der Additionsregel ergibt sich als Annahmewahrscheinlichkeit $P(A) + P(B) = 96.88\,\%.$

Abschn. 1.6:

1. Es seien A und B die Ereignisse, dass ein Beschäftigter einen tertiären Abschluss besitzt bzw. in leitender Funktion tätig ist. Den Angaben entnimmt man die Wahrscheinlichkeiten $P(A) = 0.3$, $P(B|A) = 0.8$ und $P(B|A^c) = 0.3$. Es folgt $P(A^c) = 1 - P(A) = 0.7$ und mit dem Satz von der totalen Wahrscheinlichkeit $P(B) = P(B|A)P(A) + P(B|A^c)P(A^c) = 0.8 \cdot 0.3 + 0.3 \cdot 0.7 = 0.45.$ Damit ergibt sich $P(A|B) = P(B|A)P(A)/P(B) = 0.8 \cdot 0.3/0.45 = 53.33\,\%.$

2. Es seien K_1, K_2 und S die Ereignisse, dass eine Person an K_1 bzw. K_2 erkrankt ist bzw. das Symptom S zeigt. Gegeben sind die Wahrscheinlichkeiten $P(K_1) = 0.003$, $P(K_2) = 0.005$, $P(S|K_1) = 0.75$ und $P(S|K_2) = 0.5$. Dann ist $P(S) = P(S|K_1)P(K_1) + P(S|K_2)P(K_2) = 0.75 \cdot 0.003 + 0.5 \cdot 0.005 = 0.00475$, $P(K_1|S) = P(S|K_1)P(K_1)/P(S) = 0.75 \cdot 0.003/0.00475 = 47.37\,\%$ und $P(K_2|S) = P(S|K_2)P(K_2)/P(S) = 0.5 \cdot 0.005/0.00475 = 52.63\,\%.$

3. Es seien D_+ und D_- die Ereignisse, dass eine Person krank bzw. gesund ist,
   und T_+ und T_- die Ereignisse, dass der Testbefund positiv bzw. negativ ist.
   Gesucht ist $P(D_+|T_+) = P(T_+|D_+)P(D_+)/P(T_+)$.
   Mit $P(D_+) = 0.005$, $P(T_+|D_-) = 0.003$ und $P(T_-|D_+) = 0.1$ erhält man
   zunächst $P(T_+|D_+) = 1 - P(T_-|D_+) = 0.9$ sowie $P(D_-) = 1 - P(D_+) =$
   0.995 und weiter mit dem Satz von der totalen Wahrscheinlichkeit
   $P(T_+) = P(T_+|D_+)P(D_+) + P(T_+|D_-)P(D_-) = 0.9 \cdot 0.005 +$
   $0.003 \cdot 0.995 = 0.007485$. Es folgt $P(D_+|T_+) = 0.9 \cdot 0.005/0.007485 =$
   60.12%.
4. $P(K_1|A) = P(A|K_1)P(K_1)/P(A)$, $P(K_2|A) = P(A|K_2)P(K_2)/P(A)$.
   Mit $P(K_1) = P(K_2) = 0.5$, $P(A|K_1) = 0.7$ und $P(A|K_2) = 0.5$ ergibt sich
   $P(A) = P(A|K_1)P(K_1) + P(A|K_2)P(K_2) = 0.7 \cdot 0.5 + 0.5 \cdot 0.5 = 0.6$ (Satz
   von der totalen Wahrscheinlichkeit). Es folgen $P(K_1|A) = 0.7 \cdot 0.5/0.6 =$
   58.33% und $P(K_2|A) = 0.5 \cdot 0.5/0.6 = 41.67\%$. Auf Grund der höheren
   Wahrscheinlichkeit wäre O der Klasse 1 zuzuteilen.
5. Gegeben sind die Wahrscheinlichkeiten $P(T_+|K) = 0.95$, $P(T_+|K^c) = 0.05$
   und $P(T_+) = 0.23$; gesucht ist $P(K)$. Mit dem Satz von der totalen Wahrschein-
   lichkeit ergibt sich $P(T_+) = P(T_+|K)P(K) + P(T_+|K^c)P(K^c) = 0.23$.
   Setzt man $P(K^c) = 1 - P(K)$ ein und löst die Gleichung nach $P(K)$ auf, folgt
   mit den Zahlenangaben $P(K) = 20\%$.

C.2 Zufallsvariablen und Wahrscheinlichkeitsverteilungen

Abschn. 2.2:

1. a) $D_X = \{0, 1, 2, 3\}$
   b) $f(0) = f(3) = 1/8$, $f(1) = f(2) = 3/8$, $f(x) = 0$ für alle reellen
   $x \notin D_X$
   c) $F(2) = P(X \le 2) = f(0) + f(1) + f(2) = 7/8$.
2. Die Wahrscheinlichkeit, dass eine Tochterpflanze mit rundem Samen entsteht, ist $p = 3/4$; die Auswahl der drei Tochterpflanzen kann als 3-stufiges
   Bernoulli-Experiment mit der Erfolgswahrscheinlichkeit p dargestellt werden.
   $D_X = \{0, 1, 2, 3\}$; Wahrscheinlichkeitsfunktion: $f(0) = (1 - p)^3 = 1/64$,
   $f(1) = 3p(1 - p)^2 = 9/64$, $f(2) = 3p^2(1 - p) = 27/64$, $f(3) = p^3 =$
   $27/64$, $f(x) = 0$ für $x \notin D_X$;
   graphische Darstellung (Stabdiagramm): siehe Abb. 2.3.
3. a) $D_X = \{2, 3, \dots, 12\}$; Wahrscheinlichkeitsfunktion: $f(2) = f(12) = 1/36$,
   $f(3) = f(11) = 2/36$, $f(4) = f(10) = 3/36$, $f(5) = f(9) = 4/36$,
   $f(6) = f(8) = 5/36$, $f(7) = 6/36$.
   b) siehe Abb. 8.1.
   c) $x_i = i + 1$, $(i = 1, 3, \dots, 11)$; $F(x_{i+1}) = P(X \le x_{i+1}) = P(X \le$
   $x_i) + P(x_i < X \le x_{i+1}) = F(x_i) + P(X = x_{i+1}) = F(x_i) + f(x_{i+1})$.

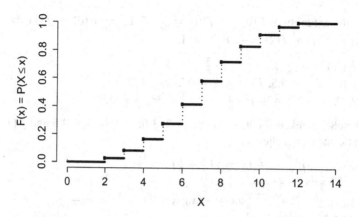

Abb. 8.1 Verteilungsfunktion der Summe X der Augenzahlen beim 2-maligen Ausspielen eines Würfels (zu Aufgabe 3b von Abschn. 2.2)

Abschn. 2.3:

1. a) $f(x) = 1/4$ für $-2 \leq x \leq 2$ und $f(x) = 0$ für alle übrigen reellen x.
   b) $F(x) = 0$ für $x < -2$, $F(x) = x/4 + 1/2$ für $-2 \leq x \leq 2$ und $F(x) = 1$ für $x > 2$.
   c) $P(X > 1) = 1 - P(X \leq 1) = 1 - F(1) = 1/4$.
2. a) $P(X > 1) = 1 - P(X \leq 1) = 1 - \Phi(1) = 0.8413$.
   b) $P(X \leq -1) = P(X \geq 1) = 1 - P(X < 1) = 1 - \Phi(1) = 0.8413$.
   c) $P(-1 < X \leq 1) = \Phi(1) - \Phi(-1) = 2\Phi(1) - 1 = 0.6827$.
3. a) $F(x) = 0$ für $x < -1$, $F(x) = \int_{-1}^{x}(1 + \xi)d\xi = 1/2 + x + x^2/2$ für $-1 \leq x \leq 0$, $F(x) = \int_{-1}^{0}(1 + \xi)d\xi + \int_{0}^{x}(1 - \xi)d\xi = 1/2 + x - x^2/2$ für $0 < x \leq 1$, $F(x) = 1$ für $x > 1$.
   b) $P(X \leq 1/2) = F(1/2) = 1/2 + 1/2 - 1/8 = 7/8$.

Abschn. 2.4:

1. $X: D_X = \{0, 1, 2\}$; Wahrscheinlichkeitsfunktion: $f(0) = (1 - p)^2 = \frac{9}{16}$, $f(1) = 2p(1 - p) = \frac{6}{16}$, $f(2) = p^2 = \frac{1}{16}$; Verteilungsfunktion: $F(0) = f(0) = \frac{9}{16}$, $F(1) = F(0) + f(1) = \frac{15}{16}$, $F(2) = 1$.

   a) $E(X) = 0 \cdot \frac{9}{16} + 1 \cdot \frac{6}{16} + 2 \cdot \frac{1}{16} = \frac{1}{2}$.
   b) $F(0) = \frac{9}{16} = 0.5625 \geq 0.5$, $x_{0.5} = 0$.
   c) $F(1) = \frac{15}{16} = 0.9375 \geq 0.75$, $x_{0.75} = 1$.

2. Erfolgswahrscheinlichkeit: $p = 0.5$; $D_X = \{0, 1, 2, 3\}$;
   Wahrscheinlichkeitsfunktion: $f(0) = (1 - p)^3 = \frac{1}{8}$, $f(1) = 3p(1 - p)^2 = \frac{3}{8}$, $f(2) = 3p^2(1 - p) = \frac{3}{8}$, $f(3) = p^3 = \frac{1}{8}$;

Verteilungsfunktion: $F(0) = f(0) = \frac{1}{8}, F(1) = F(0) + f(1) = \frac{1}{2}$,
$F(2) = F(1) + f(2) = \frac{7}{8}, F(3) = 1$.

a) $E(X) = 0 \cdot \frac{1}{8} + 1 \cdot \frac{3}{8} + 2 \cdot \frac{3}{8} + 3 \cdot \frac{1}{8} = \frac{3}{2}$.

b) $F(0) = \frac{1}{8} < 0.5, F(1) = \frac{1}{2} \geq 0.5, x_{0.5} = 1$.

c) $E(X^2) = 0^2 \cdot \frac{1}{8} + 1^2 \cdot \frac{3}{8} + 2^2 \cdot \frac{3}{8} + 3^2 \cdot \frac{1}{8} = 3$.

3. Wahrscheinlichkeitsdichte f: $f(x) = 2/3$ für $-1 \leq x \leq 0.5$ und $f(x) = 0$ für alle anderen reellen x.

a) $E(X) = \int_{-1}^{1/2} x \cdot \frac{2}{3} dx = \frac{2}{3}\left(\frac{1}{8} - \frac{1}{2}\right) = -\frac{1}{4}$.

b) $\int_{-1}^{x_{0.5}} \frac{2}{3} dx = \frac{2}{3}(x_{0.5}+1) = \frac{1}{2}, x_{0.5} = -\frac{1}{4}; \int_{-1}^{x_{0.25}} \frac{2}{3} dx = \frac{2}{3}(x_{0.25}+1) = \frac{1}{4}$,
$x_{0.25} = -\frac{5}{8}; \int_{-1}^{x_{0.75}} \frac{2}{3} dx = \frac{2}{3}(x_{0.75} + 1) = \frac{3}{4}, x_{0.75} = \frac{1}{8}$.

c) $E(X^2) = \int_{-1}^{1/2} x^2 \cdot \frac{2}{3} dx = \frac{2}{3}\left(\frac{1}{24} + \frac{1}{3}\right) = \frac{3}{16}$.

4. a) Wenn man zur Variablen $Y = X - c$ übergeht, wird die Symmetriestelle $x = c$ in den Nullpunkt $y = 0$ verlegt. Für die Wahrscheinlichkeitsfunktion $g(y) = f(y + c)$ von Y gilt statt $f(c - x) = f(c + x)$ die Symmetrieforderung $g(-y) = g(y)$. Wir zeigen, dass $E(Y) = 0$ ist, woraus $E(X) = E(Y) + c = c$ folgt.
Es ist $E(Y) = \int_{-\infty}^{+\infty} yg(y)dy = I_1 + I_2$ mit $I_1 = \int_{-\infty}^{0} yg(y)dy$ und $I_2 = \int_{0}^{+\infty} yg(y)dy$. Führt man im Integral I_1 die neue Integrationsvariable $\eta = -x$ ein, erhält man $I_1 = \int_{\infty}^{0} (-\eta)g(-\eta)(-d\eta) = -\int_{0}^{\infty} \eta g(-\eta)d\eta = -\int_{0}^{\infty} \eta g(\eta)d\eta = -I_2$. Also ist $E(Y) = I_1 + I_2 = 0$.

b) Wertemenge $D_X = \{b\}$, Wahrscheinlichkeitsfunktion: $f(b) = 1, f(x) = 0$ für $x \neq b$; $E(X) = b \cdot 1 = b$.

Abschn. 2.5:

1. Wertemenge: $D_X = \{1, 2, 3, 4, 5, 6\}$, Wahrscheinlichkeitsfunktion: $f(i) = 1/6$ $(i = 1, 2, \ldots, 6)$; $E(X) = \sum_{i=1}^{6} if(i) = \frac{1}{6}(1 + 2 + \cdots + 6) = \frac{21}{6} = \frac{7}{2}$,
$E(X^2) = \sum_{i=1}^{6} i^2 f(i) = \frac{1}{6}(1^2 + 2^2 + \cdots + 6^2) = \frac{1}{6}(1 + 4 + 9 + 16 + 25 + 36) = \frac{91}{6}; Var(X) = \frac{91}{6} - \frac{49}{4} = \frac{35}{12}$.

2. $c = 0.05, P(14.95 < X < 15.05) \geq 1 - 0.001/0.05^2 = 0.6$.

3. a) $m_1 = \mu_X = \int_0^1 x \cdot 2x dx = (2x^3/3)|_0^1 = \frac{2}{3}$.

b) $m_2 = \int_0^1 x^2 \cdot 2x dx = (2x^4/4)|_0^1 = \frac{1}{2}$.

c) $c_2 = \sigma_X^2 = m_2 - m_1^2 = \frac{1}{18}$.

d) $m_3 = \int_0^1 x^3 \cdot 2x dx = (2x^5/5)|_0^1 = \frac{2}{5}$.

e) $c_3 = m_3 - 3m_2m_1 + 2m_1^3 = \frac{2}{5} - 3 \cdot \frac{1}{2} \cdot \frac{2}{3} + 2 \cdot \frac{8}{27} = -\frac{1}{135}$.

f) $\gamma = c_3/\sigma_X^3 = -18\sqrt{18}/135 = -2 \cdot 3\sqrt{2}/15 = -2\sqrt{2}/5$.

Tab. 8.8 Darstellung der gemeinsamen Verteilung der Zufallsvariablen X (Minimum der beim ersten und zweiten Wurf erreichten Augenzahlen) und Y (Maximum der Augenzahlen). Der Würfel trägt die Augenzahlen 1, 2 und 3 jeweils auf zwei gegenüberliegenden Flächen. Es sind nur die von null verschiedenen Wahrscheinlichkeiten angeschrieben

X	Y 1	2	3	$\sum$
1	1/9	2/9	2/9	5/9
2		1/9	2/9	3/9
3			1/9	1/9
$\sum$	1/9	3/9	5/9	1

Abschn. 2.6:

1. Gemeinsame Verteilung von X und Y: siehe Tab. 8.8.

   a) X und Y sind nicht unabhängig, da z. B. $f(1,2) = P(\{X = 1\} \cap \{Y = 2\}) = \frac{2}{9} \neq P(X = 1)P(Y = 2) = \frac{5}{9}\frac{3}{9} = \frac{15}{81}$ ist.

   b) $E(X) = 1 \cdot \frac{5}{9} + 2 \cdot \frac{3}{9} + 3 \cdot \frac{1}{9} = \frac{14}{9}$, $E(Y) = 1 \cdot \frac{1}{9} + 2 \cdot \frac{3}{9} + 3 \cdot \frac{5}{9} = \frac{22}{9}$;

   $E(X^2) = 1^2 \cdot \frac{5}{9} + 2^2 \cdot \frac{3}{9} + 3^2 \cdot \frac{1}{9} = \frac{26}{9}$, $\sigma_X^2 = \frac{26}{9} - \frac{196}{81} = \frac{38}{81}$,

   $E(Y^2) = 1^2 \cdot \frac{1}{9} + 2^2 \cdot \frac{3}{9} + 3^2 \cdot \frac{5}{9} = \frac{58}{9}$, $\sigma_Y^2 = \frac{58}{9} - \frac{484}{81} = \frac{38}{81}$,

   $E(XY) = 1 \cdot \frac{1}{9} + 2 \cdot \frac{2}{9} + 3 \cdot \frac{2}{9} + 4 \cdot \frac{1}{9} + 6 \cdot \frac{2}{9} + 9 \cdot \frac{1}{9} = \frac{32}{9}$,

   $Cov(X,Y) = \frac{32}{9} - \frac{14}{9}\frac{22}{9} = -\frac{20}{81}$, $\rho_{XY} = -\frac{20}{81}\frac{9}{\sqrt{38}}\frac{9}{\sqrt{38}} = -\frac{10}{19}$.

2. a) $D_X = \{2, 3, 4, 5, 6\}$;

   Wahrscheinlichkeitsfunktion: $f(2) = f(6) = \frac{1}{9}$, $f(3) = f(5) = \frac{2}{9}$, $f(4) = \frac{3}{9}$;

   $E(X) = 2 \cdot \frac{1}{9} + 3 \cdot \frac{2}{9} + 4 \cdot \frac{3}{9} + 5 \cdot \frac{2}{9} + 6 \cdot \frac{1}{9} = \frac{36}{9} = 4$,

   $E(X^2) = 2^2 \cdot \frac{1}{9} + 3^2 \cdot \frac{2}{9} + 4^2 \cdot \frac{3}{9} + 5^2 \cdot \frac{2}{9} + 6^2 \cdot \frac{1}{9} = \frac{156}{9} = \frac{52}{3}$,

   $\sigma^2 = \frac{32}{3} - 4^2 = \frac{4}{3}$.

   b) $c = 0.05\mu = 0.05 \cdot 4 = 0.2$,

   $P = P(3.8 < \bar{X}_n < 4.2) \geq 1 - \frac{\sigma^2}{nc^2} = 1 - \frac{4}{3 \cdot 0.2^2 n} = 1 - \frac{4}{0.12n}$;

   $P \geq 0.95 \Rightarrow 1 - \frac{4}{0.12n} \geq 0.95 \Leftrightarrow n \geq \frac{4}{0.05 \cdot 0.12} = 666.67$.

3. a) Mögliche Auswahlsequenzen (I steht für intakt, D für defekt): II, ID, DI und DD; Wahrscheinlichkeiten: $P(II) = \frac{2}{3} \cdot \frac{2}{3} = \frac{4}{9}$, $P(ID) = \frac{2}{3} \cdot \frac{1}{3} = \frac{2}{9}$,

   $P(DI) = \frac{1}{3} \cdot \frac{2}{3} = \frac{2}{9}$, $P(DD) = \frac{1}{3} \cdot \frac{1}{3} = \frac{1}{9}$;

   Menge der möglichen Wertepaare (x, y): $D_{XY} = \{(0, 2), (1, 1), (2, 0)\}$;

   Gemeinsame Verteilungsfunktion: $f(0, 2) = P(\{X = 0\} \cap \{Y = 2\}) = P(DD) = \frac{1}{9}$, $f(1, 1) = P(\{X = 1\} \cap \{Y = 1\}) = P(DI) + P(ID) = \frac{4}{9}$,

   $f(2, 0) = P(\{X = 2\} \cap \{Y = 0\}) = P(II) = \frac{4}{9}$, $f(x, y) = 0$ für $(x, y) \notin D_{XY}$;

   b) $E(X) = 0 \cdot \frac{4}{9} + 1 \cdot \frac{4}{9} + 2 \cdot \frac{4}{9} = \frac{4}{3}$, $E(Y) = 0 \cdot \frac{4}{9} + 1 \cdot \frac{4}{9} + 2 \cdot \frac{1}{9} = \frac{2}{3}$;

   $E(X^2) = 0^2 \cdot \frac{1}{9} + 1^2 \cdot \frac{4}{9} + 2^2 \cdot \frac{4}{9} = \frac{20}{9}$, $\sigma_X^2 = \frac{20}{9} - \frac{16}{9} = \frac{4}{9}$;

   $E(Y^2) = 0^2 \cdot \frac{4}{9} + 1^2 \cdot \frac{4}{9} + 2^2 \cdot \frac{1}{9} = \frac{8}{9}$, $\sigma_Y^2 = \frac{8}{9} - \frac{4}{9} = \frac{4}{9}$;

   c) $E(XY) = 2 \cdot 0 \cdot \frac{4}{9} + 1 \cdot 1 \cdot \frac{4}{9} + 0 \cdot 2 \cdot \frac{1}{9} = \frac{4}{9}$,

   $Cov(X, Y) = \frac{4}{9} - \frac{4}{3} \cdot \frac{2}{3} = -\frac{4}{9}$, $\rho_{XY} = -\frac{4}{9} \cdot \frac{3}{2} \cdot \frac{3}{2} = -1$.

Abschn. 2.7:

1. X =„Anzahl der Produkte außerhalb des Toleranzbereichs", $X \sim B_{n,p}$ mit
   $n = 10$ und $p = P(\{L > T_o\} \cup \{L < T_u\}) = P(L > T_o) + P(L < T_u) = 0.05$; $P = P(X \leq 2) = B_{10,0.05}(0) + B_{10,0.05}(1) + B_{10,0.05}(2) = \binom{10}{0}0.05^0 0.95^{10} + \binom{10}{1}0.05^1 0.95^9 + \binom{10}{2}0.05^2 0.95^8 = 0.95^{10} + 10 \cdot 0.05 \cdot 0.95^9 + 45 \cdot 0.05^2 \cdot 0.95^8 = 98.85\,\%.$

```
> # Lösung mit R:
> P <- pbinom(2, 10, 0.05); P
[1] 0.9884964
```

2. X =„Anzahl der Zwiebeln, die austreiben", $X \sim B_{n,p}$ mit $n = 5$ und $p = 0.8$;
   $P = P(X \geq 4) = B_{5,0.8}(4) + B_{5,0.8}(5) = \binom{5}{4}0.8^4 0.2^1 + \binom{5}{5}0.8^5 0.2^0 = 5 \cdot 0.8^4 \cdot 0.2 + 1 \cdot 0.8^5 = 73.73\,\%.$

```
> # Lösung mit R:
> P <- dbinom(4, 5, 0.8)+dbinom(5, 5, 0.8); P
[1] 0.73728
```

3. X =„Anzahl der fehlerhaften Einheiten", $X \sim B_{n,p}$ mit $n = 100$ und $p = 0.005$;
   $P = P(X \leq 3) = B_{100,0.005}(0) + B_{100,0.005}(1) + B_{100,0.005}(2) + B_{100,0.005}(3)$, $B_{100,0.005}(0) = \binom{100}{0}0.005^0 0.995^{100} = 0.605770$,
   $B_{100,0.005}(1) = B_{100,0.005}(0)\frac{100 \cdot 0.005}{1 \cdot 0.995} = 0.304407$, $B_{100,0.005}(2) = B_{100,0.005}(1)\frac{99 \cdot 0.005}{2 \cdot 0.995} = 0.075719$, $B_{100,0.005}(3) = B_{100,0.005}(2)\frac{98 \cdot 0.005}{3 \cdot 0.995} = 0.012430$, $P = 99.83\,\%.$

```
> # Lösung mit R:
> pbinom(3, 100, 0.005)
[1] 0.9983267
```

4. X =„Anzahl der Pflanzen mit grüner Hülsenfarbe", $X \sim B_{n,p}$ mit $n = 580$ und $p = 0.75$; $E(X) = np = 580 \cdot 0.75 = 435$, erwartete Anzahl von Pflanzen mit gelber Hülsenfarbe: $580 - 435 = 145$.

Abschn. 2.8:

1. X =„Anzahl der Komplikationen", $X \sim B_{n,p}$ mit $n = 100$ und $p = 0.05$,
   $P = P(X > 2) = 1 - P(X \leq 2)$;

   a) Approximation der $B_{n,p}$-Verteilung durch die Poisson-Verteilung: $\lambda = np = 5$, $P(X \leq 2) \approx P_5(0) + P_5(1) + P_5(2) = e^{-5} + e^{-5}\frac{5^1}{1!} + e^{-5}\frac{5^2}{2!} = 0.006738 + 0.033690 + 0.084224 = 0.124652$, $P \approx 1 - 0.124652 = 0.875348$;

   b) Exakte Rechnung: $P(X \leq 2) = B_{100,0.05}(0) + B_{100,0.05}(1) + B_{100,0.05}(2) = \binom{100}{0}0.05^0 0.95^{100} + \binom{100}{1}0.05^1 0.95^{99} + \binom{100}{2}0.05^2 0.95^{98} = 0.005921 + 0.031161 + 0.081182 = 0.118264$, $P = 1 - 0.118264 = 0.881736$; der approximative Wert ist um $|0.875348 - 0.881736|/0.881736 \cdot 100 = 0.7\,\%$ kleiner als der exakte.

```
> # Lösung mit R:
> # Approximation mit der Poisson-Verteilung
```

```
> P_approx <- 1-ppois(2, 5); P_approx
[1] 0.875348
> # Exakte Rechnung mit der Binomialverteilung
> P_exakt <- 1-pbinom(2, 100, 0.05); P_exakt
[1] 0.881737
> # Approximationsfehler
> abs(P_approx-P_exakt)/P_exakt*100
[1] 0.7245968
```

2. $X =$„Anzahl der fehlerhaften Einheiten", $X \sim B_{n,p}$ mit $n = 1000$ und $p = 0.0025$; wegen $n \geq 10$ und $p \leq 0.1$ kann die $B_{n,p}$-Verteilung durch die Poisson-Verteilung mit $\lambda = np = 2.5$ approximiert werden.

$P = P(X \leq 5) \approx \sum_{x=0}^{5} P_{2.5}(x)$, $P_{2.5}(0) = e^{-2.5} = 0.082085$,

$P_{2.5}(1) = 2.5 P_{2.5}(0) = 0.205213$, $P_{2.5}(2) = \frac{2.5}{2} P_{2.5}(1) = 0.256516$,

$P_{2.5}(3) = \frac{2.5}{3} P_{2.5}(2) = 0.213763$, $P_{2.5}(4) = \frac{2.5}{4} P_{2.5}(3) = 0.133602$,

$P_{2.5}(3) = \frac{2.5}{5} P_{2.5}(4) = 0.066801$; $P \approx 95.80\%$.

```
> # Lösung mit R:
> # Approximation mit der Poisson-Verteilung
> P <- ppois(5, 2.5); P
[1] 0.957979
> # Exakte Rechnung mit der Binomialverteilung
> P <- pbinom(5, 1000, 0.0025); P
[1] 0.9581879
```

3. $X =$„Anzahl der fehlerhaften Einheiten in der Prüfstichprobe", $X \sim H_{a,N-a,n}$ mit $a = 2$, $N = 40$ und $n = 5$; $P_{an} = H_{2,38,5}(0) = \binom{2}{0}\binom{38}{5}/\binom{40}{5} = 0.7628$.

```
> # Lösung mit R:
> P_an <- dhyper(0, 2, 38, 5); P_an
[1] 0.7628205
```

4. $Y =$ „Anzahl der Neuinfektionen", $Y \sim$ negativ binomialverteilt mit Mittelwert $\mu = 3 = r(1 - p)/p$ und $\sigma^2 = 5 = \mu/p \rightarrow p = 3/5 = 0.6$ und $r = 3 \cdot 0.6/(1 - 0.6) = 4.5$;

a) $P(Y = 3) = \frac{4.5(4.5+1)(4.5+2)}{6} 0.6^{4.5} \cdot 0.4^3 = 0.1723$ (2.33);

b) $P(Y < 3) = P(Y = 0) + P(Y = 1) + P(Y = 2) = 0.1004 + 0.1807 + 0.1988 = 0.4799$

c) $P(Y > 3) = 1 - P(Y \leq 3) = 1 - 0.4799 - 0.1723 = 0.3478$.

```
> # Loesung mit R:
> mu <- 3; sigma2 <- 5; options(digits=4)
> p <- mu/sigma2; r <- p*mu/(1-p)
> print(cbind(p, r))
         p   r
[1,] 0.6 4.5
> # a)
> dnbinom(3, r, p)
[1] 0.1723
> # b)
> y <- 0:3; dn <- dnbinom(y, r, p)
> print(cbind(y, dn), digits=4)
       y      dn
[1,]  0  0.1004
[2,]  1  0.1807
[3,]  2  0.1988
[4,]  3  0.1723
> Pyk3 <- pnbinom(2, r, p); Pyk3
```

```
[1] 0.4799
> # c)
> PYg3 <- 1-pnbinom(3, r, p); PYg3
[1] 0.3479
```

Abschn. 2.9:

1. $X \sim N(\mu, \sigma^2)$ mit $\mu = 16$ und $\sigma = \sqrt{0.09} = 0.3$, Verteilungsfunktion F;
   $IQR = x_{0.75} - x_{0.25}, x_{0.75} = \sigma z_{0.75} + \mu, x_{0.25} = \sigma z_{0.25} + \mu,$
   $IQR = \sigma(z_{0.75} - z_{0.25}), z_{0.75} = 0.6745, z_{0.25} = -z_{0.75}; IQR = 2\sigma z_{0.75};$
   $P = P(\mu - IQR < X < \mu + IQR) = 2P(\mu < X < \mu + IQR) =$
   $2(F(\mu + IQR) - F(\mu)) = 2F(\mu + IQR) - 1 = 2\Phi\left(\frac{\mu + IQR - \mu}{\sigma}\right) - 1 =$
   $2\Phi(2z_{0.75}) - 1 = 2\Phi(1.3490) - 1 = 2 \cdot 0.9113 - 1 = 1.8227 - 1 = 82.27\%.$

```
> # Lösung mit R:
> mu <- 16; sigma <- sqrt(0.09);
> IQR <- sigma*(qnorm(0.75)-qnorm(0.25))
> print(cbind(mu, sigma, IQR))
      mu sigma       IQR
[1,] 16   0.3 0.4046939
> P <- pnorm(mu+IQR, mu, sigma)- pnorm(mu-IQR, mu, sigma); P
[1] 0.8226564
```

2. $X \sim N(\mu, \sigma^2)$ mit $\mu = 100$ und $\sigma = 10$, Verteilungsfunktion F; $x_{0.75} = \sigma z_{0.75} + \mu, P(\mu < X < x_{0.75}) = F(x_{0.75}) - F(\mu) = \Phi\left(\frac{\sigma z_{0.75} + \mu - \mu}{\sigma}\right) - \Phi(0) = \Phi(z_{0.75}) - 0.5 = \Phi(0.6745) - 0.5 = 0.75 - 0.5 = 25\%.$

```
> # Lösung mit R:
> mu <- 100; sigma <- 10 # Verteilungsparameter
> q3 <- qnorm(0.75, mu, sigma); q3 # oberes Quartil
[1] 106.7449
> pnorm(q3, mu, sigma)- pnorm(mu, mu, sigma)
[1] 0.25
```

3. $X \sim N(\mu_X, \sigma_X^2)$ mit $\mu_X = 60$ und $\sigma_X = 3$, Verteilungsfunktion F_X;

   a) $P = P(\{X < 55\} \cup \{X > 65\}) = P(X < 55) + P(X > 65) = P(X < 55) + 1 - P(X \le 65) = F_X(55) + 1 - F_X(65) = \Phi(-5/3) + 1 - \Phi(5/3) = 1 - \Phi(5/3) + 1 - \Phi(5/3) = 2 - 2\Phi(5/3) = 2 - 2 \cdot 0.9522 = 0.0956;$

   b) $Y =$„Anzahl der Personen mit kritischem Wert", $Y \sim B_{n,p}$-verteilt mit $n = 150$ und $p = P = 0.0956$; wegen $np(1 - p) = 12.9691 > 9$ kann die Binomialverteilung durch die $N(\mu_Y, \sigma_Y^2)$-Verteilung mit $\mu_Y = np = 14.34$ und $\sigma_Y = \sqrt{np(1 - p)} = 3.6013$ approximiert werden (Verteilungsfunktion F_N);
   mit der Stetigkeitskorrektur ergibt sich: $P(Y \le 10) \approx F_N(10 + 0.5) = \Phi\left(\frac{10 + 0.5 - 14.34}{3.6013}\right) = \Phi(-1.0663) = 1 - \Phi(1.0663) = 14.31\%$ (mit den Binomialwahrscheinlichkeiten ergibt sich der exakte Wert $P(Y \le 10) = 14.13\%$).

```
> # Lösung mit R:
> # a) Bestimmung von P_krit
> muX <- 60; sigmaX <- 3
> P_krit <- pnorm(55, muX, sigmaX) +1 - pnorm(65, muX, sigmaX); P_krit
```

```
[1] 0.0955807 # im Folgenden gerundet auf 0.0956
> # b) Bestimmung von P10
> n <- 150; p <- 0.0956
> muY <- n*p; sigmaY <- sqrt(n*p*(1-p))
> print(cbind(muY, sigmaY))
      muY    sigmaY
[1,] 14.34 3.601263
> n*p*(1-p) # Faustformel für Normalverteilungsapproximation (>9)
[1] 12.96910
> P10_approx <- pnorm(10+0.5, muY, sigmaY); P10_approx
[1] 0.1431457
> P10_exakt <- pbinom(10, n, p); P10_exakt
[1] 0.1413298
```

Abschn. 2.10:

1. $\ln X \sim N(\mu, \sigma^2)$ mit $\mu = 1.5$ und $\sigma = 0.6$.

   a) $P(X \le x_{0.5}) = P(\ln X \le \ln x_{0.5}) = 0.5 \Rightarrow \ln x_{0.5} = \mu \Leftrightarrow x_{0.5} = e^{\mu} = e^{1.5} = 4.482;$

   b) $P(X \le x_{0.975}) = P(\ln X \le \ln x_{0.975}) = 0.975 \Rightarrow \ln x_{0.975} = \mu + \sigma z_{0.975} \Leftrightarrow x_{0.975} = e^{\mu + \sigma z_{0.975}} = 14.527.$

```
> # Lösung mit R:
> # a) Median
> mu <- 1.5; sigma <- sqrt(0.36)
> median <- qlnorm(0.5, mu, sigma); median
[1] 4.481689
> # b) 97.5%-Quantil q
> q <- qlnorm(0.975, mu, sigma); q
[1] 14.52656
```

2. X ist exponentialverteilt mit $\lambda = 0.0005$, Verteilungsfunktion F; $P = P(X > 3000) = 1 - P(\le 3000) = 1 - F(3000) = 1 - \left(1 - e^{-3000\lambda}\right) = e^{-1.5} = 22.31\,\%.$

```
> # Lösung mit R:
> P <- 1-pexp(3000, 5E-4); P
[1] 0.2231302
```

3. X ist Weibull-verteilt mit $a = 2$ und $b = 10$; Verteilungsfunktion F;

   a) Median: $F(x_{0.5}) = 1 - e^{-(x_{0.5}/b)^a} = 0.5 \Leftrightarrow e^{-(x_{0.5}/b)^a} = 0.5 \Leftrightarrow (x_{0.5}/b)^a = -\ln 0.5 \Leftrightarrow x_{0.5} = b(-\ln 0.5)^{(1/a)} = 8.33;$
   25 %-Quantil: $F(x_{0.25}) = 1 - e^{-(x_{0.25}/b)^a} = 0.25 \Leftrightarrow e^{-(x_{0.25}/b)^a} = 0.75 \Leftrightarrow x_{0.25} = b(-\ln 0.75)^{(1/a)} = 5.36;$
   75 %-Quantil: $F(x_{0.75}) = 1 - e^{-(x_{0.75}/b)^a} = 0.75 \Leftrightarrow e^{-(x_{0.75}/b)^a} = 0.25 \Leftrightarrow x_{0.75} = b(-\ln 0.25)^{(1/a)} = 11.77;$

   b) $\mu_X = b\Gamma\left(1 + \frac{1}{a}\right) = 10\Gamma(1.5) = 10\sqrt{\pi}/2 = 5\sqrt{\pi} = 8.86227;$
   $P = P(X < \mu_X) = F(\mu_X) = 1 - e^{-(\mu_X/b)^a} = 54.41\,\%.$

```
> # Lösung mit R:
> # a) Median, Quartile
> a <- 2; b <- 10
> q2 <- qweibull(0.5, a, b) # Median
> q1 <- qweibull(0.25, a, b); q3 <- qweibull(0.75, a, b) # Quartile
> print(cbind(q1, q2, q3))
```

```
        q1      q2      q3
[1,] 5.3636 8.325546 11.7741
> # b) Bestimmung von P
> muX <- b*gamma(1+1/a); muX
[1] 8.86227
> P <- pweibull(muX, a, b); P
[1] 0.5440619
```

C.3 Parameterschätzung

Abschn. 3.2:

1.
```
> # Lösung mit R:
> x <- c(27, 25, 23, 27, 23, 25, 25, 22, 25, 23, 26, 23, 24, 26, 26)
> options(digits=4)
> mw <- mean(x); mw # Mittelwert
[1] 24.67
> s <- sd(x); s # Standardabweichung
[1] 1.589
> z <- (x-mw)/s; z # standardisierte Werte
 [1]  1.4688  0.2098 -1.0491  1.4688 -1.0491  0.2098  0.2098 -1.6786
 [9]  0.2098 -1.0491  0.8393 -1.0491 -0.4196  0.8393  0.8393
```

2. Stichprobenumfänge: $n_A = 4, n_B = 6$; Mittelwerte: $\bar{x}_A = 49.3, \bar{x}_B = 52.1$; Standardabweichungen $s_A = 2.4, s_B = 1.9$.

   a) Gesamtmittel:
   $$\bar{x} = (n_A \bar{x}_A + n_B \bar{x}_B)/(n_A + n_B) = (4 \cdot 49.3 + 6 \cdot 52.1)/(4 + 6) = 51.$$

   b) Wiederholvarianz s_p:
   $$(n_A + n_B - 2)s_p^2 = \sum_{i=1}^{n_A}(x_i - \bar{x}_A)^2 + \sum_{i=1}^{n_B}(x_i - \bar{x}_B)^2 = (n_A - 1)s_A^2 +$$
   $$(n_B - 1)s_B^2; 8s_p^2 = 3 \cdot 2.4^2 + 5 \cdot 1.9^2; s_p^2 = 4.42.$$

3. Nach aufsteigender Größe geordnete Messreihe $x_{(1)}, x_{(2)}, \ldots, x_{(12)}$: 118, 121, 123, 124, 125, 125, 129, 133, 136, 137, 140, 150.
   Kleinster und größter Merkmalswert: $x_{\min} = x_{(1)} = 118, x_{\max} = x_{(12)} = 150$.
   Median: $x_{0.5} = \frac{1}{2}(x_{(6)} + x_{(7)}) = \frac{1}{2}(125 + 129) = 127$;
   25 %-Quantil: $u = 1 + 11 \cdot 0.25 = 3.75, [u] = 3, v = 0.75$,
   $x_{0.25} = 0.25x_{(3)} + 0.75x_{(4)} = 0.25 \cdot 123 + 0.75 \cdot 124 = 123.75$;
   75 %-Quantil: $u = 1 + 11 \cdot 0.75 = 9.25, [u] = 9, v = 0.25, x_{0.75} =$
   $0.75x_{(9)} + 0.25x_{(10)} = 0.75 \cdot 136 + 0.25 \cdot 137 = 136.25$;

```
> # Lösung mit R:
> x <- c(136, 124, 140, 129, 121, 137, 125, 133, 123, 150, 125, 118)
> > quantile(x, c(0, 0.25, 0.5, 0.75, 1))
    0%    25%    50%    75%   100%
118.00 123.75 127.00 136.25 150.00
```

Abschn. 3.3:

1.
```
> # Abb. 8.2 - Lösung mit R:
> x_d <- c(27, 25, 23, 27, 23, 25, 25, 22, 25, 23, 26, 23, 24, 26, 26)
> x_t <- c(28, 30, 32, 29, 28, 33, 32, 28, 30, 31, 31, 34, 27, 29, 30)
```

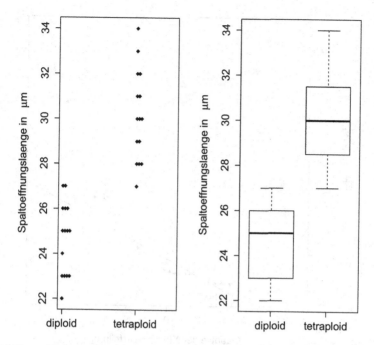

Abb. 8.2 Darstellung der Spaltöffnungslänge für diploide und tetraploide *Biscutella laevigata* durch Punktdiagramme (*links*) und Box-Plots (*rechts*). Die Stichproben umfassen je 15 Pflanzen; zu Aufgabe 1, Abschn. 3.3

```
> x_dt <- data.frame(x_d, x_t)
> par(mfrow=c(1, 2))
> par(cex.axis=1.3, cex.lab=1.3)
> stripchart(x_dt,group.names=c("diploid", "tetraploid"),
+   method="stack", pch=18, main="", vertical=T,
+   ylab=expression("Spaltoeffnungslaenge in   "*mu*"m"))
> boxplot(x_d, x_t, names=c("diploid", "tetraploid"), range=1.5,
+   ylab=expression("Spaltoeffnungslaenge in   "*mu*"m"), main="", pch=18)
```

2. Kennwerte der Stichprobe: $n = 30$, $\bar{x} = 1.147$, $s = 1.153$; nach aufsteigender Größe sortierte Stichprobe:

0.190	0.247	0.295	0.411	0.421	0.421	0.426	0.440	0.489	0.553
0.608	0.608	0.609	0.624	0.651	0.682	0.714	0.840	1.000	1.005
1.109	1.257	1.357	1.364	1.873	2.041	2.095	2.712	3.946	5.406

Der kleinste Wert ist $x_{(1)} = 0.190$. Das entsprechende Quantil z_{p_1} der Standardnormalverteilung ist wegen $p_1 = (1 - 0.5)/30 = 1/60$ durch $z_{p_1} = \Phi^{-1}(p_1) = \Phi^{-1}(1/60) = -2.128$ gegeben. Als ersten Punkt des QQ-Plots erhalten wir $P_1(z_{p_1}, x_{(1)}) = P(-2.128, 0.190)$. Bestimmt man auf diese Weise die weiteren Punkte, ergibt sich das in Abb. 8.3 dargestellte QQ-Plot. Die Punkte weichen stark von der Orientierungsgeraden ab. Aus der Konvexität der Punkteverteilung kann auf eine linkssteile Asymmetrie geschlossen werden.

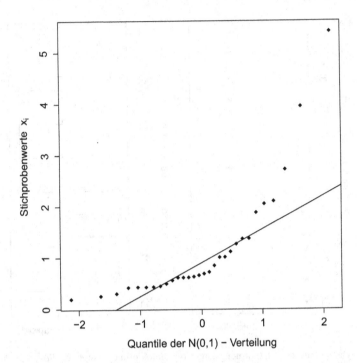

Abb. 8.3 Normal-QQ-Plot mit der Orientierungsgeraden durch die mit den unteren und oberen Quartilen bestimmten Punkte; zu Aufgabe 2, Abschn. 3.3

```
> # Lösung mit R, Abb. 8.3
> options(digits=4)
> x <- c(0.190, 0.553, 0.609, 0.608, 0.247, 0.608, 0.651, 2.041,
+         3.946, 1.357, 0.411, 0.295, 0.840, 0.682, 0.421, 2.712,
+         5.406, 1.005, 0.489, 0.624, 2.095, 0.440, 1.109, 0.426,
+         0.421, 0.714, 1.000, 1.364, 1.873, 1.257)
> n <- length(x); mw <- mean(x); s <- sd(x)
> print(cbind(n, mw, s))
      n     mw     s
[1,] 30 1.146 1.153
> par(pin=c(6, 4), mai=c(0.9, 0.9, 0.2, 0.2))
> par(cex.axis=1.3, cex.lab=1.3)
> qqnorm(x, main="", xlab = "Quantile der N(0,1) - Verteilung",
+         ylab = expression("Stichprobenwerte "*x[i]), pch=18)
> qqline(x)


3. > # Lösung mit R, Abb. 8.4
> x <- c(8, 8, 15, 11, 7, 8, 12, 3, 6, 9,
+        13, 9, 8, 8, 12, 16, 4, 8, 12, 9,
+        15, 12, 5, 8, 5, 9, 10, 10, 11, 6,
+        7, 7, 10, 5, 8, 10, 7, 10, 11, 3)
> n <- length(x); n # Stichprobenumfang
[1] 40
> H <- table(x) # absolute Häufigkeit
> y <- H/n # relative Häufigkeit
> HT <- rbind(H, y); HT # Häufigkeitstabelle
       3     4     5    6   7   8   9    10    11   12    13   15    16
H 2.00 1.000 3.000 2.00 4.0 8.0 4.0 5.000 3.000 4.0 1.000 2.00 1.000
```

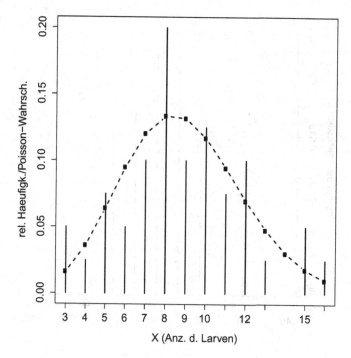

Abb. 8.4 Stabdiagramm und angepasste Poisson-Wahrscheinlichkeitem (*strichlierter Polygon-zug*); zu Aufgabe 3, Abschn. 3.3

```
y 0.05 0.025 0.075 0.05 0.1 0.2 0.1 0.125 0.075 0.1 0.025 0.05 0.025
> par(pin=c(6, 4), mai=c(0.9, 0.9, 0.2, 0.2))
> par(cex.axis=1.3, cex.lab=1.3)
> plot(y, xlab="X (Anz. d. Larven)",
+      ylab="rel. Haeufigk./Poisson-Wahrsch.")
> xx <- min(x):max(x)
> lambda <- mean(x); lambda # Parameter der Poisson-Verteilung
[1] 8.875
> P <- dpois(xx, lambda) # Poisson-Wahrscheinlichkeiten
> lines(xx, P, type="b", lty=2, lwd=2)
```

Abschn. 3.4:

1. Stichprobenumfang $n = 93$; Quartile $x_{0.25} = 89$, $x_{0.75} = 113$ (diese sind das
   24. bzw. 70. Element in der nach aufsteigender Größe geordneten Stichprobe);
   Interquartilabstand $IQR = x_{0.75} - x_{0.25} = 24$;
   Klassenbreite $b = 2 \cdot IQR/\sqrt[3]{n} = 10.59 \approx 10$ (abgerundet).
   Histogramm-Schätzer (mit Klassenbreite $b = 10$): Siehe Abb. 8.5.

```
> # Lösung mit R, Abb. 8.5
> ozon <- c(
+ 104, 133, 122, 92, 95, 87, 114, 99, 103, 111,
+  98, 101, 108, 97, 90, 92, 87, 97, 110, 126,
+ 117, 102, 111, 110, 116, 104, 90, 76, 86, 100, 100,
+ 96, 89, 80, 59, 51, 55, 85, 98, 102, 92,
+ 96, 87, 66, 74, 65, 96, 99, 93, 89, 76,
```

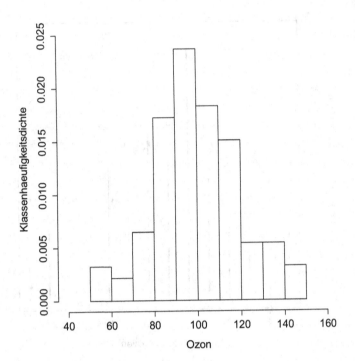

Abb. 8.5 Histogramm-Schätzer mit der Klassenbreite $b = 10$; die Klassenhäufigkeitsdichten sind der Lösung mit R zu entnehmen; zu Aufgabe 1, Abschn. 3.4

```
+ 78, 115, 120, 129, 144, 129, 99, 97, 102, 80, 88,
+ 97, 101, 88, 87, 113, 138, 141, 139, 132, 149,
+ 135, 107, 110, 117, 91, 84, 85, 97, 108, 112,
+ 115, 116, 102, 108, 119, 119, 83, 88, 100, 129, 104)
> options(digits=4)
> n <- length(ozon) # Stichprobenumfang
> b_FD <- 2*(quantile(ozon, 0.75)-quantile(ozon, 0.25))/n^(1/3)
> print(b_FD[[1]]) # Klassenbreite
[1] 10.59
> par(pin=c(6, 4), mai=c(0.9, 0.9, 0.2, 0.2))
> par(cex.axis=1.3, cex.lab=1.3)
> # Histogramm
> rr <- hist(ozon, breaks="FD", main={}, freq=F, xlab="Ozon",
+ ylab="Klassenhaeufigkeitsdichte", xlim=c(40, 160), ylim=c(0, 0.025))
> print(rr$counts) # absolute Klassenhäufigkeiten
  [1]  3  2  6 16 22 17 14  5  5  3
> print(rr$density) # Klassenhäufigkeitsdichten
  [1] 0.003226 0.002151 0.006452 0.017204 0.023656 0.018280 0.015054
  [8] 0.005376 0.005376 0.003226
```

2. Siehe Abb. 8.6.

```
# Lösung mit R, Abb. 8.6
# Datenvektor ozon im Arbeitsspeicher (Forts. v. Aufgabe 1)
# mw <- mean(ozon) # Arithmetisches Mittel
# s <- sd(ozon) # Standardabweichung
par(mfrow=c(3, 2))
par(pin=c(6, 4), mai=c(0.9, 0.9, 0.2, 0.2))
par(cex.axis=1.5, cex.lab=1.5)
```

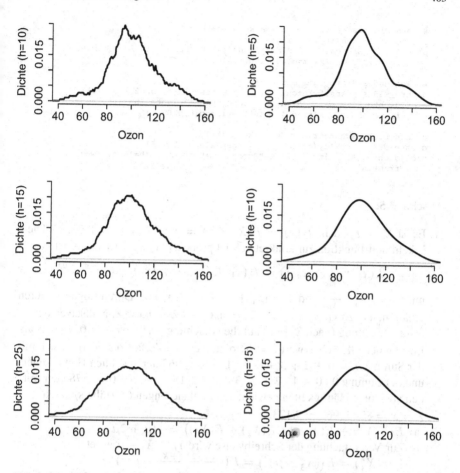

Abb. 8.6 Mit gleitenden Histogrammen (*linke Spalte*) und mit Normalkern geschätzte Dichten (*rechte Spalte*) der Ozondaten, zur Aufgabe 2, Abschn. 3.4. Der visuelle Vergleich der Dichteschätzungen zeigt bei den gleitenden Histogrammen die Bandbreite $h = 15$ und bei den Dichteschätzungen mit Normalkern die Bandbreite $h = 10$ als guten Kompromiss zwischen zu geringer und zu starker Glättung

```
# Gleitendes Histogramm mit h=10
dichte_R5 <- density(ozon, kernel="rectangular", bw=10/sqrt(3))
plot(dichte_R5, main="", xlab="Ozon", ylab="Dichte (h=10)", lwd=2,
     frame.plot=F, xlim=c(40, 160), ylim=c(0,0.025))

# Kern-Dichteschätzer mit Normalkern (h=5)
dichte_NK <- density(ozon, kernel="gaussian", bw=5)
plot(dichte_NK, main="", xlab="Ozon", ylab="Dichte (h=5)", lwd=2,
     frame.plot=F, xlim=c(40, 160), ylim=c(0,0.025))

# Gleitendes Histogramm mit h=5
dichte_R10 <- density(ozon, kernel="rectangular", bw=5/sqrt(3))
plot(dichte_R10, main="", xlab="Ozon", ylab="Dichte (h=5)", lwd=2,
     frame.plot=F, xlim=c(40, 160), ylim=c(0,0.025))
```

```
# Kern-Dichteschätzer mit Normalkern (h=10)
dichte_NK <- density(ozon, kernel="gaussian", bw=10)
plot(dichte_NK, main="", xlab="Ozon", ylab="Dichte (h=10)", lwd=2,
     frame.plot=F, xlim=c(40, 160), ylim=c(0,0.025))

# Gleitendes Histogramm mit h=25
dichte_R15 <- density(ozon, kernel="rectangular", bw=25/sqrt(3))
plot(dichte_R15, main="", xlab="Ozon", ylab="Dichte (h=25)", lwd=2,
     frame.plot=F, xlim=c(40, 160), ylim=c(0,0.025))

# Kern-Dichteschätzer mit Normalkern (h=15)
dichte_NK <- density(ozon, kernel="gaussian", bw=15)
plot(dichte_NK, main="", xlab="Ozon", ylab="Dichte (h=15)", lwd=2,
     frame.plot=F, xlim=c(40, 160), ylim=c(0,0.025))
```

Abschn. 3.5:

1. Es ist $X \sim P_\lambda$, d. h. $f_\lambda(x) = P(X = x) = e^{-\lambda}\frac{\lambda^x}{x!}$ $(x = 0, 1, 2, \ldots)$. Die Likelihood-Funktion zur konkreten Stichprobe $x_1, x_2, \ldots, x_n$ von X ist

$$L(x_1, x_2, \ldots, x_n|\lambda) = f_\lambda(x_1) f_\lambda(x_2) \cdots f_\lambda(x_n) = C\, e^{-n\lambda}\, \lambda^{n\bar{x}}$$

mit $C = \frac{1}{x_1!x_2!\cdots x_n!}$ und $\bar{x} = (x_1 + x_2 + \cdots + x_n)/n$. Durch Logarithmieren erhält man $\ln L(x_1, x_2, \ldots, x_n|\lambda) = \ln C - n\lambda + n\bar{x}\ln\lambda$. Nullsetzen der ersten Ableitung (nach λ) führt auf die Gleichung $-n + n\bar{x}\frac{1}{\lambda} = 0$, woraus als Lösung der ML-Schätzwert $\hat{\lambda} = \bar{x}$ folgt. Aus den Zerfallsdaten ergibt sich mit der Summe $n = 0 + 2 + 3 + \cdots + 1 + 0 = 963$ der absoluten Häufigkeiten und der Summe $0 \cdot 0 + 1 \cdot 2 + 2 \cdot 3 + \cdots + 19 \cdot 1 + 20 \cdot 0 = 8785$ der mit den absoluten Häufigkeiten gewichteten Realisierungen (Zerfälle/s) konkret $\hat{\lambda} = \bar{x} = 8785/963 = 9.123$.

2. a) $E(\bar{X}_3^*) = \frac{1}{4}\big(E(X_1) + 2E(X_2) + E(X_3)\big) = \frac{1}{4}(\mu + 2\mu + \mu) = \mu$.

   b) Zur Vereinfachung der Schreibweise wird $Y_i = X_i - \mu$ gesetzt.
   $Var(\bar{X}_3^*) = E\big((\bar{X}_3^* - \mu)^2\big) = E\big((\frac{X_1+2X_2+X_3}{4} - \mu)^2\big) =$
   $\frac{1}{16} E\big([(X_1 - \mu) + 2(X_2 - \mu) + (X_3 - \mu)]^2\big) = \frac{1}{16} E\big([Y_1 + 2Y_2 + Y_3]^2\big) =$
   $\frac{1}{16} E\big(Y_1^2 + 4Y_2^2 + Y_3^2 + 4Y_1Y_2 + 2Y_1Y_3 + 4Y_2Y_3\big) =$
   $\frac{1}{16}\big(E(Y_1^2) + 4E(Y_2^2) + E(Y_3^2) + 4Cov(Y_1, Y_2) + 2Cov(Y_1, Y_3) +$
   $4Cov(Y_2, Y_3)\big) = \frac{6\sigma^2}{16} > \frac{\sigma^2}{3} = Var(\bar{X}_3)$.
   (Hinweis: Aus der Unabhängigkeit der X_i folgt, dass die Kovarianzen verschwinden.)

3. Für die mit dem Parameter $\lambda > 0$ exponentialverteilte Lebensdauer X gilt für kleine Δx: $P(x \leq X \leq x + \Delta x) \approx f_\lambda(x)\Delta x$ mit der Dichte $f_\lambda(x) = \lambda e^{-\lambda x}$ $(x \geq 0)$.
   Die Likelihood-Funktion zur konkreten Stichprobe $x_1, x_2, \ldots, x_n$ von X ist
   $L(x_1, x_2, \ldots, x_n|\lambda) = \lambda^n e^{\lambda n\bar{x}}$ mit $\bar{x} = (x_1 + x_2 + \cdots + x_n)/n$.
   Durch Logarithmieren erhält man $\ln L(x_1, x_2, \ldots, x_n|\lambda) = n\ln\lambda - \lambda n\bar{x}$.
   Nullsetzen der ersten Ableitung (nach λ) führt auf die Gleichung $n\frac{1}{\lambda} - n\bar{x} = 0$,
   woraus als Lösung der ML-Schätzwert $\hat{\lambda} = 1/\bar{x}$ folgt.
   Konkret ergibt sich aus den Lebensdauerdaten das arithmetische Mittel $\bar{x} = 25.845$; der Kehrwert $\hat{\lambda} = 1/\bar{x} = 0.03869$ ist der gesuchte Schätzwert für λ.

Abschn. 3.6:

1. Exakte Rechnung: $\chi^2_{50,0.25} = 42.94$, $\chi^2_{50,0.75} = 56.33$, $IQR = 56.33 - 42.94 = 13.39$; Näherungsrechnung: $z_{0.75} = -z_{0.25} = 0.6745$, $\chi^2_{50,0.25} \approx 50 - 0.6745\sqrt{100} = 43.255$, $\chi^2_{50,0.75} \approx 50 + 0.6745\sqrt{100} = 56.745$, $IQR \approx 56.745 - 43.255 = 13.49$.

2. $t_{10,0.975} = 2.2281$, $t_{30,0.975} = 2.0423$, $z_{0.975} = 1.96$; $|\Delta_{10,0.975}| = \left|\frac{1.96-2.2281}{2.2281}\right| = |-0.1203| = 12.03\,\%$; $|\Delta_{30,0.975}| = \left|\frac{1.96-2.0423}{2.0423}\right| = |-0.0403| = 4.03\,\%$.

3. $y_1 = F_{15,10,0.95} = 2.85$, $y_2 = F_{20,10,0.95} = 2.77$, $x_1 = 15$, $x_2 = 20$; Gleichung der Interpolationsgeraden durch die Punkte (x_1, y_1) und (x_2, y_2): $y = y_1 + \frac{y_2-y_1}{x_2-x_1}(x - x_1) = 2.85 - 0.0142(x - 15)$; für $x = 16$ ergibt sich damit der Näherungswert $y = 2.831$ für $F_{16,10,0.95} = 2.828$.

Abschn. 3.7:

1. $\bar{x} = 40$, $s = 2$;

 a) $n = 5$, $\alpha = 0.05$, $z_{1-\alpha/2} = z_{0.975} = 1.96$, Standardfehler $s_{\bar{X}} = s/\sqrt{n} = 0.8944$, halbe Intervalllänge $d = z_{1-\alpha/2}s_{\bar{X}} = 1.753$, untere Grenze $u = \bar{x} - d = 38.25$, obere Grenze $o = \bar{x} + d = 41.75$, Intervalllänge $o - u = 2d = 3.50$.

```
> # Lösung mit R:
> options(digits=4)
> n <- 5; xquer <- 40; s <- 2
> alpha <- 0.05; zq <- qnorm(1-alpha/2)
> se <- s/sqrt(n) # Standardfehler
> d <- zq*se # halbe Intervalllänge
> u <- xquer-d; o <- xquer+d # Grenzen
> print(cbind(se, d, u, o))
        se      d      u      o
[1,] 0.8944 1.753 38.25 41.75
```

 b) $n = 20$, Standardfehler $s_{\bar{X}} = 2/\sqrt{20} = 0.4472$, Intervalllänge $2d = 2 \cdot 1.96 \cdot 0.4472 = 1.753$.

 c) $1 - \alpha = 0.95$: halbe Intervalllänge $d_{0.95} = z_{0.975}s_{\bar{X}} = 1.96s_{\bar{X}}$; $1 - \alpha = 0.99$: halbe Intervalllänge $d_{0.99} = z_{0.995}s_{\bar{X}} = 2.576s_{\bar{X}}$; $\frac{2d_{0.99}-2d_{0.95}}{2d_{0.95}} = \frac{2.576-1.96}{1.96} = 31.42\,\%$.

2. $\alpha = 0.01$, $s = 1.5$, $d = 0.25$; Lösung mit Formel (3.24b): $t_{n-1,1-\alpha/2} \approx z_{1-\alpha/2}$ für großes n (etwa $n \geq 30$); $z_{1-\alpha/2} = z_{0.995} = 2.576$, $n \geq (2.576 \cdot 1.5/0.25)^2 = 238.9$; die Ungleichung (3.24b) ist exakt erfüllt für $n \geq 243$, wie z. B. durch systematischen Einsetzen von n-Werten (am besten ausgehend von der Näherungslösung $n \geq 239$) nachgeprüft werden kann.

3. a) Es ist (3.26) anzuwenden; $n = 10$, $s = 0.02726$, $s^2 = 0.0007433$; Quantile: $\alpha = 0.05$, $\chi^2_{n-1,1-\alpha/2} = \chi^2_{9,0.975} = 19.02$, $\chi^2_{n-1,\alpha/2} = \chi^2_{9,0.025} = 2.70$; Grenzen für σ^2: $u_{\sigma^2} = 0.0003517$, $o_{\sigma^2} = 0.002477$; Grenzen für σ: $u_\sigma = \sqrt{u_{\sigma^2}} = 0.01875$, $o_\sigma = \sqrt{o_{\sigma^2}} = 0.04977$.

b) $E(O - U) = E((n - 1)S^2/\chi^2_{n-1,\alpha/2} - (n - 1)S^2/\chi^2_{n-1,1-\alpha/2}) =$
$(n - 1)E(S^2)(1/\chi^2_{n-1,\alpha/2} - 1/\chi^2_{n-1,1-\alpha/2}) = (n - 1)\sigma^2(1/\chi^2_{n-1,\alpha/2} -$
$1/\chi^2_{n-1,1-\alpha/2}) \approx (n - 1)0.0007433(1/\chi^2_{n-1,0.025} - 1/\chi^2_{n-1,0.975}) \le$
$(o - u)/2 = 0.02126/2 = 0.001063$; Lösung der Ungleichung (durch
systematischen Einsetzen von n-Werten): $n \ge 23$.

Abschn. 3.8:

1. X = Anzahl der Todesfälle, $X \sim B_{n,p}$ mit $n = 200$ und unbekanntem p;
   $x = 12$ beobachtete Realisierung von X; Schätzwert für p: $\hat{p} = x/n = 0.06$.
   Wegen $np(1 - p) \approx n\hat{p}(1 - \hat{p}) = 11.28 > 9$ kann die Intervallschätzung
   mit dem approximativen Wilson-Intervall erfolgen. (In der Lösung mit R werden auch die Grenzen des Agresti-Coull- und des exakten Clopper-Pearson-
   Intervalls bestimmt.): $z_{1-\alpha/2} = z_{0.975} = 1.96$, $M_W = 0.06829$, $L_W =$
   0.06728, $U_W = 0.03465$, $O_W = 0.1019$.

```
> # Loesung mit R:
> # Laden des Pakets "binom" (im Unterverzeichnis "library" des R-Ordners)
> library(binom)
Lade noetiges Paket: lattice
> options(digits=4)
> n <- 200; x <- 12; alpha <- 0.05
> pd <- x/n # Schaetzwert (mean)
> binom.confint(x, n, methods=c("wilson","ac","exact"), conf.level=1-alpha)
         method  x   n mean    lower  upper
1 agresti-coull 12 200 0.06 0.03366 0.1029
2         exact 12 200 0.06 0.03138 0.1025
3        wilson 12 200 0.06 0.03465 0.1019
```

2. Formel (3.31a) ergibt mit $d = L_W/4 = 0.01682$, $\alpha = 0.05$ und $p = \hat{p} =$
   $12/200$ die Ungleichung $n \ge 775$; die Faustformel (3.31b) führt auf $n \ge 3395$.
3. $n = 6000$, $x = 2$, $\alpha = 0.05$; Schätzwert für p: $\hat{p} = x/n = 0.0003333$.
   Intervallschätzung mit dem Clopper-Pearson-Intervall (wegen $np(1 -$
   $p) \approx n\hat{p}(1 - \hat{p}) = 1.999 \le 9$); untere Grenze mit Formel (3.33b):
   $F_{2x,2(n-x+1),\alpha/2} = F_{4,11998,0.025} = 0.1211$, $u_C = 4.037 \cdot 10^{-5}$; obere
   Grenze mit Formel (3.32c): $F_{2(x+1),2(n-x),1-\alpha/2} = F_{6,11996,0.975} = 2.409$,
   $o_C = 0.001204$.
   Intervallschätzung mit Hilfe des Poisson-Parameters $\lambda = np$ (nach Approximation der Binomialverteilung durch die Poisson-Verteilung): Grenzen für
   λ mit den Formeln (3.35): $\chi^2_{2x,\alpha/2} = \chi^2_{4,0.025} = 0.4844$, $u_\lambda = 0.2422$,
   $\chi^2_{2(x+1),1-\alpha/2} = \chi^2_{6,0.975} = 14.45$, $o_\lambda = 7.225$; Grenzen für p: $u_p = u_\lambda/n =$
   $4.037 \cdot 10^{-5}$, $o_p = o_\lambda/n = 0.001204$.

Abschn. 3.9:

1. Verschiedene Basisstichproben (ohne Berücksichtigung der Reihenfolge): Siehe Tab. 8.9; für die Wahrscheinlichkeitsfunktion f^* von $T_3^* =$
   $\min(X_1^*, X_2^*, X_3^*)$ gilt: $f^*(0) = \frac{19}{27}$, $f^*(1) = \frac{7}{27}$, $f^*(2) = \frac{1}{27}$ und
   $f^*(x) = 0$ für $x \notin \{0, 1, 2\}$; $E(T_3^*) = 0 \cdot \frac{19}{27} + 1 \cdot \frac{7}{27} + 2 \cdot \frac{1}{27} = \frac{9}{27} = \frac{1}{3}$;

Tab. 8.9 Mögliche Kombinationen aus der Basisstichprobe $x_1 = 1$, $x_2 = 0$, $x_3 = 2$ (ohne Berücksichtigung der Reihenfolge), zugehörige Wahrscheinlichkeiten P und Minimum $\min(x_1^*, x_2^*, x_3^*)$ (zu Aufgabe 1 von Abschn. 3.9)

Kombination o. B. d. R.	Wahrscheinlichkeit P	Minimum $\min(x_1^*, x_2^*, x_3^*)$
1, 1, 1	1/27	1
1, 1, 0	3/27	0
1, 1, 2	3/27	1
1, 0, 0	3/27	0
1, 0, 2	6/27	0
1, 2, 2	3/27	1
0, 0, 0	1/27	0
0, 0, 2	3/27	0
0, 2, 2	3/27	0
2, 2, 2	1/27	2
$\sum$	1	

$$Var(T_3^*) = (0 - \tfrac{1}{3})^2 \cdot \tfrac{19}{27} + (1 - \tfrac{1}{3})^2 \cdot \tfrac{7}{27} + (2 - \tfrac{1}{3})^2 \cdot \tfrac{1}{27} = \tfrac{8}{27};$$
$$\sigma_{T_3^*} = \sqrt{\tfrac{8}{27}} = 0.544.$$

2. Die Anzahl der „Einser" in der Basisstichprobe ist $\sum_i x_i = n\bar{x}$; folglich gilt für $i = 1, 2, \ldots, n$: $P(X_i^* = 1) = \bar{x}$, $P(X_i^* = 0) = 1 - \bar{x}$.

$$E(\bar{X}_n^*) = E\left(\tfrac{1}{n} \sum_i X_i^*\right) = \tfrac{1}{n} \sum_i E(\bar{X}_i^*) = \tfrac{1}{n} \sum_i (1 \cdot \bar{x} + 0 \cdot (1 - \bar{x})) = \bar{x};$$
$$Var(\bar{X}_n^*) = Var\left(\tfrac{1}{n} \sum_i X_i^*\right) = \tfrac{1}{n^2} \sum_i Var(X_i^*) = \tfrac{1}{n^2} \sum_i ((1 - \bar{x})^2 \cdot \bar{x} +$$
$$(0 - \bar{x})^2 \cdot (1 - \bar{x})) = \tfrac{1}{n^2} \sum_i \bar{x}(1 - \bar{x}) = \tfrac{1}{n} \bar{x}(1 - \bar{x}).$$

3. Basisstichprobe: $n = 30$, $\bar{x} = 1.009$; Monte Carlo-Simulation mit $B = 1000$ Bootstrap-Stichproben, Berechnung des Mittelwerts $\bar{x}_i^*$ aus jeder Bootstrap-Stichprobe, $\bar{x}^* = 1.015$ (Mittelwert der $\bar{x}_i^*$-Werte), $s_B = 0.1428$ (Standardabweichung der $\bar{x}_i^*$-Werte, Bootstrap-Schätzwert für den Standardfehler von $\bar{X}_n$); $\bar{x}^* - \bar{x} = 0.005279$ (Bootstrap-Schätzwert für Bias); Grenzen des 95%igen Bootstrap-Konfidenzintervalls: $u = 0.722$, $o = 1.293$; die Verteilung der $\bar{x}_i^*$-Werte ist in Abb. 3.15 (obere Grafik) durch ein flächennormiertes Histogramm dargestellt.

```
> # Lösung mit R:
> # Laden des Pakets "boot" (im Unterverzeichnis "library" des R-Ordners)
> library(boot)
> options(digits=4)
> n <- 30 # Umfang der Basisstichprobe
> B <- 1000 # Anzahl der Bootstrap-Stichproben
> x <- c(-0.43, 2.01, 1.46, 0.62, -0.77, 1.72, 0.65, 1.21, 1.58, 2.77,
+        1.79, 1.48, 2.42, 1.22, 0.08, 0.95, 0.72, 0.60, 1.26, 1.08,
+        0.40, 0.51, 0.60, 0.43, 1.13, 0.10, 0.61, 1.41, 0.82, 1.85)
> mwB <- function(x, i){mean(x[i])} # Definition der Schätzfunktion
> res1 <- boot(data=x, statistic=mwB, R=B); res1

ORDINARY NONPARAMETRIC BOOTSTRAP
Call:
boot(data = x, statistic = mwB, R = B)
```

```
Bootstrap Statistics :
     original   bias     std. error
t1*    1.009 0.005279       0.1428
> res2 <- boot.ci(res1, type="basic"); res2

BOOTSTRAP CONFIDENCE INTERVAL CALCULATIONS
Based on 1000 bootstrap replicates
CALL :
boot.ci(boot.out = res1, type = "basic")
Intervals :
Level     Basic
95%   ( 0.722,  1.293 )
Calculations and Intervals on Original Scale
```

C.4 Testen von Hypothesen

Abschn. 4.1:

1. Stichprobe: $n = 12$, $\bar{x} = 13.93$, $TG_s = -1.847$;
   P-Wert: $P = 2[1 - \Phi(|TG_s|)] = 2(1 - 0.9677) = 0.06467$;
   Ablehnungsbereich: $|TG| > z_{1-\alpha/2} = z_{0.975} = 1.96$; Entscheidung: Wegen
   $P \geq \alpha = 0.05$ bzw. $|TG_s| < 1.96$ kann H_0 nicht abgelehnt werden.

```
> # Lösung mit R:
> x <- c(15.6, 17.3, 15.0, 13.7, 11.1, 15.2,
+          14.7, 13.4, 14.4, 11.9, 10.4, 14.5)
> options(digites=4)
> n <- length(x); mw <- mean(x); s <- sd(x)
> print(cbind(n, mw, s))
      n    mw     s
[1,] 12 13.93 1.976
> library(TeachingDemos)
> z.test(x, mu=15, stdev=2, alternative="two.sided", conf.level=0.95)

        One Sample z-test
data: x
z = -1.847, n = 12.000, Std. Dev. = 2.000, Std. Dev. of the sample mean
= 0.577, p-value = 0.06467
alternative hypothesis: true mean is not equal to 15
95 percent confidence interval:
 12.80 15.06
sample estimates:
mean of x
    13.93
```

2. $H_0: \mu = \mu_0$ gegen $H_1: \mu > \mu_0$; $TG_s = (0.827 - 0.8)/(0.05/\sqrt{10}) = 1.71$,
   $P = 1 - \Phi(TG_s) = 0.04385$; Entscheidung: Wegen $P \geq \alpha = 0.01$ ist die
   Überschreitung nicht signifikant.
   Poweranalyse:
   $$G(\mu_0 + \Delta) = P(TG > z_{1-\alpha} \mid \mu = \mu_0 + \Delta) = \Phi\left(-z_{0.99} + \frac{0.027}{0.05/\sqrt{10}}\right) =$$
   0.2681.

```
> # Lösung mit R:
> n <- 10; xquer <- 0.827; sigma <- 0.05; mu0 <- 0.8; alpha <- 0.01
> # a) Test auf Überschreitung
> tgs <- (xquer-mu0)/sigma*sqrt(n)
> zq <- qnorm(1-alpha); P <- 1-pnorm(tgs)
> print(cbind(tgs, zq, P))
```

```
         tgs    zq     P
[1,] 1.708 2.326 0.04385
> # b) Wert der Gütefunktion (Power) an der Stelle mu0+Delta
> library(pwr)
> ES <- 0.027/0.05 # Delta/sigma
> pwr.norm.test(d=ES, n=10, sig.level=0.01, alternative="greater")

    Mean power calculation for normal distribution with known variance
              d = 0.54
              n = 10
      sig.level = 0.01
          power = 0.2681
    alternative = greater
```

3. Planung des Stichprobenumfangs mit (4.10b): $\sigma = 0.3$, $\Delta = 0.1 \cdot 1.5 = 0.15$, $\alpha = 0.05$, $1 - \beta = 0.8$; $z_{1-\alpha/2} = z_{0.975} = 1.96$, $z_{1-\beta} = z_{0.8} = 0.8416$; $n \approx (0.3/0.15)^2(1.96 + 0.8416)^2 = 31.4$.

```
> # Lösung mit R:
> mu0 <- 1.5; sigma <- 0.3; Delta <- 0.1*mu0
> library(pwr); ES <- Delta/sigma
> pwr.norm.test(d=ES, sig.level=0.05, alternative="two.sided", power=0.8)

    Mean power calculation for normal distribution with known variance
              d = 0.5
              n = 31.4
      sig.level = 0.05
          power = 0.8
    alternative = two.sided
```

Abschn. 4.3:

1. a) $X \sim N(\mu, \sigma^2)$; $H_0: \mu = \mu_0 = 30$ gegen $H_1: \mu \neq \mu_0$, $\alpha = 0.05$; Stichprobenkennwerte: $n = 5$, $\bar{x} = 35$, $s = 3.536$; $TG_s = (35 - 30)\sqrt{5}/3.536 = 3.162$, $P = 2F_9(-TG_s) = 0.03411$; Entscheidung: Wegen $P < \alpha$ wird H_0 (Übereinstimmung mit Sollwert) abgelehnt.

   b) $\Delta = 0.05\mu_0 = 1.5$, $\sigma \approx s = 3.536$, $\delta = \Delta/s = 0.4243$; $\alpha = 0.05$, $z_{1-\alpha/2} = z_{0.975} = 1.960$, $\beta = 0.05$, $z_{1-\beta} = z_{0.95} = 1.645$; $n^* = (1.960 + 1.645)^2/0.4243^2 = 72.19$, d. h. $n = 73$ (exakter Wert: $n^* = 74.14$, d. h. $n = 75$).

```
> # Lösung mit R:
> # a) Test auf Abweichung
> x <- c(32, 41, 33, 35, 34)
> options(digits=4)
> n <- length(x); xquer <- mean(x); s <- sd(x)
> print(cbind(n, xquer, s))
     n xquer     s
[1,] 5    35 3.536
> t.test(x, mu=30)

        One Sample t-test
data:  x
t = 3.162, df = 4, p-value = 0.03411
alternative hypothesis: true mean is not equal to 30
95 percent confidence interval:
 30.61 39.39
```

```
sample estimates:
mean of x
       35

> # b) Mindeststichprobenumfang
> Delta <- 0.05*30
> power.t.test(delta = Delta, sd = s, sig.level = 0.05,
+     power = 0.95, type = "one.sample", alternative = "two.sided")

      One-sample t test power calculation
               n = 74.14
           delta = 1.5
              sd = 3.536
       sig.level = 0.05
           power = 0.95
     alternative = two.sided
```

2. a) $X \sim N(\mu, \sigma^2)$;

   Hypothesen: $H_0: \mu = \mu_0 = 60$ gegen $H_1: \mu > \mu_0, \alpha = 0.05$;
   $TG_s = (62 - 60)\sqrt{10}/7 = 0.9035$, $P = F_6(-TG_s) = 0.1949$; F_6 ist die
   Verteilungsfunktion der t_6-Verteilung; Entscheidung: Wegen $P \geq \alpha$ kann
   H_0 (keine Überschreitung) nicht abgelehnt werden.

   b) $\Delta = 62 - 60 = 2, \sigma \approx s = 7, \delta = 2/7 = 0.2857, \lambda = 0.2857\sqrt{10} =$
   $0.9035, t_{9,0.95} = 1.833$;
   Power an der Stelle $\mu = 62$: $G(\mu) = P(TG > t_{n-1,1-\alpha} \mid \mu = 62) \approx$
   $F_{n-1}(-t_{n-1,1-\alpha} + \lambda) = F_9(-t_{9,0.95} + \lambda) = 0.1884$ (exakter Wert 0.2094);
   mit $n = 10$ hat man nur ein Sicherheit von etwa 20 %, ein signifikantes
   Ergebnis zu erhalten.

```
> # Lösung mit R:
> n <- 10; xquer <- 62; s <- 7; options(digits=4)
> # a) Test auf Überschreitung
> tgs <- (xquer-60)*sqrt(n)/s; q <- qt(0.95, n-1); P <- pt(-tgs, n-1)
> print(cbind(tgs, q, P))
            tgs     q      P
[1,] 0.9035 1.833 0.1949

> # b) Wert der Gütefunktion (Power) an der Stelle xquer=62
> power.t.test(n = 10, delta = 2, sd = s, sig.level = 0.05,
+     type = "one.sample", alternative = "one.sided")

      One-sample t test power calculation
               n = 10
           delta = 2
              sd = 7
       sig.level = 0.05
           power = 0.2094
     alternative = one.sided
```

3. a) $X \sim N(\mu, \sigma^2)$; $H_0: \mu = \mu_0 = 0.5$ gegen $H_1: \mu < \mu_0, \alpha = 0.01$;
   Stichprobenkennwerte: $n = 10, \bar{x} = 0.4897, s = 0.02147$;
   $TG_s = (0.4897 - 0.5)\sqrt{10}/0.02147 = -1.5172, P = F_9(-TG_s) =$
   0.08177; F_9 ist die Verteilungsfunktion der t_9-Verteilung; Entscheidung:
   Wegen $P \geq \alpha$ kann H_0 ($\mu = \mu_0$) nicht abgelehnt werden.

   b) $\Delta = \mu - \mu_0 = -0.01, \sigma \approx s = 0.02147, \delta = \Delta/s = -0.4658$;
   $\alpha = 0.01, z_{1-\alpha} = z_{0.99} = 2.326, \beta = 0.01, z_{1-\beta} = z_{0.90} = 1.282$;
   $n^* = (2.326 + 1.282)^2/(-0.4658)^2 = 60.0$, d. h. $n = 60$ (exakter Wert:
   $n^* = 62.74$, d. h. $n = 63$).

```
> # Lösung mit R:
> x <- c(0.491, 0.488, 0.493, 0.538, 0.493,
+          0.478, 0.506, 0.459, 0.471, 0.480)
> n <- length(x); xquer <- mean(x); s <- sd(x)
> options(digits=4)
> print(cbind(n, xquer, s))
      n xquer      s
[1,] 10 0.4897 0.02147
> # a) Test auf Unterschreitung
> t.test(x, mu=0.5, sig.level=0.01, alternative="less", con.level=0.95)

        One Sample t-test
data:  x
t = -1.517, df = 9, p-value = 0.08177
alternative hypothesis: true mean is less than 0.5
95 percent confidence interval:
  -Inf 0.5021
sample estimates:
mean of x
  0.4897


> # b) Mindeststichprobenumfang
> power.t.test(delta = 0.01, sd = s, sig.level = 0.01, power=0.9,
+        type = "one.sample", alternative = "one.sided")

     One-sample t test power calculation

            n = 62.74
        delta = 0.01
           sd = 0.02147
    sig.level = 0.01
        power = 0.9
  alternative = one.sided
```

Abschn. 4.4:

1. a) $n = 40, h = 13$, beobachteter Anteil $h/n = 0.325$;

   $H_0: p = p_0 = 0.5$ gegen $H_1: p \neq 0.5$ (p ist die Wahrscheinlichkeit einer Veränderung des Eiweißwertes im Laufe der Behandlung vom Zustand „außerhalb des Normbereichs" in den Zustand „im Normbereich");

   $\mu_0 = np_0 = 20, d = |h - \mu_0| = 7$; exakter P-Wert: $P = F_B(\mu_0 - d) + 1 - F_B(\mu_0 + d - 1) = 0.0385$; approximativer P-Wert (Normalverteilungs-approximation, $np_0(1 - p_0) = 10 > 9$): $P = 0.0398$; Testentscheidung: Wegen $P < 5\%$ ist H_0 abzulehnen.

   b) $\alpha = 0.05, z_{1-\alpha/2} = z_{0.975} = 1.960, 1 - \beta = 0.9, z_{1-\beta} = z_{0.9} = 1.282$, $\Delta = 0.15$; Mindeststichprobenumfang (4.18b): $n \approx n^* = 112.54$.

```
> # Lösung mit R:
> options(digits=4)
> n <- 40; h <- 13; p0 <- 0.5
> # a) 2-seitiger (exakter) Binomialtest
> binom.test(h, n, p=p0)

        Exact binomial test

data:  h and n
number of successes = 13, number of trials = 40, p-value = 0.03848
alternative hypothesis: true probability of success is not equal to 0.5
95 percent confidence interval:
```

```
 0.1857 0.4913
sample estimates:
probability of success
               0.325

> # b) Mindeststichprobenumfang
> Delta <- 0.15; p <- p0-Delta
> library(pwr) # Laden des Pakets "pwr"
> ES <- ES.h(p, p0); pwr.p.test(h = ES, power=0.9)

     proportion power calculation for binomial distribution
     (arcsine transformation)
            h = 0.3047
            n = 113.2
     sig.level = 0.05
         power = 0.9
     alternative = two.sided
```

2. a) $n = 75, h = 42$, beobachteter Anteil $h/n = 0.56$;

   $H_0: p \leq p_0 = 0.5$ gegen $H_1: p > p_0$ (p ist die Wahrscheinlichkeit, dass das Gesamtcholesterin im Normbereich liegt);

   $\mu_0 = np_0 = 37.5, \sigma_0 < -\sqrt{np_0(1-p_0)} = 4.33, d = h - np_0 = 4.5$; approximativer P-Wert (Normalverteilungsapproximation, $np_0(1-p_0) = 18.75 > 9$): $P = 1 - \Phi((d - 0.5)/\sigma_0) = 0.1778$ (exakter P-Wert: $P = 0.1778$); Testentscheidung: Wegen $P \geq 5\%$ kann H_0 nicht abgelehnt werden.

   b) $n = 75, p_0 = 0.5, \Delta = 0.1, \alpha = 0.05, z_{1-\alpha} = z_{0.95} = 1.645$; Power für $p = p_0 + \Delta = 0.6: G(p) = G(0.6) \approx 1 - \Phi\left(\frac{-75 \cdot 0.1 + 1.645\sqrt{75 \cdot 0.5 \cdot 0.5}}{\sqrt{75 \cdot 0.6 \cdot 0.4}}\right) = 53.55\%$.

```
> # Lösung mit R:
> options(digits=4)
> n <- 75; h <- 42; p0 <- 0.5
> # a) 1-seitiger (approximativer) Binomialtest
> prop.test(h, n, p=p0, alternative="greater")

        1-sample proportions test with continuity correction

data:  h out of n, null probability p0
X-squared = 0.8533, df = 1, p-value = 0.1778
alternative hypothesis: true p is greater than 0.5
95 percent confidence interval:
 0.4587 1.0000
sample estimates:
   p
0.56

> # b) Power
> Delta <- 0.1; p <- p0+Delta
> library(pwr) # Laden des Pakets "pwr"
> ES <- ES.h(p, p0); pwr.p.test(h = ES, n=75, alternative="greater")

     proportion power calculation for binomial distribution
     (arcsine transformation)
            h = 0.2014
            n = 75
     sig.level = 0.05
         power = 0.5394
     alternative = greater
```

3. $n = 150, h = 2$, beobachteter Anteil $h/n = 0.01333$;

$H_0: p = p_0 = 0.05$ gegen $H_1: p < p_0$ (p ist die Wahrscheinlichkeit, dass die Abfüllung nicht der Vorgabe entspricht); Normalverteilungsapproximation wegen $np_0(1 - p_0) = 7.125 \leq 9$ nicht vertretbar;

exakter P-Wert: $P = F_B(h) = F_B(2) = 0.01815$ (F_B ist die Verteilungsfunktion der B_{n,p_0}-Verteilung); Testentscheidung: Wegen $P < 5\%$ wird H_0 abgelehnt.

```
> # Lösung mit R:
> options(digits=4)
> n <- 150; h <- 2; p0 <- 0.05
> binom.test(h, n, p=p0, alternative="less")

        Exact binomial test

data:  h and n
number of successes = 2, number of trials = 150, p-value = 0.01815
alternative hypothesis: true probability of success is less than 0.05
95 percent confidence interval:
 0.00000 0.04137
sample estimates:
probability of success
              0.01333
```

Abschn. 4.5:

1. $X_A \sim N(\mu_A, \sigma^2)$, $X_B \sim N(\mu_B, \sigma^2)$;

a) Mittelwertvergleich mit dem 2-Stichproben-t-Test:

$H_0: \mu_B = \mu_A$ gegen $H_1: \mu_B \neq \mu_A$; Stichprobenkennwerte: $n_A = n_B = 10$, $\bar{x}_A = 15.98$, $\bar{x}_B = 16.16$, $s_A = 0.2741$, $s_B = 0.2221$; Testgröße: $s_p = 0.24944$, $TG_s = 1.6136$; Testentscheidung: Wegen $|TG_s| \leq t_{9,0.975} = 2.101$ (bzw. wegen $P = 12.40\% \geq 5\%$) kann H_0 nicht abgelehnt werden.

b) Planung des Stichprobenumfangs: $\Delta = 0.25$, $\sigma \approx s_p = 0.24944$, $z_{1-\alpha/2} = z_{0.975} = 1.960$, $z_{1-\beta} = z_{0.9} = 1.282$, $n \approx 20.92 \approx 21$ (exakte Lösung: $n = 21.93 \approx 22$).

```
> # Lösung mit R:
> # a) Mittelwertvergleich
> xa <- c(16.1, 15.4, 16.1, 15.6, 16.2, 16.2, 15.9, 16.2, 16.1, 16.0)
> xb <- c(16.5, 15.9, 16.3, 16.4, 15.9, 15.9, 16.3, 16.2, 16.0, 16.2)
> t.test(xb, xa, var.equal=T, alternative="two.sided", sig.level=0.05)

        Two Sample t-test

data:  xb and xa
t = 1.6136, df = 18, p-value = 0.124
alternative hypothesis: true difference in means is not equal to 0
95 percent confidence interval:
 -0.05436767 0.41436767
sample estimates:
mean of x mean of y
    16.16     15.98
```

```
> # b) Planung von n
> na <- nb <- length(xa)
> sa <- sd(xa); sb <- sd(xb)
> sp <- sqrt(((na-1)*sa^2+(nb-1)*sb^2)/(na+nb-2))
> power.t.test(delta = 0.25, sd = sp, sig.level = 0.05, power = 0.9,
+       type = "two.sample", alternative = "two.sided", strict = T)

    Two-sample t test power calculation
            n = 21.92789
        delta = 0.25
           sd = 0.2494438
    sig.level = 0.05
        power = 0.9
  alternative = two.sided
NOTE: n is number in *each* group
```

2. Annahme: X_1, X_2 (Gewichte der Kulturen mit Nährlösung 1 bzw. 2) sind normalverteilt, d. h. $X_1 \sim N(\mu_1, \sigma_1^2)$, $X_2 \sim N(\mu_2, \sigma_2^2)$;

a) Mittelwertvergleich mit dem Welch-Test:

$H_0: \mu_1 = \mu_2$ gegen $H_1: \mu_1 \neq \mu_2$; Stichprobenkennwerte: $n_1 = n_2 = 8$, $\bar{x}_1 = 7.666$, $\bar{x}_2 = 6.991$, $s_1 = 0.6038$, $s_2 = 0.2289$; Testgröße: $TG_s = 2.956$, $f = 8.972$; Testentscheidung: Wegen $|TG_s| > t_{7,0.975} = 2.263$ (bzw. wegen $P = 1.611\,\% < 5\,\%$) wird H_0 abgelehnt.

b) Varianzvergleich mit dem F-Test:

$H_0: \sigma_1^2 = \sigma_2^2$ gegen $H_1: \sigma_1^2 \neq \sigma_2^2$; Testgröße: $TG_s = (s_1/s_2)^2 = 6.957$; Testentscheidung: Wegen $TG_s > F_{7,7,0.975} = 4.995$ (bzw. wegen $P = 2.029\,\% < 5\,\%$) wird H_0 (Gleichheit der Varianzen) abgelehnt.

```
> # Lösung mit R:
> x1 <- c(8.17, 7.92, 8.02, 7.97, 6.42, 8.16, 7.32, 7.35)
> x2 <- c(6.98, 6.94, 6.92, 6.93, 6.62, 7.17, 7.42, 6.95)
> # a) Mittelwertvergleich
> t.test(x1, x2, alternative="two.sided", sig.level=0.05)

    Welch Two Sample t-test

data:  x1 and x2
t = 2.9564, df = 8.972, p-value = 0.01611
alternative hypothesis: true difference in means is not equal to 0
95 percent confidence interval:
 0.158256 1.191744
sample estimates:
mean of x mean of y
  7.66625   6.99125


> # b) Varianzvergleich
> var.test(x1, x2, alternative="two.sided", sig.level=0.05)

    F test to compare two variances

data:  x1 and x2
F = 6.9569, num df = 7, denom df = 7, p-value = 0.02029
alternative hypothesis: true ratio of variances is not equal to 1
95 percent confidence interval:
  1.392791 34.748919
sample estimates:
ratio of variances
          6.956867
```

3. Annahme: Fiebersenkung $D = X_1 - X_2$ ist normalverteilt,
   d. h. $D \sim N(\mu_D, \sigma_D^2)$;

   a) Mittelwertvergleich mit dem Differenzen-t-Test:
      $H_0: \mu_D = 0$ gegen $H_1: \mu_D \geq 0$;
      Kennwerte der Differenzstichprobe: $n_d = 10$, $\bar{x}_d = 0.5$, $s_d = 0.6272$;
      Testgröße: $TG_s = 2.521$; Testentscheidung: Wegen $TG_s > t_{9,0.95} = 1.833$ (bzw. wegen $P = 1.635\,\% < 5\,\%$) wird H_0 abgelehnt.

   b) Planung des Stichprobenumfangs:
      $\Delta = 0.5$, $\sigma \approx s_d = 0.6272$, $z_{1-\alpha/2} = z_{0,975} = 1.645$, $z_{1-\beta} = z_{0.9} = 1.282$, $n \approx 13.47 \approx 14$ (exakte Lösung: $n = 14.94 \approx 15$).

```
> # Lösung mit R:
> x1 <- c(38.4, 39.6, 39.4, 40.1, 39.2, 38.5, 39.3, 39.1, 38.4, 39.5)
> x2 <- c(37.6, 37.9, 39.1, 39.4, 38.6, 38.9, 38.7, 38.7, 38.9, 38.7)
> d <- x1-x2; d
 [1]  0.8  1.7  0.3  0.7  0.6 -0.4  0.6  0.4 -0.5  0.8
> # a) Mittelwertvergleich
> t.test(d, alternative="greater")

        One Sample t-test

data:  d
t = 2.5211, df = 9, p-value = 0.01635
alternative hypothesis: true mean is greater than 0
95 percent confidence interval:
 0.1364454       Inf
sample estimates:
mean of x
      0.5


> # b) Planung des Stichprobenumfangs
> power.t.test(delta = Delta, sd = sigma, sig.level = 0.05, power=1-beta,
+              type = "one.sample", alternative = "one.sided")

        One-sample t test power calculation

              n = 14.93553
          delta = 0.5
             sd = 0.6271629
      sig.level = 0.05
          power = 0.9
    alternative = one.sided
```

Abschn. 4.6:

1. Es gibt $m = 12$ Merkmalspaare mit $x_{i2} > x_{i1}$ ($>$ steht für „besser"); $k = 2$ Paare haben übereinstimmende Werte, von diesen wird je ein Paar der Kategorie „Verbesserung" bzw. „Verschlechterung" zugeschlagen.

   a) Hypothesen: $H_0: p = P(X_2 > X_1) \leq 0.5$ gegen $H_1: p > 0.5$;
      Entscheidung mit dem Vorzeichen-Test (d. h. mit exaktem Binomialtest).
      Es ist $n = 20$, $p_0 = 0.5$ und $h = TG_s = 13$.
      Wegen $\mu_0 = np_0 = 10$ und $d = |h - \mu_0| = 3$ ist $P = 1 - F_B(\mu_0 + d - 1) = 1 - F_B(12) = 0.1316 \geq 0.05$, d. h. H_0 kann nicht abgelehnt

werden. (F_B ist die Verteilungsfunktion der Binomialverteilung mit $n = 20$
und $p = p_0$.)

b) $\Delta = |h/n - p_0| = 0.15, \alpha = 0.05, z_{1-\alpha} = z_{0.95} = 1.645, 1 - \beta = 0.9,$
$z_{1-\beta} = z_{0.9} = 1.282;$
Mindeststichprobenumfang (4.18a): $n \approx n^* = 91.35.$

```
> # Lösung mit R:
> p0 <- 0.5; n <- 20; h <- 13
> binom.test(h, n, p=p0, alternative="greater")

        Exact binomial test
data:  h and n
number of successes = 13, number of trials = 20, p-value = 0.1316
alternative hypothesis: true probability of success is greater than 0.5
95 percent confidence interval:
 0.4419655 1.0000000
sample estimates:
probability of success
        0.65


> # b) Mindeststichprobenumfang
> p <- h/n
> library(pwr) # Laden des Pakets "pwr"
> ES <- ES.h(p, p0); pwr.p.test(h = ES, power=0.9, alternative="greater")

     proportion power calculation for binomial distribution
     (arcsine transformation)

              h = 0.3047
              n = 92.25
      sig.level = 0.05
          power = 0.9
    alternative = greater
```

2. X_A, X_B Erträge unter den Bedingungen A bzw. B; ζ Median von $X_B - X_A$;
Hypothesen: $H_0 : \zeta \leq 0$ gegen $H_1 : \zeta > 0$;
Stichprobenumfänge: $n_A = n_B = 10$, Rangzahlen der Paardifferenzen: 9, 5, 7,
6, -1, 8, -2, 4, -3, 10; Summe der positiven Rangzahlen $w^+ = 49$;
Testgröße $TG_s = w^+ = 49$, P-Wert: $P = 1 - F_{W^+}(w^+ - 1) = 0.01367;$
wegen $P < 0.05$ wird H_0 abgelehnt. (F_{W^+} ist die Verteilungsfunktion der
Testgröße W^+ des Wilcoxon-Tests für Paardifferenzen.)

```
> # Lösung mit R:
> xA <- c(7400, 5740, 5530, 6190, 3740, 5050, 4180, 6520, 4910, 4690)
> xB <- c(8450, 6400, 6410, 7010, 3690, 6040, 4060, 6730, 4760, 5770)
> wilcox.test(d, alternative="greater")

        Wilcoxon signed rank test
data:  d
V = 49, p-value = 0.01367
alternative hypothesis: true location is greater than 0
```

3. X_A, X_B Durchmesser unter den Bedingungen A bzw. B.
Hypothesen: $H_0 : X_A st. = X_B$ gegen $H_1 : X_A st. \neq X_B$;
Stichprobenumfänge: $n_A = n_B = 15$, Rangsumme $r_A = 183$ (Bedingung A);
Testgröße $TG_s = r_A - n_A(n_A + 1)/2 = 63, \mu_W = n_A n_B/2 = 112.5,$
$d = |TG_s - \mu_W| = 49.5;$

P-Wert: $P = F_W(\mu_W - d) + 1 - F_W(\mu_W + d - 1) = 0.04084$; wegen $P < 0.05$ wird H_0 abgelehnt. (F_W ist die Verteilungsfunktion der Testgröße W des Rangsummen-Tests von Wilcoxon.)

```
> # Lösung mit R:
> xA <- c(19.5, 14.0, 12.0, 19.0, 23.0, 28.0, 24.5, 26.0, 25.0, 16.0,
+         27.5, 17.0, 17.5, 20.0, 18.5)
> xB <- c(18.0, 21.0, 30.5, 24.0, 20.5, 29.0, 25.5, 27.0, 40.5, 26.5,
+         22.5, 40.0, 16.5, 21.5, 23.5)
> wilcox.test(xA, xB)

        Wilcoxon rank sum test
data:  xA and xB
W = 63, p-value = 0.04084
alternative hypothesis: true location shift is not equal to 0
```

Abschn. 4.7:

1. p_A, p_B Wahrscheinlichkeiten, dass ein Schulkind der Region A bzw. B einen idealen Gesamtcholesterin-Wert besitzt; Hypothesen: $H_0: p_A = p_B$ gegen $H_1: p_A \neq p_B$. Spaltensummen: $n_{.1} = 148$, $n_{.2} = 142$; Zeilensummen: $n_{1.} = 187$, $n_{2.} = 103$; $n = 290$. Erwartete Zellenhäufigkeiten: $n_{.1}n_{1.}/n = 95.43 > 5$, $n_{.1}n_{2.}/n = 52.57 > 5$, $n_{.2}n_{1.}/n = 91.57 > 5$, $n_{.2}n_{2.}/n = 50.43 > 5$; Normalverteilungsapproximation gerechtfertigt. Beobachtete Anteile mit idealem Gesamtcholesterin: $y_A = 0.6959$, $y_B = 0.5915$; Testgröße (mit Stetigkeitskorrektur) $TG = 1.7343$; P-Wert: $P = 0.08286$; wegen $P \geq 0.05$ kann H_0 nicht abgelehnt werden.

```
> # Lösung mit R:
> nopt <- c(103, 84); nreg <- c(148, 142)
> n1p <- sum(nopt); n2p <- n-n1p;
> e11 <- n1*n1p/n; e12 <- n1*n2p/n; e21 <- n2*n1p/n; e22 <- n2*n2p/n
> print(cbind(e11, e12, e21, e22)) # Erwartete Häufigkeiten
         e11      e12      e21      e22
[1,] 95.43448 52.56552 91.56552 50.43448
> prop.test(nopt, nreg, alternative="two.sided")

        2-sample test for equality of proportions with continuity correction
data:  nopt out of nreg
X-squared = 3.0078, df = 1, p-value = 0.08286
alternative hypothesis: two.sided
95 percent confidence interval:
 -0.01217865 0.22097195
sample estimates:
   prop 1    prop 2
0.6959459 0.5915493
```

2. p_I, p_N Wahrscheinlichkeiten, dass ein geimpfte bzw. nicht geimpfte Person an Grippe erkrankt; Hypothesen: $H_0: p_I = p_N$ gegen $H_1: p_I \neq p_N$. Spaltensummen: $n_{.1} = n_{.2} = 15$; Zeilensummen: $n_{1.} = 9$, $n_{2.} = 21$; $n = 30$. Erwartete Zellenhäufigkeiten: $n_{.1}n_{1.}/n = n_{.2}n_{1.}/n = 4.5 \leq 5$, $n_{.1}n_{2.}/n = n_{.2}n_{2.}/n = 10.5 > 5$; Voraussetzungen für Normalverteilungsapproximation nicht erfüllt, es ist der exakte Test von Fisher anzuwenden.

Testgröße H_{11} ist $H_{9,21,15}$-verteilt; Realisierung von H_{11}: $TG_s = n_{11} = 1$; $\mu_{H_{11}} = n_{.1}n_{1.}/n = 4.5$, $d = |n_{11} - \mu_{H_{11}}| = 3.5$; P-Wert: $P = F_H(1) + 1 - F_H(7) = 1.42\%$ (F_H ist die Verteilungsfunktion der $H_{9,21,15}$-Verteilung); wegen $P < 5\%$ wird H_0 abgelehnt.

```
> # Lösung mit R (Ausgabe gekürzt):
> V <- matrix(c(1, 14, 8, 7), ncol=2)
> colnames(V)=c("geimpft", "nicht geimpft")
> rownames(V) <- c("krank", "nicht krank")
> V
            geimpft nicht geimpft
krank             1             8
nicht krank      14             7
> n1 <- sum(V[,1]); n2 <- sum(V[,2]); n1p <- sum(V[1,]); n2p <- sum(V[2,])
> n <- n1+n2
> e11 <- n1*n1p/n; e12 <- n2*n1p/n; e21 <- n1*n2p/n; e22 <- n2*n2p/n
> print(cbind(e11, e12, e21, e22)) # Erwartete Häufigkeiten
      e11 e12 e21  e22
[1,] 4.5 4.5 10.5 10.5
> fisher.test(V)

        Fisher's Exact Test for Count Data
data:  V
p-value = 0.01419
alternative hypothesis: true odds ratio is not equal to 1
95 percent confidence interval:
 0.001324 0.678290
```

3. p_A, p_B Wahrscheinlichkeiten, dass Verfahren A bzw. B zu einem positiven Testergebnis führen; Hypothesen: H_0: $p_A = p_B$ gegen H_1: $p_A \neq p_B$.
$n^* = n_{12} + n_{21} = 40$, $n^*/4 = 10 > 9$, McNemar-Test anwendbar;
Realisierung der Testgröße: $TG_s^* = 4.225$;
(approximativer) P-Wert: $P^* = 1 - F_1(TG_s^*) = 3.98\%$ (F_1 ist die Verteilungsfunktion der χ_1^2-Verteilung, der exakte P-Wert ist $P = 3.85\%$); wegen $P^* < 5\%$ wird H_0 abgelehnt.

```
> # Lösung mit R:
> H <- matrix(c(145, 13, 27, 48), ncol=2); H
     [,1] [,2]
[1,] 145   27
[2,]  13   48
> ns <- H[1,2]+H[2,1]; ns/4
[1] 10
> mcnemar.test(H) # Approximativer P-Wert

        McNemar's Chi-squared test with continuity correction
data:  H
McNemar's chi-squared = 4.225, df = 1, p-value = 0.03983

> binom.test(H[1,2], ns) # Exakter P-Wert

        Exact binomial test
data:  H[1, 2] and ns
number of successes = 27, number of trials = 40, p-value = 0.03848
alternative hypothesis: true probability of success is not equal to 0.5
95 percent confidence interval:
 0.5087051 0.8142710
sample estimates:
probability of success
                 0.675
```

Abschn. 4.8:

1. Es seien X die gewürfelte Augenzahl, $x_i = i$ $(i = 1, 2, \ldots, 6)$ ein möglicher Wert von X und $p_i = P(X = i)$;
   Hypothesen H_0: $p_i = p_{0i} = 1/6$ gegen H_1: „wenigstens ein $p_i \neq 1/6$";
   Anzahl der Ausprägungen (Klassen): $k = 6$; erwartete Häufigkeiten $E_i = 166.67$; Chiquadrat-Summe $TG_s = 5.168$; Testentscheidung: P-Wert $P = 1 - F_{(}TG_s) = 39.57\,\%$, wegen $P \geq \alpha$ kann H_0 nicht abgelehnt werden.

```
> # Lösung mit R:
> o <- c(172, 179, 173, 163, 171, 142)
> p0 <- rep(1, 6)/6
> res <- chisq.test(o, p=p0); res

            Chi-squared test for given probabilities
data:  o
X-squared = 5.168, df = 5, p-value = 0.3957

> res\$expected # erwartete Häufigkeiten
[1] 166.6667 166.6667 166.6667 166.6667 166.6667 166.6667
```

2. Hypothesen: H_0: „X ist normalverteilt" gegen H_1: „X ist nicht normalverteilt".

   a) K-S-Test (in der Modifikation von Lilliefors): Details der Rechnung: siehe Lösung mit R; Realisierung der Testgröße $D = 0.194$; wegen $D \leq l_{10,0.95} = 0.258$ wird H_0 nicht abgelehnt.

   b) Anderson-Darling-Test: Details der Rechnung: siehe Lösung mit R; Realisierung der Testgröße $A_{10}^2 = 0.433$; wegen $A^* = 0.475 \leq a_{0.95} = 0.752$ wird H_0 nicht abgelehnt.

```
> # Lösung mit R:
> options(digits=3)
> X <- c(210, 199, 195, 210, 217, 226, 220, 222, 221, 182)
> XX <- sort(X); XX # nach Größe geordnete Stichprobe
[1] 182 195 199 210 210 217 220 221 222 226
> n <- length(XX) # Stichprobenumfang
> mw <- mean(X); s <- sd(X) # Schätzung der Verteilungsparameter
> print(cbind(mw, s))
       mw    s
[1,] 210 14.1
> Z <- (XX-mw)/s # standardisierte Stichprobenwerte
> #
> # a) K-S Test (nach Lilliefors)
> qq <- ecdf(Z) # Empirische Verteilungsfunktion
> Si <- qq(Z) # Werte der emp. Verteilungsfunktion an den Sprungstellen
> Sim1 <- c(0, Si[1:length(Z)-1])
> Phi <- pnorm(Z) # Werte der N(0, 1)-Verteilung an den Sprungstellen
> Dip <- abs(Phi-Si); Dim <- abs(Phi-Sim1) # Abstände an den Sprungstellen
> print(cbind(XX, Z, Si, Sim1, Phi, Dip, Dim)) # Rechenschema
       XX       Z  Si Sim1    Phi     Dip     Dim
[1,]  182 -1.9943 0.1  0.0 0.0231 0.07694 0.02306
[2,]  195 -1.0749 0.2  0.1 0.1412 0.05880 0.04120
[3,]  199 -0.7920 0.3  0.2 0.2142 0.08583 0.01417
[4,]  210 -0.0141 0.5  0.3 0.4944 0.00564 0.19436
[5,]  210 -0.0141 0.5  0.5 0.4944 0.00564 0.00564
[6,]  217  0.4809 0.6  0.5 0.5687 0.08470 0.18470
[7,]  220  0.6930 0.7  0.6 0.7559 0.05586 0.15586
[8,]  221  0.7638 0.8  0.7 0.7775 0.02251 0.07749
[9,]  222  0.8345 0.9  0.8 0.7980 0.10201 0.00201
```

```
[10,]  226  1.1174 1.0  0.9 0.8681 0.13192 0.03192
> D <- max(Dip, Dim); D # Realisierung der Testgröße
[1] 0.194
> #
> library(nortest); lillie.test(X) # Lösung mit der R-Funktion lillie.test

        Lilliefors (Kolmogorov-Smirnov) normality test
data:  X
D = 0.194, p-value = 0.3518

> # b) Anderson-Darling-Test
> ZZ <- rev(Z) # Vektor mit Komponenten in umgekehrter Reihenfolge
> S1 <- log(pnorm(Z)); S2 <- log(1-pnorm(ZZ))
> II <- 2*c(1:n)-1
> A2 <- -n-sum(II*(S1+S2))/n; A2 # Testgröße
[1] 0.433
> As <- A2*(1+0.75/n+2.25/n^2); As
[1] 0.475
> #
> ad.test(X) # Lösung mit der R-Funktion ad.test

        Anderson-Darling normality test
data:  X
A = 0.433, p-value = 0.2396
```

3. Hypothesen: H_0: „$x_2 = 299$ ist kein Ausreißer" gegen H_1: „x_2 ist ein Ausreißer". Details der Rechnung: siehe Lösung mit R;

Testgröße: Realisierung $G_s = 2.555$, kritische Schranke $g_{n,\alpha} = 2.29$; wegen $G_s > g_{n,\alpha}$ wird H_0 abgelehnt.

```
> # Lösung mit R:
> options(digits=4)
> X <- c(210, 299, 195, 210, 217, 226, 220, 222, 221, 182)
> n <- length(X) # Stichprobenumfang
> mw <- mean(X); s <- sd(X) # Schätzung der Verteilungsparameter
> print(cbind(mw, s))
        mw      s
[1,] 220.2 30.84
> Gs <- max(abs(X-mw))/s; Gs # Realisierung der Testgröße
[1] 2.555
> alpha <- 0.05; c <- qt(alpha/2/n, n-2); c
[1] -3.833
> Gcrit <- (n-1)/sqrt(n)*sqrt(c^2/(n-2+c^2)); Gcrit # kritischer Wert
[1] 2.29
```

Abschn. 4.9:

1. a) Äquivalenzprüfung:
   Differenzstichprobe: $n = 10$, $\bar{d} = -0.711$, $s_d = 1.092$;
   90 %-Konfidenzintervall für $\mu_D = \mu_t - \mu_k$: $t_{9,0.95} = 1.833$, untere Grenze $u = -1.344$, obere Grenze $o = -0.078$; Äquivalenzintervall: $\bar{x}_k = 6.431$, $\Delta = 0.2\bar{x}_k = 1.286$; Entscheidung: auf 5 %igem Niveau keine Äquivalenz, da $[u, o]$ keine Teilmenge von $(-\Delta, \Delta)$.

   b) Prüfung auf Unterschied der Behandlungsmittelwerte:
   Hypothesen: H_0: $\mu_D = 0$ gegen H_1: $\mu_D \neq 0$;
   Entscheidung: $TG_s = \bar{d}\sqrt{n}/s_d = -2.058$;
   $P = 2F_9(-|TG_s|) = 0.0697$, wegen $P \geq \alpha = 0.05$ kann H_0 nicht abgelehnt werden; F_9 ist die Verteilungsfunktion der t_9-Verteilung.

```
> # Lösung mit R:
> auct <- c(5.53, 4.18, 4.03,  5.66, 4.26, 6.64, 7.70, 7.44, 6.06, 5.70)
> auck <- c(6.37, 6.35, 5.68, 6.82, 5.64, 6.96, 6.77, 8.42, 6.92, 4.38)
> aucdif <- auct-auck; mwdif <- mean(aucdif); sdif <- sd(aucdif)
> n <- length(auct); mwt <- mean(auct); st <- sd(auct)
> mwk <- mean(auck); sk <- sd(auck); options(digits=4)
> print(cbind(n, mwt, st, mwk, sk, mwdif, sdif))
        n   mwt    st    mwk    sk  mwdif  sdif
[1,]   10  5.72 1.301 6.431 1.062 -0.711 1.092
> Delta <- 0.2*mwk; Delta # halbe Breite des Äquivalenzintervalls
[1] 1.286
> # a) 90%-Konfidenzintervall für Mittelwertdifferenz
> t.test(aucdif, conf.level=0.9)

        One Sample t-test
data:  aucdif
t = -2.058, df = 9, p-value = 0.0697
alternative hypothesis: true mean is not equal to 0
90 percent confidence interval:
 -1.34429 -0.07771
sample estimates:
mean of x
 -0.711


> # b) Prüfung auf Mittelwertunterschied
> t.test(aucdif)

        One Sample t-test
data:  aucdif
t = -2.058, df = 9, p-value = 0.0697
alternative hypothesis: true mean is not equal to 0
95 percent confidence interval:
 -1.49251  0.07051
sample estimates:
mean of x
 -0.711
```

2. 90 %-Konfidenzintervall für $p_t - p_k$:
$z_{9,0.95} = 1.645, y_t = 130/200 = 0.65, y_k = 120/200 = 0.6, \sigma \approx 0.04835$,
untere Grenze $u = -0.0295$, obere Grenze $o = 0.1295$; Normalverteilungsapproximation wegen $n_t y_t(1 - y_t) = 45.5 > 9$ und $n_k y_k(1 - y_k) = 48 > 9$
gerechtfertigt;
Äquivalenzintervall: $\Delta = 0.1$;
Entscheidung: auf 5 %igem Niveau keine Äquivalenz, da $[u, o]$ keine Teilmenge von $(-\Delta, \Delta)$.

```
> # Lösung mit R:
> n <- c(200, 200); ne <- c(130, 120)
> prop.test(ne, n, conf.level=0.9, correct=T)

   2-sample test for equality of proportions with continuity correction

data:  ne out of n
X-squared = 0.864, df = 1, p-value = 0.3526
alternative hypothesis: two.sided
90 percent confidence interval:
 -0.03452  0.13452
sample estimates:
prop 1 prop 2
  0.65   0.60
```

Hinweis: Ohne Stetigkeitskorrektur ergibt sich das Intervall $[-0.0295, 0.1295]$!

Abschnitt 4.10:

1. Prüfung auf fehlerhafte Einheiten mit $(n, c) = (60, 4)$;
$AQL = 0.05$, $LQL = 0.15$; $N = 7000$;
Herstellerforderung: $P_{an}(AQL|60, 4) \geq 1 - \alpha = 0.9$,
Abnehmerforderung: $P_{an}(LQL|60, 4) \leq \beta = 0.05$;
exakte Rechnung mit hypergeometrischer Verteilung:
$a = N \cdot AQL = 350$,
$P_{an}(AQL|60, 4) = \sum_{x=0}^{c} H_{a,N-a,n}(x) = 82.04\% < 90\%$;
$b = N \cdot LQL = 1050$,
$P_{an}(LQL|60, 4) = \sum_{x=0}^{c} H_{b,N-b,n}(x) = 4.17\% \leq 5\%$;
Der Prüfplan erfüllt die Herstellerforderung nicht.
Approximation mit Binomialverteilung:
$P_{an}(AQL|60, 4) \approx \sum_{x=0}^{c} B_{n,AQL}(x) = 81.97\% < 90\%$;
$P_{an}(LQL|60, 4) \approx \sum_{x=0}^{c} B_{n,LQL}(x) = 4.24\% \leq 5\%$.

```
> # Lösung mit R:
> library(AcceptanceSampling)
> options(digits=4)
> xx <- OC2c(60,4, type="hypergeom", N=7000, pd=seq(0,1, 0.05))
> assess(xx, PRP=c(0.05, 0.9), CRP=c(0.15, 0.05))
Acceptance Sampling Plan (hypergeom)

                     Sample 1
Sample size(s)          60
Acc. Number(s)           4
Rej. Number(s)           5

Plan CANNOT meet desired risk point(s):

          Quality   RP P(accept) Plan P(accept)
PRP          0.05         0.90          0.82043
CRP          0.15         0.05          0.04174

> # Binomialverteilungsapproximation:
> xxx <- OC2c(60,4, type="binom")
> assess(xxx, PRP=c(0.05, 0.9), CRP=c(0.15, 0.05))
Acceptance Sampling Plan (binomial)

                     Sample 1
Sample size(s)          60
Acc. Number(s)           4
Rej. Number(s)           5

Plan CANNOT meet desired risk point(s):

          Quality   RP P(accept) Plan P(accept)
PRP          0.05         0.90          0.81966
CRP          0.15         0.05          0.04237
```

2. $AQL = 0.01$, $LQL = 0.02$; Herstellerforderung: $P_{an}(AQL|n, k) = 0.9$;
Abnehmerforderung: $P_{an}(LQL|n, k) = 0.1$;
Kennwerte des Prüfplans mit (4.37): $n = 88.41 \approx 89$, $k = 2.19$;
Kontrolle mit (4.36): $P_{an}(AQL|n, k) = \Phi([z_{1-AQL} - k]\sqrt{n}) = 90.08\% \geq 90\%$, $P_{an}(LQL|n, k) = 9.93\% \leq 10\%$.

```
> # Lösung mit R (Ausgabe gekürzt):
> library(AcceptanceSampling)
```

```
> find.plan(PRP=c(0.01, 0.9), CRP=c(0.02, 0.1), type="normal",
+          s.type="known")
$n
[1] 89

$k
[1] 2.191

> xx <- OCvar(89, 2.19)
> assess(xx, PRP=c(0.01, 0.9), CRP=c(0.02, 0.1))
Acceptance Sampling Plan (normal)
Standard deviation assumed to be known

                Sample 1
Sample size       89.00
Constant k         2.19

Plan CAN meet desired risk point(s):

            Quality   RP P(accept) Plan P(accept)
PRP           0.01          0.9         0.90083
CRP           0.02          0.1         0.09933
```

C.5 Korrelation und Regression

Abschn. 5.1:

1. H_0: „Gewicht und Alter sind unabhängig";
erwartete Häufigkeiten: siehe Lösung mit R; $GF_s = 25.68$, $f = 12$,
P-Wert: $P = 1 - F_f(GF_s) = 0.0119$; Entscheidung: Wegen $P < \alpha = 0.05$
wird H_0 abgelehnt.
$V = 0.126$.

```
> # Lösung mit R:
> nij <- matrix(c(7, 22, 33, 19, 5, 8, 27, 60, 55, 26,
+      8, 38, 59, 42, 16, 11, 34, 41, 21, 5), ncol=4,
+      dimnames=list(
+      gewicht=c("bis 23", "24-27", "28-31", "32-35", "ueber 35"),
+      alter=c("bis 20", "21-40", "41-60", "ueber 60")))
> nij # beobachtete Häufigkeiten
          alter
gewicht    bis 20 21-40 41-60 ueber 60
   bis 23       7     8     8       11
   24-27       22    27    38       34
   28-31       33    60    59       41
   32-35       19    55    42       21
   ueber 35     5    26    16        5
> options(digits=4)
> test <- chisq.test(nij); test

        Pearson's Chi-squared test
data:  nij
X-squared = 25.68, df = 12, p-value = 0.0119

> gfs <- test$statistic; gfs[[1]]
[1] 25.68
> test$expected # erwartete Häufigkeiten
          alter
```

```
gewicht    bis 20 21-40 41-60 ueber 60
  bis 23    5.445 11.14 10.32    7.091
  24-27    19.378 39.66 36.73   25.236
  28-31    30.909 63.26 58.58   40.253
  32-35    21.940 44.90 41.58   28.574
  ueber 35  8.328 17.04 15.78   10.845
> # Berechnung des Cramer-Koeffizenten
> V <- sqrt(gfs/sum(nij)/(min(nrow(nij), ncol(nij))-1)); V[[1]]
  0.1263
```

2. H_0: „Behandlungserfolg hängt nicht vom Präparat ab";
   erwartete Häufigkeiten: siehe Lösung mit R; $GF_s = 2.65$, $f = 2$,
   P-Wert: $P = 1 - F_2(GF_s) = 0.266$; F_2 ist die Verteilunghsfunktion der
   χ_2^2-Verteilung;
   Entscheidung: Wegen $P \geq \alpha = 0.05$ kann H_0 nicht abgelehnt werden.

```
> # Lösung mit R:
> nij <- matrix(c(13, 13, 7, 6, 16, 5), ncol=2,
+    dimnames=list(Erfolg=c("Verbess.", "k. Aender.", "Verschl."),
+    Praeparat=c("A", "B"))); nij
           Praeparat
Erfolg       A  B
  Verbess.  13  6
  k. Aender. 13 16
  Verschl.   7  5
> options(digits=4)
> test <- chisq.test(nij); test

        Pearson's Chi-squared test
data:  nij
X-squared = 2.649, df = 2, p-value = 0.2659

> test$expected # erwartete Häufigkeiten
           Praeparat
Erfolg       A     B
  Verbess.  10.45  8.55
  k. Aender. 15.95 13.05
  Verschl.   6.60  5.40
```

3. $\widehat{OR} = 1.135$; $\ln(\widehat{OR}) = 0.127$; $SE(\ln(\widehat{OR})) = 0.372$; $z_{0.975} = 1.96$;
   95 %-Konfidenzintervall für $\ln(OR)$: $[-0.603, 0.856]$;
   95 %-Konfidenzintervall für OR: $[0.55, 2.35]$; das Intervall schließt den Parameterwert $OR = 1$ ein, daher weicht $\widehat{OR} = 1.135$ auf 5 %igem Testniveau nicht signifikant von 1 ab.

Abschn. 5.2:

1. $n = 6$, $\bar{l} = 67.96$, $s_l = 9.76$, $\bar{h} = 4.33$, $s_h = 1.26$, $s_{lh} = 9.55$,
   $r_{lh} = 9.55/(9.76 \cdot 1.26) = 0.78$ (Teil-Ganzheitskorrelation).
2. Deskriptive Statistiken: $n = 27$; $\bar{x} = -0.005519$, $s_x = 0.3704$; $\bar{y} = 0.5128$,
   $s_y = 0.2479$; $s_{xy} = 0.05362$, $r_{xy} = 0.5839$;
   95 %-Konfidenzintervall: $z_u = 0.2570$, $z_o = 1.057$; $0.2515 \leq \rho_{xy} \leq 0.7846$;
   Abhängigkeitsprüfung: H_0: $\rho = 0$; $TG_s = 3.596$, $P = 2F_{25}(-|TG_s|) = 0.001386$; F_{25} ist die Verteilungsfunktion der t_{25}-Verteilung; Entscheidung: wegen $P < 0.05$ wird H_0 (Unabhängigkeit) abgelehnt.

```
> # Lösung mit R:
> x <- c(0.194, -0.011, 0.270, -0.248, -0.391, 0.005, -0.027, 0.363,
+        -0.195, -0.123, -0.056, -0.138, -0.436, 0.002, -0.532, 0.211,
+         0.192, 0.473, -0.188, -0.066, -0.702, 0.922, -0.382, -0.076,
+        -0.250, 0.276, 0.764)
> y <- c(0.564, 0.295, 0.817, 0.530, 0.388, 0.051, 0.908, 0.604, 0.377,
+         0.717, 0.626, 0.165, 0.519, 0.530, 0.389, 0.495, 0.872, 0.471,
+         0.656, 0.500, 0.014, 0.893, 0.158, 0.613, 0.236, 0.756, 0.702)
> options(digits=4)
> # Parameterschätzung, Abhängigkeitsprüfung
> cor.test(x, y, method="pearson",alternative="two.sided",conf.level=0.95)

        Pearson's product-moment correlation
data:  x and y
t = 3.596, df = 25, p-value = 0.001386
alternative hypothesis: true correlation is not equal to 0
95 percent confidence interval:
 0.2620 0.7889
sample estimates:
    cor
 0.5839
```

Abschn. 5.3:

1. Rangkorrelationskoeffizient von Spearman:

X-Ränge: 5, 10, 3, 1, 9, 2, 8, 6, 4, 12, 11, 7, Y-Ränge: 6, 5, 2, 3, 4, 1, 11, 8, 7, 9, 12, 10; $S = 98$, $r_s = 0.6573$; Abhängigkeitsprüfung: H_0 : „X und Y sind unabhängig", $TG_s = 2.758$, $P = 2F_{10}(-2.758) = 0.02019$; F_{10} ist die Verteilungsfunktion der t_{10}-Verteilung; wegen $P < 0.05$ ist H_0 abzulehnen. Der exakte P-Wert ist 0.02378.

Berechnung von r_s als Produktmomentkorrelation der Rangreihen:

$\bar{x} = \bar{y} = 6.5$, $s_x = s_y = 3.606$, $s_{xy} = 8.545$, $r_{xy} = 8.545/3.606^2 = 0.6573$.

Rangkorrelationskoeffizient von Kendall:

X-Ränge (der nach aufsteigender Größe sortierten X-Reihe): 1, 2, 3, 4, 5, 6, 7, 8, 9, 10, 11, 12, Y-Ränge (entsprechend den X-Rängen): 3, 1, 2, 7, 6, 8, 10, 11, 4, 5, 12, 9; $Q = 16$, $\tau = 0.5152$; Abhängigkeitsprüfung: H_0 : „X und Y sind unabhängig", $\sigma_\tau = 0.221$, $TG_s = 2.331$, $P = 2\Phi(-2.331) = 0.01973$; wegen $P < 0.05$ ist H_0 abzulehnen. Der exakte P-Wert ist 0.02098.

```
> # Lösung mit R:
> x <- c(5, 10, 3, 1, 9, 2, 8, 6, 4, 12, 11, 7)
> y <- c(6, 5, 2, 3, 4, 1, 11, 8, 7, 9, 12, 10)
> options(digits=4)
> n <- length(x)
> # a) Rangkorrelationskoeffizient von Spearman
> library(pspearman)
> spearman.test(x, y, approximation="exact")

        Spearman's rank correlation rho
data:  x and y
S = 98, p-value = 0.02378
alternative hypothesis: true rho is not equal to 0
sample estimates:
    rho
 0.6573
```

```
> # Berechnung als Produktmomentkorrelation der Rangreihen:
> rs <- cor(rank(x), rank(y), method="pearson"); rs
[1] 0.6573
> # b) Rangkorrelationskoeffizient von Kendall
> cor.test(x, y, method="kendall")

        Kendall's rank correlation tau
data:  x and y
T = 50, p-value = 0.02098
alternative hypothesis: true tau is not equal to 0
sample estimates:
    tau
0.5152
```

2. X-Ränge: 8, 10, 3, 9, 12, 14, 2, 13, 4, 7, 6, 1, 5, 11,
   Y-Ränge: 7, 10, 2, 5, 9, 11, 6, 13, 3, 12, 14, 1, 4, 8; $S = 152, r_s = 0.6659$;
   Abhängigkeitsprüfung: H_0 : „X und Y sind unabhängig", $TG_s = 3.092, P = 2F_{12}(-3.092) = 0.009323$; F_{12} ist die Verteilungsfunktion der t_{12}-Verteilung; wegen $P < 0.05$ ist H_0 abzulehnen. Der exakte P-Wert ist 0.01134.

```
> # Lösung mit R:
> x <- c(298, 345, 183, 340, 352, 385, 92, 380,
+         195, 265, 232,  90, 200, 350)
> y <- c(39, 47, 18, 29, 45, 50, 33, 70,
+         20, 52, 71, 14, 28, 40)
> options(digits=4)
> library(pspearman)
> spearman.test(x, y, approximation="exact")

        Spearman's rank correlation rho
data:  x and y
S = 152, p-value = 0.01134
alternative hypothesis: true rho is not equal to 0
sample estimates:
    rho
0.6659
```

Abschn. 5.4:

1. Deskriptive Statistiken und Abhängigkeitsprüfung: siehe die Lösungen von Aufgabe 2, Abschn. 5.2.

   a) Parameter der Regressionsgeraden von Y auf X: $b_0 = 0.515, b_1 = 0.391$;
      95 %-Konfidenzintervall für den Anstieg: $SQE = 1.053$,
      $MQE = SQE/25 = 0.04214, t_{25,0.975} = 2.06, [0.167, 0.615]$;

   b) 95 %-Konfidenzintervall für das Zielgrößenmittel an der Stelle
      $\bar{x} = -0.005519$: $\bar{y} \pm t_{25,0.975} \sqrt{MQE/27} = 0.5128 \pm 0.08136$;

   c) Regression von Y auf X: $\hat{y} = b_0 + b_1 x, \Delta x = 0.1, \Delta \hat{y} = \hat{y}(x + \Delta x) - \hat{y}(x) = b_1 \Delta x = 0.0391$; Regression von X auf Y: $\hat{x} = b_0' + b_1' y$,
      $b_1' = 0.872, b_0' = -0.453 \Delta y = 0.1, \Delta \hat{x} = b_1' \Delta y = 0.0872$.

```
> # Lösung mit R:
> x <- c(0.194, -0.011,  0.270, -0.248, -0.391,  0.005, -0.027,  0.363,
+        -0.195, -0.123, -0.056, -0.138, -0.436,  0.002, -0.532,  0.211,
+         0.192,  0.473, -0.188, -0.066, -0.702,  0.922, -0.382, -0.076,
+        -0.250,  0.276,  0.764)
```

```
> y <- c(0.564, 0.295, 0.817, 0.530, 0.388, 0.051, 0.908, 0.604, 0.377,
+         0.717, 0.626, 0.165, 0.519, 0.530, 0.389, 0.495, 0.872, 0.471,
+         0.656, 0.500, 0.014, 0.893, 0.158, 0.613, 0.236, 0.756, 0.702)
> options(digits=4)
> # a) Regression von Y auf X
> xy <- data.frame(x, y)
> modyx <- lm(formula = y ~ x, data=xy)
> paryx <- coefficients(modyx); paryx # Regressionsparameter
(Intercept)           x
     0.5150       0.3909
> confint(modyx, level=0.95) # 95%-Konfidenzintervalle für Parameter
               2.5 % 97.5 %
(Intercept) 0.4336 0.5963
x           0.1670 0.6147
> # b) 95%-Konfidenzintervall für Zielgrößenmittel
> predict(modyx, data.frame(x=mean(x)),
+   level=0.95, interval="confidence")
     fit    lwr    upr
1 0.5128 0.4315 0.5942
> # c) Änderung des Zielgrößenmittels
> delta <- 0.1
> # Regression von Y auf X
> b1 <- paryx[[2]]; deltay <- b1*delta; deltay # Änderung y
[1] 0.03909
> # Regression von X auf Y
> modxy <- lm(formula = x ~ y, data=xy)
> parxy <- coefficients(modxy); parxy
(Intercept)           y
    -0.4528       0.8722
> b1s <- parxy[[2]]; deltax <- b1s*delta; deltax # Änderung x
[1] 0.08722
```

2. a) $\sum e_i = \sum (y_i - \hat{y}_i) = \sum y_i - \sum \hat{y}_i = \sum y_i - \sum [\bar{y} + b_1(x_i - \bar{x}] = -b_1 \sum (x_i - \bar{x}) = 0;$

   b) $(n-1)s_{y\hat{y}} = \sum (y_i - \bar{y})(\hat{y}_i - \bar{y}) = \sum (y_i - \bar{y})[\bar{y} + b_1(x_i - \bar{x}) - \bar{y}] = b_1 \sum (y_i - \bar{y})(x_i - \bar{x}) = b_1(n-1)s_{xy}, (n-1)s_{\hat{y}}^2 = \sum (\hat{y}_i - \bar{y})^2 = b_1^2(n-1)s_x^2, r_{y\hat{y}}^2 = s_{y\hat{y}}^2/(s_y^2 s_{\hat{y}}^2) = s_{xy}^2/(s_x^2 s_y^2) = r_{xy}^2, B = r_{xy}^2 = r_{y\hat{y}}^2;$
   wegen $b_1 = s_{xy}/s_x^2$ gilt ferner $s_{\hat{y}}^2 = b_1(s_{xy}/s_x^2)s_x^2 = b_1 s_{xy} = s_{y\hat{y}}.$

Abschn. 5.5:

1. Univariate Statistiken: $n = 11, \bar{x} = 82, s_x = 3.317, \bar{y} = 12.81,$
$s_y = 2.175$; bivariate Statistiken: $s_{xy} = -7.090, r_{xy} = -0.983,$
$B = r_{xy}^2 = 96.6\,\%$;
Abhängigkeitsprüfung: $H_0: \rho_{xy} = 0$ gegen $H_1: \rho_{xy} \neq 0; TG_s = -0.983\sqrt{9}/\sqrt{1 - 0.983^2} = -16.08$; wegen $|TG_s| > t_{9,0.975} = 2.262$
wird H_0 abgelehnt (P-Wert $P = 6.16 \cdot 10^{-8} < 0.05$).
Schätzung der Regressionsparameter: $b_1 = -7.09/3.317^2 = -0.6445, b_0 = 12.81 + 0.6445 \cdot 82 = 65.66$; durchschnittliche Abnahme pro Jahr: $|b_1| = 0.6445$.

```
> # Lösung mit R:
> x <- c(77, 78, 79, 80, 81, 82, 83, 84, 85, 86, 87)
> y <- c(16.8, 15.0, 14.7, 14.3, 12.7, 12.8, 11.9,
+        11.4, 11.2, 10.3, 9.8)
> options(digits=4)
```

```
> xy <- data.frame(x, y)
> modyx <- lm(formula = y ~ x, data=xy)
> summary(modyx) # Ausgabeobjekte gekürzt

Residuals:
     Min      1Q  Median      3Q     Max
 -0.7536 -0.1923 -0.0091  0.2077  0.7682

Coefficients:
            Estimate Std. Error t value Pr(>|t|)
(Intercept)  65.6618     3.2895    20.0  9.2e-09
x            -0.6445     0.0401   -16.1  6.2e-08

Residual standard error: 0.42 on 9 degrees of freedom
Multiple R-squared: 0.966,      Adjusted R-squared: 0.963
```

2. Lineare Regression von Y (Temperatur) auf X (Zeit): $n = 16, \bar{x} = 87.5$,
   $s_x = 4.761, \bar{y} = 10.4, s_y = 0.5955; s_{xy} = 1.333, r_{xy} = 0.4703$;
   Abhängigkeitsprüfung: $H_0: \rho_{xy} = 0$ gegen $H_1: \rho_{xy} \neq 0$;
   $TG_s = 0.4703\sqrt{14}/\sqrt{1 - 0.4703^2} = 1.994$;
   wegen $|TG_s| \leq t_{14,0.975} = 2.145$ kann H_0 auf 5 %igem Testniveau nicht abgelehnt werden (P-Wert $P = 6.6\% \geq 5\%$); damit erübrigt sich die Schätzung der Regressionsparameter ($b_1 = 0.05882, b_0 = 5.253$).

Abschn. 5.6:

1. Siehe Abb. 8.7.
   Ansatz für Regressionsfunktion: Exponentialfunktion $l = e^{b_1 a}$ durch den Punkt $(0, 1)$;
   Linearisierung durch log-Transformation: $X = a, Y = \ln l, n = 8$,
   $\sum x_i^2 = 204, \sum y_i^2 = 63.982, \sum x_i y_i = -113.758$;
   $\hat{\beta}_1 = b_1 = -113.758/204 = -0.5576; \ln \hat{l} = -0.5576a$,
   $\hat{l} = e^{-0.5576a}; SQE = 63.982 - (113.758)^2/204 = 0.5467$,
   $MQE = 0.5467/7 = 0.07811; 95\%$-Konfidenzintervall für β_1: $t_{7,0.975} = 2.365, [-0.5576 - 2.365\sqrt{0.07811/204}, -0.5576 + 2.365\sqrt{0.07811/204}] = [-0.6039, -0.5114]$;
   Bestimmtheitsmaß $B = 1 - 0.5467/63.982 = 99.15\%$.

```
> # Lösung mit R:
> a <- 1:8; l <- c(0.437, 0.239, 0.141, 0.109, 0.077, 0.046, 0.014, 0.014)
> x <- a; ys <- l; y <- log(ys); xy <- x*y
> options(digits=4)
> ergebnis <- summary(lm(y ~ 0+x))
> parx <- ergebnis$coefficients
> b1 <- parx[[1]]; b1 # Anstieg
[1] -0.5576
> parx[[4]] # P-Wert (H_0: Anstieg=0)
[1] 1.684e-08
> ergebnis$r.squared # Bestimmtheitsmaß
[1] 0.9915
> # Abb. 8.7
> par(mfrow=c(2, 1))
> par(pin=c(6, 4), mai=c(0.8, 0.9, 0.2, 0.1))
> par(cex.axis=1.3, cex.lab=1.3)
```

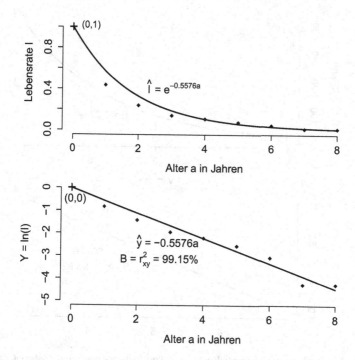

Abb. 8.7 Anpassung einer Exponentialfunktion durch den Punkt $(0, 1)$ an vorgegebene Datenpunkte (*obere Grafik*). Die Abnahmerate $b_1 = -0.5576$ wurde im Rahmen einer linearen Regression der logarithmierten Lebensrate auf das Alter geschätzt (*untere Grafik*). Zu Aufgabe 1, Abschn. 5.6

```
> # Streudiagramm mit Originalvariablen
> plot(x, ys, type="p", col="black", xlab="Alter a in Jahren",
+     ylab=expression("Lebensrate l"), pch=18, frame.plot=F,
+     xlim=c(0, 8), ylim=c(0, 1.1), lwd=2)
> curve(exp(b1*x), lty=1, lwd=2, ad=T)
> text(2.1, 0.4, expression(hat(l)*" " = "*e^{-0.5576*a}), pos=4, cex=1.3)
> points(0, 1, pch=3, lwd=2, cex=1.3)
> text(0.1,1, expression("(0,1)"), pos=4, cex=1.2)
> # Streudiagramm mit logarithmiertem Y
> plot(x, y, type="p", col="black", xlab="Alter a in Jahren",
+     ylab=expression("Y = ln(l)"), pch=18, frame.plot=F,
+     xlim=c(0, 8), ylim=c(-5, 0), lwd=2)
> segments(0, 0, 8, b1*8, lty=1, lwd=2)
> text(4, -2.5, expression(hat(y)*" " = -0.5576a"), pos=2, cex=1.3)
> text(4, -3.3, expression("B = "*r[xy]^2*" = 99.15%"), pos=2, cex=1.3)
> points(0, 0, pch=3, lwd=2, cex=1.3)
> text(0.1,-0.15, expression("(0,0)"), pos=1, cex=1.3)
```

2. Siehe Abb. 8.8.

Ansatz für Regressionsfunktion: Exponentialfunktion $E = b_0 e^{b_1 v}$;
Linearisierung durch log-Transformation: $X = v$, $Y = \ln E$;
univariate Statistiken: $n = 5$, $\bar{x} = 4.86$, $\bar{y} = 4.449$, $s_x = 1.311$, $s_y = 0.9977$;
bivariate Statistiken: $s_{xy} = 1.267$, $r_{xy} = 0.9691$, $B = 93.92\%$;

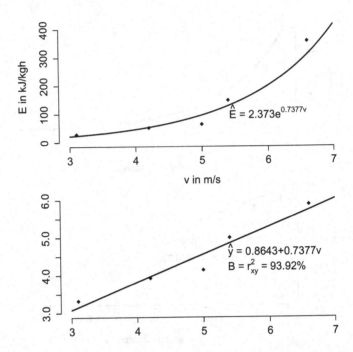

Abb. 8.8 Anpassung einer Exponentialfunktion an vorgegebene Datenpunkte (*obere Grafik*). Die Regressionsparameter wurde im Rahmen einer linearen Regression des logarithmierten Energieumsatzes E auf die Geschwindigkeit v geschätzt (*untere Grafik*). Zu Aufgabe 2, Abschn. 5.6

Abhängigkeitsprüfung (F-Test): $SQE = (n-1)s_y^2(1 - r_{xy}^2) = 0.2419$,

$MQE = SQE/(n-2) = 0.08063$, $SQ\hat{Y} = (n-1)s_y^2 r_{xy}^2 = 3.739$,

$TG_s = SQ\hat{Y}/MQE = 46.38$, $P = 1 - F_{1,3}(TG_s) = 0.006476$; $F_{1,3}$ ist die Verteilungsfunktion der $F_{1,3}$-Verteilung; wegen $P < 0.05$ wird $H_0 : \beta_1 = 0$ auf 5 %igem Signifikanzniveau abgelehnt.

Regressionsparameter: $b_0 = 0.8643$, $b_1 = 0.7377$;

Regressionsgerade: $\hat{y} = \widehat{\ln E} = 0.8643 + 0.7377v$;

Rücktransformation: $\hat{E} = e^{0.8643 + 0.7377v} = 2.373e^{0.7377v}$.

```
> # Lösung mit R:
> v <- c(3.1, 4.2, 5.0, 5.4, 6.6); x <- v
> E <- c(27.6, 50.6, 62.7, 147.1, 356.3); ys <- E
> options(digits=4)
> y <- log(ys) # log-Transformation
> modyx <- lm(y ~ x); ergebnis <- summary(modyx)
> param <- ergebnis$coefficients
> b0 <- param[[1,1]]; b1 <- param[[2,1]];
> print(cbind(b0, b1)) # Geradenparameter
       b0     b1
[1,] 0.8643 0.7377
> param[[2,4]] # P-Wert (H_0: Anstieg=0)
[1] 0.006476
> ergebnis$r.squared # Bestimmtheitsmaß
[1] 0.9392
> b0s <- exp(b0); b0s # Rücktransformation
```

```
[1] 2.373
> # Abb. 8.8
> par(mfrow=c(2, 1))
> par(pin=c(6, 4), mai=c(0.8, 0.9, 0.2, 0.1))
> par(cex.axis=1.3, cex.lab=1.3)
> # Streudiagramm mit Originalvariablen
> plot(x, ys, type="p", col="black", xlab="v in m/s",
+      ylab=expression("E in kJ/kgh"), pch=18, frame.plot=F,
+      xlim=c(3, 7), ylim=c(0, 400), lwd=2)
> curve(b0s*exp(b1*x), lty=1, lwd=2)
> text(6, b0s*exp(b1*6)-60, expression(hat(E)*" = 2.373"*e^{0.7377*v}),
+      pos=1, cex=1.3)
> # Streudiagramm mit logarithmiertem Y
> plot(x, y, type="p", col="black", xlab="v in m/s",
+      ylab=expression("Y = ln(E)"), pch=18, frame.plot=F,
+      xlim=c(3, 7), ylim=c(3, 6), lwd=2)
> segments(3, b0+b1*3, 7, b0+b1*7, lty=1, lwd=2)
> text(5.3, b0+b1*5.3-0.2, expression(hat(y)*" = 0.8643+0.7377v"),
+      pos=4, cex=1.3)
> text(5.3, b0+b1*5.3-0.65, expression("B = "*r[xy]^2*" = 93.92%"),
+      pos=4, cex=1.3)
```

3. $f(b_1) = \sum (y_i - b_1 x_i)^2 / (c x_i)$,

$f'(b_1) = 2\sum (y_i - b_1 x_i)(-x_i)/(c x_i) = -(2/c)\sum (y_i - b_1 x_i) = 0$;

$\sum y_i = b_1 \sum x_i, b_1 = (\sum y_i)/(\sum x_i) = \bar{y}/\bar{x}$;

$f''(b_1) = -(2/c)\sum (-x_i) = 2n\bar{x}/c > 0$ für $\bar{x} > 0$ (d. h., f besitzt an der Stelle $b_1 = \bar{y}/\bar{x}$ ein relatives Minimum).

Abschn. 5.7:

1. $Y = m, X_1 = a, X_2 = a^2, n = 7, p = 2$;

a) lineare Regression von Y auf X_1 und X_2: $\bar{x}_1 = 4, s_{x_1}^2 = 4.6667$,
$\bar{x}_2 = 20, s_{x_2}^2 = 312.6667, \bar{y} = 0.44514, s_y^2 = 0.0013485$;
$s_{x_1 x_2} = 37.3333, s_{y x_1} = 0.062167, s_{y x_2} = 0.42683$;
$b_1 = 0.05360, b_2 = -0.005035, \hat{y} = \bar{y} + b_1(x_1 - \bar{x}_1) + b_2(x_2 - \bar{x}_2) = 0.33143 + 0.05361 x_1 - 0.005036 x_2, \hat{m} = 0.33143 + 0.05361 a - 0.005036 a^2$.

b) multiples Bestimmtheitsmaß: $s_{\hat{y}}^2 = b_1 s_{y x_1} + b_2 s_{y x_2} = 0.0011831$,
$B_{y\hat{y}} = s_{\hat{y}}^2 / s_y^2 = 87.74\,\%$.

c) globale Abhängigkeitsprüfung: $H_0: \beta_1 = \beta_2 = 0$,
$TG_s = (n - p - 1)B_{y\hat{y}}/[p(1 - B_{y\hat{y}})] = 4 \cdot 0.8774/[2(1 - 0.8774)] = 14.31$,
wegen $T_s > F_{2,4,0.95} = 6.94$ wird H_0 abgelehnt; zum selben Ergebnis gelangt man mit dem P-Wert $P = 1 - F_{2,4}(TG_s) = 1.50\,\% < 5\,\%$;
$F_{2,4}$ ist die Verteilungsfunktion der $F_{2,4}$-Verteilung.

d) $SQE(X_1, X_2) = (n - 1)s_y^2(1 - B_{y\hat{y}}) = 0.0009919, t_{4,0.975} = 2.776$;
lineare Regression von Y auf X_2: $SQE(X_2) = (n - 1)s_y^2(1 - r_{y x_2}^2) = 0.004595, TG(X1|X_1, X_2) = 4(0.004595 - 0.0009919)/0.0009919 = 14.53$, 95 %-Konfidenzintervall für β_1: $[0.015, 0.093]$;
lineare Regression von Y auf X_1: $SQE(X_1) = (n - 1)s_y^2(1 - r_{y x_1}^2) = 0.003122, TG_s(X_2|X_1, X_2) = 4(0.003122 - 0.0009919)/0.0009919 = 8.59$, 95 %-Konfidenzintervall für β_2: $[-0.0098, -0.0003]$.

```
> # Lösung mit R (Ausgabe gekürzt):
> a <- 1:7
> m <- c(0.369, 0.429, 0.464, 0.451, 0.474, 0.459, 0.470)
> x1 <- a; x2 <- a^2; y <- m
> options(digits=5)
> n <- length(x1); p <- 2
> # a-c) Regressionskoeffizienten, Bestimmtheitsmaß, globaler F-Test
> modyx1x2 <- lm(y ~ x1+x2); res <- summary(modyx1x2); res

Call:
lm(formula = y ~ x1 + x2)
Residuals:
         1         2         3         4         5         6         7
 -0.011000  0.010500  0.017071 -0.014286  0.000429 -0.012786  0.010071
Coefficients:
            Estimate Std. Error t value Pr(>|t|)
(Intercept)  0.33143    0.02454   13.51  0.00017
x1           0.05361    0.01406    3.81  0.01891
x2          -0.00504    0.00172   -2.93  0.04277
---
Residual standard error: 0.0157 on 4 degrees of freedom
Multiple R-squared: 0.877,      Adjusted R-squared: 0.816
F-statistic: 14.3 on 2 and 4 DF,  p-value: 0.015

> # d) 95%-Konfidenzintervalle für beta1, beta2
> confint(modyx1x2)
                2.5 %      97.5 %
(Intercept)  0.263295   0.39956182
x1           0.014561   0.09265358
x2          -0.009806  -0.00026543
```

2. Einfache Korrelationen: $\bar{x}_1 = 11.3, s_{x_1}^2 = 1105.6, \bar{x}_2 = 11.7, s_{x_2}^2 = 1153.6,$
$\bar{y} = 27.7, s_y^2 = 1438.5; s_{x_1 x_2} = 1124.8, s_{yx_1} = 132.21, s_{yx_2} = 30.9;$
$r_{yx_1} = 132.21/(\sqrt{1105.6}\sqrt{1438.5}) = 0.1048, r_{yx_2} = 0.0240;$
multipler Korrelationskoeffizient: $b_1 = 11.495, b_2 = -11.181; s_{\hat{y}}^2 = b_1 s_{yx_1} +$
$b_2 s_{yx_2} = 1174.2, r_{y\hat{y}} = s_{\hat{y}}/s_y = 0.9035;$ man beachte, dass $r_{x_1 x_2} = 0.9960$
ist!

```
> # Lösung mit R:
> x1 <-> x1 <- c(7, -19, 38, 45, -5, 15, -38, 38, 59,-27)
> x2 <- c(7, -12, 39, 49, -7, 12, -40, 39, 59, -29)
> y  <- c(29, -48, 18, -12, 44, 57, 47, 10, 86, 46)
> options(digits=4)
> # einfache Korrelationen
> r_x1x2 <- cor(x1, x2); r_yx1 <- cor(y, x1); r_yx2 <- cor(y, x2)
> print(cbind(r_x1x2, r_yx1, r_yx2))
     r_x1x2  r_yx1  r_yx2
[1,] 0.996 0.1048 0.02399
> # multiple Korrelation
> modyx1x2 <- lm(y ~ x1+x2); res <- summary(modyx1x2)
> r_yyexp <- sqrt(res$r.squared); r_yyexp
[1] 0.9035
```

3. Lineare Regression von Z auf X und Y: $n = 17, p = 2;$
$\bar{x} = 15.259, s_x = 8.780, \bar{y} = 16.588, s_y = 6.394, \bar{z} = 1.975, s_z = 0.1804;$
$s_{xy} = -42.34, s_{zx} = 1.309, s_{zy} = -0.9879;$
$b_1 = (s_{zx}s_y^2 - s_{zy}s_{xy})/(s_x^2 s_y^2 - s_{xy}^2) = 0.00860, b_2 = -0.01526;$
$\hat{z} = \bar{z} + b_1(x - \bar{x}) + b_2(y - \bar{y}) = 2.097 + 0.0086x - 0.01526y;$ multiples
Bestimmtheitsmaß: $s_{\hat{z}}^2 = b_1 s_{zx} + b_2 s_{zy} = 0.02633, B_{z\hat{z}} = s_{\hat{z}}^2/s_z^2 = 0.8096;$
globale Abhängigkeitsprüfung: $H_0: \beta_1 = \beta_2 = 0,$

$TG_s = (n-p-1)B_{z\hat{z}}/[p(1-B_{z\hat{z}})] = 29.76$, wegen $TG_s > F_{2,14,0.95} = 3.74$
bzw. wegen $P = 1 - F_{2,14}(TG_s) = 9.09 \cdot 10^{-6} < 0.05$ wird H_0 abgelehnt;
$F_{2,14}$ ist die Verteilungsfunktion der $F_{2,14}$-Verteilung.

```
> # Lösung mit R (Ausgabe gekürzt):
> x <- c(0.7, 5.3, 19.1, 28.7, 20.1, 12.6, 23.9, 9.0, 10.1,
+       20.6, 4.4, 12.2, 8.2, 19.4, 32.2, 11.8, 21.1)
> y <- c(35.0, 21.6, 8.6, 9.2, 20.2, 17.4, 9.8, 19.7, 20.8,
+       16.0, 17.9, 15.0, 19.0, 9.7, 12.3, 16.0, 13.8)
> z <- c(1.59, 1.78, 2.08, 2.19, 1.98, 1.91, 2.22, 1.96, 1.95,
+       2.07, 1.74, 1.99, 1.81, 2.28, 2.04, 1.89, 2.10)
> options(digits=5)
> modzxy <- lm(z ~ x+y); res <- summary(modzxy); res

Call:
lm(formula = z ~ x + y)
Residuals:
    Min      1Q  Median      3Q     Max
-0.1464 -0.0502  0.0168  0.0398  0.1640
Coefficients:
            Estimate Std. Error t value Pr(>|t|)
(Intercept)  2.09725    0.13194   15.90  2.4e-10
x            0.00860    0.00365    2.36   0.0336
y           -0.01526    0.00501   -3.05   0.0087
---

Residual standard error: 0.0841 on 14 degrees of freedom
Multiple R-squared: 0.81,      Adjusted R-squared: 0.782
F-statistic: 29.8 on 2 and 14 DF,  p-value: 9.09e-06
```

Abschn. 5.8:

1. a) Bestimmung der Kalibrationsgeraden:
   univariate Statistiken: $n = 6, \bar{x} = 17.5, \bar{y} = 392.3; s_x = 9.354$,
   $s_y = 207.6$; bivariate Statistiken: $s_{xy} = 1941, r_{xy} = 0.9996$;
   Regressionsgerade: $b_1 = 22.18, b_0 = 4.133, B = 99.92\,\%$;
   Abhängigkeitsprüfung: $TG_s = r_{xy}\sqrt{n-2}/\sqrt{1-r_{xy}^2} = 72.31$,
   $t_{4,0.975} = 2.78$; wegen $TG_s > 2.78$ Entscheidung für H_1 (Abhängigkeit);
   b) Schätzung des Probenwertes:
   Schätzwert: $\hat{x} = (386 - 4.133)/22.18 = 17.21$;
   Standardfehler der Schätzfunktion: $SQE = (n - 1)s_y^2(1 - B) = 164.7$,
   $MQE = SQE/(n - 2) = 41.18, m = 1\ s_{\hat{x}} = 0.3125$; Voraussetzung für
   Näherung erfüllt, da $g = 2.78^2/72.31^2 = 0.0015 < 0.1$;
   95 %-Konfidenzintervall: unter Grenze $= 17.21 - 2.78 \cdot 0.3125 = 16.35$,
   obere Grenze $= 18.08$.

```
> # Lösung mit R (Ausgabe gekürzt):
> x <- c(5, 10, 15, 20, 25, 30)
> y <- c(112, 228, 333, 454, 565, 662)
> options(digits=4)
> n <- length(x); m <- 1; alpha <- 0.05
> modyx <- lm(y ~ x); res <- summary(modyx); res

Call:
lm(formula = y ~ x)
Residuals:
```

```
   1     2     3     4     5     6
-3.05  2.04 -3.88  6.21  6.30 -7.62
Coefficients:
           Estimate Std. Error t value Pr(>|t|)
(Intercept)   4.133     5.974    0.69    0.53
x            22.183     0.307   72.31  2.2e-07
---
Residual standard error: 6.42 on 4 degrees of freedom
Multiple R-squared: 0.999,      Adjusted R-squared: 0.999
F-statistic: 5.23e+03 on 1 and 4 DF,  p-value: 2.19e-07

> b0 <- res$coefficients[1,1]; b1 <- res$coefficients[2,1]
> B <- res$r.squared;
> print(cbind(b0, b1, B)) # Geradenparameter, Bestimmtheitsmaß
       b0    b1      B
[1,] 4.133 22.18 0.9992
> yp <- 386 # Probenmesswert
> xp <- (yp-b0)/b1 # Schätzwert f. Probenkonzentration
> MQE <- res$sigma^2; q <- qt(1-alpha/2, n-2)
> se_xp <- sqrt(MQE/b1^2*(1/m+1/n+(yp-mean(y))^2/b1^2/(n-1)/var(x)))
> ug <- xp - q*se_xp; og <- xp + q*se_xp
> print(cbind(yp, xp, q, se_xp, ug, og))
      yp    xp     q se_xp    ug    og
[1,] 386 17.21 2.776 0.3125 16.35 18.08
> g <- q^2/res$fstatistic[[1]]; g
[1,] 0.001474 # *** Es soll g < 0.1 sein! ***
```

2. a) Streudiagramm $\Rightarrow$ Lineare Regression von Y (Gewicht) auf X (Länge); univariate Statistiken: $n = 20, \bar{x} = 9.60, s_x = 1.465, \bar{y} = 14.90$, $s_y = 6.103$;
bivariate Statistiken: $s_{xy} = 8.274, r_{xy} = 0.9251, B = r_{xy}^2 = 85.57\,\%$;
Geradenparameter: $b_1 = 3.853, b_0 = -22.09, \hat{y} = -22.09 + 3.853x$;
Abhängigkeitsprüfung: $H_0: \beta_1 = 0$ gegen $H_1: \beta_1 \neq 0$,
$TG_s = 0.9251\sqrt{18}/\sqrt{1 - 0.9251^2} = 10.33, TG_s > t_{18,0.975} = 2.10 \Rightarrow$
H_0 ablehnen; zum selben Ergebnis kommt man mit dem P-Wert:
$P = 2F_{18}(-|TG_s|) = 5.385 \cdot 10^{-9} < 0.05$ (F_{18} ist die Verteilungsfunktion der t_{18}-Verteilung).

   b) Überprüfung der Linearitätsannahme:
$H_0: Y$ hängt von X linear ab, $H_1:$ keine lineare Abhängigkeit;
$SQI_1 = 2 (x = 7), SQI_2 = 2 (x = 8), SQI_3 = 18.83 (x = 9),$
$SQI_4 = 46.75 (x = 10), SQI_5 = 12.75 (x = 11), SQI_6 = 12.5$
$(x = 12); SQI = 94.83, MQI = 94.83/14 = 6.77;$
$SQE = (n - 1)s_y^2(1 - r_{xy}^2) = 102.12, SQM = 102.12 - 94.84 = 7.28,$
$MQM = 7.28/4 = 1.82; MQM/MQI = 1.82/6.77 = 0.27 \leq$
$F_{4,14,0.95} = 3.11 \Rightarrow H_0$ kann nicht abgelehnt werden.

```
> # Lösung mit R (Ausgabe gekürzt):
> x <- c(rep(7,2), rep(8,2), rep(9,6), rep(10,4), rep(11,4), rep(12,2))
> y <- c(5, 7, 8, 10, 9, 11, 11, 12, 14, 14,
+        13, 15, 15, 22, 18, 21, 21, 23, 22, 27)
> options(digits=5)
> # a) Regression von Y auf X
> modyx <- lm(y ~ x); res <- summary(modyx); res

Call:
lm(formula = y ~ x)
Residuals:
    Min    1Q Median    3Q    Max
```

```
 -3.588 -1.588 -0.235  1.412  5.559
Coefficients:
            Estimate Std. Error t value Pr(>|t|)
(Intercept)  -22.088      3.619    -6.1  9.1e-06
x              3.853      0.373    10.3  5.4e-09
---

Residual standard error: 2.38 on 18 degrees of freedom
Multiple R-squared: 0.856,      Adjusted R-squared: 0.848
F-statistic:  107 on 1 and 18 DF,  p-value: 5.39e-09

> b0 <- res$coefficients[[1]]; b1 <- res$coefficients[[2]]
> B <- res$r.squared # Bestimmtheitsmaß
> print(cbind(b1, b0, B))
         b1      b0       B
[1,] 3.8529 -22.088 0.85573
> # b) Prüfung der Linearitätsannahme
> xy <- data.frame(x, y)
> xfak <- factor(x)
> nj <- aggregate(x=xy, b=list(xfak), FUN=length); nj[,3]
[1] 2 2 6 4 4 2
> mwj <- aggregate(x=xy, b=list(xfak), FUN=mean); mwj[,3]
[1]  6.000  9.000 11.833 16.250 20.750 24.500
> varj <- aggregate(x=xy, b=list(xfak), FUN=var); varj[,3]
[1] 2.0000  2.0000  3.7667 15.5833  4.2500 12.5000
> SQIj <- (nj[,3]-1)*varj[,3]; SQI <- sum(SQIj)
> n <- 20; k <- m <- 6; ns <- sum(nj[,3]); nss <- ns-k
> print(cbind(n, k, m, ns, nss))
      n k m ns nss
[1,] 20 6 6 20  14
> MQI <- SQI/nss
> xx <- c(7, 8, 9, 10, 11, 12); yxx <- b0+b1*xx
> SQM <- sum(nj[,3]*(mwj[,3]-yxx)^2); MQM <- SQM/(n-2-nss)
> print(cbind(SQE, MQE, SQI, MQI, SQM, MQM))
         SQE    MQE    SQI    MQI    SQM    MQM
[1,] 102.12 5.6732 94.833 6.7738 7.2843 1.8211
> tgs <- MQM/MQI; q <- qf(0.95, m-2, nss); P <- 1-pf(tgs, m-2, nss)
> print(cbind(tgs, q, P))
         tgs      q       P
[1,] 0.26884 3.1122 0.89314
```

3. $r_{yz|x} = (r_{yz} - r_{yx}r_{zx})/\sqrt{(1 - r_{yx}^2)(1 - r_{zx}^2)} = 0.5436$.

```
> # Lösung mit R:
> r_yz_x <- function(r_yz, r_xy, r_xz){
+        (r_yz-r_xy*r_xz)/sqrt((1-r_xy^2)*(1-r_xz^2))}
> r_yz_x(0.82, 0.84, 0.74)
[1] 0.54364
```

C.6 Ausgewählte Modelle der Varianzanalyse

Abschn. 6.1:

1. a) Faktorstufen: $k = 3$, Stichprobenumfänge: $n_1 = n_2 = n_3 = 7$, $N = 21$;
   Stufenmittelwerte: $\bar{y}_1 = 49.43$, $\bar{y}_2 = 62$, $\bar{y}_3 = 41.86$, Gesamtmittel:
   $\bar{y} = 51.10$; Stufenvarianzen: $s_1^2 = 108.95$, $s_2^2 = 98.67$, $s_3^2 = 57.81$,
   Gesamtvarianz: $s^2 = 152.09$;
   Quadratsummen: $SQE = \sum_j (n_j - 1)s_j^2 = 1592.6$,

$MQE = SQE/(N - k) = 88.48, SQY = (N - 1)s^2 = 3041,81,$

$SQA = SQY - SQE = 1449.24, MQA = SQA/(k - 1) = 724.62;$

globaler F-Test: $H_0: \mu_1 = \mu_2 = \mu_3 = 0,$

$TG_s = MQA/MQA = 8.19 > F_{2,18,0.95} = 3.55;$ Testentscheidung: H_0
wird abgelehnt, wenigstens zwei Mittelwerte sind verschieden;

b) Levene-Test:

Beträge z_{ij} der Residuen: Lösung 1: 0.571, 10.429, 14.429, 1.571, 7.571,
16.571, 1.429; Lösung 2: 4, 6, 5, 19, 9, 8, 3; Lösung 3: 0.143, 7.857, 1.143,
0.857, 2.143, 14.143, 8.857;

Stufenmittelwerte: $\bar{z}_1 = 7.51, \bar{z}_2 = 7.714, \bar{z}_3 = 5.02;$

Gesamtmittel: $\bar{z} = 6.748;$ Stufenvarianzen: $s_1^2(z) = 43.15, s_2^2(z) = 29.24,$
$s_3^2(z) = 28.40;$ Gesamtvarianz: $s^2(z) = 31.81;$

Quadratsummen: $SQE(z) = \sum_j (n_j - 1)s_j^2(z) = 604.75,$

$MQE(z) = SQE(z)/(N - k) = 33.60, SQZ = (N - 1)s_z^2 = 636.24,$

$SQA(z) = SQZ - SQE(z) = 31.49,$

$MQA(z) = SQA(z)/(k - 1) = 15.75;$

Testentscheidung: $TG_s = MQA(z)/MQE(z) = 0.47,$

$F_{2,18,0.95} = 3.55,$ wegen $TG_s \leq F_{2,18,0.95}$ kann H_0 (Gleichheit der
Varianzen) nicht abgelehnt werden.

c) Mittelwertdiagramm: siehe Abb. 8.9 (obere Grafik);

Konfidenzintervall für μ_j: $[\bar{y}_j - d_j, \bar{y}_j + d_j]$ mit der halben Breite $d_j =$
$t_{6,9.975} s_j / \sqrt{n_j}; t_{6,0.975} = 2.45, d_1 = 9.65, d_2 = 9.19, d_3 = 7.03;$

Normal-QQ-Plot: siehe Abb. 8.9 (untere Grafik); Residuen $e_{ij} = y_{ij} - \bar{y}_j$
(geordnet nach aufsteigender Größe):

−19.00	−14.43	−10.43	−8.86	−8.00	−7.86	−1.43
−0.86	0.14	0.571	1.14	1.57	2.14	3.00
4.00	5.00	6.00	7.57	9.00	14.14	16.57

Dem fünft-kleinsten Residuum -8.00 entspricht im QQ-Plot der Punkt
$P_5(\Phi(p_5), -8.00)$ mit $p_5 = (5 - 0.5)/21 = 0.2143$ und $\Phi(p_5) = -0.79.$

```
> # Lösung mit R (Ausgabe gekürzt):
> y <- c(50, 39, 35, 51, 57, 66, 48,
+        66, 68, 67, 43, 71, 54, 65,
+        42, 34, 43, 41, 44, 56, 33)
> loesung <- rep((1:3), each=7); A <- factor(loesung)
> daten <- data.frame(y, A)

> # a) Mittelwertvergleich
> mody <- aov(formula=y ~ A, data=daten); resy <- summary(mody)
> print(resy, digits=6)
            Df  Sum Sq Mean Sq F value   Pr(>F)
A            2 1449.24 724.619 8.18999 0.002956
Residuals   18 1592.57  88.476

> # b) Levene-Test
> library(car)
> resz <- leveneTest(y ~ A, data=daten, center=mean)
> print(resz, digits=6)
Levene's Test for Homogeneity of Variance (center = mean)
      Df F value  Pr(>F)
```

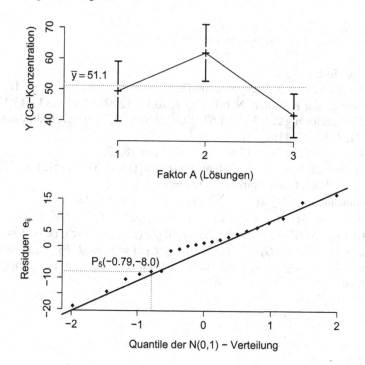

Abb. 8.9 Mittelwertdiagramm mit 95 %-Konfidenzintervallen (*obere Grafik*) und Normal-QQ-Plot mit Orientierungsgerade (*untere Grafik*) zu Aufgabe 1, Abschn. 6.1

```
group   2 0.46871 0.63323
        18

> # c) Mittelwertdiagramm, Normal-QQ-Plot
> mean(y) # Gesamtmittel
[1] 51.1
> # Residuen (geordnet nach aufsteigender Größe)
> sorteij <- sort(residuals(mody))
> # Punkt P5=(h,v)
> v <- sorteij[5]; v[[1]] # fünftkleinstes Residuum
[1] -8
> N <- length(y); p5 <- (5-0.5)/N; h <- qnorm(p5); h
[1] -0.7916
> # Abb. 8.9
> par(mfrow=c(2, 1))
> par(pin=c(6, 4), mai=c(0.8, 0.9, 0.2, 0.1))
> par(cex.axis=1.3, cex.lab=1.3)
> options(digits=4)
> library(gplots)
> plotmeans(y ~ A, xlab="Faktor A (Lösungen)", lwd=1,
+     ylab="Y (Ca-Konzentration)", pch=3, frame.plot=F, n.label=F,
+     lty=1, cex=1.3, barcol="black", barwidth=2)
> segments(0.0, 51.1, 3.2, 51.1, lty=3, lwd=1)
> text(0.67, 51, expression(bar(y)==51.1), pos=3, cex=1.3)
> qqnorm(mody$residuals, main="", pch=18, frame.plot=F,
+     xlab = "Quantile der N(0,1) - Verteilung",
+     ylab = expression("Residuen "*e[{ij}]))
> qqline(mody$residuals, lwd=2)
> segments(-3, -8, -0.8, -8, lty=3)
```

```
> segments(-0.8, -25, -0.8, -8, lty=3)
> text(-0.6, -5.7, expression(P[5]*"(-0.79,-8.0)"),
+      pos=2, cex=1.3)
```

2. Levene-Test:

Faktorstufen: $k = 3$, Stichprobenumfänge: $n_1 = n_2 = n_3 = 6$, $N = 18$;
Beträge z_{ij} der Residuen: Nährlösung 1: 20.17, 12.83, 8.167, 6.833, 13.17, 21.83; Nährlösung 2: 8.333, 14.67, 20.67, 9.333, 27.33, 9.667; Nährlösung 3: 20, 31, 4, 17, 27, 11;
Stufenmittelwerte: $\bar{z}_1 = 13.83$, $\bar{z}_2 = 15$, $\bar{z}_3 = 18.33$;
Gesamtmittel: $\bar{z} = 15.72$; Stufenvarianzen: $s_1^2(z) = 37.33$, $s_2^2(z) = 57.87$, $s_3^2(z) = 99.87$; Gesamtvarianz: $s^2(z) = 61.22$;
Quadratsummen: $SQE(z) = \sum_j (n_j - 1)s_j^2(z) = 975.33$,
$MQE(z) = SQE(z)/(N - k) = 65.02$, $SQZ = (N - 1)s_z^2 = 1040.78$,
$SQA(z) = SQZ - SQE(z) = 65.44$, $MQA(z) = SQA(z)/(k - 1) = 32.72$;
Testentscheidung: $TG_s = MQA(z)/MQE(z) = 0.5032$, $F_{2,15,0.95} = 3.68$,
wegen $TG_s \leq F_{2,15,0.95}$ kann H_0 (Gleichheit der Varianzen) nicht abgelehnt werden.

```
> # Lösung mit R:
> y <- c(208, 175, 196, 181, 201, 166,
+        184, 161, 155, 185, 203, 166,
+        182, 193, 166, 145, 135, 151)
> loesung <- rep((1:3), each=6); A <- factor(loesung)
> daten <- data.frame(y, A)
> library(car)
> resz <- leveneTest(y ~ A, data=daten, center=mean)
> print(resz, digits=6)
Levene's Test for Homogeneity of Variance (center = mean)
      Df F value  Pr(>F)
group  2 0.50325 0.61442
      15
```

3. Faktorstufen: $k = 4$, Stichprobenumfänge: $n_1 = n_2 = n_3 = n_4 = 5$, $N = 20$;
Gesamtmittel: $\bar{y} = (\sum_j n_j \bar{y}_j)/N = 1.22$, $SQA = \sum_j n_j(\bar{y}_j - \bar{y})^2 = 0.841$;
$\lambda = SQA/MQE = 22.77$, $F_{3,16,0.95} = 3.24$,
$G(\lambda) = 1 - F_{3,16,22.77}^*(3.24) = 95.58\%$; $F_{3,16,22.77}^*$ ist die Verteilungsfunktion der nicht-zentralen $F_{3,16}$-Verteilung mit $\lambda = 22.77$. Mit der Approximation (6.7) erhält man 96.19 %

```
> # Lösung mit R:
> options(digits=5)
> y <- c(1.20, 0.75, 1.15, 0.80, 0.90,
+        1.00, 0.85, 1.45, 1.25, 1.10,
+        1.45, 1.60, 1.35, 1.50, 1.70,
+        1.30, 1.20, 1.35, 1.50, 1.00) # Messmerkmal
> stelle <- rep((1:4), each=5); A <- factor(stelle)
> k <- 4; N <- length(y)
> daten <- data.frame(y, A)
> nj <- aggregate(daten[,1], list(A), FUN=length)
> print(nj[,2]) # Fallzahlen
[1] 5 5 5 5
> my <- mean(y) # Gesamtmittel
> myj <- aggregate(daten[,1], list(A), FUN=mean)
> print(myj[,2], digist=5) # Stufenmittel
[1] 0.96 1.13 1.52 1.27
> varmyj <- var(myj[,2])
> varyj <- aggregate(daten[,1], list(A), FUN=var)
```

```
> print(varyj[,2], digits=5) # Stufenvarianzen
[1] 0.04175 0.05325 0.01825 0.03450
> SQE <- sum((nj[,2]-1)*varyj[,2]); MQE <- SQE/(N-k)
> power.anova.test(groups = 4, n = 5, between.var=varmyj,
+     within.var = MQE, sig.level = 0.05)

    Balanced one-way analysis of variance power calculation

          groups = 4
               n = 5
     between.var = 0.056067
      within.var = 0.036937
       sig.level = 0.05
           power = 0.95582

NOTE: n is number in each group
```

Abschn. 6.2:

1. Paarweise Mittelwertvergleiche nach Bonferroni-Holm:

$k = 3, n = 7, N = 21, MQE = 88.48; \alpha_g = 0.05;$

Anzahl der möglichen Paarvergleiche: $l = 3(3 - 1)/2 = 3;$

Mittelwertpaar $(\bar{y}_2, \bar{y}_1)$:

P-Wert: $\bar{y}_2 - \bar{y}_1 = 12.57, P_{21} = 2F_{18}(-12.57\sqrt{7/88.48}) = 0.0223;$

F_{18} ist die Verteilungsfunktion der t_{18}-Verteilung.

Mittelwertpaar $(\bar{y}_3, \bar{y}_1)$:

P-Wert: $\bar{y}_3 - \bar{y}_1 = -7.57, P_{31} = 2F_{18}(-7.57\sqrt{7/88.48}) = 0.149;$

Mittelwertpaar $(\bar{y}_3, \bar{y}_2)$:

P-Wert: $\bar{y}_3 - \bar{y}_2 = -20.14, P_{32} = 2F_{18}(-20.14\sqrt{7/88.48}) = 0.00083;$

Folge der P-Werte (geordnet nach aufsteigender Größe): $P_{32} = 0.00083,$
$P_{21} = 0.0223, P_{31} = 0.149;$

1. Vergleich: $lP_{32} = 3 \cdot 0.00083 = 0.00249 < 0.05, (\mu_3 \neq \mu_2);$
2. Vergleich: $(l - 1)P_{21} = 0.0446 < 0.05, (\mu_2 \neq \mu_1);$
3. Vergleich: $(l - 2)P_{31} = 0.149 \geq 0.05$ (Abbruch!).

```
> # Lösung mit R:
> y <- c(50, 39, 35, 51, 57, 66, 48,
+        66, 68, 67, 43, 71, 54, 65,
+        42, 34, 43, 41, 44, 56, 33)
> loesung <- rep((1:3), each=7); A <- factor(loesung)
> pairwise.t.test(y, A, pool.SD=T, p.adjust.method="holm")

        Pairwise comparisons using t tests with pooled SD
data:  y and A
  1      2
2 0.0446 -
3 0.1494 0.0025
P value adjustment method: holm
```

2. Versuchsanlage: $k = 3, n = 5, N = 15;$

a) Globaltest: $H_0: \mu_1 = \mu_2 = \mu_3;$ Stufenmittelwerte: $\bar{y}_1 = 524.8,$
$\bar{y}_2 = 455.8, \bar{y}_3 = 372;$ Gesamtmittel: $\bar{y} = 450.87;$ Stufenvarianzen:
$s_1^2 = 8124.7, s_2^2 = 1940.2, s_3^2 = 1908.5;$ Gesamtvarianz: $s^2 = 7603.27;$

Quadratsummen: $SQE = 47894, SQY = 106446, SQA = 58552$;
$MQE = 3991.13, MQA = 29276.1$;
Testentscheidung: $TG_s = 7.34 > F_{2,12,0.95} = 3.59$; H_0 wird abgelehnt.
Levene-Test: $TG_s = 1.18 \leq F_{2,12,0.95} = 3.59$; H_0 (Varianzhomogenität)
kann nicht abgelehnt werden.

b) HSD-Test von Tukey:

$k = 3, n = 5, N - k = 12, \alpha_g = 0.05, Q_{3,12,0.95} = 3.77, d_{\text{HSD}} = 106.6$;
Mittelwertpaar $(\bar{y}_2, \bar{y}_1)$:
$|\bar{y}_2 - \bar{y}_1| = 69 \leq d_{\text{HSD}}$, $H_0: \mu_1 = \mu_2$ kann nicht abgelehnt werden;
Konfidenzintervall: $(\bar{y}_2 - \bar{y}_1) \pm d_{\text{HSD}} = [-175.6, 37.6]$;
P-Wert: $TG_s = |\bar{y}_2 - \bar{y}_1| / \sqrt{MQE/n} = 2.44$, $P = 0.236$;
Mittelwertpaar $(\bar{y}_3, \bar{y}_1)$:
$|\bar{y}_3 - \bar{y}_1| = 152.8 > d_{\text{HSD}}$, $H_0: \mu_1 = \mu_2$ wird abgelehnt;
Konfidenzintervall: $(\bar{y}_3 - \bar{y}_1) \pm d_{\text{HSD}} = [-259.4, -46.2]$;
P-Wert: $TG_s = 5.41$, $P = 0.0063$;
Mittelwertpaar $(\bar{y}_3, \bar{y}_2)$:
$|\bar{y}_3 - \bar{y}_2| = 83.8 \leq d_{\text{HSD}}$, $H_0: \mu_1 = \mu_2$ kann nicht abgelehnt werden;
Konfidenzintervall: $(\bar{y}_3 - \bar{y}_2) \pm d_{\text{HSD}} = [-190.4, 22.8]$;
P-Wert: $TG_s = 2.97$, $P = 0.132$.

c) Testproblem: $H_0: L = 0$ gegen $H_1: L \neq 0$ mit $L = 0.5\mu_1 + 0.5\mu_2 - \mu_3$;
$c_1 = c_2 = 0.5, c_3 = -1, \hat{L} = c_1\bar{y}_1 + c_2\bar{y}_2 + c_3\bar{y}_3 = 118.3$;
$F_{2,12,0.95} = 3.89, d_{\text{krit}} = \sqrt{2 \cdot 3.89 \cdot 3991.13(0.25 + 0.25 + 1)/5} = 96.5$;
wegen $|\hat{L}| = 118.3 > d_{\text{krit}}$ wird gegen H_0 entschieden.

```
> # Lösung mit R:
> y1 <- c(584, 552, 565, 558, 365)
> y2 <- c(532, 428, 432, 456, 431)
> y3 <- c(327, 348, 436, 396, 353)
> y <- c(y1, y2, y3)
> fabrikat <- rep((1:3), each=5); A <- factor(fabrikat)
> daten <- data.frame(y, A)
> # a) Globaltest, Homogenitätsprüfung
> mody <- aov(y ~ A, data=daten); yy <- summary(mody)
> print(yy, digits=6) # Globaltest

            Df  Sum Sq  Mean Sq  F value   Pr(>F)
A            2  58552.1 29276.07 7.33528 0.0082965
Residuals   12  47893.6  3991.13

> library(car)
> zz <- leveneTest(y ~ A, data=daten, center=mean)
> print(zz, digits=6) # Levene-Test

Levene's Test for Homogeneity of Variance (center = mean)
      Df  F value  Pr(>F)
group  2  1.18028  0.34046
      12

> # b) HSD-Test
> comp <- TukeyHSD(aov(y ~ A)); print(comp, digits=6)
  Tukey multiple comparisons of means
    95\,\% family-wise confidence level

Fit: aov(formula = y ~ A)
$A
```

```
         diff      lwr      upr     p adj
2-1   -69.0  -175.596   37.5962  0.235522
3-1  -152.8  -259.396  -46.2038  0.006328
3-2   -83.8  -190.396   22.7962  0.132112

> # c) Scheffe-Test
> MQE <- sum(mody$residuals^2)/mody$df.residual
> cj <- c(0.5, 0.5, -1)
> dkrit <- sqrt(2*qf(0.95, 2, 12)*MQE*sum(cj^2)/5)
> mj <- aggregate(daten[,1], list(A), FUN=mean)
> Lhat <- (mj[1,2]+mj[2,2])/2-mj[3,2]
> print(cbind(dkrit, Lhat))
         dkrit   Lhat
[1,] 96.45743  118.3
```

Abschn. 6.3:

1. Randomisierte Blockanlage: Untersuchungsmerkmal Y (Gesamtphosphor), $k = 4$ Jahresstufen (Faktor A), $n = 12$ Monatsstufen (Faktor B);

   a) Globaltest (H_0: „mittlerer Gesamtphosphor auf allen Jahresstufen gleich"): Gesamtmittel $\bar{y} = 0.2246$, Jahresstufenmittel $\bar{y}_{.1} = 0.2471$, $\bar{y}_{.2} = 0.2553$ usw., Monatsstufenmittel $\bar{y}_{1.} = 0.307$, $\bar{y}_{2.} = 0.257$ usw.;
   Residuen $e_{11} = y_{11} - \bar{y}_{1.} - \bar{y}_{.1} + \bar{y} = 0.402 - 0.307 - 0.2471 + 0.2246 = 0.0725$, $e_{12} = y_{12} - \bar{y}_{1.} - \bar{y}_{.2} + \bar{y} = 0.282 - 0.307 - 0.2553 + 0.2246 = -0.557$ usw.;
   $SQE = \sum\sum e_{ij}^2 = 0.08912$, $MQE = 0.08912/(11 \cdot 3) = 0.0027$,
   $SQA = \sum n(\bar{y}_{.j} - \bar{y})^2 = 0.03431$, $MQA = 0.03431/3 = 0.01144$,
   $TG_s = MQA/MQE = 4.23 > F_{3,33,0.95} = 2.89 \Rightarrow H_0$ ablehnen;
   (P-Wert: $P = 1 - F_{3,33}(TG_s) = 0.0123 < 0.05$; $F_{3,33}$ ist die Verteilungsfunktion der $F_{3,33}$-Verteilung) Voraussetzungen: siehe Abb. 8.10
   b) HSD-Test[1]: $k = 4, n = 12, f = (n-1)(k-1) = 33, MQE = 0.0027$, $d_{\text{HSD}} = Q_{4,33,0.95}\sqrt{0.0027/12} = 0.0574$.
   $|\bar{y}_3 - \bar{y}_2| = 0.0585 > d_{\text{HSD}} \Rightarrow$ die Mittelwerte der Jahre 86 und 87 unterscheiden sich auf 5 %igem Niveau signifikant, alle anderen nicht.

```
> # Lösung mit R (Ausgabe gekürzt):
> y85 <- c(0.402, 0.329, 0.315, 0.188, 0.236, 0.162,
+          0.154, 0.205, 0.193, 0.213, 0.338, 0.230)
> y86 <- c(0.282, 0.308, 0.381, 0.282, 0.199, 0.211,
+          0.137, 0.254, 0.224, 0.252, 0.262, 0.271)
> y87 <- c(0.365, 0.202, 0.192, 0.170, 0.111, 0.085,
+          0.274, 0.183, 0.186, 0.166, 0.218, 0.209)
> y88 <- c(0.179, 0.189, 0.241, 0.160, 0.150, 0.130,
+          0.170, 0.251, 0.231, 0.209, 0.231, 0.251)
> y <- c(y85, y86, y87, y88)
> jahr <- rep((1:4), each=12); A <- factor(jahr)
> monat <- rep(1:12, 4); B <- factor(monat)
> daten <- data.frame(y, A, B)
```

---

[1] Das Quantil $Q_{4,33,0.95} = 3.83$ wurde mit der R-Funktion qtukey(0.95, 4, 33) bestimmt.

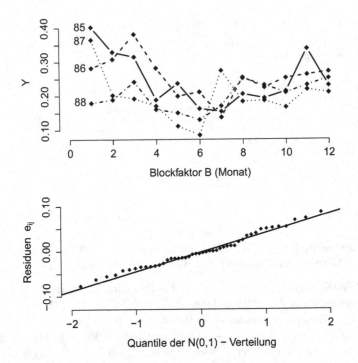

Abb. 8.10 Wechselwirkungsdiagramm (*obere Grafik*) und Normal-QQ-Plot (*untere Grafik*) zu Aufgabe 1, Abschn. 6.3. Die Liniendiagramme der Jahre 86 bis 88 verlaufen zumindest in der Tendenz gleichartig. Das Normal-QQ-Plot gibt keinen Anlass, sich gegen die Annahme normalverteilter Residuen auszusprechen

```
> # a) Globaltest
> mody <- aov(y ~ A + B, data=daten); summary(mody)

            Df Sum Sq Mean Sq F value Pr(>F)
A            3 0.0343 0.01144    4.23 0.0123
B           11 0.0966 0.00878    3.25 0.0042
Residuals   33 0.0891 0.00270

> # Grafiken
> par(mfrow=c(2, 1))
> par(pin=c(6, 4), mai=c(0.8, 0.9, 0.3, 0.2))
> par(cex.axis=1.3, cex.lab=1.3)
> yij <- matrix(y, ncol=4); eij <- residuals(mody)
> matplot(yij, xlab="Blockfaktor B (Monat)", ylab="Y", type="b", pch=18,
+     col=1, frame.plot=F, lwd=2, lty=1:4, cex=1.3, xlim=c(0, 12))
> text(0, 0.40, expression("85"), pos=4, cex=1.3)
> text(0, 0.28, expression("86"), pos=4, cex=1.3)
> text(0, 0.36, expression("87"), pos=4, cex=1.3)
> text(0, 0.18, expression("88"), pos=4, cex=1.3)
> qqnorm(eij, main="",
+     xlab = "Quantile der N(0,1) - Verteilung",
+     ylab = expression("Residuen "*e[{ij}]), pch=18,
+     frame.plot=F, xlim=c(-2, 2), ylim=c(-0.12, 0.12))
> qqline(eij, lwd=2)

> # b) HSD-Test
```

```
> TukeyHSD(aov(y ~ A + B), which="A")
  Tukey multiple comparisons of means
    95% family-wise confidence level
Fit: aov(formula = y ~ A + B)
$A
         diff      lwr        upr    p adj
2-1  0.008167 -0.04922  0.065555  0.9803
3-1 -0.050333 -0.10772  0.007055  0.1025
4-1 -0.047750 -0.10514  0.009638  0.1308
3-2 -0.058500 -0.11589 -0.001112  0.0444
4-2 -0.055917 -0.11330  0.001471  0.0584
4-3  0.002583 -0.05480  0.059971  0.9993
```

2. Untersuchungsmerkmal Y (Blutdruck); 3-stufiger Messwiederholungsfaktor A
(Zeit), $k = 3$; 10-stufiger Blockfaktor (Personen), $n = 10$;
H_0: „keine Änderung des mittleren Blutdrucks mit der Zeit";
Gesamtmittel $\bar{y} = 159.4$, Zeitstufenmittel $\bar{y}_{.1} = 164.1$, $\bar{y}_{.2} = 160.6$,
$\bar{y}_{.3} = 153.5$; Blockstufenmittel $\bar{y}_{1.} = 165.67$, $\bar{y}_{2.} = 162.67$ usw.;
Residuen $e_{11} = y_{11} - \bar{y}_{1.} - \bar{y}_{.1} + \bar{y} = 170 - 165.67 - 164.1 + 159.4 = -0.37$,
$e_{21} = y_{21} - y_{2.} - y_{.1} + \bar{y} = 160 - 162.67 - 164.1 + 159.4 = -7.37$ usw.;
$SQE = \sum\sum e_{ij}^2 = 1119.27, MQE = 1119.27/(2 \cdot 9) = 62.18$,
$SQA = \sum n(\bar{y}_{.j} - \bar{y})^2 = 583.4, MQA = 583.4/2 = 291.7$,
$TG_s = MQA/MQE = 4.69$;
Testentscheidung: Schritt 1: $F_{2,18,0.95} = 3.55, TG_s > 3.55 \rightarrow$
Schritt 2: $F_{1,9,0.95} = 5.12, TG_s \leq 5.12 \rightarrow$
Schritt 3: Varianzen und Kovarianzen der Stichproben auf den Zeitstufen:
$s_1^2 = s_{11} = 181.66, s_2^2 = s_{22} = 300.04, s_3^2 = s_{33} = 185.61, \bar{s}_d = 222.44$,
$s_{21} = 150.60, s_{31} = 150.83, s_{32} = 179.33; \bar{s}_g = 180.98, \bar{s}_{z1} = 161.03$,
$\bar{s}_{z2} = 209.99, \bar{s}_{z3} = 171.93; \sum_i \bar{s}_{zi}^2 = 99585.95, \sum_i \sum_j s_{ij}^2 = 312659.9$;
$\varepsilon_{GG} = 0.778, \varepsilon_{HF} = 0.911; f_1 = 0.911 \cdot 2 = 1.82, f_2 = 0.911 \cdot 9 \cdot 2 = 16.4$,
$F_{1.82,16.4,0.95} = 3.72$ wegen $TG_s = 4.69 > 3.72$ wird H_0 abgelehnt.

```
> # Lösung mit R (Ausgabe gekürzt):
> y1 <- c(170, 160, 158, 150, 185, 175, 178, 160, 165, 140)
> y2 <- c(162, 173, 160, 137, 158, 170, 190, 173, 150, 133)
> y3 <- c(165, 155, 147, 150, 165, 153, 175, 155, 145, 125)
> library(car)
> y <- cbind(y1, y2, y3); dateny <- data.frame(y)
> A <- factor(1:3); zeit <- data.frame(A)
> mody <- Anova(lm(y ~ 1, data=dateny), idata=zeit, idesign=~A, type="III")
> summary(mody, multivariate=F, univariate=T)

Univariate Type III Repeated-Measures ANOVA Assuming Sphericity
```

	SS	num Df	Error SS	den Df	F	Pr(>F)
(Intercept)	762251	1	4886.5	9	1403.9109	3.408e-11
A	583	2	1119.3	18	4.6911	0.02292

```
Greenhouse-Geisser and Huynh-Feldt Corrections
 for Departure from Sphericity

   GG eps Pr(>F[GG])
A 0.77822    0.03465
---
   HF eps Pr(>F[HF])
A 0.91115    0.02703
---
> # Anmerkung: P-Wert=P(>F[HF])=0.02703 < 0.05 --> H1
```

Abschn. 6.4:

1. Versuchsanlage: 2 Behandlungsgruppen mit je 8 Wiederholungen,
   Untersuchungsmerkmal $Y = Fe_1 - Fe_2$, Kovariable X (Alter); Kovarianzanalyse (H_0: „mittleres Y ist in beiden Behandlungsgruppen gleich");
   Varianzen und Kovarianzen: $s_{x1}^2 = 13.429$, $s_{y1}^2 = 1003.143$, $s_{xy,1} = 74.143$,
   $s_{x2}^2 = 5.982$, $s_{y2}^2 = 674.29$, $s_{xy,2} = 34.357$; mittlerer Anstieg $\hat{\beta}_1 = 5.5896$;
   vollständiges Modell: $SQE(\beta_1, \tau_j) = 7(1003.143 + 674.286) -$
   $7 \cdot 5.5896^2(13.429 + 5.982) = 7496.63$, $MQE(\beta_1, \tau_j) = 7496.63/13 =$
   576.66;
   Nullmodell (Regression von Y auf X): $\bar{x} = 23.938$, $s_x^2 = 9.263$, $\bar{y} = 31.25$,
   $s_y^2 = 802.067$, $s_{xy} = 52.617$, $r_{xy}^2 = 0.37266$,
   $SQE(\beta_1) = 15 \cdot 802.067(1 - 0.37266) = 7547.58$;
   $MQE(\beta_1, \tau_j | \beta_1) = (7547.58 - 7496.63)/1 = 50.95$;
   Testentscheidung: $TG_s = 50.95/576.66 = 0.088 \le F_{1,13,0.95} = 4.67 \Rightarrow$
   H_0 (kein Behandlungseffekt) kann nicht abgelehnt werden;
   Überprüfung der Parallelitätsannahme:
   H_0: Regressionsgeraden der Gruppen sind parallel.
   Testgruppe: $r_{xy,1}^2 = 0.40808$, $SQE_1 = 71003.143(1 - 0.40808) = 4156.46$,
   Kontrollgruppe: $r_{xy,2}^2 = 0.29264$, $SQE_2 = 7674.286(1 - 0.29264) = 3338.74$;
   Testentscheidung: $SQE(H_1) = 4156.46 + 3338.74 = 7495.2$,
   $MQE(H_1) = 7495.27/12 = 624.60$, $SQE(H_0) = SQE(\beta_1, \tau_j) = 7496.63$;
   $TG_s = (SQE(H_0) - SQE(H_1))/MQE(H_1) = 0.0023 \le F_{1,12,0.95} =$
   $4.75 \Rightarrow H_0$ (Parallelitätsannahme) kann nicht abgelehnt werden.

```
> # Lösung mit R (Ausgabe gekürzt):
> at <- c(28, 21, 22, 29, 19, 24, 25, 20)
> felt <- c(141, 137, 88, 139, 54, 78, 122, 62)
> fe2t <- c(102, 71, 90, 68, 70, 64, 84, 56)
> ak <- c(26, 22, 26, 22, 28, 25, 21, 25)
> felk <- c(123, 139, 112, 115, 122, 105, 105, 68)
> fe2k <- c(45, 107, 91, 85, 68, 47, 102, 60)
> x <- c(at, ak); y1 <- felt-fe2t; y2 <- felk-fe2k
> k <- 2; n <- length(y1); N <- n*k; print(cbind(k, n, N))
     k n  N
[1,] 2 8 16
> praep <- c(rep(1, n), rep(2, n)); A <- factor(praep)
> y <- c(y1, y2); datenyx <- data.frame(x, y, A)
> options(digits=6)
> # Prüfung auf Behandlungseffekt
> # vollständiges Modell (H1)
> modyAx <- lm(y ~ A + x, data=datenyx);
> yAx <- anova(modyAx); yAx
Analysis of Variance Table

Response: y
          Df Sum Sq Mean Sq F value Pr(>F)
A          1    289     289   0.501 0.4915
x          1   4245    4245   7.362 0.0177
Residuals 13   7497     577

> SQEvoll <- yAx[[3,2]]; SQEvoll
[1] 7496.63
> # Nullmodell (H0)
> modyx <- lm(y ~ x, data=datenyx);
> yx <- anova(modyx); yx
```

```
Analysis of Variance Table

Response: y
          Df Sum Sq Mean Sq F value Pr(>F)
x          1   4483    4483   8.316  0.012
Residuals 14   7548     539

> SQEnull <- yx[[2,2]]; SQEnull
[1] 7547.58
> # Modellvergleich
> anova(modyx, modyAx)

Analysis of Variance Table
Model 1: y ~ x
Model 2: y ~ A + x
  Res.Df  RSS Df Sum of Sq      F Pr(>F)
1     14 7548
2     13 7497  1     50.95 0.088  0.771
> #
> # Prüfung der Parallelitätsannahme
> # Modell (H0) mit parallelen Regressionsgeraden
> modyAx <- lm(y ~ A+ x, data=datenyx); yAx <- anova(modyAx)
> SQE_H0 <- yAx[[3,2]]; df_H0 <- yAx[[3,1]];
> print(cbind(SQE_H0, df_H0))
         SQE_H0 df_H0
[1,]    7496.63    13
> # lineare Regression - Behandlungsgruppe 1
> modyx1 <- lm(y1 ~ at); yx1 <- anova(modyx1); yx1

Analysis of Variance Table
Response: y1
          Df Sum Sq Mean Sq F value Pr(>F)
at         1   2866  2865.5   4.137 0.0882 .
Residuals  6   4156   692.7

> SQE1 <- yx1[[2,2]]; df_1 <- yx1[[2,1]]; print(cbind(SQE1, df_1))
        SQE1 df_1
[1,] 4156.46    6
> # lineare Regression - Behandlungsgruppe 2
> modyx2 <- lm(y2 ~ ak); yx2 <- anova(modyx2); yx2

Analysis of Variance Table
Response: y2
          Df Sum Sq Mean Sq F value Pr(>F)
ak         1   1381  1381.3   2.482  0.166
Residuals  6   3339   556.5

> SQE2 <- yx2[[2,2]]; df_2 <- yx2[[2,1]]; print(cbind(SQE2, df_2))
        SQE2 df_2
[1,] 3338.74    6

> # Modell (H1) mit individuell angepassten Regressionsgeraden
> SQE_H1 <- SQE1+SQE2; df_H1 <- df_1+df_2; MQE_H1 <- SQE_H1/df_H1
> print(cbind(SQE_H1, df_H1, MQE_H1))
       SQE_H1 df_H1 MQE_H1
[1,]   7495.2    12  624.6

> # Modellvergleich
> SQE_H0H1 <- SQE_H0-SQE_H1; df_H0H1 <- df_H0-df_H1;
> MQE_H0H1 <- SQE_H0H1/df_H0H1; print(cbind(SQE_H0H1, df_H0H1, MQE_H0H1))
       SQE_H0H1 df_H0H1 MQE_H0H1
[1,]    1.42783       1  1.42783
> tgs <- MQE_H0H1/MQE_H1; q <- qf(0.95, df_H0H1, df_H1)
> P <- 1-pf(tgs, df_H0H1, df_H1)
> print(cbind(tgs, df_H0H1, df_H1, q, P))
            tgs df_H0H1 df_H1       q        P
[1,] 0.00228599       1    12 4.74723 0.962653
```

2. a) $X = $ Tiefe, $Y = $ Geschwindigkeit, $n = 6, \bar{x} = 1.25, s_x^2 = 0.875$.

   Stelle 1: $\bar{y}_1 = 1.628, s_{y1}^2 = 0.026377, s_{xy,1} = -0.1465, r_{xy,1}^2 = 0.9299,$

   $b_{11} = -0.1674, \hat{y}_1 = 1.628 - 0.1674(x - 1.25);$

   $SQE_1 = 5 \cdot 0.026377(1 - 0.9299) = 0.00924, MQE_1 = 0.00231,$

   $SQ\hat{Y}_1 = 5 \cdot 0.026377 \cdot 0.9299 = 0.123,$

   $TG_{s1} = 0.123/0.00231 = 53.1 > F_{1,4,0.95} = 7.71 \Rightarrow \beta_{11} \neq 0;$

   Stelle 2: $\bar{y}_2 = 2.078, s_{y2}^2 = 0.054297, s_{xy,2} = -0.2135, r_{xy,2}^2 = 0.9594,$

   $b_{12} = -0.244, \hat{y}_2 = 2.078 - 0.244(x - 1.25);$

   $SQE_2 = 0.01101, MQE_2 = 0.002753, SQ\hat{Y}_2 = 0.2605,$

   $TG_{s2} = 0.2605/0.002753 = 94.6 > F_{1,4,0.95} = 7.71 \Rightarrow \beta_{12} \neq 0.$

   b) Überprüfung der Parallelität: $H_0: \beta_1 = \beta_2, H_1: \beta_1 \neq \beta_2;$

   Alternativmodell: $SQE(H_1) = SQE_1 + SQE_2 = 0.0203,$

   $MQE(H_1) = 0.0203/8 = 0.00253;$

   Nullmodell: $\hat{\beta}_1 = (s_{xy,1} + s_{xy,2})/(2s_x^2) = -0.20571,$

   $SQE(H_0) = (n-1)(s_{y1}^2 + s_{y2}^2) - (n-1)\hat{\beta}_1^2 \cdot 2s_x^2 = 0.0331,$

   $SQE(H_0) - SQE(H_1) = 0.0128, TG_s = 0.0128/0.00253 = 5.07 \leq$

   $F_{1,8,0.95} = 5.32 \Rightarrow H_0$ (Parallelität) kann nicht abgelehnt werden.

```
> # Lösung mit R (Ausgabe gekürzt):
> x <- c(0.0, 0.5, 1.0, 1.5, 2.0, 2.5)
> y1 <- c(1.80, 1.78, 1.73, 1.53, 1.52,1.41)
> y2 <- c(2.38, 2.23, 2.15, 2.10, 1.84, 1.77)
> k <- 2; n <- length(x); N <- n*k; print(cbind(k, n, N))
     k n  N
[1,] 2 6 12
> options(digits=6)
> # a) lineare Regression von Y auf X (getrennt für jede Stelle)
> # Stelle 1:
> modyx1 <- lm(y1 ~ x); yx1 <- anova(modyx1); yx1
Analysis of Variance Table

Response: y1
          Df  Sum Sq Mean Sq F value  Pr(>F)
x          1 0.12264 0.12264   53.08 0.00189
Residuals  4 0.00924 0.00231

> b11 <- coefficients(modyx1)[[2]]; b01= coefficients(modyx1)[[1]]
> SQE1 <- yx1[[2,2]]; df_1 <- yx1[[2,1]]
> print(cbind(b01, b11, SQE1, df_1))
          b01       b11      SQE1 df_1
[1,] 1.83762 -0.167429 0.0092419    4

> # Stelle 2:
> modyx2 <- lm(y2 ~ x); yx2 <- anova(modyx2); yx2
Analysis of Variance Table

Response: y2
          Df  Sum Sq Mean Sq F value   Pr(>F)
x          1 0.26047 0.26047    94.6 0.000626
Residuals  4 0.01101 0.00275

> b12 <- coefficients(modyx2)[[2]]; b02 <- coefficients(modyx2)[[1]]
> SQE2 <- yx2[[2,2]]; df_2 <- yx1[[2,1]]
> print(cbind(b02, b12, SQE2, df_2))
         b02    b12      SQE2 df_2
[1,] 2.38333 -0.244 0.0110133    4

> # b) Überprüfung der Parallelität
> # SQE - Alternativmodell
```

```
> SQE_H1 <- SQE1+SQE2; df_H1 <- df_1+df_2; MQE_H1 <- SQE_H1/df_H1
> print(cbind(SQE_H1, df_H1, MQE_H1))
        SQE_H1 df_H1   MQE_H1
[1,] 0.0202552     8 0.0025319


> # SQE - Nullmodell
> y <- c(y1, y2); xx <- c(x, x)
> stelle <- c(rep(1, n), rep(2, n)); A <- factor(stelle)
> modyAx <- lm(y ~ A+ xx); yAx <- anova(modyAx)
> SQE_H0 <- yAx[[3,2]]; df_H0 <- yAx[[3,1]];
> print(cbind(SQE_H0, df_H0))
       SQE_H0 df_H0
[1,] 0.033081     9


> # Modellvergleich
> SQE_H0H1 <- SQE_H0-SQE_H1; df_H0H1 <- df_H0-df_H1
> tgs <- SQE_H0H1/MQE_H1; q <- qf(0.95, df_H0H1, df_H1)
> P <- 1-pf(tgs, df_H0H1, df_H1)
> print(cbind(SQE_H0H1, df_H0H1, tgs, q, P))
      SQE_H0H1 df_H0H1     tgs       q        P
[1,] 0.0128257       1 5.06564 5.31766 0.054508
```

Abschn. 6.5:

1. Zweifaktorielle Varianzanalyse, Untersuchungsmerkmal Y (Ertrag), Faktoren B und A (mit je 2 Stufen, $m = 2, k = 2$), $n = 5$ Wiederholungen auf jeder Stufenkombination B_i, A_j).

   Zellenmittelwerte und -varianzen (erster Index B-Stufe, zweiter A-Stufe): $\bar{y}_{11} = 10.56, s_{11}^2 = 1.228, \bar{y}_{21} = 7.56, s_{21}^2 = 2.143, \bar{y}_{12} = 9.74, s_{12}^2 = 0.253, \bar{y}_{22} = 7.60, s_{22}^2 = 1.085$; Gesamtmittel: $\bar{y} = 8.865$; B-Stufenmittel: $\bar{y}_{1.} = 10.15, \bar{y}_{2.} = 7.58$; A-Stufenmittel: $\bar{y}_{.1} = 9.06, \bar{y}_{.2} = 8.67$; Haupteffekte: $\hat{\beta}_1 = -\hat{\beta}_2 = 1.285, \hat{\tau}_1 = -\hat{\tau}_2 = 0.195$; Wechselwirkungseffekte: $\hat{\gamma}_{11} = -\hat{\gamma}_{22} = -\hat{\gamma}_{12} = \hat{\gamma}_{22} = 0.215$;

   a) Prüfung auf Wechselwirkung (H_{01}: keine Faktorwechselwirkung): $SQE = 4(1.228 + 0.253 + 2.143 + 1.085) = 18.836, MQE = 18.836/16 = 1.177$; $SQAB = n(\hat{\gamma}_{11}^2 + \hat{\gamma}_{22}^2 + \hat{\gamma}_{12}^2 + \hat{\gamma}_{22}^2) = 0.9245, MQAB = 0.9245$, $TG_{s,AB} = 0.9245/1.177 = 0.785 \leq F_{1,16,0.95} = 4.49 \Rightarrow H_{01}$ kann nicht abgelehnt werden;

   b) Reduzierung auf Modell ohne Wechselwirkung, Prüfung auf Haupteffekte (H_{02}: B-Stufenmittel stimmen überein, H_{03}: A-Stufenmittel stimmen überein): $SQE' = SQE + SQAB = 19.76$, $MQE' = SQE'/(nkm - k - m + 1) = 19.76/17 = 1.162$; $SQB = kn(\hat{\beta}_1^2 + \hat{\beta}_2^2) = 33.0245, MQB = 33.0245$, $TG_{s,B} = 33.0245/1.162 = 28.41 > F_{1,17,0.95} = 4.45 \Rightarrow H_{02}$ ablehnen; $SQA = mn(\hat{\tau}_1^2 + \hat{\tau}_2^2) = 0.7605, MQA = 0.7605$, $TG_{s,A} = 0.7605/1.162 = 0.654 \leq F_{1,17,0.95} = 4.45 \Rightarrow H_{03}$ kann nicht abgelehnt werden;

   c) Prüfung der Varianzhomogenität mit dem Levene-Test: $k' = mk = 4$ zu vergleichende Zellen mit je $n = 5$ Wiederholungen,

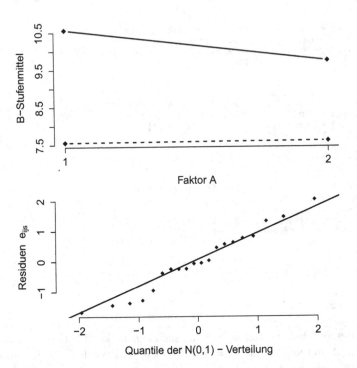

Abb. 8.11 Wechselwirkungsdiagramm (*obere Grafik*) und Normal-QQ-Plot (*untere Grafik*) zu Aufgabe 1, Abschn. 6.5. Die Profile der B-Stufenmittel sind praktisch „parallel". Das Normal-QQ-Plot gibt keinen Anlass, sich gegen die Annahme normalverteilter Residuen auszusprechen

$N = nmk = 20$; Beträge z_{ij} der Residuen:

Zelle (B_1, A_1): 1.24, 1.66, 0.34, 0.46, 0.54;

Zelle (B_2, A_1): 2.24, 0.14, 1.16, 0.24, 1.46;

Zelle (B_1, A_2): 0.16, 0.04, 0.04, 0.74, 0.66;

Zelle (B_2, A_2): 1.10, 0.60, 1.50, 0.60, 0.40;

Zellenmittelwerte: $\bar{z}_{11} = 0.848, \bar{z}_{21} = 1.048, \bar{z}_{12} = 0.328,$
$\bar{z}_{22} = 0.840$; Gesamtmittel: $\bar{z} = 0.766$; Zellenvarianzen: $s_{11}^2(z) = 0.3291,$
$s_{21}^2(z) = 0.7701, s_{12}^2(z) = 0.1185, s_{22}^2(z) = 0.2030;$
Gesamtvarianz: $s^2(z) = 0.3737;$
Quadratsummen: $SQE(z) = (n-1)\sum_j s_j^2(z) = 5.683, MQE(z) =$
$SQE(z)/(N - k') = 0.3552, SQZ = (N-1)s_z^2 = 7.101, SQA(z) =$
$SQZ - SQE(z) = 1.418, MQA(z) = SQA(z)/(k'-1) = 0.4726;$
Testentscheidung: $TG_s = MQA(z)/MQE(z) = 1.331,$
$F_{3,16,0.95} = 3.24$, wegen $TG_s \leq F_{3,16,0.95}$ kann H_0 (Gleichheit der Varianzen) nicht abgelehnt werden.

d) Wechselwirkungsdiagramm und Normal-QQ-Plot: Siehe Abb. 8.11.

```
> # Lösung mit R (Ausgabe gekürzt):
> y11 <- c(11.8, 8.9, 10.9, 10.1, 11.1)
```

```
> y21 <- c(9.8, 7.7, 6.4, 7.8, 6.1)
> y12 <- c(9.9, 9.7, 9.7, 9.0, 10.4)
> y22 <- c(8.7, 8.2, 6.1, 7.0, 8.0)
> y <- c(y11, y21, y12, y22)
> m <- 2; k <- 2; n <- 5; N <- m*k*n; print(cbind(m, k, n, N))
     m k n  N
[1,] 2 2 5 20
> B <- factor(c(rep(c(rep(1,n), rep(2,n)), m)))
> A <- factor(c(rep(1:k, each=2*n)))
> daten <- data.frame(y, B, A)
#
> # a) Modell mit Haupt- u. Wechselwirkungseffekten
> modyBA <- aov(y ~ B*A, data=daten,
+            contrasts=list("B"=contr.sum,"A"=contr.sum))
> anova(modyBA)
Analysis of Variance Table
Response: y
          Df Sum Sq Mean Sq F value    Pr(>F)
B          1 33.025  33.025 28.0522 7.235e-05
A          1  0.761   0.761  0.6460    0.4333
B:A        1  0.924   0.924  0.7853    0.3886
Residuals 16 18.836   1.177

> # b) Modell ohne Wechselwirkung
> modyBpA <- aov(y ~ B+A, data=daten,
+            contrasts=list("B"=contr.sum,"A"=contr.sum))
> anova(modyBpA)
Analysis of Variance Table
Response: y
          Df Sum Sq Mean Sq F value    Pr(>F)
B          1 33.025  33.025 28.4110 5.524e-05
A          1  0.761   0.761  0.6543    0.4298
Residuals 17 19.760   1.162

> # c) Levene Test
> C <- factor(rep(1:4, each=5)); daten2 <- data.frame(y, C)
> library(car)
> resz <- leveneTest(y ~ C, data=daten2, center=mean)
> print(resz, digits=5)
Levene's Test for Homogeneity of Variance (center = mean)
      Df F value Pr(>F)
group  3  1.3306 0.2993
      16

> # d) Wechselwirkungsdiagramm, Normal-QQ-Plot
> par(mfrow=c(2, 1))
> par(pin=c(6, 4), mai=c(0.8, 0.9, 0.2, 0.1))
> par(cex.axis=1.3, cex.lab=1.3)
> mij <- aggregate(daten[,1], list(B, A), FUN=mean)
> yij <- matrix(mij[,3], ncol=2, byrow=T)
> matplot(yij, xlab="Faktor A", ylab="B-Stufenmittel", type="b",
+       pch=18, col=1, frame.plot=F, lwd=2, lty=1:2, cex=1.3, xaxt="n")
> axis(side=1, at=c(1:2), labels=c("1", "2"))
> text(1.0, 10.1, expression("B=1"), pos=4, cex=1.3)
> text(1.0, 7.9, expression("B=2"), pos=4, cex=1.3)
> rijs <- modyBpA$residuals
> qqnorm(rijs, main="",
+    xlab = "Quantile der N(0,1) - Verteilung",
+    ylab = expression("Residuen  "*e[[ijs]]), pch=18,
+    frame.plot=F, xlim=c(-2.2, 2.2), ylim=c(min(rijs), max(rijs)))
> qqline(rijs, lwd=2)
```

2. Zielvariable Y, Behandlungsfaktor A, Blockfaktor B; H_0: „A und B wirken additiv"; Faktor A: $k = 3$ Stufen, Faktor B: $m = 5$ Stufen; $SQE = 14.4$ (von Beispiel 1, Abschn. 6.3);

Wechselwirkungsgröße W (A-Effekte $\hat{\tau}_j$ und B-Effekte $\hat{\beta}_i$: siehe Tab. 6.10):

A-Stufe $j = 1$: $w_{i1} = 4.2, -2.8, 2.8, -4.2, 0.0$;

A-Stufe $j = 2$: $w_{i2} = -6.0, 4.0, -4.0, 6.0, 0.0$;

A-Stufe $j = 3$: $w_{i3} = 1.8, -1.2, 1.2, -1.8, 0.0$;

Varianz der Wechselwirkungsgröße: $s_w^2 = 11.74$; lineare Regression von Y auf W: $b_1 = 0.07303$;

$$SQW = (mk - 1)s_w^2 b_1^2 = 0.876,$$

$$TG_s = SQW((m - 1)(k - 1) - 1)/(SQE - SQW) = 0.454;$$

wegen $TG_s \le F_{1,7,0.95} = 5.59$ kann H_0 auf 5 %igem Testniveau nicht abgelehnt werden.

```
> # Lösung mit R (Ausgabe gekürzt):
> y <- c(15, 18, 15, 21, 19,
+        17, 25, 19, 23, 21,
+        16, 20, 17, 22, 17)
> behandlung <- rep((1:3), each=5); A <- factor(behandlung)
> block <- rep(1:5, 3); B <- factor(block); daten <- data.frame(y, A, B)
> k <- 3; m <- 5; N <- m*k; print(cbind(k, m, N))
     k m  N
[1,] 3 5 15
> # Bestimmung von SQE
> modyAB <- aov(y ~ A+B, data=daten); SQE <- anova(modyAB)[3,2]
> # Bestimmung von SQW
> my <- mean(y) # Gesamtmittel
> mj <- aggregate(daten[,1], list(A), FUN=mean) # A-Stufenmittel
> mi <- aggregate(daten[,1], list(B), FUN=mean) # B-Stufenmittel
> tauj <- mj[,2]-my; tau <- rep(tauj, each=5) # A-Effekte
> betai <- mi[,2]-my; beta <- rep(betai, 3) # B-Effekte
> w <- beta*tau; varw <- var(w); covyw <- cov(y,w)
> b1 <- covyw/varw; SQW <- (m*k-1)*varw*b1^2
> # Testentscheidung
> tgs <- SQW/(SQE-SQW)*((m-1)*(k-1)-1)
> q <- qf(0.95, 1, (m-1)*(k-1)-1); P <- 1-pf(tgs, 1, (m-1)*(k-1)-1)
> print(cbind(tgs, q, P))
           tgs        q         P
[1,] 0.4536029 5.591448 0.5222373
```

Abschn. 6.6:

1. $k = 5$ unabhängige Stichproben, $n_1 = n_2 = n_3 = n_4 = n_5 = 6$, $N = 30$, alle Stichprobenwerte sind verschieden (keine Bindungen).

H-Test: H_0: „keine Lageunterschiede zwischen den Faktorstufen";

Rangsummen: $R_1 = 136, R_2 = 83, R_3 = 27, R_4 = 71, R_5 = 148$,

$\sum R_j^2/n_j = 8843.17$;

$$H = 12 \cdot 8843.17/(30 \cdot 31) - 3 \cdot 31 = 21.11 > \chi_{4,0.95}^2 = 9.49 \Rightarrow H_0 \text{ wird}$$

abgelehnt.

```
> # Lösung mit R:
> y <- c(5442, 1763, 3060, 2259, 647, 649,
+        497, 587, 15, 478, 938, 1470,
+        135, 91, 107, 22, 37, 76,
+        434, 886, 347, 550, 421, 285,
+        7304, 7087, 557, 1471, 3982, 2365)
> A <- factor(rep((1:5), each=6))
> rg <- rank(y); daten <- data.frame(y, A, rg)
> modyA <- kruskal.test(y ~ A, data=daten); modyA
```

```
        Kruskal-Wallis rank sum test
data:   y by A
Kruskal-Wallis chi-squared = 21.105, df = 4, p-value = 0.0003018
```

2. $k \doteq 4$ abhängige Stichproben, $n = 12$, alle Stichprobenwerte sind verschieden (keine Bindungen).

Friedman-Test: H_0: „keine Lageunterschiede zwischen den Jahresstufen";
Rangsummen: $R_1 = 36$, $R_2 = 39$, $R_3 = 19$, $R_4 = 26$, $\sum R_j^2 = 3854$,
$TG = 12 \cdot 3854/(12 \cdot 4 \cdot 5) - 3 \cdot 12 \cdot 5 = 12.7 > \chi^2_{3,0.95} = 7.81 \Rightarrow H_0$ wird abgelehnt.

```
> # Lösung mit R:
> y85 <- c(0.402, 0.329, 0.315, 0.188, 0.236, 0.162,
+          0.154, 0.205, 0.193, 0.213, 0.338, 0.230)
> y86 <- c(0.282, 0.308, 0.381, 0.282, 0.199, 0.211,
+          0.137, 0.254, 0.224, 0.252, 0.262, 0.271)
> y87 <- c(0.365, 0.202, 0.192, 0.170, 0.111, 0.085,
+          0.274, 0.183, 0.186, 0.166, 0.218, 0.209)
> y88 <- c(0.179, 0.189, 0.241, 0.160, 0.150, 0.130,
+          0.170, 0.251, 0.231, 0.209, 0.231, 0.251)
> y <- c(y85, y86, y87, y88)
> jahr <- rep((1:4), each=12); A <- factor(jahr)
> monat <- rep(1:12, 4); B <- factor(monat)
> daten <- data.frame(y, A, B)
> friedman.test(y ~ A|B, data=daten)

        Friedman rank sum test
data:   y and A and B
Friedman chi-squared = 12.7, df = 3, p-value = 0.005332
```

C.7 Einführung in multivariate Verfahren

Abschn. 7.1:

```
1. > # Beispiel 1, Lösung mit R (Ausgabe gekürzt):
> options(digits=4)
> x1 <- c(14, 11, 8, 1, 3, 2, 9);
> x2 <- c(5, 6, 3, 9, 11, 12, 11); X <- cbind(x1, x2)
> D <- dist(X, method = "euclidean", upper=F)
> D # Distanzmatrix (euklidische Distanzen)
       1      2      3      4      5      6
2  3.162
3  6.325  4.243
4 13.601 10.440  9.220
5 12.530  9.434  9.434  2.828
6 13.892 10.817 10.817  3.162  1.414
7  7.810  5.385  8.062  8.246  6.000  7.071
> library("cluster")
> cluster1 <- agnes(D, diss=T, method="average") # Average Linkage
> summary(cluster1)
Object of class 'agnes' from call:
 agnes(x = D, diss = T, method = "average")
Agglomerative coefficient:  0.6541
Order of objects:
[1] 1 2 3 7 4 5 6
Merge:
     [,1] [,2]
```

```
[1,]    -5   -6
[2,]    -4    1
[3,]    -1   -2
[4,]     3   -3
[5,]     4   -7
[6,]     5    2
Height:
[1]  3.162  5.284  7.086 10.125  2.995  1.414

21 dissimilarities, summarized :
   Min. 1st Qu.  Median    Mean 3rd Qu.     Max.
   1.41    5.39    8.06    7.80   10.40    13.90
Metric :  unspecified
Number of objects : 7
```

2.
```
> # Beispiel 2, Lösung mit R (Ausgabe gekürzt):
> options(digits=4)
> x1 <- c(14, 11, 8, 1, 3, 2, 9);
> x2 <- c(5, 6, 3, 9, 11, 12, 11); X <- cbind(x1, x2)
> cosinus <- X %*% t(X)
> norm <- apply(X, MARGIN=1, FUN=crossprod)
> L <- diag(1/sqrt(norm))
> cosinus <- L %*% cosinus %*% L
> cosinus # Aehnlichkeitsmatrix (Kosinusmaß)
        [,1]    [,2]    [,3]    [,4]    [,5]    [,6]    [,7]
[1,] 1.0000 0.9878 0.9999 0.4383 0.5723 0.4866 0.8567
[2,] 0.9878 1.0000 0.9901 0.5729 0.6930 0.6167 0.9265
[3,] 0.9999 0.9901 1.0000 0.4524 0.5851 0.5003 0.8647
[4,] 0.4383 0.5729 0.4524 1.0000 0.9879 0.9985 0.8392
[5,] 0.5723 0.6930 0.5851 0.9879 1.0000 0.9949 0.9133
[6,] 0.4866 0.6167 0.5003 0.9985 0.9949 1.0000 0.8675
[7,] 0.8567 0.9265 0.8647 0.8392 0.9133 0.8675 1.0000
> DC <- 1-cosinus # Umwandlung in Distanzmatrix
> library("cluster")
> cluster2 <- agnes(DC, diss=T, method="single") # Single Linkage
> summary(cluster2)
Object of class 'agnes' from call:
 agnes(x = DC, diss = T, method = "single")
Agglomerative coefficient:  0.849
Order of objects:
[1] 1 3 2 7 4 6 5
Merge:
      [,1] [,2]
[1,]    -1   -3
[2,]    -4   -6
[3,]     2   -5
[4,]     1   -2
[5,]     4   -7
[6,]     5    3
Height:
[1] 0.000124 0.009865 0.073472 0.086698 0.001484 0.005107

21 dissimilarities, summarized :
   Min. 1st Qu.  Median    Mean 3rd Qu.     Max.
   0.0001  0.0122  0.1430  0.2310  0.4270   0.5620
Metric :  unspecified
Number of objects : 7

> # Dendrogramme (Abb. 7.3)
> nr <- c(1:length(x1))
> par(mfrow=c(2, 1));
> par(pin=c(6, 4), mai=c(0.5, 0.9, 0.2, 0.1))
> par(cex.axis=1.3, cex.lab=1.3)
> pltree(cluster1, main="", labels=nr, xlab="",
+        ylab=expression(d[{ik}]))
> mtext("Average Linkage, Euklidischer Abstand", side=1,
```

```
+       line=1, cex=1.3)
> pltree(cluster2, main="", labels=nr, xlab="",
+       ylab=expression(1-cos(alpha[{ik}])))
> mtext("SingleLinkage, 1-Kosinusmaß", side=1, cex=1.3)
```

Abschn. 7.2:

1.
```
> # Beispiel 1, Lösung mit R:
> options(digits=4)
> X <- matrix(c(6, 5, 4, 6, 6, 3), ncol=2); X
     [,1] [,2]
[1,]   6    6
[2,]   5    6
[3,]   4    3
> smw <- apply(X, MARGIN=2, FUN=mean) # Mittelwerte (Spalten)
> std <- apply(X, MARGIN=2, FUN=sd) # Standardabweichungen (Spalten)
> Xc <- sweep(X, MARGIN=2, smw, "-") # Zentrieren (Spalten)
> Xs <- Xc %*% diag(1/std); Xs # Standardisieren (Spalten)
     [,1]     [,2]
[1,]   1   0.5774
[2,]   0   0.5774
[3,]  -1  -1.1547
> R <-cor(X); R # Korrelationsmatrix
       [,1]   [,2]
[1,] 1.000 0.866
[2,] 0.866 1.000
> ewv <- eigen(R); lambda <- ewv$values; lambda # Eigenwerte
[1] 1.866 0.134
> V <- ewv$vectors; V # Eigenvektormatrix (=Komponentenmatrix)
       [,1]     [,2]
[1,] 0.7071 -0.7071
[2,] 0.7071  0.7071
> Z <- Xs %*% V
> colnames(Z)=c("Z1", "Z2"); rownames(Z)=c("O1", "O2", "O3")
> Z # Matrix der Hauptkomponentenwerte
        Z1       Z2
O1  1.1154  -0.2989
O2  0.4082   0.4082
O3 -1.5236  -0.1094
> # Durch Z1, Z2 erklärte Anteile der Gesamtvarianz
> vargesamt <- sum(lambda)
> Z1varp <- lambda[1]/vargesamt; Z2varp <- lambda[2]/vargesamt
> print(cbind(Z1varp, Z2varp))
     Z1varp  Z2varp
[1,]  0.933 0.06699
```

2.
```
> # Beispiel 3, Lösung mit R:
> options(digits=4)
> R <- matrix(c(1.000, 0.663, 0.524, 0.107, -0.162,
+               0.663, 1.000, 0.880, 0.094, -0.318,
+               0.524, 0.880, 1.000, 0.006, -0.344,
+               0.107, 0.094, 0.006, 1.000,  0.393,
+              -0.162,-0.318,-0.344, 0.393,  1.000), ncol=5)
> ewv <- eigen(R); lambda <- ewv$values; lambda # Eigenwerte
[1] 2.54125 1.35841 0.53876 0.46359 0.09798
> V <- -ewv$vectors # Eigenvektormatrix (=Komponentenmatrix)
> kz <- c("Z1", "Z2", "Z3", "Z4", "Z5")
> vs <- c("X1", "X2", "X3", "X4", "X5")
> colnames(V) <- kz; rownames(V) <- vs; V
          Z1       Z2       Z3      Z4       Z5
X1  0.480723  0.21015 -0.62097  0.5529  0.18290
X2  0.594155  0.11757  0.06835 -0.2340 -0.75746
```

```
X3   0.569981 0.02741   0.18809 -0.5008   0.62301
X4  -0.005082 0.75801   0.56143  0.3258   0.06370
X5  -0.301631 0.60554  -0.50907 -0.5316  -0.02435
> D <- diag(sqrt(ewv$values)); RXZ <- V %*% D
> colnames(RXZ) <- kz; rownames(RXZ) <- vs
> RXZ # Matrix mit Korrelationen r_XZ
         Z1       Z2        Z3       Z4        Z5
X1   0.766335 0.24493  -0.45579  0.3765   0.057251
X2   0.947161 0.13703   0.05017 -0.1593  -0.237101
X3   0.908625 0.03195   0.13806 -0.3410   0.195016
X4  -0.008102 0.88347   0.41209  0.2218   0.019941
X5  -0.480839 0.70577  -0.37366 -0.3619  -0.007621


> # Abb. 7.5 Scree-Plot und Komponentendiagramm
> PC1 <- RXZ[,1]; PC2 <- RXZ[, 2]
> opar <- par(no.readonly=T)
> par(mfrow=c(2, 1))
> par(pin=c(6, 4), mai=c(0.8, 0.9, 0.2, 0.5))
> par(cex.axis=1.3, cex.lab=1.3)
> plot(lambda, type="b", pch=18, lty=3, frame.plot=F,
+   xlim=c(1,5), ylim=c(0,3), xlab="Hauptkomponente",
+   ylab="Eigenwert", cex=1.3)
> abline(h=1, lty=2)
> text(1,lambda[1], expression(lambda[1]), pos=3, cex=1.3)
> text(2,lambda[2], expression(lambda[2]), pos=3, cex=1.3)
> text(3,lambda[3], expression(lambda[3]), pos=3, cex=1.3)
> text(4,lambda[4], expression(lambda[4]), pos=3, cex=1.3)
> text(5,lambda[5], expression(lambda[5]), pos=3, cex=1.3)
> plot(PC1, PC2, xlim=c(-1, 1), ylim=c(0, 1), pch=18,
+   main="", xlab=expression("1. Hauptkomponente "*Z[1]),
+   ylab=expression("2. Hauptkomponente  "*Z[2]), cex=1.3, frame.plot=F)
> text(PC1, PC2, c("X1", "X2", "X3", "X4", "X5"), pos=4, cex=1.3)
> abline(v=0, lty=3); abline(h=0, lty=3)
```

Abschn. 7.3:

1.
```
> # Beispiel 1, 2 - Lösung mit R (Ausgabe gekürzt):
> x1 <- c(6, 5, 4, 6, 7, 8); x2 <- c(6, 6, 3, 2, 2, 5)
> gruppe <- c(rep(1:2, each=3))
> x12 <- data.frame(x1, x2, gruppe)
> neu <- c(6,5, NA)
> daten <- rbind(x12, neu)
> auswahl <- c(1:6)
> options(digits=4)
> library(MASS)
> res <- lda(gruppe ~ x1+x2, data=daten, subset=auswahl); print(res)
Call:
lda(gruppe ~ x1 + x2, data = daten, subset = auswahl)
Group means:
  x1 x2
1  5  5
2  7  3
Coefficients of linear discriminants:
      LD1
x1  1.964
x2 -1.091

> mw <- apply(res$means, MARGIN=2, FUN=mean); mw # Gesamtmittel
x1 x2
 6  4
> dfmw <- mw %*% res$scaling; dfmw # Wert der DF für Gesamtmittel
      LD1
[1,] 7.419
```

```
> dfgmw <- res$means %*% res$scaling
> dfgmw[,1] # Werte der DF für Gruppenmittel
      1        2
 4.364 10.474
> dfneu <- neu[-3] %*% res$scaling; dfneu # Wert der DF für neuen Fall
        LD1
[1,] 6.328
```

2.
```
> # Beispiele 3 - Lösung mit R (Ausgabe gekürzt):
> set1 <-  matrix(
+          c(1.90, 1.65, 2.05, 1.90, 1.70, 2.17, 1.90, 2.05, 2.38, 2.10,
+          99, 107, 102, 106, 105, 104, 94, 105, 98, 92,
+          4.2, 4.9, 4.5, 4.5, 3.2, 4.0, 4.5, 4.0, 3.4, 3.7,
+          0.85, 0.95, 1.40, 1.30, 0.97, 0.60, 0.63, 0.79, 0.80, 0.95,
+          135, 139, 137, 147, 149, 141, 130, 142, 139, 129), ncol=5)
> set2 <-  matrix(
+          c(2.42, 2.53, 2.50, 2.46, 2.41, 2.26, 2.30, 2.11, 2.61, 2.19,
+          100, 106, 101, 98, 94, 105, 103, 101, 103, 98,
+          4.70, 4.60, 4.30, 4.00, 4.30, 4.81, 5.10, 4.00, 3.60, 3.80,
+          1.34, 1.20, 1.25, 0.80, 0.98, 1.12, 1.05, 0.84, 0.90, 0.80,
+          140, 140, 137, 143, 134, 139, 145, 140, 143, 132), ncol=5)
> set <- rep(c(1,2), each=10)
> daten <- data.frame(rbind(set1, set2), set)
> neu <- c(2.38, 101, 4.8, 0.84, 146, NA)
> daten <- rbind(daten, neu)
> options(digits=4)
> library(MASS)
> res <- lda(set ~ X1+X2+X3+X4+X5, data=daten, subset=c(1:20)); res
Call:
lda(set ~ X1 + X2 + X3 + X4 + X5, data = daten, subset = c(1:20))

Group means:
      X1      X2     X3     X4      X5
1 1.980  101.2  4.090  0.924  138.8
2 2.379  100.9  4.321  1.028  139.3

Coefficients of linear discriminants:
         LD1
X1  5.33430
X2 -0.02462
X3  1.03559
X4 -0.14584
X5  0.04409

> mw <- apply(res$means, MARGIN=2, FUN=mean); mw # Gesamtmittel
      X1      X2      X3      X4      X5
  2.179 101.050   4.205   0.976 139.050
> dfmw <- mw %*% res$scaling; dfmw # Wert der DF für Gesamtmittel
        LD1
[1,] 19.48
> dfgmw <- res$means %*% res$scaling
> dfgmw[,1] # Werte der DF für Gruppenmittel
      1        2
18.29 20.67
> dfneu <- neu[-6] %*% res$scaling; dfneu # Wert der DF für neuen Fall
        LD1
[1,] 21.49
```

Abschn. 7.4:

1.
```
> # Beispiel 1, Lösung mit R:
> A <- matrix(c(2, -3, -1, 4), ncol=2)
```

```
> b <- c(2, -5); D <- diag(c(4,5)); E <- diag(c(1, 1))
> t(A) %*% A
     [,1] [,2]
[1,]   13  -14
[2,]  -14   17
> A %*% t(A)
     [,1] [,2]
[1,]    5  -10
[2,]  -10   25
> A %*% b
     [,1]
[1,]    9
[2,]  -26
> A %*% D
     [,1] [,2]
[1,]    8   -5
[2,]  -12   20
> A %*% E
     [,1] [,2]
[1,]    2   -1
[2,]   -3    4
```

2.
```
> # Beispiel 3, Lösung mit R:
> options(digits=4)
> X <- matrix(c(386, 431, 419, 472, 524, 534,
+                218, 188, 256, 246, 241, 243), ncol=2)
> m0 <- c(420, 260)
> m <- apply(X, MARGIN=2, FUN=mean); m # Spaltenmittelwerte
[1] 461 232
> S <- cov(X); S # Kovarianzmatrix
       [,1]  [,2]
[1,] 3541.6 577.2
[2,]  577.2 621.2
> Sinv <- solve(S); Sinv # Inverse von S
            [,1]        [,2]
[1,]  0.0003327 -0.0003092
[2,] -0.0003092  0.0018971
> DM2 <- (m-m0) %*% Sinv %*% (m-m0)
> DM2 # quadrierter Mahalanobis-Abstand
      [,1]
[1,] 2.757
```

Literatur

Abramowitz, M., Stegun, I.: Handbook of Mathematical Functions. National Bureau of Standards, Washington D.C. (1964). http://people.math.sfu.ca/~cbm/aands/

Agresti, A.: A Survey of Exact Inference for Contingency Tables. Statistical Science **7**, 131–153 (1992)

Agresti, A., Coull, B.A.: Approximate ist Better than „Exact" for Interval Estimation of Binomial Proportions. American Statistician **52**, 119–126 (1998). http://www.stat.ufl.edu/~aa/articles/agresti_coull_1998.pdf

Anderson, T.W., Darling, D.A.: Asymptotic Theory of Certain „Goodness of Fit" Criteria based on Stochastic Processes. The Annals of Mathematical Statistics **23**, 193–212 (1952)

Arens, T. et al.: Mathematik. Spektrum Akademischer Verlag, Heidelberg (2010)

Bailar, J.C., Mosteller, F.: Medical Uses of Statistics. Nejm Books, Boston (1992)

Beck-Bornholdt, H.-P., Dubben H.-H.: Der Hund, der Eier legt. Erkennen von Fehlinformation durch Querdenken. Rowohlt, Reinbek bei Hamburg (1998)

Beck-Bornholdt, H.-P., Dubben H.-H.: Der Schein der Weisen. Irrtümer und Fehlurteile im täglichen Leben. Rowohlt, Reinbek bei Hamburg (2003)

Beck-Bornholdt, H.-P., Dubben H.-H.: Mit an Wahrscheinlichkeit grenzender Sicherheit. Logisches Denken und Zufall. Rowohlt, Reinbek bei Hamburg (2005)

Benjamini, Y., Braun, H.: John W. Tukey's Contributions to Multiple Comparisons. The Annals of Statistics **30**, 1576–1594 (2002). http://projecteuclid.org/

Bickeböller, H., Fischer, Chr.: Einführung in die genetische Epidemiologie. Springer, Berlin-Heidelberg (2007)

Bingham, N.H., Fry, J.M.: Regression. Linear Models in Statistics. Springer, London (2010)

Bortz, J.: Statistik für Sozialwissenschaftler. Springer, Berlin-Heidelberg-New York (1993)

Bortz, J., Lienert, G.A., Boehnke, K.: Verteilungsfreie Methoden in der Biostatistik. Springer Medizin Verlag, Heidelberg (2008)

Box, G.E.P. : A general distribution theory for a class of likelihood criteria. Biometrika **36**, 317–346 (1949)

Brown, L.D. et al.: Interval Estimation for a Binomial Proportion. Statistical Science **16**, 101-133 (2001). http://projecteuclid.org/

Brownlee, K.A.: Statistical Theory and Methodology in Science and Engineering. J. Wiley, New York-London-Sydney (1965)

Büning, H., Trenkler, G.: Nichtparametrische statistische Methoden. de Gruyter, Berlin-New York (1978)

Carpenter, J., Bithell, J.: Bootstrap confidence intervals: when, which, what? A practical guide for medical statisticians. Statistics in Medicine **19**, 1141–1164 (2000)

Chatfield, C., Collins, A.J.: Introduction to Multivariate Analysis. Chapman and Hall, London-New York (1980)

Cohen, J.: Statistical Power Analysis for the Behavioral Sciences. Lawrence Erlbaum Associates, Hillsdale (1988)

Davison, A.C., Hinkley, D.V.: Bootstrap Methods and their Application. University Press, Cambridge (1997)

Efron, B.: Bootstrap Methods: Another Look at the Jackknife. The Annals of Statistics 7, 1–26 (1979). http://www.projecteuclid.org

Efron, B., Tibshirani, R.: Bootstrap Methods for Standard Errors, Confidence Intervals and Other Measures of Statistical Accuracy. Statist. Science 1, 54–77 (1986). http://www.projecteuclid.org

Efron, B. and Tibshirani R.J.: An Introduction to the Bootstrap. Chapman & Hall, London (1993)

Elliott, J.M.: Some Methods for the Statistical Analysis of Samples of Benthic Invertebrates. Freshwater Biological Association, Ambleside (1983)

Ellison, St., Barwick, V., Farrant, T.: Practical Statistics for the Analytical Scientist. A Bench Guide. RSC Publishing, Cambridge (2009)

Fahrmeir, L., Künstler, R., Pigeot, I., Tutz, G.: Statistik. Der Weg zur Datenanalyse. Springer, Berlin-Heidelberg (2007)

Fahrmeir, L., Kneib, Th., Lang, St.: Regression. Modelle, Methoden und Anwendungen. Springer, Berlin-Heidelberg (2009)

Fisher, R.A.: The use of multiple measurements in taxonomic problems. Annals of Eugenics 7, 179–188 (1936)

Fisher, R.A.: Statistical Methods for Research Workers. (Originally published 1925). Hafner, New York (1958). http://trove.nla.gov.au/work/10809098

Fisher, L.D., van Belle, G.: Biostatistics. A Methodology for the Health Sciences. Wiley, New York (1993)

Freedman, D., Diaconis, P.: On the Histogram as a Density Estimator. Technical Report Nr. 159, Dep. of Statistics, Stanford Univ., California (1980). http://www.search-document.com/pdf/3/david-freedman-statistics.html

Friedman, M.: The Use of Ranks to Avoid the Assumption of Normality Implicit in the Analysis of Variance. Journal of the American Statistical Association 32, 675–701 (1937). http://sci2s.ugr.es/keel/pdf/algorithm/articulo/1937-JSTOR-Friedman.pdf

Friedman, M.: A correction: The use of ranks to avoid the assumption of normality implicit in the analysis of variance. Journal of the American Statistical Association 34, 109 (1939)

Fritz, C., Morris, P., Richler, J.: Effect Size Estimates: Current Use, Calculations and Interpretations. Journal of Experimental Psychology 141, 2–18 (2012)

Galton, F: Regression Toward Mediocrity in Hereditary Stature. The Journal of the Anthropological Institute of Great Britain and Ireland 15, 246–263 (1886). http://www.biostat.washington.edu/~bsweir/BIOST551/Galton1886.pdf

Geisser, S., Greenhouse, S.W.: An extension of Box's result on the use of F-distribution in multivariate analysis. Annals of Mathematical Statistics 29, 885–891 (1958)

Georgii, H.-O.: Stochastik. Einführung in die Wahrscheinlichkeitstheorie und Statistik. de Gruyter, Berlin (2009)

Goodman, St.: A Dirty Dozen: twelve P-Value Misconceptions. Seminars in Hematology 45, 135–140 (2008)

Greiner, M.: Serodiagnostische Tests. Springer, Berlin-Heidelberg (2003)

Grubbs, F.E.: Procedures for Detecting Outlying Observations in Samples. Technometrics 11, 1-21 (1969). http://web.ipac.caltech.edu/staff/fmasci/home/statistics_refs/OutlierProc_1969.pdf

Häggström, O.: Streifzüge durch die Wahrscheinlichkeitstheorie. Springer, Berlin-Heidelberg (2006)

Hall, P.: On the number of bootstrap simulations required to construct a confidence interval. The Annals of Statistics 14, 1453–1462 (1986). http://www.projecteuclid.org

Handl, A.: Multivariate Analysemethoden. Springer, Berlin-Heidelberg-New York (2002)

Hartung, J., Elpelt, B.: Multivariate Statistik. Oldenbourg, München-Wien (1989)

Hartung, J.: Statistik. Lehr- und Handbuch der angewandten Statistik. Oldenbourg, München-Wien (2005)

Havil, J.: Das gibt's doch nicht. Spektrum Akademischer Verlag, Heidelberg (2009)

Held, L.: Methoden der statistischen Inferenz. Likelihood und Bayes. Spektrum Akademischer Verlag, Heidelberg (2008)

Holm, S.: A Simple Sequentially Rejective Multiple Test Procedure. Scandinavian Journal of Statistics 6, 65–70 (1979). http://dionysus.psych.wisc.edu/lit/Articles/HolmS1979a.pdf

Hotelling, H.: The generalization of Student's ratio. Annals of Mathematical Statistics 2, 360–378 (1931)

Hütt, M.-T., Dehnert, M.: Methoden der Bioinformatik. Springer, Berlin-Heidelberg-New York (2006)

Huynh, H., Feldt, L.S.: Estimation of the Box correction for degrees of freedom from sample data in randomized block and split plot designs. Journal of Educational Statistics 1, 69–82 (1976)

Jobson, J.D.: Applied Multivariate Data Analysis, vol. I: Regression and Experimental Design. Springer, Berlin-Heidelberg-New York (1991)

Jobson, J.D.: Applied Multivariate Data Analysis. Vol. II: Categorical and Multivariate Methods. Springer, Berlin-Heidelberg-New York (1992)

Kabacoff, R.I.: R in Action. Data analysis and graphics with R. Manning, Shelter Island (2011)

Kendall, M.: A New Measure of Rank Correlation. Biometrika 30, 81–89 (1938)

Kendall, M.: The Advanced Theory of Statistics, Vol. 1. Griffin, London (1948)

Kendall, M.: Multivariate Analysis. Griffin, London (1975)

Kendall, M., Stuart, A.: The Advanced Theory of Statistics, Vol. 2. Griffin, London (1978)

Kleinbaum, D.G., Kupper, L.L.: Applied Regression Analysis and Other Multivariable Methods. Duxbury, North Scituate (1978)

Kleppmann, W.: Taschenbuch Versuchsplanung. Hanser, München-Wien (2011)

Kreyszig, E.: Statistische Methoden und ihre Anwendung. Vandenhoeck & Rupprecht, Göttingen (1977)

Kruskal, W.H., Wallis, W.A.: Use of Ranks in One Criterion Variance Analysis. Journal of the American Statisical Association 47, 583–621 (1952). http://homepages.ucalgary.ca/~jefox/Kruskal%20and%20Wallis%201952.pdf

Lachenbruch, P.A.: Equivalence Testing. http://www.fda.gov/ohrms/dockets/ac/01/slides/3735s1_02_Lachenbruch/sld001.htm, 2001

Laplace, Marquis de: A Philosophical Essay on Probabilities. Übersetzung einer im Jahr 1795 gehaltenen Vorlesung. J. Wiley, New York (1902). http://www.archive.org/details/philosophicaless00lapliala

Levene, H.: Robust tests for equality of variances. In: Olkin, I. et al. (Hrsg.): Contributions to Probability and Statistics: Essays in Honor of Harold Hotelling, 278–292. University Press, Stanford (1960).

Lilliefors, H.W.: On the Kolmogorov-Smirnov Test for Normality with Mean and Variance Unknown. J. American Statistical Association 62, 299–402 (1967). http://champs.cecs.ucf.edu/Library/Journal_Articles/pdfs/Lilliefors_On_the_Kolmogorov_Smirnov_Test_for_Normality_with_Mean_and_Variance_Unknow.pdf

Linder, A., Berchthold, W.: Statistische Methoden II. Varianzanalyse und Regressionsrechnung. Birkhäuser, Basel-Boston-Stuttgart (1982a)

Linder, A., Berchthold, W.: Statistische Methoden III. Multivariate Methoden. Birkhäuser, Basel (1982b)

Lipsey, M.W.: Design Sensitivity: Statistical Power for Experimental Research. SAGE Publ. Newbury Park-London-New Delhi (1990)

Mahalanobis, P.C.: On the generalised distance in statistics. Proceedings of the National Institute of Sciences of India 2, 49–55 (1936). http://www.new.dli.ernet.in/rawdataupload/upload/insa/INSA_1/20006193_49.pdf

Mann, H.B., Whitney, D.R.: On a Test of Whether one of Two Random Variables is Stochatically Larger than the Other. Ann. Math. Statist. 18, 50–60 (1947). http://www.projecteuclid.org

McNemar, Q.: Note on the sampling error of the difference between correlated proportions or percentages. Psychometrika **12**, 154–157 (1947)

Mendel, G.: Versuche über Pflanzen-Hybriden. Verhandlungen des naturforschenden Vereines in Brünn. **IV**, 3–47 (1865). Nachgedruckt in: Ostwalds Klassiker der exakten Wissenschaften, Bd. 121. Harri Deutsch, Leipzig (2000). http://www.archive.org/details/versucheberpfla00tschgoog

Montgomery, D.C.: Design and Analysis of Experiments. J. Wiley. New York (1991)

Montgomery, D.C.: Introduction to Statistical Quality Control. J. Wiley. New York (2005)

Morrison, D.F.: Multivariate Statistical Methods. McGraw-Hill Book Company, New York (1967)

Neyman, J., Pearson, E.S.: On the problem of the most efficient tests of statistical hypotheses. Phil. Trans. of the Royal Society (Series A) **231**, 289–337 (1933)

NIST/SEMATECH (National Institute of Standards and Technology/ Semiconductor Manufacturing Technology): e-Handbook of Statistical Methods. http://www.itl.nist.gov/div898/handbook/ (2012)

Pielou, E.C.: Population and Community Ecology. Gordon and Breach, New York-Paris-London (1978)

Pielou, E.C.: The Interpretation of Ecological Data: A Primer on Classification and Ordination. Wiley, New York (1984)

Randow, G. von: Das Ziegenproblem. Denken in Wahrscheinlichkeiten. Rowohlt, Reinbeck b. Hamburg (2003)

Royall, R.: Statistical Evidence. A likelihood paradigm. Chapman & Hall New York (1997)

Russel, B.: Denker des Abendlandes. Eine Geschichte der Philosophie. Belser, Stuttgart (1997)

Sachs, L., Hedderich, J.: Angewandte Statistik. Methodensammlung mit R. Springer, Berlin-Heidelberg-New Yorkr (2012)

Schäfer, F. : Willkommen in der Welt der Exponentialverteilung. http://www.exponentialverteilung. de (2011)

Scheffé, H.: A Method for Judging all Contrasts in the Analysis of Variance. Biometrika **40**, 87–104 (1953). http://www.bios.unc.edu/~mhudgens/bios/662/2007fall/Backup/scheffe1953.pdf

Schinazi, R.B.: Probability with Statistical Applications. Birkhäuser, Boston-Basel-Berlin (2001)

Schuhmacher, M., Schulgen, G.: Methodik klinischer Studien. Springer, Berlin-Heidelberg-New York (2002)

Scott, D.W.: Multivariate Density Estimation. Wiley, New York (1992). http://www.stat.rice.edu/~scottdw/stat550/mde-92.pdf

Shapiro, S.S., Wilk, M.B.: An analysis of variance test for normality (complete samples). Biometrika **52**, 591–611 (1965). http://webspace.ship.edu/pgmarr/Geo441/Readings/Shapiro%20and%20Wilk%201965%20-%20An%20Analysis%20of%20Variance%20Test%20for%20Normality.pdf

Simpson, E.H.: Measurement of Diversity. Nature **163**, 688 (1949). http://people.wku.edu/charles.smith/biogeog/SIMP1949.htm

Spearman, C.: The proof and measurement of association between two things. The American Journal of Psychology **15**, 72–101 (1904)

Steland, A.: Basiswissen Statistik. Springer, Berlin-Heidelberg (2010)

Stephens, M.A.: EDF Statistics for Goodness of Fit and Some Comparisons. J. American Statistical Association **69**, 730–737 (1974). http://www.math.utah.edu/~morris/Courses/6010/p1/writeup/ks.pdf

Stephens, M.A.: The Anderson-Darling Statistic. Technical Report No. 39. Deptm. of Statistics, Standford University (1979)

Sturges, H.A.: The Choice of a Class Interval. J. American Stat. Ass. **153**, 65-66 (1926). http://www.aliquote.org/cours/2012_biomed/biblio/Sturges1926.pdf

Tietjen, G.L., Moore, R.H.: Some Grubbs-Type Statistics for the Detection of Several Outliers. Technometrics **14**, 583–597 (1972)

Timischl, W.: Qualitätssicherung. Statistische Methoden. Hanser, München-Wien (2012)

Tukey, J.W.: One degree of freedom for additiviy. Biometrics **5**, 232–242 (1949)

Tukey, J.W.: The Problem of Multiple Comparism. In: Collected Works of John W. Tukey VIII, Multiple Comparisons, 1945-1983, 1–300. Chapman and Hal, New York (1953)

Weibull, W.: A Statistical Distribution Function of Wide Applicability. ASME J. of Applied Mechanics 293–297 (1951). http://www.barringer1.com/wa_files/Weibull-ASME-Paper-1951.pdf

Welch, B.L.: The Significance of the Difference Between Two Means when the Population Variances are Unequal. Biometrika **29**, 350–362 (1938). http://www.stat.cmu.edu/~fienberg/Statistics36-756/Welch-Biometrika-1937.pdf

Welch, B.L.: On the comparison of several mean values: An alternative approach. Biometrika **38**, 330–336 (1951). http://www.soph.uab.edu/Statgenetics/People/MBeasley/Courses/Welch1951.pdf

Westlake, W.J.: Statistical Aspects of Comparative Bioavailabilty Trials. Biometrics **35**, 273–280 (1979)

Wilcox, R.R.: Fundamentals of Modern Statistical Methods. Springer, New York (2001)

Wilcoxon, F.: Individual Comparisons by Ranking Methods. Biometrics Bulletin **1**, 80–83 (1945)

Wilson, E.B.: Probable Inference, the Law of Succession, and Statistsical Inference. J. Amer. Statist. Assoc. **22**, 209–212 (1927). http://psych.stanford.edu/~jlm/pdfs/Wison27SingleProportion.pdf

Wollschläger, D.: Grundlagen der Datenanalyse mit R. Eine anwendungsorientierte Einführung. Springer, Heidelberg (2010)

Yates, F.: Contingency tables involving small numbers and the χ^2-test. J.R. Statist. Soc. Suppl. **1**, 217–235 (1934)

Sachverzeichnis

A

Abhängigkeitsprüfung
  bei einfacher linearer Regression, 313
  globaler F-Test, 340
  mit dem Anstieg der Regressionsgeraden, 313
  mit dem Chiquadrat-Test, 285
  mit der Kendall'schen Rangkorrelation, 306
  mit der Produktmomentkorrelation, 299
  mit der Spearman'schen Rangkorrelation, 306
  mit der Stetigkeitskorrektur von Yates, 287
  partieller F-Test, 340
Ablehngrenze, 266, 269
Addition von Matrizen, 448
Additionsregel
  allgemeine, 11
  für disjunkte Ereignisse, 10
Additivitätsregel, 48, 60, 97
ad.test(), 253
agnes(), 424
Ähnlichkeitsmatrix, 421
allometrische Funktion, 328
Alternativhypothese, 185
ANCOVA, 389
Anderson-Darling-Test, 252
Angelpunkte, 111
Annahmegrenze, -kennlinie, 265
Annahmezahl, 264
ANOVA, 360
  -Tafel, 364
Anova(), 385
anova(), 393
Anpassungsgüte
  Beurteilung mit dem $\hat{y}y$-Diagramm, 343

Anpassungstest, 248
aov(), 364
AQL, 265
assocstats(), 291
Attributprüfung, 264
Ausreißer, 108, 117
  Identifizierung, 253
Ausschussanteil, 264
Average Linkage-Verfahren, 424

B

Bayes, Satz von, 24
Bernoulli-Verteilung, -Experiment, 39
Bestimmtheitsmaß, 313, 330
  adjustiertes, 339
  multiples, 338
Between Groups-Linkage, 424
Bias, 135
Binomialentwicklung, 28
Binomialkoeffizient, 15, 29
Binomialtest
  Ablehnungsbereich, 210
  approximativer, mit Stetigkeitskorrektur, 209
  exakter, P-Wert, 207
  Gütefunktion, 210
  Mindeststichprobenumfang, 212
Binomialverteilung, 64
  negative, 77
  Rekursionsformel, 68
binom.test(), 212
Bonferroni
  -Korrektur, 373
  -Ungleichung, 21, 30, 373
Bonferroni-Holm-Algorithmus, 373

boot.ci(), 167, 181
Bootstrap
  -Konfidenzintervall, 167
  -Mittelwert, 165
  -Stichproben, 165
  -t-Konfidenzintervall, 181
Bootstrap-Schätzer, 165
Bowley-Koeffizient, 55, 112
Box-Plot, 116
boxplot(), 116

C
Chance, 11
Chancen-Verhältnis, 288
Chiquadrat-Test
  für parametrisierte Verteilungen, 249
  Prüfung von Anzahlen auf ein
      vorgegebenes Verhältnis, 249
  zur Prüfung der Abhängigkeit von zwei
      diskreten Merkmalen, 287
chisq.test(), 249, 287
Clusteranalyse, 419
  agglomerativen Verfahren, 421
  Fusionierung von Gruppen, 423
Complete Linkage-Verfahren, 423
Consumer Risk Point, 265
cor.test(), 300, 306, 307

D
Datenmatrix, 420
dbinom(), 68
dchisq(), 143
De Morgan'sche Regeln, 4
Dendrogramm, 421
density(), 127
Determinante, 450
dexp(), 92
df(), 146
dhyper(), 74
Dichte
  -funktion, 44
  Klassenhäufigkeits-, 124
  -kurve, 43
Diskriminanzfunktion, 439
  kanonische Koeffizienten der, 441
Diskriminanzkriterium von Fisher, 438
Distanzmatrix, 421
dlnorm(), 91
dnbinom(), 78
dnorm(), 46
dpois(), 72

dt(), 145
Dualität Signifikanztest-Konfidenzintervall,
      272
Dummy-Codierung, 361
dweibull(), 93

E
EDA, explorative Datenanalyse, 107
Effekt-Codierung, 364
Effektgröße, 379
eigen(), 431
einfaktoriellen Kovarianzanalyse, 389
  Modell, 392
  Null-, Alternativmodell, 393
  Parallelitätsannahme, 389
Einfaktorieller Versuch mit
      Messwiederholungen, 383
Einflussgrößen, 310, 320, 334
Eingriffsgrenzen, 278
Ein-Stichproben-t-Test
  Effektgröße, 202
  Gütefunktion, 202
  Mindeststichprobenumfang, 204
  P-Wert, 200
  Testgröße, 200
Endlichkeitskorrektur, 75
Entscheidungsregel
  beim Alternativtest, 186
  mit Stichprobenanweisung, 264
Ereignisalgebra, 11
Ereignisse, 1
  unabhängige, total unabhängige, 18
Ergebnismenge, 2
Erwartungswert, 47
euklidischer Abstand, 422
Exponentialverteilung, 92

F
Faktor, 360
  Block-, 380
  -stufen, 360
  -wirkungen, 360
Faktorielle, Fakultät, 14
Fall-Kontroll-Studie, 236
Fehler
  1. Art, α-, 187, 198
  2. Art, β-, 187, 198
Fehlerquadrat
  mittleres, 396
fisher.test(), 241
Fisher-Transformation, 299

fivenum(), 111
Formmaß, 52
Friedman-Test, 414
   a posteriori-Vergleiche, 416
   mit Bindungskorrektur, 416
friedman.test(), 415
Fünf-Punkte-Zusammenfassung, 110
Furthest Neighbour-Verfahren, 423

G
gamma(), 95
Gammafunktion, 95, 103
Gauß-Test, 185
   1-seitige Hypothesen, 190
   2-seitige Hypothesen, 186
   Ablehnungsbereich, 188
   Effektstärke, 192
   Gütefunktion, 191, 272
   Mindeststichprobenumfang, 204
   Power, 192
   Testentscheidung mit P-Wert, 191
   Testgröße, 191
Geburtstagsproblem, 30
Gesetz der großen Zahlen
   empirisches, 6
   schwaches, 61
   von Bernoulli, 67
Gleichverteilung, stetige, 44
Gleichwertigkeit
   von Anteilen, 261
   von Behandlungen, 259
   von Mittelwerten, 259
Goodness of fit-Statistik, 248, 287
Grenzwertsatz
   von Poisson, 71, 100
   zentraler, 86, 103
   zentraler, für Binomialverteilungen, 86
Grubbs-Test, 254
Grundgesamtheit, 106

H
Häufigkeiten
   absolute, 6
   beobachtete, erwartete, 248
   relative, 6, 67, 118
   Summen-, 125
Hauptkomponenten, 429
   Approximation der Datenmatrix, 431
   Eigenwertkriterium, 432
hist(), 125
Histogramm, 124

flächennormiertes, 125
gleitendes, 127
höhennormiertes, 124
-Schätzer, 124
Homogenitätshypothesen, 289
Homogenitätsprüfung, 289
HSD-Test von Tukey, 375
H-Test von Kruskal und Wallis, 412
   a posteriori-Vergleiche, 413
   mit Bindungskorrektur, 412
hypergeometrische Verteilung, 73
   Approximation durch die
      Binomialverteilung, 75
   Rekursionsformel, 75

I
i.i.d. (independent and identically distributed),
   59
Indikatorfunktion, 127
indirekter Beweis, 197
Inklusionsregel, 260
Interquartilabstand, 56, 112
Irrtumswahrscheinlichkeit
   Adjustierung des α-Fehlers, 373
   Gesamt-, 373
   individuelle, 373

J
jackknife(), 180
Jackknife-Verfahren, 180
Jukes-Cantor-Abstand, 423

K
Kalibrationsfunktion
   Intervallschätzung, 349
   lineare, 348
   Rückschluss von Y auf X, 348
Kern-Dichteschätzer, 128
   mit Normalkern, 128
   mit Rechteckkern, 127
Kettenbildung, 424
Klassen
   -breite, 124
   -häufigkeit, absolute, relative, 124
Klassifikation
   hierarchische, 421
kleinste gesicherte Differenz, 373
Kofidenzintervall
   für den Anstieg der Regressionsgeraden,
      313

für den partiellen Regressionskoeffizienten, 340

Kolmogorov'sche Axiome, 9

Kolmogorov-Smirnov-Test, 250

mit Lilliefors-Schranken, 252

Kombination, 14

Kommunalität, 432

Komponentendiagramm, 434

Komponentenmatrix, 430

Konfidenzintervall

Agresti-Coull-, für p, 158

asymptotisches, für den Mittelwert, 151

Clopper-Pearson-, für p, 160

empirisches, 148

für das logarithmierte Odds-Ratio, 289

für das Verhältnis zweier Varianzen, 152

für den Korrelationskoeffizienten, 300

für den Mittelwert, 149, 150

für den Poisson-Parameter λ, 161, 179

für die Varianz, 151

für Differenz von Mittelwerten, 276

Mindeststichprobenumfang, 150, 151, 158

Überdeckungswahrscheinlichkeit, 148, 158

von Westlake, 260

Wilson-, für p, 156, 177

zwei-, einseitiges, 148

Konfidenzniveau, 148

Kontingenz

-index von Cramer, 287

Kontingenzmaße, 287

Kontingenztafel, 58, 284

Korrekturfaktor

von Greenhouse und Geisser, 384

von Huynh und Feldt, 385

Korrelation

Formal-, 301

Gemeinsamkeits-, 302

Inhomogenitäten-, 301

Kausal-, 301

partielle, 352

perfekte, 295

positive, negative, 295

Teil-Ganzheits-, 301

Korrelationskoeffizient, 60, 295

multipler, 338

von Pearson, 299

Korrelationsmaße

verteilungsunabhängige, 304

Korrelationsmatrix, 429

Eigenwerte, Eigenvektoren, 430

Kosinusmaß, 422

Kovariablen, 389

Kovarianz, 60, 298

Kovarianzmatrix, 438, 442

kruskal.test(), 412

ks.test(), 252

L

Lagemaß, 47, 107

lda(), 447

Lebensdauer, 93, 94

Levene-Test, 366

leveneTest(), 367

Likelihood-Funktion, 137

logarithmierte, 138

lillie.test(), 252

linearer Kontrast, 374

Linearitätsregel, 48, 97

lm(), 324

Logarithmustransformation, 92

LQL, 266

LSD-Verfahren, 373

M

MAD, 112

mad(), 112

Mahalanobis-Abstand, 441, 443

Mann-Whitney-U-Test, 227

Matrix

Element, Dimension, 448

inverse, 450

quadratische, 448

symmetrische, 448

transponierte, 448

Maximum Likelihood-Methode, 137

mcnemar.test(), 243

mean(), 108

Median, 48, 110

der absoluten Abweichungen, 112

Minimaleigenschaft, 170

Mendel

Kreuzungsversuch, 1

Nachweis der Reinerbigkeit, 31

Unabhängigkeitsregel, 99

Mengen

Differenz-, 3

Vereinigung, Durchschnitt von, 3

Mengendiagramm, 2

Merkmal, metrisches, ordinales, nominales, binäres, 36

Merkmalsraum, 420

Methode der kleinsten Quadrate, 320, 401

Mittel

arithmetisches, 107

arithmetisches, Minimaleigenschaft, 170
  getrimmtes, 108
Mittelwertsregel, 61
Modell mit festen, zufälligen Effekten, 383
Momenten-Methode, 175
Monte-Carlo-Simulationen, 165
Multiplikationsregel, 18
multivariater Mittelwertvergleich, 442

N
Nearest Neighbour-Verfahren, 423
nichtparametrischer Test, 227
Nichtzentralitätsparameter, 201, 365, 379
Normal-QQ-Plot, 118, 365
Normalverteilung
  p-dimensionale, 442
Normalverteilung, zweidimensionale, 294
  Dichtefunktion, 295
  Standardform, 295
Nullhypothese, 186

O
OC2c(), 269
OC-Kurve, 265, 268
Odds-Ratio, 21, 288
oddsratio(), 289
Operationscharakteristik, 264, 268

P
Paarvergleiche, 217
pairwise.t.test(), 373
Parallelversuch, 216
Pascal'sches Dreieck, 29
pbinom(), 78
Permutation, 14
pexp(), 92
Pivotvariablen, 142
plnorm(), 91
Plug In-Prinzip, 164
pnorm(), 46
Poisson-Verteilung, 72
Population, 105
positiver prädiktiver Wert, 25
power.anova.test(), 365
power.t.test(), 204, 220, 274
Prävalenz, 25
prcomp(), 431
principal(), 431
princomp(), 431
Producer Risk Point, 265

Produkt von Matrizen, 449
Produktformel, 59
Produktmomentkorrelation, 299
  Interpretation, 300
prop.test(), 212
Prüflos, 264
Prüfplan
  für Attributprüfung, 265
  für ein quantitatives Merkmal, 267
Prüfstichprobe, 264
Prüfung
  auf fehlerhafte Einheiten, 264
  auf Gleichwertigkeit, 259
  auf Wirksamkeit, 197
Prüfverteilungen, 142, 177
Punktdiagramm, 115
Punktschätzung, 133
pweibull(), 93
P-Wert, 187
pwr.anova.test, 365
pwr.norm.test(), 194
pwr.p.test(), 212

Q
qcc(), 279
qchisq(), 146
qf(), 146
qlnorm(), 91
qnorm(), 84
qqline(), 118
qqnorm(), 118
qsignrank(), 231
qt(), 146
Qualitätsregelkarte, 277
  für den Mittelwert, 278
  für die Standardabweichung, 278
Quantil, 49
Quantile
  der χ^2-Verteilung, 145, 457
  der F-Verteilung, 145, 459
  der Standardnormalverteilung, 84, 456
  der t-Verteilung, 145, 458
quantile(), 111
Quantil-Quantil-Diagramm, 117
Quartil, 49
  einer Beobachtungsreihe, 111
Quartilskoeffizient, 113
qweibull(), 93
qwilcox(), 230

R

randomisierte Blockanlage, 379
  Additivitätsannahme, 381
  Globaltest, 382
  Modell, 380
Randomisierung, 360
Rang
  -reihen, 304
  -skalierung, 304
  -zahlen, 228, 230
Rangkorrelationskoeffizient
  von Kendall, 306
  von Spearman, 305
Regressand, 310, 320
Regression
  mehrfache lineare, 334
  polynomiale, 341
  Prüfung der Linearitätsannahme, 349
  quadratische, 341
  von X auf Y, 315
  von Y auf X, 310
  zweifache lineare, 335
Regressionsfunktion, 311, 320
Regressionsgerade
  Anstieg, 312
  durch den Nullpunkt, 330
  empirische, 312
  Gleichung, 311
  Prüfung der Parallelitätsannahme, 394, 397
  y-Achsenabschnitt, 312
Regressionskoeffizienten, partielle, 335
  Kleinste Quadrate-Schätzung, 335
Regressionsmodell
  lineares, 323
  multiples, 334
  nichtlineares, 328
Regressionsparameter, 320
  Kleinste Quadrate-Schätzung, 320, 322
Regressionsschere, 316
Regressor, 310, 320
Residualplot, 343
Residuen
  -quadrat, mittleres, 312, 335
  -quadrate mit gleichem Gewicht, 321
Reststreuung
  Homogenität der, 321
rnorm(), 102
Rückfangmethode
  einfache, 16

S

Schätzfunktion, 133

asymptotisch erwartungstreue, 136
beste lineare unverzerrte, für den
  Mittelwert, 171
erwartungstreue, 135
im quadratischen Mittel konsistente, 137
Scheffé-Test, 374
Schiefe, 54
Scree-Plot, 432
sd(), 109
Sensitivität, 25
shapiro.test(), 253
Shapiro-Wilk-Test, 253
Signifikanzniveau, 187
Signifikanzprüfung, Schlussweise, 196
Simple Matching-Koeffizient, 423
Simpson, Diversitätsindex, 8
Single Linkage-Verfahren, 423
Skala
  Verhältnis-, Intervall, 36
Skalarprodukt, 448
Spaltenvektor, 420
Spannweite, 107
  studentisierte, 376
spearman.test(), 306
Spezifität, 25
Stabdiagramm, 38, 118
Standardabweichung, 52
  empirische, 109
Stetigkeitskorrektur, 87
Stichprobe, 105
  univariate, eindimensionale, 107
  zentrierte, standardisierte, 110
  Zufalls-, 59, 106
Stichproben
  rangskalierte, 228
  -raum, 2
  -umfang, 106
Stichprobenanweisung, 264
Stichprobenmittel, 134
  studentisiertes, 200
  Verteilung, 86, 102
Stichprobenvarianz, 134
Streudiagramm, 294
Streuungsmaße, 52, 109
Streuungszerlegung, 315, 338, 363
stripchart(), 116
summary(), 111

T

Teilmenge, 2
Test
  auf Nicht-Unterlegenheit, 258

auf Überschreitung, 190, 203, 208, 210
auf Unterschreitung, 191, 203, 209
Toleranz, 336
Transformationen, linearisierende, 327
doppelt-logarithmische, 328
einfach-logarithmische, 328
Reziprok-, 328
Transformationsregel, 48, 96
Tschebyscheff'sche Ungleichung, 54, 70, 99
t.test(), 203
TukeyHSD(), 376

U
Unabhängigkeit
von Ereignissen, 18
von Zufallsvariablen, 58
Untersuchungseinheiten, 105
UPGMA-Algorithmus, 424

V
var(), 109
Varianz, 52
empirische, 109
Varianzanalyse, einfaktorielle, 359
Gütefunktion, 364
Normalverteilungsannahme, 365
Testgröße, 363
Varianzhomogenität, 365
Varianzanalyse, zweifaktorielle
Additivitätsüberprüfung von Tukey, 405
ANOVA-Tafel, 403
Haupteffekte, 400
mit einfach besetzten Zellen, 404
Modell, 359
vollständiger Versuch, 399
Wechselwirkungsdiagramm, 403
Wechselwirkungseffekt, 400
var.test(), 218
Vergleich von 2 Mittelwerten
t-Test für abhängige Stichproben, 221
Welch-Test, 221
Zwei-Stichproben-t-Tests, 220
Vergleich von 2 Varianzen
F-Test, 217
Vergleich von 2 Wahrscheinlichkeiten
exakter Test von Fisher, 240
McNemar-Test, 243
mit abhängigen Stichproben, 241
mit unabhängigen Stichproben, 236
Normalverteilungsapproximation, 239, 243
Stetigkeitskorrektur, 239, 243

Verschiebungssatz, 53
Versuchsanlage
mit unabhängigen, abhängigen
Stichproben, 217
Verteilung
Binomial-, 64
Chiquadrat-, 143
F-, Fisher-, 145
geometrische, 75
hypergeometrische, 73, 264
klumpenartige, 78
links-, rechtssteile, 55
nicht-zentrale F-, 365
nicht-zentrale t-, 200
Poisson-, 71
t-, Student-, 144
Weibull-, 93
Verteilungsfunktion, 38
Verzerrung, 135
Vierfeldertafel, 236
Vorzeichen-Test für abhängige Stichproben, 231

W
Wahrscheinlichkeit
bedingte, 17
frequentistische Interpretation, 5, 67
Laplace-, 5
Wahrscheinlichkeitsfunktion, 38
Warngrenzen, 278
Weibull-Verteilung, 93
Welch-Test, 221
Gütefunktion, 275
wilcox.exact(), 230
Wilcoxon-Rangsummen-Test, 227
Wilcoxon-Test
für abhängige Stichproben, 230
Nullverteilung, 277
wilcox.test(), 230

Z
Zählmerkmal, 36
Zeilenvektor, 420
Ziegenproblem, 32
Zielgröße, 310
Zielvariable, 320, 334
Zielvariablenmittel, adjustiertes, 391
z.test(), 194
Zufallsauswahl
mit Zurücklegen, 13, 67
ohne Zurücklegen, 13, 74

Zufallsexperiment, 2
Zufallsvariablen
    binomialverteilte, 65
    diskrete, 37
    exponentialverteilte, 92
    hypergeometrisch-verteilte, 74
    Lineartransformation, 53
    logarithmisch normalverteilte, 90
    negativ binomialverteilte, 77
    normalverteilte, 83

Poisson-verteilte, 72
    standardnormalverteilte, 45, 82
    stetige, 42
    unabhängig und identisch verteilte, 59
    Weibull-verteilte, 93
Zufallszahlen, 28
Zuordnung von Objekten, 443
Zwei-Stichproben-t-Test, 219
    Gütefunktion, 273
    Mindeststichprobenumfang, 220, 274